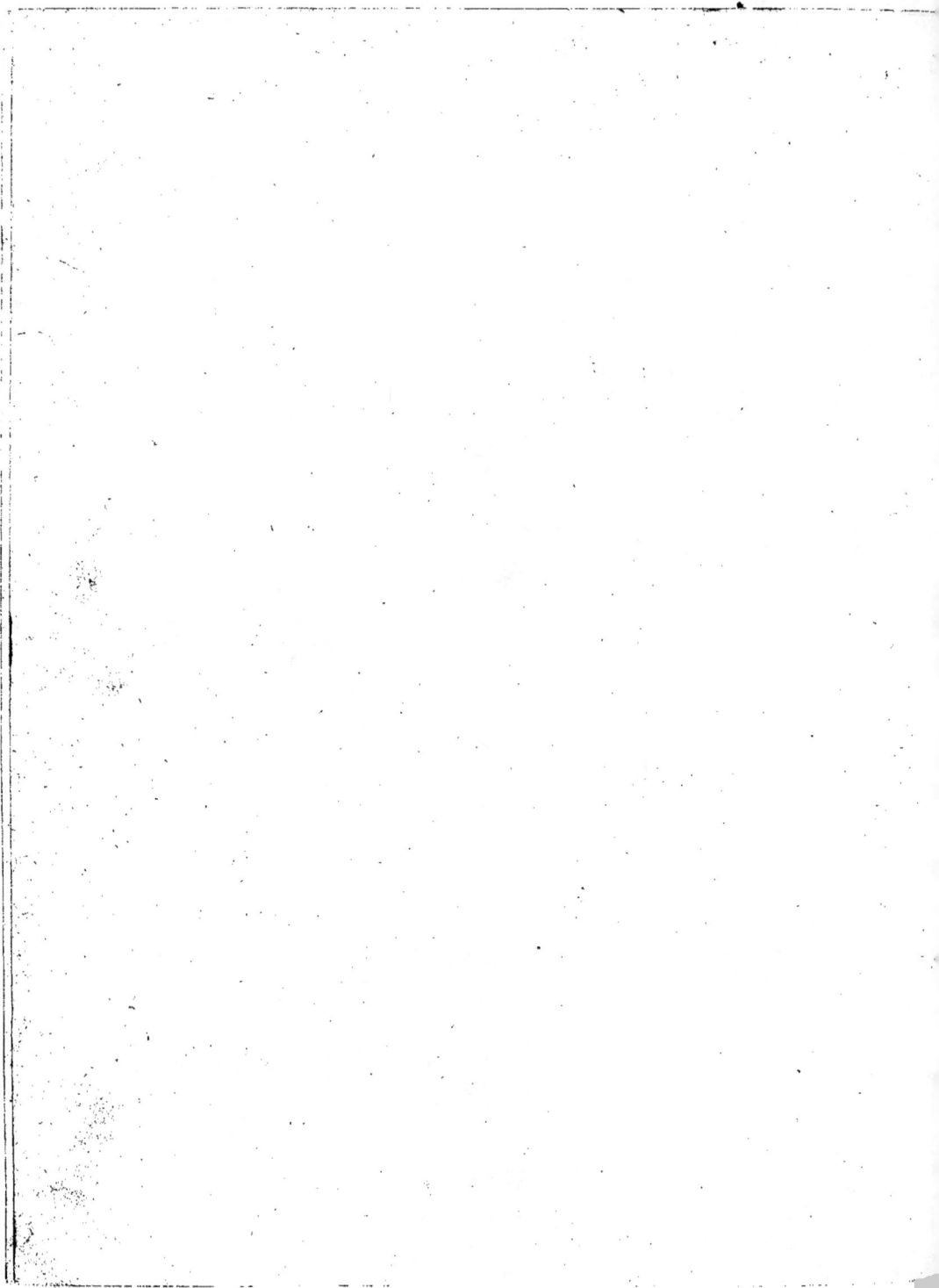

COURS COMPLET

D'AGRICULTURE

Théorique, Pratique, Économique, et de Médecine Rurale et Vétérinaire.

Avec des Planches en Taille-douce.

COURS COMPLET

D'AGRICULTURE

Théorique, Pratique, Économique,
et de Médecine Rurale et Vétérinaire;

Suivi d'une Méthode pour étudier l'Agriculture
par Principes :

OU

DICTIONNAIRE UNIVERSEL

D'AGRICULTURE;

PAR une Société d'Agriculteurs, & rédigé par M. L'ABBÉ ROZIER, Prieur
Commandataire de Nanteuil-le-Haudouin, Seigneur de Chevreville, Membre de
plusieurs Académies, &c.

TOME PREMIER.

A PARIS,

RUE ET HÔTEL SERPENTE.

M. DCC. LXXXI.

Avec Approbation et Privilége du Roi.

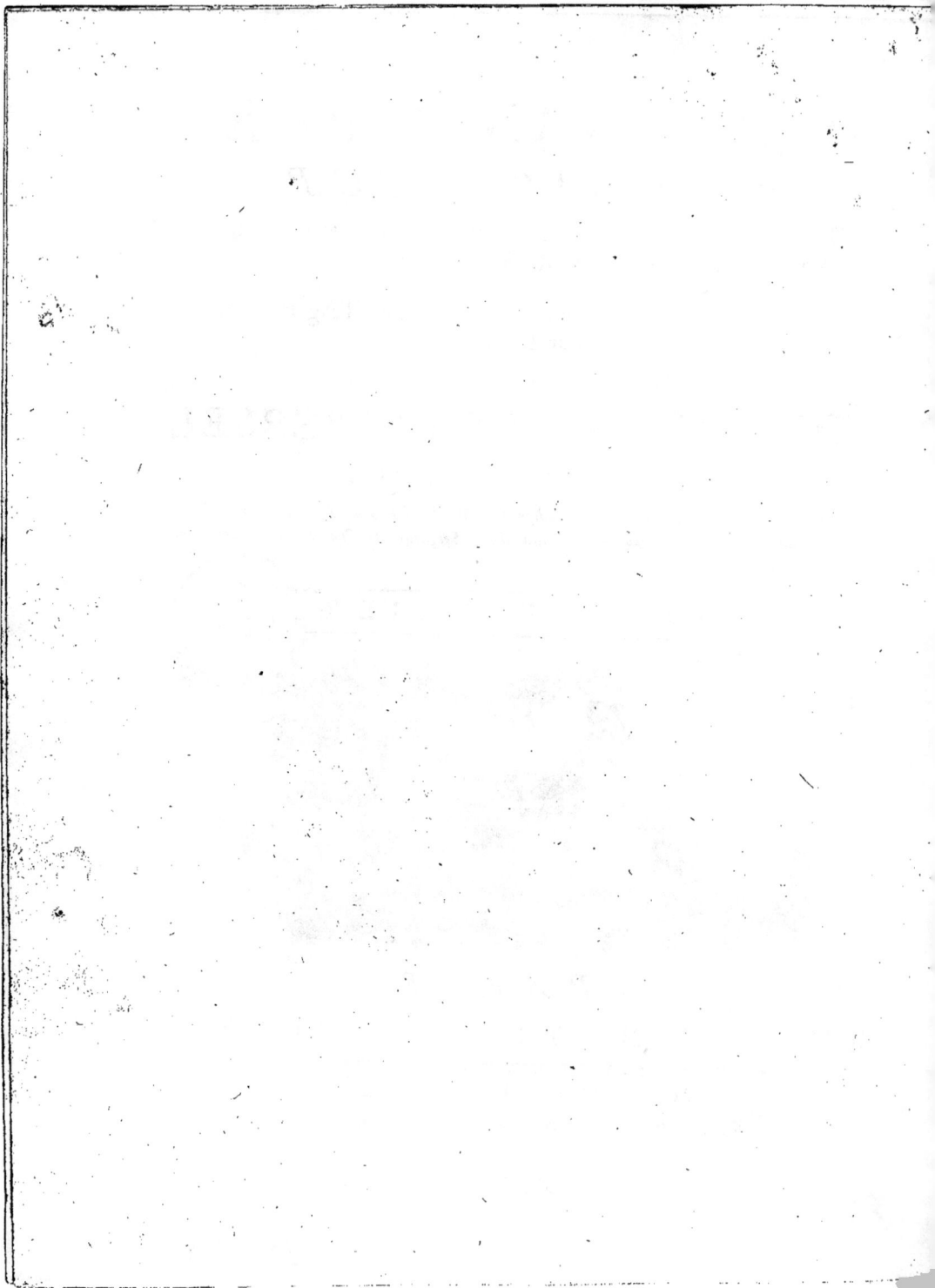

A

SON ALTESSE ROYALE

PIERRE LÉOPOLD,

ARCHIDUC D'AUTRICHE,

GRAND DUC DE TOSCANE, &c. &c. &c.

S ANS l'Agriculture, l'Habitant du pays le plus fertile est misérable, sans le Commerce il est pauvre ; & l'Agriculture & le Commerce marchent nécessairement sous l'étendard de la Liberté. VOTRE ALTESSE ROYALE étoit pénétrée de ces grandes vérités lorsque pour le bonheur de la Toscane elle y prit les rènes du Gouvernement.

A cette époque, cette belle partie de l'Italie se trouvoit écrasée sous le poids du régime prohibitif le plus révoltant. Des Tribunaux, inspecteurs de toutes les espèces de commestibles & de tous les objets de Commerce, décourageoient le Cultivateur qui n'étoit pas maître de disposer de ses denrées, vexoient les Négocians nationaux par des Droits multipliés à l'excès, obscurément énoncés dans les tarifs, repoussoient le Commerçant étranger ; & la disette, la famine même, naissoient à la suite des opérations fiscales de ces Tribunaux, qui prenoient pour prétexte de leur vigilance destructive, la nécessité de pourvoir à la subsistance du Citoyen.

L'étonnement du Voyageur & du Commerçant égale aujourd'hui leur admiration. Une armée de Gardes, de Commis, d'Employés n'interrompt plus leur route à chaque instant, & ils joignent leur voix à celle des nationaux, pour bénir le Souverain qui veut réunir, sous un seul & unique impôt, tous les droits à payer sur les frontières de ses Etats.

Les marais n'infectent plus l'air de leurs miasmes empoisonnés; des Émigrans de toutes les parties de l'Europe accourent, sous les auspices de la liberté & de la protection, pour les dessécher, les cultiver; & la terre, fière d'être travaillée par des mains libres, a secondé leurs efforts. L'heureux Laboureur du Grand Duché ne craint plus de voir ses moissons dévastées, ou par les bêtes fauves, ou par le gibier. Les prérogatives & les honneurs accordés aux Cultivateurs, ont fait décupler les produits du sol; l'industrie s'est ranimée, & les Manufactures ont enfin trouvé dans ses produits, les matières premières dont la fiscalité empêchoit autrefois la foible exportation. En un mot, la Toscane a changé de face sous un Prince ami de la liberté, Protecteur de l'Agriculture & des Arts utiles, parce que chaque classe de Citoyens a été instruite, & parce qu'une nouvelle émulation s'est emparée de tous les ordres de l'Etat, & les a portés à concourir avec le Souverain au bonheur de la Patrie.

Une Epître Dédicatoire est ordinairement un tissu de louanges imaginaires données par l'Auteur. Ici ce n'est pas l'Auteur qui loue, ce sont les faits: c'est des principes de gouvernement, justifiés par le succès, que naît l'éloge. Je ne suis que simple Historien. Puisse l'Ouvrage que j'ai l'honneur de publier sous les auspices de VOTRE ALTESSE ROYALE, en répondant au but de son Administration, être utile à ses Sujets.

Je suis avec respect,

DE VOTRE ALTESSE ROYALE,

Le très-humble & très-
obéissant serviteur,
ROZIER.

AVIS DE L'ÉDITEUR.

LE Difcours fur la manière d'étudier l'Agriculture par principes, & d'après une méthode fimple, annoncé par le Profpectus,
étoit fait depuis plus de dix-huit mois; mais à mefure qu'on
imprimoit ce premier volume, les idées fe font multipliées, &
je me fuis apperçu que les objets n'étoient pas affez liés les uns
avec les autres, ni l'ordre affez méthodique. Ces raifons m'ont
déterminé à publier ce Difcours à la fin du dernier volume de
ce Cours. En effet, comment affembler les pièces du toit d'un
bâtiment? comment les foutenir, fi les fondemens & les murs ne
font pas élevés? D'ailleurs, il auroit été d'une utilité médiocre
jufqu'après l'impreffion de tous les volumes. Comme les Articles
font difpofés par lettres alphabétiques, le Lecteur auroit été
forcé de paffer d'un objet à un autre fans voir leur liaifon. Celui
qui voudra devancer cette époque, peut jeter un coup d'œil
fur le Tableau général des objets relatifs à l'Agriculture,
imprimé pag. 254, au mot AGRICULTURE.

Ceux qui ont écrit foit fur le Jardinage, foit fur la Culture
des grains, &c. ont toujours parlé du Canton où ils habitoient,
comme fi la méthode de ce Canton pouvoit & devoit être celle
de tout le Royaume. J'ai mis, autant qu'il a été poffible, en
parallèle, celle des Provinces des environs de Flandre, & celle
de Provence & de Languedoc, ce qui forme les deux extrêmes
du Royaume. Ainfi chacun, en partant de ces points, peut, par
progreffion, appliquer à fon pays ce qui eft dit dans cet Ouvrage,
fur-tout en étudiant la manière d'être du climat qu'il habite. Il
étoit impoffible de parler de chaque climat, de chaque abri en
particulier. D'ailleurs tout homme qui dira, en parlant en
général : *Adoptez ma méthode, adoptez mon fyftéme*, dira une
fottife. C'eft au particulier à l'étendre ou à la reftreindre fuivant
les principes qui conviennent à fon pays.

La lecture de cet Ouvrage offrira plusieurs mots *techniques* & relatifs aux objets que l'on traite ; ils paroîtront même barbares à ceux qui n'en ont aucune connoiffance. Ils feront tous expliqués dans le courant de cet Ouvrage, fuivant leur ordre alphabétique. Eft-ce notre faute , fi la langue n'en fournit pas d'autres pour rendre les idées, & fur-tout pour définir ?

Lorfque j'ai emprunté quelques Articles des Auteurs qui avoient parlé avant moi fur le même fujet , ces Auteurs font toujours cités ; & fi , par le plus grand des hafards, je ne l'ai pas fait, c'eft un oubli bien involontaire. Ils ne peuvent me faire un crime de les avoir copiés en certains endroits , puifque je conviens par cet aveu, que ce qu'ils ont dit valoit mieux que ce que je pouvois dire.

On avoit annoncé dans le Profpectus de cet Ouvrage , que le premier volume paroîtroit à la fin de l'année 1780. Mon changement de domicile de Paris près de Beziers, eft la caufe de ce retard, que le Public pardonnera en faveur du motif. J'ai préféré vérifier les faits fur les champs mêmes avant de lui en préfenter le réfultat : ce nouvel examen m'a engagé à refondre plufieurs mots.

Il n'y aura plus aucun délai dans la Livraifon des volumes qui font encore à publier. Il faut quatre mois pour en imprimer un, & un mois à peu près pour en raffembler les feuilles, les collationner, &c. Ainfi , réguliérement , tous les cinq ou fix mois au plus tard, un nouveau volume fera délivré au Public.

On ne doit pas être étonné fi les mots compris fous la lettre A, compofent le premier volume ; ils font très-nombreux , ainfi que ceux des lettres B & C ; d'ailleurs , quelques-uns demandoient de très-grands détails, & prefque tous un développement de principes, qui fervira pour les mots des volumes fuivans : un fimple renvoi aux premiers mots, évitera des répétitions inutiles.

APPROBATION.

J'AI lu par ordre de Monseigneur le Garde des Sceaux, un Manuscrit qui a pour titre : COURS COMPLET, *ou* DICTIONNAIRE D'AGRICULTURE & D'ÉCONOMIE RURALE, &c. PAR M. L'ABBÉ ROZIER. Les Articles intéressans de ce Recueil font en général puisés dans les meilleures sources, ou faits par des personnes qui réuniffent l'expérience aux connoiffances physiques les plus reçues. On y trouve, extraits ou indiqués, les Livres, Mémoires, Expériences, Découvertes modernes, nationaux & étrangers, fur la Physique, l'Économie rurale, &c. Cet Ouvrage ne contient rien qui puiffe en empêcher l'impreffion. Fait à Paris, ce 16 Mai 1781.

LEBEGUE DE PRESLE.

Le Privilége fe trouvera au dernier Volume.

ERRATA DU PREMIER VOLUME.

Pag. 43, colonne Ire. ligne 20, *Fig. 6*; lifez *Fig. 5.*
Ibid. colonne IIme. ligne 35, *Fig. 5*; lifez *Fig. 4.*
Pag. 328, colonne IIme. ligne 35, bien; *lifez* lien.
Pag. 683, colonne Ire. ligne 32, *Fig. 6*; lifez *Fig. 16.*

LES Articles de cet Ouvrage qui ne font pas défignés à la fin par des lettres capitales, font de M. L'ABBÉ ROZIER ; & ceux défignés par des lettres capitales, ainfi qu'il fuit, font de Meffieurs :

M. M.   M. MONGEZ, le jeune, Chanoine régulier de la Congrégation de France, Auteur du Journal de Phyfique.

M. P.   M. PARMENTIER, Apothicaire-Major des Armées du Roi, &c. Auteur du parfait Boulanger, des Traités de la châtaigne, du pain de pomme de terre, &c.

M. D. L.   M. DE LALAUSE, de l'Ordre de Malte.

M. C.   M. L'ABBÉ COPINEAU.

M. F.   M. FALCONET, Avocat en Parlement.

M B.   M. BAIGNIÈRE, Docteur-Régent de la Faculté de Médecine de Paris.

M. T.   M. THOREL, Médecin Vétérinaire de Lodève.

M. D. M.   L'Auteur ne veut pas être nommé.

M. S.   Idem.

M. N.   Idem.

M. A.   Idem.

Plufieurs Perfonnes nous ont fourni des Articles qui ne font pas imprimés dans ce premier Volume ; leurs noms feront défignés dans les fuivans.

COURS

COURS COMPLET

D'AGRICULTURE

THÉORIQUE, PRATIQUE ET ÉCONOMIQUE,
ET DE MÉDECINE RURALE ET VÉTÉRINAIRE.

ABAISSER, c'est diminuer la longueur d'une branche d'arbre, c'est-à-dire, la couper près du tronc. Il ne faut pas confondre ce mot avec celui de *Ravaler*, qui signifie diminuer la hauteur d'un arbre d'un étage entier de branches.

ABATTEMENT, MÉDECINE RURALE. Cet état est celui dans lequel les fonctions animales sont dérangées; c'est plutôt une disposition à la maladie, qu'une maladie caractérisée. Les parties les plus affectées des effets de cette disposi-

tion à la maladie, sont l'estomac, la tête & les extrémités. Le malade éprouve des dégoûts; il est sujet à des nausées; les alimens dont il usoit habituellement, lui inspirent du dégoût, & il leur préfère ceux qui nuisent le plus à son tempérament & à l'état présent de sa santé; la digestion s'altère de plus en plus; le produit de cette intéressante fonction, le chyle, est crud, de mauvaise qualité, & roulant dans le torrent de la circulation; il en précipite le mouvement dans certaines parties, le ralentit dans

d'autres, & donne naissance à différens symptômes, tels que les las-
situdes après l'exercice le plus léger,
les douleurs vagues dans toutes les
extrémités, les douleurs & les pesanteurs de tête, le sommeil lourd
& profond, peu d'aptitude au travail, un dégoût universel, enfin
un abattement considérable dans les
forces.

Les causes qui peuvent déterminer ces dérangemens, prêts à en
produire de plus grands encore,
sont physiques ou morales. Les
causes physiques sont l'intempérance dans le boire & dans le
manger par la quantité ou par la
qualité, la répercussion de la sueur,
de quelques maladies de la peau, ou
bien encore quelques évacuations
supprimées par quelque moyen que
ce soit.

Les causes morales sont le chagrin, & toutes les passions portées
à l'excès.

Si l'on administroit des secours
aussi-tôt que ces symptômes se font
appercevoir, il seroit possible de
détourner les maladies terribles,
prêtes à sévir, ou du moins d'en
diminuer les dangers. Instruit de
la cause qui a donné naissance au
dérangement de la santé, c'est sur
cette cause qu'il faut diriger tous
les secours. Si la transpiration,
cause la plus commune de toutes
les maladies, a été interceptée, il
faut faire usage des sudorifiques.
(*Voyez ce mot*) Si des maladies
de la peau ont été indiscrétement
répercutées, il faut les faire reparoître. (*Voyez l'article PEAU, pour
les maladies de cette partie.*) Il faut
porter la même attention à toutes
les causes déterminantes, & faire

usage des moyens proportionnés à
leur espèce. Si l'estomac est dérangé par des indigestions répétées
& accompagnées d'amertume, un
vomitif sagement donné, prévient
des maladies que les purgatifs ne
font qu'accélérer. (*Voyez le mot
VOMITIF, pour la manière de l'administrer, & pour la connoissance des
cas qui exigent son usage.*)

Nous ne pouvons mieux finir cet
article, qu'en citant cet adage si
connu & si peu observé : *Opposez-
vous aux commencemens, de peur que
les secours ne deviennent infructueux.*
M. B.

ABATTEMENT, *Médecine vétérinaire.* La cause & les effets de
cette disposition à la maladie sont,
dans les animaux, à peu près les
mêmes que dans l'homme. L'animal
a les yeux larmoyans, la tête pesante, les oreilles basses, le poil
hérissé & terne. S'il mange peu,
il ne faut pas confondre son état
avec celui qui résulte du dégoût.
L'abattement est, jusqu'à un certain
point, une inaction & comme une
suspension des fonctions vitales, au
lieu que le dégoût n'est qu'une suite
de l'abattement. Le dégoût, (*voyez
ce mot*) la perte d'appétit, l'inap-
pétence dérivent communément de
la dépravation des humeurs contenues dans les premières voies, de
la présence de quelques substances
ou odeurs désagréables, & quelquefois enfin lorsqu'on a exigé de
l'animal un travail qui excédoit
ses forces. L'abattement ne doit
pas encore être pris pour l'état de
foiblesse à la suite d'une longue
maladie. Cette foiblesse tient plutôt
à l'épuisement qu'à l'abattement,

sur-tout si on a été prodigue de remèdes.

ABATTIS, se dit de la coupe d'un bois ou d'une forêt, permise par les officiers d'une gruerie, ou par ceux des maîtrises des eaux & forêts.

Plusieurs personnes pensent que cette coupe doit être faite *en décours de la Lune*. Aux articles *Bois* & *Lune*, on établira ce qu'il convient de penser sur cette opinion. Coupez après que le vent du nord aura régné assez long-temps pour resserrer les pores du bois ; coupez par un temps sec ; enlevez tout de suite l'écorce de l'arbre ; dressez-le aussi-tôt, & encore mieux, placez-le sous un hangar, s'il est possible, pour le mettre à couvert de la pluie. Soyez sûr que le bois se durcira & ne sera jamais vermoulu.

ABATTRE un cheval ou *le renverser par terre*, MÉDECINE VÉTÉRINAIRE. Choisir le lieu où l'on veut faire tomber l'animal, examiner s'il est bien plat & uni, ensuite le couvrir d'une ou de deux bottes de paille, sont les premiers soins à avoir. Si l'animal tombe sur un corps trop dur ou sur quelque éminence, il peut le blesser ; & quand même cela n'arriveroit pas, il convient qu'il soit mollement étendu. Au paturon de chaque jambe, on attache une entrave de cuir, garnie de sa boucle pour le fixer, & d'un anneau de fer pour y passer la corde, comme on le dira dans la suite. La boucle & l'anneau doivent être en dehors. Un aide tient une longue corde, en fixe un bout à l'anneau du pa-

turon de devant, passe la même corde dans les deux anneaux de derrière, la ramène dans l'anneau de la jambe de devant & enfin dans le premier anneau : alors tirant subitement cette corde, les quatre jambes se rapprochent, & l'animal tombe, n'ayant plus de véritable point d'appui. Aussi-tôt un autre aide se jette sur son col, le saisit par la crinière, tandis qu'un second le saisit par la queue pour l'empêcher de se relever. Ce travail a lieu toutes les fois que l'animal doit subir une opération chirurgicale, ou longue, ou douloureuse ; ou lorsqu'il est difficile de le ferrer sans danger.

ABATTRE L'EAU, *Médecine vétérinaire*. Il n'est pas prudent, lorsqu'un cheval ou un mulet, ou tout autre animal revient du travail & sue, de le laisser dans cet état, exposé à l'action de l'air, ni même simplement renfermé dans une écurie ; il est à craindre que la sueur & la transpiration ne soient arrêtées & ne refluent dans la masse des humeurs. Les résultats en sont toujours dangereux, & on ne doit jamais perdre de vue que c'est par de petits soins & des soins multipliés, qu'un maître parvient à conserver les animaux les plus utiles pour l'exploitation de ses terres. Un valet doit prendre un couteau de chaleur & abattre l'eau depuis la tête jusqu'aux pieds. Le couteau de chaleur n'est autre chose qu'un vieux morceau de lame de couteau ou d'une vieille faulx, avec lequel il fait couler la sueur, en frottant de haut en bas la peau de l'animal. Après cette première opération, il eſt avantageux de bouchonner l'animal & de le couvrir d'un ſac fait de paille ou de toile.

On dit encore *Abattre l'eau*, lorſque l'animal revient de la rivière.

ABCÈS, MÉDECINE RURALE, collection de matière purulente ou ichoreuſe, qui ſe fait par le changement de la ſubſtance d'une partie, en pus de bonne ou de mauvaiſe qualité. Quoique ce changement de la ſubſtance d'une partie en pus ne nous ſoit pas plus connu que le changement des alimens en chyle, & du chyle en ſang, l'expérience nous apprend que ce changement tient à un mouvement particulier, plus accéléré en général dans la partie malade que dans les parties qui ſont dans la plus parfaite ſanté. Nous diſons *plus accéléré que dans l'état de ſanté*, car il exiſte des abcès dans leſquels le mouvement & la chaleur ſont au même degré que dans la ſanté, quoique le pus s'y forme & y ſéjourne. Notre but n'étant pas d'entrer dans des diſcuſſions ſcientifiques, ce qui nous éloigneroit de la ſimplicité de notre plan, nous nous contenterons de ne parler, ſur cette matière, que des choſes qui ſont abſolument utiles.

On diviſe les abcès en deux claſſes, les abcès extérieurs & les abcès intérieurs.

Les abcès extérieurs ſont tous ceux qui ſiègent dans les glandes, dans les chairs, & ſur-tout dans le tiſſu cellulaire : ils paroiſſent quelquefois à la ſuite des maladies aiguës, (*voyez ce mot*) & ſont d'un augure favorable. Quand les forces du ma-

lade ne ſont pas trop épuiſées, ils ſont alors le produit du travail de la nature, qui, après avoir lutté long-temps contre l'ennemi qui l'oppreſſoit, ſort enfin victorieuſe du combat, & dépoſe ſur les extrémités du corps la cauſe matérielle de tous les déſordres qui jetoient le trouble dans ſes fonctions.

Il exiſte des abcès d'un autre genre, leſquels varient en raiſon de la cauſe qui les produit : tels ſont ceux que font naître les vices ſcorbutiques, vénériens, écrouelleux, dartreux, & autres : ils reçoivent différens noms, ſuivant la différence des cauſes qui les font naître ; c'eſt pourquoi les bubons, les anthrax, les clouds, les furoncles, ne ſont, à vrai dire, que des abcès.

Les cauſes des abcès ſont faciles à connoître d'après ce que nous venons d'expoſer ; & l'on voit aiſément qu'elles ſont très-multipliées.

Pour récapituler, nous mettrons au nombre des cauſes éloignées des abcès, ſoit intérieurs, ſoit extérieurs, les différens vices, tels que les vices ſcorbutiques, vénériens, écrouelleux & dartreux, les différentes maladies de la peau, répercutées par une cauſe quelconque, les évacuations naturelles, arrêtées, les fièvres, les inflammations mal traitées, les criſes imparfaites, les chûtes & les coups, qui, en déſorganiſant les parties, favoriſent la ſuſpenſion de la circulation dans ces mêmes parties, ſuſpenſion qui, faiſant ſéjourner le ſang & les autres fluides dans une partie privée du mouvement vital ordinaire, en accélère la dépravation, & fait naître l'inflammation : or , toute inflammation se termine ou par la résolution , & il ne se forme pas d'abcès, ou par la suppuration, & l'abcès se forme. Dès l'instant que l'abcès est ouvert, il prend le nom d'*ulcère*. (*Voyez ce mot*)

Les abcès extérieurs font bien plus aisés à connoître, & bien moins dangereux que les abcès intérieurs. Les premiers ne siègent, comme nous l'avons dit , que dans les glandes & dans les chairs, tandis que les seconds ont leur racine dans le corps des viscères les plus nécessaires à la vie.

Les abcès intérieurs, à la suite des grandes inflammations , s'annoncent par des frissons vagues, par l'augmentation de la fièvre , de la douleur & de la chaleur : ils se forment ordinairement le vingtième jour d'une fièvre, à la suite de laquelle il n'a point paru d'évacuation sensible. Dans le cours d'une maladie & d'une convalescence, si quelques parties deviennent douloureuses , souvent on peut soupçonner qu'il s'y formera un abcès.

Les abcès intérieurs font toujours très-dangereux : il faut que le pus trouve une issue, sans quoi le malade meurt ou suffoqué, ou des suites de la putréfaction : souvent on l'a vu se frayer une route loin des parties dans lesquelles il avoit porté ses ravages ; on a vu le pus de la matrice sortir par la poitrine, & quelquefois le pus de la poitrine se frayer une route par les urines, quoique les reins & la vessie n'aient point ressenti les premiers effets de la présence.

C'est toujours d'après la connoissance des causes qui ont déterminé les abcès tant intérieurs qu'extérieurs, qu'il faut diriger le traitement.

Pour les abcès extérieurs, quand l'inflammation est très-forte, on fait une saignée pour diminuer l'inflammation ; on la réitère, si elle continue : on emploie les topiques émolliens ; (*voyez ce mot*) & quand l'abcès est mûr, il perce de lui-même : on favorise le dégorgement par les mêmes émolliens ; il faut entièrement rejetter tous les corps gras, tous les emplâtres, tous les onguens , qui , en bouchant les pores de la peau, bien loin de favoriser le travail de la nature, qui tend à pousser le pus au dehors, le font refluer dans la masse, & produisent, de la cause la plus simple, les effets les plus dangereux. Si nous pouvons déraciner le préjugé meurtrier qui domine sur cette partie de l'art de guérir, nous nous ferons acquittés de cette dette importante que toute ame sensible doit payer à l'humanité. L'application de l'eau tiède est cent fois plus utile que tous ces onguens composés à grands frais, vantés & célébrés par l'ignorance & par la cupidité.

Il existe des abcès extérieurs qu'il faut ouvrir avant leur maturité, sur-tout ces abcès qui viennent aux doigts , & qu'on désigne sous le nom de *panaris* , de peur que le pus contenu dans des parties très-serrées, ne fuse le long des bras, & n'aille sévir sous l'aiffelle & dans la poitrine même , comme l'expérience, malheureusement trop journalière , nous l'a démontré à la suite de l'application des corps gras : mais comme ceci regarde les gens de l'art , nous conseillons d'avoir recours à eux dans des cas semblables. Notre tâche est remplie , si nous pouvons empêcher l'emploi des corps gras , prévenir les funestes effets qui suivent leur usage , & laisser encore à l'art des ressources efficaces.

Les abcès intérieurs une fois formés , si l'on est assez heureux pour que le pus se procure une issue facile , il faut bien se donner de garde de troubler cette crise favorable de la nature par des remèdes incendiaires ; les *analeptiques*, (*voyez ce mot*) les fruits rouges , si la saison permet l'usage de ces derniers , sont les seuls moyens qui puissent favoriser la nature dans son travail , & empêcher les suites dangereuses.

Pour ce qui regarde les abcès intérieurs de chaque partie , *voyez les articles* POUMON, FOIE, ESTOMAC *& autres.* M. B.

ABCÈS , *Médecine vétérinaire.*

I. *De l'abcès en général.*
II. *Des moyens de le faire aboutir.*
III. *De l'effet des médicamens gras ou huileux.*
IV. *Des moyens à employer lorsque la suppuration est lente à s'établir.*
V. *Des abcès difficiles à percer , relativement à leur position, & des moyens pour y remédier.*
VI. *Des contre-ouvertures.*
VII. *Du traitement de l'ulcère formé par l'ouverture de l'abcès.*

I. Il vient d'être dit que l'abcès n'est jamais sans inflammation quelconque ; & si l'abcès est considérable, l'inflammation l'est également, & la fièvre survient. Dans ce cas , l'eau blanche ou l'eau acidulée par le

vinaigre ou l'eau nitrée , calmeront l'irritation. Cette dernière est plus active que la première , & la première l'est moins que les deux autres. Alors l'abcès acquerra peu d'étendue , & le pus sera louable. Ce cas exige la saignée , si la fièvre & l'inflammation sont trop fortes. Voilà pour le traitement intérieur.

II. Des cataplasmes faits avec la farine ou la mie de pain bien divisée , à laquelle on peut ajouter le safran , la pulpe de l'oignon de lys blanc , la verveine , la pariétaire , toutes les espèces de mauves , les épinards, l'arroche , le seneçon, ou telles autres herbes émollientes , seront appliquées sur l'animal , & soutenues par des bandages & ligatures analogues à la partie sur laquelle l'abcès se manifeste. (*Voyez le mot* BANDAGE)

III. Si au contraire vous employez les médicamens huileux ou les onguens qui ont pour base l'huile ou le beurre , ou les graisses ou la cire , vous ne tarderez pas à voir paroître une suppuration trop abondante , un pus de mauvaise qualité, la plaie résultante de l'abcès avoir la plus grande peine à se cicatriser , & quelquefois la gangrène succéder à l'inflammation, Tel est l'effet mécanique & nécessaire de l'application des corps gras & huileux , & la cause de l'opiniâtreté des plaies les plus simples à se cicatriser. Cette assertion paroîtra pour le moment un paradoxe à la multitude , puisqu'elle est diamétralement opposée à la pratique ordinaire de ceux qui se livrent à l'art de guérir ; cependant nous osons promettre de la porter jusqu'à la démonftration en traitant le mot ONGUENT. (*Voyez ce mot*)

IV. Si la fuppuration eft lente à fe former, fi l'inflammation, moyen dont la nature fe fert pour établir la fuppuration, traîne, languit, on doit alors rendre les cataplafmes plus actifs, plus pourriffans, afin que l'abcès aboutiffe. Le levain de la pâte, & fur-tout de la pâte de feigle, la graine de moutarde réduite en poudre & incorporée avec la fiente de pigeon ou de vache, produiront de bons effets.

On peut encore employer utilement des fubftances gommo-réfineufes, telles que la gomme ammoniac, le *bdellium*, le *fagapenum*, mifes en folution par le vin, & unies aux oignons cuits fous la cendre, aux favons, &c.

A ces remèdes extérieurs, il convient d'unir les remèdes intérieurs pour ranimer les forces de l'animal. La thériaque feule, ou délayée par l'eau dans laquelle on aura fait bouillir des plantes, telles que les racines de fcorfonère, de bardanne & des feuilles de chardon-bénit, de fcabieufe, &c. feront appliquées convenablement.

V. Il fe préfente une troifième circonftance dans les différens abcès fur laquelle il eft important de s'arrêter. Lorfque l'abcès fe forme aux endroits chargés de graiffe, ou fous de gros mufcles, ou fous de fortes membranes, les maturatifs ou pourriffans dont on vient de parler, feront infuffifans pour attirer la fuppuration au-dehors. Si on n'emploie pas des moyens plus prompts, plus efficaces, le pus fait des fufées, s'ouvre des routes dans

le tiffu cellulaire, y établit des clapiers, & les progrès du mal augmentent vifiblement chaque jour. L'art fournit des reffources puiffantes, & la prudence exige leur application auffi-tôt qu'on connoît le véritable fiége du mal. Elles fe réduifent à trois; favoir, les cauftiques, le cautère actuel & l'inftrument tranchant. Le précipité rouge avec le fublimé corrofif, la pierre à cautère, la pierre infernale, le beurre d'antimoine font les cauftiques les plus renommés. Le cautère actuel eft celui qui s'exécute par le moyen des boutons de feu. L'action des premiers eft lente & douloureufe, & celle de la feconde eft fimplement douloureufe. Le cautère actuel eft fur-tout préférable aux cauftiques, lorfqu'il faut découvrir un abcès dans un endroit où l'inftrument tranchant arrive avec peine, ou lorfque la plaie fe referme prefqu'auffi-tôt qu'on l'a retiré. Le grand avantage du cautère actuel eft de former une efcarre confidérable qui maintient l'ouverture de la plaie, & donne un libre écoulement au pus. L'inftrument tranchant eft d'une grande utilité; la douleur qu'il occafionne eft moins vive que celle des deux moyens cités, & fon action eft plus directe & plus prompte. Lorfqu'on plonge le fer dans le foyer de l'abcès, lorfque l'abcès eft ouvert dans toute fa largeur, alors on introduit le doigt dans fa cavité; & fi des brides forment des cellules, des cloifons, & pour ainfi dire autant de facs d'abcès féparés, il convient de les couper avec les cifeaux ou avec le biftouri. Un praticien attentif accompagnera & con-

duira la pointe du fer avec l'extrémité du doigt, dans la crainte d'attaquer ou de couper quelque partie
qui ne feroit pas une bride. C'eſt
une délicateſſe ou une retenue déplacée de s'aſtreindre à faire de petites ouvertures. La coupure eſt
feulement une plaie ſimple que la
nature guérit ſans le ſecours de
l'art, & l'ouverture trop étroite
ne laiſſe pas au pus un paſſage ſuffiſant, & oblige ſouvent d'en faire
de nouvelles.

VI. Il arrive des cas où les contre-ouvertures ſont d'une néceſſité
abſolue. Quelquefois la poſition de
l'abcès ne permet pas de donner
l'iſſue que l'on deſireroit ; d'autres
fois, à cauſe des poches ou ſacs
dans leſquels le pus ſéjourne, s'accumule & produit des ravages affreux. Dans ce cas, la contre-ou-
verture ſera pratiquée ſur l'endroit
où la pente entraîne naturellement
le pus, & même on en pratiquera
pluſieurs, ſi le beſoin l'exige. Cette
opération eſt à tous égards préférable aux bandages expulſifs, aux
injections, &c. qui, le plus ſouvent,
ne ſervent qu'à faire traîner le mal
en longueur.

VII. Lorſque l'abcès eſt ouvert,
le premier point eſt de faire écouler le pus en preſſant légérement
ſur les deux côtés des lèvres de la
plaie. 2°. D'eſſuyer l'ulcère avec
de la filaſſe de chanvre bien cardée, bien douce & très - propre ;
de changer les bourdonnets faits
avec cette filaſſe, juſqu'à ce que
l'ulcère ſoit convenablement deſſéché. 3°. De garnir la cavité de l'ulcère avec des bourdonnets ou plumaſſeaux de la même filaſſe douce,

fine & mollette ; ces plumaſſeaux
abſorberont le pus à meſure qu'il ſe
forme dans l'ulcère, & l'empêcheront
de ronger les chairs. 4°. Lorſque les
cavités en ſont garnies, il faut appliquer par-deſſus des plumaſſeaux
épais, trempés dans une décoction
de plantes vulnéraires, (voyez ce mot)
légérement éguiſée par un peu de ſel
marin. 5°. Retenir ces plumaſſeaux
par des compreſſes à pluſieurs doubles & fortement imbibées de cette
décoction vulnéraire. 6°. Les tenir
aſſujetties par un bandage convenable. 7°. Avoir ſoin de les hu-
mecter pluſieurs fois par jour ſans
déranger l'appareil. 8°. Panſer l'animal ſeulement une fois par jour,
& laiſſer, le moins qu'il ſera poſſible, la plaie expoſée à l'action de
l'air, enlever les bourdonnets, les
plumaſſeaux, deſſécher l'ulcère, &
le bien nettoyer avec la décoction
vulnéraire. 9°. A meſure que le
fond de l'ulcère ſe rétrécit, diminuer le volume des bourdonnets,
&, dans aucun cas, ne forcer pour
le faire entrer, ni en employer
de trop gros, parce qu'ils ſoule-
veroient & tirailleroient trop les
chairs. 10°. S'il ſurvient des chairs
baveuſes ſur les bords de la plaie,
il ſuffit de les toucher avec le vitriol ou avec la pierre infernale,
& d'augmenter la doſe de ſel de
cuiſine dans la décoction ; on peut
même y ajouter un peu d'eau-de-
vie. Si au contraire les bords de la
plaie ſont trop enflammés, durs, calleux, les décoctions des plantes
émollientes ſeront très-utiles.

Les Maréchaux emploient communément les onguens digeſtifs
pour le panſement des ulcères. Je
crois qu'il eſt très-poſſible de s'en
paſſer

passer & de simplifier la méthode curative, puisqu'en me servant de celle que je viens d'indiquer, j'ai obtenu le même succès qu'eux.

ABEILLES.

TABLEAU du Traité sur les abeilles.

PAR M. D. L. L. D. L. D. M.

PREMIÈRE PARTIE.

CHAPITRE PREMIER.

DES DIFFÉRENTES ESPÈCES D'ABEILLES.

Toutes les abeilles, soit sauvages ou domestiques, vivent en société; elles forment entr'elles une espèce de république, dont le chef paroît diriger tous les individus qui la composent, vers le même but, qui est le bien commun de l'état, auquel tous les membres concourent par leur travail & leurs différentes occupations, selon leurs talens particuliers & selon leurs forces. L'ordre & l'harmonie qui régnent, & qu'on admire avec surprise dans ces sortes de républiques, semblent naître de l'observance exacte & rigoureuse des loix qui y sont établies, & de la soumission à la volonté du chef qui gouverne.

SECTION PREMIÈRE.

Combien de sortes d'Abeilles domestiques.

On distingue quatre espèces d'abeilles domestiques, qu'il est essentiel de bien connoître, parce qu'elles diffèrent beaucoup en bonté. Celles de la première espèce sont grosses, longues & très-brunes; celles de la seconde sont moins grosses, leur couleur est presque noire; celles de la troisième sont grises & de moyenne grosseur; celles de la quatrième, beaucoup plus petites que les deux premières, sont d'un jaune aurore luisant & poli. On les nomme communément les *petites hollandoises* ou les

petites flamandes, parce qu'elles nous viennent de la Hollande & de la Flandre.

SECTION II.

Quelles sont les meilleures Abeilles.

La vivacité, l'ardeur, l'activité au travail, l'humeur douce & la facilité d'apprivoiser les abeilles de la quatrième espèce, ou petites flamandes, les rendent préférables à toutes les autres : elles sont très-laborieuses, & ménagent leurs provisions avec la plus grande économie. On peut les soigner aisément sans beaucoup redouter leur aiguillon : à la douceur de leur caractère, on diroit qu'elles connoissent ceux qui les visitent souvent. La seconde espèce n'a point d'inclinations ni de vices qui soient dangereux à la société de leurs voisines; avec des soins on réussit à les apprivoiser, & on les accoutume peu-à-peu, en les visitant souvent, à se laisser gouverner : si elles se livrent au pillage, c'est la nécessité & non point la paresse qui les y porte.

Celles au contraire de la première & troisième espèce sont presque toujours farouches, sauvages, & d'un abord difficile : leur caractère méfiant les tient sans cesse en garde contre ceux qui les approchent, ce qui est cause qu'on ne peut point les soigner comme on le desireroit; elles craignent qu'on veuille enlever leurs provisions, lors même qu'on cherche les moyens de pourvoir à leurs besoins. Malgré tous les soins qu'on a pris pour les civiliser, elles n'ont point encore perdu l'humeur dure & le caractère méchant qu'elles avoient dans les bois d'où on les a tirées ; on parvient difficilement à les fixer dans leur habitation, fur-tout les petites grifes, qui font de vrais pirates. Leur voifinage eft très-dangereux pour les deux autres efpèces qui font actives & laborieufes : pareffeufes & prefque toujours oifives, elles s'amufent & paffent leur tems à voltiger autour de leurs ruches fans beaucoup s'écarter, tandis que les autres, qui font infatigables, parcourent d'un vol rapide les plaines, les côteaux, les montagnes, pour en moiffonner les richeffes. La campagne leur offre en vain une abondance capable de fatisfaire leur avidité ; elles préfèrent d'aller piller leurs voifines diligentes ; elles les attendent quelquefois à leur retour des champs, les égorgent fans pitié pour fe raffafier du miel qu'elles apportent ; d'autres fois elles s'attroupent, vont les attaquer dans leur habitation pour enlever les fruits de leurs peines & de leurs travaux. Malgré la réfiftance qu'oppofe le courage le plus intrépide, cette troupe de brigands, active quand il s'agit de nuire, force l'entrée, brife les portes, renverfe les édifices, enfonce les magafins, & enlève les provifions : celles qui font attaquées ont beau fe défendre, elles meurent des bleffures qu'elles reçoivent, victimes de leur réfiftance, & de leur amour courageux à vouloir fauver la famille qu'elles élèvent.

Qu'on n'efpère point les corriger de l'inclination qu'elles ont pour le pillage : on a beau les éloigner des autres, quelque part qu'on les mette,

elles n'oublient point le chemin de leur habitation. Lorfqu'on a des abeilles de cette efpèce, le meilleur expédient eft de s'en défaire : on attend pour cela qu'elles aient amaffé quelques provifions, & alors on les étouffe pour en profiter : on creufe pour cet effet un trou dans la terre, égal à la circonférence de la bouche, ou grande ouverture de la ruche, dans lequel on met du foufre allumé ; on pofe la ruche par-deffus, en rejoignant la terre contre l'ouverture, afin que la fumée aille toute dans l'intérieur.

Section III.

De combien de genres font les Abeilles qui compofent une ruche.

Dans chaque efpèce d'abeilles on diftingue des individus de trois genres : la reine, qui eft la feule femelle de toute l'efpèce ; les fauxbourdons, qui font les mâles, & les ouvrières, qui n'ont aucun fexe, qu'on nomme pour cette raifon les *neutres*. En tout tems on ne trouve pas des abeilles de ces trois genres dans une ruche : les faux-bourdons, vers la fin de l'été, font exilés de la république, ou maffacrés par les abeilles ouvrières ; il n'en paroît plus qu'au printems fuivant, après la première ponte de la reine. Quoiqu'il y ait plufieurs jeunes femelles dans la ruche, après la première ponte, il eft toujours vrai que la reine, qui eft le chef unique de l'état, en eft auffi la feule femelle, parce que les jeunes ne pondent point dans le domicile de leur naiffance : elles attendent le départ des effaims pour fe mettre à leur tête, & aller fonder quelque établiffement hors des états de la reine - mère : celles qui ont le malheur de n'être point choi-fies pour conduire la colonie, font chaffées après fon départ, & maf-facrées fi elles s'obftinent à vouloir refter, parce que les abeilles ne veu-lent qu'un chef pour les gouverner.

CHAPITRE II.

DE LA REINE.

SECTION PREMIÈRE.

Sentimens des anciens Philofophes fur le Chef de la République des Abeilles.

Les anciens philofophes n'ont point connu le fexe du chef de la république des abeilles, auquel ils donnoient le titre de roi. Ariftote, Virgile, Pline, Columelle & quan-tité d'autres après eux, ont penfé que le chef étoit mâle, quoiqu'ils fuffent perfuadés qu'il ne contri-buoit point à la réproduction de l'efpèce. Ils en diftinguoient de deux fortes ; l'un, qui étoit le roi légitime, étoit d'une belle cou-leur dorée, ayant la tête ceinte d'un diadème très-remarquable : fa démarche, fière & affurée, ne per-mettoit pas de le méconnoître pour le légitime poffeffeur d'un trône où le choix des abeilles, autant que les droits de fa naiffance, l'avoient appelé. Son origine étoit des plus illuftres ; Pline affure qu'il ne paffoit point par tous les degrés de l'enfance auxquels les autres abeilles étoient affujetties. L'autre roi, au contraire, d'une couleur noire & d'une forme hideufe, ne montroit qu'un vil ufurpateur, indigne du trône qu'il vouloit envahir. Ariftote eft le feul qui ait admis plufieurs

rois dans la république des abeil-les ; il penfoit que leurs fonctions étoient de féconder les femelles. Pline prétendoit qu'on en élevoit plufieurs, & qu'enfuite les abeilles, après avoir choifi celui qui leur convenoit, chaffoient les autres comme des rois inutiles qui au-roient femé la difcorde dans l'état. Ariftote avoit accordé un aiguillon au roi des abeilles, dont il vouloit cependant qu'il ne fît point ufage, parce qu'il jugeoit indigne de la ma-jefté d'un fouverain de combattre lui-même fes ennemis, ou de punir des fujets rebelles : ces foins étoient confiés aux officiers commis pour la garde de fa perfonne, & à fes licteurs. Sénèque, Pline, Colu-melle, &c. ne vouloient point ab-folument qu'un monarque, qui de-voit à fes fujets l'exemple de la douceur & de la paix, portât une arme qui, dans un mouvement de colère, pouvoit l'engager à fortir des bornes d'une modération pa-cifique.

Aldrovande, Edwards, après de longues differtations à ce fujet, s'abftiennent de prononcer, jufqu'à ce que de nouvelles obfervations aient découvert la vérité. Il leur étoit cependant très - facile de fe convaincre fi le roi des abeilles avoit un aiguillon ; ils n'avoient qu'à s'en faifir, l'irriter ; l'épreuve qu'ils auroient faite de fon arme meurtrière les auroit, je penfe, fuffifamment convaincus qu'il en avoit une, & qu'il favoit s'en fer-vir dans l'occafion.

SECTION II.

Defcription de la Reine-Abeille.

Il eft très - aifé de diftinguer la

Pl. I. Pag. 1.

Fig. 5.

Fig. 4.

Fig. 3.

Fig. 2.

Fig. 1.

Fig. 6.

a

a

a

a

Fig.

7

7

7

Fig.

8

8

8

a

b

a

a

a

b

Fig. 9

Fig. 10

Fig. 11

Fig. 12

Fig. 13

Fig. 15

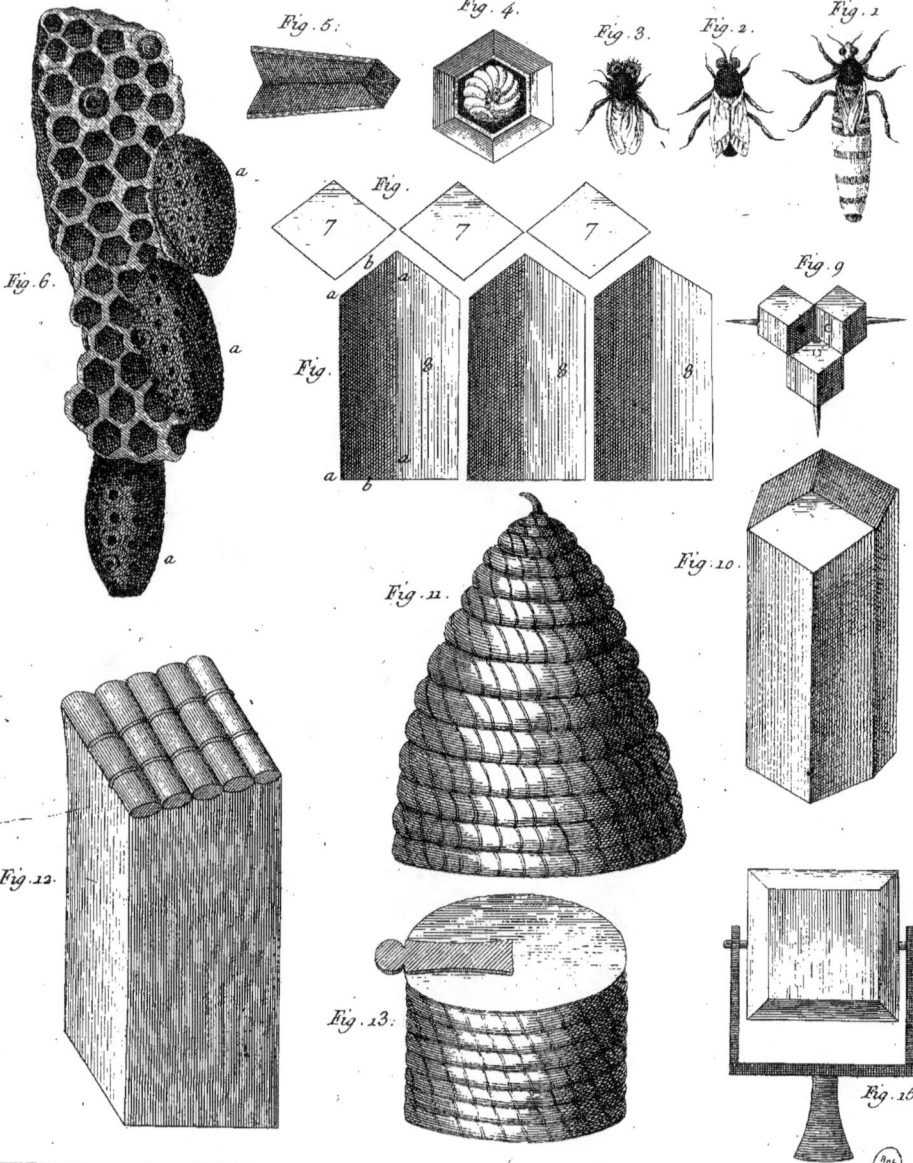

reine, ou mère-abeille, des ouvrières & des faux-bourdons (*Fig. 1*, *Pl. 1*) La longueur de son corps, la petitesse de ses ailes la rendent très-remarquable : moins grosse & plus longue que les faux-bourdons, elle surpasse en longueur & en grosseur les abeilles ouvrières. Ses ailes, aussi grandes que les leurs, paroissent plus petites, parce qu'elles n'accompagnent pas son corps dans toute sa longueur ; leur bout se termine ordinairement au troisième anneau : avec des ailes si courtes, & si peu proportionnées à la masse de son corps, elle doit voler avec peine ; rarement elle en fait usage, elle se tient constamment dans ses états au milieu de la cour que forme autour d'elle une partie toujours assez considérable de ses sujettes. La grosseur de son corps n'est point aussi uniforme & constante que celle des ouvrières & des faux-bourdons ; elle est relative à la plus grande ou plus petite quantité d'œufs dont son ovaire est fourni, & à leur volume, qui varie selon les circonstances : dans le tems de la ponte, par exemple, elle doit être bien plus considérable que dans toute autre saison.

Son corps, dont le diamètre diminue insensiblement, depuis le premier anneau jusqu'au dernier, est plus détaché du corcelet que celui des ouvrières ; ses deux yeux à réseaux, & les trois yeux lisses, sont placés à sa tête, comme les leurs ; ses dents, qui ont chacune deux dentelures, sont bien moins grandes. Sa trompe courte & déliée ne paroît point propre à recueillir le miel au fond du calice des fleurs, & elle n'a point sur ses jambes ni brosses ni palettes triangulaires ; la nature ne

l'en a point pourvue, parce qu'elle n'étoit point destinée par son état à en faire usage : à l'endroit où devroit être la brosse, à peine y voiton, avec une forte loupe, quelques poils clairs & courts. Les ouvrières, par leurs attentions & leurs soins, la dédommagent de cette privation : continuellement elles l'entourent ; soit pour lui offrir du miel, en étendant leur trompe devant elle, soit pour la brosser, afin de la nettoyer de toutes les ordures qu'elle peut avoir ramassées. Sa couleur, qui varie beaucoup, selon les différens individus, n'est jamais semblable à celle des ouvrières & des faux-bourdons ; elle est d'un brun clair sur le dessus de son corps, & en-dessous, d'un beau jaune.

Son aiguillon très-fort, & beaucoup plus long que celui des ouvrières, est un peu recourbé vers le dessous du ventre ; rarement elle fait usage de ce dard empoisonné, à moins qu'elle ne soit fortement irritée, ou qu'elle livre le combat à des concurrentes pour les éloigner de ses états : peut-être que les dangers auxquels elle s'exposeroit en faisant usage de cette arme meurtrière, la rendent plus circonspecte ; en ménageant sa propre vie, elle assure le salut de toute sa république, qui périroit misérablement si son chef lui étoit enlevé.

Le sexe de la mère-abeille n'est plus un problême, depuis que Swammerdam a découvert, par les dissections anatomiques qu'il en a faites, que cette abeille, si remarquable par sa grosseur & sa figure allongée, étoit une mère très-féconde. Ce savant naturaliste ayant ouvert une mère-abeille, a trouvé la plus grande partie de son ovaire placée dans la partie supérieure du ventre , & près de la division qui le sépare du corcelet; de sorte que l'estomac, les intestins & les autres viscères sont situés plus bas & plus en arrière. Cet ovaire est double ; une partie est à droite, l'autre est à gauche ; elles sont adhérentes & contiguës: les vaisseaux de chaque ovaire sont liés par les trachées qui les traversent , & leurs membranes très-minces laissent voir à travers , les œufs qu'ils contiennent. Chaque ovaire est divisé en plusieurs conduits ou *oviductus*, qui fournissent aux œufs qui sont dans leur intérieur, leur enveloppe & leur substance. Ces *oviductus* sont si déliés, leur nombre est si considérable , qu'on ne parvient qu'avec beaucoup de peine à en compter quelques-uns ; Swammerdam en a compté jusqu'à trois cents ; bien d'autres lui ont échappé , & dans chacun il a distingué seize à dix-sept œufs. Une mère-abeille a par conséquent au moins cinq mille cent œufs visibles , & de différentes grosseurs , comme il est évident si on multiplie le nombre des *oviductus* par celui des œufs qu'un seul contient.

Les extrémités des *oviductus* paroissent de petits fils très-déliés & courbés par le bout , garnis dans toute leur longueur de petits œufs d'une figure oblongue. Dans la partie la plus basse du ventre , l'ovaire se termine par deux conduits très-visibles , qu'on peut comparer aux deux cornes de la matrice qu'on observe dans les quadrupèdes : c'est dans ces deux conduits qu'aboutissent tous les *oviductus* , & qu'ils se

déchargent des œufs qu'ils contenoient ; ils se dilatent peu-à-peu pour former un renflement globuleux , qui peut être regardé comme la matrice, où les œufs qui y sont déposés reçoivent quelque changement avant de sortir du corps de l'abeille. On trouve encore à l'extrémité du ventre une partie sphérique qui contient une liqueur visqueuse qui est conduite dans la matrice par deux petites cornes qui viennent y aboutir. Cette liqueur, dont les œufs sont enduits à leur passage dans la matrice, les fixe au fond de l'alvéole , où ils doivent être suspendus par un de leurs bouts.

Quoique M. de Réaumur ne doutât point du sexe de la reine-abeille, après les dissections anatomiques que Swammerdam en avoit faites, il fut cependant curieux de les répéter : tout ce que ses observations lui apprirent, se trouva parfaitement conforme à ce que l'observateur hollandois avoit remarqué. Il ne se contenta point de disséquer plusieurs femelles d'abeilles dans différentes saisons de l'année ; pour s'assurer de la vérité de leur sexe, il eut recours à un autre moyen, que n'avoit point tenté Swammerdam : ce fut de mettre une reine sous un poudrier de verre avec un ou deux faux-bourdons ; l'empressement, l'ardeur indécente de cette femelle à les rechercher, la manière dont elle se comporta avec eux, le persuada qu'elle n'avoit jamais mérité les éloges que lui avoient prodigués les anciens naturalistes sur sa prétendue continence.

SECTION

Section III.

La Reine est seule de son espèce dans la ruche ; les ouvrières n'en souffrent jamais plusieurs.

Les abeilles ne souffrent jamais qu'un chef à la tête de leur république : toutes les fois qu'on a introduit une reine parmi des abeilles qui en avoient une, ces républicaines l'ont chassée ou l'ont fait mourir. La prodigieuse fécondité de ces femelles, qui les exposeroit à des travaux excessifs, est sans doute la cause qu'elles n'en veulent qu'une. Lorsqu'un essaim est sorti de la mère-ruche, à la suite du chef qu'il a choisi, les abeilles qui sont demeurées, chassent toutes ces reines surnuméraires, qui ruineroient l'état ; n'ayant point de colonie à conduire, elles sont peu disposées à quitter leur patrie, & à s'éloigner d'une habitation où les provisions sont en abondance : elles s'obstinent donc à demeurer, & la mort est toujours la peine & le châtiment de leur obstination.

M. de Réaumur a fait l'expérience la plus décisive, pour s'assurer qu'il n'y avoit jamais qu'une reine dans chaque république d'abeilles : il plongea une ruche dans un baquet rempli d'eau, pour en noyer toutes les abeilles ; après les avoir retirées, il les tria une à une, & il ne trouva parmi elles qu'une seule reine. D'autres fois il en a introduit dans des ruches, après leur avoir mis sur le corcelet une couleur à huile avec un pinceau, afin de les reconnoître ; elles furent assez bien accueillies de celles qui se trouvoient de garde aux portes ; celles

de l'intérieur s'empressèrent aussi d'aller à elles ; mais le lendemain il les trouva mortes au bas de la ruche.

S'il y avoit deux reines dans une ruche, quand même elles vivroient en bonne intelligence, & que les ouvrières les souffriroient, le bien commun de la société n'en iroit pas mieux, & l'état seroit bientôt près de sa ruine. En supposant qu'elles fussent bien fécondes, le nombre des cellules ne suffiroit pas pour recevoir tous les œufs qu'elles pondroient ; elles seroient donc forcées d'en mettre plusieurs dans la même. Hé, comment ces petits vers, qui, dans leur état de nymphe, doivent en remplir toute la capacité, pourroient-ils y être logés ! ils s'étoufferoient mutuellement. Que deviendroit donc l'espérance des ouvrières, qui ne travaillent avec tant d'ardeur, que pour la famille qu'elles attendent, qui doit partager leurs peines, & remplacer leurs compagnes ; que la vieillesse ou les accidens leur enlèvent tous les jours ? Quoique cruel, c'est donc un sage parti de tuer toutes ces reines surnuméraires : la vie d'un être privé ne doit-elle pas être sacrifiée à l'avantage du bien public qui résulte de sa mort ?

Section IV.

Quelles sont les occupations & les fonctions de la Reine.

Les occupations de la reine la retiennent absolument dans l'intérieur de son palais ; elles consistent à visiter toutes les cellules, à entrer dans toutes, pour examiner si elles sont en état de recevoir le dépôt qu'elle veut y placer. A la tête des

C

ouvrières, elle les excite au travail ; sa présence les entretient dans l'activité, sa complaisance à recevoir leurs caresses, leur tient lieu de récompense, en même-tems qu'elle est un nouveau motif d'émulation. A peine les édifices sont construits, qu'elle y dépose le germe des nouveaux sujets qui doivent un jour augmenter la population de son empire. De tems en tems elle entre dans son sérail, où elle va prodiguer à son tour ses caresses aux faux-bourdons indolens, pour les engager à répondre à ses empressemens & à ses desirs ; elle dissipe dans les jeux amoureux, les inquiétudes inséparables du gouvernement, & les soucis que donnent les soins qu'on prend d'une nombreuse famille.

Toute sa vie se passe dans une douce captivité ; jamais elle ne quitte son domicile, à moins qu'il ne soit pas de son goût, ou qu'elle n'y trouve point les avantages qu'elle desire pour l'éducation de sa famille. Si elle sort de son palais, c'est pour prendre l'air, & jouir d'un beau soleil qui l'invite à profiter de sa douce chaleur, sans cependant s'écarter des portes de son habitation, qu'elle ne perd jamais de vue. Elle ne va point recueillir le miel, ni la cire ; ces travaux pénibles ne conviendroient pas à la dignité de son caractère, & seroient d'ailleurs incompatibles avec ses occupations journalières, qui exigent qu'elle soit continuellement au milieu de ses sujettes. La nature l'a privée des instrumens qui sont nécessaires pour ces différentes récoltes ; sa trompe n'est point assez longue pour laper le suc des fleurs ; ses jambes ne sont point conformées pour recevoir la boulette de cire qu'elle ramasseroit ; elle ne construit point d'alvéoles, pas même ceux où doit naître la famille royale ; ses dents, trop courtes, ne sont pas un instrument dont elle peut se servir avec avantage.

SECTION V.
De la fécondité de la Reine.

La description du double ovaire de la reine-abeille, dans lequel Swammerdam a compté cinq mille cent œufs, est une preuve évidente de sa grande fécondité, qui est peu commune dans le genre des insectes les plus connus. Quelque considérable que paroisse le nombre des œufs que ce savant naturaliste a découverts dans ce double ovaire, il avoua encore que quantité d'*oviductus* lui ont échappé à cause de leur extrême finesse ; & que dans ceux qu'il a pu remarquer, il n'a point apperçu tous les œufs qu'ils contenoient, quoique sa vue fût aidée des meilleurs microscopes. On peut donc supposer, sans craindre d'exagérer, que les œufs visibles qu'il a comptés, n'étoient que la moitié de ceux que contenoit le double ovaire. Une reine-abeille peut donc pondre dix mille deux cents œufs : quelque considérable que soit ce nombre, à peine est-il la cinquième partie des individus abeilles que produit une femelle dans l'espace de six à sept mois. Dans la saison des essaims, qui ne dure que deux mois au plus, il y a des ruches qui en donnent trois, qui n'ont tous que la même mère ; & elle peut les donner, si elle est bonne, sans affoiblir sa population. Je veux que ces trois essaims ne soient composés que de quinze mille abeilles ; il y en a certainement de bien plus nombreux ; ce feroit toujours quarante-cinq mille abeilles , qui auroient toutes une mère commune. Toutes ces jeunes abeilles ne partent pas avec les effaims ; il en refte toujours pour remplacer celles qui meurent ou de vieilleffe , ou par accident : celles qui naiffent dans le courant de l'année , lorfque la faifon de la fortie des effaims eft paffée , ne quittent point l'habitation ; elles réparent les pertes journalières que fait la république par la mort de fes citoyennes ; celles qui demeurent peuvent former un nombre auffi grand que celui d'un effaim ; une mère-abeille donne par conféquent naiffance, au moins, à foixante mille abeilles.

C'eft un calcul très-facile à faire que celui de trouver le nombre des abeilles qui compofent un effaim. M. de Réaumur, dont on peut être affuré de l'exactitude, a pefé des abeilles, & il a trouvé que 336 donnoient le poids d'une once ; par conféquent 5376 celui d'une livre de feize onces. Pour connoître le poids d'un effaim, il faut pefer la ruche avant de l'y recevoir : quand il y eft, il faut encore la pefer ; l'excédent qu'on trouvera la feconde fois fur fon premier poids, fera celui de l'effaim. Une bonne ruche, comme il a été dit, peut donner trois effaims : s'ils font forts, ils doivent pefer cinq à fix livres ; il y en a qui en pèfent huit ; ils font rares, il eft vrai. Selon le calcul que nous venons d'indiquer, un effaim de fix livres fera compofé de 32256 abeilles ; une ruche qui en donne trois, fournit par con-

féquent une population de 96768 abeilles qui font toutes provenues de la même mère. Il eft vrai que, lorfque M. de Réaumur a calculé combien il falloit d'abeilles pour le poids d'une livre, il en a pris qui étoient mortes, qui pefoient fans doute moins que fi elles avoient été vivantes ; mais quand il y auroit un tiers à diminuer , le nombre feroit toujours très-confidérable.

CHAPITRE III.

DES FAUX-BOURDONS.

SECTION PREMIÈRE.

Defcription des Faux-Bourdons.

Les anciens naturaliftes ont très-peu obfervé les faux-bourdons ; ils penfoient fans doute qu'un être oifif & fainéant, qui confommoit le fruit des travaux des abeilles, ne méritoit pas qu'un philofophe s'occupât de lui : la plupart les ont traités avec tant de mépris, qu'ils ne les appelloient que des êtres imparfaits : s'ils avoient connu leur organifation particulière, ils auroient eu plus de confidération pour eux, & ne les auroient pas regardés comme de vils efclaves que les ouvrières, au rapport de Pline, chargeoient des travaux les plus pénibles, & les puniffoient de mort quand ils ne s'en acquittoient pas.

On diftingue aifément les faux-bourdons, de la reine & des autres abeilles : leur corps eft moins long que celui de la reine, & plus gros que celui des ouvrières, (*Fig.* 2, *Planche* 1) leur tête eft arrondie, & leurs yeux à refeaux, beaucoup plus grands que ceux des ouvrières, fe touchent au-deffus de la tête où

C 2

ils font arrondis, & deviennent aigus en s'approchant des machoires où ils fe terminent; leurs trois yeux liffes font placés fur le devant de la tête; leurs antennes, femblables à celles des ouvrières, ont une articulation de plus à la partie antérieure. Leurs dents qui ne font point aiguës, font fi petites, qu'elles font prefque couvertes par les poils des environs; leur trompe eft fort courte, & ne peut que difficilement laper le miel épanché dans le calice des fleurs : leurs ailes font grandes, elles accompagnent le corps dans toute fa longueur. Au lieu de palette triangulaire, on ne remarque qu'une broffe à la troifième paire de jambes, qui n'eft point propre à retenir les grains de la pouffière des étamines des fleurs : ils fe fervent de cette broffe pour nettoyer le deffus de leur corcelet qui eft très-fourni de poils. Ils ne font point armés de cet aiguillon terrible qui rend les abeilles fi redoutables.

Il y a une autre efpèce de fauxbourdons, beaucoup plus petite que celle dont on vient de parler. M. de Réaumur & Jean de Braw, obfervateur anglois, l'ont très-bien connue, & l'ont diftinguée des abeilles ouvrières avec lefquelles il eft aifé de confondre les faux-bourdons de cette petite efpèce, à caufe de leur petiteffe : leur conformation extérieure & leur organifation font les mêmes que celles des autres de la groffe efpèce. La petiteffe de leur taille les a fait confondre par bien des naturaliftes, avec les abeilles ouvrières; ce qui a donné lieu à des erreurs confidérables, touchant la génération de ces infectes.

Section II.

Du fexe des Faux-Bourdons.

Quelques philofophes naturaliftes ont accordé aux faux-bourdons le fexe mafculin, d'autres le féminin, & d'autres enfin, tels que Pline, qui les nomme des abeilles imparfaites, les ont privé des deux fexes. Swammerdam, plus équitable, après s'être affuré de la vérité de leur fexe par des obfervations exactes, leur a rendu, dans la république des abeilles, l'état que leur avoit ravi l'injuftice la plus groffière. Il a trouvé dans le corps des faux-bourdons, tous les organes de la génération qui caractérifent & conftituent le fexe des mâles : il eft aifé de les appercevoir, quand on ouvre leur corps avec adreffe; ils font très-confidérables, & occupent prefque toute la capacité du ventre. Les deux tefticules font placés dans la partie la plus élevée du ventre à la région lombaire; les vaiffeaux déférens, très-fins & très-déliés, tiennent aux tefticules par un de leurs bouts; la liqueur féminale qui paroît à travers, leur donne une couleur blanchâtre : ces vaiffeaux déférens aboutiffent aux véficules féminales, à l'endroit où eft la racine du pénis; un peu au-deffus de leur origine, ils fe dilatent fi confidérablement, qu'on les prendroit pour les tefticules, fi on ignoroit où eft leur vraie pofition. Les véficules féminales font d'une capacité très-grande, eu égard à la petiteffe de l'animal; elles font très - blanches & fort pleines de liqueur féminale; leurs fibres mufculeufes font capables de fe contracter pour l'éjaculation de la femence. On apperçoit à la racine du pénis, deux nerfs très-apparens, qui s'uniffent aux véficules féminales par plufieurs ramifications, qui fervent au mouvement de ces parties, & à l'émiffion de la liqueur féminale. Tout auprès de ces nerfs, font deux ligamens, dont l'ufage eft de retenir en fituation l'organe de la génération : le pénis lui-même eft compofé de plufieurs parties : lorfque ces organes fortent en dehors, ils fe retournent comme un gant qu'on tire de la main, en ramenant l'ouverture fur les doigts, de forte que les parties intérieures deviennent extérieures. Le pénis, ou cette partie qui eft introduite dans la vulve de la femelle, eft recourbée en forme d'arc fur le dos de l'animal dans le moment de l'accouplement.

Section III.

De l'emploi des Faux-Bourdons.

Les faux-bourdons n'ont pas d'autre occupation dans la ruche, que de répondre aux empreffemens d'une reine qui les recherche avec ardeur, pour leur faire partager fes plaifirs. Quoiqu'ils foient amplement pourvus des organes qui caractérifent le fexe des mâles, l'approche de la femelle les excite difficilement ; ce n'eft qu'à force de careffes, de follicitations, qu'elle parvient à les faire confentir à fes defirs amoureux ; leur humeur indolente ne fe rend qu'après bien des attaques ; leur bonheur ne dure qu'un inftant; la mort, qui lui fuccède, eft le terme & la fuite de leur jouiffance. Ils paffent leur vie dans une parfaite oifiveté ; ils ne fortent de leur habitation que vers les dix à onze heures du matin, pour faire quelques courfes, qui ne font que des promenades de plaifir, où ils prennent de l'appétit, pour aller dévorer enfuite à leur aife le miel que les ouvrières dépofent dans les alvéoles, & ils rentrent toujours de bonne heure. Ils ne rapportent jamais aucune efpèce de provifions, ils ne font employés à aucune forte d'ouvrages : comment s'en acquitteroient-ils, puifque la nature leur a refufé les organes propres aux travaux des ouvrières ? Leurs dents, trop courtes pour brifer les capfules du fommet des étamines des fleurs, ne font pas affez faillantes pour conftruire les alvéoles ; leur trompe ramaffe difficilement le miel épanché dans le calice des fleurs ; & leurs jambes, dépourvues de palettes triangulaires, ne pourroient point recevoir la boulette de cire qu'apportent les ouvrières.

Quoiqu'ils ne s'occupent point aux travaux des abeilles, on ne doit pas les confidérer dans leur fociété comme des individus dont l'unique emploi eft de confommer les provifions qu'elles amaffent avec tant de fatigues; elles font trop économes pour les fouffrir parmi elles, s'ils n'avoient que ce talent deftructeur : ils fe prêtent aux plaifirs d'une reine à laquelle elles font fortement attachées, & qui donne continuellement de nouveaux fujets à leur état; ils font pour elle un fujet de délaffement, & contribuent en même-tems à la population de fon empire ; ils rendent par conféquent d'importans fervices à la république : pourquoi donc les traiter comme des êtres deftructeurs, ou tout au moins inutiles ?

SECTION IV.

Les Faux-Bourdons font-ils en grand nombre dans une ruche ?

Le commencement du printems est la faison où les faux-bourdons font en plus grand nombre dans une république d'abeilles , parce que c'est alors celle des essaims avec lesquels ils partent. Leur nombre est ordinairement relatif à la population des ouvrières ; plus une ruche en est fournie , plus aussi elle contient de faux-bourdons : dans les fortes ruches , il y en a jusqu'à deux mille ; les essaims nouvellement établis en ont toujours très-peu , relativement à ceux qui demeurent dans la mère-ruche d'où ils font sortis ; leur nombre est assez communément de deux ou trois cents, au lieu que dans les mères-ruches , il y en a fix à fept cents au moins.

SECTION V,

Dans quel tems les Faux-Bourdons commencent-ils à paroître dans une ruche ; & quand est-ce qu'ils en font chassés ?

Les faux-bourdons ne paroissent parmi les abeilles qu'après l'hiver , lorsque la reine a fait fa première ponte, qui fournit dans fon empire des individus des trois genres ; pendant tout l'hiver il n'y en a aucuns. M. de Réaumur , qui a examiné quantité de ruches dans cette faison, n'en a jamais trouvé un feul. Pendant la belle faison , les abeilles les laissent paisiblement habiter avec elles, à caufe du genre d'utilité dont ils font pour la république. A la fin de l'été, leurs fervices font inutiles , & nos ouvrières ne font pas d'hu-

meur à voir consommer leurs provisions par des membres de leur société , qui n'ont point contribué par leur travail, à les augmenter : elles prennent le parti de les chasser ; mais où iroient-ils pour trouver l'abondance qu'ils ont dans l'habitation d'où on les exile ? ils s'obstinent à vouloir demeurer, en refusant de fe foumettre à l'exil auquel on les condamne : les abeilles, alors, qui font en plus grand nombre, & armées d'un bon aiguillon, s'en fervent avec avantage, & font un carnage affreux de tous les faux-bourdons qui font parmi elles, & de ceux qui, chassés aussi des autres ruches, ont la hardiesse de fe réfugier dans leur domicile.

CHAPITRE IV.

DES ABEILLES OUVRIÈRES.

SECTION PREMIÈRE.

Description des Abeilles Ouvrières.

La tête , le corcelet, le ventre font les principales parties dont le corps de l'abeille , qui est dans la classe des mouches à quatre ailes, est composé. (*Fig. 3, Pl. 1*) La partie supérieure de fa tête est applatie & arrondie, & l'inférieure aiguë ; ensorte qu'elle est presque triangulaire. Les deux yeux , d'une figure convexe & ovale, qui font à réseaux ou à facettes, font placés sur les côtés de la tête, en forme de croissant ; le bout de l'ovale qui descend à l'origine des mâchoires , est aigu, & celui qui est à la partie supérieure de la tête, est arrondi. Rien n'est aussi beau, aussi brillant, que toutes les facettes dont ils font composés ; chacune est un œil dont le cristallin a fon nerf optique qui lui eft particulier. Les difſections anatomiques qu'en a fait Leeuwenhoeck, le prouvent jufqu'à la démonſtration; le nombre de ces facettes eſt de pluſieurs mille. La nature, qui a voulu que ces yeux fuſſent fixes & immobiles fur la tête des abeilles, les a dédommagées par le nombre & la poſition, de l'avantage qu'ont les yeux qui peuvent fe mouvoir pour appercevoir les objets. Malgré ces milliers d'yeux dont ces deux orbites ſont compoſés, elles ont encore trois yeux liſſes, placés triangulairement fur la partie de la tête la plus élevée & la plus en arrière ; ce ſont ceux-là qui apperçoivent les objets perpendiculairement élevés, qui échapperoient à ceux qui ſont de côté.

Les expériences de Hooke ne permettent pas de douter que ces yeux ne ſoient véritablement les organes de la vue ; puiſqu'après avoir coupé à ces mouches leurs yeux à facettes, elle ſe ſont conduites en aveugles après cette opération. M. de Réaumur a fait pour le même objet des expériences moins cruelles que celles de Hooke, & auſſi démonſtratives : il a enduit d'un vernis opaque les yeux à réſeaux de pluſieurs abeilles ; lorſqu'il les ſortit du poudrier où elles étoient avec d'autres dont les yeux n'étoient point enduits, les unes volojent de tous côtés, & les autres ne voloient point du tout : celles, au contraire, qui n'avoient point de couches de vernis fur les yeux, allèrent droit à la ruche d'où on les avoit ſorties ; il jeta en l'air quelques-unes de celles qui avoient un enduit fur les yeux à facettes ; elles s'élevèrent à perte de vue & difparurent. Celles qui n'avoient

qu'une couche de vernis fur les yeux liſſes, voloient fur les plantes fans trop s'éloigner, & ne s'élevoient point verticalement.

Il reſte entre les deux orbites ovales, ou les deux yeux à réſeaux, un eſpace aſſez conſidérable, au milieu duquel s'élève une petite éminence, qui laiſſe entr'elle & chaque œil, une petite cavité d'où ſortent les deux antennes, qui ont chacune douze articulations ; elles peuvent ſe plier à-peu-près vers le milieu, & former un angle plus ou moins ouvert. La partie inférieure de la tête qui vient en avant, eſt terminée par deux dents placées l'une à droite, & l'autre à gauche ; quand elles ſont dans l'inaction, elles ſe touchent & reſſemblent parfaitement à une pince ; elles excèdent les bords d'une lèvre cruſtacée, garnie de poils, qui termine le devant de la tête. L'abeille emploie ſes dents à divers uſages, ſelon ſes beſoins ; elle s'en ſert pour déchirer les anthères ou capſules des étamines des fleurs, pour broyer les matières qu'elle veut avaler ; dans la conſtruction des alvéoles, elles ſont l'office de ratiſſoir ou de rabot pour polir les édifices.

La bouche, qui eſt une cavité recouverte par la partie ſupérieure de la trompe lorſqu'elle eſt repliée, eſt au-deſſous des dents : pour la découvrir & connoître ſa vraie poſition, il faut tirer la trompe en avant autant qu'elle peut l'être, la ramener en bas, fans trop la forcer, & l'aſſujettir avec le doigt contre le corcelet : ſi on regarde alors de face la partie ſupérieure de la trompe qui eſt au-deſſous des dents, on voit une ouverture plus conſidérable qu'on n'efpéroit la trouver ; au fond de laquelle on apperçoit le trou de l'œfophage , qui ne permet pas de douter que cette ouverture ne foit une vraie bouche. Son contour intérieur, plus brun & plus luifant que les chairs des environs , paroît être cartilagineux : dans bien des circonftances elle eft recouverte par une langue charnue .très- flexible , dont l'extrémité eft diverfement figurée, felon l'ufage auquel elle eft employée. Dans des momens elle eft pointue comme celle d'un ferpent ; dans d'autres elle eft également large , & n'a qu'une pointe au milieu, qui devient enfuite mouffe , & d'autres fois elle forme trois pointes mouffes, difpofées en fleur de lis. Cette langue facilite le paffage des alimens que les dents ont broyés dans la bouche & dans l'œfophage ; elle aide, par fes diverfes inflexions, à la fortie du miel & de la cire, quand ces matières font parvenues de l'eftomac à la bouche, & dans la conftruction des alvéoles, c'eft une truelle qui porte, applique , étend la cire dans les endroits où elle eft néceffaire.

Swammerdam , qui avoit difféqué quantité d'abeilles , n'avoit pas foupçonné l'exiftence de cette bouche; & fans cette connoiffance , il n'eft pas poffible de rendre raifon de tous les phénomènes que l'hiftoire naturelle des abeilles préfente à notre admiration. Cette découverte eft le réfultat des obfervations de M. de Réaumur; il y a été conduit, comme il le dit lui-même, par néceffité , en cherchant à rendre raifon d'une quantité de faits merveilleux qui devenoient inexplicables fans elle. Elle n'eût point

échappé à Swammerdam , s'il eût moins tenu à l'opinion qu'il avoit, que la trompe étoit le feul conduit des alimens , & s'il ne fe fût pas contenté de ne la confidérer qu'en deffous , comme il paroît par les deffins qu'il en a donnés. Une expérience bien fimple pouvoit le conduire à cette découverte ; il fuffifoit de preffer la tête de l'abeille entre deux doigts, la goutte de miel qui auroit paru tout de fuite au bout de la pince que forment les dents , lui auroit fait foupçonner une autre ouverture que celle qu'il croyoit être au bout de la trompe.

Lorfque la trompe de l'abeille eft dans l'inaction, elle demeure pliée en deux ; attachée auprès du col, elle remonte en ligne droite jufqu'au bout de la pince que font les deux dents rapprochées l'une de l'autre ; là , elle fe replie fur elle-même, & fa pointe revient joindre fa bafe. Quand elle eft ainfi pliée , ou même redreffée fans être alongée, les étuis la recouvrent entiérement ; par conféquent çe n'eft que fon enveloppe qu'on voit alors. Si on la tire en avant autant qu'elle peut l'être , de façon qu'elle ne faffe plus de coude au bout des dents , & qu'on la preffe à fon origine , on voit deux pièces à droite, & deux à gauche, fe féparer d'une cinquième qui demeure au milieu , & qui eft la trompe elle-même. Les deux premiers étuis qui font recouverts par les deux autres, lorfque la trompe eft dans le repos, ont leur origine au coude qu'elle fait étant pliée. Chacun de ces deux demi-étuis eft compofé de deux lames écailleufes, difpofées en forme de canal angulaire, dont la cavité eft du côté de la trompe dont ils

recouvrent

recouvrent les bords, avec cette différence que ceux de la face supérieure font moins couverts que ceux de l'inférieure. Le bout de ces deux demi-étuis a trois articulations très-diftinctes, qui n'ont jamais la même direction qu'eux, quelle que foit la pofition de la trompe ; avec elle, ces bouts articulés ont une direction qui approche plus ou moins de fa perpendiculaire : le bord de ces demi-étuis eft garni dans toute fa longueur de poils affez longs, de même que l'extrémité des articulations; ils ne font point auffi longs que la trompe, quand même leur bout articulé auroit une direction égale à la leur.

Les deux autres demi-étuis font plus grands ; ils devoient l'être, puifqu'ils fervent d'enveloppe aux deux premiers & à la partie antérieure de la trompe : leur bafe eft en dehors & au-delà de celle de la trompe ; auffi, lorfqu'elle eft en action, ils demeurent en arrière, tandis que les deux autres, dont la bafe eft au pli qu'elle fait, l'accompagnent toujours. Quand elle eft repliée, les deux demi-étuis couvrent entiérement fa face fupérieure, c'eft-à-dire depuis le pli qu'elle fait au bout des dents jufqu'à fon extrémité; le deffous n'eft recouvert que le long de fes bords; le milieu étant appliqué contre le corcelet n'a pas befoin de défenfe. Le deffus de la partie antérieure de la trompe eft donc défendu par deux lames écailleufes capables de réfiftance, quoique très-minces. Ces demi-étuis font portés par une tige affez maffive; & à l'endroit où elle finit, il y a une articulation qui

en facilite le jeu, & leur permet de refter appliqués fur la trompe pliée en deux.

La trompe dont nous venons de confidérer les enveloppes, eft compofée de deux parties : l'une, antérieure, & pour laquelle les demi-étuis font faits, commence au pli qui eft au bout des dents, & finit à fon extrémité ; l'autre, qui eft la poftérieure, commence à fon origine, qui eft près du col, & fe termine au pli. Quand cette trompe eft étendue & qu'elle ne lape point le fuc des fleurs, elle paroît un filet applati, ou une lame étroite dont les bords font arrondis ; fi on la confidère bien dépliée & portée en avant, on voit que le deffus de fa partie antérieure eft couvert de poils jaunes plus longs fur les côtés qu'au milieu : dans cette pofition vue au microfcope, elle paroît une queue de renard applatie, plus large qu'épaiffe, & dont l'épaiffeur & la largeur diminuent infenfiblement depuis fon origine jufqu'à fon extrémité. Elle eft terminée par un petit mammelon cylindrique qui a un bouton à fon bout, dont la circonférence eft garnie de poils qui en partent en forme de rayons. Le centre de ce bouton n'eft point percé, quoiqu'il le paroiffe ; c'eft cette apparence de trou qui a induit Swammerdam en erreur, & l'a porté à croire qu'à cet endroit étoit l'ouverture de la trompe. Tout le deffus de cette partie antérieure paroît cartilagineux; le deffous ne paroît l'être que dans le milieu de fa largeur.

La partie antérieure de la trompe eft attachée à la poftérieure par une fubftance charnue très-flexible, qui eſt une eſpèce de charnière qui lui ſert à s'étendre & à ſe plier. La face inférieure de la partie poſtérieure eſt écailleuſe, luiſante & arrondie; on diroit qu'elle eſt compoſée de deux pièces dans ſa longueur, dont la première s'arrondit pour ſe placer ſur l'autre qui lui ſert de baſe: au-deſſus de la face ſupérieure de cette même partie, on remarque un cordon très-blanc dirigé vers le col, & qui dans de certaines circonſtances a la figure d'une veſſie oblongue: c'eſt ſous ſon enveloppe que ſont cachés les vaiſſeaux qui reçoivent le ſuc fourni par la trompe. Tout ce qui a un contour circulaire, & qui eſt écailleux ſur la face inférieure, eſt applati & charnu ſur la face ſupérieure. La bouche paroît à l'endroit où finiſſent les chairs.

La trompe eſt l'inſtrument dont l'abeille ſe ſert pour recueillir le miel qui eſt au fond du calice des fleurs, ou épanché ſur leurs feuilles; elle n'agit point comme une pompe dont le jeu élève la liqueur par aſpiration: c'eſt une vraie langue qui lape ou qui lèche la liqueur où elle puiſe. On peut regarder ſa partie antérieure comme une langue extérieure dont l'abeille applique la ſurface ſupérieure ſur le miel afin de l'en charger, pour le conduire dans la bouche par ſes différens mouvemens: après avoir paſſé ſur le deſſus de cette langue extérieure, la liqueur arrive dans une eſpèce de canal qui eſt entre le deſſus de la trompe & les étuis dont elle eſt recouverte. Ces étuis ne ſervent donc pas ſeulement à l'envelopper, ils forment encore & couvrent le conduit où paſſe la liqueur pour arriver à la bouche. Qu'on obſerve une abeille au moment qu'elle enlève une goutte de miel, on remarquera qu'elle applique deſſus la face ſupérieure de la partie antérieure de ſa trompe, de façon que ſon bout eſt toujours au-deſſous de la liqueur qu'elle lape ou du miel qu'elle enlève. Au contraire, ſi elle prenoit la liqueur par ſuccion, comme le penſoient tous les naturaliſtes avant la découverte de la bouche, le bout de la trompe-plongeroit dedans, ce qui n'arrive jamais.

Le corcelet qui tient à la tête par un col charnu très-flexible, eſt d'une ſubſtance écailleuſe recouverte de poils penniformes; ſa partie ſupérieure eſt convexe, & forme un petit enfoncement en arrière, qui eſt terminé par un rebord ſaillant; les quatre ailes, qui ſont une gaze membraneuſe, ſont atttachées à ſa partie antérieure un peu ſur les côtés: les quatre principaux ſtigmates de figure ovale, entourés d'un rebord écailleux, ſont placés ſous les ailes; ce ſont les ouvertures des trachées de la reſpiration qui diſtribuent l'air dans l'intérieur: le battement précipité des aîles, l'air qui entre & ſort par l'ouverture des ſtigmates, produiſent ce ſon qu'on appelle *bourdonnement*. Les ſix jambes attachées au-deſſous du corcelet, ſont compoſées de cinq parties principales, faites d'une écaille brune & luiſante; celles de la troiſième paire ſont beaucoup plus longues que celles des deux premières, qui diffèrent peu entr'elles. La troiſième pièce des jambes de la troiſième paire eſt applatie, forme une petite cavité

triangulaire qu'on nomme *la palette*; fon côté extérieur eft uni,
luifant, & fes rebords font garnis
de poils très-preffés les uns contre
les autres ; c'eft une efpèce de corbeille deftinée à recevoir la matière à cire que l'abeille ramaffe.
La quatrième pièce des jambes de
la feconde & troifième paire,
qu'on nomme *la broffe*, eft applatie & également large ; le côté extérieur eft uni, & l'intérieur eft
couvert de poils difpofés parallèlement les uns aux autres, comme
ceux des vergettes dont on fe fert
pour ôter la pouffière des habits :
cette quatrième partie, dans les
jambes de la première paire, eft arrondie & un peu fournie de poils ;
c'eft avec ces broffes que l'abeille
paffe fur tout fon corps, qu'elle ramaffe la pouffière des étamines qui
eft arrêtée dans les poils dont il eft
couvert.

Le corps ou le ventre de l'abeille
qui tient au corcelet par un étranglement très-court, eft compofé
de fix anneaux, & chaque anneau
de deux pièces écailleufes qui font
en recouvrement l'une fur l'autre.
La difpofition de ces anneaux procure au corps de l'abeille toute la
foupleffe qui lui eft néceffaire, &
met toutes les parties charnues à
couvert des traits de l'aiguillon. Les
poils qu'on apperçoit fur tout le
corps de l'abeille font en petit nombre, relativement à ceux qu'on découvre lorfque la vue eft aidée d'une
forte loupe ; on en voit alors fur les
yeux à réfeaux, fur les ailes, principalement fur leurs membranes,
où certainement on n'en auroit pas
foupçonné. L'intérieur du corps
ou ventre de l'abeille renferme les

deux eftomacs deftinés à recevoir,
l'un le miel & l'autre la cire : le
premier, qui eft celui où le miel
eft contenu, eft placé au bout du
corcelet, où vient aboutir l'œfophage, après l'avoir traverfé dans
toute fa longueur ; de forte que ce
premier eftomac paroît une continuation de l'œfophage, qui augmenteroit de capacité au bout du
corcelet ; il n'eft renflé que quand
il eft plein de miel ; s'il eft vuide,
fon diamêtre eft égal dans toute fa
longueur, & il ne paroît alors qu'un
fil blanc très-délié qu'on prendroit pour l'œfophage. Lorfqu'il eft
bien rempli de miel, il a la figure
d'une veffie oblongue, dont les parois, minces & tranfparentes, laiffent
diftinguer la couleur de la liqueur
qu'il contient. M. Maraldi femble
n'avoir pris cet eftomac que pour
une fimple veffie ouverte par un
bout : Swammerdam & M. de Réaumur l'ont défigné comme un véritable eftomac dans lequel le miel eft
préparé.

Le fecond eftomac n'eft féparé du
premier que par un étranglement
très-court ; fa forme eft celle d'un
tuyau cylindrique contourné : dans
toute fa longueur, il eft entouré de
cordons charnus, qui font des mufcles circulaires à-peu-près difpofés
comme les cerceaux qui couvrent
un tonneau d'un bout à l'autre, &
il eft féparé des inteftins par un
étranglement. Le premier eftomac
ne contient jamais que du miel ; la
cire eft dans le fecond : Swammerdam a confondu ce fecond eftomac
avec un inteftin qui reffemble au
colon ; la matière qu'il en a vu fortir, après l'avoir percé, étoit la cire
brute qu'il contenoit ; il la défigne

lui-même , de manière à ne pas s'y méprendre , & cependant il ne l'a pas reconnue pour de la cire brute , peut-être un peu digérée. Ces deux eſtomacs ſont capables de contraction comme ceux des animaux qui ruminent ; ils renvoient à la bouche par ce mouvement de contraction la matière dont ils ſont remplis.

L'aiguillon eſt placé dans le ventre de l'abeille ſous les derniers anneaux ; ſon mouvement eſt en tout ſens , de dedans en dehors , & de dehors en dedans par l'action des muſcles auxquels il eſt attaché. Cette arme très-dangereuſe , dont le méchaniſme eſt ſi merveilleux, eſt compoſée de deux branches logées dans un étui comme deux épées dans le même fourreau. L'étui eſt de deux pièces écailleuſes , aſſemblées par le moyen d'une languette qui eſt reçûe dans une couliſſe ou rainure. A meſure que l'aiguillon eſt dardé , les deux pièces qui lui ſervent de fourreau s'en écartent ; & lorſqu'il eſt entiérement ſorti , l'une eſt à droite , l'autre à gauche , & hors de ſa direction : l'aiguillon eſt auſſi compoſé de deux branches adoſſées l'une à l'autre ; leur baſe , qui eſt courbe , eſt placée hors de l'étui : les côtés extérieurs de ces branches , depuis leurs pointes juſqu'à une certaine hauteur , ſont garnis de dix dents dont la pointe eſt dirigée vers la baſe de ces branches ; quand elles ſont réunies & hors de leur fourreau, elles reſſemblent parfaitement à une flèche qui auroit pluſieurs dentelures de chaque côté : c'eſt par le ſecours de ces dents , qui lui ſervent de point d'appui, que l'aiguillon pénètre dans les chairs , & y demeure ; dès qu'une de ces

branches eſt enfoncée , elle ſe fixe & devient un point d'appui pour celle qui reſte en arrière , qui s'enfonce à ſon tour & plus avant que l'autre ; c'eſt un office qu'elles ſe rendent réciproquement : ces dentelures retiennent l'aiguillon dans les chairs, d'où il ne peut ſortir ſans éprouver beaucoup de frottemens qui retardent ſa ſortie.

Si la piquûre eſt douloureuſe pour celui qui la reſſent , elle eſt toujours mortelle pour l'abeille qui laiſſe ſon aiguillon dans la plaie qu'elle a faite : cela arrive toutes les fois qu'on la force de ſe retirer promptement après avoir piqué ; alors on ne lui donne pas le temps de retirer peu-à-peu ſon aiguillon qui eſt retenu dans les chairs par les dents dont il eſt bordé : en s'échappant avec trop de précipitation , elle laiſſe dans la bleſſure qu'elle vient de faire , l'aiguillon , l'inteſtin rectum & toutes ſes dépendances ; pluſieurs parties écailleuſes & ligamenteuſes , qui étoient attachées aux derniers anneaux du ventre ; & la véſicule du fiel.

Quoique l'aiguillon ſoit ſéparé du corps de l'abeille , il peut encore par l'action de ſes fibres qui lui reſtent attachées , ſe mouvoir & pénétrer plus avant dans la plaie ; il eſt donc prudent de le retirer tout de ſuite , afin qu'il n'inſinue pas le venin plus avant , & qu'il rende par ce moyen la douleur plus vive. La piquûre qu'il fait n'eſt douloureuſe & ſuivie d'inflammation , que par le venin que l'abeille exprime de la véſicule qui le contient au moment qu'elle enfonce ſon dard empoiſonné. Ce venin eſt une liqueur limpide qui paroît au bout de l'aiguillon , qui en eſt tout mouillé en forme de petite goutte ; & ſans lui, la piqûre d'une abeille ne cauſeroit pas plus de douleur que celle d'une aiguille très-fine. Lorſqu'on a fait piquer une peau de chamois quatre ou cinq fois par une abeille, ſa véſicule, qui contient ce venin, s'eſt vuidée ; ſi on éprouve enſuite de ſe faire piquer, la douleur que cauſe l'aiguillon en pénétrant dans les chairs eſt peu ſenſible, & elle n'eſt point ſuivie d'inflammation.

SECTION II.

De quel ſexe ſont les Abeilles ouvrières.

Les abeilles ouvrières ne contribuent point à la propagation de leur eſpèce ; elles ne ſont que les nourrices de la famille qu'elles élèvent, & non pas les propres mères. M. Riem, il eſt vrai, prétend qu'elles pondent dans le beſoin, parce qu'il aſſure avoir trouvé des œufs dans des morceaux de gâteau qu'il avoit placés dans des boîtes, après s'être aſſuré qu'il n'y avoit aucune eſpèce de couvain, mais ſeulement quelques ouvrières. On ne doit point ſe décider à leur accorder le ſexe féminin ſur une ſimple obſervation contre laquelle on peut former bien des objections, ſur-tout quand les diſſections anatomiques qu'on en a faites, n'offrent aucune découverte qui puiſſe rendre cette opinion vraiſemblable. Swammerdam en a beaucoup diſſéqué dans les différentes ſaiſons de l'année ; il a conſidéré leur intérieur avec toute l'exactitude dont ce grand phyſicien étoit capable, & jamais il n'a découvert aucuns des organes de la génération qui ſont propres ou aux mâles ou aux femelles. M. de Réaumur en a diſſéqué beaucoup dans le tems de la ponte, & il n'a trouvé dans aucunes rien qui fût analogue aux ovaires des femelles, ni aux parties ſexuèles des mâles, ni le moindre petit conduit qui contînt des grains qu'on pût ſoupçonner être des œufs.

Il eſt donc certain, ſuivant les obſervations de ces ſavans naturaliſtes, que les abeilles ouvrières n'ont aucun ſexe ; c'eſt improprement qu'on les appelle des *mulets* ; l'épithète de *neutre* eſt celle qui leur convient, parce que le mulet a un ſexe apparent, & elles n'en ont point. Elles ſont par conſéquent de chaſtes veſtales, ſur leſquelles les attraits des plaiſirs de l'hymen n'ont point de pouvoir, puiſque cet état qui leur a valu tant d'éloges, eſt une ſuite néceſſaire de leur organiſation particulière : la nature, qui les deſtinoit à des occupations qui exigent de l'aſſiduité & des ſoins, incompatibles avec la diſſipation qu'occaſionne le deſir de reproduire ſon eſpèce, devoit leur donner une conformation particulière qui les mît hors du danger de toute tentation à cet égard.

SECTION III.

De l'emploi des Abeilles ouvrières.

La proſpérité de la république des abeilles dépend des ſoins que prennent les ouvrières de la rendre fleuriſſante ; elles emploient tout leur tems & leurs peines à procurer tout ce qui tend au bien commun de la ſociété ; c'eſt-là le but de leurs travaux, de leur induſtrie, de leur prévoyance & de leurs voyages. La reine, les faux-bourdons ſont les grands de l'état, leur vie s'écoule dans la molleſſe & les plaiſirs, tandis que les ouvrières, toujours infatigables, prennent à peine quelques momens de repos ; elles ne craignent point de ſe livrer aux emplois les plus bas de la ſociété, afin de maintenir leur habitation dans une grande propreté ; elles nettoient les édifices dès que les abeilles qui y ont été élevées en ſont ſorties, & emportent la dépouille qu'elles y ont laiſſée ; elles enlèvent toutes les ordures, les cadavres des citoyennes qu'elles ont perdues & qui pourroient cauſer une infection dangereuſe à celles qui leur ſurvivent ; elles vont chercher fort loin les matériaux pour la conſtruction de leurs édifices, les préparent pour les employer, & bâtiſſent enſuite ce nombre prodigieux de cellules dans leſquelles ſont élevés les ſujets dont la reine peuple ſon empire. A meſure que les unes ſont employées à conſtruire les magaſins, les autres voyagent dans les campagnes, pour amaſſer les proviſions néceſſaires pour la ſubſiſtance de tous les ſujets de l'état, & viennent les dépoſer dans ces magaſins publics. A peine la reine a-t-elle placé le germe de ſa nouvelle famille dans les cellules, que les ouvrières viennent les viſiter ; elles ſe préſentent comme les nourrices auxquelles l'éducation du peuple qui va naître eſt confiée ; elles prennent ſoin de ſon enfance, pourvoient à ſes beſoins, & lui donnent la nourriture qu'il eſt dans l'impoſſibilité de ſe procurer : cette nourriture varie ſelon l'âge de leurs élèves, & chacun reçoit la qualité & la quantité d'alimens qui lui convient. Elles veillent jour &

nuit à la ſûreté publique, en faiſant une garde exacte aux portes, pour prévenir les attaques de ſurpriſe, que pourroient tenter leurs ennemis. Si l'état eſt menacé d'une guerre, elles ſe préſentent avec courage pour ſoutenir les aſſauts & livrer le combat à la troupe téméraire qui oſe les attaquer : dans ces momens de trouble & de confuſion, la reine demeure paiſiblement au milieu d'un nombre aſſez conſidérable de ſes ſujets, chargés de la garder & de la mettre à couvert des inſultes de ſes ennemis, qui viennent ravager ſes états, tandis que les autres les défendent.

SECTION IV.

Quel eſt à-peu-près le nombre des Abeilles qui compoſent une ruche.

Le nombre des abeilles qui ſont dans une ruche, eſt relatif à ſa qualité ; ſi elle eſt forte, on peut être aſſuré que ſa population eſt d'environ trente-cinq à quarante mille au moins ; ſi elle eſt foible, le nombre de ſes habitans ſera peu conſidérable, peut-être de quinze ou vingt mille, & ſouvent beaucoup moins. Ce ne ſont-là que des à-peuprès ; il n'eſt pas poſſible de ſavoir au juſte le nombre des abeilles d'une ruche, à moins qu'on ne prenne la peine de les compter ; ce qui paroît d'abord très-difficile ; on peut cependant y parvenir, ſoit en les fumant fortement avec une eſpèce de champignon, qu'on nomme communément *veſſe de loup* ; elles ſont étourdies & immobiles pendant une bonne demi-heure ; on peut alors les compter, & les enfumer de nouveau, fi elles fe réveillent, afin de finir l'opération.

Un autre moyen de les compter feroit de les noyer. M. de Réaumur en a fait fouvent ufage fans aucun danger pour les abeilles, foit pour favoir leur nombre, foit pour différentes autres obfervations : on plonge pour cet effet la ruche dans un baquet rempli d'eau ; on l'y laiffe dix à douze minutes ; enfuite on la retire, on ramaffe avec une cuiller percée toutes les abeilles qui font reftées fur l'eau, pour les mettre fur un linge propre, afin de les compter. Quand on ne veut pas les mettre à ces fortes d'épreuves, & qu'on ne veut favoir leur nombre qu'à-peu-près, on fe contente de les pefer. (*Voyez la cinquième* SECTION *de la fécondité de la reine,* où il eft dit comment on procède à cette opération, pag. 18.)

CHAPITRE V.

DES VOIES QUE SUIT LA NATURE DANS LA RÉPRODUCTION DES ABEILLES.

SECTION PREMIÈRE.

Opinions des anciens Philofophes fur la génération des Abeilles.

Ariftote, après avoir affuré que l'efpèce des abeilles ne produit ni œufs ni vers, dit cependant que plufieurs rois font utiles dans une république d'abeilles, pour qu'elles multiplient. Quoiqu'on ait lieu de préfumer qu'il a regardé le roi comme le mâle de l'efpèce, & que fon concours avec les femelles produifoit des individus abeilles, ce fentiment ne l'a point empêché de croire qu'elles étoient produites par d'au-

tres voies merveilleufes. Virgile a penfé qu'elles étoient de chaftes veftales qui ne connoiffoient point les plaifirs de l'hymen, ni les douleurs de l'enfantement. Il qualifie leur race d'immortelle, parce que chaque printems lui offre dans le fein des fleurs, de nouveaux fujets pour repeupler fon empire. Le privilége de poffédér le germe d'où naiffoient les abeilles, n'appartenoit point à toutes fortes de fleurs : il étoit réfervé à celles du cérinthé, felon quelques-uns ; d'autres l'accordoient à celles de l'olivier ; d'autres enfin vouloient que le rofeau poffédât exclufive-ment ce germe fécond. Dans la fable du berger Ariftée, Virgile raconte en vers très-beaux & très-élégans, comment on peut faire naître des abeilles de la chair corrompue d'un jeune taureau qu'on étouffe dans un endroit fermé au commencement du printems. Il eft affez inutile de rapporter les détails & les précautions qu'exige une telle opération, parce qu'il n'eft pas à préfumer qu'on foit curieux de faire cette épreuve & de facrifier un jeune taureau, malgré toute la confiance que Virgile s'ef-force d'infpirer par le témoignage des égyptiens, qui avoient recours à ce moyen pour fe procurer des abeilles.

C'étoit une opinion généralement adoptée des anciens, que l'imagination des poëtes avoit contribué à accréditer, que les abeilles naiffoient des chairs corrompues. Le taureau produifoit les meilleures ; celles qui naiffoient du lion partageoient le courage de ce fier animal ; la vache en produifoit qui étoient douces & traitables, & celles qui provenoient du veau étoient toujours foibles. Le roi prenoit naissance dans la tête, comme la partie la plus noble de l'animal ; ses officiers sortoient de la moëlle épinière ; & tout le peuple, des flancs & des autres chairs.

Pline, qui a embrassé tous les préjugés ridicules, assure qu'on n'a jamais vu les abeilles s'accoupler, parce qu'il ne les a jamais observées que dans des ruches où une corne transparente ne permettoit guère d'examiner ce qui se passoit dans l'intérieur. Mais pourquoi nier l'existence des faits, que des circonstances n'ont pas permis d'observer ! Il étoit persuadé que cette matière qu'elles apportent à leurs jambes, étoit un germe fécond, qu'elles avoient ramassé dans les fleurs, & qui n'avoit besoin que d'entrer en fermentation pour donner naissance à des abeilles. Il accordoit au roi une origine très-distinguée de celle de ses sujets ; les parties les plus choisies qui avoient été ramassées dans les fleurs, contenoient le germe de cet illustre personnage. Les faux-bourdons, qu'il n'appelloit que de *vils esclaves*, ou des *êtres imparfaits*, n'étoient engendrés que par la corruption de cette matière. La cire brute étoit donc le germe fécond que les abeilles couvoient, comme les oiseaux, pour en faire naître les individus de leur espèce.

Rucellai, poëte florentin, a parfaitement suivi Virgile dans toutes les fables qu'il raconte. On sait, il est vrai, qu'un poëte s'occupe peu de la vérité des faits : pourvu qu'il les rende d'une manière agréable & intéressante, il croit avoir rempli son objet. Le père Kircher, dont il suffit d'avoir vu l'immense recueil des morceaux les plus curieux de

l'histoire naturelle, pour être persuadé de l'étendue de ses connoissances dans cette partie, a suivi les opinions absurdes des anciens sur la génération des abeilles. Quoique Aldrovande, Edwards ne fassent que rapporter les opinions des anciens, il est facile de s'appercevoir qu'eux-mêmes n'en ont pas d'autres. Goëdaert fait naître les abeilles des vers stercoraires. Cette naissance abjecte n'est pas certainement une suite de ses observations ; il y a apparence que de Mey, son commentateur, n'avoit pas mieux observé que lui. La fable du serpent de la Podolie & de la Russie, qui vomit tous les ans deux essaims d'abeilles, étoit propre à figurer avec toutes celles qu'il a plu aux anciens de raconter sérieusement. François Redi s'est élevé fortement contre tous ces préjugés absurdes, que la raison seule, sans le secours de l'expérience, pouvoit détruire. Il étoit réservé aux Swammerdam, aux Réaumur, &c. &c. de nous instruire sur l'histoire naturelle des abeilles, par le résultat de leurs observations : leurs expériences ont dévoilé les mystères de la nature, & ont augmenté nos connoissances ; ce sont eux qui nous ont appris que la nature n'avoit point dispensé les abeilles de la règle commune que suivent les êtres dans la réproduction de leurs espèces, & qu'il falloit les placer dans la classe des individus qui sont engendrés par le concours du mâle & de la femelle.

SECTION II.

Opinions des Philosophes modernes sur la génération des Abeilles.

La plupart des naturalistes qui s'accordent

s'accordent à regarder la reine comme la feule femelle de l'efpèce des abeilles, & les faux-bourdons comme les mâles, ont cependant des opinions différentes fur la manière dont ils coopèrent à la réproduction des individus. Swammerdam, qui a décrit avec la plus grande exactitude le fexe de la femelle & celui des mâles, ne croit point que les faux-bourdons s'uniffent réellement par la copulation avec les femelles, malgré la grande ardeur qu'il leur fuppofe d'en approcher. Il penfe que cette ardeur fe termine à exciter en eux l'émiffion de la femence, le plaifir qui en eft la fuite, & qu'ils arrofent de cette femence les œufs pour les rendre féconds, ainfi que font les poiffons. La grande difproportion qu'il a remarquée entre les organes de la génération des mâles & la vulve de la femelle, lui a fait regarder comme impoffible l'accouplement entre ces deux fexes. Il a prétendu encore que le pénis, quoique d'une groffeur prodigieufe, n'avoit point d'iffue pour la fortie de la liqueur féminale ; que fon immenfe groffeur, relativement à la petiteffe de l'animal, fa fituation fingulière lorfqu'il étoit dehors, étoient des obftacles à fon introduction dans la vulve de la femelle. L'odeur forte & fétide que ces mâles répandent, l'a porté à croire que cette vapeur fingulière qui s'exhale de leur corps, fuffifoit pour féconder la femelle, & exciter en elle le defir, ainfi que le befoin de pondre fes œufs.

Ce que dit Swammerdam ne paroît pas fuffifant pour perfuader qu'il n'y a point d'accouplement entre les deux fexes des abeilles. Tous les

animaux répandent une odeur plus ou moins fétide dans le tems de leurs amours, & cependant ils s'accouplent. Quoiqu'il n'ait pas trouvé d'iffue au pénis pour la fortie de la liqueur féminale, elle peut être d'une petiteffe fi extrême, qu'elle lui ait échappé ; peut-être auffi ne fe manifefte-t-elle que dans l'inftant de la copulation : alors l'ouverture de la vulve de la femelle peut dans ce moment fe mettre en proportion avec la groffeur du pénis du mâle ; fa courbure fur le dos de l'animal eft fingulière, il eft vrai ; cette fituation ne paroît point du tout propre à un accouplement ordinaire : afin qu'il pût avoir lieu, il conviendroit que la femelle prît l'attitude du mâle ; mais la nature eft fi variée & fi étonnante dans les voies qu'elle fait fuivre aux êtres pour la réproduction des individus de leur efpèce, qu'on ne devroit point être furpris qu'elle fe fût écartée des règles ordinaires dans cette circonftance.

M. de Réaumur, pour s'affurer fi l'accouplement que Swammerdam jugeoit impoffible ne pouvoit point s'effectuer, enferma dans un poudrier de verre une jeune femelle avec un mâle. Après avoir été quelque tems fans s'approcher, la femelle fut la première à rechercher le mâle, & à démentir par cette démarche peu honnête, que le feul befoin pouvoit excufer, le caractère de pudeur & de décence dont on fait honneur au fexe féminin ; elle s'efforça par fes careffes, fes agaceries, de l'exciter à répondre à l'ardeur de fes defirs ; elle étendoit fa trompe devant lui, afin qu'il prît le miel qu'elle lui offroit ; elle léchoit fucceſſivement différentes parties de ſon corps, & tournoit ſans ceſſe autour de lui, pour le flatter avec ſa trompe ou avec ſes pattes : le mâle imbécille & indolent recevoit toutes ces careſſes avec froideur & avec indifférence. A force d'être prévenu, il ſortit de ſon état d'indolence, il s'anima un peu pour répondre aux empreſſemens de la femelle, qui lui broſſoit continuellement la tête : à ſon tour, il frotta ſes antennes contre les ſiennes, pour lui témoigner ſans doute qu'il étoit diſpoſé à ſe rendre à ſes deſirs impatiens ; alors tous les deux recourboient leur corps en deſſous & le relevoient enſuite. La femelle redoubla de vivacité, & témoigna l'impatience de ſon ardeur, en ſe mettant dans la poſition qui convenoit au mâle ; montée ſur ſon dos, elle recourboit ſon corps, & tâchoit d'en appliquer le bout contre celui du mâle. Moins indolent, & plus actif par cette hardieſſe de la femelle, il ſentit ſans doute le penchant de la nature, qui ſe manifeſta par la ſortie des deux cornes charnues, & du pénis qui parut enſuite recourbé ſur ſon dos. La ſingulière conformation de cet organe exige que la femelle ſoit placée ſur le mâle, afin qu'il puiſſe être introduit dans la vulve. Après pluſieurs alternatives de careſſes & de tranquillité, le mâle mourut. La femelle parut très-touchée d'avoir perdu l'être qu'elle avoit eu tant de peine à rendre heureux : la vue d'un ſecond mâle qu'on lui offrit ne diminua point ſa douleur, ni ſon empreſſement à rendre au premier tous les bons offices qu'elle jugeoit capables de le rappeller à la vie :

ſes efforts furent inutiles, il n'exiſtoit plus, & les organes de ſon ſexe étoient reſtés hors de ſon ventre. Le lendemain elle oublia avec le ſecond mâle qu'on lui avoit donné, les chagrins de la veille, & ſe comporta avec lui comme elle avoit fait avec le premier. M. de Réaumur a répété cette expérience, ſuivie d'un ſemblable ſuccès, avec d'autres femelles.

Dans un inſtant d'accouplement ſi court, le mâle peut-il introduire dans le vagin de la femelle aſſez de liqueur ſéminale pour féconder les œufs qu'elle doit pondre ? Cet accouplement ſouvent répété, ſeroit-il ſuffiſant pour donner aux œufs le germe de leur fécondité ? M. de Réaumur n'oſe le décider. Cet accouplement ſi court reſſemble à celui des oiſeaux, qui ne dure qu'un inſtant, & qui ſuffit cependant pour que les femelles pondent des œufs féconds, qui ne le ſeroient pas ſans cela. La fin tragique de ces mâles, dont la mort ſuit l'inſtant de leurs plaiſirs, paroît au moins prouver qu'au moment de la copulation, il ſe fait chez eux une diſſipation d'eſprits, & un épuiſement de ſubſtance très-conſidérable, puiſque la mort en eſt la ſuite. Or, cet épuiſement prouveroit un accouplement très-complet, quoique fort court. Ces expériences démontrent donc que les faux-bourdons ſe comportent avec les femelles d'une manière analogue à leur ſexe.

M. Schirach, ſecrétaire de la ſociété économique de Klein-Brentzen dans la Haute-Luſace, vient de publier de nouvelles obſervations, qui renverſent & détruiſent toutes les conſéquences qu'on peut tirer de celles de M. de Réaumur, en prouvant, par les expériences qu'il a faites, que les faux-bourdons sont absolument inutiles pour féconder la reine-abeille. Dans une lettre qu'il écrit à M. Blaffière son confrère, & le traducteur de son *Histoire naturelle des Abeilles*, en date du 18 juillet 1771, il lui apprend que depuis le commencement d'avril, il a élevé un essaim d'abeilles, dont la mère n'a eu aucun commerce avec les faux - bourdons; qu'il en possède déjà la seconde génération, & que sans le mauvais tems, qui avoit duré plusieurs semaines, il en auroit tiré une troisième & quatrième; qu'il espéroit de pousser ses observations aussi loin qu'il lui seroit possible, afin de confirmer par l'expérience, que la reine-abeille est féconde sans l'aide des faux - bourdons. Cette lettre est dans une note du traducteur, à la page 104 de l'ouvrage de l'*Histoire naturelle de la Reine des Abeilles*. Comme son opinion sur la génération des abeilles sans le concours des mâles, n'est établie que sur les seules expériences qu'il a faites, on ne peut se dispenser d'en rendre compte, afin de connoître par quels procédés il a été conduit à assurer que les faux-bourdons sont inutiles pour la propagation de l'espèce des abeilles.

M. Schirach coupa dans différentes ruches douze portions de couvain, de quatre pouces en quarré, qui contenoient des œufs & des vers, qu'il plaça dans douze petites caisses préparées à cet effet; il mit une poignée d'abeilles ouvrières dans chacune. Toutes ces caisses furent fermées pendant deux jours, afin de donner le tems à ce petit peuple

de faire le choix du ver qu'il voudroit élever à la dignité royale. Le troisième jour il ouvrit six caisses, dans lesquelles il observa des cellules royales, qui contenoient un ver âgé de quatre jours, qui avoit été choisi parmi ceux dont la destination étoit de devenir des abeilles ouvrières. Le quatrième jour les six autres caisses furent ouvertes, & M. Schirach remarqua dans toutes des cellules royales, où étoit logé un ver de quatre à cinq jours, & placé au milieu d'une bonne provision de gelée jaunâtre, semblable à celle que M. de Réaumur avoit observée dans les cellules royales. Il prit un ver dans une de ces cellules, & un autre dans une cellule ordinaire; il les observa avec le microscope, & il ne découvrit entr'eux aucune différence. Au bout de dix-sept jours il y eut dans ces douze caisses quinze reines vivantes, & les abeilles travaillèrent une grande partie de l'été. Dans toutes ces caisses M. Schirach ne découvrit pas un seul faux-bourdon, & cependant les reines furent fécondes. Il étoit si certain du succès de son expérience, qu'il se fit donner par un de ses amis, un seul ver vivant, renfermé dans une cellule ordinaire; & avec ce seul ver, ses abeilles se procurèrent une reine, & détruisirent tous les autres vers & tous les œufs qui étoient dans le gâteau.

Il résulte donc des expériences de M. Schirach, 1°. que les trois genres d'individus dans l'espèce des abeilles, se réduisent, dans le principe, à deux, le masculin & le féminin, puisque toute abeille ouvrière peut devenir une reine, si elle est choisie pour cet effet; 2°. que l'organe

E 3

du sexe féminin doit nécessairement exister dans l'embryon de chaque abeille ouvrière, & que son développement ne dépend que de certaines circonstances, telles qu'une plus grande cellule, une nourriture & des soins particuliers, propres à déterminer le sexe féminin à paroître ; 3°. que les faux-bourdons, quoique les seuls mâles de l'espèce, ne sont point nécessaires à la réproduction des individus, puisque la femelle est féconde sans leur concours.

Le résultat de ces observations offre de grandes difficultés à résoudre. 1°. Comment le sexe féminin, que M. Schirach suppose préexistant dans l'embryon de chaque abeille ouvrière, a-t-il échappé aux recherches exactes de l'infatigable Swammerdam, qui n'a rien trouvé dans ses dissections anatomiques qui pût l'indiquer ? La différence entre les trois genres d'individus de l'espèce des abeilles, n'est pas si grande, pour ne pas observer dans les ouvrières les traces d'un ovaire si aisé à remarquer dans la reine. Cependant M. de Réaumur, ainsi que Swammerdam, qui a ouvert & examiné l'intérieur des abeilles ouvrières dans toutes les saisons de l'année, n'a rien découvert qui fût analogue à un sexe décidé. J'avoue que ce n'est point absolument une raison pour nier son existence, qui peut avoir échappé aux recherches de ces savans naturalistes, mais au moins c'en est une très-forte d'en douter, tant que des observations plus multipliées ne détruiront pas le résultat des leurs.

2°. La reine-abeille n'attend pas, pour loger les œufs qu'elle est pressée de pondre, la construction entière des cellules ; quelquefois le fond est à peine ébauché, qu'elle y en place un. Les abeilles ouvrières, qui connoissent mieux que nous l'espèce d'œufs que pond leur mère, peuvent bien distinguer ceux qui donneront des femelles, & les transporter dans une cellule convenable, ou rendre celle où ils sont placés plus spacieuse, quand même le ver est sorti de sa coque. M. Riem a remarqué ce déplacement des œufs de la part des ouvrières.

3°. Dans le couvain que M. Schirach a mis dans ses boëtes, il peut s'y être trouvé des œufs ou des vers d'où seront nés des faux-bourdons ; cela est même très-probable. Dans l'état d'œufs ou de ver, il n'est point possible de les distinguer de ceux des autres abeilles, au rapport même de M. Schirach, qui ayant pris deux vers, l'un dans une cellule royale, l'autre dans une cellule commune, les a observés au microscope, & n'a pas remarqué la moindre différence entr'eux. Dans cette supposition, ces faux-bourdons naissent en même-tems que la reine, & peuvent par conséquent la rendre féconde. Admettons que M. Schirach ait été assuré qu'il n'y avoit point de germe de faux-bourdons dans le couvain qu'il a mis dans ses boëtes : est-il également certain que ceux des autres ruches, qui ne sont point dévoués à la solitude, comme les femelles, ne seront point allés, attirés par l'odeur, trouver la jeune reine ? Les ouvrières se seroient opposées à laisser entrer dans leur habitation des étrangers ! Dans toute autre circonstance, cela est vrai ; mais connoissant le befoin qu'a leur mère de leurs se-cours, elles les auront accueillis avec joie, dans l'espérance de voir leur famille augmenter. Leur indo-lence, dira-t-on peut-être, ne peut point se concilier avec l'empresse-ment qu'on leur suppose, d'aller trouver la femelle. Ils ont paru in-dolens, il est vrai, quand on les a observés avec la femelle ; mais pour-quoi ne pas supposer qu'ils ont de la pudeur, & qu'ils sont moins in-différens & plus actifs dans le secret de l'habitation où ils ne sont pas observés ?

4°. M. Schirach ne connoît que les faux-bourdons de la grosse es-pèce, qu'il est facile de distinguer des abeilles ordinaires : il est une autre espèce beaucoup plus petite, qui, malgré sa ressemblance avec les abeilles ouvrières, n'a pu se dérober aux observations de M. de Réaumur & de Jean de Braw. La petitesse de leur taille peut avoir induit en erreur l'observateur de Lusace, qui les aura confondues avec les abeilles ouvrières.

M. Attorf, de la société écono-mique de la Haute-Lusace, a fait les mêmes expériences que M. Schirach, avec cette différence qu'il épargna aux abeilles ouvrières les soins de choisir une reine, en en prenant une lui-même dans une cellule fermée, qu'il leur donna, après l'avoir sortie de sa prison. Le ré-sultat de ses observations fut le même que celui des expériences de M. Schirach. Celles qu'il a faites pour observer l'accouplement de la reine avec les faux-bourdons, n'ont point eu le succès qu'il en atten-doit, & il n'a rien vu de satisfaisant à cet égard. M. Attorf conclut de

ses expériences, qu'il n'a point réi-térées assez souvent pour établir quelque chose de certain sur les faits annoncés, que les faux-bour-dons ne doivent point être consi-dérés comme les mâles nécessaires à la réproduction des abeilles. Il conjecture, au contraire, que leur unique emploi est de couver, puis-qu'ils ne paroissent dans les ruches, que dans le temps des essaims. M. At-torf n'a point fait attention qu'il n'y a point de faux-bourdons dans la ruche après l'hiver, lorsque la reine fait sa première ponte ; cependant les œufs éclosent sans qu'ils soient couvés.

M. Riem, de la société écono-mique de Lauter dans le Palatinat, a répété avec soin les expériences de M. Schirach. Ce qu'elles lui ont appris, est absolument contraire à ce que l'observateur de la Haute-Lusace avoit remarqué. 1°. M. Riem a observé que la reine pond indif-féremment les trois sortes d'œufs dans les cellules communes, & qu'ensuite les ouvrières les tranf-portent dans celles qui leur con-viennent. 2°. Il a observé l'accou-plement de la reine avec les faux-bourdons ; il avoue que tout ce qui se passe dans cet accouplement a été décrit avec exactitude par M. de Réaumur. 3°. M. Riem avoit enfermé quatre petits gâteaux, qui n'avoient chacun qu'un seul ver, dans quatre caisses de l'invention de M. Schirach ; il donna l'essor aux abeilles le second jour ; elles ne firent aucune récolte, & il trouva le ver desséché : il conjectura qu'il étoit resté des œufs de reine dans les gâteaux mis en expérience par l'observateur de Lusace, & que les ouvrières avoient foigné ces œufs, d'où les reines étoient forties. 4°. il a conftamment obfervé dans toutes fes expériences, que les abeilles ouvrières tranfportoient les œufs, pour les placer relativement à un certain but ; ce qui porteroit à croire qu'elles connoiffent l'efpèce d'œufs que la reine pond, puifqu'elles les placent dans le logement convenable au ver qui doit en éclore : il a auffi remarqué qu'elles ne détruifent point les cellules communes, pour en élever une royale, mais qu'elles tranfportoient un œuf de reine, pris dans une cellule commune, dans une cellule royale. 5°. Ayant renfermé de petits gâteaux avec des abeilles ouvrières, fuivant la méthode de Luface, il vit les œufs fe multiplier dans les cellules, fans qu'il pût découvrir aucune reine : il en conclut que les ouvrières pondoient dans le befoin, & qu'elles donnoient ainfi naiffance à des vers de l'une & l'autre forte. Pour s'affurer plus pofitivement de la vérité de ce fait, il enleva tous les œufs & tous les vers d'un gâteau, qu'il renferma, à la manière de M. Schirach, avec un certain nombre d'ouvrières auxquelles il donna quelques provifions. Le premier & le fecond jour, elles travaillèrent avec diligence ; fur la fin du fecond jour, il examina attentivement l'intérieur de la ruche ; il n'y remarqua que des abeilles ouvrières, & il trouva plus de trois cents œufs dans les cellules.

M. Riem fe hâta de répéter cette expérience qui montroit des faits fi contraires à tout ce qu'on favoit fur la théorie des abeilles ; il purgea

un gâteau de tous les œufs qu'il contenoit ; il examina de nouveau les abeilles, & les replaça avec ce même gâteau dans la caiffe : elles y étoient en petit nombre ; & après être forties, il les vit rapporter de la cire attachée à leurs jambes poftérieures ; il examina à diverfes reprifes fi elles n'apportoient point d'œufs, & il ne découvrit rien qui pût lui faire foupçonner qu'elles en avoient pris dans les autres ruches. Il ouvrit la caiffe en préfence d'un ami intelligent, & en examinant le gâteau, ils y trouvèrent plus d'une centaine d'œufs. Il laiffa les abeilles à elles-mêmes qui couvèrent deux fois quelques vers dans des cellules royales qu'elles avoient conftruites, & laiffèrent l'amas d'œufs, fans y toucher. M. Riem prévoyant qu'on pouvoit lui objecter que fes abeilles s'étoient introduites dans d'autres ruches, pour y prendre des œufs, & les tranfporter dans la leur, mit dans une caiffe deux gâteaux où il n'y avoit ni œufs ni vers, & les ferma avec un certain nombre d'ouvrières, en condamnant l'ouverture de la caiffe avec une planche à petits trous ; il la tranfporta dans un poële où il la laiffa pendant la nuit ; c'étoit en octobre : le lendemain au foir, il ouvrit la caiffe, examina les gâteaux ; un feul lui offrit plufieurs œufs & les commencemens d'une cellule royale, au fond de laquelle il n'y avoit ni œufs ni vers.

Quoiqu'on foit perfuadé de l'exactitude de M. Riem, à s'affurer qu'il n'y avoit effectivement aucun œuf dans les gâteaux qu'il ferma dans une boîte avec des abeilles ouvrières, & que ceux qu'il y trouva enfuite avoient été pondus, felon toute apparence, par elles ; ce fait eft fi fingulier, fi contraire aux connoiffances qu'on a fur la théorie des abeilles, qu'on doit fufpendre fon jugement, jufqu'à ce que de nouvelles obfervations aient confirmé ou détruit le réfultat de ces premières expériences. Il eft bien étonnant qu'on annonce pour de vraies femelles, des abeilles qu'on avoit été fondé à ne confidérer que comme des neutres, puifque les diffections anatomiques que Swammerdam en a faites, ne lui ont jamais rien montré qui fût analogue au fexe & à l'ovaire qu'il avoit fi bien trouvés dans les femelles. M. de Réaumur, un des plus grands obfervateurs dans cette partie de l'hiftoire naturelle, qui s'eft appliqué, pendant bien des années, à examiner & à fuivre les abeilles dans les plus petits détails de leur manière de fe reproduire, n'y a rien remarqué de femblable aux faits qu'annonce M. Riem : il a toujours obfervé, au contraire, que des abeilles qui étoient privées de leur reine, ne fe livroient plus à aucune forte de travail, & qu'elles périffoient dans leur domicile, quand elles ne l'abandonnoient pas. Pourquoi prendre ce parti, fi elles étoient en état de fuppléer au défaut de leur mère, en fe donnant des fujets ? M. Schirach, qui fuppofoit le fexe féminin préexiftant dans l'embryon de chaque abeille ouvrière, ne défefpéroit pas de découvrir leur ovaire qui avoit échappé aux recherches de Swammerdam : il ne paroît pas cependant qu'il ait été plus heureux à le

trouver, que ce grand phyficien. Pour conftater des faits de cette nature, une ou deux obfervations ne fuffifent pas ; ce n'eft qu'après bien des expériences répétées par plufieurs naturaliftes, qui emploient des procédés différens pour arriver au même but, qu'on peut établir quelque chofe de certain. M. Riem a fait lui-même les expériences qu'avoit faites M. Schirach, & le réfultat en a été abfolument différent : un autre obfervateur peut ne rien découvrir de femblable à ce qu'il a vu, quoiqu'il fuive les mêmes procédés.

M. de Braw, dans fes obfervations fur les abeilles, a cherché à connoître de quel genre d'utilité pouvoient être les faux-bourdons de la petite efpèce, que M. de Réaumur avoit très-bien diftingués, fans les confidérer cependant comme les mâles néceffaires à la réproduction de l'efpèce. Cet obfervateur anglois a remarqué que les faux-bourdons d'une efpèce beaucoup plus petite que les autres, & faite pour tromper les naturaliftes, à caufe de leur reffemblance avec les abeilles ouvrières, introduifoient leur derrière dans les cellules où la reine venoit de pondre, & qu'ils y répandoient une petite quantité de liqueur blanchâtre, moins liquide que le miel, & qui n'en avoit pas la douceur. Tous les œufs arrofés de cette liqueur étoient féconds ; & ceux qui ne l'avoient pas été, demeuroient ftériles. Si les faux-bourdons fécondent les œufs en les arrofant de leur fperme, à la manière des poiffons, on ne doit plus être étonné de leur nombre prodigieux : ceux de la groffe efpèce feroient donc destinés à féconder les œufs qui font dans des cellules proportionnées à la grosseur du volume de leur corps; & ceux de la petite espèce, les œufs qui font dans des cellules ordinaires, dans lesquelles la petitesse de leur corps leur permet d'entrer. A quoi bon alors l'accouplement que M. de Réaumur a observé ? Ne seroit-il qu'une preuve de l'incontinence de la reine, & non point un besoin naturel qu'elle est obligée de satisfaire pour être féconde ? Si les faits qu'a observés M. de Braw, font exactement vrais, on ne doit plus s'étonner de l'indolence des faux-bourdons, de leur froideur à recevoir les caresses de la reine, puisqu'ils sortent des voies ordinaires de la nature, lorsqu'ils se rendent à ses desirs. La situation singulière de leur organe de la génération, lorsqu'il est en dehors, ne seroit plus un sujet de surprise; ce seroit une position nécessaire, pour que le pénis pût porter la liqueur séminale sur l'œuf attaché au fond de l'alvéole; ce qu'il ne pourroit faire, si, au lieu d'être recourbé sur le dos de l'animal, il étoit en dessous, comme est ordinairement cette partie dans les autres genres d'insectes.

M. Bonnet a eu divers sentimens sur la théorie des abeilles : les observations de son illustre ami M. de Réaumur, celles qu'il avoit faites lui-même, l'avoient décidé à admettre trois genres dans l'espèce des abeilles. Il étoit persuadé que les mâles s'unissoient à la femelle par une vraie copulation ; ce que M. de Réaumur n'avoit osé assurer : c'étoit son opinion, lorsqu'il écri-

voit ses *Considérations sur les corps organisés.* Les découvertes de la société de la Haute-Lusace, celles de Lauter dans le Palatinat, les observations de M. de Braw, lui ont fait changer d'opinion. Dans un Mémoire, inséré dans le *Journal de Physique,* au mois de Mai 1775, il assure que « l'expérience » par laquelle M. Attorf a prétendu » démontrer que la reine - abeille » est féconde sans accouplement, » paroîtra sans doute décisive à » tous les naturalistes qui ne font » pas pyrrhoniens à l'excès ». Il ne doute point de la vérité de la découverte de M. Schirach, par laquelle il est démontré que tout ver d'abeille commune peut devenir une reine, laquelle n'a pas besoin du concours des faux-bourdons pour être féconde : d'où il conclut qu'il n'y a, dans l'espèce des abeilles, que deux genres, les mâles & les femelles ; & que les prétendus neutres appartiennent, dans leur origine, au sexe féminin, puisque des vers qui auroient donné des neutres, donnent des reines, quand ils font placés dans une cellule spacieuse, & alimentés d'une manière particulière qui décide leur sexe à paroître. Dans un autre Mémoire, également inséré dans le *Journal de Physique,* au mois d'Avril 1775, il essaye de démontrer que cette nouvelle découverte sur la théorie des abeilles, se concilie avec ses principes sur la génération.

SECTION III.

Quel jugement peut-on porter sur les différentes opinions qu'on vient d'exposer ?

Selon l'exposé qu'on vient de voir
des

des différentes opinions fur la théorie des abeilles , la reine eft la feule femelle de l'efpèce , & les faux-bourdons en font les mâles, quoiqu'il ne foit pas parfaitement démontré que leur accouplement eft néceffaire pour la réproduction des individus abeilles. Les expériences par lefquelles on prétend prouver que l'accouplement & l'effufion du fperme des mâles fur les œufs, font inutiles pour rendre féconds les germes de l'efpèce , ne fuffifent pas pour établir quelque chofe de certain à cet égard, puifque les mêmes expériences ont donné des réfultats différens à divers obfervateurs : d'ailleurs il eft très-probable que la plupart ont été induits en erreur dans leurs obfervations par les faux-bourdons de la petite efpèce qu'ils n'ont point diftingués des abeilles ouvrières , & qui peuvent être communs parmi elles.

Le fexe des abeilles ouvrières eft encore un fait dont il eft permis de douter : M. Schirach n'a point apperçu dans leur intérieur, l'ovaire qu'il s'étoit flatté de découvrir : M. Riem eft le feul qui ait trouvé des œufs dans les boîtes où il n'y avoit que des ouvrières : fans attaquer la vérité de fes découvertes , on peut defirer & attendre que les obfervations fur ce fujet foient répétées par d'autres naturaliftes auffi intelligens , avant de fe décider à ne plus regarder les abeilles ouvrières comme des neutres. Ce n'eft que par de nouvelles expériences qu'on peut répandre plus de lumières fur cette partie de l'hiftoire naturelle.

CHAPITRE VI.

DE LA PONTE DE LA REINE.

SECTION PREMIÈRE.

Dans quel tems commence la ponte de la Reine , & quand finit-elle.

La reine n'a point de tems marqué pour pondre ; elle fait des œufs dans toutes les faifons de l'année , excepté lorfque le froid eft très-rigoureux ; alors toute forte d'occupation & de travail ceffe dans l'habitation : c'eft par le moyen de cette ponte , prefque continuelle , que l'état répare les pertes journalières qu'il fait d'une partie de fes fujets. Au printems la reine recommence fa ponte , qui avoit été interrompue pendant l'hiver ; elle n'eft jamais fi confidérable que dans cette faifon , comme on en peut juger par la quantité des effaims qui partent alors d'une ruche.

SECTION II.

De l'ordre que fuit la Reine dans fa ponte , & comment elle la fait.

Swammerdam affure que la reine commence fa ponte par les œufs des abeilles ouvrières; qu'elle pond enfuite quatre ou cinq œufs qui doivent donner des femelles , & qu'elle finit par quelques centaines d'œufs de faux-bourdons. M. de Réaumur prétend qu'elle connoît l'efpèce d'œufs qu'elle eft preffée de dépofer , & la marche qu'elle obferve dans fa ponte eft capable de le faire foupçonner ; fouvent elle paffe devant une cellule de mâles qui eft vuide fans y rien dépofer , tandis qu'elle s'arrête à

F

une cellule d'ouvrières, y entre &
dépofe fon œuf. Mais s'il eft vrai,
comme l'a obfervé M. Riem, que
les abeilles déplacent les œufs, &
qu'elles paroiffent avoir un certain
but en vue dans ce déplacement,
cette opération de leur part annonceroit que la reine pond indifféremment trois fortes d'œufs fans les
connoître, & que les abeilles ouvrières qui favent les diftinguer
quand ils font pondus, les placent
dans les cellules convenables.

La plupart des auteurs parlent
de la ponte de la reine comme d'un
tems confacré à la joie pour toute
la république. Si on s'y livre au plaifir, le travail n'en eft point interrompu ; c'eft au contraire le tems où les
ouvrières font plus chargées d'occupations, & celui où elles prennent
moins de repos : quand il faut préparer des logemens pour trente ou
trente-cinq mille fujets, dont la
reine va peupler fes états, qu'il
faut pourvoir à leur fubfiftance en
voyageant très-loin pour trouver
les provifions néceffaires, on n'eft
guère libre de prendre du repos :
auffi il arrive fouvent que la reine,
preffée de pondre, n'attend pas la
conftruction parfaite des logemens ;
à peine font-ils ébauchés qu'elle y
place fes œufs. Le cortège qui la fuit
a pu donner lieu de croire que toute
la république fe réjouiffoit dans l'efpérance de voir bientôt de nouvelles
compagnes : lorfqu'elle paroît fur les
gâteaux, elle eft fuivie effectivement
d'un nombre affez confidérable de
fes fujettes, qui ne la quittent point:
aux careffes qu'elles lui font, aux
foins qu'elles lui rendent, on diroit
qu'elles font toutes empreffées à
lui faire la cour & à lui rendre

des hommages ; les unes ne font
occupées qu'à la broffer, ou à lui
offrir du miel en étendant leur
trompe devant elle ; d'autres lui lè-
chent les derniers anneaux de fon
corps, lorfqu'elle eft fortie d'une
cellule où elle a dépofé un œuf.
Elle marche toujours au milieu de
cette cour, quelquefois compofée
feulement de fept à huit abeilles qui
l'environnent, ayant leur tête tournée de fon côté.

Avant de dépofer fon œuf, la
reine entre, la tête la première,
dans la cellule pour examiner, fans
doute, fi elle eft en état de recevoir le dépôt qu'elle veut y placer ;
elle fort enfuite ; fi elle lui convient, elle y rentre par la partie
poftérieure de fon corps, s'y enfonce jufqu'à ce que fon derrière
touche au fond, & dépofe fon
œuf à l'angle de la bafe de l'alvéole,
ou à l'un de ceux que forment les
deux côtés des deux rombes, felon
que la bafe de l'alvéole eft conftruite, ou fuivant qu'elle a plus ou
moins enfoncé fon derrière. Cet
œuf qui fort de la vulve de la femelle, enduit d'une matière vifqueufe, refte attaché par un de fes
bouts au fond de l'alvéole. (*Fig. 5*,
Planc. 1.) Un inftant fuffit pour
que la reine ponde & place un œuf
dans une cellule, d'où elle fort tout
de fuite pour rentrer dans une autre, où elle fait la même opération, & toujours dans le même
ordre. Quand elle eft preffée, &
que les logemens ne font pas prêts,
elle place plufieurs œufs dans la
même alvéole, & laiffe aux ouvrières le foin de les transporter
lorfqu'elles auront achevé la conftruction de leurs édifices. M. de

Réaumur a trouvé dans la même cellule jufqu'à quatre œuf ; cela arrive fur-tout quand un effaim eft nouvellement logé dans une ruche où il faut qu'il conftruife promptement fes édifices.

SECTION III.

De la manière dont les œufs font placés dans les alvéoles, de leur figure & du tems qu'il leur faut pour éclore.

Les œufs que la reine pond dans les cellules font appuyés au fond, où un de leurs bouts eft collé & attaché par cette humeur vifqueufe dont ils font enduits en fortant de la vulve. Leur longueur eft cinq ou fix fois plus grande que leur diamètre, & un de leurs bouts qui font arrondis, eft plus gros que l'autre : (*Fig.* 6, *Planc.* 1.) c'eft par le plus petit qu'ils font attachés au fond de la cellule. Leur figure eft un peu courbe, leur couleur d'un blanc bleuâtre : leur enveloppe eft une pellicule très-mince ou une membrane flexible, de forte que l'œuf, qui l'eft auffi, peut être prefque plié en deux, & reprendre enfuite fa première figure : à la vue fimple, on diroit qu'il eft très-uni ; mais aidée du microfcope, il paroît ridé d'une manière régulière, & fi tranfparent, qu'il femble être rempli d'une matière aqueufe très-limpide.

Quelques auteurs ont penfé que ces œufs avoient befoin d'être couvés pour éclore ; Pline, qui étoit de ce fentiment, prétendoit que les abeilles les couvoient comme les oifeaux couvent les leurs. Quelques auteurs modernes ont accordé aux faux-bourdons l'emploi de faire

éclore ces œufs par la chaleur qu'ils excitent dans la ruche avec le battement de leurs ailes ; & d'autres ont voulu qu'ils couvaffent réellement. Swammerdam & M. de Réaumur ont regardé cette opinion comme une puérilité ridicule ; la forme du corps des abeilles ne les rend point du tout propres à cet office. M. de Réaumur a démontré par le moyen du thermomètre, que la chaleur d'une ruche eft communément plus grande que celle qu'une poule communique aux œufs qu'elle couve, & qu'elle étoit par conféquent fuffifante pour faire éclore ceux des abeilles fans d'autres fecours. Dans la belle faifon, & lorfqu'il fait très-chaud, le troifième jour après qu'ils font pondus ils éclofent : cela fouffre par conféquent des variations qui font relatives au degré de chaleur qui eft dans la ruche.

SECTION IV.

De la forme du ver, de fa fituation dans l'alvéole, de fa nourriture, du tems qu'il demeure dans cet état, & comment il en fort.

Un ver d'abeille ne peut être qu'extrêmement petit au fortir de fon enveloppe : jufqu'à fa première métamorphofe, n'ayant point de pieds, il refte couché & roulé fur lui-même en forme d'anneaux au fond de fa cellule ; (*Fig.* 5, *Planc.* 1.) le plan de cet anneau eft vertical ; celui au contraire d'un ver de reine eft horizontal : ces différentes pofitions font relatives à celles des cellules, qui ne font point les mêmes. L'aliment dont il fe nourrit eft une efpèce de bouillie affez épaiffe, d'une couleur blanchâtre, dont la qualité eft

variée felon l'âge du ver : au commencement elle eft blanche & infipide ; elle a un goût de miel lorfque le ver eft plus avancé : au
terme de fa métamorphofe c'eft une
gelée affez tranfparente & fort fucrée. Tout le fond de la cellule eft
couvert de cette boullie , fur laquelle le ver eft couché , de forte
qu'il peut fe nourrir fans faire d'autre mouvement, dont il ne feroit
pas capable , que celui d'ouvrir la
bouche : les abeilles ouvrières qui
les foignent avec l'affection la plus
tendre , font fans ceffe occupées à
les en pourvoir : plufieurs fois dans
la journée elles entrent dans les cellules pour examiner fi les vers ont
la nourriture néceffaire , & pour
leur en fournir s'ils en manquent.
On ne voit pas, il eft vrai , ce que
fait une abeille qui refte quelques
momens dans la cellule d'un ver,
où elle s'eft introduite la tête la première ; mais les autres qui viennent
enfuite, & qui paffent fans y entrer,
pour s'arrêter à d'autres qu'elles
vifitent, font juger que la première
eft allée dans cette cellule pour
dégorger la boullie qu'on y apperçoit. Le ver qui vient de naître en
eft auffi pourvu que celui dont l'accroiffement eft déjà avancé; on auroit
donc tort de croire qu'elle eft le réfultat de fa déjection ou de fes excrémens, d'autant mieux que quand il
eft fur le point de fa métamorphofe,
la cellule en eft abfolument vuide.

Les abeilles ouvrières ont les mêmes foins pour les vers des faux-
bourdons que pour ceux de leur
efpèce. A l'égard de ceux qui doivent fe transformer en reines, elles
font auffi prodigues dans les alimens qu'elles leur donnent , que

dans la conftruction des édifices où
elles les logent : ils font toujours
entourés d'une abondance confidérable de boullie très-fucrée ; elle
diffère beaucoup par cette qualité
de celle des vers communs. Lors
même qu'un ver de reine eft fur le
point de fa métamorphofe , on en
trouve beaucoup dans le fond de
fa cellule , ce qu'on ne remarque
jamais dans celle des vers ordinaires ; & lorfqu'il eft forti de fa cellule fous la forme d'abeille , on en
trouve au fond qui eft coagulée.

Quelques naturaliftes, trompés par
la couleur & la vifcofité de cette
matière dont les vers font nourris ,
ont cru reconnoître qu'elle n'étoit
qu'une sève épaiffie qui coule des
faules & des autres arbres : mais
lorfque la sève ne coule plus , comment les abeilles nourriroient-elles
leur famille, qui s'accroît dans toutes
les faifons de l'année , à moins qu'il
ne faffe froid ? M. de Réaumur, qui
a décidé , d'après fes épreuves , du
goût de cette nourriture , a eu
raifon de penfer qu'elle n'étoit que
du miel , peut-être préparé avec la
cire brute , felon l'âge des vers.

Quand la faifon eft favorable &
qu'il fait très-chaud, dans fix jours
le ver a pris tout fon accroiffement ,
& il eft au terme de fa première métamorphofe : les abeilles, qui connoiffent l'inftant de ce changement,
ceffent de lui donner une nourriture qui lui feroit inutile , puifque
dans fon état de nymphe il ne
mange point : les derniers foins
qu'elles prennent de lui, font de le
fermer dans fa cellule , en appliquant un couvercle de cire à l'ouverture, afin qu'il ne foit point incommodé des abeilles qui marchent

fans cesse sur les gâteaux. Cette espèce de prison dans laquelle il se
trouve renfermé, devient pour lui
un laboratoire, où il commence à
exercer les talens dont la nature
l'a doué. Après avoir fini de manger sa provision, il se déroule,
s'alonge dans sa cellule, qui est propre & nette, & file une soie extrêmement fine, dont il tapisse tout
l'intérieur de sa prison.

M. Maraldi n'a point soupçonné
les vers d'abeilles d'avoir une pareille industrie ; Swammerdam, qui a
eu la patience de détacher ces sortes
de tapisseries, a cru que le ver fi-
loit avant d'être enfermé : quelque
adresse qu'on suppose aux abeilles,
il ne seroit point possible qu'elles
appliquassent leur couvercle aussi
exactement qu'elles le font sans endommager la soie qu'auroit filé le
ver. En séparant toutes ces tapisseries, qu'aucun ver ne se dispense d'appliquer dans l'intérieur de son logement, on pourroit savoir par leur
nombre combien d'abeilles ont pris
naissance dans la même cellule. Lorsque le ver a fini son ouvrage, il
reste encore alongé & étendu un
jour ou deux ; au bout de ce terme, sa peau se fend sur le dos, &
la nymphe sort par cette ouverture.

Section V.

*De la Nymphe, du tems qu'elle passe
dans sa captivité, & comment elle
sort de sa prison.*

La nymphe paroît très-blanche
dès qu'elle a quitté sa dépouille de
ver ; on distingue aisément sous son
enveloppe, qui est très-mince,
toutes les parties extérieures de
l'abeille, qui sont ramenées en

avant : dans douze jours, environ,
toutes les parties de son corps acquièrent la consistance qui leur est
nécessaire ; au bout de ce terme,
elle déchire l'enveloppe qui tenoit
ses ailes & ses membres emmail-
lottés. Le premier usage qu'elle fait
de ses dents, c'est de briser le couvercle de cire qui la tenoit en prison dans sa cellule ; elle le perce
vers le milieu, & le ronge peu-à-
peu jusqu'à ce que l'ouverture soit
assez grande pour qu'elle puisse passer : lorsqu'elle est forte, dans trois
heures elle a rompu les portes de sa
prison ; il y en a qui sont trop foibles pour les briser, & qui périssent par cette raison dans leurs cellules. Les abeilles, après avoir eu
tant de soin de leur enfance, les
abandonnent dans ces momens où
leurs secours leurs seroient utiles
pour abattre les murs qu'elles-mêmes ont élévés.

A peine une nymphe a-t-elle fait
une ouverture assez considérable
pour sortir de sa cellule, qu'elle y
passe la tête & ensuite ses premières
jambes, qui lui servent de crochets
pour aider à sortir le reste de son
corps : lorsqu'elle est entièrement
dehors, elle se repose sur les gâteaux, assez près de sa cellule ; ses
compagnes, ou, pour mieux dire,
ses nourrices, s'approchent d'elle
pour lui rendre les services les plus
officieux : elles s'empressent à la
lécher, à essuyer ses ailes encore
humides, à lui offrir du miel en
étendant leur trompe devant elle ;
d'autres vont tout de suite visiter
sa cellule, & la nettoyer afin qu'elle
puisse servir à une nouvelle éducation : elles enlèvent la dépouille du
ver, de la nymphe, & la mettent

en état de recevoir un nouvel hôte.

Les mâles & les femelles subissent les mêmes métamorphoses que les ouvrières, avec cette différence, que la femelle sort assez ordinairement de sa cellule en volant, parce qu'é-tant beaucoup plus spacieuse que les autres, elle a pu, quoique cap-tive, y déployer ses ailes ; ce que ne peuvent faire les ouvrières ni les mâles qui sont trop à l'étroit dans la leur. Quand une fois le couvain a commencé à éclore, les abeilles ne tardent pas à sortir de leur prison : tous les jours on en voit paroître des centaines de jeunes qui augmentent considérablement la population d'une ruche, qui est obligée ensuite d'envoyer des co-lonies, l'habitation se trouvant trop petite pour un si grand nombre d'abeilles.

SECTION VI.

A quelles marques distingue-t-on les jeunes Abeilles des vieilles, & quand est-ce qu'elles commencent à tra-vailler.

C'est à la couleur des abeilles qu'on peut connoître leur âge : les anneaux de celle qui vient de quitter la dépouille de nymphe sont bruns, & les poils qui les recouvrent, ainsi que ceux des autres endroits de son corps, sont blancs, ce qui la fait paroître d'une couleur grise. A mesure qu'elles vieillissent, leurs anneaux ne sont point si bruns, & leurs poils deviennent roux, ce qui les fait paroître alors d'une couleur rousse.

Les divers talens qu'on admire

dans les abeilles, ne sont point le fruit de leur éducation ; elle n'a d'autre but que le prompt accroissement de l'individu ; ils naissent avec elle ; l'usage qu'elles en font, les développe & les fait paroître. Dès qu'une abeille a brisé les fers de sa captivité, elle a toutes les connoissances nécessaires pour travailler au bien commun de la société, soit en donnant à la famille qu'on élève continuellement, les mêmes soins qu'on a eus pour elle pendant son enfance, soit en se livrant aux différentes occupations qui sont utiles dans la république : au bout de sa carrière elle ne sera pas plus instruite qu'elle l'étoit au commencement. A peine est-elle sortie de sa cellule, qu'elle est donc en état de travailler & d'imiter ses compagnes dans les ouvrages de leur industrie ; elle va comme elles moissonner les richesses des fleurs, sans qu'il soit nécessaire qu'on lui apprenne dans quels endroits & sur quelle espèce de plantes elle doit diriger son vol pour recueillir la cire & le miel : elle n'a pas besoin qu'un guide la ramène dans l'habitation où elle est née ; elle va seule faire sa récolte, & revient sans se tromper dans l'endroit où sont les magasins où elle doit la déposer. Souvent on en a remarqué qui, dès le premier jour qu'elles étoient sorties de leurs cellules, alloient à la provision du miel & de la cire.

Cette ardeur si précoce pour le travail est une preuve de leur amour pour le bien de leur société, & non pas, comme on pourroit le croire, la nécessité de pourvoir à leur propre subsistance, puisque les

provisions font alors très-abondantes dans l'habitation , & qu'elles
font elles-mêmes très-remplies de
miel.

SECTION VII.

Durée de la vie des Abeilles.

Virgile & Pline affurent que les
abeilles vivent fept ans , d'autres
ont étendu le terme de leur vie
jufqu'à dix ans. Si elles arrivent au
bout de leur carrière, ainfi que les
autres infeêtes , lorfqu'elles ont
rempli les fonêtions auxquelles les
avoit deftinées la nature , la durée
de leur vie ne peut être que d'un
an environ , parce que ce terme
leur fuffit pour élever leur poftérité. Quoiqu'on ne puiffe rien établir de certain à ce fujet, & que
ce ne foit là qu'une conjeêture qui
n'eft point fans quelque vraifem-
blance , il paroît cependant par les
expériences de M. de Réaumur ,
qu'une année eft à-peu-près la durée
de leur vie. De cinq cents abeilles
qu'il avoit eu la patience de marquer en rouge , avec un vernis def-
ficatif, dans le mois d'avril, & qu'il
avoit reconnues les mois fuivans ,
lorfqu'elles alloient fur les fleurs , il
n'en trouva pas une en vie dans le
mois de novembre : la reine vit plus
long-tems, parce qu'elle eft capable
de mieux réfifter aux premiers froids
qui font mourir les ouvrières. Il eft
probable que les faux-bourdons vivroient plus long-tems, fi les abeilles
ne les maffacroient pas , ou ne les
forçoient point à mourir de mifère,
en les obligeant de quitter leur habitation.

CHAPITRE VII.

DU GOUVERNEMENT DES ABEILLES.

SECTION PREMIÈRE.

Quelle eft la forme du Gouvernement d'une République d'Abeilles.

Une république d'abeilles n'a jamais qu'une reine pour chef, qui
ne fe livre à aucune efpèce de travail, non-plus que les faux-bourdons qui font fes maris, & qui
tiennent les premiers rangs dans
l'état. Les ouvrières qui compofent
la plus grande partie de la population, paroiffent exécuter les ordres
de leur chef dans tous les travaux
& les ouvrages de leur induftrie,
tandis qu'elles fuivent l'inftinê naturel qui les guide & les porte à
travailler pour la confervation de
leur république. Tout ce que nous
ont appris du gouvernement des
abeilles les obfervateurs qui ont
traité de leur hiftoire naturelle, eft
fi merveilleux, fi admirable, & fi
fort au-deffus des connoiffances
qu'on a en général fur les infeêtes,
même fur ceux qui vivent en fociété, qu'on n'eft point tenté de
partager leur enthoufiafme : on
croit au contraire que cette vive
admiration pour des infeêtes qu'on
fe plaît à obferver, eft plus l'effet
d'une imagination prévenue en leur
faveur, que celui des faits qu'on
a remarqués.

Le favant auteur de l'*Hiftoire naturelle*, qui n'a point obfervé les
abeilles, comme les Swammerdam,
les Maraldi, les Réaumur, les Bonnet, &c. a eu fans doute raifon,

dans fon *Difcours fur la nature des Animaux*, de chercher à fe faire des idées philofophiques fur la forme du gouvernement des abeilles, l'ordre qui règne dans leur fociété, l'induftrie qu'on admire dans leurs ouvrages, & de ne point confidérer un panier d'abeilles, comme une république qui pouvoit être, par la fageffe de fon gouvernement, l'émule d'Athènes, de Sparte, &c. Cependant il eft très-probable que, s'il les eût obfervées, comme ces favans naturaliftes, dont il blâme les raifonnemens, s'il n'avoit pas pris part à leur admiration pour les abeilles, du moins il n'eût pas confidéré leur induftrie, l'ordre qui règne dans leurs occupations, la deftination des fruits de leurs travaux, la régularité & la beauté de leurs édifices, comme une fuite néceffaire de leur ftupidité. Il eft vrai que bien des auteurs, livrés à l'enthoufiafme pour les abeilles, en ont débité tant de merveilles, qu'ils ont rendu leur hiftoire ridicule & incroyable : la plupart ont fuppofé à ces infectes une combinaifon d'idées fuivies, dont la raifon la plus réfléchie n'eft pas toujours capable ; ils ont parlé de leur gouvernement & de leurs loix, comme des modèles de la plus haute fageffe, & de la morale la plus faine. Le chef de cette république leur a paru furtout recommandable par fa juftice, fa modération & fa douceur ; les autres individus, par leur refpect, leur attachement pour lui, & leur foumiffion à fes ordres ; mais on fait le degré de confiance que méritent de tels écrivains, qu'on veut bien ne qualifier que de fabuliftes ridicules.

SECTION II.
De l'ordre qui règne dans une République d'Abeilles.

Dans une république d'abeilles, tous les individus ne font occupés abfolument qu'à travailler felon les talens particuliers qu'ils ont reçus de la nature ; chacun s'acquitte exactement de fon emploi, & ne fait que cela, parce que la nature ne l'a pas pourvu des organes propres à faire autre chofe. La femelle, qui eft le chef, n'eft occupée qu'à pondre fes œufs dans les alvéoles, les mâles à les féconder, & les ouvrières à ramaffer le miel, la cire, à conftruire les cellules, à prendre foin du couvain, & à maintenir la propreté dans l'habitation. Ces trois fortes d'individus rempliffent avec exactitude ces diverfes fonctions, auxquelles la nature les a deftinés, en donnant à chaque efpèce exclufivement, les organes propres pour s'en acquitter. Quoiqu'ils foient tous occupés à la fois, il n'y a jamais ni confufion, ni défordre, parce qu'ils ne fe déplacent point les uns les autres ; mais ils attendent qu'un ouvrage foit laiffé, quand on n'a plus de matériaux pour le continuer, afin de le reprendre. Il réfulte donc de ces différentes occupations, une harmonie qu'il eft très-permis d'admirer, quoiqu'on ne la confidère que comme un réfultat néceffaire de la diverfe manière dont les individus font organifés.

SECTION III.
De la police & de l'induftrie des Abeilles.

Ce feroit mériter la qualité d'enthoufiafte ridicule, de croire tout ce que Pline raconte fur la police qui s'obferve dans une république d'abeilles. Il dit très-férieufement qu'une d'entr'elles eft chargée de donner le fignal du travail, en fe promenant fur les gâteaux, pour éveiller fes compagnes par fon bourdonnement, & qu'elles partent enfuite pour aller faire leur récolte. Il affure qu'on envoie toujours les jeunes à la campagne, & que les vieilles reftent dans l'habitation pour vaquer aux ouvrages intérieurs : quelques-unes de celles qui reftent font chargées de veiller & de faire travailler les autres ; elles remarquent celles qui fe livrent à l'oifiveté, pour les reprendre févérement, & les punir de mort quand elles font incorrigibles. On peut fe difpenfer d'ajouter foi à ce récit, ainfi qu'à bien d'autres qu'on fupprime, & qui ne font pas plus vrais, pour être de Pline.

Les abeilles font à peine forties de l'engourdiffement que leur occafionnoit la rigueur du froid, que leur premier foin, eft de vifiter tout l'intérieur de leur domicile, & de parcourir tous les gâteaux, en examinant dans les cellules l'état du couvain. Si les œufs font deffé-chés, & qu'elles prévoient qu'ils ne pourront point éclore, elles les arrachent du fond des cellules pour les porter dehors ; les vers, les nymphes qui n'ont pu réfifter à la rigueur du froid ; leurs compagnes, qui font mortes de vieilleffe ou de maladie, font enlevés & portés loin de l'habitation. Quelquefois le fardeau qu'elles veulent fortir de leur domicile eft trop pefant pour une feule, principalement quand ce font des papillons ou autres infectes morts dans leur habitation, & dont

il faut la débarraffer ; alors plufieurs fe raffemblent pour venir à bout de les tranfporter loin de leur domicile, où tous ces cadavres répandroient une mauvaife odeur.

Elles brifent avec leurs dents les gâteaux qui font tombés ou moifis, afin de pouvoir plus aifément les fortir par petits morceaux. Enfin elles enlèvent tout ce qui peut nuire dans leur habitation, y caufer de l'embarras & de l'infection. Dès qu'elle eft bien nettoyée, & qu'elle a acquis, par leurs foins, une propreté convenable, la plus grande partie prend fon effor & va dans les campagnes, ramaffer les différentes provifions qui leur font néceffaires. Celles qui reftent dans l'intérieur ne font point oifives ; les unes font chargées de veiller à la fûreté publique, & de monter, pour cet effet, une garde exacte aux portes, afin d'écarter les téméraires qui voudroient tenter quelqu'attaqué de furprife : d'autres fe promènent devant les portes, en attendant l'arrivée de leurs compagnes, pour les aider à fe débarraffer de leurs fardeaux ; celles qui font fur les gâteaux attendent qu'on leur apporte les matériaux néceffaires pour la conftruction de leurs édifices, afin de les préparer pour les employer felon le befoin : quelques-unes font occupées à faire cortège à la reine, & à lui rendre les fervices néceffaires pendant qu'elle fait fa ponte, tandis que d'autres vifitent les cellules où elle a déjà dépofé fes œufs, pour examiner s'il n'y en a pas plufieurs dans la même.

Il ne faut point croire, comme Pline, que celles qui font occupées dans l'intérieur, n'aillent point faire de récolte dans la campagne ; elles partent quand elles veulent , & celles qui arrivent demeurent si elles sont fatiguées de leurs courses. La reine, quoique le chef de la république , ne donne point ses ordres , & ne dirige pas les travaux de ses sujettes : elle s'en rapporte à leur instinct, qui leur fait choisir une occupation préférablement à une autre. Cependant il ne naît jamais de trouble ni de confusion dans leurs travaux , parce que tant qu'une abeille est occupée à une sorte d'ouvrage , elle n'est point interrompue par une autre, qui , ayant des matériaux à employer , les prépare, & attend le moment d'en faire usage. Elles ne travaillent point comme des esclaves conduits par la crainte ; c'est l'amour de leur propre conservation qui les dirige dans leurs travaux.

La solidité de leurs édifices, construits avec une extrême délicatesse , le plan suivi en bâtissant les trois sortes d'alvéoles , leur distribution & la symétrie qu'on y remarque, n'annoncent pas un concours d'automates, qui travaillent tous à la même chose , sans avoir aucun but dans leur travail : tout cela , au contraire , est la plus grande preuve de leur industrie & de leurs talens. (*Voyez l'article* ALVÉOLE)

SECTION IV.

Prévoyance des Abeilles.

Plusieurs auteurs ont été persuadés que les abeilles prévoient le mauvais tems, & qu'en conséquence la veille d'un jour de pluie elles étoient plus actives au travail, parce qu'elles savoient que le lendemain ne seroit point propre à leur récolte. Avec cette connoissance , comment seroient-elles si souvent surprises dans leurs courses par la pluie & les orages qui les exposent à périr ? Lorsqu'elles se trouvent éloignées de leur habitation, & qu'il survient quelqu'orage ou de la pluie , elles cherchent alors un abri sous les branches ou les feuilles des arbres , pour attendre patiemment que le mauvais tems soit passé , & qu'il leur permette de reprendre sans danger le chemin de leur domicile.

Aristote , Virgile , Pline assurent qu'elles ont la précaution, quand il fait beaucoup de vent, de se lester d'un petit caillou qu'elles tiennent entre leurs pattes, afin d'être en état de lui résister : ils les ont confondues avec les abeilles maçonnes, qui portent un peu de terre pêtrie avec du sable, pour bâtir leur domicile dans des trous de mur. M. de Géer, qui les a souvent observées, a trouvé plusieurs logemens de cette espèce d'abeilles, uniquement composés d'une terre argilleuse mêlée de sable. Les abeilles domestiques n'ont pas d'autre précaution pour vaincre la force du vent, que celle de prendre dans leur vol une direction opposée un peu à la sienne, & de suivre des voies obliques pour arriver à leur destination : malgré cette précaution , elles sont souvent emportées, à moins qu'elles ne rencontrent un arbre pour s'y arrêter & se mettre à couvert de l'orage. C'est encore une erreur , de croire qu'elles connoissent les personnes qui se livrent au libertinage , & qu'elles les attaquent si elles approchent de leur domicile : parce qu'elles ne connoissent pas les plaisirs de l'amour, on a pensé qu'elles ne souffroient point les personnes qui s'y livroient avec excès.

Toute leur prévoyance consiste à ramasser les provisions dont elles ont besoin, & qu'elles ne trouvent pas toujours dans la campagne. Il est des tems où elles mourroient de faim, si elles n'avoient pas eu soin de profiter de la saison favorable pour remplir les magasins. Pendant une partie de l'année, la campagne est dépouillée, & leur offre à peine de quoi se nourrir ; dans d'autres tems elles n'y trouvent aucune sorte de provisions : alors, comment vivre, élever une famille nombreuse, & lui fournir cette abondance d'alimens qui lui est indispensable, si les magasins étoient vuides ? Leur prévoyance à cet égard, qui se trouve justifiée par l'événement, n'est donc point une preuve de leur stupidité, comme le prétend le célèbre auteur de l'histoire naturelle ; mais au contraire, de leur prudence, puisque leur conservation dépend de cet amas de provisions. Il n'est pas possible d'avouer que leur conduite n'est qu'une suite de leur stupidité, lorsque l'on remarque leur exactitude à fermer toutes les ouvertures de leur domicile, à ne laisser que celles qui doivent leur servir de portes. Cette précaution de la part des abeilles, annonce qu'elles ont des ennemis à craindre, qu'il faut par conséquent boucher les ouvertures par lesquelles ils pourroient entrer sans être apperçus, afin qu'on ne soit pas obligé de trop multiplier les gardes préposées pour la sûreté publique ; ce qui retarderoit encore les ouvrages, si on étoit forcé de diminuer le nombre des ouvrières, pour les employer à veiller l'ennemi. La pluie est très-nuisible à leurs ouvrages, & les endommage considérablement : en bouchant tous les trous, par lesquels elle pourroit pénétrer dans leur habitation, les abeilles ne sont point exposées à ses ravages.

SECTION V.

Du travail des Abeilles dans l'intérieur & l'extérieur.

Les travaux des abeilles dans l'intérieur, sont la construction des alvéoles, les réparations qu'elles font à leur domicile pour y être fermées exactement ; dans l'extérieur, ils consistent à ramasser la cire, le miel, la propolis. (Voyez ces articles, où il est expliqué comment l'abeille s'acquitte de ces différens ouvrages.)

SECTION VI.

Des soins que les Abeilles prennent du couvain.

Dès que la reine a placé dans les cellules le germe de sa famille, elle l'abandonne, ne le visite point, & ne lui porte jamais aucune sorte de nourriture, pas même à celui de sa race royale. Les abeilles ouvrières sont les seules chargées de l'éducation, & qui pourvoient à la subsistance de la nombreuse famille : elles sont donc les nourrices de cette immense postérité, & elles s'acquittent de cet emploi avec la même tendresse que si elles en étoient les mères. La nourriture de cette famille, qui est une espèce de bouillie que les ouvrières dégorgent dans les cellules où les vers sont élevés, y est toujours en grande abondance,

G 2

& continuellement les ouvrières s'occupent à les en fournir; en se promenant sur les gâteaux, elles présentent de tems en tems leur tête aux portes des cellules, pour examiner si les vers ne manquent point de nourriture : celles qui arrivent de la campagne, vont tout de suite les visiter, pour leur donner les provisions qu'elles apportent, si la leur est finie. Si quelqu'ennemi menace d'attaquer leur domicile, elles courent aussitôt pour défendre leur famille, se promènent en bourdonnant sur les gâteaux, & se disposent à repousser ces ennemis cruels qui viennent égorger une famille sans résistance ; souvent il arrive qu'elles meurent victimes de leur tendresse, en combattant pour leur postérité.

SECTION VII.

De l'amour des Abeilles pour leur Reine, & leur attachement entr'elles.

Les abeilles sont si fortement attachées à leur reine, qu'elles ne l'abandonnent jamais ; celles qui vont à la provision, ne se décideroient point à la quitter, quelques pressans que fussent leurs besoins de prendre de la nourriture, s'il n'en restoit pas un nombre assez considérable dans l'habitation pour la garder. On la trouve toujours au milieu de plusieurs de ses sujettes, qui suivent tous ses pas ; & quand elles prennent leur repos, elles la mettent au centre du massif qu'elles forment, pour ne point la perdre de vue. Si cette reine unique vient à mourir sans laisser un jeune successeur pour la remplacer dans ses fonctions, les abeilles abandonnent leur domicile, leurs ouvrages, leurs

provisions; elles se dispersent de côté & d'autre sans espérance de retour : sans chef, errantes & vagabondes, elles périssent de douleur, ou deviennent la proie de leurs ennemis. Si cette reine abandonne son domicile, toutes ses sujettes la suivent, & l'endroit qu'elle choisit est celui que la troupe adopte, sans considérer si la position est avantageuse ou incommode. On ne forcera jamais des abeilles à se fixer dans une ruche, si la reine n'y est point ; & elles mourront de faim au milieu des provisions les plus abondantes, si on les enferme sans cette mère chérie. Qu'on leur rende cette reine dont on les a privées, les ouvrières se remettent à travailler avec ardeur, & redoublent d'activité pour réparer le tems qu'elles ont perdu. Un seul ver qui peut leur donner une reine, est capable de produire le même effet sur elles, de ranimer leur courage abattu, de leur rendre leur première activité, & de les consoler de leur perte par l'espérance qu'elle sera bientôt réparée. Dans les guerres, dans les batailles, cette reine est toujours placée au centre ; on ne souffre point qu'elle coure les risques du combat ; & tandis qu'on repousse les ennemis, une partie de ses sujettes demeure pour la garder & veiller à sa sûreté.

Cet amour des abeilles pour leur reine est toujours relatif à la multiplication de l'espèce ; les soins qu'elles lui rendent, les caresses qu'elles lui font, ce vif empressement à la suivre, à la défendre, supposent l'espérance d'une nombreuse postérité. Si cette reine cesse d'être féconde, elle cesse aussi d'être l'objet de leur attachement ; on ne se contente pas alors de ne lui témoigner que de l'indifférence, on la voit avec peine à la tête de la république, & l'on s'en défait, afin de la remplacer par une plus jeune, qui plaît davantage par cette qualité.

L'union qui règne parmi les ouvrières, est plus solide, & n'est point sujette aux mêmes revers : on ne les voit pas se défaire de leurs compagnes que la vieillesse ne rend plus propres aux travaux pénibles auxquels elles se sont livrées pendant leur jeunesse ; on les supporte volontiers, & l on ne hâte point leur mort par les mauvais traitemens. Dans leurs ouvrages, elles sont toutes empressées à s'aider mutuellement : celles qui sont occupées dans l'intérieur, attendent les pourvoyeuses, vont à leur rencontre pour les soulager d'une partie de leur fardeau ; elles les brossent, les caressent avec leur trompe, elles cherchent à adoucir, par ces attentions, les peines & les maux qu'elles endurent en travaillant pour la société : celles-ci répondent à tant d'empressement, & témoignent leur reconnoissance en étendant leur trompe devant leurs compagnes, pour leur offrir du miel, & les dédommager de celui qu'elles ne peuvent aller recueillir sur les fleurs. Une seule d'entr'elles qui est arrêtée par quelqu'ennemi, suffit pour répandre l'allarme dans tout l'état : à peine a-t-elle donné, par un bourdonnement aigu, le signal de l'attaque, qu'on vole à sa défense.

SECTION VIII.

Combats des Abeilles avec leurs ennemis & entr'elles.

Les abeilles ne livrent jamais de combats à leurs ennemis, que lorsqu'ils viennent les attaquer dans leur domicile : parmi ceux-ci, il y en a qui sont armés comme elles, qui peuvent par conséquent leur faire des blessures aussi dangereuses que celles qu'ils s'exposent à recevoir : d'autres, sans aucune sorte de défense, conduits par une aveugle stupidité, comme les papillons, les chenilles, les limaçons, &c. sont bientôt repoussés & mis à mort par la troupe guerrière qui les combat avec avantage, sans craindre d'éprouver les mêmes coups qu'elle porte. Il n'en est pas de même des premiers ; ce n'est qu'à la dernière extrémité que les abeilles se décident à les combattre ; elles se contentent de les repousser & de leur interdire l'entrée du domicile ; elles s'attroupent à cet effet aux portes, pour soutenir les gardes qui veillent à la sûreté de l'état, & pour empêcher qu'on ne livre quelque attaque. Si elles étoient certaines de la victoire, sans craindre les armes qu'on oppose aux leurs, leur courage se ranimeroit, & elles seroient les premières à les attaquer. Quoiqu'en petit nombre, leurs ennemis souvent ne sont point effrayés de la troupe qui s'oppose à leurs incursions ; ils usent les premiers de violence pour la forcer à céder ; les abeilles alors s'irritent, & tombent sur eux avec fureur ; elles se rangent plusieurs contre un, & à coups d'aiguillons, elles le mettent en fuite, en l'envoyant au loin mourir des blessures qu'elles lui ont faites.

Les combats des abeilles n'ont pas toujours lieu avec les ennemis de l'état : souvent il y a entr'elles des querelles à démêler, dont il n'est point aisé de connoître le sujet, mais qu'on juge devoir être considérable par la fureur dont elles sont animées. Dans ces sortes de combats, elles cherchent à se saisir mutuellement, à entrelacer leurs pattes pour cet effet, & à trouver le défaut des anneaux, afin que leur aiguillon puisse pénétrer dans les chairs. Étant bien cuirassées, il leur est difficile de se porter des coups, tant que les anneaux sont en recouvrement les uns sur les autres, & sur-tout lorsqu'elles voltigent : aussi leur principale adresse consiste à se culbuter, afin qu'étant appuyées par terre, l'aiguillon puisse agir. Quand elles sont à terre, couchées sur le côté, se tenant fortement par les pattes qui sont entrelacées les unes dans les autres, le mouvement de leurs ailes les fait quelquefois pirouetter avec tant de vîtesse, qu'il leur est impossible de se blesser ; mais s'il y en a une qui ait le dessus, & qui soit parvenue à terrasser & à tenir sous elle sa combattante, on voit alors sortir l'aiguillon de son étui, se promener par-tout avec rapidité, & chercher le défaut du recouvrement des anneaux : s'il parvient à entrer dans les chairs, il fait une blessure mortelle aux deux athlètes, par la difficulté qu'éprouve celui qui est victorieux, à le retirer du corps du vaincu, où il est retenu par les anneaux.

Lorsque les deux combattans sont d'une force & d'une adresse égales,

il est rare qu'ils se portent des coups dangereux : le combat alors est terminé sans effusion de sang ; & après avoir long-temps lutté ensemble, les athlètes se séparent & s'envolent chacun de leur côté. D'autres fois, ces sortes de querelles entre abeilles sont occasionnées par l'avarice de leurs -compagnes, qui, au retour de la provision, refusent de leur donner le miel qu'elles apportent : quand leurs disputes n'ont pas d'autre motif, elles ne sont jamais meurtrières, parce que celle qui est attaquée, achète la paix en donnant sa provision : après avoir été tiraillée par les autres, & menacée de leur colère, si elle s'obstine à leur refuser ce qu'elles demandent, elle étend sa trompe; alors la troupe avide vient tour à tour se rassasier de son miel, & se retire après l'avoir dépouillée, sans lui faire aucun mal.

Section IX.

Massacre des Faux-Bourdons.

Les combats que les ouvrières livrent aux faux-bourdons, sont bien plus terribles que les petites guerres qu'elles se font entr'elles ; ils ne sont jamais terminés que par la mort de ces malheureux dont elles font un carnage effroyable. C'est une loi de l'état, que ces mâles ne doivent y exister que pendant la belle saison, & elles font de l'exactitude la plus rigoureuse à l'observer. Dès que le tems est arrivé où elles jugent qu'ils ne sont plus utiles à la république, que leur existence pourroit au contraire nuire au bien de la société, elles les condamnent à l'exil, & les chassent de l'habitation. Il eſt difficile à ces infortunés de ſe décider à abandonner le domicile où ils ſont nés, & d'y laiſſer des proviſions abondantes qu'ils ne trouveront pas ailleurs. Ils s'oppoſent donc au décret qui les bannit de leur patrie : cette réſiſtance irrite les abeilles qui ſe jettent ſur eux avec violence pour les obliger à ſortir de leur domaine ; elles leur déclarent une guerre effroyable qui ne finit jamais que par leur entière deſtruction. Quoique les abeilles ouvrières puiſſent les combattre avec avantage tête à tête, elles ſe mettent pluſieurs contre un, pour en venir plus aiſément à bout : leur haine contre ces malheureux eſt ſi violente alors, qu'elles exercent leur vengeance & leur fureur, même ſur les œufs, les vers, les nymphes, d'où doivent provenir des mâles, les arrachent de leurs cellules, & les jettent hors de leur habitation, afin de détruire entiérement leur race. Pendant trois ou quatre jours que dure le carnage, on ne voit que des abeilles qui traînent hors de leur domicile des faux-bourdons morts ou mourans.

CHAPITRE VIII.

DES ESPÈCES D'ABEILLES CONNUES SOUS LE NOM D'ABEILLES SAUVAGES.

Le genre des abeilles n'eſt point borné aux ſeules eſpèces domeſtiquées, dont l'induſtrie & les travaux ſont pour nous une ſource de richeſſes, qui nous engage à leur donner nos ſoins. On en trouve pluſieurs autres répandues dans la

campagne, qu'il n'eſt point poſſible de raſſembler dans les ruches, parce que ces ſortes d'habitations ne ſont pas analogues à leur manière de vivre ni de travailler. Le fruit de leurs travaux eſt donc perdu pour nous. Si nous ne pouvons en retirer aucun avantage, il faut avouer que ces inſectes ne nous ſont pas plus nuiſibles, que les différentes eſpèces qui méritent nos ſoins, & nous dédommagent des peines que nous prenons de leur éducation. Ils ſe contentent des ſucs & de la pouſſière des étamines des fleurs : peut-être nos abeilles domeſtiques peuvent avoir à ſe plaindre de la diſette qu'ils ſont capables d'occaſionner dans certaines années où les proviſions ſont peu abondantes ; c'eſt le ſeul reproche que nous ſoyons autoriſés à leur faire. Leurs mœurs, différentes de celles des abeilles que nous élevons, ſont propres à exciter l'envie de les connoître. Nous allons dire, en peu de mots, quelque choſe de ces différentes eſpèces, qui peut-être ſont moins éloignées de la domeſticité, que nous n'imaginons. Des expériences faites convenablement, en rapprochant nos ſoins de leur manière de vivre, pourroient peut-être rendre leurs travaux utiles.

SECTION PREMIÈRE.

Des Abeilles-Bourdons.

L'eſpèce des abeilles-bourdons renferme des individus des trois genres, c'eſt-à-dire, des mâles, des femelles, des neutres. Les organes dont elles ſe ſervent pour leurs travaux, ſont les mêmes que ceux dont la délicateſſe, la souplesse, le méchanisme, ont fait le sujet de notre admiration dans les abeilles domestiquées. Cette espèce d'abeilles-bourdons a des mâles de deux classes différentes, ainsi que plusieurs bons observateurs l'ont remarqué parmi les abeilles que nous élevons, c'est-à-dire, des grands & des petits. Les femelles sont les plus grands individus de l'espèce ; les mâles sont plus petits qu'elles ; & les neutres sont les plus petits individus de la famille. Dans ces sortes de républiques, il n'y a point, comme dans celles des abeilles domestiques, d'individus exempts de travailler : on ne voit point des mâles nonchalans & stupides, uniquement destinés à servir aux plaisirs d'une reine qui en forme un sérail nombreux : les ouvrières n'ont point à leur reprocher de consommer des provisions qu'elles amassent avec tant de peine ; chacun contribue aux différens ouvrages utiles à la société, & va récolter les richesses qu'offre la campagne. Le corps de ces abeilles est couvert de poils très-pressés & fort longs, dont les couleurs sont extrêmement variées. En volant, le battement de leurs ailes fait un bourdonnement considérable ; c'est pour cette raison qu'on les appelle des *Bourdons*.

Une famille d'abeilles-bourdons est toujours très-peu nombreuse ; il est rare qu'elle soit composée de plus de cinquante à soixante individus, tant mâles que femelles & neutres. Les mulots, les fouines, sont des ennemis dangereux, acharnés à leur destruction : si elles ont le bonheur d'échapper à leurs dents meurtrières, les premiers froids

qu'on ressent en automne, les font mourir, lorsqu'elles n'ont pas eu la précaution de choisir des asyles où elles puissent s'en garantir. Quelques femelles fécondées, plus robustes ou plus prévoyantes, échappent à la rigueur de la saison, dans les retraites qu'elles choisissent dans les trous de murs, ou dans ceux qu'elles creusent dans la terre. C'est dans de tels asyles qu'elles passent l'hiver, sans prendre aucune sorte de nourriture dont elles sont absolument dépourvues, & restent dans un engourdissement parfait. Dès que le printems arrive, la chaleur qui ranime toute la nature, les réveille de leur assoupissement : aussitôt elles se mettent au travail, pour construire l'habitation nécessaire pour loger la famille à laquelle elles vont donner le jour.

Une femelle d'abeilles-bourdons est toujours seule pour commencer l'édifice où elle doit loger la famille dont elle va devenir la mère ; aussi il n'acquiert sa perfection qu'après qu'elle s'est donnée des compagnes, qui partagent ses peines & ses travaux. Cet édifice est construit avec une mousse très-fine, qu'elle arrache brin à brin avec ses dents, & qu'elle arrange en lui donnant la forme d'une voûte. Il ne paroît alors qu'une motte de terre, qui prendra une figure différente dès qu'il y aura assez d'ouvrières pour travailler à le perfectionner. Le fond de cette habitation, qui à proprement parler n'est qu'un nid, est couvert de mousse, afin que l'humidité de la terre sur laquelle il est placé, ne nuise point à la famille qui doit naître. Après que cette femelle a commencé son logement, elle

elle va dans la campagne pour ramaffer le miel & la cire ; elle en forme une petite maffe pour y placer quelques œufs. Les vers qui naiffent fe trouvent au milieu d'une pâtée qui eft la nourriture néceffaire à leur accroiffement. A mefure que les vers la mangent, la femelle a foin de la remplacer par la nouvelle qu'elle apporte de la campagne. Lorfque le ver a filé la coque où il doit fe métamorphofer en nymphe, on le dégage de cette pâtée qui l'environne, afin qu'il ait plus de facilité pour fortir de fon enveloppe.

Lorfque la famille eft devenue nombreufe, fes premiers foins font d'aggrandir l'habitation où elle eft née : pour cet effet, toutes les abeilles y travaillent avec activité & avec une dextérité fingulière. Après avoir cardé avec leurs deux premières pattes les brins de mouffe qu'elles ont détachés, les fecondes reçoivent ce petit tas pour le paffer aux troifièmes, qui le pouffent pour en reprendre d'autre. Ces abeilles font quelquefois rangées à la file les unes des autres pour fe donner la mouffe qu'elles ont cardée, & la faire arriver de cette manière à leur nid, où elles l'arrangent pour former leur domicile. Une voûte de mouffe ne fuffiroit pas pour empêcher la pluie de pénétrer dans leur logement ; elles enduifent l'intérieur de la voûte avec une efpèce de cire qui interdit l'entrée à l'eau. Après que l'édifice eft achevé, on s'occupe à faire des provifions, qui ne font jamais bien abondantes. Les gâteaux qu'elles conftruifent font un affemblage irrégulier de coques, qui reffemblent

Tom. I.

quelquefois à des truffes. C'eft dans ces coques, formées d'une pâtée miélée, qu'on trouve les œufs, les vers.

Les mâles de ces fortes d'abeilles font dépourvus d'aiguillons : la femelle & les ouvrières en ont qui font très-capables de faire beaucoup de mal. Leur humeur très-douce ne les porte point à en faire ufage, à moins qu'on ne les irrite fortement.

SECTION II.

Abeilles - Perce - Bois.

Le corps de l'abeille-perce-bois eft liffé, luifant & d'un noir bleuâtre. Ses quatre ailes font un violet foncé ; elles font un bourdonnement confidérable quand l'infecte vole. Leur corcelet eft garni de poils très-longs, de même que les côtés & tout le tour de l'anus. Le mâle, qui diffère fi peu de la femelle, qu'il eft aifé de le confondre avec elle, n'a point d'aiguillon. Les individus de cette efpèce ne vivent point en fociété : dès que la femelle eft fécondée, elle fe fépare du mâle ; & à peine a-t-elle donné naiffance à fa poftérité, qu'elle l'abandonne. Les petits en fortant de leurs cellules quittent leur domicile pour aller s'établir ailleurs. Ces abeilles font abfolument folitaires ; on n'en trouve jamais plufieurs raffemblées dans la même habitation.

Lorfque l'abeille-perce-bois veut faire fa ponte, elle cherche des bois très-fecs pour y pratiquer des trous, où elle place fes œufs. Les inftrumens dont elle fe fert pour ce travail font deux dents d'une

H

écaille très - folide, qui fe terminent en pointe. Cet ouvrage, propre à exercer fon courage & fa
patience, l'occupe fouvent pendant
des mois entiers : quand elle eft
affez heureufe pour rencontrer des
bois pourris, fon travail, moins
pénible, n'eft point auffi long. Après
avoir pratiqué plufieurs trous en
forme d'alvéoles ou de cafes dans
l'épaiffeur du bois, elle dépofe un
œuf dans chacune, la remplit d'une
pâtée faite avec du miel & de la
cire brute, afin que le ver qui doit
naître foit au milieu des alimens
néceffaires à fon accroiffement. La
femelle ayant ainfi pourvu à la
fubfiftance de fa famille, ferme
chaque alvéole avec un couvercle
fait de la fciure de bois, humectée d'une matière vifqueufe; elle
abandonne enfuite fon nid.

Lorfque les vers ont pris tout
leur accroiffement, qu'ils ont fubi
leurs différentes métamorphofes,
l'abeille perce le couvercle qui la
tient renfermée, pour aller chercher des alimens qu'elle ne trouve
plus dans fon habitation, où elle a
été abandonnée par fa mère. La
famille fe difperfe donc à mefure
qu'elle quitte l'état de nymphe,
pour vivre d'une manière analogue
à fon efpèce.

SECTION III.

Abeilles-Maçonnes.

L'abeille - maçonne reffemble,
quant à la figure & à la groffeur de
fon corps, aux mâles des mouches-
à-miel. Le mâle & la femelle de
cette efpèce ne diffèrent que par la
couleur : celle du mâle eft fauve;
la femelle eft noire en deffus, &

très - velue; en deffous, elle eft
un peu jaune. Les individus de cette
efpèce ne vivent point en fociété.
Dès que le mâle a rempli fon objet,
qui eft de féconder la femelle, il
s'en fépare pour mener une vie
libre & exempte des foucis qu'il
devroit prendre de fa poftérité; il
laiffe ces foins à la femelle, qui,
après s'en être acquittée, abandonne auffi fa famille.

Pour conftruire le domicile où
elle veut placer fes œufs, l'abeille-
maçonne choifit les murs expofés
au midi; c'eft-là qu'elle bâtit une
habitation folide avec du fable très-
fin & de la terre qu'elle mêle enfemble : pour en faire une efpèce
de mortier, elle dégorge de fon
eftomac une liqueur vifqueufe qui
lui fert à détremper ces matériaux,
avec lefquels elle forme des cellules d'un pouce de hauteur fur fix
lignes de diamètre : elle a foin de
bien polir l'intérieur & de laiffer
l'extérieur raboteux. Lorfqu'elle
travaille avec beaucoup d'activité,
ce qui arrive fi elle eft preffée de
pondre, dans un jour elle parvient à conftruire une cellule. Après
qu'elle en a fait huit ou dix, difpofées fans ordre, & féparées les unes
des autres par une maçonnerie, elle
recouvre le tout avec un mortier
épais. Ce nid paroît alors une boffe
qui a la forme de la moitié d'un
œuf appliqué contre un mur. Son
édifice étant fini, elle dépofe un
œuf dans chaque cellule; elle va
enfuite chercher la provifion néceffaire à l'accroiffement de fes larves, qui confifte dans une gelée
compofée de miel & de cire brute,
dont elle remplit chaque cellule.
Après avoir pourvu à la fubfiftance

de fa famille, elle l'enferme avec une maçonnerie qui bouche les trous des alvéoles ; elle l'abandonne dans cette prison, d'où l'abeille ne peut fortir, après fes métamorphofes, qu'en faifant avec fes dents un trou au mur que la mère a bâti.

D'autres efpèces d'abeilles - maçonnes ne prennent point la peine de bâtir ; elles profitent des trous qui font faits dans les bois, les pierres, les murs. Quelques autres bâtiffent avec de la terre des nids très-peu folides qui ne durent qu'un mois au plus, parce que ce tems fuffit pour l'éducation de leur famille.

Une autre efpèce d'abeilles conftruit fon domicile dans le mortier qui unit les pierres des murs ; elle choifit l'expofition du nord par préférence à toute autre. Les cellules qu'elle bâtit font de forme cylindrique, placées bout à bout les unes contre les autres : la matière dont elles font compofées eft une membrane foyeufe. La femelle pond un œuf dans chaque cellule, la remplit d'une nourriture compofée de miel & de cire brute ; la ferme & l'abandonne. Les larves éclofent au mois de Juillet. La trompe de cette efpèce d'abeilles diffère effentiellement de celle des abeilles domeftiquées, qui eft terminée par une pointe très - fine : celle-ci au contraire s'évafe, & offre un bout plus large que le refte de la trompe.

SECTION IV.

Abeilles Coupeufes de Feuilles.

Les abeilles coupeufes de feuilles font plus petites que les ouvrières des mouches-à-miel : le luifant de

leur corps n'eft point caché par les poils, qui font en très-petite quantité ; le deffus des anneaux eft d'un brun prefque noir ; les côtés font bordés de poils prefque blancs. Il y a plufieurs efpèces d'abeilles coupeufes de feuilles qui diffèrent entr'elles pour la couleur & la groffeur de leur corps.

L'abeille coupeufe de feuilles creufe la terre pour conftruire fon habitation ; elle bâtit enfuite un nid qui eft compofé d'alvéoles placés au - deffus les uns des autres : chaque alvéole eft fait avec des morceaux de feuilles qu'elle coupe de trois manières différentes ; il y en a qui font ronds, d'autres ovales. Ces alvéoles réunis forment un tuyau cylindrique femblable à un étui. C'eft dans ces cellules que la femelle dépofe fes œufs, en ayant l'attention de n'en mettre jamais qu'un dans chacune. Après y avoir mis la nourriture néceffaire pour les vers, qui eft la même que celle des autres efpèces, elle les ferme & les abandonne : c'eft dans ces cellules que ces infectes fubiffent leurs métamorphofes ; ils n'en fortent que fous la forme d'abeilles.

D'autres abeilles creufent fimplement la terre, & forment un tuyau cylindrique, au fond duquel elles dépofent un œuf qu'elles recouvrent de terre, après l'avoir entouré de la pâtée qui eft l'aliment de la larve, & ainfi fucceffivement jufqu'à ce que le tuyau foit rempli.

SECTION V.

Abeilles-Tapiffières.

Le corps de l'abeille - tapiffière, dont la couleur eft à-peu-près fem-

H 2

blable à celle des abeilles ordinaires, eſt plus court & plus chargé
de poils. C'eſt une des plus petites
eſpèces, & celle qui multiplie le
moins ; mais auſſi elle eſt très-remarquable par l'induſtrie que nous offre
ſon travail dans la conſtruction du
domicile qu'elle creuſe dans la
terre pour placer ſa famille. Elle
eſt ſurnommée *la tapiſſière*, parce
qu'elle tapiſſe effectivement tout
l'intérieur de ſon nid où elle fait
ſa ponte.

Lorſque l'abeille-tapiſſière veut
faire ſa ponte, elle s'occupe d'abord
à conſtruire le nid où elle doit dépoſer ſon œuf : pour cet effet, elle
creuſe un trou perpendiculaire dans
la terre, qui a trois pouces environ
de profondeur : depuis ſon ouverture juſqu'à ſix ou ſept lignes en
avant, ce trou a ſon diamètre égal ;
il s'évaſe enſuite dans le reſte de
ſa longueur. Pour retenir la terre
qui pourroit s'écrouler, l'abeille
tapiſſe tout l'intérieur de ſon nid
avec des pièces demi-ovales taillées
dans une des pétales du coquelicot ;
elle n'apporte qu'une pièce à la fois
entre ſes pattes ; elle l'applique,
l'étend au fond de ſon nid, & retourne en chercher d'autres juſqu'à
ce que tout le nid ſoit tapiſſé. Les
dernières pièces qui terminent l'entrée du trou débordent en dehors
de quelques lignes. Après avoir
fini ſon ouvrage, l'abeille apporte
au fond du nid une quantité ſuffiſante de miel & de cire brute, qui
forment, par leur mélange, une eſpèce de pâtée, qui eſt la nourriture
néceſſaire à l'accroiſſement de la
larve qui doit naître de l'œuf qu'elle
dépoſe : elle détend enſuite ſa ta-
piſſerie depuis l'ouverture du trou

juſqu'à l'endroit où il s'évaſe, en la
pouſſant en dedans pour couvrir la
partie du nid qui eſt évaſée ; elle
remplit enſuite le vuide qui reſte
avec de la terre. Cette abeille fait
autant de nids qu'elle pond d'œufs ;
trois ou quatre jours ſuffiſent pour
en faire un : on voit par ſon travail
qu'elle eſt très-peu féconde. Cette
abeille vit au fond de ſa retraite
juſqu'au moment où le coquelicot
entre en fleur.

DEUXIÈME PARTIE.
DU RUCHER ET DES RUCHES.
CHAPITRE PREMIER.
DU RUCHER.
SECTION PREMIÈRE.

*Qu'eſt-ce qu'un Rucher, & des avan-
tages d'en avoir un pour y loger les
Abeilles.*

Le rucher eſt l'endroit où les
ruches ſont placées pour y être à
couvert des intempéries de l'atmoſphère. C'eſt une eſpèce de hangar
formé par un avant-toît adoſſé contre un mur, & ſoutenu du côté de
ſa pente ſur deux poteaux de chêne
ou plus, à proportion de ſa longueur. Sa principale ouverture, ou
la porte, eſt ſur le devant ; aux côtés il doit y avoir auſſi une fenêtre
pour faciliter la circulation de l'air
dans les grandes chaleurs. L'intérieur eſt garni de planches diſpoſées
en forme de rayons, & compoſant
pluſieurs étages, ſur leſquelles on
arrange les ruches.

Ce n'eſt pas ſeulement pour les
abeilles qu'un rucher eſt avantageux : un amateur curieux de les
obſerver & de les ſoigner lui-

même ; a toutes fes ruches à fa portée, & il peut en tout tems les vifiter : à quelle heure que ce foit qu'on y entre, on a peu à redouter l'aiguillon des abeilles, qui ne font pas toujours d'humeur à laiffer remarquer ce qui fe paffe parmi elles ; l'obfcurité qui y règne permet à peine aux abeilles de voir les perfonnes qui vont pour les obferver, qui n'ont d'ailleurs jamais à craindre ni la trop grande ardeur du foleil ni la pluie : on y taille plus aifément les ruches qu'en plein air, où l'on eft continuellement expofé aux piqûres des abeilles, qui ont coutume de fe jeter avec fureur fur ceux qui enlèvent leurs provifions ; elles font peu troublées par cette opération, & à peine s'apperçoivent-elles du vol qu'on leur fait, parce que fe trouvant dans l'obfcurité au moment où il s'exécute, elles fortent pour aller au grand jour, & n'incommodent point celui qui leur prend une partie de leurs richeffes.

On pourroit confidérer un rucher comme un logement d'oftentation qu'on accorde aux abeilles, plus propre à fatisfaire la vanité de celui qui le fait conftruire, qu'à être utile à celles qui l'habitent, fi on ne connoiffoit pas tous les avantages qui en réfultent pour la profpérité des abeilles : par ce moyen elles ne font point expofées à tous les défaftres qu'elles éprouvent quand leur habitation n'eft pas à couvert.

1°. Les ruches ne font point dans le cas d'être renverfées par les coups de vents, quelquefois très-violens vers la fin de l'automne. Ces vents impétueux caufent un très-grand dérangement parmi les abeilles ; elles font écrafées en partie par les gâteaux qui fe détachent & fe brifent lorfque la ruche eft renverfée.

2°. Elles font à l'abri de la pluie, de la neige, & enfin de toute forte de mauvais tems. On a beau couvrir les ruches qui font de côté & d'autre dans un jardin, & pratiquer au-deffus un petit toît en paille ou en tuiles, on les garantit par ces moyens de la pluie qui tombe perpendiculairement ; mais lorfqu'elle eft pouffée par le vent, elle bat contre la ruche, coule le long des planches, entre par les ouvertures, mouille des gâteaux, & occafionne la moififfure. Si c'eft au printems, la feule humidité contractée par les parois extérieures de la ruche, eft capable de nuire au couvain, & de le retarder de quelques jours. En hiver la neige pouffée par le vent s'arrête fur la table, ferme les ouvertures de la ruche, & prive par conféquent les abeilles d'une circulation d'air qui leur eft néceffaire en tout tems. Son humidité entretient le froid dans l'intérieur ; & après avoir pénétré la table de la ruche, elle fe communique aux gâteaux, qui en font très-endommagés. Si les abeilles réfiftent à tous ces maux, après la mauvaife faifon, c'eft un travail de plus. Elles font obligées de brifer & d'enlever de leurs gâteaux tout ce qui eft moifi : pendant qu'elles font occupées à cet ouvrage, elles perdent fouvent un tems précieux, & la ponte de la reine peut en être retardée.

3°. Malgré toute la prévoyance qu'on s'eft plu d'accorder aux abeilles, il leur arrive très-fouvent d'être furprifes dans leurs voyages par le mauvais tems : une pluie d'orage, une grêle les furprend quelquefois très-loin de leur domicile ; elles fe hâtent alors d'y arriver : mais à quoi leur fert d'avoir eu le courage de toucher au port, fi elles ne peuvent point y entrer ! les portes ne font ni affez grandes ni affez multipliées pour qu'elles entrent toutes en même tems ; une grande partie eft forcée de refter fur la table de la ruche, où batîue de la pluie, de la grêle, elle périt infailliblement quand elle n'eft point emportée par la violence du vent. Il eft fort ordinaire, après des pluies d'orage, de trouver des poignées d'abeilles aux bas des ruches ; ce font celles qui n'ayant pu entrer affez-tôt, ont effuyé tout le mauvais tems, qui les a fait mourir. Sous un rucher, au contraire, dès qu'elles font arrivées, il n'y a plus de danger à craindre, parce qu'elles font à couvert, & qu'elles peuvent attendre fans inconvénient que leur tour de rentrer foit arrivé.

4°. Les abeilles craignent beaucoup le froid ; un hiver très-rigoureux eft capable de les faire toutes mourir fi on les laiffe dehors ; & malgré les précautions qu'on prend pour les en garantir, il en meurt toujours une quantité affez confidérable. Dans un rucher le froid eft moins fenfible, & il eft très-facile d'y arranger les ruches de manière qu'elles n'en foient point incommodées. La chaleur, moins dangereufe pour elles, eft quelquefois fi confidérable certains jours de l'été, qu'on voit les abeilles fortir de leurs ruches pour prendre l'air, & paffer les nuits attachées à divers endroits des parois extérieures de leur habitation. Sous un rucher la chaleur n'eft jamais auffi forte, & les abeilles peuvent, même pendant le jour, y prendre le frais fans être expofées aux ardeurs d'un foleil brûlant, qui très-fouvent fait fondre & couler la cire dans les ruches qui ne font pas à couvert.

5°. Lorfqu'on a un rucher dont on peut fermer la porte, on trompe l'avidité des voleurs qui profitent des ténèbres de la nuit pour enlever les ruches : on rend inutiles toutes les rufes & l'adreffe des renards, très-friands des provifions des abeilles, & qui font affez forts pour renverfer une ruche avec leur mufeau, afin de la piller à leur aife.

Section II.

Conftruction d'un Rucher à peu de frais.

Il n'eft pas néceffaire qu'un rucher foit un objet de luxe ; pourvu qu'il foit folide & commode, on doit en être fatisfait. Il pourroit, il eft vrai, avoir ces avantages avec l'élégance qu'on feroit curieux de lui donner ; mais quand on ne veut en faire qu'un objet d'utilité, on peut le conftruire à très-peu de frais : les habitans de la campagne ont prefque tous les matériaux qui font néceffaires pour le bâtir à leur difpofition ; quelques pièces de bois, de la terre, de la paille, voilà tout ce qu'il faut.

Pour conftruire un rucher, on a deux poteaux de chêne d'une moyenne groffeur & plus, fuivant la longueur qu'on veut lui donner ; on en brûle les pointes afin que le bois réfifte mieux à l'humidité qui le pourrit ; on les enfonce à deux pieds de profondeur dans la terre, & à la diftance de cinq pieds du mur contre lequel on veut l'appuyer ; on met une traverfe de bois d'un poteau à l'autre & au-deffus, & on la cloue d'une ma-nière folide. On place deux autres poteaux contre le mur, enfoncés pareillement dans la terre à deux pieds environ de profondeur, & qui font plus élevés de terre que les autres, afin que la toiture ait la pente convenable pour l'écoulement des eaux ; on cloue de même une traverfe fur ces deux poteaux : on met des morceaux de bois à un pied de diftance les uns des autres, qui repofent fur les deux traverfes : on couvre cette efpèce de char-pente avec de la paille de feigle pour former la toiture du rucher, qu'on arrange comme le font celles des habitations des pauvres gens de campagne. Pour faire les murs des côtés & du devant, on enfonce quelques morceaux de bois dans la terre à la diftance d'un pied & demi environ, & les tenants auffi élevés que les poteaux qui foutiennent l'édifice : pour les mieux fixer & les rendre plus folides, on en met deux ou trois en travers qu'on cloue aux poteaux : on entrelace ces bois avec des branches de faules ou de tout autre bois, & on applique exté-rieurement de la terre graffe battue avec de l'eau pour en faire une efpèce de mortier : au défaut de terre glaife on emploie la terre com-mune, qu'on mêle avec un peu de chaux pour qu'elle lie mieux. On pourroit conftruire ces murs en paille, de même que la toiture, ou avec des planches : on doit pré-

férer la paille, parce qu'elle donne plus de fraîcheur en été, & qu'elle eft plus chaude en hiver. Outre la porte qui doit fe trouver au milieu, on pratique de chaque côté des fe-nêtres élevées, afin que le premier foleil donne fur les ruches pour les échauffer ; un fimple volet fuffit pour les fermer lorfqu'il fait trop chaud ou trop froid : à chaque mur de côté on pratique auffi une fenê-tre, afin que par la circulation l'air intérieur puiffe plus aifément fe re-nouveller.

Les proportions qu'on eft obligé de garder dans la conftruction d'un rucher, dépendent du nombre de ruches qu'on veut y placer : il faut faire attention qu'il ne fuffit pas de lui donner la largeur con-venable pour arranger les ruches dans l'intérieur ; il faut encore ménager un certain efpace pour paffer librement devant & derrière, afin de pouvoir obferver celles qui auroient befoin de quelque répara-ration, & voir fi les fouris, les mulots, ou d'autres animaux, ne pratiquent pas quelque ouverture pour aller attaquer & piller les abeilles.

Si on veut un rucher à plufieurs étages, il convient de lui donner plus de folidité que s'il n'en avoit qu'un, afin qu'il réfifte mieux aux vents : la folidité de fes murs doit être en proportion avec la hauteur qu'on lui donne ; cette folidité ne dépend que des pièces de bois qui foutiennent la toiture, & qu'on met plus ou moins fortes, fuivant fon élévation. Chaque étage doit avoir au moins trois pieds d'éléva-tion, afin qu'on puiffe facilement placer & déplacer les ruches : par conféquent un rucher à trois étages doit avoir dix pieds d'élévation, depuis le fol jufqu'à la toiture prife fur le devant, parce que le premier étage doit commencer à un pied du fol. Ces étages auffi peu difpendieux que le rucher, ne font autre chofe que des planches qu'on cloue fur des piquets enfoncés dans la terre, & fur lefquelles on place les ruches.

CHAPITRE II.

DE L'EXPOSITION ET DE LA POSITION DU RUCHER.

SECTION PREMIÈRE.

Expofition à éviter dans la conftruction d'un Rucher.

Tous les endroits ne font point également favorables aux abeilles: leur profpérité & leur travail dépendent beaucoup de l'expofition où leur habitation eft fituée. Dans la conftruction d'un rucher, il faut donc éviter celles qui peuvent leur être nuifibles. Par l'expofition du rucher, on entend fon emplacement relativement au foleil & aux vents. Quoiqu'on ne foit pas toujours libre de choifir celle qu'il conviendroit de lui donner, il faut abfolument éviter celle du nord, parce qu'elle eft très-funefte aux abeilles, à caufe des vents froids qui leur font nuifibles, & qui retardent le couvain, ou le font mourir. L'expofition du levant, meilleure, il eft vrai, que celle du nord, n'eft point encore celle qui convient : ceux qui la confeillent, comme étant favorable aux abeilles, prétendent que ce premier foleil les rend plus vigi-

lantes & plus promptes à l'ouvrage. Excitées par cette douce chaleur que répandent les rayons d'un foleil naiffant, elles fortent plutôt de leurs ruches, mais c'eft pour s'amufer & folâtrer devant les portes de leur domicile, & non point dans la vue de prendre leur effor pour aller dans la campagne ; elles ne font qu'entrer, fortir, jufqu'au moment de leurs voyages, & l'inftant de leur départ n'eft pas plus accéléré que fi elles étoient à une autre expofition.

Dans la belle faifon, il peut être fort avantageux aux abeilles de recevoir les premiers rayons du foleil levant, dont la chaleur les ranime, & peut-être les excite à partir pour la campagne un peu plutôt qu'elles ne feroient dans une autre expofition ; mais à la fin de l'hiver, au commencement du printems, cette première chaleur peut leur être très-nuifible : déterminées à fortir par l'impreffion qu'elles en auront reffentie, & qui les aura dégourdies, elles rifqueront imprudemment un voyage ; elles feront furprifes par des vents ou des pluies froides, qui fuccéderont à cette apparence de beau tems qui les avoit engagées à fortir : les variations font très-communes dans nos climats au commencement du printems. Si les abeilles ne périffent pas dans la campagne, victimes de leur imprudence, & qu'elles aient affez de courage pour arriver ; battues des vents, de la pluie, pendant leur voyage, elles n'auront plus la force d'entrer dans leur domicile, & elles refteront dehors, expofées au mauvais tems qui les fera mourir. Wildman préfère l'expofition l'expofition de l'oueft à toute autre, parce que les abeilles qui reftent tard à leur récolte, ont plus de clarté pour retrouver leurs ruches. Les vents d'oueft qui font affez fréquens en automne, & qui font fouvent fuivis de pluies froides & abondantes, doivent faire abandonner cette expofition, lorfqu'on peut en choifir une meilleure : le matin, le foleil donne trop tard fur les ruches, pour que les abeilles fe décident à partir auffitôt qu'elles le pourroient, pour aller ramaffer leurs provifions.

SECTION II.

Expofition qu'il convient de donner à un Rucher.

La meilleure expofition pour un rucher eft celle qui procure plus long-tems le foleil fur les ruches: celle du midi a cet avantage, & les abeilles qui y font placées, reçoivent & profitent de la douce influence du foleil, pour peu qu'il paroiffe dans la journée. Quand même l'air feroit un peu froid le matin, fi les abeilles ranimées par l'impreffion de la chaleur du foleil qui donne fur les ruches, fe déterminent à fortir; comme il y a déjà quelques heures que le foleil eft fur l'horifon, l'atmofphère eft affez échauffée; & quand le mauvais tems les furprendroit dans leurs courfes, elles feroient encore affez animées pour avoir la force de retourner chez elles. Le couvain eft moins fujet à manquer à cette expofition qu'à toute autre, parce qu'il n'eft point refroidi par les vents du nord, que les ruches fituées au levant ou au couchant reffentent

Tom. I.

toujours un peu de côté : la chaleur qui le fait éclore, n'eft point fujette, par conféquent, aux variations qu'elle éprouve à d'autres expofitions : les effaims font plus précoces, ce qui eft pour eux un très-grand avantage, parce qu'ils ont le tems de profiter de toute la belle faifon pour faire leur récolte, & pour élever la famille dont la jeune reine augmente la population de fon empire naiffant. On remarque affez ordinairement que les ruches expofées au midi effaiment prefque toujours fix à huit jours plutôt que les autres. Le feul inconvénient de cette expofition eft une chaleur quelquefois trop confidérable qui peut ramollir la cire, la fondre, & faire couler le miel : on ne craint point que cela arrive, quand les ruches font dans un rucher qui les garantit de la trop grande ardeur du foleil : mais, pour la leur éviter, on peut, vers les dix à onze heures du matin, couvrir celles qui font en plein air avec des feuillages dont la fraîcheur modère la forte chaleur à laquelle elles font expofées, ou avec de gros linges qu'on trempe dans l'eau, & qu'on met par-deffus, après les les avoir un peu tordus pour en faire fortir l'eau,

SECTION III.

De la pofition qu'il faut choifir pour la conftruction d'un Rucher.

Par la pofition d'un rucher, on entend fa fituation, 1°. relativement à l'endroit où il convient de le placer pour la propre commodité de celui qui prend foin des abeilles; 2°. relativement aux endroits où les chofes qui font néceffaires à ces

I

infectes, font plus ou moins abondantes. On ne recommande point à un obfervateur qui veut lui-même foigner fes abeilles, & les vifiter fouvent, de placer fon rucker près de fa maifon, afin qu'il foit plus à fa portée : c'eft un avantage qu'on ne néglige pas, quand on eft curieux de remarquer tout ce qu'offre le peuple laborieux, & rempli d'induftrie, qu'on veut foigner. Pour ce qui eft de la pofition par rapport aux abeilles, les endroits où elles peuvent faire d'abondantes récoltes, font la fituation la plus avantageufe qu'on puiffe leur procurer. Elles aiment beaucoup aux environs de leur domicile un gazon toujours verd, qui donne en été une fraîcheur qui leur eft très-agréable : l'herbe doit en être toujours courte ; fi elle étoit haute, elles auroient bien de la peine à en fortir, furtout fi elle étoit mouillée. Un terrein fans gazon eft trop poudreux en été ; la pouffière qui s'attache à leurs pattes humectées par la rofée, les empêche de prendre leur vol : en hiver, il eft trop froid & trop humide.

Quoique les abeilles foient peu délicates fur la qualité de l'eau, puifqu'on les voit préférer celles qui font bourbeufes, puantes, à une eau claire & limpide, & qu'elles recherchent celles des latrines, des égoûts, des fumiers, elle eft, en général, au rang des chofes qui leur font les plus néceffaires. Columelle affure que, fi elles en manquent, il leur eft impoffible de faire du miel, de la cire, & d'élever le couvain. Un ruiffeau qui couleroit à quelque diftance du rucher, feroit donc pour les abeilles

un avantage bien réel : en y jettant quelques branches d'arbres en travers, ou quelques cailloux, pour s'y repofer, elles pourroient aller y prendre le frais, & boire fans courir les dangers de fe noyer ou de mouiller leurs ailes. Quand il n'y a point de ruiffeau ni de fontaine dans le voifinage des ruches, il faut abfolument y fuppléer & mettre de l'eau dans quelques vafes. La meilleure manière de leur en procurer, feroit de creufer dans des pierres longues, ou dans des planches de chêne, de petits fillons de trois lignes de profondeur fur autant de largeur, dans lefquels on verferoit de l'eau qu'on renouvelleroit tous les jours en été, afin qu'elles ne fuffent point expofées à en manquer. On pourroit encore en mettre dans des affiettes avec quelques petits morceaux de bois par-deffus, où elles iroient fe repofer pour boire.

Les abeilles aiment à voyager ; elles vont ramaffer leurs provifions loin de leur domicile : toutes les fleurs, les arbres d'un jardin, ceux d'un verger, ne leur fourniroient pas l'abondance qu'elles trouvent dans les campagnes qu'elles parcourent. Cependant un jardin rempli de fleurs, de petits arbres, & un beau verger, leur font d'une grande reffource au printems ; c'eft-là qu'elles commencent à butiner & à exercer leurs forces qui ne leur permettent pas d'entreprendre de longues courfes : les jeunes abeilles vont auffi y faire leur apprentiffage, & exercer leurs talens, avant de tenter les grandes entreprifes de leurs maîtres. Les arbres peu élevés d'un jardin ou d'un verger font principalement utiles pour ramaffer les effaims qui s'y arrêtent affez ordinairement, lorfqu'ils abandonnent leur patrie ; s'il n'y en avoit point, ils iroient plus loin ; une extrême vigilance n'empêcheroit point qu'on ne les perdît.

SECTION IV.

Des pofitions qu'il faut éviter dans l'emplacement d'un Rucher.

La campagne eft le véritable endroit où il convient d'établir & de fixer le domicile des abeilles. Lorfqu'elles habitent les villes, attirées par les fucreries des confifeurs, elles perdent un tems précieux qui pourroit être employé plus utilement pour nous : en outre, ce larcin qui les fait fouvent périr, ne nous eft point profitable ; le fucre, les fyrops, dont elles fe nourriffent, ne peuvent jamais produire la quantité de miel que nous attendons de leurs travaux, lorfqu'elles vont puifer leurs récoltes dans le calice des fleurs. Le voifinage des fours à chaux & à briques, leur eft très-nuifible ; l'épaiffe fumée qui en fort, peut fe rabattre fur les ruches, incommoder confidérablement les abeilles, qui ont d'autant plus raifon de la craindre, qu'elle eft capable de les étourdir, & même de les étouffer. Près des étangs & des grandes rivières, elles font fans ceffe expofées à fe noyer : lorfque la violence des vents les y culbute, il leur eft impoffible de gagner les bords.

Parmi les plantes, il y en a qui peuvent donner une mauvaife qualité au miel, & le rendre pour nous une nourriture très-pernicieufe, tel, par exemple, que le chamœ-

rhododendros qu'on trouve près de Trébifonde, qui fournit un miel d'une qualité mauvaife, & dont il eft dangereux de manger. (*Voyez l'article* MIEL) Le buis & l'if donnent au miel une âcreté & une amertume très-défagréables, telles que l'avoit anciennement le miel de Corfe, felon le rapport de Diodore de Sicile & de Pline. Les Romains qui étoient en poffeffion de cette île, quoiqu'ils fiffent une grande confommation de miel, s'étoient contentés de lui impofer un tribut de deux cents milliers de cire par an, parce qu'elle étoit très-belle : ils lui laiffoient fon miel, & préféroient celui de la Grèce, qui étoit d'une qualité parfaite. Les endroits où les plantes dont nous venons de parler abondent, font donc une mauvaife pofition pour y placer des abeilles : quoiqu'elles ne leur foient pas nuifibles, elles donnent un miel peu propre à flatter notre goût. Lorfqu'il eft poffible de faire un choix, nous devons confulter notre avantage, & non point le goût des abeilles, qui n'a rien de commun avec le nôtre ; du moins, pour bien des chofes, ne voudrions-nous pas nous en rapporter à elles. Quant aux plantes qui peuvent leur être nuifibles, je fuis perfuadé qu'il n'y a point d'imprudence à s'en rapporter à leur inftinct : la nature, en bonne mère, les a fuffifamment inftruites de ce qu'elles doivent éviter.

Cependant bien des auteurs font perfuadés que la ciguë, la morelle, le coquelicot, la matricaire, le tithymale, l'ellébore, l'orme, le tilleul, l'arboufier, le cornouiller, la rue, la jufquiame, &c. donnent

I 2

un miel d'une mauvaise qualité, & font contraires aux abeilles. Il est possible que le miel qui provient de ces plantes, soit un aliment dangereux pour nous ; mais qu'il le soit aussi pour les abeilles, c'est un fait difficile à vérifier par l'expérience. Quand même il seroit démontré que ces différens végétaux nuiroient aux abeilles, il ne feroit point aisé de parvenir à les arracher tous, quelques soins & quelques peines qu'on prît pour cela : on peut les extirper dans ses possessions ; mais, dans celles des autres, on n'a pas la même liberté. On auroit certainement mauvaise grace d'aller prier son voisin de faire abattre une allée de tilleuls, d'arracher les buis, les ifs, qui ornent son jardin, sous prétexte que ces plantes sont nuisibles aux abeilles.

SECTION V.

Des différentes positions relatives au profit qu'on peut y tirer des Abeilles, & du nombre de ruches qu'on peut y placer.

Dans toutes les campagnes, on peut élever des abeilles ; tous les endroits font une position plus ou moins avantageuse. Pour ne multiplier les ruches qu'en proportion de la nourriture que les abeilles peuvent trouver aux environs de leur domicile, il est bon de connoître la qualité du pays qu'on leur fait habiter, son degré de fertilité, & la sorte d'abondance qu'il peut fournir pour leurs différentes récoltes. Les positions varient à l'infini ; c'est au cultivateur à les connoître ; sa seule expérience

doit être son guide dans le nombre de ruches qu'il peut avoir, sans prétendre donner des règles certaines à cet égard, qui supposeroient des connoissances locales, qu'il n'est point possible d'acquérir parfaitement : on peut cependant réduire à trois les positions où l'on peut espérer que les abeilles profiteront. La première & la meilleure font les campagnes où abondent les prairies ; où l'on cultive, dans de vastes plaines, quantité de sarrasin, ou bled noir ; qui font voisines des bois, des montagnes couvertes de plantes aromatiques, telles que la lavande, le romarin, le thym, le serpolet, le genêt, la sauge, & toutes sortes d'herbes odoriférantes. Ces positions font peu communes ; & quand on peut y placer des abeilles, il ne faut pas craindre de multiplier les ruches : quatre ou cinq cents ne viendront pas à bout de recueillir toutes les richesses qui abondent dans un tel pays.

La seconde position est celle d'un endroit où les prés & les ruisseaux font communs ; où l'on cultive beaucoup de bled ; où se trouve nombre d'arbres à fruits ; où la proximité des bois fournit aux abeilles d'abondantes récoltes. Un tel canton peut fournir les provisions qui font nécessaires à plus de deux cents ruches.

La troisième, bien inférieure aux deux autres, est celle d'un endroit peu fourni de prairies & d'arbres à fruits ; où l'on cultive peu de bled ; où les bois font rares & éloignés : une centaine de ruches trouvent avec peine les différentes provisions qui leur font nécessaires.

Il y a des positions qui font encore plus mauvaifes. Les pays fecs, arides, fablonneux, offrent peu de richeffes aux abeilles ; cependant on peut encore y en élever ; il ne s'agit que de proportionner le nombre de ruches à la nature du canton qu'elles habitent : il vaut mieux n'en avoir qu'une douzaine de bonnes, que vingt ou trente mauvaifes, qui fe détruiroient réciproquement, ou qui mourroient de faim. Il faut donc connoître le pays où l'on veut élever ces infectes ; examiner s'il abonde en chofes qui leur font néceffaires, & fe régler fur cette connoiffance pour le nombre de ruches qu'on veut avoir.

CHAPITRE III.

DE L'EMPLACEMENT DES RUCHES.

SECTION PREMIÈRE.

Manière de difpofer les Ruches dans le Rucher.

Les planches qui forment les étages du rucher, doivent être clouées fur les piquets qui les foutiennent, afin qu'étant folidement attachées, elles ne foient point fujettes à vaciller ; ce qui oceafionneroit des fecouffes dans les ruches, lorfqu'on en déplaceroit quelqu'une, qui troubleroient les abeilles, & détacheroient peut-être les gâteaux. On aura attention que les ruches ne fe touchent point, & qu'il y ait de l'une à l'autre un intervalle de trois pouces environ : fans cela, quand on eft obligé d'en déplacer une, foit pour la tailler,

la tranfvafer, ou pour toute autre chofe, on en dérangeroit plufieurs en même tems ; & c'eft un inconvénient qu'il eft bon d'éviter. Les effaims nouvellement mis en rang méconnoîtroient peut-être leur habitation, fi elle étoit contiguë aux autres : les abeilles qui fortent pour la première fois, pourroient fe tromper, & rentrer chez leurs voifines, au lieu d'aller chez elles : toutes ces méprifes cauferoient du trouble dans les différentes républiques, qui feroit fuivi d'une guerre fanglante, où les deux partis perdroient beaucoup de citoyennes.

Dans l'arrangement des ruches, on doit les difpofer de manière qu'on puiffe librement en faire le tour, fans être dans la néceffité de les heurter, lorfqu'il eft néceffaire de les vifiter pour examiner fi elles font en bon état. Ces différens étages font les tables des ruches qui doivent pofer fur elles de tous côtés ; fi les planches n'avoient pas le niveau qu'il convient, & que les ruches ne fuffent pas folidement établies, il feroit abfolument néceffaire de mettre par-deffous de petits coins de bois pour les foutenir. Quoique les ruches ne foient point expofées à l'air, on ne doit point fe difpenfer de prendre la peine de les coller fur leur fupport avec du pourjet ; c'eft une peine qu'on évite aux abeilles, qui ne fouffrent point d'autre ouverture que les portes de leur domicile. Le pourjet qu'on peut employer à cet effet eft une efpèce de ciment qu'on fait avec de la boufe de vache & des cendres paffées à un gros tamis, afin que les charbons n'y foient point mêlés : fur une égale quantité de cendres & de boufe de vache, on ajoute un quart à-peu-près de chaux éteinte, on mêle le tout enfemble avec un peu d'eau pour en faire une efpèce de mortier.

SECTION II.
Manière de placer les Ruches en plein air.

On peut être perfuadé de toute l'utilité & des avantages d'un rucher, & fe trouver dans des circonftances qui ne permettent point d'en bâtir : l'emplacement qui lui conviendroit, peut être le devant d'une maifon qu'on ne veut pas mafquer par un hangar qui n'offre rien d'agréable à la vue; il faut alors placer fes ruches, autant qu'il eft poffible, près les unes des autres & à fa portée, afin de veiller à la fortie des effaims. Chaque ruche doit avoir fa table particulière; fi elle étoit commune, il feroit plus difficile de les garantir de la pluie & de la neige qui y féjourneroient. Cette table doit être une bonne planche de chêne ou d'un autre bois fort dur & de deux bons pouces d'épaiffeur : autant qu'il eft poffible, elle ne doit point être de plufieurs pièces affemblées; expofée à toutes les intempéries de l'air, le bois fe déjetteroit, & la table n'auroit plus le niveau qu'elle doit avoir.

La pierre, la terre cuite ne doivent jamais fervir de fupport aux ruches, ces matières font trop froides; & lorfqu'il fait très-chaud, elles confervent une chaleur brûlante dont les abeilles feroient très-incommodées. Bien des perfonnes enduifent les tables des ruches avec

une couleur à huile pour la préferver de l'humidité : c'eft une très-mauvaife méthode ; un bois coloré eft toujours plus froid que celui qui ne l'eft point : la couleur a beau être sèche, les fortes chaleurs lui font répandre une odeur dans la ruche, capable de nuire aux abeilles. Sur le devant de la ruche, la table doit avoir un rebord de trois ou quatre pouces, afin que les abeilles puiffent s'y repofer en arrivant, avant d'entrer dans la ruche; il faut lui donner un peu de pente pour que l'eau de la pluie s'écoule plus aifément : il fuffit que les rebords de côté & de derrière foient d'un demi-pouce ; il n'eft pas néceffaire qu'ils foient inclinés ; ils feront affez garantis de la pluie par le furtout qui doit couvrir la ruche, ou par le petit toit qu'on pratique au-deffus. Cette table eft communément pofée & clouée fur trois piquets de bois de chêne, qui font enfoncés triangulairement dans la terre, à une profondeur convenable pour qu'ils foient folides, & font élevés d'un pied au-deffus du fol : lorfqu'on a placé la ruche fur fa table, on examine fi elle pofe également de tous côtés ; & quand on apperçoit quelque endroit où elle n'eft point appuyée, on y gliffe de petits coins de bois pour la foutenir, & on enduit tout le tour de fon ouverture avec du pourjet qui bouche exactement tous les trous, & colle pour ainfi dire la ruche fur fon fupport.

Placées en plein air, les ruches font expofées à toutes les injures du tems : afin qu'elles réfiftent à la violence des vents qui feroient capables de les culbuter, on met au deſſus une ou pluſieurs pierres qui faſſent un poids de quinze à vingt livres : pour les garantir de la pluie , on les couvre d'un ſurtout qui deſcend juſqu'à trois pouces de diſtance de la table ; ce ſurtout peut être fait avec des planches fort minces d'un bois très-léger qu'on enduit extérieurement d'une couleur à huile afin de le con-ſerver , & dont la fraîcheur ni l'odeur ne puiſſent nuire aux abeil-les. Quand on a beaucoup de ru-ches , le ſurtout en bois pourroit occaſionner de la dépenſe , outre qu'il eſt peu commode quand il s'agit de l'enlever pour examiner les ruches : on peut donc en faire un en paille , plus commode & moins diſpendieux ; on prend pour cet effet une botte de paille de ſei-gle , on la lie fortement à un de ſes bouts avec une corde ou un oſier , on l'ouvre enſuite en cône creux pour la mettre ſur la ruche. Dans bien des endroits on eſt dans l'uſage de pratiquer un petit toit au-deſſus de chaque ruche avec des planches ou de la paille ; cette toiture ne les garantit pas de la pluie qui eſt pouf-ſée par le vent : le ſurtout en paille doit être préféré.

CHAPITRE IV.

DES DIFFÉRENTES ESPÈCES DE RUCHES.

SECTION PREMIÈRE.

Forme des Ruches anciennes & de celles qui ſont encore en uſage dans la plu-part des campagnes.

La matière & la forme des ruches ont été de tout tems extrêmement variées. Les anciens ne logeoient les abeilles que dans des troncs d'ar-bres qu'ils creuſoient quand ils ne l'avoient pas été naturellement par les vers , ou dans des paniers d'oſier ou de paille , auxquels ils donnoient une figure conique. En France , pendant long-tems, on n'employoit que des ruches en terre cuite ; on logeoit encore les abeilles dans des eſpèces de fours qu'on bâtiſſoit avec des briques : il étoit difficile d'ima-giner des habitations plus incom-modes & plus propre à faire périr ces inſectes. En Allemagne , quatre planches égales qui formoient une boîte longue ſurmontée d'un cou-vercle en forme de toit , étoit le logement le plus ordinaire des mou-ches à miel. Dans d'autres pays , on les mettoit dans des paniers d'une figure conique , faits avec l'oſier , la verne & autres bois lians , ou avec de la paille treſſée. Ces eſpèces de ruches ſont encore en uſage dans bien des endroits , ſur-tout dans les campagnes, où le préjugé tient fortement à la vieille méthode , parce qu'il ne connoît rien de mieux. La hauteur de ces ſortes de ruches eſt aſſez ordinai-rement de trente pouces , ſur vingt ou vingt - cinq de diamètre , pris dans leur plus grande largeur. Un gros bâton de deux pouces de dia-mètre environ , qui eſt introduit par le ſommet du cône, tombe per-pendiculairement à trois ou quatre pouces de la table ; il en reſte un bout en dehors qui ſert de poignée pour prendre la ruche : vers ſon milieu , il eſt percé de deux trous , dans leſquels paſſent deux autres bâtons qui ſe croiſent , & qui y ſont introduits avec force par les parois de la ruche ; ils contribuent à ſa

solidité, & soutiennent en même
tems les ouvrages des abeilles.
(*Fig. 11 & 12, Planc. 1*)

Depuis qu'on a reconnu l'utilité
des abeilles & les profits qu'on
pouvoit en retirer, on s'est occupé
à les loger d'une manière plus commode peut-être pour elles, mais
certainement plus avantageuse pour
nous, relativement au profit que
nous en retirons. La plupart des
personnes qui se sont fait un amusement ou une occupation d'élever
des abeilles, ont fait des changemens à leur habitation, & chacune
a trouvé le domicile de son invention plus propre qu'aucun autre à
entretenir l'activité des abeilles, &
à leur faciliter la prompte construction des ouvrages de leur industrie. Ces observateurs méritent
nos éloges, & ont droit à notre reconnoissance, puisqu'ils ont consacré une partie de leur tems à nous
être utiles.

SECTION II,

Description des Ruches de M. Palteau.

Les ruches de l'invention de M.
Palteau font composées de trois ou
quatre hausses posées les unes sur
les autres, & couvertes d'un sur-
tout, placées sur une table particulière qui est soutenue par trois
piquets enfoncés dans la terre.
(*Fig. 1, Planc. 2*) Ces trois piquets sont en bois de chêne, parce
qu'il est dur & propre à résister à
l'humidité ; ils ont deux pieds deux
ou trois pouces de hauteur ; ils sont
enfoncés dans la terre en forme
de triangle, à la profondeur d'un
pied, afin que la table se trouve
élevée au-dessus du sol de treize à

quatorze pouces. La table, épaisse
d'un pouce six lignes, est pareillement de chêne ou d'un bois aussi
dur ; sa largeur latérale est de
quinze pouces quatre lignes ; &
depuis le devant jusque vers le derrière, elle a dix-neuf pouces quatre
lignes.

Outre ces dimensions, la table
renferme encore quatre choses qui
lui sont propres, & qu'il faut observer. 1°. Un menton élevé au-
dessus de son niveau, de cinq ou
six lignes ; sa largeur sur les bords
du devant de la table est de six
pouces, & de trois seulement près
du surtout ; sa destination est de
faciliter aux abeilles l'entrée de la
ruche en les approchant du cadran
du surtout par lequel elles passent.

2°. Une élévation au milieu de
treize pouces huit lignes en quarré,
sur six lignes de hauteur. Cette élévation peut être formée par une
planche qu'on cloue sur la table
même, ou bien en ôtant du bois
sur la surface de la table, excepté
vers le milieu où doit être l'élévation. La ruche posée sur cette
élévation, couverte du surtout qui
descend sur la table, n'est point
exposée à l'humidité qu'occasionne
la pluie qui inonde les bords de la
ruche, où elle ne peut pénétrer à
cause de cette élévation.

3°. Un trou de huit pouces en
quarré, pratiqué au milieu de l'élévation dont on vient de parler,
pour réchauffer les abeilles par le
moyen d'une chaufferette qu'on
place en dessous, lorsqu'elles sont
trop engourdies par le froid, & pour
leur donner à manger, quand il est
nécessaire, sans qu'on soit obligé de
lever la ruche,

Fig. 2.

Fig. 1.

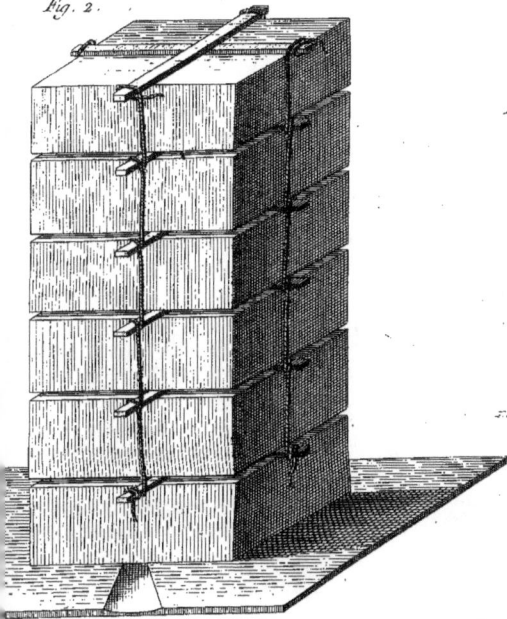

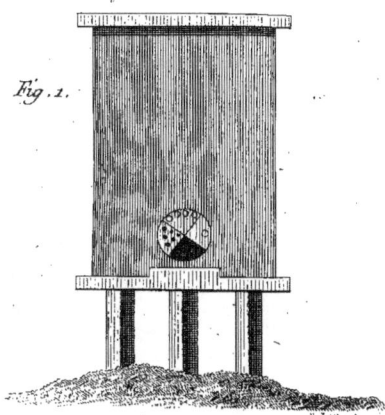

Fig. 3.

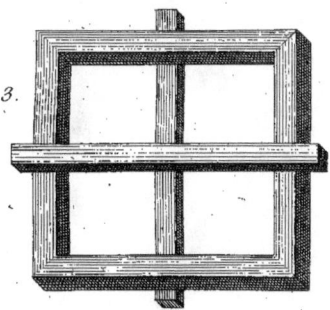

Fig. 5.

Fig. 4.

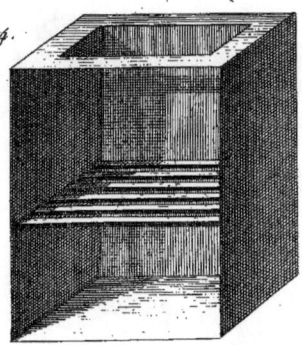

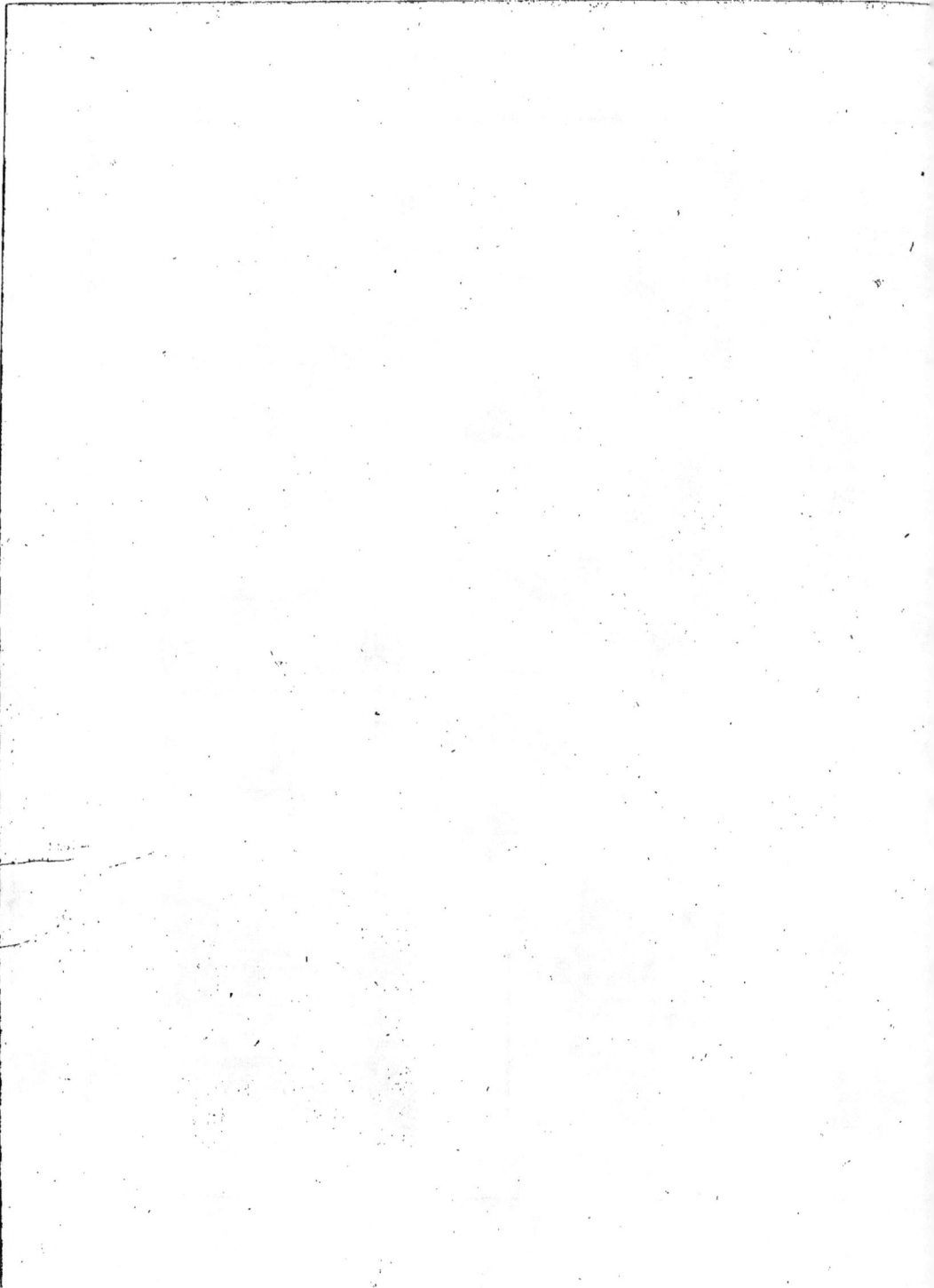

4°. Un tiroir qui gliffe par derrière la table fur des liteaux , & ferme le trou qui fe trouve au milieu de l'élévation de la table. Au milieu de ce tiroir eft une ouverture de quatre pouces en quarré, qui eft recouverte par une plaque de fer - blanc trouée , pour donner de l'air aux abeilles pendant les grandes chaleurs, & pour préferver le miel & le couvain de toute altération & fermentation. Quand il fait froid , on ferme cette ouverture avec une couliffe de fer-blanc, unie & point percée, qui gliffe entre deux liteaux de fer-blanc, attachés deffous la grande couliffe. Ce tiroir eft utile pour recevoir en toute faifon les immondices & les ordures de la ruche. On tire cette couliffe de tems en tems pour la nettoyer avec un petit balai de plumes ; par ce moyen on procure aux abeilles une propreté qui eft néceffaire à leur travail & à leur profpérité.

La ruche qui pofe fur la table eft compofée de deux, ou trois , ou quatre hauffes, felon les circonftances. On fe fert du bois de pin pour les conftruire; fon odeur eft contraire aux poux, aux punaifes & autre vermine pareille, ennemie des abeilles : on peut employer le fapin ; il a à-peu-près les mêmes propriétés ; on fe fert auffi de peuplier , mais avec moins d'avantages. Une hauffe eft une efpèce de boîte, qui a un pied en quarré, fur trois pouces de hauteur ; (*Fig. 3, Pl.* 2) elle a un fond de trois lignes d'épaiffeur, qui eft celle des côtés de la hauffe, avec une petite barre de fix lignes en quarré, de la longueur de la hauffe placée pardeffous à fleur de bois, & fur les

côtés ; pour foutenir l'ouvrage & le rendre folide. L'ouverture qui eft fur le devant pour fervir de porte aux abeilles, eft de douze lignes de hauteur , fur quinze de largeur par le haut, & onze par le bas. Le fond de la hauffe a dans fon milieu une ouverture de fept pouces & demi en quarré, & le refte eft percé de petits trous, qui facilitent aux abeilles le tranfport des matériaux qu'elles emploient à leurs ouvrages, dans le haut de la ruche, où elles attachent leurs gâteaux , & leur épargnent des circuits inutiles , qu'elles feroient obligées de faire pour parcourir tous les endroits de leur habitation.

Pour former une ruche, on met plufieurs hauffes l'une fur l'autre , en obfervant que le fond percé foit toujours en-haut : afin que leur jonction ne laiffe aucun vuide , toutes les hauffes ont une moulure qui reçoit un pourjet très-fin qui bouche exactement tous les intervalles qui pourroient fe trouver de l'une à l'autre. L'ouverture pratiquée fur le devant des hauffes pour fervir de porte aux abeilles, eft bouchée avec du liège dans les fupérieures, & on ne laiffe fubfifter que celle de la première qui repofe immédiatement fur la table. L'ouverture du fond de la hauffe fupérieure ou de la dernière, eft fermée par une petite planche, qui bouche auffi tous les trous, & qu'on attache avec un fil de fer pofé en croix, fixé au côté de la hauffe ; on le ferre à volonté par de petits coins de bois qu'on gliffe en deffous. Il peut paroître inutile de faire des ouvertures pour les fermer enfuite : mais quand on fait que chaque

Tom. I.   K

hausse peut devenir la première ; on reconnoît la nécessité des ouvertures qui sont condamnées. Toutes ces hausses qui composent une ruche, sont attachées ensemble avec un fil de fer qui tient à deux anneaux qui sont placés aux côtés des hausses.

Le surtout qui couvre ces sortes de ruches, est une boîte oblongue, de deux pieds de hauteur par devant, & de vingt pouces par derrière : cette inégalité d'élévation forme une pente de quatre pouces sur le derrière, nécessaire & suffisante pour l'écoulement des eaux de la pluie : sa largeur est de treize pouces huit lignes en quarré ; il couvre exactement la ruche & l'élévation qui est au milieu de la table : on emploie pour le faire, un bois très-léger, autrement il seroit difficile de l'ôter de dessus la ruche ; on y passe extérieurement deux couches d'une couleur à huile, qui le conserve en le garantissant de l'humidité & de la grande chaleur. Au moyen de ce surtout, la ruche est à l'abri de la pluie, du vent, des orages ; les provisions des abeilles ne sont point exposées à devenir la proie des rats, des souris, des mulots, & de quantité d'autres animaux très-aises de vivre à leurs dépens. Il tient très-solidement à la table par deux crampons en forme d'anneaux qui sont à ses côtés, & qui entrent dans la moitié de l'épaisseur de la table, où ils sont fixés par une goupille qu'on y glisse de chaque côté.

Sur le devant du surtout, en-bas & vers le milieu de sa largeur, il y a une ouverture recouverte par un cadran de fer-blanc, de figure ronde, ayant quatre pouces de diamètre, & divisé en quatre parties égales. La première contient quatre petites arcades vers les bords du cadran, de cinq lignes de hauteur, sur quatre de largeur ; la seconde est percée de petits trous pour procurer de l'air aux abeilles sans qu'elles puissent y passer pour sortir ; la troisième est absolument ouverte : c'est la grande porte qu'on ouvre dans le tems qu'on fait des récoltes abondantes, & dans la saison des essaims ; la quatrième, qui est pleine, a au milieu un anneau qu'on prend pour tourner le cadran du côté qu'il convient. Chaque partie de ce cadran doit fermer exactement l'ouverture du surtout, au-dessus de laquelle il est attaché par son milieu avec un clou qui permet de le tourner avec aisance.

Suivant M. Palteau, il y a des avantages très-grands à se servir des ruches de son invention pour loger les abeilles. 1°. Elles ne sont point exposées à être pillées par leurs voisines, ni par les étrangères. Pendant tout le tems que le pillage est à craindre, on tourne le cadran du côté des arcades ; l'ennemi ne peut donc se présenter qu'en détail, & pour ainsi dire un à un : les assiégées ayant peu de portes à défendre, peuvent donc s'attrouper & faire une résistance vigoureuse, quelque foible que soit la population de leur république.

2°. Les provisions des abeilles sont parfaitement à couvert des incursions des rats, des souris, des mulots ; la seule ouverture, qui est celle du cadran, ne suffit pas pour leur faciliter un passage dans la ruche. Le pic-verd, le martin-pêcheur, qui percent les ruches ordinaires avec leur bec aigu & affilé pour enlever les abeilles, feroient avec celles-ci d'inutiles efforts. Les vents, les orages, quelques violens qu'ils foient, ne peuvent les culbuter. Les voleurs, qui profitent des ténèbres de la nuit pour enlever les ruches expofées à leurs rapines, font arrêtés par le furtout fixé à la table des ruches, qui les met à couvert de leurs brigandages.

3°. Outre les dangers auxquels on eft expofé en taillant les ruches ordinaires, on rifque toujours de dérober trop ou pas affez de provifions aux abeilles; fouvent elles font la victime de l'ignorance de celui qui taille les ruches, & de la précipitation qu'exige cette opération; la reine eft expofée aux mêmes dangers, & le couvain eft détruit très-fouvent par mal-adreffe ou par ignorance. Avec cette forte de ruches, on prend le fuperflu des provifions des abeilles, fans les expofer au plus petit danger; & celui qui fait ce partage n'a rien à craindre de leur aiguillon meurtrier; on profite du meilleur miel qui eft dans le haut de la ruche, & le couvain n'eft jamais endommagé.

4°. Ces fortes de ruches ne font point expofées à la pluie qui fait moifir les gâteaux par l'humidité qu'occafionne fon féjour fur le fupport, & qui fe communique bientôt dans l'intérieur de la ruche, parce que le furtout les met exactement à couvert. Le froid ne peut point nuire aux abeilles, ce furtout eft très-propre à les en garantir, & le tiroir qui eft à la table fert à placer

une chaufferette par-deffous pour leur donner le degré de chaleur qu'on juge néceffaire. Elles ne font point expofées à la mal-propreté, qui nuit à leurs ouvrages, les dégoûte du domicile qu'elles habitent: tous les jours, fi l'on veut, on peut tirer la couliffe pour les nettoyer, fans leur caufer le moindre dérangement; & quand on prévoit que l'air extérieur peut leur nuire s'il eft trop froid, on les tient enfermées par le cadran qu'on tourne du côté des trous.

5°. Avec les hauffes dont ces ruches font compofées, on donne au domicile des abeilles une grandeur convenable & proportionnée à la population de la colonie qui l'habite. Un foible effaim feroit découragé dans une ruche trop fpacieufe, & ne travailleroit point; dans une, au contraire, dont l'étendue eft proportionnée au nombre des individus qui le compofent, il travaille avec ardeur, parce qu'il n'eft point découragé par la perfpective des ouvrages immenfes qu'il feroit obligé de faire pour remplir une habitation trop vafte. On peut donc diminuer & augmenter à volonté la capacité d'une ruche, felon que les circonftances l'exigent; ce qui eft un très-grand avantage.

6°. En tout tems on peut donner aux abeilles la nourriture dont elles peuvent manquer, les remèdes qui leur font néceffaires, fans toucher à la ruche, par le moyen de la couliffe qui eft en-deffous de la table.

SECTION III.
Ruches de M. de Maffac.

C'eft fur le plan des ruches de M. Palteau, que M. de Maffac regarde

K 2

comme les moins imparfaites de celles qui font en ufage , qu'il a conftruit les fiennes : par la defcription qu'on en a donnée , il fera facile de juger qu'il s'eft trèspeu écarté de fon modèle.

La table des ruches de M. de Maffac , foutenue & clouée fur trois piquets enfoncés dans la terre , eft de chêne ; elle a dix - huit lignes d'épaiffeur , dix-fept pouces de longueur , & quinze de largeur : elle renferme quatre chofes principales , que nous avons déjà obfervées dans celles de M. Palteau. 1°. Un menton fur le devant, de fix lignes de hauteur au - deffus du niveau de la table, fix pouces de longueur fur le devant, & trois feulement contre la ruche ; 2°. une élévation au milieu de la table, de onze pouces en quarré, fur fix lignes de hauteur ; 3°. une ouverture au milieu de cette élévation, de fix pouces quarrés ; 4°. une couliffe ou un tiroir au-deffous de la table, qui ferme l'ouverture dont il vient d'être parlé, & qui eft de bois uni, ou percé felon les circonftances.

Sur cette table on place deux hauffes feulement , qui font deux boîtes faites avec du bois de pin , de fapin , ou de peuplier. Chaque hauffe a onze pouces d'élévation , non compris le fond, qui a neuf à dix lignes d'épaiffeur , ainfi que tous les côtés : fa largeur intérieure eft de onze pouces une ligne en quarré, afin qu'elle puiffe exactement s'emboîter avec l'élévation qui eft au milieu de la table : en dedans de la hauffe & au milieu du fond, on met dans un trou qu'on a pratiqué, un pédicule en bois, qui s'élève à la hauteur de fix pouces, & qui

fupporte deux baguettes difposées en croix. Sur le devant de chaque hauffe, à huit lignes au-deffus du bord, on fait une bouche de quinze lignes de hauteur, de vingt - deux de largeur par le bas, & de huit par le haut. On pratique encore du même côté, à quinze lignes du bord du fond fupérieur, une ouverture de deux pouces de longueur, fur dix-huit lignes de largeur. M. de Maffac ne dit rien de la deftination de cette feconde ouverture, qui même n'eft point marquée fur la gravure qu'il a donnée de fes ruches. La première ouverture eft toujours recouverte par un cadran qui a les mêmes dimenfions que celui que M. Palteau a adapté au furtout de fes ruches , & eft deftiné aux mêmes ufages : dans la hauffe fupérieure, on le laiffe tourné du côté plein, afin que les abeilles ne puiffent point y paffer.

Deux hauffes femblables, placées l'une fur l'autre , forment une ruche ; pour la rendre folide & capablé de réfifter aux vènts, on met fur la dernière hauffe une planche furmontée d'une groffe pierre ; au lieu de furtout en bois, ces deux hauffes font couvertes d'un glui de paille de feigle, difpofé en forme de cône creux. Pour les réunir avec folidité, on met à chacune, du côté droit & du côté gauche, un liteau d'un pouce environ de largeur, & de fept à huit lignes d'épaiffeur, qu'on fait entrer dans un trou pratiqué au fond des hauffes, qui pour cet effet doit déborder également des deux côtés ; on affujettit ces liteaux qui embraffent les deux hauffes, avec des chevilles de bois, dont les dernières, qui fixent les liteaux à leur extrémité, entrent dans l'épaiffeur du bois de la table. On bouche l'ouverture du fond de la hauffe fupérieure, avec du liège ou du bois, de façon qu'on puiffe facilement, avec la pointe d'un couteau, enlever ce bouchon quand cette hauffe fera placée au bas de la ruche. M. de Maffac affure qu'au moyen de deux couches d'une couleur à huile, qu'on met aux quatre faces extérieures des hauffes, elles peuvent durer environ vingt-cinq ans.

Avec des ruches de cette conftruction, M. de Maffac prétend qu'on peut s'approprier le fuperflu des abeilles fans les expofer, non-plus que le couvain, à aucun danger, & fans courir foi-même celui d'être piqué quand on fait cette opération. Lorfque la hauffe fupérieure eft remplie, les abeilles font arrêtées par le fond de la hauffe inférieure, qui éft une efpèce de plancher qui les empêche de continuer leur ouvrage jufqu'au bas de la ruche; quoiqu'interrompu, elles le reprennent dans la hauffe inférieure; & quand elle eft environ à moitié, il n'y a plus de couvain dans la fupérieure, il a eu tout le tems néceffaire pour fon éducation, tandis qu'on a continué les ouvrages dans l'inférieure. On peut donc, fans aucun rifque, enlever cette hauffe, qui n'eft remplie que de cire & de miel; & après l'avoir vuidée, on la remet deffous celle qu'on a laiffée. A quelle heure que ce foit qu'on faffe avec les abeilles le partage de leurs provifions, occupées à leurs ouvrages dans le premier étage de leur domicile, elles s'apperçoivent à peine du vol

qu'on leur fair. Voilà fans doute des avantages bien réels : peu de dépenfe pour conftruire des ruches, beaucoup d'aifance pour foigner les abeilles, & aucun danger à craindre quand on veut enlever leurs provifions.

SECTION IV.
Ruches de M. de Boisjugan.

En fuivant la méthode de M. Palteau, M. de Boisjugan s'eft occupé avec fuccès de l'économie dans la conftruction des ruches qu'il propofe. Elles font compofées de trois hauffes faites en paille, qui eft une matière qui occafionne peu de dépenfe, & que les habitans de la campagne ont à leur difpofition. Chaque hauffe eft faite avec des gluis de froment ou de feigle. Un glui eft une gerbe ou botte de paille qui n'a point été brifée par le fléau pour en faire fortir le grain : la paille de feigle, à caufe de fa longueur, eft préférable à celle de froment. Ces hauffes, qui font d'une figure ronde, ont quatre pouces de hauteur, & douze de diamètre intérieur; le deffus, qui eft convexe, ou en forme de voûte, eft furmonté d'une anfe, comme celle d'un panier, qui eft peu élevée & trèsfolide. Il y a une ouverture au milieu de la partie convexe, de quatre pouces de diamètre, & à côté, une de fix lignes feulement. Ces deux ouvertures font toujours fermées avec un bouchon de liège dans la hauffe fupérieure; dans les autres, la grande ne l'eft point, parce qu'elle fert de paffage aux abeilles pour communiquer d'une hauffe à l'autre; la petite ouverture fert à introduire le tuyau d'un foufflet pour fumer les abeilles lorſqu'on veut prendre leurs proviſions.

Trois de ces hauſſes, placées l'une ſur l'autre, compoſent une ruche, que la forme de leur conſtruction rend très-ſolide ; elles ſont couſues l'une à l'autre avec une aiguille ou carrelet de deux à trois pouces de longueur, & de la ficelle de moyenne groſſeur, qu'on paſſe dans les liens qui attachent la paille. Avant de placer ces ſortes de ruches, on met ſur leur table une natte un peu convexe, de huit à neuf pouces environ de diamètre. Cette précaution eſt néceſſaire, afin d'empêcher les abeilles de prolonger leurs gâteaux ſur la table ; ce qui ſeroit ſujet à bien des inconvéniens. L'entrée par laquelle paſſent les abeilles pour gagner l'intérieur de leur domicile, n'eſt point pratiquée au bas de la hauſſe inférieure, mais ſur la table même. Cette ouverture eſt une entaille qu'on fait ſur les bords du devant de la table, & qu'on prolonge juſque dans l'intérieur de la ruche ; elle a neuf à dix lignes de profondeur, ſur quatre pouces de largeur. On a ſoin de lui donner aſſez de pente vers les bords pour faciliter l'écoulement des eaux ; ſa largeur diminue un peu en approchant de la ruche ; elle eſt prolongée juſqu'au bord de la natte voûtée, où ſa profondeur, bien ménagée dès l'entrée de la ruche, devient preſque inſenſible.

Le ſurtout qui couvre ces ſortes de ruches, eſt un glui de paille de ſeigle qu'on lie fortement à un de ſes bouts, & qu'on écarte enſuite en forme de cône creux pour le placer ſur la ruche, en ayant attention de n'échancrer la paille que ſur la porte de la ruche, qui ſe trouveroit fermée ſans cette précaution. Pour prévenir les fractures que les rats, les ſouris peuvent faire facilement, & en très-peu de tems, à ces ſortes de ruches, M. de Boisjugan conſeille de les enduire extérieurement avec de la ſuie détrempée, dans laquelle on peut mêler du verre pilé.

Ces ſortes de ruches ſont auſſi aiſées à conſtruire qu'elles ſont peu diſpendieuſes ; les gens de la campagne n'ont pas beſoin d'avoir recours à des ouvriers pour s'en procurer ; ils peuvent eux-mêmes les faire en hiver, dans les tems où ils n'ont pas d'ouvrages dans le dehors : il ne faut que de la paille & des ronces fendues en trois ou quatre pièces pour la lier ; on en forme un cordon d'un pouce d'épaiſſeur, qu'on attache fortement avec les ronces ; pour le rendre bien égal, on peut le tenir dans un ou pluſieurs anneaux d'un pouce de diamètre, qu'on fait gliſſer à meſure qu'on avance l'ouvrage. On commence la hauſſe par la partie convexe ; & lorſqu'on eſt parvenu à lui donner la largeur qu'elle doit avoir, on continue le cordon perpendiculairement, juſqu'à ce qu'on ait fait quatre tours complets, qui donneront la hauteur de la hauſſe ; il faut avoir attention que le dernier cordon finiſſe inſenſiblement, afin que la hauſſe puiſſe porter à plein ſur la table.

L'avantage le plus réel de ces ſortes de ruches, c'eſt le peu de dépenſe qu'il faut faire pour s'en procurer, ſi on ne veut point prendre la peine de les conſtruire ſoi-même, puiſque le prix qu'elles coûtent n'excède pas vingt-quatre ou trente fols.

SECTION V.

Ruches de M. de Cuinghien.

Les ruches de M. de Cuinghien font faites avec la même matière & felon les mêmes dimenfions que les précédentes , dont elles ne diffèrent que par la forme, qui eft plate, au lieu d'être convexe. Les trois ou quatre hauffes dont elles font compofées, font attachées enfemble par de petits crampons de fil de fer, placés fur les côtés. Une corde de filaffe entoure ces hauffes à leur jonction, & y eft affujettie par un pourjet très-fin, qui bouche tous les intervalles qui pourroient être de l'une à l'autre. L'auteur a préféré de donner une figure plate à fes ruches, parce qu'il a remarqué que les abeilles y travailloient mieux que quand elle étoit convexe.

SECTION VI.

Ruches de M. du Carne de Blangy.

Les ruches dont M. du Carne confeille l'ufage, font compofées, les unes de trois ou quatre, les autres de fept & huit hauffes, felon que l'exige le nombre des abeilles qu'on veut y loger. (Fig. 2, Pl. 2) Ces hauffes, qui ont treize pouces en quarré, en y comprenant l'épaiffeur du bois, qui eft de cinq ou fix lignes, fur trois pouces de hauteur, font conftruites avec un bois très-léger, tel que le pin, le fapin, le tilleul, le peuplier, afin que les vapeurs de la ruche puiffent plus aifément fortir par les pores. Au milieu du bord de chaque hauffe, on pratique une entaille de cinq lignes de profondeur, pour y placer deux traverfes de bois , de cinq lignes d'épaiffeur, qui fe croifent au milieu de la hauffe , & qui débordent de chaque côté de quatre lignes , afin d'éviter les crampons quand il s'agit de les attacher enfemble. (Fig. 3, Pl. 2) Ces traverfes , dont la principale deftination eft de foutenir l'ouvrage, pourroient être rondes , & on feroit alors quatre trous ronds au milieu des côtés de la hauffe, pour les y faire paffer , ce qui feroit abfolument le même effet que de les placer fur le bord des côtés; il eft affez indifférent qu'elles foient un peu plus haut ou un peu plus bas ; l'effentiel eft qu'elles fe croifent dans le milieu , de manière à former quatre angles droits, afin qu'elles foutiennent bien également l'ouvrage. La dernière hauffe feulement de la ruche , eft furmontée d'un couvercle fait avec une ou plufieurs planches, de l'épaiffeur de trois ou quatre lignes, & de la même longueur que la hauffe qu'elle doit couvrir entiérement. Ce couvercle eft affujetti par trois petites barres de bois, de l'épaiffeur de quatre ou cinq lignes, fur neuf ou dix de largeur : deux de ces barres n'ont que la longueur de la hauffe, & font placées vers l'extrémité du couvercle ; la troifième , qui doit déborder le couvercle de quatre lignes de chaque côté , eft placée au milieu, à égale diftance des autres. On peut donner à la barre du milieu, une épaiffeur & une largeur de neuf à dix lignes, & même plus ; y faire deux trous, où l'on puiffe paffer une ficelle affez groffe, afin de pefer la ruche quand on veut.

Pour faire une ruche solide , & qu'on puisse transporter, avec des hausses, selon les proportions & les dimensions qu'exige M. du Carne , il ne faut que quatre ficelles d'une moyenne grosseur : on les attache chacune par un bout, aux petites traverses qui débordent la première hausse ; on les conduit ensuite aux traverses de la seconde, où on leur fait faire un tour en serrant avec force , & ainsi de l'une à l'autre , en tournant & serrant toujours la ficelle autour des traverses : lorsqu'on est parvenu au couvercle , on noue la ficelle à la traverse du milieu pour l'arrêter ; on peut ajouter sur le couvercle une autre traverse qui croise celle du milieu , & qui déborde de quatre lignes , pour attacher la ficelle de ces côtés.

L'ouverture qui sert de porte aux abeilles pour entrer dans la ruche , est une entaille pratiquée dans l'épaisseur de la table : elle commence au bord , vis-à-vis le milieu de la ruche , & elle est prolongée jusqu'à quatre pouces en-dessous : sa largeur est de trois pouces & demi vers les bords de la table, & de deux pouces & demi à l'endroit où elle finit : sa profondeur , qui n'est que de cinq lignes , suffit pour que les abeilles puissent aisément entrer dans leur habitation. On adapte une planche mince à cette ouverture , qu'on glisse dans cette espèce de canal , quand on juge à propos d'interdire aux abeilles la sortie de leur domicile. Il faut avoir attention que cette entaille , qui forme une espèce de canal , ait un peu de pente vers les bords de la table, pour l'écoulement des eaux , lorsque les ruches sont exposées à la pluie : sa

profondeur doit donc être plus considérable vers les bords , qu'auprès de la ruche. M. du Carne assure que le prix de ses ruches n'excède pas 36 à 38 sols.

M. du Carne s'est servi pendant quelque tems d'une autre espèce de ruche pour loger les abeilles dont les hausses n'étoient que des cercles , tels que ceux des tamis qu'on emploie pour passer la farine. Elles avoient les mêmes dimensions & proportions que les hausses quarrées, des traverses qui se croisoient dans le milieu , & un couvercle sur la dernière seulement. On les arrangeoit & on les assujettissoit l'une sur l'autre, avec les mêmes précautions qu'il a été dit qu'on prenoit pour celles qui sont quarrées. Il n'étoit pas possible d'avoir des ruches à meilleur compte , puisqu'on pouvoit s'en procurer pour 12 à 15 sols. Les dangers auxquels les abeilles & leurs provisions étoient exposées , par rapport aux souris , qui pouvoient facilement percer dans une nuit , un bois qui avoit tout au plus trois lignes d'épaisseur , & causer dans une ruche beaucoup de ravages & de dégâts en peu de tems, l'ont décidé à les réformer : il avoit plusieurs fois éprouvé les inconvéniens auxquels elles étoient sujettes.

M. du Carne , convaincu par l'expérience , de l'utilité des ruches à hausses quarrées , faites en bois , les a préférées à celles qui étoient construites en paille , & selon les mêmes proportions dont il avoit fait usage long-tems pour loger les abeilles. Ces sortes de hausses en paille avoient un rebord extérieur en-haut & en-bas , d'un pouce de diamètre ;

diamètre, qui n'étoit autre chofe qu'un cordon en paille, comme ceux dont la hauffe étoit faite, & qui fervoit à les affujettir folidement l'une fur l'autre, & à les coudre plus aifément pour les fixer. La difficulté de paffer le fil de fer pour les tailler, l'embarras de les coudre & découdre, la facilité qu'avoient les fouris de les percer, rendoit leur ufage dangereux aux abeilles, & incommode à celui qui vouloit prendre leurs provifions.

SECTION VII.

Ruches de M. Schirach.

La méthode de former des effaims artificiels, ingénieufement trouvée par M. Schirach, eft trop curieufe, pour qu'on ne le foit pas de connoître les ruches qu'il emploie pour cet effet. Ces fortes de ruches ou boîtes, font conftruites avec des planches bien sèches & bien rabotées, de bois de pin, ou de fapin, ou de tilleul. On peut leur donner les proportions qu'on defire, foit en hauteur, largeur & profondeur, pourvu qu'elles ne foient pas exceffives, & qu'elles ne furpaffent pas de beaucoup celles des ruches ordinaires : (*Fig.* 4, *Pl.* 2) fi elles étoient trop grandes, les abeilles feroient très-mal logées; elles ne pourroient point affez échauffer une trop vafte habitation, dans laquelle le couvain auroit peine à éclore, ou n'écloroit point du tout. M. Schirach eft peu jaloux des proportions; il les a fouvent variées lui-même. Les premières boîtes qu'il avoit fait conftruire, avoient beaucoup plus de largeur que d'élévation; dans la fuite il a changé cette forme, en

les faifant plus hautes que larges. Ces caiffes ou boîtes, formées de quatre planches, font prefque du double plus hautes que larges : leur couvercle eft une planche qu'on peut affujettir avec des chevilles, & dont il eft facile de faire une porte, fi l'on veut, au moyen de deux charnières qu'on place à un de fes côtés. Au milieu de ce couvercle eft une ouverture de fix à huit pouces, qu'on fait ronde ou quarrée; on la ferme avec une plaque de fer-blanc percée de petits trous, ou bien avec une grille de fil d'archal : elle facilite l'évaporation de l'exceffive chaleur de la ruche, qui peut nuire aux abeilles & à leurs ouvrages, & procure en même-tems dans leur habitation une circulation d'air qui leur eft falutaire. Au bas du devant de ces fortes de boîtes, il y a un petit tiroir de côté, très-peu profond, dans lequel on met du miel pour la nourriture des abeilles, quand elles font renfermées : fi l'on fupprimoit ce tiroir, il faudroit alors mettre dans la ruche une affiette ou une foucoupe, & pratiquer à un des côtés de la ruche contre lequel elle feroit placée, un petit trou pour y paffer le tuyau d'un entonnoir, afin de faire couler fur la foucoupe le miel qu'on voudroit donner aux abeilles. On fait encore fur un des côtés une ouverture femblable à celle du couvercle, qu'on ferme de même avec une plaque de fer-blanc percée, ou avec un grillage en fil d'archal; c'eft un fecond foupirail qui fert à renouveler l'air intérieur. Sur le devant, & au bas de la ruche, il y a une ouverture de deux pouces de longueur, fur un

Tom. I.

L

d'élévation, à-peu-près, devant laquelle eft une efpèce de perron ou repofoir de quatre pouces, qu'on peut replier fur l'ouverture, pour la fermer quand les circonſtances l'exigent ; c'eſt la porte par laquelle les abeilles entrent dans leur domicile.

L'intérieur de la ruche eſt divifé vers fon milieu, par une galerie formée avec de petits bâtons rangés affez près les uns des autres, & fixés aux deux côtés de la ruche. Comme les abeilles vont d'abord s'établir à la partie la plus élevée, pour y commencer leurs ouvrages, leurs excrémens tombent au fond à travers les bâtons qui forment la galerie : les gâteaux font plus folidement attachés; dans le tranſport, on ne rifque pas de les déranger ; les abeilles ont toute l'aifance qui leur eſt néceffaire pour faire leurs ouvrages & pour entrer dans les cellules : voilà l'avantage de cette galerie, qui eſt encore d'une autre utilité, comme il fera dit à l'article des ESSAIMS ARTIFICIELS.

SECTION VIII.

Ruches de Wildman.

Les ruches de Wildman, d'une figure ronde & à deffus plat, font faites avec des cordons de paille coufus enfemble. (*Fig.* 13, *Pl.* 1.) Le deffus qui eſt en planches, tient au corps de la ruche par le moyen de quelques chevilles qui paffent dans les trous qu'on a pratiqués à fa circonférence, & qui entrent dans le premier cordon de paille : il y a fur ce couvercle une couliffe qu'on tire à volonté. Le diamètre de ces fortes de ruches eſt

de douze à quinze pouces environ, fur onze ou douze d'élévation. Lorfqu'on veut enlever les provifions des abeilles, on met une ruche vuide, dont on tire entiérement la couliffe, deffous celle qui eſt pleine ; alors les abeilles qui n'ont plus de place pour travailler dans leur première ruche, defcendent dans la feconde qu'on leur a donnée, s'y établiffent, & continuent leurs ouvrages. Lorfqu'on leur procure un fecond domicile, il faut avoir foin de fermer l'ouverture du premier qui fervoit de porte, afin qu'elles entrent par celle de la feconde ruche qu'on leur a mife : il eſt effentiel qu'elles foient exactement unies l'une à l'autre, qu'il n'y ait aucun efpace par où les abeilles puiffent paffer. Pour cet effet, on ferme avec du pourjet tous les intervalles qui pourroient fe trouver entr'elles.

Quand on préfume, au bout de quinze jours, que les abeilles ont fini de remplir la ruche fupérieure, qu'elles font parfaitement établies dans l'inférieure qu'on leur a donnée, on enlève celle de deffus pour profiter du miel & de la cire qu'elle contient ; on ferme tout de fuite la couliffe de celle qui refte. Wildman affure que, fi la faifon eſt favorable à la récolte des abeilles, on peut leur donner fucceffivement deux ruches à deffus plat qu'elles rempliront.

SECTION IX.

Ruches de Mahogany.

Ces ruches font ingénieufement inventées pour jouir du plaifir de voir travailler les abeilles, & pour profiter en même tems, lorfqu'on le veut, d'une petite portion des fruits de leur induftrie, fans les décourager par des vols qu'on peut répéter auffi fouvent qu'on le defire, fans nuire à leurs travaux : elles font d'une figure quarrée, faites en planches ; (*Fig. 5, Pl. 2.*) leur élévation eft de dix-huit à vingt pouces fur quinze de largeur extérieure. Elles font divifées intérieurement par trois cloifons à couliffes conftruites de haut en bas : les abeilles communiquent de l'une à l'autre par des ouvertures latérales qu'on pratique pour cet effet : ces couliffes font placées fur le derrière de la ruche ; ce qui eft très-commode pour les enlever, lorfqu'elles font pleines de miel, & pour voir travailler les abeilles, en y mettant des carreaux de verre qu'on recouvre avec un volet : la porte des abeilles eft fur le devant de la ruche.

Le deffus, ou le couvercle, eft percé de cinq trous de trois pouces de diamètre, dont un eft au milieu, les autres aux coins, fur lefquels font placés des bocaux de verre où les abeilles vont travailler : lorfqu'ils font pleins, fi on ne les change pas, elles continuent leurs ouvrages dans l'intérieur des cloifons ; après avoir rempli la première, elles paffent à la feconde, enfuite à la troifième. Pour enlever la première cloifon, on n'attend pas que la dernière foit pleine ; autrement les abeilles n'auroient plus de place pour travailler : quand elles ont commencé à s'y établir, on enlève la première cloifon ; après l'avoir vuidée, on la remet à fa place, afin qu'elles y reviennent

recommencer leurs ouvrages, dès qu'elles auront achevé de remplir la dernière.

Lorfqu'on ne veut prendre que le miel qui eft dans les bocaux, afin de forcer les abeilles, qui commencent toujours leurs travaux par l'endroit le plus élevé de leur habitation, à ne travailler que dans cette partie, on enlève un bocal, dès qu'il eft plein ; on le remplace tout de fuite par un autre qui eft vuide ; fi on n'en avoit pas de tout prêt, on boucheroit le trou avec un bouton, jufqu'à ce que le bocal foit vuidé pour le remettre.

SECTION X.

Ruches du Sieur Ravenel.

On peut fe repréfenter cette forte de ruches, comme un affemblage de trois boîtes longues, qui ont chacune, dans le milieu de leur longueur, une féparation qui forme une boîte haute & une baffe. Elles font conftruites avec des planches de fapin médiocrement épaiffes : quand elles font réunies, elles offrent une furface quarrée de deux pieds un pouce, en y comprenant le couvercle & la planche qui leur fert de fupport ; leur profondeur eft de onze pouces. Ces trois boîtes font placées à côté l'une de l'autre fur la planche qui leur fert de table ; elles font parfaitement jointes enfemble par des crochets, de manière qu'on peut féparer les boîtes latérales de celles du milieu : ainfi réunies, elles forment une habitation à deux étages, qui ont chacun trois cabinets : les deux latéraux font exactement fermés de tous côtés ;

L 2

celui du milieu ne l'eft en bas, que quand il eft fur la planche qui fert de fupport à toute l'habitation : c'eft par cette ouverture qu'eft introduit l'effaim qu'on veut loger dans ce vafte domicile.

Les deux cabinets latéraux communiquent avec celui du milieu par une petite ouverture d'un pouce de haut fur deux de large, pratiquée au bas fur la partie antérieure des deux cloifons qui féparent les cabinets : on a foin que ces deux ouvertures de droite & de gauche foient exactement vis-à-vis l'une de l'autre. On fait à la planche extérieure des cabinets, deux petites fentes, ou traits de fcie, répondant aux deux ouvertures, afin qu'avec une petite lame de fer-blanc, qui a les mêmes dimenfions, & qu'on y introduit par dehors, on puiffe les fermer pour ôter la communication de ces deux cabinets latéraux d'avec celui du milieu, lorfqu'on veut prendre le miel qui y eft : par ce moyen, la mère-ruche qui fe trouve au milieu, ne fait pas ce qui s'y paffe. La feule porte qui eft commune pour entrer dans tous ces différens corps de logis, eft dans le bas de celui du milieu ; elle eft furmontée d'un demi-cercle de fer-blanc de trois pouces de diamètre, tournant fur un pivot, qui a, dans la moitié de fa circonférence, des échancrures en forme d'arcades, affez grandes pour qu'une abeille puiffe y paffer aifément. Par le moyen de ce demi-cercle, on diminue, on augmente le nombre des iffues qui fervent de paffage aux abeilles, felon qu'on le juge à propos ; on les ferme

même abfolument, quand il eft néceffaire de leur interdire entiérement la fortie de leur habitation. Au-deffous de l'entrée, on met une petite planche en faillie, coupée en demi-cercle de deux pouces de diamètre.

Les planches latérales extérieures des cabinets ne font clouées que légèrement, de manière qu'on peut les enlever aifément avec la pointe d'un fort couteau, parce que c'eft par-là qu'on fort les provifions que les abeilles y ont amaffées. Derrière chacun des cabinets, on pratique un trou de trois pouces d'élévation fur deux de largeur ; on y adapte un verre pour jouir du plaifir de voir travailler les abeilles, pour examiner fi elles rempliffent leurs magafins ; on le recouvre d'un petit volet qu'on tient fermé, lorfqu'on ne veut pas les fuivre dans la conftruction de leurs gâteaux. Il faut encore obferver que les planches qui ferment le devant des cabinets, doivent avoir un rebord dans toute leur longueur latérale, qui vient repofer & recouvrir la planche de celui du milieu, afin que les abeilles ne puiffent point s'échapper : s'il y reftoit encore quelques intervalles, on feroit obligé de les boucher avec du pourjet.

Jamais on ne prend du miel dans le cabinet du milieu ; c'eft-là l'établiffement primitif des abeilles où le couvain eft élevé, & l'endroit où font les magafins pour la nourriture en commun pendant l'hiver : on ne prend du miel que dans les cabinets latéraux. Avant de faire cette opération, on ferme avec la lame de fer-blanc, le trou de communication dont il a été parlé ; on détache enfuite le cabinet qu'on veut dépouiller, en ôtant les crochets qui le tenoient uni à celui du milieu ; on le tranfporte à quelques pas du rucher : s'il y a quelques abeilles qui gardent leurs ouvrages, on les fume un peu, pour les obliger d'abandonner leurs provifions, & les faire retourner dans la mère-ruche : on détache enfuite la planche latérale qui ne tient qu'avec des petits cloux ; on enlève les rayons de miel : après avoir remis la planche, on porte le cabinet dépouillé à fa place ; on ouvre le trou de communication, afin que les abeilles fe remettent à leurs ouvrages : on fait la même opération fur l'autre cabinet, lorfqu'on s'eft affuré qu'il eft rempli.

Le fieur Ravenel a recueilli une fois dans les deux cabinets latéraux d'une mère-ruche quatre-vingt-huit livres pefant de rayons, produits par un feul effaim ; c'eft la plus forte récolte qu'il ait eue. Pendant quatorze ans, il n'eft forti aucun effaim de fes ruches, parce que les nouvelles générations d'abeilles trouvoient à côté de leur mère des logemens vacans, où elles alloient s'établir. Quand il n'y a plus de place, les effaims prennent leur effort. Le fieur Ravenel a un rucher compofé de quatorze effaims ou mères-ruches, c'eft-à-dire contenant quarante-deux cabinets : les deux poteaux qui le foutiennent, portent fur deux pierres de taille, creufées tout autour & remplies d'eau, où les fourmis & autres infectes vont fe noyer.

SECTION XI.

Ruches de M. de Gélieu, Pafteur à Lignières.

Les ruches de M. de Gélieu font très-commodes pour former des effaims artificiels : leur invention eft due principalement à cet objet. Elles ont la forme d'une caiffe, qui, mefurée en dedans, a douze pouces de hauteur, neuf de largeur & quinze à dix-huit de longueur. Les deux premières dimenfions ne doivent jamais varier : quand on veut rendre la ruche plus grande ou plus petite, on peut augmenter ou diminuer la longueur. Les planches qu'on emploie pour conftruire ces ruches ont un pouce & demi d'épaiffeur ; par ce moyen, fans le fecours des furtouts, elles garantiffent parfaitement les abeilles de la grande ardeur du foleil & des froids exceffifs ; le miel n'eft point expofé à couler, ni la cire à fe fondre lorfqu'il fait très-chaud : les fortes gêlées ne le durciffent point, comme il arrive dans les ruches dont les parois font fort minces. Le couvercle eft fait avec une planche de même épaiffeur que celle de la caiffe, à laquelle il eft attaché folidement avec des cloux ou des chevilles. La bafe de la ruche n'eft fermée que par la table ou le fupport, ainfi que les ruches ordinaires. Sur un des grands côtés de la ruche, qui doit être placé fur le devant, on fait en bas, & précifément au milieu, une entaille de trois pouces de largeur fur un demipouce environ de hauteur, pour fervir de porte aux abeilles.

La ruche étant conftruite, comme nous venons de le dire, on la fcie de haut en bas exactement par le milieu, pour la diviser en deux parties égales. Ayant bien pris le milieu avec la scie, une moitié de la porte doit se trouver dans chaque partie de la ruche. Cette division étant faite, on prend deux planches épaisses de trois ou quatre lignes, qui ont un pied en quarré ; on y pratique au milieu une ouverture quarrée de trois pouces, qu'on peut faire ronde si l'on desire. On applique une de ces planches à chaque moitié de la ruche, pour fermer le côté qu'on a ouvert en sciant ; on l'assujettit avec de petits cloux. Par ce moyen chaque moitié de la ruche qu'on a sciée, prend la forme d'une petite caisse ouverte par le bas, telle que l'avoit la ruche avant d'être divisée ; avec cette différence, que les planches qu'on a ajoutées ne descendent qu'à la hauteur de la porte : de sorte qu'il reste environ un pouce de distance entre la table & la planche ; par conséquent ces deux demi-ruches étant réunies, les abeilles peuvent communiquer aisément de l'une à l'autre par l'ouverture que laisse la planche en dessous, & par celle qu'on a pratiquée au milieu.

Pour former une ruche entière de ces deux moitiés, on met quatre fortes chevilles à chaque demi-ruche, en les enfonçant de manière qu'elles débordent en dehors d'un pouce & demi : on en place deux sur le couvercle, une sur le devant au-dessus de la porte, une autre sur le derrière. En plaçant ces chevilles à deux pouces du bord des planches, qui pourroient se fendre sans cette précaution, on aura attention qu'elles se répondent exactement

de chaque côté, c'est-à-dire qu'elles soient vis-à-vis l'une de l'autre, afin qu'on puisse les attacher fortement avec de l'osier ou des côtes de noisetier. Ces deux demi-ruches étant réunies & attachées ensemble, forment une ruche aussi solide qu'elle l'étoit avant d'être sciée. Les planches minces ajoutées se trouvant adossées l'une contre l'autre, ne forment qu'un seul mur de séparation, qui n'ôtera point aux abeilles la facilité de communiquer dans les demi-ruches, puisqu'elles pourront y aller par l'ouverture du milieu, de même que par celle qui est au bas.

Lorsqu'on a plusieurs ruches de cette sorte ; si l'on veut former des essaims artificiels selon les procédés de M. de Gélieu, il est absolument nécessaire qu'elles soient toutes construites suivant les mêmes dimensions, afin qu'elles soient parfaitement égales.

Après avoir placé ces sortes de ruches sur leur table ou support, on applique du pourjet au point de réunion des deux demi-ruches, afin que les insectes ne puissent point y pénétrer ; on évite par ce moyen aux abeilles la peine d'un enduit de propolis, dont elles ne se dispenseroient point, qui dans le tems de la récolte du miel & de la cire, leur feroit perdre un tems très-précieux.

On conçoit combien il est facile, avec ces sortes de ruches, de s'emparer des provisions des abeilles, sans les exposer au plus petit danger, & sans craindre les effets terribles de leur colère. On enfume légèrement la demi-ruche qu'on veut enlever ; on la détache, on l'emporte pour la dépouiller : après cette opération, on la remet à sa place quand on n'en a pas de toutes prêtes pour la remplacer. Elles font d'un très-grand avantage pour former des eſſaims artificiels par le partage des ruches ; ce qui n'eſt point auſſi commode avec les autres, dont l'opération eſt toujours douteuſe.

SECTION XII.

De l'invention des Ruches vitrées, & de la forme qu'on peut leur donner pour obſerver les Abeilles.

Les anciens ne connoiſſoient point les ruches qui nous donnent la liberté d'obſerver les abeilles dans l'intérieur de leur république : Pline eſt le ſeul qui nous apprenne qu'un ſénateur romain, curieux d'examiner ces inſectes dans la conſtruction de leurs ouvrages, avoit pour cet effet une ruche de la corne la plus tranſparente. Swammerdam n'avoit jamais vu de ruches vitrées, puiſqu'il conſeille, afin d'obſerver les abeilles dans leur travail, de mettre des carreaux de papier à une ruche, & de le déchirer lorſqu'elles auront travaillé, pour jouir du plaiſir de voir, d'examiner leurs ouvrages. Moufet penſoit que les abeilles, pour n'être point obſervées, appliquoient un enduit ſur les carreaux de verre, qui, en lui ôtant ſa tranſparence, ne permettoit plus d'examiner l'intérieur de leur domicile. Cependant c'eſt par le moyen des ruches vitrées que MM. Caſſini, Maraldi, de Réaumur ſe ſont inſtruits dans l'hiſtoire naturelle des abeilles, qu'ils nous ont

donné le réſultat de leurs obſervations ſur la manière dont elles ſont gouvernées dans leur république. M. Caſſini eſt le premier qui ait fait placer dans un jardin de l'Obſervatoire, des ruches vitrées pour faire ſes expériences & ſes obſervations; depuis ce tems, elles ſont devenues très-communes parmi les naturaliſtes. M. de Réaumur les a extrêmement variées dans les différentes conſtructions qu'il en a fait faire : les unes ſont en forme de pyramides ou de boîtes très-longues, qui ont pluſieurs étages ; d'autres ont une figure exactement quarrée. Ces ſortes de ruches, au lieu d'être fermées en devant avec des planches, ne le ſont que par des liteaux croiſés, contre leſquels on applique des carreaux de verre qu'on aſſujettit avec des pointes & du maſtic, comme le ſont ceux de nos fenêtres. Un volet attaché par des charnières aux angles de la ruche, forme ces ſortes de croiſées; elles ne ſont ouvertes que quand on veut obſerver les abeilles.

Les ruches de Mahogany, dont il a été parlé à la neuvième ſection, ſont auſſi très-commodes pour faire des obſervations : les bocaux dont elles ſont ſurmontées, ſont d'une merveilleuſe invention pour jouir du plaiſir d'examiner l'induſtrie des abeilles dans leurs différens ouvrages ; les couliſſes dont le devant peut être travaillé & diſpoſé de manière à recevoir un carreau de verre, donneroient toute l'aiſance qu'on peut deſirer pour obſerver les abeilles : étant placées ſur le derrière de la ruche, ces inſectes pourroient ſortir & rentrer ſans appercevoir celui qui les obſerve.

Section XIII.

Résumé des avantages & des inconvéniens de ces différentes sortes de Ruches, & du choix qu'on peut faire.

Quoiqu'on trouve son amusement à élever, à soigner des abeilles, & que la curiosité soit satisfaite, on aime cependant à profiter d'une partie de leur travail & des fruits de leur industrie, pour se dédommager des soins qu'on leur rend, de la dépense qu'on est obligé de faire pour les loger. Il est donc important de leur procurer une habitation qui leur plaise, où elles puissent travailler avec aisance, qui entretienne leur ardeur, leur activité sans les décourager : il faut en même tems que cette habitation soit peu dispendieuse, & d'un entretien modique, afin qu'on puisse avec facilité multiplier les abeilles pour profiter des richesses qu'elles amassent ; qu'elle soit commode pour les soigner & pour partager avec elles le fruit de leurs travaux, sans être exposé aux traits de fureur qu'elles se permettent quand on veut toucher à leurs provisions, & sans les exposer elles-mêmes, ni la famille qu'elles élèvent, à aucune sorte de dangers.

Toutes les ruches dont nous avons donné la description ne réunissent pas ces avantages. Les premières, qui ne sont que des paniers ou des boîtes longues, qu'on nomme *les ruches de l'ancien système*, sont l'habitation la plus incommode pour les abeilles, celle qui offre plus de difficulté pour les soigner, & pour enlever une partie de leurs provisions lorsqu'elles sont trop

abondantes. Ce n'est qu'avec beaucoup de peine qu'on peut les nettoyer & leur donner la nourriture dont elles peuvent avoir besoin : encore est - on toujours exposé à leur colère, ou à déranger leurs ouvrages. Si les fausses teignes y établissent leur demeure, la ruche est perdue ; il n'est point possible de les détruire, à moins qu'on ne sorte tous les gâteaux, & qu'on ne fasse passer les abeilles dans un autre logement. Dans tout le tems de la plus abondante récolte, il peut arriver qu'elles n'aient plus de place pour mettre les provisions qu'elles font en état d'amasser journellement ; il faudroit donc enlever une partie de celles qui font surabondantes : eh ! comment faire cette opération, qui est toujours périlleuse, principalement dans une saison où les abeilles, en pleine vigueur, se jettent avec colère sur celui qui entreprend de faire ce vol ? C'est encore dans ce tems qu'une nouvelle famille est tous les jours sur le point de paroître ; il faut donc connoître les cellules où elle est élevée, autrement on court les risques de la détruire en portant un fer meurtrier sur les gâteaux où elle est renfermée. Tous les momens ne sont pas propres pour faire cette opération ; il faut s'y disposer de grand matin, afin de profiter de l'engourdissement que leur a occasionné la fraîcheur de la nuit : on est obligé de les fumer fortement pour les forcer à se réfugier au sommet de la ruche, & précisément c'est dans cette partie qu'il faudroit enlever leurs provisions, pour épargner le couvain qui est au milieu : que d'abeilles alors ne
font

font pas facrifiées en périffant fous le couteau qui coupe leurs ouvrages !

Les ruches compofées de plufieurs hauffes font préférables à celles-ci, parce qu'elles ne font point fujettes aux mêmes inconvéniens. La cire n'y vieillit point comme dans les premières, puifque dans la taille on enlève toujours la hauffe fupérieure, qu'on remplace par une autre ajoutée par le bas : les fauffes teignes ont moins le tems de s'y établir ; il eft bien difficile qu'elles puiffent ravager une ruche entière, qu'on a la facilité de renouveller dans une année par le déplacement & le remplacement fucceffifs des hauffes. Les abeilles ne font jamais oifives dans leur habitation, faute du logement néceffaire pour mettre leurs provifions. Si l'on ne juge pas à-propos de prendre une partie des provifions que contient une ruche trop pleine, on ajoute une hauffe par le bas, que les abeilles s'occupent à remplir ; de cette manière, on les entretient dans l'activité & l'ardeur du travail, fans les dépouiller mal-à-propos d'une partie de leurs richeffes. Le couvain eft toujours hors de danger : élevé d'abord dans la hauffe fupérieure, fon éducation eft finie, quand l'inférieure, pleine de nouveaux ouvrages, annonce qu'on peut fans danger faire un vol aux abeilles, en leur enlevant la hauffe fupérieure qu'on ne trouve remplie que de cire & de miel. Ce vol n'expofe les abeilles ni celui qui le fait, à aucun péril : ramaffées près des magafins qu'elles s'occupent à remplir, près des cellules où une

Tom. I.

nouvelle famille exige leurs foins, elles ont quitté la hauffe fupérieure, où leur préfence n'eft plus utile, puifqu'il n'y a plus d'ouvrages à faire.

Quelque ingénieufe que foit la conftruction des ruches à hauffes de M. Palteau, elles n'ont pas toute l'utilité, ne réuniffent point tous les avantages qu'il avoit d'abord annoncés : les inconvéniens qu'elles offrent ne permettent pas de les adopter fans changemens. 1°. Ces ruches font un objet de dépenfe trop confidérable pour les pauvres habitans de la campagne, qu'on doit avoir principalement en vue dans les inventions utiles. M. Palteau avoue que chacune de fes ruches coûte fix livres dix fols : felon toute apparence, fon calcul a été fait en homme jaloux d'accréditer une chofe qu'il avoit inventée, qui par conféquent n'a point fait entrer en compte bien de petits objets qu'il a jugés de peu de valeur, parce qu'ils étoient à fa difpofition : il n'en eft pas ainfi quand il faut exactement tout acheter. Plufieurs ouvriers intelligens qui ont été confultés, affurent qu'il n'eft point poffible de faire une ruche avec toutes fes dépendances ; felon le modèle de celles-ci, à moins d'une piftole : or, ce prix eft exceffif lorfqu'on veut fe procurer une certaine quantité de ruches : ne fût-il, à toute rigueur, que de fix livres dix fols, il feroit encore trop haut pour la plus grande partie des gens de la campagne : une fortune médiocre, plus communément l'indigence, les mettent dans l'impoffibilité de faire les avances auxquelles ils feroient obligés, pour fe fournir

M

de la quantité de ruches qui leur feroient néceffaires pour faire, des abeilles qu'ils élèvent, un profit certain ; ils feroient donc forcés de confacrer pendant cinq ou fix ans, tout le produit de leurs ruches, afin de s'en procurer un nombre fuffifant pour loger leurs abeilles : or, il eft difficile de les perfuader de faire ce facrifice, quelques grands que foient les avantages qu'ils en peuvent retirer ; ils calculent moins les profits qu'on leur fait entrevoir, que la dépenfe qu'il faut faire pour en jouir. Les perfonnes riches ou aifées font donc les feules qui puiffent fe procurer ces ruches.

2°. Si on a deux ou trois douzaines de ces ruches, il faut des emplacemens fpacieux, de vaftes enclos, de grands jardins pour les placer ; d'ailleurs, comment leur procurer à toutes une expofition avantageufe ? Dans la maifon, il faut des greniers affez grands, où l'on puiffe dépofer les ruches, les furtouts qui ne font pas employés, ou que l'on a mis en réferve pour recevoir les effaims qu'on attend : tous les habitans de la campagne n'ont certainement pas ces aifances : fous un rucher couvert fimplement en paille, & adoffé contre leur maifon, ils placeront facilement vingt-cinq à trente ruches, qui auront toutes une bonne expofition ; s'il falloit, au contraire, les diftribuer dans leur jardin, & autour de leur maifon, ils en auroient trop de la moitié.

3°. Lorfqu'il fait froid, ou qu'il pleut, le furtout eft utile ; mais dans les grandes chaleurs, les abeilles, calfeutrées de la forte, peuvent étouffer, ainfi que le couvain, la

cire fe fondre, le miel couler. Comment procurer dans la ruche une circulation d'air qui le renouvelle & rafraîchiffe les abeilles lorfqu'il fait très-chaud ? Celui qu'on leur donneroit par la couliffe qui eft au-deffous de la table, échauffé par la réverbération du fol, contribueroit à rendre leur habitation infoutenable.

4°. L'ouverture qui fert de porte aux abeilles pour entrer dans leur ruche, doit être exactement au niveau de la table ; elle leur devient incommode, fi elle eft élevée, pour y monter avec leur charge, quand elles reviennent de la provifion : le cadran adapté à ces fortes de ruches, a l'inconvénient d'être toujours au-deffus de la table. La garde du domicile devient plus difficile aux abeilles qui fe promènent intérieurement devant leur porte ; dans un moment d'attaque, elles peuvent être furprifes par l'ennemi qui entre fans être apperçu, à moins que les abeilles ne foient aux arcades comme à une fenêtre. S'il eft tourné du côté plein, l'air ne fe renouvelle plus dans la ruche, à moins que la couliffe qui eft fous la table ne foit percée ; alors ce font des portes qu'on ouvre aux papillons qui engendrent les fauffes teignes, & à quantité d'autres infectes.

5°. Quelle peine, quel embarras pour enlever le furtout qui tient à la table par des crampons, où entrent des goupilles pour le fixer, lorfqu'il eft néceffaire de vifiter les abeilles, de tailler les ruches, &c. ! le bois de la table peut être renflé par l'humidité ; comment l'enlever alors fans fecouffes ?

Les ruches de M. de Maffac,

construites selon le modèle de celles de M. Palteau, ont une partie de leurs inconvéniens, excepté ceux du surtout, puisqu'elles n'en ont point. Leur principal défaut est de n'être composées que de deux hausses d'une trop grande capacité; dans la taille, on peut enlever une partie du couvain qui ne sera pas forti des cellules, en ôtant la hausse supérieure : pour éviter ce danger, il faudroit attendre que les abeilles eussent rempli la hausse inférieure, afin que le couvain de la dernière ponte eût le tems d'éclore, pendant celui où elles auroient travaillé : s'il arrivoit qu'elles fussent très-laborieuses, que la récolte fût abondante, leur hausse inférieure seroit remplie, que le couvain ne seroit pas forti des cellules ; en différant de tailler la ruche pour ménager le couvain, on feroit perdre aux abeilles un tems précieux, & elles s'abandonneroient à l'oisiveté.

Les ruches de M. de Boisjugan ont l'avantage de ne pas constituer dans une dépense considérable, quand on veut monter un rucher. La paille dont elles font faites entretient dans l'habitation des abeilles, pendant l'hiver, une chaleur que les ruches en bois, plus sujettes à l'humidité, ne procurent point ; en été elles font plus fraîches, parce qu'elles s'échauffent plus difficilement que le bois. Il est vrai qu'elles exposent les abeilles & leurs provisions, aux incursions des rats & des souris, qui peuvent les percer en très-peu de tems, & faire bien des ravages parmi elles. Leur forme voûtée est très-incommode pour détacher une hausse de l'autre ; il

reste toujours sur la partie convexe de celle qui est devenue la supérieure après la taille, de la cire, du miel qui coulent des gâteaux qu'on est obligé de couper ou d'arracher ; ce qui attire les abeilles voisines, & celles de la même ruche : c'est-là un très-grand inconvénient, parce qu'elles perdent leur tems en s'amufant à ramasser ce miel. Les guêpes, les frélons peuvent aussi y être attirés ; la ruche a beau être recouverte par un surtout qui n'est qu'en paille, avides du miel, elles peuvent se glisser par-dessous ; & si l'adresse ne leur suffit pas pour y pénétrer, elles font capables d'entrer de force dans la ruche, de surprendre les abeilles, & de causer beaucoup de désordres parmi elles. Ces hausses, malgré tous les soins qu'on prend, ne font pas toujours exactement unies ; les abeilles, comme on sait, bouchent toutes les ouvertures avec la propolis ; comment les détacher, puisque leur forme voûtée ne permet pas de se servir du fil de fer ? M. de Cuinghien, en donnant un figure plate à ses ruches, a remédié à cet inconvénient.

Les ruches de M. Schirach ne font propres que pour former des essaims artificiels : la forme de leur construction ne convient point pour élever les abeilles, dont on ne pourroit prendre les provisions qu'en levant le couvercle, qui est en forme de porte ; la cire & le miel qui se trouveroient au-dessous de la galerie, pourroient difficilement être renouvelés, parce que c'est la partie où la famille est élevée.

Les ruches de Wildman ont les mêmes avantages que celles qui ont compofées de plufieurs hauffes ; puifque , au moyen des couliffes qu'elles ont à leur couvercle , on peut augmenter l'habitation des abeilles , & entretenir leur ardeur pour le travail ; elles font très-commodes pour leurs ouvrages , & pour s'emparer d'une partie de leurs provifions , fans qu'on les expofe à aucun péril , ainfi que la famille qu'elles élèvent. Il eft fâcheux que la matière dont elles font conftruites , ne mette point les abeilles affez à couvert des dégâts que les fouris peuvent faire dans leur habitation. Celles de Mahogany font ingénieufement faites , pour fatisfaire la curiofité des perfonnes qui defirent obferver les abeilles , les voir travailler à la conftruction de leurs édifices , & profiter en mêmetems d'une petite partie du fruit de leurs travaux.

Les ruches qui réuniffent le plus d'avantages , relativement au profit qu'on peut faire des abeilles , font celles qu'emploie M. du Carne de Blangy, qui font compofées de plufieurs hauffes quarrées , faites en bois. Elles ne font point un objet de grande dépenfe , quand il eft néceffaire de monter un rucher , puifqu'elles ne coûtent pas plus de 36 à 38 fols. L'épaiffeur des planches, qui n'eft que de cinq ou fix lignes, ne fuffiroit pas pour garantir les abeilles de la rigueur du froid , fi elles y étoient expofées ; auffi eft-on obligé de les placer fous un rucher. Quand on n'en a point , on peut y fuppléer , en les mettant en hiver dans quelqu'endroit fermé. On pourroit les couvrir d'un furtout , qui feroit de deux pièces égales, qui formeroit deux efpèces

de boîtes, qu'on mettroit l'une fur l'autre , & qui, par ce moyen, ne feroit point incommode, comme le font ceux de M. Palteau ; mais un rucher moins difpendieux , quand on a un nombre confidérable de ruches, eft préférable à tout cela.

Quoique le fieur Ravenel n'ait pas abfolument rempli fon objet dans la conftruction de fes ruches , qui étoit de fe difpenfer de veiller à la fortie des effaims , en leur offrant des logemens tout près de leur mère, il eft certain que les deux premières années ils n'ont pas befoin d'avoir une autre habitation, à moins qu'ils ne multiplient extraordinairement : il eft probable qu'en augmentant d'un tiers , environ, la capacité des cabinets, on feroit , pendant plufieurs années , exempt des foins de préparer des logemens aux effaims, qui en trouveroient d'affez vaftes à côté de la mère. Cette efpèce de ruche eft très-commode pour s'emparer des richeffes des abeilles, qui ignorent le vol qu'on leur fait ; il feroit bon , cependant, que le cabinet du milieu fût difpofé de façon qu'on pût le mettre de côté, pour renouveler la cire au moins tous les deux ans , afin qu'elle ne contractât pas une mauvaife qualité qui pourroit nuire aux abeilles. Quelques petits changemens faits avec précaution , & dirigés par l'expérience , peuvent rendre ces ruches très-utiles, & commodes pour foigner les abeilles fans beaucoup de peine.

Les ruches de M. de Gélieu font préférables à toutes celles dont nous venons de donner la defcription , lorfqu'on veut former des effaims par le partage des ruches. Les provisions & le couvain sont divisés également ; ce qui n'a jamais lieu dans les ruches à hausses, où la partie inférieure est toujours celle qui contient une plus grande portion de couvain : par conséquent, l'autre en ayant très-peu, ne donne jamais qu'un essaim très-foible. Elles sont aussi très-commodes, lorsque nous voulons partager avec les abeilles les richesses qu'elles ont amassées. La cire ne peut point y contracter une mauvaise qualité, nuisible à ces insectes, puisqu'on la renouvelle d'une année à l'autre.

En général, la matière qu'il convient d'employer à la construction des ruches, doit être des planches de bois de pin, de sapin, de tilleul, de peuplier, ou de tout autre bois extrêmement léger ; quand on le peut, il faut préférer celui de pin ou de sapin à tout autre : l'odeur résineuse qu'ils répandent, sans nuire aux abeilles, est capable d'éloigner les poux & les punaises, qui sont leurs ennemis. La forme ronde ou quarrée des hausses, n'est pas d'une grande importance ; il est bon que le dessus soit plat, afin d'avoir plus de facilité pour les tailler. Il seroit à souhaiter qu'on pût les construire avec de la paille, parce qu'elle est moins sujette à s'échauffer en été, & en hiver les abeilles y sont plus chaudement que dans un logement fait en planches qui retiennent l'humidité, qui s'évapore avec peine à travers leurs pores. Il faudroit, par conséquent, trouver un enduit qui éloignât les souris & les rats qui les percent si aisément. L'osier, la verne & autres bois lians, sont fort sujets à être vermoulus ; les fausses teignes s'y cachent & y déposent leurs

œufs, sans qu'on puisse les appercevoir pour les détruire : on ne doit jamais les employer pour la construction des ruches.

TROISIÈME PARTIE.

CHAPITRE PREMIER.

DE LA CONNOISSANCE DES RUCHES, ET DE LEUR TRANSPORT.

SECTION PREMIÈRE.

A quels signes connoît-on une bonne Ruche ?

La connoissance de la qualité des ruches est non - seulement utile, lorsqu'on veut les vendre ou les acheter, afin de n'être point trompé ; mais plus encore pour juger de l'état des abeilles, & des soins qu'elles exigent. Une bonne ruche doit être fournie d'un peuple jeune, actif & laborieux ; son habitation doit être propre & remplie de provisions. La vue des abeilles décide de leur activité, de leur jeunesse : si elles sortent avec vivacité pour entreprendre leurs voyages ; qu'elles se pressent, au retour, aux portes du domicile pour y entrer ; qu'on remarque leurs ailes bien entières ; c'est une preuve qu'elles sont jeunes & remplies d'ardeur pour travailler. Quand elles sont lentes à prendre leur vol, à rentrer avec la provision qu'elles ont amassée ; que leurs ailes paroissent frangées, déchiquetées, c'est une preuve infaillible de vieillesse, & que les courses, les voyages sont aussi pénibles que fatigans pour leur âge. On ne peut point juger de la population d'une ruche en voyant sortir & rentrer les abeilles ; deux ou trois mille , qui voyageroient continuellement, qui feroient des courfes très-multipliées , annonceroient une population de vingt-cinq ou trente mille. C'eft le foir, quand elles font toutes rentrées , ou le matin avant qu'elles partent , qu'on peut connoître fi leur république eft bien peuplée & fournie d'abondantes provifions : un petit coup fur la ruche, avec la jointure du doigt du milieu de la main , excite une commotion parmi elles ; fi le bourdonnement qui le fuit , eft un fon étouffé & à diverfes reprifes , la ruche eft bien peuplée & fournie d'abondantes provifions : fi la population, au contraire, eft foible , & les provifions peu abondantes , le bourdonnement des abeilles eft aigu , le fon que rend la ruche qui a été frappée, eft plus clair , & il finit prefque au même inftant qu'il a été excité. Pour favoir fi la ruche eft propre, fi la cire n'eft point noire ou moifie ; ce qui dénoteroit qu'elle eft vieille, on la fouléve légérement en l'inclinant en arrière , & on fe baiffe pour examiner l'intérieur. On ne peut faire cette épreuve que de grand matin , ou le foir à la lumière , parce que la fraîcheur de la nuit , qui engourdit un peu les abeilles, modère leur grande vivacité , qui ne permet pas toujours de les examiner dans l'intérieur de leur république. Lorfqu'on apperçoit une cire belle & blanche ; qu'on ne voit point fur la table , ni ordures , ni mouches mortes, on peut être affuré que la ruche eft habitée par de jeunes abeilles, pleines de vigueur, d'activité , & en grand nombre. Quand elles font vieilles , que leur

population eft foible, la cire eft noirâtre, quelquefois moifie & moulue vers le bas du domicile, qui rarement eft propre , parce qu'il n'eft habité que par un petit nombre de vieilles mouches , qui n'ont plus , comme dans leur jeuneffe, les mêmes foins pour leurs ouvrages , & la propreté de leur habitation.

La blancheur de la cire qu'on remarque au bas de la ruche, eft fouvent un indice de la mauvaife foi du vendeur : ceux qui en font commerce , & qui veulent tromper les acheteurs, ont foin , au commencement du printems, de couper toute la cire qui eft au bas : fa noirceur , fa moififfure déceleroient trop la qualité d'une mauvaife ruche , dont ils auroient de la peine à fe défaire : les abeilles réparent cet ouvrage en cire neuve pendant la belle faifon ; & en automne , fa blancheur annonce de jeunes abeilles , & par conféquent une bonne ruche. Il faut fe défier de ces apparences ; ne point fe contenter d'examiner feulement l'ouvrage qui eft au bas : en renverfant la ruche fur le côté, on obferve fi l'ouvrage qui eft au fond répond à la fraîcheur de celui qu'on a remarqué en-bas : fans être auffi blanc , s'il n'eft qu'un peu jaune , on n'eft point trompé fur la qualité de la ruche, qui eft très-bonne. Quand l'ouvrage qui eft au fond paroît noirâtre, que la cire répand une odeur défagréable , comme fi elle étoit échauffée, la blancheur de celle qu'on a remarquée à l'ouverture , n'eft qu'une preuve de fupercherie de la part du propriétaire.

On peut encore juger d'une bonne ruche par fon poids ; mais cette connoiſſance très-utile eſt réſervée à ceux qui ont la précaution de peſer les ruches, & de marquer deſſus leur poids, avant d'y loger les abeilles. Lorſqu'on a cette attention, & qu'on les péſe avant l'hiver, on peut juger au printems, de la conſommation que les abeilles ont faite pendant la mauvaiſe ſaiſon, & ſavoir ſi elles ont beſoin qu'on leur fourniſſe de la nourriture.

SECTION II.

Du Tems propre à l'Achat & au Tranſport des Ruches.

Le tems le plus convenable pour l'achat des ruches eſt avant ou après l'hiver ; on peut alors mieux juger de leur bon ou mauvais état, que dans toute autre ſaiſon. Lorſqu'on eſt libre de choiſir, il faut préférer d'acheter après l'hiver ; il n'y a preſque plus de riſques à courir, parce que les abeilles ont ſupporté toute la mauvaiſe ſaiſon : on juge avec plus de certitude de leur état ; on craint par conſéquent moins d'être trompé.

La ſaiſon la plus favorable pour tranſporter les ruches qu'on auroit achetées, ou celles qu'on voudroit déplacer pour leur donner une expoſition ou une poſition plus avantageuſe, c'eſt la fin de l'hiver ou le commencement du printems : les abeilles qui n'ont point encore toute l'activité & la vivacité que leur donne la chaleur, ſont moins troublées par les ſecouſſes du tranſport ; l'air eſt aſſez doux pour qu'on puiſſe ſans danger les laiſſer ſortir, pour le plus tard, deux ou trois jours

après leur arrivée. Cette ſortie leur eſt abſolument néceſſaire après leur déplacement, pour ſe vuider hors du domicile, & pour ſe refaire des fatigues d'un voyage, qui, malgré toutes les précautions qu'on prend, & quelque court qu'il ſoit, les ſecoue toujours plus qu'il ne convient. Il y auroit de très-grands inconvéniens à les faire voyager & à les tranſporter dans une ſaiſon qui ne permettroit pas de les laiſſer ſortir peu de jours après leur arrivée. Le mouvement du voyage, en les réveillant de leur engourdiſſement, exciteroit leur appétit ; & leurs proviſions pourroient être finies, avant qu'elles puſſent trouver dans la campagne de quoi y ſuppléer : il faudroit par conſéquent les nourrir, ce qui ſeroit un objet de dépenſe & de ſoins qu'on doit éviter, quand il eſt poſſible : il arriveroit encore que leur ſortie ſeroit retardée de pluſieurs jours, & qu'elles ſe vuideroient dans la ruche & ſur les gâteaux ; ces ordures qui gâteroient leurs ouvrages, exciteroient peut-être une fermentation dont l'odeur ſeroit très-nuiſible aux abeilles, corromproit la cire, & la feroit moiſir. Elles pourroient s'en trouver plus mal, ſi ces déjections arrivoient juſqu'à elles ; leurs ailes en ſeroient engluées ; les organes de la tranſpiration qui ſont en deſſous, bouchés ; & elles mourroient.

Il y a encore de plus grands inconvéniens à les tranſporter en été, quoiqu'on choiſiſſe la nuit pour les faire voyager : les gâteaux dont la cire n'eſt jamais auſſi ferme qu'en hiver, ont beau être aſſujettis avec des bâtons qu'on place entr'eux pour les foutenir, malgré cette précaution, il eft à craindre qu'ils fe caffent, fe détachent & fe brifent. Les abeilles qui font en pleine vigueur, font fort dérangées par les fecouffes qu'elles éprouvent pendant le tranfport. Si l'endroit où on les met, eft peu éloigné de leur premier emplacement, elles y retournent ; on les voit plufieurs jours de fuite voler & fe repofer à l'endroit où étoit leur ancien domicile, qu'elles ne quittent qu'à regret, & preffées par la faim : s'il y a d'autres ruches, elles vont troubler les abeilles dans leur habitation, exercer des pirateries qui donnent lieu à une guerre quelquefois terrible entr'elles. Outre le danger qu'il y a de perdre des abeilles qu'on a fait voyager dans cette faifon, on eft la caufe qu'elles ne mettent point à profit un tems précieux pour leur récolte.

SECTION III.

*Des foins qu'il faut prendre pour tranf-
porter les Ruches ; & la meilleure
manière de faire ce tranfport.*

On détache doucement & fans fecouffes la ruche qu'on veut déplacer pour la tranfporter ailleurs, en ôtant avec un couteau le pourjet qui la tenoit collée fur fa table ; on l'enlève de deffus fon fupport, pour la pofer par fon ouverture fur un linge gros & clair, étendu à terre, & qu'on relève autour de la ruche, pour l'y lier fortement avec une corde, de manière qu'il foit bien tendu fur l'ouverture qui doit être exactement bouchée. Quand on eft forcé par quelques

circonftances à faire ce tranfport en été, il faut prendre le moment que les abeilles font toutes dans l'intérieur de la ruche ; autrement on en perdroit beaucoup, & on courroit rifque d'éprouver toute leur fureur : c'eft donc pendant la nuit, qu'elles font un peu engourdies, qu'il faut faire cette opération.

La voiture qui occafionne le moins de cahots, eft celle qu'on doit préférer pour faire voyager les abeilles. Lorfqu'on a peu de ruches à tranfporter, on peut employer une civière fur laquelle il eft fort aifé d'en placer cinq ou fix, que deux hommes portent fans beaucoup de peine & fans trop les fecouer. S'il faut en tranfporter un nombre affez confidérable, & que le voyage foit long, on peut fe fervir d'une charrette ; il faut alors y arranger & difpofer les ruches de façon que l'ouverture fermée par le linge fe trouve en haut, afin que les abeilles ne foient point étouffées, en manquant d'air ; ou bien les coucher fur le côté, en ayant attention que l'ouverture foit tournée en dehors de la charrette : on met entre les gâteaux des petits bâtons appuyés contre les parois de la ruche pour les foutenir, & afin d'empêcher que les cahots & les fecouffes les brifent, en les faifant frapper les uns contre les autres.

SECTION IV.

*Des attentions qu'il faut avoir en
plaçant les Ruches après leur arrivée.*

Lorfque les ruches font arrivées à leur deftination, il faut les placer
fur

fur leur table dans la pofition qu'elles doivent avoir, fans ôter le linge qui les enveloppe : il convient d'attendre la nuit pour le détacher & l'enlever ; autrement les abeilles, fi on l'ôtoit pendant le jour, retourneroient au premier emplacement de leur domicile, s'il n'étoit pas bien éloigné ; ou bien elles iroient s'égarer, fe perdre dans la campagne, & ne reviendroient plus dans leur habitation.

Le lendemain de leur arrivée, il faut les vifiter dès le matin, examiner s'il y a des gâteaux brifés, & les enlever ; obferver fi les ruches pofent bien de tous côtés fur leur fupport, & boucher avec du pourjet toutes les ouvertures qu'on apperçoit. Quand la ruche ne pofe pas à plomb, & qu'elle vacille de côté & d'autre, on gliffe de petits coins de bois pour la foutenir ; enfuite on la colle fur fon fupport avec le pourjet qu'on applique tout autour de la circonférence de fon ouverture, afin que les abeilles n'aient point d'autre fortie que la porte qui eft au bas de leur domicile. Quand les ruches font compofées de plufieurs hauffes, on remet du pourjet à leur jonction, afin qu'il n'y ait point d'intervalle de l'une à l'autre : en un mot, on tâche de les remettre dans l'état où elles étoient avant leur déplacement, en réparant tous les dommages que le voyage peut avoir occafionnés. Si l'air eft affez doux, on laiffe fortir les abeilles le lendemain ou un jour après leur arrivée ; cette fortie les délaffe des fatigues du voyage, & les habitue infenfiblement à leur nouvelle habitation.

CHAPITRE II.

DU TEMS QU'ON INTERDIT AUX ABEILLES LA SORTIE DE LEUR DOMICILE. COMMENT IL FAUT LES DISPOSER A PASSER L'HIVER, ET DES SOINS QU'ELLES EXIGENT PENDANT CETTE SAISON.

SECTION PREMIÈRE.

Dans quel tems faut-il fermer les Abeilles dans la Ruche.

Quoique la fin de l'automne ne foit point pour les abeilles un tems de récolte ; tant que la faifon n'eft point froide, que le foleil paroît pendant quelques heures de la journée, il n'y a aucun danger à les laiffer fortir librement ; elles s'écartent peu de leur habitation, parce qu'il n'y a rien à ramaffer dans la campagne : ces fortes de promenades qu'elles font aux environs de leur domicile, en entretenant leur activité, contribue à leur fanté : il eft vrai que l'appétit qu'elles gagnent par cet exercice, diminuera les provifions ; mais il vaut mieux être expofé à les nourrir, que de les expofer elles-mêmes à périr par l'ennui que leur caufe une trop longue retraite, qu'elles fupportent toujours avec impatience, quand le foleil & un air doux les invitent à fortir. Si on les tenoit renfermées malgré elles, pour ménager leurs provifions, elles chercheroient à fortir, s'impatienteroient, s'échaufferoient confidérablement, & mourroient de défefpoir dans leur ruche. Au lieu de les tenir abfolument enfermées, il fuffit de diminuer les portes de leur domicile, de manière qu'elles ne puiffent fortir

N

que cinq ou fix à la fois : pour cet effet, on place à la porte de la ruche une petite planche fort mince qu'on perce de cinq ou fix trous feulement, & affez grands pour qu'une abeille puiffe y paffer fans gêne ; par ce moyen, elles ne fortent que peu à la fois : celles qui n'ont aucune néceffité de le faire, n'en font point tentées, & elles reftent paifiblement, fans s'agiter & s'échauffer dans leur habitation.

Dès que les premières gelées arrivent, il faut abfolument condamner les abeilles à la retraite, en fermant les portes de leur domicile, afin qu'elles ne foient point tentées de fortir, malgré le danger qu'il y auroit pour elles : quand même le foleil paroîtroit dans la journée, on ne doit point leur rendre la liberté ; cette chaleur momentanée les engageroit peut-être à s'éloigner un peu trop ; & furprifes par le froid qui fuccéderoit, elles refteroient engourdies dans la campagne, où elles mourroient infailliblement, victimes de leur imprudence. On ne fauroit être trop exact à les tenir renfermées, dès que les premières gelées arrivent ; il en périt plus par ces petits froids qu'on éprouve à l'entrée & à la fortie de l'hiver, que dans les tems les plus rigoureux, parce qu'alors elles font dans l'impuiffance de fortir, quand même elles en auroient la liberté. Tant qu'elles font bien fermées dans leur habitation, en ufant de quelques précautions, on les garantit du froid exceffif. Mais lorfqu'elles font répandues dans la campagne, comment les préferver de celui qu'elles reffentent, qui les engourdit, & leur

ôte les forces de retourner à leur domicile ?

SECTION II.

Des précautions qu'on doit prendre, quand on interdit aux Abeilles la fortie de leur Ruche.

Quoiqu'il faille condamner les portes des ruches, pour empêcher les abeilles de fortir, ce n'eft pas à dire qu'on doive les boucher abfolument, & les fermer de manière qu'elles n'aient plus de liberté ; il faut faciliter la circulation de l'air, afin que celui de l'intérieur fe renouvelle : pour cet effet, on adapte à l'ouverture des ruches un grillage en fil de fer, ou une planche percée de petits trous par lefquels les abeilles ne peuvent paffer ; par ce moyen, on les tient abfolument renfermées, fans les priver du courant d'air qui leur eft néceffaire. Si elles étoient fermées hermétiquement dans leur domicile, elles y refpireroient le même air pendant plufieurs mois de fuite, & elles y étoufferoient néceffairement : les ordures & les cadavres de celles qui meurent, occafionneroient des exhalaifons très-mauvaifes, des vapeurs humides qui ne pourroient point fortir, & qui feroient moifir la cire, corromproient le miel, & empoifonneroient les abeilles. Dans les tems froids, ces vapeurs feroient attachées en glaçons contre les parois intérieures de la ruche & fous les gâteaux ; elles rendroient par conféquent l'habitation très-froide. Les perfonnes qui n'ont pas toute l'expérience qui eft néceffaire pour gouverner les abeilles, s'imaginent que pour les préferver du froid, il faut les clorre exactement, & rompre toute communication entre l'air intérieur & l'extérieur qui eft trop rude. Après l'hiver, elles font très-étonnées de trouver la table de la ruche couverte d'abeilles mortes; elles attribuent au froid la caufe de leur mort, tandis qu'elles les ont fait périr en les étouffant. Il eft fans doute très-néceffaire de les préferver du froid; mais il faut en même tems prendre garde de ne pas les étouffer, en voulant les tenir chaudement.

Pour mieux faciliter la circulation de l'air & la fortie des vapeurs de la ruche, bien des perfonnes font dans l'ufage, après avoir mis le grillage à l'entrée, de faire encore au fommet de la ruche un trou d'un pouce au moins de diamètre, qu'on ferme enfuite avec un bouchon de liège très-poreux, ou avec un gros linge d'un tiffu bien ferré qu'on colle par-deffus, ou qu'on attache avec de petits cloux. D'autres foulèvent d'une ligne ou deux, les ruches de deffus la table, & mettent par-deffous de petites cales de bois pour la tenir élevée. Toutes ces précautions font utiles pour donner de l'air aux abeilles, dont le renoùvellement leur eft fi néceffaire dans une faifon où elles ne peuvent point refpirer l'air extérieur. On doit cependant avoir attention de ne pas trop foulever les ruches, afin de ne point ouvrir de portes aux fouris. Lorfque les ruches font en plein air, le grillage fuffit: fi on les foulevoit, on refroidiroit trop les abeilles; ce moyen n'eft praticable que quand elles font placées

fous un rucher, ou dans quelque endroit fermé.

SECTION III.

Des différens moyens qu'on peut employer pour préferver les Ruches du froid, quand on n'a point de Rucher.

En donnant de l'air aux abeilles, il faut leur procurer une douce chaleur, qui, fans les rendre actives, modère cependant affez la rigueur du froid, pour qu'elles ne s'engourdiffent pas à un point qu'il les faffe mourir. Afin d'ufer de fages précautions à ce fujet, il eft effentiel de connoître la qualité des ruches, c'eft-à-dire leur force & leur foibleffe. Une ruche bien peuplée, & qui a d'abondantes provifions, a moins befoin d'être précautionnée contre la rigueur de l'hiver, qu'une autre peu peuplée & mal fournie en provifions: la ruche qui contient beaucoup de mouches, & qui renferme une quantité affez confidérable de gâteaux, eft moins vafte: les infectes qui l'habitent y font donc plus chaudement que s'ils étoient en petit nombre dans un logement où il n'y auroit que très-peu de rayons.

A l'entrée de l'hiver, on peut mettre dans une ferre ou vinée, ou dans tout autre endroit fermé, les ruches qui, dans le courant de l'année, font placées dans les jardins ou ailleurs: celles qui font fortes ne demandent pas d'autres foins; leur grand nombre entretient dans la ruche affez de chaleur pour qu'elles ne foient pas trop engourdies par le froid. Il ne fuffit pas de renfermer fimplement celles qui font foibles: quoique l'air d'un endroit clos

N 2

foit moins froid que l'air extérieur, il l'eft encore trop pour des ruches foibles ; il faut les couvrir avec quelques paillaſſons ou avec des ſurtouts en paille, ou de toute autre manière qu'il eſt aiſé à chacun d'imaginer.

M. de Réaumur penſoit qu'il y avoit toujours des inconvéniens à déplacer les ruches : pour les préſerver du froid en les laiſſant dehors, il avoit imaginé un moyen, qui lui avoit parfaitement réuſſi ſur les plus foibles comme ſur les plus fortes. On prend un vieux tonneau défoncé par un bout ; on met ſur le fond qui reſte, de la terre bien féche à la hauteur de quatre ou cinq pouces : après l'avoir bien battue, on remet par-deſſus, le fond du tonneau qu'on a ôté, ſur lequel on place la ruche ; s'il étoit grand, on pourroit en poſer pluſieurs. On pratique au tonneau un trou vis-à-vis l'ouverture de la ruche, qui ſert de porte aux abeilles, auquel on adapte un conduit d'un demi-pouce de largeur au plus, fait avec quatre petites planches : on pourroit y mettre un roſeau percé d'un bout à l'autre. Ce conduit, ſoit en planches ou en roſeau, doit être aſſez étroit, afin que les ſouris, les mulots, qui n'entreroient pas impunément dans une ruche lorſque les abeilles ſont vigoureuſes, ne profitent pas de leur engourdiſſement pour ravager leur habitation. Ce conduit, qui déborde un peu le tonneau, & qui aboutit exactement ſous la ruche, entretient la communication de l'air extérieur avec l'intérieur, & permet aux abeilles de ſortir de leur priſon : on a ſoin de mettre ſous

la ruche qui eſt mal pourvue la quantité de miel qu'on juge lui être néceſſaire pour paſſer la mauvaiſe ſaiſon : on le met ſur une aſſiette avec du papier percé par-deſſus ou quelque brin de paille. Tout étant ainſi diſpoſé, on finit de remplir l'intervalle qui reſte entre la ruche & le tonneau avec de la terre toujours bien ſèche, qu'on preſſe un peu juſqu'à la hauteur de cinq ou ſix pouces au-deſſus de la ruche. Comme il eſt à craindre que la terre ne ſoit pas parfaitement ſèche, & que la moindre humidité qui pénétreroit le bois de la ruche ne nuiſe aux abeilles & ne corrompe leurs proviſions, on peut ſe ſervir de la pouſſière qu'on ramaſſe dans les greniers à foin, ou de la paille hachée. Si on manque de tonneaux, il eſt facile de les remplacer par de grands paniers d'oſier qu'on fait conſtruire de la grandeur la plus convenable à cet uſage : on peut encore arranger les ruches à côté les unes des autres, former tout autour une cloiſon de planches, & remplir l'intervalle qui ſe trouveroit entre les ruches & la cloiſon, comme on remplit le tonneau, en pratiquant de même un conduit, ainſi qu'il a été dit. Avec ces précautions, & en mettant ſous chaque ruche foible, ſeulement à-peu-près une livre & demie de miel, on conſerve les abeilles en les préſervant du froid & de la faim, qui ſont pour elles deux fléaux également redoutables. Au-deſſus de ces ruches ainſi arrangées, on pratique un toit pour l'écoulement des eaux.

Cette manière de diſpoſer les ruches pour paſſer l'hiver, n'a qu'une apparence d'utilité, qui diſparoît

bientôt quand on réfléchit aux inconvéniens qui en font la fuite.
1°. Quoiqu'on ait pourvu aux ruches foibles en leur donnant du
miel, fi le tems a été plus doux
qu'on ne l'efpéroit, elles auront
confommé leurs provifions avant
qu'on puiffe les renouveler ; alors
les abeilles feront chaudement, mais
elles mourront de faim. 2°. Pendant
tout l'hiver, il n'eft plus poffible
d'examiner l'intérieur des ruches ;
cependant les abeilles peuvent avoir
dans cette faifon des befoins auxquels il eft indifpenfable de pourvoir : fi un grand nombre vient à
mourir de vieilleffe ou de maladie,
comment enlever ces cadavres,
dont la mauvaife odeur eft capable d'infecter toute l'habitation, &
de faire mourir celles qui fe portent bien ? 3°. Quoique la terre,
la pouffière de foin, la paille hachée foient très-sèches quand on
les emploie, la pluie qui eft pouffée
par le vent contre les tonneaux ou
la cloifon, leur fait bientôt contracter une humidité qui fe communique à la ruche, & qui nuit aux
abeilles & à leurs ouvrages.

Une ruche dont la population eft
confidérable, qui a travaillé avec
ardeur pendant la belle faifon pour
amaffer les abondantes provifions
qui rempliffent fes magafins, peut
avec un fimple furtout en paille,
braver, même dehors, toute la
rigueur de l'hiver ; cependant il eft
plus prudent de la fermer, moins
pour le froid qu'elle a à craindre,
que par rapport à l'humidité que
des brouillards fréquens ou un tems
pluvieux lui feroient contracter. Il
n'en eft pas de même d'une ruche
foible ; il ne fuffit pas de la placer

dans un endroit entiérement fermé, il faut encore la couvrir de
quelque bon furtout, ou l'envelopper avec de la paille, & la
vifiter au moins toutes les trois
femaines, pour favoir s'il n'eft pas
néceffaire de renouveler fa nourriture. Tant que les abeilles font bien
engourdies, elles n'ont pas befoin
d'aliment, puifqu'elles ne mangent
point ; mais fi le tems devient un
peu doux, elles fe réveillent, &
vont vifiter les magafins où font
renfermées leurs provifions. Il eft
inutile d'avertir que les ruches
couvertes d'un bon furtout, tel
que ceux de M. Palteau, n'exigent aucune autre précaution pour
paffer l'hiver : quelque rigoureux
que foit le froid, elles peuvent y
être expofées, & le braver fans
danger.

SECTION IV.

Manière de difpofer les Ruches dans
les Ruchers, pour paffer l'hiver.

Sous un rucher les abeilles exigent peu de foins & de précautions
pour être garanties du froid : l'attention la plus néceffaire, c'eft de
leur donner de l'air ; elles périffent
plutôt par un air étouffé que par
le froid, parce que les exhalaifons,
qui ne s'évaporent point ou difficilement, fur-tout fi la ruche eft
en bois, s'attachent à fes parois &
fur les gâteaux en forme de gouttes
d'eau, & entretiennent dans l'habitation une humidité qui moifit les ouvrages des abeilles, & rend leur logement très-froid. Pour prévenir ces
inconvéniens, on élève les ruches
d'une ligne ou deux, tout au plus,
avec de petits coins de bois qu'on

gliffe par-deffous pour la foutenir ; de façon cependant que les abeilles ne puiffent point fortir par ces ouvertures qu'on fait, non-plus que par la porte de leur habitation, qui doit être grillée : on pratique au-deffus de chaque ruche un trou d'un pouce de diamètre, qui fert de foupirail pour l'évaporation des exhalaifons, & qu'on bouche avec un liège très-poreux, ou avec un gros linge d'un tiffu bien ferré qu'on colle par-deffus. Aux ruches extrêmement fortes, on pourroit ajouter par le bas une hauffe de trois pouces de hauteur feulement, & on feroit difpenfé de la tenir foulevée : en aggrandiffant leur domicile, les abeilles feront plus au large, & il y aura par conféquent moins de vapeurs dans leur habitation. Les ruches foibles n'ont pas befoin de cette augmentation de logement : les abeilles dont le nombre eft peu confidérable auroient trop froid s'il étoit plus vafte ; il fuffit d'élever leur ruche d'une ligne pour que l'air puiffe circuler & fe renouveler.

On prefcrit de griller l'ouverture des ruches, & de ne les élever que d'une ligne & demie au plus, à caufe des fouris & des mulots qui profiteroient de l'engourdiffement des abeilles pour aller ravager leurs provifions, & les dévorer enfuite elles-mêmes : fans ces dangers, on pourroit fe difpenfer de mettre le grillage, & il n'y auroit aucun inconvénient de les élever de cinq ou fix lignes, ou même d'un pouce.

Le rucher étant bien fermé de tout côtés, n'y ayant point d'ouverture qui donne iffue aux vents, on garnit alors tout le tour des ru-

ches, jufqu'au-deffus de leur fommet, de menu foin ou de paille brifée, ou fimplement de feuilles qu'on a ramaffées fous les arbres, & qui font bien sèches : on ne doit employer celles de noyer qu'extrêmement sèches ; pour peu qu'elles fuffent humides, elles fermenteroient & répandroient une odeur très-forte qui feroit capable de nuire aux abeilles. Afin de retenir le foin, la paille, &c. dont on garnit le rucher, on plante dans la terre quelques piquets à la diftance d'un pied & demi les uns des autres, plus près, s'il eft néceffaire, & qui s'élèvent à la hauteur des ruches. Si le rucher eft étroit, les piquets font inutiles ; la paille, les feuilles entaffées fous les ruches & à côté, font affez retenues par les murs du rucher : quand il eft bien expofé au midi & exactement clos de toutes parts, on peut fe difpenfer de prendre tous ces foins, principalement quand on a des ruches fortes & bien peuplées.

Section V.

Des foins qu'on doit aux Abeilles pendant l'hiver.

Après avoir arrangé & difpofé les ruches, comme il vient d'être dit, il ne faut plus les toucher vers la fin de Février : de tems en tems on peut les vifiter, afin d'examiner fi les fouris & les mulots ne travaillent point pour tâcher de pénétrer dans l'habitation des abeilles ; & on a l'attention de laiffer près des ruches quelque appât ou des fouricières pour prendre ces animaux. Comme on jouit de la facilité de vifiter les ruches quand on veut, il n'eſt point néceſſaire, à l'en-trée de l'hiver, de donner de la nour-riture à celles qui ſont peu pourvues ; il faut attendre la fin de cette ſaiſon ; alors, ſi elleś ont conſommé leurs proviſions, on les renouvelle : ce n'eſt pas quand ils fait très - froid que les abeilles mangent ; elles ſont trop engourdies pour avoir la force d'aller juſqu'à leurs magaſins. Vers le commencement de Février, s'il fait beau, on leur rend viſite, & on examine dans quel état ſe trouvent les proviſions qu'on a ſoin de renouveler, ſi elles ſont ſur le point de finir : le tems, qui devient alors un peu plus doux, réveille les abeilles de leur engour-diſſement, & elles ont recours à leurs proviſions pour ſatisfaire leur appétit.

Après avoir reſſenti de grands froids, quelquefois pendant le mois de Janvier il fait de très - belles journées ; ſi le ſoleil paroît long-tems, il réveille les abeilles, & ſa douce chaleur les excite à ſortir : il faut prendre garde à n'être point la dupe de ce beau tems, qui eſt de peu de durée dans une ſaiſon où l'on a encore à craindre des froids très-rigoureux. Qu'on ne permette donc point aux abeilles de quitter leur retraite, où elles doivent être renfermées exactement ; le moindre inconvénient de leur ſortie dans cette ſaiſon, ſeroit un grand appétit qu'elles acquerroient par l'exer-cice, & qui diminueroit conſidé-rablement leurs proviſions ; le plus réel & le plus dangereux pour elles ſeroit de les voir imprudemment s'éloigner peut-être trop de leur domicile, & d'être ſurpriſes par le froid qui ſurvient à meſure que le

ſoleil baiſſe ſur l'horiſon : elles reſ-teroient donc engourdies dans la campagne, & elles y mourroient infailliblement pendant la nuit.

Lorſqu'on a pendant l'hiver quel-ques journées où l'air eſt doux, & que le ſoleil qui donne ſur les ru-ches réveille un peu les abeilles, & les excite à ſortir, il faut ôter les cales qui tiennent les ruches élevées, & ne les remettre qu'à l'entrée de la nuit, afin de leur ôter toute tentation de ſortir par ces petites iſſues.

CHAPITRE III.

DE LA SORTIE DES ABEILLES APRÈS L'HIVER, ET DES SOINS QU'ELLES EXIGENT ALORS.

SECTION PREMIÈRE.

Dans quel tems faut-il rendre la liberté aux Abeilles.

On ne peut point fixer préciſé-ment le tems auquel il convient de rendre la liberté aux abeilles, en leur permettant de ſortir de leur retraite : il eſt des années où il n'y a aucun danger d'ouvrir les portes de leur priſon vers la fin de Fé-vrier, & d'autres où on les expo-ſeroit à périr en les laiſſant ſortir dans le courant du mois de Mars. Tant qu'il fait froid, qu'il gêle for-tement pendant la nuit, ou qu'il y a de la neige dans la campagne, l'hi-ver n'eſt point fini pour les abeilles, & il convient qu'elles ſoient ren-fermées. Cependant, lorſqu'à la fin de Février ou au commencement de Mars l'air eſt radouci, & que le ſoleil paroît aſſez pour répandre une douce chaleur, on doit permettre aux abeilles de sortir & leur ouvrir les portes de leur prison : si on s'obstinoit à vouloir les tenir enfermées quand il fait beau, elles chercheroient de tout côtés des issues pour s'échapper, & elles s'agiteroient considérablement ; le mouvement qu'elles se donneroient pour sortir, exciteroit plus leur appétit que l'exercice qu'elles prendroient hors de leur domicile ; & quand elles seroient bien gorgées de miel, ne pouvant point quitter la ruche, elles se vuideroient alors sur les gâteaux, & peut-être sur elles-mêmes : la mauvaise odeur de ces ordures, dont la plupart des mouches seroient engluées, seroit capable de les faire mourir si on les laissoit trop long-tems enfermées. On doit donc les laisser sortir à la fin de Février, lorsque le tems le permet, ou au commencement de Mars, sauf à les renfermer si le froid recommence.

Section II.

Des soins qu'on doit prendre des Abeilles avant & après leur première sortie.

Le jour qu'on veut laisser sortir les abeilles, après avoir enlevé le grillage qui les tenoit enfermées, on ôte avec un petit bâton les mouches mortes qui peuvent se trouver à l'entrée de la ruche. Le lendemain, ou le soir même du jour de leur première sortie, quand le soleil ne paroît plus, on nettoie leur habitation, afin de leur épargner ce soin ; pour cet effet, on baisse la ruche sur le côté, ou bien on l'ôte entiérement de sa place ; ensuite,

avec un couteau, on racle la table pour enlever toutes les ordures qui pourroient y être attachées ; on la frotte après cela avec une poignée de foin qui n'ait point de mauvaise odeur, ou simplement avec de la paille très-propre : on examine l'intérieur de la ruche, pour savoir s'il y a encore des provisions, afin d'en remettre si elle en étoit dépourvue. Deux ou trois jours après cette première sortie, on nettoie une seconde fois les ruches, parce qu'il est à craindre que les abeilles qui ont le plus souffert du froid à cause de leur vieillesse, ou de quelque maladie, n'ayant pas eu assez de force pour sortir, ne se soient vuidées dans la ruche. Afin de ne point trop les troubler, & de n'être point exposé aux coups d'aiguillons, on les nettoie après le soleil couché, ou le matin, comme la première fois : on examine alors avec attention l'intérieur de la ruche ; si l'on apperçoit des araignées, on tâche de les tuer & de rompre leurs filets, où les abeilles iroient se prendre ; on détruit les fausses teignes ; on enlève leurs nids & leurs œufs avec la pointe d'un couteau. Si un nombre considérable de gâteaux en étoit attaqué, l'expédient le plus court & le meilleur, seroit de faire passer les abeilles dans une autre ruche, afin de ne point attendre qu'elles fussent forcées d'en déloger elles-mêmes, parce qu'on risqueroit de les perdre. A l'article des Ennemis des Abeilles, il sera dit comment on connoît qu'une ruche est attaquée des fausses teignes. Si l'extrémité des gâteaux est moisie, on la coupe avec un couteau bien affilé, & on ôte de même la moisissure qui

peut

peut fe trouver contre les parois de la ruche, qu'on effuie avec un linge propre pour ôter les vapeurs qui y font attachées.

SECTION III.

Soins qu'on doit aux Abeilles après leur avoir entiérement rendu la liberté.

Les foins qu'on doit aux abeilles après les avoir tirées de leur retraite, & lorfqu'elles jouiffent de toute leur liberté, fe réduifent, 1°. à prévenir & à guérir les maladies auxquelles elles font fujettes après l'hiver; 2°. à empêcher le pillage, dont les ruches foibles, principalement, font menacées; 3°. à veiller à la fortie des effaims. Les quatrième & cinquième chapitres qui fuivent, vont traiter des maladies & du pillage; le dixième, qui traite des effaims, renferme tout ce qui eft relatif à cet objet.

CHAPITRE IV.

DES MALADIES AUXQUELLES LES ABEILLES SONT SUJETTES, ET DES REMÈDES QU'ON PEUT EMPLOYER AVEC SUCCÈS.

SECTION PREMIÈRE.

Des caufes de la Dyffenterie, & du remède qu'on doit employer.

La plupart des auteurs qui ont écrit fur la manière de gouverner les abeilles, attribuent la caufe de la dyffenterie qui leur furvient quelquefois, après l'hiver, aux fleurs de tilleul, d'orme, &c., dont elles font extrêmement avides; d'autres au miel nouveau, dont elles mangent avec excès les premiers jours

Tom. I.

de leur fortie. Si les fleurs de tilleul, ou le miel nouveau, étoient les vraies caufes de la dyffenterie, toutes les abeilles prendroient cette maladie, puifqu'elles y vont toutes pour s'en raffafier : cependant toutes les ruches qui ont ces fleurs à leur difpofition, ne font pas atteintes de cette maladie; dans une douzaine, quelquefois trois ou quatre feulement en feront attaquées, tandis que les autres fe porteront bien.

Un long féjour dans la ruche, & le miel, qui, pendant ce tems, eft la feule nourriture des abeilles, quand elles n'ont plus de provifions de cire brute, font l'unique caufe de la dyffenterie, qui ne furvient communément qu'aux abeilles foibles & mal conftituées, qui n'ont pas eu affez de force pour réfifter au long féjour qu'ont fait dans leur corps les matières qu'elles avoient befoin d'évacuer. M. de Réaumur a nourri pendant un certain tems, feulement avec du miel, des abeilles qu'il tenoit renfermées, & elles ont toutes été attaquées de la dyffenterie : cette expérience l'a convaincu, que quand la cire brute leur manquoit, & qu'elles étoient obligées de ne fe nourrir qu'avec du miel, elles prenoient la dyffenterie. On eft d'autant plus fondé à croire que cette maladie n'a pas d'autre caufe, que les abeilles n'y font fujettes qu'après l'hiver, lorfque leur provifion de cire brute eft finie. Cette maladie dangereufe & épidémique, perd infailliblement une ruche entière, fi on néglige d'y apporter du remède; parce que celles qui en font attaquées la communiquent aux autres par leurs excrémens qui tombent fur elles.

O

Affoiblies par la maladie, elles n'ont pas la force de prendre la position qu'il conviendroit, pour que leurs déjections ne tombent point sur leurs compagnes placées au-deſſous : ces excrémens, qui ſont une matière viſqueuſe, engluent les ailes des abeilles qui les reçoivent, bouchent les ſtigmates, qui ſont les organes de la reſpiration, & elles périſſent toutes miſérablement.

On peut prévenir cette maladie, qui décèle un tempéramment foible, qui a beſoin d'être fortifié, en procurant, comme il a été dit, un air qui ſe renouvelle dans la ruche, & en ajoutant au miel qu'on donne à celles qui en ſont dépourvues, un ſirop fait avec une égale quantité de ſucre & de bon vin, qu'on mêle enſemble, & qu'on fait réduire à petit feu. Cette maladie, dont il eſt très-important de garantir les ruches foibles, en uſant des moyens que nous venons d'indiquer, n'eſt pas ſans remède, quand on n'a pas eu l'attention de la prévenir : le plus efficace ſeroit de donner aux abeilles qui en ſont atteintes, des gâteaux qui contiendroient de la cire brute ; la nature leur indique ce remède, puiſqu'elles rongent les rayons quand elles ſont attaquées de la dyſſenterie : il n'eſt pas toujours aiſé de leur en fournir ſans expoſer les autres ruches aux mêmes dangers, ou à la diſette. M. Palteau a imaginé un autre remède, qu'il a éprouvé avec ſuccès ſur des ruches atteintes de cette épidémie, & que les meilleurs auteurs indiquent après lui. On prend quatre pots de vin vieux, deux pots de miel, & deux livres & demie de ſucre ; on fait bouillir le tout mêlé enſemble, à petit feu,

en l'écumant ſouvent : quand cette compoſition eſt réduite à la conſiſtance de ſirop, il faut la retirer du feu, & dès qu'elle eſt refroidie, la mettre dans des bouteilles, qu'on place à la cave, pour y avoir recours dans le beſoin. On peut en faire la quantité qu'on deſire, ſelon le nombre de ruches qu'on a. A la fin de l'hiver, on en donne aux abeilles, après leur première ſortie, pour prévenir la maladie des unes en les fortifiant, & pour guérir celles qui en ſont déjà atteintes.

Quelques auteurs conſeillent de mettre auprès des ruches de petits baquets, ou quelqu'autres vaſes, dans leſquels on verſe de l'urine qu'on y laiſſe ſéjourner ; & les abeilles, qui aiment les eaux ſalées, en vont boire pour ſe fortifier & ſe guérir de la dyſſenterie. Wildman ſe contente de répandre ſous la ruche du ſel commun bien pilé ; il a obſervé que les abeilles qui le ſuçoient s'en trouvoient très-bien. Il eſt certain qu'elles recherchent avec ardeur les eaux ſalées, & qu'on les voit en foule, après leur première ſortie, aux égoûts des latrines, & des fumiers des écuries à chevaux ; ce qui donne lieu de croire que les eaux ſalées ſont un remède efficace contre la dyſſenterie dont elles ſont attaquées à la fin de l'hiver.

SECTION II.

De la maladie des Antennes, & du remède propre à la guérir.

La maladie des antennes eſt une ſuite d'engourdiſſement, d'inactivité & de pareſſe, que M. Schirach a très-bien connue & caractériſée.

Les abeilles qui en font attaquées, ont l'extrémité des antennes fort jaunes.; leur bout, un peu gros, reffemble à un bouton de fleur prêt à s'épanouir ; le devant de la tête eft auffi un peu jaune. Les mouches en proie à cette maladie deviennent languiffantes , & perdent cette vivacité qui leur eft fi ordinaire quand elles fe portent bien : elle n'eft point auffi dangereufe que la dyffenterie ; c'eft une preuve d'une grande foibleffe ; par conféquent le remède indiqué dans la feétion précédente , c'eft-à-dire , le firop de M. Palteau eft capable de les fortifier, & de leur rendre en deux ou trois jours toute leur aétivité : à fon défaut, on peut y fuppléer par un verre de vin d'Efpagne mis dans une foucoupe placée fous la ruche : ce fimple remède contribuera à les fortifier & à les guérir.

SECTION III.

Du Faux-Couvain , & comment il faut y remédier.

Le faux-couvain eft la plus grande contagion que les abeilles aient à redouter ; quand il y en a beaucoup dans une ruche, c'eft une pefte pour elles, qui les fait mourir, ou déferter leur habitation quand elles en ont la liberté, fi on néglige de l'ôter. Les vers & les nymphes mortes & pourries dans leurs cellules, font ce qu'on nomme le *faux-couvain*. Cet accident a lieu quand les abeilles , faute de bonne nourriture , en donnent une mauvaife aux vers , ou bien lorfque la reine a mal placé les œufs dans les alvéoles , de forte que le ver ne peut point brifer fon enveloppe

pour fortir ; ou que le froid a été affez rigoureux pour les faire mourir.

L'unique remède, c'eft d'enlever ce faux-couvain, de couper les gâteaux qui en font infeétés , de bien nettoyer la ruche , & de laiffer enfuite jeûner les abeilles pendant deux jours, afin qu'elles évacuent toute la mauvaife nourriture qu'elles ont prife : on leur donne enfuite un peu du firop dont il a été queftion dans la première feétion de ce Chapitre , ou une taffe de vin d'Efpagne , afin de les fortifier. Si la ruche en étoit abfolument infeétée , on ne pourroit point fe difpenfer de faire changer de domicile aux abeilles : quand on eft obligé de le faire , on nettoie parfaitement la ruche d'où elles font forties ; on la parfume avec de bonnes odeurs , en brûlant par deffous de la méliffe , du ferpolet , ou toute autre plante aromatique ; & enfuite on la frotte intérieurement avec une poignée de foin d'une odeur agréable , afin de pouvoir s'en fervir pour y loger d'autres abeilles , qu'il feroit dangereux d'y introduire fans cette précaution.

SECTION IV.

Erreurs fur de prétendues Maladies des Abeilles.

L'abbé de la Ferrière a penfé que les abeilles étoient fujettes à une maladie qu'il nomme *la rougéole*, & qu'elle étoit très-dangereufe. Voici comment il en parle. « La rougéole » eft une efpèce de miel fauvage , » une matière rouge & épaiffe, qui » n'emplit jamais que la moitié des » rayons : cette matière eft plus

» amère que douce ; elle devient
» jaunâtre dans la suite du tems , se
» corrompt , & engendre les vers
» ou grillots , qui dégoûtent & font
» périr les abeilles ». Il recommande
de l'ôter avec soin lorsqu'on l'apperçoit dans les gâteaux. Ce raison-
nement fait comprendre combien il
étoit peu instruit dans l'histoire naturelle des abeilles , & dans la physique. Ce qu'il nomme rougéole ,
n'est point un miel sauvage , dont
il soit dangereux pour les abeilles
de se nourrir ; c'est la cire brute
dont elles font des provisions, parce
que c'est un aliment qui leur est si
nécessaire , que quand elles en sont
privées , elles deviennent sujettes à
la dyssenterie. Ce prétendu miel
sauvage est encore la matière première dont elles font la cire pour
bâtir les alvéoles. M. Simon , aussi
mauvais physicien que l'abbé de la
Ferrière, a donné dans la même
erreur.

CHAPITRE V.

Du Pillage, et des ennemis des Abeilles.

Section première.

Dans quelle saison le Pillage est-il à
craindre, & quelles sont les causes
qui y donnent lieu.

Le pillage si à craindre & si terrible pour les abeilles, ce sont les
vols & les pirateries qu'elles exercent entr'elles ; il n'est à redouter
que quand la campagne ne leur offre
plus de nourriture, c'est-à-dire ,
depuis la fin de Juillet, jusqu'en
hiver , dans les pays où l'on ne cultive ni bled noir, ni navette ; &
depuis leur première sortie, jusqu'à

ce que les fleurs commencent à paroître , sur-tout si elles sont retenues dans leur habitation par des
pluies qui continuent plusieurs jours
de suite : n'ayant plus alors de quoi
manger chez elles , & le mauvais
tems les empêchant d'aller au loin
soulager la faim qui les presse , il est
tout naturel qu'elles aient recours
à leurs voisines , pour tirer leur
part des provisions dont elles abondent.

Les abeilles d'une bonne espèce
ne se livrent point au pillage par
paresse , ni par libertinage ; elles
n'ont recours à cet expédient affreux
& violent , que pour se procurer
les provisions dont elles ont un besoin urgent , & qu'elles ne trouvent
plus dans leurs magasins : c'est donc
la nécessité qui les force de déclarer
la guerre à leurs voisines , afin de
pouvoir vivre ; si celles-ci avoient
plus d'amour pour leur espèce , &
que, touchées de leur indigence ,
elles ne s'obstinassent pas à leur
refuser une partie de ces provisions, dont elles ont une abondance
superflue ; qu'elles missent moins
de zèle à les défendre, celles qui
sont pressées par la faim , iroient
paisiblement se rassasier dans leurs
magasins , & s'en retourneroient
ensuite , sans causer le moindre
trouble , ni aucun désordre ; sauf
à retourner quand la faim les y
obligeroit.

On peut assigner trois causes ,
qui déterminent les abeilles de la
meilleure espèce à piller leurs voisines. 1°. Le défaut de provisions,
& un tems mauvais ou pluvieux,
qui ne leur permet pas de sortir &
de se répandre au loin dans la campagne, pour y chercher de quoi

subsister. 2°. La mal-propreté, les fausses teignes, les araignées font souvent déserter les abeilles de leur domicile, quand elles s'y sont bien établies. Jalouses de la propreté qu'elles ne peuvent entretenir dans leur habitation, où elles sont inquiétées par ces insectes qui détruisent leurs ouvrages, elles l'abandonnent, & vont se réfugier chez leurs voisines, qui ne veulent point les recevoir; ce refus, dont elles sont outragées, les porte à leur déclarer la guerre, pour avoir le logement & la nourriture. 3°. Une ruche trop grande pour le nombre des abeilles qui l'habitent, les dégoûte & leur fait naître l'envie de vivre dans l'oisiveté, & aux dépens de leurs voisines. Un essaim peu considérable, qu'on reçoit dans un logement vaste & spacieux, est effrayé de la quantité d'ouvrages qu'il se voit obligé de faire pour meubler son habitation; il se décourage alors, il perd son activité pour le travail, il oublie son industrie, ne fait aucun usage de ses talens, il se livre à l'oisiveté, & n'a plus aucun goût pour amasser des provisions. Tant que la campagne lui offre de quoi satisfaire son appétit, & que le tems est favorable pour faire ses voyages, il ne va point inquiéter ni porter le trouble dans les habitations voisines; mais dès que le tems est mauvais, & qu'il ne lui permet plus de faire des courses, ne trouvant rien dans ses magasins, puisqu'il n'a fait aucune provision; pressé par la faim, il va, pour la satisfaire, porter la désolation dans ces républiques paisibles, où un peuple laborieux jouit du fruit de ses peines, en s'occupant toujours du bien commun de la société. 4°. Le défaut de reine dans une ruche, porte les abeilles qui l'habitent, au pillage. Quand elles ont perdu ce chef tant aimé, si elles n'ont point d'espérance de le voir bientôt remplacé par un jeune successeur, il n'y a plus d'ordre dans la république, plus d'amour pour le travail; la douleur, le chagrin s'emparent des citoyennes, qui abandonnent une habitation qui n'est plus de leur goût: après avoir ravagé & détruit leurs édifices, renversé leurs magasins, elles vont porter le trouble & le désordre dans les états voisins.

SECTION II.

A quels signes connoît-on qu'une Ruche est exposée au Pillage.

Il n'est point facile de connoître d'une manière à ne pas se tromper, si une ruche est exposée au pillage: on peut prendre pour une guerre déclarée, pour une bataille qui peut devenir meurtrière, les ébats & les jeux innocens des jeunes abeilles, qui sont nouvellement sorties de leurs cellules. On les voit souvent, quand le soleil donne sur la ruche, voltiger tout-au-tour, courir sur la table, se présenter aux portes & se retirer; & d'autres sortir tout de suite, comme si elles vouloient reconnoître l'ennemi, & rentrer incontinent. Tous ces petits manèges ne sont que les folâtreries d'une jeunesse remplie de vivacité & d'ardeur, qui essaie ses forces, & se dispose au travail. Alors la simple vue de ces jeunes abeilles, dont la couleur indique qu'elles ont depuis peu quitté l'état de nymphe, raſſure ſur leurs intentions.

Lorſqu'on entend dans la ruche & aux environs, un bourdonnement conſidérable, qu'on voit les abeilles ſortir avec affluence de leur domicile, & y rentrer incontinent avec précipitation, tandis que d'autres voltigent autour en bourdonnant avec force, s'approchent des portes & s'en retournent, & qu'elles reviennent enſuite en plus grand nombre ; tout ce vacarme alors, annonce la frayeur de celles qu'on veut affiéger, la déſolation & le déſordre où les réduit le danger auquel elles prévoient qu'elles vont être expoſées, & les mauvaiſes intentions d'une troupe affamée, qui cherche à enlever de force les proviſions qu'on s'obſtine à lui reſuſer.

Comme il eſt très-difficile de juger ſi tous les combats que les abeilles ſe livrent ne ſont point occaſionnés par les querelles des citoyennes d'un même état, & que ce n'eſt qu'après le pillage qu'on peut décider certainement par la vue de celles qu'on trouve mortes aux environs du domicile, s'il y a eu des querelles & des combats par rapport au pillage, on pourroit, dès le commencement des démêlés, répandre quelque poudre blanche ſur les abeilles qui rôdent autour de la ruche qu'on ſoupçonne être attaquée, les ſuivre dans leur fuite, & examiner dans quelle habitation elles ſe retirent, ſans éprouver de réſiſtance de la part de celles qui ſont en dedans : par ce moyen on reconnoîtroit la ruche qui renferme les abeilles qui exercent ce brigandage, & une prompte juſtice les

puniroit de leur témérité, & mettroit leurs voiſines à couvert de tout danger.

SECTION III.

Comment préſerver les Abeilles du Pillage.

Lorſque la guerre eſt entiérement déclarée, que l'action eſt fortement engagée, & que les combattans ſont aux priſes, il faut ſe réſoudre à faire le ſacrifice de la ruche qui eſt attaquée, ſi elle n'eſt pas aſſez forte pour ſe défendre elle-même : le mal a fait alors trop de progrès, pour qu'on puiſſe l'arrêter ; il faut donc le prévenir dans ſon origine, & ne pas attendre qu'il ne ſoit plus tems d'y remédier. Il a été dit dans la première ſection de ce Chapitre, que les abeilles d'une bonne eſpèce ne ſe déterminoient à piller leurs voiſines, 1°. que quand elles manquoient de proviſions ; par conſéquent, en leur donnant la nourriture qui leur eſt néceſſaire, dans les tems qu'elles ne peuvent point ſubſiſter dans la campagne, elles ſe fixeront dans leur domicile, juſqu'à ce que la ſaiſon leur permette d'aller ramaſſer des proviſions dans les champs, & elles n'iront point livrer des aſſauts, ni des combats à leurs voiſines, pour les dépouiller de leurs richeſſes. 2°. Pour retenir les abeilles, & les fixer dans leur habitation, il faut s'occuper à la leur rendre agréable, & elle ſera de leur goût ; pour cet effet, on doit la maintenir dans une grande propreté, qu'elles ſont très-jalouſes elles-mêmes d'entretenir, en ayant ſoin de les nettoyer après leur première ſortie, au moins deux fois, comme il a été dit , & plus fouvent s'il eſt néceſſaire. Qu'on ne permette point aux fauſſes teignes, aux araignées de s'établir & de ſe rendre maîtreſſes de leur domicile ; qu'on éloigne ces ennemis dégoûtans & deſtructeurs, & on les verra s'occuper à travailler à leurs ouvrages, à faire d'abondantes récoltes pour les placer dans leurs magaſins ; elles ne ſeront point tentées alors d'abandonner les richeſſes qu'elles auront amaſſées , pour aller porter le défordre & le trouble dans les républiques voiſines, qui ne ſeront point pour elles un objet de jalouſie.

Les ruches foibles ſont ordinairement celles qui s'adonnent au pillage, quand leurs proviſions ſont ſur le point d'être conſommées ; il eſt donc important de n'avoir que de bonnes ruches. Qu'on réuniſſe donc enſemble les eſſaims tardifs, qui ſont toujours peu nombreux en abeilles, & les ruches qui ſont peu fournies d'ouvrières propres aux travaux de l'état : quand elles ſeront en grand nombre dans une habitation, elles ne ſeront point effrayées des ouvrages qu'elles auront à faire, qui deviendront peu conſidérables, étant partagés entre un grand nombre d'ouvrières, qui s'occuperont toutes avec ardeur à ramaſſer les proviſions qui leur ſont néceſſaires. Quand une république d'abeilles a perdu ſa reine, il eſt fort à craindre qu'elle n'abandonne ſon domicile ; on peut s'aſſurer de cette perte en ſoulevant la ruche ; & ſi on trouve ce chef mort, il faut le remplacer, à moins qu'on n'apperçoive une cellule royale ſur les gâteaux, & dans ce cas, il ſuffiroit de tenir les abeilles renfermées juſqu'à la naiſſance de

leur reine , qui ſortiroit dans peu de jours de ſa cellule , pour les confoler de leur perte & ranimer leur courage. Quand on ne découvre point de cellule royale , il faut avoir recours aux autres ruches qui en ont pluſieurs ; on en détache une qu'on vient placer ſur les gâteaux de celle qui en manque : l'eſpérance de voir bientôt une jeune reine ſuccéder à celle que la mort leur a enlevée , diſſipera leurs ennuis & leurs chagrins , les fixera dans leur habitation , & elles reprendront leurs ouvrages avec une nouvelle ardeur.

Tous ces moyens réuſſiſſent avec des abeilles d'une bonne eſpèce , qui ne ſont point portées par inclination, ni par pareſſe , au libertinage, & à piller ; mais il ſeroit inutile de les employer avec les groſſes brunes, ou les griſes , qui ſont naturellement portées à voler , & qui n'ont aucune ardeur pour le travail. Il n'y a pas d'autre traitement à leur faire , que de les étouffer, comme une race meurtrière qu'il eſt impoſſible de corriger , & qui , dans peu d'années , perdroit par ſes ravages , le rucher le mieux fourni. Qu'on ne ſe flatte pas de les rendre meilleures en les éloignant , afin qu'elles n'aient plus la même facilité de nuire : quelque part qu'on les mette, elles n'oublient point le chemin du rucher ; & à moins qu'elles ne ſoient à une diſtance de trois ou quatre lieues, elles y reviendront cauſer du trouble & des ravages épouvantables.

Quoiqu'on ait diſpoſé toutes les ruches de façon qu'elles ne ſoient point tentées d'aller piller leurs voiſines , il peut, pendant l'hiver , leur arriver des accidens qui les mettent dans la dure nécessité de se livrer à cet excès. Ainsi, dès qu'on s'apperçoit qu'une ruche est exposée au pillage, il faut la mettre en état de faire une vigoureuse résistance, afin qu'elle puisse défendre avec courage ses magasins qu'on veut forcer : pour cet effet, on diminue l'entrée de toutes les ruches, parce que les abeilles qui se sont déjà adressées à une ruche, éprouvant qu'il y a de la difficulté pour y pénétrer, iroient aux autres, dans l'espérance d'entrer plus aisément. Quoiqu'elles soient fortes & courageuses, il n'est pas prudent de les exposer à des attaques, où elles peuvent n'avoir pas l'avantage de remporter la victoire : d'ailleurs, ces sortes de combats leur font perdre du tems, les affoiblissent toujours un peu, les fatiguent, diminuent leur nombre, & les dégoûtent de leur domicile. Pour les ranimer & exciter leur courage, on leur donne, dans une soucoupe qu'on place sous la ruche, un peu de miel délayé avec de l'eau-de-vie, ou du bon vin vieux, ou simplement le sirop qu'on a en réserve pour la dyssenterie. On fait usage de toutes ces précautions, qui sont bonnes & utiles, à l'entrée de la nuit, parce que toutes les abeilles sont rentrées, ou le matin avant qu'elles sortent. Il faut avoir attention de ne point répandre du miel, ni du sirop qu'on leur donne sur la table de la ruche ; ce seroit un attrait pour les abeilles pillardes, & pour bien d'autres voleurs aussi à craindre qu'elles. On peut encore enduire avec du castoreum, les issues de la ruche ; les domiciliées s'accoutu-

meront à cette odeur fétide & désagréable, qui éloignera les étrangères.

Lorsqu'on est témoin du combat des abeilles, & qu'on voit les assiégeantes approcher en grand nombre pour livrer l'attaque à la ruche qu'elles ont dessein de piller ; si on attendoit la nuit pour les secourir, on pourroit arriver trop tard ; c'est sur-le-champ qu'il faut séparer les combattans, & ne laisser d'ouverture à la ruche qui est attaquée, qu'autant qu'il est nécessaire, pour que deux ou trois abeilles puissent y passer librement. Mais comment approcher des mouches irritées, armées d'un bon aiguillon, & que le désespoir fait braver les périls les plus apparens ! Un morceau de linge fumant, au bout d'un bâton qu'on tient à la main, & qu'on leur présente, les écartera suffisamment, pour avoir la liberté d'approcher de la ruche, & y rester autant de tems qu'il est nécessaire pour mettre le petit grillage : les abeilles ayant peu de portes à défendre, seront plus en sûreté, & veilleront plus aisément à la garde des provisions qui font le sujet de la querelle : les assiégeantes, désespérées de ne point réussir dans leurs desseins pervers, selon leurs desirs, s'en vengeront sur celles qui reviendront de leurs voyages, qu'elles attaqueront avec avantage, étant attroupées en grand nombre, pour les égorger & se rassasier du miel qu'elles apportent : c'est un mal auquel il est impossible de remédier, mais qui n'est pas assez considérable pour affoiblir la population de la ruche qu'on a sauvée. Si on parvenoit à connoître la ruche qui exerce ces brigandages,

en

en jettant quelque poussière blanche
fur les abeilles, comme il a été dit,
on la sépareroit tout de suite, &
on l'éloigneroit des autres, afin
qu'elle ne fût plus à portée d'exciter
du trouble : on tiendroit ces insectes
renfermés, & on les nourriroit
jusqu'à ce que la saison devînt meilleure, & que la campagne leur offrît
de quoi vivre ; les abeilles étant
d'une bonne espèce, se corrige-
roient quand elles n'auroient plus
l'occasion de nuire ; & si elles se
livroient au travail avec ardeur,
& qu'elles fissent d'abondantes récoltes, il n'y auroit point de danger
à les remettre dans le voisinage des
autres.

SECTION IV.

*Quels font les ennemis les plus à
craindre pour les Abeilles, & comment les en délivrer.*

Les abeilles n'ont pas de plus redoutables ennemis que les abeilles
mêmes. La guerre qu'elles se déclarent est d'autant plus à craindre,
que l'ennemi rusé connoît parfaitement la position de la place qu'il
veut attaquer, & comment elle est
défendue ; il sait le moment qu'il
faut choisir pour lui livrer un assaut, & l'emporter de force ou
de surprise. Ces usurpatrices ne
commencent jamais la première
attaque à force ouverte, à moins
qu'elles ne soient en assez grand
nombre pour résister aux sorties des
assiégées : elles s'attroupent peu-à-
peu, voltigent autour de la ruche
qu'elles ont dessein d'attaquer, &
épient le moment que les portes
sont peu gardées pour tenter de
s'en emparer, afin de livrer avec
Tom. I.

plus d'avantage un assaut qui les
mette en possession de la place.
Quand leurs ruses sont découvertes, & que les assiégées sont exactement la garde aux portes pour
éviter d'être surprises, c'est alors
qu'elles se présentent à force ouverte pour entrer, & qu'elles mas-
sacrent les sentinelles qui paroissent
aussitôt pour s'opposer à leurs in-
vasions. Maîtresse du passage, la
troupe corsaire pénètre dans l'intérieur de l'habitation, égorge tout
ce qui lui fait résistance, arrache
des cellules les vers, les nymphes,
& les traîne dehors. Celles des assiégées qui peuvent gagner les portes
pour sortir, abandonnent leur domicile, & s'en vont au loin mourir
de douleur ou des blessures qu'elles
ont reçues. Celles qui arrivent de
la campagne, étonnées du bruit
qu'elles entendent, se doutant que
le désordre règne dans leurs états,
qu'elles avoient laissés en paix, s'ap-
percevant que le trouble, la confusion ont succédé à la tranquillité, se
retirent promptement ; & si l'amour
de leur patrie excite leur courage,
& qu'elles approchent, elles ne
trouvent aux portes que des gardes
ennemies qui, loin de leur permettre d'entrer chez elles, les égorgent sans pitié.

Les guêpes, les frélons ne sont
point des ennemis aussi dangereux
pour les abeilles que leur propre
espèce : quoiqu'ils soient très-friands
de leurs provisions, & qu'ils eussent bientôt ravagé une ruche, s'ils
s'en rendoient maîtres, leur nombre n'est jamais assez considérable
pour répandre une alarme générale
dans une république d'abeilles, &
l'obliger à se tenir prête à com-
P

battre : la garde ordinaire fuffit pour leur difputer le paffage, s'oppofer à leurs incurfions, & les éloigner : bien plus forts que les abeilles quand ils combattent avec elles tête à tête, ils n'ont pas autant de courage ni d'adreffe : lâches & poltrons naturellement, ils ne prennent le parti de la violence & de l'attaque, que quand ils fe fentent bien fupérieurs aux abeilles. Rarement ils s'attroupent en affez grand nombre pour livrer un affaut ou une bataille ; ils ne font qu'une guerre de furprife & de trahifon : en rôdant tout autour des ruches, ils choififfent des poftes avantageux pour attaquer les abeilles au retour de leur voyage ; alors, malheur à celles qui donnent dans l'embufcade ; ils tombent fur elles, les égorgent pour dévorer le miel qu'elles apportent. Peu d'abeilles font les victimes de ces cruels ennemis, & le nombre de celles qui tombent dans leurs pièges n'eft point affez grand pour affoiblir une ruche.

On pourroit les détruire en plaçant au-deffus des ruches des bouteilles où l'on mettroit de l'eau avec du miel, dans lefquelles ils iroient fe noyer. Mais cet expédient n'eft point praticable, parce que les guêpes, les frélons ne feroient pas les feuls attrapés ; les abeilles, qui aiment auffi la douceur, donneroient imprudemment dans le piège qu'on auroit dreffé pour leurs ennemis. Le meilleur moyen de les en délivrer, c'eft de chercher leurs nids autour des ruches & des bâtimens voifins, & de les détruire.

On veut que la fourmi foit au nombre des ennemis des abeilles ; elle eft trop prudente pour s'expofer aux coups d'aiguillons, dont fa témérité feroit punie, fi elle hafardoit de s'introduire dans une ruche : elle ne va que dans des celles qui font abandonnées, recueillir les reftes des provifions qu'on a négligé de ramaffer, ou qu'on abandonne à fon appétit. Ce n'eft pas qu'elle ne foit très-friande du miel, dont elle fe nourriroit avec plaifir ; fa gourmandife s'en accommoderoit à merveille, s'il n'y avoit point de péril à craindre ; mais elle préfère une vie frugale à un moment de bonne chère qui lui coûteroit la vie. L'hiver eft la faifon où elle pourroit impunément fatisfaire fon goût pour le miel ; mais, ainfi que l'abeille, elle eft renfermée dans fa retraite, & ne fonge point à en fortir. Il eft très-facile de détruire les fourmilières voifines des ruches, en verfant deffus de l'eau bouillante, après avoir remué la terre pour faire fortir les fourmis : quand on veut les empêcher de s'y établir & les éloigner, on fème quelques graines d'échalotes, dont elles n'approchent jamais.

Les araignées en veulent aux abeilles, & non pas à leurs provifions : ce font des animaux carnaciers, qui ne fatisfont point leur appétit avec du miel, qui eft pour eux une nourriture trop délicate, & qu'ils dédaignent. S'ils peuvent pénétrer dans une ruche à l'infu des abeilles, ils fe logent dans quelques coins pour y tendre leurs filets, afin d'y attraper celles qui ont l'imprudence de s'y laiffer prendre : les dégâts qu'ils font font trop peu confidérables pour nuire à la population d'une ruche ; mais les abeilles, qui ne s'accommodent point de cette malpropreté, abandonnent leur domicile si on ne les en délivre pas. C'est pendant l'hiver que les araignées s'introduisent dans une ruche sans être apperçues des abeilles : les portes sont trop bien gardées en été pour qu'elles aient la témérité d'entrer chez elles dans cette saison : pleines de vigueur & de courage, elles n'ont pas besoin alors qu'on les en défende. Lorsqu'on nettoie les ruches, il est donc bien essentiel d'examiner l'intérieur pour ôter les araignées qui tendent ordinairement leurs filets dans les coins, & sans lesquels les abeilles se déferoient elles-mêmes de ces sortes d'ennemis, qui n'ont aucune arme à opposer à l'aiguillon.

Les fausses teignes détruisent les ouvrages des abeilles sans qu'elles s'apperçoivent de tout le mal que leur fait un ennemi qu'elles ne découvrent point, parce que sa marche est cachée, & qu'il est à couvert des traits d'aiguillons qui arrêteroient tous les ravages qu'il fait dans leur république. Ces fausses teignes naissent des œufs que de petits papillons de nuit, tels que ceux qu'on voit voltiger autour des lumières, vont déposer dans la ruche. Les abeilles, qui ne se doutent pas qu'un si petit insecte soit capable de causer tant de dégâts à leurs ouvrages, le laissent tranquillement faire sa ponte dans leur domicile : les œufs qu'il a pondus sont bientôt éclos par la chaleur de la ruche, qui est très-grande ; il en sort un très-petit ver qui perce un gâteau dans toute sa longueur, & marche toujours à couvert dans l'épaisseur des rayons sans être apperçu des abeilles :

il perce toutes les cellules qu'il rencontre sur son passage, & il ne sort plus du gâteau où il s'est établi, qu'après sa métamorphose en papillon. Le miel dégoutte des cellules qui sont percées, de même que la gelée qui sert de nourriture aux vers, qui meurent faute d'alimens. On connoît qu'une ruche est attaquée par les fausses teignes, à des toiles, à des tuyaux de soie qu'on apperçoit sur les gâteaux, & à des fragmens de cire hachée très-menue qu'on trouve au bas de la ruche. Il faut couper toutes les portions des gâteaux où l'on s'apperçoit qu'elles se sont établies ; & si un nombre considérable en est attaqué, on ne peut point se dispenser de faire changer de domicile aux abeilles, autrement elles délogeront, elles abandonneront leurs ouvrages & se disperseront.

Les abeilles sont sujettes à une espèce de pou rougeâtre, qui est de la grosseur d'une tête d'épingle très-petite : ordinairement on n'en découvre qu'un sur chaque mouche ; les jeunes n'y sont point sujettes, il n'attaque que les vieilles. Pendant très-long-tems on a cru que cet insecte étoit fort nuisible aux abeilles, & qu'il devoit beaucoup les inquiéter ; cependant la tranquillité dont elles le laissent jouir sur les différentes parties de leur corps, d'où il leur seroit très-aisé de le déplacer avec leurs pattes, fait présumer qu'il ne leur cause pas autant de douleur ni d'inquiétude qu'on l'avoit imaginé. L'urine, l'eau-de-vie qu'on répandoit sur les abeilles avec un petit balai, pour les délivrer de cette vermine qu'on croyoit très-importune, leur nuisoit beau-

P 2

coup fans les en défaire. Le plus grand inconvénient de ces poux, c'eft qu'ils dénotent une vieille ruche qu'il faut renouveler.

Les crapauds, les grenouilles, les lézards ne font point aux abeilles une guerre déclarée; ils dévorent, il eft vrai, celles qu'ils trouvent à terre, qui font mortes ou engourdies dans l'herbe. Quoique leurs ravages foient peu confidérables, il faut les pourfuivre & tâcher de les tuer, afin d'en préferver les ruches.

Les fouris, les rats, les mulots font de tous les ennemis des abeilles ceux qui en détruifent le plus, & qui font les plus grands dégâts à leurs provifions. En biver, ils font capables de détruire en très-peu de tems un rucher, fi on négligeoit de leur tendre des pièges pour les prendre. Ils s'accommodent de tout dans une ruche; le miel, la cire font un mets très-friand pour eux, de même que les abeilles, qu'ils mangent avec grand plaifir, après s'être raffafiés de leurs provifions. Tant qu'elles font vigoureufes, on ne doit point craindre qu'ils s'expofent à entrer dans une ruche, les coups d'aiguillons les auroient bientôt mis en fuite; les abeilles, qui les redoutent peu alors, s'en défendent elles-mêmes, & arrêtent leurs incurfions : engourdies pendant l'hiver, ils peuvent tout ofer & tenter impunément; elles n'ont pas la force de s'oppofer à leurs rapines; leurs provifions, & elles-mêmes deviennent la proie de ces animaux deftructeurs. Tant que les abeilles font engourdies, il faut continuellement veiller fur les ruches, afin de prévenir les furprifes de leurs ennemis, & leur tendre des pièges pour les détruire. Souvent il arrive qu'ils ne font point les dupes des embûches qu'on leur dreffe; il faut alors recourir au poifon, fi on peut s'en fervir contr'eux fans danger. On peut couper en très-petits morceaux une éponge, & les paffer dans la graiffe bien falée qu'on a fait fondre lorfqu'elle eft encore liquide; les mettre à leur paffage avec de l'eau dans des vafes où ils puiffent boire aifément, après avoir mangé l'éponge. Cette graiffe bien falée, dont ils fe font raffafiés, les excite à boire, & l'eau gonfle l'éponge, qui les fait mourir.

Il n'eft point auffi facile de détruire les oifeaux, qui guettent continuellement les abeilles dans leur vol pour les enlever. Les méfanges, les moineaux en détruifent confidérablement; c'eft prefque la nourriture ordinaire de leurs petits, auxquels ils les portent dans leurs nids. Les gluaux qu'on met au-deffus des ruches en attrapent quelques-uns, & les plus rufés fe défient de ce piège, qui fouvent prend plus d'abeilles que d'oifeaux. On emploie les trébuchets avec plus de fuccès; ils en détruifent quelques-uns fans péril pour les abeilles. Les hirondelles, les martinets, qui ne pourfuivent que celles qui fe rencontrent à leur paffage, en détruifent très-peu : le martin-pêcheur enfonce fon long bec dans les ruches de paille, & lorfqu'il eft ouvert & que les abeilles font affez imprudentes pour s'y placer, il le ferme, & les amène à lui pour les avaler : quand on le voit voler autour des ruches, il n'y a pas d'autre moyen, pour s'en défaire, que de lui tirer un coup de fufil.

Il n'y a qu'un rucher bien fermé, ou des surtouts attachés solidement à la table des ruches, tels que ceux de M. Palteau, qui puissent prévenir & arrêter les ravages & les rapines des renards. Les provisions des abeilles sont pour eux une nourriture très-délicate, dont ils sont extrêmement gourmands. Ils emploient la ruse & la force pour satisfaire leur appétit; ils renversent les ruches exposées à leur voracité, avec leur museau qu'ils passent par l'ouverture, & qui soulève la ruche & la culbute. C'est ordinairement la nuit qu'ils choisissent pour faire leur vol avec plus de sûreté: dans les cantons voisins des bois, où ils se retirent & se cachent pendant le jour, on est souvent exposé, de leur part, à une visite nocturne; il est bon, par conséquent, de se préparer à les recevoir: on a pour cet effet des trapes connues de tout le monde sous le nom de *traquenard*; on les place sur leur passage, aux environs des ruches, & ils vont s'y prendre par les pieds.

CHAPITRE VI.

DES CIRCONSTANCES OU IL FAUT POURVOIR LES ABEILLES DE PROVISIONS; QUELLE ESPÈCE DE NOURRITURE IL FAUT LEUR DONNER, ET DE QUELLE MANIÈRE.

SECTION PREMIÈRE.

Quel est le tems où les Ruches peuvent manquer de provisions, & comment peut-on connoître leur indigence.

Les ruches peu fournies d'abeilles, & qui ont peu de provisions, ne sont pas toujours les seules qu'on soit obligé de nourrir: il peut arriver que des ruches très-peuplées aient aussi besoin qu'on les assiste, lorsque le printems a été pluvieux, & qu'elles n'ont point pu faire leur récolte, ou qu'un été très-sec, qui n'offre presque aucune provision, occasionne une disette parmi les abeilles, ou que d'autres circonstances les réduisent à n'avoir pas leurs magasins fournis des choses qui leur sont nécessaires pour passer l'hiver: dans tous ces cas, c'est à nous à connoître leurs besoins, à les prévenir & à suppléer au défaut de provisions dont elles manquent, à moins qu'on ne veuille être témoin de leur indigence, & les voir périr de misère. La fin de l'été, la sortie de l'hiver sont à-peu-près les époques où les abeilles sont exposées à manquer de provisions dans leur domicile, sur-tout après l'hiver, lorsqu'il y a eu en Janvier ou dans les autres mois une suite de beaux jours, parce qu'alors elles se sont réveillées de leur engourdissement, ont pris de l'appétit par les mouvemens qu'elles se sont donnés pour sortir, & ont par conséquent fait une plus grande consommation qu'on n'avoit lieu de l'attendre. Ce n'est pas à la fin de l'automne qu'il faut pourvoir les abeilles qui sont dans l'indigence: quand elles ne sont point placées dans les cantons où l'on cultive beaucoup de sarrasin & de navette, qui sont pour elles d'une grande ressource; après un printems pluvieux & un été stérile par la sécheresse; dès la fin du mois d'Août, ou pour le plus tard les premiers jours de Septembre, il faut leur donner les provisions dont elles ont befoin : en attendant plus tard, il feroit à craindre qu'elles n'euffent plus la force de defcendre au bas de la ruche pour enlever ce qu'on y auroit mis pour elles. L'hiver n'eft point une faifon où l'on foit obligé de leur donner de la nourriture ; il faut les laiffer paifiblement fans trop les remuer, par la crainte de les refroidir : d'ailleurs, tant qu'il fait froid, elles n'ont pas befoin de manger ; elles font engourdies, & leur tranfpiration, qui eft prefque nulle, ne les affoiblit pas affez pour qu'elles aient befoin de réparer par des alimens la dépenfe de leur fubftance.

Si on avoit la précaution de pefer les ruches avant d'y placer les abeilles, & de tenir un état exact de leur poids en le marquant fur chaque ruche ; en les pefant à la fin de l'été & après l'hiver, on pourroit favoir la confommation qu'ont fait les abeilles, & fi elles ont befoin de nourriture. Comme on n'a pas cette attention, ce n'eft qu'en examinant l'intérieur d'une ruche, qu'on peut juger de fon état relativement à fes provifions : pour favoir fi elle en manque, on la foulève, & l'on introduit dans les gâteaux un petit fer mince ou une aiguille à tricoter les bas ; quand on la retire mouillée ou mielleufe, c'eft une preuve que les abeilles ont encore de quoi fubfifter. Sans déranger la ruche, on peut faire un trou fur un des côtés avec une petite vrille, dans lequel on paffe un petit fer qui perce les gâteaux, & on s'affure par cet expédient, s'il y a encore des vivres dans l'habitation. Il ne faut point attendre qu'elle en foit entiérement dépour-

vue, parce qu'il pourroit arriver que les abeilles, affoiblies confidérablement pour avoir jeûné trop long-tems, ne fuffent plus en état de profiter des fecours qu'on leur donneroit. Les ruches foibles, celles qu'on a réunies enfemble avant l'hiver, font prefque toujours dans le cas de l'indigence : il n'eft pas néceffaire d'obferver fi elles manquent de provifions ; avant & après l'hiver, il faut leur en donner pour les entretenir jufqu'à ce que la faifon leur permette de fe paffer de ces foins, & qu'elles trouvent dans la campagne de quoi fuppléer aux provifions qu'elles ont confommées.

SECTION II.

Quelle forte & quelle quantité de nourriture faut-il donner aux Abeilles dépourvues de provifions.

Les gâteaux qui contiennent du miel & de la cire brute, font la meilleure nourriture qu'on puiffe donner aux abeilles, elles s'en accommodent parfaitement, étant celle qui eft le plus de leur goût : c'eft une attention qu'on doit donc avoir, quand on réunit les ruches foibles, de leur rendre les provifions qu'on les force d'abandonner dans la ruche d'où on les fait fortir. Lorfqu'on dégraiffe les ruches au commencement de l'automne, c'eft une précaution très-prudente de conferver quelques gâteaux pour les donner à celles qui n'ont pas affez de provifions pour aller jufqu'à la nouvelle récolte. Lorfqu'on n'a pas de gâteaux à donner aux abeilles, ce qui arrive prefque toujours à la fin de l'hiver, on leur donne du miel, dans lequel on mêle un cinquième de vin qui le rend plus liquide, & que les abeilles enlèvent plus aisément. On met la quantité de miel qu'on destine aux abeilles, avec le vin, sur un feu clair, & on les remue afin qu'ils se mêlent bien ensemble; on peut y ajouter une petite quantité de sucre qu'on fait fondre, elles mangeront cette espèce de sirop avec plus d'appétit.

Quand on manque de miel, ou qu'on n'en a pas autant qu'il seroit nécessaire pour en donner aux abeilles la quantité qu'il leur faut, on peut y suppléer par un jus de poire, dont elles s'accommodent fort bien.

On pile pour cet effet ces poires, & on en exprime le jus : après qu'il est reposé, on le verse doucement dans un autre vase, afin que le marc, qui est au fond, ne se mêle pas avec la liqueur : sur ce jus de poire, on met un quatrième de miel, ou bien de cassonnade, si on en manque, & on fait bouillir le tout jusqu'à réduction du tiers. On ne doit faire ce sirop qu'à mesure qu'on en a besoin : s'il étoit conservé, il aigriroit, fermenteroit; il seroit par conséquent perdu, parce que les abeilles n'en voudroient pas. Quand on manque de poires, les pommes douces sont aussi bonnes pour faire ce sirop. Tous les fruits généralement, cuits au four dans leur jus, font une nourriture qu'on peut donner aux abeilles dans des tems de disette. En été, elle peut tenir lieu de toute autre, jusqu'à la saison où les abeilles ne sortent plus de leur domicile, ou n'en sortent que rarement : ce n'est pour elles qu'un aliment journalier ; elles n'en font pas un amas dans leurs magasins, comme elles le font des sirops qu'on leur donne.

Ces différentes sortes de nourriture font ce qu'on peut procurer de mieux aux abeilles qui n'ont plus de provisions ; l'expérience qu'on en fera est seule capable de convaincre de leur utilité. Quelques auteurs conseillent une purée de lentilles, de fèves ou de pois, dans laquelle on mêle un peu de miel pour la rendre douce, afin d'engager les abeilles à s'en nourrir ; d'autres leur donnent des tranches de pain imbibées de vin, dans lequel on a délayé du miel ; d'autres conseillent enfin de la farine d'avoine mêlée avec du sucre : mais tous ces alimens ne conviennent point aux abeilles ; si elles s'y jettent d'abord, c'est qu'elles font pressées par la faim, & elles se retirent toujours sans être rassasiées.

Les abeilles font si modérées dans la consommation qu'elles font des alimens dont on les pourvoit, qu'on pourroit s'en rapporter à leur discrétion & à leur économie : cependant il est à propos de se borner à ce qui leur est nécessaire, soit pour éviter la dépense, soit aussi afin que leurs magasins ne soient pas remplis de ce qu'on leur a donné, quand elles trouveront dans la campagne de quoi les fournir. Quelque peuplée que soit une ruche, une livre & demie de miel ou de sirop est toute la quantité qu'elle peut consommer dans un mois : on leur donne cette nourriture avant l'hiver, afin qu'elles l'enlèvent pour la porter dans leurs magasins. Il faut obferver que, pendant qu'il fait froid, elles ne font aucune dépenfe en alimens, & qu'il y a des mois où un quart fuffira : on doit prendre garde, cependant, à n'être pas trop économe avec elles ; il faut fe reffouvenir qu'on eft bien dédommagé, par une bonne récolte, des foins & de la dépenfe qu'elles ont demandés.

SECTION III.

Des précautions qu'il faut prendre en donnant de la nourriture aux Abeilles.

Quelle que foit l'efpèce de nourriture qu'on donne aux abeilles, il faut avoir attention de n'en jamais laiffer tomber fur la table de la ruche ; ce feroit un appât pour les guêpes, les frélons, qui étant attirés par ces douceurs, ne fe contenteroient peut-être pas de ce qu'on leur abandonneroit, & prendroient occafion d'entrer dans la ruche : les abeilles voifines, fans avoir befoin des fecours qu'on donne à celles qui font dans l'indigence, feroient peut-être tentées d'aller inquiéter celles dont on foulage la mifère ; elles pourroient chercher les moyens d'aller vivre à leurs dépens, & s'abandonneroient au pillage, afin d'épargner les provifions dont leurs magafins font fournis. Pour prévenir tous ces inconvéniens, on grille les ouvertures des ruches indigentes, auxquelles on a porté des fecours, afin qu'elles ne foient point inquiétées, & qu'elles puiffent jouir des dons qu'on leur a faits ; la nuit feulement on ôte le grillage qu'on remet pendant le jour. S'il faifoit trop chaud, on tiendroit la ruche

foulevée avec de petites cales de bois qu'on glifferoit par-deffous, de manière que les abeilles ne puiffent point fortir, & qu'il foit impoffible d'entrer chez elles pour les chagriner.

Tous les firops qu'on donne aux abeilles, doivent être bien refroidis : s'ils étoient chauds, il s'éleveroit des vapeurs dans la ruche, qui y laifferoient de l'humidité. Quand on eft obligé, à la fin de l'hiver, de donner de la nourriture aux ruches foibles, il faut attendre que les abeilles foient forties pendant une journée, & qu'elles fe foient défaites de toutes les matières qui ont féjourné long-tems dans leur corps ; autrement elles fe vuideroient dans leur habitation. Cependant fi une ruche étoit abfolument dépourvue, il ne faudroit pas attendre la première fortie des abeilles, pour leur fournir de quoi vivre, parce qu'il pourroit arriver que la faifon ne permît pas de leur rendre la liberté, auffi-tôt qu'on l'efpéreroit, & qu'elle fût malgré cela affez douce pour les réveiller de leur engourdiffement, & les exciter à fatisfaire leur appétit : en les condamnant dans une pareille circonftance, à l'abftinence, on les expoferoit à mourir de faim.

SECTION IV.

Des différentes manières de donner de la nourriture aux Abeilles.

Lorfqu'on donne, avant l'hiver, de la nourriture aux abeilles, foit en miel ou en firop, on doit leur mettre tout à la fois la quantité qui leur eft néceffaire pour paffer la mauvaife faifon, afin qu'elles puiffent tout de fuite l'enlever, &
la

la porter dans leurs magafins de réferve : on met la quantité qu'on leur deftine, dans un vafe plat, fur lequel on met quelques brins de paille, ou de petits morceaux de bois, où les abeilles vont fe repofer pour manger : un vafe en bois feroit très-bon ; ceux qui font en terre verniffée, font froids & trop gliffans pour qu'elles puiffent remonter aifément, fi elles tombent dedans : on foulève la ruche, & on met le vafe par-deffous, le matin ou à l'entrée de la nuit : vingt-quatre heures après, on fera fort étonné de ne plus rien trouver dans le vafe ; fouvent elles mettent plus de tems à emporter les provifions qu'on leur a données ; mais affez communément il ne leur faut que deux jours pour tout enlever.

Une autre manière de nourrir les abeilles, en ne leur donnant à la fois que la quantité de provifions qu'on veut, par la facilité de la renouveler dès qu'on s'apperçoit qu'elle eft finie, confifte à mettre dans une bouteille le miel ou le firop qu'on leur deftine : on ferme l'ouverture avec une groffe toile bien tendue, qu'on attache fortement avec une ficelle au col de la bouteille ; on le paffe enfuite à un trou qu'on a fait au fommet de la ruche, & les abeilles viennent au goulot pour prendre leurs repas. Comme il eft aifé de voir fi la bouteille fe vuide, on n'y met que la quantité de provifions qu'on defire, & on la renouvelle quand elle eft finie. M. Ducarne qui donne cette méthode ingénieufe de nourrir les abeilles, l'avoit apprife de M. Pecquet.

Ces manières d'alimenter les

Tom. I.

abeilles font les meilleures de toutes celles qui font en ufage. Bien des auteurs confeillent de mettre fimplement une demi-livre de miel environ fur une affiette, qu'on renouvelle à mefure que ces infectes le mangent. Cette méthode très-affujettiffante quand on a un grand nombre de ruches, dérange trop fouvent les abeilles qui n'aiment pas les fréquentes vifites, ni qu'on examine de trop près ce qui fe paffe dans leur domicile. En leur fourniffant tout à la fois la provifion qu'on juge leur être néceffaire, on eft moins expofé à les troubler ; & on ne craint point de leur porter une nourriture dont elles ne peuvent plus faire ufage, comme il arrive quand on la leur donne après qu'elles font bien affoiblies par une longue difette, parce qu'alors elles n'ont plus le courage de defcendre au bas de la ruche pour y prendre leurs repas. Des perfonnes ont coutume de faire un trou à un des côtés de la ruche, pour y verfer quelques cuillerées de miel ou de firop, qui tombent fur les abeilles, engluent leurs ailes, bouchent leurs ftigmates, & les étouffent : d'autres feringuent du miel fur les gâteaux, ou les frottent, de même que les parois intérieures de la ruche, avec une plume trempée dans du miel. Toutes ces opérations nuifibles aux abeilles, fuppofent qu'elles font trop foibles pour defcendre au bas de la ruche ; & alors il y a peu d'efpérance de les fauver, quand on n'a pas eu pour elles les précautions qu'elles exigent à l'entrée de l'hiver.

Quand on donne aux abeilles des fruits cuits, on ne doit jamais les

Q

mettre sous la ruche ; le mauvais goût qu'ils y contracteroient, les en éloigneroit. On les place vis-à-vis des ruches, afin qu'ils soient à leur portée : étant en plein air, ils ne moisissent point, ne deviennent point aigres, & les abeilles les mangent jusqu'à la fin.

CHAPITRE VII.

DU TRANSVASEMENT DES RUCHES.

SECTION PREMIÈRE.

Dans quelles circonstances faut-il transvaser les Ruches.

Transvaser les ruches, c'est obliger les abeilles de quitter leur domicile pour entrer dans un autre. Ce changement d'habitation doit avoir lieu, 1°. quand la ruche où elles sont logées, est vieille ou mauvaise ; 2°. quand elles sont tellement attaquées des fausses teignes, qu'il faut absolument enlever tous les gâteaux pour les en délivrer ; 3°. quand on veut, par un excès d'avidité, enlever toutes leurs provisions, sans cependant les faire mourir ; 4°. lorsqu'on a des ruches foibles, c'est-à-dire, peu fournies d'abeilles & de provisions, & que le logement est trop spacieux relativement à la population ; parce qu'alors leur nombre seroit insuffisant pour échauffer un domicile trop vaste, de façon à pouvoir résister à la rigueur du froid.

SECTION II.

Quelle est la saison convenable au transvasement des Ruches.

Lorsqu'on force les abeilles de quitter leur habitation pour passer

dans une autre, où il n'y a aucune sorte de provisions, il faut choisir, pour faire cette mutation de domicile, la saison où elles puissent réparer leurs pertes, & remplacer, par d'autres provisions, celles qu'on les oblige d'abandonner. Le commencement du mois de Mai est donc le tems le plus favorable pour faire changer de demeure aux abeilles, puisque la campagne leur offre des richesses à recueillir pour les dédommager de celles qu'on leur a prises ou par nécessité ou par avidité. Si on° faisoit ce changement plus tard ; par exemple, dans le mois de Juillet, ou au commencement du mois d'Août, elles ne trouveroient plus dans la campagne les provisions qui leur sont nécessaires pour passer l'hiver : on les exposeroit infailliblement à une disette affreuse dont elles seroient les victimes, à moins qu'on ne se décidât à les nourrir jusqu'à la belle saison ; ce qui occasionne de la dépense, & exige des soins : malgré cela, elles courroient risque de mourir de froid, quelques précautions qu'on prît pour les en garantir, dans une habitation qui est toujours trop vaste, quand elle est dépourvue de provisions, & d'un nombre suffisant d'abeilles pour l'échauffer.

Le mois de Mai est donc l'époque du transvasement des ruches mauvaises ou trop vieilles, de celles qui sont absolument ravagées des fausses teignes. Quant à celles qu'on est obligé de transvaser, parce qu'elles sont peu fournies de provisions & d'abeilles, il faut différer jusqu'à la fin du mois d'Août ou au commencement de Septembre, parce qu'on a lieu d'espérer que, pendant la belle saison, la grande fécondité de la reine fortifiera la ruche, en augmentant la population, & que les abeilles soutenues & animées par cette espérance, ne seront point effrayées d'un vaste domicile, dépourvu de provisions; & que leur courage & leur ardeur pour le travail les porteront à faire leur récolte, jusqu'à ce que le nouveau peuple qu'elles attendent, vienne partager leurs travaux, & les aider à remplir leurs magasins. Outre ces considérations qui doivent engager à différer ce changement, il faut encore observer qu'on perdroit le couvain, qui est capable lui seul de réparer les pertes qu'on voudroit prévenir. Quand le mois de Juillet est passé, & qu'il n'y a plus par conséquent de récolte à faire pour les abeilles, ni d'essaims à attendre, on doit alors réunir les ruches foibles, afin de les disposer à passer l'hiver sans danger. Après avoir changé les abeilles de domicile, il ne faut point s'emparer des provisions qu'on les a obligées de laisser; on doit, au contraire, les remettre dans leur nouvelle habitation, & même y ajouter du miel, si elles n'étoient pas suffisantes pour les conduire jusqu'au printems. On attache les gâteaux de l'ancienne ruche dans la nouvelle, avec des chevilles qui passent & traversent ceux qui y sont & qu'on y met.

SECTION III.

Quelle est la manière de transvaser les Ruches.

Pour transvaser les ruches, il faut choisir un beau jour, & être fondé à espérer qu'il y en aura plusieurs qui se succéderont. Si l'on a des indices que la ruche qu'on veut transvaser, essaimera, on attend que l'essaim soit parti, & après l'avoir reçu dans une ruche, on y fait passer les anciennes : on choisit ordinairement le matin pour faire cette opération, afin de profiter du moment où les abeilles sont plus tranquilles, & pour qu'elles puissent reconnoître leur nouvelle demeure, & aller tout de suite chercher dans la campagne de quoi vivre.

Lorsque les ruches qu'on veut transvaser, sont des paniers d'osier ou de paille, ou des caisses longues, c'est-à-dire, des ruches selon l'ancienne méthode, dès la veille du jour qu'on veut faire ce changement, on détache le soir fort doucement la ruche de dessus sa table, en ôtant avec un couteau le pourjet qui l'y tenoit collée. Pour que les abeilles soient plus engourdies, & moins en état de troubler par leurs piqûres, on peut renverser la ruche sur son côté, & la laisser pendant la nuit dans cette situation. Le lendemain de très-grand matin, on prend la ruche vuide qu'on a dû préparer, en la nettoyant, & la frottant intérieurement avec des herbes d'une bonne odeur, afin de la rendre agréable aux abeilles; on la place dans les traverses d'une chaise, ou de toute autre manière, pourvu qu'elle ne soit point exposée à être renversée, & de façon que son embouchure se trouve en haut: on prend ensuite celle où sont les abeilles qu'on veut déloger, & on la met sur celle qui est vuide, de sorte que les deux grandes ouvertures soient abouchées l'une sur l'autre. Comme il arrive que ces deux ruches ainfi difpofées, laiffent toujours quelqu'intervalle, & que les bords de l'une ne pofent pas fi exactement fur ceux de l'autre, pour que les abeilles ne puiffent point s'échapper, on enveloppe avec un linge les deux ruches à leur jonction, afin de boucher parfaitement les intervalles par lefquels les abeilles trouveroient des iffues pour fortir : on renverfe fens deffus deffous ces deux ruches ainfi difpofées, afin que celle qui eft pleine fe trouve en bas ; on frappe alors, à petits coups répétés, avec une baguette qu'on tient dans chaque main, fur la ruche où font les abeilles, en commençant à frapper au fommet, & continuant jufqu'à la jonction : après avoir frappé fans interruption pendant quatre ou cinq minutes, on approche l'oreille de la ruche fupérieure, pour écouter fi les abeilles y font paffées. Si on entend un bourdonnement confidérable, c'eft une preuve que la reine y eft déjà avec une grande partie de fa fuite : on continue à frapper, fi on entend encore beaucoup d'abeilles bourdonner dans la ruche inférieure ; & quand elles s'obftinent à ne vouloir point déloger, on a recours à la fumée ou à d'autres moyens, comme il fera dit dans la Section fuivante.

Si on préfume que les abeilles, ou du moins le plus grand nombre, font paffées dans la ruche fupérieure, on la détache pour la placer tout de fuite fur la table où étoit l'ancienne, qu'on renverfe fur un linge étendu par terre ; on fait tomber fur le linge les gâteaux qui font dedans, & on oblige les abeilles qui y font reftées, à les quitter,

en les balayant avec une plume ; on emporte enfuite la vieille ruche & les gâteaux qui feroient un fujet de tentation pour elles. Pour faciliter à celles qui font fur le linge l'entrée de leur domicile, où font leurs compagnes, on met une petite planche dont une extrémité eft appuyée contre la table de la ruche, & l'autre repofe à terre ; & les abeilles paffent fur ce pont qu'on leur a fait pour fe rendre dans leur habitation. Quand on a tranfvafé une ruche, on doit avoir attention de mettre deffous un morceau de gâteau pris dans l'ancienne, ou deux ou trois cuillerées de miel fur une affiette, afin d'accoutumer les abeilles dans leur nouvelle habitation, qui, étant dépourvue de tout, pourroit les dégoûter, & les engager à porter le ravage chez leurs voifines, pour fatisfaire leur appétit, quoique la campagne leur offre des provifions en abondance.

On fait que le couvain eft l'efpérance la plus chère des abeilles, qui prennent des foins & des peines infinies pour l'élever ; qu'il fournit de nouvelles colonies, qui augmentent nos richeffes par leurs travaux ; & qu'il répare les pertes journalières de la république par les nouveaux fujets qu'il fournit, pour remplacer ceux qui meurent de vieilleffe, ou qui deviennent la proie de leurs ennemis. On ne fauroit donc prendre affez de précautions pour le conferver : quand il y en a dans la ruche qu'on tranfvafe, afin de lui donner le tems d'éclore, & aux abeilles celui de finir le cours de fon éducation, on laiffe les deux ruches réunies, & on ne les fépare qu'au bout de trois

femaines au moins. Dans cette circonftance, on ferme l'ouverture de
la ruche inférieure, qui eft celle
qu'on veut renouveler, & on ne
laiffe fubfifter que celle de la nouvelle qui doit fervir de porte aux
abeilles. On les établit d'une manière folide ; & après avoir ôté le
linge, on met du pourjet tout
autour de leur embouchure, afin
que les abeilles ne fortent que par
l'ouverture qui doit être leur porte.
Dans le cas où l'on laiffe les deux
ruches réunies, il eft inutile de
frapper l'inférieure, pour obliger
les abeilles d'en fortir, ni d'employer aucun autre moyen propre
à les faire déloger ; quoique la nouvelle ruche foit fur la vieille, elles
s'y établiront, parce qu'elles commencent toujours leurs ouvrages
dans la partie la plus élevée de
leur habitation ; & elles prendront
foin, en même tems, du couvain.
Au bout de trois femaines, on peut
féparer les deux ruches, & mettre
la nouvelle fur la table de l'ancienne:
les abeilles feront parfaitement accoutumées à leur nouveau domicile;
& le couvain, qui aura eu tout le
tems néceffaire pour éclore & pour
être élevé, augmentera la population de la république.

Quand les ruches font compofées
de plufieurs hauffes, il eft bien plus
aifé de les renouveler, fans obliger
les abeilles de changer fubitement
de domicile : on ne fait qu'ajouter
une hauffe par le bas, & on bouche
l'ancienne ouverture qui fervoit de
paffage aux abeilles, quand elle n'eft
pas pratiquée dans l'épaiffeur de la
table ; & on ne laiffe fubfifter que
celle de la hauffe qu'on a ajoutée:

trois femaines après, on enlève la
hauffe fupérieure, on remet fon
couvercle fur celle qui devient la
première, & on ajoute encore une
hauffe par le bas, avec les mêmes
précautions qu'on a prifes la première fois, & ainfi de fuite, jufqu'à
ce que la ruche foit entiérement
renouvelée, en mettant toujours un
intervalle de trois femaines, d'une
hauffe à l'autre qu'on ajoute. Par
ce moyen, les abeilles ont le tems
de s'établir, & de travailler dans
les hauffes qu'on leur donne, fans
prefque s'appercevoir de ce changement ; & le couvain qui eft confervé, a tout le tems néceffaire
pour éclore & être élevé.

La méthode de M. Palteau pour
tranfvafer les ruches, eft à peu de
chofes près la même que celle qu'on
a indiquée pour les ruches de l'ancien fyftême, & dont on peut fe
fervir avec les ruches de la nouvelle conftruction. On commence
par former une ruche de trois hauffes, exactement felon la defcription
qui en a été donnée ; on a une
planche percée au milieu d'un trou
de huit pouces en quarré : cette ouverture fert de paffage aux abeilles
pour aller d'une ruche à l'autre ;
la partie de cette planche qui doit
fe trouver fur le devant, déborde
les hauffes de trois pouces, afin
que les abeilles puiffent fe repofer
fur ce rebord pour entrer chez elles.
On introduit la fumée dans la ruche
qu'on veut renouveler, fans la
déplacer, pour obliger les abeilles
de fe réfugier dans le haut ; on
renverfe enfuite fens deffus deffous,
& fur fa propre table, la ruche
qu'on a enfumée ; & on met fur

le champ la planche percée fur fon embouchure, en ayant attention que le rebord de trois pouces fe trouve fur le devant ; & on met tout de fuite la ruche vuide, où l'on veut établir les abeilles, par-deffus : on condamne l'ouverture de la ruche qui eft en deffous, avec un bouchon de liége, afin d'obliger les abeilles d'entrer par celle de la nouvelle ruche qu'on leur a donnée. On met le furtout qui vient' repofer fur la planche qui fépare les deux ruches, & qui, pour cet effet, doit déborder affez de tous côtés pour le recevoir. On laiffe le tout ainfi difpofé pendant trois femaines, afin que les abeilles aient le tems de s'accoutumer à leur nouvelle habitation, & qu'elles puiffent élever le couvain qui eft dans l'ancienne ruche : au bout de ce tems, on fépare les deux ruches, en ôtant la vieille de fa place, pour y remettre la nouvelle. S'il refte quelques abeilles dans l'ancienne, trop attachées aux ouvrages qu'elles y ont conftruits, on les enfume pour les obliger à fortir & à fe rendre dans la nouvelle, qu'elles font déjà accoutumées à regarder comme leur vrai domicile.

Lorfque les ruches, compofées de plufieurs hauffes, font trop vaftes, à l'entrée de l'hiver, pour le nombre des abeilles qui l'habitent, on eft difpenfé de les tranfvafer, en ôtant par le bas une hauffe, ou même deux, s'il eft néceffaire. En diminuant ainfi leur logement, elles auront moins à redouter la rigueur de la faifon.

SECTION IV.

Des différens moyens qu'on peut employer pour obliger les Abeilles à paffer dans la Ruche dans laquelle on les tranfvafe.

L'eau, le vent, la fumée, font les moyens qu'on emploie communément, & non pas avec le même fuccès, pour forcer les abeilles à quitter la ruche d'où on veut les déloger. Lorfqu'on veut faire ufage de l'eau, on fait, au fommet de la ruche, un trou de trois ou quatre pouces de diamètre, & fi la ruche eft compofée de hauffes, on ôte fimplement le couvercle de celle qui eft la fupérieure ; on plonge la ruche par fon embouchure, dans un baquet qui contient affez d'eau pour qu'elle puiffe y être entièrement fubmergée. Après avoir mis, avec toutes les précautions qui font néceffaires pour cet effet, la nouvelle ruche où l'on veut établir les abeilles, fur l'ancienne, on baiffe peu-à-peu la ruche dans le baquet, en s'arrêtant de tems en tems, pour que les abeilles aient le loifir de monter ; à mefure qu'elles fentent la fraîcheur de l'eau, elles fe retirent dans la partie la plus élevée, & l'eau, qui monte toujours, les oblige à fortir par l'ouverture qui eft au fommet de leur habitation, pour entrer dans la nouvelle qu'on a placée fur l'ancienne. Quand l'eau eft parvenue au niveau du fommet de la ruche fubmergée, on enlève celle qui eft par-deffus, qu'on place tout de fuite fur fa table. S'il y a quelques abeilles qui foient reftées fur l'eau, on les ramaffe avec une écumoire, pour les mettre fur un linge, ou fur une natte qu'on place au bas de la ruche où font leurs compagnes ; le foleil, qui donnera deffus , les féchera , & leur rendra la force d'aller les retrouver. Quand on fait cette opération en été , il n'y a rien à craindre pour les abeilles , pourvu qu'on ait l'attention de plonger la ruche doucement & à diverfes reprifes , afin de donner le tems à celles qui font fur les gâteaux, de trouver des iffues pour s'échapper de l'inondation qui les menace. On conçoit que s'il y avoit dans la ruche du couvain qu'on voulût ménager , cette immerfion ne feroit pas praticable. Si le foleil ne donnoit pas affez de chaleur pour fécher promptement les abeilles qu'on auroit retirées de l'eau, il faudroit les mettre dans un panier , en fermer l'ouverture avec une toile de canevas, & les préfenter devant le feu ; & après qu'elles feroient sèches, on porteroit le panier devant la ruche , & on ôteroit la toile qui les tenoit renfermées , afin qu'elles euffent la liberté d'aller retrouver leurs compagnes.

Le vent qu'on excite avec un foufflet, eft un moyen qui oblige les abeilles de déloger; cette opération, plus douce pour elles, eft bien plus longue que la précédente. Après que la ruche où font les abeilles a été renverfée, & qu'on a placé au-deffus celle où on veut les établir , on introduit au fommet de celle qui eft au-deffous , dans un trou qu'on a dû faire pour cet effet, le tuyau recourbé d'un foufflet qu'on fait agir continuellement : les abeilles , inquiétées par ce vent continuel, cherchent à fe mettre à l'abri de ce petit orage , & montent peu-à-peu dans la ruche fupérieure.

La fumée eft un moyen plus efficace pour forcer les abeilles de déloger promptement, fans cependant leur nuire , quoiqu'elle foit capable de les étourdir pour quelques inftans. On place à un trou fait au fommet de la ruche qui eft en deffous, le tuyau d'un entonnoir, devant lequel on met un réchaud où brûlent quelques vieux linges, ou fimplement de la boufe de vache qui eft sèche ; avec un foufflet, on dirige la fumée dans l'embouchure de l'entonnoir ; elle s'étend d'abord au bas de la ruche ; & comme le foufflet agit toujours pour l'introduire par l'entonnoir, elle s'élève peu-à-peu ; les abeilles les plus obftinées abandonnent leurs ouvrages, & vont s'établir dans la ruche fupérieure, où la fumée n'a pas encore pénétré. Au lieu de faire brûler le linge dans un réchaud , dont on ne dirige pas toujours la fumée comme on le defire, on pourroit mettre un grillage dans l'embouchure de l'entonnoir , à un pouce de diftance du commencement du tuyau, & contre lequel on mettroit un bouchon de vieux linge avec un charbon ardent ; avec un foufflet, on exciteroit le feu, & la fumée entreroit néceffairement toute par le tuyau de l'entonnoir, étant toujours repouffée par le vent qu'exciteroit le foufflet.

M. Vérité , de la Ferté-Bernard , peu content de toutes ces manières d'obliger les abeilles de quitter leur logement , a imaginé une machine fumigatoire, propre à porter la fumée dans l'intérieur des ruches : en voici la defcription , telle qu'il l'a donnée lui-même, & qu'on la trouve dans la *Gazette d'Agriculture* du 18 Décembre 1779, où il l'a faite inférer.

On imaginera deux tuyaux cylindriques de tôle, connue fous le nom de tôle de Suéde, de fix pouces de longueur ; l'un ayant deux pouces & demi de diamètre intérieur, & le fecond s'introduifant dans le premier, de manière à le remplir, & y être mu librement. Pour former ces tuyaux, on joint par fes côtés oppofés une feuille de huit pouces quatre lignes de largeur, de la longueur fufdite ; on croife ou recouvre l'un par l'autre d'environ fix lignes, & on les arrête en cet état par trois clous rivés en dedans & en dehors. A l'un des bouts de chaque tuyau, on établit un cône ou entonnoir, tronqué de manière à laiffer vers fon fommet une ouverture circulaire de neuf lignes de diamètre. La hauteur de chacun des entonnoirs ainfi tronqués, eft de deux pouces. Pour les fixer & contenir folidement fur leur tuyau, après avoir arrêté la feuille croifée qui les forme, avec un clou rivé comme aux tubes, on rabat d'équerre & en dehors, les bords de l'orifice du tuyau, de deux lignes ou environ ; on rabat de même, mais en dedans & par deffus celui du tuyau, le bord qui fait la bafe de l'entonnoir, de manière que la réunion d'un tube & de fon entonnoir, forme un cordon circulaire qui fait la jonction de l'un & de l'autre.

A l'extrémité tronquée de l'entonnoir du premier & du plus gros tuyau, on foude encore un fecond cône de tôle ou de fer-blanc, d'un pouce & demi de hauteur, tronqué comme le premier ; on l'aplatit vers fa bafe, & dans le fens de fou diamètre, de manière à n'y laiffer qu'un petit jour d'environ deux tiers de ligne, fur une largeur diamétrale de vingt-deux lignes. On fent que ces deux entonnoirs font réunis à leurs fommets tronqués & oppofés. On foude également à l'extrémité de l'entonnoir du fecond tuyau, un tube en fer-blanc, de forme cônique, de cinq pouces de longueur, d'une bafe égale à l'orifice fupérieur de celui auquel il eft adapté, & tronqué à fon fommet, de façon à n'y laiffer qu'un trou circulaire d'une ligne & demie, ou deux lignes de diamètre feulement. On place dans l'intérieur de chaque tuyau, à l'extrémité qui porte l'entonnoir, un grillage rond à cinq barres, fait de tôle comme les tuyaux, & de même diamètre que leur intérieur. Le tout étant ainfi conftruit & difpofé, les deux grands tubes s'introduifent l'un dans l'autre, le plus petit dans le plus gros : il fe forme alors intérieurement, & entre les deux grillages, un efpace cylindrique plus ou moins long, felon que l'un des tuyaux eft plus ou moins introduit. On y met un bouchon de vieux linge, dans lequel on place un charbon ardent ; on excite le feu dans le linge jufqu'à l'inflammation ; on ferme auffitôt la machine, & l'on place à l'inftant le petit entonnoir aplati dans l'entrée de la ruche, fans la déplacer : on met la bouche au tube oppofé ; dès le moment qu'on y fouffle, il fe répand fous la ruche une nappe de fumée qui s'y élève, chaffe les abeilles, les remplit, & les

force

force de se tenir fixées à son sommet.

M. Vérité assure qu'on peut se servir commodément de cette machine dans tous les cas où il est nécessaire d'enfumer les abeilles, de quelque manière qu'on ait à le faire, soit pour la transvasion, soit pour la taille, soit encore pour la formation des essaims par les méthodes nouvellement découvertes. Elle porte la fumée où l'on veut, & aussi abondamment qu'on le desire. Il faut souffler modérément, & ranimer le feu de tems en tems.

CHAPITRE VIII.

DE LA MANIÈRE DE TAILLER OU DÉGRAISSER LES DIFFÉRENTES ESPÈCES DE RUCHES.

SECTION PREMIÈRE.

Nécessité de tailler les Ruches.

Dégraisser ou tailler une ruche, c'est enlever une partie de la cire & du miel dont les abeilles l'ont fournie. Quoiqu'elles soient fort attachées à leurs provisions, & toujours disposées & prêtes à les défendre avec fureur contre tous ceux qui osent en approcher, c'est leur rendre un très-grand service, que de leur enlever un superflu incommode, qui nuit dans l'habitation, arrête tous les progrès de leur activité & de leur ardeur pour le travail, & s'oppose à la multiplication de leur espèce. Une ruche trop pleine, dégoûte les abeilles de leur domicile, qu'elles sont forcées d'abandonner en partie, parce qu'il n'est pas assez vaste pour les loger ; elle anéantit leur ardeur pour les ouvrages où brillent leur industrie

Tom. I.

& leurs talens ; & se livrant à la mollesse, elles n'ont plus de goût pour faire des amas de provisions. A quoi bon, en effet, voyager & courir au loin dans les campagnes, pour ramasser des richesses inutiles, puisqu'on ne sait où les placer ! Pourquoi prendre tant de soins & de peines à recueillir des provisions, lorsqu'on n'attend point de successeurs qui en profitent !

Quelque féconde que soit la reine, elles n'ont point d'espérance de voir naître parmi elles de nouvelles citoyennes : comment logeroit-on ces nouveaux sujets dans une habitation où d'immenses provisions ne laissent aucune cellule vuide où ils puissent être logés d'une manière convenable pour leur éducation ? Il est donc à craindre que les abeilles, trop nombreuses dans leur habitation, où l'amour du travail, & l'espérance de leur postérité ne les fixent plus, s'en dégoûtent & l'abandonnent. Leurs voisines, envieuses & jalouses de leurs richesses, iront désormais porter le ravage dans leur république ; la guerre sera bientôt déclarée. Eh ! comment se flatter qu'une troupe amollie par l'oisiveté & l'abondance, remporte la victoire sur un peuple aguerri, que la nécessité, peut-être, rend courageux, entreprenant, & dont l'ambition & l'avidité sont nourries par l'appât des richesses que la victoire lui fait espérer ?

SECTION II.

De la modération qu'il faut avoir dans le partage qu'on fait avec les Abeilles, de leurs provisions.

L'avidité qu'on a de s'emparer des provisions des abeilles, de profiter

R

des fruits de leurs peines & de leurs travaux, a souvent besoin d'être retenue dans les bornes d'une juste modération. En dégraissant une ruche, il ne faut pas la dépouiller : il est utile, sans doute, d'enlever aux abeilles un superflu incommode, mais il ne faut pas les appauvrir pour s'enrichir tout-à-coup de leurs dépouilles. Lorsque l'équité & la modération règlent le partage qu'on fait avec elles, on ménage autant ses propres intérêts que ceux des abeilles : au contraire, si la cupidité sort des bornes que prescrivent la justice & la modération, on se ruine soi-même en exposant les abeilles à l'indigence.

En taillant les ruches, il faut se conduire dans cette opération selon les circonstances & le besoin des abeilles : en automne, par exemple, on doit moins prendre de leurs provisions qu'au printems, parce qu'elles ne sont plus dans une saison favorable pour réparer leurs pertes ; & d'ailleurs on les exposeroit au froid, en agrandissant leur domicile plus qu'il ne conviendroit. Les abeilles qui ont peu de provisions, dans quelque tems que ce soit, doivent être plus ménagées dans le partage qu'on fait, que d'autres dont les magasins nombreux sont bien remplis. Ce partage dépend donc beaucoup de la saison où on le fait, & de la qualité des ruches. Au printems on ne fait aucun tort à une bonne ruche de lui prendre exactement la moitié de ce qu'elle possède ; si la saison est favorable, dans peu elle aura réparé cette perte, & on pourra encore, en automne, profiter d'une partie du fruit de ses travaux. Si elle est foible,

ce seroit trop, sur-tout si son domicile est vaste ; il vaut mieux lui laisser tout ce qu'elle possède, & attendre la fin de l'été, ou le commencement de l'automne, parce qu'elle aura amassé assez de richesses, si le peuple est actif & laborieux, pour qu'on puisse en profiter d'un quart, ou d'un tiers au plus, sans lui porter aucun préjudice. L'année suivante, qu'elle sera bien fortifiée, on pourra, sans craindre de l'exposer à l'indigence, lever un tribut plus considérable sur ses provisions, au printems, lorsqu'elle aura fait quelques récoltes ; & peut-être qu'en automne on pourroit encore profiter d'une partie de ce qu'elle auroit ramassé pendant la belle saison.

En automne, il faut donc ménager les ruches, quoique fortes & abondamment pourvues, afin de ne pas les exposer au froid en rendant leur logement trop vaste, par la diminution de leurs provisions, ni à l'indigence, parce que l'hiver peut être doux, & alors les abeilles font une plus grande consommation. Si les ruches sont foibles, on doit leur laisser absolument tout ce qu'elles possèdent, & peut-être encore sera-t-on obligé de les assister pour prévenir la disette.

Section III.

Dans quelle saison doit-on tailler les Ruches.

M. Palteau conseille de dégraisser les ruches au mois de Juin, parce qu'alors les abeilles ont réparé les pertes de l'hiver, & ont fait des amas considérables qui remplissent la ruche, sur-tout si la saison a été favorable à la récolte du miel & de la cire. Il ne preſcrit de dégraiſſer au mois de Mars, que les ruches qui auroient des proviſions ſurabondantes, qui empêcheroient de loger les nouvelles que la campagne offre aux abeilles. Le mois d'Octobre eſt le tems où il conſeille de tailler toutes les ruches, en ayant attention de laiſſer aux abeilles des proviſions ſuffiſantes pour paſſer l'hiver, eu égard à leur force & à leur foibleſſe : alors, on ne remplace point la hauſſe qu'on enlève dans le haut par une autre qu'on ajoute au bas, comme on le pratique dans le mois de Juin. Il évalue la quantité de miel que peut conſommer la ruche la plus nombreuſe en mouches, à une livre un quart. Cette quantité, quoique très-médiocre, pourroit ſuffire, ſi le froid étoit conſtant pendant l'hiver : mais ſi l'air eſt doux, & qu'il y ait pluſieurs jours de beau tems, les abeilles qui ſe remuent dans la ruche, prennent de l'appétit, font par conſéquent une plus grande dépenſe de proviſions, & la quantité de miel qu'on auroit jugé leur ſuffire, ſeroit bientôt conſommée. Auſſi conſeille-t-il prudemment d'en laiſſer davantage, afin de prévenir la diſette que peut occaſionner parmi les abeilles un tems trop doux qu'on ne peut prévoir.

Les motifs ſur leſquels ſe fonde M. Palteau pour dégraiſſer les ruches dans le mois d'Octobre, ſont, 1°. qu'on veille à la conſervation des abeilles, en prenant une partie de leurs proviſions avant l'hiver ; parce qu'en ôtant une hauſſe par le haut à leur ruche, ſans en ajouter d'autres, on rend leur habitation moins vaſte, & par conſéquent plus

chaude, puiſqu'elles ſeront plus rapprochées les unes des autres ; 2°. on prévient la moiſiſſure de la cire, la fermentation du miel, qui ſe gâtent néceſſairement, quand les abeilles ne peuvent pas les entretenir dans le degré de chaleur qu'il conviendroit pour les conſerver. Le miel perd donc de ſa qualité s'il paſſe l'hiver dans la ruche, la cire devient brune, & par conſéquent plus difficile à blanchir. MM. de Maſſac & de Boisjugan, les plus fidèles imitateurs qu'ait eus M. Palteau, preſcrivent exactement la même méthode, & pour les mêmes raiſons.

M. du Carne conſeille de tailler les ruches, ſelon les dimenſions qu'il a adoptées ; 1°. quand elles ſont compoſées de ſept hauſſes exactement pleines de cire & de miel, qu'elles ſont bien fournies d'abeilles, & qu'elles pèſent ſoixante-quatre ou ſoixante-cinq livres : il exige encore que les ruches aient ſept hauſſes pour être taillées, parce qu'il a obſervé que les abeilles travailloient volontiers & avec ardeur, juſqu'à ce que leur ruche fût du double plus haute que large ; ce qui a lieu lorſque la ruche eſt compoſée de ſept hauſſes : alors la ſupérieure ne contient que du miel & de la cire, & n'a point de couvain. Si les hauſſes, au lieu de treize pouces en quarré qu'elles ont, n'en avoient que douze, on pourroit les tailler à ſix, parce qu'alors une ruche compoſée de ſix hauſſes auroit une hauteur double de ſa largeur.

2°. Il recommande de ne jamais tailler les ruches avant le dix ou douze de Mai, parce que la reine, qui eſt dans le fort de la ponte ;

R 2

pourroit placer ses œufs dans la hausse supérieure, s'il y avoit quelques cellules qui ne fussent pas remplies de miel; ni après le premier Juillet, attendu que la récolte des abeilles est presque finie; du moins dans bien des endroits elles ne trouvent rien ou peu de choses après les premiers jours de Juillet; elles sont réduites aux fleurs des jardins, & à quelques fruits qui ne fournissent pas l'abondance qu'elles desirent pour ramasser des provisions.

3°. De ne point tailler les ruches que la récolte du miel ne soit commencée, autrement les abeilles se dégoûteroient, si elles ne trouvoient pas tout de suite dans la campagne de quoi remplacer ce qu'on leur a pris : à leur activité & à leur ardeur pour le travail, on connoît si elles rapportent du miel, principalement encore quand leurs voyages sont très-fréquens.

On ne peut point disconvenir que l'usage de ne point tailler les ruches avant le dix ou douze de Mai, ne soit très-bon : c'est alors que commence le tems de la plus grande récolte des abeilles; on ne craint donc point de les appauvrir, puisque dans peu elles auront réparé leurs pertes & ramassé le double de ce qu'on leur aura enlevé. En taillant les ruches dans le mois de Mars, avant que la récolte du miel soit commencée, on peut exposer les abeilles à mourir de faim, parce que c'est alors qu'elles font une plus grande consommation de leurs provisions; leurs mouvemens dans la ruche, leurs fréquentes sorties excitent considérablement leur appétit : si elles ne trouvent rien dans la cam-

pagne, & que leurs magasins soient vuides, il faut les nourrir; & c'est toujours un très-grand inconvénient, soit par rapport à la dépense, soit aussi à cause des soins qu'il faut prendre pour ne point les exposer à la disette, en oubliant de leur donner des provisions.

Si la récolte du miel étoit commencée dès la fin d'Avril, comme dans nos provinces méridionales, & que la ruche fût tellement pleine, que les gâteaux descendissent presque sur la table, ou à la hauteur de deux pouces environ, il ne faudroit pas renvoyer au dix de Mai pour tailler les ruches; en différant, on feroit perdre aux abeilles un tems précieux pour la récolte du miel & de la cire; peut-être encore elles se dégoûteroient, & abandonneroient une habitation où elles ne pourroient plus faire d'amas de provisions. Dès que la saison de la récolte des abeilles est arrivée, on peut tailler les ruches sans aucun inconvénient; il y en auroit au contraire un très-grand à retarder cette opération, si la ruche se trouvoit pleine au point que les gâteaux descendissent sur la table. La taille des ruches dépend donc de la récolte du miel, qui ne commence point par-tout dans le même tems, puisqu'elle est relative aux climats, & qu'elle varie comme eux, selon les différens pays.

Le mois d'Octobre est encore le tems propre à s'emparer d'une partie des provisions que les abeilles ont amassées, quoiqu'on ait déjà fait un partage avec elles au mois de Mai : il faut observer alors que par-tout la récolte est finie pour les abeilles, & que dans le partage

qu'on fait avec elles dans cette faifon, il faut en ufer difcrétement &
avec modération. Quoiqu'une ru-
the foit bien pleine , & qu'elle
pèfe cinquante à foixante livres,
il ne faut pas fe laiffer féduire par
l'appât de tant de richeffes, & ne
point fuivre une avidité démefurée ,
qui fe contenteroit à peine de la
moitié : on doit être fatisfait d'enlever une hauffe feulement, fans
en ajouter par le bas, parce qu'il
n'y a plus de récolte à faire. Il vaut
mieux que les abeilles aient des provifions furabondantes, que fi elles
en manquoient ; on ne peut pas
prévoir fi l'hiver fera doux ou rigoureux ; d'ailleurs, qu'on n'ait aucun fujet d'inquiétude touchant les
provifions qu'on laiffe aux abeilles ;
elles les ménageront avec économie , & l'année fuivante on pourra
en faire fon profit.

En taillant les ruches bien pleines
au mois d'Octobre, on profite d'un
miel excellent , qui perdroit une
partie de fa bonne qualité en paffant l'hiver dans la ruche. La cire
qu'on prend alors eft belle & plus
facile à blanchir que quand elle eft
devenue rougeâtre par un trop
long féjour dans la ruche , où les
vapeurs qui font occafionnées par
les abeilles , lui font contracter une
humidité qui la moifit. Les abeilles
gagnent auffi à être privées d'une
partie de leurs provifions, parce
que leur logement, qui a une hauffe
de moins, n'eft pas fi vafte ; elles
font par conféquent plus chaudement.

SECTION IV.

Eft - il à propos de tailler les Ruches plufieurs fois dans la même année.

Lorfque les abeilles font dans des
pofitions très - avantageufes , &
qu'elles peuvent faire plufieurs récoltes, il eft certain qu'on peut
dans la même année partager plufieurs fois avec elles les richeffes
qu'elles ont amaffées. Dans les pays
qui font très - fertiles , fouvent il
arrive que des ruches qu'on aura
taillées au commencement de Mai,
feront plus fournies trois femaines
après qu'elles ne l'étoient auparavant cette opération ; & comme la
récolte n'eft pas encore finie, c'eft
entretenir les abeilles dans l'ardeur
pour le travail, que de leur donner
de l'ouvrage à faire en vuidant une
partie de leurs magafins. Dans bien
des endroits , la récolte du miel &
de la cire eft finie, il eft vrai, les
premiers jours de Juillet ; mais dans
ceux, au contraire, où l'on fème
beaucoup de farrafin, ou bled noir,
& de la navette, où l'on fauche
les prairies deux ou trois fois, les
mc. d'Août & de Septembre font
prefque pour les abeilles un nouveau printems. Lorfqu'elles font
dans des pofitions fi favorables pour
leurs récoltes, on doit tailler les
ruches de l'ancien fyftême dans le
courant de Juillet, quoiqu'on l'ait
déjà fait au commencement du mois
de Mai, afin de donner aux abeilles
affez de place pour loger les provifions que la campagne va leur
offrir ; autrement on les expoferoit
à perdre un tems précieux , fi elles
ne favoient où mettre les nouvelles
richeffes qu'elles peuvent encore

moiſſonner : on ne doit point attendre le mois d'Octobre , parce qu'alors il n'y a plus de récolte à faire , & qu'il ne faut pas rendre leur logement trop ſpacieux à cauſe du froid , en le dépouillant d'une partie des proviſions qui le rempliſſent.

Quant aux ruches qui ſont compoſées de pluſieurs hauſſes , on peut ſe diſpenſer d'une ſeconde taille en Juillet , quoiqu'il y ait encore une ſeconde récolte à eſpérer pour les abeilles : on ſe contente alors d'ajouter une hauſſe par le bas , afin que les abeilles ne ſoient point oiſives , & qu'elles puiſſent profiter des nouveaux bienfaits que la campagne va leur offrir inceſſamment. Si elles étoient diligentes & laborieuſes , & qu'il y eût une abondance aſſez conſidérable , une ſeule hauſſe ne ſuffiroit pas ; elle ſeroit bientôt remplie , & une ſeconde leur ſeroit encore néceſſaire dans peu de tems. Vers le milieu d'Octobre , on partage alors la dernière récolte des abeilles , & toujours avec diſcrétion , parce que cette ſaiſon n'eſt plus un tems de travail pour elles ; on profite , par ce moyen , d'une partie du miel & de la cire qu'elles ont amaſſés.

SECTION V.

Des connoiſſances néceſſaires pour tailler les Ruches.

Toute perſonne indifféremment n'eſt pas propre à tailler les ruches , & ſur-tout celles de l'ancien ſyſtême ; il faut connoître parmi les gâteaux ceux qui contiennent le miel & ceux qui renferment le couvain : cette diſtinction eſt eſſentielle à faire , autrement on prendroit les gâteaux où eſt le couvain pour ceux qui contiennent le miel , & on détruiroit par-là la famille naiſſante , qui eſt l'objet le plus cher de l'eſpérance des abeilles. Le couvain eſt ordinairement placé ſur le devant de la ruche , comme la partie la plus propre pour le faire éclore , & la plus convenable auſſi pour ſon éducation. On connoît dans les gâteaux les cellules qui contiennent le couvain , c'eſt - à - dire les nymphes & les vers prêts à ſe métamorphoſer , aux couvercles dont elles ſont bouchées , qui ſont convexes & un peu bruns ; au lieu que ceux qui ferment les cellules où il n'y a que du miel , ſont plus plats & plus blancs. On doit auſſi porter de l'attention ſur les cellules qui paroiſſent vuides , dans leſquelles cependant il peut y avoir des œufs ou des vers nouvellement éclos , afin de les épargner : lorſque la vue ne ſuffit pas pour appercevoir dans la ruche s'il y a des œufs ou des vers dans les cellules qui paroiſſent vuides , on peut rompre un morceau de gâteau , & l'examiner de plus près pour ſavoir s'il n'y a point d'œufs ni de vers dans les cellules , qui au premier coup d'œil paroiſſoient n'en point contenir. Sans cette connoiſſance , on porteroit un fer meurtrier dans les gâteaux qui contiennent le couvain , comme dans ceux où il n'y a que du miel , & on ſeroit privé d'un eſſaim qui ſeroit peut-être ſorti peu de jours après.

Avec les ruches qui ſont compoſées de hauſſes , on ne craint point d'enlever le couvain en les taillant , parce qu'il se trouve au milieu de la ruche , dont on ne prend que la partie supérieure , dans laquelle il est très-rare qu'il s'en trouve , à moins que les abeilles n'y soient établies que depuis peu ; & alors elles ne sont point dans le cas qu'on partage les provisions dont elles commencent à remplir leurs magasins.

Il faut encore connoître si le jour qu'on a destiné pour tailler les ruches , est favorable aux travaux des abeilles ; s'il ne l'étoit pas , il seroit bon de différer cette opération au lendemain , dans la crainte de les décourager. On connoît que le jour est favorable pour leur récolte , à l'empressement qu'elles ont de sortir de la ruche dès le matin , à leur vivacité dans les ébats qu'elles se donnent sur le devant de leur habitation avant de partir , & à leur ardeur à prendre leur essor pour aller voyager dans la campagne , & y ramasser des provisions. Quand elles sont au contraire dans une espèce d'inaction & d'engourdissement , qu'elles sont lentes à partir , & qu'on ne remarque pas dans leurs jeux cette vivacité sémillante , qui leur est si ordinaire , c'est une preuve que ce jour n'est point propre à leurs travaux , qu'elles le passeront en partie dans l'oisiveté : si l'on touchoit alors à leurs provisions , elles seroient capables de se dégoûter du travail , & de s'abandonner au pillage. Il est difficile d'assigner la cause de cette nonchalance , qui n'est pas toujours occasionnée par le mauvais tems : quoiqu'il fasse beau , que le soleil paroisse , & que le vent vienne du midi , il arrive quelquefois malgré cela ; que les abeilles ne sont point portées à l'ouvrage , qu'elles n'ont aucun goût pour le travail , & qu'elles se livrent à l'oisiveté : dans la crainte que plusieurs jours pareils se succèdent , on peut leur donner deux ou trois cuillerées de miel bien délayé avec un peu d'eau-de-vie ; ce mets , très-appétissant pour elles , réveillera leur ardeur & leur vivacité , & chassera la paresse.

SECTION VI.

De la manière qu'il faut tailler les Ruches de l'ancien système , ou qui ne sont pas composées de plusieurs hausses.

C'est une expédition militaire , que d'entreprendre de tailler une ruche de l'ancien système ; c'est exactement une place qu'il faut attaquer , & qui sera défendue vigoureusement par plus de trente mille abeilles , toutes bien disposées à résister avec courage à l'ennemi , & à conserver , au péril de leur vie , les richesses qu'elles ont amassées , & qu'on veut leur enlever. Il ne suffit pas d'être armé d'un fer tranchant ; si la troupe qu'on attaque fondoit tout à la fois sur l'ennemi , le fer qu'il auroit en main seroit une arme assez inutile contre tous les dards qui tomberoient sur lui ; & le meilleur parti qu'il auroit à prendre pour éviter toutes ces flèches empoisonnées , seroit celui de fuir : le courage le plus entreprenant ne seroit en pareille circonstance qu'une folle témérité , qui seroit bientôt punie par les châtimens les plus sévères & les plus cuisans. Quoi qu'en dise M. Simon , qui prétend qu'on peut braver la fureur des abeilles, & se mettre à couvert de leurs aiguillons, en se frottant simplement les mains & le visage avec sa propre urine ; je crois que le parti le plus sage est de ganteler ses mains, de défendre sa tête par un casque, & de se cuirasser : ce n'est qu'avec une telle armure qu'on peut s'approcher, & livrer l'assaut à la place qu'on veut dépouiller. Les gens de la campagne, moins timides ou peu délicats, négligent assez communément ces sortes de précautions qu'ils regardent comme trop gênantes. Cependant pour n'être pas exposé aux piqûres, il est bon d'avoir sur sa tête un capuchon en forme de camail, dont le devant soit garni d'une gaze un peu forte, qui permette de voir opérer ; d'avoir de bons gants aux mains, & d'envelopper ses jambes avec des serviettes. Avec tout cet attirail, on peut approcher de la ruche qu'on veut tailler, sans craindre d'être insulté par les abeilles.

La veille du jour qu'on a fixé pour tailler les ruches, il faut, à l'entrée de la nuit, les détacher de dessus leur support, en ôtant avec un couteau le pourjet qui les y tenoit collées ; si on n'a point de gelée à craindre pendant la nuit, on peut les renverser sur le côté. Le lendemain, avant le lever du soleil, on enfume la ruche pendant quelques instans, (Voyez la Sect. 4ᵉ du 7ᵉ Ch. de cette troisième Partie, pag. 126) Lorsque les abeilles sont au sommet, où la fumée les a obligées de se retirer, on prend la ruche, qu'on renverse sens dessus dessous sur une chaise ou sur tout autre appui qui la soutienne à une hauteur com-

mode pour opérer avec aisance. Pour couper les gâteaux dont on veut s'emparer, on se sert d'un couteau dont la lame, longue & bien affilée, est recourbée au bout en forme de serpette : alors, connoissant les gâteaux qui contiennent le couvain, on les épargne, & on coupe indifféremment ceux qui renferment le miel dans quelque endroit de la ruche qu'ils soient placés : afin que les abeilles ne se trouvent pas sous le tranchant du couteau, on les oblige à se retirer de dessus les gâteaux qu'on veut tailler, avec la fumée d'un linge qu'on fait brûler au bout d'un bâton, & qu'on dirige vers elles. La principale difficulté consiste à enlever le premier gâteau, parce que si la ruche est bien pleine, on a peu d'espace pour que la main puisse entrer & agir librement pour enlever ce qu'on a coupé. On a donc soin de détacher avec le couteau le gâteau des parois de la ruche, & de le couper au fond pour le prendre avec la main & le sortir ; on le place ensuite dans une corbeille qu'on a à côté de soi, ou dans quelque vase préparé pour cet effet. Après avoir coupé tout ce qu'on vouloit prendre, on ramasse tous les morceaux de gâteaux qu'on auroit pu briser, on coupe l'extrémité de ceux qui restent dans la ruche, pour ôter toute la vieille cire & celle qui seroit moisie : on remet la ruche à sa place, en observant que l'endroit où l'on a le plus coupé doit se trouver sur le devant : étant exposé au soleil, les abeilles y travailleront plus volontiers pour réparer leurs pertes ; & en coupant à la première taille ce qu'on a laiſſé, on renouvellera par ce moyen les gâteaux dans la ruche.

On emporte tout de ſuite le vol qu'on a fait aux abeilles, autrement elles ſortiroient pour s'en emparer : avant de le ſouſtraire à leur envie, on balaye avec une plume toutes celles qui peuvent être reſtées ſur les gâteaux qu'on a ſortis de la ruche ; on leur met une petite planche, dont un bout repoſe à terre & l'autre ſur la table de la ruche, afin qu'elles y montent pour aller retrouver leurs compagnes, & ſe conſoler mutuellement de leurs pertes. En tournant la ruche de ſorte que le derrière ſe trouve ſur le devant, on a ſoin d'y pratiquer une ouverture qui ſerve de porte aux abeilles, & on condamne l'ancienne. Deux jours après cette opération, il faut viſiter les ruches le matin, ou après le ſoleil couché, afin de ne point déranger les abeilles, & de ne pas s'expoſer à leur colère : on ſoulève légérement la ruche pour balayer la table, & en ôter les mouches mortes, les morceaux de gâteaux qu'on a coupés ou briſés involontairement, & qui étoient reſtés dans la ruche : on la ſcelle enſuite ſur ſon ſupport avec du pourjet, & on ne laiſſe d'autre ouverture que celle qui doit ſervir de porte aux abeilles pour entrer dans leur domicile.

L'abbé de la Ferrière & Simon recommandent de couper & d'enlever toutes les cellules royales, qu'ils appellent des *ſifflets*, & qui ſont fort aiſées à diſtinguer des autres par leur forme extraordinaire & leur groſſeur, afin de prévenir les déſordres que pourroient occaſionner pluſieurs chefs dans la république : cependant ils veulent qu'on ménage & qu'on ne touche point au couvain : mais à quoi bon l'épargner, ſi on tue les chefs qui ſe mettroient à ſa tête, quand il ſeroit en état d'aller former un établiſſement hors de ſa patrie : au moins auroient-ils dû en conſerver deux ou trois, afin de laiſſer aux abeilles la liberté de choiſir leur chef, & non pas les expoſer à en avoir un peu propre peut-être à les gouverner. Ce conſeil deſtructeur eſt très - mauvais ; les abeilles ſauront bien elles-mêmes, après avoir fait le choix qui leur convient, ſe défaire de ces chefs inutiles, dont l'exiſtence, toujours onéreuſe à l'état qui les ſouffre, ſeroit un ſujet continuel de diviſions & de déſordre.

SECTION VII.

Manière de tailler les Ruches compoſées de pluſieurs hauſſes.

C'eſt un vrai badinage que d'enlever une partie des proviſions des abeilles qui ſont logées dans des ruches compoſées de pluſieurs hauſſes : dans toute ſaiſon & à toute heure on peut le faire, ſans expoſer les abeilles à mourir ſous un couteau que la main ne peut pas toujours conduire, comme on le veut, dans une ruche où l'on taille les gâteaux avec une précipitation extrême ; ſans que le couvain, qui eſt hors de tout danger, ſoit jamais endommagé, & ſans courir ſoi-même le moindre péril d'être aſſailli & piqué par une foule d'abeilles, qui, malgré toutes les précautions qu'on prend, ſe jettent

Tom. I.   S

toujours avec fureur fur celui qui vient les troubler dans leur domicile, pour leur faire un vol qui n'eft jamais de leur goût, quelque abondantes que foient leurs richeffes.

Le jour qu'on a fixé pour tailler les ruches, on leur donne dans la matinée une hauffe vuide qu'on ajoute par le bas ; & dans l'après - dîner, on les dégraiffe. Quand on fait cette opération dans le mois d'Octobre, on n'ajoute point de hauffe vuide ; ce n'eft que dans le mois de Mai ou de Juin. On pourroit donner la hauffe vuide la veille, fi on vouloit tailler le lendemain dans la matinée. Pour faire cette opération, 1°. on foulève légérement avec un cifeau le couvercle de la hauffe fupérieure qu'on veut enlever ; 2°. on fépare cette même hauffe de la fuivante en la foulevant avec le cifeau, & on met entre les deux de petits coins, afin de les tenir féparées, pour que le fil de fer qui doit les divifer paffe plus aifément ; 3°. on fait entrer la fumée dans la hauffe qu'on veut enlever, après avoir détaché fon couvercle, pour obliger les abeilles à defcendre dans le bas de la ruche ; 4°. on fe place derrière la ruche pour n'être point vu des abeilles, & afin qu'elles puiffent fortir & entrer librement ; on paffe enfuite doucement, & en fciant, le fil de fer entre les deux hauffes, & dans l'inftant elles font féparées. Après avoir enlevé la hauffe, on place fur la fuivante, qui eft devenue la première, le couvercle & les planchettes, & on affujettit le tout à l'ordinaire.

Ce fil de fer ou de laiton dont on fe fert pour féparer les hauffes, eft fort mince ; pour le rendre plus fouple, on le paffe au feu. On y attache à chaque bout un petit bâton de trois à quatre pouces de longueur, pour le tenir plus furement quand on opère pour féparer les hauffes. Avec cette méthode de tailler les ruches, les abeilles s'apperçoivent à peine du vol qu'on leur fait, puifque la ruche n'eft ni déplacée ni dérangée, & qu'on ne touche point à l'endroit qu'elles habitent : elles ne courent aucun danger d'être coupées, ni écrafées par la chûte des gâteaux : le couvain eft en fureté, puifqu'il ne fe trouve jamais dans le haut de la ruche, mais toujours dans le milieu & dans le bas : on ne prend donc exactement que du miel & de la cire, fans nuire aux abeilles & fans les tourmenter.

Un des grands avantages de cette méthode de tailler les ruches, & que ne procurent point celles de l'ancien fyftême, c'eft d'entretenir l'activité laborieufe des abeilles, fans les dégoûter de leur domicile : lorfqu'on leur enlève une partie de leurs provifions dans la faifon propre à réparer leurs pertes, elles ne font point effrayées d'une hauffe vuide qu'on ajoute par le bas de leur ruche, pour remplacer celle qu'on enlève par le haut : leur ardeur pour le travail fe ranime à la vue d'un vuide à remplir, & qui n'étant pas exceffif n'eft point capable de les décourager, quand même elles feroient en petit nombre. Si on fait cette opération en automne, on ne craint point de les expofer aux rigueurs de l'hiver, puifqu'on diminue la capacité de leur habitation qui pourroit être trop vafte, & on profite d'une partie de leurs provifions qui leur feroit inutile , & qui perdroit de fa bonne qualité en féjournant plufieurs mois dans la ruche.

SECTION VIII.

Dans quelles circonftances eft-il à propos de tailler les Effaims de la même année.

Les effaims exigent d'autres foins & d'autres précautions dans la manière de partager avec eux la récolte qu'ils ont faite , que celles qu'on a pour les mères-ruches. On doit obferver qu'ils ne font compofés en grande partie que de jeunes abeilles dont il faut ménager l'activité , dans la crainte de les rebuter en voulant trop exciter leur ardeur pour le travail. Si les effaims font tardifs , jamais on ne doit les priver de la plus petite partie de leurs provifions , parce qu'ils n'ont pas eu le tems d'en faire d'affez confidérables : il faut examiner au contraire , s'ils en auront fuffifamment pour paffer toute la mauvaife faifon.

Pour profiter & pouvoir prendre une partie de la récolte qu'a faite un effaim , fans l'expofer à aucun danger , il faut qu'il foit des premiers jours du mois de Mai ; qu'il foit fort nombreux & actif au travail ; que la ruche où il eft logé foit pleine de cire & de miel : alors on peut lui enlever une partie de fa provifion , fi la faifon eft encore favorable pour réparer fes pertes en remplaçant ce qu'on lui aura pris. Sans toutes ces conditions , il faut le laiffer paifiblement au milieu de fes richeffes , & n'être point tenté d'y porter une main avide qui ruineroit cette colonie naiffante , parce que ce feroit l'expofer

à une difette affreufe ; ou le dégoûter de fon habitation : rebuté par le vol qu'on lui auroit fait , peut-être feroit-il capable de porter le ravage dans les ruches voifines , & d'y caufer le plus grand défordre.

Quand les effaims ont exactement toutes les conditions qui font indifpenfables pour être dégraiffés , on fait cette opération , les premiers jours de Juillet , c'eft-à-dire , le deux ou le trois : fi on la faifoit plus tard , la récolte du miel & de la cire feroit peut-être finie , & alors comment pourroient-ils s'occuper à de nouveaux ouvrages ? En la faifant plutôt , on rifqueroit d'endommager le couvain qui n'auroit pas eu affez de tems pour être élevé & foigné par les abeilles ; ce qui eft encore une raifon qui doit empêcher qu'on ne touche aux provifions des effaims , qui ne font fortis que dans le mois de Juin. Cependant , fi un effaim fort nombreux avoit entièrement rempli fa ruche au mois d'Octobre , il feroit auffi avancé que les mères-ruches ; alors il faudroit le traiter comme elles , c'eft-à-dire , lui enlever une hauffe par le haut , & n'en point ajouter par le bas : ce feroit autant pour profiter de fes provifions , qu'afin de le précautionner contre l'hiver , en rendant fa demeure moins fpacieufe.

SECTION IX.

Manière de tailler les Effaims de la même année.

La méthode de tailler les effaims eft en général la même que celle qu'on pratique avec les mères-ruches, fur-tout quand elles ne font point compofées de hauffes. M. du Carne de Blangy a deux manières de tailler les effaims de la même année, qui lui font particulières, & qu'il a obfervées être très-propres à exciter l'ardeur des jeunes abeilles pour le travail.

La première confifte à foulever, de quelques lignes feulement, le couvercle de la hauffe fupérieure avec un cifeau, & de l'arracher enfuite avec violence, & avec le plus de légéreté & d'adreffe qu'il eft poffible. Si la faifon eft trop avancée, c'eft-à-dire, fi on fait cette opération les premiers jours de Juillet, on remet le couvercle, après en avoir détaché les rayons fur la hauffe qu'on n'a point dérangée de fa place : pendant le tems qu'on détache le gâteau du couvercle, on en remet un autre fur la ruche, pour empêcher les abeilles de fortir. Quand la faifon eft encore favorable pour la récolte du miel & de la cire, avant de remettre le couvercle, on ajoute par le haut une hauffe vuide de deux pouces & demi de hauteur, & on remet le couvercle par-deffus, comme à l'ordinaire. En arrachant le couvercle, fans le féparer, avec le fil de fer, on emporte les feuls rayons de miel qui y reftent attachés : quoiqu'ils foient très-fragiles, ils tiennent fi fortement au couvercle, qu'ils ne s'en féparent pas, quand on l'arrache avec force : les gâteaux, au contraire, où eft le couvain, fe brifent à leur jonction avec ceux qui ne contiennent que du miel, & s'en féparent : par ce moyen, on eft affuré que le couvain demeure dans la ruche.

La feconde manière de tailler les effaims, c'eft d'enlever la hauffe fupérieure de la ruche, après l'avoir féparée de celle qui eft en deffous avec le fil de fer, & de remplacer cette hauffe par une autre de trois pouces de hauteur qu'on remet à la même place où étoit celle qu'on a prife : quand on fait cette opération, après le 26 Juin, la hauffe qu'on ajoute ne doit avoir que deux pouces de hauteur, parce que la faifon étant très-avancée, il faut donner peu d'ouvrage à faire aux jeunes abeilles, afin de ne point les décourager.

M. du Carne a obfervé qu'en donnant une hauffe par le haut aux effaims de l'année, les abeilles travailloient avec plus d'ardeur, & la rempliffoient en très-peu de tems; qu'en les forçant de cette façon au travail, on les empêchoit d'effaimer la même année. Cette méthode ne convient qu'aux nouveaux effaims, parce que leur cire eft toute fraîche; elle n'eft point praticable avec les anciennes ruches, parce qu'il eft néceffaire que leur cire foit renouvelée. Il pourroit être avantageux de donner aux mères-ruches des hauffes par le haut; quelques-unes, au bout de dix ou douze jours, en rempliroient peut-être deux qu'on enleveroit, & dans lefquelles on feroit affuré de ne trouver que du miel & de la cire d'une excellente qualité. De cet avantage en apparence, il en réfulteroit un très-grand mal qui perdroit la ruche dans trois ou quatre ans, parce que la cire, qui ne feroit point renouvelée, contracteroit une mauvaife qualité, en féjournant trop long-tems dans la ruche; fon odeur défagréable incommoderoit les abeilles qui abandonneroient leur logement. On ne doit donc jamais faire ufage de cette méthode avec les mères-ruches ; elle ne convient qu'aux effaims de la même année.

Il faut obferver que la cire d'un jeune effaim eft toute fraîche, qu'elle a peu de confiftance, & que le miel coule aifément des gâteaux qu'on a brifés ou féparés : on doit donc avoir attention de bien nettoyer les gâteaux de tous les fragmens qui peuvent refter après leur féparation, & de mettre fous la ruche un vafe pour recevoir le miel qui coule des rayons, afin que les abeilles l'en-lèvent plus aifément, pour le porter dans les magafins qu'elles conftrui-ront. S'il fe répandoit fur la table, les abeilles ne pourroient point s'y repofer, fans engluer leurs pattes ; & d'ailleurs il pénétreroit peut-être fur les rebords extérieurs de la table, ce qui fuffiroit pour attirer leurs ennemis, & leur caufer du défordre.

CHAPITRE IX.

DES MOYENS D'ENTRETENIR LES ABEILLES DANS L'ACTIVITÉ POUR LE TRAVAIL.

SECTION PREMIÈRE.

Comment obliger les Abeilles à travailler dans l'intérieur de la Ruche.

Dans la conftruction de leurs ouvrages, dans leurs travaux, dans l'amas de provifions que font les abeilles, elles n'ont en vue qu'elles-mêmes, & la confervation & les progrès de leur efpèce. Quelque ardeur qu'elles aient naturellement pour le travail, elles ne s'y livrent que quand elles font dans une ha-bitation qui leur plaît, & où elles ont deffein de s'établir, à caufe des avantages qu'elle leur fait efpérer. Dès qu'elles ont pris du dégoût pour leur domicile, elles font dans l'inaction, & on les voit bientôt en déloger, pour en chercher un autre qui leur plaife, & où elles puiffent fe fixer. Pour les engager à demeurer dans le logement qu'on leur a donné, & à y travailler, il faut le leur rendre commode, avoir foin de le maintenir dans une grande propreté, en éloignant tous les infectes qui leur nuifent. Autant qu'il eft poffible, il faut pro-portionner le logement au nombre d'abeilles qui compofent la colonie : dans une habitation trop vafte, elles font découragées par la quantité d'ouvrages qu'elles auroient à faire pour la remplir ; au contraire, quand elle eft proportionnée à la population qui l'habite, elles s'em-preffent de travailler ; & dans peu de tems elles commencent plufieurs édifices qu'elles continuent enfuite avec ardeur.

Quand on reçoit un effaim, il faut toujours avoir attention de le loger dans une ruche dont la gran-deur foit proportionnée au nombre des abeilles qui le compofent : tel effaim qui ne travaille point, ou fort peu, dans une ruche trop fpa-cieufe, auroit fait des merveilles dans une plus petite : D'ailleurs, avec des ruches compofées de plu-fieurs hauffes, on eft toujours à tems de rendre l'habitation plus grande, à mefure qu'on s'apperçoit que l'ouvrage avance. Maintenir les abeilles dans la propreté, propor-tionner le logement à leur nombre, en éloigner les ennemis qui leur causent de l'inquiétude, tels sont les vrais moyens de les fixer & d'entretenir leur ardeur pour le travail. Dès qu'on s'apperçoit que la population d'une ruche est diminuée, il ne faut pas attendre que les habitantes se dégoûtent de leur logement & l'abandonnent : qu'on réunisse cette ruche, affoiblie par la perte de ses citoyennes, avec une autre d'égale force ; par ce moyen, on formera une bonne ruche, de deux mauvaises dont on ne tireroit séparément aucun profit ; ces deux peuples réunis, & fortifiés l'un par l'autre, travailleront avec activité.

SECTION II.

Des circonstances où il faut hausser les Ruches pour obliger les Abeilles à travailler.

Les abeilles ne travaillent en cire, c'est-à-dire, ne construisent des rayons ou des gâteaux, que quand elles y sont forcées, soit pour fournir à la reine des cellules pour loger sa nouvelle famille, soit pour avoir des magasins où elles renferment leurs provisions. Dès qu'un essaim est dans une ruche, sa première occupation est de bâtir les édifices qui lui sont nécessaires pour commencer son établissement ; & quand ils sont finis, il travaille à les remplir. La récolte en cire a beau être abondante, les abeilles n'en construiront pas plus d'ouvrage, si elles ne prévoient pas qu'ils seront utiles pour la ponte de la reine, ou pour loger leurs provisions : elles amasseront la cire brute, sans la préparer pour l'employer ; & elle restera dans leurs magasins pour leur servir de nourriture. Ce seroit donc rebuter les abeilles, au lieu de les exciter à l'ouvrage, de hausser leurs ruches pour les faire travailler en cire, sans savoir si elles sont dans la circonstance & dans le besoin de le faire.

Hausser une ruche, c'est la rendre plus grande, en ajoutant une hausse par le bas, sans en retrancher par le haut. La saison de la grande récolte des abeilles est le tems où les ruches peuvent avoir besoin d'être haussées ; quand elle est passée, il n'y a aucune circonstance qui l'exige, parce que le travail est fini pour les abeilles, & qu'on ne hausse les ruches, que pour les faire travailler. Lorsqu'une ruche est bien peuplée, que les gâteaux pressés, & rapprochés les uns des autres, descendent sur la table à la hauteur d'un pouce, & que la ruche est d'un bon poids, on peut alors la hausser, afin de donner du large aux ouvrières pour continuer leurs ouvrages. Il faut absolument toutes ces conditions, afin de ne pas donner imprudemment une hausse à des abeilles, qui, n'en ayant aucun besoin, se dégoûteroient peut-être de leurs ouvrages. La ruche pourroit être bien fournie de gâteaux, & n'être pas, pour cela, dans le besoin d'être haussée ; par exemple, si elle n'étoit que d'un poids médiocre, quoique bien pleine ; parce qu'alors ce seroit une preuve que les magasins ne seroient pas entiérement remplis, les abeilles auroient encore, par conséquent, assez de place pour loger les provisions qu'elles feroient. Si on ajoutoit une hausse à leur ruche dans cette circonstance, on courroit rifque de les rebuter en leur offrant un efpace à remplir, tandis que leurs magafins feroient vuides en partie.

On pourroit objecter : pourquoi ne pas tailler les ruches trop pleines, & leur donner une hauffe vuide par le bas, après avoir enlevé la fupérieure ? On répond à cela, que le moment de tailler les ruches n'eft jamais le tems où les abeilles font dans le plus fort de leurs ouvrages & de leur récolte ; ce feroit les dégoûter du travail & de leur logement, de prendre dans cette circonftance une partie de leurs provifions. Il faut encore obferver, que le tems de la plus grande occupation des abeilles, eft auffi celui où la reine donne le plus de fujets à fon état, & qu'elle les place alors indifféremment par-tout où elle trouve des cellules vuides, dans le haut, dans le bas, comme dans le milieu : on pourroit donc enlever une partie du couvain, & l'effaim qui fortiroit enfuite, feroit trop foible pour être placé feul dans une ruche.

Les premiers effaims, c'eft-à-dire, ceux du commencement du mois de Mai, font plus dans le cas d'avoir befoin d'une hauffe, que les mères-ruches, parce que leur grande ardeur les porte à remplir tout de fuite l'habitation où on les a logés : trois femaines après leur arrivée, il eft donc effentiel de leur rendre vifite de bon matin, ou à l'entrée de la nuit, de baiffer doucement leur ruche, pour examiner fi leurs ouvrages font bien avancés, & de la foulever enfuite pour favoir fi elle eft d'un poids confidérable, afin de juger s'ils ont été auffi diligens à remplir les magafins, qu'à les

conftruire : pour lors on ajoute une hauffe, quand on reconnoît qu'il n'y a plus d'emplacement pour mettre de nouvelles provifions.

Les ruches de l'ancien fyftême peuvent auffi fe trouver dans la néceffité d'être hauffées, de même que celles qui font compofées de plufieurs hauffes ; & dans ce cas, on doit toujours obferver les mêmes conditions. Il feroit donc effentiel d'avoir des hauffes d'un diamètre égal à celui de leur embouchure, & de trois pouces environ de hauteur, que l'on placeroit par deffous quand les circonftances l'exigent. Comme on n'eft pas ordinairement pourvu de ces hauffes, on peut y fuppléer en foulevant les ruches, & les tenant élevées d'un pouce ou deux, felon le befoin, par le moyen de petites cales de bois qu'on mettroit par deffous. Mais alors je ne voudrois pas répondre des ravages que les fouris peuvent y faire pendant la nuit, & bien d'autres infectes. Cependant le parti de les tenir élevées eft le feul qu'il y ait à prendre ; elles ne font pas plus dans la circonftance & la néceffité d'être taillées, quoiqu'elles foient bien pleines, que les ruches compofées de plufieurs hauffes, parce qu'on expoferoit les abeilles aux mêmes dangers & aux mêmes inconvéniens.

CHAPITRE X.

DES ESSAIMS.

SECTION PREMIÈRE.

Des caufes qui font effaimer les Ruches.

Dès que la faifon devient moins rigoureufe, après l'hiver, & que le printems approche , la douce chaleur que commence à exciter le foleil, rappelle les abeilles de leur état de mort, & tout fe ranime dans leur domicile. Les ouvrières reprennent leur activité pour le travail ; la reine recommence fa ponte, qui avoit été interrompue pendant la mauvaife faifon , les œufs qu'elle pond font bientôt prêts à éclore , & les nymphes ne tarderont point à rompre les chaînes de leur efclavage, & à brifer les portes de leur prifon , pour jouir de la liberté , & la reine fe trouvera à la tête d'un nouveau peuple. C'eft par le moyen de cette première ponte , que les pertes qu'a faites la république, pendant l'automne & l'hiver, d'une partie de fes citoyennes, feront réparées , & que de nouvelles ouvrières remplaceront dans leurs fonctions & dans leurs travaux , celles que la mort a enlevées. Les abeilles qui naiffent tous les jours dans cette faifon , augmentent fi confidérablement la population, que la ruche n'eft plus affez vafte pour les contenir toutes : il faut alors qu'une partie confente à s'expatrier, & qu'elle aille fonder ailleurs un établiffement. La colonie qui fort eft précédée d'une jeune reine qu'elle a choifie ; on appelle cette colonie *un effaim*.

Quelque confidérable que foit la population d'une ruche , une partie des abeilles ne fe décide point à en fortir fans avoir un chef qui la conduife. Pour efpérer un effaim , il ne fuffit donc pas qu'une ruche foit bien fournie d'abeilles ; il faut encore qu'il y ait de jeunes reines en état de fe mettre à la tête de l'effaim pour l'engager à quitter fa

patrie. Les abeilles qui n'ont point de reines , font incapables de former aucune entreprife ; elles n'ont aucun goût pour le travail , parce qu'elles n'attendent point de profpérité. M. de Réaumur a eu des ruches trèsfournies d'abeilles , & dont le nombre étoit fi confidérable , relativement à la capacité de leur habitation, qu'une grande partie étoit obligée de fe tenir dehors , ramaffée en peloton , & qui , cependant , ne donnoient point d'effaim , par la raifon qu'il n'y avoit point de jeunes reines, tandis que d'autres , moins fournies , en donnoient. Pour favoir d'une manière pofitive , fi le défaut de jeunes reines étoit un obftacle à la fortie des effaims , M. de Réaumur baigna une de fes ruches, la plus fournie en abeilles, qui n'avoit point donné l'effaim qu'il attendoit : ayant eu la patience d'examiner toutes les abeilles l'une après l'autre , il n'y trouva effectivement que la mère de la ruche , & point de jeunes reines ; ce qui le perfuada que l'effaim n'étoit pas forti , quoique la ruche fût en état de le donner , parce qu'il n'y avoit point de jeune chef. Les caufes qui font effaimer les ruches , font donc tout à la fois une trop grande population, eu égard au domicile qu'elle habite , & les jeunes reines , dont les abeilles en choififfent une pour gouverner le nouvel empire qu'elles font en état de fonder.

SECTION II.

Dans quelle faifon , & à quelle heure de la journée les Effaims partent-ils de la Mère-Ruche.

Le climat & l'expofition des ruches contribuent beaucoup à faire fortir

fortir les effaims ou plutôt ou plus tard, parce que la grande chaleur qu'occafionne une nombreufe population dans une ruche bien expofée pour profiter du foleil, oblige une partie des abeilles à l'abandonner, dès qu'elle a un chef pour la conduire. Le tems de la fortie des effaims eft donc relatif au degré de chaleur que les abeilles éprouvent. Une ruche par conféquent bien fournie d'abeilles donnera plutôt un effaim qu'une autre qui fera moins peuplée, quoiqu'elles foient toutes deux à la même expofition. Dans nos climats, les premiers effaims partent affez ordinairement vers le dix ou douze de Mai : quelquefois ils fortent avant, lorfque la faifon eft plus avancée, & qu'il fait affez chaud pour que les abeilles fe trouvent mal à leur aife dans une ruche où elles font en grand nombre. Dans les pays où il fait très-chaud, fur la fin d'Avril & quelquefois vers le milieu, on voit paroître des effaims : dans ceux au contraire où le froid dure plus long-tems, on ne voit fortir les premiers effaims qu'à la fin de Mai, & même au commencement de Juin. En général dans tous les pays les effaims partent ou plutôt ou plus tard, felon que la faifon eft plus ou moins favorable. Le tems où l'on peut attendre les effaims eft communément d'un mois, c'eft-à-dire depuis le dix ou douze Mai jufqu'au milieu de Juin ; il arrive quelquefois que vers la fin de Juin les ruches en donnent encore. C'eft par conféquent dans le courant de ces deux mois qu'on doit attendre & veiller la fortie des effaims.

Puifque la chaleur contribue à la

fortie des effaims, ils ne fe décident donc pas à quitter leur mère à toutes les heures du jour indifféremment ; ils ne prennent leur détermination que vers les neuf à dix heures du matin, parce que le foleil, qui donne alors fur les ruches, y excite une chaleur que les abeilles ont peine à fupporter ; & comme elle eft moins confidérable fur les quatre ou cinq heures après midi, ils ne fongent plus alors à partir. On peut donc veiller à la fortie des effaims depuis neuf heures du matin jufqu'à cinq heures après midi ; c'eft affez communément pendant ce tems qu'ils prennent leur effor. Cette règle, quoiqu'affez conftante, fouffre des exceptions, principalement quand il fait trèschaud. Souvent réveillées, dès fix heures du matin, par un beau foleil dont la chaleur déjà vive excite leur activité, les abeilles prennent leur parti, & délogent d'une habitation où cette chaleur les incommode. Quoique le foleil ne paroiffe pas, fi l'air eft chaud & étouffé, un effaim fe déterminera à quitter le domicile où il eft né.

SECTION III.

A quels fignes connoît-on qu'une Ruche donnera bientôt un Effaim.

Lorfqu'une république d'abeilles fe difpofe à envoyer une colonie pour fonder un nouvel établiffement, tout femble y être dans une vive agitation ; le foir, & même pendant la nuit, on entend un bourdonnement continuel : on feroit prefque tenté de croire que tant de mouvemens & de bruit annoncent l'inquiétude des candidats, qui afpi-

T

rent à la royauté, les foins qu'ils prennent pour gagner des fuffrages, & les difputes des électeurs, peu d'accord peut-être fur le choix du fujet qu'ils veulent élever à la dignité de fouverain. Si l'ambition fut jamais permife, s'il y a des circonftances où l'on n'eft point coupable de s'occuper de ces projets d'élévation qu'on ne peut conduire à une fin heureufe qu'au préjudice d'un concurrent également ambitieux, c'eft fans doute dans une occafion pareille où le choix donne la vie avec la royauté, & l'exclufion la mort. Il feroit plus beau fans doute, & ce feroit faire preuve de la vertu la plus héroïque, de préférer la mort à une dignité pour laquelle on manque de talens nécef-faires; de facrifier fon intérêt particulier à celui de la patrie, & de fe dévouer entièrement au falut & au bien de la république, en renonçant de plein gré à une dignité qu'on ne peut poffeder fans caufer de troubles : mais les abeilles, qui nous apprennent tant de chofes, ne nous ont pas encore donné l'exemple d'une fi rare vertu.

Ce bourdonnement extraordinaire, qui, felon toute apparence, eft une marque d'inquiétude & d'impatience, qui annonce le mal-être des abeilles dans une ruche trop petite pour les contenir, a été interprété d'une manière affez fingulière par ceux qui fe plaifent à trouver du merveilleux, où il n'y a rien que de très-naturel. Charles Butler, qui a déterminé les différentes modulations du chant des abeilles, a pris les bourdonnemens aigus qu'on entend dans une ruche, pour les gémiffemens & les com-

plaintes de la jeune reine, qui fupplie la mère de lui permettre de conduire une colonie hors de fes états. Il affure très-férieufement que la reine-mère eft quelquefois deux jours fans acquiefcer à fa prière; & que lorfqu'elle lui accorde fa demande, c'eft avec un ton de voix fonore & plein : alors on eft affuré que l'effaim partira, puifque la jeune reine a obtenu la permiffion de le conduire. L'auteur du *Traité des Mouches à miel* n'avoit point l'oreille auffi muficienne que Charles Butler, puifqu'il a confondu dans le chant des abeilles les fons graves avec les aigus : il eft étonnant qu'il n'ait pas imaginé qu'un ton plus fort & plus fonore annonceroit mieux la gravité du chef, qu'une petite voix aiguë, avec laquelle il prétend qu'une mère-abeille harangue fes fujets. Il affure qu'avant le départ d'un effaim, la reine-mère » fait un petit ramage » ou un chant agréable fur les qua-» tre à cinq heures du matin, & fur » les huit à neuf heures du foir : » pendant ce chant, toutes les mou-» ches de la ruche font dans le fi-» lence; & lorfqu'elle a fini, tou-» tes les abeilles enfemble font un » grand bourdonnement fur le fiè-» ge, courant fur icelui : c'eft une » marque alors que dans peu elles » effaimeront. »

L'abbé de la Ferrière donne auffi pour marque très-certaine qu'une ruche effaimera bientôt » lorfqu'on » entend le foir un grand bourdon-» nement dans la ruche, & que » parmi ce bourdonnement, on en » diftingue une qui fonne, pour ainfi » dire, du clairon » M. Simon dit que trois ou quatre jours avant la fortie d'un essaim, le jeune roi avertit sa colonie de se préparer au départ, & que le soir, lorsque toutes les abeilles sont rentrées, & qu'elles sont tranquilles, il en donne le signal, par un petit son clair redoublé, comme celui d'une petite trompette. La raison qu'il donne de cette séparation, est que le jeune roi ne veut point se rendre maître du domicile où il est né, par déférence & par considération pour ceux qui lui ont donné le jour.

Quoique toute cette prétendue musique ne soit pas un chant d'allégresse comme on l'a cru, mais plutôt une preuve de l'humeur impatiente des abeilles, il y a des signes moins équivoques que ceux-ci, qu'une ruche est sur le point de donner un essaim. Quand on voit paroître des faux-bourdons qui se promènent sur le devant de la ruche l'après-midi, & chantent leur musique, comme le dit Charles Butler, c'est une preuve que la ruche est en état d'envoyer une colonie fonder un nouvel empire hors du sein de la mère-patrie. La raison en est évidente : dès la fin de l'été, tous les faux-bourdons sont chassés & massacrés quand ils s'obstinent à ne pas vouloir aller en exil, auquel ils sont condamnés par l'autorité suprême de la république ; pendant l'automne & l'hiver, il n'y en a donc plus dans la ruche ; ceux qui paroissent au printems annoncent par conséquent que la mère-abeille a donné naissance à une nouvelle famille : la mère-ruche est donc en état d'envoyer une partie de ses enfans pour s'établir ailleurs. Lorsque les abeilles sont en si grand nombre, qu'elles sont entassées les unes sur les autres, que la table de la ruche en est presque couverte, ou qu'amoncelées contre les parois extérieures de leur logement pendant la nuit, elles font un bourdonnement considérable ; c'est encore une preuve que la ruche est en état de fournir un essaim. Une ruche qui peut, eu égard à sa grande population, fournir un essaim, ne le donne pas toujours. Si ces jeunes abeilles, qui brûlent du desir de faire des conquêtes, n'ont point de chef qui marche à leur tête, elles ne partiront point, quelque incommode que soit leur domicile. Ainsi les faux-bourdons qui paroissent au printems, annoncent une nouvelle ponte, un grand nombre d'abeilles, une population considérable, mais pas toujours un essaim prêt à partir.

La preuve la moins équivoque qu'une ruche est prête à donner un essaim, & qui annonce son départ pour le jour même, c'est quand on voit les abeilles négliger de sortir de leur ruche pour aller au travail, quoique le tems soit très-favorable pour la récolte du miel & de la cire : alors, si elles sortent, c'est en petit nombre, & celles qui reviennent des champs se reposent sur le devant de la ruche, sans être empressées d'entrer pour se décharger de leur fardeau. Elles prévoient sans doute que ces provisions qui seroient superflues dans une habitation qui en est pourvue abondamment, vont leur devenir très-utiles dans la nouvelle demeure où elles ont dessein d'aller s'établir, & où elles ne trouveront aucune des choses qui leur sont nécessaires pour commencer leur ménage. Quels que soient leurs motifs que nous ne pouvons que soupçonner, il est certain qu'ils annoncent de la prévoyance, puisque l'essaim commence à travailler dès qu'il est établi, sans avoir été chercher les matériaux dont il a besoin pour construire son édifice.

Le moment qui précède le départ d'un essaim est toujours annoncé par un bourdonnement considérable & plus fort qu'à l'ordinaire. On voit alors sortir les abeilles avec vîtesse & précipitation, & prendre leur essor. Soit que la jeune reine se mette à la tête des premières qui partent, ou qu'elle vienne ensuite avec la troupe la plus nombreuse, on voit sur-le-champ une foule d'abeilles suivre les premières, & aller se poser à l'endroit qu'elles ont choisi. Dans moins d'une minute tout l'essaim est en l'air, dès que le signal du départ a été donné par les premières qui sont sorties de la ruche. Il faut alors être prêt à le suivre pour reconnoître l'endroit où il ira se fixer.

SECTION IV.

De quelle espèce & de quel nombre d'Abeilles un Essaim est-il composé.

Swammerdam croyoit qu'un essaim étoit toujours conduit par l'ancienne mère de la ruche, qui cédoit son empire aux jeunes pour courir les risques d'un nouvel établissement; que les faux-bourdons restoient ordinairement dans la ruche où ils étoient nés : sans doute que la reine avoit pris ses précautions avec eux avant son départ, pour prévenir la stérilité dont ne s'accommoderoient pas les abeilles, & qui lui seroit funeste à elle-même, puisque les ouvrières savent se dé-

faire d'une reine qui ne leur donne point de compagnes, & qu'elles ne craignent point de la faire mourir pour la punir d'une infécondité qui ne dépend point d'elle.

Un essaim est toujours composé d'une reine, & quelquefois de deux ou trois : cette reine n'est point la mère de la ruche d'où l'essaim est parti, mais une jeune femelle née depuis cinq ou six jours. Ses ailes bien conservées, transparentes & souvent toutes fraîches, sont les signes de sa jeunesse : l'ancienne reine, au contraire, a les ailes frangées aux extrémités, ou déchiquetées ; ce qui est une marque de vieillesse chez les abeilles, comme les rides du visage le sont parmi nous. Trois ou quatre cents faux-bourdons suivent la colonie, & vont former le sérail où la jeune reine ira se livrer au plaisir, & se délasser des peines du gouvernement. Quinze ou vingt mille ouvrières, quelquefois davantage, forment le gros de l'émigration, & vont faire preuve des talens dont la nature les a pourvues. Les abeilles qui ont suivi la jeune reine sont de tout âge : on distingue les jeunes des vieilles par la couleur & les ailes ; les jeunes sont plus brunes, & ont des poils blancs, & leurs ailes sont bien entières : les vieilles ont les anneaux moins bruns, des poils roux, & leurs ailes sont un peu déchiquetées ou frangées aux extrémités. Dans un essaim, on observe des abeilles de ces deux couleurs, & d'autres qui ont des nuances moyennes. Si on examine la ruche d'où l'essaim est parti, on y trouvera des jeunes & des vieilles abeilles ; celles qui étoient aux ouvertures de la ruche ou fur le devant ; font parties avec la jeune reine , lorfqu'elle a pris fon effor , & celles qui étoient dans l'intérieur , occupées à leurs ouvrages , n'ont point été entraînées par le tumulte qui s'eft fait au bas de la ruche au moment du départ : voilà d'où provient ce mêlange de jeunes & vieilles abeilles dans un effaim & dans la ruche d'où il eft forti.

Tous les effaims ne font pas compofés de quinze ou vingt mille abeilles ; il y en a de moins confidérables : quelques-uns même ne font que de trois ou quatre mille ; ce font ordinairement les derniers qui ne font pas les meilleurs par cette raifon , outre qu'ils viennent trop tard pour qu'ils aient le tems néceffaire pour travailler & fe précautionner contre la mauvaife faifon , & que la reine puiffe auffi faire une ponte affez confidérable pour augmenter le nombre de fes fujets. Les premiers font toujours les meilleurs , parce qu'ils font compofés ordinairement d'un grand nombre d'abeilles ; quand même ils feroient peu nombreux , on a lieu d'éfpérer que la ponte de la jeune reine fournira affez de citoyennes pour augmenter la population de fon état naiffant.

On juge de la bonté d'un effaim par le nombre d'abeilles dont il eft compofé : comme il feroit difficile de les compter , on peut les pefer avec la ruche , & déduire le poids de celle-ci qu'on aura pefée auparavant , & le furplus fera le poids de l'effaim. Les meilleurs font ceux de cinq ou fix livres ; ceux de huit font des phénomènes très-rares , & il n'eft point à defirer qu'ils le deviennent moins , parce qu'un poids auffi

confidérable eft toujours au préjudice de la mère-ruche , qui s'étant trop dégarnie de monde , eft en danger de périr l'hiver fuivant. *Voyez* la Sect. 5ᵉ du Chap. 2ᵉ de la 1ʳᵉ Part. p. 18 , pour favoir à peu-près le nombre des abeilles qui compofent un effaim.

SECTION V.

Comment arrêter un Effaim dans fa courfe.

Il ne fuffit pas de fuivre un effaim qui eft en l'air , on doit fonger à l'arrêter dans fa fuite , & à l'engager à fe fixer. Si les abeilles en fortant de la ruche fe font d'abord fort élevées , il eft à craindre qu'elles ne dirigent leur vol plus loin qu'on ne voudroit , à moins qu'on y forme obftacle tout de fuite ; fouvent elles vont fi loin qu'il eft impoffible de les fuivre , & on perd alors l'effaim. Pour l'arrêter dans fa fuite , autrefois on avoit recours à un expédient affez fingulier : on faifoit avec des chaudrons ou des pelles à feu , fur lefquelles on frappoit , une efpèce de tintamarre pour imiter le bruit du tonnerre qu'elles craignent fans doute , puifqu'elles rentrent dans leur domicile dès qu'il tonne. Les abeilles , qui n'étoient point les dupes de ce tonnerre figuré , fuivoient leur détermination , fi elles avoient dirigé leur vol fort haut , & ne venoient point fe rabattre comme on s'y attendoit. Dans les campagnes , les bonnes gens font encore ufage de ce moyen ridicule & inutile , plus propre à éloigner les abeilles qu'à les porter à fe fixer où l'on defire.

Un moyen qu'on peut employer

avec fuccès pour arrêter un effaim qui s'élève trop haut, & l'engager à fe pofer plus bas que fon effor le faifoit d'abord efpérer, c'eft de lui jeter à pleines mains du fable ou de la terre en pouffière : les abeilles, frappées par les grains de fable ou de pouffière, s'abaiffent ; & croyant peut-être qu'elles font battues par la pluie, l'arbre le plus proche leur paroît dans cette circonftance un abri qu'elles doivent préférer à tout autre. Si l'on pouvoit, dans l'inftant qu'elles partent, jeter de l'eau avec un balai à la hauteur qu'elles ont dirigé leur vol, elles feroient encore mieux fondées à croire que c'eft réellement de la pluie qui tombe fur elles. Deux ou trois coups de fufil ou de piftolet, chargés fimplement à poudre, les arrêtent affez vîte, & les engagent à rabattre leur vol & à fe repofer à quelque endroit affez bas.

Section VI.

De quelle manière fe placent les Effaims, & comment il faut les ramaffer.

Quand un effaim fe place quelque part, fur une branche d'arbre, par exemple, la reine ne fe pofe jamais tout de fuite avec les premières abeilles ; elle attend fur une autre branche à côté, qu'elles aient formé une efpèce de peloton : alors elle quitte fa branche pour aller joindre la troupe qui groffit à chaque inftant par les abeilles qui arrivent de toutes parts, & qui forment à la branche où elles font attachées un maffif, en fe tenant cramponnées par les pattes : elles fe tiennent tranquilles dans cette pofition, & à peine en

voit-on voltiger quelqu'une. Cependant, malgré cette forte de tranquillité, il ne faudroit pas les y laiffer long-tems, fur-tout fi le foleil étoit chaud, parce qu'elles délogeroient bien vîte pour aller plus loin, dans l'efpérance de trouver un emplacement plus avantageux & moins incommode. Quand on n'a pas une ruche toute prête pour recevoir l'effaim, il faut faire en forte de le couvrir avec un linge un peu mouillé, qu'on arrange par-deffus en forme de tente : la fraîcheur le retiendra quelques heures dans cette pofition, jufqu'à ce qu'on foit prêt à le placer dans le domicile qui lui convient.

Dans la faifon des effaims, il faut toujours être pourvu d'un certain nombre de ruches toutes prêtes pour les loger ; elles doivent être très-propres dans l'intérieur : pour cet effet, on a l'attention de bien les nettoyer, & d'enlever les coques de papillons, de fauffes teignes, les toiles d'araignées qui peuvent s'y trouver. Si elles ont fervi à loger d'autres abeilles, & qu'il y ait quelques fragmens de cire attachés aux parois intérieures, on les laiffe, & celles qui l'habiteront s'en accommoderont à merveille. On peut frotter ces ruches intérieurement avec des feuilles de féves ou avec de la méliffe, ou toute autre plante d'une bonne odeur. Bien des perfonnes ont coutume de les enduire en partie & légérement avec du miel ou de la crême, immédiatment avant que d'y recevoir l'effaim : toutes ces précautions peuvent rendre agréable aux abeilles l'habitation où on les reçoit.

C'eft une opération fort aifée de

recueillir un essaim quand il n'est pas placé à une hauteur trop considérable : lorsqu'une personne peut tenir la ruche par-dessus l'essaim sans secouer la branche où il s'est fixé, les abeilles y vont d'elles-mêmes, dès qu'elles apperçoivent le logement qu'on leur offre, & qu'un peu de fumée les oblige à quitter l'endroit qu'elles avoient choisi. S'il est fort élevé, on lui présente la ruche par-dessous en tournant l'ouverture de son côté, & les abeilles tombent dedans par pelotons en secouant un peu la branche ; & quand elles ont de la peine à se détacher, on prend un petit balai avec lequel on les pousse doucement dans la ruche. Quoiqu'il y en ait quelques-unes qui tombent à terre ou qui partent, il ne faut point s'en inquiéter ; pourvu que le gros de la colonie prenne possession de son domicile, & que la reine y soit, voilà l'essentiel ; les autres viendront peu-à-peu les rejoindre.

Rarement un essaim se pose à terre sur le gazon ; quand cela arrive, il est très-aisé de le ramasser : il suffit alors de le couvrir avec la ruche, qu'on place sur deux bâtons étendus à terre, afin de ne point écraser d'abeilles. S'il s'étoit réfugié dans une forte haie, il faudroit poser la ruche par-dessus, & obliger les abeilles à y entrer en les poussant avec un petit balai, & avoir recours à la fumée, si elles s'obstinoient à vouloir rester. Un essaim se place toujours selon son caprice ; il n'examine pas si la position qu'il prend sera avantageuse ou non pour celui qui veut le recueillir : quelquefois il va se fixer au sommet d'un arbre très-élevé, & sur de très-

petites branches, contre lesquelles il seroit dangereux d'appuyer une échelle pour aller jusqu'à lui ; d'autres fois il entrera dans le tronc d'un arbre fort creusé, ou dans le trou d'un mur très-élevé. Lorsqu'il est placé sur une branche d'arbre, contre laquelle on ne peut point appuyer une échelle, il faut la couper & la descendre très-doucement : si on craignoit de dégrader un arbre qu'on a intention de conserver, on peut avoir recours alors à ces bascules que tout le monde connoît ; (*Fig. 15, Pl. 1*) elles sont ordinairement en fer, & la ruche y entre, & y est fixée d'une manière assez solide : au moyen d'une grande perche qu'on met au bout, on l'élève à la hauteur qu'on desire ; & tandis qu'une personne tient la ruche qui est dans la bascule élevée, une autre, montée sur une échelle, avec un petit balai au bout d'un long bâton, secoue légèrement les abeilles pour les faire tomber dans la ruche.

Lorsqu'un essaim va s'établir dans le creux d'un arbre, ou dans le trou d'un mur, il faut le veiller jusqu'au moment où le soleil a quitté l'horison, afin de le suivre s'il venoit à s'envoler, & n'approcher de sa retraite qu'à l'entrée de la nuit : alors les abeilles seront plus traitables ; l'on pourra par conséquent les attaquer sans danger dans leur asyle, & les enlever, sans éprouver de leur part beaucoup de résistance. Tandis qu'une personne monte sur une échelle pour arriver à l'endroit où la nouvelle colonie s'est logée, une autre tient la ruche au bas, de façon qu'elle soit à portée de celle qui est en haut pour ramasser l'es-

faim. Comme les abeilles font amoncelées les unes fur les autres , on
peut les prendre aifément avec les
mains qu'on a garnies de bons
gants , ou avec ces grandes cuillers
à pot dont on fe fert dans les cuifi-
nes. Engourdies par la fraîcheur de
la nuit , il eft facile de les ramaffer
prefque toutes par maffes ou par
pelotons, qu'on met dans la ruche ;
il en refte très-peu, qui vont d'elles-
mêmes le lendemain retrouver les
autres. Quand il en demeure beaucoup dans le trou , à caufe de la
difficulté de les prendre , on laiffe
la ruche toute la nuit , & le jour
d'après , au bas de l'arbre ou du
mur , afin qu'elles puiffent plus aifément rejoindre leurs compagnes.
Si la ruche n'étoit point à l'ombre
pendant la journée, on la couvriroit avec quelques feuillages verds,
ou avec un linge mouillé , afin que
la chaleur ne les excite point à
fortir ; après le foleil couché , la
nouvelle république fera portée à
l'endroit qui lui eft deftiné. Si l'entrée du trou où l'effaim fe réfugie ,
fe trouvoit étroit au point de ne
pouvoir y paffer la main , ou une
grande cuiller, on auroit attention,
en l'agrandiffant, de ne point écrafer
les abeilles.

Après avoir reçu un effaim dans
la ruche qui lui a été préparée, on
en ferme tout de fuite l'ouverture
avec un gros linge qu'il eft inutile
d'attacher ; on la pofe doucement
à terre dans la pofition qu'elle doit
avoir quand elle eft placée fur fon
fupport, & on laiffe tomber le linge
qu'on étend tout autour. Afin de
donner de l'air aux abeilles , & que
celles qui font féparées du corps
de la troupe , puiffent aifément aller

rejoindre leurs compagnes , on met
à terre deux bâtons couchés , fur
lefquels on place la ruche : on la
laiffe dans cette fituation jufqu'à
l'entrée de la nuit , qu'on la prend
enfuite , après l'avoir enveloppée
du linge qui étoit en deffous pour
en fermer l'ouverture , & on la
porte à la place qui lui eft deftinée. Si le foleil , comme nous venons de le dire , étoit vif & chaud
pendant la journée qu'elle eft à
terre , on la couvriroit de la manière que nous l'avons indiqué, pour
que la chaleur ne force point les
abeilles à quitter leur nouvelle ha-
bitaion. S'il arrive que celles qui
ne font pas entrées dans la ruche,
s'obftinent à retourner à la même
place où elles s'étoient d'abord établies , au lieu d'aller rejoindre leurs
compagnes , on frotte l'endroit où
elles retournent , avec des feuilles
de fureau ou de rue ; & quand cela
ne fuffit pas pour les en éloigner,
on fume , avec un linge qu'on fait
brûler au bout d'un bâton , les plus
opiniâtres, pour les obliger à fe
rendre dans le domicile où leurs
compagnes font déjà établies.

SECTION VII.

*Que faut-il faire quand un Effaim eft
divifé en plufieurs troupes , ou qu'il
en part plufieurs en même tems ?*

Un effaim qui part a fouvent
plus d'un chef à fa tête ; quoiqu'un
feul doive gouverner la république,
quelquefois deux ou trois ambi-
tionnent cet honneur, & partent
avec la colonie, dans l'efpérance
d'en devenir les fouverains. Cette
multiplicité de reines occafionne
des divifions , la troupe fe fépare

en plufieurs pelotons, qui ont un chef avec eux : mais les abeilles, qui n'aiment pas que leur république foit affoiblie par ces divifions, abandonnent peu-à-peu ces reines furnuméraires, qui les ont entraînées dans leur fuite, pour rejoindre la troupe qui a le plus de monde. Dans les circonftances où les abeilles font divifées par pelotons, on les ramaffe tous dans la même ruche; on leur laiffe le foin de choifir la reine qu'elles defirent mettre à la tête de leur république, & de fe défaire des autres, qui feroient à charge à l'état qu'elles troubleroient par leurs divifions continuelles. Les jeunes reines qui font reftées dans la mère-ruche, n'auront pas un fort plus heureux que celles qui ont eu l'ambition de prétendre au commandement de la colonie qui en eft partie; elles feront mifes à mort comme celles qui ont pris la fuite. C'eft un fait dont il eft aifé de fe convaincre foi-même. Qu'on vifite une ruche deux jours après que l'effaim eft parti, il fera très-rare qu'on ne trouve pas au pied de la table, ou à peu de diftance, quelques reines qui auront été maffacrées, comme celles qui ont fuivi l'effaim. Si on apperçoit plufieurs reines fur les différens pelotons que forme un effaim divifé, on peut les prendre & en débarraffer les abeilles, qui fe réuniront plutôt, en ayant cependant attention de leur en laiffer au moins une.

On a vu des effaims avoir deux reines, qui vivoient en paix & en bonne intelligence dans la même ruche : ce font alors deux républiques bien diftinguées, dont les

individus travaillent chacun de leur côté pour le bien de l'état dont ils font membres. Les ouvrages de ces deux républiques, divifées par un mur de féparation, ne font point mêlés ni confondus enfemble. Ce font-là des faits très-rares; & quand ils arrivent, ces fortes de ruches ne profpèrent que la première année, parce qu'à mefure que la population des deux familles augmente, l'habitation devient trop étroite, & la divifion fe met parmi elles. Si une famille cède à l'autre fon emplacement, ce n'eft qu'après une guerre fanglante, où il y a bien des morts de part & d'autre; & fouvent il arrive qu'elles prennent toutes deux la fuite.

Quand on a plufieurs ruches, on eft expofé à voir partir plufieurs effaims le même jour, & quelquefois à la même heure : fi ce font des premiers, étant affez ordinairement bons, & les meilleurs qu'on puiffe attendre de l'année, on doit faire fon poffible pour les féparer lorfqu'ils fe réuniffent dans leur vol, en leur jetant du fable à pleines mains, ou de l'eau, & ne point attendre qu'ils fe pofent tous au même endroit pour ne former qu'un corps de troupe. Malgré toutes ces précautions, on ne réuffit pas toujours à les divifer, & alors il faut les mettre dans la même ruche. On pourroit, je l'avoue, partager la maffe que forment deux effaims réunis, en deux portions égales, qu'on mettroit chacune dans deux différentes ruches : ce n'eft pas même une opération bien difficile à exécuter; mais l'effentiel eft de favoir fi toutes les reines ne feront pas dans la même. Dans ce cas, la division seroit inutile, parce que les abeilles qui n'en auroient point, iroient toujours retrouver leurs compagnes, & jamais on ne pourroit les fixer dans la ruche qu'elles abandonneroient parce qu'il n'y auroit point de reine. Si on en avoit à sa disposition, on en mettroit une dans la ruche qu'on reconnoîtroit en manquer; mais cela est encore difficile à connoître, parce qu'on ne l'apprend que par leur départ; & alors la reine peut être inutile. Le meilleur expédient est donc de placer ces deux essaims qu'on n'a pu diviser, dans la même ruche; ils tarderont peu à bien vivre ensemble : il y aura quelque tumulte au commencement, à cause des reines; & la guerre qui s'allumera par rapport à elles, sera bientôt terminée par la mort de celles qu'on exclura du gouvernement de la république, pour rendre la paix à l'état.

Si l'on étoit prompt à suivre deux essaims qu'il n'a pas été possible de séparer lorsqu'ils étoient en l'air; si l'on arrivoit presque au moment qu'ils se posent à l'endroit qu'ils ont choisi, on verroit voltiger à côté, & même sur le massif que forment les abeilles attachées les unes aux autres, plusieurs reines qu'il seroit facile de prendre avec les doigts, pourvu qu'on eût des gants; ou avec une baguette longue & mince, engluée très-légérement, dont on toucheroit l'extrémité du corps de la reine, sans que les ailes, qui sont courtes, fussent atteintes; on l'amèneroit à soi, pour la mettre tout de suite dans un gobelet; on ramasseroit ensuite les deux essaims dans deux ruches, auxquelles on donneroit à chacune une reine.

SECTION VIII.

De l'ardeur des nouveaux Essaims pour le travail; & comment il faut les gouverner dans leur établissement.

Dès qu'un essaim est logé dans une ruche de son goût, il n'y est pas long-tems sans commencer ses ouvrages, & jeter les fondemens des édifices qu'il doit construire. Quoiqu'on ne voie point sortir les abeilles le premier jour qu'elles sont établies, on se formeroit des idées défavantageuses de leur amour pour le travail, si l'on pensoit qu'elles ne s'occupent point, & qu'elles demeurent dans l'inaction & l'oisiveté. Dans les premiers momens de leur arrivée, elles emploient la cire qu'elles ont eu la précaution d'apporter toute préparée, avant d'en aller chercher de la nouvelle. Quelquefois elles ne sortiront que deux jours après leur arrivée; alors, si on a la curiosité d'examiner l'intérieur de leur habitation, on y trouvera certainement un gâteau déjà commencé, & peut-être encore les premières ébauches d'un ou de deux autres. M. de Réaumur eut un essaim qui ne sortit que deux jours après son établissement, à cause de la pluie; au bout de ce terme, il trouva un gâteau dans la ruche, qui avoit plus de quinze à seize pouces de long, sur quatre à cinq de large. Voilà sans doute la meilleure preuve, & la plus convaincante qu'on puisse apporter en faveur des abeilles, de leur ardeur pour le travail. Il est vrai que les premiers jours sont ceux où il se fait plus d'ouvrage : dans quinze jours un essaim travaille souvent plus en cire que tout le refte de l'année, parce qu'alors la reine eft preffée de faire fa ponte ; il faut par conféquent lui bâtir des cellules pour loger fa famille, & en même tems il faut conftruire les magafins pour fermer la récolte qu'on fe difpofe à faire.

Quelque fort que foit un effaim, on n'eft point difpenfé des foins & des attentions qui peuvent lui être néceffaire & utiles après fon établiffement dans une ruche. Si le tems eft froid ou pluvieux, dès le premier jour il aura confommé fes provifions qu'il avoit apportées : eh ! comment aller à la campagne chercher celles qui lui font néceffaires dans fa nouvelle habitation, fi le mauvais tems ne le permet pas ? non-feulement il fera dans l'impoffibilité de continuer fes ouvrages, mais il fera de plus expofé à mourir de faim. Quand le tems n'eft pas favorable pour qu'il puiffe voyager & rapporter ce qui lui eft néceffaire, on doit le nourrir, en lui donnant du miel, jufqu'à ce qu'il puiffe en aller chercher dans la campagne. (*Voyez* la manière de nourrir les abeilles, Section quatrième du fixième Chapitre de cette troifième Partie, pag. 120)

Quand le tems eft beau & favorable à la récolte, on eft abfolument difpenfé de donner du miel aux effaims, parce qu'ils trouvent fuffifamment dans la campagne les provifions qui leur font néceffaires, foit pour vivre, foit auffi pour les ouvrages qu'ils font dans leur domicile ; en les nourriffant dans leur ruche fans néceffité, on les entretiendroit dans la pareffe & l'oifiveté. La principale attention qu'il faut avoir, c'eft de les empêcher

eux-mêmes de donner un effaim, qui feroit foible, & ne réuffiroit point, parce qu'il n'auroit pas affez de tems pour faire fes provifions, la récolte étant très-avancée & fur le point de finir ; & que d'ailleurs il diminueroit trop confidérablement la population de la colonie, qui commence feulement à s'établir. Pour cet effet, on ne lute pas tout de fuite fur fon fupport la ruche dans laquelle on a logé un effaim, à moins qu'il ne faffe froid quelques jours après fon arrivée ; on la tient, au contraire, élevée de deux ou trois lignes, avec de petites cales qu'on met par deffous pour la foutenir. S'il fait très-chaud, les abeilles fe trouveront très-bien de cet air qu'on leur procurera, & cette précaution les empêchera de donner un effaim qui tourneroit à leur préjudice en les affoibliffant trop. On ne doit point négliger d'avoir cette attention avec les ruches de l'ancien fyftême, auxquelles on ne peut point ajouter de hauffes.

Trois femaines après avoir reçu un effaim, ou un mois au plus tard, on rend vifite à la colonie nouvellement établie ; on examine fi elle eft active, laborieufe, & fi la ruche dans laquelle on l'a logée eft pleine de gâteaux : quand ils defcendent prefque fur la table de la ruche, on foulève celles qui font à l'ancien fyftême, au moins d'un pouce, en les tenant élevées avec des cales de bois qu'on gliffe par deffous : fi elles font compofées de hauffes, & qu'il y ait encore de la récolte à faire, on ajoute une hauffe par le bas, fans rien prendre des provifions de ces jeunes ouvrières, qui voient avec plaifir qu'on les laiffe

V 2

jouir du fruit de leurs travaux, & des ouvrages de leur induſtrie & de leur activité. Quand un eſſaim commence ſeulement à s'établir, le plus petit vol eſt capable de le dégoûter, & de lui faire abandonner ſon habitation ; d'ailleurs, on enleveroit certainement une partie du couvain qui eſt alors répandu dans tout le domicile, & qui fait la plus chère eſpérance de cette république naiſſante. Après que le tems de la récolte eſt paſſé, c'eſt-à-dire, vers le milieu de Juillet à peu-près, on baiſſe abſolument les ruches, & on les ſcelle ſur leur ſupport avec du pourjet ; & ſi les gâteaux, par extraordinaire, paſſoient les bords de la ruche, on les couperoit au moins d'un pouce au-deſſus de la table. On n'eſt jamais dans ce cas avec les ruches de la nouvelle conſtruction.

SECTION IX.

Des moyens d'obliger une Ruche de donner ſon Eſſaim.

Quoiqu'il y ait différens moyens d'obliger une ruche d'eſſaimer, il eſt certain que tant qu'elle ne donne point d'eſſaim, c'eſt une preuve, ou qu'elle n'eſt pas aſſez peuplée pour envoyer une colonie hors de ſes états, ſans s'affoiblir, ou qu'elle n'a point de reine pour la conduire & la gouverner, ou qu'elle ſe trouve bien dans le domicile qu'elle habite. La ponte des abeilles-ouvrières qu'a faite la mère de la ruche, peut avoir bien réuſſi, tandis que celle des femelles aura manqué ; & dans cette circonſtance, il n'y a point d'eſſaim à eſpérer, puiſqu'il n'y a point de chef pour le conduire. La foibleſſe

de la population de la ruche, ou le défaut de reine, ſeront toujours deux obſtacles à la ſortie des eſſaims, indépendans de nous.

M. du Carne, pour obliger une ruche à eſſaimer, lui donne deux, ou même trois hauſſes par deſſous : une partie des abeilles, dégoûtée de ce qu'on lui offre trop de travail à faire en même tems, part ſi elle a une reine pour la conduire : d'autresfois, au contraire, les ouvrières ſe mettent à l'ouvrage avec ardeur, & ne ſongent point à s'expatrier ; ce qu'il aſſure cependant être fort rare. Il oblige encore une ruche à donner ſon eſſaim, en l'élevant de deux ou trois pouces au-deſſus de ſa table, & la laiſſant trois jours dans cette ſituation, après leſquels il la baiſſe ſubitement par un tems très-chaud : en procurant de cette manière une chaleur ſubite & exceſſive aux abeilles, elles trouvent leur demeure incommode, & une partie ſe décide à l'abandonner.

On ne diſconvient point que ces moyens ne ſoient capables d'obliger quelquefois une ruche bien fournie d'abeilles de donner ſon eſſaim : cependant il ſera toujours généralement vrai, que ſi elles ſe trouvent bien dans leur habitation, elles ne la quitteront pas ; & quand même elle leroit incommode, une partie ne ſe décidera point à s'expatrier, s'il n'y a point de reine pour conduire la colonie. Le meilleur de tous les moyens, c'eſt d'attendre patiemment qu'il plaiſe aux eſſaims de ſortir, & de les recueillir quand ils ont pris leur eſſor. Il eſt très-incommode, à la vérité, de veiller des ruches pendant cinq ou ſix ſemaines ; & une méthode qui difpenferoit de ce foin, feroit du goût de tous ceux qui ont des abeilles : mais puifqu'on ne l'a pas, il faut fe décider à prendre les foins qui font néceffaires pour veiller la fortie des effaims. Quand on a de bonnes ruches, on n'en manque point, fouvent même elles en donnent plus qu'on ne defire ; c'eft donc une attention qu'on doit avoir, de réunir en automne les ruches foibles pour en avoir de bonnes ; on peut être affuré que celles qui n'auroient peut-être pas paffé l'hiver, étant réunies formeront une excellente ruche, capable de réfifter à la mauvaife faifon, & qui fera en état de donner un effaim au mois de Mai fuivant.

SECTION X.

Des moyens d'empêcher une Ruche foible d'effaimer.

Quoiqu'il foit très-avantageux d'avoir des effaims, puifque c'eft par eux qu'on augmente le nombre des ruches, il faut obferver cependant que fi la même en fournit plufieurs dans une faifon, elle peut s'épuifer à force de perdre des fujets ; & que les derniers qui partent ne font pas bons, parce qu'ordinairement ils font compofés de peu d'abeilles. On doit être fatisfait d'une ruche qui a donné deux effaims ; le troifième qui viendroit feroit trop foible ; il faut, par conféquent, l'empêcher de quitter fa mère. Dès le 25 de Juin, il ne faut plus en recevoir, la faifon de la récolte du miel & de la cire eft trop avancée pour qu'ils puiffent faire les provifions qui leur font indifpenfables : un fecond qui vien-

droit alors feroit perdu ; il vaut beaucoup mieux l'obliger à demeurer dans la même ruche. Quand on préfume qu'une bonne ruche s'épuiferoit par un troifième effaim, & une foible, par un feul qu'elle produiroit, il faut, dans cette circonftance, avoir la précaution de lui donner une hauffe vuide par le bas ; & douze ou quinze jours après on en ajoute une feconde, fi la première eft prefque remplie. On peut auffi élever la ruche d'un demi-pouce & plus, au-deffus de fon fupport, pour lui donner de l'air.

Les caufes qui font effaimer les ruches, font une population nombreufe, qu'une forte chaleur incommode dans un logement devenu trop refferré pour elle ; par conféquent, en l'agrandiffant, & en donnant de l'air par deffous, l'habitation devient moins incommode, les abeilles y reftent d'autant plus volontiers, qu'elles y trouvent une abondance de provifions qu'elles n'auroient pas fi elles la quittoient, principalement quand la faifon eft déjà avancée. Cet air, qu'on procure aux abeilles en foulevant les ruches, entretient dans l'intérieur une fraîcheur bienfaifante, qui, fans nuire, retarde le couvain, qu'une chaleur confidérable hâteroit trop, & qui, devenant plus grande à mefure que la faifon avanceroit, obligeroit les nouvelles abeilles à quitter leur mère pour aller s'établir ailleurs. On empêche d'effaimer les ruches qui ne font point compofées de hauffes, en les tenant élevées d'un pouce au-deffus de leur table, après avoir placé en avant le côté qui étoit fur le

derrière : si elles font pleines de gâteaux, il n'est pas possible d'agrandir le logement des abeilles, sans
enlever une partie des provisions
qu'il renferme.

Section XI.

De la manière de rendre à la Mère-
Ruche l'Essaim qui en est parti, ou
d'en réunir plusieurs.

Malgré toutes les précautions
qu'on prend, on ne réussit pas toujours à empêcher une ruche de
donner son essaim ; dans ce cas, il
faut tâcher de le rendre à la mère
qui l'a laissé partir. Pour cet effet,
le lendemain de la sortie, après que
le soleil est couché, on enlève doucement la mère-ruche de dessus son
support, & on y place tout de
suite celle dans laquelle on a recueilli l'essaim ; on frappe trois ou
quatre coups assez fort avec un
bâton sur la ruche, & l'essaim tombe
sur la table : on y remet tout de
suite l'ancienne ruche, dans laquelle
l'essaim remonte d'autant plus volontiers, qu'il sort d'une habitation
dépourvue de tout, pour entrer
dans une autre où règne l'abondance. Le tumulte sera peu considérable pendant la nuit, parce qu'on
aura de la peine à se reconnoître ;
mais dès que le jour paroîtra, que
le soleil échauffera la ruche, les
maîtresses du logis verront avec
peine, que des étrangères se sont
introduites chez elles ; la guerre
qui s'allumera, sera terminée par
la mort d'une des deux reines, &
de quelques abeilles ; la paix succé-
dera à la discorde, & tout l'état
sera tranquille.

Si la mère-ruche étoit assez forte,
& qu'on voulût profiter des essaims,
en ne les rendant point à la mère,
on ne pourroit pas se dispenser
d'en réunir deux, ou même trois
ensemble, selon qu'ils seroient forts
ou foibles : cette réunion est indispensable pour conserver les essaims
qui sont venus trop tard, & qu'on
ne veut point rendre à la ruche
qui les a donnés ; parce que la récolte étant très-avancée, leur habitation seroit toujours trop vaste,
pour qu'ils pussent la garnir suffisamment de provisions ; & le froid
qu'ils ressentiroient pendant l'hiver,
seroit capable de les faire mourir.
On reçoit l'essaim qu'on veut réunir, dans une ruche où il n'y a
point de traverses en dedans, auxquelles les abeilles puissent se cram-
ponner ; & afin qu'il n'ait pas le
tems de s'y établir, on le réunit à
un autre le soir même du jour qu'on
l'a reçu. On porte pour cet effet la
ruche où est l'essaim qu'on a recueilli dans la journée, auprès de
celle où un autre est déjà établi,
& auquel on veut le réunir ; on
l'enlève de dessus sa table pour y
placer tout de suite celle où est
l'essaim qu'on veut déloger ; on
frappe rudement dessus avec un
bâton, & les abeilles qui sont dans
le haut tombent sur la table ; on
ôte alors cette ruche pour remettre l'ancienne à sa place ; on fait
tomber sur la table, avec un balai,
les abeilles, qui, malgré les coups
qu'on a donnés à leur ruche, y
seroient encore restées ; & au moyen
du vent qu'on excite avec un souf-
flet, on les oblige à rejoindre leurs
compagnes.

En faisant cette opération la nuit,
on ne craint point d'être exposé aux

piquûres des abeilles ; on eft prefque affuré que le lendemain tout
fera tranquille dans la ruche , &
que toutes les ouvrières travailleront enfemble avec une parfaite
union , comme fi elles n'avoient jamais compofé qu'une feule famille :
tout l'accident qui en réfultera ,
fera la mort d'une des deux reines.
Ce facrifice étant néceffaire au bien
de l'état , il faut s'en applaudir. On
peut encore faire cette réunion ,
en tranfvafant les ruches. (*Voyez*
la Section troifième du feptième
Chapitre de cette troifième Partie ,
page 123.) Pour prévenir toute
efpèce de tumulte , qui n'eft jamais
occafionné que par la concurrence
des deux reines qui fe difputent la
fouveraineté , & qui entraînent dans
leurs divifions les fujets qu'elles
gouvernoient avant la réunion des
deux états , on peut avoir recours
à un moyen très-fimple , qui pré-
viendra la divifion & la guerre ;
c'eft d'enfumer l'effaim qu'on veut
réunir , avec la fumée de veffe-de-
loup , qui eft une efpèce de champignon : elle engourdit & étourdit
les abeilles pendant une demi-heure,
fans leur caufer le moindre mal ; &
& on peut alors les ramaffer avec les
mains fans danger ; on cherche les
reines pour les prendre , & enfuite
on met les abeilles par poignées fous
la ruche à laquelle on veut les réunir ; elles fe croient alors toutes de
la même famille , parce qu'elles
n'ont qu'un chef ; & par ce moyen
il n'y a point de difpute. On pourroit encore faire ufage du bain.
(*Voyez* la Section quatrième du
feptième Chapitre de cette troifième
Partie , pag. 126).

SECTION XII.

*Néceffité de marier ou de réunir les
Effaims tardifs & les Ruches foibles.*

Pour fe difpenfer de réunir les
effaims tardifs , il faudroit pouvoir
les loger dans des ruches proportionnées au nombre d'abeilles dont
ils font compofés : dans ce cas , il
y auroit encore un inconvénient ,
parce qu'il pourroit arriver que la
récolte fût plus favorable qu'on ne le
préfumoit , & alors leur logement
ne fuffiroit point pour recevoir &
contenir les provifions qu'ils feroient
en état de faire. Le vrai moyen de
profiter de ces effaims tardifs &
trop foibles , eft celui de les réunir :
il devient d'une néceffité abfolue
aux approches de l'hiver , parce que
le froid , qui peut être fort rigoureux , les feroit mourir infailliblement , fi on les laiffoit dans un
logement trop vafte , où les abeilles
auroient bien de la peine à s'échauffer. Quand même elles pafferoient
l'hiver dans cette froide habitation,
dépourvue en partie des chofes qui
leur font néceffaires , il feroit à
craindre qu'elles ne fe dégoûtaffent
au printems de leur domicile , parce
qu'il leur eft affez ordinaire de s'effrayer en voyant beaucoup d'ouvrage à faire , & peu d'ouvrières
pour y travailler. En fecond lieu ,
leur reine , qui eft jeune , peut être
très-féconde , & alors elle donnera
beaucoup d'occupations au petit
nombre d'ouvrières qui feront avec
elle , qui l'abandonneront pour ne
pas fuccomber fous le poids de tant
de travaux , & la colonie fera perdue. Les raifons qu'on a de marier

les effaims tardifs & peu nombreux en abeilles, font les mêmes qui doivent décider à réunir les ruches foibles.

CHAPITRE XI.

DES ESSAIMS ARTIFICIELS.

SECTION PREMIÈRE.

De la manière de former des Effaims artificiels, felon la pratique de M. Schirach.

M. Schirach, Pafteur à Klein-Bautzen, & fecrétaire de la focjété économique pour la culture des abeilles, dans la Haute-Luface, a imaginé de prévenir la nature, en trouvant l'art de former des effaims. Pour bien comprendre fes procédés dans la manière de fe procurer des effaims, il faut connoître l'efpèce de ruche ou de boîte qu'il emploie à cet effet, & dont on trouvera la defcription à l'article des RUCHES.

Dès que le foleil commence, à la fin de Février, & au commencement de Mars, à exciter une chaleur douce & bienfaifante, les abeilles fortent de leur engourdiffement, & font rappelées à la vie, dont le froid les avoit privées : tout fe ranime alors dans la ruche, les habitans reprennent leurs occupations : tandis que les ouvrières exerceront leurs talens dans les ouvrages admirables de leur induftrie, la reine recommencera fa ponte, qui avoit été interrompue par la rigueur de la faifon. Au premier de Mai, on peut donc travailler aux effaims, puifqu'on trouvera dans les ruches les différentes fortes de couvain qui font néceffaires pour cette opération. On fe munit, pour cet effet, d'autant de boîtes qu'on peut avoir d'effaims ; chaque boîte doit avoir fon rateau, qui eft fait avec huit ou dix chevilles qu'on paffe dans les trous qu'on a faits à un bâton, à diftances égales, dont la longueur eft proportionnée à la largeur de la boîte.

On choifit un beau jour, & on attend que le foleil ait difparu de deffus l'horifon, afin qu'il n'ait plus affez de force pour agiter les abeilles : le grand matin feroit auffi un moment très-favorable, parce qu'elles font encore engourdies par la fraîcheur de la nuit. On prend alors dans différentes ruches, & à proportion de leurs forces, trois morceaux de gâteaux, de la grandeur de la paume de la main, & qui contiennent du couvain. On met ces trois morceaux entre les chevilles du rateau, en obfervant qu'ils ne fe touchent point, & que leur pofition foit la même qu'elle étoit dans la ruche où ils ont été pris. On finit de garnir les autres chevilles du rateau avec des pièces de gâteaux qui contiennent du miel, & d'autres qui ne font qu'en cire. On couvre le rateau avec une portion de gâteau qui contient les trois fortes de couvain ; c'eft-à-dire, des œufs, des vers nouveaux-nés, de ceux qui font entièrement formés, & des nymphes : c'eft ordinairement à ce dernier gâteau que les ouvrières bâtiffent la cellule royale. On place ce rateau garni de couvain, fur le pont ou la galerie de la boîte, & on a l'attention de laiffer fur les rayons les abeilles qui s'y trouvent lorfqu'on les prend

dans

dans la ruche, & de ne point tranfporter de vieux couvain. S'il n'y
avoit pas affez d'abeilles fur les
gâteaux qu'on a pris, il faudroit en
ajouter trois ou quatre cents pour
les enfermer dans la boîte, afin
qu'elles fuffent à-peu-près au nombre de fept à huit cents, lequel
fuffit pour l'opération. Les abeilles
étant dans leur nouvelle habitation,
on les ferme exactement, de façon
qu'aucune ne puiffe fortir ; on
tranfporte la boîte dans une chambre où l'air eft tempéré, & on ne
l'approche point du feu. Pendant
quinze jours que les abeilles s'occupent à bâtir la cellule royale, il
faut pourvoir à leur nourriture :
deux ou trois livres de miel fuffifent : on le leur donne dans le petit
tiroir qui eft au bas de la boîte.
On pourroit le donner tout à la
fois ; mais il vaut mieux le divifer
pour en donner tous les deux jours.

Les abeilles, privées de leur liberté, commencent à bourdonner
avec fureur, à monter & à defcendre dans la boîte, pour chercher
quelqu'iffue afin de s'échapper ; le
filence fuccède au bruit tumultueux
de leur bourdonnement, qu'elles re-
commencent enfuite avec la même
violence : peu à peu elles s'appaifent
& fe mettent à l'ouvrage ; & quelquefois, dès le fecond jour, elles
commencent la cellule royale. On
les garde enfermées dans la chambre
deux ou trois jours ; fi le tems étoit
beau, on pourroit fortir les boîtes
le matin, pour les placer dans le
jardin : l'air extérieur rafraîchiroit
les abeilles, & celui de leur boîte
fe renouvelleroit plus aifément. Le
cinquième jour après leur captivité, on tranfporte la boîte

Tom. I.

dans un endroit éloigné des autres
abeilles, & on ouvre la petite porte
pour leur rendre la liberté ; on
connoît le danger de les faire mourir, en les laiffant plus long-tems
enfermées, parce qu'elles fe rempliffent de miel avec excès, & ne
rendent aucun excrément dans la
ruche. Dès que la porte eft ouverte,
elles fortent toutes avec empref-
fement, & bientôt l'habitation eft
entièrement vuide ; elles volent de
côté & d'autre avec une vîteffe &
une précipitation étonnantes, de
forte qu'on diroit qu'elles partent
pour ne plus revenir, dans la crainte
de retomber dans la captivité. Deux
ou trois heures après, elles commencent à rentrer, ce qui tranquil-
life fur la frayeur qu'on auroit pu
avoir qu'elles retournaffent à la
ruche d'où on les avoit forties.
Quand elles font toutes rentrées,
on ferme le foir leur porte, & la
boîte eft tranfportée dans la maifon,
à moins que le tems ne foit affez
beau pour leur laiffer paffer la nuit
dehors.

Quinze jours étant écoulés depuis
qu'on a fermé les abeilles, il faut
le foir leur rendre vifite, ouvrir
la boîte pour examiner fi la cellule
royale eft ouverte : fi on apperçoit
qu'elle eft rongée fur le côté, c'eft
une preuve que la reine eft morte,
parce qu'elle eft fortie avant le tems :
quand cette cellule royale, au contraire, eft percée au milieu, on
doit s'applaudir de l'opération qui
a parfaitement réuffi, puifque la
reine eft fortie de fon alvéole, en
bonne fanté, pour fe mettre à la
tête du gouvernement de fa république. Il faut alors fonger à loger
cette nouvelle famille d'une manière

X

plus commode, & dans une habitation plus vaste que celle où elle a pris naissance. Avant de changer les abeilles de logement, on attache au sommet de la ruche dans laquelle on veut les faire passer, trois ou quatre morceaux de gâteaux de cire blanche; & quand le changement de domicile est fait, on leur rend le rateau garni de tous les rayons qu'on y avoit placés, qu'on met sous la ruche. Dans cette nouvelle demeure, on tient encore les abeilles enfermées deux ou trois jours, après lesquels on leur rend la liberté. Si la campagne n'offroit point ou peu de récolte à faire, il faudroit les nourrir, jusqu'à ce que la saison devînt meilleure.

Cette méthode de former des essaims a eu beaucoup de partisans dans l'Allemagne : bien des personnes se sont empressées de répéter ces sortes d'expériences, que M. Schirach assure avoir toujours faites lui-même avec le succès le plus constant. Quand même on ne pourroit pas en tirer tout l'avantage que l'auteur annonce, ce seroit toujours une découverte des plus curieuses & des plus intéressantes touchant l'histoire naturelle des abeilles. M. Schirach qui auroit le mérite d'avoir cherché à se rendre utile, auroit par conséquent droit à notre reconnoissance.

On fait deux principales objections contre cette méthode de former des essaims. « 1°. C'est porter » un grand préjudice aux ruches, » que d'enlever une partie du cou- » vain ». M. Schirach répond qu'on n'en doit prendre que dans les ruches fortes, & qui ont plusieurs années ; elles n'en souffriront aucun dommage, puisque leur perte sera

entiérement réparée quinze jours après. « 2°. En enlevant le couvain, » on empêche les ruches d'essaimer ». A cela, M. Schirach oppose les inconvéniens des ruches qui essaiment naturellement, dont les abeilles sont plusieurs jours oisives avant & après le départ des essaims ; les risques qu'on court de les perdre, à moins qu'on ne soit très-assidu à veiller leur sortie ; la peine & les difficultés de les recueillir, & celles de les conserver quand ils viennent trop tard.

M. Schirach a une autre méthode de former des essaims par le simple déplacement des ruches, dont voici les procédés.

On choisit pour cette opération des ruches bien peuplées, & qui sont abondamment pourvues de toutes sortes de provisions dans lesquelles il y a beaucoup de nouveaux couvains : on les transporte, à la fin de Février, à quinze ou vingt pas de distance de l'endroit où elles étoient, dans un jardin, s'il est possible qu'elles y soient bien exposées, ou sous quelque toit. Au commencement de Mai, on taille ces ruches transportées : quinze jours ou trois semaines après, si les abeilles ont suffisamment réparé leurs pertes, de manière que leur habitation soit bien remplie de gâteaux, on prend alors une ruche dans laquelle on veut former un essaim ; on la nettoie parfaitement & on frotte l'intérieur avec des feuilles vertes de mélisse. Autant qu'il est possible, on fait en sorte que cette ruche ressemble à celle où l'on veut prendre le couvain, afin de mieux tromper les abeilles. A une heure après midi, qui est le moment où les abeilles font en courfe, on apporte cette ruche préparée à côté de celle qu'on veut déplacer, & dans laquelle on prend, ou dans quelqu'autre, deux ou trois morceaux de gâteaux, grands comme la paume de la main, qui contiennent les trois fortes de couvain, c'eft-à-dire, des œufs, des vers de trois jours, & des nymphes : fi les vers étoient plus avancés, l'expérience manqueroit. On attache les gâteaux avec quelques chevilles, ou de toute autre manière, dans la partie la plus élevée de la ruche : on pourroit fe fervir du rateau, en l'élevant de manière qu'il fût au moins à la moitié de la hauteur de la ruche. On laiffe fur les gâteaux les abeilles qui s'y trouvent, en ayant attention d'en écarter la reine, fi elle y étoit, afin qu'elle ne quitte point fon domicile. Quand on ajoute à ce couvain deux ou trois morceaux de gâteaux en cire, & d'autres qui renferment du miel, tout en va mieux.

Lorfque les chofes font ainfi difpofées, on ôte de fa place l'ancienne ruche qu'on tranfporte ailleurs, & on y remet la nouvelle. Les abeilles qui reviennent de leurs voyages, rentrent dans cette habitation, ne fe doutant pas de l'échange qu'on a fait, étant trompées par la reffemblance extérieure de cette ruche avec celle qu'on a déplacée : elles fe mettent à l'ouvrage, croyant qu'elles n'ont que des pertes à réparer en remplaçant les provifions qu'on leur a prifes. Dès le lendemain, elles commencent une cellule royale, quelquefois plufieurs, qui font bâties en peu de jours : l'ancienne ruche eft peu dégarnie

de monde, parce que le plus grand nombre demeure toujours pour les travaux intérieurs ; fi on s'appercevoit que la nouvelle fût peu fournie d'abeilles, on placeroit quelqu'un à côté de l'ancienne, qui empêcheroit avec une plume les abeilles d'entrer ; étant alors inquiétées, elles fe rendroient à leur ancien emplacement où fe trouve la nouvelle ruche. On ne doit point occafionner trop de défertion, afin de ne point trop affoiblir la mère-ruche. Il fe trouve quelquefois, dans cette nouvelle république, plufieurs reines qui fe difputent l'honneur de la fouveraineté, & qui mettent la divifion parmi les abeilles ; d'où il arrive que celles qui font exclues, partent avec un certain nombre d'abeilles, qu'elles ont attirées dans leur parti : il faut prendre garde à cette féparation, principalement le quinzième jour après leur établiffement ; fi un effaim venoit à partir, après l'avoir recueilli & tué la reine qui l'avoit entraîné, il faudroit, s'il étoit poffible, le rendre à fa mère.

M. Schirach, dont l'opinion eft confirmée par plufieurs expériences, affure que les effaims formés felon fes procédés, font infiniment meilleurs que ceux qu'on laiffe venir naturellement, & que les abeilles plus laborieufes font moins portées à former de nouvelles colonies ; ce qui eft un très-grand inconvénient pour les effaims qui en font confidérablement affoiblis. On ne doit pas craindre que la reine de l'ancienne ruche quitte fon domicile pour venir retrouver celles de fes fujettes qui l'ont abandonnée : quand même cela auroit lieu, les abeilles qui l'auroient laiffée, s'occuperoient

X 2

à la remplacer, tandis qu'elle feroit obligée de se disputer & de se battre avec la reine de la nouvelle ruche, qui ne seroit point du tout portée à lui céder sa place. Dès le troisième jour, ces deux ruches forment exactement deux peuples qui n'ont plus d'intérêt commun : les sentinelles sont aux portes des deux habitations pour empêcher que les abeilles d'une ruche s'introduisent dans l'autre.

Les avantages que trouve M. Schirach dans sa méthode de former des essaims artificiels, sont : 1°. que ces sortes d'essaims sont aussi bons, & souvent valent mieux, que les ruches d'où on les a tirés : 2°. avec ces procédés, on n'est plus la dupe de l'espérance de voir partir des essaims, qu'on attend souvent en vain des meilleures ruches : 3°. la multiplication des essaims ne dépend uniquement que de celui qui a des abeilles à sa disposition ; il peut les multiplier autant qu'il le desire, & se borner, quand il lui plaît, à un certain nombre de ruches : 4°. on ne craint plus qu'une forte ruche s'épuise, en donnant plus d'essaims qu'elle ne devroit : 5°. un essaim qu'on obtient par ces procédés, exige peu de soins, jamais de nourriture, puisque les abeilles étant laborieuses ont assez de tems pour faire leur récolte. L'expérience est la meilleure preuve de la bonté de la méthode de M. Schirach : pendant bien des années, il n'a eu d'autres essaims que ceux qu'il formoit lui-même, & ses abeilles réussissoient au-delà de ce qu'il auroit pu desirer.

Section II.

De la manière de former des Essaims, selon les procédés de MM. du Houx & Perillat.

On ne peut faire usage de cette méthode de former des essaims, qu'après qu'une ruche a essaimé pour la seconde fois, parce qu'on a besoin de reine pour cet effet, & les premiers essaims rarement en ont deux ; les seconds, au contraire, en ont quelquefois cinq ou six. Pour s'emparer de ces reines surnuméraires qu'on aborde difficilement, quoiqu'elles soient inutiles, on s'approche tout de suite d'une ruche, dès que l'essaim en est parti ; il est assez ordinaire d'en voir sortir quelques jeunes reines qui n'ont pas eu l'adresse de se mettre à la tête de la colonie qui est partie : si on craint de les prendre avec les mains, quand elles paroissent sur la table, on peut les couvrir d'un verre, qu'on fait ensuite glisser sur la main, où l'on peut mettre une feuille de papier, si l'on craint d'être piqué.

En examinant le massif que forme un essaim à l'endroit où il s'est fixé après son départ, on peut découvrir quelquefois plusieurs reines, qu'il est aisé de prendre avec les doigts, quand on a des gants, ou avec une petite baguette qui est engluée légèrement, & dont on touche l'extrémité du corps de la reine qu'on amène à soi.

Le moyen le plus assuré de se procurer de ces reines surnuméraires, c'est de recueillir l'essaim qui est parti, dans une ruche ordinaire, & de la plonger ensuite dans un tonneau défoncé par un bout & rempli d'eau : après avoir été environ douze minutes dans l'eau dont elle doit être couverte, on la retire, & on ramasse les abeilles avec une cuiller percée, pour les trier une à une, afin d'en séparer les reines qu'on met sous un récipient de verre, après les avoir séchées avec un linge blanc & fort doux. On remet les abeilles dans une ruche dont on ferme l'ouverture avec une toile de canevas très-claire & bien tendue, qu'on attache tout autour : on l'expose à l'ardeur du soleil, de façon qu'il donne sur la toile qui ferme l'ouverture ; & le soir, les abeilles étant bien sèches, on place la ruche dans l'endroit qui lui est destiné, en lui donnant une reine, s'il n'y en avoit point parmi les abeilles.

Quand on a plusieurs reines, & qu'on veut former des essaims, on prend une ruche vuide, qu'on a soin de nettoyer & de frotter intérieurement avec de la mélisse ou avec d'autres herbes d'une bonne odeur. On apporte cette ruche, ainsi préparée, auprès d'une autre bien peuplée & disposée à essaimer prochainement ; on fait passer une des reines, qu'on a à sa disposition, dans un verre plein à moitié de miel & d'eau, délayés ensemble, & on a soin qu'elle en soit bien imbibée ; on ôte alors la ruche de sa place, on la pose à terre sur deux bâtons, pour ne pas écraser les abeilles ; on met tout de suite la reine qui est dans le verre, sur la table de la ruche qui a été déplacée, où se trouvent encore beaucoup d'abeilles, & on la recouvre sur le champ avec celle qui est vuide,

& qu'on a préparée. A peine la reine, engluée de miel, est-elle au milieu de toutes ces abeilles, qu'elles s'approchent d'elle, pour la lécher, & s'empressent de l'essuyer. Les ouvrières, qui reviennent des champs, sont d'abord un peu étonnées de tant de changement ; elles courent de tous côtés, en bourdonnant avec fureur ; peu à peu elles s'appaisent, & le soir tout est tranquille dans l'habitation : le lendemain, elles s'occupent des soins du ménage, & volent au travail, comme à l'ordinaire. Pendant qu'on fait cette opération, il sort des abeilles de la ruche déplacée, qui vont rejoindre les autres : si l'on craignoit qu'il n'y en eût pas assez dans la nouvelle ruche, on frapperoit quelques coups sur l'ancienne qui est à terre, & les mouches en sortiroient pour aller grossir le nombre de la nouvelle république. Le moment le plus favorable pour cette opération, est celui où les abeilles sont occupées dehors à leur récolte, c'est-à-dire, à midi ou une heure, qui est le tems du plus fort travail. Lorsque tout est fini, on emporte l'ancienne ruche à quelque distance de l'endroit où elle étoit : les abeilles seront peut-être trois ou quatre jours sans sortir, qu'en très-petit nombre ; & après elles travailleront, comme si on ne les avoit point dérangées. On peut faire usage de cette méthode avec toutes sortes de ruches.

Section III.
De la manière de former des Essaims, selon la pratique de M. du Carne de Blangy.

M. du Carne de Blangy a fait

l'épreuve des différens procédés de M. Schirach pour former des essaims : il n'a point été aussi heureux dans les expériences qu'il a faites, qu'il se le promettoit, & que l'observateur de Lusace le faisoit espérer. Il a trouvé d'autres moyens plus propres, à ce qu'il assure, pour former des essaims, que ceux qu'il avoit employés, qui n'avoient servi qu'à le constituer en dépense, sans qu'il en ait retiré aucune utilité réelle. Sa méthode consiste uniquement dans le transvasement des ruches. On prend une ruche vuide bien nettoyée & frottée intérieurement avec des herbes d'une bonne odeur; on renverse sens dessus dessous la ruche pleine, comme si on vouloit la transvaser, & on la couvre aussitôt de celle qui est vuide; on frappe quelques petits coups contre les parois de la ruche renversée, pour obliger les abeilles à monter dans celle qui est vuide. Quinze ou dix-huit minutes suffisent pour cette opération, parce qu'il n'est pas nécessaire que toutes les abeilles quittent leur première habitation; il est bon, au contraire, qu'il en reste un certain nombre. Lorsque la reine & une bonne partie de ses sujettes, sont passées dans la ruche vuide, ce que l'on connoît au bourdonnement fort & continuel qu'elles y font, on remet la ruche à sa place, & on couvre celle dans laquelle on a fait passer une partie de ces insectes avec un linge qu'on attache tout autour. Le moment où les abeilles sont fort occupées à leur récolte, est celui qu'il faut choisir pour cette opération, c'est-à-dire, midi ou une heure. Celles qui reviennent de la campagne entrent dans leur domi-

cile comme à l'ordinaire, & continuent leurs travaux comme si on n'avoit causé aucun dérangement parmi elles. Le défaut de reine ne suspendra point les occupations du ménage, parce qu'il se trouvera parmi le couvain des cellules royales qui soutiendront l'espérance de la république de voir bientôt une reine à sa tête pour la gouverner. On place l'autre ruche dans laquelle on a fait passer la majeure partie des abeilles avec leur reine, à l'ombre, jusqu'après le soleil couché, qu'on la transporte à une demi-lieue de l'endroit où elle étoit. Les abeilles, après être revenues de leur surprise, se mettent au travail, & tâchent de fournir leur nouvelle habitation des choses qui leur sont nécessaires. On peut mettre ce procédé en usage avec toutes sortes de ruches.

L'activité des abeilles doit être grande, puisqu'alors la reine est dans le fort de sa ponte; elle doit se laisser aller à de violens mouvemens d'impatience quand elle ne trouve pas les cellules toutes prêtes pour recevoir les œufs qu'elle est pressée de déposer : sans doute qu'elle se prête aux circonstances & à la nécessité, & qu'elle attend que les logemens soient prêts à recevoir les sujets qu'elle veut y placer.

Un autre moyen que M. du Carne a encore trouvé pour former des essaims, & qui ne convient qu'aux ruches qui sont composées de hausses, consiste à les diviser pour en faire deux d'une seule. Si les hausses qui composent la ruche sont en nombre pair, on les divise par moitié égale : si elles sont en nombre impair, on en laisse une de plus à la partie qui reste sur la table. En divisant de cette sorte une ruche en deux portions, on en fait deux petites, dont une aura une reine & l'autre n'en aura point. Celle qui en manquera aura soin de s'en pourvoir ; c'est son affaire, il ne faut pas s'en mettre en peine.

Lorsqu'on a séparé avec le fil de fer la partie supérieure de la ruche de l'inférieure, on l'ôte de dessus pour la placer tout de suite sur une hausse vuide qui pose sur une planche qui a vers son milieu une ouverture de trois à quatre pouces de diamètre, à laquelle est un grillage de fil de fer, ou une plaque de fer-blanc percée de petits trous, qui, en donnant de l'air aux abeilles, doit les empêcher de sortir. On remet un couvercle sur la partie de la ruche qui est restée en place, qu'on arrange comme il doit l'être : on transporte la partie supérieure de la ruche dans un endroit un peu obscur, afin que les abeilles qui sont renfermées fassent moins de tumulte, & ne s'agitent point pour sortir. Le lendemain, & même deux ou trois jours après, si le tems n'étoit pas favorable, on rapporte la partie supérieure de la ruche, au moment du grand travail des abeilles, près de l'autre partie qui étoit restée en place : on enlève celle-ci pour mettre sur son support celle qu'on a apportée, après avoir ôté la planche percée, & on remet l'autre, comme la première, sur une hausse vuide, qui a aussi par-dessous une planche percée comme avoit la première. On débouche les ouvertures, & les abeilles qui reviennent des champs y entrent comme dans l'autre pour y travailler comme si

on ne les avoit point dérangées. On transporte la partie inférieure qu'on vient de déplacer, dans un endroit obscur ; & après le soleil couché, on la fait voyager à une demi-lieue delà. Quand on s'apperçoit que la ruche qu'on a mise en place est peu fournie de mouches, on soulève un peu celle qui est à côté ; il en sort assez d'abeilles pour grossir le nombre des autres. La raison de ce voyage est d'empêcher ces insectes de retourner à l'endroit où ils étoient, ce qui arriveroit si on les laissoit trop près des autres.

SECTION IV.

Nouvelle méthode pour former des Essaims artificiels par le partage des Ruches ; inventée par M. de Gélieu, Pasteur à Lignières.

Pour former des essaims artificiels selon les procédés de M. de Gélieu, il est nécessaire que les abeilles soient logées dans les ruches de son invention. (*Voyez* la Section où elles sont décrites, afin de bien comprendre la méthode qu'il suit dans dans cette opération, pag. 85.)

On ne doit point songer à faire des essaims artificiels, à moins que la ruche ne soit bien fournie d'abeilles, & remplie d'abondantes provisions ; autrement on risqueroit de perdre une colonie en l'affoiblissant par la division du peuple & des denrées destinées à son entretien. Une ruche foible dans son origine, donneroit deux essaims qui parviendroient difficilement à se fortifier, à ramasser les provisions nécessaires pour les tems de disette, & à construire les logemens dans lesquels la reine voudroit placer les fujets de fon empire naiffant.

C'eft après la grande ponte des mois d'Avril & de Mai, que M. de Gélieu confeille de travailler aux effaims artificiels. Pour favoir quand on pourra commencer cette opération, il faut s'affurer fi la ruche eft bien fournie d'abeilles : pour cet effet, on la foulève un peu par derrière pendant la fraîcheur du matin; fi on remarque la table bien couverte d'abeilles, qu'elles foient en grand nombre fur les gâteaux & contre les parois intérieures de la ruche, c'eft une preuve certaine que la population de cet état eft très-confidérable, & qu'on peut en conféquence divifer la ruche pour former deux effaims. Quand même on n'apperçoit point de faux-bourdons, il ne faut pas pour cette raifon retarder l'opération : ils font encore dans leurs cellules prêts à brifer les portes de leur prifon pour fortir au premier inftant.

Quand on eft décidé à partager une ruche pour former deux effaims, après le foleil couché on apporte une ruche vuide fans être liée : on la met à côté de foi près de celle qu'on veut partager ; on enlève doucement avec la pointe d'un couteau le pourjet appliqué à la jonction des demi-ruches, & celui qui fixe fur le fupport, ou la table, la demi-ruche qu'on veut ôter : on coupe les liens qui attachoient les demi-ruches enfemble ; une perfonne enlève alors la demi-ruche détachée, pour la placer tout de fuite à côté fur une table préparée à cet effet, tandis qu'une autre joint une demi-ruche à celle qui eft reftée, & fait enfuite la

même opération à celle qui a été tranfportée. Dès qu'on a joint à ces deux demi-ruches pleines, deux autres vuides, on les lie fortement avec de la ficelle ou de l'ofier, on enduit les ouvertures que laiffent leur jonction, avec du pourjet.

Quoique la ruche ait été partagée également, il y aura toujours une moitié, qui eft celle où fe trouvera la reine, qui fera plus fournie d'abeilles que l'autre. Pour mettre entr'elles autant d'égalité qu'il eft poffible, il faut s'affurer dans quelle moitié de la ruche la reine eft reftée, parce que c'eft celle où les abeilles font en plus grand nombre, afin de tranfporter cette ruche à quinze ou vingt pas de fon premier emplacement, & de mettre fur fa table celle qui en eft dépourvue. En laiffant les deux ruches à côté l'une de l'autre, pendant une heure feulement, on ne tardera pas à s'appercevoir quelle eft celle où la reine eft demeurée. Le trouble ou la tranquillité des abeilles fera connoître en très-peu de tems de quel côté eft cette mère chérie qu'elles ne peuvent fe réfoudre d'abandonner. La ruche qui a la reine tardera peu à fe tranquillifer; un battement d'ailes uniforme & paifible, un doux bourdonnement, annonceront la fécurité qui fuit de près le tumulte qu'on aura excité par la divifion de la colonie. Les abeilles de l'autre ruche paroîtront, au contraire, très-agitées; on les verra courir avec inquiétude, fortir, rentrer, chercher leur reine, qu'elles ne manqueront pas de rejoindre, fi les deux ruches font à côté l'une de l'autre, abandonnant toutes les provifions qui leur font échues en partage,

partage , & le couvain , quelque tendreſſe qu'elles aient pour lui.

Lorſqu'on a découvert la ruche qui poſsède la reine , on la tranſporte à une vingtaine de pas ſur une autre table , & on met ſur la ſienne celle qui en eſt privée. Cette ruche orpheline reprend courage , ſe met au travail , & forme une jeune reine qui ſera prête à pondre dans trois ſemaines : ſouvent il en vient plutôt , ſi parmi le couvain qu'elles ont , il s'y trouve des cellules royales. Par ce moyen , le nombre des abeilles augmente beaucoup par celles de la ruche tranſportée , qui reviennent en foule à leur ancienne place , guidées par l'habitude & attirées par le couvain qui éclôt tous les jours.

On peut chaque année former des eſſaims , en ſéparant, de la manière qu'on l'a dit , les ruches qui ſont aſſez fortes pour ne ſouffrir aucun dommage de cette opération, qu'on fait plutôt ou plus tard relativement à l'état particulier de chaque ruche , & ſelon que la première ponte a été plus ou moins favorable à la multiplication.

On ne doit point tranſporter la ruche dans laquelle on a découvert qu'habitoit la reine , à une lieue ou deux , ainſi que le conſeillent quelques auteurs dans la méthode qu'ils donnent de former des eſſaims artificiels par la diviſion des ruches. Cette diſtance ſeroit trop conſidérable ; les abeilles ne reviendroient point à leur premier emplacement pour augmenter le nombre de celles qui ſont privées de la reine.

La méthode de M. de Gélieu, juſtifiée par l'expérience , eſt fondée

ſur deux principes évidens , dont il eſt aiſé de s'aſſurer ſoi - même. » 1°. Les abeilles qui n'ont point de » reine , ne fuſſent-elles qu'au nom- » bre de ſept à huit cents, peuvent » toujours s'en former une , quand » elles ont du miel, de la cire brute » & trois ſortes de couvains ; ſa- » voir , des œufs , des vers & des » nymphes ». Ce principe eſt ſi vrai, qu'en le ſuivant l'on forme des milliers d'eſſaims artificiels toutes les années dans les cercles de Haute & Baſſe-Saxe, & ſur-tout en Luſace. M. Schirach eſt le premier qui en ait fait uſage ; il l'a fait avec un ſi grand ſuccès, qu'on s'eſt empreſſé par-tout de le répéter : M. de Gélieu a le mérite de l'avoir mis à portée de tout le monde, en le ſimplifiant de telle manière, qu'il n'eſt pas d'habitant de la campagne qui ne puiſſe aiſément le réduire en pratique , en ſuivant les procédés qu'il indique pour cet effet.

» 2°. Les abeilles placent toujours » leur miel au haut de la ruche , le » couvain dans le miliéu , & les gâ- » teaux de cire en bas ». Cette règle , qu'elles ſuivent conſtamment , ne ſouffre d'exception que dans deux circonſtances : 1°. dans le tems de leur plus grande récolte ; alors elles placent leurs proviſions dans toutes les cellules vuides , quelque part qu'elles ſoient ; 2°. quand la reine eſt dans le fort de ſa ponte ; ſes œufs ſe trouvent alors preſque par-tout. Par conſéquent, en formant des eſſaims par le partage des ruches, ſelon les procédés de M. de Gélieu, on eſt aſſuré qu'il y aura du couvain dans les deux demi-ruches. Au contraire , quand on diviſe les ruches

Tom. I.   Y

en travers, en féparant la partie
fupérieure de l'inférieure, il eft
fort incertain que la première contienne du couvain : l'opération eft
donc très-douteufe.

Les effaims qu'on fe procure par
cette méthode ont de très-grands
avantages fur ceux qui viennent naturellement, quelques forts qu'ils
foient. Ils trouvent un ménage établi, des édifices conftruits, des provifions amaffées, une famille fur le
point de naître, qui fe livrera bientôt aux occupations de la fociété.
Cette nouvelle colonie qu'on a
formée foi-même exige peu de foin,
puifqu'elle eft abondamment pourvue de provifions : on ne craint pas
qu'elle fe dégoûte de fon domicile,
qui eft le même qu'elle habitoit. Par
ce moyen, on fe difpenfe de veiller
à la fortie des effaims, qui partent
fouvent fans être apperçus, quelque attention qu'on ait à les obferver : on n'a pas la peine de les
pourfuivre dans leur fuite, & de
les recueillir. D'un autre côté, on
trompe l'obftination des meilleures
ruches, qui refufent fouvent de
donner un effaim, quoique leur
population foit très-grande.

On ne doit former des effaims
que quand la belle faifon eft arrivée, afin que les abeilles puiffent
trouver abondamment de quoi fe
pourvoir dans la campagne : après
le quinze ou vingt de Juin, il ne
faut plus s'en occuper, parce
que les abeilles n'auroient pas le
tems de faire leurs provifions pour
l'hiver.

CHAPITRE XII.

*MÉTHODE ABRÉGÉE DE GOU-
VERNER LES ABEILLES
DANS TOUS LES MOIS DE
L'ANNÉE.*

NOVEMBRE, DÉCEMBRE, JANVIER, FÉVRIER.

Ces quatre mois font communément, dans nos climats, un tems
où le froid eft plus ou moins rigoureux : tant qu'il dure, les abeilles
font engourdies ; par conféquent
elles n'ont befoin d'aucune nourriture. Elles ont recours à leurs
provifions, quand il y a quelques
jours affez beaux où le foleil, qui
donne fur les ruches, les ranime
un peu : dès que le froid recommence à fe faire fentir, elles s'attroupent au fommet de la ruche,
s'y attachent les unes aux autres,
& demeurent dans cet état jufqu'à
ce qu'un air plus doux les ranime
encore. Pendant tout ce tems, il
faut avoir foin qu'elles ne fortent
point ; on doit pour cet effet laiffer conftamment les petites grilles
qu'on met aux ouvertures des ruches, dès que les premières gelées
arrivent, & qu'on les difpofe pour
paffer l'hiver. Ce feroit vouloir perdre les abeilles, & les expofer à mourir, que de les laiffer fortir lorfqu'il
fait quelque belle journée dans cette
faifon : la chaleur qu'elles éprouvent dans la ruche, les trompe ;
elles feroient furprifes par un air
trop froid, eu égard à celui qu'elles
éprouvent dans leur habitation.
D'ailleurs, quand le moment de
leur fortie feroit des plus favorables, une heure ou deux après,

le tems, affez variable dans cette faifon, peut changer; les abeilles qui feroient dehors, furprifes par ce changement, ne pourroient jamais retourner dans leurs ruches, & elles mourroient faifies de froid aux endroits où elles feroient.

Quoiqu'il faille bien fermer les abeilles, & prendre les précautions que nous avons indiquées pour les garantir d'un froid trop rigoureux, il ne faut pas cependant les étouffer pour vouloir les tenir chaudement. L'air leur eft abfolument néceffaire; il faut qu'il foit renouvelé dans la ruche, autrement les vapeurs, qui n'auroient point d'iffue, retomberoient fur elles, fur les gâteaux, & leur nuiroient infiniment. C'eft pour prévenir ce mal, qu'il doit toujours y avoir des ouvertures au bas des ruches, où les abeilles ne puiffent point paffer, mais par lefquelles l'air puiffe circuler & fe renouveler. Pendant ces quatre mois, on ne doit point abfolument toucher aux ruches; on fe contente de les vifiter de tems à autre pour prévenir les défordres que font capables de caufer leurs ennemis, & pour réparer les ravages qu'ils pourroient avoir faits, fi on étoit négligent à les veiller. Dans cette faifon, les rats, les fouris, les mulots peuvent impunément attaquer les abeilles; il n'y a point aux portes de fentinelles qui veillent à la fureté publique, & qui avertiffent des dangers qui menacent l'état. Après avoir ravagé leurs provifions, ces ennemis cruels porteront leurs dents meurtrières fur les abeilles mêmes pour les dévorer; & ils détruiront de cette manière, en très-peu de jours, la ruche la plus peuplée & la plus abondamment pourvue, & établiront leur domicile fur fes ruines. Pendant tout ce tems, on ne doit point ceffer de tendre des pièges à ces ennemis deftructeurs.

MARS.

Ce mois eft celui de toute l'année où les abeilles exigent le plus de foins, & le tems qu'elles font la plus grande dépenfe des provifions qu'elles ont amaffées, parce que leurs forties fréquentes excitent leur appétit, qu'elles font obligées de fatisfaire en ayant recours à leurs magafins, la campagne ne pouvant encore leur rien offrir. Il y auroit donc alors du danger de s'emparer d'une partie de leurs provifions, quelque difcret qu'on fût dans le partage. Bien des auteurs, il eft vrai, confeillent de tailler les ruches dans ce mois, & ils ajoutent en même tems qu'il faut leur donner de la nourriture, fi leurs provifions ne font pas fuffifantes. Pourquoi donc s'expofer à les nourrir, puifqu'on peut s'en difpenfer en leur laiffant tout ce qu'elles poffèdent jufqu'au moment que la campagne leur offrira de nouvelles provifions à faire? Ces fortes de foins indifpenfables, quand les abeilles n'ont plus de quoi vivre, les dérangent, & on court les rifques de leur apporter trop tard une nourriture qui leur eft néceffaire, dont peut-être elles n'auroient plus la force de faire ufage, fi elles étoient fort affoiblies par un jeûne trop long; ce qui peut arriver, fi on les oublie. On eft affuré de leur économie, qui les retient dans les bornes de la plus jufte modération,

Y 2

fans leur permettre la plus petite diffipation, après qu'elles ont pris ce qui leur eft abfolument nécef-faire pour vivre ; par conféquent, on ne peut en vouloir qu'à leur fuperflu : or, on eft toujours affuré de le trouver ; pourquoi donc ne pas attendre qu'elles puiffent s'en paffer ? Les auteurs qui confeillent de tailler les ruches en Mars, ne connoiffoient que les ruches de l'ancien fyftême, & leur confeil étoit relatif à la difficulté de cette opération, qui eft très-grande avec ces fortes de ruches, quand il fait très-chaud, parce que les abeilles font alors très-vigoureufes & fort vives, & on ne les approche pas fans craindre de les porter à la colère, & de les exciter à faire ufage de l'aiguillon : dans le mois de Mars, au contraire, elles font plus traitables, parce qu'il fait moins chaud qu'au mois de Mai. Nous avons prouvé qu'on peut tail-ler les ruches compofées de hauf-fes, fans danger en toute faifon.

M. Palteau, & ceux qui fe font difpenfés de réfléchir & d'obferver parce qu'il avoit parlé, tels que MM. de Maffac & Boisjugan, &c., confeillent de réchauffer les abeilles de tems en tems dans le mois de Mars, afin de les tirer plutôt de leur état d'engourdiffement, dont ils croient que la durée peut leur être nuifible. Ils n'ont pas fait attention que c'eft exactement vouloir ré-veiller, par raifon de fanté, un homme qui dort d'un profond fom-meil, pour le faire manger. Il faut laiffer agir la nature ; voilà la bonne règle. Pourquoi rendre les abeilles délicates par des foins inutiles ? dans les bois, elles attendent patiem-

ment que le foleil foit affez chaud pour les fortir de leur léthargie ; pourquoi, dans nos ruches où elles font infiniment mieux, auroient-elles befoin de ces attentions, dont elles fe paffent à merveille quand elles ne font logées que dans le tronc d'un arbre ? En réchauffant les abeilles, on les tire, il eft vrai, de leur engourdiffement ; mais alors elles font en mouvement dans la ruche, & l'appétit qu'elles gagnent par cet exercice forcé, diminue leurs provifions ; elles s'inquié-tent, & s'agitent violemment pour s'échapper : fi elles fortent après avoir été échauffées, l'air exté-rieur, moins chaud que celui de la ruche, les furprend, les faifit ; n'ayant plus la force de gagner leur domicile, elles meurent aux endroits où elles fe trouvent, ou deviennent la proie de leurs en-nemis.

Dès les premiers jours de ce mois, fi l'air eft affez doux, on vifite les ruches ; & quand on ne craint point de trop refroidir les abeilles, on les foulève pour net-toyer la table avec un petit balai de plume ; on la racle enfuite pour enlever toutes les ordures, on la frotte après, & on l'effuie avec un linge ou une poignée de paille. Il faut alors ôter le grillage qui fermoit les portes, & ne laiffer que peu d'ouverture, afin que les abeilles ne fortent pas toutes en même tems : pourvu que trois ou quatre puiffent paffer à la fois, cela fuffit, jufqu'à ce que l'air extérieur foit affez tempéré, pour qu'on puiffe les laiffer fortir fans gêne, en ouvrant toutes les portes, comme elles le font dans la belle faifon. En vifitant les ruches, on examine avec foin l'intérieur, afin d'ôter la moififfure des gâteaux, les papillons & les fauffes teignes qui peuvent s'y être établies, & les araignées qui auroient tendu leurs filets : on obferve l'état des provifions, en vifitant les magafins, afin de donner de la nourriture à celles qui font dans l'indigence, felon les différens procédés que nous avons indiqués. Après leur première fortie, on leur donne le firop, pour prévenir la dyffenterie, ou la guérir. On ne doit point fe borner à deux ou trois vifites ; il faut les multiplier felon les circonftances, pour prévenir les befoins des abeilles, ou y pourvoir. En donnant de la nourriture aux ruches indigentes, qu'on ait attention de ne pas les expofer au pillage, & qu'on ne laiffe, pour cet effet, qu'une très-petite ouverture : moins il y aura de portes à défendre, plus les abeilles feront en fûreté. Il pourroit même arriver qu'on fût obligé de griller les ouvertures, après avoir donné du miel aux ruches foibles & dépourvues.

AVRIL.

Les abeilles ont encore befoin qu'on leur rende, pendant ce mois, des foins affidus. Il faut pourvoir aux ruches foibles, les vifiter, examiner dans quel état fe trouvent leurs provifions, & leur donner de la nourriture, fi leurs magafins font vuides. Le pillage eft très à craindre, parce que les abeilles ne trouvent point encore, ou très-peu de récolte à faire dans la campagne ; il ne faut donc pas donner une entière liberté à celles qu'on eft obligé de nourrir : pourvu que cinq ou fix au plus puiffent fortir à la fois, le paffage qu'on laiffera fera fuffifant. Si la faifon eft très-précoce, vers la fin de ce mois, quelque effaim pourroit partir : il convient donc de les veiller, & d'avoir des ruches préparées pour les recevoir. La fin de ce mois peut être un tems propre à tailler les ruches, dans les pays fur-tout où l'abondance eft déjà grande pour les abeilles : dans ceux, au contraire, où il n'y a que très-peu de récolte à faire, on doit différer jufqu'au mois fuivant, que le tems fera plus favorable.

MAI.

Si la faifon eft retardée, & que les abeilles ne trouvent point encore de récolte à faire dans la campagne, les premiers jours de ce mois il peut arriver qu'on foit encore obligé de nourrir les ruches indigentes ; il eft donc néceffaire de les vifiter pour connoître leurs befoins. Dès le commencement de ce mois, on a lieu d'efpérer que la faifon va être favorable, & qu'il y aura une abondante récolte à faire ; il faut par conféquent ouvrir toutes les portes, afin que les abeilles puiffent fortir & entrer librement au rétour de la provifion. Vers le milieu de ce mois, on peut fonger à tailler les ruches : la récolte eft affez avancée, pour que les abeilles réparent leurs pertes en très-peu de tems. Il eft bon de voir tout ce qui a été dit touchant la taille des ruches. On doit auffi renouveler les ruches trop vieilles, en les tranfvafant felon les procédés indiqués, de même

que celles qui font trop livrées
aux fauffes teignes. Tout ce mois
eft le tems de la plus abondante
récolte pour les abeilles : fi elles
l'emploient avec profit, on fera
obligé de hauffer les ruches fi elles
font trop pleines de provifions,
fans rien prendre des richeffes qui
y font amaffées, à caufe du couvain qui vient tous les jours. C'eft
encore le tems de former des effaims artificiels. Quand on veut les
attendre, & ne point prendre la
peine de les former, tous les jours
il faut veiller à leur fortie, depuis
fept à huit heures du matin, jufqu'à
quatre ou cinq après midi, afin
de les fuivre dans leur fuite pour
pouvoir les recueillir. Les nouveaux
effaims exigent des vifites, pour
examiner de quelle manière ils fe
portent au travail, & s'ils font
laborieux, bien fournis de provifions ou indigens.

JUIN.

Il faut encore fe préparer à recevoir des effaims jufqu'au milieu
de ce mois, & quelquefois plus
tard. Ceux qui font déjà venus,
& qu'on a logés convenablement,
peuvent demander quelques foins,
s'ils font foibles. Quand ils font
forts & laborieux, on doit les
entretenir dans ces heureufes difpofitions, & même exciter leur
ardeur pour l'ouvrage, en rehauf-
fant leur ruche, fi elle étoit parfaitement pleine. Les effaims qui
viennent fur la fin de ce mois,
font ordinairement peu nombreux;
& comme la récolte eft très-avancée, on doit les rendre à leur
mère, ou les réunir.

C'eft dans ce mois principalement

que les abeilles travaillent avec
courage en cire neuve : on doit
donc être attentif à examiner leur
ruche, afin de lui donner une hauffe
par le bas, fi elle eft trop pleine.
Quant aux ruches de l'ancien fyftême, fi elles font bien fournies en
cire, & qu'on ne puiffe point les
hauffer d'une manière convenable
aux abeilles, on ne peut point abfolument fe difpenfer de les tailler;
autrement on condamneroit à l'oifiveté des abeilles laborieufes, qui
perdroient leur goût & leur activité
naturelle pour le travail, fi elles
n'avoient plus de logement pour
placer les provifions que peut encore leur offrir la campagne.

JUILLET.

Le pillage devient à craindre
après les premiers jours de ce mois,
parce qu'il n'y a prefque plus de
fleurs dans la campagne, & que
les abeilles, par conféquent, n'ont
plus de récolte à faire. Les guêpes,
les frélons, qui vivent fans inquiétude d'un jour à l'autre, qui n'ont
point la prévoyance d'amaffer pour
les tems de difette, rendent de fréquentes vifites aux ruches, & inquié-
tent les abeilles par leurs pirateries:
leurs voifines, qui ont négligé de
faire des provifions, ou qui les
ont diffipées, s'abandonnent auffi
au pillage; il faut donc s'occuper à
les mettre à couvert des incurfions
de tous ces ennemis. L'exceffive
chaleur peut rendre leur habitation
très-incommode & infoutenable,
faire fondre la cire, & couler le
miel : on doit donc faire enforte
que l'air de la ruche fe renouvelle
continuellement. Si elles étoient
trop expofées à l'ardeur du foleil,

on les couvriroit avec des branchages verds, pour les en garantir, ou avec de gros linges mouillés. C'est pendant ce mois qu'il faut, pour le plus tard, marier les derniers essaims, quand on n'a pas pu le faire après leur sortie, & qu'il faut aussi réunir les ruches trop foibles.

A O U S T.

Dans bien des endroits, les abeilles peuvent faire, pendant ce mois, une abondante récolte : dans les pays où l'on sème beaucoup de bled noir ou sarrasin, il faut tirer parti de leur industrie, & les obliger à travailler. Pour cet effet, on ajoute à leur ruche une hausse par le bas, si elle est pleine, ou du moins très-avancée : à la vue de ce vuide à remplir, leur ardeur se ranimera, & elles travailleront au-delà de ce qu'on pouvoit attendre de leur activité. Le pillage est très à craindre, sur-tout s'il n'y a point de récolte à faire : il est donc nécessaire d'avoir recours aux précautions qui peuvent l'empêcher.

Pendant ce mois, les abeilles déclarent la guerre aux faux-bourdons, & les chassent de leur république : elles sont fort occupées à s'en défaire, & souvent elles n'en viennent à bout que difficilement, & après qu'ils ont consommé beaucoup de provisions. Tout le tems que durent cette guerre & ce massacre, est perdu pour leur récolte, s'il y en a à faire : avec de la patience, on pourroit les aider à se débarrasser de ces bouches inutiles ; il suffiroit de veiller aux portes des ruches ; & à mesure qu'ils sortent, on les saisiroit avec des pinces ou avec de petites baguettes engluées.

S E P T E M B R E.

Le pillage est encore à craindre pendant tout ce mois ; il faut donc employer les moyens d'en préserver les abeilles. Vers la fin, on dégraisse les ruches : dans les cantons où les abeilles ont trouvé beaucoup de bled noir, on peut faire une abondante récolte de cire & de miel, qui ne gagneroient rien à passer l'hiver dans la ruche. En les taillant, on ne leur rend point de hausse ; l'habitation étant moins vaste, elle sera plus chaude pour l'hiver. On ne taille point, dans cette saison, les ruches de l'ancien système ; on a dû le faire au mois de Juillet : ce seroit agrandir le domicile des abeilles, & leur rendre un très-mauvais service pour l'hiver.

O C T O B R E.

Quand on n'a point taillé les ruches dans le courant de Septembre, on ne doit point différer à le faire les premiers jours de ce mois. Vers la fin, on dispose les ruches à passer l'hiver, si le tems est froid : quand il fait beau, on peut attendre les premiers jours de Novembre, & les mettre alors en état de supporter la rigueur du froid, auquel il faut s'attendre dans cette saison.

ABONDANCE. Elle a été la ruine des cultivateurs, & elle l'est toujours des propriétaires des vignobles. Cette assertion paroît au premier coup d'œil être un paradoxe outré ; mais malheureusement elle n'eſt que trop vraie & trop démontrée dans la pratique. Les anciens repréſentoient l'abondance ſous l'allégorie d'une femme couronnée d'une guirlande de fleurs, verſant d'une corne, tenue de la main droite, toute ſortes de fruits, & répandant à terre, de la main gauche, des grains qui ſe détachoient d'un faiſceau d'épis. Cet emblême étoit vrai du tems des romains ; & ſous le bon & vertueux Trajan, une double corne fut ajoutée à la main droite de l'Abondance. Ne ſommes-nous pas en droit d'eſpérer de voir, ſous Louis XVI, reparoître ce double attribut ? L'abondance a dû toujours être le but des travaux du cultivateur, l'eſpoir conſolant du fermier, & le terme des vœux du propriétaire : cependant la majeure partie des richeſſes réelles que la culture produit, étoit, il y a quelques années, une richeſſe fantaſtique ; le grain entaſſé vieilliſſoit, ſe gâtoit & ſe conſumoit ſouvent en pure perte dans les greniers. Les défenſes les plus rigoureuſes en proſcrivoient la ſortie d'une province à l'autre, même dans l'intérieur du royaume ; & la Bourgogne, par exemple, regorgeoit de grains, tandis qu'on mouroit de faim dans le Beaujollois, la Provence & le Languedoc. A ces tems de calamités ſuccédèrent des jours plus heureux, & la ſeule & la vraie richeſſe nationale augmenta d'un tiers. Il fut permis de faire circuler le produit des récoltes abondantes, non-ſeulement d'une province à une autre, mais encore de l'exporter chez l'étranger. On vit alors une émulation, juſqu'à ce jour inconnue en France, pour mieux culti-

ver, pour mettre en valeur des terres depuis long-tems abandonnées, & défricher des terrains qui furent étonnés de ſentir leur ſurface chargée de ſillons. Depuis cette époque heureuſe, la miſère a été bannie de la chaumière du cultivateur, & ſa chaumière a été convertie en maiſon ; le fermier eſt devenu aiſé, & le propriétaire a preſque doublé le prix de ſes anciens baux. Enfin, grâce à la bienfaiſance d'un Miniſtre qui a ſacrifié toute ſa vie à ſecourir & protéger le pauvre cultivateur contre les vexations du riche, toutes les entraves, tous les droits quelconques qui, ſous cent dénominations différentes, gênoient le commerce & la libre circulation du bled, ont été détruits & ſupprimés : en un mot, le bled eſt aujourd'hui la ſeule marchandiſe, la ſeule branche de commerce qui ſoit parfaitement libre dans l'intérieur du Royaume. Voilà déjà un grand pas fait vers la ſource & le principe de la véritable richeſſe. Il en reſte encore un à faire, c'eſt celui qui procurera la liberté d'exporter chez l'étranger, & qui redonnera une liberté plénière : alors les récoltes les plus copieuſes & les plus abondantes ne ſeront plus un fléau & une calamité publique, parce qu'il eſt impoſſible que le Royaume conſomme chaque année plus de la moitié de ſes produits en bleds. Si le grain ne ſe ſoutient pas à un certain prix, le propriétaire doit s'attendre à voir ſes fermes diminuer, & revenir peuà-peu aux taux anciens ; & celui qui aura, ſans ſavoir pourquoi, ſans avoir examiné la queſtion, crié le plus fortement contre la libre exportation

portation du bled, ouvrira alors les yeux, & comprendra enfin par sa propre expérience, que le rehauffement du prix de ses fermes dépendoit de cette liberté d'exportation. Ce point de fait est si vrai, & cette conséquence est si juste, qu'au commencement de 1780, les grands propriétaires du Bas-Languedoc & de plusieurs provinces voisines, dont l'époque des fermes étoit arrivée, aimèrent mieux reprendre la culture de leurs terres, & les faire valoir par eux-mêmes ou par des régisseurs, que de renouveler des baux à cause du bas prix où ces terres étoient tombées. Ils attendent avec empressement un moment plus favorable. L'abondance n'est donc pas richesse, & la vraie richesse en ce genre dépend donc de la liberté complette de vendre ses grains de la manière qu'on estime être la plus avantageuse.

Si on jette actuellement un coup-d'œil sur les pays de vignobles, on verra la plus grande abondance traîner à sa suite la misère la plus affreuse, & le vigneron faire des vœux pour qu'une petite gelée, ou la coulaison, détruisent en une journée la moitié de la récolte dans tout le royaume. Le seul propriétaire de vignes situées aux portes des grandes villes, ne fait pas les mêmes vœux, parce que le débouché & la consommation de son vin sont assurés; l'abondance est seulement avantageuse pour lui. Le terrain consacré à la vigne, est en général mauvais, pierreux; les côteaux, les rochers même lui sont destinés: en un mot, elle exige un sol où le bled ne sauroit croître; car si elle est plantée dans un terrain gras ou

trop fertile, le vin qu'elle donnera sera toujours mauvais, ne pourra passer les mers, & ne se conservera pas pendant plusieurs années. Voilà donc une très-grande partie du royaume mise en valeur, & le propriétaire a été forcé de multiplier les avances, & de dépenser le quadruple de ce qu'il en coûte pour récolter du bled. La proportion de dépense est la même pour la culture, puisque tous les travaux de la vigne se font à bras d'homme, excepté dans le Bas-Dauphiné, la Basse-Provence, le Bas-Languedoc, & dans quelques cantons de la Guienne. La même proportion se trouve encore dans les frais de vendange & de pressées; mais dans le cas d'une très-grande abondance, toute proportion disparoît, lorsqu'il faut acheter les vaisseaux vinaires, dont le prix double & triple toujours en raison de l'abondance de la récolte. Il n'importe pas, pour le moment, de savoir comment le vigneron a pu s'en procurer. Voilà les celliers remplis; ils regorgent de vin: eh bien! cette abondance n'est que le simulacre de la richesse. Les mois s'écoulent, il ne se présente point d'acheteurs; le tonnelier, qui a fourni les tonneaux à crédit, demande son paiement; le collecteur des tailles de la paroisse marche sur ses pas: tous deux menacent: les frais de justice suivent de près la menace; ils persécutent le cultivateur, l'un pour ses avances, & l'autre pour l'impôt. Enfin, le cultivateur, pour se soustraire aux poursuites tyranniques de ces fléaux des campagnes, leur cède son vin, & les vaisseaux même, au bas prix qu'il leur plaît en donner. Combien de fois n'ai-je pas été témoin de ce spectacle horrible, si fréquent dans les pays d'élection ! Combien de fois n'ai-je pas eu la douleur de voir des récoltes vendues sur la place, & achetées par des hommes affidés & postés par les collecteurs ! heureux encore, si la récolte entière du malheureux pouvoit la soustraire à la voracité affreuse de ces monstres qui s'engraissent du sang le plus pur de leurs semblables ! Qu'il est cruel pour l'ame sensible, d'être témoin de ces extrémités, & de ne pouvoir soulager le malheureux, ni le soustraire à de pareilles horreurs commises sous le nom sacré des loix dont on abuse. Dans ces pays, il vaut mieux être simple journalier, que propriétaire. Cette assertion n'est pas un paradoxe.

L'abondance sert encore à ruiner le vigneron, d'une manière plus lente à la vérité, mais aussi sure, aussi complette, & presque aussi odieuse. Il est obligé de passer par les mains des commissionnaires en vins ; genre de sangsue heureusement inconnu dans les pays à bled. Un commissionnaire arrive dans un village, parcourt les celliers, goûte le vin, offre un prix beaucoup au dessous de celui de sa valeur réelle ; il part & ne conclut aucun marché ; mais auparavant il a eu grand soin de déprécier la qualité du vin, & de supposer au cultivateur ignorant, une excessive abondance dans toutes les provinces du royaume. Un second commissionnaire survient, il offre un prix plus bas que le premier, pratique le même manège ; puis un troisième ; & enfin il en paroit un dont l'extérieur & les propos sont plus accommodans.

Un rayon d'espérance commence à briller aux yeux du vendeur, *Je prendrai*, lui dit-il, *votre vin au prix courant*. Les premiers commissionnaires reviennent sur leurs pas, tiennent le même langage, marquent les tonneaux ; le vin de tout un canton est ainsi arrhé, & le propriétaire n'a plus la liberté de le vendre à un autre acheteur qui lui en donneroit davantage.

Quel sera ce *prix courant* ? à quel taux sera-t-il porté ? Laissez agir les commissionnaires, leur manège n'est pas encore à son terme. Un cultivateur est-il pressé par le tonnelier, ou par le collecteur des tailles, toujours les agens des commissionnaires, il est obligé d'accepter le prix qu'on lui offre, plutôt que de voir sa récolte saisie, & son produit dissipé par les frais de justice. Voilà le fameux *prix courant* établi par cette simple opération.

Si le commissionnaire n'a pas toujours recours à un stratagême aussi inique, il s'adresse d'autres fois au vigneron dont le vin a le plus de réputation dans le canton ; il le lui paie à sa juste valeur, & souvent au dessus ; par-là il le force au secret, & achète le droit de dire publiquement qu'il ne l'a payé qu'à tel prix. Alors le vendeur dit qu'il a voulu se débarrasser de son vin, parce qu'il ne se conservera pas ; & l'autre, que, de toute nécessité, le prix baissera dans quelques mois, attendu que toutes les provinces du royaume regorgent de vin. Enfin, tout le canton est obligé d'accéder à ce traité simulé. Voilà comme l'abondance de vin n'est pas richesse, à cause des grosses avances qu'elle a exigée, & du bas prix, & très-bas prix dans la vente. Une récolte médiocre est plus avantageuse qu'une récolte abondante. Ce n'est point un paradoxe, & tout homme sensé se convaincra de cette vérité, pour peu qu'il examine de près & étudie la manière dont le commerce du vin est gouverné.

Si le paiement avoit lieu au moment où le vin est enlevé du cellier, il n'y auroit qu'un demi-mal ; le paysan toucheroit tout à la fois une certaine somme ; il auroit de quoi payer ses impositions, ses petites dettes, se procurer des engrais, acheter à un prix raisonnable les vaisseaux vinaires, &c. : mais il faudra attendre cet argent si desiré & si nécessaire, pendant une année entière, & souvent ne le toucher que par parcelles ; alors les besoins du moment le dissipent, & les anciennes dettes ne sont pas acquittées. Croiroit-on que ces malheureux, qui ne sortent pour ainsi dire pas de leurs vignes pendant toute l'année, sont réduits à ne boire que du *petit-vin*, c'est-à-dire l'eau passée & fermentée sur la grappe, après que tout le vin en a été extrait par le pressoir. Tout au plus boivent-ils du vin le dimanche ; & c'est dans un cabaret. Quel tableau ! il n'est malheureusement que trop multiplié.

On demandera avec surprise, comment il est possible que le vigneron soit obligé de passer par les mains des commissionnaires ? Je demande à mon tour : Sans eux, sans ces sangsues, que deviendroit le paysan ? Il ne sait comment se procurer des débouchés : semblable à l'huître attachée à son rocher, il saisit, pour subvenir à ses besoins,

le premier objet qui se présente. Les commissionnaires se sont appropriés cette branche de commerce, soumise à toutes les entraves imaginables, hors des pays d'état. Tant que le commerce du vin ne sera pas libre comme celui du bled ; tant que le paysan grossier & ignorant craindra à chaque instant d'être pris en contravention contre la loi qu'il ignore, il gémira sous la dure nécessité de passer par des mains étrangères, & l'abondance le ruinera. *Il faut être riche pour avoir des vignes.* Cette expression a passé en proverbe, & tout proverbe en ce genre est essentiellement vrai, puisqu'il est fondé sur l'expérience. Les vignes ruinent toujours leurs maîtres, si leur fortune ne leur permet pas de garder leurs récoltes pendant deux ou trois années avant de les vendre, parce que lorsque l'année est abondante, le vin n'a point de prix, point de valeur, & les frais absorbent le produit. Cela est si vrai, que dans plusieurs cantons de Provence & de Languedoc, on laissa en 1779, la moitié de la vendange sur le cep, & que le muid de Languedoc, qui tient 675 pintes, mesure de Paris, n'a pu être vendu que 15, 18 ou 20 livres au plus, suivant la qualité, & encore n'a-t-on pas trouvé des acquéreurs. Les vaisseaux vinaires, de la contenance d'un muid, coûtoient de 27 à 30 livres. Que faire donc de ces récoltes abondantes ? La dernière ressource est de les convertir en eau-de-vie ; mais la main-d'œuvre, mais le bois sont si coûteux dans ces provinces, qu'il n'y a presqu'aucun bénéfice, puisque les eaux-de-vie y sont au vil prix de

12 livres le quintal. L'énormité des droits que les eaux-de-vie & les vins ont à payer, lors de leur circulation dans le royaume, ou lorsqu'on les exporte chez l'étranger, font caufe de la ftagnation & de l'engorgement. Les feuls droits d'entrée d'un muid de vin à Paris, fur le pied de trois cents pintes, coûte plus que l'achat de treize muids de vin en Provence ou Languedoc, en les fuppofant de même contenance.

De tous les cantons du royaume, il n'en eft point qui foient plus chargés d'impofitions, que les pays de vignobles, parce que lors de l'établiffement & de la progreffion des impôts, les vins feuls avoient quelque valeur en France, & la culture du bled étoit négligée à caufe des prohibitions. Aujourd'hui les propriétaires de terres labourables fe font enrichis, & les habitans des vignobles ont été appauvris. Le prix du vin, loin de fuivre celui du bled, loin d'augmenter comme lui, a diminué, attendu que l'étranger eft rebuté par les droits exceffifs qui l'éloignent du royaume; & les artifans & les maîtres de maifons, ne donnent plus de vin à leurs ouvriers ou à leurs domeftiques: la confommation eft donc moindre qu'elle ne l'étoit autrefois. On diroit que les impôts multipliés & appéfantis fur les pays de vignobles, reffemblent ou équivalent à l'ordre donné par Domitien, d'arracher les vignes dans les Gaules, & il fembleroit qu'on veut punir ces induftrieux habitans, pour avoir mis en culture & rendu fertile le fol le plus ingrat d'un quart du royaume. L'Efpérance, fille du Ciel,

& la confolatrice du genre humain, n'eft pas détruite; c'eft le feul bien qui refta à l'homme après l'ouverture fatale de la boîte de Pandore; c'eft elle qui foutient le malheureux vigneron, & lui fait attendre le retour de la paix, qui mettra le directeur général des finances actuel dans le cas de jeter un coup d'œil favorable fur les pays de vignobles & fur leur produit. Il permet d'efpérer que les gênes multipliées, les embarras en tous genres, les droits exhorbitans, qui furpaffent la valeur de la denrée, feront fupprimés, ou du moins confidérablement modérés; enfin, que le vin, ainfi que le bled, auront une libre circulation dans tout le royaume, fans craindre la dangereufe & inquiéte vigilance de cette formidable armée de gardes. Faffe le ciel, pour le bonheur de la France, & pour la gloire de fon auteur, qu'un fi beau projet foit bientôt exécuté. Alors l'abondance ne fera plus un fardeau, ni le germe de la pauvreté. Tout impôt établi fur le produit des terres & fur fa circulation, tombe bien plus directement fur le cultivateur que fur le confommateur. La majeure partie de l'impôt rejaillit toujours fur le prix de la première vente; & même la partie de l'impôt que paient les acheteurs de la première, feconde & troifième main, ne diminue pas la première. Le cultivateur eft donc le porte-faix de l'impôt, puifque l'acheteur ne lui paie pas le même prix qu'il auroit payé s'il n'avoit pas encore eu d'autres droits à acquitter. Abandonnons ces idées affligeantes, pour confidérer l'abondance fous un point de vue plus flatteur; & examinons les avantages que le cultivateur prudent & aifé doit en retirer.

Ce n'eft pas affez d'avoir le jufte néceffaire, dit Balthazar Gracien ; il faut tenir en réferve le double de ce que l'on prévoit devoir confommer ; & dans les années favorables, mettre de côté pour fubvenir aux années de difette.

Si les prairies donnent une ample récolte de fourrage, & une quantité plus que fuffifante pour nourrir les beftiaux de vos fermes, ne vendez point de fourrage, mais augmentez le nombre de vos chevaux, de vos bêtes à cornes, de vos troupeaux, & faites-le confommer dans vos granges. La vente des beftiaux, le bénéfice des engrais vous affureront un profit plus réel que n'aura été celui de la vente de l'herbe en nature. Le printems qui fuccédera peut être fec, ou des gelées tardives gâteront les prés : ayez donc toujours quelques meules en réferve ; & fi cette feconde année la récolte eft auffi avantageufe que la précédente, augmentez encore le nombre de vos bœufs, de vos chevaux, &c. Vos terres feront mieux travaillées, mieux engraiffées, & par conféquent, pendant plufieurs faifons de fuite, les grains feront plus multipliés. Avec des engrais, on eft en droit d'attendre des prodiges, même des terres médiocres en valeur.

Le bled bien foigné dans les greniers, & fouvent remué pour lui faire prendre l'air, ne s'y détériore pas comme le foin : ainfi confervez donc celui qui fera néceffaire pour votre provifion de deux années & pour vos femences ; gardez le plus beau & le meilleur pour vous,

vous en confommerez moins, & vos ouvriers mieux nourris, travailleront davantage. Propriétaires, ne perdez jamais de vue que l'année fuivante fera peut-être une année de difette ; qu'une feule gelée venue à contre-tems, des pluies trop abondantes pendant la fleuraifon du grain, un orage, une grêle détruiront dans un jour le fruit de vos pénibles & laborieux travaux. Quelle leçon utile ne donne pas cette alarmante perplexité !

On perd beaucoup lorfqu'on fe hâte ou lorfqu'on eft obligé de vendre fon vin peu après la récolte dans les années d'abondance. Il gagne à vieillir dans les caves, fon prix augmente en raifon de fon âge ; & comme, de toutes les récoltes, celle du vin eft la plus cafuelle, la plus fufceptible de variation pour le prix, on eft prefqu'affuré, dans l'efpace de cinq à fix ans, de le voir doubler de valeur. Le feul propriétaire aifé peut faire ces réferves & ces fpéculations. Elles fuppofent des caves immenfes, & non des celliers, une abondante provifion de vaiffeaux vinaires, ou de foudres : enfin, une activité & une vigilance fingulière dans le propriétaire. S'il ne voit & n'examine tout par lui-même ; s'il s'en rapporte à des fous-œuvres, à coup fûr il fera trompé. Le vin aigrira, pouffera, & les fous-œuvres en rejetteront la faute fur la qualité du vin, & cependant elle ne doit être imputée qu'à leur feule négligence ou à leur maladreffe. *Il n'eft pour voir que l'œil du maître*, dit La Fontaine, & je répéterai fouvent cet axiome dans le cours de cet ouvrage.

L'abondance est faite pour augmenter les richesses de l'homme déjà riche, & les malheureux font toujours malheureux. Que l'homme riche profite donc du produit de ces jours heureux pour réparer ses bâtimens, renouveler les instrumens destinés à la culture; qu'il échange ses animaux hors d'âge, contre d'autres plus forts, plus jeunes & plus vigoureux; en un mot, qu'il soit en avance sur tous les objets quelconques. Du surplus, il peut augmenter un peu son bien-être; mais qu'il se défende de ces superfluités enfantées par le luxe & par la mollesse. Ces superfluités créent des besoins imaginaires, & il est impossible de fixer le terme jusqu'où elles étendront par la suite leur multiplicité & leur tyrannique empire.

ABORNER. (*Voyez* BORNE. **)**

ABOUGRI. (*Voyez* RABOUGRI. **)**

ABOUTIR. Les jardiniers ont emprunté de la Chirurgie beaucoup de termes & de comparaisons. Le Chirurgien dit qu'une tumeur qui doit dégénérer en abcès & venir en suppuration, *aboutit* lorsqu'elle perce en dehors; & le jardinier dit que ses arbres fruitiers *aboutissent* lorsqu'ils sont boutonnés, & lorsque la séve s'est portée au bout des branches, comme le pus sous l'épiderme.

ABREUVER *un animal,* c'est le mener à l'*abreuvoir* (voyez *ce mot*) pour le faire boire à l'auge ou seau dans l'écurie. Pour peu que le propriétaire soit attaché aux animaux de ses domaines, il doit veiller avec l'attention la plus scrupuleuse, à ce

que tous les vaisseaux consacrés à leurs usages soient tenus dans la plus grande propreté; il seroit très-prudent d'en faire au moins chaque mois une revue générale, & de réprimander vertement le valet chargé de ce soin, s'il découvre quelque négligence de sa part. La malpropreté habituelle est en partie une des plus fortes causes des maladies des animaux.

ABREUVER *un pré,* ou l'arroser par *immersion,* est synonyme. On dit encore *abreuver* un jardin par *irrigation* ; (voyez *ce mot*) les détails sur l'irrigation des jardins seroient ici déplacés. Cette opération suppose qu'on a une suffisante quantité d'eau à sa disposition ou dans des réservoirs pratiqués tout exprès, ou par le voisinage d'un ruisseau dont on rehausse la surface par le moyen d'un ou de plusieurs batardeaux. Ces inondations n'ont lieu que dans l'été, & il est très-important de ne pas laisser les prés surchargés d'eau plus de tems que le besoin l'exige. L'heure la plus propice pour conduire l'eau, est à l'entrée de la nuit. Pendant le jour, la terre trop échauffée par l'ardeur du soleil, ainsi que les plantes, souffriroient de la variation trop marquée de la température de l'eau du ruisseau, qui pendant l'été est entretenu par l'écoulement des sources dont l'eau n'est pas à la même température que celle de l'air de l'atmosphère, ni par conséquent à celle des plantes.

Les batardeaux doivent être construits & enlevés avec la même facilité. La manière de les exécuter, la plus simple & la moins coûteuse, confiste à ficher en terre des perches droites & en assez grand nombre pour traverser le ruisseau ; à placer d'autres perches en travers des premières ; à les lier avec elles, & à fortement gazonner le tout, afin d'arrêter l'écoulement naturel de l'eau ; alors, par l'élèvement de sa surface, elle est forcée à couler lentement sur le pré. Cette opération suppose le terrain de niveau, autrement il n'y auroit qu'une partie submergée.

Il vaut mieux, si le terrain est en pente, & si les circonstances le permettent, fixer la prise d'eau assez haut en remontant le lit du ruisseau, parce qu'on ne donne à son courant que la pente nécessaire, & on ne dérobe au ruisseau que la portion d'eau dont on a constamment besoin. A cet effet, dans l'endroit de la prise, on pratique une maçonnerie, au bas de laquelle on ménage une ouverture quarrée qui se ferme & s'ouvre à volonté par une pelle à la manière des écluses. La maçonnerie doit être assez élevée pour empêcher l'eau du ruisseau de la surmonter lors de ses fortes crues. On ouvre ensuite derrière cette maçonnerie un fossé qui conduit l'eau dans la partie la plus élevée de la prairie, & cette eau est enfin également distribuée au moyen des rigoles ou des saignées.

La position du local nécessite quelquefois à remonter fort haut pour prendre le nivellement dont on a besoin, & par conséquent à passer souvent sur les terrains d'un ou de plusieurs propriétaires. Il faut donc un accord unanime entre ces propriétaires pour ouvrir le fossé. L'entreprise pour la dépense générale doit être commune, & les avantages communs. Les vicissitudes qu'éprouvent les successions, nécessitent ceux qui entreprennent ces irrigations à stipuler les conventions réciproques, & à assurer leur durée par un acte authentique. Cet acte doit être motivé de la manière la moins équivoque & la plus précise, autrement il deviendroit par la suite une source perpétuelle de procès.

Il est bien démontré que de semblables prairies ont de très-grands avantages sur les prairies basses. Le foin en est toujours de première qualité ; son odeur & son goût sont suaves. On est assuré d'avoir chaque année une récolte égale. Enfin, ces prairies ne sont point infectées de cet amas immense de plantes, ou malfaisantes par elles-mêmes, comme les renoncules, &c. ou parasites, qui dévorent la substance des plantes utiles, comme la mousse, les prêles, les joncs, &c. Cet article sera traité dans le plus grand détail au *mot* PRÉ-PRAIRIE, & au *mot* IRRIGATION.

ABREUVOIR. Ce mot se présente ici sous deux acceptions différentes. Dans la première, il désigne le lieu où l'on mène boire les animaux ; & dans l'autre, un vice dans l'organisation d'un arbre.

De l'abreuvoir pour les animaux. Il y en a de deux espèces. La première doit tout à la nature & très-peu à l'art : c'est l'abreuvoir que fournissent les rivières & les ruisseaux ; & c'est le meilleur, parce que l'eau s'y renouvelle sans cesse. Les seuls soins à avoir, consistent à adoucir la pente qui conduit à l'eau, à la paver, si le terrain est glaiseux,

ou du moins à la charger de graviers. Le propriétaire veillera à ce
que la rivière , dans ses débordemens , n'y fasse pas des excava-
tions , & examinera attentivement
lorsque les eaux se seront retirées.
Sans cette observation , il risqueroit de faire blesser ses animaux, &
peut-être de perdre leur conducteur , si la rivière est profonde &
son cours rapide. Combien ne voit-
on pas de pareils accidens sur les
bords des grandes rivières ?

La seconde espèce d'abreuvoirs
est due à la prévoyance & aux
soins de l'homme , qui y est contraint par la loi impérieuse de la
nécessité. C'est communément un
lieu dont le bord d'un seul côté est
en pente douce & pavée. Presque
tous les abreuvoirs de ce genre sont
environnés d'une muraille garnie
par derrière d'un fort corroi de
terre glaise bien battue , qui empêche l'échappement des eaux. Il
seroit à desirer que l'eau pût en
être souvent renouvelée , & que
les conducteurs des chevaux ne les
fissent pas baigner & trotter dans
cet abreuvoir, quand même il seroit entièrement pavé. Il est constant que dans le fond , il y a toujours une couche de la terre que
les eaux ont charriée , ou formée
par la poussière transportée par les
vents. Les chevaux , par leur piéti-
nement, divisent cette couche li-
moneuse ; la terre se mêle avec
l'eau , la trouble , & l'animal est
obligé de la boire dans cet état.

Si l'on jette un coup d'œil sur
l'organisation intérieure de l'animal , on verra qu'elle diffère bien
peu de celle de l'homme , & que
les fonctions vitales s'exécutent

de la même manière. La boisson doit
donc être pour l'un comme pour
l'autre , c'est-à-dire , claire & limpide.

Il est essentiel d'insister sur cet
objet , pour détruire une erreur
presque généralement reçue. Croiroit-on que des hommes qui ont
joui d'une réputation , je dirois
même d'une certaine célébrité , ont
été les premiers à écrire que les
chevaux boivent l'eau trouble &
épaisse avec plus d'avidité que l'eau
claire ? il étoit cependant si aisé de
se convaincre de l'absurdité de cette
assertion par la simple expérience
du contraire. Ils ont même été jusqu'à dire que l'eau trouble engrais-
soit l'animal , & qu'elle étoit pour
lui infiniment plus salutaire que l'eau
claire. Par quels moyens inconnus
jusqu'à ce jour , cette portion grossière & terreuse peut-elle devenir
une substance alimentaire ? Comment peut-elle s'élaborer dans l'estomac pour former ensuite le chyle,
le sang , &c. ? Ne doit-on pas craindre plutôt qu'elle ne cause des engorgemens , des obstructions , &
même la pierre dans les reins &
dans la vessie , sur-tout chez les
ânes & les mulets, qui y sont plus
sujets que les chevaux ? L'expérience & la raison démontrent pour les
hommes, comme pour les animaux ,
que les eaux légères , pures , douces, claires , & qui passent facilement dans tous les vaisseaux excrétoires , sont les seules eaux bien-
faisantes : au contraire , celles qui
sont crues , pesantes , croupissantes , imprégnées de substances hétérogènes , fournissent une boisson
étrangère à la constitution de l'animal. On objectera l'exemple des
pays

pays où les animaux n'ont pour se désaltérer que des *mares* bourbeuses. En traitant cet article, cette objection sera discutée.

Abreuvoir des arbres. C'est une altération occasionnée par l'effet des fortes gelées qui fait fendre les arbres dans la direction de leurs fibres ligneuses. Si cette fente se manifeste à l'extérieur, ce n'est ordinairement que par la proéminence de l'écorce. L'arbre a beau grossir, les fentes ne se remplissent plus, & on trouve même quelquefois une portion du bois morte intérieurement. Dans les arbres, la substance qui forme le bois, une fois entamée & endommagée, ne se régénère plus. Il en est ainsi dans l'homme pour les portions charnues. Dans ceux-là, l'écorce recouvre seule les plaies, & la peau seule dans l'homme revêt le vuide laissé par le dépérissement des chairs. Il est très-démontré aujourd'hui qu'il ne se fait aucune régénération dans l'un ni dans l'autre cas. Ce qui est mort ou détruit, l'est pour toujours. Comme ce sujet a un rapport direct avec la *gélivure* des arbres, on en parlera plus au long dans cet article, & il ne faut pas confondre l'abreuvoir avec la *gouttière* des arbres.

ABRI, ABRIER, ABRITER : ces mots sont synonymes ; le premier & le dernier sont les plus usités. Tout endroit à couvert de la pluie & des rayons du soleil, & où l'air a la liberté de circuler, est un abri : ainsi l'amphithéâtre sur les gradins duquel le fleuriste range ses pots d'oreille d'ours, d'œuillets, &c., est un abri.

Ce mot présente un autre sens

lorsqu'il s'agit de jardinage. Ici l'abri est un lieu où les plantes sont garanties des pluies froides, des vents glacés, & de toutes les impressions fâcheuses & trop ordinaires dans l'arrière-saison. C'est sous la sauve-garde de ces abris que le jardinier plante pendant l'automne les laitues qu'il desire couper de bonne heure, &c.

ABRICOT, ABRICOTIER.

P L A N du Travail sur l'Abricotier.

CHAPITRE PREMIER.

Les premiers plants furent apportés d'Arménie en Grèce, d'où ils passèrent en Italie, & successivement dans le reste de l'Europe. Quel est le vrai pays natal de cet arbre ? On l'ignore ; on peut cependant soupçonner qu'il vient des régions septentrionales de l'Asie, puisqu'on a découvert une espèce d'abricotier en Sibérie, avec laquelle il a beaucoup de rapport. Malgré cette ressemblance, il répugne à penser que l'abricotier de Sibérie soit le type de celui d'Arménie. Cet arbre craindroit moins le froid dans nos climats, froid qu'on ne sauroit comparer à celui de ce pays. Pour ne pas faire ici des répétitions inutiles, *voyez* au mot ESPÈCE en quoi consiste la différence de l'espèce connue pour telle par les botanistes, & qu'on doit appeler *espèce de Botaniste*, & l'espèce regardée comme telle par les jardiniers, que

A a

nous défignerons fous le nom d'*ef-pèce jardinière*. Au mot Espèce, on examinera comment elle fe perfec-tionne ou dégénère. La culture a donné à l'abricotier une nouvelle manière d'être, que l'on appelle *plus perfectionnée*, parce qu'elle eft plus conforme à nos befoins : enfin, les foins affidus du cultivateur ont multiplié les *variétés*. Souvent la na-ture elle feule les a produites par l'union de la pouffière fécondante de la fleur d'une efpèce avec la partie femelle de la fleur d'une autre efpèce. De ce mêlange, il en eft réfulté une variété *hibride* ou *adultérine*, c'eft-à-dire, qui tient des deux indivi-dus ; comme de l'union d'un homme blanc avec une négreffe, il en pro-vient un individu qui n'eft complette-ment ni blanc ni noir, mais qui tient de tous les deux. Nous en citerons plufieurs exemples en décrivant les *efpèces* d'abricots cultivés dans les jardins.

Avant de paffer à ces defcrip-tions, il eft effentiel de prévenir, pour éviter la confufion, que nous parlerons le langage des jardiniers & des cultivateurs, & non pas ce-lui du botanifte. Ainfi l'abricotier fera confidéré comme un *genre*, & fes *variétés* permanentes comme des *efpèces*. Cette manière de préfenter les objets eft plus à la portée des lecteurs.

Defcription du Genre.

Tournefort, le reftaurateur de la botanique en France, place l'abri-cotier dans la claffe des arbres à fleurs en rofe, & il en fait un *genre* fous la dénomination d'*armeniaca fructu majori*. Le Chevalier Von Linné, le patriarche de l'hiftoire naturelle du nord, le confond dans le *genre* du prunier, & en fait une *efpèce*. Il l'appelle *prunus armeniaca*, & le place dans la claffe de l'*icofan-drie monogynie*, c'eft-à-dire, fleur à vingt mâles portés fur le calice, & une femelle (1). Il eft inutile de difcuter ici fi l'abricotier dérive du prunier, ou fi c'eft un être à part ; ce feroit s'écarter du plan propofé dans cet Ouvrage, qui doit être plutôt un livre claffique qu'un livre de botanique. Cependant nous em-prunterons de cette fcience fes def-criptions, fes obfervations, & tout ce qui tend à la pratique. Elle a un langage particulier, clair, précis, caractériftique, *un peu fec*, il eftvrai; & la clarté de fon laconifme vaut mieux que les périphrafes, parce que chaque mot préfente une idée. Pour bien entendre les mots *techni-ques*, cherchez-en l'explication dans ce Dictionnaire, chacun à leur article.

Fleur en rofe, à cinq pétales, & plus fouvent à fix, obronds, con-caves, attachés au calice par leur onglet. Le calice eft d'une feule pièce en forme de cloche, coriace ; fon fommet eft divifé en cinq par-ties obtufes & concaves. La bafe du calice eft ordinairement recouverte

---

(1) Si vous defirez vous inftruire plus que le commun des cultivateurs, & voir en grand le magnifique tableau de la nature, il faut avoir une idée des fyftêmes botaniques. On n'a pas encore découvert l'enchaînement complet, & tous les rapports que les plantes ont entr'elles. Cependant, à force de travail & d'obfervations, on reconnoît aujourd'hui plu-fieurs *familles naturelles* de plantes, mais on eft bien éloigné de pouvoir toutes les claffer. Le créateur de l'univers eft le feul qui ait la clef de fon fyftême. Confultez le mot Botanique.

Pl. III. Pag. 187.

Abricot Angoumois.

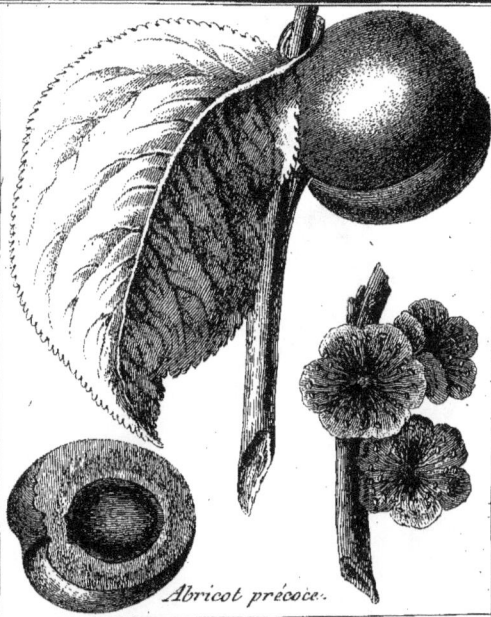

Abricot précoce.

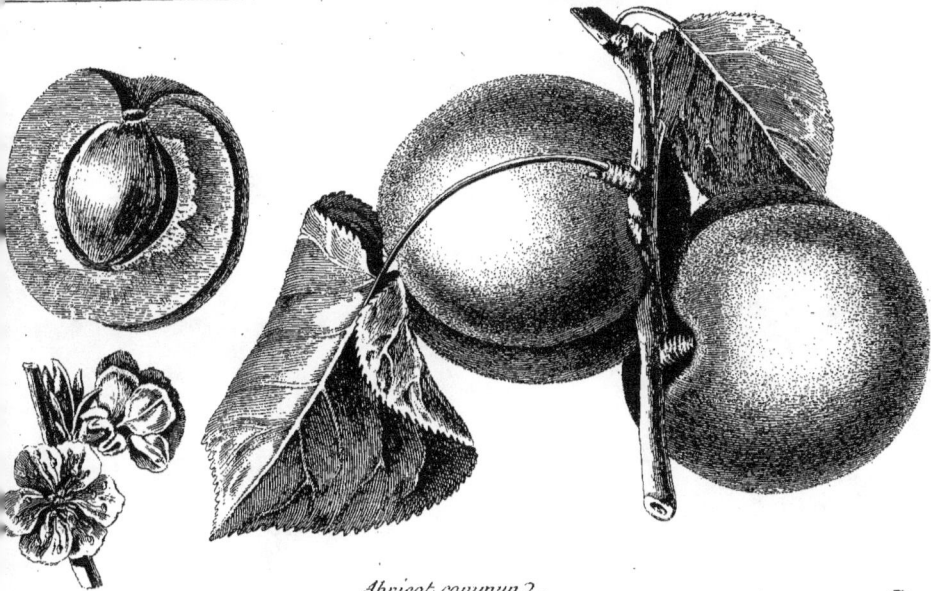

Abricot commun?.

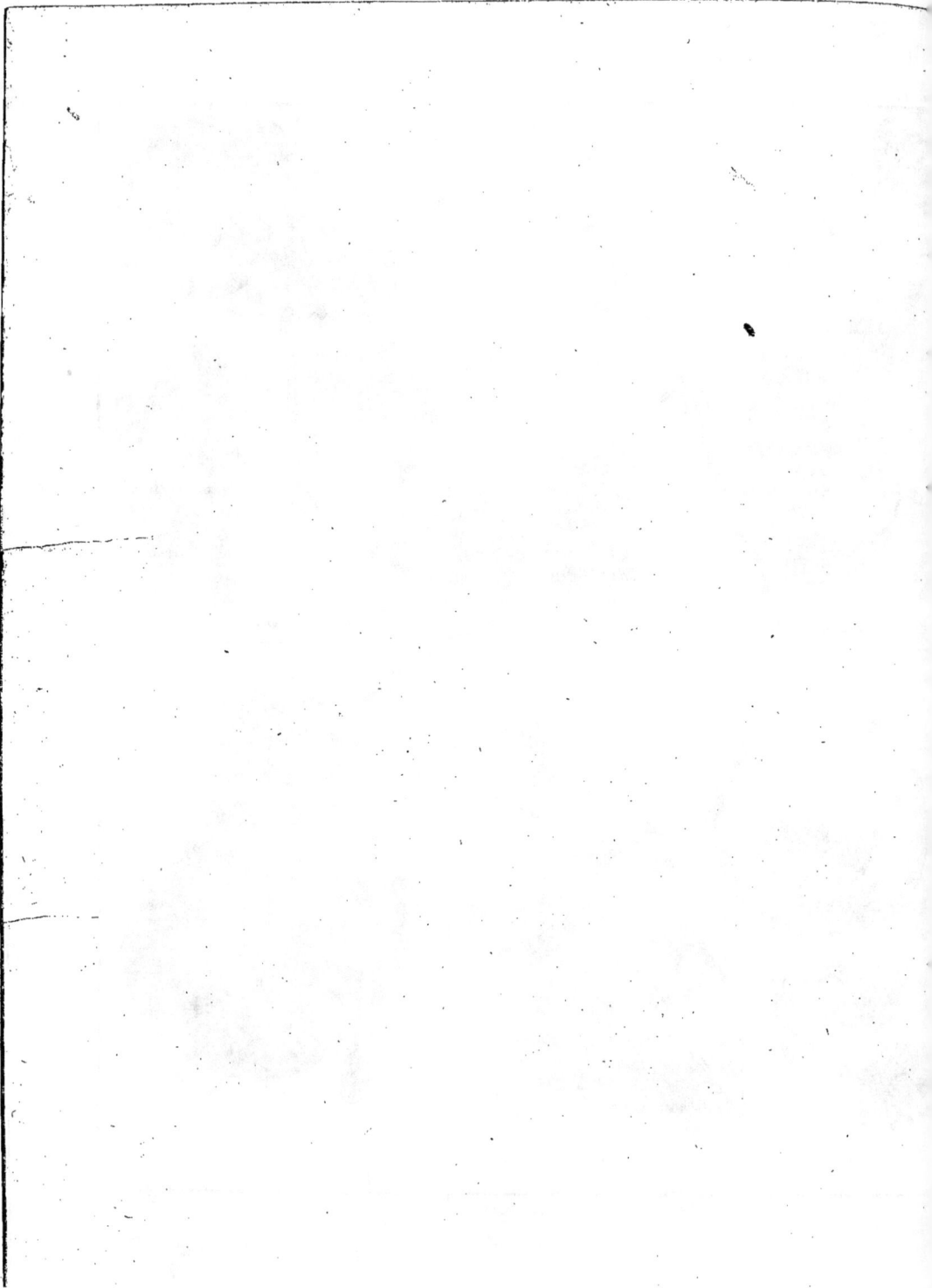

de deux rangs de folioles. Les étamines, au nombre de vingt à vingt-cinq, presque de la longueur des pétales, implantées sur le calice. Le pistil, ou partie femelle, est de la longueur des étamines ; il est unique ; son stigmate est arrondi & un peu échancré.

Fruit, nommé *abricot*, charnu, pulpeux, plus ou moins rond, plus ou moins long, ainsi que son noyau, dont l'amande est douce ou amère, suivant les espèces que l'on décrira.

Feuilles, simples, presque en forme de cœur, alongées en pointe à leur extrémité supérieure, garnies dans leurs contours de dentelures plus ou moins aiguës, suivant les espèces. Elles sont d'un beau verd, luisantes, portées par de longs pétioles, & subsistent jusqu'aux premières gelées. Elles acquièrent alors une couleur tirant sur le jaune-paille, & elles ont quelquefois à cette époque la couleur incarnat, Cette métamorphose dans la couleur annonce leur état de langueur & le moment de leur chûte. Comme cet arbre n'est pas naturel à nos climats, les premières rosées blanches & les pluies froides de la fin de l'automne, lui font perdre ses feuilles, & l'arbre, qui quelquefois étoit très-verd deux jours auparavant, se trouve aussi dépouillé qu'au gros de l'hiver. Les nervures des feuilles sont alternes dans toutes les espèces, ainsi que leurs ramifications ; elles sont souvent d'une couleur différente de celle de la feuille.

Racines, recouvertes d'une écorce brune, ligneuses, rameuses, rougeâtres, rarement pivotantes, à moins que l'arbre ne soit venu de noyau, & n'ait pas été transplanté.

Port. L'écorce des tiges de l'année, & en été, est d'un verd rougeâtre ; elle brunit en automne, & est tiquetée de petits points bruns : l'écorce du tronc est brune & écailleuse, ainsi que celle des branches de trois ans. Les fleurs naissent sur des péduncules si courts, que le fruit touche à la branche, & dans quelques espèces les fleurs sont presque en bouquets, très-près les unes des autres.

Propriétés. Le fruit est doux, sucré, d'une odeur agréable & exaltée dans les provinces méridionales du royaume. Sa chair est nourrissante, un peu indigeste, calme la sécheresse de l'arrière-bouche, tempère la soif, fournit beaucoup d'air lorsqu'il est soumis aux organes de la digestion, cause souvent des coliques venteuses, & il est inutile de l'employer dans aucune maladie.

Usages. L'amande fraîche sert pour les émulsions : l'amère & la douce fournissent également par l'expression une huile douce qu'on peut substituer à celle d'amande, & employer dans les mêmes cas où celle-ci est prescrite.

CHAPITRE II.

Description des espèces, suivant l'ordre de leur maturité.

ABRICOT PRÉCOCE *ou* ABRICOT MUSQUÉ. (*Voyez Planche 3.*) Nous nous servirons de la phrase botanique par laquelle M. Duhamel a caractérisé cette espèce. Aucun auteur n'a observé avec autant d'exactitude les fleurs & les fruits des arbres cultivés dans les jardins ; de forte qu'aujourd'hui , il ne refte plus qu'à glaner après lui , & même à copier ce qu'il a dit. Son *Traité des Arbres fruitiers* eft un chef-d'œuvre , & les gravures font fupérieurement exécutées. Cet hommage , rendu avec plaifir & reconnoiffance à la gloire & au travail de cet académicien , nous défignerons avec lui l'abricot précoce par cette phrafe : *Armeniaca fructu parvo , rotundo , partim rubro , partim flavo , præcoci.*

Fleur , épanouie forme une rofe à cinq pétales ou feuilles arrondies par leur fommet , & fans échancrure ; le nombre des étamines de vingt à vingt - cinq , & alongées prefque jufques fur le bord des pétales.

Fruit, un peu aplati dans fes deux extrémités , & arrondi dans fon diamètre. Une rainure bien caractérifée règne depuis l'ombilic jufqu'au péduncule ou queue , qui s'implante dans une cavité formée par la prolongation de la rainure. La peau qui recouvre le fruit du côté expofé au foleil eft rougeâtre , & d'un beau jaune doré du côté de l'ombre. La couleur de la chair ou fubftance pulpeufe eft d'un jaune blanchâtre. Le noyau eft renflé du côté de l'arête. Son épaiffeur égale fa hauteur , & il eft un peu plus long que large. Son amande eft amère.

Feuilles , d'un beau verd foncé , renflées dans leur circonférence , alongées à l'extrémité , inégalement dentelées dans leur contour , & les dentelures peu profondes. Elles font portées par un pétiole , communément d'un tiers de la longueur de la feuille. Son côté expofé au foleil eft d'un rouge foncé. Le pétiole

s'épanouit dans la feuille , & fe fubdivife en un grand nombre de ramifications alternes. Chaque feuille , à fon infertion avec la branche , recouvre un bouton qui donnera l'année fuivante ou du fruit ou du bois , fuivant fa nature. La feuille eft pour ainfi dire la nourrice , la tutrice de ce bouton. Si on arrache la feuille avec fon pétiole avant le tems que la nature a prefcrit pour fa chûte , le bouton périt. Il en eft ainfi prefque pour tous les arbres.

Bourgeons ; la couleur eft rougeâtre du côté du foleil , & verte du côté oppofé.

Boutons , gros , alongés , ordinairement au nombre de trois le long des jeunes branches.

Proportions de l'arbre. On ne peut ici prefcrire pour les abricotiers , ainfi que pour tous les arbres potagers , aucunes proportions exactes ; elles varient fuivant le climat , l'expofition & le terrain. Ces arbres font aujourd'hui trop éloignés de leur type , & la main de l'homme l'a prodigieufement changé : il n'y a aucune comparaifon à faire entre l'arbre auquel on n'a pas coupé le pivot , & celui dont le pivot & les racines ont été mutilés par le jardinier pour le replanter. L'abricotier mufqué à plein vent s'élève de 15 à 20 pieds , & fon tronc a fouvent plus de 15 pouces de diamètre.

Maturité. Cet abricot eft mûr dans les environs de Paris au commencement de Juillet ; prefqu'au milieu de Juin , dans la Bourgogne , le Nivernois , le pays d'Aunis , & enfin au commencement de Juin dans la Baffe Provence & le Bas-Languedoc. On peut compter fur trois femaines de différence de Marfeille à Paris.

Qualité. En total c'eſt un très-mauvais fruit dans les provinces ſeptentrionales , aſſez aqueux ; & je ne ſais trop pourquoi on l'appelle *muſqué* à Paris ; il l'eſt un peu au midi du royaume : être précoce eſt ſon ſeul mérite.

Cet abricot ſe reproduit par ſes noyaux , & donne pluſieurs variétés auſſi bonnes que lui. On peut ne pas le greffer.

L'abricot hâtif ou précoce , qui vient d'être décrit, a produit une variété aujourd'hui conſtante & durable. Quelques auteurs la regardent comme une eſpèce.

ABRICOT BLANC , très-improprement appellé ABRICOT-PÊCHE. *Armeniaca fructu parvo, rotundo, albido, præcoci.* Duhamel. Voici en quoi il diffère du précédent. 1°. La peau du fruit eſt recouverte d'un duvet fin ; le côté expoſé au ſoleil eſt légèrement coloré en rouge-brun , & le côté oppoſé eſt de couleur de cire blanchâtre. 2°. La chair eſt blanche du côté de l'ombre , & du côté vivifié par le ſoleil, la chair eſt moins colorée que la peau : la chair de ce fruit eſt fine. 3°. Les feuilles moins grandes, moins profondément dentelées.

Cet arbre ſe charge de beaucoup de fruits ; il exige plus de chaleur pour leur maturité. Lorſqu'on le mange , on croit ſentir un petit goût de pêche ; & en effet , il eſt aſſez marqué dans les provinces méridionales. On doit regarder ce fruit comme une variété *hibride.* (Voyez ce mot) Ces jeux de la nature ne ſont pas rares , & nous aurons ſouvent occaſion d'en parler dans le cours de cet Ouvrage. Cet abricotier ſe greffe ſur prunier de damas

noir ; il reprend encore mieux ſur prunier de Virginie. Ses écuſſons ſont très-difficiles à enlever : on peut encore l'élever de noyaux ; ce qui eſt bien plus ſimple.

ABRICOT - ANGOUMOIS. *Armeniaca fructu parvo , oblongo , nucleo dulci.* Duhamel. (*Voyez Planc.* 3 , *p.* 187.)

Fleur, à cinq pétales un peu concaves à leur extrémité ſupérieure : l'onglet qui les réunit au calice, plus alongé que dans les autres eſpèces d'abricots ; les étamines portées par des filets déliés : à la baſe de ces filets , on voit ſouvent dans les pays chauds une ſubſtance jaunâtre, viſqueuſe , douce , ſucrée & un peu âpre ; c'eſt du vrai miel , & cette eſpèce en fournit plus que les autres.

Fruit, plus petit que les abricots précédens , & plus alongé. Sa partie ſupérieure eſt légèrement aplatie , & vers ſon milieu commence une rainure qui ſe termine à la partie oppoſée , c'eſt-à-dire , à l'inſertion du péduncule , dans une cavité profonde & ſerrée. La partie de la peau expoſée au ſoleil eſt d'un beau rouge vineux & foncé , parſemée de points d'un rouge brun ; le côté oppoſé eſt d'un jaune rougeâtre. Sa chair eſt d'un jaune preſque rouge des deux côtés ; la longueur & la largeur de ſon noyau ſont preſque égales ; ſon épaiſſeur eſt ordinairement des deux tiers de ſa longueur , & quelquefois il eſt auſſi épais que long ; alors il contient deux amandes , & cela arrive ſouvent. Voici une ſingularité de ce noyau, à laquelle aucun auteur n'a fait attention. Sur le dos du noyau & à ſes deux extrémités , on voit un petit trou ,

par où paffe une nervure qui fe confond avec la chair du fruit. Si on
préfente à l'une ou à l'autre de ces
deux ouvertures un crin, & qu'on
le pouffe en avant, le noyau fe
trouve enfilé comme un grain de
chapelet, & enfilé par le côté. Son
amande eft douce, agréable à manger, & fon goût approche de celui
de la noifette. La peau qui la recouvre n'a prefque point d'amertume. Les noyaux à amandes douces font plus ronds, plus ramaffés
que ceux à amandes amères.

Feuilles, alongées par les deux
extrémités, profondément & finement dentelées en manière de fcie;
foutenues par des pétioles à-peu-près
de la moitié de la longueur de la
feuille. Au bas du pétiole, on remarque affez communément deux
appendices ou oreillettes.

Bourgeons, menus, très-longs,
bruns, liffes, brillans lorfque la
sève commence à monter. Les bourgeons, c'eft-à-dire les jeunes pouffes
de l'année précédente, acquiérent la
couleur rouge très-vive, & deviennent verds quand les boutons s'épanouiffent.

Boutons, gros, ovales, triples dans
toute l'étendue du bourgeon.

Maturité, au commencement de
Juillet, au midi de la France; &
vers le milieu de ce mois au nord.

Qualité: Sa chair eft fondante,
fon goût agréable, vineux, légérement acide. Son odeur eft forte, &
fe répand au loin. Cet abricot eft
excellent.

L'efpalier lui convient très-peu;
il aime le grand air, fe plaît fur les
côteaux calcaires; & dans les provinces où cet abricot eft commun,
comme le Bordelois, l'Angoumois,

le Lionnois, le Dauphiné, &c. on
le préfère à toutes les autres efpèces
que l'on y trouve fades & peu odorantes, en comparaifon.

ABRICOT COMMUN. (*Voyez Pl.* 3,
*p.*187) *Armeniaca fructu majori, nucleo amaro.* Tournefort.

Fleur; les pétales moins arrondis
que dans l'abricot précoce, affez
fouvent légérement échancrés &
alongés à leur fommet; les divifions du calice repliées & recourbées fur elles-mêmes, au nombre
de quatre, & plus fouvent de cinq;
les fleurs alternes, mais rapprochées.

Fruit; c'eft le plus gros des abricots, après l'abricot-pêche. Son diamètre eft ordinairement égal à fa
hauteur, fur-tout fi l'arbre eft à
plein vent. Sa forme varie finguliérement lorfque l'arbre eft afferyi
aux entraves de l'efpalier: alors le
fruit eft fouvent alongé, aplati fur
les côtés & dans la ligne ou rainure
qui part de l'ombilic, pour fe terminer au péduncule; on voit un
des côtés renflé & beaucoup plus
faillant que l'autre. Ce fruit fe colore peu, fi on n'a pas l'attention
d'enlever les feuilles qui le recouvrent. Sa peau eft fouvent raboteufe, & femble être galeufe. Ces
gales ou excroiffances font occafionnées par quelques goutelettes
d'eau ou de rofée auxquelles le
foleil a communiqué trop de chaleur, & qui ont fait l'office de
loupe; de là l'ulcération de la peau.
On ne voit aucune gale du côté de
l'ombre, ni fur les fruits recouverts par les feuilles. La chair fe
colore d'un jaune ambré du côté
frappé des rayons du foleil. La

Pl. IV. Pag. 21

Abricot de Hollande

Abricot de Portugal

Abricot de Nancy.

ABR

191

largeur du noyau égale prefque fa longueur, & fon épaiffeur eft de la moitié de fa longueur; il eft pointu par un bout, & comme tronqué par l'inférieur. On le détache très-nettement de la chair, à l'exception de la partie des arêtes qui répond à la rainure du fruit. On y diftingue trois arêtes bien prononcées.

Feuilles, d'un beau verd, grandes, plus larges que longues, un peu en demi-cercle à leur infertion au pétiole, alongées & pointues à leur fommet; leur circonférence dentelée profondément en manière de fcie; les pétioles très-alongés.

Bourgeons, bien nourris, forts & vigoureux, rouges du côté du foleil & verds du côté oppofé.

Boutons, longs, pointus, fouvent au nombre de quatre & même de cinq à chaque nœud.

Proportions. Cet arbre paffe pour être le plus grand & le plus fort des abricotiers. Cette propofition eft vraie pour les environs de Paris & pour les provinces du nord: dans celles du midi & aux expofitions où fe plaît l'*abricot angoumois*, celui-ci le difpute à tous pour la force & pour la grandeur.

Maturité, à-peu-près aux mêmes époques que les précédens.

Qualité, ainfi que pour tous les abricotiers, relative à l'expofition & au climat. Le mérite de cet arbre eft de charger beaucoup, c'eft-à-dire, de produire un grand nombre de fruits. En total, fa chair eft pâteufe, peu aromatifée, fur-tout dans le nord du royaume.

ABRICOT DE PROVENCE. *Armeniaca fructu parvo, compreffo, nucleo dulci.* Duhamel.

Fleur, moins grande que dans l'*abricot angoumois*, & femblable pour tout le refte.

Fruit, ordinairement comme celui *angoumois*. Il en diffère par fa rainure profonde & par une côte plus faillante d'un côté que d'un autre; il eft aplati. Sa peau eft d'un rouge vif du côté du foleil, & jaune du côté de l'ombre. Sa chair eft d'un jaune très-foncé: fon noyau brun, raboteux, fa bafe ordinairement marquée de trois crenelures: fon amande eft douce.

Feuilles, plus petites que celles de l'*abricot angoumois*, rondes, terminées par une pointe affez large, repliée en dehors; la circonférence doublement dentelée & les dentelures peu profondes.

Bourgeons, longs, très-liffes, d'un rouge vif & clair du côté du foleil, verds du côté de l'ombre.

Boutons, gros, pointus & fouvent groupés jufqu'à huit fur le même nœud.

Maturité. L'arbre s'élève comme celui d'*angoumois*. Le fruit mûrit au commencement de Juillet au midi, & à la mi-Juillet au nord du royaume. Le plein-vent eft plus tardif de quelques jours.

Qualité; fa chair plus sèche que celle de l'*angoumois*: il eft plus doux que lui & également vineux; fa partie aromatique eft très-exaltée.

ABRICOT DE HOLLANDE. (*Pl. 4.*) *Armeniaca fructu parvo, rotundo, nucleo dulci, amygdalinum fimul & avellaneum faporem referenti.* Duhamel. Ne pourroit-on pas dire que cet abricot dérive de celui d'*an-*

goumois , & que c'est une *variété* due à la culture ?

Fleur. Les pétales , au nombre de cinq ou de six , ce qui varie souvent , s'épanouissent entiérement & forment la rose ; ils sont arrondis & légérement crenelés , se réunissent à leur base par des onglets assez larges , & dans cette partie laissent entr'eux un espace vuide & oblong.

Fruit , vient par bouquet , petit comme celui *angoumois* , & de forme sphérique ; la rainure bien prononcée , assez superficielle ; les lèvres quelquefois légérement inégales. La peau d'un beau rouge foncé du côté du soleil , & d'un beau jaune du côté de l'ombre : la chair est d'un jaune foncé : le noyau est oblong , pointu à son extrémité supérieure , tronqué & crenelé à l'inférieure ; les arêtes saillantes sur le côté.

Feuilles. Leur grandeur varie beaucoup : la longueur , dans les unes , égale la largeur , & dans les autres la longueur augmente d'un tiers. La nervure ou prolongement du pétiole est très-saillante , quelquefois rouge , quelquefois très-verte ; la circonférence est dentelée en manière de scie , & les dentelures petites & aiguës.

Bourgeons , gros , tiquetés de points gris , d'un rouge clair du côté du soleil , & verd du côté de l'ombre.

Bouton , alongé , pointu , & triple dans toute l'étendue du bourgeon.

Maturité , en même tems que l'abricot de Provence.

Qualité. Beaucoup d'amateurs le préférent à tous les abricots dont

on a parlé. La chair en est fondante , l'eau d'un goût relevé & excellent. L'amande est douce ; elle a un goût d'aveline & un arrière-goût d'amande douce.

N. B. On doit à M. Duhamel une excellente observation sur la force de cet arbre. Lorsqu'il est greffé sur prunier cerisette , il devient moins grand que l'*angoumois* , & sur le prunier Saint-Julien , il est plus grand , & ses fruits en espalier excèdent en grosseur celle des plus forts abricots communs. Il faut ajouter , d'après M. le baron de Tschoudi , que lorsque cet arbre est élevé de noyau , on le distingue de tous les autres par ses racines qui ressemblent à des branches de corail.

ABRICOT-ALBERGE. *Armeniaca , fructu parvo , compresso , è flavo , hinc non nihil rubescente , indè virescente.* Duhamel.

Fleur , de même largeur que celle d'*angoumois* : les pétales arrondis par leur sommet , creusés en cuilleron.

Fruit , petit , aplati , s'alongeant un peu au sommet. Sa peau d'un jaune foncé , brune du côté du soleil & d'un verd jaunâtre à l'ombre. Cette peau se couvre de taches rougeâtres , formant de petites proéminences. La rainure est à peine sensible. La chair est d'un jaune foncé & rougeâtre : le noyau grand & plat , presqu'aussi large que long ; son amande est grosse & amère.

Feuilles , petites , terminées en pointe , fort longues & repliées en dehors au sommet , larges & arrondies du côté du pétiole ; leur circonférence profondément dentelée & à double dentelure. Le pétiole est presque

toujours

toujours garni d'une ou de deux appendices à sa base : il a un tiers de longueur de la feuille.

Bourgeons, menus, lisses, rouges de tous côtés, & plus rouges du côté du soleil.

Boutons, gros, pointus, très-saillans, isolés pour l'ordinaire.

Maturité, à la mi-Août.

Qualité. C'est un fruit fondant, d'un goût vineux, légérement amer, & cette amertume n'est point désagréable. Cet arbre se multiplie par noyau. Il réussit parfaitement dans les environs de Tours, où on ne le greffe point. Il n'aime que le plein vent.

ABRICOT DE PORTUGAL. (*Voyez* Pl. 4. p. 191) *Armeniaca fructu parvo, rotundo, hinc flavo, indè rubescente.* Duhamel.

Fleurs. Les pétales plus arrondis à leur sommet que ceux de l'abricot de Hollande, creusés en cuilleron, se recouvrant les uns sur les autres, de sorte que la fleur paroît très-ronde dans son contour ; les onglets grêles, laissant entr'eux un espace oblong & pointu ; le filet des étamines très-délié.

Fruit, de forme ronde, petit, la peau d'un jaune clair, peu colorée même du côté du soleil, couverte de taches rouges & brunes : la rainure bien caractérisée, cependant superficielle : la chair d'un jaune clair, un peu adhérente au noyau ; le noyau plus long que large, alongé à son sommet, tronqué à sa base & sillonné par des proéminences.

Feuilles, petites, alongées, terminées en pointe, finement & peu profondément dentelées, la nervure bien prononcée & quelquefois rou-

Tom. I.

ge. La longueur du pétiole varie beaucoup, elle est quelquefois d'un quart ou du tiers de la feuille.

Bourgeons, gros, rougeâtres, fort tiquetés de petits points gris.

Boutons, petits, pointus, & grouppés depuis trois jusqu'à six ou huit. Les fruits forment souvent des bouquets de cinq ou six autour de la branche.

Proportions. C'est le plus petit des abricotiers déjà décrits.

Maturité, au commencement d'Août dans le midi, & au milieu de ce mois au nord de la France.

Qualité. Excellent, chair fine, délicate, l'eau abondante & d'un goût relevé.

ABRICOT VIOLET. *Armeniaca, fructu parvo, compresso, hinc violaceo, indè è flavo rubescente, nucleo dulci.* Duhamel. C'est une variété produite ou par l'abricot *angoumois* ou par l'abricot *portugal*. Ce qui le distingue est la couleur de sa peau d'un rouge violet du côté du soleil, & d'un vilain jaune rougeâtre du côté de l'ombre : sa chair est rougeâtre. En total, c'est un mauvais fruit qui ne mérite pas la peine de figurer dans un verger un peu soigné, & encore moins dans un jardin.

ABRICOT NOIR. M. Duhamel, dans son Traité des arbres fruitiers, parle de cette espèce cultivée à Trianon. Je ne la connois pas. Voici ce qu'il en dit : » Les bourgeons » sont menus, longuets, verds du » côté de l'ombre, violets de l'autre » côté. Ses feuilles larges du côté » de la queue, se terminent presque » comme une feuille de prunier à » l'autre extrémité ; elles sont d'un

B b

» verd plus foncé que celles d'au-
» cun autre abricotier. Son fruit
» eſt par la peau d'un brun foncé
» approchant du noir : la chair eſt
» d'un rouge brun très-foncé. Le
» goût de ce petit fruit eſt très-
» agréable. »

ABRICOT-PÊCHE, autrement dit
DE NANCI, ou de WIRTEMBERG
ou de NUREMBERG. (Voyeʒ Pl. 4.
p. 191) Armeniaca fructu maximo,
compreſſo, hinc flavo, indè rubeſcente.
Duhamel.

Avant de décrire ce fruit, il
convient de placer ici ſon hiſto-
rique, & il ſeroit ſatisfaiſant pour
les amateurs de connoître celui des
autres fruits. Il eſt conſtant que la
province de Languedoc eſt le berceau d'où cet abricot a été tiré &
multiplié en France. M. Duhamel
l'appelle abricot de Nanci, ſans doute
parce que c'eſt dans les environs
de cette ville qu'il l'a découvert
pour la première fois. Il eſt cependant néceſſaire de ne pas varier &
changer la dénomination ſous laquelle un fruit eſt connu, autrement la nomenclature du potager
ſeroit auſſi confuſe que celle de la
botanique. La ville de Pézenas jouit
de la réputation d'avoir les meilleurs abricots-pêches & les meilleurs melons dont les côtes ſont
chargées de verrües. Comment ce
fruit a-t-il été naturaliſé en Languedoc? eſt-ce par le tranſport,
eſt-ce par la culture, ou bien eſt-ce
un fruit hibride du pays? Je penche-
rois beaucoup pour la dernière
queſtion, & croirois que l'abricot-
pêche provient de l'union des étamines, (voyeʒ ce mot) ou pouſſière
fécondante de quelque pêcher,

portée ſur le piſtil, (voyeʒ ce mot)
d'une fleur de l'abricot commun. Ce
qu'il y a de certain, c'eſt que
M. Charpentier, amateur & curieux de beaux fruits, paſſant par
Pézenas, trouva excellent le fruit
qu'on y déſignoit ſous le nom d'a-
bricot-pêche, qu'il en tranſporta des
greffes dans ſon jardin près de Paris,
ſitué au village de Mouſſeaux, paroiſſe de Clichy. Il les communiqua
aux curieux & aux pépiniériſtes de
Vitry, & de là cet abricot a été
tranſporté dans les provinces du
nord de la France. Il a l'avantage
de venir de noyau, n'a pas beſoin
d'être greffé, & par conſéquent il
peut être prodigieuſement multiplié. Bientôt ce ſera l'abricot le
plus commun des jardins, & il nous
fera abandonner la culture des eſpèces inférieures en qualité. Cet
arbre n'étoit ſans doute pas commun ou bien connu à Paris il y a
douze ou quinze ans, puiſqu'il n'en
eſt fait aucune mention dans la nouvelle édition du Dictionnaire Eco-
nomique de Chomel, publiée en
1767, où il eſt parlé de toutes les
eſpèces d'abricots, excepté de
celle-ci.

Fleur, la plus large de toutes les
fleurs des eſpèces d'abricots ; les
pétales épais, bien nourris, légérement chantournés à leur ſommet.
Le calice a cinq grandes découpures
& il eſt garni de folioles coriaces à
ſa baſe.

Fruit. C'eſt le plus gros des
abricots, & aucun ne varie autant que lui pour ſa forme & pour
ſa groſſeur. La couleur de ſa peau
eſt d'un jaune fauve du côté de
l'ombre & un peu rouge du côté du
ſoleil. La rainure eſt ſeulement

viſible vers l'inſertion du pétiole, elle devient imperceptible en s'approchant du ſommet. La chair eſt jaune tirant ſur le rouge; le noyau moins uni que celui de l'abricot commun, & comme lui ſillonné de trois arêtes vives. Il eſt plus gros, plus renflé, ſon extrémité ſupérieure eſt très-pointue, l'inférieure tronquée, marquée de pluſieurs protubérances; l'amande eſt amère.

Feuilles, très-grandes, larges, bien nourries, preſqu'arrondies à leur baſe, s'alongeant & formant une longue pointe à leur ſommet, preſque toujours avec deux appendices à leur baſe : leur circonférence eſt garnie de dentelures vives & profondes. Le pétiole eſt à moitié auſſi long que la feuille, & il eſt d'un beau rouge. Ces feuilles reſſemblent beaucoup à celles de l'abricot-alberge.

Bourgeons, gros, forts, rouges du côté du ſoleil, tiquetés de points gris & verds de l'autre côté.

Boutons, gros, courts, très-larges par la baſe, rapprochés les uns des autres & raſſemblés par grouppes.

Maturité, au commencement du mois d'Août dans les provinces méridionales, & au milieu de ce mois dans le nord du royaume.

Qualité. La chair fondante, ne devenant ni sèche ni pâteuſe, lorſque le fruit reſte ſur l'arbre; elle a beaucoup d'eau, eſt d'un goût relevé, très-agréable, très-parfumé. Il eſt particulier à cet abricot.

Il eſt inutile de parler de pluſieurs autres variétés d'abricots, par exemple de celui d'*Alexandrie*, très-précoce, & qui exige trop de chaleur pour être cultivé au nord du royaume. On le reconnoîtra à ſes bourgeons jaunâtres, marqués de petites protubérances griſes. Sa feuille eſt petite & finement dentelée, les pétales de la fleur ſont étroits, ſon fruit eſt excellent en Provence & en Languedoc. Les variétés de l'abricot, en général, ſont infinies, & le cultivateur peut encore plus les multiplier en ſemant les noyaux. Ne ſeroit-il pas plus avantageux & plus agréable pour lui d'employer ſon tems à ſe procurer des eſpèces *hibrides*? Par exemple, lorſque les fleurs de l'abricotier commun, ou d'angoumois, ou de tel autre, commenceront à épanouir, il coupera ſur différens pêchers, albergiers ou brugnons, des branches fleuries, & les portera près des fleurs de l'abricotier ſur lequel il veut opérer. Alors il fera adroitement, avec la pointe d'un morceau de bois, tomber la pouſſière fécondante des étamines ſur le *piſtil* ou partie femelle de la fleur de l'abricot qu'il veut féconder. Si la fleur de l'abricotier eſt trop épanouie, l'opération ſera infructueuſe, parce que la pouſſière fécondante a déjà été élancée ſur la partie femelle, & par conſéquent les ovaires ſont fécondés, & il ne peut y avoir deux fécondations ſucceſſives. Il faut donc ſaiſir le moment de l'épanouiſſement de la fleur qui doit féconder & celui de la fleur qui doit être fécondée. Rien n'empêche de choiſir, ſur le même arbre, pluſieurs fleurs pour cette opération; mais pour éviter la confuſion, & ſe reſſouvenir dans la ſuite de ce que l'on a pratiqué, il faut avoir un regiſtre ſur lequel toutes les expériences ſeront inſcrites, & qui indiquera la couleur du fil de ſoie dont on aura marqué la branche. La soie conserve mieux sa couleur que les fils de chanvre, de lin, &c. cependant n'employez jamais ni soie violette, ni verte, ni rose : ces couleurs passent trop vîte, exposées au grand air.

Lorsque le fruit aura acquis sa maturité sur l'arbre, détachez-le & conservez le noyau pour le replanter dans la saison, & sur le même registre indiquez le lieu de sa plantation & la contre-marque qui le désigne. L'arbre venu donnera son fruit, & vous jugerez alors du succès de votre expérience. Telle est la marche que j'ai vu suivre à un amateur de Hollande, soit pour les arbres fruitiers, soit pour les fleurs d'ornement. Il faut du tems, il est vrai, pour jouir ; mais quel plaisir, quelle satisfaction, lorsque la récompense couronne le travail ! Si l'expérience n'a pas réussi, on n'a rien perdu, puisque l'arbre sert tout comme un autre, & on est toujours à même de le greffer. Les principes sur lesquels l'hibridicité est fondée, seront détaillés plus au long au mot HIBRIDE.

L'abricotier aime les pays chauds. Les abricots de Provence, de Languedoc, de Roussillon, n'ont pas le même parfum, ni le goût aussi exquis, que ceux de Damas, si vantés dans le *Voyage de M. Pockocke*, ni que ceux d'Alep & d'Aintab, décrits dans le *Voyage de M. Otter*. Si on tire une ligne transversale de Dijon à Angers, on trouvera que plus on approche du nord du royaume, plus l'abricot perd de sa qualité, & plus cette qualité augmente, en se rapprochant du midi. Il n'y a aucune comparaison à faire, soit pour le

goût, soit pour l'odeur, entre les abricots des environs de Paris, & ceux de Lyon, de Bordeaux, de Montpellier, d'Aix, &c.

L'homme toujours impérieux, & prêt à commander, veut sans cesse soumettre la nature à ses volontés & à ses caprices : on diroit que tous ses soins tendent à la contrarier. L'arbre se venge, donne des fruits médiocres, & périt beaucoup plutôt que s'il avoit été livré à lui-même, parce que, dans cet état forcé & de servitude, il est sujet à un plus grand nombre de maladies. L'abricotier est une preuve de ce que j'avance ; ses fruits sont pâles, aqueux & fades en espalier ; succulens & bien colorés en plein vent. L'espalier tend toujours à reprendre ses droits : les branches gourmandes se multiplient, & leur végétation vive & rapide finit par épuiser les branches inférieures, si l'art du jardinier ne la retient en captivité. Que d'insectes couvrent & vivent sur l'espalier ! Que de feuilles cloquées ! Quelle quantité de gomme suinte de toutes parts, & dit à l'homme : Je suis ton ouvrage ! Si au contraire vous jetez un coup d'œil sur l'abricotier à plein vent, livré à lui-même, & non pas mutilé suivant l'usage des environs de Paris, les feuilles ne sont point cloquées, nul insecte sur l'arbre, &c. : s'il y paroît de la gomme, c'est en petite quantité, & encore elle est presque toujours due à l'effet des gelées blanches du printems qui altèrent les jeunes pousses, & fait refluer l'abondance de la sève en dehors, où elle forme la gomme. Les Chinois, plus près de la nature, & plus sages que nous, ignorent l'art deſtructeur de charpenter, de mutiler les arbres, & ils les laiſſent ſuivre leur penchant naturel. Il falloit garnir un mur, ſymétriſer des allées, faire prendre aux arbres une forme quelconque, enfin donner tout au coup d'œil : voilà l'origine de la taille. Cet excès a été porté ſi loin, que les ifs ont repréſenté des coqs, des cerfs, des rhinocéros, &c. Ce que je dis de la taille de l'abricotier, paroîtra extraordinaire aux jardiniers, aux amateurs; la méthode établie a ſubjugué leurs idées. Je leur demande à mon tour : Quelle eſt celle de la nature ? La plus parfaite, ſans contredit, que l'art ait découverte juſqu'à ce jour, eſt celle des laborieux & induſtrieux habitans de Montreuil ; mais dans tout le reſte du royaume, les arbres ſont charpentés & écraſés par la ſerpette du jardinier.

Pour remplir le but de ce Dictionnaire, décrivons tout ce qui a rapport à l'abricotier.

CHAPITRE III.

Des Semis, des Greffes, des ſoins que l'Arbre exige dans la Pépinière, & pour le replanter.

I. *Des Semis.* Ils exigent trois choſes : le choix de la ſemence, la nature du terrain, & la manière de le faire.

1°. *Du choix des ſemences.* Pour s'aſſurer de la bonté des noyaux, on les jette dans un vaſe plein d'eau. Tous ceux qui ſont pleins, & dont l'amande n'eſt nullement viciée, ſe précipitent au fond, & les autres ſurnagent. Recueillez ces derniers, jetez-les, ils ne peuvent être d'aucun uſage, & tous les autres réuſ-

firont, ſi aucune circonſtance ne s'y oppoſe. Pratiquez cette opération quelques jours avant de les confier à la terre, & laiſſez-les, pendant trois ou quatre jours, tremper dans l'eau : elle pénétrera les pores du bois, & communiquera l'humidité à l'amande ; alors l'amande ſe gonflera, & ſera plus près de ſa germination.

Quoiqu'il ſoit dit que l'abricot vienne très-bien de noyau, cependant les pépiniériſtes les vendent toujours greffés ſur prunier. Ne pourroit-on pas dire que c'eſt 1°. parce qu'ils ont plus aiſément des ſujets de pruniers, que d'abricotiers, attendu que les vieux pruniers donnent beaucoup de rejets de leurs pieds, ce que ne font pas les abricotiers ; 2°. que c'eſt le préjugé où l'on a ſi long-tems été que les noyaux d'abricots ne lèvent pas, ou au moins lèvent très-rarement. Il eſt vrai que des noyaux d'abricots gardés au ſec, comme des pois ou des féves, lèvent aſſez rarement; & je crois qu'ils lèveroient, ſi on avoit la patience de les attendre une ſeconde année.

La ſeconde méthode pour les ſemis conſiſte à confier à la terre le noyau dans l'inſtant que le fruit a été mangé. Pour cet effet, on met au fond d'un pot une couche de terre, & par-deſſus une couche de noyaux, enſuite une ſeconde couche de terre & une de noyaux, juſqu'à ce que le pot ſoit plein de ces couches ſucceſſives. Cette ſtratification reſte expoſée aux injures de l'air juſqu'au printems ſuivant : alors on tire ces noyaux de leur pot, & on les ſème. Par ce moyen, on peut ſemer en place, au printems de 1781, les noyaux raſſemblés en 1780. (*Voyez le mot* Semis)

2°. *De la nature du terrain.* L'abricotier craint un ſol argilleux, glaiſeux, compacte & humide. S'il eſt trop chargé de fumier, ainſi que celui des pépiniériſtes, il aura beaucoup à ſouffrir, lorſqu'on le replantera. Cet article ſera traité plus au long au mot Pépinière. Choiſiſſez donc un terrain bon & léger ; cela ſuffit.

3°. *Manière de pratiquer les ſemis.* Si vous n'employez pas celle indiquée au numéro 1°., en voici une qui accélère beaucoup la germination, & donne le tems à l'arbre de faire beaucoup de progrès dans la première année, ce qui eſt un point très-important. Mettez dans un vaſe peu profond une quantité de noyaux, auſſitôt que vous les aurez retirés de l'eau, pour vous aſſurer de leur qualité ; couvrez-les de terre légère ; faites un ſecond lit de noyaux & de terre, & ainſi de ſuite, juſqu'à ce que tout le vaſe ſoit plein. Le ſable ou la terre doivent toujours être tenus légèrement humides : trop d'humidité feroit pourrir les noyaux, & avec trop de ſiccité ils ne germeroient pas. Placez ce vaſe dans un lieu chaud, de 12 à 15 degrés de chaleur du thermomètre de Réaumur. Vous pouvez commencer cette opération en Janvier, ou plutôt ſi le climat eſt tempéré, comme celui de la Baſſe-Provence & du Bas-Languedoc. Vers le 15 Février, vos noyaux ſeront en état d'être plantés ; leur germination aura commencé, & la radicule ſera viſible. Une grande attention qu'on doit avoir, c'eſt de ne pas bleſſer cette radicule, en tirant les noyaux

du vaſe ou en les plantant. Il ne s'agit plus que de les garantir des gelées tardives par le moyen de la paille ou des feuilles, lorſque le vent du nord donne lieu de les appréhender. Dans les pays ſeptentrionaux, on commencera l'opération à la mi-Février, & on plantera au commencement de Mars, ou plus tard, ſuivant le climat. Les noyaux doivent être enfoncés à la profondeur de deux pouces ; le trou doit être recouvert avec une terre fine & meuble que l'on ne foulera point ; & à meſure qu'elle s'affaiſera, on y en ajoutera de nouvelle, afin que ce trou ne forme pas une eſpèce de réſervoir où l'eau ſe ramaſſeroit, & feroit périr la jeune plante.

On connoît trois genres de ſemis. Dans le premier, les noyaux ſont ſeulement eſpacés de ſix pouces les uns des autres, & alors on lève les jeunes plants à la fin de l'année pour les planter en pépinière : ſi au contraire on veut faire tout de ſuite ſa pépinière, j'inſiſte à dire qu'il faut planter à trois pieds de diſtance, & en tout ſens. Cette méthode n'eſt pas celle des pépiniériſtes, j'en conviens ; elle exige trop de terrain pour eux ; mais en ſuivant celle que je preſcris, les arbres travailleront plus vigoureuſement, les racines ayant plus de place pour s'étendre ; & lorſqu'il s'agira de tirer l'arbre de terre, on ne trouvera pas les racines entrelaⅽées, & on ne ſera pas dans la dure néceſſité de mutiler celles de l'arbre que l'on veut avoir, & celles des arbres voiſins. J'en appelle à l'expérience.

Si vous avez placé vos noyaux à ſix pouces les uns des autres, ayez attention, lorsqu'il faudra les replanter, d'ouvrir la terre par tranchée, d'enlever les rangs les uns après les autres, & de ne jamais permettre au jardinier d'arracher l'arbre avec force, ni qu'il coupe, sous aucun prétexte, la racine pivotante de la jeune plante. En un mot, elle ne doit perdre ni racines, ni chevelu. Lorsque nous parlerons des *racines* & des *pivots des plantes*, nous démontrerons l'importance de leur conservation.

Il est inutile d'insister sur la nécessité de défoncer la terre qui doit servir aux semis, au moins à un pied de profondeur pour les premiers, & à deux pieds pour les seconds. Le grand avantage du premier genre des semis, est la facilité qu'ils donnent de choisir les plants pour garnir la pépinière, & par conséquent pour qu'il n'y ait point de place vuide.

Le troisième genre des semis consiste à planter le noyau dans l'endroit où l'arbre restera à demeure : Il aura l'avantage de n'être point réplanté ni mutilé par la main du jardinier ; mais on aime à jouir promptement, & par conséquent on préfère tirer l'arbre tout formé de la pépinière. Les arbres plantés de noyau, qui ont poussé sur le lieu même, & qui y ont été greffés, durent beaucoup plus long-tems que les autres.

II. *Des Greffes.* La manière pour les abricotiers en pépinière est à l'*écusson*, ou *œil dormant*, ou bien en *couronne*. La manière de greffer sera détaillée très au long au mot GREFFE : en parler ici, ce seroit une répétition. La seule chose à bien retenir, est de ne jamais greffer l'abricotier, que le sujet n'ait au pied un bon pouce de diamètre. Comme la végétation de l'abricotier est très-prompte, très-rapide, si on greffe sur un pied qui n'ait pas encore acquis la grosseur convenable, alors la pousse de la greffe formera un bourrelet monstrueux, qui enveloppera & recouvrira le tronc où la greffe aura été appliquée ; ce pied sera toujours mesquin, maigre, & beaucoup moins gros que le tronc supérieur : lorsque l'arbre aura étendu ses branches, un seul coup de vent suffit pour le faire casser au pied. Un tel arbre est toujours défectueux ; &, dans aucun cas, il ne doit être accepté ni planté. Alors on le renvoie au pépiniériste, ou bien on ne le paie pas. Voilà ce que produit la trop grande précipitation de greffer. Peu importe au pépiniériste, pourvu qu'il ait vendu & livré son arbre à un bourgeois qui le paie bien, & qui ne connoît rien dans cette partie.

III. *Des soins que l'abricotier exige dans la pépinière, & de la manière de le replanter.* Sarcler souvent, c'est-à-dire, arracher les mauvaises herbes, arroser suivant le besoin, piocheter la surface de la terre de tems en tems, visiter souvent les jeunes pousses, afin de détruire les insectes qui seroient dans le cas de les attaquer & de leur nuire, sont les soins généraux. Si, à la fin de l'année, la pousse a pris de la force, coupez-la à un pouce de terre, le tronc & les racines se fortifieront ; le tronc grossira, & les racines s'alongeront beaucoup plus que si vous les aviez laissés livrés à eux-mêmes. Si, au printems de la seconde année, plusieurs branches s'élancent du tronc, pincez-les , & vous aurez à l'automne une pouffe forte & vigoureufe. Au commencement de la troifième année , & dans la faifon propre, greffez en *écuffon* ou en *couronne*. C'eft la groffeur du tronc qui doit décider l'efpèce de greffe à employer. Alors choififfez pour greffe l'efpèce d'abricot, de prune ou de pêche que vous defirez. Dans tout état de caufe, la greffe doit être placée à fix pouces au-deffus de terre. C'eft pour fe conformer aux idées reçues, que l'on répète ici ce précepte fi recommandé par les jardiniers & par les auteurs qui ont traité des arbres fruitiers. Je prie de fufpendre tout jugement , jufqu'à ce qu'on ait lu les articles ESPÈCE & GREFFE. Ils préfenteront quelques idées nouvelles, confirmées par l'expérience , & qui font de la plus grande importance. Revenons à notre fujet.

Il eft certain qu'ayant donné au tronc le tems de fe fortifier , & le terrain étant bien travaillé , le jet qui s'élancera de greffe , montera à cinq ou fix pieds , & l'arbre fera tout formé.

Pour perfectionner la qualité des fruits , quelques amateurs fe font amufés à greffer plufieurs années de fuite le même arbre , & ils s'en font bien trouvés. La greffe raffine , perfectionne la sève , les fucs qui montent font plus épurés. En fuivant cette méthode, on peut greffer plufieurs fois fur le tronc , en le coupant à chaque opération , ou fur les branches qu'il aura pouffées. D'autres amateurs greffent plufieurs efpèces d'abricots fur un même fujet. La bigarrure des fruits furprend ; elle eft même agréable à l'œil ; mais rarement ces arbres durent long-tems dans cet état. L'efpèce d'abricot dont la végétation eft plus rapide que celle de l'abricot fon voifin, & par conféquent qui pouffe des bois plus forts, abforbe peu à peu la sève des branches voifines , & celles-ci dépériffent. Toutes ces bigarrures font contre nature.

Il eft démontré que la réuffite d'un arbre dépend en grande partie de la manière dont on l'a enlevé de la pépinière , & dont il a été replanté. Dans toutes les pépinières marchandes, les arbres font trop près, & leurs racines tellement entrelacées , qu'il eft impoffible d'en tirer un arbre fans nuire à fes voifins. Le pépiniérifte , pour éviter cet inconvénient, tombe dans un autre auffi dangereux. Il cerne la terre à un pied de diftance du tronc, & avec le fer tranchant de fa bêche, il mâche & coupe les racines ; peu lui importe qu'elles foient groffes ou petites. Ce n'eft pas tout : l'arbre tient par fon pivot, il faut expédier le travail , & le pivot eft coupé à coups de bêche. Voilà donc un arbre dans le plus mauvais état poffible. Le jardinier croit y remédier en raccourciffant ces racines , en les charpentant de nouveau pour les rafraîchir. Et l'on eft étonné, après cela, que les arbres reprennent difficilement, qu'ils languiffent, qu'ils meurent ! Je fuis bien plus étonné qu'il n'en périffe pas un plus grand nombre, & j'admire la force de la nature , qui répare & furmonte la maffe de nos fottifes.

Lorfque vous ferez enlever un abricotier de la pépinière , laiffez
dire

dire les garçons pépiniéristes, exigez qu'ils ne coupent aucune racine ; que l'arbre soit tiré de terre avec tout son pivot ; & si votre arbre ne demeure pas long-tems en chemin, pour être transporté de la pépinière dans votre jardin, ne permettez à votre jardinier, sous quelque prétexte que ce soit, de *rafraîchir* les racines. Les seules racines meurtries, ou endommagées, exigent la serpette. Si, au contraire, l'arbre reste long-tems en route, faites tremper la racine dans l'eau pendant vingt-quatre heures ; détachez, en coupant net, seulement la partie desséchée, & plantez l'arbre tout de suite.

Cette manière d'enlever les arbres nécessite à plus de largeur & plus de profondeur aux trous qui doivent les recevoir. Il ne s'agit plus ici de faire creuser à la toise & à prix fait ; mais quelles doivent donc être leurs proportions ? La longueur & l'étendue des racines, & sur-tout du pivot, en décident. L'un & les autres doivent occuper le même espace, & être disposés comme ils l'étoient auparavant, afin que l'arbre ne s'apperçoive pas, pour ainsi dire, qu'il ait changé de place. Que de Lecteurs traiteront cette méthode d'exagération, de soins minutieux, d'augmentation dans la main-d'œuvre, & peut-être d'inutilité ! Je me contente de leur répondre : Faites l'expérience, & vous vous convaincrez par vous-mêmes. Essayez pour un arbre seulement, mis en comparaison avec un arbre dont le pivot & les racines auront été mutilés ; vous prononcerez alors avec connoissance de cause, parce que vous

verrez que cet arbre profitera plus en trois ans, que l'autre dans l'espace de dix.

Si vous êtes amateur de la supérieure qualité du fruit, ne plantez jamais que des abricotiers à plein vent, & sur-tout ne les mutilez pas sous prétexte de les tailler. Laissez agir la nature, elle en fait plus que vous ; l'arbre formera de lui-même une belle tête ; il n'aura ni branche chiffonne, ni bois gourmand, & la feuille ne sera pas dans le cas de demander au jardinier la permission de passer au-delà de la feuille sa voisine. Les branches n'auront pas besoin d'être étayées, même dans les années de la plus grande abondance, parce que tout sera d'accord dans l'arbre, & la force des branches proportionnée à la quantité du fruit qu'elles doivent soutenir.

L'espace à donner pour les arbres à plein vent, est au moins de vingt-cinq pieds, si le terrain est bon ; les arbres nains ou à mi-tige, à vingt-quatre pieds, si le terrain est excellent ; à dix-huit, s'il est bon ; à neuf ou à douze, suivant sa médiocrité. C'est le plus grand de tous les abus, de planter à cinq ou six pieds de distance. On n'a jamais que des arbres chétifs & qui périssent promptement. Laissez toujours un pied de distance entre le mur & l'arbre que vous planterez ; cette précaution est aussi utile que nécessaire. La meilleure saison pour replanter est aussitôt après la chûte des feuilles.

L'exposition la plus favorable pour l'espalier dans les provinces du nord, est le midi plein. Plus le fruit sera échauffé par les rayons du soleil, plus il fe rapprochera des abricots de Provence & de Languedoc. Cependant, pour multiplier la durée de ce fruit, & ne pas l'avoir tout en même tems, on peut varier fes expofitions fuivant les différentes *heures* du foleil.

Lorfqu'on a commencé à contrarier la nature, en forçant l'abricotier à fuivre les loix de l'efpalier, il faut continuer jufqu'au bout. Si vous voulez donc avoir de gros fruits & bien colorés, détachez de l'arbre la plus grande quantité des jeunes abricots, lorfqu'ils auront acquis cinq ou fix lignes de diamètre ; & quelque tems avant la maturité du fruit, coupez les feuilles qui le recouvrent.

La conduite de l'abricotier planté en efpalier, eft analogue à celle du pêcher ; tout, jufqu'à leur taille, eft commun. Ainfi voyez le mot PÊCHER, & fur-tout le mot TAILLE, fes loix & fes règles y feront décrites dans la plus grande étendue. Sans ces renvois, il faudroit répéter pour chaque arbre ce qui auroit déjà été dit plufieurs fois. (*Voyez* encore le mot GOMME)

L'abricotier a un grand avantage fur le pêcher, fes bourgeons percent facilement l'écorce. Ainfi un arbre mal taillé, vieux ou négligé, peut aifément recevoir une forme & une vie nouvelle, fi le jardinier eft entendu.

ABRICOT VERD, *ou* DAUPHINE. (*Voyez* l'article des PÊCHES)

ABRICOTÉE. (*Voyez* à la lifte des PÊCHES, & à celle des PRUNES.)

ABROTANUM. (*Voyez* SANTOLINE)

ABSCÈS. (*Voyez* ABCÈS)

ABSINTHE, (la grande) *ou* ROMAINE, *ou* ALUYNE. *Abfinthium Ponticum, feu Romanum, feu Diofcoridis.* Telle eft la phrafe latine fous laquelle Charles Baühin la fait connoître. M. Tournefort l'a placée dans la douzième claffe de *fa Méthode*, qui comprend les *fleurs flofculeufes.* (*Voyez* au mot SYSTÈME) M. le chevalier Von Linné la claffe dans la *Syngénéfie polygamie fuperflue.* (*Voyez* au mot SYSTÈME) Il l'appelle *arthemifia abfinthium.* (*Voyez* Pl. 5) (1).

Fleur, compofée, flofculeufe ; fleurons hermaphrodites dans le difque, femelles à la circonférence. Les fleurs font raffemblées dans un calice commun, obrond, globuleux dans cette efpèce ; les écailles du calice rondes, réunies les unes fur les autres, comme le font en recouvrement les tuiles fur un toit. A, repréfente la fleur entière, c'eft-à-dire, la réunion des différentes fleurs portées par le même calice ;

---

(1) Nous prévenons, une fois pour toutes, que les deffins des plantes médicinales font levés d'après la fuperbe collection des plantes gravées par madame de Nangis-Regnault. Son ouvrage eft intitulé : *La Botanique mife à la portée de tout le monde.* Si nous avions connu des deffins plus exacts, plus conformes à la nature, nous les aurions fait copier. Chaque plante, dans l'ouvrage de madame Regnault, eft deffinée & coloriée fur le grand papier *in folio*, & la defcription de la plante eft du même format. Cette précieufe collection fe vend chez l'auteur, à Paris, rue Croix-des-Petits-Champs.

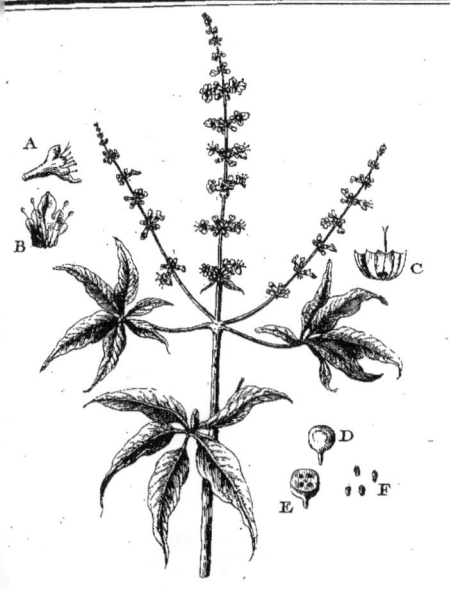

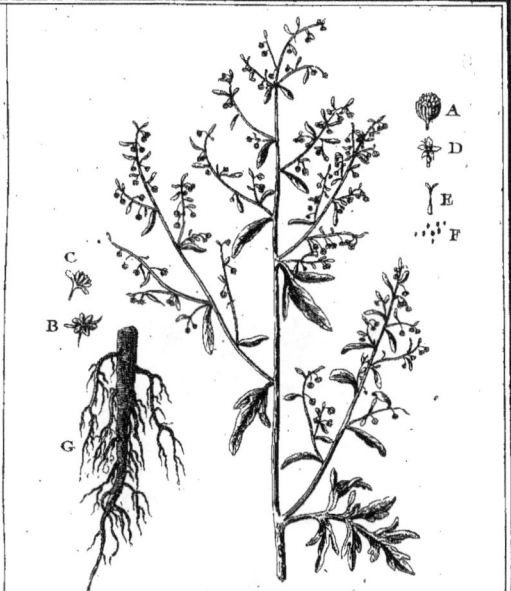

Agnus castus.

Absinthe.

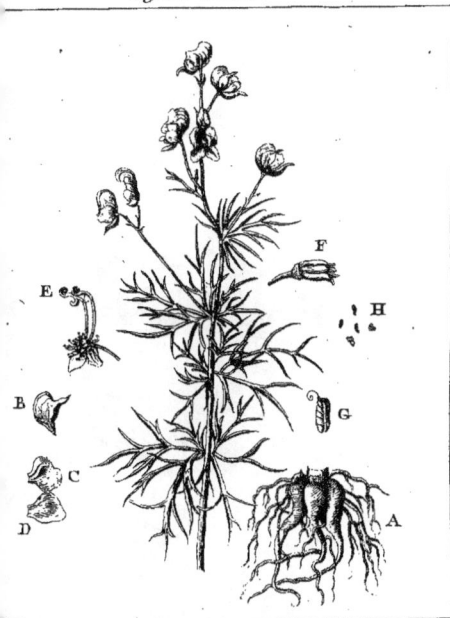

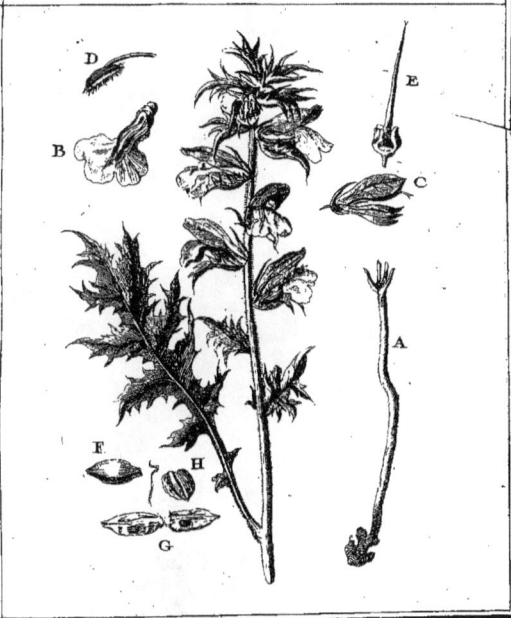

Aconit.

Acanthe.

B, c'est la même fleur vue de face ; C vue de profil. Chacun des fleurons D est un tube menu à sa base, renflé vers le milieu, évasé en soucoupe à son extrémité supérieure, & divisé en cinq segmens pointus. Le pistil E est placé au centre, & son sommet ou style est terminé par deux stigmates courbes.

Fruit. Les semences F sont solitaires dans chaque fleuron, placées dans le calice sur un réceptacle velu.

Feuilles, pétiolées, blanchâtres, composées, découpées par paire, & terminées par une impaire. Les découpures des feuilles diminuent à mesure que la tige s'élève ; & au sommet, elles sont entières & oblongues.

Racine, ligneuse, fibreuse & pivotante.

Port de la plante. Les tiges s'élèvent à la hauteur de deux ou trois pieds, suivant la nature du terrain ; elles sont cannelées, fermes, ligneuses, branchues, blanchâtres, pleines d'une moelle blanche. Les feuilles sont alternes ; les fleurs sont axillaires, presque rondes, pendantes & pédunculées.

Lieu. Les terrains incultes, arides. Cette plante est vivace ; on la multiplie de semences & de drageons. Il faut la cueillir lorsqu'elle est en fleur.

Propriétés. La plante est amère, aromatique, odorante, anti septique, vermifuge, fébrifuge, stomachique, antiémétique. Les feuilles sont beaucoup plus actives que celles de la *petite absinthe*, dont on parlera tout-à-l'heure. Elles excitent moins le cours des urines, & fatiguent davantage les estomacs

délicats. Leur usage est souvent suivi de coliques, parce qu'il échauffe beaucoup, diminue l'expectoration, constipe souvent. Il réveille fortement les forces vitales & musculaires, ranime l'appétit détruit ou diminué par des humeurs pituiteuses.

Usage. On se sert communément pour l'homme, de toute la plante, des feuilles, des sommités fleuries & des semences. Elles sont indiquées dans les maladies où la *petite absinthe* n'agit pas avec assez de succès par défaut d'activité, & elles sont contr'indiquées dans les maladies convulsives, les maladies inflammatoires, & particuliérement chez les enfans. Extérieurement, elles favorisent quelquefois la résolution des tumeurs peu sensibles & des tumeurs inflammatoires lentes à se résoudre par foiblesse.

Préparations. On fait avec l'absinthe un vin, un sirop, une conserve, un extrait, une huile par infusion, une eau distillée, & on en retire une huile essentielle & un sel. (*Voyez* les mots CONSERVE, EXTRAIT, & vous y trouverez la manière de les préparer.)

La dose du vin est depuis deux onces jusqu'à six ; celle de la conserve, depuis une drachme jusqu'à une once. Elle est recommandée dans toutes les maladies où l'infusion des feuilles est indiquée ; c'est une préparation dont on ne devroit jamais se servir, parce qu'elle fatigue ordinairement l'estomac & échauffe beaucoup. . . . . L'extrait se donne depuis six grains jusqu'à une drachme. Il tue souvent les vers contenus dans les premières voies ; il irrite & cause quelquefois des douleurs plus ou moins vives dans la région épigaftrique.

L'huile par infufion eft employée pour des onctions; elle ne produit pas des effets fenfibles dans les maladies de foibleffe & dans les douleurs rhumatifmales. C'eft à peu de chofe près une préparation inutile.

L'eau diftillée n'a pas plus de vertu que l'eau dans laquelle on a fait infufer la plante.

L'huile effentielle, prife intérieurement, échauffe, enflamme & corrode; en onction, elle augmente quelquefois la fenfibilité dans les parties affoiblies par des humeurs féreufes. Cette huile eft d'un verd foncé lorfqu'on la tire de la plante fraîche, & d'un jaune brun fi on fe fert de la plante sèche.

Le fel d'abfinthe obtenu par l'incinération de la plante, n'a pas plus de vertu que tous les autres fels des plantes obtenus par cette voie; c'eft-à-dire, c'eft un fel alkali fixe. Sa dofe eft depuis quatre grains jufqu'à demi-drachme dans huit onces d'eau.

On peut donner aux bœufs & aux chevaux le vin d'abfinthe, à la dofe d'une livre & demie; le fel d'abfinthe à celle de deux drachmes, dans quantité d'eau proportionnée; & la poudre des femences à la même dofe.

Obfervations curieufes. M. Daniel Major, profeffeur de botanique de l'univerfité de Kiel, dit avoir vu chez un chimifte de Padoue, un fel lixiviel d'abfinthe, qui, par des diffolutions & des filtrations réitérées, avoit acquis la pureté & la tranfparence du criftal. Ce fel étoit remarquable par fa figure. Peut-être y avoit-il ajouté une petite quantité de nitre. C'étoit un amas d'aiguilles ou petites colonnes quadrangulaires, coniques, traverfées par des barres d'un demi-pouce de longueur, furmontées par d'autres plus petites. L'extrémité fupérieure de la colonne excédoit un peu cette feconde barre, de telle façon que les criftaux de ce fel reffembloient parfaitement à des croix.

Olaus Borrichius rapporte qu'une dame ayant pris tous les jours, fur la fin de fa groffeffe, trente gouttes d'extrait d'abfinthe dans un bouillon, pour fe fortifier l'eftomac, accoucha à terme d'une fille qu'elle voulut nourrir; mais comme l'enfant tetoit avec répugnance, fouffroit des tranchées continuelles, avec un dévoiement opiniâtre, & rendoit toujours des matières vertes, on lui donna une autre nourrice, & tous les fymptômes fâcheux difparurent. La mère goûta fon lait pour examiner s'il avoit quelque mauvaife qualité; elle le trouva amer comme du fiel, ainfi que tous ceux qui le goûtèrent.

..... rapporte que l'abfinthe étoit très-amère en Italie; mais que dans le Pont, où fa moelle étoit douce, le bétail s'engraiffoit à force d'en manger, & fa chair ne contractoit aucune amertume. Quoique la petite abfinthe foit moins amère que la grande, ce n'eft pas en raifon de la prétendue douceur de fa moelle que le bétail pouvoit avoir du goût pour l'abfinthe: au contraire, il femble rechercher avec avidité l'amertume. Le mouton mange le marron d'Inde, dévore l'olive, même avant fa maturité, & certainement ces deux fruits font exceffivement amers. On lit dans le Voyage de

M. Bell d'Antermony , que les chevaux de l'armée ruffe, après avoir mangé de l'abfinthe , moururent prefque fubitement , ou dans le jour.

Ufages économiques. Plufieurs braffeurs fubftituent les fleurs de l'abfinthe , & même fes feuilles & fes tiges, à la fleur du houblon , dans la fabrication de la biere ; & cette biere porte à la tête ; elle eft enivrante. Quelques payfans en ajoutent au vin nouveau lorfqu'ils craignent que le vin ne fe conferve pas.

ABSINTHE (petite) , *ou* PONTIQUE. *Abfinthium ponticum tenui-folium.* C. B. P. *Arthemifia pontica.* L. Elle diffère de la première par fon réceptacle nud, par fes feuilles très-divifées, & découpées très - finement. Elles font couvertes en deffous d'un duvet blanchâtre. La racine eft ligneufe, fibreufe & rampante ; les tiges ne s'élèvent ordinairement qu'à la hauteur d'un pied & demi.

Lieu. La Hongrie, la Thrace ; les jardins, en Provence & en Languedoc. Cette plante eft vivace.

Propriétés. Les mêmes que celles de la précédente, mais avec moins d'activité.

Ufages. Elle excite légérement le cours des urines , caufe quelquefois dans la région épigaftrique une douleur plus ou moins vive. Elle eft indiquée dans les maladies occafionnées par les vers contenus dans les premières voies , lorfqu'il n'y a point d'inflammation; dans les fièvres intermittentes, dans les obftructions du foie par fièvre intermittente , dans les pâles couleurs , dans les maladies de foibleffe, dans la fufpenfion des règles avec

cachexie , dans les météorifmes fans inflammation ni difpofition vers cet état , dans la gangrène humide ; dans les rapports acides , unie avec les terres abforbantes. Intérieurement & extérieurement , elle eft nuifible aux perfonnes dont la poitrine eft délicate & foible , & à celles dont les vifcères du bas-ventre font faciles à s'enflammer ; aux fujets expofés à des maladies convulfives , aux enfans, aux femmes enceintes, & à celles qui nourriffent. Ainfi l'on voit qu'il faut de la prudence & du difcernement pour prefcrire l'ufage de ces deux efpèces d'abfinthe.

Les feuilles sèches fe donnent depuis demi - drachme , jufqu'à une once , dans fix onces d'eau. Les feuilles récentes , depuis une drachme , jufqu'à une once & demie , également en infufion dans cinq onces d'eau.

ABSORBANT. C'eft le nom que l'on donne à tous les médicamens terreftres & poreux , dont la propriété eft de s'imbiber , & de fe charger des humeurs furabondantes & aigres qui croupiffent dans l'eftomac. Ces remèdes conviennent particuliérement aux enfans dont les premières voies font le plus fouvent farcies de matières acides : les fubftances abforbantes venant à s'unir avec les acides , forment un fel neutre qui procure les effets d'un purgatif. Pour en tirer un avantage plus certain , on les mêle avec un purgatif à dofes égales ; la rhubarbe eft le purgatif que l'expérience a prouvé être le meilleur.

Les dofes varient fuivant l'âge & les forces. Pour un enfant d'un an , fix à fept grains de rhubarbe en poudre, & autant de magnéfie blanche, ou d'yeux d'écreviffes ; pour un enfant de deux ans, on double la dofe ; on diminue, ou bien l'on augmente en raifon des effets ; pour les perfonnes qui font d'un âge fait, on donne vingt-quatre grains de l'un & de l'autre, s'ils éprouvent l'incommodité des aigreurs. (*Voyez* ce mot) M. B.

ABSORBANT, *Médecine vétérinaire.* On comprend fous la dénomination d'abforbant, les coquilles d'huîtres, d'œufs, de limaçons ; l'os de sèche, les os, les cornes des animaux, calcinés à feu ouvert ; les yeux d'écreviffe, la craie, les bols d'Arménie & de Blois, la magnéfie blanche. Tous les fels végétaux tirés par la calcination peuvent être employés comme abforbans.

Les abforbans terreux ne fe diffolvent jamais auffi complettement dans l'eftomac que les fels alkalis : ces derniers font plus incififs ; ils augmentent plus la tranfpiration, & pouffent davantage aux urines. On emploie les abforbans pour les animaux dans les mêmes cas qu'ils font indiqués pour l'homme. Il fera bon de les unir aux ftomachiques & aux fondans.

Le mot *abforbant* fe dit encore des pores. (*Voyez* ce mot) C'eft par les pores que les maladies de la peau fe communiquent, foit aux hommes, foit aux animaux ; & pour ceux-ci, le farcin, la gale, &c.

ABSORBER. *Terme de jardinage,* qui fignifie confommer, dévorer la fubftance des autres. Ainfi l'on dit, les branches gourmandes des arbres fruitiers & en efpalier abforbent

la nourriture de toutes les branches de l'arbre. On doit donc par conféquent fupprimer les branches gourmandes, dans la crainte de voir l'arbre s'amaigrir & périr infenfiblement. Si on les laiffe fubfifter, l'efpalier fe changera bientôt en arbre à plein vent, & tendra à reprendre fa première voie.

ABSTERGER. L'on entend par abfterger, nettoyer, laver. Abftergent eft le nom que l'on donne aux remèdes intérieurs qui font d'une nature favonneufe, & qui fondent les amas de bile ; effet que ne peuvent point produire les remèdes qui font fimplement aqueux. On donne encore ce nom aux remèdes extérieurs que l'on emploie pour nettoyer les plaies dont la fuppuration eft de mauvaife nature : l'eau fimple & l'eau végéto-minérale font les moyens qui réuffiffent le mieux. (*Voyez* l'article PLAIE) M. B.

ACABIT. *Terme de jardinage.* Ce mot fignifie la bonne ou mauvaife qualité d'un fruit, d'un légume. On dit des pêches, des laitues, des oranges, qu'elles font d'un bon ou mauvais acabit.

ACACIA, (le faux) *ou* ACACIA DES JARDINIERS. *Pfeudo - Acacia vulgaris.* Tournefort. *Robinia Pfeudo-Acacia.* Lin. M. Tournefort le place dans la vingt-deuxième claffe des arbres & arbriffeaux à fleurs papilionacées, dont les feuilles font pour la plupart ailées ou conjuguées ; & M. le chevalier Von Linné, dans la diadelphie décandrie.

Cet arbre n'eft point un acacia ; cette dénomination a prévalu en

France, quoique fausse. On est forcé de s'en servir pour ne pas augmenter la nomenclature. M. Robin, professeur de Botanique, l'apporta de l'Amérique, & la fit connoître en France vers l'an 1600. Il n'y a pas long-tems qu'on voyoit au Jardin du Roi à Paris, le premier arbre planté par M. Robin. Depuis cette époque, il s'est tellement multiplié, que dans plusieurs provinces de France on en fait des haies ; on coupe sa tige près du pied, & on étend ses branches.

Fleur, papilionacée, l'étendard arrondi, grand, obtus ; les ailes ovales, oblongues, avec un appendice très-court & obtus ; la carenne sous-orbiculaire, aplatie, obtuse, de la longueur des ailes ; le calice d'une seule pièce, petit, en forme de cloche & à quatre dentelures ; les étamines au nombre de dix, dont neuf réunies à leur base.

Fruit. Le légume ou gousse, grand, long, aplati, relevé de plusieurs bosses, & la gousse s'ouvre en deux parties ou cosses. Les semences ont la forme d'un rein.

Feuilles, ailées, avec une impaire ; les folioles égales, très-entières, opposées & oblongues.

Racine, rameuse, ligneuse, & d'une couleur jaunâtre.

Port. Cet arbre s'élève quelquefois à la hauteur de trente pieds. Sa tige est armée d'aiguillons, souvent doubles. Son écorce est roussâtre, raboteuse. Ses fleurs sont jaunes, blanches sur quelques arbres, soutenues par un long pédoncule, & elles forment une jolie grappe, dont l'odeur est douce & aromatique. Cet arbre se ressent encore de son humeur sauvage : il se prête difficilement aux caprices du jardinier.

Lieu. Son pays natal est la Virginie. Il est aujourd'hui naturalisé en France : on en voit beaucoup du côté de Bordeaux. Si nous ne l'avons pas fait dessiner & graver, c'est qu'il est trop connu.

Propriétés. Les fleurs sont émollientes, aromatiques, antihystériques. La racine ne diffère en rien de celle du réglisse.

Usages. Les fleurs en infusion, en décoction, on en retire une eau distillée, que l'on donne depuis quatre onces jusqu'à six dans les potions & dans les juleps. L'infusion produiroit le même effet, & coûteroit moins.

Usages économiques. Il seroit important de multiplier cet arbre dans les provinces méridionales du royaume, où le bois est rare & cher. Il vient fort vîte & fort aisément dans presque tous les terrains, sur-tout dans les terrains légers & gras. Son bois est jaunâtre & marbré ; les tourneurs en font des bois de chaise, qui durent beaucoup. Il seroit plus avantageux d'employer ce bois à faire des meubles, que celui du peuplier ypréau, ou tels autres bois blancs dont on se sert : on auroit encore la ressource de ses feuilles, qui font une excellente nourriture pour les bestiaux. M. Bohadsch assure, dans un mémoire sur les avantages qu'on peut retirer de cet arbre, que les vaches qui ont vécu de ces feuilles, donnent plus de lait, & que cette nourriture est pour elles plus succulente que celle du trefle, du sainfoin & de la luzerne. Cet arbre vient fort aisément de semences ; &

le bois d'acacia, venu même dans un terrain humide, s'eft trouvé fi dur qu'il réfiftoit prefque à la hache : en total, c'eft un bois fort dur, quoiqu'il vienne très-vite.

Si on veut, dit M. Duhamel dans fon excellent *Traité des Arbres*, élever l'acacia de femences, il faut, fitôt qu'elles font parvenues à leur maturité, les mêler avec un peu de terre, & les conferver dans un pot jufqu'au printems. Comme la graine eft fine, on ne doit pas la recouvrir de beaucoup de terre. La femer dans des vafes, feroit avantageux, & garantiroit les jeunes plantes de la groffe ardeur du foleil. On replante les jeunes arbres à la feconde année en pépinière, où ils doivent refter jufqu'à ce qu'ils aient acquis cinq ou fix pouces de circonférence au pied. Il ne faut pas les replanter trop profondément.

Pour fe procurer promptement des plants de ce faux acacia, on cerne le pied d'un arbre qui ait douze à quinze pouces de circonférence, & on coupe fes racines tout autour à la diftance d'un pied & demi : alors l'arbre eft arraché, & peut être replanté ailleurs. Laiffez ouverte la foffe faite pour arracher l'arbre, & toutes les racines coupées poufferont des tiges & auront du plant en abondance.

Obfervation curieufe. Elle nous a été communiquée par un homme dont l'auftère modeftie défend de le nommer. Voici comme il s'explique ; il fera aifé de le reconnoître à fon ftyle. » J'ai femé une fois des » acacias dans un terrain entouré de » palis au milieu d'un buis, où ce- » pendant il pénétroit quelques la- » pins. Ils levèrent à merveille ;

» mais après l'hiver, je n'en trouvai » pas un feul, & je ne trouvai point » de tiges mortes par la gelée. La » même chofe eft arrivée à quelques » jeunes acacias que j'avois plantés » dans le buis, de côté & d'autre, » dans le tems que je n'étois pas » maître de détruire le gibier : ils » ont tous difparu. Notez que dans » le même palis, il y avoit des » *citifes*, des *coluthéa* dont les lapins » & lièvres font fi avides. Il y en » avoit dont la tige avoit été écor- » cée pendant l'hiver ; mais au » moins la tige reftoit. »

» Je ne fus fi je devois croire que » le gibier les eût détruits, ou que » des payfans les euffent volés. »

» M. Duhamel m'a dit depuis, un » fait qui fait tomber le reproche fur » le gibier plutôt que fur les hommes. » Dans fon pays, les enfans ont » découvert que les jeunes tiges d'a- » cacia ont une écorce dont le goût » reffemble à celui du régliffe ; & de- » puis cette malheureufe découverte, » il ne peut plus avoir d'acacia de » graines dans les lieux non fermés. » Notez qu'il n'y a prefque pas de gi- » bier quadrupède dans fon pays. » Chez moi, les enfans n'en favent » rien ; mais je crois que l'inftinct des » lièvres & des lapins va plus loin » que celui des enfans.

» Tout le monde fait que l'acacia » trace du pied. J'imagine que ces re- » jets venus de racine ont une écorce » moins tendre, & fentent moins le » régliffe que les jeunes pieds venus » de graine » . . . . .

Comme on ne peut pas cultiver en France les véritables acacias qui donnent la *gomme arabique*, nous n'en parlerons pas. Ils croiffent au Sénégal, en Arabie, &c. On peut confulter

ACA
ACA 209

consulter cet excellent article dans le premier volume du Supplément de l'Encyclopédie, au mot *Acacia*. Il est de M. Adanson, & contient des faits que nous ignorions avant lui.

ACANTHE, *ou* BRANCURSINE. (*Voyez Planche 5, p.* 202) On l'appélle *Brancursine*, à cause de la ressemblance de ses feuilles avec la patte d'un ours. *Acanthus sativus*: C. Bauhin. *Acanthus mollis*. Lin. M. Tournefort la place dans la troisième classe de sa méthode, qui comprend les fleurs personnées ou en masque, terminées dans le bas par un anneau; & le chevalier Von Linné la classe dans la didynamie angiospermie.

Fleur, monopétale B, personnée en forme de gueule, terminée postérieurement par un anneau; tubulée, le tube très-court; point de lèvres supérieures, les étamines en occupent la place; les quatre étamines sont réunies par leur sommet, & forment par leur réunion la ressemblance exacte d'une vergette D. Le pistil E est placé au fond du tube de la corolle; il est composé de l'ovaire & du style, qui est terminé par deux stigmates fourchus. Toutes les parties de la fleur sont rassemblées dans un calice C, à six folioles, & d'une structure particulière; il a deux lèvres adhérentes par leur base: la supérieure est grande & de couleur purpurine; l'inférieure, étroite à sa base, élargie à son extrémité, & terminée en trois parties aiguës.

Fruit. Capsule en forme de gland F, ovale, pointue, divisée en deux loges G, dont chacune contient une

seule graine H, roussâtre, aplatie.

Feuilles. Les radicales sont sinuées, sans épines, embrassent la tige par leur base, & sont luisantes. Les feuilles florales sont découpées de la même manière que les radicales; elles en différent par leur petitesse & par celle de leur stipule: il semble qu'elles sont partie du calice de la fleur.

Racine A, épaisse, charnue, chevelue, noirâtre en dehors, blanchâtre en dedans.

Port. La tige s'élève presque à la hauteur de deux pieds, droite, ferme, cylindrique, terminée par des fleurs en épi; les feuilles radicales sont couchées par terre.

Lieu: commune en Italie, en Provence, & se cultive dans les jardins; elle est vivace. Juin, Juillet & Août sont les mois de sa floraison, suivant les climats. Elle se plaît à l'ombre & dans les terres sablonneuses.

Propriétés. Toute la plante est remplie d'un suc gluant & mucilagineux; elle a un goût fade & visqueux: elle est émolliente.

Usages. Les feuilles diminuent médiocrement la sécheresse de la bouche, calment peu la soif fébrile, se digèrent lentement; & quoi qu'on dise, elles sont très-peu apéritives. Leur usage extérieur est plus utile. En cataplasme, elles calment la douleur & la dureté des tumeurs phlegmoneuses, & les disposent à se changer en abcès. En lavement, elles aident à l'évacuation des matières fécales, ainsi que toutes les plantes relâchantes & mucilagineuses: la racine a à-peu-près les mêmes vertus que les feuilles. Dodonée dit que sa racine peut être employée

Tom. I.
D d

comme celle de la grande confoude dans le crachement de fang, dans les bleffures internes occafionnées par des coups violens ; ce qui demande confirmation. On place l'acanthe parmi les cinq plantes émollientes, qui font la mauve, la mercuriale, la pariétaire, la bette & l'acanthe.

L'acanthe fe multiplie de femences, & par drageons. La femence exige une terre légère, & pouffe après fix femaines. Dans le mois de Mars, on enlève les drageons aux vieux pieds, & on les replante : ils n'aiment pas la terre trop humide. Cette plante demande à être châtrée de tems en tems, parce qu'elle pouffe beaucoup de drageons.

Les anciens fe fervoient de cette plante pour teindre en jaune.

Tout le monde connoît l'emploi que les architectes ont fait des feuilles d'acanthe dans les chapiteaux de leurs colonnes de l'ordre Corinthien. Les Gaulois ont enfuite repréfenté l'acanthe épineufe, dont on va parler.

ACANTHE SAUVAGE *ou* ÉPINEUSE. *Acanthus rarioribus & brevioribus fpinis munitus :* Tournefort. *Acanthus fpinofus :* Lin. Elle diffère de la précédente par fes feuilles armées de quelques épines, & en petit nombre. Les feuilles font pinnées, cotoneufes.

ACCÈS. C'eft le retour périodique des fymptômes principaux d'une maladie quelconque. Par exemple, dans l'efpèce de fièvre que l'on nomme tierce, le friffon, la chaleur & la fueur parcourent leur période, un jour, à une heure marquée : le lendemain cet état ne fe fait pas fentir, & le furlendemain il reparoît. Dans la fièvre quarte, l'accès reparoît tous les deux jours, dans la fièvre putride quelquefois tous les jours, & ainfi des autres maladies. La longueur des accès & la gravité des fymptômes qui les accompagnent font juger de l'importance de la maladie. (*Voyez* FIÈVRE) M. B.

ACCOLAGE, *ou* ACCOLER *ou* ACCOLURE. Ces expreffions font ufitées dans différentes provinces, & le mot *accolure* eft pris plus particuliérement pour le lien dont on fe fert pour *accoler* la vigne. On accole la vigne de deux manières, ou lorfqu'elle eft en efpalier contre un mur, ou lorfqu'elle eft attachée à un échalas. La première eft de fixer le cep & les farmens qu'on lui laiffe en le taillant, contre le mur ou à l'échalas, avec un lien d'ofier. La feconde eft d'accoler les jeunes pouffes de la vigne & les lier avec de la paille. Par le mot accoler à l'échalas, on doit entendre ou un cep attaché feul à fon échalas, comme dans les environs de Paris, en Champagne, &c. s'il eft bas, & n'excède pas en hauteur, deux ou trois pieds, & comme dans le Bordelois, fi l'échalas a depuis jufqu'à fix pieds de hauteur ; ou accolé à des paliffades formées avec des échalas, comme dans les bons cantons de Bourgogne ; enfin à trois échalas réunis par leur fommet, & foutenant chacun leur cep, comme à Côte-Rotie, & fur les deux rives du Rhône depuis Vienne jufqu'un peu au-deffous de Tournon. Ces échalas ont même fix & fept pieds de hauteur. Pline appelle les vignes ainsi accolées, *vites can-theriatæ*. On pourroit encore mettre de ce nombre les vignes en hautains des environs de Grenoble, du Béarn, &c. Pline nomme, *vites compulviatæ*, celles qui font paliffées contre des murs & des treillages. Le tems d'accoler les vignes eft le mois de Juin, alors elles ont pouffé de nouveaux farmens; ils font tendres, & fi on les laiffoit libres, le vent un peu violent les casseroit net à l'endroit de leur réunion au cep. Un vigneron attentif ne doit pas perdre un seul inftant, jufqu'à ce que fa vigne soit toute accolée, fur-tout fi le vent eft dans le cas de la fatiguer, ainfi que cela arrive toujours à celles expofées fur des côteaux. La jeune pouffe caffée diminue confidérablement, non-feulement la récolte fur laquelle on fondoit fes efpérances, mais encore celle de l'année fuivante, puifque le cep ne peut pouffer, après la perte des maîtres farmens, que des branches chiffonnes qui refteront deux ans à donner du bon bois pour la taille.

Eft-il avantageux d'accoler les vignes? Dans le Bas-Languedoc, & dans la majeure partie de la France méridionale, on regarde cette opération comme inutile, & on dit froidement: ce n'eft pas la *coutume*: mot terrible qui nuit plus à l'agriculture que les grêles & que les gelées. Le mal occafionné par ces météores eft paffager, & le mot *coutume*, femblable à un mur d'airain, s'oppofe à toutes les améliorations, même les plus fimples & les plus faciles à pratiquer.

L'accolage fuppofe l'exiftence de l'échalas ou de tel autre foutien. L'achat de l'échalas eft très-coûteux; il s'ufe, il faut le renouveller, l'arracher de terre & le mettre en *fautelle*, fuivant la coutume de quelques vignobles du royaume; l'appointir de nouveau à la fin de l'hiver; enfin le ficher en terre. Il faut des ofiers pour lier le cep & les farmens, & de la paille pour accoler les jeunes pouffes. Voilà encore un fort objet de dépenfe que la vigne entraîne, outre celle pour fa culture, tandis que la vigne, livrée à elle-même après la taille, ne demande plus qu'à être travaillée à la main ou labourée, ce qui eft plutôt fait, ainfi que cela fe pratique dans le Bas-Dauphiné, le comtat d'Avignon, la Provence, le Languedoc, une partie du Bordelois, de l'Angoumois, &c.

Si on n'envifage que l'argent débourfé par avance, il eft conftant que l'ufage des échalas doit être profcrit; mais il en fera bien autrement, fi on met en comparaifon & dans la même balance les avantages & la qualité fupérieure du vin qu'il procure.

Pour ne pas parler trop vaguement, jetons un coup-d'œil fur les différentes vignes du royaume, en commençant par le nord, & on verra les différentes manières d'accoler.

En Champagne, dans l'Ifle-de-France, &c. le cep & fes cornes ne s'élèvent pas au-deffus de huit à dix pouces, & montent rarement à la hauteur de douze & de quinze pouces; alors c'eft la faute du vigneron qui n'a pas fu ménager & modérer le cep. Le fruit naît dans le bas des pouffes. Si on n'accoloit pas, le raifin toucheroit à terre, ne jouiroit point affez des rayons du foleil, de fa lumière, de fa chaleur, & fur-tout du courant d'air. En un mot, comme la chaleur eft modérée dans ces provinces, & qu'il y pleut fouvent, le raifin pourriroit avant fa parfaite maturité.

En Bourgogne, où l'excellent *pineau* forme un cep plus grêle, plus effilé que ceux des provinces fupérieures, il auroit encore plus à craindre la pourriture, puifqu'il feroit plus enterré, ou du moins il porteroit plus complettement fur la terre. Le bourguignon remédie à ce défaut effentiel par des paliffades de deux pieds de hauteur, formées avec des échalas, contre lefquels il accole la vigne, & lui fert furtout à la plier en demi-cercle, afin d'empêcher l'effet du canal direct de la féve; auffi elle monte plus épurée aux raifins, & en moins grande abondance. Cette manière d'accoler eft préférable à la première. Ici le raifin n'eft jamais furchargé de feuilles, il reçoit le foleil de toutes parts, parce que les ceps font plus efpacés entr'eux que dans les environs de Paris; & comme les farmens & les jeunes pouffes font étendues contre la paliffade, le tout enfemble a moins d'épaiffeur, & fait moins d'ombre que dans le premier cas. Là, une vigne vue de loin, par fa verdure reffemble à un pré, & on ne diftingue point le fol; toutes les pouffes font accolées enfemble par leur fommet, & fervent, pour ainfi dire, de parafols aux raifins,

fans parler de l'étonnante humidité qu'elles retiennent; auffi fur dix années, il y en a fept où le raifin eft pourri avant d'être mûr.

Le troifième ordre de vignes, toujours en approchant du midi, eft formé par des ceps forts & vigoureux, hauts de dix-huit à trente pouces. Chaque corne eft taillée, a un chargeon de deux yeux au plus, & un arrière-chargeon pour la rebaiffer l'année fuivante. Ici, les farmens font plus forts, plus nourris que dans les provinces fupérieures; ils ne font pas accolés, & les raifins ne touchent point à terre. Les pluies d'automne font préjudiciables à ces vignes; & les farmens & les feuilles qui recouvrent le raifin en manière de voûte, les empêchent de mûrir auffi complettement qu'ils l'auroient fait, fi les farmens avoient été accolés à des échalas.

Le quatrième ordre comprend les vignes accolées à des échalas de cinq à fept pieds de hauteur. Le cep a deux pieds de hauteur; les farmens qu'il pouffe font accolés contre le haut de l'échalas, & le cep lié à l'échalas, ainfi que la partie du farment de l'année précédente, laiffée lors de la taille pour en produire de nouveaux. A Côte-Rôtie, à l'Hermitage, les ceps font efpacés entr'eux à trois pieds de diftance; chaque cep a fon échalas; & trois échalas réunis par leur fommet, & liés enfemble, forment un trépied. Le raifin reçoit le foleil de tous les côtés, & il eft environné d'un grand courant d'air. Dans le Bordelois, chaque cep a fon échalas, & dans quelques cantons de cette province, les ceps font éloignés les uns des autres de trois ou de cinq pieds. L'un & l'autre efpace font fuffifans pour que le raifin mûriffe bien, & craigne peu la pourriture.

Le cinquième ordre rentre dans le troifième, & c'eft en général celui de la Baffe-Provence, du Bas-Languedoc, &c. on y tient le cep le plus bas qu'il eft poffible ; prefque tous les raifins touchent terre : les feules vignes vieilles ont des ceps chargés de cornes, & toute leur hauteur eft de douze à dix-huit pouces.

Le fixième ordre comprend les hautains qu'on diftingue en trois claffes ; les hautains accolés aux plus grands arbres, par exemple fur les noyers, comme aux Echelles, aux Avenières dans le Dauphiné ; les hautains fur des arbres moyens, tels que le cerifier, l'ormeau, le fycomore, qu'on maintient à la hauteur de douze ou de quinze pieds, fort dégarnis de branches ; la troifième efpèce comprend les paliffades de huit à dix pieds de hauteur, dans le Béarn.

Tels font, en abrégé, les différens ordres de vignes du royaume, & des différens accolages.

La cherté & la rareté des bois, des ofiers & de la paille, propres à accoler, font, fans doute, la caufe qu'on n'accole pas dans les provinces où l'on cultive le troifième & le cinquième ordre de vignes. Si on y étoit jaloux d'avoir du vin de qualité fupérieure, il feroit indifpenfable d'échalaffer. Quelques légères exceptions à cette règle, ne la détruifent pas. N'y auroit-il pas un milieu à prendre pour y éviter les frais, & y faire acquérir

aux raifins une plus complette maturité ? Ne pourroit-on pas, à la fin du mois d'Août, au plus tard au 10 Septembre, raccourcir les farmens prodigieux dont la groffeur excède celle d'un pouce de diamètre, & la longueur celle de huit à dix pieds ? (cet exemple n'eft pas rare dans les plantiers de Languedoc & de Provence, & voilà l'effet du canal direct de la féve qui ruine le tronc.) On égaliferoit tous ces farmens à la hauteur de deux pieds au-deffus du cep : alors les accoler tous enfemble avec de la paille ou du jonc, &c. il eft certain que la féve monteroit en moins grande abondance, puifqu'on auroit fupprimé une grande partie des feuilles qui facilitent fon afcenfion. L'ardeur du foleil mûriroit mieux le raifin ; fon fuc feroit plus épuré ; enfin, à cette époque, on ne craindroit plus les dangereux effets des coups de foleil qui deffèchent en un jour la moitié de la récolte. Ces coups de foleil ont lieu lorfque le tems eft très-chaud & l'atmofphère chargée de vapeurs ou légers nuages placés entre le foleil & les raifins. Ces nuages font l'office de loupe, de verre ardent ; & j'ai fuivi fur des côteaux, pendant l'efpace de plus d'une lieue, la trace & la direction du nuage qui avoit occafionné la brûlure du raifin & même de toutes les feuilles. Ces coups de foleil ne produifent, en général, cet effet que lorfque le raifin eft prêt à *tourner*, c'eft-à-dire, lorfqu'il commence à changer de couleur.

L'opération que je propofe, feroit peu coûteufe, peu pénible. Je demande qu'elle foit feulement essayée sur une centaine de ceps, & on jugera après, avec connoissance de cause. Si pour la récolte de 1779 le languedocien avoit suivi cette méthode, il n'auroit pas eu une récolte complettement pourrie, & le vin qu'elle a donnée a été de si mauvaise qualité, qu'on a été forcé de le convertir en eau-de-vie, & cette eau-de-vie encore a un mauvais goût. (Voyez au mot Echalas, la manière facile de s'en procurer dans les provinces méridionales.)

En terme de *Jardinage*, accoler une branche, a la même signification que pour la vigne.

ACCOUCHEMENT. La sortie d'un enfant du sein de sa mère, au terme de neuf mois, se nomme *Accouchement*. La sortie d'un enfant du sein de sa mère, avant ce terme, se nomme *Avortement*. Nous ne rapporterons pas les systèmes imaginés sur la cause qui détermine, qui force même l'enfant à terme à sortir du sein de sa mère : ces systèmes, fruits d'une imagination brillante, nous éloigneroient de la simplicité de notre plan. Nous nous contenterons de donner des idées nettes sur ce qui se passe *avant l'accouchement*, *pendant l'accouchement*, & *après l'accouchement*, relativement au secours que l'on peut porter à la mère & à l'enfant.

1°. *Avant l'accouchement.*

L'auteur de la nature a couvert d'un voile impénétrable cette sublime fonction par laquelle, émule de la divinité, l'homme devient lui-même créateur, en donnant le jour à un être de son espèce. Par une sagesse dont on ne sauroit trop admirer la profondeur, c'est par l'attrait du plaisir le plus vrai, & par conséquent le plus vif, que le grand être a forcé l'homme à se reproduire. Hélas ! Pourquoi ce plaisir, toujours impérieux & sans mélange d'amertume chez l'homme, est-il chez la femme suivi de douleurs aiguës qui la privent quelquefois de la vie, à l'instant même qu'elle la donne ? Mais n'injurions pas la nature : sage & prévoyante dans ses vastes plans, elle a tout vu, tout calculé & tout arrangé pour le maintien de ses loix invariables. Osons croire que, sans les douleurs de l'enfantement, la femme eût moins chéri & moins soigné ce foible & intéressant rejetton d'elle-même : car la douleur qui s'imprime profondément, attache plus que le plaisir qui, léger & fugitif par son essence, disparoît sans ne laisser que de foibles traces après lui. Sans ces mêmes douleurs qui déchirent la femme dans l'enfantement, l'homme moins sensible par sa constitution plus vigoureuse, n'eût pas senti avec autant d'énergie le plaisir de voir multiplier son existence, si, averti par les accens de la douleur, il n'eût craint de perdre à la fois l'objet de ses jouissances passées & l'objet de ses jouissances à venir. Ces craintes bien légitimes font naître dans son cœur un sentiment exquis & nouveau, sentiment qui loin de s'affoiblir, ne fait au contraire que s'accroître par le partage qu'il en fait de la mère à l'enfant, & de l'enfant à la mère. Les femmes, il faut l'avouer, sentent ce plaisir avec bien plus d'activité que les hommes ; & sans craindre qu'on nous soupçonne de vouloir injurier un sexe qui seul nous fait goûter le prix de la vie, nous ofons dire que la maternité eft peut-être le feul fentiment vrai & profond du cœur des femmes : fouvent même, & qu'on nous pardonne l'expreffion, il a créé une ame à celles qui n'en avoient point. Eh ! c'eft encore un des bienfaits de la nature, fource féconde d'une infinité de vertus fociales dont nous devons lui rendre hommage. Ofons donc dépouiller du titre facré & refpectable de mère, ces femmes frivoles & infenfibles, vils jouets des paffions factices, qui n'ont jamais fenti, ni même foupçonné les devoirs & les jouiffances de la maternité.

Ô mères ! parmi le nombre des êtres penfans qui vous honorent, quand, dociles élèves de la nature, vous rempliffez dignement la charge qu'elle vous a confiée, foyez certaines que le culte que vous méritez à plus d'un titre, vous eft plus juftement, & plus religieufement rendu par ceux qui, comme moi, inftruits de la multiplicité des maux qui vous affligent, fe font dévoués à la recherche des moyens capables de les détruire, ou d'en alléger le poids.

Qu'on nous pardonne cette digreffion en faveur de la beauté du fujet, & nous nous hâtons de reprendre la tâche que nous nous fommes impofée.

Pendant la groffeffe, la fenfibilité des femmes s'augmente infenfiblement ; les différens liens qu'elles ont contracté leur deviennent plus chers : il femble que la nature les difpofe par degré au fentiment de la maternité qui les renferme tous.

Les femmes enceintes peuvent être attaquées de toutes les maladies qui ne font pas relatives à leur état de groffeffe, & ces maladies exigent une attention plus fcrupuleufe. Elles font fujettes encore à des incommodités & à des maladies qui tiennent abfolument à leur état de groffeffe.

Les moyens dont on fe fert pour prévenir & pour guérir ces incommodités & ces maladies, font, les faignées, les purgatifs & les bains.

Lorfqu'une femme enceinte eft très-fanguine ; qu'elle éprouve des étourdiffemens, & que le fang fe fraye une route par le nez ou par la matrice, il ne faut pas héfiter à tirer du fang. Les femmes qui habitent les villes éprouvent des règles plus abondantes que les femmes qui vivent à la campagne ; c'eft pourquoi la faignée eft plus néceffaire aux premières : d'ailleurs, les femmes de la ville mangent beaucoup & perdent peu par l'exercice, tandis que les femmes de la campagne ne font pas ufage de mets auffi fucculens, & perdent beaucoup par l'exercice ; il faut donc très-rarement faigner ces dernières, à moins que le fang ne paroiffe au nez & à la matrice, & qu'elles n'éprouvent des maux de tête violens, des étourdiffemens, & un goût de fang dans la bouche.

Les femmes qui ont peu de règles, qui font délicates, qui digèrent mal, qui ont un teint jaune ou décoloré, & qui vomiffent, ne doivent pas être faignées : il faut, au contraire, foutenir les forces de l'eftomac, & rétablir fes fonctions avec des purgatifs amers, tels que la rhubarbe.

Les femmes très-irritables, c'eft-à-dire, celles qui ont les nerfs toujours tendus, retirent un très-grand avantage des bains tièdes pendant leur groffeffe, & même pendant le tems de l'accouchement.

Nous venons de parler des incommodités des femmes enceintes; il nous refte à dire un mot des maladies propres à la groffeffe; & ces maladies font, les chûtes, les coups & les pertes.

Il faut faigner une femme dès qu'elle a fait une chûte ou reçu un coup, de peur que le décolement du *placenta* ne produife une perte, & la perte une fauffe couche.

A la fuite d'un coup ou d'une chûte, la femme n'ayant pas été faignée, s'il paroît une perte, il faut auffitôt faire mettre la malade au lit, lui recommander le repos & la tranquillité d'efprit, & lui faire une ou deux faignées du bras, fuivant l'exigence des cas: il faut avoir foin de laiffer couler le fang lentement & par intervalle, afin d'éviter les pamoifons qui pourroient devenir très-nuifibles au fœtus; il faut lui faire boire une ptifane légère d'orge ou de chiendent, la foutenir feulement avec du bouillon gras, en obfervant de lui donner tout froid, même le bouillon, & profcrire entiérement, comme poifons, les remèdes chauds, tels que le vin & les liqueurs fpiritueufes: fouvent, en fuivant cette conduite fage, on évite les fauffes couches.

2°. *Pendant l'accouchement.*

Tant que l'enfant refte enfermé dans le fein de fa mère, on l'appelle fœtus. Au terme de neuf mois, fa longueur eft de dix-huit à vingt pouces, & fa pefanteur de fept à huit livres. Le fœtus renfermé dans le fein de fa mère, eft enveloppé de différentes toiles; il nage au

milieu des eaux, & il tient par un cordon nommé *ombilical*, à un corps nommé *placenta*, lequel eft collé à la matrice. Le fœtus tient au fein de fa mère, comme la racine tient à la terre, & il en tire fa fubfiftance par le même méchanifme: il augmente de volume; & la matrice, dont la fubftance eft très-élaftique, fe prête, en fe développant, à cet accroiffement. Parvenu à fon dernier degré de développement, la grande fenfibilité dont jouit cet organe, force les fibres à réagir en fens contraire; alors le fœtus preffé de tout côté, perce, par fon propre poids, les membranes ou toiles qui l'environnent; les eaux qu'elles contiennent s'écoulent, & le fœtus les fuit: enfin, par un dernier effort, la matrice pouffe au dehors le *placenta*, & l'accouchement eft terminé.

Souvent, par les feules forces de la nature, l'accouchement fe termine heureufement; mais quelquefois il arrive que l'on eft obligé de venir à fon fecours. Comme nous ne prétendons pas donner ici un traité complet d'accouchement, nous ne parlerons que des fecours que l'on peut porter dans les cas preffans, pour donner le tems d'appeler les gens initiés dans l'art.

Si la femme en travail eft très-fanguine, il faut lui faire une faignée du bras, l'expofer à la vapeur de l'eau bouillante, dans laquelle on aura mêlé des herbes émollientes, & lui donner un lavement. Ces moyens réunis favorifent une détente dans les parties extérieures, diminuent la réfiftance, & accélèrent la terminaifon de l'accouchement.

Quand

Quand les membranes qui contiennent les eaux paroiffent au dehors, & ne percent pas, il eft très-néceffaire de les percer avec le doigt pendant une douleur. Il faut éviter de donner à la femme en travail, des liqueurs fpiritueufes; cet ufage eft, fans contredit, un des plus pernicieux que l'ignorance ait accrédité : des maladies terribles, qui fe terminent par la mort, en font les fuites funeftes. Si la femme a des foibleffes, on peut lui donner un peu de vin avec de l'eau, ou un bouillon gras. Il eft encore très - néceffaire de frotter très-légérement les parties avec de l'huile, plutôt qu'avec du beurre; cette dernière fubftance étant plus difpofée à s'aigrir, produiroit un effet contraire à celui qu'on attend. Quand on peut faifir la tête de l'enfant, il faut la tirer doucement & avec précaution. Quand l'enfant eft forti, il faut le placer entre les jambes de fa mère, de manière, cependant, que le fang qui coule ne puiffe le fuffoquer. Il faut faire fur le ventre de la femme, de petites frictions, afin de faire revenir la matrice fur elle - même, & de favorifer la fortie du *placenta* & des caillots ; enfin, il faut faire la ligature du cordon ombilical : il eft fage d'en faire deux ; la première fe fait, avec le fil, à quatre travers de doigt du nombril de l'enfant ; & la feconde, à deux pouces au-deffus, vers la partie qui regarde la mère. On coupe enfuite le cordon avec des cifeaux, entre ces deux ligatures ; on porte l'enfant fur un oreiller, & on le couche fur le côté, pour faciliter la fortie des glaires

qui tapiffent fa bouche & fon gofier.

Il refte encore la délivrance : elle confifte à retirer du fein de la mère le placenta & les membranes. Quelquefois l'accouchée termine ellemême cette opération ; le tems le plus propre pour la délivrance eft celui des douleurs.

Il furvient quelquefois, avant la délivrance, qu'il ne faut jamais faire immédiatement après l'accouchement ; il furvient, difons-nous, une perte de fang : or, dans un tel événement, il faut faire en forte que la matrice fe refferre ; & pour produire cet effet néceffaire, on applique la main avec force fur le ventre, on pince même jufqu'à faire naître la douleur : fi ces moyens ne réuffiffent pas, on introduit par degré la main dans la matrice ; elle fe refferre, la perte ceffe, & l'on procède à la délivrance. Si, après la délivrance, la perte reparoiffoit, on fait ufage des mêmes moyens ; & fi ces moyens ne réuffiffent pas dans ce fecond état comme dans le premier, il faut alors appliquer fur le ventre des compreffes trempées dans l'eau froide & dans le vinaigre : fi la perte ne cède pas, on injecte avec une feringue, dans la matrice, ce même mélange d'eau froide & de vinaigre ; enfin, fi la perte réfifte à tous ces moyens, il faut, dans la dernière extrémité, introduire de la glace dans la matrice. Le raifonnement, & fur-tout l'expérience, ont prouvé aux plus grands praticiens dans cette partie, à la tête defquels nous plaçons les noms refpectables de MM. Petit & Levret, que cette méthode étoit la plus falutaire.

Pour délivrer la femme, fi le cordon eft fort, on le faifit, à l'endroit où il a été lié, d'une main garnie d'un linge fec; on lui fait faire deux ou trois tours fur le doigt, on le faifit de l'autre main près des parties de la femme, on le tire doucement dans tous les fens, jufqu'à ce qu'il fe détache ; & quand il paroît au-dehors, on le faifit dans fon entier, en obfervant toujours d'aller avec lenteur & circonfpection. Si le cordon eft foible, on redouble de précaution ; s'il eft caffé, on introduit la main dans la matrice, & on faifit le côté du placenta qui eft décolé ; s'il ne l'étoit pas, on tâche de le décoler doucement avant qu'il paroiffe au-dehors ; & dès qu'il paroît à l'extérieur, on le roule pour l'envelopper dans les membranes, & avoir la certitude qu'il ne refte rien dans la matrice.

Il arrive encore que le placenta tient à la matrice, & que, malgré la force du cordon ombilical, on ne peut pas le détacher fans rifquer de caffer le cordon. Si le fang ne coule pas en grande quantité, il vaut mieux abandonner ce travail à la nature, que de rifquer le renverfement de la matrice. De tems en tems on touche la femme, pour voir s'il ne fe détache pas ; on fait en forte feulement qu'il ne bouche pas l'entrée de la matrice, parce qu'alors, s'oppofant à l'écoulement qui fuit l'accouchement, il occafionneroit un coup de fang mortel, en faifant refluer le fang vers la tête, ou une hémorragie interne de la matrice, non moins dangereufe.

Il eft néceffaire que la matrice fe refferre également ; car, fi elle le fait inégalement, le placenta refte engagé dans une des portions de la matrice qui ne s'eft pas refferrée, & alors il faut introduire la main, & le faire fortir.

Dès que la femme eft délivrée, il faut lui glifler du linge fec, & lui appliquer fur le ventre une ferviette légérement chaude, lui rapprocher les jambes, la couvrir fuivant la faifon, l'engager à frotter légérement fon ventre, pour que la matrice continue doucement à fe refferrer ; ce moyen fimple a fouvent empêché des pertes confidérables. Si le fang coule abondamment, il faut lui recommander le filence & l'empêcher de dormir ; enfin, on peut lui donner un bouillon, ou un peu de vin avec de l'eau : il faut furtout, & nous ne faurions trop fouvent le répéter, s'abftenir de vin chaud avec du fucre, & de liqueurs fpiritueufes ; cette méthode, malheureufement trop répandue, a coûté la vie à des milliers de femmes, victimes de ce préjugé meurtrier.

La mère une fois tranquille & délivrée, il faut revenir à l'enfant. La première ligature ayant été faite précipitamment, exige qu'on en faffe une feconde plus folide ; & pour cet effet, on prend un cordon de cinq à fix fils de fix à fept pouces, on le paffe fous le cordon ombilical à trois travers de doigt du nombril; on fait un tour & un nœud; on fait un fecond tour & un autre nœud ; enfin, un troifième tour & deux nœuds; on replie le bout du cordon fur l'endroit plié ; on refait deux tours & deux nœuds; on coupe l'excédent du cordon qui fe trouve aü-delà de la ligature, & on le jette au feu ; on met une compresse fendue, garnie de beurre, sur le cordon que l'on fait passer par la fente, & que l'on replie sur la compresse ; on termine ce petit pansement avec une bande circulaire que l'on serre peu, & l'on attend la chûte du cordon.

L'enfant est enduit d'une espèce de corps gras que l'on détache, en le frotant légérement avec de l'huile : on l'essuie avec un linge sec, & on le lave ensuite avec du vin & de l'eau tièdes ; il faut avoir attention de ménager les yeux & les fontaines.

Lorsque l'on emmaillote l'enfant, il faut bien prendre garde de ne pas lui serrer la poitrine. Combien la société ne nous présente-t-elle pas de victimes infortunées, dont les douleurs & le délabrement de la santé, reconnoissent, pour cause première, l'abus des bandages serrés dans le premier âge de la vie ! Il faut donner à l'enfant quelques cuillerées d'eau sucrée. Si la mère remplit la pénible, mais sublime fonction d'allaitement, il faut le faire teter deux heures après l'accouchement ; ce lait est purgatif, & convient à l'enfant pour le faire évacuer : si la mère ne nourrit pas, on fait prendre au nouveau né de l'eau miellée, afin de produire cet effet purgatif nécessaire.

Si la femme ne nourrit pas, il faut, le jour de la fièvre de lait, aider la nature qui pousse à la peau, par le moyen de l'infusion de fleurs de sureau, entretenir cette sueur salutaire, & ne faire jamais usage de topiques : ces moyens ont donné souvent naissance à des maladies de sein très-graves.

Enfin, pour terminer tous ce que nous avons à dire sur cette seconde partie, nous ne saurions trop recommander d'avoir soin, vers le quatrième jour de l'accouchement, d'entretenir la femme dans la propreté ; on évitera, par cette conduite sage, les maladies les plus opiniâtres.

Nous avons tâché de réunir dans cet article, tous les objets qui touchent à la mère & à l'enfant, relativement à l'accouchement qui se fait par les seules forces de la nature ; il ne nous resteroit plus qu'à parler des accouchemens qui exigent les secours des gens de l'art, & des maladies qui suivent l'accouchement. Pour le premier article, nous renvoyons au mot SAGE-FEMME : dans cet article, on détaillera les devoirs de la sage-femme, ainsi que tous les moyens connus pour terminer heureusement tous les accouchemens ; de sorte qu'en rapprochant les deux articles, ACCOUCHEMENT & SAGE-FEMME, on aura tout ce qu'il est possible de savoir sur cette intéressante partie. Nous allons terminer cet article-ci par quelques observations sur les maladies qui surviennent après l'accouchement.

§°. *Après l'accouchement.*

Les travaux de l'accouchement une fois terminés, on croiroit qu'il ne reste plus à la femme que des plaisirs à goûter ; salaire bien doux & bien mérité, après avoir ressenti des douleurs aussi vives ; mais tout n'est point fini : la nature, contrariée par les préjugés, & par l'ignorance non moins dangereuse, est dérangée de sa marche simple & uniforme, & l'on voit paroître des maladies terribles, qui tantôt portent le désordre jusqu'au siège de

l'ame, & tantôt attaquent & détruifent lentement, après des fouffrances
très-longues, les fources de la vie.

La plûpart des maladies des femmes en couche, viennent de l'abus
que l'on fait des remèdes incendiaires, tels que du vin chaud fucré,
chargé de particules aromatiques,
& des liqueurs fpiritueufes mêmes.
L'on voit avec douleur que le raifonnement puifé dans l'expérience de
tous les fiècles, & que les obfervations des gens fages & éclairés,
qui n'ont que le bien public pour
objet facré de leurs veilles, font fa-
crifiés légèrement & fans examen,
à l'ignorance, à l'efprit de fyftême
& à l'entêtement.

Puiffent nos confeils, & les événemens malheureux qui fuivent ces
méthodes meurtrières, deffiller enfin les yeux aveuglés, & démontrer
que, pour éviter & pour combattre
les dangers, il ne s'agit pas de multiplier les médicamens, mais qu'il
ne faut que s'attacher à la connoiffance des caufes des accidens, laquelle conduit fûrement au choix
des moyens fimples & puifés dans
la nature.

Les maladies qui procèdent des
abus que l'on commet ordinairement
dans le régime des femmes en couche, font, 1°. les pertes de fang
confidérables, les fueurs même de
fang; 2°. l'inflammation de la matrice; 3°. la fuppreffion des lochies
(nom que l'on donne aux écoulemens qui fuivent l'accouchement);
4°. les ravages du lait, tels que les
dépôts dans les différentes parties
extérieures & intérieures du corps,
les engorgemens laiteux au fein,
l'apoplexie laiteufe, les convulfions
& la paralyfie; 5°. la fièvre miliaire

des femmes en couche; 6°. enfin,
les maladies qui font les fuites de
celles que nous venons de nommer,
telles que la confomption & la phty-
fie. Jetons un coup d'œil fur quelques-unes de ces maladies principales.

1°. *Des pertes de fang.*

Quand elles font légères, le repos
& la diète fuffifent pour en diminuer la quantité; mais fi elles deviennent exceffives, il faut recourir
aux moyens que nous avons propofés, par anticipation, dans les pertes
qui naiffent peu de tems après la délivrance, dans la divifion de cet
article qui a pour titre, *Pendant*
l'accouchement; ces moyens font
d'expofer à l'air, d'appliquer fur
le ventre des compreffes trempées
dans l'eau & dans le vinaigre, d'in-
jecter même dans la matrice, &
dans la dernière extrémité d'introduire de la glace.

2°. *Inflammation de la matrice.*

Cet état fe connoît par des douleurs très-aiguës dans toute la capacité du ventre, fur-tout vers la région de la matrice, lefquelles croiffent, quand on y porte la main, par
un gonflement confidérable, par
une tache rouge au nombril, dans
le principe, & qui noircit quand le
mal s'accroît; dans ce dernier état,
le vifage eft altéré, les foibleffes &
le délire s'emparent de la malade, le
pouls eft foible & dur; s'il perfifte,
on voit paroître le hoquet, l'éva-
nouiffement, fignes qui annoncent
le plus preffant danger. Dans le
cours de cette maladie, il exifte une
perte légère d'une eau rouffâtre &
fétide, de fréquentes envies d'aller
à la felle, fouvent des ardeurs d'u-
rine, & quelquefois la fuppreffion,

Il faut adminiftrer très-promptement le traitement de l'inflammation, (*voyez ce mot*) les faignées du
bras pour détourner le fang de la
partie malade, les lavemens d'eau
tiède, les injeĉtions adouciffantes,
les embrocations émollientes, les
boiffons humeĉtantes, faites avec
la décoĉtion d'orge ; le petit lait cla-
rifié, enfin le lait d'amandes.

3°. *Les fuppreffions.*

Cette maladie, comme la précédente, vient de l'abus dans le régime
trop chaud, & quelquefois auffi
par l'abus du froid ; car il femble
que les extrêmes foient les deux limites qui bornent la carrière de
l'homme dans toutes fes démarches,
quelquefois auffi par un chagrin violent & fubit, ou par une joie vive
& inattendue ; enfin, par la mal-
adreffe de la fage-femme, qui aura
bleffé la matrice dans l'accouchement.

Dans cette maladie, le traitement
eft le même que dans la précédente ;
car cette maladie n'eft que le commencement de l'inflammation de la
matrice ; les faignées du pied font
ici plus néceffaires : il faut cependant ne les employer qu'après les
bains de pieds. Si on fait ufage des
remèdes chauds, dans la fauffe per-
fuafion de faire reparoître les lochies, on redouble le danger de
cette pofition, & on fe prive de
tout efpoir de guérifon.

4°. *Les ravages du lait.*

Si la fièvre de lait eft trop forte,
on fait obferver la diette, afin de
diminuer la quantité des fucs nourriciers, & parer à tous les accidens ;
on fait prendre quelques lavemens
fimples avec de l'eau & du fon, &

on fait boire une décoĉtion légère
d'orge.

Les femmes qui ont fait quelques
imprudences dans le régime, ou bien
celles qui, naturellement délicates,
ont été forcées de travailler trop
tôt, font fujettes à des dépôts laiteux, fuites néceffaires de la fuppreffion des évacuations & de la
tranfpiration : ces dépôts font d'autant plus graves, qu'ils fiègent dans
des parties plus intéreffantes pour
la vie.

Le tranfport de l'humeur laiteufe
dans la tête, forme l'apoplexie de
ce nom : elle exige des faignées du
pied, des lavemens irritans, & des
véficatoires, pour rappeler ce fluide
dans les parties où il doit circuler ;
il en eft de même des autres parties
où il fe porte : il faut employer les
faignées & les délayans ; & quand
l'orage s'appaife un peu, on expulfe
le furplus par des purgatifs : c'eft
encore ici le traitement rapproché
de l'inflammation.

Si le lait fe porte à l'extérieur, aux
extrémités, par exemple, comme
aux mains, aux pieds & aux cuiffes,
le traitement varie fuivant le degré
du mal ; fi on l'a négligé, & que le
pus foit formé, ce qui arrive le plus
communément, comme nous l'avons
obfervé plus d'une fois, parce qu'on
n'a pas fait le traitement de l'inflammation dans le commencement ; fi
donc le pus exifte, il faut fans tar-
der ouvrir cet abcès, & faire le
traitement de l'abcès. (*Voyez ce
mot*) Dans le principe de ces dépôts extérieurs, il faut confeiller à
la malade, après le traitement de
l'inflammation, de faire ufage, tous
les deux jours, d'une chopine de

décoction de chicorée sauvage & de cresson, avec deux onces de manne & trois gros de sel de sedlitz; & appliquer dessus le dépôt, ou un emplâtre de ciguë, ou un cataplasme fait avec la mie de pain, les fleurs de camomille, deux gros de savon, & du lait.

Quelquefois il arrive encore que le lait se coagule promptement dans le sein, & cette maladie s'appelle *le poil*; on lui a conservé ce nom d'après une idée fausse des anciens, qui croyoient qu'elle étoit l'effet d'un cheveu avalé, & arrêté dans le sein: si la fièvre & la douleur sont fortes, il faut le traitement de l'inflammation; si la femme nourrit, le remède par excellence est la succion.

Si on néglige d'y porter du secours, cette maladie dégénère en squirre; enfin, en cancer, la plus douloureuse, comme la plus incurable des maladies.

Après le traitement de l'inflammation, s'il y a encore un peu de douleur, il faut appliquer du riz cuit dans de l'eau en forme de cataplasme, faire diète, & prendre des lavemens simples à l'eau tiède; s'il n'y a point de douleur, ou si elle est légère & supportable, il faut appliquer sur le sein une poignée de ciguë bouillie dans de l'eau, & enveloppée entre deux linges, que l'on aura soin de réchauffer de tems en tems, & à l'intérieur on fera prendre les pilules de ciguë; on commencera par dix grains chaque jour: l'on augmentera par degré, suivant l'âge, les forces & le tempérament de la malade.

Quelquefois il arrive aussi que le lait ne monte pas au sein, parce que la matrice ne se resserre pas comme elle le fait ordinairement: le lait alors séjourne dans la matrice, & on a vu des femmes mourir en très-peu de tems de cette maladie. Dans l'hôtel-dieu de Paris, surpris de la quantité de femmes accouchées qui périssoient en peu de tems, un des médecins de cet asyle de douleurs, M. Majault, que nous nommons avec la considération que ses talens distingués méritent, découvrit que la cause de ces morts rapides siégeoit dans la matrice, qui n'entroit point en contraction: c'est pourquoi, afin de procurer le resserrement nécessaire de cet organe, il fit appliquer sur la région de la matrice des compresses trempées dans le vinaigre froid, tandis qu'il faisoit couvrir le sein avec des cataplasmes émolliens; la matrice se contracta, poussa le lait vers son séjour ordinaire; & il y parvint d'autant plus aisément, que les parties détendues ne s'opposoient plus à son arrivée: cette méthode rationnelle & lumineuse fut suivie des plus heureux succès.

Pour terminer ce que nous avons à dire sur les maladies que le déplacement du lait fait naître, il n'est pas inutile de prévenir une objection qu'on pourroit nous faire: c'est, dit-on, la méthode simple des humectans & des adoucissans, qui produit cette quantité prodigieuse de maladies laiteuses; en Russie, où l'âpreté du climat semble favoriser davantage ces maladies, elles sont des plus rares. Les femmes russes nouvellement accouchées, font usage de gruau d'avoine, dans le-

quel elles mettent quelques cuillerées de bon vin du Rhin, & se pur-
gent trois ou quatre fois avec la
rhubarbe en poudre. Nous ne blâ-
mons point cette méthode, & nous
la blâmerions en vain ; ses succès
constans font son éloge : mais qu'on
trouve le secret de rendre nos françoifes aussi vigoureuses que les
russes, nous conseillerons, & nous
vanterons même les avantages de
cette méthode sur la nôtre.

5°. *La fièvre miliaire.*

Cette fièvre paroît presque en
même tems que la fièvre de lait,
dont elle n'est, à vrai dire, qu'une
dégénérescence ; dégénérescence encore, & nous ne cessons pas de le répéter, due à l'abus des remèdes chauds.
Dans cette fièvre, tout le corps est
couvert de petites pustules fines &
serrées : il y a toux, & quelquefois
séchereffe très-grande à la poitrine.

Le traitement humectant & doux,
légérement sudorifique, est celui qui
convient : les huileux, mêlés avec
les sirops de guimauve à petite cuillerée, adoucissent la toux ; les remèdes chauds font dégénérer l'é-
ruption qui souvent rentre, se
porte à la tête, & donne naissance
au transport, ou à la poitrine dans
laquelle elle cause de grands ravages : il ne reste, dans ces situations
malheureuses, d'autres moyens que
les véficatoires bien larges aux
jambes ; & souvent ce remède puiffant reste sans efficacité, parce que
le désordre est porté à un tel degré,
que toutes les ressources de l'art se
taisent. M. B.

ACCOUCHEUSE. (*Voyez* SAGE-
FEMME)

ACCOUPLEMENT. Ce mot
exprime, en parlant des animaux, la
conjonction du mâle & de la femelle
pour la génération. En agriculture,
on l'applique plus particulièrement
à l'assemblage de deux animaux,
comme de deux bœufs, attachés
sous le même joug. Il y a pour eux,
deux sortes d'accouplemens. Dans
certains pays, on les attache au
joug par les cornes ; & dans d'autres, on leur met au col un collier.
Lequel de ces deux accouplemens
vaut le mieux ? il est difficile de
prononcer. Dans la majeure partie
du royaume, on se sert du joug ; &
l'on dit que le levier étant plus long,
l'animal a plus de force, puisqu'il
ne tire que par son poids. En Normandie, en Hollande, &c. l'on soutient que le collier fatigue moins
l'animal ; & dans chaque endroit,
on s'étaie de l'expérience du pays.
Dans l'un & dans l'autre, a-t-on
jamais fait l'expérience comparée ?
elle mérite certainement bien la
peine qu'on s'en occupe. D'après
l'inspection des vertèbres du col du
bœuf, si j'avois à prononcer, je
préférerois le joug au collier : l'animal a le mouvement libre de toutes
les parties de son corps. L'encolure
du bœuf n'est pas comme celle du
cheval ; le collier a beau être bien
fait, bien rembourré, il porte toujours sur la partie antérieure & supérieure de l'épaule, gêne l'action
de l'omoplate & des muscles qui
s'y attachent : d'ailleurs, le fanon
du bœuf est gêné & replié dans le
collier. La longueur du levier que
nécessite le joug, me détermine.

Une grande attention à avoir
lorsqu'on accouple deux bœufs, soit
pour labourer, soit pour tirer la
charrette, est qu'ils soient tous les

deux d'égale hauteur & d'égale force : autrement, le plus petit ou le plus foible ruineroit l'autre. On doit accoupler ferré, afin que les animaux tirent également.

ACCROISSEMENT. Ce mot se dit de l'augmentation, en sens quelconque, de tout corps qui croît par de nouvelles parties qui s'identifient successivement avec les anciennes.

Après avoir établi dans le §. I. la différence des divers genres d'accroissemens par *juxta-position* & par *intus-susception*, nous décrirons dans le §. II. la manière dont se fait l'accroissement dans l'animal ; & dans le §. III, la manière dont il se fait dans le végétal. Nous finirons par expliquer dans le §. IV. la cause & le méchanisme de l'accroissement apparent qui s'opère dans nos corps le matin & après les repas.

§. I. *Différence des Accroissemens par* juxta - position *&* intus - susception.

Cette addition, cette aglomération peut se faire de deux façons. Tantôt c'est un fluide qui circule autour d'une masse, & qui dépose à sa surface des matières qu'il tenoit en dissolution. Ces couches deviennent horizontales ou inclinées, suivant la disposition du noyau qui a servi de base ; quelquefois elles affectent une forme circulaire, si ce même noyau a nagé dans un fluide qui l'environnoit de toutes parts ; & c'est ainsi qu'ont été produites la plupart des pierres. C'est par cette *juxta-position* que s'accroissent toutes les substances inanimées. Le fluide, qui charioit les nouvelles par-

ties, s'évaporant insensiblement, chaque molécule se rapproche & se resserre ; la dureté du nouveau corps naît de leur adhérence & de leur intime union. Nous n'entrerons pas dans de plus grands détails sur l'accroissement des pierres & des minéraux en général ; on en trouvera la théorie dans ces deux articles. (*Voyez* MINÉRAUX & PIERRES)

On doit ranger dans la classe des accroissemens par *juxta-position*, la formation des coquilles des limaçons & autres animaux testacées. (*Voyez* LIMAÇON)

Tantôt c'est un fluide qui pénètre dans les vaisseaux intérieurs du corps vivant, qui circule jusque dans les extrémités les plus éloignées, s'insinue dans les parties les plus déliées, y dépose peu-à-peu de nouvelles molécules qui s'attachent à leurs parois, & remplacent celles que la transpiration sensible & insensible avoit fait disparoître. Telle est en peu de mots toute la méchanique de l'accroissement dans les animaux & dans les végétaux. Il se fait par *intus-susception*.

Par *juxta-position*, le corps croît extérieurement, c'est-à-dire, son diamètre augmente par l'addition de nouvelles couches externes, sans que les anciennes, qui servent de base, éprouvent un changement essentiel dans leurs formes & leur manière d'être. Par *intus - susception*, tout le corps croît à la fois ; le fluide porte par-tout le principe de la vie ; tous les organes, tous les vaisseaux sont affectés, tous sont vivifiés : les uns croissent en longueur, les autres en largeur & en capacité : ceux-ci prennent de la force, servent de soutien & de point

point d'appui aux vaisseaux, tandis que ces derniers, ou se multiplient en nombre, ou se développent de plus en plus.

Comme il n'est pas d'instans dans la vie où il ne circule dans l'être organisé vivant, un fluide qui porte l'entretien, la réparation & la conservation dans tout le système, il n'est pas aussi d'instans où il ne fasse un changement; mais ce changement n'est pas toujours un accroissement réel. Après être parvenu à son terme d'accroissement parfait, il s'entretient dans cet état jusqu'à ce que le même principe qui l'avoit fait monter insensiblement de degré en degré, d'acquisition en acquisition, le précipite assez rapidement vers le dépérissement & la mort. Au contraire, l'être inorganisé qui n'a point de vie, & qui n'augmente que par *juxta-position*, peut grossir & diminuer successivement tant que les circonstances de sa position changeront.

§. II. *Manière dont l'Accroissement se fait dans l'Animal.*

Il n'est point dans la nature de phénomène plus merveilleux, il n'est point de spectacle plus intéressant & d'énigme plus difficile à résoudre, que celle de l'accroissement, soit dans le règne animal, soit dans le règne végétal : l'un & l'autre, fondés sur le développement des parties existantes & l'assimilation des nouvelles, suivent une marche insensible, mais toujours progressive. Le fœtus, qui n'est à l'instant de la conception qu'une goutte de liqueur assez limpide, se nourrit, s'étend, & offre bientôt en miniature toutes les parties essentielles au corps. Le *Tom. I.*

cœur est ce qu'on apperçoit le premier dans le germe. C'est un point vivant dont le mouvement perpétuel fixe agréablement l'attention de l'observateur. On le reconnoît à ses contractions & ses dilatations alternatives. Nu & placé à l'extérieur du corps, il n'a pas encore sa forme pyramidale; c'est une espèce de demi-anneau, autour duquel tous les autres viscères, apparoissant successivement, viennent se ranger les uns après les autres. D'abord tout est transparent, ou à-peu-près. L'animal, presque fluide dans ces premiers commencemens, prend par degré la consistance d'une gelée : insensiblement, les viscères, les vaisseaux, les tégumens se fortifient, prennent de la couleur, s'arrangent dans la situation qui leur est propre, se développent, & l'animal est reconnoissable.

Le cœur, mis en mouvement le premier, communique son action aux vaisseaux qui l'avoisinent, & y chasse les premières gouttes de liqueur qui doivent y circuler. Tout étant encore dans un état de mollesse & de souplesse, & le corps ayant fort peu d'étendue, le cœur agit avec plus de force & de fréquence, les vaisseaux résistent moins; ils se dilatent & s'alongent. Les fluides, portés par-tout, réparent les pertes d'autant plus grandes que les parties sont plus molles; en conséquence le corps doit d'autant plus croître, qu'il est plus près de sa naissance : aussi le fœtus croît-il plus dans le sein de la mère, proportion gardée, que lorsqu'il a vu la lumière. Une observation bien remarquable, c'est que le fœtus croît toujours de plus en plus, jusqu'au

F f

moment de la naiſſance : l'enfant , au contraire , croît toujours de moins en moins juſqu'à l'âge de puberté , auquel il croît , pour ainſi dire , tout d'un coup juſqu'à la hauteur qu'il doit avoir. Le fœtus bien formé , toutes ſes parties bien développées , c'eſt-à-dire , à un mois, a un pouce de hauteur ; à deux mois, deux pouces un quart ; à trois mois, trois pouces & demi ; à quatre mois, cinq pouces & plus ; à cinq mois, ſix pouces & demi, ou ſept pouces ; à ſix mois, huit pouces & demi, ou neuf pouces ; à ſept mois , onze pouces , & plus ; à huit mois , quatorze pouces ; à neuf mois , dix-huit pouces (1). Le fœtus croît donc de plus en plus dans le ſein de la mère : mais s'il a dix-huit pouces en naiſſant , à la fin de la première année, il n'aura grandi que de ſix à ſept pouces au plus , & il aura vingt-quatre ou vingt-cinq pouces ; à deux ans , il n'en aura que vingt-huit ou vingt-neuf ; à trois ans , trente ou trente-deux au plus , & enſuite il ne grandira guère que d'un pouce & demi ou deux pouces par an , juſqu'à l'âge de puberté. Le fœtus croît donc plus en un mois , ſur la fin de ſon ſéjour dans le ſein de la mère , que l'enfant ne croît en un an, juſqu'à cet âge de puberté , où la nature ſemble faire un effort pour achever de développer & de perfectionner ſon ouvrage , en le portant, pour ainſi dire, tout-à-coup au dernier degré de ſon accroiſſement.

Le même principe qui avoit produit l'accroiſſement & le développement du fœtus , continue d'agir ſur les parties molles de l'enfant. Le mouvement d'impulſion que le cœur communique à toutes les parties de proche en proche , les diſtend proportionnellement à leur réſiſtance ; à meſure qu'il croît , cette réſiſtance augmente : les unes réſiſtent plus que les autres ; les parties oſſeuſes , ou qui doivent le devenir , plus que les membraneuſes , ou qui doivent toujours demeurer telles. La force dont le cœur a beſoin pour ſurmonter cette réſiſtance , conſiſte & dépend de ſon irritabilité , ou du pouvoir de ſe contracter lui-même à l'attouchement d'un liquide : à meſure que les vaiſſeaux & les ſolides cédent à l'impulſion du cœur , la nutrition vient conſolider & fortifier chaque fibre en particulier ; & comme tout le corps n'eſt qu'un aſſemblage de fibres différemment figurées & combinées , l'accroiſſement partiel devient l'accroiſſement total. Les fluides promenant les molécules nutritives , chaque fibre s'incorpore des molécules étrangères qui l'étendent en tout ſens, & cette extenſion eſt ſon développement. Cette incorporation ſe fait toujours dans un rapport direct à ſa nature propre ou à ſa conſtitution particulière. Sa ſtructure renferme donc , comme le penſe M. Bonnet de Genève (2), des conditions qui déterminent par elles-mêmes l'aſſimilation : mais en croiſſant, la fibre

---

(1) Toutes ces meſures ſont des termes moyens déterminés ſur des proportions priſes dans différens ſujets.

(2) Contemplation de la nature.

retient fa nature propre , & fes fonctions effentielles ne changent point. Comme elle n'eft formée que de molécules ou d'*élémens*, dont la nature, les proportions & l'arrangement refpectif déterminent l'efpèce de la fibre & la rendent propre à telle ou telle fonction, ce font auffi ces élémens qui opèrent en dernier reffort l'affimilation, & qui en s'uniffant aux molécules nourricières, qui ont avec eux de l'affinité, leur donnent en même tems un arrangement relatif à celui qu'ils ont dans la fibre.

L'extenfion de la fibre fuppofe que les élémens peuvent changer de pofition refpective, qu'ils peuvent s'écarter plus ou moins les uns des autres : mais cet écartement a fes bornes, & ces bornes font celles de l'accroiffement.

Deux caufes concourent mutuellement à l'extenfion ; & l'accroiffement de la fibre en particulier, & du corps en général. Premiérement, la molleffe & la flexibilité qu'elle a en naiffant, & qu'elle conferve longtems ; fecondement, l'acte de la nutrition, qui à chaque inftant envoie, aux différentes parties, des molécules qui s'affimilent & adhérent à toutes les parois. Les alimens réduits par la maftication, la trituration & la digeftion fous forme fluide, pénétrent avec le fang dans les vaiffeaux les plus étroits & les plus déliés. Là, ils paffent à l'état de folide, c'eft-à-dire, que, réduits par la divifion extrême à leur molécule, ils ceffent de former un continu qui conftitue leur état de fluidité. L'attraction des fibres fur les molécules analogues, l'emporte bientôt fur leur attraction mutuelle, diminuée, ou même annullée par leur disjonction dans les dernières ramifications des vaiffeaux. Leur vifcofité les colle, pour ainfi dire, dans les endroits où l'affinité de la fibre les avoit attirés. Pour bien entendre le méchanifme de ces deux caufes agiffant conjointement enfemble, concevons toutes les parties du corps compofées d'entrelacemens de fibres en tout fens, formant entr'elles un tiffu réticulaire, ou un affemblage de mailles régulières & irrégulières. Chaque mouvement du cœur, chaque impulfion de ce vifcère ouvre, élargit & diftend ces mailles ; chaque afflux du fuc nourricier dépofe dans cette ouverture une ou plufieurs molécules, qui n'étant d'abord qu'un fuc glutineux, une humeur gélatineufe, eft fufceptible d'une efpèce de compreffion, & permet aux parois de la maille de fe rapprocher. Mais ce mouvement même de compreffion, la chaleur animale & la tranfpiration infenfible, deffèche peu à peu la molécule ; elle fe durcit, réfifte à la réaction de la fibre, & la contraint de refter dans l'écartement où elle étoit à fon arrivée. Cet écartement a lieu tant que la fibre conferve fa foupleffe, tant que les mailles peuvent s'éloigner & fe rapprocher : tant que le mouvement peut durer, la fibre croît & réciproquement tout le corps ; mais à mefure qu'elle croît, fa folidité augmente par le nombre des molécules incorporées qui augmentent de jour en jour. Enfin, elle s'endurcit infenfiblement, & l'accroiffement eft terminé.

Si l'accroiffement des parties molles du corps vivant fe fait par l'agrandiffement & l'épaiffiffement des mailles, celui des parties folides des os est bien différent. Ces parties ne croissent pas par l'exten-sion, mais par l'endurcissement des lames tendineuses qui les enveloppent : membraneuses dans le fœtus, elles ne deviennent solides & osseuses que par degré. Les os sont composés d'un nombre prodigieux de lames emboîtées les unes dans les autres, couchées suivant la longueur de l'os, & formées de différens faisceaux de fibres, composées elles-mêmes de la réunion d'un très-grand nombre de fibrilles. Le centre de l'os est occupé par la moelle, & les espaces que les lames laissent entr'elles, par une substance médullaire. De l'épaississement des lames résulte l'accroissement en largeur, & de leur prolongement naît l'accroissement en longueur. Toutes ces lames croissent & s'endurcissent les unes après les autres ; & chaque lame croît & s'endurcit successivement dans toute sa longueur. La partie de chaque lame qui croît & s'endurcit la première, est celle qui compose le milieu ou le corps de l'os. La lame qui croît & s'endurcit la première est la plus intérieure, ou celle qui environne immédiatement la moelle. Cette lame est recouverte d'une seconde lame qui, demeurant plus ductile ou plus membraneuse, s'étend davantage. Une troisième lame renferme celle-ci, qui, s'endurcissant encore plus tard, prend encore plus d'accroissement. Il en est de même d'une quatrième, d'une cinquième, &c. Toutes diminuant ainsi d'épaisseur, & s'écartant de l'axe de l'os, à mesure qu'elles approchent de ses extrémités, forment autant de petites colonnes renfermées les unes dans

les autres, & qui augmentent de diamètre à leur extrémité : de là, la figure propre aux os longs. De l'assemblage des lames qui se sont endurcies pendant la première année, résulte la crue de l'os pour cette année. Cet os demeure encore recouvert d'un grand nombre de lames membraneuses ou tendineuses, qui portent le nom de *périoste*, & qui s'étendant & s'endurcissant peu à peu, augmenteront l'os en tout sens. L'os une fois formé ne s'étend plus : ainsi semble-t-il réunir les deux genres d'accroissement par *intus - susception* & par *juxta - position* ; ainsi paroît-il se rapprocher de la manière dont les plantes & les arbres croissent & se durcissent.

§. III. *Manière dont l'Accroissement se fait dans le Végétal.*

En lisant la formation & l'accroissement des os, on croit lire celle d'une plante. En effet, elle ne croît que par le développement, ou l'extension graduelle de ses parties en longueur & en largeur. Cette extension est suivie d'un certain degré d'endurcissement dans les fibres ; elle diminue à mesure que l'endurcissement augmente ; elle cesse lorsque les fibres se font endurcies au point de ne plus céder à la force qui tend à agrandir leur maille.

Une lame horizontale d'une plante offre au microscope un réseau composé d'une infinité de mailles. Le mouvement ascendant & descendant de la séve & des autres fluides, force ces mailles à s'écarter les unes des autres, & à s'entr'ouvrir ; il se dépose dans ce nouveau vuide une molécule qui empêche le rapprochement, & cette addition succesfive produit l'accroiffement. La tige de la racine, comme celle du tronc & des branches, eft formée d'un nombre prodigieux de lames, de couches ligneufes concentriques les unes aux autres, compofées de différens faifceaux de fibres végétales. La moelle occupe le centre, & l'intervalle des couches eft rempli par une fubftance médullaire. L'accroiffement en largeur ou groffeur réfulte de l'épaiffiffement & de l'augmentation du nombre des lames, & leur alongement produit l'accroiffement en longueur. La partie de la lame qui croît & s'endurcit la première, eft celle qui compofe le colet ou la bafe de la tige; & la lame totale qui croît & s'endurcit la première, eft la plus intérieure, ou celle qui environne immédiatement la moelle. Cette lame eft recouverte d'une feconde lame, qui „demeurant plus ductile & plus herbacée, s'étend davantage : une troifième lame renferme celle-ci, qui, s'endurciffant encore plus tard, prend encore plus d'accroiffement. Il en eft de même d'une quatrième, d'une cinquième ou d'une fixième lame. Toutes diminuant ainfi d'épaiffeur & s'inclinant vers l'axe de la tige, à mefure qu'elles approchent de fon extrémité fupérieure, forment autant de petits cônes infcrits les uns dans les autres; d'où réfulte la figure conique de la tige & des branches. De l'affemblage des petits cônes qui fe font endurcis, pendant la première année, fe forme un cône ligneux qui détermine la crue de cette année. Ce cône eft renfermé dans un autre cône herbacé, qui n'eft autre chofe que l'écorce, & qui fournira l'année fuivante un

fecond cône ligneux, &c. Ainfi l'arbre croît en groffeur.

Sa crue en longueur réfulte du développement des bourgeons. On peut concevoir le bourgeon comme une vraie plante fituée à l'extrémité d'une autre. Il s'étend & s'élève affez promptement tant qu'il eft herbacé; mais dès qu'il devient ligneux, ce qui arrive infenfiblement, fa crue diminue : enfin, lorfqu'il eft endurci & devenu bois, il a atteint fon état parfait & ceffe de croître.

Mais comment fe forment ces couches ligneufes? Quel eft le méchanifme du développement du bourgeon? Les couches ligneufes font-elles produites par le *liber* converti en bois, &, qui, s'attachant au bois déjà formé, occafionne l'augmentation en groffeur? L'écorce, proprement dite, leur donne-t-elle naiffance, ou bien eft-ce une matière vifqueufe qui, fe raffemblant entre le bois & l'écorce, s'endurcit enfuite & devient aubier & bois? Quelqu'intéreffantes que foient ces queftions, nous renvoyons néceffairement aux mots dont elles dépendent. (*Voyez* BOURGEON & COUCHES LIGNEUSES.)

Il fuit de tout ce que nous avons dit fur l'accroiffement, tant du règne animal que du règne végétal, que les mêmes caufes qui produifent la crue de l'être vivant, doivent néceffairement le conduire au décroiffement, à la vieilleffe & à la mort. Le décroiffement dans la plante n'eft pas auffi fenfible, peut-être parce qu'il n'a pas été affez examiné, que dans l'animal. Tous les vaiffeaux développés, l'abondance & l'impétuofité des fluides balancés par les forces des folides réfiftans, la cessation de croissance arrive. Les vaisseaux acquièrent de la force; ils résistent aux liquides qui y affluent; le corps se resserre insensiblement & se dessèche ; la graisse qui environne les parties solides se dissipe ; les tissus cellulaires s'affaissent; les cordes des tendons deviennent sensibles sur les mains & les autres parties du corps ; les ligamens qui se trouvent entre les vertèbres, usés par le frottement, les vertèbres se touchent, le corps se raccourcit, l'épine du dos se rapproche en devant, le corps se courbe, les vaisseaux s'oblitèrent, se changent en fibres solides, s'ossifient ; le cœur, rigide & calleux, pousse le sang avec peine; les veines lactées se bouchent & deviennent inutiles ; les poumons squirreux ne peuvent plus seconder le jeu de la respiration ; la circulation des fluides se ralentit ; le mouvement cesse & le corps périt.

La plante, accablée des maladies qui accompagnent toujours l'existence, par l'endurcissement des fluides qui circuloient dans son sein & qui y répandoient la vie & la fécondité, voit tous ses vaisseaux engorgés & obstrués; il s'y forme des dépôts & des tumeurs; les liqueurs s'épanchent, ou croupissent & se corrompent ; les fonctions vitales cessent de s'opérer, & la plante meurt en se réduisant en poussière. (Voyez PLANTE)

§. IV. Accroissemens momentanés.

Outre l'accroissement & le décroissement naturel à tout être vivant, depuis l'enfance jusqu'à la vieillesse, il y en a un autre journalier, que le hasard fit découvrir en Angleterre vers le commence-

ment de ce siècle. On y remarqua que le corps humain étoit constamment plus grand de six à sept lignes, & quelquefois davantage, le matin que le soir, après qu'avant le repas, & que, couché, il grandissoit d'environ six lignes. Cet accroissement, en général, est bien moins sensible dans un âge avancé que dans la jeunesse. Les causes de ces trois phénomènes sont assez faciles à saisir : 1°. les cartilages qui séparent les vertèbres sont épais, compressibles & élastiques. Tout le poids du corps, c'est-à-dire près de cent livres, porte sur l'épine du dos; les cartilages sont donc comprimés tant que le corps est debout dans la journée; ils diminuent de hauteur petit à petit en raison de leur compressibilité & du poids de la compression. Ainsi le soir le corps doit être plus petit que le matin : au contraire, pendant la nuit, lorsqu'il est couché, l'épine du dos ne porte plus le même poids; les fluides, continuellement poussés par le cœur, trouvant moins de résistance dans les cartilages, les dilatent facilement ; de plus, aidés de leur élasticité, ils reprennent bientôt leur première épaisseur, & le corps paroît grandir. Ce n'est pas là un vrai accroissement, tel que nous l'avons expliqué plus haut, ce n'est qu'un simple rétablissement. 2° Après les repas les vaisseaux se remplissant d'une plus grande quantité de fluide, le cœur les pousse avec plus d'impétuosité ; les cartilages cèdent & se dilatent; les vertèbres s'éloignent, & l'accroissement commence. La position même du corps, reposant sur une chaise & appuyé contre le dossier, favorise cet alongement,

Le tronc, foutenu par une bafe, agit & porte beaucoup moins fur les cartilages. Cet accroiffement n'eft encore qu'apparent ; c'eft une fimple dilatation momentanée ; car tout reprend fon premier état, lorfque la digeftion approche de fa fin , & que la tranfpiration a diminué le volume, par conféquent l'action des vaiffeaux & la chaleur qui porte par-tout la raréfaction. 3°. Enfin , fi le corps paroît grandir tout à coup de fix lignes lorfqu'il eft couché fur le dos, c'eft qu'alors l'épine eft plus droite que lorfque le corps eft fur fes pieds, & que le talon, que le poids du corps avoit affaiffé, fe gonfle & reprend toute fon épaiffeur. M. M.

ACHE D'EAU. (*Voyez* BERLE)

ACHILLEA. (*Voyez* MILLE-FEUILLE)

ACHIT. Efpèce de vigne de Madagafcar ; elle donne un fruit de la groffeur d'un raifin, qui mûrit en Décembre, Janvier & Février.

ACIDE, PHYSIQUE.

§. I. *Des Acides en général, & de leurs propriétés communes.*
§. II. *Des Acides animaux.*
§. III. *Des Acides végétaux.*
§. IV. *Des Acides minéraux.*
§. V. *Des Acides confidérés relativement à leurs effets en Médecine.*

§. I. *Des Acides en général, & de leurs propriétés communes.*

De toutes les fubftances falines que nous connoiffons, la plus fimple eft l'acide : c'eft elle qui paroît être la bafe de tous les fels. Il eft des caractères principaux qui font reconnoître les acides en général. L'impreffion aigre, piquante, quelquefois même agréable, annonce leur effence ; ils agacent les dents , & rougiffent les couleurs bleues des végétaux. Sont-ils concentrés ? ils diffolvent avec plus ou moins d'effervefcence les pierres & les terres calcaires ; fe combinent avec les alkalis avec lefquels ils forment des fels neutres ; attaquent & diffolvent les matières métalliques.

Il eft effentiellement du reffort de la chimie, de traiter à fond ces fubftances fingulières , de les fuivre dans leur manière d'agir, dans leurs combinaifons, & les réfultats de ces combinaifons : c'eft à elle qu'il appartient d'examiner s'il n'exifte qu'un feul acide dont tous les autres ne foient que des modifications particulières , & quel peut & doit être cet acide univerfel. C'eft dans un laboratoire , après avoir accumulé expériences fur expériences, qu'il faut établir un corps de doctrine étendue & détaillée fur leur immenfe variété ; c'eft à des hommes, à même de fe livrer totalement à cette étude, à reculer les bornes de nos connoiffances fur ces agens de la nature fi puiffans & fi répandus : mais nous croyons qu'il n'eft pas moins effentiel à un grand cultivateur d'en avoir des idées au moins générales. La chimie ne peut que confirmer & étendre les vérités que l'expérience & la pratique lui apprendront tous les jours. En conféquence, nous allons tracer un tableau raccourci des acides les plus généraux, que l'agronome doit particulièrement connoître.

§. II. *Des Acides Animaux.*

Principes univerfels toujours en action, ou plutôt caufes de toute action, de toute fermentation, les acides animent & vivifient les trois règnes de la nature. Répandus & pour ainfi dire noyés dans les fluides animaux, ils circulent avec eux : tant qu'ils font dans une jufte proportion, l'équilibre fe conferve, la diffolution des alimens, leur digeftion, leur précipitation s'opèrent exactement. Ils tempèrent l'efferve-cence que le fang, la bile & les autres liqueurs pourroient acquérir. Indifpenfables à l'économie animale, c'eft à eux qu'eft due la fanté, comme en conviennent Hyppocrate & les plus habiles médecins. Toujours en mouvement, fi quelque caufe particulière vient à les arrêter, à les fixer, à enchaîner leur activité, bientôt différentes maladies prennent naiffance.

La chimie eft parvenue à extraire un acide de quantité de fubftances animales. M. Homberg a démontré, par un travail affez complet, que le fang & la chair de l'homme, du bœuf, du veau, de la brebis, du mouton, du brochet, du canard, du cochon, de la vipère, de la limace, &c. contenoient un acide affez développé pour agir très-fen-fiblement fur les teintures bleues des végétaux : il en conclut même, qu'il en fait une partie effentielle contre le fentiment de M. Lind, qui, dans fon *Traité du fcorbut*, a avancé que le fang d'un animal vivant n'a jamais été trouvé acide ou alkali, M. Poli, dans un ouvrage italien intitulé, *Triomphe des acides*, en admettant les acides dans l'éco-

nomie animale, foutient qu'ils ne paffent jamais dans le fang ; mais qu'après leur dégagement des ali-mens, ils fe précipitent dans les in-teftins avec les matières excrémen-teufes. Ces deux affertions font ab-folument détruites par les expé-riences de M. Homberg, & les ana-lyfes du fang & de la chair faites par des favans chimiftes.

Les humeurs, telles que le lait ; la graiffe, le chyle, le beurre, l'urine, la fueur, le fperma-céti, &c. &c. offrent, à l'analyfe chimique, un principe acide en plus ou moindre quantité. Le principe mucofo-fucré que Van-Bochante a trouvé dans la bile, doit faire conclure qu'elle contient encore un acide, puifque tout fucre en contient. M. l'abbé Fontana penfe que tous ces aci-des que l'on extrait des différentes fubftances du règne animal, ne font qu'un feul & même acide, l'air fixe; plufieurs efpèces d'animaux, comme les mouches, les fourmis, quelques chenilles, entr'autres la grande che-nille à queue fourchue, & en géné-ral, prefque tous les infectes ont offert encore à ce chimifte un prin-cipe abfolument analogue à cet acide. Mais il eft un acide qui paroît être abfolument particulier au règne ani-mal, l'acide phofphorique que l'on retire de l'urine, des os & de la corne de cerf.

§. III. *Des Acides Végétaux.*

Prefque tous les acides animaux ne s'obtiennent que difficilement purs : unis intimément à une huile animale, ce n'eft que par des expé-riences recherchées qu'on peut les avoir ifolés. Il n'en eft pas de même dans le règne végétal; la nature nous
offre

offre les acides fous des caractères apparens & marqués : ils fe développent fouvent d'eux-mêmes ; & dans quantité de fubftances, ils font principes conftituans.

En général, on peut ranger fous trois ordres tous les acides, végétaux, ou les fels effentiels des végétaux ; tantôt c'eft un acide développé & prefque pur ; tantôt c'eft un acide combiné avec d'autres principes, que la fermentation vineufe dégage ; tantôt c'eft un acide uni avec une très-grande quantité de corps muqueux, & formant le fel fucré ou fimplement le fucre. Dans la première claffe doivent être placés tous les acides que contiennent l'ofeille, l'alléluia, le tamarin, le berbéris, les fruits aigres, comme les citrons, les oranges, les limons, &c. Qu'on ne confonde pas ces acides avec les acides minéraux que les plantes contiennent, & dont nous parlerons plus bas : les premiers ont prefque toujours un goût & une odeur aromatique, qui leur vient d'un peu d'huile avec laquelle ils font combinés. Le moyen d'obtenir ces acides fous forme criftalline, confifte à faire évaporer affez fortement, & prefqu'en confiftance de firop, les liqueurs qui les contiennent, comme les fucs exprimés & dépurés, les fortes décoctions des végétaux, & à les placer dans un endroit frais. Il fuffit de preffer entre fes doigts des écorces de citrons, d'oranges, &c. pour en faire fuinter leurs fucs acides.

La feconde efpèce d'acides végétaux, eft connue fous le nom de *fels tartareux*. Tous les fruits dont la faveur eft d'abord acerbe, & devient, en mûriffant, plus ou moins

Tom. I.

douce, les grains de verjus, de raifins, de grofeilles, de mûres, &c. les fucs des pommes, des poires, des cerifes, &c. fourniffent un fel acide tout-à-fait femblable au tartre que le vin fermenté dépofe dans les tonneaux. Il a cependant une faveur un peu plus fucrée & moins vineufe, parce qu'il ne contient rien de la partie fpiritueufe & colorante qui fe trouve dans le tartre des vins fermentés.

Les plantes qui, lors même qu'elles font le moins avancées, ont une faveur douce & fade, renferment la troifième efpèce d'acide, un fel dont la faveur eft également douce, & qu'on nomme *fucre*. L'érable, le bouleau, le fuc du bled de turquie & du froment, les racines de poirée ou bette blanche, de betterave, de chenevis, de panais, de raifins fecs, &c. & fur-tout la canne à fucre, fourniffent abondamment cet acide uni à une portion de fel alkali fixe, & à une très-grande quantité d'huile. Sa faveur eft d'autant plus douce, qu'il eft plus chargé de ce dernier principe, & moins purifié.

Les fucs fucrés, comme la manne, le miel, & fans doute le nectar dont le miel eft formé, contiennent un acide qui a beaucoup d'analogie avec celui du fucre.

Tous ces acides paroiffent être propres aux végétaux, & d'une nature particulière. Cependant ils ne font pas les feuls qu'on y retrouve. Les fels neutres que l'analyfe en extrait, comme le tartre vitriolé, le nitre, le fel de Glauber, le fel fébrifuge de Silvius, annoncent la préfence des acides vitrioliques, nitreux & marin ; mais ils appartien-

G g

nent au règne minéral , & font connus fous le nom d'acides minéraux. Il paroît que ces fels nitreux font formés par les plantes mêmes, dans le grand acte de la végétation ; car les plantes qui contiennent des fels différens, naiffent fouvent les unes à côté des autres. L'expérience fuivante en eft une preuve affez concluante. Si l'on fait végéter dans la même eau pure diftillée une plante aromatique ou aftringente d'un côté, & de l'autre le grand tournefol , la pariétaire , ou une borraginée , elles ne changeront point de nature ; les premières donneront du tartre vitriolé, & les fecondes du nitre.

§. IV. *Des Acides Minéraux.*

De tous les acides minéraux , celui que l'on retrouve le plus fouvent dans la nature , celui qui eft fufceptible de plus de combinaifons, celui que l'on a regardé long-tems comme l'unique, dont tous les autres n'étoient que des modifications, eft l'*acide vitriolique.* Outre les caractères communs à tous les acides, qu'il poffède éminemment, fa qualité diftinctive eft d'être fans couleur & fans odeur lorfqu'il eft froid ; au feu , il acquiert une légère odeur d'acide marin , & la moindre impureté altère fa tranfparence. Quoiqu'il change en rouge la couleur bleue des végétaux, il n'en détruit pas la partie colorante; car on peut enfuite la féparer de l'acide , & elle fe trouve dans le même état où elle étoit avant la diffolution. Concentré, fa faveur eft violemment aigre & acide ; mais étendu dans une très-grande quantité d'eau, comme plufieurs gouttes dans une pinte, il lui communique un

goût aigrelet très-agréable , & forme une efpèce de limonade peu difpendieufe & rafraîchiffante.

Dans un degré de rapprochement confidérable , il a moins de fluidité que l'eau ; une onctuofité apparente le fait filer comme de l'huile , & il paroît gras au toucher. C'eft cette propriété qui lui a fait donner fort improprement le nom d'*huile de vitriol ;* car fa confiftance huileufe n'eft due qu'au rapprochement de fes parties ; & fon onctuofité au toucher vient de ce qu'il diffout une portion de la fubftance graiffeufe de la peau.

Il attire puiffamment l'humidité , & s'échauffe avec l'eau ; il eft le principe du foufre ; il attaque & diffout prefque toutes les fubftances métalliques, avec lefquelles il forme autant de fels différens qu'on défigne fous le nom générique de *vitriol.* Ainfi , l'on a le vitriol de lune ou d'argent ; le vitriol de mercure qui , à force de lotions répétées, perd fa couleur blanche , devient plus jaune , & prend alors le nom de *turbith minéral ;* le vitriol bleu, ou de chypre , ou tout fimplement le vitriol de cuivre ; le vitriol de plomb ; le vitriol d'étain ; le vitriol verd de mars , ou de fer, qui , calciné , devient rouge , & prend le nom de *colcotar.* Une diffolution de vitriol de mars , mêlée avec l'infufion de noix de galle , eft , comme tout le monde fait , la bafe de toutes les recettes pour la compofition de l'encre. L'acide vitriolique forme encore , avec l'antimoine, le vitriol antimonial ; avec le bifmuth, le vitriol de bifmuth ; avec le zinc, le vitriol de zinc , ou la couperofe blanche du commerce;

enfin, avec l'arſenic & le cobalt, des vitriols qui portent ces noms.

Les terres ne ſont pas à l'abri de l'action de l'acide vitriolique, & même la nature nous offre ces différentes combinaiſons bien plus fréquemment que les vitriols métalliques. L'alun n'eſt qu'un ſel qui a pour baſe cet acide en très-grande quantité, combiné avec la terre argileuſe qui, elle-même, ſuivant quelques chimiſtes, n'eſt qu'un ſel vitriolique avec excès de terre quartzeuſe ou vitrifiable. Les terres calcaires ſe diſſolvent avec efferveſcence dans à cet acide, & forment avec lui un ſel nommé *ſélénite*. Ce ſel qu'on ne peut avoir qu'en petite maſſe, en le formant artificiellement, la nature nous l'offre tous les jours en maſſes conſidérables, ſoit en ſélénite proprement dite, qui eſt contenue dans preſque toutes les eaux; ſoit en grands criſtaux triangulaires & aſſez réguliers, qui prennent alors le nom de *gypſe*; ſoit ſous forme brute & ſans criſtalliſation, c'eſt ce que l'on appelle la *pierre à plâtre*. Le ſel d'ebſom eſt encore une combinaiſon de l'acide vitriolique avec une terre particulière, la *magnéſie*.

L'alkali fixe forme avec lui le tartre vitriolé; l'alkali minéral, le ſel de Glauber; & l'alkali volatil, un vitriol ammoniacal.

Il agit en général à-peu-près comme le feu ſur les matières végétales & animales; il les deſſèche, les criſpe, & les réduit preſqu'à l'état de charbon. Il coagule le lait, & durcit preſque ſur le champ la partie ſéreuſe de l'œuf. Il noircit & épaiſſit les huiles douces, comme les eſſentielles, & ce mélange, avec

le tems, acquiert une conſiſtance & des propriétés analogues au bitume; avec l'eſprit de vin, il produit de l'éther.

Plus volatil, d'une couleur jaune brunâtre, laiſſant continuellement échapper des vapeurs de même couleur, l'acide nitreux n'a que le ſecond rang parmi les acides, parce qu'il s'unit moins intimément à ſes baſes qui peuvent lui être enlevées par l'acide vitriolique. Doué, en général, de toutes les propriétés des acides, il a de plus une odeur nauſéabonde qui lui eſt particulière: attaque-t-il les couleurs extraites des végétaux? il les détruit entiérement, de manière qu'on ne peut plus les faire revivre comme lorſqu'elles ont été changées par les autres acides. Concentré, il a une ſaveur aigre, violemment acide & corroſive; affoibli dans une certaine quantité d'eau, il porte le nom d'*eau forte*; étendu dans une plus grande quantité, il laiſſe dans la bouche une ſaveur froide qui a quelque choſe de fade.

Preſque toutes les ſubſtances des trois règnes ſont ſoumiſes à l'action diſſolvante de l'acide nitreux; avec les ſubſtances métalliques, il forme des nitres métalliques, comme du nitre lunaire avec l'argent, du nitre mercuriel avec le mercure, du nitre cuivreux, du nitre ſaturnin ou de plomb; il calcine plutôt qu'il ne diſſout l'étain, & le convertit en chaux blanche indiſſoluble; il en eſt de même du fer: il diſſout tous les demi-métaux.

Il attaque & s'unit à toutes les terres diſſolubles dans les acides, comme la craie ou terre calcaire qu'il diſſout avec efferveſcence, & avec laquelle il forme un ſel trèsdissoluble & très-sapide, connu sous le nom de *nitre calcaire* : de la dissolution de la terre argileuse résulte un nitre alumineux ; & de celle de la magnésie, une espèce de sel d'ebsom par l'acide nitreux ou de nitre de magnésie.

Tous les alkalis forment des sels neutres avec l'acide nitreux ; l'alkali fixe donne le nitre ou le salpêtre du commerce, cristallisé en aiguilles ; l'alkali minéral, le nitre cubique cristallisé en rhombes ou en cubes ; & l'alkali volatil, le nitre ammoniacal.

L'acide nitreux enflamme seul toutes les huiles essentielles, même les huiles douces qui sont siccatives ; mais il ne peut enflammer les huiles grasses que par l'intermède de l'acide vitriolique ; il forme un éther nitreux avec l'esprit-de-vin.

Le troisième des acides minéraux est l'*acide marin*, ainsi nommé, parce qu'on le retire abondamment du sel marin. Jouissant des propriétés communes aux acides en général, il diffère de l'acide vitriolique, en ce qu'il est plus léger & plus volatil ; qu'il a une odeur piquante & un peu safranée, une couleur d'un jaune doré, & qu'il répand des vapeurs blanches, qui ne sont visibles que par le contact de l'air, au contraire de l'acide nitreux qui a une couleur jaune rouge, ainsi que ses vapeurs. Il ne détruit point les couleurs des végétaux en les changeant ; il a une saveur violemment aigre ou acide, mais sans arrière-goût ; le plus foible de tous les acides minéraux, l'acide vitriolique & l'acide nitreux, le dégagent facilement de ses bases.

La dissolution des métaux, par l'acide marin, forme les métaux cornés : il dissout les uns immédiatement, & les autres par intermède ; sa combinaison avec l'argent produit la lune cornée ; avec le mercure, le sublimé corrosif ; avec le cuivre, le sel marin cuivreux ; avec le plomb, le plomb corné : à l'aide de la chaleur, il dissout facilement l'étain, le fer, dont il dégage des vapeurs inflammables, l'antimoine, le bismuth, le zinc, l'arsenic, &c.

Toutes les terres dissolubles cèdent facilement à l'action de cet acide ; avec la terre calcaire, on a le sel marin calcaire ; avec l'argile, un sel marin alumineux ; avec la magnésie, un sel gélatineux déliquescent.

L'alkali végétal forme avec lui le sel fébrifuge de Silvius ; l'alkali minéral, le sel commun ou le sel de cuisine ; & l'alkali volatil, le sel ammoniac du commerce.

L'acide marin très-concentré agit puissamment sur les matières végétales & animales, mais moins vivement que l'acide nitreux, & sans les noircir comme l'acide vitriolique ; il n'a point d'effet sur les matières huileuses ; & avec l'esprit de vin, il forme un éther particulier.

Nous venons de voir presque toutes les substances de la nature soumises à l'action des acides, excepté l'or ; mais il trouve son dissolvant dans l'eau régale, acide mixte composé de l'acide nitreux & de l'acide marin. Tous les métaux & demi-métaux sont attaqués par l'eau régale, excepté l'argent & l'arsenic ; ses combinaisons avec les terres, les alkalis & les substances végétales & animales, ne sont pas connues.

Nous n'entrerons pas dans de plus longs détails fur les acides : ils font abfolument du reffort de la chimie ; & nous renvoyons aux mots FERMENTATION , GAZ , VINAIGRE , l'expofé des recherches faites jufqu'à préfent fur l'air fixe & l'acide du vin. M. M.

§. V. *Des Acides confidérés relativement à leurs effets en Médecine.*

Ici le mot *acide* eft pris fous deux acceptions différentes : ou comme la caufe de quelques maladies , ou comme le remède des maladies oppofées , c'eft-à-dire des maladies alkalefcentes , putrides , fcorbutiques , &c.

Les acides contenus dans les premières voies , chez les adultes , excitent des rapports aigres , des tiraillemens , des picottemens douloureux ; ils vont même quelquefois jufqu'à la cardialgie. Parvenus aux inteftins , ils occafionnent des diarrhées , fouvent terminées par la dyffenterie. La magnéfie , la craie , une légère eau de chaux , les coquilles d'œufs & d'huitres calcinées , en un mot toutes les terres abforbantes , font les remèdes indiqués dans ces cas. Ces fubftances alkalines s'uniffent dans l'eftomac avec les acides qu'il contient en furabondance ; & de leur union il en réfulte un fel neutre , & ce fel eft purgatif & agit comme tel. Si ces moyens font infuffifans , il faut recourir à l'émétique.

Les enfans font très-fujets à l'acidité , parce que leurs alimens font de nature à devenir acides , à aigrir dans l'eftomac. On reconnoît qu'un enfant eft tourmenté par l'acidité , lorfqu'il eft inquiet , qu'il s'agite ,

fe courbe , gigotte des pieds , crie par accès , dort mal , crie après le teton & le laiffe auffi-tôt. Dans cet état les felles font verdâtres , ou le deviennent bientôt. Ses linges font teints de couleur verte lorfqu'ils font fecs. L'enfant exhale une odeur aigre , ainfi que les rots qu'il pouffe de tems en tems. Si cet état dure , les excrémens tiennent d'une nature dyffentérique. Lorfqu'un enfant lâche plus d'urine que de coutume , il a des tranchées. On doit regarder ce fymptôme comme un effet probable de la conftipation. De prompts fecours font néceffaires , autrement les tranchées fe termineroient par des convulfions. Un enfant qui a des tranchées , ne veut ordinairement pas teter. Si on le tient droit devant fa nourrice , il prend volontiers le teton & tete jufqu'à fe raffafier. On doit ces excellentes obfervations à M. Buchan , docteur en médecine à Edimbourg. Son ouvrage intitulé , *Médecine domeftique* , a été traduit en françois par M. Duplanil , fon ami , & la traduction eft fort bien faite.

Le traitement curatif fe réduit à fupprimer le lait , à le fuppléer par du bouillon foible & avec du pain léger , & lui procurer de l'exercice. On a coutume , dans ces cas , de donner les fubftances abforbantes ; mais il eft à craindre qu'elles ne s'arrêtent dans les inteftins & n'y occafionnent la conftipation , toujours dangereufe pour les enfans , & des obftructions dans le ventre lorfque la dofe a été un peu forte. Il vaut mieux employer la magnéfie mêlée avec les alimens.

Si l'acidité a produit des coliques , un léger lavement émollient (*voyez* ce mot) & quelques frictions sur le ventre, faites avec la main humectée d'eau-de-vie, seront suffisantes. S'il arrivoit le contraire, on doit alors faire usage d'un peu d'eau-de-vie, mêlée avec deux fois son volume d'eau, & adoucie avec du sucre. La dose est d'une cuillerée à café. L'eau de cannelle sucrée peut être donnée à la place de l'eau-de-vie. Un soin important à avoir, c'est de commencer le traitement par des émolliens, & on sera toujours assez à tems de recourir aux échauffans, aux stimulans.

L'acidité qui tyrannise les enfans, leur est souvent communiquée par la nourrice. Les alimens des gens de campagne sont souvent aigres, & cette aigreur vient de la trop grande quantité de levain mise dans le pain. Celui de seigle est plus sujet à cette aigreur que celui fait avec le froment. Les nourrices qui boivent beaucoup de vin, ou du vin aigre, ou du petit vin, sont sujettes à avoir un lait aigre, ainsi que celles dont la principale nourriture a pour base le lait aigre. Femmes, soyez mères; nourrissez vos enfans; ne les confiez pas à des mercenaires, & vos enfans vivront.

Les remèdes acides sont, comme on l'a dit, tirés des minéraux, des animaux & des végétaux. Les plus doux sont de cette dernière classe, après les acides animaux. L'effet des acides est de coaguler les substances animales, de prévenir la dissolution du sang, de tempérer son effervescence & celle de la bile; ils réveillent l'action du suc gastrique lorsqu'il est trop aqueux, agacent les tuniques des intestins, aident à la digestion. La couleur du visage semble

indiquer, en général, l'usage que l'homme doit faire des acides, ou comme alimens, ou comme remède. Ceux dont le visage est rouge, animé, s'en trouveront très-bien; ils sont nuisibles, au contraire, à ceux dont la pâleur est l'habitude du visage.

L'usage des acides minéraux n'est pas sans inconvéniens, à moins qu'ils ne soient adoucis par une quantité d'eau simple. Tous les acides trop concentrés, sont un poison; ils corrodent l'estomac, les intestins: dans ce cas, le beurre, la graisse, l'huile douce, sont leur contre-poison.

Il est prudent d'ordonner les acides dans toutes les maladies produites par l'inertie des solides & par l'effervescence des humeurs quelconques; telles sont les fièvres putrides & inflammations, les érysipèles, les diarrhées bilieuses, les convulsions, le scorbut, les coliques néphrétiques, les coliques venteuses, les dyssenteries épidémiques, les hémorragies, les palpitations de cœur.

On doit bien se garder de les prescrire & de les donner dans le tems de la digestion, ni les ordonner aux sujets hystériques ou hypocondriaques.

Dans la pulmonie, les acides végétaux, tels que les pommes, les oranges, les citrons, produisent de très-bons effets; & on ne doit pas craindre d'en donner autant que l'estomac du malade peut en supporter.

Dans des fièvres malignes, il est important d'asperger le lit & la chambre des malades, d'y faire évaporer du vinaigre.

On devroit employer, plus qu'on

ne le fait, les acides pour les beſtiaux. Preſque toutes les *épizooties* (*voyez* ce mot) les exigent, parce qu'elles ſont preſque toutes alkaleſcentes, putrides & même peſtilentielles. Pour en prévenir les effets, il ſeroit à propos, lorſque les chaleurs de l'été & même du printems, ſuivant les climats, commencent à être vives, d'ajouter du vinaigre dans leurs boiſſons, juſqu'à ce que l'eau ait contracté une agréable acidité ; d'autres fois, d'ajouter un peu de ſel de nitre, & ainſi varier leurs boiſ-ſons. Les animaux ſentent leurs beſoins & ce qu'il leur convient : s'ils ſont auprès des eaux gaſeuſes ou acidules, ils abandonnent les autres fontaines, & vont conſtamment s'a-breuver à celles-là.

Il eſt encore eſſentiel de ne pas refuſer du vinaigre aux hommes employés à travailler la terre pen-dant les grandes chaleurs ; aux moiſ-ſonneurs, aux batteurs de bled, à ceux qui nettoyent des mares, des bourbiers, &c. On a grand ſoin de ſes animaux, &, parce que les hommes ſont à gage ou à journée, on ſe croit diſpenſé de veiller à la conſervation de leur ſanté. Quelques pintes de vinaigre coûteront bien peu aux propriétaires, & ils pré-ſerveront leurs ouvriers de plu-ſieurs maladies, & peut-être de la mort. Plus vous paroîtrez veiller & vous intéreſſer à la ſanté des indi-vidus qui travaillent pour vous, plus ils vous ſeront attachés, & mieux ils travailleront.

ACIDULE. Ce mot déſigne, en général, tout ce qui a un goût légérement aigre & acide. Il eſt preſque toujours agréable. Ainſi la plupart des liqueurs rafraîchiſſantes étendues d'une certaine quantité d'eau, comme la limonade, les eaux de groſeilles, de verjus, les ſucs d'épine-vinette, &c. ont le goût aci-dule. Leurs acides, trop affoiblis pour attaquer les papilles nerveuſes de l'organe du goût, ne font que les irriter légérement, & ne pro-duiſent qu'une ſenſation agréable.

Autrefois on déſignoit ſous le nom générique d'eaux *acidules* toutes les eaux froides minérales. Les An-ciens, ſans doute, s'étoient apper-çus d'un phénomène que l'obſerva-tion a conſtatée depuis ; ſçavoir, qu'il y a des eaux qui, dans le même baſſin, ſont tantôt acidules, & tantôt ne le ſont pas, ſuivant les variations du tems, des ſaiſons, de la chaleur de l'atmoſphère, &c. De là ils avoient claſſé toutes les eaux froides indiſtinctement ſous la même dénomination ; mais cette ac-ception, trop générale, a entraîné néceſſairement de la confuſion, puiſ-qu'il y a des eaux froides qui ne ſont pas acidules. Le goût vif & pi-quant, le *grater* enfin des eaux mi-nérales, dépend d'un principe éthéré très-fugace, qui ne ſe rencontre pas dans toutes. On les a donc nom-mées à plus juſte titre eaux gaſeu-ſes, eaux ſpiritueuſes, &c. (*Voyez* EAUX GASEUSES) M. M.

ACIER, (baume d') (*Voyez* BAUME.)

ACONIT, *ou* ANTHORA. (*Voyez* Planche 5, page 202.) *Aconitum ſalutiferum* , *ſive anthora* : Bauhin. *Aconitum anthora* : Lin. M. Tourne-fort place l'aconit dans la ſection première de la onzième claſſe qui

comprend les herbes à fleur polypétale irrégulière, anomale, dont
le piftil fe change en un fruit à plu-
fiéurs capfules, & M. le chevalier
Von Linné la place dans la polyandrie tetragynie.

Fleur anomale, à cinq pétales
jaunes & inégaux. Le fupérieur B
eft tubulé en forme de cafque renverfé; les deux latéraux, larges,
obronds, oppofés; l'un C eft vu en
dedans, & l'autre D eft vu en dehors; les deux inférieurs alongés,
retournant en arrière, ils font repréfentés en E adhérens au péduncule de la fleur. On voit dans
la même figure les deux neatars ou
nectaires, renfermés dans le pétale
fupérieur; ils font fiftuleux, portés
fur des péduncules longs, en forme
d'alène; les étamines font en nombre indéterminé, & cinq piftils F
font raffemblés en faifceau.

Fruit, cinq capfules G, ovales,
en forme d'alène, raffemblées en
manière de tête, univalve, reffemblant à des cornes, renfermant des
femences H anguleufes, ridées &
noirâtres.

Feuilles, naiffent le long de la
tige, n'ont point de pétiole, digitées, découpées profondément.

Racine, A tubéreufe, en faifceau compofé de deux ou trois tubercules, bruns en dehors, blancs
en dedans.

Port. La tige eft unique, s'élève
environ d'un pied lorfqu'elle eft livrée à elle-même, & à deux pieds
fi on la cultive. Elle eft ferme,
droite, un peu velue; les fleurs
naiffent au fommet, difpofées en
grappes, & partent des aiffelles des
feuilles. Les feuilles font alternes.

Lieu, les Alpes, les Pyrénées,

les autres montagnes froides: la
plante eft vivace.

Propriétés. Les racines ont un goût
amer & âcre; les feuilles font feulement amères. Les racines font
alexitères, diaphorétiques, ftomachiques.

Ufage. On emploie la racine pour
l'homme, depuis un fcrupule jufqu'à une drachme; & pour les animaux, jufqu'à la dofe d'une once.
Quelques auteurs ont regardé l'anthora comme un remède efficace
contre les morfures des animaux vé-
néneux, & fur-tout contre le poifon
de l'*aconit tue-loup*. Quelques-uns ont
dit que la nature a femblé faire naître
l'aconit anthora auprès de l'*aconit
napel*, (*voyez* NAPEL) qui eft un
vrai poifon, pour lui fervir de con-
tre-poifon. Les feuilles font peu
d'ufage, malgré la prétendue réputation dont elles jouiffent, employées intérieurement ou extérieurement pour calmer les douleurs occafionnées par le cancer occulte ou
ulcéré. Malgré les éloges qu'on
donne à fes propriétés, foit contre
la pefte, contre les fièvres malignes
& les maladies caufées par les vers,
on doit agir avec la plus grande circonfpection pour fon ufage intérieur. Le fuc des feuilles, réduit en
extrait par l'évaporation au bain-
marie, fe donne depuis trois jufqu'à
vingt grains. La racine sèche en
infufion dans fix onces d'eau, eft
prefcrite depuis demi-drachme jufqu'à deux drachmes.

ACORUS. On en connoît deux
efpèces dans les boutiques; l'une
eft le *vrai acorus d'Afie*, & l'autre
le *jonc odorant*, ou *acorus faux*.
JONC ODORANT, OU ROSEAU ODO-
RANT.

RANT. *Acorus sive calamus officinalis aromaticus :* Charles Bauhin. *Acorus calamus :* Lin. M. Tournefort place cette plante dans la quatrième section de la classe neuvième, qui comprend les fleurs liliacées régulières, à six pétales, dont le pistil devient le fruit, & M. Linné la place dans l'hexandrie monogynie.

Fleur, liliacée, composée de cinq pétales obtus, concaves, lâches, épais & comme tronqués par le haut. Cette fleur n'a point de calice, mais un réceptacle cylindrique couvert de fleurs. Les fleurs ont six étamines & un pistil.

Fruit, petite capsule triangulaire, les côtés obtus à trois loges, remplies de semences ovales & oblongues.

Feuilles, elles partent des racines, en manière de gaîne, longues, étroites, pointues, simples, très-entières.

Racine, de trois pouces de longueur, un peu renflée vers son collet, articulée, cylindrique.

Port, la tige est une hampe feuillée à son sommet, & a quatre côtés vers le haut, droite, lisse, creusée en gouttière, les fleurs disposées en manière d'épis, d'un seul côté & sans péduncule.

Lieu, dans les fossés marécageux de l'Europe septentrionale ; la plante est vivace.

Propriétés. La tige a une odeur douce, agréable lorsqu'on la frotte ; elle est d'un goût amer, mêlé d'acrimonie. On la dit stomachique, diurétique, alexipharmaque.

Usage. On l'emploie bouillie avec les viandes ou en décoction. On prescrit la racine pulvérisée &

tamisée, depuis quinze grains jusqu'à une demi-drachme, délayée dans quatre onces d'eau, ou incorporée avec du sirop ; & pour les animaux jusqu'à six drachmes. La racine, réduite en petits morceaux, macérée au bain-marie, avec huit onces d'eau, se donne depuis une drachme jusqu'à trois drachmes.

ACORUS, (le vrai) ou *Acorus des Indes. Acorus verus Asiaticus radice tenuiore :* Herm. *Acorus verus :* Lin. Il ne diffère du premier que par sa racine, plus noueuse, plus petite & plus odorante ; elle naît dans les lieux marécageux du Bengale. Comme cette plante est très-rare en Europe, on lui substitue la première. Pour ne pas être trompé dans les boutiques, voici à quoi on la reconnoîtra : le vrai acorus est d'un gris rougeâtre à l'extérieur, blanchâtre en dedans ainsi que sa moelle. Si elle est jaune & vermoulue, on doit n'en faire aucun usage. On apporte cette plante par la voie de Marseille, arrangée en fagots, composés de petits roseaux de la grosseur d'une plume à écrire : au contraire, la racine de l'acorus ou roseau odorant est grosse comme le petit doigt, verdâtre extérieurement quand elle est récente, roussâtre quand elle est desséchée, blanche intérieurement & spongieuse.

M. le Beau, docteur en médecine au Pont-de-Beauvoisin en Dauphiné, fit insérer, en **1759**, dans le *Journal de Médecine* du mois d'Avril, qu'il s'en servoit habituellement contre les hémorragies. Il fait infuser la racine depuis un demi-gros jusqu'à un gros, dans suffisante quantité d'eau. Il ajoute que ce remède lui a toujours réuffi dans les hémorragies du nez. Il confeille encore l'ufage de la poudre de l'acorus dans les fauffes couches, dans les avortemens, où la petiteffe du pouls & la diminution des forces réclament l'ufage des cordiaux. M. Vitet, dans la *Pharmacopée de Lyon*, dit qu'il n'exifte aucune obfervation qui conftate les bons effets des racines de l'acorus vrai & de l'acorus d'Afie, dans les maladies de foibleffe par férofités. Elles échauffent, elles altèrent ; voilà ce qu'il y a de plus certain, fur-tout celles de l'*acbrus d'Afie.*

M. le chevalier Von Linné affure que l'acorus réduit en poudre peut fuppléer aux différens aromates qui viennent des Indes, & font deftinés pour l'affaifonnement de nos mets. Il le regarde comme préférable, à tous égards, au gingembre.

Le rat mufqué tire, dit-on, fon odeur de mufc de cette plante, dont il fe nourrit. Son odeur eft plus caractérifée en hiver qu'en été, parce que, dans la faifon du froid, il trouve peu de nourriture, & fe jette avec avidité fur les racines de l'acorus.

ACOT, ACOTTER. *Termes de jardinage.*

C'eft adoffer du fumier long tout autour d'une couche qui vient d'être femée ou plantée. Ce fumier long entretient la chaleur de la couche & empêche fon évaporation ; de manière que, fi la couche avoit exigé un réchaud dix à douze jours après avoir été faite, cet acot retarde l'opération, & le réchaud ne fera néceffaire que quinze ou vingt jours après. Le fumier long eft enfuite mêlé avec le fumier dont on fe fert pour le réchaud. (*Voyez* le mot COUCHE)

ACRE. *Mefure de terre*,

qui varie fuivant les divers pays. L'acre eft communément de 160 perches ; quatre verges font un acre en Normandie. Chaque verge eft compofée de quarante perches quarrées, & la perche a 22 pieds de longueur. En Angleterre, le mot *acre* ne préfente guère plus d'idée fixe qu'en France ; cependant voici la manière dont M. Maskeline le fixe. L'acre contient 43560 pieds anglois quarrés, ou 1135 toifes quarrées de fuperficie, mefure de Paris ; d'où l'on voit fon rapport avec l'arpent de Paris, qui eft de 900 toifes quarrées, & avec celui des eaux & forêts qui eft de 1344 $\frac{4}{89}$ dans tout le royaume, fuivant l'ordonnance des eaux & forêts. Le tribunal des eaux & forêts a reconnu la néceffité indifpenfable d'avoir une mefure fixe & déterminée pour tout le royaume. Pourquoi le gouvernement laiffe-t-il donc fubfifter toutes les bigarrures & variétés de mefures dans le royaume ? Dans une même province, le Languedoc, par exemple, la mefure de terre porte le même nom ; cependant fa fuperficie n'eft pas la même à Montpellier qu'à Béziers ; celle de Béziers eft plus petite que celle des villages qui l'environnent, & celle de ces villages n'a aucune égalité avec la mefure de Narbonne, de Touloufe, &c. Fixer une mefure précife & bien déterminée, au moins pour cette province, feroit un objet que les États devroient prendre en confidération, ainfi que chaque Intendant dans fa province. Ne feroit-il pas plus naturel d'établir dans tout le royaume une mesure uniforme, par exemple, l'arpent de Paris? & encore ne faudroit-il pas que l'arpent des eaux & forêts fût différent de l'autre.

ACRETÉ, ACRIMONIE. Nom que l'on donne à l'état que les fluides du corps ont contracté par les abus dans la manière de se nourrir par l'excès du travail & par l'usage des remèdes trop actifs. Dans cet état, le malade éprouve des cuissons dans toutes les parties extérieures du corps, & une chaleur très-vive dans l'intérieur; il est privé du sommeil & tourmenté par la soif. Il est facile de sentir que la privation des choses qui avoient conduit à cet état, est le premier moyen à employer : si le corps est vigoureux, on peut tirer quelques palettes de sang; & s'en abstenir, si le malade est épuisé par le travail : il faut boire beaucoup d'*humectans* & d'*adoucissans*, (*Voyez* ces mots) M. B.

ACRIMONIE. *Méd. vét.* Les animaux sont, comme l'homme, sujets à l'acrimonie du sang ou des autres humeurs, & sur-tout à l'acrimonie alcalescente. La mauvaise nourriture y contribue singuliérement. Du fourrage mouillé pendant la récolte, & qui a long-tems traîné sur la terre, où il a successivement moisi & séché, séché & moisi, est pour eux une nourriture mal saine, parce que la moisissure est le premier degré de l'alcalescence. Si un fourrage quelconque est tenu dans un lieu humide, ou bien si les eaux pluviales l'imbibent, il sera bientôt dans le même cas que le premier.

Les animaux tenus dans une écurie trop chaude, sur-tout pendant l'été, & où il est impossible d'établir un grand courant d'air, y sont perpétuellement dans une moiteur, dans une forte transpiration, & la partie fluide du sang & des humeurs est bientôt desséchée. Ne vaudroit-il pas mieux les laisser pendant la nuit exposés à l'air, ou dans un champ, ou dans une cour, plutôt que dans ces écuries qui ont au moins trente degrés de chaleur ? Si l'éloignement des eaux bonnes & salubres les réduisent, pour étancher leur soif, à la dure extrémité de s'abreuver des eaux croupissantes d'une mare, & infectée par la dépouille & les excrémens d'une multitude inombrable d'animaux, craignez tout pour leur santé. Bientôt les maladies de la peau se déclarent, bientôt on verra paroître ces fièvres putrides inflammatoires qu'on n'apperçoit que lorsque l'animal succombe sous le poids accablant de la maladie, & lorsqu'il n'est plus tems de lui administrer des remèdes. Combien ces exemples ne sont-ils pas encore frappans pendant & après ces sécheresses dévorantes qui font tarir les sources & les ruisseaux ? Dans ce cas, on est forcé d'aller à plusieurs lieues chercher l'eau, & elle est dans ce moment d'autant plus précieuse que les besoins sont plus urgens. Cependant cette eau a été battue dans la route; échauffée par le soleil, elle a perdu, comme l'eau qu'on met bouillir sur le feu, une partie de son air de combinaison : il faut donc laisser à découvert pendant toute la nuit le vaisseau qui la renferme; & pendant ce tems, elle reprendra, de l'atmosphère, l'air

Hh 2

qu'elle a perdu ; & le lendemain, elle fera plus falubre. A quelque prix que ce foit, on doit fe procurer de l'eau, à moins qu'on ne préfère leur mort certaine, ou du moins de les voir attaqués des maladies les plus graves.

C'eft ici le cas de ne pas épargner le vinaigre, d'aciduler légérement leur eau, quelquefois de la nitrer, de leur donner de l'eau blanche, de leur donner des décoctions de feuilles de mauve, d'althéa, de pariétaire, de matricaire, de laitue ; enfin, des décoctions des plantes émollientes & adouciffantes que l'on rencontre le plus facilement fous fa main. Un parti plus fage feroit de les conduire vers la rivière ou à la fontaine, de les y laiffer plufieurs jours fans travailler, & à l'abri des grandes fermes. Il vaudroit mieux les y faire camper, que charier de l'eau qu'on ne leur donne qu'avec la plus grande parcimonie. Si un propriétaire calculoit bien, il trouveroit furement ce dernier parti plus avantageux. Un point encore effentiel, fi les circonftances le permettent, c'eft de faire baigner l'animal pendant fon campement.

Dans les cas dont on vient de parler, les urines des beftiaux font rouges, couleur de brique, épaiffes ; l'animal fouffre en urinant ; les dyffenteries bilieufes furviennent, & font prefque toujours le prélude de maladies plus graves encore.

La pratique ordinaire confeille la faignée pour diminuer l'effervefcence & l'acrimonie du fang : mais il eft inutile, & même dangereux, de recourir à ce remède, fi on ne

peut lui affocier les adouciffans & fur-tout les humectans.

Le trop de repos occafionne encore l'acrimonie. En général, les beftiaux ne font pas dans ce cas : on doit craindre, au contraire, de les voir furmener. Il faut labourer, vous dit-on, & on n'a nul égard à la faifon & à l'état où l'animal fe trouve. Je dis à mon tour, il vaut mieux laiffer l'animal oifif pendant plufieurs jours, que de le tuer.

ADMIRABLE. *Péche.* (*Voyez* ce mot)

ADMIRABLE JAUNE. *Péche.* (*Voyez* ce mot)

ADONIS, ou GOUTTE DE SANG. *Adonis filveftris florè phœniceo, ejufque foliis longioribus.* C. B. P. *Adonis æftivalis.* Lin. M. Tournefort range cette plante dans la claffe des fleurs en rofe, & dans la fection de celles dont le piftil devient un fruit compofé de plufieurs femences raffemblées en forme de tête ; & M. le chevalier Von Linné la place dans la claffe de la polyandrie polyginie. On cultive cette plante plus pour l'ornement des jardins, que pour fes propriétés médicinales. La couleur tranchante de fes fleurs & le beau verd de la tige & des feuilles, font diftinguer au premier coup d'œil cette agréable efpèce de renoncule.

Fleur. Le calice eft divifé en cinq folioles obtufes, concaves, légérement colorées, & tombent après la floraifon. Cinq pétales compofent cette fleur ; ils font obtus, & attachés par de petits onglets. La bafe de chaque pétale eft un nectar

creufé en manière de foffe. Les étamines du centre de la fleur font
plus courtes que les autres, & les
étamines font cependant en grand
nombre. Les piftils, également en
grand nombre, font raffemblés en
manière de tête.

Fruit. Plufieurs femences raffemblées au fommet de la tige ; elles
font arrondies par leur bafe, anguleufes fur les côtés, & fe terminent en pointe recourbée.

Feuilles, compofées, découpées
très-finement ; les découpures longues, pointues ; elles embraffent la
tige par la bafe.

Port. La tige s'éleve dans les
champs, dans les bleds, à la hauteur de quelques pouces feulement ;
dans les jardins, à celle d'un pied,
& même plus, fuivant le terrain.
Quelquefois la fleur devient double ; & dans cet état, elle ne donne
point de femence, parce que la culture lui a fait employer en décoration ce qui étoit deftiné à la reproduire. Les fleurs naiffent des
aiffelles des feuilles ; elles font luifantes, & leur couleur leur a fait
donner par les jardiniers le nom de
goutte de fang.

Lieu. Les champs, les jardins.
Cette plante eft annuelle. Si elle
étoit vivace comme les renoncules,
il n'eft pas douteux qu'à force de
culture & de foins, on ne parvînt
à en obtenir de jolies variétés.

Il faut femer cette graine à demeure ; car pour peu que la terre
fe détache des racines, elle ne

reprend plus. On la feme au commencement du printems.

Qualités. On attribue à cette
plante la qualité apéritive & fu-
dorifique : on la dit utile contre
la goutte, contre la fciatique, &c.
Le tout demande confirmation.

A D O S. *Jardinage.* Toute terre
élevée en talus, du côté du midi,
forme un ados, garantit les plantes
d'un fouffle direct des vents froids,
& fert par conféquent à hâter leur
végétation. Le mot *ados* eft plus
particuliérement confacré au terrain
élevé contre un mur ; ce qui forme
un double ados. Perfonne n'a mieux
décrit la manière de faire les ados
& les avantages qui en réfultent
pour le jardinier, que M. l'abbé
Roger-Schabol, dans fon ouvrage
fur la pratique & la théorie du jardinage. (1)

Ce mot porte avec lui fa fignification, dit M. [Schabol. Il eft tiré
de l'ufage ordinaire : c'eft une élévation de terre en forme de dos de
bahut, plus large du bas que du
haut. C'eft auffi tout endroit qui, par
fa nature, eft à couvert des mauvais
vents & des gelées, lequel eft adoffé
d'un mur ou d'un bâtiment qui a le
foleil en face. Nous avons introduit
dans le jardinage une forme d'ados,
qui va de pair, à peu de chofe près,
avec les chaffis vitrés pour les pois
de primeur & pour les fraifiers, ainfi
que pour quantité de nouveautés.
Voici en quoi il confifte.

Au lieu d'élever fon ados de qua-

---

(1) Toutes les fois que nous empruntons des articles d'un auteur quelconque, nous avons
la fcrupuleufe attention d'en prévenir. Le public y gagne, puifque nous eftimons que ce
qu'il a dit, vaut mieux que ce que nous dirions ; & nous rendons par conféquent à chacun
le tribut de louange qu'il mérite.

tre, cinq à six pouces de hauteur ;
suivant la coutume, il faut l'ex-
hauffer d'un pied, & même de
quinze pouces par derrière, venant
en mourant pardevant, & même
creufant autant fur le devant pour le
charger d'autant fur le derrière. Au
moyen de cette pente précipitée,
deux effets ont lieu : le premier,
de jouir durant l'hiver, lorfque le
foleil eft bas, des moindres de fes
regards ; le fecond, de n'avoir jamais, lors des gelées & des frimats, aucune humidité nuifible :
toutes les eaux tombent néceffairement, & vont fe perdre dans le bas.

Cette forte d'ados fe pratique à
l'expofition, fur-tout du midi, le
long d'une platte-bande : fouvent
on a un efpalier à ménager ; &
voici pour cet effet comment on
s'y prend. On laiffe entre le mur
& l'ados dix-huit pouces de fen-
tier ; ces dix-huit pouces fuffifent
pour aller travailler les arbres. Il
faut pendant quelques jours, avant
de femer les pois, laiffer la terre fe
plomber tant foit peu.

Au lieu de faire en long fes rigoles
pour femer, il faut les pratiquer en
travers du haut en bas de l'ados,
puis femer, après quoi garnir de
terreau les rigoles, & les remplir.

Lorfqu'il arrive des gelées fortes,
des neiges, &c, il faut garnir avec
grande litière & paillaffons par deffus, qu'on ôte & qu'on remet, fuivant le befoin.

Pour les fraifiers, on en a ou en
pots ou en mottes, que l'on met en
échiquier, en amphithéatre. Ceux en
pots, on les dépofe fans endommager
aucunement ni offenfer la motte : il
faut bien fe garder de couper tout
autour & en deffous ces filets blancs

qui tapiffent le pourtour de cette
motte, comme il fe pratique dans
le jardinage ; c'eft ce que les jardiniers appellent *châtrer la motte*. Ce
procédé eft très-nuifible, puifqu'en
retranchant tous ces filets blancs,
on fait autant de plaies par lefquelles, de toute néceffité, la féve
flue, & que la nature eft obligée
de guérir. Il faut inftruire les jardiniers à ce fujet, & leur apprendre
que ces filets blancs qu'ils coupent,
prennent leur direction naturelle
vers la terre, & qu'ils fe détachent
de cette motte pour darder dans la
terre & s'y enfoncer. Laiffons, autant qu'il eft poffible, la nature faire
à fon gré ; elle en fait plus que
nous ; ne nous mêlons de fes affaires
que quand elle nous requiert. Quant
aux fraifiers en pleine terre à mettre
fur ces ados, on ne peut prendre
non plus trop de précautions pour
les lever fcrupuleufement en motte,
les ménager dans le tranfport &
dans la tranfplantation.

Cette forte d'ados a un autre
avantage ; favoir, de renouveler
tous les ans la platte-bande, & d'en
faire une terre neuve. Quand on a
ôté les pois, on rabat la terre, &
on la met à plat comme elle étoit,
enfuite on y fème des haricots nains,
qui y viennent à foifon, ou tout autre plant convenable, fans que la
terre fe laffe.

Ces ados pratiqués de la forte
doivent être faits dans les derniers
jours d'Octobre, & femés au commencement de Novembre : on eft
fûr par ce moyen d'avoir des pois
& des fraifes quinze jours ou trois
femaines plutôt que les autres. C'eft
ainfi qu'avec peu & fans frais, on
fait beaucoup.

ADOUCISSANT. Les adou-ciffans, à la tête defquels il faut placer l'eau tiède fimple & l'eau chargée des parties mucilagineufes des plantes & des fruits, convien-nent dans tous les cas où le fang defféché roule dans les vaiffeaux en traits de feu, & porte le défordre jufqu'aux fources de la vie. Ces re-mèdes ne réuffiffent avantageufe-ment que lorfque la quantité du fang a été diminuée par les faignées qui font proportionnées à la force de la maladie, à l'âge, au tempé-ramment & au fexe du malade : quand la fièvre ne règne pas, on s'abftient de verfer le fang : la fo-briété, la diète, le repos & l'ufage des adouciffans rétabliffent la paix, l'ordre, &, par une fuite néceffaire, la fanté. (M. B.)

Les principaux adouciffans font le lait, les huiles douces, & fur-tout l'huile d'amandes, lorfqu'elle n'eft pas *vieille*. Il eft rare d'en trou-ver de douce pendant les chaleurs de l'été, lorfqu'elle a plus d'un mois ou fix femaines. Alors elle eft rance, & produit un effet tout oppofé à celui qu'on attendoit. Les émulfions d'amandes, de maïs ou bled de Tur-quie, d'avoine dépouillée de fon écorce & mife en gruau, font très-adouciffantes. Extérieurement ap-pliquées fur la peau, la mie de pain de froment trempée dans l'eau, les feuilles de mauve cuites, celles de bette fraîches, &c., font très-adouciffantes : affez, & même très-mal-à-propos fe fert-on des beur-res, graiffes & huiles en application fur la peau, fur-tout s'il y a cha-leur, inflammation, &c. Ces fub-ftances y ranciffent promptement ; & loin d'adoucir & calmer l'inflam-mation, elles tendent à l'augmenter & à excorier la peau. Le meilleur & le plus fimple de tous les re-mèdes eft l'eau. Tenez des com-preffes à plufieurs doubles fur la partie, ou des ferviettes mouillées ; ayez foin de les imbiber de tems en tems avec de nouvelle eau, & vous obtiendrez l'effet que vous defirez, & plus promptement que par tout autre moyen. Comme ce remède eft fimple, on le néglige, & on pré-fère les médicamens graiffeux ou huileux, enfantés & confervés par la charlatanerie. Voilà l'homme !

ADRAGANT. (*Voyez* BARBE DE RENARD)

ADVENTICE. (Plante) C'eft un mot nouveau que M. Roger-Schabol a introduit dans le jardi-nage. Il le prend du mot latin, qui veut dire *advenir*, qui *advient*, ou qui *vient après coup*, par furcroît, qui eft fur-ajouté. On dit, plantes *adventices*, celles qui croiffent fans avoir été femées. Les mauvaifes herbes entr'autres font des plantes *adventices* ; les bonnes, qui vien-nent, comme on dit, de Dieu grace, font autant de plantes *adventices*.

On dit auffi racines *adventices*, celles qui font formées après coup aux arbres, dont, fuivant la routine meurtrière pour eux, comme pour toutes les plantes quelconques, les jardiniers peu inftruits coupent tou-tes les racines ; ou dont ils les muti-lent étrangement. Ils forcent la na-ture à en reproduire de nouvelles, qui jamais ne font auffi franches que celles de la création primordiale. Refpectez par conféquent les raci-nes ; n'en abattez ni n'en récepez jamais aucune que lorſqu'elles ſeront briſées par accident & hors d'état de ſervir.

AÉROMÈTRE. Inſtrument dont on ſe ſert pour eſtimer la condenſation ou la raréfaction de l'air. (*Voy.* Baromètre) M. M.

AFFAISSEMENT. *Jardinage.* Toutes terres creuſées ou tranſportées s'affaiſſent par leur propre poids. Il en eſt ainſi des couches préparées avec le fumier, ſi on n'a pas la grande attention de les battre, de les fouler avec la maſſe juſqu'à ce qu'elles n'enfoncent plus. Les pluies contribuent beaucoup à affaiſſer les terres.

Toute terre remuée ou tranſportée s'affaiſſe d'un pouce par pied. Cette obſervation eſt de la plus grande importance, lorſque l'on plante des arbres dans les trous préparés à les recevoir. Si le trou eſt de trois, quatre ou cinq pieds de profondeur, l'arbre s'enfoncera ſucceſſivement de trois, quatre ou cinq pouces, la greffe ſe trouvera enterrée, & l'arbre trop profondément enfoui. Ainſi un bon jardinier ſe conformera à cette règle, & laiſſera toujours une élévation de terre ſur le trou, parce qu'à la longue la terre remuée ſe mettra de niveau avec la terre voiſine.

AFFANURE. C'eſt le terme dont on ſe ſert dans quelques provinces, par exemple en Dauphiné, pour exprimer une certaine quantité de bled qu'on donne aux moiſſonneurs & aux batteurs. Pour cela, ils ſont obligés de moiſſonner, de battre, de vanner le bled; enfin, de le porter

net & propre au grenier du propriétaire. Le ſalaire de ces travaux eſt la dixième meſure de grain, quelquefois la onzième ou la douzième, & moins encore ſi on le pouvoit. Le propriétaire a la barbarie de profiter de la miſère de ces malheureux. Il calcule la diminution du ſalaire ſur la plus ou moins grande détreſſe où ils ſe trouvent. Quelle horreur ! ces infortunés préférent le grain à l'argent, parce qu'ils le portent tout de ſuite au moulin.

AFFERMER. (*Voyez* Bail)

AFFINER le *fromage*, le *chanvre.* (*Voyez* ces mots)

AFFOUAGE. Terme de coutume, qui ſignifie le droit d'avoir du bois dans une forêt pour ſon chauffage. L'affouage eſt plus ou moins conſidérable, ſuivant la quantité d'habitans qui ſont dans une communauté, & l'importance de la forêt dans laquelle ils ont droit. Les officiers des eaux & forêts font les délivrances des affouages.

Dans les provinces où les tailles ſont réelles, affouage ou affouagement, ſignifie l'*état* ou la *liſte* du nombre des feux de chaque paroiſſe, à l'effet d'aſſeoir la taille.

AFFRANCHIR un *tonneau*, une *barrique.* (*Voyez* Tonneau)

AGACEMENT. Effet que les ſubſtances âcres font ſur les parties ſenſibles de nos organes. (*Voyez* Acrimonie) M. B.

AGACEMENT, AGACER; ſe dit encore de l'impreſſion déſagréable & incommode que les fruits verts occaſionnent ſur les dents, ou plutôt ſur fur les gencives. Le fromage de Gruyere, l'ofeille ou le pourpier mâchés, diffipent cette incommodité.

AGARIC BLANC. *Agaricus five fungus Larici.* C. B. P. *Boletus abies Laricis dictæ.* Lin. M. Tournefort claffe cette plante dans la dix-feptième claffe qui comprend les herbes nommées *apetales*, fans fleurs ni fruit ; & M. Linné la claffe dans la *Cryptogamie*, parmi les *fungus*. Toute la plante confifte dans une excroiffance fongueufe, blanche, molle, friable, d'une faveur douce, enfuite amère & âcre, d'une odeur forte & pénétrante. Cet agaric croît fur le tronc du mélefe, (*voyez* ce mot) ou *pinus larix*, *foliis fafciculatis obtufis.* Lin. Cet arbre croît en Suiffe, au Tirol, en Dauphiné.

L'agaric qu'on vend dans les boutiques doit être blanc, léger, friable, tendre, ordinairement arrondi, & affez fréquemment anguleux. Il eft revêtu d'une écorce calleufe qu'il faut enlever. On doit rejeter celui qui eft pefant, noirâtre & peu friable.

Propriétés. C'eft un purgatif affez doux : cependant il produit quelquefois des coliques légères, & un ténefme paffager pendant fon action. Il entraîne par les felles une petite quantité de férofité & les vers lombricaux. On lui a attribué affez légérement les propriétés d'adoucir les douleurs de la goutte, & de réfoudre les tumeurs dures & peu douloureufes du bas-ventre. Les anciens regardoient l'agaric comme un purgatif univerfel ; & plufieurs médecins modernes voudroient l'expulfer complettement de la pharmacie. Ce ne feroit pas une grande perte.

Tom. I.

Ufages. Pulvérifé, on le donne depuis vingt-cinq grains jufqu'à deux drachmes, délayé dans cinq onces d'eau, ou incorporé avec un firop ; concaffé, depuis une drachme jufqu'à demi-once, infufé dans fix onces d'eau ou de vin. La canelle paffe pour le correctif de l'agaric. Pour pulvérifer l'agaric, on doit d'abord le raper, & enfuite le piler dans un mortier.

Pour les animaux, on l'emploie comme un purgatif défobftruant, & comme fubftance diurétique. La dofe eft depuis demi-once jufqu'à deux onces en infufion ; en fubftance, depuis une drachme jufqu'à deux, mêlé avec d'autres purgatifs convenables.

AGARIC DU CHÊNE. *Agaricus pedis equini.* Tournefort. *Agaricus quercinus.* Lin. Cette excroiffance eft molle lorfqu'on lui a enlevé fon écorce & fa partie ligneufe ; elle eft douce au toucher, d'une couleur jaune tirant fur le brun, infipide, inodore. Il croît fur le tronc des vieux chênes. Après lui avoir enlevé fon écorce, on le coupe par tranches de trois à quatre lignes d'épaiffeur, que l'on bat fortement, afin de réduire peu à peu en pouffière fes fibres ligneufes, & en procurer la féparation. C'eft ainfi qu'on fait l'amadou. Il faut cueillir cet agaric au mois d'Août ou de Septembre.

On doit à M. Broffard, chirurgien de la Châtre en Berri, de lui avoir reconnu en 1751 un ufage bien plus précieux pour la médecine. Il fit voir que la fimple application de l'amadou fur une artère piquée ou coupée, arrêtoit le fang,

I i

fans qu'il fût befoin de ligature, parce qu'il pofsède au fuprême degré la vertu aftringente. Avant de l'appliquer fur l'ouverture de la veine ou de l'artère, fufpendez le cours du fang par une forte compreffion; féchez la plaie; & enfuite maintenez l'agaric par un bandage. Si, dans ce cas extrême, il produit un fi bon effet, on doit bien s'attendre qu'il produira le même pour les coupures, écorchures, &c.

Les teinturiers fe fervent de cet agaric à peu près comme de la noix de galles, qui cependant lui eft préférable à tous égards.

Le véritable & le meilleur amadou fe fait avec l'agaric qui croît fur les vieux tronc du *bouleau*. M. Linné les appelle *boletus ignarius*. Après qu'il eft coupé en tranches, il faut le mettre macérer pendant deux fois dans une leffive de nitre, le laiffer fécher, & chaque fois le bien battre.

AGE. Durée ordinaire de la vie des hommes, des animaux, & de tout ce qui exifte. La médecine divife la durée de la vie de l'homme en quatre périodes : l'enfance, l'adolefcence, l'âge viril & la vieilleffe. La même diftinction peut s'appliquer aux animaux. Les uns & les autres ne fauroient vivre dans le premier âge fans le fecours continuel de ceux à qui ils doivent l'exiftence; dans le fecond, la nature opère une efpèce de métamorphofe, foit pour le moral, foit pour le phyfique de l'homme, & difpofe les animaux, ainfi que lui, à acquérir la faculté de fe reproduire. Le troifième âge eft le vrai tems de la réproduction faine, forte, vigoureufe, & qui

affure ces précieufes qualités à l'individu qui en proviendra. Dès qu'il a paffé ce troifième âge, on diroit que la nature ne prend prefque plus foin de fon exiftence; chaque pas qu'il fait diminue fa force, fa vigueur, accélère fa chûte; la vieilleffe, la décrépitude fuccèdent, & la deftruction ne laiffe bientôt plus aucune trace de leur exiftence.

L'habitude d'obferver, ou plutôt l'intérêt, a appris à l'homme à connoître l'âge des animaux, des bois, &c. Dans ceux-là les cornes, les dents font des fignes peu équivoques jufqu'à un certain âge; & dans ceux-ci, les couches concentriques du tronc. Pour connoître l'âge du *bœuf*, du *mouton*, du *cheval*, confultez ces mots à l'article DENTITION.

AGE. L'âge ne fe dit, à proprement parler, que lorfqu'il s'agit de défigner dans une charrue fans avant-train, cette longue pièce de bois, qu'on nomme *la flèche*, dans les charrues à roues. (*Voy.* FLÈCHE) M. D. L. L.

AGGLUTINANT. On donne le nom d'*agglutinans* à tous les médicamens qui font chargés d'une partie gommeufe. Ces médicamens conviennent finguliérement dans tous les cas où une humeur âcre & mordicante, fixée fur une partie quelconque, y excite une douleur vive & déchirante. *Agglutinant* & *mucilagineux*, doivent être regardés comme fynonymes. La racine de guimauve, la graine de lin, la gomme arabique, &c. fourniffent cette claffe de médicamens. Il n'eft pas inutile d'obferver que ces médicamens ne font qu'auxiliaires,

& que souvent il faut avoir recours à des agens plus actifs, pour combattre les maladies dans lesquelles ils sont indiqués.

Les agglutinans qu'on applique extérieurement pour resserrer les lèvres d'une plaie, & sur-tout la garantir du contact de l'air, sont les baumes, les résines, la colle de poisson, & quelques plantes qu'on nomme vulnéraires, telles que le plantain, les orties, les mille-feuilles, &c. Le taffetas d'Angleterre est un agglutinant dans les coupures, les écorchures, &c. M. B.

AGNEAU. (*Voyez* MOUTON)

AGNELIN. *Peau d'agneau.* (*Voyez* MOUTON)

AGNUS CASTUS. *Vitex foliis angustioribus, canabis modo dispositis.* Bauhin. *Vitex agnus castus.* Lin. (Voyez *Pl. 5, p.* 202) M. Tournefort range cette plante dans la vingtième classe destinée aux arbres à fleur monopétale, dont le pistil produit un fruit à plusieurs loges ; & M. le chevalier Von Linné la classe dans la *didynamie angiospermie.*

Fleur, monopétale, c'est-à-dire d'une seule pièce, imitant les labiées ; le tube est cylindrique A ; le limbe plane, divisé en deux lèvres ; la supérieure partagée en trois parties, & celle du milieu plus large ; l'intérieure également divisée en trois & arrondies. Celle du milieu est plus grande que les deux latérales, plus large & plus longue. B représente la même fleur coupée par le milieu dans sa longueur, & laisse voir quatre étamines, dont deux plus grandes, & deux plus courtes. Elles prennent leur inser-

tion vers le milieu du tube, excédent sa longueur, & se terminent par des anthères ovoïdes. C le pistil qui excède la longueur des étamines, se partage à son sommet en deux stigmates. Le calice qui paroît le supporter dans cette figure, est d'une seule pièce, divisée au sommet en cinq dentelures.

Fruit, D, baie ronde, à quatre loges ; on la voit coupée transversalement en E, & laisse appercevoir les quatre semences figurées en F.

Feuilles, pétiolées, digitées, composées de trois, ou cinq, & quelquefois de six folioles, suivant la fertilité du terrain sur lequel l'arbrisseau végète. Ces folioles sont attachées à un pétiole commun ; elles sont alongées, étroites, pointues, très - entières, quelquefois dentées en manière de scie à leur extrémité.

Racine, ligneuse, rameuse.

Port. Arbrisseau de moyenne grandeur, dont les rameaux sont foibles & plians, blanchâtres, lisses. Les fleurs naissent au haut des tiges, disposées en longs épis, verticillées, bleues, & quelquefois blanches. Les feuilles sont opposées, & imitent, par leur disposition, celles du chanvre. La baie de ce fruit est appelée *petit-poivre, poivre sauvage,* à cause de son goût âcre & aromatique, & les rameaux répandent une odeur aromatique, mais peu agréable.

Lieu. Les terrains marécageux des provinces méridionales de France.

Propriétés. La saveur est âcre & sèche ; la vertu est diurétique.

Usages. On emploie la semence, les feuilles & les fleurs ; ces deux dernières en infusion. Les feuilles & les sommités, appliquées extérieurement , font réfolutives. Les anciens recommandoient les femences pour-diffoudre les calculs , expulfer les graviers contenus dans la veffie , dans la fureur utérine, le fatyriafis , la perte involontaire de femence , la fufpenfion du flux menftruel , & recommandoient furtout l'ufage de cette plante aux perfonnes vouées au célibat. Toutes ces prétendues propriétés font dénuées de fondement ; il vaut mieux cultiver cet arbriffeau pour l'agrément d'un jardin, que pour la médecine.

Cet arbriffeau fe multiplie de graine, & eft très-lent à croître. Les marcotes & les boutures font préférables à tous égards , & on gagne du tems. Il craint la gelée dans les provinces du nord. Il exige l'orangerie.

AGRICULTURE. C'eft l'art de cultiver la terre, de la fertilifer, & de lui faire produire les grains , les fruits, les plantes & les arbres qui fervent aux befoins de l'homme. À cette définition , on doit ajouter qu'elle embraffe encore l'art de multiplier & de veiller à la confervation des animaux utiles ; enfin c'eft le premier , le plus étendu & le plus effentiel de tous les arts.

PLAN du Travail fur l'Agriculture.

PREMIÈRE PARTIE.

Des objets relatifs à l'agriculture.

DEUXIÈME PARTIE.

PREMIÈRE PARTIE.

Des objets relatifs à l'Agriculture.

Il convient , en commençant cet article , de rapporter ce que Columelle difoit aux romains fes compatriotes : « Je ne penfe pas qu'on » doive attribuer les difettes qu'on » éprouve à l'intempérie de l'air , » mais plutôt à notre faute. Nous » avons abandonné le foin de nos » terres (comme fi elles étoient, à » notre égard, coupables de quel- » ques grands crimes) à de vils » efclaves ou à des mercenaires , » tandis que nos ancêtres fe glori- » ficient de les faire valoir par eux- » mêmes. Rien n'eft égal à ma fur- » prife , quand je confidère , d'un » côté , que ceux qui veulent ap- » prendre à bien parler, choififfent » un orateur dont l'éloquence puiffe » leur fervir de modèle : ceux qui » defirent s'appliquer à la danfe , à » la mufique & à tous les arts fri- » voles , cherchent avidement un » maître de chant , un maître de » graces ; en un mot , chacun choifit

» le meilleur maître pour faire des
» progrès rapides fous fa direction ;
» au lieu que l'art le plus néceffaire
» à la vie, & qui tient de plus près
» à la fageffe, n'a ni difciples qui
» l'apprennent, ni maîtres qui l'en-
» feignent. J'ai cependant vu établir
» des écoles de rhéteurs, de géo-
» mètres, de muficiens, de dan-
» feurs, des maîtres pour enfeigner
» l'art dangereux d'apprêter les
» mets, de la manière la plus at-
» trayante pour la gourmandife ;
» des maîtres pour ajufter les che-
» veux, parer les têtes (1) ; au lieu
» que je n'ai jamais vu aucun maître
» pour enfeigner l'agriculture, ni
» difciple pour l'apprendre.......
» De-là, l'objet le plus intéreffant
» pour la profpérité de la républi-
» que, eft encore le plus éloigné de
» fa perfection. Actuellement, nous
» dédaignons faire cultiver nos
» terres par nous-mêmes, & nous
» regardons comme fort peu impor-
» tant d'avoir un métayer très-in-
» ftruit. Le recommandé, le pro-
» tégé eft fûr d'obtenir cette place.
» Si un homme riche achète une pof-
» feffion, il y relègue le plus énervé
» de fes valets, celui qui eft le plus
» caffé par les années. Si, au con-
» traire, un homme dont la fortune
» foit médiocre, fait cet achat, il
» met à la tête de fes travaux un
» homme à gage qui le trompera,
» & un homme qui n'a aucune des
» notions effentielles pour l'admini-
» ftration ; enfin, ce fera un homme

» à routine, comme fi la coutume
» d'un village pouvoit & devoit
» s'appliquer au terrain d'un autre
» village, éloigné feulement de
» quelques lieues.... c'eft ce qui fait
» que dans ce même *Latium*, & dans
» cette même terre de Saturne, où
» les dieux avoient pris la peine
» d'enfeigner eux-mêmes l'agricul-
» ture à leurs enfans, nous fommes
» réduits aujourd'hui, pour ne pas
» mourir de faim, de traiter avec
» des commiffionnaires qui nous ap-
» portent du bled des provinces fi-
» tuées au-delà des mers : telles font
» la Betique, la Gaule, &c. Ces
» faits font d'autant moins furpre-
» nans, que, fuivant l'opinion gé-
» néralement reçue, l'agriculture
» eft un métier vil, & de nature à
» n'avoir befoin d'aucun renfeigne-
» ment pour être appris. Quant à
» moi, lorfque je confidère cet art
» dans le grand, & lorfque je l'envi-
» fage, formant un corps d'étude
» d'une très-vafte étendue,& enfuite
» defcendant dans toutes les parties
» qui compofent fa totalité, je crains
» de voir la fin de mes jours avant
» d'en avoir pu acquérir la connoif-
» fance entière. »

Ce que Columelle difoit aux romains, je crois devoir l'appliquer
à mes compatriotes : les uns n'héfi-
tent fur rien, & penfent que l'agriculture ne fuppofe aucune étude préliminaire, que le payfan fait tout ;
les autres, au contraire, conviennent de la néceffité d'apprendre &

---

(1) Il eft affez fingulier que du tems de Columelle les romains aient eu le même goût pour
les arts inutiles, & la même infouciance pour les bons établiffemens. Il eft bien à craindre
que deux fiècles qui fe reffemblent fi fort pour le luxe & l'amour des ridicules frivolités, ne
foient encore en rapport pour les fiècles qui doivent leur fuccéder. Une caufe générale a
toujours des effets au moins analogues, s'ils ne font les mêmes.

de réunir la pratique à la théorie : mais ils ne prennent pas la peine d'étudier. La troisième classe connoît l'agriculture par les livres, paroît en parler doctement, & tranche décidément sur tous les objets, sans avoir aucune idée de la campagne, & sans être sorti de son cabinet. La quatrième classe enfin, est la classe routinière qui cultive sans réflexion, sans principe, laboure sa terre, taille sa vigne, comme son père avoit labouré & taillé, sans réfléchir si on peut ou ne peut pas perfectionner la méthode du pays, ou lui en substituer une plus avantageuse. Dè toutes les classes, la plus pernicieuse & la plus funeste à l'agriculture, c'est la troisième : elle propose expériences sur expériences, réformes sur réformes : elle dégoûte enfin, & souvent elle ruine le cultivateur qui s'est laissé éblouir par de brillans raisonnemens, par des promesses merveilleuses.

Le tableau qu'on présente ici sur les trois genres d'agriculture, suffit pour démontrer son importance & l'étendue immense des objets qu'elle renferme. L'ordre de ce tableau servira de guide à celui qui voudra réellement étudier l'agriculture dans toutes ses parties, & mettre de l'ordre & de la précision dans sa manière d'étudier. Sans ce moyen, ses idées seront confuses ; il faut donc que, par une marche progressive, il parvienne du premier point de la science au second, & ainsi de suite pour tous les autres.

A cette première étude doit succéder une seconde : c'est celle de l'expérience, sans laquelle la plus brillante théorie n'est qu'une chimère sans fondement, que la

moindre circonstance locale, ou le moindre changement dérange ou détruit. Cependant, sans une saine théorie, il est très-difficile, pour ne pas dire impossible, de bien faire une expérience, parce que, sans elle, on ne part d'aucun principe certain ; alors, le succès ou la méprise sont le résultat de quelques combinaisons dont on ne sauroit rendre compte. Avant de se livrer à aucune expérience, il faut avoir bien étudié la manière d'être du climat que l'on habite, son exposition, sur-tout la qualité de la terre, la profondeur de sa couche, sa plus ou moins grande propriété à retenir ou à laisser filtrer l'eau. Ce peu de mots renferme la base de toute l'agriculture, & montre la charlatanerie ou l'ignorance de ces hommes qui décident, après la plus légère inspection d'un champ, de quelle charrue on doit se servir, de quelle manière il faut cultiver la vigne, sans connoître la nature du sol & celle des plants de raisins dont elle est garnie : le ton tranchant l'emporte toujours, aux yeux de la multitude, sur le ton modeste & sur l'homme qui sait douter. Encore une fois, & on ne sauroit trop le répéter, méfiez-vous de ces savans qui blâment tout du premier coup d'œil, qui veulent tout arracher pour planter de nouveau ; la pratique d'un canton, toute absurde qu'elle leur paroît, n'est pas souvent la plus mauvaise, & même quelquefois elle est nécessaire.

Si, par l'application des sages principes de la théorie à l'expérience, vous obtenez des résultats heureux, alors, c'est le cas de traiter sans miséricorde les coutumes

RICULTURE DE THEORIE OU NOTIONS PRÉLIMINAIRES. | AGRICULTURE PRATIQUE. | AGRICULTURE ÉCONOMIQUE.

défectueuses, de détruire les abus, & par votre exemple, de montrer aux habitans du canton les défauts ou les abfurdités de leurs cultures. Prêchez d'exemples & non de paroles; voilà le grand point, *la plus folide*, & *la feule inftruction* à donner à des payfans. Ils ne lifent pas ou ne favent pas lire, mais ils obfervent. Vos fuccès ou vos bévues feront pour eux le livre qu'ils liront, qu'ils comprendront très-bien, & le feul à leur portée. Ces hommes groffiers ne quittent jamais d'euxmêmes le chemin battu; timides par ignorance & par intérêt, ils n'ofent fe frayer des routes nouvelles. Pour inventer, pour changer ou pour perfectionner, le loifir & les avances font néceffaires; & ils n'ont ni l'un ni l'autre. Ils labourent, ils travaillent comme les araignées filent leurs toiles & les caftors bâtiffent leurs maifons, c'eft-à-dire machinalement, à l'exemple de leurs pères; mais offrez-leur une nouveauté qui frappe leurs yeux, ils feront long-tems à l'examiner, à douter s'ils l'adopteront; enfin, fi l'un fe décide, tous les habitans du canton fuivront peu à peu fon exemple. C'eft l'hiftoire des moutons; où l'un a paffé, tous les autres paffent enfuite. Il n'y a pas d'exemples, & s'il en exifte, ils font fort rares, que des méthodes ou des procédés aient été fimplifiés ou perfectionnés par des cultivateurs ordinaires. On doit ces heureux changemens, les innovations utiles, à des gens étrangers à la profeffion de cultivateur, mais qui chériffent l'agriculture, qui l'examinent avec attention, & qui joignent à des connoiffances multipliées, l'habitude de la méditation. C'eft à leurs foins, à leur zèle, à leur patience, qu'on doit cette efpèce d'émulation pour l'agriculture qui s'eft foutenue fous le dernier règne pendant quelques années, & qui s'eft trop tôt ralentie pour l'intérêt du royaume. On les reverra, ces jours heureux, dès que le monarque paroîtra s'occuper de l'agriculture, & lorfqu'il lui accordera *liberté* & *protection*.

DEUXIÈME PARTIE.

Confidérations fur l'Agriculture de quelques Peuples.

L'origine de l'agriculture, fimplement confidérée comme l'art mécanique de fouiller la terre, de lui faire produire des plantes & des fruits, de conduire les troupeaux dans les pâturages, &c. fe perd dans les fiècles les plus reculés. Tant que les hommes vécurent ifolés & par petite famille, les fruits groffiers que la terre produifoit fuffirent à leurs befoins. A mefure qu'ils fe multiplièrent, les fociétés prirent naiffance, & les befoins fuivirent la progreffion du nombre des individus. La loi impérieufe de la néceffité les força de cultiver la terre, lorfque le lait des troupeaux ne fut plus fuffifant pour les nourrir : ainfi, l'époque de l'agriculture eft celle de la naiffance des fociétés.

Prefque toutes les nations ont fait honneur à leurs dieux de l'invention de l'agriculture, & toutes par reconnoiffance s'empreffèrent à couvrir leurs autels des prémices de leurs travaux. Les égyptiens adorèrent Ofyris, comme un dieu bienfaifant qui leur avoit enfeigné l'art de faire produire à la terre de quoi pourvoir à leur subsistance ; les grecs en firent hommage à Cérès & à Triptolème son fils ; les latins placèrent au rang des dieux, Janus, un de leurs rois, pour le service qu'il avoit rendu à sa patrie ; enfin, les romains déifièrent Numa, & Romulus couronna ses prêtres avec des épis de bled. Mais comment l'agriculture est-elle parvenue successivement au point où nous la voyons ? A quelle nation, à quel siècle doit-on la découverte de la charrue, l'art du jardinage, l'art de greffer, &c. ? On ne sauroit le dire précisément. Si on remonte aux égyptiens, on voit par la constitution même de leur empire, qu'en supposant l'agriculture à un certain point de perfection, elle devoit nécessairement dégénérer, puisque toute la science résidoit dans la classe des prêtres. C'étoit le seul état considéré, le seul élevé en dignité & pouvoir. Le Le fils devoit succéder à son père : il étoit prêtre-né, & tout homme pouvoit être admis au sacerdoce. Qu'attendre des autres ordres de l'état qui végétoient dans le mépris & dans l'avilissement ! Dès-lors, la multitude des prêtres des chats, des prêtres des oiseaux, des prêtres du bœuf Apis, forma la classe la plus nombreuse, & peu à peu diminua, ruina & épuisa la classe des travailleurs. Les forces manquèrent à l'état, & il devint la proie de ceux qui voulurent le conquérir. En vain, pour prouver l'excellence de l'agriculture de ce peuple, & les instructions qu'il recevoit de ses prêtres, a-t-on recours à ces hiéroglyphes fameux, qui sont encore l'écueil de tous les systêmes. La manière d'enseigner & d'instruire n'a

jamais dû être plus obscure que l'objet à enseigner ; & pourquoi en faire un mystère, en réserver la connoissance aux prêtres qui ne cultivoient pas, & par conséquent qui en avoient moins besoin que le peuple ?

Si on jette un coup-d'œil sur le goût que les grecs eurent pour les sciences & pour les arts, on sera porté à croire que l'agriculture fit beaucoup de progrès parmi eux, & l'économique publiée par Xénophon en seroit la preuve. Cependant, toutes les fois que l'agriculture n'est pas intimément liée avec le systême politique du gouvernement, il est naturel de supposer qu'elle sera toujours languissante ; & chez les grecs, rien ne prouve cette union. D'un autre côté, le génie changeant de ce peuple aimable & frivole, & son excessive passion pour les arts agréables, démontre son peu d'aptitude pour une science qui demande un esprit réfléchi, sérieux, persévérant, & beaucoup d'attention. Quel est donc le peuple qu'on doive considérer comme notre maître ? Les romains ont cet avantage. Cette assertion cependant exige quelques modifications. Les romains sont nos maîtres, non pour avoir inventé des méthodes & perfectionné les instrumens d'agriculture, mais pour avoir rapporté dans leur patrie les méthodes & les instrumens des peuples qu'ils fournirent à leur empire. C'est par ce mélange heureux de pratiques différentes, naturalisées chez eux, qu'ils sont parvenus à avoir un ensemble, & à devenir nos modèles. Pour les bien juger, examinons ce qu'ils ont fait pour l'agriculture ;

culture ; fi leurs vues fur l'agriculture étoient liées avec les vues politiques du gouvernement ; enfin ,
en quoi confiftoit leur agriculture.

CHAPITRE PREMIER.

Ce que les Romains ont fait pour
l'Agriculture.

Il faut diftinguer deux époques.
La première comprend depuis la
naiffance de l'empire jufqu'au milieu
du feptième fiècle ; & dans cet
efpace de tems, il paroît que le régime s'eft occupé de l'agriculture.
La feconde, depuis cette époque
jufqu'à l'afferviffement de la république fous le fceptre des Céfars ,
c'eft-à-dire , du tems où le régime
ne s'occupa plus de l'agriculture.

Romulus divifa le territoire de la
république en trente portions égales.
Il en donna une à chaque curie, &
les trente curies formèrent les trois
tribus, Une certaine étendue de terrain fut réfervée pour le fervice des
dieux & les befoins de la patrie.

Tous les chefs de famille de chaque curie eurent, fuivant leur rang,
un certain nombre de journaux de
terre, & les plus pauvres en eurent
deux. La loi rendit ces deux journaux indivifibles ; & cette loi fub-
fifta, dans toute fa force, jufqu'à
l'an 385 de Rome. Le journal romain étoit à peu près les fept huitième de l'arpent de Paris, c'eft-à-
dire que le journal contenoit 28000
pieds quarrés, tandis que l'arpent de
Paris en contient 32400.

Par une fatalité commune à tous
les pays, les riches abforbèrent peu
à peu le patrimoine des pauvres, &
il en fera toujours ainfi. Le peuple
ne pouvant fubfifter par le produit

Tom. I.

de deux journaux, fe plaignit ,
demanda un nouveau partage des
terres ; il fallut dépouiller ceux qui
en avoient trop concentré dans
leurs poffeffions, & faire de nouvelles conquêtes. Après celle des
Vèges , le fénat, à l'incitation de
l'intrigant Licinius Stolo , régla à
fept journaux par tête la divifion du
territoire conquis, pour être donnés au peuple. Comme Licinius
Stolo n'étoit pas animé de l'efprit
patriotique, il viola bientôt la loi
qu'il fit promulguer, & il en fut
puni. Au contraire, Curius, le
vainqueur de Samnium, refufa les
cinquante arpens que la république
lui accordoit par reconnoiffance ,
difant qu'il falloit être un pernicieux
citoyen pour ne pas être fatisfait de
ce qu'elle accordoit aux autres. Le
même Licinius fit défendre, par une
autre loi, de poffèder plus de cinq
cents arpens.

La loi, ainfi que toutes celles qui
répriment l'avidité, ne reftent jamais long-tems fans tranfgreffion,
& deviennent nulles, lorfqu'elles
ne font pas étroitement liées avec
le fyftême politique du gouvernement, En effet, en 454 & 461, on
voulut les faire revivre ; plufieurs
citoyens furent condamnés, pour
avoir en propriété un nombre de
journaux plus fort que celui permis
par la loi. A la fin, elle fut violée
& méprifée publiquement, & les
poffeffions des particuliers qui eurent part à l'adminiftration devinrent immenfes.

L'eftimable & le favant auteur
des *Recherches hiftoriques & critiques*
fur l'adminiftration publique & privée
des terres chez les romains, fait à cette
occafion une remarque bien judi-

cieufe. « Si ces terres immenfes n'a-
» voient pu être acquifes que par
» des voies légitimes , foit au prix
» d'un argent gagné par des travaux
» honnêtes & utiles , foit au prix des
» fervices rendus à l'état , la liberté
» d'acquérir la plus illimitée n'auroit
» point eu d'inconvéniens , parce
» que l'abus n'auroit jamais pu être
» porté fort loin. On avance lente-
» ment dans la carrière de l'intérêt ,
» lorfque ce n'eft pas en pillant le
» fouverain ou le peuple que l'on
» peut s'enrichir , & lorfqu'il faut
» tirer de fes égaux , & fans con-
» trainte , de quoi fe procurer une
» fortune ; mais quand l'autorité
» fouveraine, par fa manière d'ad-
» miniftrer , donne lieu de faire ra-
» pidement des fortunes monftrueu-
» fes, il n'y a plus ni frein, ni bar-
» rières. C'étoit le cas où fe trou-
» voit la république romaine ».

En 621 , Sempronius Graculus fit
revivre la loi qui fixoit les plus
grandes poffeffions à cinq cents journaux. Il paya de fa vie fon patrio-
tifme & fa hardieffe d'ofer attaquer
les ufurpateurs des terres publiques.
Cette loi différa des précédentes ,
en ce qu'elle permettoit en outre ,
au père, de poffèder deux-cents cinquante journaux pour chacun de fes
fils, & elle défendoit , pour l'avenir, aux nouveaux propriétaires du
territoire de la république , de le
vendre.

Après la mort de Sempronius ,
le dernier des défenfeurs des loix
agraires , relatives aux poffeffions ,
elles furent fupprimées. On impofa
un cens fur toutes les terres ufur-
pées fur le domaine de la république , afin de le diftribuer au citoyen
indigent , & peu à peu les gens

riches parvinrent , fous différens
prétextes , à ne le plus payer. Ici
finit la première époque, avec l'a-
néantiffement des loix agraires.

Il exiftoit encore un autre code
de loix. La première affuroit, de la
manière la plus invariable, le droit
de propriété à chacun. Cette loi ne
fut jamais tranfgreffée , pas même
par les empereurs, qui fe croyoient
tout permis , parce que tous les individus, depuis les gens conftitués
en dignité jufqu'au plus pauvre propriétaire, avoient un intérêt direct
à fa confervation ; & la propriété
eft un droit fi naturel qui ne peut
& ne doit pas être foumis aux caprices ou aux malverfations de
l'homme en place. La propriété fut
fi facrée chez les romains, qu'ils
punirent du fupplice de la croix
ceux qui gâtoient volontairement
ou coupoient la moiffon des autres
pendant la nuit. Celui qui déplaçoit
la borne d'un champ étoit regardé
comme un coupable , & on avoit
le droit de le tuer; tout , en un
mot , favorifoit la propriété : chacun avoit le droit de tuer le gibier
fur fon patrimoine ; aucune loi ne
forçoit de porter fes denrées au marché; il étoit permis d'attendre une
occafion favorable pour les vendre
à un prix avantageux , & même au
double de la valeur ordinaire. Nul
citoyen n'avoit le droit de conduire fes troupeaux fur le champ
de fes voifins , & le droit de parcourt ou de communaux étoit inconnu à Rome. On y multiplia les
marchés, les foires, & il fut défendu de tenir aucune affemblée ces
jours-là , afin de ne pas détourner
le cultivateur : des grands chemins
bien entretenus, facilitèrent le tranf-

port des denrées : la liberté attira la concurrence , & la concurrence affura la confommation d'un peuple prodigieux raffemblé dans la métropole.

Les romains furent profiter de l'opinion publique, toujours plus forte que les loix, pour encourager l'agriculture. Les tribus de la campagne étoient eftimées ; celles de la ville, compofées de gens oififs , étoient méprifées , & le déshoneur accompagnoit l'habitant des champs, tranfféré dans ces dernières. Le laboureur tenoit le premier rang après la nobleffe. Pour être foldat , & être compté au nombre des défenfeurs de la patrie, il falloit être propriétaire de terres , & l'affranchi n'étoit admis à cet honneur, que lorfque fa poffeffion valoit trente mille fefterces.

Ce fut dans ces beaux jours , dans ces jours heureux de la république , que l'Italie vivoit au fein de l'abondance ; ce fut alors que Manius-Marcius fit donner au peuple le boiffeau de bled à raifon d'un as (ou un fol) ; que Spurius-Murius l'imita pendant trois marchés confécutifs , & le bled fut au même prix lorfque Lucius-Metellus revint triomphant à Rome.

Pline , frappé du contrafte de Rome de fon tems & de Rome ancienne , fe demande à lui-même , quelle étoit donc la caufe d'une fi grande abondance ? Et il répond : C'eft que les généraux d'armée cultivoient leurs champs de leurs propres mains , & que la terre fe plaifoit à fe voir fillonnée par des hommes couronnés de laurier , & décorés par l'honneur du triomphe. En effet , Serranus étoit occupé à femer

fon champ , lorfqu'il reçut la nouvelle de fa nomination au confulat. Quintus-Cincinnatus labouroit les quatre journaux qu'il poffédoit fur le mont Vatican : il avoit la tête nue & le vifage couvert de pouffière , lorfque l'huiffier du fénat vint lui annoncer qu'il étoit dictateur : il fut obligé de fe vêtir pour recevoir les ordres du fénat & du peuple romain. Les idées d'agriculture étoient fi fortement empreintes dans les efprits , que pour récompenfer un général d'armée , un vaillant citoyen , la république lui donnoit autant de terre qu'un homme en peut labourer dans un jour ; & lorfque le peuple accordoit une petite mefure de grain , c'étoit une diftinction des plus honorables. Les premières familles furent défignées par des noms tirés de l'agriculture. En un mot, Caton ne croyoit pas pouvoir mieux louer quelqu'un , qu'en le nommant un bon laboureur.

Cette fimplicité de mœurs, cet attachement pour l'agriculture & la frugalité , furent bientôt oubliés après l'an 620 de Rome. Les richeffes prodigieufes introduites dans la capitale du monde , à la fuite de fes conquêtes , le goût du luxe , de la parure, la foif des honneurs , corrompirent le cœur des romains , & l'agriculture fe reffentit de la contagion. Les terres labourables furent converties en parcs, les prairies en jardins ; on cultiva & naturalifa les objets de luxe , de pur agrément , & la bonne culture fut abandonnée. Il fallut alors, comme dit Columelle , recourir aux nations étrangères pour fe procurer du pain , parce que l'utile avoit été sacrifié à l'agréable, & parce que le modeste agriculteur ne jouissoit plus d'aucune considération.

CHAPITRE II.

Les vues des Romains relativement à l'Agriculture, étoient-elles liées avec les vues politiques du Gouvernement ?

Il est prouvé par le chapitre précédent, que Romulus & Numa réunirent les loix agricoles aux loix politiques du gouvernement, & établirent pour gage de leur réunion, les institutions & les cérémonies religieuses. Tel fut l'esprit de Rome sous ses rois. Le peuple romain ne pensoit pas uniquement alors à la guerre & aux conquêtes comme dans les tems de la république. On pourroit presque dire que la seule nécessité de pourvoir à sa subsistance, lui mettoit les armes à la main pour s'approprier les moissons de ses voisins.

Après l'expulsion des rois, les citoyens, ambitieux de parvenir aux charges de la république, & de la gouverner, mirent en usage tous les moyens capables de leur gagner les suffrages de la multitude. Ils se parèrent du zèle & de l'esprit de patriotisme, prirent le parti du peuple, & demandèrent l'augmentation de leurs propriétés. Telle fut la route que suivit Licinius-Stolo, & que tant d'autres avoient frayée avant lui pour parvenir à leur fin. Combien de pareils exemples fournit cette histoire ! & ils prouvent tous que s'il est résulté quelques avantages pour l'agriculture romaine, c'est par une voie indirecte : ce bien ne fut jamais l'ouvrage des vues de la république ; mais l'effet du zèle intéressé de quelques particuliers. Il suffit de lire sans prévention l'histoire romaine, d'étudier & de réfléchir sur les causes de ses grands événemens, pour se convaincre de cette vérité.

S'il y avoit une liaison nécessaire entre les loix politiques & les loix agricoles, si les romains avoient regardé l'agriculture comme la base durable de la prospérité de l'empire, ils n'auroient pas été dévorés de l'ambition de conquérir & de gouverner l'univers entier. Que de sang répandu ! quelle diminution dans le nombre des cultivateurs, puisque pour être soldat, il falloit être propriétaire ! L'idée d'une monarchie universelle qui flattoit si fort l'amour-propre de ce peuple-roi, fut encore un des stratagêmes employés par les intrigans. Ils proposèrent de nouvelles guerres, afin de commander les armées, ou afin d'éloigner du sein de la métropole ceux qui leur faisoient ombrage, ou qui nuisoient à leur avancement. Ainsi les loix politiques, comme les loix agraires, furent l'ouvrage du crédit de quelques particuliers, parce qu'il tournoit à leur avantage.

Sans cette manière d'envisager les objets, seroit-il possible d'expliquer la contradiction monstrueuse qui se trouve entre les loix & la conduite de ce peuple ? La loi défend de posséder plus de cent têtes de gros bétail & cinq cents brebis : comme si une loi pouvoit priver le propriétaire du droit naturel de nourrir sur son terrain autant de bétail que son intérêt l'exige ! Il défend par une autre loi de convertir les terres labourables en prairies, en suppofant que le grain doit manquer : mais le bœuf labourera-t-il les champs, s'il eſt privé de ſa nourriture ? Le ſénateur ne peut avoir qu'une feule barque, & le poids de ſon chargement eſt fixé. Toujours dans l'intention de faſciner les yeux de la populace, le prix des comeſtibles & des vins eſt fixé ; les dépenſes pour la table, pour les funérailles, ſont réglées, &c. N'auroit-il pas été plus ſage & plus conforme à la ſaine politique, de défendre ces diſtributions immenſes de grains à un prix au-deſſous de ſa valeur ? Ce fut le moyen le plus prompt pour décourager le cultivateur ; & ne trouvant plus le ſalaire de ſon travail, il convertit ſes champs en verger & en potager, parce qu'il ne craignit plus les dangereuſes conſéquences d'une concurrence dictée par le luxe & par l'ambition. Enfin, il fallut recourir à l'étranger, avoir des commiſſionnaires gaulois, eſpagnols, africains pour manger du pain à Rome : on auroit pu dire que le gouvernement ne ſongeoit qu'à la ſubſiſtance de la capitale, & que le reſte de l'empire n'étoit pas digne de ſes regards. Et voilà cependant ce peuple dont on ne ceſſe de vanter les vues & les principes agricoles ! Quelques traits ajoutés à ce tableau ſuffiront pour l'achever.

L'étendue prodigieuſe des domaines de la république fut, ou concédée ſous un cens qu'on ne paya plus, ou livrée à des fermiers par un bail de cinq ans. Ce terme trop rapproché nuiſoit eſſentiellement au domaine. Le fermier, loin d'y faire des améliorations dont il n'auroit pas eu le tems de profiter,

ſemblable à la ſangſue, l'abandonnoit lorſqu'il avoit épuiſé le terrain. Des droits de tous les genres furent établis ſur tous les grands chemins, aux portes de toutes les villes, & on ne pouvoit plus faire un pas ſans rencontrer une foule de demandeurs. Les tarifs des droits n'étoient connus que des fermiers de ces droits ; dès-lors l'arbitraire le plus affreux dans leur perception, & les concuſſions les plus criantes. Les gouverneurs de provinces, rois & deſpotes dans leur gouvernement, étoient pour le peuple un fléau auſſi redoutable que les traitans. Sous prétexte du logement des gens de guerre, de pourvoir à leur ſubſiſtance, à l'entretien des chemins, &c., le cultivateur étoit foulé, vexé & écraſé. Et voilà ce peuple-roi ſi vanté ! ce peuple qui jadis avoit inſtitué des fêtes en l'honneur des bœufs deſtinés au labourage ; qui éleva un temple au Dieu *Fumier*, connu ſous le nom de *Stercutus*, pour leur avoir enſeigné l'uſage des engrais ſur leurs terres ! Ce qu'on vient de dire prouve viſiblement qu'auſſitôt après les rois, le ſyſtême d'agriculture ne fut plus lié au ſyſtême politique du gouvernement de Rome ; que lorſque ces deux objets ne ſe trouvent pas réunis dans tout Etat quelconque, ſa gloire, ſa ſplendeur tiennent aux circonſtances paſſagères, & ſa proſpérité ne peut être de longue durée.

CHAPITRE III.

En quoi conſiſtoit l'Agriculture des Romains ?

Il eſt aſſez démontré que lors de

l'établissement de l'empire ; le peuple soumis aux loix dictées par Romulus , étoit un peuple de brigands & d'esclaves qui avoient secoué le joug. Leur manière de vivre différoit peu de celle des hordes sauvages de l'Amérique. Il ignoroit l'art de faire du pain ; & le sage & judicieux Numa leur apprit à faire cuire les grains & à les manger comme des gruaux. Dans la suite , le nom de *pison* , ou de pileur , fut donné à celui qui inventa les pilons pour écraser le grain & le réduire grossiérement en farine.

Pour avoir une juste idée de l'agriculture de ce peuple , il suffit de jeter les yeux sur les ouvrages de Caton, de Pline, de Columelle, de Virgile, &c. Ils entrent dans les plus grands détails , & sont les garants des faits rapportés dans les chapitres précédens , pour ce qui reste à dire.

Des terres. Elles furent cultivées avec la charrue, si bien décrite par Virgile, & encore en usage dans les provinces méridionales de France ; elles étoient tirées par des bœufs, & non par des chevaux. Les romains , dans les derniers tems de la république , apprirent des habitans de la Gaule Cisalpine à se servir de la charrue à roues , supérieure , à tous égards, à la première. Les terres étoient semées une année , & l'année suivante elles restoient en jachère.

Des engrais. Ils ne tirèrent aucun avantage de la marne, quoique son usage fût commun chez les gaulois & chez les anglois ; mais leur industrie fut extrême pour se procurer d'autres engrais. Celui qu'on tiroit des cloaques de Rome fut une fois vendu jusqu'à 600000 écus. Leurs basse-cours & leurs colombiers leur en fournissoient beaucoup. Comme le droit de chasse appartenoit exclusivement au propriétaire du terrain, le gibier étoit aussi rare qu'il est commun aux environs de Paris ; les gens aisés multiplièrent les volières , & leur donnèrent la plus grande étendue, afin d'y élever des perdrix, des grives & toutes sortes d'oiseaux. Ces volières multiplièrent les engrais. Lorsque la masse de fumier n'étoit pas suffisante pour l'étendue des champs, on semoit des plantes légumineuses , & même du seigle ; & dès que le tems de leur fleuraison étoit passé, la charrue renversoit ces plantes dans les sillons , les recouvroit de terre ; & la plante ainsi enterrée , pourrissoit & formoit un engrais pour la récolte suivante. Cette méthode est encore pratiquée dans quelques provinces de France , & sur-tout dans les environs de Lyon , pour les terrains maigres & cailouteux : le lupin y garnit la terre pendant l'année de jachère. Chez les romains , le chaume étoit brûlé sur place , & les bestiaux parquoient en plein air. En un mot , rien n'étoit oublié pour multiplier les engrais. Les flamands & les artésiens sont les seuls habitans du royaume dont on puisse comparer la conduite sur cet objet à celle des romains.

Des bleds. Les romains comprenoient sous le mot *frumentum* toutes les plantes graminées qui fournissoient un grain dont la farine étoit bonne à manger, ou propre à faire du pain. Ils semèrent toujours beaucoup d'orge dont ils faisoient du pain; & lorsqu'après les grandes conquêtes l'or & les richesses regorgèrent à

Rome, ils en abandonnèrent l'usage pour la nourriture des chevaux. L'orge qui se sème en Mars & en automne y fut commune. Le *far* succéda à l'orge, & Columelle en comptoit quatre espèces. Ce grain fut le plus estimé, tint le premier rang, & fut préféré au grain que nous nommons *froment*. Pline rapporte que le far bravoit les rigueurs de l'hiver; & ce qu'il ajoute paroît bien extraordinaire, puisqu'il dit que le far se plaisoit dans les terrains crayeux & humides, dans les endroits secs & chauds; aussi il le caractérise par l'épithète de *très-dur*. On ne connoît plus cette plante graminée. N'étoit-ce qu'une variété d'une espèce d'orge produite par la culture, ou une espèce d'orge venue spontanément? Il y auroit lieu de le croire. Cette variété seroit-elle retournée au point d'où elle est partie; c'est-à-dire, est-elle ensuite dégénérée par défaut de culture, ou par une autre cause quelconque? Il est bien difficile de prononcer. Les commentateurs sur les ouvrages des écrivains romains, loin d'éclaircir la question, l'ont encore plus embrouillée. Seroit-ce l'*orge sécourgeon?* En comparant la description du far faite par les anciens, & la rapprochant & la comparant avec les caractères qui distinguent l'orge sécourgeon des autres plantes fromentacées, on y trouve quelque analogie. Les romains, au rapport de Columelle, cultivèrent trois sortes de *bleds*, proprement dits: notre froment ordinaire, appelé *robus*, ou *bled rouge*, *bled pesant*; la seconde espèce, le *siligo*, ou *bled blanc*; enfin la troisième, le *tremas*, ou *triticum trimestre*, que nous appe-

lons *bled trémois*. La culture de l'*épeautre* ou *zea*, étoit très-considérable dans les environs de Véronne, de Pise, & dans la Campanie, ainsi que celle du millet. On comptoit quatre sortes de panis, le *rouge*, le *blanc*, le *noir* & le *pourpre*. Le millet & le panis furent seulement connus au tems de Jules-César. Le seigle étoit peu estimé; on mêloit sa farine avec celle du far; & l'exemple des habitans des pieds des Alpes, qui en faisoient du pain, ne produisit aucun effet sur l'esprit des romains. Ah! combien les siècles changent les idées des hommes! Aujourd'hui les habitans, au moins des trois quarts de l'Europe, ne mangent que du pain de seigle.

Des Légumes. Le mot *légume* est pris ici dans son sens propre, & non pas au figuré, comme à Paris, où l'on appelle improprement *légume* une courge, un choux, une rave, un oignon, &c. Sous la dénomination de *légume*, les romains connurent la fève, les faséoles ou haricots, les lentilles, toutes les espèces de pois que nous cultivons; la gesse, la vesse, les ers, les lupins, &c. La culture de ce dernier légume étoit très en vigueur. Il servoit à la nourriture de l'homme & des animaux, & je crois que dans toute l'Europe, les corses seuls le cultivent pour leur servir d'aliment. Ils mêlent sa farine avec de l'huile d'olive toujours forte & puante, ils la font cuire, & quelquefois ils se contentent de la faire cuire avec de l'eau salée.

Des Herbages. Les raves, les navets, les raiforts étoient en grande recommandation dans l'empire; &

Columelle, en parlant des choux, dit qu'ils étoient estimés des peuples & des rois. Comme cette nation vivoit presqu'entiérement de végétaux, il est aisé de se figurer à quel point de perfection fut portée la culture des différens herbages, puisque dans les derniers tems de la république, une grande partie des champs fut métamorphosée en potagers & en vergers. Il est inutile d'entrer ici dans un plus grand détail; il nous meneroit trop loin.

Des Prairies. Les romains élevoient beaucoup de bestiaux, & les bœufs seuls étoient appliqués à la charrue. Il falloit donc des prairies immenses, & elles furent un des objets principaux de leurs soins & de leurs attentions. Malgré leur étendue, elles ne suffisoient pas; il fallut recourir aux prairies artificielles, & à tous les genres de culture capables de produire la nourriture des bestiaux. On voit ce peuple actif semer exprès du seigle pour le couper en verd; du lupin, & en donner les grains aux bœufs après les avoir fait macérer dans l'eau pendant plusieurs jours, afin que l'eau en enlevât l'amertume. On les voit semer ce qu'ils appelloient le *farago*, & que les flamands nomment aujourd'hui *dragée.* L'orge & le far de rebut servoient à cet usage; on mêloit ces grains avec des pois, des féves, des lentilles, &c.; & aussitôt après que le grain étoit noué, la faucille coupoit le fourrage, & la charrue traçoit de nouveaux sillons. La luzerne fut la base de leurs prairies artificielles. Connurent-ils le sainfoin ? je l'ignore. Le fenu-grec, quoique bien inférieur à l'un & à l'autre,

fut encore cultivé avec soin. Il est inutile de parler ici du fourrage nommé *ocymum* par les romains, puisque son usage étoit aboli du tems de Pline.

Des Vignes. Elles furent une des grandes richesses des romains. Si on juge par la célébrité de leurs vins, de leur art de le faire, & de leur manière de cultiver la vigne, il est constant qu'ils le portèrent au plus haut degré de perfection : cependant il paroit qu'ils travailloient plus pour la quantité que pour la qualité, puisque Columelle & Varron disent qu'un journal de vignes hautes produisoit, dans les années abondantes, jusqu'à quinze *culées*, c'est-à-dire, à peu près trente muids de trois cents pintes de notre mesure. Or, il est de fait qu'une telle vigne devoit être plantée dans un terrain trop fertile; & dès-lors le vin devoit avoir peu de qualité. Pline a compté jusqu'à 195 cantons renommés pour les vignes, & distribués çà & là dans les trois parties du monde connu. L'Italie seule en fournissoit les deux tiers. La France seule aujourd'hui en compteroit beaucoup plus. Ils avoient quatre manières de cultiver la vigne. Les ceps étoient rampans, ou liés à des échalas, ou disposés en treilles, ou mariés à l'ormeau, au peuplier, au frêne, &c. Ces dernières vignes étoient les plus estimées. On doit juger, dès-lors, de leur qualité; aussi Cynéas, ambassadeur de Pyrrhus, plaisante les romains sur l'âpreté de leurs vins. *Lusisse in austeriorem gustum vini, merito matrem ejus pendere, in tam altâ cruce,* Pl. Les espèces de raisins cultivés par les romains étoient

ce

en grand nombre , & aujourd'hui on en connoît bien peu de celles qu'ils cultivoient.

Des Oliviers. Columelle en compte dix espèces, la *pausia*, l'*algia*, *liciniana*, *sergia*, *nævia*, *culminiana*, *orchis*, *regia*, *circites*, *murtea*; & Pline rapporte que du tems de Tarquin l'ancien, l'olivier n'étoit pas connu en Italie. Les romains exportoient l'huile d'olive dans toutes les provinces de leur empire , & sa qualité la faisoit regarder comme l'huile la plus délicieuse. Aujourd'hui presque toute l'huile d'Italie a un goût âcre, puant & détestable. Ce tableau abrégé des cultures romaines sera plus détaillé dans la suite de cet ouvrage. Consultez les mots propres.

TROISIÈME PARTIE.

Vues générales sur l'Agriculture du Royaume de France.

Plusieurs circonstances ont concouru à établir les différentes méthodes d'agriculture usitées dans les provinces de ce royaume : les unes sont morales , & les autres physiques.

CHAPITRE PREMIER.

Des circonstances morales.

Elles reconnoissent pour principes les différens gouvernemens & les souverainetés établis autrefois dans les provinces qui composent actuellement le royaume de France. La Provence a eu ses comtes ; le Dauphiné, ses dauphins ; la Bourgogne & la Franche-Comté, ses ducs & ses comtes ; la Champagne , ses comtes ; la Normandie & l'Anjou, ses ducs ; la Gascogne & le Langue-

Tom. I.

doc, ses comtes ; la Navarre , ses rois , &c. L'agriculture de ces états s'est ressentie des différens régimes par lesquels ils étoient gouvernés ; plus le régime a été fiscal , & par conséquent prohibitif , moins l'agriculture a été florissante.

Pour avoir une juste filiation des méthodes de ces petits états , il faudroit remonter à des tems plus reculés , & considérer par quelles nations ces provinces ont été peuplées & successivement conquises. On verra les phocéens établir , dans les environs de Marseille, leurs méthodes & leurs usages ; les grecs , les phéniciens, à Agde , à Narbonne , &c. les romains , dans presque tout le royaume ; & les peuples du nord , qui se répandirent comme des torrens, dans toutes les provinces septentrionales de France. Les mots techniques, conservés dans les patois de ces différens lieux , annoncent encore l'idiome original d'où ils sont dérivés : les caractères des différens peuples ont singuliérement influé sur l'agriculture.

Il est inutile de s'occuper plus long-tems de ces recherches : elles serviroient plus à l'histoire qu'à la pratique de l'agriculture & à sa perfection. Les circonstances ne sont plus les mêmes aujourd'hui : les sols ont changé par les alluvions ; les grands abris se sont abaissés en partie ; les étangs ont été desséchés ; les forêts qui couvroient presque tout le sol du royaume, ont été abattues, &c. Le terrain de la France actuelle ressemble bien peu à celui que nos ancêtres cultivoient paisiblement , lorsque les romains les assujettirent à leur domination ; il n'en reste plus que la masse. Le degré de chaleur ou de froid habituel du climat, la nature des productions, & les moyens pour cultiver, ont fini par fixer les méthodes de culture dans nos différentes contrées.

La communication qui s'est établie insensiblement, par le commerce réciproque des produits, a transplanté encore certaine culture d'une province à l'autre. Si on rencontre, dans une province, une espèce de culture qui lui soit particulière, & qu'ensuite on retrouve la même culture dans une province éloignée de la première, autant par la distance qui les sépare que par la position, on doit conclure que l'une a travaillé à l'imitation de l'autre, que c'est un vol heureux qu'elle lui a fait. Le safran va servir d'exemple.

Olivier de Serre publia, en 1600, son *Théatre d'Agriculture* ; & c'est un de nos plus anciens auteurs en ce genre. Il parle des pays où l'on cultive cette plante, & cite l'Allemagne, la Hongrie ; & pour la France, il se contente d'indiquer l'Albigeois. Les Alpes, les Pyrénées, les hautes montagnes d'Espagne & de Thrace, sont le pays natal du safran : il y végète de lui-même, & le pays ne permet pas d'y établir une culture réglée. Si Olivier de Serre ne cite que l'Albigeois pour la France, & l'Albigeois avoisinant les Pyrénées, & ses habitans ayant toujours été d'ardens cultivateurs, il est donc naturel de conclure que la culture a passé successivement de cette province dans le comtat d'Avignon & en Provence ; enfin, en tirant du midi au nord, dans l'Angoumois, dans le Gatinois, en Normandie, en Angleterre, &c. La preuve la plus

complette que le safran n'est pas une plante indigène dans ces provinces, se tire des soins que sa culture exige : il n'y subsiste que par le secours de l'art. Il en est ainsi du maïs, ou bled de turquie, ou gros millet : il a passé de l'Albigeois dans la Saintonge, dans l'Angoumois, &c. La pomme de terre ou truffe, venue originairement de la Pensilvanie en Irlande, a été successivement adoptée par la Bretagne, la Lorraine, l'Alsace, la Franche-Comté, le Lyonois, le Dauphiné ; & en 1766, on n'en cultivoit que fort peu aux environs de Paris. Dans l'Anjou, elle n'étoit mise en terre que pour nourrir les pourceaux. Il seroit facile de rapporter plusieurs exemples semblables ; mais ils nous écarteroient de notre objet actuel.

CHAPITRE II.
Des circonstances physiques.

La cause vraiment physique & toujours déterminante, est la position géographique du lieu : cet objet mérite une singulière attention. Il y a deux manières de considérer géographiquement l'agriculture du royaume : ou relativement aux grands bassins formés par le cours des rivières (la direction de leurs cours dépend de la chaîne des montagnes qui forment les bassins), ou en tirant des lignes parallèles de l'orient à l'occident du royaume. Ces deux manières de considérer l'agriculture présenteront des analogies & des singularités assez frappantes.

SECTION PREMIÈRE.
Des Bassins.

On compte quatorze bassins ;

Tom. Ier Pl. VI. Pag. 267.

OCEAN
CANAL DE LA MANCHE
MER DU NORD
Embouchure de la Loire
Tours
GOLFE DE GASCOGNE
Bordeaux
Lyon
ITALIE
GOLFE DE GENES
Golfe de Lyon
MER MEDITERRANÉE

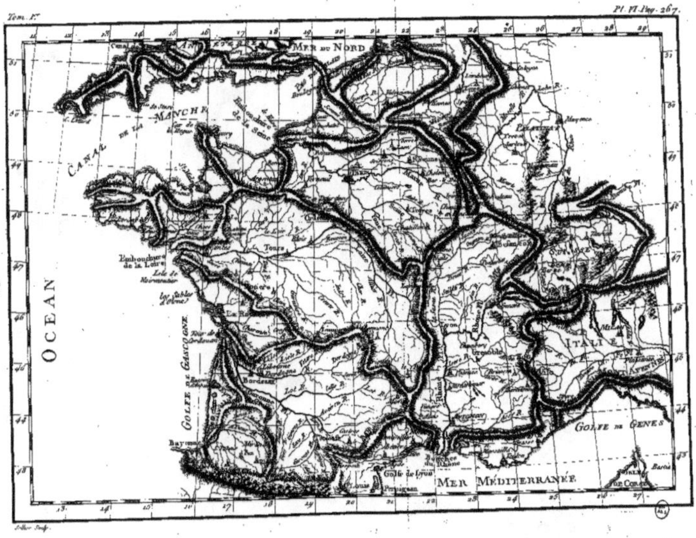

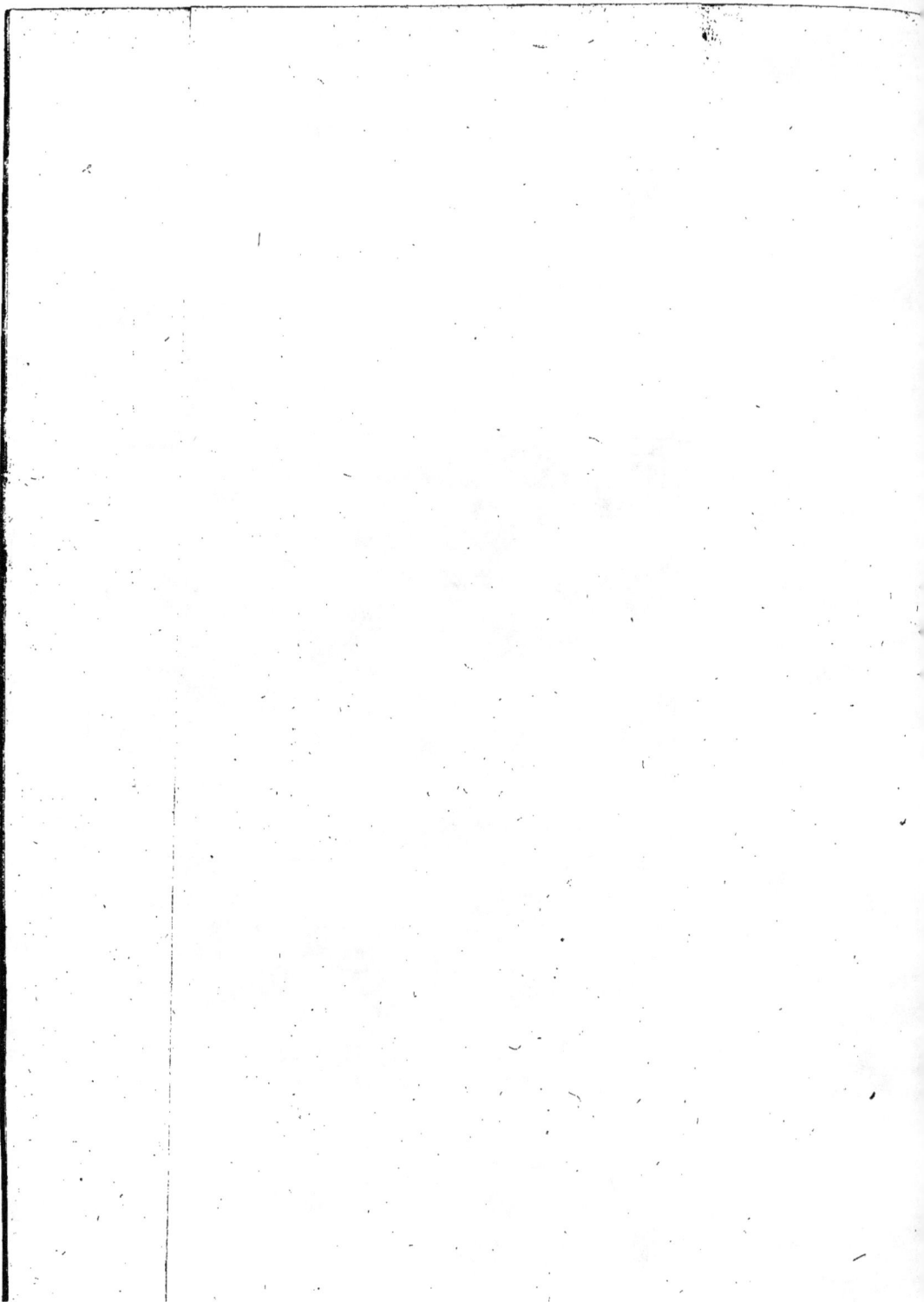

dont quatre grands, & dix petits : les quatre premiers font les baffins du Rhône, de la Seine, de la Loire, & de la Garonne.

On entend par baffin, la partie du terrain qui procure l'écoulement des eaux quelconques : ainfi la portion du terrain qui fépare un baffin d'un autre, doit donc néceffairement être plus élevée, afin de déterminer la pente des eaux ; par exemple, le fommet de la chaîne des montagnes qui traverfent le Vivarais, le Forez, le Bourbonnois, &c. dirige le cours des eaux, d'un côté à l'océan, & de l'autre à la méditerranée ; la même particularité fe retrouve fur les montagnes du Bas-Languedoc. On pourroit donc, en général, dire que la France eft divifée en deux grands baffins. Cette manière de voir ne préfenteroit rien d'affez déterminé.

L'étendue des grands baffins renferme fouvent plufieurs provinces, & quelquefois partage une province en deux, parce que la divifion du royaume en provinces eft tracée par la main des hommes, tandis que celle des baffins eft défignée & fixée par les mains de la nature. (*Voyez Pl. 6.*) Pour mieux apprécier l'étendue des baffins, il convient de prendre une grande carte du royaume, & de les comparer enfemble.

Des grands Baffins.

1°. *Du Baffin formé par le Rhône* & par les rivières qu'il reçoit. Prefque toutes ces rivières partent du nord ou de l'orient, relativement à leur embouchure, pour fe précipiter dans la mer au midi.

Ce baffin eft parfaitement caractérifé par la grande chaîne de montagnes très-élevées qui le circonfcrit de toutes parts, excepté vers l'embouchure du Rhône. On voit même, en cette partie, que ce fleuve a fucceffivement miné, détruit & renverfé la chaîne de rochers, à travers laquelle il s'eft ouvert un paffage ; & cette chaîne étoit autrefois contiguë depuis Arles jufqu'à Nîmes.

Il s'agit actuellement de faire le tour de ce baffin. En partant d'Arles, comme le point le plus méridional & le plus près de l'embouchure du Rhône, & tirant à l'orient, on trouve la prolongation de la chaîne des Alpes, & cette chaîne couvre Aix, Graffe, &c. De cette dernière ville, en remontant prefque perpendiculairement au nord, on trouve Senez, Digne, Embrun, Barcelonette, Saint-Jean-de-Morienne, tous bâtis fur les Alpes. Il faut traverfer le lac de Genève, laiffant fur la droite les hautes Alpes, qui forment à leur pied un baffin particulier, dont le lac de Genève eft le dégorgeoir, & l'on voit ces mêmes Alpes venir fe confondre avec celles de Saint-Claude, défignées fous le nom de *Monts-Jura*, & elles dominent Befançon & Montbéliard. Au nord de ce premier baffin, elles traverfent la Lorraine. (On les fuivra tout à l'heure, en parlant du baffin formé par le Rhin & par la Mofelle.) De Bedfort, on parcourt une chaîne de montagnes plus baffes, à la vérité, que celles des grandes Alpes & des Monts-Jura, mais elle en eft un embranchement. Cette chaîne, en revenant au midi, fe prolonge vers Langres ; de Langres à Dijon, à Lyon, à Viviers, à Alais, à Nîmes, & de Nîmes à la mer. Là on trouve un dépôt, peu ancien, formé par les eaux de la mer, & qui s'accroît chaque jour. Tel est le premier grand baffin : il doit son exiftence au Rhône & aux rivières qu'il reçoit.

Ce premier baffin comprend deux parties très-diftinguées par une chaîne de montagnes de l'ordre fecondaire, c'eft-à-dire plus baffes que les alpines. Le Rhône va de l'orient à l'occident, & fuivant, après cela, une ligne droite au midi, forme cette féparation en baignant le pied de la chaîne des Monts-Jura, celui des montagnes du Bugey, & enfuite celui des montagnes du Lyonois & du Vivarais.

Il réfulte de ces deux grandes divifions, deux climats dont la température eft très-différente. Le premier, c'eft-à-dire le fupérieur, eft habituellement & prefque par-tout de trois à quatre degrés plus froid que Lyon, (je parle des plaines) parce que toute la partie inférieure de ce fecond baffin eft perpétuellement garantie des vents du nord depuis Lyon jufqu'à la mer. La chaleur habituelle du premier baffin n'eft pas en raifon de fon plus ou moins grand rapprochement du midi, mais en raifon de la maffe & de la multiplicité des grands abris : dès-lors la différence des produits & des cultures. Toutes les rivières qui traverfent la partie fupérieure du baffin ont un cours doux & paifible ; elles defcendent, par des pentes infenfibles, des montagnes que les eaux pluviales décharnent chaque jour ; leurs débordemens portent, dans la plaine, un limon fertile, un engrais comparable à celui que le Nil laiffe fur fes bords ; dès-lors, les

belles & riches prairies de Franche-Comté, de Bourgogne, de Beaujollois ; dès-lors, ces moiffons abondantes que l'œil contemple avec admiration en parcourant ces provinces. La bonté du fol excite à la culture du chanvre & de tous les grains utiles aux hommes & aux animaux.

On voit dans plufieurs parties de ce baffin fupérieur, les vignes & les vins jouir de la première réputation, & la majeure partie des fpectateurs ne fait pas attention que les vignes renommées font abritées par des collines ou des montagnes. Si, par fuppofition, on aplatiffoit, au-deffus de Dijon, la chaîne du mont Afrique qui fe propage du côté de Rochepot, que deviendroient les vignes de Nuits, de Beaune, &c. ? Leur bonté, leur excellente qualité tient à l'abri qui les défend, & augmente la chaleur dont elles ont befoin ; le grain de la terre décide le goût de ces vins.

La Saone, le Durgeon, l'Ougnon, le Doux, la Seille, &c. vivifient, enrichiffent & embelliffent ce baffin fupérieur : mais la fcène change dans le baffin inférieur ; le payfage des montagnes cultivées dans cette partie, doit tout à l'art, qui furmonte la nature, & au travail opiniâtre qui le foutient. On ne voit par-tout que rochers décharnés, fables, graviers. Le Rhône & toutes les rivières qui fe jettent dans fon fein ont des cours rapides, impétueux, précipités : tels font ceux de la rivière d'Ain, de l'Ifère, de la Drome, de la Durance, du Gardon, &c. auffi fur toute l'étendue depuis Lyon jufqu'à la mer, on connoît par les fables quelle est la rivière supérieure dont la masse des eaux a fait croître le fleuve. Le limon venu de la Saone est toujours jaunâtre & fertile ; le Rhône traîne un fable blanc, fec, fans mélange de terre, très-quartzeux ; celui de l'Ifère est brun, fchifteux ; ceux de la Durance & de la Drome, fecs & arides, &c.

Si actuellement on jette un coup d'œil fur les chaînes de montagnes qui traverfent ce baffin inférieur de l'eft à l'oueft, on trouvera, comme dans le fupérieur, des climats dont la chaleur augmente moins en raifon de leur approximation du midi, qu'en raifon des abris formés par les montagnes. Nous avons dit que la maffe habituelle de chaleur étoit plus forte à Lyon de trois à quatre degrés qu'elle l'eft, par exemple, à Dole, à Befançon. Au deffous de Lyon, elle varie vifiblement de dix en dix lieues tout au plus. Lyon eft abrité au nord par la haute montagne du Mont-d'Or ; Vienne, par une chaîne coupée par le Rhône, & qui fe réunit à celle du Lyonois. Tournon & Thain, accolés au rocher, n'ont que le Rhône entre-deux. Ici les grenadiers commencent à être plantés en haie, pour circonfcrire les héritages : la chaîne du Mont-Pilat les couvre du vent du nord. Montelimar eft également abrité par une très-haute montagne ; & dès qu'on a contourné Montelimar pour remonter le Rhône, on ne trouve plus d'oliviers ; voilà leurs limites. Cet arbre fi précieux commence à y devenir affez rare ; quelques-uns ont échappé au rude hiver de 1776. Les montagnes, les collines qui les abritoient, fans ceffe dégradées

par les pluies, battues des vents violens, particuliers à ces climats, fe font abaiffées, & l'olivier expofé au vent froid du nord a péri. La chaîne du St. Efprit offre un nouveau climat, ainfi que celle du Mont-Ventoux, dans le comtat d'Avignon, &c. On doit donc regarder chacune de ces divifions, chacun de ces abris, comme un baffin très-particulier, foit pour l'intenfité de chaleur, foit pour la diverfité de fes productions & de leurs qualités. Ces qualités font très-diftinctes dans les vins. Ceux de Sainte-Foy, de Millery, de Charly près de Lyon ; de Côte-Rôtie près de Vienne ; de l'Hermitage à Thain ; de Saint-Peret & de Cornas, vis-à-vis Valence ; de Châteauneuf-du-Rhône, de Donzère, de Châteauneuf-du-Pape, &c. ont des caractères fi marqués, qu'on ne peut s'y méprendre, & ils les doivent aux abris & aux plants de raifins qu'on y cultive.

Après avoir parcouru toutes les parties baffes de ce grand baffin du Rhône, & des rivières qu'il reçoit, fi on fuit les montagnes de chaîne en chaîne, on verra qu'à hauteur égale les cultures & les productions y font par-tout les mêmes. Les fapins des Alpes, des Monts-Jura, fe retrouvent au Mont-Pilat. Les pins des montagnes moins élevées font prefque le contour de ce grand baffin. Beaucoup de feigle, point ou peu de froment, du bled farrafin ou bled noir, des pommes de terre, y font les objets des cultures. Leurs arbres fruitiers y font tardifs, & leurs fruits font tranfportés dans la plaine, fur-tout les pommes, ainfi que les châtaignes & les marrons, dont le goût eft excellent. Ces chaînes de hautes montagnes, divisées & sous - divisées en mille & mille vallons, offrent des prairies délicieuses dont l'herbe est fine, courte, aromatique.

Des troupeaux nombreux de bœufs, de vaches, de moutons, de chèvres, consomment ces pâturages pendant l'été, & fourniffent ces énormes fromages connus fous le nom de *vachelin*, en Franche-Comté, & qui font faits de la même manière que ceux de Gruyères. Chaque canton a les fiens propres & particuliers, & tous font excellens, parce que les pâturages font élevés. Voilà les avantages généraux que chaque pays de ce baffin doit à fa pofition.

2°. *Du Baffin de la Seine.* La montagne de la ville de Langres fert de point de démarcation à trois baffins : à celui dont on vient de parler, à celui de la Meufe, & à celui de la Seine. Nous reviendrons à ce fecond après avoir parlé de quatre baffins principaux du royaume. Toutes les rivières de celui-ci partent du fud & fud-eft, relativement à leur embouchure. Les variations des climats, des productions & des cultures y font moins frappantes & moins caractérifées que dans le précédent, parce que les chaînes de montagnes y font moins élevées & vont toujours en diminuant, à mesure qu'elles accompagnent le cours des rivières ; & dans la partie baffe de ce baffin, elles ne font plus que des côteaux renforcés. Voilà pourquoi à Laon, à Rheims, on récolte du bon vin, quoique ces deux villes foient auffi feptentrionales que Rouen, le Havre, &c. où la vigne ne reçoit pas

la chaleur fuffifante pour la maturité de fon fruit.

En partant de la chaîne qui couvre Autun, & tirant au nord jufqu'à Langres, les montagnes y font hautes, & Langres eft la ville la plus élevée de tout le royaume. De Langres, en continuant au nord, la chaîne fe partage ; à droite, elle va gagner celle des montagnes de Lorraine ; & à gauche elle forme la partie orientale du baffin dont il s'agit. Elle paffe par Chaumont en Baffigny, par Joinville, Bar-le-Duc, Rheims, Rhétel. A Guife, qui eft la partie la plus feptentrionale du baffin, elle fe divife en quatre, & forme une efpèce de croix : on vient d'en voir une partie. La feconde part du midi au nord, & gagne le Cambrefis ; la troifième fe dirige vers Calais ; & la quatrième, qui concourt à former le baffin dont nous parlons, correfpond au Havre - de - Grace ; elle couvre Noyon, Beauvais, Caudebec, &c. En traverfant la Seine, & revenant au midi, on trouve une autre chaîne de côteaux, qui va toujours en s'élevant jufqu'à Autun, point d'où l'on eft parti. Pont-Audemer, Verneuil, Mortagne, Chartres, Pithiviers, Montargis, Château-Chinon, enfin Autun, font dans ce trajet.

Ce fecond grand baffin doit être fubdivifé en deux parties, à caufe des embranchemens des montagnes. Si on tire une ligne prefque droite de Laon à Nevers, en paffant par Epernay, Sefanne, Sens, Joigny, Auxerre, il fera facile de reconnoître ces embranchemens. C'eft par le fecours de ces abris que ces climats fourniffent des vins délicieux , moins fpiritueux que ceux de la première divifion du baffin du Rhône , & ceux-ci encore moins généreux que ceux de la feconde divifion. Je ne compare pas ici la délicateffe & l'aromat de ces vins entr'eux ; il ne s'agit que de cette portion fpiritueufe qui les conftitue *vin* , & qu'on retire par la diftillation. Il faut cependant convenir que l'approximation du midi doit être comptée ; mais comme on l'a déjà dit en parlant du Rhône , fes effets ne font pas fuivant la diftance , mais fuivant les abris.

A mefure que les abris s'abaiffent pour former la feconde divifion du baffin de la Seine , les vins perdent immenfement de leurs qualités ; ils deviennent plats , foibles comme dans les environs de Paris , & le long du cours de la Seine de Paris à Rouen. Enfin , plus l'abri eft abaiffé , plus l'intenfité de chaleur diminue , & il arrive très-fouvent que le raifin ne mûrit pas. Le cidre le remplace en Normandie depuis le treizième fiècle à peu près : les pommiers à cidre ont été apportés de la Navarre efpagnole. Ils font indigènes dans les environs de Pampelune ; & s'ils ne font pas greffés en Normandie, ils donnent du mauvais cidre.

Les rivières qui concourent à former ce fecond baffin , font la Seine, l'Armançon, l'Yonne, l'Ouin, l'Aure , l'Oife, la Marne , &c. Que l'on confidère actuellement les bords de ces rivières, dont le cours eft lent & paifible , & on jugera du degré de leur fertilité par les dépôts qu'elles forment. Suppofons pour un inftant que le cours de la Seine foit ifolé , par exemple , depuis Paris jufqu'à Rouen , & que les dépôts aient été formés par les feules eaux de la Seine , abftraction faite de toutes les eaux qu'elle reçoit ; ces dépôts feront peu fertiles , parce qu'elle charie un fable prefque tout compofé de débris des filex , & le filex nuit à la végétation. Au contraire , s'il fe préfente quelques dépôts terreux , ils feront dûs à l'Yonne, à l'Oife, à la Marne , &c. Il feroit trop long de fuivre ici le cours de chaque rivière en particulier. L'homme qui traverfera les provinces renfermées dans ce fecond baffin , obfervera ces rivières dans leurs crues , & examinera quelle eft la nature de la terre ou du fable qu'elles charient ; par cela feul il aura une idée exacte de la fertilité du fol qui les avoifine.

Le vin forme la principale production de la partie fupérieure de ce baffin. La craie s'oppofe à la culture du bled , c'eft-à-dire, qu'il n'y a nulle comparaifon entre les récoltes , en ce genre , de la partie inférieure avec la fupérieure ; & encore le pays crayeux de l'inférieure ne vaut pas mieux. La craie retient trop l'eau , ou plutôt l'eau ne peut pas la pénétrer, ni la divifer, & par conféquent les racines des plantes s'y infinuer. Ces provinces font très-heureufes d'être fouvent arrofées par les pluies, & de ne pas éprouver les chaleurs & la féchereffe qu'on reffent dans les provinces méridionales ; autrement tout ce qui eft craie feroit infertile.

L'abondance des pâturages de la Normandie fert à multiplier les beftiaux, à entretenir des haras ; & tout ce qui n'eft pas dépôt de la Seine eft un terrain précieux, dont une grande partie eſt conſacrée à la culture du chanvre. Sa qualité en eſt ſupérieure , & favoriſe ſinguliérement le commerce des toiles de cette province. Tel eſt l'effet des différens abris & des dépôts multipliés de ce ſecond baſſin. Il en eſt un important à connoître & à ſuivre dans ſa marche , puiſqu'il parcourt preſque tout ce baſſin : c'eſt le dépôt de craie. Il commence audeſſus de Dijon , ſuit tout le cours de la Seine juſqu'au Havre , remonte de Dijon dans la Champagne , traverſe la Picardie pour aller correſpondre au même dépôt en Angleterre ; ce qui prouve aſſez clairement que l'Angleterre a été jadis unie à la France. Les couches y ſont les mêmes , & les unes & les autres conſervent entr'elles le même ordre & la même diſpoſition.

3°. *Du Baſſin de la Loire, & des Rivières qu'elle reçoit.* C'eſt le plus grand & le plus conſidérable de tous ceux de la France. La chaîne très-haute des montagnes commence entre Mende & Viviers , dans la partie orientale & méridionale du Languedoc. C'eſt là qu'elle ſe diviſe en deux parties ; l'une monte au nord & l'autre gagne l'oueſt. Celle du nord paſſe par le Puy - en - Velay , Saint-Etienne-en-Forez , Roanne , Charolle , Autun : de cette dernière ville , elle s'abaiſſe vers Nevers , continue toujours , en s'abaiſſant , à Coſne , Orléans , Alençon , Domfront ; revient au midi , paſſe par Laval , Château-Gontier , Nantes , & enfin à la mer. Là , il faut traverſer la Loire ; & de l'autre côté recommence une chaîne de côteaux renforcés qui couvrent Mauleon , Poitiers , &

vont toujours en s'élevant pour former les hautes chaînes de montagnes du Limoſin , de Clermont-en-Auvergne , de Brioude ; & ſe prolongent juſqu'à Viviers.

Ce baſſin a , comme le précédent , deux parties bien caractériſées , & on peut également le diviſer en haut & bas. Le haut comprend les montagnes du Limoſin , de l'Auvergne , du Forez , du Bourbonnois & du Vivarais. Cette chaîne de montagnes offre les mêmes productions que celles des montagnes du Dauphiné , de la Franche-Comté , &c. des engrais pour les beſtiaux ; des pâturages & des parcours pour les haras ; des fromages de toutes les eſpèces ; des châtaignes délicieuſes. Il faut une certaine intenſité de froid , & une certaine élévation audeſſus du niveau de la mer , pour que ce fruit ſoit ſavoureux ; il n'a point ou preſque point de goût dans la plaine. Le ſarraſin , le ſeigle , les pommes de terre , quelque peu de chanvre , ſont les productions de ces pays montueux. Quoiqu'il y ait des abris , & de très-grands abris , leur élévation trop forte ne permet pas à la chaleur d'y mûrir le raiſin ; & , à l'exception de quelques cantons privilégiés & très-bas au milieu de ces montagnes , on ne voit aucune vigne. La nature les dédommage par l'abondance des fruits à pépins , & ils y ſont délicieux.

La partie inférieure de ce baſſin , abritée par des côteaux multipliés , offre toutes ſortes de productions & très-bonnes en leur genre ; les vins blancs de Poilly , de la Charité-ſur-Loire ; les rouges d'Orléans , de Blois , &c. les fruits de Tours , d'Angers.

gers. Depuis Nevers jufqu'à Nantes, en fuivant la Loire, on voit de droit & de gauche de riches côteaux chargés de vignes. Prefque toute la pierre de ce baffin inférieur eft calcaire ; elle fe décompofe aifément depuis Blois jufque dans l'Angoumois, en paffant par Châtellerault ; elle fe divife en feuillets plus ou moins épais, & on les nomme *grouais*. A Tours, ces bancs forment de larges & longues tables : on creufe les habitations par-deffous, & elles fervent de toit. Ces habitations fouterraines ne différent de celles que l'on découvre le long de la Seine, depuis Rouleboife jufqu'à Rouen, qu'en ce qu'elles ont été taillées en plein dans la craie ; au lieu que les bancs de la Tourraine font horizontaux, & non en maffe, & fouvent le banc de pierre dure repofe fur un lit de terre ou de pierre plus tendre, & par conféquent facile à travailler. Entre Tours & Angers, on trouve ce dépôt immenfe de coquilles pulvérifées, connu fous le nom de *falun* en Tourraine, & de *cran* ou *craon* en Anjou.

Il ne faut pas paffer fous filence le pays particulier de la trifte Sologne. Le fond du terrain eft prefque par-tout glaifeux ; il retient l'eau, & multiplie les étangs, les mares ; & ces eaux ftagnantes corrompent l'air dans l'été, caufent des fièvres, &c. Cette couche glaifeufe eft recouverte par une couche de fable, fec, infertile, dans lequel on rencontre fouvent du fer femblable à celui que l'on trouve dans les landes, entre Anvers & le Mordick, dans le duché de Gueldres ; dans les landes de Bordeaux, où il

eft appellé *alios*. Quelquefois il s'y rencontre en maffe, & le plus fouvent divifé par parcelles. C'eft une mine de fer très-pauvre. Ces dépôts ferrugineux font-ils dus aux portions ferrugineufes chariées par les eaux, & agglommérées enfemble ? font-ils formés par la décompofition des bruyères, qui en contiennent beaucoup, & qu'on retire fans peine & en affez grande quantité avec l'aimant, après les avoir calcinées & réduites en cendres ? ou bien les bruyères fe multiplient-elles en raifon de la quantité de parties ferrugineufes contenues dans la terre fur laquelle elles végétent ? Nous n'entreprendrons pas de réfoudre ces problèmes. Le dépôt prefqu'infertile de la Sologne a été formé par les inondations du Cher & de l'Allier ; ou du moins, il y a tout lieu de le fuppofer, lorfqu'on examine la nature du fable & du gravier que ces deux rivières charient, & lorfqu'on le compare avec celui de la Sologne.

Ce grand baffin offre encore des fingularités bien dignes de l'attention du naturalifte & de l'agriculteur. Tous les pays bas, depuis le Puy-en-Velay jufqu'au-delà de la Limagne en Auvergne, font d'une fertilité furprenante. La terre eft un dépôt des laves & des montagnes volcaniques. Ces laves fe font décompofées à l'air ; elles ont été réduites en pouffière, & forment cette excellente terre qui affure les plus belles moiffons dans la Limagne en Auvergne. Quelle différence pour la fertilité, fi on compare celles-ci avec les productions des montagnes du Limofin ! Comme elles font graniteufes, & par conféquent très-dures, les parcelles qui s'en détachent, ne présentent à l'œil que des petits graviers ; la dureté extrême de ces graviers ne leur permet pas de se décomposer, & leur décomposition même est inutile pour la préparation d'une bonne terre végétale.

Les rivières qui arrosent ce troisième bassin, viennent toutes du midi au nord ; & au nord, elles prennent leur direction à l'ouest. Il faut cependant en excepter le Loir, la Maïenne & la Sarte. Celles du midi font l'Allier, le Cher, l'Indre, la Creuse, la Vienne, enfin la Loire, qui les reçoit toutes.

4°. *Du Bassin de la Garonne.* Sa circonférence commence du côté du midi à Saint-Bertrand dans les Pyrénées, se propage jusqu'à Foix, toujours par une chaîne de hautes montagnes ; de Foix, elle remonte à Mirepoix, Touloufe, Caftres, Vabres, Milhaud, Mende dans le Gévaudan, Saint-Flour en Auvergne. Le Mont-d'Or, montagne si connue par les expériences de Pascal, & par l'excellence de ses pâturages, est situé au nord & sur la lisière de ce bassin, qui se continue jusqu'à la chaîne des montagnes du Limosin. Ces montagnes s'abaissent, & ne font plus que des côteaux renforcés près d'Angoulême : plus ils approchent de la mer, plus ils s'abaissent, & finissent enfin à n'être plus que des côteaux simples à l'embouchure de la Garonne, nommée *Gironde* dans cet endroit, & depuis sa jonction avec la Dordogne. Après avoir traversé la Gironde, on voit les côteaux doucement s'élever à la pointe de terre, vis-à-vis la tour du Cordouan ; ils couvrent Bordeaux à l'ouest, s'élevent encore plus à Bazas, à Lectoure ; ils laissent Tarbes sur la gauche, & vont enfin se terminer aux Pyrénées, près de Saint-Bertrand. Plus ils approchent de ce point, plus ils s'élèvent ; & depuis Tarbes, ils se métamorphosent en montagnes.

La partie de la chaîne des montagnes qui regardent le midi dans le Périgord, le Limosin & l'Auvergne ; celle placée à l'est dans le Languedoc, relativement à ce bassin, & au midi dans le pays de Foix, &c. concourent toutes ensemble à former sa partie haute. Elles préparent ces abris heureux pour les productions des plaines fertiles des environs de Toulouse, de Lauraguais, &c. du délicieux pays de l'Agénois coupé en cent & cent manières par des côteaux riants, très-productifs & bien cultivés. C'est par le secours de l'abri formé par la chaîne des montagnes du Périgord, que les vins de Libourne, de Bergerac, de Saint-Émilion, &c. acquièrent de jour en jour une réputation si bien méritée. Mais plus on se rapproche de la naissance de l'abri, plus les productions diminuent. Un sable quartzeux & graniteux couvre tout le Périgord noir ; des châtaigniers, quelque peu de seigle, du sarrasin font ses seules productions. En général ses côteaux ne présentent à l'œil que des landes immenses, chargées de bruyères : cependant, on pourroit en tirer quelque parti, au moyen des semis du pin maritime, nommé *pinada* à Bordeaux & dans ses landes. Plusieurs expériences faites par des particuliers, ont prouvé que ce pin y réussiroit à merveille. On en tireroit au moins de la poix, dont le débit eft affuré dans les ports de mer.

Quel contrafte étonnant entre le Périgord noir, & cette belle plaine bordée d'un côté par la Dordogne, & de l'autre par la Garonne ! C'eft-là qu'on trouve ces terres de promiffion, & qu'on ne fauroit mieux comparer qu'à celle de Lauraguais ; c'eft-là que la nature étale avec une efpèce de luxe fa plus grande magnificence dans les moiffons, & l'habitant induftrieux la foutient par fon travail.

Il n'eft pas furprenant que ces plaines foient fi fertiles ; elles fervent de réceptable à toute la portion terreufe entraînée des montagnes par les eaux, tandis que le fable & les petits graviers, comme les plus pefans, ont formé d'immenfes dépôts dans les parties fupérieures. Tout le terrain contenu entre la Dordogne & la Garonne, eft appellé *entre deux mers*, foit à caufe du reflux qui fe fait fentir en remontant affez haut dans ces deux rivières, foit parce qu'il eft vifible que c'eft un dépôt formé à l'aide du reflux, qui retenoit les terres apportées par les rivières : la mer a également contribué à fon élévation par le limon qu'elle y a dépofé.

Le côteau renforcé couvre des vents du nord la plaine de Bordeaux compofée en grande partie d'un fable limoneux du côté de la mer, & qui lui doit fon exiftence. Lorfque fous ce fable, il ne fe rencontre point de couches glaifeufes, argileufes, le vin y eft délicieux. Tel eft celui d'Aubrion, &c. parce que l'eau s'imbibe facilement, pénètre le fable, & ne furcharge pas d'une humidité nuifible les racines de la vigne.

On rencontre quelquefois dans ce fable de dépôt des couches d'*alios*, ou ferrugineufes. Si on n'a pas la précaution de les brifer, *lorfqu'on le peut*, elles produifent fur la vigne le même effet que l'argile, c'eft-à-dire, que l'eau refte ftagnante. Il feroit trop long de fuivre toutes les particularités & variétés frappantes qu'on rencontre dans les dépôts & les abris de ce grand baffin. C'eft une efquiffe, & non un tableau achevé, que nous devons préfenter.

Les rivières qui concourent à former ce baffin, font la Géliffe, le Gers, l'Ajoux, le Tarn, le Lot, la Dordogne, la Vezère, l'Ill, l'Ifonne, l'Argentière & l'Ariège : ces deux dernières, femblables au Rhin, au Rhône, au Doux, à la Cèfe dans les Cevènes, au Gardon, au Salat, roulent des paillettes d'or, & en affez grande quantité ; enfin, une infinité d'autres petites rivières qui, après avoir vivifié leurs bords, vont s'engloutir & fe confondre avec la Garonne.

SECTION II.
Des petits Baffins.

On compte au nombre des petits baffins ceux de la Baffe-Provence, du Bas-Languedoc, du royaume de Navarre, des landes de Bordeaux, de la Saintonge, de la Bretagne, d'une partie de la Normandie, de Calais, d'Artois & d'une partie du Cambréfis.

1°. *Du Baffin de la Baffe-Provence.* En partant du Var, qui fépare la France du Piémont, on voit à Nice la chaîne des Alpes venir fe perdre à la mer, & un de fes embranchemens fe propager en Italie, & y former les Apennins. Au nord de la

Baffe-Provence & au-deffous de Senez, de Riez, eft un autre embranchement des Alpes, dont on a déjà parlé en décrivant le baffin du Rhône, & qui va fe terminer à la mer, en laiffant Arles fur la gauche. Ce baffin a peu de rivières, & elles fourniffent un petit volume d'eau. La Veaune, le Gapeau, l'Argens & le Var font les feules un peu remarquables : auffi le pays eft-il très-fec, abftraction faite de fa pofition méridionale. Il y a peu de terrain en France auffi coupé par des montagnes & des côteaux renforcés, que celui de cette partie, & même ces montagnes ne confervent pas entr'elles cette efpèce de régularité qu'on obferve ailleurs. Cette irrégularité feroit-elle la fuite des tremblemens de terre occafionnés par les irruptions des volcans ? Il y a tout lieu de le préfumer. On découvre vifiblement leurs antiques veftiges dans les vaux d'Olioulles, dans les montagnes de Toulon, fur celles de l'Eftérelle, &c. C'eft à ces irrégularités, à leurs abris, que l'oranger, le citronier & quelques palmiers doivent leur naturalifation dans cette province ; on en peut dire autant des oliviers, des piftachiers & de beaucoup d'autres plantes & arbuftes qu'on ne trouve que dans ces expofitions très-chaudes. Les récoltes en grains font médiocres, celles en vin prodigieufes & affurées, celle des amandes confidérable, & quelquefois cafuelle ; enfin, celle du lin, femée en Octobre & Novembre, & levée à la fin de Mars, eft une reffource pour la Baffe-Provence, qui ne peut cultiver le chanvre néceffaire à fa confommation. L'huile d'olive du territoire d'Aix eft la meilleure huile connue ; fa fupériorité eft marquée fur toutes les huiles du monde entier : la nature du fol y contribue pour beaucoup ; le choix dans les efpèces d'olives, & la manière d'en extraire l'huile, font le refte. La qualité n'eft pas égale dans tout le territoire d'Aix. Les oliviers plantés dans le terrain gypfeux, par exemple, de la montagne qu'on appelle *Avignon*, donnent une huile moins fine, moins délicate ; & il en eft ainfi des vins de la Malgne, d'Eimez près de Toulon : le grain de terre les fait diftinguer de tous ceux de cette côte, quoique les efpèces de raifins y foient les mêmes. Les abris concourent beaucoup à leur qualité fupérieure, ou plutôt, fans eux, ils en auroient très-peu.

2°. *Du Baffin du Bas-Languedoc.* Il eft très-exactement circonfcrit par la chaîne des montagnes qui commence à l'embouchure du Rhône, remonte à Nîmes ; de Nîmes à Ganges par le nord ; de Ganges redefcend au midi par Lodève, Saint-Pons, Carcaffonne, Limoux, Aleth, Mont-Louis dans le Rouffillon ; enfin, la chaîne des Pyrénées dans la partie la plus méridionale. La mer limite toute la partie d'eft.

Aucune rivière navigable n'enrichit ce baffin. L'Aude, qui prend fa fource dans les hautes montagnes du Rouffillon, forme un demi-cercle pour fuivre la lifière du baffin du côté des montagnes, & finit par fe divifer en deux branches, lorfqu'elle approche de la mer : l'une fe jette dans l'étang de Vendres près de Béziers, & l'autre dans l'étang de Bages près de Narbonne. Le Rouſſillon eſt traverſé par le Teck, le diocèſe de Nîmes par le Viſtre & la Vidourle, celui de Montpellier & d'Agde par l'E-raut, & celui de Béziers par l'Orbe. Toutes ces rivières ſe jettent dans la mer ſéparément, & chacune forme ſon baſſin particulier.

De la chaîne de montagnes qui traverſe de l'eſt à l'oueſt le baſſin dont on parle, il part des embran-chemens ſans nombre de petites monticules qui viennent toutes ſe précipiter à la mer. Ces éminences préſentent de vallons fertiles, bien abrités & bien cultivés : mais la crête ou leur plateau, eſt ſec, décharné, couvert de ciſtes & de bruyères, de petits chênes verts rampans, & de garou. Les uns ne ſont qu'un amas de cailloux roulés, les autres des vaſtes couches de pierres cal-caires ; enfin, dans beaucoup d'en-droits, des laves en maſſes énormes pour l'étendue & pour la profon-deur. Valros n'eſt qu'un amas de cendres volcaniques; Saint-Ibery un aſſemblage de baſalte, & Agde le foyer du volcan, d'où la lave s'eſt répandue. On peut dire, ſtrictement parlant, qu'il n'exiſte aucune plaine d'un peu de conſéquence dans le Bas-Languedoc. Il faut cependant en excepter celle depuis Nîmes juſqu'à la mer, & celle de Montpellier ; ces plaines ſont le réſultat des dé-pôts & des atterriſſemens peu an-ciens. Les dépôts, les vallons ſans nombre, les abris multipliés à cha-que pas, rendent les récoltes de vin & d'huile preſque toujours ſu-res. On leur doit les vins muſcats de Lunel, de Cette, de Béziers, la blanquette de Limoux & les vins du Rouſſillon, & ſur-tout de Rive-

ſaltes. Si la ſéchereſſe & les ardeurs de l'été étoient moins fortes, le Bas-Languedoc produiroit beau-coup de bled : des roſées abon-dantes & le vent humide de la mer ſuppléent en partie aux pluies ; elles entretiennent la vigueur des vignes, mais ne ſont pas ſuffiſantes pour les grains. C'eſt à la faveur de ces abris que les fruits à noyaux acquièrent une maturité parfaite & un goût délicieux. Peu de provinces du royaume peuvent lui diſputer la prééminence pour les melons, excepté la Provence.

Quoiqu'il y ait beaucoup de ter-rain inculte, on ne peut pas le re-garder comme inutile. Il nourrit de nombreux troupeaux, dont la laine eſt très-fine, & ſert aux manufac-tures des draps légers qu'on fabri-que pour le Levant. L'animal eſt petit & ſa chair eſt excellente, fer-me, & ne ſent point le ſuif. Tout le monde connoît la réputation dont jouiſſent les moutons de Gan-ges. Des pluies plus fréquentes ren-droient ce pays de la plus grande fertilité.

3°. *Du Baſſin de la Navarre.* Il n'eſt, à proprement parler, qu'un amas de montagnes arroſées par mille & mille ruiſſeaux. Toutes les rivières partent du ſud-eſt, forment un demi-cercle en tirant vers le nord, & reviennent toutes à l'oueſt ſe jeter dans l'Adour, qu'on pour-roit compter au rang des fleuves. Les principales ſont la Gave d'Olé-ron & la Gave de Pau, la Nive, la Midouze, la Douce, &c. La chaîne des montagnes qui ſéparent ce baſ-ſin des autres, eſt formée par les Pyrénées du côté du midi ; leur embranchement remonte au nord par Tarbes, s'abaisse à Mirande, se propage près de Condom, en le laissant sur la droite, côtoie le midi du Bazadois, redescend au midi par le Mont-de-Marsan, par Dax; enfin, se termine à Bayonne, (où se jette l'Adour) pour recommencer du côté opposé, afin d'aller regagner les Pyrénées par Saint-Palais, Saint-Jean-pied-de-Port, &c. S'il étoit possible que ce pays montueux fût traversé par de grandes routes, il seroit moins pauvre. Les produits de ses vallons auroient des débouchés assurés par Bayonne. Beaucoup de pâturages où l'on engraisse des troupeaux en tous genres; de belles forêts inutiles, puisqu'on les exploiteroit en vain; des vins délicieux: voilà en général les produits de ce bassin. Les chevaux tiennent de la race espagnole; ils sont bien faits, & cette branche de commerce est assez lucrative.

4°. *Du Bassin des Landes de Bordeaux.* A l'ouest, la mer baigne ce bassin depuis la tour du Cordouan jusqu'à Bayonne; à l'est, les montagnes du bassin de la Navarre; & de l'est au nord, la chaîne des dunes qui couvrent Albret, & se propagent à la tour du Cordouan. Tout ce bassin est visiblement un dépôt de la mer; tantôt le terrain se trouve composé d'un sable pur & quelquefois mouvant, ce qui forme & a formé les dunes; tantôt, c'est une couche d'argile impénétrable à l'eau, ou une couche de matière ferrugineuse aglutinée avec le sable, & qui se laisse difficilement pénétrer par les racines des plantes à cause de sa trop grande compacité: cependant, si on expose à l'air cet *alios*, ces molécules & ces graviers

se désunissent peu à peu. Il n'est pas surprenant qu'un tel pays soit peu productif; il pourroit le devenir si on rendoit l'air plus salubre, en desséchant les relaissées d'eau qui le corrompent pendant l'été, & en profitant de ces eaux pour en remplir des canaux: alors les productions auroient un débouché facile, ou du côté de Dax & de Bayonne, ou du côté opposé par Bordeaux. A l'article DÉFRICHEMENT & LANDE, on entrera dans des détails sur ce sujet.

Le Médoc forme la partie septentrionale de ce bassin. La suite des côteaux & des vallons du haut Médoc, donne de bons abris, & est surchargée de vignes dont le vin a de la réputation; sa qualité dépend autant du terrain sablonneux, dans lequel la vigne est plantée, que de son exposition. Les vins du Bas-Médoc n'ont point cette délicatesse; mais, en revanche, le terroir offre des cultures en bled, de belles prairies, des bois, &c. plus on s'approche du midi, plus les landes se multiplient, ainsi que les dunes: les pins maritimes, ou *pinadas*, y sont en grand nombre, & c'est le seul produit qu'on en obtienne, soit en tirant la résine de ces pins, soit en les réduisant ensuite en charbon. La résine du Marensin est toujours d'un prix plus haut que la première qualité de celle de Suède: année commune, les landes plantées en pins maritimes, fournissent à Bordeaux à peu près huit mille charrettes chargées de résine, & plus de quatre mille charrettes de charbon. La difficulté des chemins empêche que les charrettes ne soient chargées comme elles le devroient être : enfin, là où les charrois font impraticables, le bois pourrit fur pied ou eft abattu par le vent.

L'eau ne manque pas dans ces landes ; plufieurs ruiffeaux les traverfent ; Leyre, Bielba, la Molaffe, &c. font confidérables. Derrière les dunes du bord de la mer, les étangs traverfent toutes les landes du midi au nord, & communiquent prefque tous les uns avec les autres. C'eft donc à cette maffe d'eau, à la qualité du terrain, qu'on doit attribuer l'infertilité de ces landes : elles ne feront productives, pour les moiffons, qu'autant qu'elles auront été couvertes pendant un long efpace de temps par des forêts de pins maritimes, par des chênes-lièges, dont le pied fera labouré, & nullement brouté par les moutons, les chèvres, &c.

Les romains avoient tracé un chemin à travers ces landes, qui commençoit à Dax & finiffoit à Bordeaux : aujourd'hui on paffe à travers les fables.

5°. *Du Baffin de la Saintonge.* L'embouchure de la Loire & de la Garonne font fes confins, l'un au midi & l'autre au nord ; il comprend la Saintonge, l'Angoumois, le pays d'Aunis, & une portion du Poitou. De l'embouchure de la Loire, en tirant au fud-eft, s'élèvent des monticules dont la hauteur augmente à mefure qu'elles approchent des montagnes du Limofin ; elles laiffent fur la gauche, Mauléon, Thouars, Poitiers, Confolent, Limoges. De Limoges part un embranchement qui paffe à Rochechouart, Angoulême, Barbezieux, & vient fe perdre à l'embouchure de la petite rivière de Seudre : la mer garnit toute la partie d'oueft ; fa principale rivière eft la Charente, navigable depuis Angoulême jufqu'à Rochefort, & qui le fera jufqu'à Civrai en Poitou, fi les travaux commencés font continués : les autres petites rivières font, la Vie, le Lay, la Sèvre, la Boutonne, le Bandiat, qui perd fes eaux fous terre, pour former enfuite la Touvre, enfin le Sévigné & la Seudre. Si on excepte la partie qui avoifine le Limofin, on ne rencontre par-tout que des côteaux renforcés, dont les couches font de pierres calcaires, &, en général, elles fe lèvent par feuillets d'un à plufieurs pouces d'épaiffeur.

Comme la Charente eft la feule grande rivière, les autres forment de petits baffins particuliers : toutes ces eaux ont un cours lent & paifible ; leur dépôt eft un limon fertile ; il fert d'engrais à tous leurs bords, entretient des prairies immenfes : le terroir en eft très-productif, le grain y donne de belles récoltes, le maïs y eft cultivé en grand, les noyers y font de la plus grande force, & ils n'acquièrent jamais cette force que dans les terrains gras & fertiles. Outre ces productions, il en eft une qui équivaut à toutes les autres, c'eft celle du vin, non par fa qualité comme vin, mais par fon excellence pour l'eau-de-vie ; c'eft la meilleure eau-de-vie connue, & nulle ne peut encore lui être comparée.

6°. *Du Baffin de la Bretagne.* Il comprend la Bretagne proprement dite, & une partie de la Normandie ; il fe divife en plufieurs petits baffins particuliers. Au midi & à l'embouchure de la Loire, au deffous de Nantes, s'élève une chaîne de montagnes qui court à l'eſt du côté d'Angers , remonte au nord entre Laval & Angers , à Domfront ; revient encore à l'eſt pour gagner Séez , remonte au nord pour aller ſe réunir & s'incliner vers l'embouchure de la Seine à Pont-Audemer : de Domfront , tirant au nord-oueſt , la même chaîne ſe propage juſqu'à Barfleur & au cap de la Hogue ; au deſſus de Rennes , un embranchement s'étend à l'eſt , & à Roſternau il ſe ſubdiviſe en trois parties , dont la plus ſeptentrionale s'étend à Breſt , la mitoyenne gagne le cap le Ras , & la troiſième , tirant au midi , vient à Vannes former un des côtés de l'embouchure de la Vilaine. La Vilaine , l'Iſaac , la Chère , la Sèche , le Méen , l'Ouſt & l'Arre , ont formé le baſſin de Rennes : la Vilaine eſt la ſeule rivière conſidérable ; c'eſt aux petites rivières du Blavet , de l'Iſſote , de Benaudet , qu'eſt dû le baſſin de la ville de l'Orient ; au Bours & à l'Aven celui de Breſt , & celui depuis Breſt juſqu'au cap de la Hogue , aux rivières de Trieu , de Rance , de Couenon , de Sée , de Sienne , &c. ; enfin , celui de Cherbourg à Pont-Audemer , aux rivières de Vire , d'Orne , de Dives , de Touque , &c.

D'après la deſcription des abris de ces baſſins particuliers & des rivières qui les arroſent , dont le cours eſt doux , paiſible , & les dépôts limoneux , il eſt aiſé de preſſentir qu'elles ſont leurs productions & la baſe de leur agriculture. Si on demande pourquoi la vigne s'entretient ſur la côte méridionale de Nantes , qui fait partie du grand baſſin de la Loire , & pourquoi généralement parlant , on ne la cul-

tive plus dans le reſte de la Bretagne , on verra que cela tient à l'abri qui couvre Nantes , tandis qu'à partir de Pont-Audemer juſqu'à Breſt , tout cet eſpace de terrain ſe trouve ſans abri contre les vents du nord , & ce pays n'eſt pas même ſi ſeptentrional que l'Iſle de France , que la Champagne , qui ſont ſous le même parallèle. Les habitans de ces cantons ont donc été contraints de recourir à des cultures plus analogues à leur poſition , & aux abris dont ils jouiſſent. Le baſſin de Rennes fournit le froment , le ſeigle , l'avoine , pour ſa conſommation , & une quantité conſidérable de ſarraſin ou bled noir. La qualité & l'abondance des pâturages permet d'y élever des beſtiaux , & les vaches y donnent le délicieux beurre , connu ſous le nom de *beurre de la Prévalaye*. Les prés ſalés des bords de la mer , nourriſſent des moutons , dont la chair eſt fine & délicate : le chanvre , le lin , y ſont cultivés en grand , & la marine en aſſure le débit , après en avoir encouragé la culture. Le baſſin de Vannes , de Quimper , &c. , eſt riche en bled ; celui de Saint-Brieux , en grain , en chanvre , en lin ; enfin , celui de Caen , en toutes ſortes de productions : le cidre , & dans quelques endroits le poiré , fourniſſent à la boiſſon habituelle des habitans. Il ne faut pas cependant croire que tous les baſſins de la Bretagne ſoient également cultivés : les chaînes de montagnes & de monticules qui les traverſent , ſont en partie couvertes par des forêts de chênes , de hêtres , de châtaigniers ; & on y rencontre des landes immenſes , plus ſuſceptibles de culture que celles de Bordeaux.

deaux. Cette province ne forme, pour ainsi dire, qu'un grand cap baigné par la mer ; sa température est douce, & près de Nantes on voit croître l'arboufier en pleine terre, ainsi que plusieurs autres plantes indigènes aux provinces méridionales, & qui ne pafferoient pas l'hiver dans les environs de Paris fans le fecours des ferres ou de l'orangerie.

7°. *Du Baffin de la Picardie.* Il comprend le pays de Caux & le Comté d'Eu, en Normandie, & une affez grande partie de la Picardie. En partant du Havre, ou plutôt de l'embouchure de la Seine, & tirant de l'eft au nord-oueft, on rencontre cette chaîne de côteaux & de montagnes dont on a parlé en décrivant le grand baffin de la Seine, & qui forme un embranchement femblable à une croix entre Saint-Quentin, Guife, Landrecy, & Cateau-Cambrefis, après avoir traverfé par Neufchâtel, Montdidier, &c. Cette chaîne eft une continuation des montagnes qui courent du nord au midi, & vont toujours en s'élevant jufqu'à Langres. La feconde partie de cet embranchement couvre Péronne, Boulogne-fur-mer, & va fe terminer à Calais. Ici la mer ou le Pas de Calais fépare la France de l'Angleterre : les fondes & les obfervations prouvent que cette chaîne fe propage fous l'eau jufqu'à Douvres, & parcourt, en ferpentant, toute la partie méridionale de l'Angleterre, & va enfin, par deux rameaux, fe perdre dans la mer, l'un à la pointe de Stard, & l'autre au cap Lézard. L'Arques, la Brefle, la Somme, la Cauche, font les rivières de ce baffin.

Tom. I.

Par la pofition feptentrionale de ce baffin, par le défaut de grands abris, il eft évident que la maffe de chaleur n'eft pas affez forte pour la culture de la vigne : les pommiers à cidre la fuppléent. On pourroit croire même avec affez de fondement, que tout ce baffin eft un dépôt de mer : la terre y eft excellente, & le banc immenfe de craie dont il a été queftion en décrivant le grand baffin de la Seine, court à une profondeur confidérable fous ce fol fertile, & va gagner l'Angleterre. Les principales cultures font celles du grain, qui y eft très-beau, & celle du lin y tient le fecond rang. La Picardie fournit prefque toute la graine de lin qu'on sème dans la Flandre, la Normandie & la Bretagne ; & fouvent, dans ces deux provinces, on la vend aux autres provinces du royaume pour de la graine de lin de Riga. Comme le fol eft peu élevé au deffus du niveau de l'eau, les pâturages y font abondans ; & du Calaifis ou du Boulonnois, il paffe en Normandie une quantité confidérable de jeunes chevaux, que l'on y vend quelques années après pour des chevaux normands.

8°. *Du Baffin de l'Artois.* Ce baffin comprend l'Artois, la Flandre françoife, & les Pays-Bas autrichiens. Il faut revenir à l'embranchement en forme de croix, dont on vient de parler, & partir par la gauche de Cateau-Cambrefis, paffer par Bapaume, Arras, Aire, enfin remonter jufqu'aux îles des Provinces-Unies, formées par la mer & par les dépôts des rivières de ce baffin : la feconde chaîne part fur la droite de Cateau-Cambrefis, monte au nord par Bouchain, Mons, Maëſtricht, & ſe termine à Berg-Op-Zoom. Les principales rivières de ce baſſin ſont, la Lys, la Scarpe, le Senſet, la Senne, la Grette, enfin l'Eſcaut qui les reçoit toutes, & va ſe perdre dans la mer au deſſous d'Anvers, près de Berg-Op-Zoom. On peut regarder tout ce pays comme de nouvelle formation, & créé par les dépôts des rivières, retenus par les eaux de la mer : en effet, tout le terrain y eſt bas, gras, & de couleur brune ; on le voit preſque par-tout compoſé de débris de végétaux, & entremêlé de coquillages maritimes. Un ſol auſſi excellent donne les plus brillantes récoltes, ſoit en grains, ſoit en tabac, ſoit en lin : on eſt étonné de la quantité d'huile que l'on y retire des graines de colſat, de navette, & du produit du houblon pour ces pays. L'on doit dire, à la louange des flamands & des artéſiens, que leur induſtrie & leur application pour la culture des terres, ſurpaſſe encore leur excellence & leur fertilité.

9°. *Du Baſſin de la Meuſe.* Il eſt inutile de s'arrêter à ſa deſcription, puiſque la ſeule partie droite de ce fleuve appartient à la France, & renferme peu de terrain. Sedan, Landrecy, Maubeuge, peuvent être comparés pour leurs productions à celles du baſſin de l'Artois.

10°. *Du Baſſin de la Moſelle.* Celui-ci eſt dans le cas du précédent, & ſi on ſuivoit ſes contours, ce ſeroit, ſans contredit, le plus grand de tous les baſſins dont on auroit encore parlé, puiſque d'un côté il renfermeroit tout le cours de la Moſelle juſqu'à Coblentz, & de

l'autre, tout celui du Rhin, depuis ſa ſource, près le Mont Saint-Gothard, juſqu'à ſon embouchure près de Roterdam. La Lorraine mérite cependant quelques remarques particulières : on ſait que ſes productions en bled, orge, avoine, &c. ſont très-conſidérables ; que ſes montagnes ſont chargées de ſuperbes forêts, & dans quelques endroits de pins & de ſapins de la plus belle venue : les Hollandois vont les y acheter, leur font deſcendre la Moſelle, & nous les revendent enſuite à Marſeille, à Cette, à Bordeaux, à la Rochelle, &c. pour des bois du nord. Cette province récolte beaucoup de vin, quoiqu'elle ſoit dans le même parallèle que Rouen, Saint-Malo, &c. : c'eſt donc aux grands abris formés par les montagnes des Voſges, qu'elle doit cet avantage.

CHAPITRE III.

Obſervations ſur les Abris ou ſur les Climats.

On ne fait point aſſez attention à cette grande vérité, & plus on réfléchit, & plus on trouve que les abris ont décidé les genres de culture dans le royaume & ailleurs. Le territoire d'Aigle, dans le canton de Berne, en fournit un exemple bien ſenſible. La température de l'air eſt ſi douce dans les trois villages d'Yvorne, qu'on y cultive des vignes dont le vin eſt très-bon ; les grenadiers, les amandiers, y végètent en pleine terre, & les rochers ſont, comme dans nos provinces les plus méridionales, couverts de thym & de romarin ; tandis que dans le baillage de Geſſenay, qui eſt limitrophe, la température eſt à peu de choſe près égale à celle de la Suède. C'eſt ſur les montagnes de ce bailliage que paiſſent les animaux dont le lait ſert à former les excellens fromages de Gruyères.

Une exception ne prouve point aſſez ; il convient donc d'examiner les choſes plus en grand : en conſéquence, tirons une ligne de Nice en Piémont, juſqu'à Saint-Sébaſtien en Eſpagne, en traverſant les provinces les plus méridionales de France ; on y trouvera quatre climats bien caractériſés.

Le premier eſt le pays des orangers, des oliviers, & des vignes : il a au ſud la mer & l'Afrique, & immédiatement derrière lui les montagnes coupées, preſque à pic, qui l'abrite du nord.

Le ſecond, le pays des oliviers & des vignes, ſans orangers : il a au ſud la mer & l'Afrique, & les montagnes qui lui ſervent d'abri ſont éloignées de la côte.

Le troiſième eſt le pays des vignes, ſans orangers ni oliviers : il a au ſud les Pyrénées.

Le quatrième, le pays ſans vignes : il a au ſud les Pyrénées ; & elles ſont ſi voiſines, qu'elles l'abritent entiérement de tous les vents du ſud. Il convient de détailler un peu plus amplement cette manière d'enviſager les abris.

Carcaſſonne & ſes environs, ſont un des points principaux de partage. Le climat de Toulouſe reſſemble plus à celui de Paris, qu'à celui de Béziers ou de Montpellier. La Provence, depuis Marſeille juſqu'au Rhône, eſt dans le même climat que le Bas Languedoc. On pourroit, à l'exemple des Botaniſtes, pour déterminer la nature

des productions de chacun de ces climats, examiner les plantes qui y croiſſent ; mais cet examen nous meneroit trop loin ; & il ſuffira de dire que, depuis Marſeille juſqu'à Carcaſſonne, le pays eſt couvert d'oliviers ; qu'il ne s'en trouve plus après cette ville ; & que ceux qui ſont dans ſon voiſinage y réuſſiſſent très-mal. Il en eſt de cette ville pour les oliviers, comme de Montelimar ; voilà leurs limites & le point de démarcation. La raiſon de cette différence eſt évidente, quand on conſidère le méridien de Carcaſſonne, qui partage deux pays, dont l'un a au midi la mer, & par-delà les ſables brûlans d'Afrique, tandis que l'autre a au midi les ſommets des Pyrénées, preſque toujours couverts de neige.

A Dax, à Bayonne, dans les landes de Bordeaux, le climat eſt plus chaud que dans le Haut-Languedoc, ſoit parce que le terrain eſt entiérement de ſable, ſoit parce que le pays eſt plus bas. Dans les landes, on trouve pluſieurs *ciſtes* qui ne végéteroient point dans le Haut-Languedoc. A Bayonne, on cultive en pleine terre la caracelle, qui exige l'orangerie à Paris. La force des vins, leur ſpirituoſité, caractériſent l'intenſité de chaleur du climat. Le cyprès étoit autrefois naturel dans le pays qu'on nomme *entre deux mers*, près de Bordeaux. Ce ſont les hommes qui l'ont détruit ; cependant on ne pourroit pas y cultiver l'olivier comme en Provence & en Languedoc. On doit donc regarder la plaine depuis Bordeaux juſqu'à Bayonne, comme un climat mitoyen, moins chaud que le Bas-Languedoc, & beaucoup plus chaud que le Haut-Languedoc. Ce pourroit être un cinquième climat.

Depuis Toulon jufqu'à Monaco, on voit les orangers en pleine terre, & on n'en trouve plus dans le refte de la Provence & du Languedoc. Cependant, comme cette culture eft précieufe & lucrative, il eft à croire qu'on a fait plufieurs tentatives dans les pays voifins de celle où elle eft ufitée; & fi on n'y a pas réuffi, c'eft que le climat ne l'a pas permis. A Toulon, quelques orangers font cultivés dans les jardins, & les rigueurs de l'hiver leur feroient fouvent funeftes, fi on ne les en garantiffoit pas : mais à Hières, qui n'en eft éloigné que de quelques lieues, à Graffe, à Vence, à Connatte, à Nice, à Monaco, &c., la culture en eft folidement établie, & l'arbre eft naturalifé au pays. La grande chaîne des Alpes les garantit fi complettement du nord, qu'on diroit que ces pays font autant d'efpaliers expofés au fud, accolés à la montagne, & de tous les côtés abrités par des montagnes efcarpées.

Dans les trois climats ou trois genres d'abris dont on vient de parler, il y pleut rarement. Les montagnes, placées à leur nord, attirent par leur fommet & par leurs forêts, les nuages chariés par les vents du midi; & ceux portés par les vents du nord, font chaffés fort au loin dans la mer. Enfin, dans l'un & dans l'autre cas, il faut un conflit de plufieurs directions de vents pour que le pied de ces montagnes & fon terrain jufqu'à la mer foit arrofé par les maffes énormes de nuages qui roulent fur leur tête

avec la plus grande célérité. Sans l'humidité qui s'élève de la mer par les vents d'eft & du fud, qui humecte les plantes par de très-fortes rofées, aucune plante ne fauroit végéter. On voit par-là pourquoi il pleut beaucoup à Touloufe. Cette ville eft couverte au fud, à une certaine diftance, par la chaîne des Pyrénées; & au nord, à peu près à la même diftance, par les montagnes du Rouergue : de forte que les nuages attirés d'une part ou d'une autre fe dégorgent dans l'efpace qu'ils ont à parcourir, parce que la longueur du trajet d'une chaîne de montagne à une autre, excède la force de leur direction.

D'après les exemples qu'on vient de citer, & les applications qu'on peut en faire à chaque province du royaume, il eft aifé de concevoir pourquoi un canton eft plus pluvieux qu'un autre; pourquoi telle ou telle paroiffe eft, pour ainfi dire, chaque année abîmée par la grêle, tandis que la paroiffe limitrophe en eft exempte.

Le quatrième climat, au moins auffi méridional que Toulon, & beaucoup plus que Graffe, Nice, Monaco, &c., contrafte finguliérement avec les trois autres. En fortant de Bayonne pour aller à Saint-Sébaftien, capitale de la petite province de Guipufcoa en Efpagne, on traverfe la rivière de Bidaffoa, qui fépare les deux royaumes. Dès-lors, on ne trouve plus de vignes. Les pommiers y font cultivés comme en Normandie, en Bretagne, &c. & la boiffon du peuple eft le cidre. La feule différence dans ces arbres, eft que les fauvageons d'Efpagne y font naturels , & n'ont pas befoin d'être greffés ; tandis que les fauvageons de Normandie non greffés donne-roient un fruit dont la liqueur ne feroit pas buvable.

Pourquoi la province de Gui-pufcoa eft-elle fi froide fous le parallèle du quarante-troifième degré ? C'eft qu'elle eft adoffée au nord de la chaîne des Pyrénées , & qu'au-cune chaîne de montagne ne l'abrite contre les vents froids du feptentrion.

Celui qui voudra actuellement parcourir le refte du royaume , y fuivre & y étudier les pofitions des abris , y trouvera la raifon phyfique & déterminante de la culture de chaque pays , cependant fubordonnée à la nature du fol , qui eft une caufe fecondaire & effentielle. Ce qui a été dit des baffins de France , de leurs abris & des climats , fuffit pour mettre chaque cultivateur inftruit dans le cas de réfléchir fur le genre de culture la plus appropriée & la plus convenable pour fon canton. Dès - lors il fera en garde contre ces fyftêmes de culture qui embraffent l'agriculture du royaume entier , qui généralifent tout , & veulent tout foumettre à la même loi & au même régime. L'excellente culture de Flandre conviendroit peu à nos provinces méridionales , & celle de ces provinces feroit abfurde dans les pays de montagnes. Perfectionnez les méthodes de votre canton , & ne les changez jamais complettement , quant au fond , fans avoir auparavant fait beaucoup d'expériences. Les raifonnemens & la théorie ne concluent rien en agriculture ; l'expérience feule dicte des loix.

QUATRIÈME PARTIE.

Préceptes généraux fur l'Agriculture , tirés des anciens Ecrivains.

M. Dumont , auteur des *Recherches fur l'adminiftration des Terres chez les Romains* , a recueilli dans fon favant & excellent ouvrage , les préceptes que Caton , Varron , Pline & Columelle donnoient à leurs contemporains. Ils font fi judicieux & fi dignes d'être rapportés , qu'ils méritent de trouver place dans un Ouvrage de cette nature.

Que faut-il , fe demande Caton , pour bien exploiter une terre ? 1°. Prendre garde à la travailler à propos ; 2°. la bien labourer ; 3°. la bien fumer. Voulez-vous , ajoutoit-il , acquérir un bien de campagne ? ne vous preffez pas de l'acheter : ne ménagez point vos pas pour le bien connoître , & faites-en plus d'une fois le tour. Obfervez fi les voifins ont l'air d'être à leur aife : on reconnoît à cela que le pays eft bon. Remarquez par où on y entre & par où on en fort.

Pline dit : Confidérez la qualité du climat & du fol ; n'achetez aucun domaine dans un climat mal fain , quelque fertile qu'il foit , ni dans un canton falubre , fi le terroir en eft ftérile.

Suivant Caton , renoncez aux terres dont le travail demande trop de dépenfes & d'attirail. Sachez qu'il en eft d'un champ comme d'un homme : il importe peu qu'il rapporte beaucoup , s'il coûte beaucoup. Alors le profit eft nul. Le vrai but eft de retirer l'intérêt de fes avances & de fes peines ; ainfi le premier soin doit être d'épargner la dépense.

Rien n'est moins avantageux, au sentiment de Pline, que de trop bien soigner son champ. Faites-y ce qui est nécessaire, & rien de plus. Un fonds est mauvais quand il exige continuellement beaucoup de travail & d'argent pour le mettre en valeur. Sur-tout que votre domaine ne soit pas trop étendu : n'imitez pas ces gens qui semblent posséder moins pour jouir, que pour empêcher les autres de jouir. Il vaut mieux moins semer, & mieux labourer ... Le champ doit être plus foible que le laboureur, dit Columelle : si le fonds est plus fort, le maître sera écrasé. On pourroit ajouter ici l'adage françois : *Qui trop embrasse, mal étreint.*

Achetez d'un bon maître, vous dit Caton ; il y a de l'avantage à acquérir un domaine en bon état. Bien des gens croient que l'on gagne à acquérir d'un propriétaire négligent, à cause qu'il vend moins cher : ils se trompent. L'acquisition d'un bien délabré est toujours un mauvais marché.

Que l'habitation soit proportionnée à la grandeur du domaine ; qu'elle regarde, s'il est possible, le nord dans les climats chauds, le midi dans les climats froids, & l'orient équinoxial dans les cantons tempérés. *Pline.*

Qu'il y ait de l'eau, qu'elle soit près d'une bonne ville, près de la mer ou d'une rivière navigable, ou du moins d'un grand chemin fréquenté, & qu'on puisse à la proximité trouver des ouvriers & des bœufs. *Caton.*

Ne bâtissez qu'après avoir planté,

ou plutôt achetez, comme on dit, la folie d'autrui, pourvu que l'entretien n'en soit pas à charge.

Si votre maison est bien bâtie, bien située, vous l'habiterez avec plus de plaisir & plus long-tems ; votre fonds en sera mieux tenu, & vous en retirerez plus de revenu. L'œil du maître engraisse les champs, dit Pline. Magon le carthaginois prétendoit qu'en achetant un bien de campagne, on vendît la maison de ville. Pline trouve le précepte trop rigide, & contraire au bien public : & Pline a tort ; sur l'un & sur l'autre objet, il n'est pour voir que l'œil du maître, & le maître voit mal quand il ne voit pas chaque jour.

Le domaine acheté, ne méprisez pas légèrement les méthodes du pays. Pourvoyez-vous d'un économe habile ; n'abandonnez pas à des esclaves la conduite de votre bien ; ils font mal tout ce qu'ils font, comme on doit l'attendre des gens qui n'ont rien à espérer. On peut en dire autant de nos journaliers.

Vivez bien avec vos voisins : ne souffrez point que vos gens leur donnent lieu de se plaindre. Si vous avez su vous attirer la bienveillance du voisinage, vous vendrez mieux vos denrées, & vous trouverez plus aisément des ouvriers. Si vous bâtissez, on vous aidera ; s'il vous arrive un accident, on volera à votre secours. Caton dit encore, que tout soit achevé dans son tems. Les travaux de la campagne sont tels, que si vous commencez une chose trop tard, tout le reste sera pareillement retardé.

Celui qui emploie le jour à des

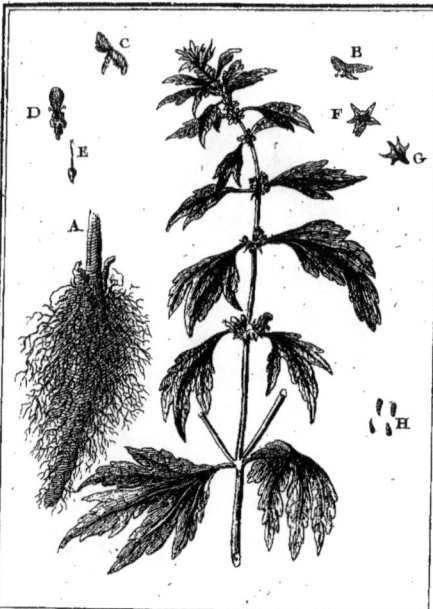

Agripaume.

Aliaire.

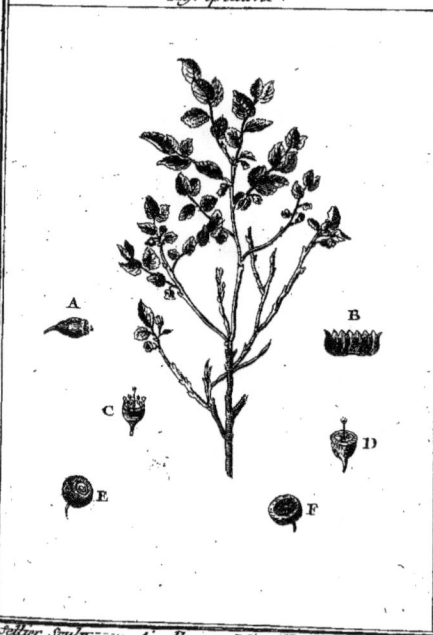

Pelletier Sculp. *Airelle ou Mirtille*

Aigremoine.

ouvrages qu'on peut exécuter le
foir, n'eſt pas regardé par Pline
comme un bon économe, à moins
qu'un tems défavorable ne le retienne à la maiſon. Plus mauvais
économe eſt encore celui qui fait
les jours ouvrables ce, qu'il pourroit exécuter les jours de fêtes, &
très-mauvais celui qui travaille par
un beau tems à la maiſon, au lieu
d'aller aux champs. C'eſt moins la
dépenſe que l'œuvre qui avance la
culture.

Si vous avez de l'eau, attachez-
vous férieuſement & principalement à faire des prés humides; fi
vous manquez d'eau, procurez-vous
le plus que vous pourrez de prés
ſecs. *Caton.*

N'oubliez pas que le père de famille doit être vendeur & non pas
acheteur. Il doit tirer de ſon fonds
tout ce que le ſol peut fournir pour
ſes beſoins. Les voyages périlleux
que l'on entreprend par mer, & les
richeſſes qu'on va chercher aux Indes, ne ſont pas d'un plus grand produit à ceux qui les trafiquent, que
ne l'eſt un fonds de terre à celui
qui le cultive bien.

L'ordre dans lequel Caton ran-
geoit les fonds de terre à raiſon du
revenu qu'ils rendoient, étoit celui-ci.
1°. Les vignes, lorſqu'elles étoient
bonnes; 2°. les potagers; 3°. les
ſauſſaies; 4°. les plants d'oliviers;
5°. les prés; 6°. les terres à grain;
7°. les taillis; 8°. les arbres fruitiers; 9°. les forêts de chêne qu'on
laiſſoit ſur pied à cauſe du produit
du gland. Varron & Columelle placent les prés au premier rang. Le
meilleur de tous les produits de la
campagne, au rapport de Caton,
étoit les beſtiaux: auſſi lorſqu'on

lui demandoit quel objet produiſoit
plus de profit, il répondoit, les troupeaux, ſi vous les conduiſez bien:
& après celui-là? les troupeaux, ſi
vous les conduiſez médiocrement
bien.

Il ſeroit facile de groſſir le nombre de ces préceptes, en ajoutant
les préceptes particuliers pour tous
les objets d'agriculture; mais ils
ſont réſervés pour chaque objet
pris ſéparément. Si on veut avoir
une idée des écrivains françois ſur
l'agriculture, on trouvera à la fin
de cet Ouvrage une note détaillée
ſur tous les livres qu'ils ont publiés.

AGRIER. Terme de coutume,
qui ſignifie le terrage & champart
dû au Seigneur, ſuivant quelques
coutumes, ſur les gerbes du bled
recueilli dans ſa ſeigneurie. Ce droit
eſt plus ou moins fort, ſuivant les
lieux où il eſt établi.

AGRIPAUME, *ou* CARDIAQUE.
(*Voyez Planche 7*) M. Tournefort
place cette plante dans la claſſe des
fleurs labiées, & la nomme *Cardiaca.*
J. B. Le chevalier Von Linné la range
dans la *didynamie gymnoſpermie.*

Fleur, à deux lèvres; la ſupérieure pliée en gouttière, obtuſe
à ſon extrémité, arrondie, entière,
velue, beaucoup plus longue que
l'inférieure, qui eſt diviſée en trois,
& repliée. La couleur de la fleur eſt
d'un rouge pâle. En B, la fleur eſt
vue de profil. C fait voir la fleur de
profil avant ſon épanouiſſement, &
les poils qui recouvrent la corolle.
D montre la fleur en face; E le
piſtil diviſé en deux ſtigmates à ſon
ſommet, & il repoſe au fond du
calice F. Ce calice eſt un tube

découpé par cinq dents aiguës , évasé à son sommet, & diminué à sa base G.

Fruit, quatre semences H, oblongues, triangulaires, renfermées dans le fond du calice.

Feuilles. Celles du bas de la tige sont arrondies , profondément divisées en trois lanières , dentelées en leur bord ; celles de la tige sont lancéolées & à trois lobes ; les supérieures sont quelquefois simplement lancéolées , & sans aucune division.

Racine, garnie de fibres, qui sortent comme d'une tête A.

Port. Les tiges s'élèvent dans les bons terrains , quelquefois à la hauteur d'un homme. Elles sont nombreuses, quarrées , épaisses , fermes & dures ; les feuilles sont opposées, portées deux à deux le long des tiges, soutenues par un fort long pétiole. Les fleurs naissent plusieurs ensemble , adhérentes à la tige dans l'endroit qui donne naissance au pétiole.

Lieu. On la cultive dans les jardins, où elle figure assez bien : on la trouve communément dans les terrains pierreux, contre les haies.

Propriétés. Toute la plante a une odeur forte & une saveur un peu amère. Elle est cordiale, tonique, incisive, apéritive. Les feuilles échauffent , favorisent l'expectoration , constipent , accélèrent la digestion , lorsqu'elle est dérangée par foiblesse d'estomac ou par l'abondance des humeurs pituiteuses. Elles sont indiquées dans un grand nombre de maladies de foiblesse , dans le rachitis , dans l'asthme humide , le météorisme avec foiblesse , la rétention du flux menstruel , dans les pâles couleurs , & les maladies causées par les vers chez les enfans , lorsqu'il n'y a ni fièvre , ni soif, ni inflammation : elles sont nuisibles dans les maladies convulsives.

Usage. On se sert assez inutilement de ses feuilles écrasées, pilées & appliquées sur les ulcères fœtides & sanieux, quoiqu'on les ait beaucoup vantées. L'usage intérieur des feuilles récentes est depuis deux drachmes jusqu'à une once, en infusion dans six onces d'eau ; les feuilles sèches, depuis une drachme jusqu'à demi-once , en infusion dans la même quantité d'eau.

AGRIOTE. Mauvaise dénomination , usitée pour dire griotte. (*Voyez* CERISE)

AGRONOME. Mot nouvellement introduit dans notre langue , & dont il n'est encore fait mention dans aucun dictionnaire. Il est tiré du Grec , & le mot original veut dire *versé* , *savant* en agriculture. Le sens qu'on y attache aujourd'hui désigne celui qui enseigne les règles de l'agriculture , ou même seulement celui qui les a bien étudiées. Ce sens se prend encore , pour les écrivains sur l'économie rurale , & sur l'économie politique. (*Voyez* le mot ÉCONOMISTE)

AH! MON DIEU. *Poire.* (*Voyez* ce mot)

AIGREMOINE. (*V. Pl. 7, p. 287*) *agrimonia officinarum*, I. R. H. *agrimonia eupatoria* , Lin. M. Tournefort place cette plante dans la neuvième section de la sixième classe qui comprend les herbes à fleur de plusieurs pièces régulières & en rose , dont le le calice devient un fruit fec ; & M. le chevalier Von Linné, dans la *dodecandrie digynie.*

Fleur, compofée de cinq pétales B, difpofés en rofe , planes , échancrés , attachés par de petits onglets à un calice C , d'une feule pièce divifée en cinq. Ce calice eft entouré du fecond calice D. Le piftil E eft entouré de vingt étamines. Lorfque la fleur eft paffée, le premier calice fe refferre & enveloppe le piftil.

Fruit. Le calice intérieur, refferré & endurci, tient lieu de péricarpe : il eft couvert en deffus de poils rudes, pliés en hameçon; il renferme deux femences obrondes. On voit dans la figure F ce calice, & en G les deux graines qu'il renferme.

Feuilles, adhérentes à la tige, veinées, velues, avec interruption, terminées par une impaire ; les folioles ou petites feuilles intermédiaires, dentelées & adhérentes à la queue commune.

Racine, ordinairement horizontale, rameufe, brune ou noirâtre.

Port : la tige communément haute de deux pieds, cylindrique, rameufe, velue : les fleurs font au fommet, rangées alternativement le long de la tige : à la bafe du calice de chaque fleur, on remarque deux ftipules en forme de cœur, & qui embraffent la tige par leur bafe; la fleur eft jaune.

Lieu : les prairies, les champs, les foffés ; elle eft vivace.

Propriétés. On nomme quelquefois cette plante *eupatoire*, parce que, dit-on, le roi Eupator fut le premier qui découvrit fes propriétés médicinales. La racine a une

faveur aftringente ; les feuilles font âcres & aftringentes; les fleurs ont une odeur douce ; la plante eft aftringente, vulnéraire, déterfive, defficcative.

Ufages. Les auteurs la recommandent dans l'ictère effentiel, contre les obftructions du foie, de la rate ; dans l'hydropifie, par obftruction du foie ; dans la fuppreffion du flux menftruel par les corps froids ; dans l'hémoptyfie par un effort, les fleurs blanches, la gonorrhée virulente dont le virus eft corrigé, l'écoulement involontaire ou trop abondant de l'urine, l'ulcère de la veffie, la colique néphrétique caufée par des graviers. Ils la recommandent encore en gargarifme contre les ulcères de la bouche ; fous forme de cataplafme dans la chûte du vagin & dans les tumeurs des tefticules. Toutes ces propriétés font-elles bien caractérifées par l'expérience ?

On fe fert communément pour l'homme, de l'herbe, du fuc, de l'eau diftillée, & de la poudre fèche des feuilles. Cette dernière fe donne dans un véhicule convenable à la dofe d'une drachme ; la décoction à la dofe de quatre onces ; le fuc dépuré, à la dofe de trois ou quatre onces ; la décoction des feuilles, à celle d'une poignée pour une livre de liqueur convenable. On fe fert extérieurement des feuilles pilées & bouillies dans l'eau ou le vin, pour des cataplafmes fur des plaies & fur des ulcères, & pour les maux de gorge. L'eau diftillée eft employée pour le même effet.

Pour les animaux, on donne la plante en décoction, à la dofe de

Tom. I.   O o

A I G

deux poignées dans deux livres d'eau.

AIGRETTE. Terme de botanique, en latin *pappus* ; il défigne une efpèce de broffe ou pinceau de poils ou de filets affez déliés, qui furmonte les graines de la plupart des fleurs compofées. Les femences de laitues, de laiteron, du chardon, de la dent de lion, &c. font garnies de ce plumet. L'aigrette eft réputée *fimple*, lorfqu'elle n'eft compofée que d'un faifceau de poils ; & on l'appelle *branchue*, lorfqu'elle fe divife en rameaux, comme dans la fleur de fcorfonère, du chardon-bénit, &c. elle repofe quelquefois immédiatement fur le fommet de la femence, & on la nomme alors aigrette *feffile* ; *pédiculée*, quand elle porte fur un pivot ou pédicule particulier.

La figure *1* repréfente une graine de dent de lion avec fon aigrette. (*Voyez*, pour la Planche, le mot ANTHÈRE) A, la graine ; B, le pédicule de l'aigrette ; C, l'aigrette. La fig. 2, celle du falfifis vue au microfcope ; & la fig. *3*, celle du laiteron ; la première & la feconde font pédiculées, & la troifième eft feffile.

Dans le nombre des femences, les unes font deftinées par leur propre poids à tomber au pied de la tige qui les a portées, à ne pas s'éloigner du lieu de leur naiffance, enfin à germer dans ces mêmes lieux ; d'autres, au contraire, font deftinées pour fe répandre au loin, & aller chercher fur un nouveau fol la nourriture & la fécondité. C'eft pour remplir cette loi de la nature, qu'elle les a pourvues de ces panaches légers dont on vient

de parler. A peine ces graines ont-elles atteint le dernier degré de maturité, que, détachées de leur tige par les vents, elles voltigent dans les airs, fe difperfent de tous côtés, & enfin fe tranfplantent loin du lieu qui les a vu naître. M. M.

AIGREUR. Lorfque l'eftomac, à la fuite de mauvaifes digeftions répétées, eft rempli de fubftances acides ou acefcentes, qui produifent des rapports d'un goût aigre, quelquefois falé, on appelle cette maladie des *aigreurs* : on parvient aifément à guérir cette indifpofition, en faifant ufage de magnéfie blanche, à la dofe d'une cuillerée à café, deux à trois fois par jour ; on y joint, avec fuccès, dix à douze grains de rhubarbe, & on purge le malade de tems en tems avec des purgatifs amers. L'eftomac qui joue un rôle fi important dans l'économie animale doit être finguliérement ménagé ; fi fes fonctions fe troublent, la machine entière fe reffent bientôt de cet état. (*Voyez* ACIDITÉ & MALADIE DE L'ESTOMAC.) M. B.

AIGUES, (maladies). On entend communément par *aiguë* une douleur vive & très-forte ; on donne le nom de *maladies aiguës* à celles qui prennent fubitement, & qui fe terminent en un très-court efpace de tems. Il eft aifé de diftinguer les maladies aiguës de toute autre, en ce que, dès le premier jour, le malade eft forcé de fe tenir au lit. Ce genre de maladies ne dure jamais plus de quarante jours. (*Voyez* le mot MALADIE, pour le tableau des maladies, leur généralité, leurs

diviſions, & les renvois aux différens articles des diviſions. *Voyez* en
outre le mot CRISE) M. B.

AIGUILLE. Inſtrument piquant
& tranchant employé par la chirurgie pour faire des points de fu-
tûre. D'après la pratique de M. Lafoſſe, ſi connu par ſon bel ouvrage
d'hippiatrique, & par ſon dictíon-
naire ſur le même ſujet, il feroit
avantageux de ſe ſervir de l'aiguille
pour paſſer des attaches à la peau
dans de très-grandes plaies des chevaux ou des bœufs. Ces attaches
contiendroient l'appareil. Cette méthode eſt même indiſpenſable dans
les parties charnues, & dans celles
où il n'y a pas de poſſibilité de faire
tenir des bandages. La fiſtule à la
ſaignée du col, les loupes au poitrail, au coude, au ſcrotum à la
ſuite des dépôts,&c. ſont les endroits
où il convient de s'en ſervir. Il eſt
des aiguilles droites, longues, larges, dont le tranchant eſt fait en
forme de feuilles de ſauge, & dont
on ſe ſert pour paſſer des ſétons ſur
l'animal. L'opérateur prend un ruban qu'il paſſe dans le trou de l'aiguille ; enſuite la tenant d'une main,
de l'autre, il pince la peau & la
pique ; après quoi il pouſſe le tranchant en élevant chaque fois les tégumens, ſoit pour ne point les of-
fenſer avec la partie tranchante,
ſoit pour ne point plonger dans les
muſcles. Cette méthode, que nous
avons trouvée, dit M. Lafoſſe, eſt
préférable au délabrement qu'occa-
ſionnoient les ſpatules dont on ſe
ſervoit.

AIGUILLON, BOTANIQUE.
On nomme ainſi les *pointes* ou les
piquans dont quelques feuilles ſont
hériſſées, ou qui ſont placés ſur les
tiges & ſur les branches de certaines plantes. On pourroit, au premier coup d'œil, confondre l'*épine*
avec l'*aiguillon* ; cependant il ſe rencontre une différence eſſentielle
entre ces deux productions. L'épiderme, ou la ſubſtance corticale,
forme l'aiguillon, & l'épine naît de
la propre ſubſtance ligneuſe. L'aiguillon eſt ſeulement attaché ſur
l'écorce, & n'adhère nullement à
la ſubſtance propre de la plante, du
tronc, de la tige : en enlevant l'écorce
on enlève l'aiguillon. Pour s'en convaincre, qu'on faſſe bouillir une
branche d'églantier, de roſier ; l'é-
corce ſe détachera facilement ; les
aiguillons ſuivront l'écorce : il n'en
reſte pas la moindre impreſſion ſur
le corps ligneux. La comparaiſon
que M. Duhamel établit entre les
ongles de l'homme, qui ne paroiſſent être qu'une continuation de la
peau, avec l'aiguillon des plantes,
formé de la ſubſtance corticale, eſt
très-ingénieuſe. (*Voyez* ÉPINE)
Les aiguillons n'ont pas toujours
la même forme ; les uns ſont droits,
ſans aucune courbure, les autres
ſont courbés la pointe en haut, &
quelques-uns la pointe vers la racine. La même plante offre ſouvent
des aiguillons dans ces différentes
directions, comme une branche de
roſier. Le roſier, la ronce, le gro-
ſeillier, l'épine-vinette, le faux acacia, le brout de la châtaigne, les
feuilles, &c. ſont armés d'aiguillons. Quelle eſt la deſtination de ces
ſingulières productions ? M. Malpighi les regarde comme un laboratoire propre à la préparation de la
féve ; M. Duhamel ſemble leur

refuſer cet avantage , & ne les conſidère que comme des armes défen-
ſives dont la nature a revêtu certaines plantes , pour les mettre à
couvert des attaques des animaux ;
mais il nous ſemble que les aiguillons
comme les épines doivent avoir un
rapport plus direct à l'économie végétale ; peut-être ſont - ils de vrais
vaiſſeaux ſecrétoires. M. M.

AIGUILLON *aux Bœufs*. Morceau
de bois armé d'une petite pointe de
fer à ſon extrémité ſupérieure avec
laquelle on pique & aiguillonne les
bœufs, lorſqu'ils tirent la charrue.
Cette baguette, groſſe d'un
pouce environ par le bas, & dont
la groſſeur diminue en proportion
qu'elle approche de la pointe, eſt
communément de ſix à dix pieds de
longueur, ſuivant la charrue dont
on ſe ſert pour labourer. Si elle
étoit auſſi groſſe dans le haut que
dans le bas, elle pèſeroit trop à la
main du laboureur, & le fatigue-
roit. Les bœufs ont beſoin d'être
aiguillonnés de tems à autre pour
les rappeller au travail & ſoutenir
leur marche, ſans quoi ils la ralen-
tiroient preſque au point de ne plus
aller.

AIL. M. Tournefort place cette
plante dans la ſection quatrième de
la neuvième claſſe qui comprend les
fleurs liliacées compoſées de ſix pétales, & dont le piſtil devient le
fruit ; & il la déſigne ſous la dénomination d'*allium ſativum*, ainſi que
M. le Chevalier Von Linné qui la
place dans l'*hexandrie monogynie*.

Deſcription & uſages.

Fleur, liliacée ; ſix pétales oblongs,

étroits, concaves, droits ; le calice
eſt un ſpathe ovale qui s'ouvre pour
laiſſer ſortir pluſieurs fleurs.

Fruit, petite capſule, large, à
trois lobes, à trois loges, & qui
renferme des ſemences ſous-orbicu-
laires & noires.

Feuilles. Les feuilles ſortent immédiatement de la bulbe : elles ſont
longues, applaties, terminées en
pointe, ſans nervures apparentes.

Racines, compoſées de pluſieurs
bulbes, recouvertes de tuniques
fort minces & blanches ; ces bulbes
ſont improprement appelées *gouſſes
d'ail*. Toutes les bulbes ſont adhérentes par leur baſe, & pouſſent
beaucoup de racines chevelues.

Port : la tige ou *hampe* s'élève du
milieu de la bulbe à la hauteur d'un
ou de deux pieds : elle eſt creuſe,
cylindrique, & couverte juſque
vers le tiers de ſa longueur par des
feuilles diſpoſées en manière de
gaine ; les fleurs naiſſent au ſommet
en ombelle arrondie.

Lieu : elle eſt originaire de la Sicile, & on la cultive dans tous les
jardins où elle eſt vivace : elle
fleurit en Juin & en Juillet.

Propriétés. Son odeur particulière
& forte, diffère de celle de tous les
oignons ; les bulbes ont un goût âcre
& même cauſtique : on la regarde
comme maturative, antihyſtérique,
diurétique, vermifuge ; elle excite
la tranſpiration ; elle eſt eſtimée
dans l'hydropiſie de poitrine, dans
l'aſcite occaſionnée par des boiſſons
ſpiritueuſes, dans l'aſthme pituiteux,
la toux catarrale, la diarrhée par
foibleſſe d'eſtomac ; dans les coliques occaſionnées par les vers &
les coliques venteuſes. On la nomme
communément la *thériaque des pay-*

fans, fur-tout dans les pays chauds, & ils en mangent avant d'aller au travail, pour fe garantir, difent-ils, du mauvais air. L'ail ne convient point aux tempéramens chauds, fur-tout lorfqu'il y a bouillonnement dans le fang, chaleur d'entrailles, &c. dans ces cas, ce feroit un remède incendiaire. Si on applique l'ail extérieurement, il irrite les tégumens, & par fon long féjour, il les enflamme. M. Chomel s'eft fervi avec fuccès de fon application fous la plante des pieds, pour favorifer l'éruption de la petite vérole, ou l'accélérer lorfqu'elle éft tardive. Quelques auteurs confeillent affez mal à propos la bulbe écrafée, réduite en pâte & mêlée avec l'huile d'olive pour appliquer fur les brûlures. La brûlure n'eft jamais fans inflammation, & toute inflammation fait promptement rancir toutes les efpèces d'huile; dèslors, elles deviennent irritantes, corrofives, augmentent le mal loin de le guérir. Des linges continuellement imbibés d'eau fraîche, offrent un remède plus fimple & plus fûr.

Ufages. Le fuc exprimé des racines fe donne depuis une demidrachme jufqu'à une once, feul ou mêlé avec parties égales de vin blanc. La bulbe, depuis demi-once jufqu'à deux onces, en macération au bain-marie, dans huit onces d'eau ou de vin blanc: cuite fous les cendres chaudes, & broyée jufqu'à confiftance pulpeufe, pour un cataplafme.

Pour les animaux, on donne l'ail broyé à la dofe d'une once, mêlé dans une livre de vin.

De fa culture.

M. le chevalier Von Linné compte trente-fept efpèces d'ail; & il comprend dans ce nombre, la rocambole, le poireau, l'oignon, &c. Comme cet Ouvrage n'eft pas confacré à la botanique, on a penfé, afin d'éviter les rènvois, de traiter chaque article fuivant leur ordre alphabétique.

Du terrain qui lui convient. Les auteurs qui ont écrit fur le jardinage, difent communément que toute terre lui convient. Cette propofition eft vraie en général, c'eft-à-dire que l'ail végète par-tout; cependant l'expérience prouve que certains terrains lui conviennent infiniment plus que les uns que les autres.

Dans le Bas-Poitou, par exemple, au village de la Tranche, fitué au bord de la mer, & vis-à-vis de l'île de Ré, on cultive une quantité prodigieufe d'ail & d'oignons, & ils font monftrueux pour leur groffeur. Tout le pays eft compofé de dunes; le fable y eft mouvant, & porté çà & là par les vents. C'eft entre ces dunes & à l'abri des vents que la culture eft établie, au milieu des fables brûlans pendant l'été. Les habitans de la Tranche raffemblent, aux bords de la mer, les débris des plantes marines & des lithophytes qu'elle rejette, & ils s'en fervent comme engrais pour vivifier leurs fables. S'ils multiplioient trop cet engrais, la récolte feroit mauvaife. On doit donc conclure, d'après cette expérience en grand, que plus le terrain eft léger, plus la plante réuffit. En effet, fi l'on confidère toutes les plantes à oignons ou liliacées, on verra qu'elles ont peu befoin de fond de terre pour végéter. L'oignon *fcille* ou *fquille* végéte, croît, pouffe une tige depuis quatre jufqu'à dix pieds de hauteur : il fleurit même fufpendu au plancher d'un appartement. Les oignons de hyacinthe, de tulipe, de narciffe, végètent fur les cheminées dans des carafes pleines d'eau, &c. Il eft donc de la nature de toutes les liliacées d'abforber l'humidité de l'air ou celle qu'on leur procure, & de végéter par ce feul fecours. On demandera, pourquoi les habitans de la Tranche cherchent-ils à donner du corps à leurs fables par les engrais dont ils fe fervent ? C'eft moins pour donner du corps à leur terre, que pour y mettre une fubftance qui attire puiffamment l'humidité de l'air, & remplace celle que l'ardeur du foleil a fait perdre pendant le jour. En effet, fi on examine la nature de l'engrais employé, on verra qu'il eft chargé de fel marin, & que le fel marin a une propriété finguliere de fe décompofer & de fe combiner enfuite avec l'acide de l'air ; & de la combinaifon de ces deux fels, il en réfulte une facilité extrême à abforber l'humidité. Voilà la théorie de cet engrais.

Cet exemple fi décifif & fi tranchant, devroit donc engager les habitans des bords de la mer, garnis de dunes & de fables, à fe procurer une récolte qui diminueroit leur mifere en augmentant leur bien-être. Il n'eft pas de femaine que les cultivateurs du village de la Tranche ne transportent une très-grande quantité d'ail & d'oignon à l'île de Ré, pour être vendue aux vaiffeaux étrangers qui font dans ce port. De tous les produits de petite culture, il n'en eft aucun qui donne moins

de peine pour la culture, & dont le débit foit plus affuré. Il faut avoir vu à la foire de Beaucaire l'inombrable quantité d'ail qu'on y vend, pour fe faire une idée de fa confommation. Dix vaiffeaux, uniquement chargés de ce végétal, n'enleveroient pas tout ce qu'on en apporte à cette foire. Si on excepte Paris & l'intérieur du royaume, on en confomme beaucoup par-tout ailleurs.

Du tems de le planter. Dans les provinces méridionales, comme en Provence, en Languedoc, on plante les aulx à la fin de Novembre, ou au commencement de Décembre, & les plus pareffeux dans les premiers jours de Janvier. Dans les provinces du nord au contraire, on les plante en Mars. De ces deux points extrêmes, chacun, fuivant fa pofition, trouvera l'époque où il doit les confier à la terre.

Quelques auteurs difent qu'il faut femer la graine, & font de beaux raifonnemens fur le tems & fur la maniere de la femer. Ils ont écrit dans leur cabinet fans connoître l'objet dont ils parloient. Semer la graine d'ail & perdre fon tems, font des mots fynonymes, puifqu'on perd complettement une année par ce puéril procédé. Une tête d'ail contient ordinairement depuis huit jufqu'à quinze caïeux ; il s'agit feulement de les féparer, & chaque caïeu fera fa plante dans l'année même, & en produira autant d'autres. On peut en général compter dix pour un, fuivant le terrain.

Des labours. Plus la terre fera ameublie, mieux la bulbe profitera. Il faut donc que la terre foit labourée profondément, au moins à huit à dix pouces ; il feroit plus utile d'employer la bêche : elle entre de dix à douze pouces, soulève plus la terre, l'atténue & la divise davantage. Dans les jardins où l'on arrose avec des arrosoirs, on en fait des planches, ou bien il sert à entourer les planches d'oignons & des poireaux. Dans les pays où l'on arrose par irrigation, par inondation, il faut le placer au milieu de l'ados, & non dans le fond. L'ail, comme toutes les plantes liliacées, craint le trop d'eau : ainsi, il ne faut l'arroser que dans le cas d'une extrême sécheresse. Dans l'une & l'autre méthode, il faut planter l'ail à deux pouces de profondeur, & à six pouces de distance d'une bulbe à une autre, & non à quatre, comme on le pratique communément ; l'espace n'est point suffisant pour les racines, & la plante profite moins. Il est inutile d'observer les jours de la lune ; plantez en tems convenable, & préparez votre terrain de la manière la plus avantageuse, cela vaut mieux. Palladius dit que, si l'on plante & l'on arrache l'ail dans le tems que la lune ne paroît point sur notre horizon, l'ail perdra son odeur fétide, & Palladius dit une puérilité.

Le tems d'arracher l'ail de terre est fixé par l'inspection de son fanage. Lorsqu'il est bien desséché, le moment est venu : alors on arrache la plante : elle reste exposée pendant douze ou quinze jours au gros soleil, & on la garantit de la pluie pendant ce tems-là ; enfin, on lie les aulx par bottes, ou on tresse les fanes les unes dans les autres, de manière que les têtes soient toutes d'un côté. Il convient de les suspendre dans un lieu très-sec, sans quoi les bulbes germeroient.

Cette plante, tant qu'elle reste en terre, n'exige aucune culture, aucun soin, sinon d'arracher exactement les mauvaises herbes qui dévoreroient sa substance. Je conseillerois cependant de piocheter de tems à autre le terrain ; on détruiroit mieux, par ce moyen, les mauvaises herbes, & on rendroit la terre plus disposée à jouir des bénignes influences de l'atmosphère.

AILE. Ce mot a plusieurs significations relatives aux différentes parties du végétal. En général, c'est une espèce de membrane, plus ou moins épaisse, plus ou moins ferme, & plus ou moins saillante, qui enveloppe & surmonte les semences de certaines plantes, entr'autres celles de l'érable, comme on le voit *fig. 4.* (Pour la Planche, *voyez* le mot ANTHÈRE.) La forme de cette membrane lui a fait donner le nom d'aile, plutôt que sa destination.

Les Botanistes désignent aussi sous le nom d'*aile*, les deux pétales qui se trouvent placés entre ceux qu'on nomme *papillon* & *carenne*, qui entre eux quatre composent la fleur des plantes légumineuses, telles que celles des pois, des féves, &c. & que par cette raison on a appellées *fleurs papilionacées*, à cause de leur ressemblance avec un papillon, *Voyez* la forme de ces ailes dans les fleurs de cette classe. (*Voyez* FLEURS)

On dit encore d'un pétiole ou queue d'une feuille, qu'il est *ailé*, lorsqu'il est bordé de chaque côté d'une membrane courante & longitudinale, comme dans l'oranger ; qu'une tige est *ailée*, lorsqu'elle est garnie longitudinalement, par des membranes qui débordent sa superficie. Ces deux dernières espèces d'ailes ne sont que des productions des feuilles. On y trouve, comme dans l'aile de la semence, toutes les parties principales de la feuille, c'est-à-dire le réseau vasculeux, le tissu cellulaire ou parenchyme, qui est entre les mailles du réseau, & l'épiderme qui recouvre le tout. M. M.

Aile, est encore un terme de jardinage : il se dit des branches des arbres, ou des autres plantes qui poussent sur les côtés, & ont par conséquent la disposition des ailes des oiseaux. En parlant des artichaux qui poussent sur le côté de la mère tige, on dit qu'ils poussent des ailes.

A I L E , *Anatomie*. C'est une partie du corps des oiseaux, de certains insectes, & de quelques autres animaux, comme la chauve-souris & l'écureuil volant, qui leur sert à voler, c'est-à-dire, à s'élever, se soutenir, & se transporter d'un endroit à autre à travers l'air. Pour bien entendre l'action du vol, il est nécessaire d'avoir quelques notions préliminaires des parties qui concourent à le produire.

Tous les animaux bipèdes & quadrupèdes, outre les pieds de derrière, ont encore deux bras attachés aux épaules, qui, dans les quadrupèdes, leur tiennent lieu de pieds pour marcher, servent à l'homme pour prendre, serrer, enlever, &c. & à l'oiseau, pour voler. Dans tous, ces bras sont formés du même nombre de parties & d'os principaux, disposés de la même manière, d'une omoplate, d'un humérus, d'un cubitus, d'un radius, & d'un carpe.

Dans les oiseaux, (Borelli, *de motu animalium , capite de volatu*) l'omoplate est composée de deux os , formant entre eux un angle aigu , dont l'un , le plus élevé , adhère aux côtes dorsales , & tient à l'épine du dos par un grand nombre de muscles, & l'autre est attaché au sternum. Dans l'angle formé par les deux os de l'omoplate , est un trou qui est traversé par le tendon du muscle éleveur de l'aile. Cette aile est encore garnie d'un muscle pectoral abaisseur ; & comme son action est très-forte, l'omoplate & l'extrémité de la clavicule, pour pouvoir y résister, trouvent leur point d'appui sur le tranchant & la crête de l'os sternum. L'humérus s'articule avec l'omoplate dans l'angle de ses deux os ; & à l'extrémité de l'humérus, sont le cubitus & le radius : ils sont plus longs dans l'oiseau que l'humérus. Le tout est terminé par les os du carpe, qui forment la main dans l'homme, & l'extrémité des ailes , ou, comme Willughby l'appelle , l'aile secondaire : la longueur du carpe est moindre que celle de l'humérus.

La proportion des os des ailes & des plumes, avec la longueur du corps, n'est pas uniforme dans tous les oiseaux ; l'autruche , par exemple , a de très-petites ailes relativement à son corps, aussi lui servent-elles moins à voler qu'à accélérer sa course. Les poules & les oiseaux qui volent peu , & ne s'éloignent guère de la terre, les ont un peu plus longues : les pigeons qui s'élèvent & soutiennent davantage leur vol, les ont assez étendues ; mais les oiseaux de proie, les hirondelles, les cygnes, l'aigle , & tous

tous les oiseaux, dont la demeure ordinaire est, pour ainsi dire, les airs, ont des ailes très-longues, qui se croisent souvent au dessus de la queue, & ont presque le triple de longueur du corps, lorsqu'elles sont développées.

Une observation intéressante, & qui annonce la sagacité admirable de la nature dans les plus petits détails, c'est la structure même des os que les oiseaux font agir en volant: les os du bras, les clavicules, les os de la poitrine, les vertèbres, les os des îles, & dans plusieurs espèces, les os de la cuisse, sont tout-à-fait creux, sans moelle, & reçoivent, dans leur cavité, par la respiration, l'air, qui par ce moyen les rend plus légers & plus capables de s'élever. Cette observation avoit d'abord été faite par Galilée, ensuite par Borelli, enfin par M. Camper, qui, ayant disséqué plusieurs oiseaux, a trouvé l'os du bras gauche d'une orfraie, celui d'une cicogne, d'un hibou, l'os du bras droit d'une poule, d'un dindon, percés d'un petit trou à la partie supérieure, par lequel il y avoit une communication réciproque avec la poitrine pour l'air. Dans les cuisses de l'orfraie, de la cicogne, du coq de bruyère, de l'aigle, &c. le trou aérien se trouve placé sous le trochanter. Les oiseaux qui volent peu n'ont que les os des ailes perforés; ceux qui volent beaucoup & long-tems, ont de plus les os des cuisses creux & percés.

Les os des bras ou des ailes des oiseaux, sont garnis de muscles extenseurs & fléchisseurs forts & vigoureux, à peu près les mêmes que ceux des autres animaux; ils en

diffèrent par la grandeur & la position. Les muscles pectoraux fléchisseurs de l'humérus de l'homme, sont petits & peu charnus; à peine égalent-ils la cinquantième ou soixantième partie de tous les muscles: au contraire, les mêmes dans l'oiseau, non-seulement égalent, mais ils surpassent encore tous les autres muscles pris ensemble. D'après cela on peut déjà conclure quelle force prodigieuse il faut pour mouvoir les ailes. Dans l'homme, le muscle extenseur du bras est le grand pectoral, placé à la partie antérieure de la poitrine; il prend son origine de la moitié de la clavicule, du côté qu'elle regarde le sternum, & de la partie latérale & moyenne de ce même os, des dernières côtes vraies & des premières fausses, il va s'insérer par un tendon fort & court à la partie supérieure & antérieure de l'humérus, quatre doigts environ au dessous de sa tête. Dans l'oiseau, l'os sternum est vaste, dur & pesant, semblable à un bouclier; il forme un angle saillant au milieu. C'est à cet angle, & aux deux côtés de cet os, que sont attachés les fibres des grands pectoraux de l'oiseau; ces fibres se réunissent, forment un tendon charnu qui va s'attacher à la tête même de l'humérus, tandis que dans l'homme ce n'est qu'au dessous. Ainsi la distance de la direction des muscles pectoraux, au centre du mouvement de l'aile, est très-petite: égale au demi-diamètre de la tête de l'humérus, qui tourne dans le sinus de l'omoplate, elle est sept à huit fois moindre que la longueur de l'humérus, dix-huit fois moindre que l'os du bras, & près de quarante fois moindre que l'aile totale avec ses plumes. Dans l'homme, le muscle deltoïde sert à élever le bras : dans l'oiseau, ce muscle manque ; mais à sa place, est un muscle oblong, rond, dont le tissu est très-serré, attaché, d'une part, à la tête de l'humérus, du côté opposé au grand pectoral, passant à travers le trou formé au point de réunion des deux os de l'omoplate ; il revient s'attacher dans l'angle de la poitrine, formé par la partie saillante du sternum : le trou que ce tendon traverse, est comme une poulie, autour de laquelle il se meut ; de façon qu'en se contractant il tire à lui l'humérus qu'il élève par conséquent vers le dos & la tête, tandis que le pectoral, son antagoniste, l'abaisse & le ramène vers le sternum. Cette position singulière & particulière du muscle éléveur du bras, annonce l'admirable prévoyance de la nature ; elle ne pouvoit l'attacher à l'os supérieur de l'omoplate, trop petit & trop foible pour résister à son effort ; de plus, par cette position, il détermine à la poitrine le centre de gravité de l'oiseau, de façon que les ailes se trouvent placées non-seulement à l'endroit le plus commode du corps, mais encore à l'endroit le seul propre à comporter un centre de gravité fixe & invariable.

Les deux muscles, dont nous venons de donner la description, ne sont pas les seuls employés au mouvement des ailes ; le cubitus & le carpe en sont pourvus de plusieurs petits qui opèrent le développement de l'aile & son resserrement ; enfin, le tout est enveloppé d'une peau forte & membraneuse, dans laquelle sont implantées les plumes.

L'art le plus merveilleux, & la sagesse la mieux raisonnée, ont concouru à la construction de chaque plume, & à leur disposition entre elles. Nous ne pouvons en donner une meilleure description, qu'en employant celle de M. Formey, secrétaire de l'académie royale de Berlin.

« Un art incomparable brille dans » la construction de chaque plume : » le tuyau en est extrêmement roide » & creux par le bas, ce qui le » rend en même tems fort & léger ; » vers le haut, il n'est pas moins » dur, & il est rempli d'une espèce » de parenchyme, ou de moelle, » ce qui contribue aussi beaucoup » à sa force & à sa légéreté : la » barbe des plumes est rangée ré- » guliérement des deux côtés, large » d'un côté & étroite de l'autre. » On ne sauroit assez admirer l'exac- » titude du sage auteur de la na- » ture, dans le soin qu'il a pris » d'une partie aussi peu considéra- » ble que le paroît cette barbe des » plumes qui sont aux ailes : on y » peut observer entre autres ces » deux choses ; 1°. que les bords » des filets extérieurs & étroits de » la barbe, se courbent en bas, » au lieu que ceux des intérieurs » & plus larges se courbent en » haut : par ce moyen, les filets » tiennent fortement ensemble ; ils » sont clos & serrés, lorsque l'aile » est étendue, de sorte qu'aucune » plume ne perd rien de la force » ou de l'impression qu'elle fait sur » l'air : 2°. on peut remarquer une » adresse & une exactitude qui ne » sont pas moins grandes, dans la » manière dont les plumes sont cou-

» pées à leur bord : les intérieures
» vont en fe rétrécifant, & fe ter-
» minent en pointe vers la partie
» fupérieure de l'aile : les exté-
» rieures fe rétréciffent dans le fens
» contraire de la partie fupérieure
» de l'aile, vers le corps, du moins
» en beaucoup d'oifeaux : celles du
» milieu de l'aile ayant une barbe
» par-tout égale, ne font guère
» coupées de biais; de forte que
» l'aile, foit étendue, foit reffer-
» rée, eft toujours façonnée & tail-
» lée auffi exactement que fi elle
» avoit été coupée avec des ci-
» feaux. Mais pour revenir à la
» tiffure même de cette barbe,
» dont nous avons entrepris l'exa-
» men, elle eft compofée de filets
» fi artiftement travaillés, entre-
» lacés d'une manière fi curieufe,
» que la vue n'en peut qu'exciter
» l'admiration, fur-tout lorfqu'on
» les regarde avec des microfco-
» pes. Cette barbe ne confifte pas
» dans une feule membrane con-
» tinue ; car alors cette membrane
» étant une fois rompue, ne fe
» remettroit en ordre qu'avec beau-
» coup de peine ; mais elle eft com-
» pofée de quantité de petites lames
» ou de filets minces & roides,
» qui tiennent un peu de la nature
» d'un petit tuyau de plume : vers
» la tige ou le tuyau, fur-tout dans
» les groffes plumes de l'aile, ces
» petites lames font plus larges &
» creufées dans leur largeur en
» demi-cercle ; ce qui contribue
» beaucoup à leur force, & à ferrer
» davantage ces lames les unes fur
» les autres, lorfque l'aile fait fes
» battemens fur l'air. Vers le bord
» ou la partie extérieure de la plu-
» me, ces lames deviennent très-

» minces, & fe terminent prefque
» en pointe ; en deffous elles font
» minces & polies, mais en deffus,
» leur extrémité fe divife en deux
» parties, garnies de petits poils,
» chaque côté ayant une différente
» forte de poils : ces poils font lar-
» ges à leur bafe ; leur moitié fupé-
» rieure eft plus menue & barbue.
» Il eft conftant que dans tous
» les oifeaux qui ont le plus d'oc-
» cafion de voler, les ailes font
» placées à l'endroit le plus propre
» à balancer le corps dans l'air, &
» à lui donner un mouvement pro-
» greffif auffi rapide que les ailes
» & le corps font capables d'en
» recevoir ; fans cela nous verrions
» les oifeaux chanceler à tous mo-
» mens, & voler d'une manière
» inconftante & peu ferme, comme
» cela arrive lorfqu'on trouble l'é-
» quilibre de leurs corps, en cou-
» pant le bout d'une de leurs ailes,
» ou en fufpendant un poids à une
» des extrémités du corps. Quant
» à ceux qui nagent & qui volent,
» les ailes, pour cet effet, font atta-
» chées au corps, hors du centre
» de gravité ; & pour ceux qui fe
» plongent plus fouvent qu'ils ne
» volent, leurs jambes font plus
» reculées vers le derrière, & leurs
» ailes font plus avancées vers le
» devant du corps. La manière dont
» les plumes font rangées dans cha-
» que aile, eft bien admirable ; elles
» font placées dans un ordre qui
» s'accorde exactement avec la lon-
» gueur & la force de chaque plu-
» me : les groffes fervent d'appui
» aux moindres ; elles font fi bien
» bordées, couvertes & défendues
» par les plus petites, que l'air ne
» fauroit paffer à travers ; par-là,

» leurs impulfions fur ce fluide font
» rendues très-fortes. »

Après avoir donné le détail de
toutes les parties qui compofent
l'aile, & qui concourent à exécuter le vol, voyons comment il eft
produit, comment il s'entretient,
comment il varie, & comment il
ceffe.

Tous les oifeaux ne commencent
pas leur vol, ou plutôt tous ne
s'élancent pas dans les airs de la
même manière. Les uns s'élèvent
tout droit de terre, dans l'endroit
où ils étoient pofés ; d'autres font
obligés de prendre leur courfe auparavant ; d'autres enfin cherchent
des hauteurs d'où ils s'élancent : mais
tous fuivent à peu près le même
méchanifme pour le départ. Tant
qu'ils font en repos, leurs ailes demeurent fermées & appliquées fur
leur flanc : veulent-ils commencer
leur vol ? d'abord ils fe baiffent
vers la terre en pliant les cuiffes,
& s'élèvent par un premier faut ;
ils étendent enfuite les ailes de façon qu'elles forment un plan horizontal parallèle à la terre ; enfin,
élevant les deux ailes en même
tems, & les abaiffant tout à coup,
ils frappent l'air avec violence. Cette
première vibration étant très-vive
& très-prompte, l'air contenu entre l'aile de l'oifeau & la terre, &
fubitement comprimé, n'a pas le
tems de s'échapper latéralement ;
il réagit alors avec autant de force
qu'il a été preffé ; fon élafticité naturelle lui fait repouffer en haut
ces mêmes ailes qui l'avoient frappé : cette réaction foulève le corps
de l'oifeau ; c'eft le premier inftant
du vol. Le fecond & les fuivans
font produits par le même jeu ; l'oi-

feau continuant de frapper l'air de
fes ailes, & l'air comprimé de nouveau continuant de fe rétablir en
repouffant le corps entier. L'extenfion, l'élévation & l'abaiffement de
l'aile font dûs aux deux mufcles,
dont nous avons donné la defcription plus haut ; & quelque pefant
que foit le corps par lui-même, la
force de ces mufcles eft plus que
fuffifante pour le mouvoir, puifque,
fuivant Borelli, ils font dix mille
fois plus forts qu'il ne faut pour
produire cet effet.

L'obfervation de Galilée, de Borelli & de Camper, fur le creux
des principaux os des oifeaux, jette
encore un très-grand jour fur le
méchanifme du vol & fur cette
force extraordinaire des ailes. Le
corps de l'oifeau fe dilate en fe
rempliffant d'air, & devient beaucoup plus léger ; il eft exactement
alors dans l'air ce que le poiffon eft
dans l'eau, quand fa veffie fe dilate.
Cet air paffe dans tous les os creux
des bras, des cuiffes, de la poitrine, & les rend plus légers ; ce qui
fait que ces ailes acquièrent une
pefanteur fpécifique bien moindre.
Ainfi la réunion de la force étonnante des mufcles & de la légéreté
du corps, donne l'explication du
vol : le même mouvement qui l'a
produit l'entretient.

Si la vîteffe avec laquelle l'oifeau
frappe l'air de fes ailes, égale précifément la vîteffe avec laquelle
l'air frappé cède en lui réfiftant,
alors l'oifeau fe foutiendra en l'air
fans monter ni defcendre : en effet,
il ne s'eft élevé la première fois,
que parce que l'air renfermé entre
l'aile & la terre, ne pouvant céder,
a réagi contre le corps entier, &

l'a pouffé en haut ; ici l'air cède, & ne fait que céder fans réagir. Mais fi cette vîteffe de percuffion dans l'aile furpaffe celle avec laquelle l'air frappé cède, alors le corps s'élèvera, parce que l'air n'ayant pas le tems de céder, fervira de point d'appui & de bafe pour les nouveaux élans de l'oifeau, qui s'élèvera par conféquent avec une vîteffe égale à la différence avec laquelle l'air cédera ; c'eft-à-dire, que moins l'air cédera vîte, & plus l'oifeau s'élèvera, & vice versâ.

Le vol horizontal de l'oifeau n'eft pas auffi facile à expliquer qu'on le penferoit d'abord. Quelques auteurs, comparant le corps de l'oifeau à un navire, regardent fes ailes comme les rames, & fa queue comme le gouvernail ; & prêtant aux ailes le mouvement de la rame, de la tête vers la queue parallélement à l'horizon, ils font avancer le corps dans l'air exactement comme le navire fur les eaux. Mais ils n'ont pas fait attention que les ailes déployées dans un plan horizontal, font le feul moyen qui foutient l'oifeau ; & que dès qu'elles le quitteroient pour en prendre un perpendiculaire, l'oifeau tomberoit. Le navire foutenu par la denfité de l'eau, n'a befoin des rames que pour avancer ; & fi l'oifeau fe fert de fes ailes pour ce mouvement, il ne les tourne pas comme des rames. Au contraire, la percuffion perpendiculaire eft abfolument néceffaire pour faire avancer l'oifeau : & voici comment Borelli l'explique. Les ailes, outre le mouvement de bas en haut & de haut en bas, en ont encore un affez fort de rota-

tion fur elles-mêmes, à l'articulation de l'humérus avec l'omoplate, non pas qu'elles puiffent décrire un cercle ou un demi-cercle entier, mais près d'un quart, en fe rapprochant l'une contre l'autre par l'extrémité des plumes dont elles font garnies ; de façon qu'elles peuvent former au-deffus du dos une efpèce de coin, dont le tranchant ou l'angle eft du côté de la queue, & la bafe vers le col. Ces ailes ainfi difpofées fe rabattent tout d'un coup, & frappent l'air de biais ; qui repouffe le corps de l'oifeau dans le même fens. Ce mouvement fe trouve par-là compofé de deux mouvemens, qui fe croifent comme les lignes que forment les deux ailes : le corps de l'oifeau, pour obéir également à ces deux forces, eft obligé de prendre une direction moyenne qui tient de toutes les deux, & qui eft la ligne horizontale partant de l'angle formé par les deux ailes. Ainfi l'oifeau fe meut en avant.

Si la queue, par fa difpofition feule & fon mouvement, ne fert pas à l'oifeau de gouvernail pour tourner à droite ou à gauche, comme nous l'avons déjà dit, il l'emploie pour s'élever ou defcendre. En effet, lorfqu'il élève la queue en volant toujours horizontalement, alors fon corps tourne fur fon centre de gravité, & la tête monte tandis que la queue defcend : ce mouvement joint au coup d'ailes fait élever l'oifeau. Le contraire aura lieu, fi l'oifeau baiffe la queue.

Veut-on faire tourner à droite ou à gauche un bateau fur une rivière ? il fuffit de faire mouvoir la rame du côté opposé à celui où il doit aller; ainsi en ramant à droite, le bateau tournera à gauche; & ramant à gauche, il se dirigera vers la droite. Tel est exactement le méchanisme du vol d'un oiseau à droit ou à gauche. Veut-il se porter vers la droite ? alors il frappe l'air obliquement de l'aile gauche, en le repoussant un peu vers la queue : le contraire arrivera, s'il fait ce même mouvement de l'aile droite. On peut remarquer très-facilement ce jeu des ailes dans les pigeons : pour tourner à droite, on les voit distinctement élever l'aile droite plus haut que l'aile gauche, en frapper vivement l'air dans une direction oblique, tandis que l'aile gauche se meut à peine.

Très-souvent on voit les oiseaux, sur-tout les oiseaux de proie, parcourir un grand espace sans mouvoir aucunement les ailes. Ce mouvement rapide & uniforme est produit par un violent coup d'aile. Ce n'est que la suite & l'effet d'une première impulsion, comme un bateau se meut long-temps après un coup de rame. Mais l'oiseau & le bateau cesseront de se mouvoir sitôt que l'effet de leur gravité égalera ou l'emportera sur l'impulsion qu'ils avoient reçue; & pour les faire avancer de nouveau, il faudra un nouveau coup d'ailes & de rames.

Il est bien étonnant que, malgré l'impétuosité prodigieuse avec laquelle les oiseaux volent, ils puissent s'abattre & terminer leur vol avec autant de facilité. Ne devroit-on pas craindre qu'un aigle, par exemple, qui se précipite de la région des nuages, ne se brisât contre la terre dans sa chûte ? Non,

la sage Nature lui a appris l'art de composer son vol, de manière qu'il se ralentit insensiblement, & que lorsqu'il approche de la terre, il s'y repose plutôt qu'il n'y tombe. L'oiseau qui veut prendre terre étend ses ailes & sa queue en forme de voûte perpendiculaire à la direction de son mouvement. La surface que présentent les ailes & la queue, semblables à des voiles de navire, retarde d'abord l'impétuosité du vol, qui diminue encore davantage, lorsque l'oiseau en frappe l'air en avant; il produit alors un mouvement contraire à celui qu'il avoit auparavant; ce qui le détruit insensiblement. Enfin, sur le point de prendre terre, il étend les pattes de façon qu'elles la touchent petit à petit en pliant les articulations, cédant au coup, & se redressant de la même manière. Ainsi l'oiseau parvient à se reposer après avoir perdu presque tout le mouvement qu'il avoit.

Tel est tout le parti que l'oiseau peut tirer de ses ailes, & le méchanisme étonnant de son vol. On ne peut assez admirer l'auteur de tout cet appareil industrieux par lequel des êtres, d'un poids quelquefois énorme, peuvent se rendre presqu'aussi légers qu'un pareil volume d'air, s'élever dans l'atmosphère, se perdre dans les nues, se précipiter, remonter avec une vîtesse prodigieuse, tourner sur eux-mêmes; tantôt décrire une ligne droite, tantôt former des cercles de différens diamètres; puis, malgré toute leur impétuosité, venir se reposer tranquillement à terre ou sur une foible branche que leur poids fait courber. Quel art ! quelle sageffe ! Que de beautés, que de richeffes dans l'ouvrage ! que de grandeurs & de puiffance dans l'ouvrier !

Pour la defcription de l'aile de l'infecte, *voyez* le mot INSECTE. M. M.

AIMANT. L'aimant, (*Magnès*, ainfi nommé, ou de la Magnéfie, province de Theffalie, dans laquelle on l'a trouvé la première fois, ou du nom du berger qui, dit-on, le découvrit par hafard avec le fer de fa houlette) doit être rangé parmi les mines de fer très-pauvres, plutôt que parmi les pierres.

Au premier coup d'œil, il paroîtroit fuperflu de traiter de l'aimant dans cet Ouvrage confacré tout entier à l'agriculture & à l'économie rurale ; mais qu'on y faffe attention, il eft des points de fciences éloignées avec lefquels un grand cultivateur doit cependant être familiarifé. L'ufage de la bouffole étant d'une fi grande néceffité, foit pour les arpentages, foit pour les plans, foit pour les obfervations météorologiques auxquelles il peut fe livrer, la théorie de la vertu magnétique, & par conféquent l'aimant & fes principales propriétés doivent lui être connus. Nous renverrons pour les grands détails, aux favans ouvrages des Nollet, des Muffchenbroeck & des Sigaud de la Fond, & nous nous contenterons de parcourir les phénomènes effentiels de l'aimant, comme fa direction, fon attraction, & fa communication.

L'aimant fortant des entrailles de la terre, a toujours une forme irrégulière, d'une couleur bleue, grife, brune, noire, &c. L'Europe & les Indes le fourniffent : il eft

très-commun dans les ifles du Pont-Euxin, fur-tout dans celle de Serfo, & en Arabie ; on en trouve en France vers l'embouchure de la Loire, & dans l'Auvergne, en Efpagne, dans la Bifcaye, en Savoie, en Piémont, en Allemagne ; mais les meilleurs & les plus forts en général viennent de la Norvège, de la Suède, & des pays feptentrionaux.

Tout aimant eft doué de deux pôles, l'un appellé *pôle nord* ou feptentrional, & l'autre *pôle fud* ou méridional : la dénomination de ces deux points eft fondée fur ce que tout aimant fufpendu librement, fe tourne toujours invariablement de façon que l'un de ces points ou pôles fe dirige vers le nord, & l'autre oppofé vers le fud. Des pierres brutes d'aimant ont quelquefois plufieurs pôles ; mais quand on les taille, on ne leur en conferve que deux, les plus directs. Le procédé le plus fimple pour connoître ces pôles, eft de placer l'aimant fur un morceau de carton, de répandre légèrement deffus de la limaille de fer très-fine. En agitant un peu le carton, on voit cette limaille s'arranger autour de chaque pôle, & y former différens cercles.

La direction conftante de l'aimant naturel, ou d'une lame d'acier aimantée vers le nord, eft la propriété magnétique dont on a tiré plus de parti ; on lui doit l'origine de la bouffole. D'un avantage infini pour la navigation, c'eft elle qui dirige le pilote dans la route qu'il doit fuivre ; c'eft à l'aide de fon aiguille aimantée qu'il connoît le nord, & par conféquent les autres points du monde. Dans les tems les plus obfcurs, l'abfence du foleil & l'occultation des étoiles ne pourroient que l'égarer dans les plaines immenses de l'Océan ; mais il porte avec lui un indicateur fidèle qui l'avertit sans cesse de sa direction par rapport à la marche qu'il doit tenir. Cette machine ingénieuse connue sous le nom de *compas de mer*, & plus communément de *boussole*, est composée d'une feuille de carton circulaire, nommée rosette, de cinq à six pouces de diamètre, & quelquefois plus, divisée en trois cent soixante parties ou degrés. Sur ce carton, sont tracées les directions des trente-deux vents. Par-dessous est attachée une lame d'acier aimantée, portant au milieu une chape qui sert à placer la rosette sur un pivot. La lame aimantée est disposée de façon que son pôle nord répond immédiatement à la fleur de lis de la rosette qui marque le nord. Cette machine est renfermée dans une boîte suspendue de façon que les mouvemens du vaisseau ne peuvent pas lui faire quitter sa situation horizontale. Plusieurs auteurs font honneur aux françois de l'invention de la boussole ; d'autres à Florius Goia qui vivoit dans le treizième siècle ; d'autres enfin veulent que nous en soyons redevables aux orientaux ou aux chinois. Il est difficile de prononcer ; mais ce qu'il y a de certain, c'est que nos pilotes en faisoient usage au douzième siècle, & qu'à toutes les rosettes de boussole de différentes nations, le nord est toujours marqué par une fleur de lis. L'aiguille aimantée d'un graphomètre & de tout autre instrument d'arpentage qui porte une boussole est essentiellement la même. Elle a les mêmes propriétés, quoiqu'elle ne serve pas absolument

aux mêmes usages, mais elle a aussi les mêmes défauts qui sont la *déclinaison* & l'*inclinaison*.

Il y a très-long-tems que l'on a observé que l'aiguille aimantée ne se dirigeoit pas constamment vers le point du nord, qu'elle varioit, tantôt à l'est, tantôt à l'ouest, & qu'il paroissoit que sa position dans tel ou tel endroit de la terre y influoit nécessairement. Ce phénomène paroît d'autant plus étonnant, qu'il varie continuellement ; car en 1640, l'aiguille se dirigeoit à huit degrés vers l'est ; en 1666, elle étoit droit au nord : elle a depuis décliné vers l'ouest, de sorte qu'en 1763, sa déclinaison étoit d'environ dix-huit degrés & demi. Pour Paris, elle étoit en 1773 de vingt degrés ; depuis deux ans, elle paroissoit constante, mais au mois d'Août 1776, elle étoit de vingt degrés trente minutes, selon les observations de M. le Monnier.

Le second défaut de l'aiguille aimantée est cette tendance qui la détermine à incliner une de ses extrémités vers un pôle, comme si elle étoit plus pesante de ce côté-là. C'est ce que l'on nomme *inclinaison*. Cette inclinaison varie suivant la situation de l'aiguille. Dans notre hémisphère, elle s'incline vers le pôle boréal, & dans l'autre elle se porte vers le pôle austral. Cette inclinaison est nulle à l'équateur, & elle augmente à mesure que l'on avance vers les pôles du monde. On remédie à ce défaut par le moyen d'un petit poids qui glisse sur l'aiguille aimantée.

La propriété magnétique qui a été la première connue, est celle par laquelle l'aimant attire un autre aimant

aimant & le fer. Mais fi ce fer eft aimanté, on obferve alors le même phénomène qu'avec un autre aimant, c'eft que les pôles du même nom fe fuient mutuellement, tandis que les pôles contraires ou de différens noms s'attirent. Une feule expérience rend ces deux forces très-fenfibles. Dans un vafe plein d'eau, faites furnager une aiguille à coudre. Approchez de l'une des extrémités de cette aiguille le pôle d'un aimant, l'aiguille fera attirée fur le champ, & fuivra toutes les impreffions de l'aimant; préfentez le pôle contraire, l'aiguille fuira & reculera. Si l'aiguille elle-même eft aimantée, les effets des pôles oppofés feront bien plus marqués.

La force d'attraction & de répulfion magnétique ne dépend pas toujours de la groffeur & de la diftance de l'aimant. Mais pour l'augmenter confidérablement, il ne s'agit que de revêtir le morceau d'aimant de bandes de fer, que l'on nomme *armure*. Une pierre ainfi armée a beaucoup plus de force, la vertu attractive fe manifefte à de plus grandes ou de moindres diftances, fuivant la qualité de l'aimant; mais l'étendue de cette fphère d'activité ne dépend point de l'énergie de la force attractive.

Non-feulement cette force agit à quelque diftance fur les corps qu'elle maîtrife, mais elle fe fait encore fentir à travers différentes matières. Au-deffus d'une pierre d'aimant, placez fucceffivement un morceau de carton, un plan de bois, une lame de verre, d'or, d'argent, d'étain, de cuivre, &c. Répandez de la limaille de fer deffus, & vous obferverez qu'elle obéira

Tom. I.

aux impreffions de l'aimant. La flamme ni l'eau ne nuifent point à ces effets, & n'arrêtent pas les écoulemens magnétiques.

Outre la direction de la vertu attractive, que nous avons reconnue dans l'aimant, il a encore la propriété de communiquer fa vertu attractive au fer & à l'acier. Si l'on paffe un morceau de fer ou d'acier, comme une lame de couteau, fur un des pôles d'un aimant, on communiquera à cette lame une vertu magnétique, & elle en acquerra toutes les propriétés. Cette découverte a conduit à l'invention des aimants artificiels, qui ne font autre chofe qu'une ou plufieurs lames d'acier réunies enfemble, & fortement aimantées.

Ce n'eft pas fans précaution qu'il faut aimanter une lame d'acier. 1°. On communique plus de vertu à un morceau de fer en le paffant lentement, & l'appuyant fortement fur un des pôles d'un aimant; 2°. on lui communique plus de force en ne le paffant que fur un pôle plutôt que fur les deux; 3°. il faut furtout avoir foin de ne jamais repaffer en fens contraire fur le même pôle, car alors la pièce que l'on aimante perdroit une partie de la force qu'elle auroit acquife.

On parvient à aimanter, même fans aimant, un morceau de fer. Frappez une tige de fer fufpendue verticalement; tordez ou pliez-la; forgez-la à diverfes reprifes : en un mot, prefque toutes les opérations auxquelles le fer eft foumis dans les mains de l'artifte, lui communiquent cette vertu; & ce nouvel aimant artificiel a les mêmes propriétés que l'aimant naturel.

Q q

Depuis quelques années la médecine a découvert dans l'aimant une propriété singulière; celle d'assoupir les douleurs violentes occasionnées par des affections nerveuses, des maux de dents, des migraines, des douleurs rhumatismales, des surdités spasmodiques, des bourdonnemens d'oreille, &c. Peut-être a-t-on attribué trop d'énergie à ce nouveau remède, & a-t-on étendu trop loin les bornes de son empire; mais il est toujours constant que l'aimant est un bon anti-spasmodique dans quantité de circonstances. On doit l'appliquer avec beaucoup de précaution, proportionner la force de l'aimant aux tempéramens & à l'intensité de la douleur. M. Descemet a remarqué, *Gazette de Santé*, 1775, N°. 30, qu'il agit avec plus de force sur les tempéramens humides & pituiteux, & qu'il est prudent d'appliquer d'abord un aimant foible, & d'augmenter par degré la force & la vertu de ce remède. La façon de l'employer consiste dans la simple application plus ou moins continuée d'un aimant artificiel sur la partie souffrante. M. M.

AIN. (*Voyez* PÊCHE)

AIR. S'il est une partie de la physique & de l'histoire naturelle que le cultivateur doive connoître à fond, c'est sans contredit celle de l'air. Son étude ne sera pas pour lui une étude de simple spéculation: sans cesse appliquant ses connoissances & sa théorie à une pratique fructueuse, les succès accompagneront ses efforts.

L'air, soit comme principe, soit comme mixte, a une telle influence sur tous les objets qui nous environnent, qu'il est vrai de dire qu'il n'y a pas un phénomène dans la nature où il ne joue le principal rôle. Sans lui point de vie, point de végétation, point de développement. A peine les animaux en sont-ils privés, qu'ils cessent d'exister. Est-il seulement vicié, le trouble se met dans l'économie animale, le jeu des organes cesse, & la mort ne tarde pas à s'annoncer. Les plantes ne croissent & ne vivent que par lui. Il pénètre & dilate leurs trachées; il les entretient des parties nutritives qu'il charie sans cesse; il les conduit à leur perfection: mais le moindre dérangement de sa part, la moindre altération cause des révolutions subites dans le règne végétal: en un mot, rien dans la nature sur quoi l'air n'ait des droits & une action permanente. Quel intérêt n'a donc pas le cultivateur de connoître parfaitement, ou du moins d'étudier cet agent, ce principe universel? De quelle conséquence n'est-il pas qu'il ait au moins des notions générales de l'aérométrie? elles doivent être la base de ses raisonnemens, & la règle de ses travaux?

Nous allons tracer le précis des connoissances les plus nécessaires sur cet objet.

§. I. *De la fluidité de l'Air, & de ses effets.*

§. II. *De la pesanteur de l'Air, & de ses effets dans le jeu des pompes, des ventouses; de l'action de teter des enfans; & de sa pression dans le règne animal & végétal.*

§. III. *De l'élasticité de l'Air, & de ses effets.*

§. IV. *De l'Air, considéré comme partie constitutive des plantes, & nécessaire à leur entretien.*

§. I. *De la fluidité de l'Air, & de ses effets.*

Tout le monde convient actuellement que l'air est un fluide ; que ce fluide est pesant & élastique ; & que c'est par ces trois propriétés qu'il concourt à tous les phénomènes qui frappent nos yeux. Mais quelle est la nature de ce fluide pesant & élastique ? quelles sont ses parties constituantes ? Cet air que nous respirons, dans lequel nous sommes plongés continuellement, est-il un principe simple ou mixte ? La solution des deux premières questions n'est pas encore trouvée : la chimie & le nouveau système des fluides aériformes, prétendent la donner ; mais jusqu'à ce que la vérité se soit montrée dans tout son jour, & que de nombreuses & sures expériences aient appuyé cette théorie, il est de la sagesse de ne pas prononcer. L'air, considéré comme principe, & comme principe constituant de la plupart des corps, est une substance légère, fluide, transparente, capable de compression, de dilatation ; en un mot, de ressort ; on le retrouve par-tout, dans tous les corps organiques & inorganiques. Sa diaphanéité naturelle le rend invisible ; ses effets seuls annoncent sa présence. Quoiqu'il soit difficile de le séparer de l'atmosphère dont il forme la partie principale, des corps des trois règnes avec lesquels il est intimement combiné, cependant, pour bien connoître ses propriétés, nous allons le considérer, abstraction faite de toutes les substances étrangères qui lui sont unies. Il est important de bien connoître l'air comme fluide pesant & élastique, pour bien juger ce que c'est que l'atmosphère, comment elle influe sur l'agriculture & sur l'économie animale.

L'air élémentaire, ou l'air proprement dit, est fluide, c'est-à-dire que ses molécules, extrêmement mobiles, se séparent les unes des autres avec la plus grande facilité. De là le peu de résistance qu'il oppose au mouvement & au transport des corps qui sont renfermés dans son sein ; de là la propagation aisée des sons, des odeurs & des émanations qui s'échappent continuellement de toutes les substances ; de là enfin la pression égale qu'il exerce sur les corps dans toutes sortes de directions, & avec la même force, en haut & en bas, latéralement & obliquement. Rien ne peut altérer la fluidité de l'air : sage prévoyance de l'auteur de la nature ! tous les êtres lui doivent leur développement & leur vie. Si quelque cause pouvoit la diminuer & la fixer, dès cet instant, végétaux & animaux, tout périroit. L'air est une espèce de moule où toutes les substances prennent leur accroissement. Libre , & jouissant de toute sa circulation , sa résistance est uniforme , les fibres animales & végétales s'étendent également de tous côtés. Qu'un arbre soit adossé contre une muraille , une colline , ou une élévation quelconque qui empêche l'air de jouir du même équilibre que de l'autre côté ; dès ce moment les branches étant inégalement comprimées , elles ne se développent point uniformément , les plus libres croissent aux dépens des autres , & l'arbre ne peut acquérir les justes proportions qu'il devoit avoir.

La transparence de l'air est une preuve de sa parfaite fluidité. Par lui-même , il ne tombe pas sous les sens ; la lumière est ce que l'on apperçoit d'abord dans l'espace , & son absence amène l'obscurité. Tous les objets sont sensibles & apparens dans ce milieu ; il est donc transparent , net ; mais est-il sans couleur ? Ce bleu , cet azur qui frappe nos yeux , appartient-il aux molécules aériennes , ou est-il le produit de la décomposition de la lumière & de son mélange avec l'ombre ? La question est assez facile à résoudre , si l'on fait attention qu'un corps coloré naturellement , quelque transparent qu'il soit , conserve toujours sa couleur ; elle peut augmenter ou diminuer d'intensité , mais jamais être détruite ; & tous les rayons lumineux qui la traversent en prennent la nuance plus ou moins. Ainsi à travers un verre coloré , tous les objets paroissent colorés ; mais il n'en est pas ainsi des objets que nous voyons à travers l'air. Cette couleur bleue que l'on apperçoit dans un tems serein , n'est pas due

aux molécules de l'air , & ne teint pas réellement cet espace immense que nous appelons *le Ciel*. Les différentes réfractions que la lumière éprouve en parvenant à travers l'atmosphère jusqu'à nous , en sont les seules causes productrices ; & c'est dans la tunique qui tapisse le fond de notre œil , qu'il faut chercher le vrai siège de cette couleur. Tous les rayons colorés pris ensemble , produisent la lumière qui est blanche ; & s'ils n'éprouvoient, en traversant l'air , aucune séparation , ils produiroient dans notre œil , en l'affectant , la couleur blanche ; mais l'air opère une plus grande réfraction aux rayons bleus qu'aux autres , parce qu'ils en sont plus susceptibles : dès leur entrée dans la première & la plus haute région de l'air , cette réfraction est produite ; le rayon bleu s'éloigne de plus en plus , & cette séparation peu sensible au premier instant , augmente en proportion de la distance que ces rayons ont à parcourir ; de manière que le rayon bleu se trouve , pour ainsi dire , isolé en entrant dans l'œil , & il ne se rencontre aucune couleur assez vive pour effacer l'impression qu'il a produite sur le nerf optique. Mais si l'air est chargé de vapeurs & d'exhalaisons capables de détourner les rayons bleus , & de les empêcher de parvenir jusqu'à nous ; alors le bel azur disparoît des cieux avec la sérénité ; un ton de couleur grise se répand sur tous les objets. De là vient que dans les régions où l'air est sec & pur , le ciel brille d'un éclat plus vif ; il paroît plus élevé ; les bornes de la vue semblent se reculer , parce que les objets se découvrent mieux & de plus loin. Le contraire arrive dans les climats où une évaporation forte & continuelle remplit l'air de vapeurs épaisses & grossières.

§. II. *De la pesanteur de l'Air, de ses effets dans le jeu des pompes, des ventouses ; de l'action de teter des enfans, & de sa pression sur le règne animal & végétal.*

La pression que la fluidité permet à l'air d'exercer dans tous les sens, dépend primitivement de sa pesanteur. Cette qualité, bien reconnue par Aristote, & enseignée dans son école, fut oubliée ou méconnue jusqu'au siècle de Médicis, grand duc de Toscane, où Toricelli, disciple de Galilée, démontra que l'ascension de l'eau dans un tuyau de pompe de trente-deux pieds, & la suspension du mercure dans un tube de verre à la hauteur de vingt-huit à vingt-neuf pouces, étoient dues à la pesanteur de l'air. Depuis ce tems on a même été jusqu'à peser ce fluide comparativement avec l'eau ; & l'on a trouvé que dans une température moyenne, la proportion de la pesanteur de l'air à celle de l'eau, étoit environ de 1 à 800. Quantité d'expériences très-ingénieuses, & qui sont du ressort direct de la physique, prouvent la pesanteur de l'air ; mais aucunes ne démontrent que l'air pur, élémentaire soit pesant, indépendamment des vapeurs, des exhalaisons & des parties hétérogènes qui nagent dans son sein, & qui constituent l'atmosphère. Ce n'est pas que nous pensions qu'il ne le soit pas ; mais seulement il est bon de remarquer que jusqu'à présent c'est plutôt sur l'air

considéré comme atmosphère, que comme élément, que l'on a raisonné. Aussi n'est-il pas étonnant que les calculs & les observations des savans qui se sont occupés de cet objet aient tant varié ? Il nous suffit de reconnoître cette pesanteur, quelle qu'elle soit, de l'air principe, & d'en suivre les effets dans la physique, la méchanique & les économies animale & végétale. C'est vers ces points essentiels que le philosophe doit, à la campagne, diriger toutes ses connoissances.

L'air une fois reconnu fluide & pesant, les loix de sa pression & de sa gravitation seront les mêmes que celles des autres fluides ; ainsi il pèsera en toutes sortes de sens, de bas en haut, latéralement, de haut en bas ; & sa pression sera toujours proportionnelle à sa hauteur perpendiculaire & à sa base. Ainsi plus la colonne d'air sera haute, plus elle sera pesante, & *vice versâ.* De là vient que la colonne de mercure dans le baromètre diminue de hauteur à mesure qu'on le porte dans un lieu plus élevé, & qu'elle varie dans son élévation suivant les variations de l'atmosphère. (*Voyez* BAROMÈTRE)

Le jeu des pompes est uniquement dû à la pesanteur de l'air. On le concevra facilement en suivant l'opération d'une seringue, dont le bec est plongé dans l'eau, qui représente une vraie pompe aspirante, & qui peut faire entendre suffisamment le méchanisme des pompes aspirantes & foulantes en même tems. La seringue plongée par le bec dans l'eau, le piston enfoncé, l'eau ne peut y pénétrer. Mais vient-on à retirer le piston, il se fait aussitôt

un vuide dans l'intérieur de la feringue ; la maffe d'air interceptée
entre la colonne d'eau du bec de la
feringue & la furface inférieure du
pifton , fe rétrécit; la colonne de
liqueur qui répond au bec fe trouve
moins preffée par la maffe d'air intérieure, que par l'air extérieur qui
repofe fur la furface de l'eau environnante avec une force proportionnelle à toute fa hauteur. Les
colonnes d'eau extérieures deviennent prépondérantes, & forcent la
colonne intérieure , avec laquelle
elles communiquent, de céder à leur
preffion , d'occuper tout l'efpace
vuide que le pifton a laiffé en s'élevant , & de fe porter dans le corps
de la feringue. Tel eft en peu de
mots le méchanifme de l'élévation
de l'eau dans les pompes afpirantes.
Comme la colonne d'air extérieur
n'équivaut qu'à une colonne d'eau
de même bafe de trente-deux pieds
de hauteur , la pefanteur de l'air ne
la fera monter qu'à environ trente-
deux pieds, Pour réparer cet inconvénient, on a imaginé les pompes
afpirantes & foulantes , qui , par le
moyen de deux foupapes & d'un
tuyau de conduite placé latéralement , force l'eau de s'élever à des
hauteurs très-confidérables,

L'affluence des humeurs fous la
ventoufe, & du lait dans la bouche
de l'enfant qui tette, doit être attribuée à la pefanteur de l'air. La
ventoufe eft un petit vafe que l'on
applique fur la peau, & dont on
a raréfié l'air par le moyen du feu.
La preffion étant prefque nulle fur
la partie de la peau enfermée fous
la ventoufe, les humeurs du corps
font pouffées vers cette partie par
l'action de l'air extérieur & la réac-

tion de celui de la capacité intérieure. Leur abondance & le peu
de réfiftance qu'elles rencontrent ,
font gonfler les vaiffeaux, la peau
fe diftend , fe foulève , & fe déchire
enfin fous la ventoufe,

L'enfant qui tette, ferre le mamelon tout autour exactement avec
fes lèvres ; il avale l'air qui eft dans
fa bouche , y produit un vuide, où
il ne peut pénétrer ni par la bouche
ni par les narrines , qui fe trouvent
alors bouchées naturellement par
derrière dans le gofier. L'air preffe
donc beaucoup plus fur la furface
entière des mamelles que fur les
ouvertures du mamelon ; le lait
cède à fa pefanteur, fe porte vers
le mamelon, & de là dans la bouche de l'enfant,

C'eft encore la pefanteur de l'air,
ou mieux la preffion immédiate qu'il
exerce fur les corps qui font foumis
à fon action , qui empêche que les
vaiffeaux des plantes & ceux des
animaux ne foient pas trop fortement diftendus par l'impétuofité de
leurs fucs , & par la force élaftique de l'air qui abonde dans ces
liquides. Si cette preffion étoit fup-
primée, dès l'inftant ces vaiffeaux
plus fortement diftendus fubiroient
des tuméfactions fenfibles dans les
parties fur lefquelles cette preffion
feroit ou détruite ou affoiblie. L'é-
quilibre de l'air extérieur avec l'air
intérieur entretenu par la preffion
conftante & uniforme, retient les
fluides dans les routes de la circulation, & les empêche de s'échapper trop abondamment au dehors.
Auffi remarque-t-on que les voyageurs qui parcourent le fommet des
hautes montagnes , deviennent lâches de plus en plus : des crache-

mens de fang, des hémorragies confidérables annoncent que le fang
a brifé les vaiffeaux qui le retenoient dans fon cours ; & nullement
contenu par la réaction extérieure
de l'air, rien ne peut plus s'oppofer
à fon impétuofité.

Les hommes & les animaux ne
font pas les feuls êtres vivans fenfibles à la diminution de la pefanteur
de l'air. Ne cherchons point d'autres caufes pourquoi à une certaine
hauteur, on ceffe de rencontrer les
grands arbres, & que le règne végétal
diminue, pour ainfi dire, en raifon
directe de l'élévation du fol. Depuis
long-tems on a divifé, pour ainfi
dire, l'air en trois grandes zones ; la
plus inférieure, & en même tems
la plus denfe, foit par fa pefanteur,
foit par l'abondance des vapeurs &
des exhalaifons terreftres dont elle
eft chargée, renferme dans fon fein
& nourrit la plus grande quantité des végétaux. C'eft en général
la patrie propre aux plantes foibles, fucculentes & tendres. La vivacité de la féve la feroit facilement extravafer hors des vaiffeaux
& des pores de la plante, fi elle
n'y étoit retenue par la très-grande
preffion de la colonne d'air qui
l'environne, & qui obftrue par
fa denfité tous les orifices. Dans la
zone moyenne, l'air un peu plus
homogène, plus élevé & plus léger, n'a pas affez de force pour
contre-balancer la force de la féve
dans ce genre de plantes : auffi elles
ne peuvent végéter dans cette région. La Nature, toujours fage &
prévoyante, y a pourvu en n'y
faifant croître que des plantes à
tiges ligneufes, plus ferrées & plus
fortes. Dans cette claffe, la rigidité

des fibres végétales & de l'écorce,
fupplée à la foible réaction de l'air
& à fon défaut de preffion. Enfin,
la région fupérieure, où l'air n'eft
plus qu'un fluide très-pur dégagé
de toutes parties hétérogènes, un
être très-fubtil & très-rare, &
d'autant plus rare, qu'il s'éloigne
de plus en plus de la terre ; dans
cette région, la preffion de l'air eft
prefque nulle ; rien n'y végète ;
tout y dépérit : point de chaleur,
& par conféquent point de vie.
Quelque falubre que paroiffe l'air
qu'on y refpire, il ne porte pas
avec lui les parties nutritives propres à l'entretien vital, foit pour
les plantes, foit pour les animaux.
Les liqueurs n'y ont point de faveur ; rien ne force leurs molécules
de pénétrer & d'affecter les papilles nerveufes de l'organe du goût.
Les plantes que l'on tranfplanteroit
dans cette région, perdroient leur
force de fuccion. Le poids de l'air
ne feroit pas affez confidérable pour
pouffer les fucs nourriciers dans les
racines. Toujours rampantes, leurs
tiges ne trouveroient pas un foutien
dans l'air même. Les fucs & la féve
ne pourroient y fermenter : rien ne
les obligeroit à réagir l'un contre
l'autre. Enfin, ce qui paroît être la
qualité la plus précieufe dans l'air,
fa légéreté & fa pureté, y devient
néceffairement la caufe d'une langueur pareille à la mort.

Si la trop grande légéreté de l'air eft
fi dangereufe, fa trop grande condenfation ne l'eft pas moins ; les deux
extrêmes font à éviter. Dans les
régions d'une hauteur moyenne, dans
les terrains élevés & fecs, l'air eft
généralement beaucoup plus fain :
moins chargé d'exhalaifons impures

& de fubftances hétérogènes , comme dans les lieux bas , marécageux , dans le fein & dans le voifinage des grandes villes , il ne s'oppofe point à la tranfpiration infenfible , & n'altère aucun organe par des miafmes peftilentiels. Auffi dans cette région, dans le paffage de la première à la feconde zone , la nature eft plus féconde & plus riante, la végétation plus généreufe , & les hommes plus fains & plus heureux. C'eft fous ce ciel toujours ferein , & fur ce fol toujours riche & fertile , que l'homme trouve la force du corps , la fanté de l'efprit , la tranquillité de l'ame ; enfin le germe , tant moral que phyfique , de toutes les vertus , & non dans le fein des grandes habitations, où l'air épais & groffier femble influer avec tant d'énergie fur les facultés intellectuelles.

§. III. *De l'élafticité de l'air , & de fes effets.*

Si l'air n'étoit que fluide & pefant , & qu'il ne jouît d'aucune élafticité , il nous accableroit par fon poids , & s'oppoferoit aux mouvemens & à la circulation des fluides ; mais le reffort dont il jouit effentiellement à un degré très-confidérable , lui donne la propriété de réagir contre lui-même , & établit un équilibre général dans toutes fes parties. Doué d'une élafticité prefqu'auffi entière que celle dont la lumière jouit , tantôt il peut céder à l'impreffion des corps en rétréciffant fon volume , & fe rétablir enfuite dans la même forme & fous la même étendue , en écartant la caufe qui l'avoit refferré ; tantôt obéiffant à l'impulfion d'un nouveau fluide qui le pénètre , il fe dilate tant qu'il

le retient dans fon fein ; mais dès qu'il s'eft échappé , il rentre dans fes premières limites. L'élafticité de l'air eft donc fufceptible de condenfation & de dilatation. Le froid , & des poids confidérables , peuvent le comprimer jufqu'à un certain point , lui faire occuper un moindre efpace , fans cependant le réduire à zéro. La chaleur & le feu le dilatent néceffairement : à la température de l'eau bouillante , d'un tiers ; de deux tiers à la chaleur du verre fondu ; & dans certaines expériences , il occupe un efpace foixante & dix fois plus grand ; & fuivant Muffchenbroeck , quatre milles fois plus étendu.

L'air étant fi fufceptible de dilatation & de condenfation , ce mouvement alternatif , joint à la preffion qu'il exerce continuellement , joue le plus grand rôle dans la nature , y produit les plus grands effets , & peut-être eft-il le principe de la vie de tous les êtres. Nous allons parcourir les principaux.

Nous avons déjà vu que la colonne d'air qui repofe fur toute la furface du corps de l'homme , le preffe avec une force égale à fa hauteur. Cette colonne d'air équivaut à une colonne d'eau de même bafe de trente - deux pieds de hauteur. La taille moyenne de l'homme eft de cinq pieds , & préfente , toute évaluation faite , environ quatorze pieds de furface. Ainfi l'homme fupporte donc quatorze colonnes d'air d'un pied quarré de bafe , ou ce qui revient au même , le poids de quatorze colonnes d'eau d'un pied quarré de bafe , & de trente-deux pieds de hauteur , ce qui fait un poids de trente-un mille trois cents

foixante

foixante livres, le pied cubique d'eau commune pefant foixante - dix livres ; preffion, à la vérité, qui varie à proportion que la pefanteur fpécifique de l'air varie, & qu'il fe trouve plus ou moins élevé dans le baromètre. Mais il faudroit un bien moindre poids pour écrafer le corps de l'homme & de tous les animaux, fi l'air renfermé dans les poumons, & dans toute la capacité, n'étoit en équilibre avec l'air extérieur, & par fon élafticité naturelle, ne contre-balançoit fans ceffe l'effort de l'air environnant.

Plufieurs favans ont attribué le mouvement de la féve dans les végétaux, au mouvement de compreffion & de dilatation de l'air dans les trachées & les vaiffeaux à air que l'on remarque dans les plantes. L'air qui y eft contenu fe dilatant & fe refferrant alternativement à mefure que la chaleur augmente ou diminue, contracte & relâche tour à tour les vaiffeaux, & procure ainfi la circulation de la féve & des fluides. (*Voyez* SÉVE)

L'effet de l'air que nous venons de remarquer dans les plantes, fe retrouve avec plus d'énergie encore dans les organes de la refpiration des animaux ; & c'eft au reffort de ce fluide, qui fe dilate par la chaleur qu'il éprouve dans les poumons, qu'il faut attribuer la facilité avec laquelle le fang circule dans ce vifcère ; il s'y rafraîchit, s'y combine avec une portion d'air, & y reçoit fon dernier degré de perfection.

La pefanteur de l'air oblige les fucs nourriciers de pénétrer les graines & les racines : fon reffort hâte la germination & la végétation. Mais où l'élafticité de l'air fe

montre avec le plus d'énergie, c'eft lorfque, renfermé dans quelques cavités & échauffé, il fe dilate brufquement & force tous les obftacles qui s'oppofent à fon échappement. Dans les volcans, raréfié par ces incendies effrayans, il lance, à de très-grandes diftances, les corps les plus folides & les plus pefans.

C'eft encore à fon reffort combiné avec fa pefanteur, qu'il faut attribuer la fufpenfion de la liqueur dans la pompe des celliers, deftinée à puifer du vin dans un tonneau, le jeu des fiphons, foit fimples, foit doubles, & le méchanifme des pompes élévatoires. Mais comme le détail de ces objets tient plus à la phyfique proprement dite, qu'à l'économie, nous renvoyons aux Livres de Phyfique qui en parlent.

L'air, tel que nous l'avons confidéré jufqu'à préfent, devroit être un fluide pefant, élaftique, fimple & homogène ; mais il s'en faut de beaucoup que la nature nous l'offre tel que nous l'avons fuppofé. La maffe d'air, dans le fein de laquelle nous vivons, que nous refpirons fans ceffe, qui enveloppe la furface du globe, eft un mélange des émanations de toutes les fubftances. Ce réfervoir commun eft connu particulièrement fous le nom d'*atmofphère* ; fon analyfe, fes propriétés fon influence, fes variations, les inftrumens deftinés à les fuivre & à les indiquer avec précifion, font autant de connoiffances indifpenfables & néceffaires à un grand cultivateur. (*Voyez* ATMOSPHÈRE)

Depuis quelques années, les recherches des favans fe font prefque uniquement dirigées vers une fubftance aériforme qui paroît être

combinée avec tous les corps, &
jouer un très - grand rôle dans la
nature ; ses différentes modifications, ses propriétés, lui ont fait
donner divers noms, mais fur-tout
celui d'*air fixe*. Tantôt pur, tantôt
méphitique, quelquefois inflammable, ce fluide se découvre abondamment dans le règne végétal.
Certainement principe des fermentations, peut-être celui de la végétation ; jouissant de quelques propriétés de l'air atmosphérique, mais
ayant à lui des qualités distinctes ;
n'étant pas proprement l'air, mais
entrant dans sa composition ; par sa
combinaison avec lui, devenant
agent & moteur presqu'universel,
mais ne le remplaçant jamais ; ce
fluide, cette substance aériforme
peut & doit mériter toute l'attention de quiconque veut lire avec
fruit dans le grand livre de la nature : nous tâcherons de suivre sa
marche, ses effets, ses modifications dans un article particulier ; &
comme les chimistes ont réuni sous
l'unique dénomination de *gaz* toute
la doctrine de ces différens airs,
nous adopterions volontiers ce mot
générique, si celui d'*air fixe* n'étoit
encore plus commun. (*Voyez* §. V.
de l'Air considéré comme fixe.)

§. IV. *De l'Air, considéré comme partie*
constitutive des plantes, & nécessaire
à leur entretien.

Jusqu'à présent nous n'avons guère
considéré l'air que généralement,
sans entrer dans aucuns détails cir-
constanciés ; mais il joue un trop
grand rôle dans la végétation, pour
que nous n'examinions pas scrupu-
leusement ses effets & son action
sur l'économie végétale. On peut

réduire aux questions suivantes tout
ce qu'il y a à dire sur cet objet.
1°. Existe-t-il de l'air dans les
plantes ? 2°. Par quel organe y pé-
nètre-t-il ? 3°. Dans quel état y
existe-t-il, & quel est son effet ?

SECTION PREMIÈRE.

Existe-t-il de l'Air dans les plantes ?

Presque tous les auteurs qui ont
anatomisé les plantes, ont remarqué qu'il régnoit, dans le bois proprement dit, dans les feuilles & les
pétales, des vaisseaux qu'ils ne re-
trouvoient point dans l'écorce & le
liber. Ces vaisseaux nommés *trachées*,
ont une forme spirale, & s'élèvent
des racines jusqu'aux extrémités de
la tige. Grew assure avoir encore
observé dans les feuilles, quantité
de vésicules remplies d'air. De cette
observation & des trachées que l'on
distingue facilement sans l'aide du
microscope, presque tous ont conclu que ces vaisseaux & ces vésicules étoient de vrais poumons par
lesquels les plantes inspiroient &
expiroient l'air nécessaire à leur végétation. Toutes les parties des
plantes soumises aux expériences
pneumatiques, laissent échapper des
bulles d'air en assez grande quantité. Les expériences de M. Hales
démontrent clairement que presque le tiers des parties solides des
végétaux se change en air élastique
par l'action du feu ; il s'en échappe
un volume très - considérable des
matières végétales en fermentation. Pour avoir une idée de cette
immense quantité, nous citerons
quelques expériences de M. Hales.
Vingt - huit pouces cubiques de
pommes écrasées, recouverts d'eau,

laiſſerent échapper neuf cents ſoixante-huit pouces cubiques d'air en treize jours, c'eſt-à-dire, environ quarante-huit fois leur volume ; l'eau n'en dégage pas tout l'air. Si, après avoir laiſſé ſécher ces pommes écraſées, on les ſoumet à la diſtillation, les bâlons s'en rempliſſent d'une très-grande quantité que le feu développe. Enfin le tartre, ce ſel concret, huileux & végétal qui exiſte dans toutes ſubſtances végétales ſuſceptibles de la fermentation vineuſe, même avant l'acte de la fermentation, contient environ un tiers de ſon poids total d'air. Quelle immenſe quantité! Comment peut-il ſe faire que tout cet air qui occupe un tel eſpace, après ſon dégagement, ſoit contenu tout entier dans le petit corps qui l'a fourni? Ce myſtère n'en eſt plus un, depuis la découverte de l'*air fixe* ou *gaʒ méphitique* ; mais nous renvoyons à cet article pour l'expliquer.

Les parties muqueuſes des plantes ne ſont pas les ſeules qui contiennent de l'air en ſi grande quantité ; les parties ſolides, comme le corps ligneux & les graines, en fourniſſent preſqu'autant. Un demi-pouce cubique, ou cent trente-cinq grains de cœur de chêne fraîchement coupé d'un arbre vigoureux & croiſſant, peut produire cent vingt-huit pouces cubiques d'air, c'eſt-à-dire, une quantité égale à deux cents cinquante-ſix fois le volume du morceau de chêne : ſon poids, qui eſt de plus de trente grains, eſt, comme l'on voit, à peu près le quart du poids des cent trente-cinq grains du chêne. M. Hales a pouſſé encore plus loin la préciſion du calcul. Voulant s'aſſurer de la juſte proportion de l'air avec les parties ſolides du bois, il prit une pareille quantité de petits copeaux déliés du même morceau de chêne, qu'il fit ſécher doucement, à quelque diſtance du feu, pendant vingt-quatre heures ; elle perdit en ſéchant quarante-quatre grains d'humidité : il en reſte donc quatre-vingt-onze pour les parties ſolides de chêne ; & alors, les trente grains d'air ſont un tiers du poids des parties ſolides du chêne. Trois cents quatre-vingt-huit grains de bled de turquie fourniſſent environ deux cents ſoixante-dix pouces d'air, ou ſoixante-dix-ſept grains, c'eſt-à-dire un quart du poids total du bled. Un pouce cubique ou trois cents quatre-vingt-dix-huit grains de pois, donnent environ trois cents trente-ſix pouces cubiques d'air, ou cent treize grains, c'eſt-à-dire quelque choſe de plus du tiers de la peſanteur des pois. Les matières même qui doivent leur principe au règne végétal, mais auxquelles l'induſtrie animale donne la forme, ou pour mieux dire, une nouvelle exiſtence, le miel & la cire, coutiennent une aſſez grande quantité d'air. Un pouce cubique, ou trois cents cinquante-neuf grains de miel, peuvent donner juſqu'à cent quarante-quatre pouces cubiques d'air, ou quarante-un grains, c'eſt-à-dire un peu plus du neuvième du poids total ; & un pouce cubique, ou deux cents quarante-trois grains de cire jaune, en peuvent produire cinquante-quatre pouces cubiques ou quinze grains, la ſeizième partie du poids total.

Il eſt encore un moyen plus ſimple d'obtenir l'air contenu dans les plantes, ſur-tout dans les feuilles, c'est de les plonger dans un bocal plein d'eau que l'on renverse dans un autre vase qui en contient une certaine quantité. L'air qui s'échappe alors des pores & des trachées s'élève en bulles dans le bocal, & va se réunir vers son fond. M. Bonnet, de Genève, avoit remarqué, dès 1754, (*Recherches sur l'usage des feuilles dans les plantes*) ce phénomène; il fit beaucoup d'expériences pour en découvrir la cause & en développer les conséquences. Mais l'idée d'analyser l'air n'avoit pas encore été produite; on croyoit encore que tout fluide aériforme n'étoit que de l'air pur, tout au plus atmosphérique, c'est-à-dire, surchargé des vapeurs & des exhalaisons des corps. Il n'est donc pas étonnant que ce savant & célèbre observateur se soit arrêté à l'idée que l'air qui paroît sur une feuille quand on la plonge dans l'eau, n'est dû qu'à la raréfaction produite par la chaleur du soleil. Suivons quelques-unes de ses expériences, & nous verrons qu'il devoit naturellement tirer cette conclusion. Il imagina que ces bulles dont la surface inférieure de la feuille se couvre, étoient de l'air que la feuille sépare de l'eau dont elle s'imbibe. Pour vérifier ce soupçon, il fit bouillir de l'eau pendant trois quarts d'heure, afin de chasser tout l'air qu'elle contenoit; il y plongea une branche de vigne, & les bulles ne parurent pas, quoique le soleil fût ardent : il imprégna ensuite l'eau d'air en soufflant dedans, & les bulles reparurent & devinrent plus grandes. D'autres observations le conduisirent plus loin : il assure même qu'il a appris, par l'expérience, que

ces bulles sont produites par l'air adhérent aux feuilles, logé dans leurs inégalités, & dilaté par la chaleur du soleil, & que ces bulles disparoissent à l'entrée de la nuit, l'air qui les formoit étant condensé par la fraîcheur, & que, pour cette même raison, les bulles cessent de se former vers ce tems. Il assure enfin que ce ne sont pas seulement les feuilles plongées vivantes dans l'eau, qui s'y couvrent de bulles; qu'il en a aussi observé sur des feuilles mortes & cueillies depuis plus d'un an. Ce fait, suivant cet auteur, achève de démontrer que les bulles qui s'élèvent sur les feuilles vertes, & qui végètent encore, ne sont pas l'effet de quelque mouvement vital.

M. Duhamel, qui rapporte fort en détail (*Physique des Arbres, t. i.*) les expériences de M. Bonnet, conclut ainsi, d'après elles, « toutes » les observations que l'on a faites » sur les bulles d'air, ne prouvent » donc point, comme on le pensoit, qu'il y ait de l'air renfermé » dans les plantes, ni que cet air » remplisse, en quelque façon, les » mêmes fonctions que celui que les » animaux respirent. Ce sont des » conséquences qu'on tiroit mal à » propos d'une observation qui, » avant M. Bonnet, n'avoit pas été » suivie avec assez de soin. »

Depuis les découvertes de Priestley, & la révolution heureuse qu'elles ont faite dans la science, cette observation a été suivie avec un soin extrême. MM. Priestley & With, ne s'attachant qu'aux émanations des plantes sans les isoler de l'air qui les accompagne, avoient conclu que les plantes, vivant dans un air corrompu & mortel pour les animaux, leurs émanations, loin d'affecter l'air de la même manière que la respiration animale qui le rend méphitique, produisoient, au contraire, des effets qui ne tendoient qu'à conserver l'atmosphère douce & salubre, lorsqu'elle étoit devenu nuisible. La purification de l'air, par la végétation, fut, dès-lors, une découverte des plus importantes. M. Marigues, en France, en 1778, conçut le dessein de s'assurer, par des expériences décisives, de l'effet positif des émanations végétales sur l'air que nous respirons, & si effectivement l'odeur des plantes & des fleurs vivantes altéroit ou n'altéroit point l'air. La suite nombreuse de ses expériences est détaillée dans le *Journal de Physique*, 1780, p. 363. La conclusion qu'il en tire est que les émanations ou odeurs de toutes les fleurs odorantes ou inodores, & celles des fruits, rendent l'air méphitique, & le vicient à un tel point, qu'un animal ne pourroit y vivre ; il présume même qu'il y a dans les émanations des fleurs épanouies, indépendamment de l'esprit recteur qui constitue leur partie odorante, une vapeur méphitique qui doit en différer & en être distinguée ; il lui semble même que cette vapeur est plus abondante dans de certaines fleurs & certaines plantes que dans d'autres.

M. Marigues n'avoit qu'un pas à faire pour trouver la vérité, celui de chercher à obtenir cette vapeur méphitique indépendamment des émanations. En changeant son appareil, il auroit eu ce succès. Si, au lieu de renfermer ses fleurs dans un bocal vuide, il les eût placées dans un bocal plein d'eau, la vapeur méphitique ou l'air fixe se seroit échappé seul des plantes. C'est ce qu'a fait M. Ingen-House.

Son principal objet étoit d'examiner la nature des bulles d'air qui s'échappent des différentes parties des plantes que l'on plonge sous l'eau. L'appareil dont il s'est servi, est celui dont nous avons parlé plus haut. Voici à peu près ce qu'il a observé : (*Expériences sur l'air des végétaux*, 1780.) que la plupart des feuilles, des fleurs, des racines, des fruits même, se couvrent de ces bulles, lorsqu'on les plonge sous une eau quelconque au soleil, ou en plein jour, dans un lieu ouvert & bien éclairé, mais infiniment plus dans de l'eau de source fraîchement tirée : que ces bulles ne sont pas produites par la chaleur du soleil qui raréfie l'air adhérent aux feuilles, puisque beaucoup produisent des bulles dans l'instant même qu'on les plonge dans l'eau la plus froide, quoiqu'elles soient échauffées par le soleil dans le moment qu'on les sépare de l'arbre & qu'on les plonge dans l'eau ; que les feuilles ne poussent pas des bulles d'air après le coucher du soleil, ou du moins fort peu, mais que celles qui étoient déjà sorties ne disparoissent point, malgré le froid de la nuit. Ce savant conclut de l'apparition subite de ces bulles, de leur accroissement qui se fait par degré dans l'eau froide exposée à la clarté du jour, de la cessation de cette émission d'air pendant la nuit, & dans l'ombre pendant le jour, dans la même eau, que ces bulles ne doivent pas leur origine à l'air existant dans l'eau, & pompé par les feuilles, ni à la raréfaction de l'air déjà adhérent aux feuilles ; c'eſt plutôt à quelque mouvement vital qui a lieu dans les feuilles expoſées au grand jour , & qui ceſſe dès qu'elles ſe trouvent à l'ombre, qu'il faut l'attribuer. La ſortie de cet air, ſous la forme de bulles, n'eſt que la continuation des courans ou jets, de la plus grande ſubtilité , de ce même air , qui ſortent des conduits excrétoires des feuilles pendant la grande clarté du jour : dans l'état naturel des choſes, ils ſont parfaitement inviſibles.

Tout ce que nous venons , de rapporter de ces différens auteurs, prouve que les végétaux contiennent une quantité plus ou moins grande d'air , & qu'on peut l'en extraire en grande partie. Il y circule avec la féve , & s'en échappe par tous les orifices qui procurent l'écoulement de ce fluide. M. Hales, dans une de ſes expériences qu'il fit pour connoître la force de la féve de la vigne dans le tems qu'elle pleure, remarqua que, lorſque le ſoleil donnoit chaudement ſur le cep, l'on en voyoit ſortir & monter à travers la féve une quantité ſi grande de bulles d'air , qu'elles faiſoient beaucoup de mouſſe au-deſſus de la féve, dans le tuyau de l'expérience ; ce qui montre , ajoute-t-il, la grande quantité d'air tiré par les racines & la tige. On ne peut donc nier ſon exiſtence dans les végétaux ; mais quels ſont les organes par leſquels il entre & pénètre juſque dans la ſubſtance la plus intérieure ?

SECTION II.

Par quel organe l'Air entre-t-il dans les plantes ?

On peut aſſurer avec confiance qu'il n'y a aucune partie de la plante qui ne ſoit deſtinée immédiatement à s'approprier les différentes ſubſtances qui concourent à la nutrition générale. Les racines , la tige ou l'écorce, les feuilles, les fleurs même, pompent dans la terre & dans l'air les principes de vie. Toute la ſurface de la plante eſt donc une vraie bouche , un vrai ſuçoir par lequel ils s'introduiſent , avec l'air que nous avons retrouvé en ſi grande quantité dans chaque partie.

On concluroit aſſez naturellement que ce doit être par les racines & les feuilles ſeules que l'air pénètre les vaiſſeaux des plantes , parce que l'on rencontre dans les racines & dans les feuilles un plus grand nombre de trachées ; elles y ſont auſſi plus larges que dans le reſte de la plante. Mais la difficulté eſt d'expliquer comment ce fluide parvient juſqu'à l'orifice des trachées. Les racines ſont recouvertes par l'écorce , & ces vaiſſeaux longitudinaux ne ſont placés que dans le corps ligneux proprement dit ; l'épiderme qui enveloppe les feuilles ne donne point naiſſance à ces mêmes vaiſſeaux. Il eſt de fait cependant que l'air s'introduit même par l'écorce dure, ſerrée & compacte de la tige. Les trachées ne peuvent donc pas être conſidérées comme l'organe immédiat de l'introduction de l'air , mais ſimplement comme le réſervoir où il s'élabore , & les canaux déférens de ce principe nourricier. Ne ſeroit-ce pas ſimplement par les pores innombrables dont l'épiderme qui enveloppe toute la plante, eſt criblée , que l'air entre dans l'enveloppe & le tiſſu cellulaire , les couches corticales, & les vaiſſeaux

propres de l'écorce ? De là , pénétrant à travers les fibres ligneufes,
il va s'infinuer dans les trachées &
les autres vaifleaux.

Tâchons de démontrer ce principe par quelques expériences. En
fe fervant de l'appareil ingénieux de
M. Hales (*Statique des végétaux* ,
exp. 47) , fubftituez une racine à
la place d'une branche , c'eft-à-dire,
fi l'on cimente une racine à un tuyau
de verre d'un affez grand diamètre
que l'on cimente lui - même à un
autre d'un moindre , qui plonge
dans une cuvette pleine d'eau, l'air
contenu dans ces deux tuyaux fera
bientôt pompé & fucé par la racine , & l'eau contenue dans la cuvette s'élèvera proportionnellement
dans le tube inférieur. Pour fe convaincre que l'air n'eft pas attiré par
les vaifleaux feuls qui s'abouchent
aux extrémités de la racine , mais
auffi par l'écorce , comme le croit
M. Anderfon , dans fon ouvrage intitulé , *Effays relating on agriculture* ,
Edimb. 1777 , il fuffit d'enduire ces
extrémités de poix ou d'autres matières réfineufes ; l'écorce agira
feule , attirera l'air , & s'en remplira. Nous voyons tous les jours
les bulbes d'oignons pouffer des
tiges & des feuilles, quoiqu'ils ne
foient point dans la terre ; les gros
navets confervés dans des lieux
frais, pouffent des feuilles. Enfin ,
M. Miller , botanifte anglois , ayant
laiffé une racine de bryone fur un
banc d'une ferre chaude , depuis le
mois de Février jufqu'au mois d'A-
vril, il vit avec étonnement qu'elle
avoit pouffé des branches de trois
pieds & demi de longueur, garnies
de grandes & belles feuilles. L'oignon de fcille , fufpendu au plan-

cher , pouffe une tige de plufieurs
pieds, produit des feuilles, des fleurs
& fon fruit. Il eft donc conftant que
la furface totale des racines , travaille à la nourriture générale de
la plante dont l'air forme certainement une des parties principales.

L'écorce en pompe une quantité
plus grande que les racines. Quelques favans ont cherché à s'en affurer par différentes expériences ;
mais toutes ne font que des variétés
de celles de M. Hales. Il prit un
bâton de bouleau garni de fon écorce , de feize pouces de longueur ,
& de trois quarts de pouces de diamètre ; il le cimenta bien au **trou**
du fommet d'un récipient d'une machine pneumatique , après avoir mis
fon bout d'en bas dans une cuvette
pleine d'eau , & couvert de ciment
fondu le bout qui étoit hors du
récipient. Cet appareil ainfi difpofé ,
il pompa l'air du récipient : il fortit
continuellement un nombre infini
de bulles d'air hors du bâton dans
l'eau de la cuvette , ce qui continua
tout ce jour-là, la nuit fuivante &
jufqu'au lendemain à midi , qu'il
garda fon récipient vuide d'air. Il le
conferva même affez long-tems en
cet état , pour fe bien affurer que
l'air paffoit à travers les pores de
l'écorce , & fournifloit ainfi cette
longue fucceffion de bulles qui pa-
roiffoient dans la cuvette. Il couvrit
même de maftic cinq vieux yeux
qui fe trouvoient fur la partie du
bâton hors du récipient ; l'air ne
laiffa pas de continuer toujours à
paffer librement dans la cuvette.
Dans cette expérience , & dans plufieurs autres faites fur des bâtons
d'autres arbres , l'air qui ne pouvoit entrer que par l'écorce du mor-

ceau de bois qui fe trouvoit hors du récipient, ne fortoit pas dans l'eau au bout du bâton par l'écorce, ou par fes parties voifines feulement, mais il s'échappoit auffi de la fubftance totale & intérieure du bois, & même d'un des plus gros vaiffeaux de ce bois, comme il étoit facile de le remarquer par la grandeur des bafes des bulles d'air attachées à la coupe du bâton. M. Hales conclut de ces expérience, que l'air entre avec beaucoup de liberté dans les plantes, non-feulement avec le fond principal de la nourriture par les racines, mais auffi à travers la furface de leurs tiges & de leurs feuilles, fur-tout la nuit, lorfqu'elles paffent de l'état de la tranfpiration à celui d'une forte fuccion.

Quelque frappante que foit l'expérience du favant anglois, ne peut-on pas lui objecter que, dans cette occafion, fi l'air pénètre à travers l'écorce, c'eft le poids de l'atmofphère, dont l'équilibre eft changé dans le récipient, qui le détermine à fe frayer des routes qui ne lui font pas naturelles ? Sans doute qu'ici la pefanteur de la colonne d'air, qui repofe fur toute la furface du morceau de bois hors du récipient, & qui n'eft plus contre-balancée par celle de l'intérieur, puifqu'on a fait le vuide, eft une caufe déterminante de la grande quantité d'air qui paffe à travers l'écorce ; mais du moins cette expérience nous apprend que l'air peut s'introduire à travers l'écorce, dans le corps des végétaux : ce qui nous eft confirmé démonftrativement par l'expérience fuivante de l'auteur des *Réflexions fur l'Agriculture*, M. Fabroni. Le 25 Janvier 1774, il expofa un amandier

nain, dans un pot à fleur, hors de la fenêtre d'un petit cabinet, & ayant pratiqué un trou dans le chaffis, il introduifit un jet de cet amandier dans fon cabinet, & il luta le trou tout autour de l'écorce. Le cabinet étoit prefque conftamment échauffé au quinziéme degré du thermomètre de Réaumur ; & l'on entretenoit fur le pavé toujours du fumier frais. Ce jet en peu de jours commença à épanouir fes boutons, à fe couvrir de fleurs, & enfuite de feuilles. A la fin de Février il voulut le retirer ; mais il ne fut plus poffible de le faire fans caffer le verre, parce que, quoique le trou fût plus large qu'il ne falloit au commencement de l'expérience, le jet étoit groffi de façon à ne pouvoir plus le retirer. Le refte de la plante qui étoit hors de la fenêtre, n'avoit point donné encore le moindre figne de végétation ; par conféquent, point de féve en mouvement, point de nourriture par les racines. L'extrémité du jet qui étoit dans le cabinet, fut nourrie par les feules émanations du fumier frais ; & ces émanations n'étoient parvenues à pénétrer l'épiderme de l'écorce, qu'à la faveur de l'air qui leur fervoit de véhicule ; car il eft certain que pour pouffer des boutons, pour produire des feuilles lorfqu'il n'y en a pas, il faut bien que la nourriture entre par quelque partie ; & ce n'étoit que par l'écorce dans l'expérience que nous venons de rapporter. Le poids de l'atmofphère n'eft pas ici la caufe de l'introduction de l'air ; il ne faut l'attribuer uniquement qu'à la force naturelle dont les végétaux font doués pour le pomper & fe l'approprier.

Nous

Nous avons vu les racines & l'écorce de la tige pomper l'air de l'atmosphère avec les particules nourriffantes dont il eſt imprégné ; les feuilles ont infiniment plus de force, & elles jouent un ſi grand rôle dans le méchaniſme de la nutrition, que pluſieurs auteurs n'ont pas craint d'avancer que l'organe de la nutrition réſide dans les feuilles ſeules ; entr'autres M. de Sauſ-ſure le père. (*Mémoire ſur la culture du bled & de la vigne* , Genève.) Nous n'agiterons pas ici cette grande queſtion, que nous renvoyons au mot NUTRITION ; mais nous allons examiner ſi l'air pénètre les feuilles : on n'en peut abſolument douter, l'expérience ſuivante le confirme. A la place du morceau de bois dont on s'eſt ſervi dans l'expérience que nous avons citée, qu'on y ſubſtitue une tige garnie de ſes branches, & qu'on enduiſe d'un vernis tout ce qui n'eſt pas feuille ; faites agir la machine pneumatique, & l'air ſor-tira en grande abondance à travers l'eau dans la cuvette. La plupart des ſavans ont regardé les feuilles comme les vrais poumons des plan-tes, les organes de leur reſpiration. Dans cette hypothèſe, les feuilles doivent avoir des pores abſorbans & des pores excrétoires. Les uns, placés à la partie ſupérieure des feuilles, aſpireroient l'air ; & les autres, diſſéminés ſur la ſurface inférieure, ſur-tout dans les arbres, l'expireroient. Quelque ingénieuſe que ſoit cette hypothèſe, nous n'a-vons pas aſſez de preuves certaines & déciſives pour l'admettre en-tiérement ; mais du moins il eſt conſtant que la ſurface des feuilles eſt criblée de pores extérieurement

& intérieurement ; le parenchyme & le tiſſu cellulaire ſont traverſés par un grand nombre de trachées. Si on renferme une plante dans un vaſe que l'on renverſe dans une aſſiette pleine d'eau, avec une quantité donnée d'air commun, & qu'on la place dans un endroit obſcur, on trou-vera, après quelque tems, qu'elle aura abſorbé une certaine portion de cet air. Cette quantité diffère beaucoup, ſelon la nature particu-lière de la plante, & ſelon les dif-férentes circonſtances qui peuvent avoir lieu dans cette expérience. En général, il paroît que les plantes aquatiques en abſorbent une plus grande quantité, & toutes en ab-ſorbent un volume plus conſidérable dans la nuit que pendant le jour. Quelques eſſais que j'ai tenté ſur cet objet, m'ont donné les réſultats ſuivans. En quinze heures de tems, une feuille de mauve a abſorbé en-viron 810 lignes cubes d'air ; une feuille de paſſe-roſe 518 ; une feuille de concombre 254 ; une feuille de bourrache 169 ; une feuille de bette 146 ; une feuille de gramen 134 ; une feuille de capucine 71 ; une branche de buis, chargée de treize feuilles, 45 ; & une feuille de crête-de-coq, 45. La feuille de gramen m'a paru en général abſorber l'air plus vîte que les autres plantes. Quand il en eſt paſſé une certaine quantité dans la plante, qu'elle en a, pour ainſi dire, été ſaturée, elle ne peut plus en pomper ; c'eſt à l'acte de la végétation à l'élaborer, à approprier le volume néceſſaire, & à rejeter le ſuperflu.

A I R

SECTION III.

Dans quel état l'Air existe-t-il dans les Plantes, & quel est son effet ?

Voilà donc deux points essentiels démontrés, & sur-tout démontrés par l'expérience, que les végétaux contiennent beaucoup d'air, & qu'il est absorbé par tous les pores de leur surface, indépendamment de celui qui, combiné avec les principes terreux & salins, est pompé par les racines. Mais que devient ce fluide ? dans quel état existe-t-il ? & quel est son effet ? Ces trois articles sont autant de problêmes très-difficiles à résoudre. Ici l'expérience ne nous éclairera pas de sa vive lumière ; la nature semble encore s'être réservé ce grand secret d'où dépend peut-être tout le méchanisme de la végétation. Cependant ce n'est qu'en l'étudiant soigneusement, l'interrogeant & la forçant, pour ainsi dire, à nous répondre, que nous pourrons espérer de dévoiler ce mystère, ou du moins nous mettre sur la voie de l'expliquer.

L'air peut exister de deux manières très-différentes l'une de l'autre, 1°. comme air atmosphérique, jouissant de toutes ses propriétés, fluide, élastique, compressible, & sujet, en un mot, à toutes les vicissitudes naturelles à cet élément. 2°. Tellement modifié, qu'il paroît privé entièrement de toutes ces qualités ; & dans ce cas, il porte le nom d'*air fixe*. On ne peut disconvenir que ce fluide n'existe sous forme atmosphérique dans les trachées & quelques utricules. Là il est comme en dépôt ; ce sont autant de réservoirs & de canaux

qui le rendent présent & contigu à toutes les parties de la plante. De là il se distribue de tous côtés ; il se combine avec la séve, la limphe, les sucs résineux, gommeux, &c. & circule avec eux. Là, sans doute, il entretient l'équilibre avec l'air extérieur, & balance le poids énorme de la colonne de l'atmosphère, comme l'air renfermé dans notre poitrine & dans toute l'habitude du corps, empêche que nous ne soyons écrasés par la masse énorme qui pèse continuellement sur nous. Dans ces grands réservoirs, il éprouve certainement tous les changemens que l'air qui l'environne subit : il s'y échauffe & s'y raréfie dans les grandes chaleurs ; il s'y refroidit & s'y condense dans les gelées. Il y est donc susceptible de condensation & de raréfaction, & de tous les états intermédiaires, selon la diversité de température, non-seulement des différentes saisons, mais encore de la nuit & du jour. Ce mouvement continuel, ce balancement successif seroit-il analogue aux mouvemens de la respiration dans l'homme & les autres animaux ? produiroit-il les mêmes effets ? Le jeu de la respiration excite le mouvement du chyle & des autres liqueurs, par le moyen du battement du cœur & des artères. L'air qui s'introduit dans les trachées, & les gonfle en se raréfiant, ne comprimeroit-il pas les fibres ligneuses & les rangs d'utricules, ce qui obligeroit les liquides qu'ils contiennent à se répandre dans les parties voisines ? Les trachées s'affaissant ensuite, les fibres & les utricules se redilateroient & redeviendroient capables de recevoir les nouveaux sucs qui leur arrivent. C'étoit le sentiment de Malpighy : tout paroît en démontrer la vérité, sur-tout le méchanisme de la transpiration.

On sait qu'une assez grande quantité de sang étant portée par autant d'artères qu'il y a de glandes cutanées, comme Malpighy & Ruisch l'ont découvert, est rapportée en partie par autant de petites veines, & que, passant par les porosités de ces glandules, il s'en filtre une sérosité qui, sortant par le vaisseau excrétoire ou le pore qui y aboutit, fait la matière de la sueur. Tel est le méchanisme de la transpiration insensible ; un plus grand degré de chaleur augmente la circulation du sang, & la sécrétion de la sueur devient alors plus sensible par des gouttes plus ou moins grosses, adhérentes à la peau. Dans les plantes, le mouvement alternatif de raréfaction & de condensation de l'air des trachées, supplée au défaut d'une vraie circulation. Si la chaleur extérieure augmente, l'air intérieur se dilate davantage, presse par conséquent plus fortement contre les fibres voisines & les vaisseaux lymphatiques. Les fluides qui y sont contenus s'en échappent nécessairement en plus grande quantité ; aussi voyons-nous que la transpiration des plantes est infiniment plus abondante en été qu'en hiver, le jour que la nuit. Si le froid & l'humidité la diminuent & la suppriment entièrement, ne faut-il pas l'attribuer naturellement à la condensation de l'air dans les trachées, au resserrement de ces vaisseaux, & à l'élargissement proportionnel de ceux qui les avoisinent ? De plus, il est

constant que les plantes imbibent plus l'humidité de l'air dans la nuit que dans le jour, dans les nuits froides que dans les nuits chaudes, parce que l'air condensé occupe moins de place & n'occasionne pas l'engorgement des vaisseaux excrétoires. Ce n'est pas la transpiration insensible seule qu'on peut attribuer au mouvement de l'air atmosphérique intérieur ; toutes les autres sécrétions paroissent de même en dépendre beaucoup, telles que la manhe, les résines, les gommes qui en général coulent en plus grande abondance dans les temps chauds que dans les temps humides, quoique la chaleur ne les affecte guère, sur-tout les gommes, lorsqu'elles sont détachées de l'arbre. L'air atmosphérique joue donc un très-grand rôle dans les plantes, & si son mouvement n'y est pas une vraie respiration, il y produit des effets bien analogues.

Qu'est-ce que l'air atmosphérique ? C'est un mixte, dont les principes sont l'air déphlogistiqué ou l'air le plus pur & le plus propre à la respiration ; l'air fixe ou méphitique, & les vapeurs ou émanations qui s'élèvent du globe. Toutes ces substances se mêlent intimément, & leurs différentes proportions forment les différens degrés de bonté ou d'impureté de l'air. Cependant, ces principes ne sont pas combinés au point qu'ils ne puissent plus se séparer les uns des autres. Les animaux & les végétaux sont continuellement occupés à les diviser, à s'identifier les principes qui leur sont propres, & à rejeter ceux qui leur seroient dangereux ; les premiers par l'organe de la respiration, & les seconds par

Ss 2

une action vitale qui nous est inconnue.

La propriété que la plante a, comme l'animal, de s'approprier les principes nutritifs, fait que l'air s'élabore dans les trachées : les parties qui sont nécessaires à son entretien s'en séparent, se réunissent à la masse totale ; les parties aqueuses, huileuses & salines se précipitent, pénètrent les fibres ligneuses & les autres vaisseaux, & vont former les parties solides & les différens sucs. L'air fixe devient partie constituante & vraie nourriture, tandis que l'air déphlogistiqué, dépouillé du phlogistique auquel il étoit uni par sa combinaison avec l'air fixe, & par-là devenu inutile & même nuisible à la longue, est forcé, par l'action vitale de la végétation, de s'échapper par les feuilles, les tiges vertes & les autres parties des plantes. Cette théorie nouvelle de la décomposition de l'air dans les plantes a besoin de preuves : nous allons tâcher de les fournir.

Il est de fait que l'air fixe peut devenir véritablement la nourriture des végétaux. Priestley, le chevalier Pringle & tous les savans qui ont fait des expériences relatives à cet objet, assurent que l'air fixe rend la végétation d'une plante plus vigoureuse, & que renfermée dans un air devenu mal-sain par la flamme d'une chandelle, la vapeur du charbon, les exhalaisons de certaines substances en effervescence, ou en fermentation, en un mot, dans un air si mortel qu'un animal y expiroit au bout de quelques secondes, elle rend bientôt à cette masse d'air sa pureté & sa salubrité

primitive. M. Percival a été plus loin encore, en assurant que le vrai *pabulum* des végétaux est l'air fixe. Cette assertion est sans doute trop générale, & nous ne pouvons croire que la terre soluble, l'eau & les sels ne soient pas aussi des parties nutritives des plantes ; mais l'air fixe seul peut les faire vivre quelque tems, indépendamment de ces autres principes. Toutes les parties de la plante sont en état de pomper cette espèce d'air, & toutes l'absorbent en très-grande quantité. Des racines, des tiges, des feuilles, des fleurs même, renfermées dans une masse d'air extrêmement putride, y ont végété plus long-tems que dans l'air commun, & beaucoup plus que dans l'air déphlogistiqué. Bien plus, des plantes renfermées dans cette dernière espèce s'y fanent très-vîte, & n'y vivent que très-peu de tems. D'où peut venir cette différence, si ce n'est que l'air fixe contient un principe (peut-être le phlogistique) qui devient partie nourrissante & constituante du végétal, tandis que l'air déphlogistiqué, par cela même qu'il est déphlogistiqué, est incapable de le nourrir ?

Si une plante environnée d'air commun où d'air fixe, a la propriété de rendre le premier plus sain, & de purifier le second, à plus forte raison doit-elle avoir cette propriété & cette même action sur la masse d'air qu'elle renferme dans son sein. Elle le décompose réellement en s'appropriant un de ses principes, tandis qu'elle abandonne l'autre. L'air déphlogistiqué, séparé, pour ainsi dire, de sa base, s'échappe insensiblement par la transpiration & par les pores ; il se mêle à l'air ambiant, & augmentant par-là la proportion de l'air pur sur l'air vicié, il améliore toute la masse. C'est dans ce sens réellement que la végétation purifie en grand l'air atmosphérique, & qu'une plante renfermée dans un bocal, corrige la malignité de l'air méphitique qu'il contiendroit.

Le docteur Ingen-House a répandu le plus grand jour sur cette nouvelle théorie par ses expériences sur les végétaux ; il nous apprend que les feuilles exposées à la lumière du soleil, versent « durant » le jour une pluie abondante (s'il » est permis de s'exprimer ainsi) » de cet air vital & dépuré qui, » se répandant dans la masse de l'at- » mosphère, contribue à entrete- » nir sa salubrité, & à la rendre » plus appropriée à la vie des » animaux. » Cette heureuse sécrétion n'est pas continuelle ; elle commence seulement quelque tems après que le soleil s'est levé sur l'horizon ; elle est plus ou moins vigoureuse en raison de la clarté du jour & de la situation de la plante plus ou moins à portée de recevoir l'influence directe du soleil. Cette émanation commence à languir vers la fin du jour, & cesse entièrement au coucher du soleil ou peu de tems après. D'après ces observations, ce savant conclut que c'est la lumière du soleil seule qui déphlogistique l'air à sa sortie de la plante, puisque la même plante, à l'ombre & durant la nuit, ne donne que de l'air fixe. On a encore fait trop peu de recherches sur cet objet, pour oser prononcer l'affirma-

tive. Il nous paroît seulement difficile à concevoir que le même air change de nature aussi essentiellement par sa seule exposition à la lumière.

Quoique nous ayons avancé que l'air fixe devenoit partie constituante & nourrissante de la plante, il ne faut pas en conclure que toute la masse absorbée y soit tellement concentrée, qu'il ne s'en échappe point. Au contraire, il en est de cet air comme de toutes les nourritures : après sa décomposition, il circule sans doute avec les sucs, porte la vie de tous côtés ; une partie se fixe & se combine, tandis que l'autre s'exhale par les pores. Toutes les parties de la plante, comme nous l'avons vu, peuvent inspirer l'air atmosphérique ; mais toutes ne paroissent pas jouir de la faculté d'expirer les deux espèces d'air qui entrent dans sa composition. Les feuilles, les tiges & les rameaux verts qui les supportent, paroissent s'occuper essentiellement de la sécrétion de l'air déphlogistiqué, tandis que les fleurs sur-tout, les fruits & les racines exhalent constamment l'air fixe. Cette distribution de vaisseaux excrétoires n'a pas été faite en vain par la nature ; elle est trop sage pour n'avoir pas un but. Comme l'air fixe est la partie nourrissante, s'il pouvoit s'exhaler facilement par les feuilles & les tiges, les fleurs & les fruits seroient privés de cette nourriture nécessaire ; l'air déphlogistiqué devenant inutile & même nuisible, doit s'échapper le plutôt & dans la plus grande quantité possible : aussi la surface des feuilles étant infiniment plus étendue que celle du reste de la plante, offre un plus grand nombre de vaisseaux excrétoires. Sans doute que leur forme n'est pas la même, & que les organes propres pour l'exhalation de l'air fixe ne se trouvent que dans les fleurs & les fruits. Il ne faut pas croire cependant que ces vaisseaux ne laissent passer absolument que l'espèce d'air déterminée; les feuilles mêmes donnent de l'air fixe, à la vérité, mais en très-petite quantité, durant la nuit, à l'ombre, en général en l'absence de la lumière. Quelques fruits exposés au soleil fournissent un peu d'air déphlogistiqué. Ne pourroit-on pas raisonner sur cette inversion de sécrétion, comme sur celle qui arrive dans certains cas aux animaux. Les pores de la peau ne paroissent être faits que pour filtrer la sérosité du sang; quelquefois cependant la partie rouge, & les autres principes de ce fluide passent avec elle, & l'on sue vraiment du sang. Cet état n'est pas naturel, je le sais; il dépend d'une crise violente intérieure, qui force le sang de se frayer une route & de remplir des canaux qui ne devroient être occupés que par de la sérosité. Ainsi dans les plantes la lumière dispose les feuilles, & les met dans l'état le plus propre à transpirer l'air déphlogistiqué, & son absence permet à l'air fixe de forcer des barrières qui naturellement s'opposent à son passage. Au reste, cette partie de la physiologie végétale est trop peu avancée pour que nous puissions poser avec confiance des principes certains : c'est à l'expérience à confirmer ou à détruire ce que nous avons avancé;

mais il sera toujours constant que l'air joue un très-grand rôle dans la végétation, & comme air composé, & comme air décomposé.

§. V. *De l'Air considéré comme fixé, & partie constituante des corps.*

L'air, ce fluide répandu sur toute la surface du globe, non-seulement enveloppe tous les corps, & les presse en tout sens, mais encore il les pénètre & se trouve disséminé entre leurs parties intégrantes. Plusieurs expériences pneumatiques peuvent le rendre sensible, & l'en extraire; mais cet air qui s'échappe de leurs pores & de leurs cavités, n'est que de l'air atmosphérique. Il est cependant des moyens d'en extraire une autre espèce d'air qui entre dans la composition intime des corps, qui en paroît être la partie constituante, le lien & la vie. Combiné en très-grand volume avec leurs molécules, on peut le regarder comme un de leur principe les plus abondans. Tous les corps, de quelque nature qu'ils soient, & à quelque règne qu'ils appartiennent, le contiennent en abondance. Ce principe se présentant constamment sous une forme aérienne permanente, jouissant d'une diaphanéité, d'une invisibilité, d'une expansibilité, d'une compressibilité, & par conséquent d'une élasticité, enfin, d'une pesanteur spécifique peu différente de celle de l'air commun, il n'est pas étonnant que les anciens l'aient confondu avec l'air atmosphérique. Tout semble cependant démontrer que ce n'est pas la même chose, & qu'au contraire, l'air atmosphérique lui-même est en partie composé de ce principe. Les anciens chimistes lui ont donné le nom d'*esprit*, de *gaz sylvestre*. Van-Helmont, qui étudia plus profondément la nature de ces parties volatiles invisibles, qui tantôt émanent d'elles-mêmes de certains corps, & qui tantôt ne laissent briser les liens qui les unissent à différentes substances, que par des opérations chimiques très-puissantes, les reconnut dans les vapeurs que répand le charbon allumé, dans les exhalaisons des substances muqueuses sucrées, amenées à l'état de fermentation vineuse : il vint à bout de l'obtenir par la voie d'effervescence, & par l'intermède du feu ; il annonçoit alors que les accidens meurtriers, produits par la vapeur du charbon allumé, par celles que répandent le vin & la bière en fermentation, la suffocation des animaux dans la grotte du chien, celles des mineurs par les mouffettes, n'étoient dus qu'à la respiration de ce fluide dangereux. Il le suivit jusque dans différentes opérations de l'économie animale. Il ne restoit plus à Van-Helmont qu'un pas à faire : c'étoit de reconnoître la nature de la cause même de tous ces effets ; mais cette découverte étoit réservée à notre siècle.

Boyle répéta les expériences du célèbre chimiste de Bruxelles ; & comme il croyoit que ces vapeurs aériformes étoient de l'air véritablement engendré par l'opération même, il leur donna le nom d'*air artificiel*.

Le fameux D. Hales s'occupa presque toute sa vie de cet objet ; & sa *Statique des végétaux* est le résultat de ses expériences multipliées & diversifiées à l'infini. Ce-pendant, son but principal paroît avoir été de bien connoître la vertu élastique de ce principe, & sur-tout de mesurer avec l'exactitude la plus scrupuleuse, la quantité de ce fluide qu'il obtenoit de différens corps, ou la quantité d'air atmosphérique qu'ils absorboient dans certaines circonstances. Quel dut être son étonnement, lorsqu'il vit qu'un pouce cubique de matière pris indistinctement dans les trois règnes de la nature, fournissoit, dans la décomposition, plus de trois, quatre, & souvent même plus de cinq cents pouces cubiques d'air ? Il en conclut naturellement que cet air n'étoit pas contenu dans ces mixtes sous une forme fluide & expansible, tel qu'il paroît lorsqu'il se dégage, mais sous une forme fixe & concrète. Cette idée, sans doute, le conduisit à désigner ce principe sous le nom d'*air fixe*, dénomination qui sert à le caractériser aujourd'hui parmi le plus grand nombre des savans.

On en étoit là, lorsque M. Priestley a réveillé l'attention des physiciens & des chimistes sur cet objet si intéressant. C'étoit une mine abondante que Van-Helmont, Boyle, Hales, avoient ouverte, & qui a été richement exploitée par les savans de tous les pays. Meyer, Black, Jacquin en Allemagne ; le comte de Saluces, l'abbé Fontana en Italie ; Cavendish, Smith, Macbride, Priestley, Ingen-House à Londres ; Rouelle, Macquer, Bucquet, Lavoisier, le duc de Chaulnes, Fourcroy à Paris, y ont fait des découvertes intéressantes, & ont enrichi de ses trésors la physique & la chimie. Ces deux parties ne sont pas cependant les deux que nous fuivrons le plus ; il eſt un objet que nous ne pouvons & nous ne devons jamais perdre de vue, l'économie animale & végétale. Nous examinerons les effets de ce nouveau principe dans cette partie, après que nous aurons développé les moyens de le produire, ou plutôt de l'extraire & de l'obtenir des différentes matières avec leſquelles il eſt combiné, & examiné ſa nature & ſes propriétés.

Le nom d'*air fixe* paroît devoir convenir, en général, à toutes les ſubſtances aériformes que l'on retire de tous les mixtes : ainſi l'air inflammable, l'air nitreux, l'air marin, l'air alkalin, l'air déphlogiſtiqué, &c. ſont autant d'airs fixes, ou qui étoient fixés dans différens corps ; mais nous déſignerons ſpécialement ſous le nom d'*air fixe*, celui qui s'émane des ſubſtances en fermentation ou en combuſtion, celui que l'on dégage des terres calcaires & des alkalis par les acides ou le feu, celui enfin qui paroît être le plus univerſellement répandu. Preſque tous les ſavans lui ont donné un nom propre & analogue à quelques-unes de ſes propriétés. Pour éviter toute confuſion, & avoir une idée nette ſur ce principe même par rapport au nom, nous allons rapporter ſes dénominations les plus connues. Van-Helmont a ſubſtitué le mot de *gaʒ ſylveſtre* à celui d'*eſprit ſylveſtre*, que Paracelſe & les anciens chimiſtes lui donnoient. *Gaʒ ſylveſtre* ſignifie eſprit, vapeur ſauvage, que l'on ne peut retenir. Boyle & Hales, le regardant comme de l'air purement & ſimplement, l'ont déſigné ſous celui d'*air artificiel* & d'*air fixe* que

Prieſtley lui a conſervé. M. Macquer, ne le conſidérant que ſous le rapport de ſes effets, & ſon effet le plus frappant étant ſon méphitiſme, lui a donné le nom de *gaʒ méphitique*. M. Sage, le regardant comme une modification de l'acide marin rendu volatil à cauſe de ſon altération par de la matière inflammable, le nomme *acide marin volatil*, & depuis il l'a nommé *acide méphitique*. M. Bergman, ne faiſant attention qu'à ſa propriété d'acide & à ſa forme aérienne, l'appelle *acide aérien*. M. Bucquet lui donne le nom d'*acide crayeux*, de la ſubſtance qui le fournit en plus grande quantité, comme l'on dit *acide vitriolique*, *acide nitreux*, parce qu'on retire abondamment ces deux acides du vitriol & du nitre. Ainſi, *gaʒ ſylveſtre*, *gaʒ méphitique*, *acide marin volatil*, *acide méphitique*, *acide aérien*, *acide crayeux*, ſont un ſeul & même principe dont nous allons parler ſous le nom générique d'*air fixe*.

SECTION PREMIÈRE.

Des moyens d'obtenir l'Air fixe.

L'air fixe eſt tellement répandu dans toute la nature, qu'il paroît combiné, en général, avec tous les corps des trois règnes. Il en eſt le bien, l'ame, & ſouvent la vie ; c'eſt lui qui eſt, peut-être, le principe de toutes leurs modifications. Quelquefois ſa préſence eſt ſenſible, on le reconnoît par ſes effets ; quelquefois auſſi, inviſible & ſans action, l'art peut ſeul s'aſſurer de ſon exiſtence : rarement, ou pour mieux dire, jamais on ne peut le développer & l'extraire de la matière à laquelle il eſt uni, ſans altérer cette même

même matière. Il faut néceſſairement briſer les entraves qui le fixent, & ces entraves ne ſont que les molécules des corps même auxquels il adhère, peut-être par ſimple juxtapoſition, & certainement par combinaiſon. Le feu & les acides ſont les moyens méchaniques les plus puiſſans pour produire cet effet dans le règne minéral, & les fermentations ſpiritueuſe & putride le dégagent naturellement des ſubſtances végétales & animales.

L'action du feu pouſſé à un degré plus ou moins fort, la diſtillation & la combuſtion viennent à bout d'extraire l'air fixe de la plupart des corps qui le contenoient. C'étoit le moyen dont ſe ſervoit M. Hales; il ſoumettoit à la diſtillation les matières qu'il vouloit examiner. La chaleur commence d'abord à raréfier ce fluide & à le faire jouir d'un certain degré d'expanſibilité; le mouvement qu'elle donne à toute la maſſe en général, & à chaque molécule en particuculier, détruit l'aggrégation entre elles & l'air fixe; il ſe dégage de ſa baſe, s'échappe à travers les pores ſouvent avant que la forme extérieure du corps ſoit changée, mais jamais ſans une diminution réelle dans le poids total. En faiſant communiquer la cornue, dans laquelle ſe fait la diſtillation, avec un tube recourbé qui s'ouvre dans un bocal renverſé & plein d'eau, l'air qui s'échappe monte à travers l'eau & remplit le haut du bocal. Tel eſt, en peu de mots, & l'appareil de la diſtillation, & le jeu de cet appareil. M. Hales ayant eſſayé des ſubſtances des trois règnes par ce procédé, trouva qu'un demi-

Tom. I.

pouce cubique, ou 158 grains de charbon de terre, fournit 180 pouces cubiques d'air, ou le tiers du poids total; un pouce cubique de terre vierge, & fraîchement enlevée d'une commune, 43 pouces cubiques d'air; un quart de pouce cubique d'antimoine donna 28 fois ſon volume d'air; un demi-pouce cubique de cœur de chêne produiſit 128 pouces cubiques d'air; de 142 grains de tabac ſec, il s'éleva 153 pouces cubiques d'air; un pouce cubique de ſang de cochon, diſtillé juſqu'aux ſcories sèches, produiſit 33 pouces cubiques d'air; 241 grains de corne de daim diſtillés, fournirent 117 pouces cubiques d'air, c'eſt-à-dire, 234 fois leur volume. L'on voit par-là quelle eſt l'immenſe quantité d'air fixe combiné avec les corps des trois règnes.

La diſtillation n'eſt pas le ſeul moyen par lequel le feu dégage ce fluide; la ſimple combuſtion ſuffit pour bien des ſubſtances, ſur-tout pour le charbon. Cette vapeur qui s'échappe d'un braſier, & dont les effets ſont ſi funeſtes, n'eſt que l'air fixe qui s'exhale, & qui, s'uniſſant avec l'humidité répandue dans l'atmoſphère, devient à la longue ſenſible, ſous la forme de fumée.

Nous avons déjà remarqué que l'air fixe adhéroit quelquefois très-fortement à ſa baſe; il faut une vraie décompoſition du mixte pour pouvoir l'extraire. Les acides, en général, attaquant avec force & énergie les ſubſtances ſur leſquelles on les verſe, changent abſolument l'ordre des parties; ils s'uniſſent aux molécules terreuſes ou métalliques, forment avec elles de nouveaux compoſés, tandis que l'air fixe qui leur étoit uni s'échappe avec la vivacité que fon expanfibilité & fa légéreté fpécifique lui donnent. Son dégagement & fa fuite occafionnent dans le mélange ce mouvement tumultueux & inteftin, connu fous le nom d'*effervefcence*. Si on reçoit cet air dans un récipient plein d'eau, il traverfe la maffe & fe porte au haut du récipient. Il eft peu de moyens auffi prompts de fe procurer à volonté une certaine quantité d'air fixe, que l'effervefcence ; il fuffit de verfer un acide fur un alkali ou une terre calcaire ; dans l'inftant il s'excite dans le mélange un mouvement plus ou moins rapide ; les fubftances fe décompofent, & l'on voit fe dégager l'air fixe fous forme de bulles. Il faut remarquer cependant que rarement l'air fixe obtenu par ce procédé eft pur & fans mélange : prefque toujours, au contraire, il varie fuivant la nature de la fubftance dont on le dégage, & l'efpèce particulière d'acide qu'on emploie à cet effet.

Le moyen le plus fûr, & peut-être le plus abondant, eft celui dont la nature fe fert elle-même pour dégager ce fluide ; je veux dire la fermentation. Nous réfervons à ce mot d'expliquer le méchanifme & le principe de ce phénomène ; il fuffit ici de remarquer que la fermentation en général eft un mouvement inteftin qui s'excite de lui-même & fpontanément, à l'aide d'un degré de chaleur convenable, & d'une fluidité qui met les parties fermentefcibles en état d'agir les unes fur les autres. On diftingue ordinairement trois degrés dans la fermentation, qu'on regardoit autrefois comme trois efpèces de fermentations : la fermentation vineufe ou fpiritueufe, par laquelle les liqueurs qui l'éprouvent fe changent en vin ; la fermentation acide ou acéteufe, parce que fon produit eft un acide ou un vinaigre ; enfin la putride ou l'alkaline, qui conduit les fubftances animales ou végétales à une véritable putréfaction, & qui en dégage beaucoup d'alkali volatil. Ce n'eft que dans le premier & le troifième degré de fermentation que l'air fixe fe dégage, fur-tout dans le premier. Il fe dégage avec la plus grande abondance des fubftances fucrées & muqueufes qui fubiffent la fermentation vineufe ; il s'élève alors au-deffus de la liqueur fermentante, & remplit tout le vaiffeau qui la contient. Pour ramaffer & recueillir ce fluide, il ne s'agit que de fe transporter dans un cellier où le vin fermente dans des cuves, ou dans un attelier à bière : on prend un vafe rempli d'eau & bien bouché ; on le débouche dans l'atmofphère même qui furnage la liqueur en fermentation ; on le renverfe à mefure que l'eau s'en échappe, l'air fixe occupe fa place ; & le vafe fe trouvant ainfi rempli d'air fixe, on le rebouche avec foin.

Tels font les moyens, tant artificiels que naturels, dont on peut fe fervir pour avoir une certaine quantité d'air fixe, & pouvoir enfuite étudier fes propriétés & fa nature. Quand nous connoîtrons bien toutes les qualités de ce fluide fingulier, nous tâcherons d'expliquer fes effets, fon action dans l'économie animale & végétale.

Section II.

Qualités de l'Air fixe.

L'air fixe est un fluide élastique, transparent, sans couleur, miscible à l'air & à l'eau, d'une pesanteur spécifique infiniment moindre que celle d'aucune liqueur, même des plus légères; d'une odeur piquante, qui n'est pas désagréable. Telles sont ses qualités extérieures, & qu'on peut saisir au premier examen. Elles sont si sensibles, qu'elles avoient induit en erreur la plupart des savans, en leur faisant confondre l'air fixe avec l'air atmosphérique; mais ils diffèrent l'un de l'autre par des propriétés essentielles. 1°. Leur pesanteur spécifique n'est pas la même. L'air fixe est manifestement beaucoup plus pesant que l'air atmosphérique; mais cet excès de poids ne va pas au double, comme quelques auteurs l'avoient avancé. C'est à cette pesanteur spécifique qu'est due la difficulté qu'il a de s'élever dans l'atmosphère au-dessus d'une cuve de vin ou de bière en fermentation. Pour la rendre sensible & frappante, voici une expérience assez curieuse. Introduisez dans une cuve en cet état, un tison ou un flambeau allumé; dès qu'ils seront parvenus dans la couche d'air fixe qui surnage la liqueur en fermentation, ils s'y éteindront subitement. Mais comme l'air fixe a la propriété de retenir la fumée, & de l'empêcher de se mêler avec l'air extérieur, elle se distribue dans toute l'épaisseur, sous la forme d'une couche de brouillard blanchâtre qui se distingue parfaitement de l'air environnant, parce que ce

dernier conserve toute sa transparence. Si on vient à agiter cette masse d'air fixe imprégnée de fumée, elle forme des ondes, des vagues quelquefois assez hautes pour surmonter les bords de la cuve. C'est dans cette circonstance que l'excès de la pesanteur de l'air fixe sur celle de l'air commun, devient bien sensible; car alors, on le voit se répandre & tomber perpendiculairement jusqu'à terre, le long de la cuve. C'est à ce même excès qu'il faut attribuer la facilité qu'a l'air fixe de remplir promptement les appartemens où il se dégage, & d'en chasser l'air commun plus léger que lui.

2°. La qualité qui différencie le plus l'air fixe de l'air atmosphérique est sa vertu délétère & méphitique qui détruit absolument le principe de vie dans les animaux qui le respirent, & qui forme un obstacle insurmontable à l'entretien de la lumière & des corps embrasés. Si l'on remplit un bocal, suffisamment grand, d'air fixe, & que l'on y renferme un animal quelconque, comme un oiseau; ou plus simplement encore, si l'on verse de l'air fixe par-dessus un animal placé dans un vase, ce fluide, en raison de sa pesanteur, déplacera l'air commun, & occupera bientôt toute la capacité du vase. Dès que l'animal se trouve plongé dans ce nouvel air, il s'agite & cherche à s'échapper : il élève la tête, ses yeux sont fixes, sa bouche, ses narrines s'ouvrent, il respire difficilement; cette difficulté augmente rapidement; des tremblemens, des convulsions agitent tout son corps, principalement la poitrine & le col : il tombe enfin en faifant des efforts violens pour infpirer ; il eft fuffoqué, & dans un véritable état d'afphyxie qui eft fuivie affez promptement de mort, fi l'on n'apporte des fecours néceffaires. (*Voyez le mot* ASPHYXIE)

Tous les animaux, les hommes même font affectés par l'air fixe ; mais tous ne le font pas également : ceux qui confomment le moins d'air réfiftent le plus aux impreffions dangereufes de ce fluide ; ils ne font que peu incommodés, & reviennent facilement à leur premier état dès qu'on leur fait refpirer l'air ordinaire. Mais les autres ne peuvent éviter la mort quand ils reftent trop long-tems dans cette atmofphère pernicieufe. Qui ne connoît pas les funeftes effets de la vapeur qui s'élève dans les celliers au deffus d'une cuve pleine de vendange ? Combien de malheureux, pour l'avoir refpirée, en ont été les triftes victimes ! Les vapeurs qui fe répandent dans une brafferie où plufieurs cuves de bière font en fermentation ; celles qu'exhalent le charbon allumé ; les foffes d'aifance que l'on vide, & certaines mines en exploitation, &c. étant de même nature, occafionnent les mêmes accidens. La tranfparence & la diaphanéité de l'air fixe font la caufe de ces accidens ; il ne fe rend fenfible, la plupart du tems, que par fes terribles effets. Il eft cependant un moyen très-facile & bien fimple de reconnoître fa préfence ; c'eft de préfenter une lumière à cet air ; elle s'y éteindra fur le champ fi l'air eft abfolument vicié.

3°. Cette propriété de l'air fixe de s'oppofer à la combuftion des corps, eft une des plus fingulières

de ce fluide. Si vous plongez une bougie allumée dans l'atmofphère d'une cuve en fermentation, ou dans un vafe plein d'air fixe, auffitôt la flamme fe détache de là mèche & vient expirer au deffus de la couche d'air fixe ; la bougie s'éteint. Rallumez-la, & replongez-la de nouveau ; elle s'y éteindra encore, & ce phénomène aura lieu tant qu'il y aura de l'air fixe dans le vafe ; mais à la fin elle y brûle très-bien. A chaque fois qu'on la rallume, on eft obligé de defcendre la bougie de plus en plus dans le vafe, parce que dans l'intervalle il s'eft mêlé une certaine quantité d'air atmofphérique avec l'air fixe. Un charbon allumé s'éteint pareillement dans une maffe de ce fluide. Nous ne pouvons paffer fous filence un phénomène qui a le plus grand rapport avec celui dont nous venons de parler ; c'eft l'extinction d'un corps qui a brûlé dans un volume d'air atmofphérique non renouvelé. Pourquoi une bougie, allumée au fond d'un vafe, diminue-t-elle infenfiblement d'éclat, & finit-elle par s'éteindre ? c'eft que l'air le plus pur eft le feul intermède qui puiffe fervir à la combuftion. Celui de l'atmofphère étant un mélange de cet air très-pur avec l'air fixe, pendant la combuftion l'air très-pur eft abforbé ; il ne refte plus que l'air fixe qui, comme nous l'avons vu plus haut, s'oppofe abfolument à toute combuftion.

4°. L'air fixe a la plus grande facilité pour fe combiner avec l'eau ; elle peut même s'en charger d'un volume égal au fien. Cette eau prend alors un goût piquant & acidule. Cette faveur dépend abfolument de fon mélange avec ce fluide ; & fe piquant, l'aigrelet qu'elle acquiert eft dû uniquement à l'acidité naturelle de l'air fixe.

5°. C'eft une vérité univerfellement reconnue de tous les favans, que l'air fixe eft acide. Mais cette propriété eft-elle inhérente à fa nature, ou feulement n'eft-elle due qu'à la façon dont on l'obtient ? L'acide vitriolique qui fert à dégager l'air fixe de la craie, n'eft-il pas le principe de cette acidité ? Cette grande queftion a été agitée par dé fameux phyficiens & chymiftes. Il paroît démontré à préfent, que l'air fixe eft un acide *fui generis* comme les autres acides, & que cette propriété lui eft effentielle, puifqu'on ne peut obtenir de l'air fixe qu'il ne foit acide, & que celui qui fe dégage des fubftances mucofo-fucrées, ou des corps en combuftion, eft auffi acide que celui qui eft développé par des acides.

6°. On conçoit facilement que cet acide doit avoir une certaine action fur tous les corps avec lefquels on le combine ; auffi rend-il acidules les eaux avec lefquelles on le mêle. Il leur donne la propriété de diffoudre le fer & même le mercure. Prefque toutes les eaux minérales (*voyez* ce mot) en font imprégnées, & fouvent les fubftances métalliques dont elles font chargées n'y font tenues en diffolution que par cet acide. Il eft affez développé pour teindre en rouge les couleurs bleues exprimées des végétaux, comme la teinture de tournefol : des rofes rouges fraîchement cueillies, plongées dans une atmofphère d'air fixe, y perdent leur couleur naturelle ; & dans l'efpace de vingt-quatre heures, paffent à la couleur pourpre. M. Prieftley a remarqué une fois qu'une rofe fufpendue au deffus de la liqueur fermentante d'une cuve de bière, au lieu de prendre une couleur pourpre, devint parfaitement blanche.

7°. L'air fixe joue un très-grand rôle dans la formation de la chaux. Combiné avec la terre calcaire, le feu le dégage, il ne refte plus que de la terre calcaire privée de fon air ; elle peut le reprendre & reformer une terre de la même nature : fi l'on verfe de l'air fixe fur de l'eau de-chaux, la chaux fe précipite en fe combinant de nouveau avec l'air fixe, & en formant une vraie terre calcaire qu'on peut recalciner de nouveau & réduire en chaux. (*Voy.* ce mot)

Telles font les principales propriétés qui diftinguent fpécialement l'air fixe de l'air atmofphérique ; mais ces propriétés ne font pas les feules dont l'air fixe jouiffe ; ce ne font, pour ainfi dire, que les phyfiques & chimiques : il en eft d'autres plus effentielles pour nous, les médicinales, dont nous pouvons retirer une multitude d'avantages. Rarement les opérations de la nature ne tendent-elles pas directement au bien ; & tôt ou tard ce que nous croyons un mal, un défaut dans la nature, devient le principe de vertus précieufes. Si l'air fixe, confidéré d'un côté, paroît un véritable poifon, un principe deftructeur, nous allons voir de l'autre, qu'appliqué fagement, il fera un remède falutaire que nous avons prefque toujours fous la main.

SECTION III.

Qualités salutaires de l'Air fixe.

Quiconque ne connoîtroit de l'air fixe que les propriétés destructives dont nous avons parlé, ne le regarderoit que comme un fluide nuisible & dangereux: mais on les oublie lorsqu'on pense que la médecine commence à en retirer de très-grands secours. Plus on fera d'expériences sur cet objet, plus on fera d'essais, & plus sans doute des succès heureux couronneront ces tentatives.

Nous avons vu (Sect. II.) que l'air fixe avoit une très-grande tendance à se combiner avec l'eau & avec tous les fluides aqueux. Il s'y dissout pour ainsi dire. Cette affinité étonnante fait, qu'une fois uni avec une certaine quantité d'eau, il ne s'en sépare que très-difficilement & ne l'abandonne point dans toutes les routes qu'elle parcourt. Il n'est donc pas à craindre que cet air, porté dans l'intérieur, y agisse comme agiroit l'air atmosphérique s'il y étoit introduit en grande quantité : c'est encore un point essentiel de leur différence. On conçoit facilement qu'une masse d'air atmosphérique, injectée, par exemple, dans le canal intestinal, y produiroit de très-grands ravages, par l'expansion qu'elle y acquerroit à raison de de la chaleur intérieure du corps humain. Cet air distendroit ce canal, une irritation violente, des douleurs très-vives, peut-être une inflammation dangereuse en seroient les tristes suites ; au contraire, l'air fixe s'amalgamant facilement avec tous les fluides aqueux, & leur restant adhé-

rent, ne subit point d'autre dilatation que celle de ces mêmes fluides auxquels il est uni, pour ainsi dire, molécule à molécule. Il n'y a donc point de danger à craindre si l'on prend intérieurement de l'air fixe, ou pur, ou combiné avec une certaine quantité d'eau.

En décrivant ses effets salutaires dans différentes maladies, nous indiquerons les moyens les plus simples de l'employer avec succès.

La première vertu médicinale & la plus généralement reconnue de l'air fixe, est sa qualité antiseptique & antiputride. Ce fut M. Macbride qui s'en apperçut le premier. Réfléchissant sur la quantité d'air fixe qui s'échappe des substances animales parvenues au troisième degré de fermentation, c'est-à-dire à la fermentation putride, il pensa qu'elles ne subissoient cet état qu'à raison de l'air fixe qui s'en dégageoit ; & que si l'on pouvoit parvenir à empêcher ce dégagement, on parviendroit à arrêter les progrès de la putréfaction. Des morceaux de viande putréfiés, qu'il exposa dans une atmosphère d'air fixe, cessèrent effectivement de se putréfier davantage, & par-là confirmèrent son opinion. Il fut plus loin ; il imagina même qu'on pourroit faire rétrograder la fermentation putride, en rendant aux substances qui l'avoient subie, tout l'air qu'elles avoient pu perdre. Cette opinion ne peut être vraie que par rapport aux substances animées, & jouissant actuellement d'un mouvement vital, qui peut leur rendre toutes les parties volatiles & nutritives que la putréfaction avoit enlevées & détruites. Mais il est ridicule de penser qu'un

morceau de viande détaché de l'a-
nimal vivant, puiſſe ſe rétablir dans
ſon premier état, & récupérer toutes les parties détruites par la ſimple application de l'air fixe. Si l'effet
de cet air eſt ſi ſenſible ſur de la
chair morte ; s'il détruit la ſanie
purulente qui la recouvre ; s'il a
l'art de la rappeler à ſon état ſain,
que ne doit-il pas faire, lorſqu'aidé
par les efforts de la nature, qui
lutte ſans ceſſe pour arrêter les progrès de la putréfaction, & régéné-
rer les parties qu'elle détruit perpétuellement, on l'applique immédiatement au corps vivant attaqué
d'une maladie putride ? Le ſuccès
doit couronner cette application :
c'eſt ce qui eſt confirmé par pluſieurs faits.

M. Hey fut le premier qui oſa
introduire de l'air fixe pur dans le
canal inteſtinal, & l'adminiſtrer en
forme de lavement à une perſonne
attaquée d'une fièvre putride très-
opiniâtre, & qui réſiſtoit à tous les
remèdes employés en pareil cas. Il
joignit à ces lavemens l'uſage de
l'eau ſaturée d'air fixe qu'il donna
pour boiſſon, & avec ce remède il
parvint en peu de jours à une gué-
riſon parfaite.

Comme nous écrivons pour tout
le monde, & que notre deſſein eſt
d'être utile aux médecins & chirurgiens de la campagne ſur-tout, nous
allons donner le précis & de la maladie & du traitement. Le même cas
peut arriver ; ſans dòute que le
même ſuccès ſuivra.

En 1772, le 8 Janvier, un jeune
homme, appelé *Light-bonne*, fut attaqué d'une fièvre qui au bout de dix
jours fut accompagnée de tous les
ſymptômes qui indiquent un état de

putréfaction dans les fluides. Le
dixième jour, il perdit la connoiſſance, eut un grand dévoiement ;
ſon pouls battoit cent dix fois par
minute, il étoit petit. M. Hey qui fut
alors appelé, ordonna qu'on lui fît
prendre toutes les cinq heures vingt-
cinq grains de quinquina & huit
grains de racine de tormentille en
poudre ; & pour la boiſſon ordinaire, de l'eau & du vin rouge. Le
onzième jour, il eut un grand ſai-
gnement de nez que l'on arrêta avec
des tentes très-douces, trempées dans
de l'eau froide imprégnée dans une
teinture de fer, qu'on introduiſit
dans les narines juſqu'à leur ouverture poſtérieure. Il avoit la langue, les dents & le goſier couverts
d'une pellicule noire & épaiſſe, que
la boiſſon ne put jamais diſſiper : la
diarrhée & la ſtupeur continuoient,
& il marmottoit entre ſes dents. On
lui donna toutes les trois heures
un ſcrupule de quinquina avec dix
grains de tormentille. Il prit le matin & le ſoir un lavement dans lequel il y avoit une drachme de poudre de bol, compoſée ſans opium.
M. Hey fit ouvrir une fenêtre de
la chambre, quoique le froid fût
très-vif, & répandre du vinaigre
ſur le plancher, à pluſieurs repriſes.

Le douzième jour, les ſymptômes
étoient à peu près les mêmes : au
quinquina en ſubſtance qui avoit
rebuté le malade, on ſubſtitua la
teinture d'Huxham, dont il prenoit
une cuillerée toutes les deux heures
dans une taſſe d'eau froide. Il buvoit
de tems en tems de la teinture de
roſe ; mais ſa boiſſon ordinaire étoit
le vin rouge trempé, ou de l'eau
de riz & de l'eau de vie, acidulées
avec l'élixir de vitriol. Il ſe lavoit

la bouche avec de l'eau mêlée d'un peu de miel & de vinaigre. La diarrhée augmenta, & les selles étoient aqueuses, noires & fétides. Comme elle l'abattoit beaucoup, on mit dans chaque lavement une drachme de thériaque d'Andromaque.

Le treizième jour, les mêmes phénomènes putrides continuèrent, & furent accompagnés de soubresauts des tendons. Les selles étoient plus fétides & très-brûlantes.

Ce fut alors que M. Hey, réfléchissant sur la nécessité de retenir cette matière putride dans les premières voies, & de corriger immédiatement ce ferment putride, & se ressouvenant que l'air fixe étoit le meilleur correctif de la putréfaction, il essaya de l'employer en forme de lavement. En conséquence le quatorzième jour il commença à donner au malade cinq grains d'ipécacuanha pour évacuer une partie de la sabure putride ; il lui permit de boire à discrétion du vin d'orange imprégné d'air fixe. On lui donna encore de la teinture de quinquina & de l'eau acidulée avec cet air, & il lui injecta deux vessies pleines d'air fixe.

Le quinzième jour, les selles furent moins fréquentes, moins brûlantes & moins fétides ; le malade ne marmotta plus tant, & les soubresauts disparurent. On lui donna encore des lavemens d'air fixe.

Le seizième jour, il se trouva si bien, que M. Hey ne jugea pas à propos de réitérer les lavemens. Il continua cependant les autres remèdes, & il fit fermer la fenêtre de sa chambre.

Le dix-septième jour, tous les symptômes de putréfaction dispa-

rurent ; la langue & la bouche du malade se nettoyèrent ; ses selles furent moins fétides, & reprirent leur première consistance ; l'assoupissement & le marmottement cessèrent ; son haleine ne sentoit plus si mauvais ; il mangea ce jour-là avec appétit, & resta assis pendant une heure dans l'après-midi. Insensiblement la fièvre discontinua, & le malade fut parfaitement guéri.

C'est ainsi que l'usage des lavemens d'air fixe avec celui des boissons imprégnées de ce même acide, détruisirent le principe de la fermentation putride. Plusieurs succès, depuis ce tems-là, ont confirmé la réussite de ce nouveau remède dans ce genre de maladie.

La vertu antiseptique de l'air fixe en fait encore un remède très-efficace dans les maladies scorbutiques. On s'est servi plusieurs fois de ce moyen, avec le plus grand succès pour remédier aux ravages de cette fâcheuse maladie, & on le regarde même, d'après les essais multipliés, comme un spécifique assuré en pareilles circonstances, & en même tems comme un excellent préservatif. L'usage de la drêche, des choux-croutes, &c. que le fameux capitaine Cook a introduit sur son navire, réuni à l'extrême propreté qu'il faisoit observer, n'a pas peu contribué à préserver pendant trois ans tout son équipage du scorbut, qui communément fait le plus grand ravage sur les vaisseaux. La drêche, comme on le sait, est le levain de bière desséché, que l'on fait infuser dans de l'eau, & qui forme une liqueur aigrelette, d'un goût assez agréable. Le choux-croute n'est qu'une espèce de choux, dont les

feuilles

fenilles coupées par morceaux font entaffées dans un tonneau, & que l'on laiffe entrer en fermentation vineufe : toute fubftance dans cet état contient une très-grande quantité d'air fixe. En général, tout régime végétal qui fournit abondamment ce fluide, eft le plus approprié à la difpofition de ceux qui font attaqués du fcorbut ou de quelque vice fcorbutique.

Les maladies cancéreufes trouvent un très-grand foulagement par l'application de l'air fixe ; s'il n'eft pas un remède conftamment curatif, il eft néanmoins le meilleur palliatif & le plus fûr qu'on puiffe employer. Certainement ce remède, adminiftré tant intérieurement qu'extérieurement dans cette maladie, par un un homme habile & inftruit, aura de très-grands fuccès. Mais il faut du ménagement dans fon ufage. Voici comme on peut s'en fervir dans cette occafion. On prend deux veffies dont on lie fortement l'embouchure de chacune à un tuyau, comme, par exemple, un morceau de pipe, qui fait la communication de l'une à l'autre. Coupez le fond d'une de ces veffies, de façon qu'il refte comme une manche pendante. Rempliffez la veffie entière d'air fixe en la pofant fur un flacon d'où il fe dégage de l'air fixe par un mélange de craie & d'huile de vitriol. Quand elle fera pleine, il fuffit d'envelopper un peu la demi-veffie autour du tube pour empêcher l'air de s'échapper. Veut-on s'en fervir ? on applique la veffie coupée tout autour de la mamelle & du cancer, de façon qu'ils en foient bien enveloppés, & que l'air ne puiffe s'échapper. Alors, preffez petit à

petit la veffie pleine pour que l'air fixe forte. On verra dans peu de tems que la quantité d'air fixe diminue confidérablement & eft abforbée par le cancer. Cette opération durera une demi-heure tout au plus, & on peut la répéter au moins deux fois par jour. Comme il paroît certain que les cancers, fi l'on en excepte ceux qui viennent à la fuite d'un coup, dépendent d'un principe intérieur vicié, on aura foin de faire ufage de boiffon aérée ou d'eau imprégnée d'air fixe.

M. Champeaux, chirurgien très-diftingué de la ville de Lyon, dans fon mémoire, couronné par l'académie royale de chirurgie de Paris, fur cette queftion : » Comment l'air, » par fes différentes qualités, peut-il » influer dans les maladies chirur- » gicales, & quels font les moyens » de le rendre falutaire dans le trai- » tement ? « rapporte plufieurs applications de l'air fixe, qui lui ont parfaitement réuffi. Une femme âgée de foixante-dix-fept ans, fe caffa la jambe gauche à quatre travers de doigt au-deffous de la rotule. Les mauvais traitemens d'une rhabilleufe produifirent un gonflement confidérable, fuivi de phlyctènes pleines de fanie féreufe & noirâtre. Un bandage arrofé de quatre en quatre heures avec de l'eau faturée d'air fixe, diminua bientôt l'engorgement ; les phlyctènes fe defféchèrent, & la fracture fut réduite ... Un homme avoit, depuis fix mois, deux ulcères fongueux à l'anus, dont on ne pouvoit obtenir la cicatrice ; une compreffe trempée dans l'eau faturée d'air fixe, & fouvent renouvelée, ferma la plaie dans trois jours .... Un ulcère calleux à la jambe droite,

V v

qui , depuis dix ans, s'étoit rou-
vert & cicatrifé plufieurs fois , étoit
parvenu au point d'une pourriture
confidérable, accompagnée de fièvre
& d'inflammation , fut guéri par les
mêmes compreffes. La progreffion
en bien étoit fi prompte, qu'elle
fe manifeftoit d'un panfement à
l'autre , & l'ulcère étoit de la grandeur de la main.

Un nouvel avantage de l'air fixe
eft fa qualité lithontriptique ou fa
facilité à détruire les pierres de la
veffie & les calculs. L'exemple de
Jean Dobey, guéri par le célèbre
médecin Hulme , eft bien frappant.
Par le moyen de l'air fixe , il parvint à diffoudre la pierre , & le
malade l'a rendue avec les urines
fous forme de gravier. M. Hulme
lui faifoit prendre quatre fois par
jour quinze grains de fel alkali fixe
de tartre , diffous dans trois onces
d'eau ordinaire, & il lui donnoit enfuite la même mefure d'eau dans laquelle on avoit étendu vingt gouttes
d'efprit de vitriol foible. L'efprit de
vitriol rencontrant dans l'eftomac
l'alkali fixe de tartre , l'attaque
vivement , le diffout & dégage ainfi
l'air fixe qui de là pénètre avec les
urines dans la veffie où il attaque à
fon tour & détruit la pierre qui s'y
forme.

Tous ces exemples réunis prouvent l'efficacité médicinale de l'air
fixe dans quantité de maladies fé-
rieufes. Pourquoi n'en multiplie-
t-on pas l'expérience, & n'étend-on
pas fon ufage fur les maladies réputées incurables, & dont il feroit
peut-être le vrai remède? On lui
trouveroit fans doute des vertus
éminentes dans bien des cas , mais
dont la connoiffance n'eft réfervée

qu'à nos recherches & à nos travaux.

SECTION IV.

Effet de l'Air fixe fur l'économie ani-male & végétale.

L'air fixe , confidéré ifolé , feul
& indépendamment des fubftances
auxquelles il eft communément uni,
fe préfente à nous en même tems
& comme principe utile & néceffaire
à l'entretien de l'animal, & comme
caufe accidentelle de fa mort. Il eft
cependant le même ; fa manière
d'agir paroît feulement différente.
Si la putréfaction & la décompofition animale ne font que l'effet de
l'échappement de l'air fixe qui faifoit le lien & le nœud de toutes
les parties , il faut convenir que ce
fluide eft la bafe de leur confervation. C'eft le ciment, pour ainfi
dire, qui unit les fibres entr'elles ,
forme les maffes , & confolide la
machine entière. Il fe combine avec
les fluides , & peut-être eft-il un de
leurs principes conftitutifs. Sa légère acidité empêche cette tendance
naturelle qu'ils ont à l'alkalefcence.
Il circule par-tout avec eux , & fe
fixe de tous côtés. En un mot , il
paroît être & le lien & l'aliment
néceffaire dans l'économie animale.
Ce principe demande à être un peu
plus développé.

Comment & par quel organe ce
fluide dangereux peut-il pénétrer
dans toute la maffe, & ne laiffe-t-il
que des traces du bien qu'il fait
lorfqu'il n'eft qu'à la dofe néceffaire?
Voici la réponfe que l'on peut donner. Toutes les fubftances qui fervent
à nos alimens , contiennent plus ou
moins d'air fixe, puifque toutes font

susceptibles de fermentation; elles subissent la fermentation panaire, vineuse, acéteuse, & quelquefois putride; toutes doivent subir la fermentation digestive dans l'estomac & les intestins. Cet air, introduit avec les alimens, commence à se dégager de sa base par la chaleur intérieure, par la trituration que les alimens éprouvent, par le mouvement péristaltique & oscillatoire des organes de la digestion, & surtout par ce levain naturel, ce dissolvant très-actif, séparé continuellement de la masse du sang artériel par les glandes disséminées dans l'ésophage & dans le ventricule. Ce dissolvant animal est aux alimens ce que les acides sont aux substances pierreuses; il en dégage l'air fixe. Dans l'estomac, les alimens singulièrement divisés par la salive & le suc piquant du ventricule, prennent une forme fluide & très-liquide, & dès-lors plus propre à subir la fermentation. L'air fixe, abandonnant les parties les plus grossières, se combine à cette liqueur homogène & grisâtre, qui, pressée par la contraction de l'estomac, enfile le pylore & entre dans les intestins. Là, la bile & le suc pancréatique purifie encore l'air fixe de l'air atmosphérique & de l'air inflammable avec lesquels il étoit uni; ceux-ci pénètrent le canal intestinal avec les parties qui n'ont pu se digérer, & s'échappent, tantôt combinés encore avec la substance excrémenteuse, tantôt dégagés sous la forme de flatuosités & d'air inflammable, tandis que l'air fixe, mêlé avec le chyle élaboré de nouveau par le mouvement vermiculaire des intestins, entre avec lui dans les veines lactées, pénètre

jusqu'au cœur, se mêle au sang, anime sa couleur, circule avec lui en portant de toutes parts un principe de nourriture & de connexion. Dans sa course, il est absorbé par tous les fluides, & s'échappe avec eux par tous les vaisseaux excrétoires. Telle est la marche de l'air fixe, il entretient & consolide tout.

Mais s'il paroît concourir au bien de l'animal lorsqu'il est dans une juste proportion, que son élaboration est bien faite, il est le principe de très-grands désordres, lorsqu'il devient surabondant. Alors, bien loin d'entretenir le corps dans cet équilibre général qui constitue la santé, il fait entrer en fermentation tous les fluides, porte le trouble par-tout, & donne naissance à des maladies aiguës & contagieuses. Dans ce cas, les ravages commencent insensiblement; il empoisonne pour ainsi dire sourdement les sources de la vie, & conduit à la destruction par une marche d'autant plus terrible, qu'elle est d'abord moins connue & moins frappante.

Il est d'autres circonstances où l'air fixe attaquant directement les organes de la respiration, devient un poison actif & violent, & suffoque rapidement les animaux qui y sont exposés. Autant ce fluide produit de bien pris intérieurement, par la déglutition, combiné avec les alimens & les boissons; autant son application est salutaire dans bien des circonstances, autant il est terrible quand il est respiré. On éprouve d'abord un mal-aise & des anxiétés considérables; la poitrine se serre, la respiration devient difficile, courte & fréquente, les nausées se font sentir & sont souvent suivies de vomiſſemens ; la tête devient peſante , tous les ſens s'obſcurciſ- ſent , les mouvemens ſont irrégu- liers , les membres tremblent , & ſont ſouvent même agités de légères convulſions ; bientôt la perſonne ſuffoquée tombe ſans connoiſſance & ſans pouls , la face gonflée & li- vide , les yeux ouverts & ſaillans , les mâchoires ſerrées , le ventre tendu ; & dans cet état d'aſphyxie , elle paſſe plus ou moins prompte- ment à la mort. Il eſt donc conſtant par ce détail , que les hommes & les animaux ſuffoqués par l'air fixe , ont la reſpiration & la circulation fort gênées ; & dans pluſieurs cir- conſtances , le genre nerveux eſt affecté. S'il eſt un inſtant où l'aſ- phyxique touche à la mort , dans tous ceux qui le précèdent il jouit encore de la vitalité ; & tant que ce principe exiſte , l'état de mort n'eſt qu'apparent , & il eſt poſſible de ranimer les forces vitales qui ſem- blent anéanties. On a propoſé plu- ſieurs moyens pour rappeler à la vie les perſonnes ſuffoquées : tels ſont l'expoſition à l'air froid , l'aſ- perſion d'eau froide , l'immerſion dans ce fluide , les frictions douces , la chaleur modérée & ſèche , le bain de cendres chaudes , les odeurs piquantes , & tout ce qui peut ré- veiller les ſens engourdis , comme l'eau-de-vie & l'eſprit-de-vin ſimple ou camphré , les eaux ſpiritueuſes de méliſſe , de Cologne , de la reine d'Hongrie ; les vinaigres ſimples & aromatiques , le vinaigre radical , l'eſprit volatil de ſel ammoniac ou alkali volatil fluor , le ſel d'Angle- terre , celui de corne de cerf , &c. &c. Tous ces remèdes ſont bons en eux-mêmes , mais on ne doit pas

les employer tous indiſtinctement. Quand l'aſphyxie n'eſt pas bien con- ſidérable ni avancée , la ſeule ex- poſition à l'air frais & même froid , l'aſperſion d'eau froide , ſuffiſent. Quand elle réſiſte davantage , l'u- ſage des ſtimulans devient alors né- ceſſaire ; encore faut-il les employer avec la plus grande précaution. On doit éviter le plus qu'on peut leur uſage intérieur ; ils peuvent avoir des ſuites plus conſéquentes qu'on ne l'imagine , ſur-tout l'alkali vo- latil fluor : autant il eſt ſalutaire à reſpirer , autant il eſt dangereux à avaler , à moins qu'il ne ſoit étendu dans une ſi grande quantité d'eau , que ſa cauſticité ne puiſſe agir ſur les vaiſſeaux par leſquels il paſſe. Il eſt ſujet à occaſionner des ſoulève- mens d'eſtomac conſidérables , des hoquets très-incommodes , des ſco- riations , & ſouvent même des con- vulſions vives , ſur-tout aux per- ſonnes délicates & nerveuſes. En général , quand une perſonne tombe aſphyxiée ou par la vapeur du char- bon , ou par celles qui s'exhalent des cuves où le vin ou la bière fer- mentent , ou par celles des foſſes d'aiſance , il faut avoir ſoin d'appe- ler un médecin habile qui puiſſe veiller à l'application & à l'admi- niſtration de ces remèdes. (*Voyez* ASPHYXIE)

L'air fixe a la plus grande influence dans le règne végétal : nous l'avons vu ſervir de nourriture aux plantes , & leur fournir continuellement un principe d'entretien & de conſerva- tion ; il ſe combine avec toutes les ſubſtances qui concourent à leur formation durant leur vie ; après leur mort , il agit vivement dans la fermentation de leur fluide , &

leur donne une nouvelle modification & une nouvelle exiſtence. (*Voyez*, pour le premier cas, le §. IV, *de l'Air conſidéré comme partie conſtitutive des plantes, & néceſſaire à leur entretien*, page 314; & le mot FERMENTATION.)

SECTION V.

De l'Air déphlogiſtiqué.

Après avoir parlé de l'air en général, & de l'air fixe en particulier, il ſemble naturel de parler ici de ces fameuſes eſpèces d'air dont la découverte a fait tant de bruit de nos jours. Mais il paroît, juſqu'à préſent, que le chimiſte eſt celui qui en a tiré le plus de parti. L'utilité de cette découverte ne reflue pas encore beaucoup ſur les connoiſſances néceſſaires à l'agriculteur. Tranquillement occupé du ſoin de ſes plantes & de leur végétation, de ſes beſtiaux & de leur entretien, il ignore l'analogie que ces objets peuvent avoir avec l'air inflammable produit par des diſſolutions, l'air déphlogiſtiqué développé par revivification, les airs acides ou alkalins ou végétaux, les airs acides ſpathiques ou ſulfureux, l'air nitreux, &c. Mais quand il apprendra que cet air atmoſphérique qu'il reſpire eſt compoſé d'air fixe ou méphitique, & d'air pur ou déphlogiſtiqué; que c'eſt à la proportion plus conſidérable de cet air déphlogiſtiqué ſur l'air fixe, qu'il doit la plus grande ſalubrité de l'élément dans lequel il vit : quand il ſaura qu'il eſt peu de moyens auſſi commodes pour calculer ces degrés de ſalubrité qu'en combinant de l'air nitreux avec l'air atmoſphérique; que cet air déphlogiſtiqué, quoique plus reſpirable & le plus propre à la combuſtion, n'eſt pas le plus propre à la végétation; quand il ſaura que l'air inflammable, aliment des végétaux, eſt le principe de ces vapeurs exhalées par certaines fleurs qui s'enflamment ſubitement d'elles-mêmes; que c'eſt lui qui conſtitue les mouffettes, ou feu briſou, qui portent la mort dans les mines qu'on exploite; que c'eſt lui qui, ſous l'apparence d'une flamme rare & légère, ſemble fuir le ſoir devant lui, le pourſuivre & l'amuſer de mille manières, ſous le nom de *feux follets*; que c'eſt encore lui qui, s'exhalant du fond des marais ou des eaux ſtagnantes, s'embraſe à l'approche d'une lumière : ſans doute alors ſa curioſité ſera piquée, ſon intérêt ſe réveillera; & ce qui n'étoit pour lui qu'un vain objet d'indifférence, méritera bientôt ſon attention.

D'après ces principes, nous nous croyons obligé de donner une notice des trois eſpèces d'air dont la connoiſſance importe le plus : *l'air déphlogiſtiqué*, *l'air inflammable*, & *l'air nitreux*. Nous renvoyons aux Livres de chimie, & aux Ouvrages qui traitent expreſſément de ces airs, en nous contentant de ne les conſidérer que ſous le rapport qui nous regarde.

L'air déphlogiſtiqué mérite, à plus juſte titre, le nom d'*air* que tout autre, puiſqu'il eſt, par ſa nature, l'air le plus pur & le plus reſpirable. Mêlé avec l'air fixe dans la proportion de trois à un, il paroît être la baſe de l'air atmoſphérique & le principe de ſa ſalubrité. Les premiers favans, comme Prieftley, qui ont travaillé fur les airs, ayant imaginé que le méphitifme de l'air fixe ne confiftoit que dans le phlogiftique qu'il contenoit, ont penfé que l'air le plus pur devoit être celui qui en contenoit le moins, ou qui étoit le plus déphlogiftiqué: de là le nom d'*air déphlogiftiqué* qu'ils lui ont donné. Nous laiffons aux chimiftes à difcuter ce principe, & nous admettons cette dénomination.

Cet air a beaucoup des propriétés de l'air atmofphérique: clair, limpide comme lui, fufceptible comme lui de condenfation & de raréfaction, il jouit prefque de la même pefanteur fpécifique. Comme l'air commun, il fe mêle difficilement avec l'eau, ne rougit point les couleurs bleues des végétaux, ne précipite point l'eau de chaux; en un mot, n'eft point acide. Mais fes autres qualités l'emportent infiniment fur celles du premier: falubre par fon effence, il eft plus refpirable que lui; on peut même le purifier au point qu'un animal y vit neuf fois plus long-tems que dans l'air ordinaire; l'inflammation s'y foutient avec plus d'éclat & d'énergie. Plongez une bougie allumée dans un vafe plein d'air déphlogiftiqué, on voit auffi-tôt la lumière s'allonger, s'élargir, devenir fcintillante, au point qu'on ne peut long-tems foutenir fa vivacité; un charbon prefqu'éteint s'y rallume comme fi on le fouffloit fortement; on l'entend décrépiter; on le voit fcintiller d'une manière admirable. Qui croiroit, d'après l'énumération de ces brillantes qualités, que cet air fi pur & fi parfait eft contraire

abfolument à la végétation, & que les plantes le rejettent comme un poifon dangereux? Cependant rien n'eft plus certain: toutes les plantes que l'on a renfermées dans des vafes pleins d'air déphlogiftiqué, n'ont pas tardé à s'y faner & à y dépérir.

Nous avons vu, dans le §. IV, *de l'Air confidéré comme partie conftitutive des plantes*, page 314, que l'air atmofphérique, dans l'action de la végétation, fe décompofoit; que l'air fixe devenoit nourriture effentielle de la plante, & qu'au contraire l'air déphlogiftiqué en étoit féparé par des organes fecrétoires, qui, aidés par la lumière, le chaffoient à travers les pores des feuilles. Les belles expériences de M. Ingen-Houfe démontrent cette merveilleufe opération. Il paroît conftant que cette fecrétion fe fait principalement durant le jour à la lumière du foleil; que certaines plantes ont plus d'énergie que d'autres pour la produire, & que dans les plantes ce font les feuilles, les tiges, les rameaux verts qui font fpécialement chargés de cette office. (*Voyez* FEUILLES) Cette pluie abondante d'air déphlogiftiqué fe mêle à l'air atmofphérique, & par cette nouvelle combinaifon, augmente la proportion de ce principe fur celle de l'air fixe. De là, la pureté de l'air de la campagne: l'abondance des plantes & des arbres, abforbant & confumant fans ceffe une quantité d'air fixe, & répandant de tout côté des flots d'air pur, le rend fans ceffe plus propre à être refpiré. Admirable compenfation de la nature! chef-d'œuvre de fageffe de fon auteur! l'air que nous refpirons eft compofé de deux principes oppofés ; l'un, très-abondant, eſt dangereux pour l'homme, mais utile au végétal ; les plantes fe l'approprient & en diminuent la quantité : l'autre, au contraire, convient à l'organe de notre refpiration & à notre conſtitution : les plantes qui l'abforbent d'abord, nous le rendent avec une efpèce d'intérêt, puifqu'il fort de leurs pores, pur, falubre, refpirable & dégagé d'une bafe pernicieufe. Dans les villes, rien,' pour ainfi dire, n'élabore & ne purifie la quantité étonnante d'air fixe qui s'émane à chaque inſtant & de notre fein & des eaux croupiſſantes, & de toutes les fubſtances qui peuvent fermenter. Après ce fimple parallèle, peut-on balancer un inſtant entre ces deux airs fi différens ? Ne doit-on pas plaindre ceux que la néceſſité ou l'intérêt enchaînent par de dures entraves dans l'enceinte des villes, & en même tems envier le fort de ces êtres privilégiés qui jouiſſent fans ceſſe de l'air pur & céleſte de la campagne ?

La nature répand avec profuſion l'air déphlogiſtiqué autour de nous ; l'homme a trouvé des moyens de le recueillir, afin d'être à même de l'étudier. Deux moyens faciles s'offrent à fon induſtrie. Prenez un grand bocal que vous remplirez d'eau, renverfez-le dans un autre vafe, de façon que fon orifice touche l'eau, & que la maſſe du fluide reſte fufpendue dans le bocal ; introduifez dedans des feuilles de quelque plante que ce foit, & expofez le tout à la lumière du foleil : les feuilles fe couvriront bientôt de bulles d'air qui, fe détachant de leurs furfaces, fe porteront en

haut vers le fond du bocal, & s'y raſſembleront ; on en obtiendra par-là une très-grande quantité. La chimie offre un procédé plus prompt : c'eſt celui de raſſembler le fluide qui fe dégage par la revivification des chaux métalliques, au feu feul. On renferme dans un petit matras une quantité de chaux de mercure, connue fous le nom de *précipité rouge* ; on lute au col de ce vaiſſeau un tube communiquant de la longueur de quinze à dix-huit pouces, qui va s'ouvrir fous un récipient plein d'eau, dont l'ouverture eſt plongée dans l'eau ; on renferme la boule du matras dans un réchaud rempli de charbons allumés, & on anime le feu avec un fouflet. Bientôt l'action véhémente du feu, car il faut qu'elle foit telle, revivifie une portion de cette chaux ; & il s'en dégage à proportion une quantité d'air déphlogiſtiqué plus ou moins abondante, qui fe porte, par le tube communiquant, dans le récipient, & s'accumule vers fon fond, dont il chaſſe l'eau à mefure. Il n'eſt donc pas difficile d'amaſſer une très-grande quantité d'air déphlogiſtiqué.

Nous avons vu l'air fixe fervir de remède dans bien des maladies : ne pourroit-on pas tirer parti de l'air pur par excellence, pour les maladies dans lefquelles une trop grande abondance de phlogiſtique feroit dégagé du fang, comme les fièvres inflammatoires, ou encore dans les maladies où il faudroit refpirer un air très-pur, dans les phthifies pulmonaires, les aſthmes ? C'eſt le fentiment de l'abbé Fontana, & de M. Ingen-Houfe. Nous penfons comme eux, & nous croyons que l'infpiration de l'air déphlogiftiqué feroit un très-grand bien, & apporteroit beaucoup de foulagement dans ces cas. Si jamais quelque médecin habile vouloit effayer ce nouveau remède, voici la méthode que M. l'abbé Fontana croit la plus propre pour faire refpirer à un malade cet air vital ; elle eft tirée de l'Ouvrage de M. Ingen-Houfe, fur les végétaux. On remplit d'air déphlogiftiqué une grande cloche de verre, par les procédés indiqués plus haut ; on laiffe flotter cette cloche dans un baquet rempli d'eau de chaux : cette eau, ayant la propriété d'abforber l'air fixe qui fort des poumons, fervira à purifier de ce dangereux fluide l'air déphlogiftiqué, à mefure que le malade l'expirera. On introduit l'extrémité recourbée d'un tube de verre dans la cloche, de façon que l'orifice du tube monte dans la cloche jufqu'au milieu de la maffe d'air, tandis que le malade tient l'autre extrémité dans la bouche : il vaudroit encore mieux prendre une cloche qui eût un col ouvert en haut, auquel on appliqueroit un robinet pour fermer & ouvrir le paffage, felon le befoin. Le tube de verre s'appliqueroit à ce robinet, lorfqu'on voudroit s'en fervir. Le malade ayant infpiré cet air, l'expire enfuite par le même tube ; de façon qu'il infpire, à plufieurs reprifes, le même air, lequel, à la vérité, deviendroit bientôt fi vicié par fes poumons, qu'il en éprouveroit plus de mal que de bien, fi l'eau de chaux, qui eft en contact avec cet air, n'abforboit l'air fixe que les poumons lui ont communiqué, & ne remettoit l'air de la cloche prefque à fa pureté primi-

tive. Il eft vrai que l'eau de chaux n'eft pas capable de prendre le phlogiftique par lequel cet air devient vicié dans la refpiration, au moins n'en prend - elle pas une grande quantité ; mais on doit confidérer que l'air déphlogiftiqué étant deftitué de phlogiftique, eft capable d'en abforber beaucoup avant d'être réduit à l'état d'air commun. Ainfi on pourra de cette manière infpirer le même air avec un avantage fenfible pendant long-tems.

On fent bien qu'en refpirant ainfi cet air, il eft à propos de tenir les narrines fermées avec les doigts, pour empêcher que l'air commun ne fe gliffe dans les poumons, & ne gâte l'air déphlogiftiqué dans la cloche, ou que l'air de la cloche ne s'échappe par les narrines, & ne fe perde.

Quoique ce moyen n'ait pas encore été mis en pratique, il annonce tant d'utilité, qu'il eft à fouhaiter que les phyficiens & les médecins s'efforcent de faire jouir l'humanité d'une découverte qui promet les avantages les plus grands, mais qui eft encore trop récente pour qu'on puiffe en tirer toute l'utilité qu'elle fait entrevoir.

SECTION VI.

De l'Air inflammable.

L'air inflammable eft auffi invifible, auffi fluide, auffi compreffible, & auffi élaftique que l'air commun ; mais il eft plus léger & méphitique au fuprême degré. Les animaux qui le refpirent y périffent fur le champ, & malgré fon extrême inflammabilité, il eft incapable d'entretenir la lumière, ou la combuftion des fubf-

tances

tances embrafées ; les bougies & les charbons allumés s'éteignent prefque auffitôt qu'ils font plongés dans fon atmofphère : il a une odeur particulière.

La qualité la plus diftinctive de cet air, c'eft de pouvoir s'enflammer à l'approche d'un corps allumé ; il eft cependant dans le cas de tous les autres corps combuftibles, il ne peut brûler fans le concours de l'air commun ; mais dès qu'il eft en contact avec lui, il brûle facilement, & même dans un feul inftant & avec détonation, s'il eft mêlé d'une quantité d'air fuffifante pour fon entière déflagration : cette quantité eft de deux parties de fluide atmofphérique, contre une d'air inflammable. Renfermé dans une bouteille bien bouchée, il s'allume fans explofion fenfible, s'il eft bien pur & nullement combiné avec l'air atmofphérique : lorfqu'on la débouche, & qu'à fon orifice on préfente une lumière, il brûle alors très-lentement, & l'on voit dans la bouteille une flamme verdâtre defcendre à mefure que l'air fe confume, & fubfifter jufqu'à fa confommation totale. L'air atmofphérique qui fe préfente à l'orifice de la bouteille, & qui s'y introduit peu à peu, fuffit pour qu'il brûle lentement ; mais la proportion eft-elle plus confidérable ? dès qu'on préfente la bougie allumée, il s'enflamme brufquement en produifant une forte explofion, & il brûle en un inftant fort court. L'air pur ou déphlogiftiqué étant plus favorable à la combuftion que l'air atmofphérique, on fent facilement que l'ignition & la détonation doivent être plus vives, lorfqu'il eft mêlé avec l'air inflam-

mablé ; & fuivant M. Prieftley, il ne faut qu'une partie d'air déphlogiftiqué contre deux parties d'air inflammable, pour produire la plus violente détonation.

La nature & l'art fourniffent des moyens pour obtenir en quantité de l'air inflammable. Les mofettes (*voyez* ce mot) ou feu brifou, qui fe dégagent des mines de fel gemme, & de celles de charbon de terre, ne font que de l'air inflammable, qui prennent feu à l'approche d'une bougie allumée, & produifent, en détonant, une explofion plus ou moins forte. C'eft à leur méphitifme naturel qu'il faut attribuer la mort prompte des mineurs & des animaux qui fe trouvent enveloppés de ces moufettes.

Il s'élève quelquefois de deffus certaines rivières, du fond des marais & des eaux croupiffantes, des latrines même, & des feuilles ou fleurs de certaines plantes, des vapeurs légères qui s'enflamment d'elles-mêmes ; ou à l'approche d'une bougie allumée, elles brûlent lentement, & la flamme eft d'un bleu foncé. C'eft encor ici de l'air inflammable. (*Voyez* FEUX FOLLETS)

Enfin, dans plufieurs opérations chimiques, on retire une grande quantité d'air inflammable, comme les vapeurs produites des diffolutions d'étain, de fer, ou de zinc, par les acides vitriolique & marin, celles qui s'élèvent d'une précipitation de foie de foufre par les acides, des diftillations de plufieurs matières végétales & animales, &c. &c.

L'air inflammable, à caufe de l'air fixe auquel il eft communément uni, eft très-propre à la végétation : lorfqu'il s'élève de la terre, la furface inférieure des feuilles l'abforbe. Quelques plantes même, comme *l'épilobium hirfutum* s'en nourriffent abondamment, & y croiffent avec vigueur. Il eft à remarquer que la plante que nous venons de citer en eft fi avide, qu'en peu de jours elle en abforbe jufqu'à une pinte, & pendant l'abforption, les pores des tiges, des feuilles, & même des racines, tranfpirent de l'air pur. Les plantes aquatiques & celles qui aiment le voifinage des eaux & des marais, en abforbent une plus grande quantité. Cette propriété ne feroit-elle pas un effet de la fageffe fuprême, qui corrigeroit par-là les exhalaifons inflammables qui s'élèvent fans ceffe de ces endroits?

Le méchanifme de la digeftion développe dans nos inteftins beaucoup d'air inflammable, & la plupart des ventofités font imprégnées de ce fluide.

Section VII.

De l'Air nitreux.

L'air nitreux extérieurement paroît avoir toutes les propriétés de l'air atmofphérique. Quand il eft pur & fans mêlange d'air commun, il n'a pas un caractère acide bien décidé; mais cet acide fe développe dès qu'on le mêle avec l'air ordinaire. Au moment du mêlange, il fe produit de la chaleur; la quantité des deux fluides diminue: on voit paroître des vapeurs brunes très-épaiffes, qui rempliffent le vafe qui le contient. C'eft un vrai efprit de nitre très-fumant qui fe produit fpontanément, & qui eft très-promptement abforbé par l'eau. Auffi remarque-t-on qu'à mefure

qu'il fe forme & qu'il eft abforbé; l'eau monte dans le vafe. C'eft fur ce principe qu'eft fondée toute la théorie des eudiomètres. (*Voyez* ce mot) Plus l'air que l'on mêle avec l'air nitreux eft pur, plus la chaleur qui en réfulte eft confidérable, plus les vapeurs qui fe forment font épaiffes, & plus la quantité refpective des deux fluides diminue.

On obtient facilement cet air en faifant diffoudre quelque métal, comme le fer, le cuivre, le zinc, le mercure, &c. dans de l'acide nitreux, & retenant fous un récipient plein d'eau la vapeur qui s'en dégage. On peut l'obtenir également des huiles, du fucre, & de plufieurs matières végétales traitées avec l'acide nitreux.

On ne connoît pas les rapports qu'il peut avoir avec l'économie végétale; on fait feulement qu'il fe décompofe en l'agitant très-fortement dans l'eau, & qu'il eft méphitique à un haut degré. M. M.

AIRELLE, *ou* Mirtille. (*Voyez* Planche 7, p. 287) M. Tournefort place ce petit arbufte dans la fection fix de fa vingtième claffe, qui comprend les arbres & arbriffeaux à fleurs monopétales dont le calice devient une baie. D'après Bauhin, il la défigne ainfi: *Vitis idæa, foliis oblongis, crenatis, fruclu nigricante.* M. le chevalier Von Linné la claffe dans *l'octandrie monogynie*, & la nomme *vaccinium myrtillus*.

Fleur, d'une feule piece, imitant un grelot divifé par fes bords en quatre ou cinq parties recourbées en dehors. Le calice eft petit, pofé fur le germe, & il perfifte jufqu'à la maturité du fruit, dont il forme l'enveloppe. On compte huit étamines & un piftil ... A repréfente la fleur dans fon entier ... B, l'intérieur de la corolle ouverte & dans toute fon étendue ... C, les huit étamines & le piftil : les étamines font attachées au réceptacle placé au fond du calice ... D repréfente le piftil avec le calice : le fommet du piftil ou ftigmate eft arrondi.

Fruit. C'eft une baie E, d'un brun violet, globuleufe, marquée d'un nombril dans la partie fupérieure, intérieurement divifée en plufieurs loges F, qui contiennent plufieurs femences attachées à l'axe ou colonne, qui occupe le centre du fruit depuis fa bafe jufqu'à fon fommet.

Feuilles, portées fur des pétioles courts, fimples, ovales, dentées en manière de fcie, garnies de fortes nervures, fermes, imitant celles du buis, plus grandes & moins dures, moins coriaces.

Racine, ligneufe, rameufe,

Port. Arbriffeau d'un à deux pieds de haut, tout au plus, les rameaux grêles, anguleux, flexibles, l'écorce verte. Les fleurs naiffent des aiffelles des feuilles, & toujours féparées & ifolées. Les feuilles font placées alternativement fur les rameaux, & tombent dans l'hiver.

Lieu. Les bois, les montagnes, particuliérement celles du Lyonois. Cet arbriffeau eft très-difficile à élever dans les jardins.

Propriétés. Les baies ont un goût aftringent, légérement acide, affez agréable. Elles font rafraîchiffantes & congulantes.

Ufage. On n'emploie en médecine

que les baies dont on tire un fuc qu'on fait épaiffir jufqu'à confiftance de firop ; ou bien, on les fait fécher pour les donner en poudre depuis une drachme jufqu'à deux, ou en décoftion jufqu'à demi-once. La poudre fe donne aux animaux jufqu'à demi-once, & en décoftion à la dofe de deux onces fur une livre d'eau. L'ufage du firop eft très-agréable & très-utile pendant les grandes chaleurs ; il calme admirablement bien la foif. La poudre eft prefcrite avec fuccès dans les dyffenteries, & le fuc épaiffi pour modérer les ardeurs d'urine & pour arrêter le cours de ventre.

Les cabaretiers des provinces du nord s'en fervent pour colorer en rouge les vins blancs, & leur donner un petit goût piquant. C'eft une friponnerie, mais c'eft une des moins mal-faifantes parmi celles que l'avidité leur a fait imaginer.

AISANCE. (foffes d') Ce que nous allons dire dans cet article tient indireftement à l'agriculture, & cependant c'eft un objet trop important pour le paffer fous filence, puifqu'il intéreffe la fanté du cultivateur, & fournit un engrais excellent.

CHAPITRE PREMIER.

CHAPITRE II.

CHAPITRE PREMIER.

SECTION PREMIÈRE.

De la construction des Fosses d'Aisance pour le Maître.

C'est une nécessité indispensable de choisir l'endroit le plus reculé du bâtiment, parce que l'odeur qui s'exhale des fosses d'aisance par les vents du sud & du sud-ouest, est aussi incommode que désagréable. Une seconde observation, aussi importante que la première, est de les éloigner, le plus qu'il est possible, des caves, des puits & de tous les autres souterrains, afin de se garantir des détestables effets de l'infiltration. La manière de les construire suppléera pour beaucoup à la distance que je demande.

Après avoir ouvert un creux proportionné au nombre des habitans du bâtiment, élevez contre le terrain un mur en pierre, & à la place du mortier, servez-vous d'argile bien tenace, mais bien paîtrie & bien corroyée ; & veillez attentivement sur les ouvriers, toujours négligens, pour qu'il ne reste aucun vuide entre les pierres & entre ce mur & le terrain. La forme de la fosse doit être ronde, afin d'éviter les angles, parce que l'expérience a prouvé que les angles servent de réservoir à l'air mortel & à la mauvaise odeur : il n'en coûte pas plus de bâtir en rond qu'en quarré. Tout autour de ce premier mur, laissez un pied ou même dix-huit pouces d'espace, & au-delà ; élevez un nouveau mur en bonne maçonnerie & en mortier. A mesure qu'on élèvera ce mur intérieur

de vingt pouces au moins d'épaisseur, faites remplir le vide qui se trouve entre les deux murs avec de l'argile ou terre grasse pas trop humide, & à chaque couche de trois pouces, il faut la battre & la corroyer avec des masses, afin qu'elle ne fasse qu'un seul & même corps. C'est de la compacité de cette argile que dépend tout le succès de l'ouvrage. Les murs les plus épais & les mieux faits ne pourroient, à la longue, empêcher l'infiltration, quand même on se serviroit de pouzzolane. La pouzzolane, il est vrai, retient l'eau ; mais l'urine, les matières fécales la décomposent à la longue, ainsi que le mortier. Il n'y a que la terre argileuse qui résiste efficacement. Dès que les murs de la fosse seront à la hauteur convenue, il reste encore quatre objets à observer ; c'est-à-dire, le pavé, la voûte, la poterie & les soupiraux.

Le fond de la fosse doit être également garni d'argile bien battue & bien corroyée, & l'épaisseur de sa couche sera d'un pied au moins. Sur cette couche on étendra un fort lit de mortier, dont le sable aura été passé au gros sas. Lorsqu'il aura un peu perdu de sa trop grande humidité, on rangera les pavés le plus près qu'il sera possible les uns des autres, & les interstices seront remplis avec du mortier clair. Lorsque tous les pavés seront placés, l'ouvrier fera jouer la demoiselle pour les enfoncer, & les enfoncer tous également. Ces moyens empêcheront toutes les infiltrations.

La forme de la voûte pour les

foſſes n'eſt point indifférente. Si elle
eſt trop ſurbaiſſée, le courant d'air
aura moins d'action. Elle doit reſ-
ſembler aux voûtes des anciens,
c'eſt-à-dire, décrire un arc de
cercle aigu à ſommet; & la clef ou
ouverture pour deſcendre dans la
foſſe, doit être placée directement
au milieu.

La poterie qui communique aux
différens cabinets de la maiſon, ſera
placée le plus perpendiculairement
qu'on le pourra, & on évitera avec
grand ſoin les coudes, les plans inclinés, parce qu'ils retiennent toujours quelque peu de matière qui
y ſéjourne, & par conſéquent qui
infecte.

Aux deux côtés oppoſés de la
foſſe, pratiquez deux ſoupiraux,
qui s'élèveront avec la maçonnerie
du bâtiment ou contre la maçonnerie, juſqu'au-deſſus du toit. Sur
l'un, pratiquez un petit moulinet,
dont les ailes ſeront en fer battu
ou en tôle peinte à l'huile. L'axe
qui tiendra à ces ailes ſera ſupporté aux deux extrémités ſur les
côtés du ſoupirail, de manière que
la moitié des ailes ſoit cachée dans
le ſoupirail, & l'autre moitié l'ex-
cédera. Au moindre vent les ailes,
miſes en mouvement, chaſſeront de
l'air frais; & par le moyen du ſecond ſoupirail, il s'établira un courant d'air dans la foſſe, qui entraînera par le haut toute la mauvaiſe
odeur, & par conſéquent elle ne ſe
communiquera pas dans les appartemens. L'air des foſſes eſt un air
vicié, mortel & beaucoup plus
lourd que l'air de l'atmoſphère. On
voit par conſéquent combien peu
ſert un ſeul ſoupirail.

SECTION II.
Moyen économique pour ne pas nettoyer ſouvent les Foſſes.

On diſtingue dans les foſſes pleines, la croûte, la vanne, l'heurte
& le gratin. La *croûte* eſt à la ſurface de la matière, & la couvre
dans toute ſon étendue. Quelquefois cette croûte totale eſt ſoulevée
complettement par l'air mortel qui
eſt par-deſſous. La *vanne* eſt la partie intérieure au-deſſous de la croûte; elle eſt quelquefois verte, & répand l'odeur la plus infecte. L'*heurte*
eſt un amas pyramidal de matières
qui répond aux poteries ſous leſquelles on le trouve. Le *gratin* eſt
la matière adhérente aux parois &
au fond de la foſſe. On vient de
voir que la croûte étoit ſouvent
ſoulevée & tenue, pour ainſi dire,
en l'air par l'air mophétique qui eſt
par-deſſous. Jetez dans la foſſe,
par exemple, un boiſſeau de chaux
réduite en poudre, &, s'il eſt poſſible, agitez la matière, & elle s'af-
faiſſera auſſitôt, de ſorte que l'on
pourra attendre pluſieurs mois, &
même une année, avant de la faire
nettoyer. Ce n'eſt pas la croûte
ſeule qui s'affaiſſe, mais la totalité
de la matière.

SECTION III.
Moyens d'éviter les accidens funeſtes en les nettoyant.

Il n'y a point d'année ni de mois
que l'ouverture des foſſes d'aiſance
& leur nettoiement ne coûte la vie
à des malheureux, ſur-tout dans les
petites villes & dans les campagnes,
parce que les ouvriers condamnés
par la miſère à ce genre de travail,

en ont peu d'habitude, & par conséquent font expofés à tous les dangers que des hommes plus exercés connoiffent & favent éviter au moins en partie. Le lecteur pardonnera le dégoût qui réfulte du fujet dont on parle en faveur du motif.

Outre la première propriété de la chaux dont on vient de parler, elle a encore celle de définfecter l'air renfermé dans la foffe. Ce n'eft donc point un moyen à négliger lorfqu'il s'agit de les vider. Le moyen le plus court, le plus efficace & le plus conftant, c'eft d'établir un fourneau fur la lunette de l'appartement le plus élevé de la maifon. J'avois vu fuivre ce procédé pour attirer, à l'extérieur des mines, l'air corrompu qui règne dans ces galeries fouterraines, & fouvent à plus de cent & de deux cents pieds au-deffous du niveau de l'entrée. Je le propofai à M. Cadet le jeune, fi connu par fon zèle patriotique, & qui s'occupoit alors, avec MM. Laborie & Parmentier, de la manière de définfecter les foffes de Paris. Le fuccès répondit à leur attente ; & ils ont tellement perfectionné cette manipulation, qu'il eft impoffible aujourd'hui de voir périr un feul ouvrier qui fuivra leur méthode. Voici comment ces Meffieurs s'expliquent dans l'ouvrage qu'ils firent imprimer en 1778, fous le titre d'*Obfervations fur les Foffes d'Aifance, & fur les moyens de prévenir les inconvéniens de leur vuidange.*» Sur un des fièges d'aifance eft placé un fourneau. Il eft compofé d'une tour, fans fond ni porte, garni d'une chappe, portant à fa partie antérieure la porte mobile par laquelle s'introduit le

charbon fur une grille placée à quelques pouces de la bafe du fourneau. A cette chappe font adaptés des tuyaux de tôle qui ont leur iffue en dehors de la maifon. »

« A peine l'intérieur de ce fourneau eft-il échauffé par le charbon qui s'allume, que fi l'on vient à préfenter un papier allumé à la porte de la chappe, la vapeur qui traverfe prend feu & produit une flamme vive & brillante. »

« Le charbon une fois allumé, cette flamme devient un brandon conftant qui s'élève de deux à trois pieds au-deffus de la chappe, quand on la débarraffe de fes tuyaux. Elle eft fort différente par fa légéreté & par fon volume, de celle d'un fimple brafier de charbon. Cette flamme n'en diffère pas moins par fa couleur & par l'odeur qu'elle répand. On ne peut mieux la comparer à cet égard qu'à la vapeur enflammée d'une diffolution de fer dans l'acide vitriolique. »

« La première fois que nous fîmes cette expérience, c'étoit dans une maifon dont le local n'avoit pas permis de choifir l'emplacement le plus convenable du fourneau. Il étoit au rez-de-chauffée, & les tuyaux n'avoient point d'iffue en dehors du cabinet. L'odeur d'acide fulphureux volatil qui fe répandit dans la maifon, étoit fi forte, que nous ne voulûmes croire qu'elle venoit du fourneau, qu'après nous être affurés qu'on ne brûloit point de foufre dans la maifon. Nous avons fait refpirer des oifeaux, des chats au-deffus des tuyaux qui conduifoient ces vapeurs ; non-feulement ils n'ont plus refpiré la mort, & même ils n'ont paru affectés d'au

cune fenfation incommode. Nous
avons été long-tems expofés à cette
vapeur , fans en avoir éprouvé
d'autre déplaifance que celle de
l'acide volatil fulphureux que nous
refpirions. »

« Ce n'eft pas tout ; nous avons
obfervé que le feu fupérieur rend
le plus grand fervice aux ouvriers
qui travaillent dans la foffe. Pour
en juger, nous laifsâmes éteindre le
feu, & auffitôt l'ouvrier fut obligé
de fortir : un fecond ouvrier ne put
s'en retirer qu'à l'aide de fes camarades ; & un troifième y feroit mort, s'il
n'avoit été fecouru promptement. »

« L'opération du fourneau exige
que tous les fièges foient bouchés
& fcellés exactement, fans quoi le
courant d'air feroit dérangé, & une
partie de l'odeur portée dans les
appartemens. Il eft encore avantageux d'établir un fecond fourneau
dans la foffe même, fupporté par
un trépied fur la matière. Ses tuyaux
de tôle doivent aller répondre à la
poterie, qui correfpond au foupirail fupérieur. »

Ce moyen bien fimple & peu
coûteux, peut encore être mis en
ufage pour tous les fouterrains remplis d'air mortel, & où celui qui y
defcendroit, payeroit de fa vie fon
imprudence. Aux mots ASPHYXIE,
MOFFETTES, on indiquera les remèdes & les moyens néceffaires pour
rappeler à la vie les afphyxiques.

C H A P I T R E I I.

S E C T I O N P R E M I È R E.

Des Foffes d'Aifance pour les gens
de la Ferme.

Celles-ci exigent moins de précautions que les autres, parce
qu'elles doivent être nettoyées, au

plus tard, tous les quinze jours. Le
coin d'une cour, dans la partie la
plus reculée de la ferme, un mur
léger pardevant, une porte & une
toiture paffable fuffifent. Une planche large & épaiffe de fix pouces,
doit recouvrir un petit mur, &
encore mieux une féparation en
planches fortes. Le fond du cabinet
d'aifance, ainfi que la circonférence
des murs, fera garni de terre glaife
bien corroyée, afin d'empêcher l'infiltration. La foffe aura deux pieds
de profondeur, ou trois tout au
plus, & fera auffi large que le cabinet. Elle fera recouverte par des
planches mobiles & fortes, qui porteront par leurs extrémités fur des
chevrons fixés aux murs. Cette foffe
fera remplie de mauvaife paille jufqu'à la moitié pendant l'été, & tous
les quinze jours ou toutes les trois
femaines, le fumier en fera enlevé.
Le point qui défigne le moment de
l'enlever, eft lorfque la paille paroît bien humectée. Il convient même, en la jetant dans la foffe, de
l'afperger de quelques feaux d'eau.
Dans l'hiver, comme la putréfaction s'exécute avec plus de lenteur,
chaque femaine on mettra de la
paille nouvelle, & on reftera fix
femaines ou deux mois avant de
l'enlever. Les planches mouvantes
facilitent fon extraction.

S E C T I O N I I.

Moyens de préparer un excellent engrais
avec les matières ftercorales.

Ce fumier n'eft point fait, il
n'eft pas au point où il doit être ;
il faut qu'il éprouve un nouveau
genre de fermentation, & par conféquent une nouvelle combinaifon.
Pour cet effet, après l'avoir extrait

de la foffe, faites-le porter dans l'endroit que vous confacrez aux fumiers. Là, fur un lit de demi-pied, couvrez-le d'un lit de bonne terre de trois pouces d'épaiffeur, & ainfi fucceffivement à mefure que l'on en retirera de la foffe. Le lit ou la couche fupérieure doit néceffairement être en terre bien battue. Cette terre retiendra la chaleur dans la maffe, & empêchera fa trop prompte opération. D'ailleurs, l'ardeur du foleil defféche-roit la couche de paille, & détruiroit les principes de l'engrais. Il eft important que la place où fera dépofé cet excellent engrais, foit plus large que le monceau, & ait un pied de profondeur au-deffous du niveau du terrain, parce que ce foffé retiendra les eaux, entretiendra une humidité néceffaire à la fermentation de la maffe. Lorfque l'on s'appercevra que l'eau du creux commencera à s'évaporer entiérement, n'attendez pas le moment de ficcité avant d'en donner de nouvelle, fur-tout dans l'été : ce fumier prendroit bientôt *le blanc*, & il fe confommeroit en pure perte. C'eft alors le cas de faire des trous fur le haut de la maffe avec de longues perches, afin que l'eau qu'on y jettera la pénètre dans toutes fes parties ; & l'opération finie, les trous feront rebouchés avec de la terre. On peut à la feconde année employer ce fumier en toute fureté, & il produira à coup fûr le meilleur effet, fur-tout dans les terres compactes & argileufes.

Dans quelques parties de la Flandre & de l'Artois, on cherche moins de précautions. On délaye dans l'eau les matières ftercorales,

& on répand cette eau avec de grandes cuillers, & par afperfion, fur les champs qu'on vient de femer.

Il eft bien étonnant que dans plus de la moitié du royaume, on laiffe perdre cet engrais fi fupérieur. Tous les habitans de la métairie vont foulager la nature derrière un mur, & le propriétaire imbécile, pour fon intérêt, ne fait pas leur procurer des foffes d'aifance.

On objectera peut-être que cet engrais communique aux plantes un mauvais goût, une mauvaife odeur. Cela eft vrai, fi on l'emploie en forte quantité & frais : mais préparé ainfi qu'il vient d'être dit, j'ai la preuve la plus complette & la plus forte du contraire. Une ménagerie compofée de fix ou huit perfonnes peut fournir par an dix fortes charretées de ce fumier, en y comprenant la paille & la terre.

AISSELLE. C'eft la petite cavité qui fe rencontre à l'endroit où les fleurs & les feuilles fe joignent avec la branche ou la tige. Quand une branche fort du tronc, elle fait néceffairement deux angles ; l'un fupérieur, & toujours aigu ; l'autre inférieur, & obtus par conféquent. L'angle fupérieur porte feul le nom d'aiffelle, & l'on nomme *axillaires* toutes les parties des plantes qui y font implantées. Non-feulement les branches, mais les feuilles forment des aiffelles, & peuvent être *axillaires*. Il eft très-rare cependant que les feuilles le foient, & l'on n'en connoît point d'exemple en botanique. Au contraire, les feuilles naif-fent immédiatement fous l'infertion des branches, & rendent celles-ci *axillaires :* dans la gratiole, ou herbe

au

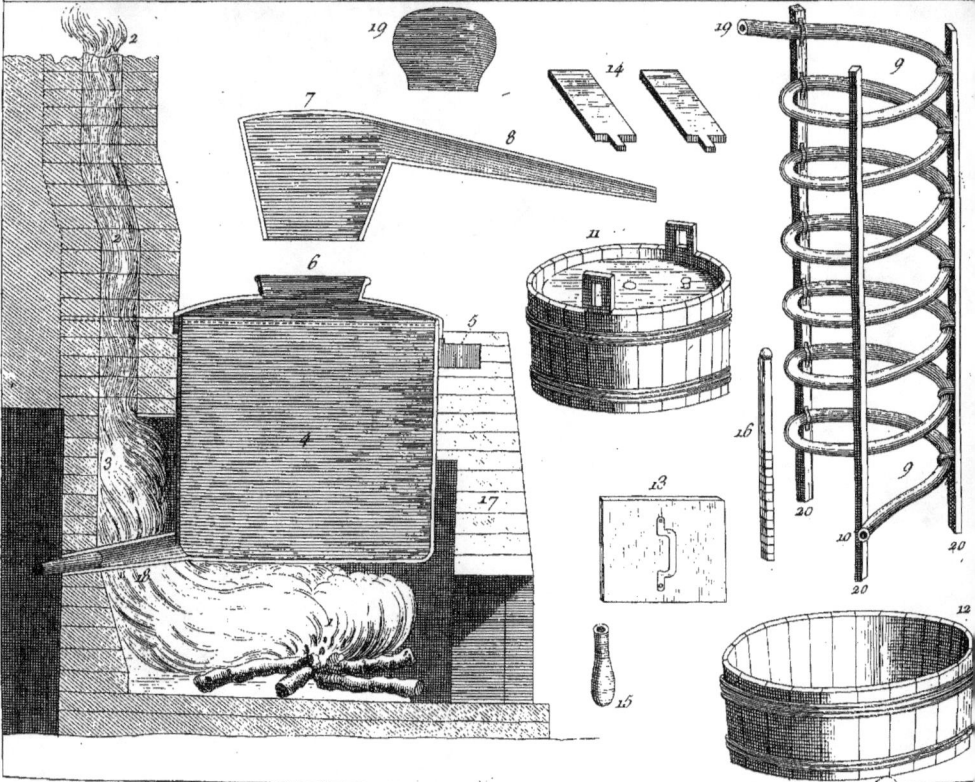

au pauvre homme , le péduncule des fleurs eſt axillaire , ainſi que les fleurs des mauves , des melons , des roſiers , &c. M. M.

AJUSTER. C'eſt un terme de fleuriſte & de maréchallerie. Le maréchal dit , *ajuſter un fer* ; c'eſt lui donner les proportions convenables au pied du cheval ; & le fleuriſte dit qu'il *ajuſte un œillet* , lorſqu'il en arrange les feuilles à la main ; de manière que par ſon art il répare les défauts naturels , & fait paroître l'œillet plus large , parce que ſes feuilles ſont bien étendues ſur la carte. Il y a beaucoup d'œillets qui ont pluſieurs cœurs , c'eſt-à-dire , que chaque cœur eſt enveloppé d'un calice particulier. Comme ce calice ne s'ouvre ordinairement que d'un ſeul côté , la fleur paroîtroit défectueuſe : alors avec des pinces il enlève adroitement cette membrane coriace , & toutes les folioles qu'elle renfermoit s'épanouiſſent , garniſſent le milieu , & donnent à la fleur une forme & des nuances agréables. Cette ſingularité n'a lieu que dans les gros œillets.

ALAMBIC. Vaiſſeau conſacré aux diſtillations. Il y a pluſieurs ſortes d'alambics , & ils différent par leur forme & par la matière dont ils ſont compoſés. Les uns ſont en cuivre , les autres en verre , les autres en grès , &c. L'énumération & la deſcription des alambics conſacrés aux travaux chimiques , ſeroient ici déplacées : il ne doit être queſtion dans cet article , que des alambics deſtinés à convertir les fluides vineux en eau-de-vie , & les eaux-de-vie en eſprit ardent. *Voyez* le *Tom. I.*

mot BRULERIE pour connoître la deſcription de tous les vaiſſeaux & de tous les uſtenſiles néceſſaires au ſervice de l'attelier. Pour l'action de diſtiller & de conduire le feu , *voyez* le mot DISTILLATION.

TABLEAU du Travail ſur les Alambics.

CHAPITRE PREMIER.

Des Alambics ordinaires , chauffés avec le bois.

La gravure (*pl. 8.*) repréſente une brûlerie garnie de toutes les pièces utiles à la diſtillation.

On doit diſtinguer quatre parties dans un alambic ; la *chaudière* , le *chapeau* ou *chapiteau* , le *bec du chapiteau* , & le *ſerpentin*.

1°. La *chaudière* ou *cucurbite* (mot tiré du latin *cucurbita* , qui veut dire *courge* , à cauſe de ſa reſſemblance avec ce fruit) varie pour ſa grandeur ſuivant les différens pays ; la forme eſt aujourd'hui à peu près par-tout la même. C, eſt la chaudière

Y y

montée fur fon fourneau B. On voit
n°. 4. fa coupe intérieure & celle
de fon fourneau. La chaudière eft
un cône tronqué d'environ vingt-
un pouces de hauteur perpendiculaire, dont le diamètre du cercle
de la bafe a deux pieds fix pouces
de longueur. Son fond eft une platine avec un rebord, de trois
pouces environ, cloué tout autour du cône, avec des clous
de cuivre, rivés : cette platine a
environ une ligne d'épaiffeur, &
eft légèrement inclinée pour vider
avec plus de facilité, du côté du
dégorgeoir ou *déchargeoir* 18, ce qui
refte dans la chaudière après la diftillation. Ce déchargeoir a un cylindre plus ou moins long, fuivant
l'épaiffeur du mur qu'il doit traverfer, fur-tout fi la vinaffe eft directement conduite hors de la brûlerie ;
un pied de longueur fuffit, s'il ne
doit traverfer que le mur du fourneau. Prefque au haut de la chaudière, font placés trois ou quatre
anfes de cuivre, n°. 5, clouées avec
des clous de cuivre, rivés, contre la
cucurbite, & leurs parties faillantes
font noyées dans la maçonnerie du
fourneau. Ces anfes fupportent la
cucurbite, & c'eft par ces feuls
points que la partie inférieure de
la cucurbite touche aux parois du
fourneau, de forte que la chaleur
eft cenfée circuler tout autour de
cette partie : au deffus des anfes &
jufqu'au haut de la chaudière, la
maçonnerie l'emboîte exactement.
La partie fupérieure de la cucurbite
fe rétrécit par un col ou collet, n°. 6.
cloué & rivé, comme on l'a dit,
dont l'ouverture eft réduite à un
pied de diamètre : la partie fupérieure du collet forme une efpèce

de talon renverfé, & l'inférieure
eft inclinée parallèlement aux côtés
du chapiteau, pour lui fervir d'em-
boîture, fur deux pouces de hauteur. La hauteur totale du col eft
ordinairement de fix à fept pouces,
& les feuilles de cuivre qui le forment, font communément plus épaiffes que le refte de la cucurbite ; c'eft
la partie qui fatigue le plus.

2°. Du *chapiteau* D & n°. 7. Son
ouverture eft à peu près égale à
celle du col de la cucurbite, afin
d'y être adapté & luté le plus
exactement qu'il eft poffible. On
recouvre encore le point de leur
réunion avec de la cendre mouillée
ou non mouillée ; toutes deux font
des cribles par où s'évapore l'efprit
ardent ; il vaudroit mieux l'envelopper avec des bandes de toile,
imbibées par des blancs d'œufs, dans
lefquels on a mêlé de la chaux en
poudre, & non éteinte ; ce dernier
lut empêche bien plus complétte-
ment que la cendre l'évaporation
de l'efprit ardent ; enfin, la troifième manière, c'eft avec des bandes
de veffies mouillées & molles, que
l'on fixe avec de la filaffe, des
ficelles, &c. La terre graffe ne
vaut pas mieux que les cendres ;
la chaleur la defsèche & la fait cre-
vaffer ; cependant, fi le collet eft
mal fait, s'il eft boffué, en un mot
fi le chapiteau & le collet ne fe joignent pas exactement enfemble, on
peut & on doit preffer de la terre
graffe, sèche & en poudre, dans
les vides, la bien ferrer, enfin la
recouvrir avec la veffie ou avec les
bandes de toile à la chaux & aux
blancs d'œufs. Le diamètre de la partie fupérieure du chapiteau eft environ de dix-fept pouces ; fa hauteur,

totale d'un pied, non compris le bombement de la calotte, qui eſt environ de deux pouces. Dans quelques pays, ſa forme imite plus celle d'une poire renverſée, *voyez* n°. 19; il eſt ſans gouttière intérieurement comme extérieurement; ſon bec ou ſa queue E, & n°. 8, a vingt-ſix pouces de longueur, trois pouces & demi à quatre pouces de diamètre près du chapiteau, quatorze à quinze lignes à ſon extrémité, c'eſt-à-dire, dans l'endroit où ce bec ſe réunit avec le ſerpentin, n°. 9, renfermé dans le tonneau ou pipe F. La pente de ce bec eſt d'environ huit pouces ſur toute ſa longueur: il eſt cloué à la tête du chapiteau, & il eſt ſoudé avec lui par un mélange d'étain & de zinc: cette compoſition s'appelle *la charge du chapiteau*.

Il y a un vice radical dans la conſtruction de ce bec, qui s'oppoſe ſinguliérement à la rapidité de la diſtillation: il faudroit que ſon diamètre égalât preſque celui du chapiteau, qu'il diminuât inſenſiblement juſqu'à ſa réunion avec le ſerpentin, & que le diamètre de l'intérieur du ſerpentin fût plus conſidérable, & proportionné à celui du bec; enfin, que la diminution fût progreſſive, au moins juſqu'au commencement du quatrième tour du ſerpentin. Nous dirons les motifs de ce changement lorſque nous parlerons de la *diſtillation*.

3°. Du *ſerpentin*, n°. 9. Il eſt repréſenté ici hors de ſon tonneau ou pipe F; il eſt formé de cinq cercles inclinés les uns ſur les autres, ſuivant une pente uniforme diſtribuée dans toute la hauteur, qui eſt de trois pieds & demi. Le bec E & n°. 8 du chapiteau, s'inſinue exac-tement à la profondeur de quatre pouces dans l'ouverture, n°. 19, du ſerpentin: cet inſtrument eſt conſtruit de feuilles de cuivre battu, ſoudées enſemble avec une ſoudure forte: on obſerve de diminuer proportionnellement l'ouverture des tuyaux, d'environ deux lignes à chaque révolution, de manière que l'ouverture inférieure ſoit à peu près moitié plus petite que la ſupérieure. La prolongation du ſerpentin, ou plutôt ſa ſpirale, eſt maintenue par trois montans aſſez minces, n°. 20: ces montans ſont en fer battu, armés d'anneaux par où paſſent les révolutions du ſerpentin; ils les fixent & leur ſervent de ſupport dans cette partie. L'extrémité inférieure du ſerpentin ſort à la baſe de la pipe F, dans l'endroit marqué H, & n°. 10: là il rencontre un petit entonnoir, dont la queue eſt plongée dans le baſſiot K, & n°. 11: ce vaiſſeau ſert à recevoir l'eau-de-vie qui coule par le ſerpentin.

Dans certaines provinces, le ſerpentin & la pipe ont beaucoup plus de hauteur, & par-tout il eſt trop étroit à ſon orifice & dans ſa dégradation. Le tonneau ou pipe ſert à recevoir & contenir l'eau qui doit rafraîchir le ſerpentin pendant la diſtillation. Nous reviendrons ſur cet article au Chapitre troiſième.

Toutes les pièces qui concourent à la formation complette de l'alambic, ſe vendent au poids, & le prix, à peu près général, eſt de 40 à 45 ſ. la livre, le cuivre tout ouvré. On eſt trompé par les ouvriers, lorſque l'on n'eſt pas au fait; ils vendent toutes les parties avec leurs agrès; ils pèſent le chapiteau avec ſa charge, le ſerpentin avec les montans, &c.

ces articles doivent être payés à part.

Dans quelques provinces , on étame tout le chapiteau , & il ne l'est point dans d'autres : non-seulement le chapiteau devroit l'être , mais encore la chaudière & son serpentin. L'acide de l'esprit ardent corrode le cuivre , forme du vert-de-gris , & ce poison se mêle avec la liqueur. Les inspecteurs ne reçoivent pas cette eau-de-vie , & disent qu'elle a *un goût de chaudière* : mais combien d'eau-de-vie ne consomme-t-on pas dans le royaume , qui ne passe pas sous les yeux de l'inspecteur ? Au contraire , on conserve celle-là pour le débit intérieur , & on n'envoie à l'étranger que l'eau-de-vie au titre & sans mauvais goût. Il suffit d'entrer dans une brûlerie , d'examiner les ustensiles de cuivre , pour voir le vert-de-gris en masse. L'acide est si fort , qu'il crible les chapiteaux , & de la cendre mouillée bouche les trous pendant la distillation. Si l'alambic n'a pas servi depuis long-tems , l'ouvrier , toujours négligent , se contente de passer un peu d'eau , de frotter les parois avec des bouchons de paille , comme si cette simple opération détruisoit tout le vert-de-gris. La négligence est portée si loin , que j'ai vu le filet d'eau-de-vie couler entre deux dépôts considérables de vert-de-gris. Le reproche que je fais ne s'adresse pas à une seule province , mais à celles d'Aunis , de Saintonge , d'Angoumois , de Languedoc , de Provence , &c. Le gouvernement a établi des charges d'inspecteurs des eaux-de-vie qui sortent du royaume , afin qu'on n'expédie que des eaux-de-vie au titre ; il veille ainsi à la sûreté du commerce , & empêche les suites de la mauvaise foi de quelques commerçans. Ne seroit-il pas digne de sa vigilance & de ses soins , de créer des inspecteurs des brûleries , qui condamneroient à des amendes ou feroient briser les chaudières , les chapiteaux , &c. non étamés ? Les ustensiles en cuivre ont été défendus à Paris , soit pour les balances , soit pour les pots au lait , &c. & on laisse subsister dans tout le royaume des instrumens où se forme journellement du vert-de-gris !

Si l'étain employé dans les soudures étoit pur & sans mélange de plomb , cet étamage seroit encore insuffisant ; avec le plomb il seroit complettement inutile , parce que l'acide l'auroit bientôt corrodé , & réduit en chaux tout aussi dangereuse que le vert-de-gris : le seul étamage qui convienne , est le zinc ; (*voyez* ce mot) il ne reviendroit pas plus cher , dureroit infiniment plus , & sur-tout il ne seroit pas dangereux pour la santé.

CHAPITRE II.

Description de l'Alambic ordinaire , chauffé avec le charbon fossile.

Charbon fossile , *charbon de pierre* , *charbon de terre* , *houille* , sont des mots synonymes. Nous les rapportons ici tous les quatre , parce qu'ils sont en usage chacun dans des provinces différentes ; de sorte qu'il pourroit arriver que dans quelques endroits on ne comprît pas ce que veut dire l'une ou l'autre dénomination.

C'est à M. Ricard , négociant de la ville de *Cette* , & possesseur d'une superbe brûlerie , que l'on doit

Pl. IX. Pag. 357

Fig. 11.

Fig. 1.

Fig. 10.

Fig. 2.

Fig. 4.

Fig. 7.

Fig. 3.

Fig. 6.

Fig. 8.

Fig. 5.

Fig. 9.

Echelle de Six Pieds.

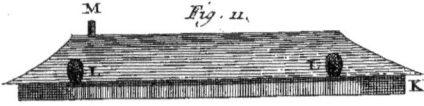

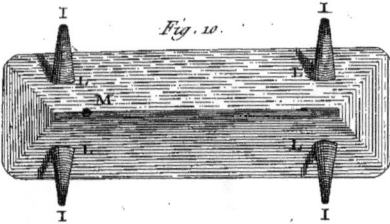

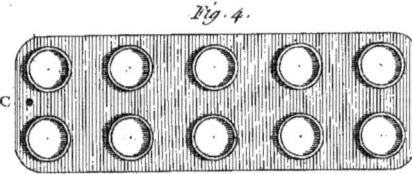

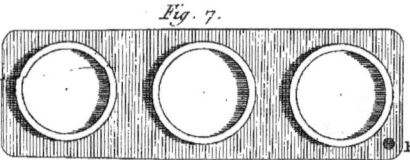

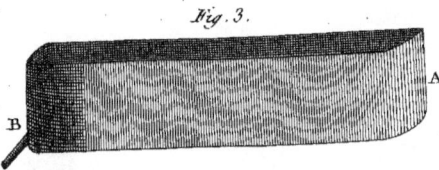

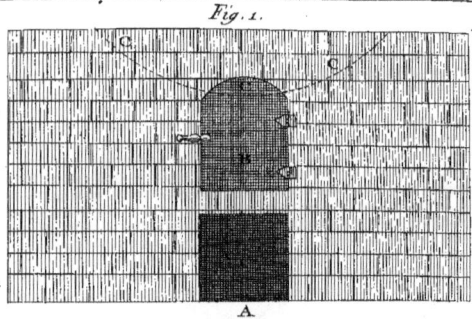

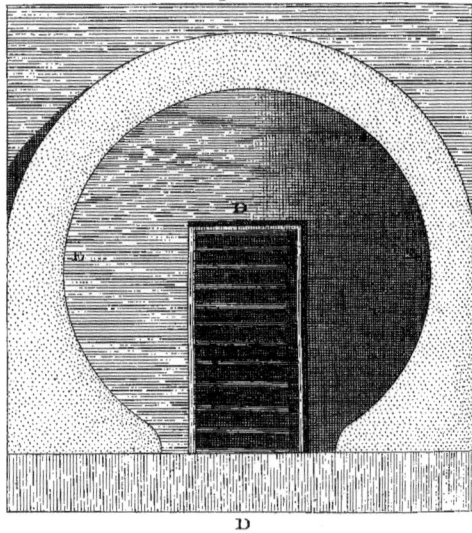

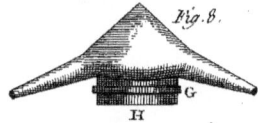

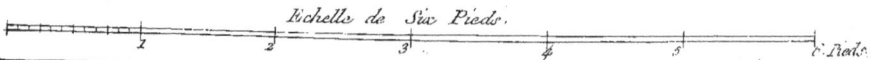

Sellier Sculp.

l'ufage du charbon foffile pour la diftillation de vins. Perfonne, avant lui, n'avoit fongé en France à employer ce minéral, que l'on pourroit encore fuppléer par la tourbe (*voyez* ce mot) dans les provinces où le bois eft rare, & qui ne peuvent aifément fe procurer du charbon foffile.

La néceffité fut toujours la mère de l'induftrie, & l'induftrie celle de l'économie. La cherté du bois dans le Bas-Languedoc, où il coûte communément 18 à 20 fols le quintal, même vert, quoique le quintal de cette province n'équivaille qu'à 80 livres, poids de marc, l'engagea, en 1775, à conftruire des fourneaux inconnus avant lui dans le pays. Dès qu'il les eut portés au point de perfection qu'il defiroit, il publia le plan de fon fourneau. Son exemple a été fuivi complettement à *Cette*, & commence à l'être dans le refte de la province, où l'on peut fe procurer du charbon à un prix plus modéré que celui du bois. Il eft réfulté des différens procès verbaux, dreffés dans la brûlerie de M. Ricard, que, pour fabriquer la même quantité d'eau-de-vie, il falloit au moins une double quantité de bois que de houille; d'où il réfulte qu'en fe fervant de charbon de terre, il y a une véritable économie; d'ailleurs il faut moins de magafins ou hangars pour loger ce combuftible, & on économife les frais de la main-d'œuvre pour couper le bois de longueur, le fendre, le refendre, &c.

L'alambic, chauffé au bois, ou au charbon de terre, ou à la tourbe, conferve la même forme. Eft-elle la meilleure ? C'eft ce que l'on examinera bientôt.

Defcription du Fourneau au charbon de terre de M. Ricard.

Planche 9, *Fig.* 1, élévation du fourneau.

A. Ouverture du cendrier. Sa largeur eft de neuf pouces, & la hauteur du fol à la grille eft de dix pouces. La profondeur eft la même que la longueur de la grille.

B. Porte du foyer; de même largeur & hauteur que l'ouverture du cendrier.

La diftance entre le fond de la chaudière qui répond aux points C. C. C. & la grille, eft de neuf pouces.

Figure 2. Intérieur du fourneau, dont on a ôté la chaudière, & vu à vol d'oifeau.

D. D. Grille. Sa largeur eft de dix pouces, fur un pied dix pouces de longueur.

E. E. Diamètre du foyer, deux pieds dix pouces. L'échelle de fix pieds qui accompagne ces deux figures, donnera les proportions du total du fourneau & de fa coupe.

La chaudière ne doit avoir que deux pieds huit pouces de diamètre dans fa plus grande circonférence, pour laiffer un vide de deux pouces entre celle-ci & la maçonnerie. Ce vide fe trouve couvert par les bords de la chaudière qui portent fur la maçonnerie.

L'auteur confeille de pratiquer à ces fourneaux un tuyau de cheminée, qui doit commencer à la hauteur des anfes de la chaudière, vis-à-vis la porte du foyer, & en forme de pyramide renverfée, ayant trois pouces & demi en quarré à fa naiffance, & fix pouces dans le haut. On conduira ce tuyau dans les cheminées qui fervent aux fourneaux ordinaires.

En louant le zèle de M. Ricard, & en lui rendant hommage comme au bienfaiteur de fa province, on doit remarquer cependant qu'il n'a pas tiré tout le profit convenable de la chaleur ; que la porte du fourneau, ainfi que dans tous les fourneaux ordinaires, foit au bois, foit autrement, eft trop rapprochée de la bouche de la cheminée, & par conféquent la chaleur ne féjourne pas affez fous la chaudière, & gagne trop vite la gaîne de la cheminée. On croit communément que la flamme lèche toute la chaudière ; c'eft pourquoi on laiffe un vide entr'elle & la maçonnerie. Si on enlève la chaudière de deffus fon fourneau, après qu'elle aura fervi à la diftillation pendant quelque tems, on verra tout autour, excepté du côté de la cheminée, une efpèce de fuie, de pouffière grisâtre, & très-fine. Or, fi la flamme avoit parcouru tout l'efpace vide, certainement on n'y trouveroit ni fuie ni pouffière. Il eft clairement & démonftrativement prouvé que la flamme & la chaleur fuivent le courant d'air ; par conféquent, la flamme & la chaleur qui arrivent dans la cheminée, y arrivent en pure perte pour la chaudière. En effet, qu'eft-ce qu'un efpace de trois à quatre pieds pour la flamme d'une maffe de bois embrafé qui peut parcourir une diftance de plus de vingt pieds,

comme on le voit tous les jours dans les fourneaux des diftillateurs d'eau forte, d'acide vitriolique, &c. ? On y met le feu par un bout, & la flamme fort par la cheminée placée à l'autre bout, éloigné du premier de dix à vingt pieds.

Il feroit donc plus avantageux pour tous les fourneaux confacrés à la diftillation des vins, de ménager tout autour de la chaudière un tuyau tracé en fpirale comme le ferpentin, & par ce moyen de conferver plus long-tems la flamme & la chaleur autour de la chaudière. Rien n'eft plus aifé à pratiquer. Faites foutenir la chaudière à la hauteur qu'elle doit être ; laiffez tout le bas nud ; & dans la partie oppofée à la porte du fourneau, commencez le tuyau fur huit pouces de hauteur & fur fix de largeur ; faites-le tourner tout autour de la chaudière jufqu'à la cheminée ; des briques longues fuffifent pour former ce tuyau. Il eft évident que par ce moyen, la flamme lèchera complettement toute la chaudière, à l'exception de la partie de la brique couchée fur fon plat, qui touchera directement la chaudière. Ainfi en fuppofant que le tuyau ne faffe que trois tours autour de la chaudière, en partant depuis le foyer jufqu'à la cheminée, vous aurez au moins trente à trente-fix pieds de tuyau, dont la flamme s'appliquera directement contre la chaudière, tandis que dans la manière ordinaire, il n'y a pas plus de trois à quatre pieds de contact immédiat. L'expérience eft facile à faire, peu coûteufe, & on fe convaincra combien, par cette manipulation, on économisera de bois ou de charbon.

CHAPITRE III.

De quelques Alambics nouveaux pour leur forme, proposés par différens Auteurs.

La société libre d'émulation pour l'encouragement des arts, métiers & inventions utiles, établie à Paris, proposa, au mois de Juin 1777, pour sujet d'un prix, la question suivante : *Quelle est la forme la plus avantageuse pour la construction des fourneaux des alambics, & de tous les instrumens qui servent à la distillation des vins dans les grandes brûleries ?* Deux mémoires furent distingués de tous les autres envoyés au concours; le premier de M. Baumé, de l'académie royale des sciences, eut le prix de 1200 livres; & le second de M. Moline, celui de 600 livres. Ces deux mémoires offrent des idées neuves, & quelques-unes utiles : il convient de les apprécier.

SECTION PREMIÈRE.

Des Alambics & des Fourneaux proposés par M. Baumé, & chauffés soit avec du bois, soit avec du charbon.

Le premier alambic proposé par M. Baumé, est une baignoire, *Fig. 3, Pl. 9 :* elle a douze pieds de long sur quatre pieds de large, & à peu près deux pieds & demi de hauteur. On la fait moins profonde d'un pouce du côté A, afin qu'étant en place, il y ait une pente du côté de la vidange B.

A la partie la plus profonde, & du côté de la porte du fourneau,

on pratique une douille B, de deux pouces de diamètre, qui traverse l'épaisseur du fourneau : au moyen de la pente qu'on a donnée au fond de la chaudière & de la douille, on peut vider ce vaisseau commodément, lorsque cela est nécessaire.

En adaptant un chapiteau sur cette chaudière, on complette l'alambic; mais comme j'en propose trois différens par leur forme, dit M. Baumé, on pourra choisir celui que l'on voudra. Au moyen de ces trois chapiteaux, il résulte trois alambics de même forme, qui ne diffèrent que par cette pièce seulement.

Le premier chapiteau, *fig.* 4 & 6, s'adapte sur la chaudière en forme de baignoire, *fig.* 3 ; on soude exactement un couvercle de même étendue, percé de dix trous, ou d'un plus grand nombre, si on veut; il doit être d'un cuivre un peu fort & un peu bombé : chaque ouverture doit avoir quinze à seize pouces de diamètre, surmontée du collet, *fig.* 5, de trois à quatre pouces de hauteur, & soudé très-exactement sur les ouvertures du couvercle. Chacun des collets doit être terminé par un cercle de cuivre tourné, de six lignes d'épaisseur, & soudé en étain. Ils sont destinés à donner plus d'épaisseur à l'extrémité des collets, & à faciliter la jonction des chapiteaux. Sur le devant du couvercle en C, *fig.* 4, on soude une virole tournée, d'un ou de deux pouces de hauteur, & de deux pouces de diamètre. C'est par cette ouverture qu'on introduit la liqueur dans la chaudière; par ce moyen, on n'a pas la peine de déluter les chapiteaux chaque fois que l'on veut charger la chaudière. Il est essentiel que cette virole soit tournée, afin qu'on puisse la boucher commodément avec du liége.

Sur chacun des collets du couvercle de la chaudière, on adapte un chapiteau d'alambic ordinaire, de forme conique & d'environ quinze pouces de hauteur, *fig. 6*, jusqu'au niveau de la gouttière qui est dans l'intérieur; la gouttière doit avoir deux pouces de large sur autant de profondeur. En E, on attache également un cercle de cuivre tourné, & soudé en étain, qui doit joindre très-exactement sur celui des collets; à ce chapiteau, on pratique une tuyère D au niveau de la gouttière intérieure, & assez longue pour dépasser le fourneau d'environ six pouces : elle doit avoir quatre ou cinq pouces de diamètre vers le chapiteau, & aller en diminuant jusqu'à deux pouces près de l'extrémité D. C'est cette partie qu'on nomme *queue* ou *bec de chapiteau*.

Le second genre de chapiteau proposé par M. Baumé, toujours pour l'alambic-baignoire, diffère du précédent en ce qu'il a seulement trois ouvertures; & sur ces ouvertures, on adapte des chapiteaux à deux becs, *fig. 8*, qui font les fonctions alors de six chapiteaux. La platine, *fig. 7*, qui doit couvrir la chaudière, doit être d'un cuivre un peu plus fort que la chaudière elle-même; elle doit être un peu voûtée, pour augmenter sa force, & on la soude exactement sur la chaudière.

Chaque ouverture doit être garnie d'un collet, *fig. 9*, de trois à quatre pouces de hauteur, & terminé également par un cercle de cuivre tourné, comme ceux du couvercle précédent. Les ouvertures ont environ deux pouces & demi de diamètre; on pourroit les faire plus larges si l'on vouloit, mais les cercles seroient difficiles à tourner, & pourroient perdre leur forme avant d'être attachés.

On pratique en F, *fig. 7*, une douille en cuivre, tournée, de deux pouces de diamètre, & environ d'une égale hauteur; c'est par cette ouverture que l'on remplit la chaudière sans déluter le chapiteau.

Chaque chapiteau a deux becs, *fig. 8*, & doit également être garni, en G, d'un collet de cuivre tourné comme ceux des chapiteaux précédens. La partie inférieure H s'emboîte comme un étui dans l'intérieur du collet, *fig. 9*.

Néanmoins, continue M. Baumé, comme l'écoulement de la vapeur qui s'élève de la chaudière se fait en raison des ouvertures qu'on lui présente, je pense que cette seconde construction seroit un peu moins avantageuse pour la distillation, en ce que les trois ouvertures présentent moins de surface pour donner passage aux vapeurs que dans le chapiteau n°. 4. Cet alambic présente deux mille cinq cents quatre-vingt-douze lignes d'ouvertures aux vapeurs, & celui-ci n'en présente que deux mille cent quatre-vingt-deux de surface ouverte. Cette construction seroit seulement moins dispendieuse, en ce qu'elle diminue le nombre des chapiteaux & des serpentins. Au lieu de faire les chapiteaux ronds, on pourroit les faire ovales, & de toute l'étendue de la largeur du couvercle de
la

la chaudière , avec deux becs à chaque ; ils deviendroient auffi avantageux que les deux rangées de chapiteaux dans la conftruction de l'alambic, *fig. 4.* La forme ovale eft un obftacle confidérable ; tout ce qui s'écarte de la forme ronde , eft impraticable aux chaudronniers.

Le troifième genre de chapiteau pour l'alambic-baignoire, *fig. 10*, a quatre becs I I I I. Les couvercles des deux premiers alambics , dit M. Baumé, ont l'inconvénient de préfenter aux vapeurs qui s'élèvent de la chaudière, beaucoup de parties pleines entre les chapiteaux qui retardent les vapeurs dans leur marche, pour enfiler le canal de la diftillation ; c'eft pour remédier à cet inconvénient , que je propofe un feul chapiteau de même ouverture que celle de la chaudière, & dans l'intérieur duquel rien ne s'oppofe à l'afcenfion des vapeurs.

L'intérieur de ce chapiteau contient une gouttière de deux pouces de large & autant de profondeur, ayant une pente vers les becs pour conduire la portion de liqueur qui fe condenfe. Ce chapiteau doit être amovible ; la partie qui doit repofer fur la chaudière fera garnie en K, *fig. 11*, qui eft le même chapiteau , vu de profil, d'un cercle de cuivre bien dreffé , d'environ neuf lignes quarrées, fans aucune moulure.

Les bords de la chaudière de cet alambic doivent être auffi garnis d'un femblable cercle fans moulures, pour que les deux pièces s'emboîtent l'une dans l'autre, & que les deux cercles joignent très - exactement l'un fur l'autre, Les quatre becs du chapiteau, *fig. 10 & 11*,

Tom. I.

doivent avoir chacun fix pouces de diamètre en L, & fe terminer à deux pouces par l'extrémité pour entrer dans quatre ferpentins de deux pouces de diamètre chacun, dans toute leur étendue.

A la partie fupérieure du chapiteau M , *fig. 10 & 11*, on pratique une douille de cuivre tournée , de deux pouces de diamètre , par laquelle on introduit, dans l'alambic, la liqueur à diftiller. On fe fert pour cela d'un entonnoir qui a un tuyau affez long pour defcendre de quelques pouces au deffous de la gouttière, afin qu'en chargeant l'alambic, il n'entre rien dans la gouttière.

La conftruction des trois alambics propofés par M. Baumé, eft très - coûteufe , foit à caufe des maffes de cuivre qu'il faut tourner, foit par rapport à la difficulté de trouver des chaudronniers affez induftrieux pour donner la forme prefcrite à chaque pièce. M. Baumé convient qu'il a eu les plus grandes peines pour les faire exécuter fous fes yeux, & même dans la capitale du royaume, où l'on trouve les artiftes les plus inftruits & les plus exercés. A quelle dure extrémité ne feroit - on pas réduit dans les provinces ? il faudroit donc ou faire venir les ouvriers , ou tirer les alambics tout conftruits ? Certes, les frais de voiture , les douanes de Lyon , de Valence , les péages, les huit fols pour livre , l'entrée des provinces réputées étrangères, &c. augmenteroient exceffivement leur prix. Cependant , fi, en dépenfant beaucoup d'argent, on étoit affuré de là réuffite dans les opérations, on ne regarderoit pas de fi près au facrifice.

Z z

Le premier & le second alambic ne peuvent être comparés au troifième. L'expérience prouve que plufieurs ouvertures ou becs, pratiqués dans un chapiteau, fe nuifent mutuellement, & que le courant des vapeurs paffe irrégulièrement, tantôt plus ou moins par un bec que par un autre ; enfin, que les uns fourniffent conftamment beaucoup, & les autres donnent très-peu.

Le troifième feroit le moins défectueux. D'après les proportions données par M. Baumé, on en a conftruit un femblable ; mais, foit défaut dans la conftruction, foit à caufe des quatre becs, il n'a pas répondu à l'attente ; enfin, on en a abandonné l'ufage.

Une pièce affez inutile dans ces trois alambics, eft la gouttière indiquée pour l'intérieur des trois chapiteaux. Les vapeurs ne fe condenfent point dans les chapiteaux de la forme prefcrite ; il fuffit, lorfque la chaudière eft en train, de porter la main fur un chapiteau, & on fe convaincra facilement, en le touchant, que la chaleur du cuivre eft trop forte pour permettre la condenfation : on ne tiendroit pas la main fur ce chapiteau pendant une feconde. Si le chapiteau étoit recouvert par un réfrigérent, la gouttière feroit utile & même néceffaire. La fraîcheur de l'eau, ou l'inégalité marquée de chaleur de l'eau & du cuivre, fait condenfer la vapeur, la réduit en eau, & cette eau coule dans le ferpentin. Dans les trois premiers, la vapeur ne fe condenfe que dans le ferpentin.

Quoique l'évaporation ne s'exécute que fur la furface de la liqueur, cependant ce n'eft pas le plus ou moins grand nombre d'ouvertures pratiquées fur la platine des deux premiers chapiteaux, préfentés par M. Baumé, qui favorife fpécialement l'élévation des vapeurs, puifque dans les chaudières ordinaires, la vapeur monte très-bien dans le chapiteau. Elle y monteroit mieux, il eft vrai, fi le collet étoit plus large, & fur-tout fi le bec du chapiteau étoit prefque auffi large que lui. Ce feroit encore mieux, comme nous l'avons déjà fait obferver, fi l'ouverture fupérieure avoit la même ouverture que le bec, & fi cette largeur alloit toujours en diminuant dans la pipe, proportion gardée, avec le nombre des fpirales, parce que c'eft dans la pipe & non dans le chapiteau que s'exécute véritablement la condenfation des vapeurs par le fecours de l'eau.

Il faut revenir, en partie, à la forme ordinaire des alambics, donner à la cucurbite plus de largeur, moins de profondeur, élargir le collet, le bec du ferpentin, & fon diamètre dans la partie plongée dans la pipe. A cet effet, on doit donner plus de hauteur à la pipe, & tenir les fpirales en raifon de cette hauteur.

L'alambic de M. Baumé fuppofe un fourneau convenable, foit pour le chauffer au bois, foit avec le charbon de terre. Voici les proportions qu'il donne à ce fourneau.

Du fourneau au bois. (*Voyez Pl. 10.*) La *fig. 1* repréfente le plan intérieur jufqu'au deffus de la porte du fourneau, avec les barres de fer qui doivent fupporter la chaudière. La *fig. 2* repréfente l'intérieur de la partie fupérieure du fourneau,

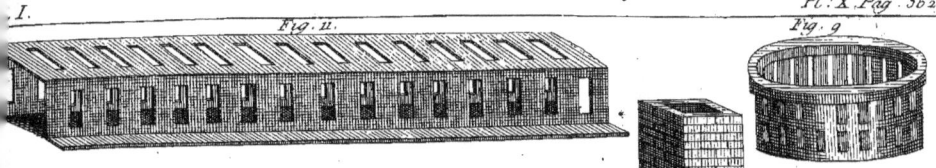

Fig. 11.

Fig. 9.

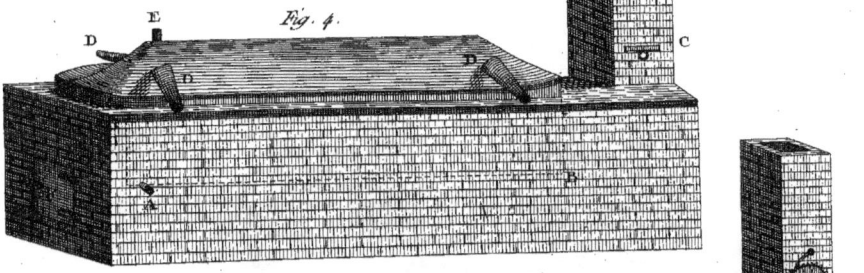

E
D
Fig. 4.
D
D
C

Fig. 10.

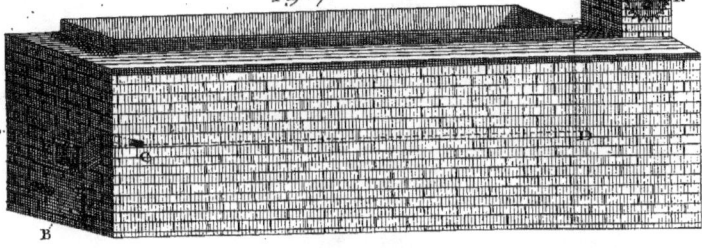

Fig. 7.

A
D
K

R

A
B

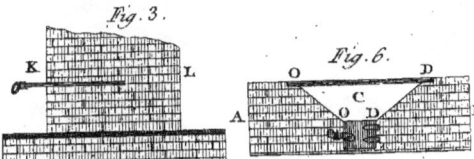

Fig. 3.

Fig. 6.

K
L
O   D
A   C   B
O   D

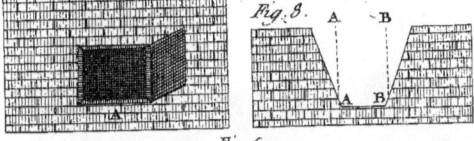

Fig. 8.
A   B

A   B

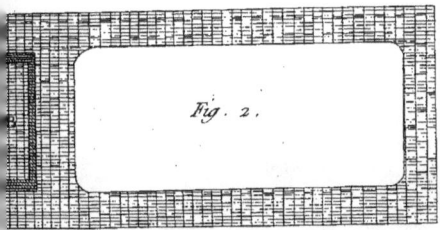

Fig. 2.

Fig. 1.

B

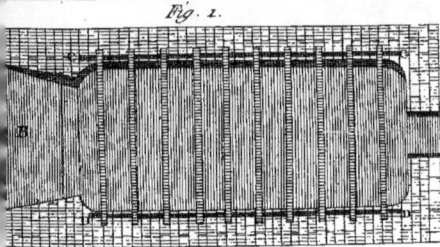

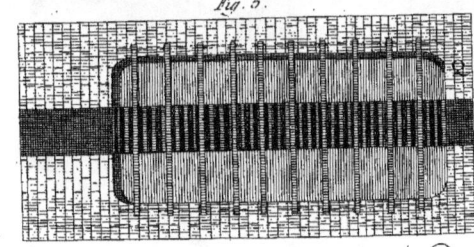

Fig. 5.

Q

Sculp.

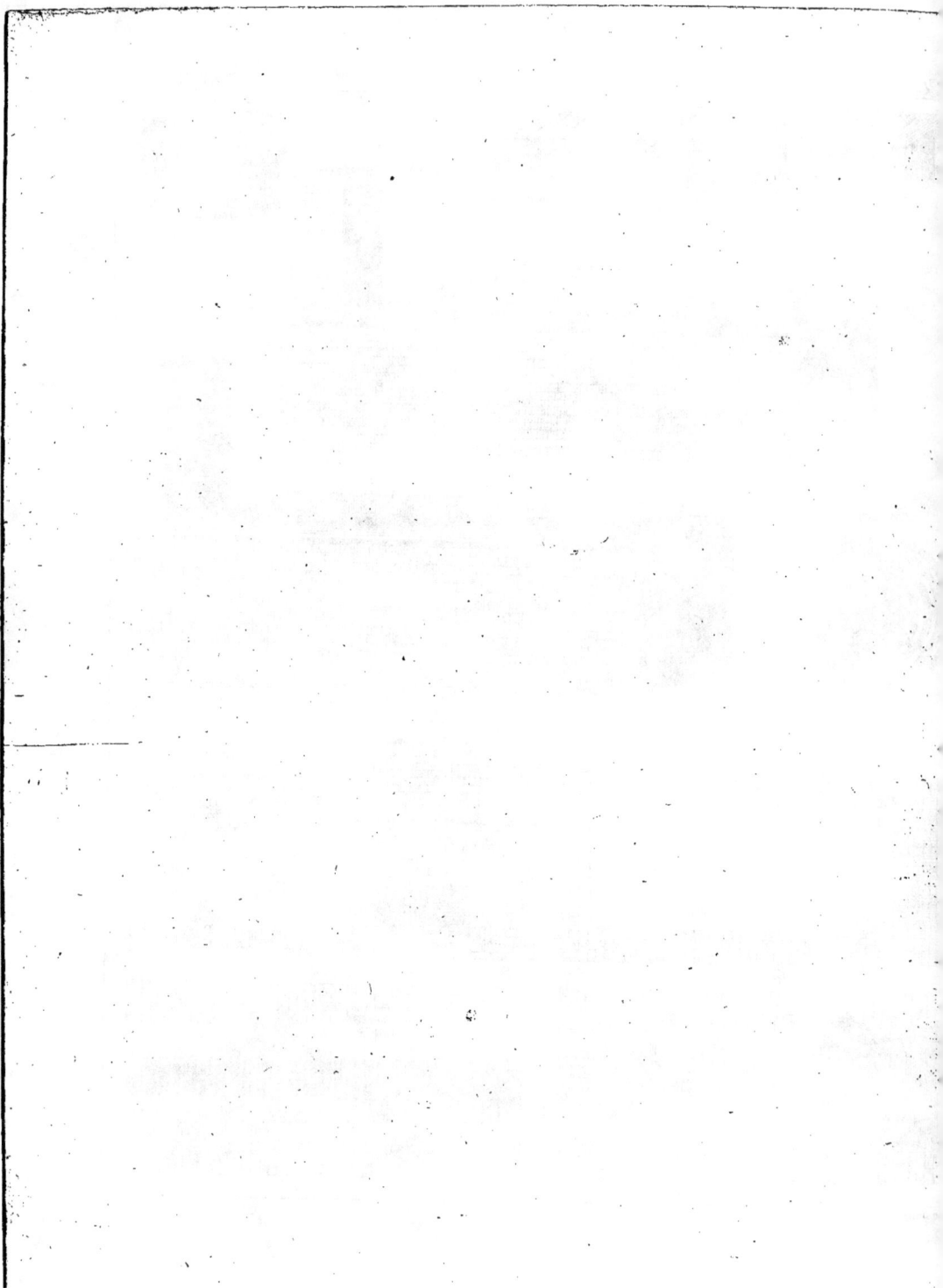

La *fig.* 3 repréſente l'élévation du fourneau vu de face.

Lorſque l'aire du fourneau eſt élevée, d'abord en moellon, & enſuite en briques, à la hauteur qu'on juge à propos, ordinairement à un pied au deſſus du terrain A, *fig.* 3, on élève tout autour, des murs en briques de douze pouces de hauteur & d'un pied d'épaiſſeur, en obſervant de pratiquer au devant une porte de douze à treize pouces, quarrée, garnie d'un bon chaſſis de fer, ayant deux gonds & un mentonnet pour recevoir une porte de forte tôle, garnie de deux pentures & d'un loqueteau. A meſure qu'on élève le fourneau, on ſcelle ce chaſſis qui doit avoir quatre grandes griffes aux quatre angles, pour être ſcellé ſolidement dans la maçonnerie.

On obſerve pareillement en B, *fig.* 1, de commencer la cheminée de toute la largeur du fourneau; on la fait en glacis, à commencer à quatre pouces au deſſus de l'aire du fourneau.

Lorſque les murs parallèles ſont élevés, on poſe ſur le milieu deux barres de fer plat de chaque côté, dans leur longueur CC, DD, *fig.* 1. Ces barres de fer plat ſont deſtinées à ſupporter les dix barres de fer qui traverſent le fourneau, & ſur leſquelles doit poſer la chaudière. Ces dernières doivent avoir deux pouces d'équarriſſage, afin qu'elles puiſſent ſupporter tout le poids de la chaudière. On en met un nombre ſuffiſant pour les eſpacer de pied en pied ou environ. Les bandes de fer plat poſées ſur la maçonnerie & ſur leſquelles poſent les traverſes, ſervent à empêcher que le poids de la

chaudière ſoit ſupporté ſur la maçonnerie par un plus grand nombre de points : ſans cette précaution, le fourneau ſeroit ſujet à ſe taſſer dans les endroits où repoſent les barres de fer; l'aplomb & le niveau de la chaudière ſe dérangeroient. Au moyen de cette diſpoſition, il doit reſter douze pouces de hauteur depuis l'aire du fourneau juſqu'au deſſous des barres, & quatorze pouces de hauteur depuis la même aire juſqu'au fond de la chaudière, parce que les barres de fer doivent avoir deux pouces d'équarriſſage; ainſi, le foyer doit avoir quatorze pouces de hauteur, ſi le fourneau eſt deſtiné à brûler du bois. Si on lui en donne davantage, on perd de la chaleur inutilement; ſi on lui en donne moins, le fond de la chaudière ſe remplit de ſuie, & le fourneau eſt fort ſujet à fumer.

Ce fourneau n'a pas beſoin de grille; une grille affame le feu, en laiſſant paſſer la braiſe en pure perte à meſure qu'elle ſe forme, & elle met dans le cas de conſommer beaucoup plus de bois.

Lorſque ce fourneau eſt élevé à cette hauteur, & que les barres de fer ſont poſées, on place la chaudière, en ayant l'attention de partager également, & tout autour l'eſpace ou vide qui doit régner entre les parois de la chaudière & celles du fourneau; enſuite, on continue d'élever le fourneau juſque vers la moitié de la hauteur de la chaudière, en laiſſant le même vide; alors on élève encore deux rangées de briques tout autour de la chaudière, & on les applique contre ſes parois; enfin, ce ſont ces deux derniers lits de briques qui ferment & terminent la hauteur du fourneau.

En conftruifant le fourneau, on obferve de continuer la cheminée. Cette continuation eft repréfentée en B, *fig. 2*, qui eft fuppofée s'adapter fur la *fig. 1.*

La prolongation de la cheminée, au deffus du fourneau, eft repréfentée en L, *fig. 3.* La trop grande capacité de la cheminée ne doit pas donner de l'inquiétude, parce qu'on empêche le tirage trop fort par une tirette K, *fig. 3*, qu'on pratique dans l'intérieur de la cheminée, à un pied ou un pied & demi au deffus du fourneau. Cette tirette eft formée par un chaffis de fer à couliffe qu'on place dans l'intérieur de la cheminée en la conftruifant, & d'une plaque de tôle qui gliffe dans ce chaffis pour boucher la totalité ou une partie de la capacité de la cheminée ; ainfi, on règle le feu à volonté. On obferve l'inftant où la fumée ceffe de fortir par la porte du fourneau, & celui où le courant d'air l'empêche de refluer, fait la jufte proportion de l'ouverture qu'il convient de donner au paffage de la fumée.

La *fig. 4* repréfente l'alambic complet dans fon fourneau. On voit par les lignes ponctuées A, B, jufqu'où defcend la chaudière dans le fourneau.

C, eft la tirette pour régler le feu ; A, eft la tuyère par laquelle on vide la chaudière.

DD, font les becs du chapiteau ; E, eft le tuyau par où l'on remplit l'alambic ; F, la porte du fourneau.

M. Baumé offre encore le modèle d'un autre fourneau propre à brûler du bois. (*Voyez Pl. 11, fig. 1*) Il eft rond dans fon intérieur, parce

qu'il eft deftiné à recevoir une chaudière ronde. Il eft conftruit fur les mêmes principes & dans la même proportion, que le premier fourneau. Il règne autour de la chaudière une efpace vide de deux pouces ; le foyer a également quatorze pouces de hauteur. Ce que l'on a dit fuffit pour faire connoître le méchanifme de celui-ci.

Du Fourneau au charbon de terre. (*Voyez Pl. 10, fig. 5.*) Elle repréfente la première partie du fourneau dont on va donner la defcription.

La *fig. 6* repréfente la même élévation de ce fourneau, jufqu'à la hauteur des barres qui fupportent la chaudière.

Sur un maffif bien folide, on commence par former une aire en briques, qu'on élève à la hauteur qu'on veut : nous la fuppofons de quatre pouces au deffus du terrain. Sur cette aire, on élève deux maffifs A B d'un pied de hauteur, & de deux pieds & demi de large chacun, & de toute la longueur du fourneau, qu'on fuppofe avoir feize pieds de long. Il refte par conféquent un vide dans le milieu, d'un pied de large, & d'un pied de hauteur en C ; c'eft ce vide qui forme le cendrier. On peut, fi l'on veut, lui donner plus de hauteur : le fourneau en chauffera davantage ; mais celle que l'on propofe fuffit, parce qu'on n'a pas befoin d'un feu de verrerie.

En conftruifant ce fourneau, on fcelle au devant du cendrier un chaffis quarré de fer, garni de deux gonds & d'un loqueteau pour recevoir une porte de tôle, afin de boucher à volonté le cendrier du fourneau.

Lorfque le fourneau eſt élevé à cette hauteur, on poſe au deſſus du cendrier des barreaux de fer en travers, d'un pouce d'équarriſſage, & de deux pieds de long, afin qu'il y ait au moins ſix pouces de chaque côté, renfermés dans les briques ; ce ſont ces barreaux qui forment la grille. On les eſpace d'environ ſept à huit lignes les uns des autres ; & on peut, ſi l'on veut, les poſer en diagonale, afin que la cendre puiſſe mieux paſſer au travers. Dans ce cas, il faut aplatir les bouts qui poſent ſur les briques ; ſans cette précaution, il ſeroit difficile de les arranger ſolidement. Cette grille eſt repréſentée dans la *fig. 5, Pl. 10*, ſur une longueur de douze pieds, qui eſt celle de la chaudière.

Lorfque la grille eſt arrangée, on continue d'élever le fourneau à dix pouces de hauteur ; mais en glacis, comme il eſt repréſenté dans la *fig. 6*. Ce glacis doit être plus large par le haut de deux pouces de chaque côté, que n'eſt la chaudière qui doit entrer dans le fourneau, afin qu'il reſte cette quantité d'eſpace par où la chaleur puiſſe circuler autour. En formant cette élévation, on obſerve de pratiquer au devant une porte d'un pied quarré, garnie, comme celle du cendrier, d'un fort châſſis de fer, & d'une porte de tôle. On obſerve pareillement de commencer la cheminée au niveau de la grille en Q, *fig. 5*, & de lui donner un pied quarré.

On poſe enſuite ſur le milieu des murs du glacis, & dans toute leur longueur, une bande de gros fer plat de chaque côté ; & ſur ces bandes, on poſe l'extrémité de dix barres

de fer de deux pouces d'équarriſſage, qui traverſent preſque la totalité du fourneau, ainſi qu'elles ſont repréſentées dans la *fig. 5*. C'eſt ſur ces barres qu'on poſe la chaudière. Au moyen de cette diſpoſition, le foyer du fourneau ſe trouve avoir douze pouces & demi de hauteur depuis la grille juſqu'au cul de la chaudière.

On continue d'élever le fourneau pour envelopper à peu près un peu plus que la moitié de la hauteur de la chaudière, & on obſerve, comme dans le premier fourneau, de laiſſer tout autour un eſpace de deux pouces entre les parois de la chaudière & celles du fourneau. On obſerve également de pratiquer la cheminée, à meſure que le fourneau s'élève ; on peut, ſi l'on veut, la faire plus large qu'un pied quarré, mais cela eſt inutile, parce que le charbon de bois ou de terre ne fait pas de ſuie qu'il faille ôter, comme dans les cheminées qui reçoivent la fumée du bois.

La hauteur de la cheminée eſt indifférente ; il ſuffit qu'elle n'ait pas moins de ſix pieds. On peut lui donner plus de hauteur, ſi le local l'exige.

On pratique de même une tirette comme dans la cheminée du premier fourneau, pour régler le courant d'air, avec cette différence que celle-ci eſt tournante ſur ſon axe au lieu d'être à tiroir, comme le ſont celles dont on a parlé. Cette diſpoſition eſt plus avantageuſe pour diſtribuer uniformément le courant d'air, & par conſéquent pour appliquer la chaleur également. Elle eſt praticable dans les fourneaux à charbon, parce qu'il ne fe forme pas de fuie combuftible qu'il faille ôter ; mais elle feroit embarraffante dans les fourneaux à bois , parce qu'elle eft à demeure ; & ne pouvant fortir de la cheminée, elle feroit obftacle au ramonage. Comme cette tirette tourne fur fon axe , on pratique une roue dentée hors de la cheminée, pour la fixer ouverte au point qu'on defire, à l'aide d'un crochet fcellé dans la muraille qui s'introduit dans les dents. (*Voyez* la difpofition de cette tirette & la cheminée K , *fig. 7*) Elle eft armée d'un anneau par dehors pour pouvoir la tourner commodément.

Cette *fig. 7* repréfente la totalité du fourneau garni de fa chaudière fans chapiteau, ayant la liberté de choifir celui que l'on voudra dans les trois chapiteaux repréfentés *pl. 9*.

A B , *fig. 7* , *pl. 10*, font les portes du fourneau, C, eft la tuyère par où fe vide la chaudière. Les lignes ponctuées D C marquent l'endroit jufqu'où defcend la chaudière.

Les fourneaux dans lefquels on fe propofe de brûler du charbon de bois, doivent avoir une grille ; fans cela le charbon ne brûleroit que jufqu'à un certain point , & le feu s'étoufferoit. Les barres qui la compofent doivent avoir un pouce d'équarriffage.

L'intérieur de ce fourneau au deffus du cendrier, forme depuis la grille jufqu'aux barres qui doivent fupporter la chaudière, un triangle dont l'angle inférieur eft tronqué, comme la *fig. 6* le repréfente O O D D. Cette forme eft commode dans les fourneaux où l'on fe propofe de brûler du charbon, foit de terre, foit de bois , & dans lef-

quels la néceffité n'oblige pas d'appliquer un feu de verrerie. Au moyen des deux plans inclinés qu'a le foyer, on peut facilement ramener la matière combuftible fur la grille. Si ce foyer avoit toute la largeur du fourneau, le charbon brûleroit mal ; ou pour qu'il brûlât bien , il faudroit en mettre , dans toute fon étendue, une épaiffeur fuffifante qui produiroit beaucoup plus de chaleur qu'on n'en a befoin. Néanmoins cette forme n'eft pas la plus avantageufe, lorfqu'il convient d'appliquer la chaleur bien uniformément dans toute l'étendue du fourneau. M. Baumé a obfervé dans les fublimations des matières sèches, faites en grand, que la chaleur s'élève fuivant les lignes ponctuées A A, B B, *fig. 8* , & que les efpaces compris entre ces mêmes lignes & les parois du fourneau, reçoivent beaucoup moins de chaleur. Les fublimations ne s'y faifoient pas , tandis qu'il arrivoit fouvent que la chaleur étoit trop forte dans le milieu du fourneau. M. Baumé dit qu'il n'en eft pas de même à l'égard des fluides qu'on veut mettre en évaporation. La chaleur fe communique de proche en proche, fans qu'on foit obligé de l'appliquer localement, comme lorfque l'on opère fur des matières sèches.

L'affertion de M. Baumé n'eft pas fondée. La chaleur agit également fur le fec comme fur l'humide, & l'expérience de fes fublimations prouvoit l'inutilité, *au moins partielle*, fi je ne dis pas prefque totale, de ce vide que l'on laiffe toujours entre la chaudière & les parois du fourneau. Il vaut donc mieux,

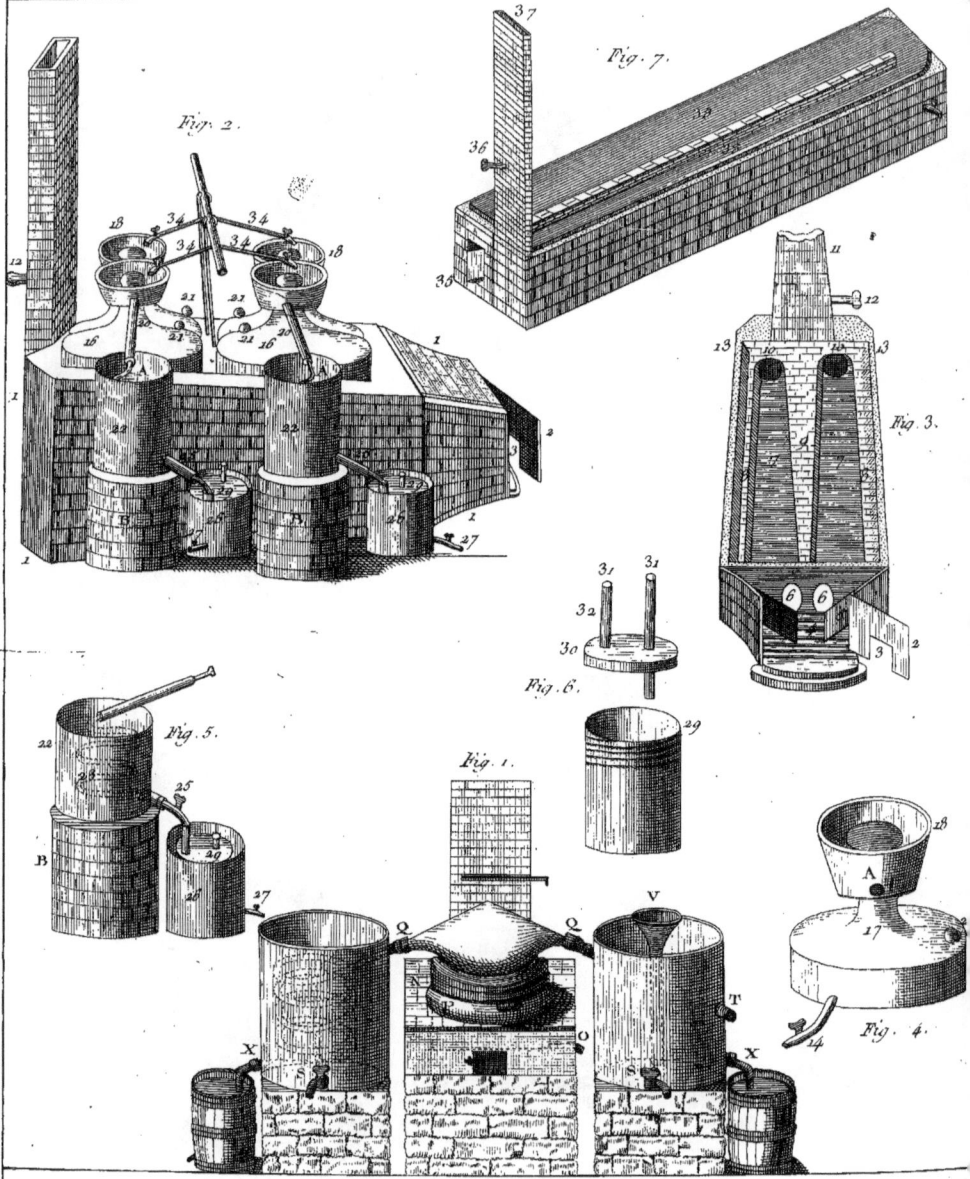

Fig. 7.

Fig. 2.

Fig. 3.

Fig. 6.

Fig. 5.

Fig. 1.

Fig. 4.

Echelle de quatres pieds.

Sellier Sculp.

comme je l'ai dit plus haut, appliquer directement la flamme contre la chaudière , en ménageant une spirale formée par des briques tout autour.

. La description des fourneaux .& des alambics , donnée par M. Baumé dans un ouvrage intitulé : *Mémoire sur la meilleure manière de construire les alambics & les fourneaux propres à la distillation des vins pour en tirer les eaux-de-vie ; Paris, in-8°.* parut au mois d'Octobre 1778 , & son Mémoire avoit été couronné par la société d'émulation, au moins de Juin de la même année , & fut imprimé dans le cahier de Juillet du *Journal de Physique 1778,* sur le manuscrit envoyé par M. Baumé à la société d'émulation. Il corrigea lui-même les épreuves du Journal sur son propre manuscrit ; malgré cela, dans la gazette de France du 26.Octobre, il désavoue la première édition , c'est-à-dire , l'impression faite dans le *Journal de Physique.* Quel a pu être le but d'une démarche si extraordinaire ? Le voici: les modèles des fourneaux & des alambics ne sont point les mêmes que ceux qu'il avoit présentés à la société, & qu'on peut voir dans son cabinet de machines. Tous ses fourneaux & ses alambics avoient une forme elliptique très-renflée dans le centre , comme on peut le voir dans la gravure du *Journal de Physique* du cahier de Juillet 1778, faite d'après ses modèles en reliefs. On lui prouva que de toutes les constructions de fourneaux , & par conséquent des alambics-baignoires, la forme elliptique est la plus désavantageuse , parce que la flamme & la chaleur suivent le courant d'air

qui se trouve entre la porte du fourneau & l'ouverture de la base de la cheminée ; par conséquent il y auroit eu plus des deux tiers de la chaudière qui n'auroit pas éprouvé l'action directe du feu, de la flamme & de la chaleur. Pour réparer ce vice fondamental de construction , M. Baumé a changé, avec raison , cette forme dans les gravures de sa nouvelle édition , & a donné aux fourneaux & aux alambics des côtés parallèles & droits ; malgré cela , les fourneaux ont encore le défaut d'être trop larges en comparaison du véritable diamètre du courant d'air , de flamme & de chaleur.

SECTION II.

De l'Alambic & des Fourneaux proposés par M. Moline , prieur-chefcier de la Commanderie de Saint Antoine , Ordre de Malte , à Paris. (*Voyez* fig. 2 , pl. 11.)

Fourneau. Corps du fourneau IIII, *fig.* 2 , garni de ses alambics, & de tout ce qui en dépend ; & *fig.* 3, fourneau dont on a enlevé les alambics.

2. Porte de tôle sur un chassis de fer. (Examinez toujours les *fig.* 2 & 3.)

3. Porte du cendrier, pratiquée dans la grande porte.

4. Grille en fer , *fig.* 3.

5. Portes intérieures, *fig.* 3, pour un fourneau à charbon de terre. En poussant ces deux portes intérieures contre le mur où elles se noyent, alors le fourneau sert pour le bois ; c'est donc un fourneau propre aux deux usages.

6. Communication , *fig.* 3, du

fourneau dans le bain ou galère des alambics.

Intérieur du bain. Conducteurs de la chaleur, de la flamme, de la fumée, 7 7, *fig.* 3.

8. Recoupe dans les murs extérieurs pour supporter les alambics & les encaisser.

9. Mur de séparation des deux conducteurs de la flamme ; ce mur supporte une portion de toute la longueur des alambics.

Cheminée. 10, *fig.* 3, bouches de la cheminée ; 11, corps de la cheminée ; 12, tirette en bascule pour le charbon.

Murs extérieurs, 13, *fig.* 3.

Robinet & tuyau ou *tuyère*, 14, *fig.* 4 ; il traverse & est maçonné dans l'épaisseur du mur n°. 13, *fig.* 3, & il communique à la partie inférieure de l'alambic, dans l'endroit où cette partie est la plus inclinée. Ce robinet ou ces tuyères, s'il y a plusieurs alambics, doivent être parfaitement soudés avec le corps des alambics, & ils servent à les débarrasser de la vinasse ou décharge après que la distillation est finie.

Alambics. Si on veut déplacer les quatre alambics de la *fig.* 2, pour voir les conducteurs de la flamme 7 7, *fig.* 3, il faut alors détruire la maçonnerie qui enchâsse les tuyères 14, *fig.* 4.

Le corps de l'alambic ou des alambics 16, *fig.* 2, est noyé dans le mur jusqu'à l'endroit où il s'emboîte avec son couvercle, & dans l'autre il porte sur le mur 9, *fig.* 3, qui se trouve entre les deux courans de flamme.

Son couvercle est bien luté avec le corps de l'alambic, & ne s'en

lève que lorsque l'alambic ou la maçonnerie ont besoin de réparation. On sent que ce couvercle doit être exactement luté pour empêcher la sortie des vapeurs.

Le col du chapeau ou chapiteau 17, *fig.* 4, tient avec le couvercle, & fait une seule pièce avec lui ; son extrémité commence dans le chapiteau à former la gouttière que l'on connoît trop pour la décrire ici.

Le réfrigérant, 18, *fig.* 2 & 4.

Bec du serpentin, qui s'emboîte dans le tuyau de la gouttière A, *fig.* 2 & 4, du chapiteau. Ce tuyau doit être parfaitement soudé avec lui & exactement luté dans l'endroit de son insertion avec le serpentin,

Tuyau du réfrigérant, 20, *fig.* 2, qui sert, 1°. à envelopper le serpentin & son bec ; 2°. à conduire l'eau du réfrigérant dans la pipe.

Ouverture 21, *fig.* 2 & 4, fermée par un tampon de bois garni de filasse, par laquelle on charge l'alambic. Cette ouverture sert encore à mesurer s'il est chargé dans la proportion convenable. Le tampon doit boucher exactement, & il vaudroit encore mieux qu'il fût à vis dans son écrou.

Pipe du serpentin 22, *fig.* 2 & 3. Cette pipe ou tonneau est en bois de chêne, cerclé en fer, monté sur un massif de maçonnerie B, *fig.* 2 & 3, qui ne doit pas toucher le mur du bain des alambics, afin de ne pas participer à sa chaleur.

Serpentin en étain pur 23, *fig.* 3, garni de ses supports pour qu'il ne vacille point. Prolongation 25, *fig.* 3, du serpentin qui conduit les vapeurs jusque dans le bassiot 29, *fig.* 2 & 3.

Tuyau

Tuyau conducteur 25 , *fig. 5* , de l'eau de la pipe du serpentin dans celle du baffiot , & enveloppant la prolongation du serpentin.

Pipe du baffiot 26 , *fig. 2 & fig. 5*, également en bois de chêne & cerclée en fer. Au bas du baffiot est une cannelle 27 , *fig. 2 & 5*, par laquelle s'échappe l'eau de la pipe dans une rigole pratiquée exprès pour conduire cette eau hors de la brûlerie.

Baffiot 29 , *fig. 2 , 5 & 6* ; il est en bois de chêne mince & cerclé en fer : il est plongé dans sa pipe qui le surmonte de quelques pouces , & l'eau de cette pipe recouvre le baffiot.

Couvercle 30 , *fig. 6* ; s'il étoit en étain & fermant avec un écrou , il empêcheroit plus exactement toute communication de l'eau de la pipe avec l'eau-de-vie. On peut le faire en bois pour plus d'économie , pourvu qu'il ferme bien. 31 Tuyau qui reçoit la base du serpentin , & par conséquent l'esprit ardent qui distille ; ce tuyau doit descendre presque jusqu'au bas du baffiot. 32 Tuyau adapté au couvercle du baffiot par où s'échappe l'air qui sort du vin pendant la distillation. Ces deux tuyaux doivent surmonter la pipe , afin d'empêcher l'eau , dont cette pipe est remplie , de pénétrer dans le baffiot.

Conducteurs 34 , *fig. 2* , de l'eau dans les réfrigérens. Il est ici supposé que par un puits à roue , ou par une fontaine , ou par un réservoir , on peut à volonté & à cette hauteur faire couler l'eau.

M. Moline propose un autre genre de bain beaucoup plus simple que le premier. *Voyez fig.* 7. Ouverture

Tom. I.

du fourneau 35 ; conducteur de la flamme & de la fumée 38 , qui se prolonge jusque dans la cheminée 37 , garnie d'une tirette 36 , c'est-à-dire que la cheminée est placée à côté du fourneau , & que la flamme ne parvient à la cheminée qu'après avoir parcouru les deux parties de la galère , séparées presque jusqu'au bout par un mur. De ces détails , passons aux proportions des pièces & aux motifs qui ont déterminé leur forme , & nous finirons le tout par quelques observations particulières.

M. Moline établit trois principes pour justifier la forme de ses fourneaux & de son alambic : il n'y a point de distillation sans évaporation , il n'y a point d'évaporation sans courant d'air , enfin l'évaporation ne s'exécute que par les surfaces. Ce n'est pas le cas de discuter dans ce moment ces trois principes ; nous nous en occuperons au mot DISTILLATION.

La longueur totale de chaque alambic est de 5 pieds 6 pouces , & sa largeur est de 2 pieds 6 pouces.

La hauteur de la chaudière proprement dite est d'un pied six pouces , & les six pouces servent à emboîter le chapiteau par dessus.

La voussure du chapiteau est de huit pouces , son col ou collet de six pouces de hauteur.

La tête de more , ou chapiteau , a un pied de diamètre , & dans sa plus grande largeur un pied & demi.

L'emboîtement de la chaudière dans la recoupe du mur est de trois pouces de chaque côté.

Le fourneau , moyennant ses deux doubles portes , peut servir pour le bois & pour le charbon. L'épaisseur

A a a

de fes murs eft d'un pied fix pouces ; fa profondeur intérieure de quatre pieds fix pouces. Lorfqu'on voudra faire ufage du charbon de terre, il fuffira de le raccourcir en fermant les deux portes placées dans la partie intérieure du fourneau, & de couvrir d'une plaque de fer ou de fonte la partie du cendrier qui devient inutile. La grande & la petite porte extérieure du fourneau refteront ouvertes ou fermées fuivant le befoin, & ces portes empêcheront toute évaporation de fumée dans la brûlerie.

La largeur intérieure du fourneau eft de deux pieds.

La hauteur du cendrier, garni de fa grille, eft de fix pouces ; l'inclinaifon du cendrier également de fix pouces. On auroit pu, à la rigueur, ne donner aucune inclinaifon au cendrier ni aux canaux de la flamme qui paffent fous les alambics, puifque le fourneau des diftillateurs des eaux-fortes, qui ont quinze pieds de longueur & même plus, n'en a point ; cependant la cheminée attire mieux, quand il y a un plan légérement incliné.

De la grille au toit du fourneau, la hauteur eft d'un pied fix pouces. Ce toit a la même inclinaifon que le cendrier, & eft plus bas que les canaux, ou la galère, afin que la fumée, la flamme & la chaleur enfilent plus commodément & avec moins d'obftacle les conducteurs. L'inclinaifon de la bouche des conducteurs au fol du cendrier, eft d'un pied huit pouces.

De l'extérieur du bain des alambics. M. Moline fe fert du mot *bain*, comme on dit *bain de fable*, *bain-marie*, &c. parce qu'il faut diftin-

guer cette maçonnerie de celle du fourneau proprement dit, tandis que dans les alambics ordinaires la maçonnerie fert également au fourneau & à l'enceinte de l'alambic. Le total de la maçonnerie du bain, en comprenant tous les murs, eft de quatorze pieds quatre pouces ; la largeur, en y comprenant les murs, eft de huit pieds ; l'épaiffeur des murs jufqu'à la recoupe, eft d'un pied fix pouces.

De l'intérieur du bain des alambics. La longueur eft de onze pieds deux à quatre pouces. Il faut cette différence d'un à deux pouces, parce qu'on ne peut répondre de la parfaite exactitude de l'ouvrier qui exécute les chaudières. Au refte, le petit vide qui fe trouvera aux extrémités quand les alambics feront placés, fera bouché par un ciment bien corroyé, qui remplira exactement les interftices entre la chaudière & la maçonnerie.

Largeur, quatre pieds fix pouces.

Recoupe, fur les parois des conduits de trois pouces & quelques lignes. Cette recoupe fert à porter les alambics, & ils font par ce moyen fupportés dans toute leur longueur, fans recourir à des barres de fer. Cependant on pourroit, abfolument parlant, fi l'on craignoit que la portée de cinq pieds fix pouces qu'ont les chaudières fût trop confidérable, & que le poids du vin les fît bomber dans le milieu, foutenir ce milieu par une traverfe qui s'enchâfferoit dans le mur extérieur, & porteroit de l'autre bout fur le mur de féparation placé dans le milieu du bain. Ces traverfes font affez inutiles.

La bouche de chaque conduit de

chaleur a un pied quatre pouces. *Le mur de féparation*, dans le milieu du bain, a fix pouces d'épaiffeur. *Les murs de côté* doivent couvrir à un pouce près la chaudière proprement dite, c'eft-à-dire à un pouce près de l'endroit où le chapiteau s'emboîte avec la chaudière. *Les dégorgeoirs* dans la cheminée, font chacun d'un pied en quarré.

On fent combien il eft important d'avoir une terre bien corroyée pour fervir de lien aux briques employées dans les murs du fourneau & du bain, & de ne laiffer aucun vide entre les briques. Il eft effentiel que l'intérieur du fourneau & des conduits de chaleur foit garni d'un ciment bien liffé, afin que la flamme & la chaleur ne trouvent pas ces petites rugofités qui s'oppofent toujours à la vîteffe de leur marche; ce corroi fervira également pour ne laiffer aucun jour entre un alambic & fon voifin; & dans la fuppofition de quelques gerçures qui laifferoient un paffage à la chaleur ou à la fumée pendant l'opération, il fera aifé d'y remédier en infinuant ce corroi humide, & par deffus un fable fin, fi la chaleur de l'alambic le deffechoit trop promptement.

Il refte à parler de l'inclinaifon que doivent avoir les conduits de la flamme.

On vient de dire que le bain avoit dans fon intérieur onze pieds quatre pouces; mais comme les parois de ce bain & la furface du mur intérieur qui porte les alambics, doivent avoir une inclinaifon, il faut qu'elle foit douce, fans quoi une partie de la bafe de l'alambic refteroit vide dans la diftillation, tan-

dis que l'autre auroit encore beaucoup de liqueur à diftiller, & la partie vide brûleroit & fe calcineroit. Or, dans cet état, le fond de la chaudière fera toujours recouvert par ce qu'on appelle *baiffière*, *vinaffe*, *réfidu du vin*, qui ne donne plus d'efprit ardent, mais une fimple liqueur, qui a un goût acide tartareux & réfineux. Deux lignes par pied feront fuffifantes. Cette inclinaifon produit deux avantages; le premier eft de faciliter les progrès de la flamme & de la chaleur; le fecond eft de pouvoir faire fortir par la fontaine ou décharge, pratiquée dans la partie la plus baffe de la chaudière, toute la vinaffe qu'elle contient après la diftillation, afin d'en recommencer une nouvelle.

De la cheminée. Son diamètre de l'intérieur dans le bas, eft de deux pieds. La largeur intérieure de fix pouces, eft auffi large & auffi profonde dans le haut que dans le bas. L'épaiffeur de fes murs de fix à huit pouces, objet arbitraire.

La tirette, ou couliffe pratiquée dans le bas de la cheminée, doit être placée directement au deffus de la bouche des conducteurs de la flamme & de la chaleur, afin de fermer l'intérieur de la cheminée, & intercepter le courant d'air. Quand l'intérieur du fourneau & des conducteurs eft bien échauffé, & lorfque le bois eft réduit en braife, on pouffe cette tirette, la chaleur refte concentrée dans le fourneau, & fuffit pour continuer la diftillation.

Du réfrigérant. Dans toutes les grandes brûleries de l'Europe, on a fupprimé l'ufage du réfrigérant fur le chapiteau; cependant M. Moline infifte à le rétablir à fon ancienne place , parce qu'à l'exemple des liquoriftes , on obtient une eau-de-vie plus dépouillée de mauvais goût & de mauvaife odeur. Ce ré-frigérant doit prendre près de la naiffance du chapiteau, & à un demi-pouce au deffous de l'endroit où la gouttière eft placée intérieurement. Il environne de toute part le cha-piteau , & entr'eux il fe trouve un vide de quatre pouces que l'eau remplit. Le réfrigérant s'élève à trois ou quatre pouces au deffus du chapiteau , de manière qu'il eft en-tièrement couvert par l'eau amenée par la conduite. Ce réfrigérant eft percé d'un trou à fa bafe , par où paffe le bec du chapiteau qui doit communiquer au ferpentin , & ce bec eft enveloppé du tuyau propre du réfrigérant ; de forte que ce bec eft environné par l'eau qui s'é-chappe du réfrigérant par fon pro-pre tuyau , & qui fe continue juf-qu'à ce qu'il trouve l'endroit du ferpentin qui plonge dans l'eau de la pipe. Ainfi, en fuppofant que la conduite d'eau donne deux pouces d'eau dans le réfrigérant , fon tuyau en dégorge autant dans la pipe du ferpentin.

De la pipe du ferpentin , & de celle du baffiot. M. Moline exige , avec raifon , que la première foit plus grande , plus vafte que les pipes ordinaires , où l'eau s'échauffe trop facilement. La grandeur de la pipe engage à donner plus de volume au ferpentin ; au bas de cette pipe eft un tuyau par lequel paffe la der-nière extrémité du ferpentin qui va gagner le baffiot. C'eft par le moyen de ce tuyau, que l'eau de la pipe s'écoule dans le baffiot, en accom-

pagnant toujours le ferpentin ; & par conféquent , le rafraîchit fans ceffe depuis fon union au bec du chapiteau jufqu'au baffiot.

Du baffiot. M. Moline exige qu'on ajoute une pipe au baffiot, toujours dans la vue de maintenir la fraî-cheur , & de procurer par-là l'en-tière condenfation des efprits , afin qu'il ne s'en évapore point. Son baffiot eft garni de deux tuyaux , l'un qui s'adapte au bas du ferpen-tin , & plonge prefqu'entièrement au fond du baffiot ; & l'autre , pour laiffer échapper la grande quantité d'air qui fe dégage pendant la diftil-lation. Ce fecond tuyau fert encore à mefurer la quantité d'efprit qui a coulé dans le baffiot. Un morceau de liége fert de bafe à une règle de bois implantée dans ce liége ; cette règle eft graduée par pouces , & on fait combien chaque pouce d'éléva-tion fuppofe de pintes d'efprit dans le baffiot. A mefure que l'efprit coule, le liége s'élève , & la règle par conféquent : de manière que , fans mefurer , on connoît le nombre de pintes que le baffiot a reçu.

Ces détails offrent des particula-rités dont on peut tirer un grand parti , & quelques défauts dont il faut fe préferver. Le fourneau, n°. 7, *Pl.* 11 , eft bien fimple , & la flamme & la chaleur qui reviennent prefqu'au point d'où elles font par-ties , leur donnent le tems d'agir directement fous les chaudières , & de ne pas fe perdre inutilement dans la cheminée.

La manière de faire , dans l'inf-tant, d'un fourneau à bois un four-neau à charbon , eft heureufe. Il faudroit fupprimer la grille pour le bois , parce que la braife tombe inutilement dans le cendrier. Une plaque de fer qu'on substitueroit & qu'on placeroit à l'instant sur la grille, suppléeroit à cet inconvénient.

Le défaut essentiel des alambics, est d'avoir leur collet trop étroit; un diamètre du double de celui qui est prescrit, vaudroit beaucoup mieux.

Le courant d'eau froide qui prend depuis le réfrigérant, & qui accompagne le serpentin jusque dans le bassiot, est contraire à la bonne distillation. Lorsque, dans les laboratoires de chimie ou des liquoristes, on distille avec des alambics garnis de réfrigérans, on voit que, toutes les fois qu'on change l'eau chaude du réfrigérant, & qu'on lui en substitue de la froide, la distillation se ralentit & s'arrête pendant quelques minutes. Il faut que le chapiteau se réchauffe, pour qu'elle recommence comme auparavant. Cette eau froide, tout à coup jetée sur le chapiteau, fait condenser les vapeurs, & elles retombent en gouttes dans la chaudière. Voilà pourquoi elles ne peuvent pas s'arrêter dans la gouttière, & de là couler dedans par le bec du serpentin. Ce n'est donc pas à un vide parfait, qui s'exécute dans le moment, dans le chapiteau, qu'on doit attribuer la cessation ou le ralentissement de la distillation. Ce courant d'eau perpétuellement froide sur le chapiteau, nuiroit plus à la distillation qu'il ne lui seroit utile.

CHAPITRE IV.
Des Alambics pour la distillation des esprits.

C'est à M. Baumé qu'on doit cet alambic monté en grand. (*Voyez* Fig. 1, *Pl.* 11) Dans les grandes brûleries, on tire les esprits avec le même alambic qui sert pour les eaux-de-vie; la seule attention est de modérer le feu, de manière que le filet qui coule soit toujours petit. La distillation des esprits, à égale quantité de liqueur, dure deux tiers plus de tems que celle des eaux-de-vie.

Première pièce. On fait faire un baquet de cuivre rouge, de six pieds de diamètre, & de deux pieds & demi de hauteur. Le chaudronnier peut facilement restreindre cette pièce, former par le haut un renflement, & rétrécir l'ouverture de cinq pouces, pour former ce qu'on nomme un *bouillon* P, *fig. 1*, *Pl. 11*. Ce bouillon sert à donner de la grâce à ce vaisseau, & à éloigner le bain-marie des parois de la chaudière. On pratique un collet N, de trois à quatre pouces de hauteur, couronné par un cercle de cuivre jaune ou rouge, tourné. Au fond, en O, on soude un tuyau d'un pouce & demi ou de deux pouces de diamètre, & de treize pouces de longueur, avec un collet tourné à l'extrémité, pour pouvoir le boucher commodément avec du liége. C'est par cette ouverture qu'on vide la chaudière. A la partie supérieure de la cucurbite P, on pratique une douille également tournée, de deux pouces de diamètre, & d'autant de hauteur; c'est par cette douille qu'on remplit le vaisseau, sans le déluter; on la bouche avec du liége.

Deuxième pièce. Le chapiteau doit avoir quinze pouces de hauteur au dessus du collet de la cucurbite. On pratique dans l'intérieur, une gouttière de deux pouces de profondeur, & de deux pouces de large; ce chapiteau a la forme d'un cône très-aplati. On pratique à deux endroits, & au niveau de la gouttière, deux tuyaux QQ, d'un pied quatre pouces de longueur, de huit pouces d'ouverture à l'endroit de la foudure, qui vont en diminuant, lefquels forment deux becs qui entrent de trois pouces, par l'extrémité, dans deux ferpentins de deux pouces de diamètre dans toute leur étendue, lefquels doivent être plongés dans une grande cuve de bois ou de cuivre pleine d'eau froide.

La cucurbite & le chapiteau réunis, forment l'alambic propre à diftiller à feu nud.

Troifième pièce. Lorfqu'on veut diftiller au bain-marie, on introduit dans la cucurbite un fecond vaiffeau d'étain ou de cuivre étamé, du même diamètre que celui de la cucurbite, & de deux pieds de profondeur; on adapte par deffus le même chapiteau. Les trois pièces réunies, forment l'alambic propre à diftiller au *bain-marie.* On remplit d'eau la cucurbite, & on met dans le bain-marie la liqueur qu'on veut diftiller; on lute les joints avec des bandes de papier, enduites de colle de farine ou d'amidon, ou avec la veffie coupée par bandes & bien mouillée.

Cet alambic peut fervir à diftiller à feu nud & au bain-marie; dans l'un & l'autre cas, on adapte les ferpentins aux becs du chapiteau: mais les vaiffeaux n'ont pas la même hauteur dans les deux difpofitions, parce que le bain-marie a un collet

d'environ trois pouces, qui exhauffe les vaiffeaux d'autant. Si, après avoir diftillé au bain-marie, on vouloit diftiller à feu nud, on verroit que les becs des chapiteaux fe rapporteroient à trois pouces au deffous de l'embouchure des ferpentins; il faudroit alors élever le fourneau de trois pouces, ou baiffer les ferpentins de pareille quantité, ce qui feroit abfolument impraticable de la part du fourneau, qui doit être bâti en bonne maçonnerie de moellon & de brique. Les ferpentins ne feroient pas moins incommodes à baiffer, à caufe de leur poids. On fuppofe les cuves ou pipes, de fept pieds de profondeur, & d'environ fix pieds de largeur, ce qui produit un volume d'eau d'environ fix mille huit cents quatre-vingts pintes, mefure de Paris. Une cuve de cette efpèce n'eft point maniable, lorfqu'elle eft pleine d'eau. Pour parer à toutes ces difficultés, on a l'attention, en faifant bâtir le fourneau & les maffifs des ferpentins, de prendre fes dimenfions avec l'alambic complet, c'eft-à-dire les trois pièces réunies, chaudière, bain-marie & chapiteau; on place les ferpentins dans la direction des becs des chapiteaux, & on introduit dans le ferpentin QQ, *Fig. 1*, *Pl. 11*, un tuyau, foit de cuivre ou d'étain. Cette pièce fe nomme *ajoutoir*: elle doit entrer dans le ferpentin d'environ fix pouces, & va & vient pour unir le bec du chapiteau avec le ferpentin, de manière qu'en la retirant, il en refte trois pouces dans l'ouverture du ferpentin, & les trois pouces fupérieurs font pour le bec du chapiteau.

La difpofition de ces vaiffeaux

est pour distiller au bain-marie ; mais lorsqu'il faut distiller à feu nud dans le même alambic, on ôte le bain-marie. Si on pose le chapiteau sur la chaudière, on s'appercevra qu'il est trop bas dans toute la hauteur du collet du bain-marie, & les becs du chapiteau ne peuvent plus s'unir avec les serpentins ; mais on fait pratiquer un cercle en cuivre ou en étain, de même diamètre que la chaudière, & de même hauteur que le collet du bain-marie. On adapte ce collet sur la chaudière, & on met le chapiteau par dessus : alors, on a la même hauteur que si l'on distilloit au bain-marie, & les becs du chapiteau se rapportent parfaitement bien avec l'ouverture des serpentins.

Chaque cuve du serpentin est garnie d'un robinet SS, *Fig*, 1, *Pl.* 11, pour les vider lorsque cela est nécessaire ; elle contient encore un tuyau de décharge ou de superficie T. Ce tuyau est destiné à évacuer l'eau chaude du serpentin, lorsqu'il convient de l'ôter. On met dans la cuve un entonnoir V, dans un tuyau qui descend jusqu'au bas. On fait tomber l'eau d'une pompe dans l'entonnoir. Comme l'eau froide est plus pesante que l'eau chaude, elle se précipite au fond, elle élève d'autant la surface de l'eau qui sort par le tuyau T de décharge ou de superficie. Cette méchanique est nécessaire pour les alambics de grande capacité, où l'eau contenue dans les serpentins n'est pas suffisante pour rafraîchir la totalité de la liqueur qui doit distiller, & où il faut changer d'eau pendant la distillation. Comme l'eau de la cuve ou pipe

des serpentins s'échauffe par la partie supérieure, & de couche en couche, on peut, au moyen de cette machine fort simple, ôter l'eau chaude quand il y en a.

On est redevable à M. Munier, sous-ingénieur des ponts & chaussées de la ville d'Angoulême, de la première idée de ce rafraîchissoir. On en voit la représentation dans la gravure, *fig.* 4, qui accompagne son mémoire inséré dans le *Recueil des Mémoires sur la manière de brûler les eaux-de-vie*, couronnés & publiés par la société d'agriculture de Limoges, en 1767. M. Munier le place à l'extérieur de la pipe, & M. Baumé à l'intérieur, ce qui revient à peu près au même.

Je desirerois, pour plus grande perfection, que, par ce tuyau, il coulât toujours une petite quantité d'eau, & que, par une échancrure au haut de la pipe, il s'échappât par un tuyau, la même quantité d'eau que celle qui coule par l'autre. Il en résulteroit que les vapeurs se condenseroient beaucoup mieux par une graduation de fraîcheur successive, & qui iroit toujours en augmentant, de sorte que l'eau froide du bas de la pipe feroit que le filet d'eau-de-vie qui coule par le bas du serpentin, feroit lui-même très-froid ; ce qui est un point des plus essentiels.

Au moyen de cet alambic chargé d'eau-de-vie commune, on retire l'esprit-de-vin par une ou par deux chauffes, suivant le degré de spirituosité qu'on desire.

CHAPITRE V.

*DES ALAMBICS POUR LA DISTIL-
LATION DES MARCS DE RAISIN
ET DES LIES.*

SECTION PREMIÈRE.

*Des Alambics pour la distillation des
marcs.*

M. Baumé propose , pour cet
usage , l'alambic qu'on vient de décrire, *Fig.* 1, *Planche* 11 , & voici
comme il s'explique. « Il y a une
quantité de marc provenant des substances fermentées qui sont ou entiérement perdues, ou dont on tire
une petite quantité de mauvaise
eau-de-vie , parce qu'elle a toujours une odeur ou une saveur désagréables , ce qui les a fait proscrire. « M. Baumé auroit dû ajouter,
dans l'intérieur de Paris , & non en
Lorraine , puisque la distillation des
marcs forme une ferme attachée
aux octrois de la plupart des villes
de cette province. On en distille
beaucoup en Franche - Comté, en
Dauphiné , quelque peu en Languedoc, en Provence, dans la Brie ,
&c. (*Voyez* les mots DISTILLATION,
MARC.) La proscription s'étend ,
pour Paris, sur les eaux-de-vie de
lie - de - vin , de cidre , de poiré ;
cependant , lorsque ces substances
sont traitées convenablement, elles
fournissent une eau-de-vie qui n'est
absolument point différente de celles
qu'on obtient directement des vins.
Les eaux-de-vie de marc ont toujours une mauvaise odeur , parce
qu'elles sont distillées à feu nud.
L'expérience a prouvé, dit M. Baumé, que , lorsque l'on distille ces

marcs au bain - marie, l'eau-de-vie
qu'on en retire n'a plus les mauvaises qualités qu'on lui reproche :
elle est si semblable aux eaux-de-vie
tirées immédiatement du vin , qu'il
est absolument impossible de les distinguer. Cette assertion de M. Baumé est trop générale : nous l'examinerons tout-à-l'heure ; d'un autre
côté , M. Baumé a reconnu, par
l'expérience, que les marcs distillés
au bain-marie, fournissent un tiers
moins d'eau-de-vie que lorsqu'on
les distille à feu nud.

D'après ces observations , M.
Baumé a imaginé un moyen qui
tient le milieu entre le feu nud &
le bain-marie. Il mit cent livres de
marc de raisin dans un panier d'osier
qui avoit une croix de bois sous son
fond d'environ deux pouces de hauteur. Ce panier fut placé dans un
alambic de capacité suffisante, & on
ajouta assez d'eau pour que le marc
fût bien délayé ; par ce procédé ,
on retira de ce marc la même
quantité d'eau-de-vie que celle obtenue d'une pareille quantité distillée auparavant sans panier, avec
cette différence cependant , que
l'eau-de-vie qui en résulta , n'avoit
absolument point de goût étranger
aux eaux-de-vie ordinaires ; enfin ,
elle n'avoit aucun des défauts qu'on
reproche aux eaux-de-vie de marcs.
Nous examinerons tout - à - l'heure
cette assertion.

Comme ce panier d'osier ne ré-
sisteroit pas long-tems à ces opérations, M. Baumé propose un vaisseau plus commode. Il s'agit de faire
un collet de cuivre semblable à celui de la partie supérieure du bain-
marie, & d'achever la capacité de
ce

ce vaiſſeau en grillage de fil de laiton, ou bien faire faire un bain-marie en cuivre, & le découper, ainſi qu'il eſt repréſenté, *Fig. 9*, *Pl. 10*. Il eſt eſſentiel que ce grillage ne ſoit ni trop large, pour que peu ou point de marc ne paſſe à travers; ni trop étroit, dans la crainte que le mucilage que produit le marc pendant la diſtillation, ne bouche les trous, ce qui empêcheroit le jeu de l'ébullition, & la liqueur de pénétrer le centre du marc; une toile qu'on voudroit employer en place de ce vaiſſeau, auroit le même inconvénient. La *fig. 10* repréſente le fond de ce vaiſſeau.

Si on ſe ſert de l'alambic en forme de baignoire, on pourra employer le grillage repréſenté par la *fig. 11*.

Malgré tous les paniers & tous les grillages propoſés par M. Baumé, nous ne conſeillons point de diſtiller les marcs à feu nud. 1°. La liqueur eſt toujours trouble, & les débris du parenchyme du fruit, & les portions de pellicules, & ſurtout les pepins, s'échappent à travers les grillages les plus ſerrés; les uns & les autres touchent & frottent ſans ceſſe contre les parois de la chaudière: ils s'y corrodent, s'y calcinent; & de là le mauvais goût & la mauvaiſe odeur.

2°. Les auteurs n'ont point aſſez conſidéré l'effet des pepins. Le pepin contient une amande, & cette amande eſt très-huileuſe; on peut même en retirer une aſſez grande quantité d'huile qui brûle très-bien, donne une belle flamme claire & bleue. La chaleur de la liqueur bouillante, pénètre cette amande:

Tom. I.

l'eſprit ardent attaque ſon huile; & cette huile mêlée en partie avec lui, réagit ſur lui; & voilà l'origine du mauvais goût des eaux-de-vie de marc que les grillages & paniers ne préviennent que foiblement. Pour s'en convaincre, il ſuffit de prendre les pepins après la diſtillation, les ſoumettre à la preſſe, & on n'en obtient plus que peu ou point d'huile. Qu'eſt donc devenue la ſurabondance de cette huile? Une partie a été brûlée contre les parois de la chaudière, & l'autre s'eſt combinée avec l'eſprit ardent; enfin, la première partie a encore ajouté au mauvais goût de la liqueur diſtillée, & ce mauvais goût n'eſt même pas celui d'empyreume ou de brûlé, mais un goût particulier qu'il eſt plus aiſé de reconnoître que de définir.

Par la diſtillation au bain-marie, ces goûts particuliers ne ſont pas ſi ſenſibles, il eſt vrai; mais toutes les fois qu'on diſtillera le marc en nature, ils ſeront très-reconnoiſſables; & un homme accoutumé à la déguſtation des eaux-de-vie, n'y ſera jamais trompé.

Le ſeul & unique moyen, quoiqu'on en diſe, pour diſtiller avantageuſement les marcs, tient à un autre procédé. Il faut les noyer dans l'eau juſqu'à un certain point, les faire fermenter, les porter ſur le preſſoir, les laiſſer repoſer, les tirer à clair & les diſtiller. Ce procédé ſera détaillé plus au long aux mots DISTILLATION, MARC, de même que le procédé ſuivi communément pour les conſerver.

Section II.

Des Alambics pour la distillation des lies.

Tous les alambics dont on vient de parler, peuvent servir à la distillation des lies.

Leur distillation offre deux grands inconvéniens. Le premier, lorsque l'on donne une chaleur assez forte pour en dégager les parties spiritueuses, il se forme une écume considérable qui passe souvent par les jointures & par le bec de l'alambic. Le second, vient de la croûte qui s'attache contre les parois de l'alambic, & qui les corrode.

Pour prévenir ces inconvéniens, M. Devanne, maître en pharmacie à Besançon, propose une machine assez simple, déjà décrite dans le *Recueil des Mémoires sur la distillation des vins*, publié par la société d'agriculture de Limoges.

Cette machine est composée d'une crapaudine en fer, attachée au centre du fond de l'alambic; sur cette crapaudine est appuyé un pivot aussi en fer, qui s'élève jusqu'au dessus du chapiteau de l'alambic, duquel sort la manivelle pour faire tourner ce pivot. A trois pouces de distance de la crapaudine, sont attachés au pivot deux ailes en cuivre ou en bois, dont l'une intérieure est recourbée en contre-bas, & le dessous de l'aile de la supérieure est à niveau du dessous de l'inférieure, & est droite. Le haut du pivot doit être garni de filasse graissée, non-seulement pour tourner plus facilement dans la goupille qui est arrêtée au haut du chapiteau, mais encore

pour empêcher qu'il ne se dissipe aucune vapeur. La manivelle fournit, par ce moyen, un mouvement suffisant pour prévenir les inconvéniens dont on a parlé, parce que le mouvement porte le fluide visqueux du centre à la circonférence, & de la circonférence au centre.

Un procédé plus simple est celui des vinaigriers de Paris. Ils tiennent les lies qu'ils rassemblent, dans de grands vaisseaux bien bouchés, & ces vaisseaux sont placés dans une étuve, de manière que tout le fluide visqueux est peu à peu pénétré par la chaleur. Après quelques jours, ils tirent par la cannelle tout le vin clair qui peut couler, & placent ensuite dans des sacs ces lies déjà échauffées. Ces sacs sont sous le pressoir entre deux platines de fer ou de fonte, elles-mêmes fort échauffées; alors le fluide vineux s'échappe à travers la toile; enfin, il est aussitôt porté dans l'alambic pour être distillé. Le résidu des lies est vendu aux chapeliers pour feutrer les chapeaux, ou il est brûlé pour en faire la *cendre gravelée*.

Pour empêcher les lies de monter en écume dans les alambics, il suffit, avant la distillation, de jeter quelques gouttes d'huile dans l'alambic, & distiller un peu lentement.

Dans les grandes brûleries, il faut avoir un alambic consacré uniquement à la distillation des marcs & des lies, sur-tout si on les travaille à feu nud: trois distillations consécutives de bon vin ne suffiroient pas pour les dépouiller de leur mauvais goût, quoique l'esprit ardent qu'on en retireroit en fût lui-même très-vicié. En général, ce font des alambics perdus, & qui ne doivent fervir qu'à cet ufage.

Tel eft, en général, ce qui a été propofé fur les alambics, fur leur forme & fur leur ufage.

ALAISE, *ou* ALLONGE, *ou* BRIDE. Termes de jardinage. C'eft une attache quelconque qu'on fixe à l'extrémité d'un rameau ou d'une branche, trop courts pour être paliffadés. Si l'on travaille à la taille d'hiver, on emploie un ofier, & en été un jonc. Pour que le nœud de l'un ou de l'autre ne gliffe pas, on eft forcé de lier au deffous de l'œil d'un bourgeon : alors, la branche attachée par ce petit bout, pouffe au printems, groffit & fe trouve étranglée à l'endroit du nœud qui l'a ferré, comme l'auroit fait une ficelle, attendu que le jonc & l'ofier ne prêtent pas ; dès-lors, la ligature écorche l'écorce, la coupe, & finit par s'enfoncer & former un bourrelet dans cet endroit. C'eft bien pis encore, fi l'ouvrier a attaché le gros bout de l'ofier fur la petite branche, & le bout délié fur le treillage contre lequel on veut la paliffer ; la plaie eft plus profonde, & ordinairement c'eft une branche perdue.

Le moyen le plus fûr pour remédier à ces inconvéniens, ce feroit d'adopter la méthode de paliffader, des induftrieux habitans de Montreuil. Ces rameaux courts font fixés contre le mur, par un clou qui traverfe la *loque*, (*voyez ce mot*) & la loque fait le tour de la branche fans l'endommager, ni la gêner. Cette manière d'opérer fuppofe néceffairement des murs bâtis avec du plâtre, où le clou entre fans peine.

Au défaut des murs en plâtre, il faut abfolument avoir des treillages contre les murs ; alors, fi la branche à attacher eft trop courte pour gagner un des bords du quarré qui forme le treillage, on peut, avec un ofier, attacher une traverfe fur ce quarré ; & fur cette traverfe, fixer le rameau avec une loque.

Enfin, fi on eft dépourvu de l'un & de l'autre moyen, il faut prendre deux joncs, les aplatir, & s'en fervir comme d'un ruban pour attacher la branche trop courte, & fixer cette efpèce de ruban, non à fon extrémité, mais auffi bas qu'on le pourra ; dès-lors, la branche ne fera ni bourrelée, ni étranglée.

ALATERNE. M. Tournefort place cet arbufte dans la première fection de la vingtième claffe, qui comprend les arbres & les arbriffeaux à fleur monopétale, dont le piftil devient un fruit mou, rempli de femences dures ; & d'après Clufius, il l'appelle *alaternus prior.* M. le chevalier Von Linné le nomme *rhamnus alaternus*, & il le claffe dans la *pentandrie monogynie.*

M. le baron de Tfchoudi, auffi excellent obfervateur qu'habile cultivateur, a fuivi avec foin l'éducation de cet arbufte difficile à élever dans les provinces du nord, & qu'on trouve affez fréquemment dans les terrains humides de Provence & de Languedoc. Nous allons rapporter fes obfervations.

Cet arbufte porte de petites fleurs peu apparentes, raffemblées en forme de petites grappes, garnies feulement par leur extrémité. M. Duhamel femble ne pas admettre la réunion des trois différentes fleurs sur le même individu ; cependant ; après une exacte observation, M. de Tschoudi s'est parfaitement assuré que le même alaterne porte des fleurs mâles, des fleurs femelles & des fleurs hermaphrodites ; & M. le chevalier Von Linné dit que les fleurs sont dioiques, c'est-à-dire, que les fleurs mâles naissent sur un pied, & les fleurs femelles sur un pied différent. A coup sûr quelqu'un se trompe, ou bien quelques individus d'alaterne peuvent présenter ces bigarrures, & les observateurs avoir raison.

Les fleurs mâles sont composées d'un calice d'une seule pièce, en forme d'entonnoir, découpé par les bords en cinq parties ; du bas des échancrures s'élèvent, entre les segmens du calice, cinq petits pétales qu'on ne distingue aisément qu'avec le loupe. C'est sans doute leur extrême ténuité qui a fait croire à M. Tournefort que ces fleurs en étoient entiérement dépourvues. A l'orifice des pétales, naissent dans l'intérieur du calice cinq étamines terminées par des sommets arrondis.

Les fleurs femelles, au lieu d'étamines, ont un pistil composé d'un embryon & de trois styles, surmontés par des stigmates arrondis.

On sait que les fleurs hermaphrodites réunissent les parties sexuelles des mâles & des femelles.

Les feuilles sont posées alternativement sur les branches, ce qui suffit pour distinguer l'alaterne du *philaria*, (*voyez ce mot*) qui les a opposées ; mais cette observation ne devient nécessaire que lorsqu'on ne peut voir ni le fruit, ni la fleur de ces deux arbres, dont la différence empêche de les confondre.

Espèces & variétés de l'Alaterne.

1. Alaterne à feuilles ovales, crenelées par les bords. Il en existe une variété à feuilles marbrées de jaune.

2. Alaterne à feuilles lancéolées & profondément dentelées. Il a une variété à feuilles bordées de blanc, & une autre variété à feuilles bordées de jaune.

3. Alaterne à feuilles presque en cœur & dentelées.

4. Alaterne à feuilles ovales lancéolées & non dentelées.

Le n°. 1, & sa variété marbrée de jaune, font un très-bel effet, mêlés ensemble en massif dans les bosquets d'hiver. Cet arbuste est d'un beau port, & bien garni de feuilles ; elles sont d'un verd foncé & fort luisant : le dessous est du plus beau verd clair ; mais pour peu qu'il soit frappé du froid, il se charge d'une rouille noirâtre qui en diminue l'éclat. Le jeune bois est couvert d'un épiderme poli, d'un violet foncé ; les vieilles branches sont noirâtres ; la fleur petite & verte ne produit aucun effet. Le fruit noir des alaternes est le seul ornement dont leur verdure soit décorée. Dans les provinces du nord du royaume, il fleurit en Juillet & en Août ; & dans les provinces méridionales, au mois de Juin.

L'alaterne n°. 2 porte des feuilles oblongues, ressemblantes aux feuilles de saule ; son jeune bois est rougeâtre ; ses branches sont plus menues, plus courtes, plus convergentes vers la tige que celles de la première espèce ; ce qui donne à cet arbuste un port pyramidal. Ses deux variétés à panaches sont précieuses pour l'ornement des bosquets d'hiver ; mais elles font très-délicates, fur - tout celle panachée de blanc. Les panaches des feuilles qui femblent être une coquetterie de la nature, n'en font le plus fouvent qu'une dépravation : ainfi les jaunes fe rapprochant plus du verd, indiquent un changement total dans le tiffu cellulaire, rendent les feuilles faciles à être gâtées, ou du moins altérées ou enlaidies par la moindre intempérie de l'air.

L'efpèce n°. 4 eft fort belle ; la largeur de fes feuilles la rend très-précieufe, à caufe de leur petit nombre ; elles font toujours vertes. Cette efpèce vient d'Efpagne, & exige par conféquent d'être bien abritée. Miller confeille de marcotter & de planter cet arbre en automne.

Les alaternes s'élèvent affez facilement de graine : ceux qu'on obtient par cette voie de multiplication, font plus droits & deviennent plus hauts que ceux élevés de marcottes. Ils atteignent, dans les lieux où ils fe plaifent, à la hauteur de 12 à 20 pieds, fuivant la croiffance déterminée des efpèces ; au lieu que ceux provenans de marcottes retiennent toujours quelques habitudes de la première courbure ; & comme ils n'ont fouvent des racines que d'un côté, & qu'elles font très-horizontales, ils ne peuvent s'élancer autant que les arbres venus de graines, lefquels font pourvus d'un bel empatement de racines.

Lorfque l'on veut fe procurer de la graine d'alaterne, il faut la faire venir des provinces méridionales, & des autres pays où croiffent les différentes efpèces ; mais fi l'on en veut recueillir chez foi, il eft néceffaire de couvrir avec des filets les arbres chargés de baies ; car les oifeaux en font très-friands, & n'en laifferont aucune. Ces graines mûriffent affez bien dans les provinces feptentrionales, fi on a eu l'attention de planter les alaternes, dont on fe propofe de recueillir la graine, le long d'un mur expofé au midi, & qu'on ait eu foin de faire choix, dans cette vue, des individus qui ont le plus de fleurs femelles ou de fleurs androgynes.

Les baies bien mûres & recueillies, il faut auffitôt les écrafer dans une jatte pleine d'eau, jufqu'à ce qu'on en ait détaché toute la pulpe ; enfuite, on paffera le tout à travers un tamis, & il reftera un marc mêlé de pepins ; ce marc doit être éparpillé fur un grand plat, que l'on mettra à l'ombre en un lieu chaud : lorfque ce marc fera fec, on l'émiera avec les doigts. Cela fait, préparez des caiffes de huit pouces de profondeur, trouées par le bas ; pofez fur les trous des écailles d'huitre par leur côté concave ; rempliffez ces caiffes d'une bonne terre de deffous le gazon, ou des côtés d'une haie, mêlée d'une partie de fable fec & d'une partie de terreau ; répandez les graines, & diftribuez-les également ; recouvrez - les d'une couche d'un pouce d'épaiffeur, & d'une terre mêlée, par parties égales, de terreau de bois pourri, & de terre de haie ou de prairie ; enterrez cette caiffe à l'expofition du levant, jufqu'au mois d'Octobre : enfuite, faites - lui paffer l'hiver dans une caiffe à vitrage ; au printems, enterrez-la dans une couche tempérée & légérement ombragée, & vos graines lèveront fûrement & abondamment.

Ce femis fera placé l'automne fuivante, dans une caiffe à vitrage. Dès les derniers jours de Septembre de l'année fuivante, on tranfplante ces petits alaternes dans une ou plufieurs caiffes plus grandes que les premières, à cinq pouces les uns des autres. On pourra en planter le tiers dans des pots, où ils refteront jufqu'à ce qu'on les mette fur place. Quant à la petite pépinière encaiffée, on peut y laiffer les arbuftes pendant un ou deux ans; enfuite, felon les climats & les commodités, on les mettra en pépinières à dix pouces les uns des autres, contre un mur au couchant, ayant l'attention de les couvrir durant la rigoureufe faifon, ou bien on les plantera à demeure, en les couvrant auffi dès que les gelées deviendront un peu fortes.

Il ne faut pas négliger la voie des marcottes; elle eft utile pour ceux qui ne peuvent fe procurer de la graine, & elle fert à multiplier les efpèces les plus rares; mais elle eft indifpenfable pour les alaternes panachés, car leur graine reproduit rarement cette variété.

Les marcottes doivent fe faire vers le 20 Septembre. Qu'on couche doucement les jeunes branches dans une petite cavité creufée pour cet effet, où l'on aura apporté de la terre fraîche, mêlée de terreau; qu'on y effaie la courbure de la branche, pour juger où pourra tomber la partie la plus inférieure de la courbure. Qu'on faffe en cet endroit une coche qui entame le tiers de l'épaiffeur du bois; qu'on applique cette coche contre terre, en y affujettiffant la branche avec un crochet de bois; qu'on relève

enfuite doucement le bout de la branche contre un bâton fur lequel on la liera, fans néanmoins trop l'obliger à prendre la perpendiculaire, lorfqu'elle ne s'y difpofe pas naturellement; qu'on couvre de mouffe ou de litière fèche les pieds de ces marcottes; qu'on les arrofe de tems à autre : l'automne fuivante elles feront pourvues de racines; alors on pourra les tranfplanter, mais avec beaucoup de précautions & de foins : fi on veut être fûr de la reprife, il faudra attendre encore un an.

Les alaternes perdent leurs feuilles & leur jeune bois dans les ferres humides. On en doit conferver quelques pieds, fur-tout des panachés, dans de bonnes orangeries. Ils paffent très-bien l'hiver dans des caiffes à vitrage, lorfque l'on a foin de leur donner de l'air toutes les fois qu'on le peut fans danger. On peut en mettre en efpalier, pour garnir des parties de mur au couchant. M. de Tfchoudi a vu un mur de vingt pieds de haut tout garni de trois pieds d'alaterne n°. 1; mais l'ufage le plus agréable qu'on puiffe en faire, eft de les difpofer en maffif dans les bofquets d'hiver, ayant attention de placer le n°. 1 vers les parties les plus enfoncées, & l'alaterne à feuilles en forme de cœur fur le devant, en les entremêlant de variétés à panache, qui reffortiront mieux à côté d'une verdure fimple. Mais pour réuffir dans cette opération, il faut choifir ou fe procurer artificiellement une partie du bofquet d'hiver, garantie du nord-eft, nord & nord-oueft, & s'il fe peut de l'eft & du fud-eft; car le foleil venant à frapper les feuilles chargées des neiges du printems, ou d'autres frimats, les altérera de manière à leur ôter toute leur beauté. On peut se procurer cet abri, en relevant des terres, & en y plantant des haies d'if ou de tuya.

Voici la couverture que M. le baron de Tschoudi a trouvée la meilleure, après une expérience de dix années, & les avoir toutes essayées.

Mettez du moellon brisé au pied de l'arbuste, afin d'empêcher les vapeurs de s'élever, & ces vapeurs augmentent l'effet de la gelée ; puis rapprochez les branches du tronc, sans qu'elles se touchent, en les liant avec des osiers fins ; fichez circulairement autour de l'arbuste, & à une distance convenable de son pied, des bâtons qui surpassent d'environ un pied le bout de sa flèche ; rapprochez leurs bouts, croisez-les & les liez ensemble, vous aurez un cône un peu renflé dans le milieu ; ajustez tout autour de la longue paille qui traînera un peu sur terre par le bas, & que vous rassemblerez & lierez en haut ; doublez le haut du cône d'une paille plus courte que vous étendrez fort épais, & que vous lierez vers la pointe, comme pour former une faîtière ; écartez la paille vers le milieu du cône du côté du nord & du midi, pour y laisser passer un courant d'air, tant que le froid n'est pas trop vif. Vers le dix d'Avril, vous donnerez encore plus d'air ; vers le 15, vous ne laisserez de paille que du côté du nord. A la première pluie, vous découvrirez entièrement vos alaternes que vous trouverez en bon état. Il sera bon de placer une souricière à plusieurs trous, au pied de chaque arbuste ; car il arrive quelquefois durant les neiges, que les petits rats, appelés *muscardins*, rongent l'écorce des arbres ainsi couverts. Que l'on continue ces soins jusqu'à ce que les arbres aient un tronc suffisamment fort, on parviendra enfin à former des alaternes aguerris contre les frimats ; car une fois que leur bois aura acquis une certaine consistance, si quelques-unes de leurs branches manquent pendant l'hiver, on les retranchera au printems : ils répareront aisément cette perte, & ne seront jamais sensiblement altérés.

Propriétés. Le bois ressemble assez à celui du chêne verd, & on s'en sert pour les ouvrages d'ébenisterie. On fait peu d'usage, en médecine, des différentes parties de cet arbre. Quelques auteurs lui attribuent les mêmes propriétés qu'au *nerprun*. (*Voyez ce mot*) D'autres le regardent comme un astringent utile dans les gargarismes pour les maux de gorge.

ALBERGE, *Pêche*. (*Voyez ce mot*)

ALBERGE. Espèce d'abricot. (*Voyez* ce qui a été dit page 192, en parlant de cet abricot.)

ALBERGEMENT, signifie dans la province de Dauphiné, ce qu'on appelle ailleurs bail emphytéotique. (*Voyez* EMPHYTÉOSE)

ALBUGO. Tumeur blanche, ou taie qui vient à l'œil sur la cornée par un engorgement des vaisseaux lymphatiques. Ce vice empêche la vue, tant qu'il subsiste. Les animaux que l'homme a rendus esclaves pour l'aider dans ses travaux, sont sujets à cet accident tout comme lui. (*Voyez* au mot ŒIL ou TAIE, les remèdes curatifs.)

ALCALI, PHYSIQUE-CHIMIE.

§. I. *Des Alcalis en général.*
§. II. *De l'Alcali fixe végétal.*
§. III. *De l'Alcali minéral ou marin.*
§. IV. *De l'Alcali volatil.*
§. V. *Des Alcalis par rapport à l'Economie animale & végétale.*

§. I. *Des Alcalis en général, & de leurs propriétés.*

ALCALI est un mot arabe : *al* est la particule signifiant *le* ou *la*, & *kali* est le nom arabe d'une plante que nous connoissons sous celui de *soude*.

On entend par *alcali* une espèce de sel qu'on distingue en fixe & en volatil. Cette substance saline paroît être un principe assez généralement répandu dans les trois règnes ; c'est ce qui nous engage à entrer dans quelques détails par rapport à elle. C'est en étudiant toutes les parties & les divisions d'un tout, que l'on peut se flatter de parvenir à sa connoissance complette. Les alcalis, comme les acides & les sels en général, ne sont plus relégués dans les laboratoires des chimistes ; tous les objets qui composent la nature, sont du ressort du philosophe ; tous méritent son attention. Il est cependant des points de vue sous lesquels on les peut considérer, qui appartiennent de préférence à telle classe de la science universelle plutôt qu'à telle autre ; dans ce cas, il faut qu'il se contente de saisir les rapports principaux, les liens qui les enchaînent à la masse commune, & s'attacher ensuite aux points qui doivent l'occuper actuellement. Dans l'histoire que nous allons tracer des alcalis, nous ne nous bornerons donc pas aux détails purement chimiques ; mais nous les considérerons par rapport à l'économie végétale & animale, après avoir dit un mot de leurs propriétés communes, & de leurs qualités différentielles.

L'alcali, en général, est une substance saline qui paroît composée d'acide, de terre, & d'un peu de phlogistique, & dont les principes ont ensemble une moindre adhérence que n'en ont entre eux ceux de l'acide ; aussi est-il plus susceptible de décomposition. Il échauffe l'eau dans laquelle on le fait dissoudre, & produit du froid avec la glace ; exposé à l'humidité de l'air, il l'attire ; sa saveur est âcre & brûlante, & d'autant plus forte qu'il est plus pur & plus dépouillé d'air fixe : cette saveur a même quelque chose d'urineux. La propriété de l'alcali la plus connue, est de changer en verd les couleurs bleues des végétaux : mêlé avec un acide, s'il est combiné avec l'air fixe, il fait effervescence jusqu'au point de saturation, & de cette union résultent différens sels neutres : à un feu modéré, il entre en fusion ; & mélangé avec les terres, il leur sert de fondant & les change en verre, sur-tout les terres vitrifiables ; il décompose tous les sels à base terreuse ou métallique.

Les sels alcalis, dans certaines circonstances, sont de très-grands dissolvans. Non-seulement ils se combinent avec les terres, les acides, mais encore avec le soufre & toutes
les

les matières huileuses. De leur union avec le foufre réfulte une efpèce de favon fulfureux, auquel on a donné le nom de *foie de foufre;* (*voy.* Soufre) & de celle avec les huiles, les graiffes, les réfines, les baumes, &c. fe forment des favons. (*Voyez* Savons) Enfin ils agiffent plus ou moins facilement fur les fubftances métalliques.

Toutes ces propriétés conviennent aux alcalis en général ; mais il en eft de certaines qui paroiffent appartenir fpécialement à chacun en particulier.

On connoît trois efpèces d'alcali ; le végétal, le minéral, & le volatil : les deux premiers font fixes.

§. II. *De l'Alcali fixe végétal.*

L'alcali fixe végétal eft ordinairement fous forme concrète, terreufe, d'un blanc mat, & fans figure criftalline & régulière, quand il eft privé d'air fixe; fec, il n'a pas d'odeur ; humecté, il laiffe échapper une légère odeur de leffive ; fa faveur eft âcre, brûlante, cauftique & urineufe. Expofé à l'air, il attire trois fois fon poids d'humidité, tombe en déliquefcence, & fe réfout en liqueur. Cette liqueur paroît avoir un caractère gras & huileux, quand on la touche ; cela vient des particules graiffeufes de la peau qu'elle diffout. Ces propriétés lui ont fait donner, quoiqu'improprement, le nom d'*huile.* Il eft très-propre à fervir de fondant aux différentes terres, & à les changer en verres durs, folides & tranfparens.

De fa combinaifon avec les acides, réfulte une très-grande effervefcence, lorfqu'il contient de l'air

fixe. L'acide s'emparant de la terre & du phlogiftique de l'alcali, chaffe l'air fixe qui, s'échappant fous la forme de bulles, foulève avec violence la liqueur & la fait mouffer confidérablement. Avec l'acide vitriolique, il forme du tartre vitriolé ; avec l'acide nitreux, du nitre ou falpêtre ; avec l'acide marin, une efpèce de fel marin ou commun, qui ne diffère de celui dont on fait ufage, que par fa faveur qui eft beaucoup moins agréable ; il eft cependant employé en médecine fous le nom de *fel fébrifuge de filvius :* avec l'acide du vinaigre, il forme un fel neutre déliquefcent d'une faveur très-piquante qu'on nomme *tartre régénéré,* ou plus communément *terre foliée de tartre,* avec la crême de tartre, du *fel végétal ;* enfin, avec l'air fixe, l'alcali fixe végétal proprement dit, effervefcent & non cauftique ; car la caufticité des alcalis dépend de leur privation de ce principe, & alors ils font aux alcalis effervefcens ce que la chaux eft à la terre calcaire. (*Voyez* Chaux, où nous développerons cette théorie.) Combiné avec le foufre, il forme le *foie de foufre,* qui eft un grand diffolvant de toutes les fubftances métalliques. Ce n'eft pas que pour les diffoudre, l'alcali fixe végétal ait befoin d'être uni au foufre ; il les attaque avec affez d'énergie, fur-tout l'or, la platine, l'étain, le cuivre & le fer ; les autres ont befoin d'une préparation préliminaire, qui eft la diffolution par un acide, pour être rediffous par ce menftrue ; avec les fubftances huileufes, il compofe des favons.

On difpute en chimie fur l'origine de l'alcali fixe végétal : exifte-

C c c

ı-il tout formé dans les plantes d'où on le retire ? ou bien les végétaux ne contiennent-ils que les matériaux propres à le former, & ne doit-il sa naissance qu'à l'acte même de la combustion ? Nous n'entrerons pas dans les discussions relatives à cette question ; elle est absolument décidée par les expériences de M. Rouelle, & le Mémoire de M. Berniard, imprimé dans le mois de Mars 1781 du *Journal de Physique*, où ce savant démontre que ce sel est tout formé dans les végétaux.

Il se retire par combustion des substances végétales ; on ne se sert guère du procédé de Tachenius, qui consistoit à brûler les plantes en charbon avant de les réduire tout-à-fait en cendres ; au lieu qu'en les brûlant à feu ouvert par la façon ordinaire, elles tombent en cendres tout de suite. Mais les sels extraits à la manière de Tachenius sont moins alcalis, pour ainsi dire, & plus huileux que les sels faits à l'ordinaire. L'alcali le plus commun, & en même tems le moins pur, est celui des cendres des foyers : on emploie ces cendres pour les lessives, dans le travail du salpêtre & dans les verreries où l'on fait du verre brun & commun. Dans le nord, on brûle exprès du bois & des plantes pour retirer de leurs cendres un alcali assez fort, mais très-impur, connu sous le nom de *potasse*. (*Voyez* ce mot) Le marc & la lie de vin desséchés, étant brûlés, laissent une cendre très-riche en sel alcali, que l'on appelle *cendre gravelée*. Le tartre du vin brûlé avec précaution dans des cornets de gros papier mouillé, se change tout

entier en un sel alcali très-fort & le plus pur de tous. Comme il mérite à tous égards la préférence, il a donné son nom à tout alcali fixe végétal, qui bien purifié se nomme tout simplement *sel de tartre*.

Il y a un art de retirer ces sels alcalis en général, & de les purifier, qu'il est bon de connoître.

1°. On prépare une place bien nette, comme des dalles de pierre, ou un espace de terre que l'on bat fortement pour la resserrer & l'unir. C'est là le foyer sur lequel on assemble les plantes que l'on destine à l'incinération.

2°. On fait brûler ces plantes en plein air, & on les réduit en cendres le plus que l'on peut. Il faut, autant qu'il est possible, ménager le feu ; un trop grand feu pourroit volatiliser une partie de l'alcali, & faire entrer en fusion les parties terreuses qui se trouveroient mêlées avec l'alcali.

3°. On recueille avec soin toutes les cendres, & on les lessive dans plusieurs eaux, jusqu'à ce que la dernière lotion soit insipide ; ce qui annonce qu'il n'existe plus de sel à dissoudre.

4°. On fait évaporer toutes ces lessives sur un bain de sable jusqu'à siccité ; l'on trouve au fond des vases à évaporer, l'alcali sous une forme blanche pulvérulente.

Il s'en faut de beaucoup que l'alcali ainsi retiré, ait toute la pureté nécessaire pour certaines expériences. Il est presque toujours altéré par une portion d'huile végétale qui n'a pu être consumée dans la combustion, par de la terre surabondante, & sur-tout par quantité d'autres fels que l'on retrouve dans les cendres. Une nouvelle calcination faite avec toutes les attentions poffibles, achèvera de confumer cette matière inflammable furabondante. La portion de terre fe féparera d'elle-même, fi l'on réitère plufieurs fois les diffolutions, les defficcations & les filtrations. Quant aux matières falines qui, par leur mélange, altèrent la pureté du fel alcali, la criftallifation eft le feul moyen que fourniffe la chimie pour les féparer. Comme chaque fel a une forme régulière qui lui eft propre, on les reconnoît alors, & on les fépare ; mais il arrive trop fouvent que deux ou plufieurs fels fe combinent & criftallifent enfemble. Il faut beaucoup d'adreffe & de connoiffances pour obtenir l'alcali fixe végétal bien pur.

§. III. *De l'Alcali minéral ou marin.*

L'alcali minéral ou marin eft ainfi nommé, parce qu'il fert de bafe au fel marin, & que, quoiqu'on le retire de certaines plantes, il appartient directement au règne minéral, & non aux deux autres. Cette fubftance faline a non-feulement toutes les propriétés générales des alcalis, mais encore celles de l'alcali fixe végétal dont il ne diffère peut-être effentiellement que par fon origine & par quelques qualités extérieures. Il a la même faveur, cependant un peu moins corrofive & moins brûlante, la même fixité; il pénètre & diffout les mêmes fubftances; il fond & vitrifie toutes les terres. On a remarqué toutefois que les verres qu'il forme, font d'une nature plus folide, plus ferme & plus durable. Combiné avec tous

les acides, il en réfulte des fels neutres en rapport avec ceux que produit l'alcali végétal. Il fait des favons avec toutes les huiles & les matières huileufes, mais ils reftent mous & n'acquièrent jamais la confiftance & la fermeté de ceux qui doivent leur origine au premier alcali. Diffous dans l'eau, & traité par l'évaporation & le refroidiffement, il fe criftallife ; quoiqu'il retienne moitié & plus de fon eau de criftallifation, il a peu d'adhérence avec elle, car il la perd en partie par la feule expofition à l'air libre : fes criftaux tombent alors en efflorefcence, & fe réduifent fous la forme d'une pouffière blanche.

Avec l'acide vitriolique, l'alcali minéral forme du *fel de glauber*, dont toutes les différences avec le tartre vitriolé réfultent de la nature de leurs bafes alcalines; avec l'acide nitreux, il produit une efpèce particulière de nitre, fufceptible de détonation & de criftallifation, connu fous le nom de *nitre cubique*, ou *nitre quadrangulaire ;* avec l'acide marin, il forme le *fel commun* ou *de cuifine ;* avec l'acide du vinaigre, une efpèce de terre foliée de tartre déliquefcente & peu fufceptible de criftallifation; avec l'acide concret tartareux, du *fel de feignette*, qui diffère du *fel végétal* par fes criftaux qui font infiniment plus gros & plus beaux.

L'alcali minéral étant contenu, comme nous l'avons dit, dans le fel marin commun & dans certaines plantes maritimes, le feul moyen de l'obtenir eft de l'extraire de ces fubftances. Il feroit trop coûteux & trop difficile de le retirer du fel commun ; on eft donc réduit à fe le procurer par l'incinération de ces plantes. Elle en produit en très-grande abondance ; & fuivant que les plantes qui le fourniffent, croiffent dans un pays & dans un climat favorable, l'alcali eft plus ou moins pur. On obferve le même procédé pour cette combuftion que pour l'alcali végétal. On fuit encore la même marche pour la purification. Les cendres qui fourniffent cet alcali font connues en général dans le commerce fous le nom de *foude*. (*Voyez* ce mot)

§. IV. *De l'Alcali volatil.*

L'alcali volatil eft une fubftance que l'on obtient par la décompofition des matières animales, & de quelques fubftances végétales, & par la putréfaction de toutes ces fubftances. L'alcali volatil, en général, participe à toutes les propriétés des alcalis ; il eft âcre, cauftique, & brûlant comme eux ; il change en verd les couleurs bleues des végétaux ; mais il en diffère effentiellement par fa volatilité, qui eft due à une huile très-fubtile & très-volatile, qui eft un de fes principes conftituans ; par fon odeur forte, pénétrante, très-piquante, capable même de fuffoquer, qui excite la toux, & tire beaucoup de larmes des yeux. C'eft cette vapeur qui fait le piquant de l'odeur qu'on fent dans les latrines aux changemens de tems ; moins fort que les alcalis fixes, ceux-ci le décompofent & le dégagent de toutes fes bafes. Il s'unit parfaitement avec l'eau, & fe réfout en liqueur, connue fous le nom d'*alcali volatil fluor*.

Tous les acides fe combinent avec l'alcali volatil, avec ou fans effer-vefcence, fuivant qu'il eft uni ou non à l'air fixe, & forment avec lui des fels neutres ammoniacaux ; l'acide vitriolique, du *fel ammoniacal vitriolique*, ou de *glauber* ; l'acide nitreux, du *nitre ammoniacal* ; l'acide marin, le *fel ammoniac* ordinaire ou du commerce, & l'acide du vinaigre, un fel acéteux ammoniacal, qui criftallife difficilement, connu fous le nom d'*efprit de Mendererus* ; enfin l'air fixe de l'*alcali volatil concret*, ou *fel d'Angleterre*.

La plupart des fubftances métalliques font attaquées par l'alcali volatil, & quelques-unes font complétement diffoutes, fur-tout le cuivre, dont la diffolution prend une très-belle couleur bleue. Si cette liqueur refte long-tems dans un flacon bien bouché, la couleur s'affoiblit, & difparoît à la longue ; il fuffit, pour la faire revivre, de déboucher le flacon, & de mettre la liqueur en contact avec l'air.

L'alcali volatil a de l'action fur les huiles, & forme avec elles des compofés favonneux. L'*eau de Luce* eft le plus connu & le plus en ufage.

Ce fel étant la bafe du fel ammoniac du commerce, (*voyez* ce mot) le moyen de l'obtenir en certaine quantité, eft de décompofer ce fel, & d'en recueillir l'alcali volatil qui s'en dégage. On peut l'obtenir de deux façons : ou fous forme fluide, comme alcali volatil fluor ; ou fous forme sèche & criftallifée, comme alcali volatil concret, ou fel d'Angleterre. Mêlez exactement du fel ammoniac pulvérifé, avec le double de fon poids de chaux éteinte à l'air ; introduifez ce mélange dans une cornue de grès, à laquelle on lute tout de fuite un récipient ; la décomposition du sel ammoniac par la chaux, est si vive & si prompte, qu'il se dégage beaucoup d'alcali volatil, aussi-tôt que les deux matières commencent à être mêlées ; il faut donc avoir grand soin de prendre ses précautions pour n'être point exposé à en respirer les vapeurs : on doit aussi ménager la chaleur dans cette distillation, sur-tout dans le commencement, parce qu'alors elle se fait pour ainsi dire sans feu : il passe bientôt dans le récipient des vapeurs qui se résolvent en liqueur, & l'on voit ensuite l'alcali volatil distiller goûte à goûte. Pour ne rien perdre du tout, on peut se servir d'un récipient à deux pointes. A la pointe opposée à la cornue, on adapte un tube de verre, courbé, qui plonge dans un flacon plein d'eau distillée. Il faut avoir grand soin de luter toutes les jointures ; l'air qui s'échappe du mélange de la cornue, traverse le récipient, enfile le petit tube recourbé, & s'échappe à travers l'eau du flacon, en déposant dans cette eau les particules de l'alcali volatil qu'il entraîne avec lui. Quand la distillation cesse, on éteint le feu du fourneau ; on laisse refroidir les vaisseaux ; on délute, & on verse promptement toute la liqueur du récipient dans un flacon bouché à l'émeri.

On peut encore distiller une partie de sel ammoniac, mêlée à trois parties de chaux éteinte, & d'une partie d'eau égale à celle du sel ammoniac. Quand la distillation est bien faite, on retire près d'une livre d'alcali volatil fluor, si on a employé une livre de sel ammoniac.

Pour retirer l'alcali volatil con-

cret, il faut distiller, avec les mêmes précautions, du sel ammoniac pulvérisé, & mêlé avec le double de son poids d'une terre calcaire quelconque, comme de la craie. On voit passer dans le récipient, une grande quantité d'alcali volatil sous forme concrète, très-blanc & très-beau, qui tapisse tout l'intérieur du ballon. Après la distillation & le refroidissement des vaisseaux, on détache ces cristaux d'alcali volatil concret, & on les renferme dans un flacon qui bouche bien à l'émeri. Ce sel ne diffère pas essentiellement de celui connu sous le nom de *sel d'Angleterre* : ce dernier n'est qu'un alcali volatil concret tiré de la soie.

§. V. *Des Alcalis par rapport à l'économie végétale & animale.*

On ne connoît pas encore quelle influence peuvent avoir les alcalis par rapport aux plantes ; on sçait seulement qu'ils entrent pour beaucoup dans leurs parties constituantes : certaines même contiennent de l'alcali fixe tout cristallisé. Si l'on fend perpendiculairement la tige du *corona solis*, ou tournesol, il n'est pas rare d'y rencontrer de petits cristaux tout formés de sel alcali : les cendres, résultat de la décomposition artificielle des végétaux, nous les offrent par le secours de simples lotions ; mais la nature qui travaille & agit sans cesse, conduit insensiblement toutes les substances végétales à l'entier développement de ce principe. Il seroit intéressant de découvrir la route que la nature suit pour parvenir à cette fin. Pourquoi, par exemple, un fruit, une pomme, est-elle si acide avant sa maturité, & devient-elle alcaline après que ce terme est écoulé ? Pourquoi une plante en putréfaction donne-t-elle tant d'alcali & si peu d'acide, tandis qu'auparavant il eût fallu de vraies opérations chimiques pour en extraire le peu qu'elle sembloit contenir ? C'est un phénomène assez difficile à expliquer. Cependant, ne pourroit-on pas dire, que dès le premier instant que la plante vient à naître, jusqu'à celui de sa décomposition totale par sa mort naturelle, la nature prépare sa destruction par la fermentation putride. Plus acide qu'alcaline dans son enfance & sa jeunesse, la surabondance du premier principe masque presqu'absolument le second ; mais comme il tend continuellement à se développer, insensiblemennt il devient égal ou en force ou en quantité, & alors l'état de maturité est arrivé, où la plante & le fruit n'ont qu'une saveur agréable ; la partie muco-sucrée paroît seule dominer ; elle a acquis son état de perfection, celui qui est le plus propre à subir toute fermentation. Elle s'établit ; le premier degré, la fermentation vineuse dégage l'air fixe, cet acide qui, comme le pense l'abbé Fontana, pourroit bien être le principe de tous les acides végétaux. L'alcali prend le dessus par l'absence de l'acide ; il domine, agit, décompose & se développe à son tour. Telle est peut-être la marche que la nature suit dans ce phénomène. Nous nous gardons cependant bien de prétendre que ce soit là la vérité ; c'est d'après de nombreuses expériences, & des observations exactes, qu'il faut attendre une explication sure.

Comme tout ce qui nous appartient immédiatement nous touche infiniment plus que ce qui ne fait que nous environner, les effets des alcalis par rapport à l'économie animale, nous sont plus connus. Nous savons que trop souvent les humeurs contenues dans les premières voies, tournent à l'aigre & à l'acide ; il faut arrêter de bonne heure ces ravages, qui feroient à la longue des progrès terribles : les alcalis sont heureusement employés dans ces cas ; ils forment alors une espèce de sel neutre qui devient purgatif. En général, les alcalis fixes conviennent dans toutes les aigreurs & dans les maladies qui doivent leur origine à quelqu'acide spontané ; ils sont même préférables aux terres absorbantes dont on fait un si grand usage. A l'intérieur, ces substances salines sont fondantes, apéritives, purgatives & lithontriptiques ; & à l'extérieur, elles sont résolutives, discussives & caustiques.

L'alcali volatil est employé en médecine comme un très-puissant stimulant & excitant, lorsqu'on en fait respirer la vapeur : on s'en sert en cette qualité dans les évanouissemens, les syncopes, l'apoplexie, les asphyxies, & dans toutes les maladies soporeuses dans lesquelles il y a engourdissement & atonie des parties nerveuses : on fait respirer dans tous ces cas, des flacons qui le contiennent ou en forme concrète, & sous le nom de *sel d'Angleterre*, ou en forme fluide, réduit avec de l'huile de succin dans un état demi-savonneux, & portant le nom d'*eau de Luce*. Il faut avoir très-grand soin, en le faisant respirer, d'éviter d'en laisser tomber quel-

ques gouttes fur des parties délicates : fa grande caufticité atta-
queroit la peau , & formeroit
des efpèces de brûlures. On peut
cependant en faire prendre auffi
intérieurement dans les mêmes cas
que nous venons de citer, fur-tout
dans l'apoplexie & dans les maladies
foporeufes, mais en petites dofes,
comme depuis deux ou trois grains,
jufqu'à fix , dans des mixtures fti-
mulantes : pris de cette manière,
il eft quelquefois un fort fudori-
fique.

L'alcali volatil fluor eft une efpèce de fpécifique contre la morfure
de la vipère. (*Voyez* ce mot) On
doit cette découverte à M. Bernard
de Juffieu. M. M.

Voici l'application pratique &
les avantages que l'agriculture peut
retirer de l'ufage des alcalis. Toutes
les fubftances foit animales , foit
végétales , putréfiées , fourniffent
plus ou moins d'alcali , ainfi qu'on
vient de le dire, & les cendres des
végétaux en donnent également. Il
eft donc avantageux de raffembler
ces fubftances, de les mélanger avec
les fumiers quelconques tirés des
écuries. Ces fels s'uniffent aux portions graiffeufes & huileufes , &
forment enfemble une efpèce de
favon. Un tel fumier qui a refté
quelques mois amoncelé, & enfuite enfoui dans la terre, a le double avantage de laiffer féparer &
atténuer fes parties par l'eau , au
point qu'elle les met en état de
pénétrer dans les racines des plantes, parce que cette eau eft devenue
à fon tour favonneufe , & par conféquent fufceptible de la plus grande
atténuation & de la plus forte divifion. En un mot, l'eau, l'huile, les

fels & la terre ne montent avec la
féve dans les plantes pour les nourrir, que lorfqu'elle fe trouve dans
l'état favonneux. Ce principe fera
détaillé plus au long au mot EN-
GRAIS. Le fecond avantage des
engrais chargés d'alcali, eft d'attirer
non-feulement l'humidité de l'air,
mais encore ce principe falin, que
M. Bergman & les phyficiens modernes ont fi bien démontré. Des
cendres leffivées & épuifées de leurs
fels alcalis, expofées fous des hangars, pendant quelques mois, donnent prefque la même quantité de
fel que dans la première lixivia-
tion ; elles fe font donc approprié
le fel aérien, pour fe fervir de l'expreffion de M. Bergman. Or, fi ces
cendres acquièrent de nouveaux
fels , on doit concevoir combien
les engrais alcalins en feront acquérir à la fuperficie de la terre qui
les recouvre ; & ces nouveaux fels
continuant à s'unir aux matières
graiffeufes & huileufes que fournit
cette multitude innombrable de petits animaux qui vivent fur la terre
ou dans fon fein , forment perpétuellement une matière favonneufe
qui devient l'aliment des plantes.
Si l'on prend la peine d'examiner la
fuperficie d'une toife quarrée d'un
champ, d'un pré, &c. on jugera,
après une demi-heure d'infpection ,
que la fuppofition que nous venons
de faire de cette multitude d'animaux n'eft point une chimère, mais
une réalité qu'on n'a pas encore
affez obfervée. C'eft un des grands
moyens employés par la nature ,
pour la production des végétaux ,
& par une autre loi auffi conftante ,
plus une terre eft couverte de végétaux, plus le nombre des infectes

eſt multiplié. Examinez un pré ; voyez & jugez. On diroit donc que les animaux font aux végétaux, ce que ceux - ci font aux premiers. Concluons. Multipliez autant que vous le pourrez les ſubſtances alcalines, & vous multiplierez les engrais ; les engrais ſont, après le fonds de terre, la meilleure baſe de l'agriculture.

ALCÉE. M. Tournefort place cette plante dans la ſection ſixième de la première claſſe qui comprend les fleurs d'une ſeule pièce en forme de cloche, dans laquelle les filets des étamines, réunis par le bas en forme de cylindre, forment un tuyau au travers duquel s'élève le piſtil, qui devient un fruit à pluſieurs loges ; & il déſigne cette plante par cette phraſe botanique : *Alcea vulgaris major, flore ex rubro roſeo.* M. le chevalier Von Linné la claſſe dans la *monadelphie polyandrie*, & l'appelle *malva alcea*.

Fleur, d'une ſeule pièce en forme de cloche, découpée profondément en cinq parties ; le calice eſt double, & la fleur d'un rouge tirant ſur le roſe.

Fruit ; pluſieurs capſules rondes, réunies par articulation, ſemblables à un bouton enveloppé du calice intérieur de la fleur, renfermant des graines en forme de rein ; les capſules membraneuſes, placées tout autour du même axe ſur un plan horizontal, à côté les unes des autres : ces ſemences ſont velues, & noires dans leur maturité.

Les feuilles qui partent des racines, autrement dites *feuilles radicales*, ſont portées ſur de longs pétioles ; celles des tiges ont des pétioles

plus courts à meſure qu'elles approchent du ſommet, & ſont découpées plus profondément, le plus ſouvent en cinq parties ; elles ſont velues, ſur-tout ſur leur revers.

Racine, ligneuſe, oblongue, blanchâtre.

Port. Les tiges s'élèvent ordinairement à la hauteur d'une coudée ; elles ſont nombreuſes, cylindriques, moelleuſes, velues, garnies de quelques poils longs. Les fleurs naiſſent des aiſſelles des feuilles, ſeules & iſolées ; elles ſont portées ſur des péduncules velus, longs de trois pouces environ.

Lieu. Toute l'Europe.

Propriétés. Cette plante peut ſervir au défaut de la mauve & de la guimauve. Les fleurs ſont utiles dans la toux & dans l'aſthme convulſif, dans la ſoif de la fièvre, les ardeurs de poitrine, d'eſtomac, des inteſtins, des voies urinaires, dans les maladies inflammatoires, & les maladies douloureuſes de l'abdomen ; elles maintiennent le ventre libre. La plante a un goût fade, mucilagineux, aqueux, un peu gluant ; elle eſt émolliente, adouciſſante & laxative. On peut la regarder, comme la mauve, pour une des quatre premières herbes émollientes.

Uſages. Les feuilles, les fleurs en lavement ſont indiquées dans la retention des matières fécales, dans le teneſme, la dyſſenterie. Les feuilles, ſous forme de cataplaſme, relâchent la portion des tégumens ſur leſquels on les applique, calment la douleur, la chaleur, la dureté des tumeurs phlegmoneuſes. On preſcrit les fleurs récentes depuis demi-drachme juſqu'à une once, en infuſion dans ſix onces d'eau. Les fleurs sèches

sèches , depuis huit grains jusqu'à deux drachmes en infusion dans cinq onces d'eau. Quelques auteurs ont regardé la racine comme un purgatif hydragogue très-fort ; mais le plus grand nombre lui attribue les mêmes qualités qu'aux fleurs & aux feuilles. Dans le doute , il vaut mieux ne pas en faire usage jusqu'à ce que l'expérience ait prononcé plus définitivement.

Cette plante est aussi utile pour les animaux que pour l'homme ; il importe peu de choisir les fleurs : la décoction des fleurs , des feuilles & des tiges leur suffit. Dans toutes leurs maladies inflammatoires , elle est très-utile , sur-tout en unissant sa décoction avec l'eau blanche , ou bien en y ajoutant un peu de sel de nitre , par exemple , la pesanteur d'un liard sur une ou deux pintes de décoction. On peut encore substituer au nitre le vinaigre , jusqu'à ce que la boisson ait une agréable acidité. Son usage en cataplasme est très-fréquent. En général toute la famille des mauves jouit des mêmes propriétés ; la seule différence est dans le plus ou dans le moins d'activité.

ALCHEMILLA. (*Voyez* PIED-DE-LION)

ALÉNOIS. (*Voyez* CRESSON ALÉNOIS)

ALEXANDRIN. (*Voyez* LAURIER)

ALEXIPHARMAQUES. On donne ce nom à des médicamens qui s'opposent à l'action pernicieuse des poisons, & qui en arrêtent les effets dangereux : ils font aussi con-

Tom. I.

nus sous le nom d'*alexitères*. *Voyez* l'article POISON , où leur vertu & la manière de les administrer sont expliquées , suivant la nature du poison.

On donne encore le nom d'*alexipharmaques* à des médicamens que l'on administre dans les fièvres de mauvais caractère , connues sous la dénomination de *fièvres malignes.* Le public est dans l'erreur sur les vertus de ces remèdes relativement à cette maladie ; & c'est ce que nous démontrerons dans l'article FIÈVRE MALIGNE. (M. B.)

ALEXITÈRES. Mot, pour ainsi dire , synonyme avec le précédent. Les remèdes alexipharmaques ou alexitères , agissent en augmentant & en réveillant l'action des solides & des fluides ; ils rendent le cours du sang plus libre, agacent les fibres, leur rendent leur élasticité , en même tems qu'ils divisent & atténuent les fluides : la circulation se fait alors beaucoup mieux , la chaleur naturelle augmente , la pâleur du visage se dissipe, les membres prennent de la vigueur , & les fonctions du corps se rétablissent. Leur action est prompte , & par conséquent de peu de durée.

On associe les substances alexitères aux purgatives, aux vomitives, lorsqu'il y a indication d'évacuer & de soutenir en même tems les forces affoiblies du malade. On les joint quelquefois aux sudorifiques pour que leur action se soutienne plus long-tems. On voit par ce simple énoncé, que les alexitères ne conviennent point lorsque le sang est trop raréfié , quoique les forces soient abattues. On ne peut donc

D d d

pas les employer, lorfque les vifcè-res font enflammés, dans le *colera morbus*, lorfqu'il fe fait quelques évacuations critiques.

Comme il eft plus aifé à la cam-pagne, & fouvent plus court, de trouver des plantes que les remè-des pharmaceutiques, voici le nom de quelques plantes regardées com-me alexitères. Le chardon bénit, le chamædris ou petit chêne, le fcor-dium, les feuilles de rue & de fau-ge, la gentiane, l'impératoire, la fcorfonère, le raifin de renard, l'écorce d'orange, les baies de ge-nièvre, les femences de perfil, d'ammi, du fenouil tortu, &c. On peut confulter ces mots pour ap-prendre à quelle dofe on doit les adminiftrer.

A L G U E. M. Tournefort place cette plante dans la fection feconde de la dix-feptième claffe, qui con-prend les plantes marines ou flu-viatiles, dont on ne connoît ni les fleurs ni les fruits, & il l'appelle *alga anguftifolia vitriariorum*. M. le chevalier Von Linné, obfervateur auffi exact que prudent, a reconnu fes fruits & fes fleurs, & a claffé cette algue dans la *gynandrie polyan-drie*, & l'a nommée *zoftera marina*. La fleur n'a point de corolle ni de périanthe; les feuilles, difpofées en manière de gaine, lui en tien-nent lieu. Les filamens qui fuppor-tent les étamines, font alternes, affez nombreux, très-courts; les anthères font ovales, oblongues, obtufes; les germes en petit nom-bre, ovales, aplatis, tranchans des deux côtés, fupportés par un petit pédicule; les ftigmates font capil-laires & fimples; le péricarpe eft

membraneux, & s'ouvre longitu-dinalement fur le côté; il renferme une feule femence qui eft ovale. Les feuilles naiffent immédiatement fur la racine en touffe, & les touffes font féparées les unes des autres comme dans les plantes graminées. Ces feuilles font molles, d'un verd obfcur, minces, étroites, aplaties, longues quelquefois d'un à trois pieds, & pointues à leur extrémité. La racine générale, fouvent groffe comme le doigt & même plus, eft écailleufe, garnie de bourgeons, d'où partent les feuilles, & les ra-dicules font fibreufes.

Propriétés. On dit cette plante apéritive, vulnéraire, defficative; qu'elle détruit les punaifes & les puces. Quant à fes vertus médici-nales, on peut fe difpenfer d'en faire ufage; & fi elle chaffe les puces & les punaifes, on doit l'at-tribuer à fon odeur. Le fait eft en-core auffi douteux que celui de fes propriétés médicales.

Ufages. Les vitriers & les parfu-meurs en enveloppent leurs verres & leurs bouteilles. L'ufage plus effentiel qu'on doit en faire, eft de la brûler pour en avoir les cen-dres, ou de l'employer comme engrais.

Sur les bords de la méditerra-née, & même dans quelques en-droits fur l'océan, les payfans raf-femblent en monceaux les algues que les vagues de la mer portent fur le rivage, & les font fécher. Cette méthode eft nuifible, puif-qu'on ne tire pas de cet engrais tout l'avantage qu'il convient. Le foleil en les deffechant & la pluie en les délavant, font difparoître la majeure partie du fel dont elles font imprégnées : c'eft donc une perte réelle.

Ceux qui les jettent fur leur terrain, fur leurs champs auffitôt qu'ils les retirent du rivage, ne font pas mieux. C'eft donner à la terre trop de fel à la fois, & ce fel ne trouve pas dans fon fein affez dé fubftances animales ou alcalines pour fe combiner avec elles & former une fubftance favonneufe.

Les algues reftent plufieurs années enfouies fous terre fans fe décompofer, fans être réduites en terreau ; & elles tiennent la terre foulevée de manière que les influences de l'air la pénètrent plus profondément, ce qui eft un grand bien. Mais ne vaudroit-il pas mieux, & j'en ai l'expérience, faire un lit de demi-pied de hauteur de ces algues encore imbibées & pénétrées par l'eau de mer, les faupoudrer affez fortement avec de la chaux réduite en poudre ou éteinte naturellement à l'air, recouvrir ce lit de deux pouces de terre mêlée avec un peu de chaux, & recommencer ainfi lit par lit jufqu'à ce qu'on eût formé un monceau de fix à huit pieds de largeur fur cinq ou fix de longueur, terminé en pointe? Le monceau fini, il convient de le bien battre tout autour, afin de former, pour ainfi dire, une croûte impénétrable à l'eau : il s'établira dans le centre du monceau une chaleur affez forte ; les fels travailleront, s'uniront enfemble & avec la terre, & enfin, un an après on aura un engrais excellent pour tous les genres de culture quelconque. L'algue, il eft vrai, ne fera pas encore détruite ; mais elle fera fufceptible de l'être bien plus prompt-

tement lorfqu'on l'enfouira dans la terre : fa trop grande abondance de fel marin s'oppofoit auparavant à fa deftruction. Il n'en coûtera donc que l'avance & l'attente d'une année. Sans l'union de la chaux avec les algues & la terre, il eft inutile de faire les monceaux dont on parle ; ce feroit travailler en pure perte.

M. Dupuy d'Emportes, auteur du *Gentilhomme Cultivateur*, s'exprime ainfi. » Il eft des pays où les culti-» vateurs, par une avidité mal en-» tendue, mettent l'algue en tas, » & la couvrent pour accélérer fa » putréfaction, avant de la répandre » fur le fol. Il eft bien vrai que par » cette méthode, on donne au fol » une vie étonnante ; mais auffi on » rifque de l'épuifer, & l'on s'ex-» pofe au verfement des plantes, » qui, recevant trop de nourritu-» re, pouffent leurs tiges à une » hauteur qui les met hors d'état » de réfifter aux impulfions des ou-» ragans & au poids des grandes » pluies. Sans fuppofer ces acci-» dens, il eft certain que la pre-» mière année emporte tous les » profits, puifqu'il eft vrai que la » feconde & la troifième année, » les terres n'y rendent que des ré-» coltes très-médiocres. Nous con-» feillons donc au cultivateur de » répandre fon algue fans aucune » préparation, dès qu'il l'a tirée de » la mer : par ce moyen, il jouira » de trois abondantes récoltes. »

M. d'Emportes me permettra de lui repréfenter que l'algue mife fimplement en tas fans addition de quelqu'autre fubftance, il faudra plufieurs années pour la réduire en terreau. Dans l'état de terreau, elle jouit du double avantage d'être réduite à un plus petit volume ; & par conféquent , un tombereau chargé de cet engrais , porte en une fois une quantité d'algue qui équivaut au moins à la valeur de trois tombereaux remplis d'algue fraîche. Le fecond avantage vient de ce qu'il eft difficile d'enterrer avec la charue toute l'algue fraîche ; & ce qui refte fur terre, expofé au foleil , a bientôt perdu toute fa fubftance ; au lieu que le terreau fe mêle & s'enfouit exactement avec la terre , lorfque la charrue la fillonne. Si on craint que ce terreau faffe verfer les moiffons , par fa trop grande abondance de fel , il fuffit d'en mettre une moins grande quantité , & de la proportionner à la nature du terrain. D'ailleurs , en femant plus clair , on ne courra pas les rifques de voir les tiges plier fous le poids des épis.

On peut encore incinérer l'algue pour en retirer les cendres, fi utiles aux manufactures des glaces & de toute efpèce de verrerie. Le fel qu'elles contiennent eft un excellent fondant pour le fable dont on fe fert dans ces grands atteliers.

Il faut faire une foffe de deux pieds de profondeur fur quatre à fix de largeur , qui préfente la forme d'un cône. Lorfque l'algue eft reffuyée & prefque defféchée , on en jette un peu dans le fond du cône , garni de paille & de quelques morceaux de bois allumés. Il faut bien fe garder de jeter trop d'algues à la fois ; comme elles font très-fines , très-déliées , elles fe collent les unes fur les autres , & étouffent le feu. On ne doit donc en fournir à ce fourneau qu'à proportion de ce qu'il en brûle , & il ne faut pas le laiffer chômer.

Sur les côtes d'Iflande & d'Angleterre, il croît une efpèce d'algue, peu différente de la précédente, finon par fes feuilles plus graffes & plus jaunâtres. Lorfque l'algue eft reftée expofée à l'ardeur du foleil, il fe forme fur fa furface de petits grumeaux d'un fel doux & de bon goût, dont les habitans des côtes de cette île fe fervent à la place du fucre. Ils recueillent auffi cette plante avant qu'elle foit couverte de ce fucre , pour la manger en falade. Ne trouveroit-on pas auffi cette plante fur nos côtes ? & pourquoi ne pas effayer fur l'algue ordinaire prife dans la mer même ?

Pour parvenir à obtenir ce fucre en affez grande quantité , il eft effentiel que cette plante foit tirée de l'eau dans le tems de la canicule , & qu'on la couvre le plutôt qu'on pourra avec une étoffe de laine pour la garantir de l'air , parce que cette plante contient un fel volatil qui s'évapore infenfiblement quand elle eft expofée au foleil & à l'air. On n'en trouve point du tout fur ces plantes que la mer jette fur le rivage. Quoique l'ufage de ce fucre foit très-ancien en Iflande , M. Oldenbourg eft le premier qui en ait parlé en 1747 , *dans les Tranfactions philofophiques de Londres.* On trouve encore ce procédé défigné dans une *Defcription d'Iflande.*

ALIAIRE. (Voyez *Planche 7 ,* p. 287) M. Tournefort place cette plante dans la quatrième fection de la cinquième claffe , qui comprend les herbes à fleur de plufieurs pièces régulières, en forme de croix, dont le piſtil devient une ſilique diviſée dans ſa longueur en deux loges par une cloiſon mitoyenne, & il l'appelle *heſperis allium redolens*. M. Linné la claſſe dans la tétradynamie ſiliqueuſe, & la nomme *eryſimum alliaria*.

Fleur : blanche, en forme de croix ; les pétales B oblongs, obtus à la pointe ; les onglets, de la longueur du calice. Les folioles du calice alongées, colorées ; deux nectars en forme de glandes entre les filets des étamines. Les étamines C au nombre de ſix, dont quatre plus longues & deux plus courtes, environnent le piſtil. Les plus longues ſont placées deux à deux en oppoſition, ſur les deux côtés les plus larges du calice ; & les deux plus courtes, en oppoſition ſur les deux côtés les plus étroits. Le piſtil eſt placé au centre des étamines ſur un diſque orbiculaire. Il eſt compoſé d'un ovaire long, d'un ſtyle très-court, & d'un ſtigmate rond. Toutes les parties de la fleur ſont raſſemblées dans le calice D.

Fruit. Le piſtil ſe change en une ſilique linéaire, à quatre côtés, à deux valvules, qui s'ouvrent longitudinalement de bas en haut E. Les ſemences F ſont petites, obrondes, & ſont attachées par une eſpèce de petit cordon ombilical, à la membrane mitoyenne de la ſilique.

Feuilles, en forme de cœur, découpées inégalement ſur leurs bords, portées par un pétiole dont la prolongation forme une forte nervure qui ſe ramifie dans toute la feuille. Quelquefois les feuilles du bas de la tige ſont en forme de rein.

Racine ; A ſemblable à un navet, & quelque peu fibreuſe.

Lieu. Les bois, les prés, le long des haies. Cette plante eſt vivace.

Port. La tige s'élève à deux pieds environ ; elle eſt cylindrique, un peu cannelée, un peu velue, & liſſe dans le haut. Les fleurs ſont ſoutenues par de courts péduncules au ſommet des tiges, où elles ſont diſpoſées en épi. Les feuilles ſont alternes.

Propriétés. La plante eſt amère au goût & d'une odeur d'ail, d'où elle tire ſon nom. Elle eſt diurétique, inciſive, carminative, expectorante. Les feuilles diminuent quelquefois l'oppreſſion, rendent l'expectoration plus libre dans l'aſthme pituiteux & dans la toux catarrale. M. Chomel aſſure l'efficacité de ce remède contre les ulcères carcinomateux ; d'autres la regardent comme excellente dans le ſcorbut, contre la gangrène humide, &c. Il ſeroit néceſſaire que l'expérience prononçât de nouveau ſur ces faits.

Uſage. On ne ſe ſert que de l'herbe ; on en fait des décoctions & des cataplaſmes. Les feuilles fraîches ſe donnent depuis deux drachmes juſqu'à une once en infuſion dans cinq onces d'eau ; les feuilles ſèches, depuis demi-drachme juſqu'à demi-once en infuſion dans la même quantité d'eau.

ALIGNEMENT, ALIGNER.

Termes de Jardinage. Deux manières d'aligner, ou au cordeau, ou avec des piquets. Cette ſeconde manière eſt préférable lorſqu'il s'agit d'aligner, par exemple, une allée très-longue. Une pierre, une ronce ſont capables de déranger le cordeau, de l'éloigner de la ligne droite, ainsi que les pieds des ouvriers. Que l'on se serve du cordeau ou des piquets, il convient, de tems à autre, de donner quelques coups d'équerre, afin de s'assurer qu'on est dans la ligne droite, & que les piquets n'ont pas été dérangés.

ALIMENT. Toutes les substances qui entrent dans le corps humain, sous quelque forme qu'elles soient, sans en changer l'état naturel, qui se convertissent en sa propre substance, qui le soutiennent, le nourrissent, & réparent les pertes continuelles qu'il fait, se nomment *alimens*. Le méchanisme de cette opération merveilleuse nous est encore inconnu à bien des égards. L'aliment diffère du médicament, en ce que ce dernier change lorsqu'il pénètre dans le corps, son état présent, ne le nourrit pas, & chasse au dehors la cause des maladies, sans pouvoir s'identifier avec les différentes parties qui composent le corps humain.

On tire les alimens des deux premiers règnes de la nature. On ne doit pas faire usage des alimens de la même nature, & à la même quantité, dans toutes les circonstances de la vie; on doit les varier en raison de l'âge, du sexe, de l'état, du tempérament, des saisons & des maladies.

1°. *En raison de l'âge.*

Dans la jeunesse (nous renvoyons à l'article ENFANT tout ce qui a trait à cet âge), ce tems brillant de la vie où le corps chemine d'un jour à l'autre vers l'ac-

croissement, & fait en même-tems des pertes considérables par les exercices violens de toute espèce; il est important que les réparations soient en proportion des pertes, autrement l'accroissement se rallentit; & semblable à la fleur qui ne reçoit pas de la terre une quantité suffisante de sucs nourriciers, le corps de l'homme se fane dans son printems, & ne tarde pas à se flétrir.

Dans la vieillesse, le corps décroît insensiblement; & si l'on fait usage des alimens à la même quantité, ces alimens qui n'ont plus de pertes à réparer, ni d'accroissement à favoriser, deviennent des corps étrangers, donnent naissance à toutes les infirmités de cet âge, & de la paisible soirée de la vie, en font des nuits d'angoisses & de douleurs.

L'inconséquence de l'espèce humaine est telle que les vieillards, quoique bien instruits des suites fâcheuses de l'incontinence à leur âge, s'y livrent avec un acharnement qui dégénère en passion; & malgré leur attachement à la vie, ils en abrègent la durée par leur conduite irraisonnable.

2°. *En raison du sexe.*

L'être qui, par sa constitution vigoureuse, est appelé par la nature à des travaux pénibles, doit faire usage d'alimens plus succulens, & en plus grande quantité que l'être foible qui a plutôt des occupations que des travaux. Ceci regarde les villes; mais à la campagne, tout change: la femme ne rougit pas d'être la compagne de l'homme, & de partager son travail & ses sueurs;

son régime de vie doit différer peu de celui de l'homme.

3°. *En raison de l'état.*

Plus l'état qu'on exerce exige des travaux fatigans , plus il est nécessaire d'user d'alimens succulens , sans quoi le corps s'affoiblit : c'est ce qui arrive aux gens de la campagne ; ils travaillent depuis le matin jusqu'au soir , & à toutes les intempéries de l'air ; ils font des pertes considérables de substances , & ne font usage que d'alimens grossiers & peu nourrissans : aussi sont-ils sujets à des maladies très-graves, que l'on parvient à guérir plutôt avec de bons alimens , qu'avec des médicamens qui achèvent de ruiner leurs corps affoiblis par le travail & par la douleur.

Cessez donc, ampoulés déclamateurs , de nous vanter le bonheur des habitans de la campagne : vous ne faites que le roman de ces êtres malheureux & respectables , mais vous n'êtes pas dignes d'écrire leur histoire ! Vous les verriez parvenir à la vieillesse au milieu de leur carrière , manquant des choses les plus nécessaires à la vie , & tourmentés d'infirmités , suites de leurs travaux forcés. Quelques-uns, il est vrai, conservent encore de la vigueur dans un âge avancé ; mais ce sont de ces êtres privilégiés , comme nous en voyons dans nos villes ; ces derniers, quoiqu'en suivant une route opposée , & vivant dans le luxe & dans le libertinage , parviennent à un âge très-avancé : une hirondelle ne fait pas le printems.

4°. *En raison du tempérament.*

Les alimens doivent varier suivant les tempéramens , pour la quantité & pour la qualité. La raison & l'expérience doivent servir de préceptes pour se conduire , & nous n'en dirons pas davantage sur cet article.

5°. *En raison des saisons.*

Dans les différentes saisons qui partagent l'année , il est certain que l'appétit n'est pas le même : on mange plus en hiver qu'en été ; dans cette première saison, les fibres sont tendues , la circulation est plus accélérée , & la chaleur intérieure est plus forte : dans la seconde saison , au contraire , les fibres sont lâches , les vaisseaux sont gonflés , & la sueur coule de toutes parts.

Trompé par les effets du froid , on fait usage , dans l'hiver , d'alimens très - chauds ; on se permet même des liqueurs spiritueuses : de là les inflammations intérieures. Dans l'été, on fait tout le contraire ; on use d'alimens très-froids , & de là ces amas d'humeurs, qui, venant à éprouver les mouvemens de la fermentation, déterminent ces fièvres putrides si dangereuses. Si on faisoit plus d'attention à ce qui se passe à l'intérieur du corps, on ne commettroit pas tant d'inconséquences dont les suites sont si funestes ; on s'abstiendroit d'alimens trop chauds pendant l'hiver , & sur-tout on proscriroit les liqueurs spiritueuses : dans l'été, on rejetteroit les alimens trop froids ; on feroit usage des fruits aigrelets tels que la nature, qui fait mieux ce qui nous convient que nous-mêmes, nous les produit ; on se permettroit de tems en tems quelques cuillerées de liqueurs spiritueuses qui, en donnant un peu de ton aux fibres relâchées & affoiblies par les sueurs excessives, empêcheroient ces congestions d'humeurs, & ces répercuffions de fueurs d'où découlent toutes les maladies de cette faifon.

6°. *En raifon des maladies.*

Le premier & le plus important des remèdes à employer dans les maladies, c'eft la diète ; en faifant ufage de ce moyen, on a fouvent prévenu & même guéri des maladies.

Prefque toutes les maladies commencent par un dérangement dans l'eftomac dont les fonctions font troublées : fi on ajoute de nouveaux alimens, ils ne feront digérés qu'imparfaitement, les fubftances pafferont toutes crues dans les fecondes voies, fermenteront, allumeront la fièvre, & donneront naiffance à une maladie grave : la diète & l'eau, voilà les agens qu'il faut mettre en ufage. Il eft encore utile de charger l'eau des parties adouciffantes des plantes, fuivant l'exigence des cas.

L'ufage de la viande doit être entiérement profcrit dans les maladies aiguës : comme ces fubftances tournent facilement à la fermentation putride, elles ne font qu'augmenter le défordre qui règne déjà dans l'économie animale.

C'eft dans les convalefcences furtout qu'il eft important de régler la dofe des alimens, & de fpécifier leur nature.

On doit les donner à très-petite quantité, parce que l'eftomac qui, depuis long-tems, n'a pas fait de fonctions, & s'eft affoibli à la fuite des boiffons abondantes, ne digéreroit pas bien une grande quantité d'alimens, & le défordre renaîtroit de nouveau : il feroit même plus dangereux que dans les premiers tems de la maladie, parce

que la nature épuifée n'auroit plus les mêmes reffources pour combatre ce nouvel ennemi. On voit fouvent des malades échappés à des maladies les plus dangereufes, périr en convalefcence par des abus dans le manger ; & ces exemples effrayans doivent toujours être mis fous les yeux des convalefcens, afin de tempérer l'ardeur qu'ils éprouvent pour les alimens. M. B.

ALIZIER, *ou* ALLIER. M. Tournefort le place dans la huitième fection de la vingt-unième claffe, qui comprend les arbres & les arbriffeaux à fleurs difpofées en rofe, dont le calice devient le fruit, & qui renferme des femences oblongues & cartilagineufes ; il le défigne par cette phrafe : *cratægus folio fub rotundo, ferrato, fubtus incano* ; & M. le chevalier Von Linné le claffe dans l'*icofandrie digynie*, & l'appelle *cratægus aria.*

Fleur, à cinq pétales difpofés en rofe ; les pétales font arrondis, creufés en manière de cuiller : les étamines font au nombre de vingt environ, & les ftyles au nombre de quatre ou cinq. Le calice eft d'une feule pièce, reffemblant à une coupe, découpé en cinq fur fes bords : ce calice devient le fruit.

Fruit. Baie charnue, arrondie, terminée par un ombilic, comme toutes les poires ; elle renferme deux pepins ou femences oblongues.

Feuilles, ovales, inégalement dentelées, blanchâtres & cotoneufes par-deffus, portées fur de longs pétioles.

Racine, ligneufe, rameufe, reffemblant à celle des poiriers.

Port.

Port. Cet arbre acquiert la grandeur & la hauteur des poiriers ; il s'élève droit : ses fleurs naissent rassemblées en bouquet, & chaque fleur tient au péduncule général par un péduncule particulier ; les feuilles sont alternes.

Lieu : les forêts.

Propriétés. Le fruit est âpre, austère, astringent.

Usage ; peu employé. On peut cependant s'en servir dans les crachemens de sang. On laisse mûrir le fruit sur la paille comme les nêfles, & on le mange dans cet état.

M. Tournefort ne compte que quatre espèces d'alizier : celui qu'on vient de décrire est appelé *aria*, par Dalechamp ; celui à feuilles oblongues, dentelées & vertes des deux côtés, qui est le *cotonaster* à feuilles oblongues, & dentelées de G. Bauhin ; l'alizier de Virginie à feuilles d'arbousier ; enfin l'alizier à feuilles découpées, qui est le *sorbus torminalis* de Dodoëns.

M. le chevalier Von Linné a réuni à l'alizier le *sorbus torminalis*, les *oxiacantha*, & les *mespilus* à feuilles découpées, comme celles du persil, & regarde les individus dont MM. Duhamel & le baron de Tschoudi ont donné la description, comme de simples variétés. M. Duhamel en compte six espèces ; l'alizier à feuilles découpées ; celui à feuilles arrondies, dentelées & découpées ; celui à feuilles arrondies moins découpées ; celui à feuilles arrondies & blanches en dessous, nommé *alouche*, en Bourgogne ; l'alizier à feuilles oblongues dentelées & vertes des deux côtés ; enfin l'alizier de Virginie à feuilles d'arbousier finement dentelées. M. le baron de

Tschoudi, qui s'occupe sérieusement, & depuis long-tems, de la culture des arbres utiles & des arbres d'agrément, & qui fait très-bien observer, en compte sept espèces.

1°. L'alizier à feuilles ovales inégalement dentelées & velues par-dessous.

2°. L'alizier à feuilles en forme de cœur, à sept angles, & dont les lobes sont divergens.

3°. L'alizier à feuilles ovales oblongues, dentelées & vertes des deux côtés. Alizier *d'Italie.*

4°. L'alizier à feuilles oblongues & ovales, crenelées, argentées par-dessous. Alizier *nain*, alizier de *Virginie*, alizier à feuilles d'arbousier.

5°. Alizier à feuilles arrondies, dentelées, blanches en dessous, ou *alouche* de Bourgogne.

6°. Alizier à feuilles plus longues que rondes, légèrement découpées, blanchâtres & laineuses des deux côtés. Le caractère lanugineux du dessus de la feuille n'est bien sensible que dans les jeunes feuilles.

7°. L'alizier à feuilles de pommier, à écorce rude, à gros fruit jaune en forme de poire.

Malgré l'énumération scrupuleuse & nécessaire qu'on vient de donner, il sera encore difficile de faire concorder les sentimens de ceux qui ont écrit sur cette espèce d'arbre. Il en est peu qui soient soumis à tant de caprices, ou peut-être qui facilitent plus les espèces hibrides.

L'alizier, ou *cratægusaria*, est très-connu sous le nom d'*allier*, dans les bois de Muffi-l'Évêque, près de Langres, où il croît dans un terrain sec & maigre ; on le trouve également dans presque toute la Bourgogne, fur-tout près de St. Seine ; à Lugny dans le Mâconois, où il croît au milieu des buis élevés en forêt. On le trouve encore affez communément en Franche-Comté, dans tout le Mont-Jura, & même dans les Alpes des environs, où il eft mêlé prefque à partie égale avec le chêne, ce qui produit un agréable coup d'œil par les deux verdures des feuilles qui forment un contrafte fingulier, ainfi que dans les Alpes du Dauphiné. Celui que les bourguignons appellent *alouche*, eft l'alizier commun, & celui qu'ils nomment *aubrier* eft un autre alizier. L'alizier de Fontainebleau eft encore une autre efpèce, ou une autre variété. A la Ferrière, en Suiffe, on voit l'alizier multiplié dans les différens terrains ; & fes individus préfentent tant de variétés, qu'il eft impoffible de les décrire toutes ; cependant, aucune de ces variétés ne reffemble à celle de l'alizier de Fontainebleau, ni à celle nommée *aubrier*, en Bourgogne. Eft-ce le mêlange des pouffières fécondantes, qui a produit toutes ces variétés ? Cette queftion fera examinée plus attentivement au mot ESPÈCE, & au mot HIBRIDE. Il eft étonnant que le chevalier Von Linné n'ait pas parlé de l'alizier de Fontainebleau, puifqu'il a herborifé dans cette forêt, & qu'il le confonde avec l'*aria*, en citant la phrafe de Gafpard Bauhin : *Cratægus alni effigie folio laniato major.* Cette comparaifon dans le port & dans la feuille de l'arbre de l'alizier commun avec l'aune, eft peu exaête, tandis que l'alizier de Fontainebleau a, comme l'aune, la feuille ronde, ainfi que la tête, & qu'il porte un ombrage affez large ; au lieu que le

vrai *aria* s'élève prefque comme un cyprès. Paffons aux obfervations de M. de Tfchoudi fur les efpèces énoncées plus haut.

Les aliziers n°. 1 & 2 peuvent être greffés fur l'épine & fur le poirier. Le fruit du premier eft d'un rouge éclatant ; celui du fecond, d'un brun obfcur quand il mollit : alors il eft bon à manger, & on le vend par bouquets fur les marchés d'Allemagne. Le bois du premier eft fort dur ; on en fait des alluchons, des fufeaux dans les rouages des moulins ; il eft recherché par les tourneurs & par les menuifiers pour la monture de leurs outils. Dans la forêt de Lugny en Mâconois, on en fait des peignes auffi bons, & qui fe vendent autant que les peignes de buis ; fes jeunes branches fervent à faire des flûtes & des fifres.

Lorfque le vent agite les rameaux de l'alizier n°. 1, il découvre le deffous des feuilles, & l'arbre paroît tout blanc. Cet effet forme dans les plantations d'agrément, une variété très-pittorefque.

Il vient fort bien de graines préparées & femées felon la méthode détaillée au mot ALATERNE. On les fème en Novembre & en Décembre, & elles lèvent à la fin d'Avril. Si les petits aliziers font bien gouvernés, au bout de fept ans ils formeront des arbres propres à être plantés à demeure.

Le n°. 2 fe multiplie de même ; mais fa graine ne lève pas auffi aifément, ni auffi abondamment, & les jeunes arbres font bien plus longtems avant de figurer. Il vaut mieux prendre les jeunes plantes dans les bois, hautes de trois ou quatre pieds, venues de graines ou de furgeons, & les élever enfuite en pépinière pendant quelques années.

M. de Tfchoudi avoue n'avoir pas cultivé l'alizier n°. 3, & il parle d'après Miller. Cet alizier croît de lui-même fur le Mont-Baldus, & dans d'autres parties montagneufes de l'Italie ; il s'élève environ à vingt pieds de haut, fe divife en plufieurs branches bien fournies de feuilles oblongues & dentées, difpofées alternativement, & attachées à des pédicules très-courts ; ces feuilles ont environ trois pouces de long, fur un & demi de large : elles font d'un brun obfcur des deux côtés ; les fleurs naiffent au bout des branches par petits bouquets, compofés ordinairement de quatre ou cinq : elles font blanches & bien plus petites que celles des efpèces précédentes ; il leur fuccède des fruits de la groffeur de ceux de l'épine blanche, qui deviennent d'un brun obfcur en mûriffant. Cette efpèce fe multiplie comme les autres : mais elle demande une terre forte & profonde, autrement elle ne profite pas ; elle réfifte fort bien au froid.

Le caractère exprimé par le n°. 4, paroît convenir à un petit alizier que M. de Tfchoudi cultive fous le nom d'*alizier de Virginie*. On ne peut cependant pas l'affurer, 1°. parce que la baie de cet alizier devient très-noire, tandis que, fuivant Miller, celle de l'alizier de Virginie eft d'un pourpre très-foncé ; 2°. parce qu'il ne paroît guère devoir s'élever au deffus de trois ou quatre pieds, tandis que Miller dit qu'il s'élève à fix ; 3°. parce que fa baie contient nombre de pepins, & que le caractère des aliziers eft

communément de n'en avoir que deux.

Quoi qu'il en foit, l'efpèce dont parle M. de Tfchoudi, eft un très-joli arbufte qui fe charge vers la fin de Mai d'affez gros bouquets de fleurs blanches, garnies d'une houpe d'étamines à fommets purpurins. Cette parure lui affigne une place fur le devant des maffifs des bofquets de Mai. Le nombre prodigieux de baies noires & luifantes dont il eft couvert fur la fin de Juillet, doit le faire employer dans les bofquets d'été. On peut l'enter ou l'écuffonner fur l'épine blanche : mais la greffe prend difficilement ; il pouffe des branches fi menues, qu'on peut à peine y trouver des fcions ou écuffons convenables, & il faut une grande dextérité pour les manier. Il y a un autre inconvénient, c'eft que le fujet devient très-gros en proportion de la greffe qui s'y trouve implantée, ce qui caufe enfin la perte de cet arbufte, qui d'ailleurs paroît défectueux par cette difproportion.

C'eft ce qu'on peut éviter en le greffant fur le cotonafter ou fur l'amélanchier, (*voyez* AMÉLANCHIER) qui font à peu près de la même taille que lui ; mais il ne faut pas négliger de le multiplier par femence ; voilà le feul moyen de lui donner toute la hauteur & toute la beauté dont la nature l'a rendu fufceptible. On prépare fes baies & l'on fème fes graines fuivant la méthode détaillée à l'article A L A-T E R N E. Les plantules qui en proviennent font d'abord des progrès très-lents ; mais la quatrième année, elles pouffent avec vigueur.

Les aliziers n°. 5 & 6 fe greffent fur l'aria ou alizier commun, & fur

l'épine blanche ; les écuſſons s'attachent & reprennent fort bien. Sur
l'épine, il faut écuſſonner fort bas ;
mais ſur l'*aria* ou n°. 1, on peut
poſer l'écuſſon auſſi haut que l'on
voudra, pourvu que ce ne ſoit pas
ſur une tige fort grêle.

Le n°. 7 paroît former une nuance
très-délicate entre les aliziers & les
poiriers, tant par la forme extérieure du fruit, que par les cinq
loges qui ſe trouvent à ſon centre,
& qui contiennent chacune un pepin : auſſi quelques-uns l'appellent
l'*alizier poirier*. Pluſieurs pépiniériſtes le cultivent ſous le nom d'*aze-
rolier à gros fruit*. On le greffe avec
ſuccès ſur l'alizier n°. 1, ſur l'épine
& ſur le poirier ; il pouſſe médiocrement ſur l'alizier, & plus vigoureuſement ſur l'épine ; ſur le poirier,
il vient fort bien, végète ſobre-
ment, ne tarde point à rapporter,
& donne un plus gros fruit, ſur-
tout ſi l'on veut confier ſon bourgeon à un poirier de *beurré* ou
d'*épargne*.

Ce petit fruit eſt très-joli : on le
préféreroit volontiers, pour le goût,
aux ſorbes, aux nêfles, aux aze-
roles ; on en fait des confitures
agréables. Cet arbre porte, à la
fin de Mai, d'aſſez gros bouquets
de fleurs blanches qui lui aſſignent
une place dans les boſquets de ce
mois ; ſon feuillage n'a aucun mérite : mais l'éclat de ſon fruit doit
le faire entrer dans la compoſition
des boſquets d'été.

ALKEKENGE. (*Voyez* Co-
QUERET)

ALKERMÈS. Préparation
pharmaceutique plus ſimplifiée dans
la pharmacopée de Paris que dans
pluſieurs autres, & cependant encore trop chargée de drogues inutiles. Cette confection eſt cordiale,
ſtomachique, anti-putride ; on la
donne dans les palpitations, dans
les ſyncopes, & même pour les vapeurs. On la prend à la pointe d'un
couteau, ou délayée dans du vin,
dans du bouillon : elle empêche,
dit-on, l'avortement ; ſa doſe eſt
depuis un ſcrupule juſqu'à une
drachme.

ALLAITER. (*Voyez* LAIT)

ALLÉE. Terme de jardinier,
qui ſe dit des lieux propres à la pro-
menade. Il y a pluſieurs ſortes d'allées ; les allées *ſablées*, les allées de
gazon, ou pelouſes, ou tapis verds ;
les allées *couvertes* & *découvertes*, les
allées *ſimples* & les allées *doubles*,
les allées *droites*, ou *tournantes*, ou
en *zig-zag*, *labourées* ou *herſées*, de
compartiment, d'*eau*, &c.

Les allées couvertes ſont celles
qu'on forme avec des arbres,
comme le tilleul, l'orme, le maron-
nier d'Inde, & même la charmille,
&c. &c. Les branches de ces arbres
doivent être entrelacées, ou tellement rangées en éventail, qu'elles
dérobent la vue du ciel à ceux qui
ſe promènent ſous ces arbres. Ces
allées doivent être tenues fort larges, pour peu qu'on leur donne
une certaine longueur, ſans quoi
elles reſſembleroient à un boyau,
l'effet de la perſpective étant de les
rétrécir à l'œil dans l'éloignement :
d'ailleurs, la hauteur qu'on veut
laiſſer juſqu'à la naiſſance de la
voûte, doit contribuer pour beaucoup à la largeur qu'on ſe propoſe

Pl. XII. Pag.

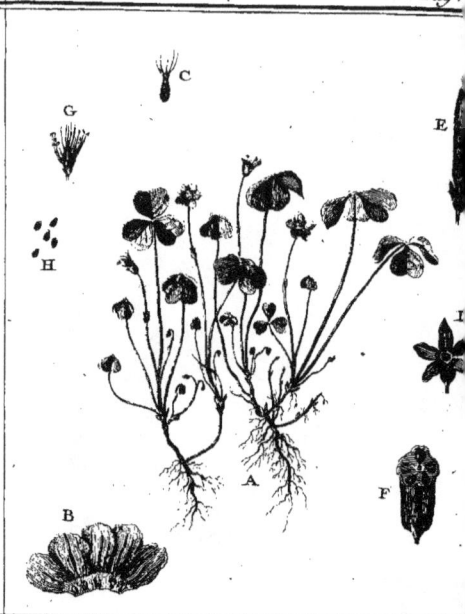

Ammi.

Alleluia.

Sellier Sculp.

Aloés Succotrin.

Ambroisie.

de donner à l'allée. Si la naiſſance de la voûte eſt priſe trop bas, la voûte reſſemblera à celle d'une cave, elle ſera toujours humide, remplie d'inſectes, & ſur-tout de couſins. Si elle eſt trop élevée, il faudra par conſéquent élever en proportion le milieu de la voûte ; & pour peu que l'allée ſoit longue, elle paroîtra trop étroite. Quelle doit donc être la largeur des allées couvertes ? Il n'eſt pas poſſible de la fixer : c'eſt le local qui doit la déterminer, ainſi que ſa longueur & l'eſpèce d'arbre qu'on doit planter. On peut prendre, pour un exemple de perfection en ce genre, la grande allée du palais royal ou des tuileries, à Paris.

Les allées principales d'un jardin qui font face à une maiſon, doivent toujours être découvertes, & plus larges que les autres, afin de ne point borner la vue.

On appelle *allées ſimples*, celles compoſées de deux rangs d'arbres ou paliſſades ; allées *doubles*, celles qui en ont quatre, ce qui forme trois allées jointes enſemble, une grande dans le milieu, & deux autres de chaque côté ; celles ſur les côtés ſont appelées *contre-allées*.

Dans un potager, les allées doivent être larges, & ſur-tout celle du milieu ; elles doivent encore être bordées par des plates-bandes, & ces plates-bandes elles-mêmes bordées ou en fraiſier ou en oſeille, ou avec quelques plantes aromatiques, comme thym, ſerpolet, marjolaine, lavande, &c. ces bordures deſſinent très-bien l'allée. Les bordures en buis doivent abſolument être excluſes des jardins potagers : elles ſont le repaire, hiver & été, des inſectes, des limaçons, &c.

qui ſortent pendant la nuit, & vont dévorer les plantes.

Il eſt prudent, lorſqu'on trace les allées, de les faire bomber dans le milieu ſur toute leur longueur. C'eſt ordinairement ſur ce milieu qu'on marche le plus, que les roues des brouettes paſſent & repaſſent ; & par conſéquent, c'eſt la partie la plus fatiguée : ſi elle n'étoit pas bombée, elle ſe creuſeroit inſenſiblement, & retiendroit l'eau ; elle coulera au contraire ſur les côtés, & ira maintenir la fraîcheur au pied des bordures.

Les proportions des allées ſont, pour les ſimples, de cinq à ſix toiſes de large ſur cent de long ; pour deux cents toiſes, de ſept à huit de large ; pour trois cents toiſes, de neuf à dix ; pour quatre cents toiſes, de dix à douze. Dans les allées doubles, on donne la moitié de la largeur à l'allée du milieu, & l'autre moitié ſe diviſe en deux pour les contre-allées ; par exemple, dans une allée de huit toiſes, on donne quatre toiſes à celle du milieu, & deux toiſes à chaque contre-allée. Afin d'éviter le grand entretien de celles un peu longues, on remplit le milieu d'un tapis de gazon, & on pratique de chaque côté des ſentiers aſſez larges pour ſe promener.

ALLELUIA. (*Voyez pl. 12*) Suivant la méthode de M. Tournefort, cette plante eſt de la troiſième ſection de la claſſe première, qui renferme les plantes dont la fleur eſt d'une ſeule pièce en forme de cloche, & dont le piſtil ſe change en un fruit ſec à une ou pluſieurs capſules. M. Tournefort nomme cette plante, d'après Bauhin , *trifolium acetofum vulgare.* M. le chevalier Von Linné la claffe dans la *Décandrie pentagynie* , & l'appelle *oxalis acetofella.*

Fleur, jaune, d'une feule pièce , en forme de cloche. B repréfente la corolle ouverte , découpée en cinq fegmens arrondis. Les étamines G , font au nombre de dix , environnent l'ovaire , & font placées au fond du calice. Le piftil C eft compofé de cinq ftyles & de cinq ftigmates. Le calice D eft formé par cinq feuilles égales.

Fruit, Après la fécondation , le piftil fe change en un fruit E à cinq loges. On le voit coupé tranfverfalement en F , & les femences nombreufes font repréfentées en H.

Feuilles , fortent par paquets des tiges ; elles font alternes , portées par de très-longs pétioles , & elles font compofées de trois folioles en forme de cœur.

Racine A , fibreufe , horizontale , ftolonifère ou traçante.

Lieu. Plante très-commune dans nos provinces méridionales , fur le bord des bois un peu humides , le long des haies. Elle fleurit ordinairement vers le tems de Pâques , ce qui lui a fait donner le nom fingulier d'*alleluia.* On la nomme encore *pain à coucou* , parce que cet oifeau , dit-on , en mange les feuilles.

Propriétés. Les feuilles ont un goût acide , agréable. Elle eft rafraîchiffante & tempérante.

Ufages. Elle peut fuppléer à l'ofeille pour les apprêts. On en fait une efpèce de limonade très-agréable , & très-utile pendant les grandes chaleurs qu'on éprouve dans les provinces méridionales. Son eau diftillée eft affez inutile ; le firop &

la conferve font plus avantageux. On prefcrit l'alleluia contre les ulcères de la bouche nommés *aphtes ,* dans les inflammations des reins , du foie , des vifcères du bas-ventre. Il calme la foif , & modère l'ardeur des fièvres malignes & ardentes. Le cataplafme des feuilles pilées paffe pour un fpécifique pour guérir les loupes , en renouvelant ce cataplafme deux fois par jour. Le petit *alleluia* à fleurs blanches , produit le même effet.

Il conviendroit de cultiver la première efpèce dans quelques coins reculés du domaine , pour en retirer un fourrage qu'on mêleroit à celui que l'on deftine aux troupeaux & au bétail , afin de lui en faire manger de tems à autre , pendant les grandes chaleurs , & fur-tout pendant les fécherefles de l'été.

ALLUVION. Accroiffement de terrain qui fe fait peu à peu fur les rivages de la mer , des fleuves & des rivières , par les terres que l'eau y apporte.

L'accroiffement d'un héritage par alluvion , appartient au propriétaire de l'héritage accru , & celui de l'héritage diminué n'a aucun droit de revendication quand l'accroiffement s'eft fait infenfiblement. C'eft la difpofition du droit romain. Si l'accroiffement eft fait fubitement par un débordement ou quelqu'autre cas fortuit , ce n'eft plus la même chofe. Dans quelques provinces , la Franche-Comté par exemple , l'accroiffment par alluvion n'appartient pas au propriétaire de l'héritage accru. La rivière *du Doux n'ôte ni ne baille.* C'eft l'adage du pays ; il en eft ainfi de celle de *Fère* en Auvergne.

Les îles & îlots formés fucceflivement au milieu des fleuves & des grandes rivières, du Rhône, par exemple, n'appartiennent point aux riverains, mais aux domaines du roi.

ALMANACH, eft un calendrier, ou table, où font marqués tous les jours de l'année, les fêtes, le cours du foleil, de la lune, &c. Dans quelques-uns, on y rencontre encore les jours de foires & de marchés.

Il eft peu d'objets dont l'ignorance & la ftupide fuperftition aient plus abufé. Dans tous les tems, même les plus reculés, nous voyons les peuples trembler fous les prédictions infenfées dont les faftes ou almanachs anciens étoient remplis. L'inquiétude, l'amour de la vie, le defir de connoître ce qui nous doit arriver, corrompirent l'aftronomie en inventant l'aftrologie judiciaire; c'eft dans le cours des aftres, dans le lever, le coucher, l'oppofition des étoiles & des planètes, qu'on voulut lire la deftinée des hommes. Tout n'étoit qu'influence, que rapport, que néceffité. Des millions de fauffes prédictions annonçoient en vain la futilité, difons mieux, l'imbécillité de cette fcience : il fuffit que deux ou trois oracles aient été fuivis d'événemens annoncés, pour enlever tous les doutes, tant l'homme aime à être trompé. Les chaldéens, les grecs & les romains, en firent une fcience particulière, qu'ils confacrèrent par l'appareil impofant de la religion. Le peuple, dont l'efprit étoit épouvante toujours l'ame foible & timorée, couroit aux pieds de fes arufpices; il

imploroit, l'or à la main, leur fecours; il leur demandoit leurs fecrets myftérieux, tandis que le chef de ces mêmes arufpices fe moquoit en luimême de fa vaine fcience, & ne pouvoit fans rire regarder en face le trompeur qui partageoit avec lui l'art trop facile d'induire l'ignorant en erreur. Les arabes, grands aftronomes, cultivèrent cette fcience & commencèrent à enrichir de prédictions leurs almanachs. Le cours des aftres ne fut plus le feul objet qui remplit le calendrier. Les jours heureux & malheureux ne dépendirent plus des événemens paffés; les aftres les annoncèrent & les néceffitèrent. Les italiens dont l'imagination eft vive, & l'efprit naturellement inquiet, pouffèrent la folie des prédictions encore plus loin. Non-feulement les événemens phyfiques & naturels, comme les orages, les pluies, les incendies, furent prédits, mais des événemens moraux, comme la fortune ou la mifère, la détermination pour un voyage, une guerre, une acquifition, furent des objets effentiellement dépendans de l'influence des aftres.

Parmi le grand nombre de vices, de crimes & de malheurs dont le paffage des italiens en France inonda nos contrées, ils ne faut pas oublier le goût qu'ils apportèrent pour l'aftrologie judiciaire & les almanachs à prédiction. A la honte de notre nation, la cour même, & nos plus grands princes, furent infectés de cette folie qui dégénéra dans la plus ridicule puérilité. Un aftrologue devint un homme néceffaire, la fortune lui fourioit; rarement répondoit-il des fottifes qu'il avoit débitées. Si par hafard l'événement fuivoit ce qu'il avoit annoncé, ce n'étoit plus un homme, c'étoit un être furnaturel, pour lequel rien n'étoit caché. Le peuple qui voyoit l'honneur rendu à ce fourbe, en étoit trompé encore plus facilement & plus groffiérement. Ce qui n'étoit chez les grands qu'un aftrologue, fut chez le peuple imbécille, un devin, un magicien, un forcier, dont les paroles furent autant de décrets émanés du ciel. Il ne fut plus permis de rien entreprendre fans le confulter: chaque état, chaque profeffion couroit lui demander fon fort. Le marchand n'entreprenoit plus ni achat, ni voyage, fans interroger ou le forcier ou fon almanach; le payfan lui demandoit d'abondantes récoltes, la profpérité de fon bien, & l'accufoit en même tems des orages qui dévaftoient fes champs, & des maladies qui lui enlevoient fes beftiaux. Le malade tourmenté par fes douleurs, défefpéré par la longueur de fes fouffrances, cherchoit dans les aftres des fecours que lui refufoit tout l'art des médecins. L'ignorance & la pufillanimité ne s'en font pas tenues là. Il ne fut plus permis de fe couper les ongles & les cheveux, de fe faire faigner & purger, de planter, de tailler la vigne, &c. &c. qu'à des jours marqués directement par telle ou telle conjonction, & les planètes dans leurs cours devinrent la feule règle de la vie.

Telles font les folies qu'entraînèrent après eux les almanachs à prédictions. Les gens fenfés n'y croient plus, mais le peuple, mais le payfan y ajoutent encore foi. C'eft donc un fervice à leur rendre que de les détromper: c'eft une obligation indifpenfable à laquelle font tenus tous ceux qui font fpécialement chargés de les éclairer & de les conduire. Nous recommandons donc aux curés, aux vicaires, aux perfonnes inftruites de ne négliger aucune occafion d'ouvrir les yeux du peuple fur cette vaine fcience, & de lui découvrir la folie & la bêtife de ces fourbes qui dans les campagnes fe font paffer pour forciers, & qui abufant de la crédulité, trompent & nuifent aux efprits foibles. Qu'on fe fouvienne cependant d'employer le moins poffible la perfécution, elle fait trop fouvent des profélites; c'eft par le mépris & le ridicule qu'on décrédite ces fripons.

Il feroit poffible cependant de tirer un grand parti de l'almanach, fi on le rempliffoit d'objets utiles, & d'obfervations intéreffantes pour le voyageur & l'agriculteur. Mais, demandera-t-on, eft-il poffible de compter fur des annonces que l'on a décriées plus haut? Sans doute, fi ces annonces font fondées fur une longue fuite d'obfervations météorologiques. Entrons dans quelques détails, & démontrons cette efpèce de paradoxe.

Il eft de fait que tous les météores ont la plus grande analogie, la liaifon la plus étroite avec les productions de la terre & la végétation, comme on peut le voir aux mots ATMOSPHÈRE, BROUILLARD, GELÉE, GRÊLE, FRIMAT, PLUIE, ROSÉE, TONNERRE & VENT. Plus nous acquerrons de connoiffances fur ces rapports & ces liaifons, & plus nous pourrons efpérer de perfectionner la manière de cultiver. Ces connoiffances, à la vérité, ne peuvent s'obtenir que par l'étude & le

le rapprochement des tableaux météorologiques. L'abbé Toaldo a tenté
ce travail, & les découvertes qu'il
a faites en ce genre nous assurent
de la réussite pour ceux qui voudront suivre sa marche. Ce n'est
pas jusqu'aux planètes, ni à ces étoiles que des millions de lieues séparent de nous, qu'il faut remonter
pour chercher une influence imagi-
naire ; ce sont les simples météores
qui versent cette véritable influence.
À chaque instant nous en recon-
noissons les traces. Nous en savons
déjà assez, suivant cet illustre observateur, pour établir dans la pratique, non-seulement des règles de
fait, mais encore des règles de prévoyance ou de conjecture.

Le baromètre nous a fait connoître en général que la pesanteur
de l'air varie selon la différente élévation des lieux au dessus du niveau de la mer ; que l'air pèse quelquefois moins, lorsqu'il est chargé de
nuages, de vapeurs, & que l'atmosphère est humide ou pluvieuse, que
lorsque le tems paroît serein ; que la
chaleur agissoit plus efficacement sur
les fluides dans les endroits où l'air
pèsoit moins, & que cette action
cependant ne concouroit pas au bien
de l'économie animale & végétale,
en proportion de la raréfaction de
l'air. Au contraire, plus sa légèreté
devient grande, plus la respiration
devient difficile : la circulation du
sang se ralentit ; les plantes mêmes,
dans les lieux où l'air est trop raréfié, comme sur les hautes montagnes,
ont de la peine à germer, elles n'y
croissent pas, ou elles y périssent
bientôt. La chaleur, les exhalaisons
nutritives, le poids de l'air si nécessaire à la circulation de la sève,

leur manquent. De ces observations
& de ces règles de fait, le cultivateur en conclut qu'il ne doit pas
entreprendre de grands travaux sur
les montagnes, parce qu'ils y seroient infructueux ; que les collines
conviennent mieux ; qu'il faut abandonner tout ce qui est un peu trop
élevé, aux bois & aux pâturages qui
viennent sans soins & qui paroissent
aimer ces situations.

Le thermomètre apprend le degré
de chaleur d'un climat, d'une position, & par-là on connoît quelles
plantes étrangères on peut utilement
cultiver dans le nôtre. On compare
par son moyen, (ce qui est très-important) la température d'une année
avec celle d'une autre. On voit qu'elle
ne dépend pas d'un degré de chaleur
ou de froid qui s'est fait sentir dans
certains jours, mais de la continuité
de la chaleur ou du froid. En calcu-
lant & comparant, on s'apperçoit
que les années qui ont été abondantes en jours sombres, humides,
pluvieux, sont en général les plus
stériles. L'observateur conclut de-là
que la chaleur est la mère des générations ; que par conséquent, il doit
multiplier ses efforts & ses soins
quand elle manque ; tâcher sur-tout
d'échauffer les terres par des engrais
chauds, &c. en chasser l'humidité par
des fossés, des rigoles, &c. débarrasser les champs des bois qui les
couvrent & empêchent le soleil d'é-
chauffer la terre, &c.

L'hygromètre, en annonçant à
peu près l'humidité & la sécheresse
de l'air, peut être de la plus grande
utilité pour l'économie domestique.

La mesure de l'eau qui tombe en
pluie, en neige, en rosée, &c. annonce si l'année est humide, & dans

quel rapport ; ce qui donne néces-
fairement des règles pour la culture.
En un mot, toutes les obfervations
météorologiques nous enfeignent des
règles de fait, qui multipliées, cal-
culées, comparées enfemble, donneront des règles de prévoyance,
pour prévenir une partie des accidens, comme nous allons le voir.

Jufqu'à préfent ces règles de prévoyance pourront être regardées
comme de fimples probabilités,
nées des obfervations faites depuis
environ un fiècle : mais qu'un fiècle
eft peu de chofe par rapport au
tems ! Ces probabilités deviendront
des vérités, quand un plus grand
nombre d'obfervations les confir-
mera.

Rien n'eft plus intéreffant pour le
cultivateur que de connoître, de
pouvoir découvrir s'il eft poffible,
les changemens de tems, & les périodes des faifons. Quel avantage
précieux pour l'agriculture que cet
art de conjecturer, ne dût-il indiquer que des à peu près ! Mais pour
remplir ce vœu commun des phyficiens & des laboureurs, il faut connoître la caufe générale des mouvemens
de l'atmofphère, des météores qui
règnent dans fon fein ; il faut du
moins que des faits conftans faffent
foupçonner l'exiftence de la caufe.
L'influence de la lune eft une opinion populaire peut-être auffi vieille
que le monde. Des favans qui trop
fouvent rejettent des principes uniquement parce que le peuple les
adopte comme des vérités, avoient
relégué cette influence avec les erreurs du vulgaire : l'abbé Toaldo
l'adopte & la démontre par des
faits.

La Lune agiffant fur notre atmof-

phère, à peu près comme fur la
mer, y produit un mouvement continuel de flux & de reflux ; ce mouvement fe trouve combiné avec
toutes fes phafes, & il devient le
principe de toutes les modifications
de l'atmofphère, & par conféquent
de l'influence de la lune, difons
plus jufte, des météores fur l'économie végétale & animale. La
preuve démonftrative que la lune
agit fur l'atmofphère, c'eft qu'elle
agit fur le baromètre par fon approximation ou fon éloignement.
Par l'examen d'un journal de 48
années, il eft conftant que les hauteurs moyennes du baromètre font
plus grandes lorfque la lune eft
apogée, c'eft-à-dire, lorfqu'elle eft
dans fon plus grand éloignement de
la terre, que lorfqu'elle eft périgée
ou dans le point oppofé. Cela feul
fuffiroit pour faire entendre que cet
aftre influe fur les changemens de
tems : mais s'il étoit poffible, il
faudroit déterminer d'une manière
plus précife, les fituations où la
lune déploie plus fenfiblement fa
force fur l'atmofphère, afin que l'on
pût tirer des conjectures fur les
jours autour defquels le tems doit
probablement changer.

Dans chaque lunaifon, il y a dix
fituations importantes à obferver :
les quatre phafes de la lune, ou
la nouvelle lune ; la pleine lune ;
le premier quartier, & le dernier
quartier ; fon périgée, fon apogée ;
fes deux paffages par l'équateur,
que l'on peut nommer équinoxe
afcendant & defcendant ; enfin les
deux luniftices, ainfi nommés par
M. de la Lande, dont l'un boréal,
lorfque la lune s'approche de notre
zénith autant qu'elle peut, & l'autre

auſtral, lorſqu'elle s'en éloigne le plus. D'après le réſumé & le calcul d'un très-grand nombre de tables météorologiques, M. Toaldo a trouvé que la ſomme des changemens de tems à ces points lunaires, l'emporte de beaucoup ſur les non-changemens : il a même fixé des rapports qui ſont la meſure des probabilités que l'on doit admettre pour prévoir les changemens de tems. Voici la table qu'il a tracée. (1)

Points Lunaires.	Changeans.	Non Changeans.		Proportion réduite aux moindres termes.
Nouvelles Lunes	950 :	156	=	6 : 1.
Pleines Lunes	928 :	174	=	5 : 1.
Premiers Quartiers . . .	796 :	316	=	2 $\frac{1}{3}$: 1.
Derniers Quartiers . . .	795 :	319	=	2 $\frac{1}{2}$: 1.
Périgées	1009 :	169	=	7 : 1.
Apogées	961 :	226	=	4 : 1.
Équinoxes Aſcendans . .	541 :	167	=	3 $\frac{1}{4}$: 1.
Équinoxes Deſcendans .	519 :	184	=	2 $\frac{1}{4}$: 1.
Luniſtices Méridionaux .	521 :	177	=	3 : 1.
Luniſtices Septentrionaux.	516 :	180	=	2 $\frac{1}{4}$: 1.

C'eſt-à-dire, par exemple, que ſur 1106 nouvelles lunes, il y a eu 950 changemens de tems, & ſeulement 156 fois où le tems n'a pas changé. Il y a donc à parier 950 contre 156, ou, ce qui revient au même, 6 contre 1, que telle ou telle nouvelle lune amènera un changement de tems conſidérable. Les pleines lunes donnent 5 contre 1, & le point lunaire qui offre le plus grand rapport, eſt les périgées qui donnent 7 contre 1.

On ſent déjà combien ſe fortifient les probabilités pour les annoncer par ces faits. Quand pluſieurs de ces points lunaires ſe rencontrent enſemble, les probabilités augmentent conſidérablement : ces nouvelles combinaiſons produiſent des altérations conſidérables ſur les marées, & leur effet n'en eſt pas moins

_____

(1) Nous n'entrerons pas dans tous les détails que ce ſavant eſt obligé de ſuivre ; il faut les lire dans ſon excellent Mémoire inſéré dans le *Journal de Phyſique 1777*, mois d'Octobre & de Novembre.

marqué fur l'atmofphère , par les orages fréquens qui ont lieu dans ces circonftances. Voici les rapports de leur force-changeante :

Nouvelles Lunes avec le Périgée 168 : 5 = 33 : 1.

avec l'Apogée 140 : 21 = 7 : 1.

Pleines Lunes avec le Périgée 156 : 15 = 10 : 1.

avec l'Apogée 144 : 18 = 8 : 1.

Une obfervation de M. Poitevin, de l'académie de Montpellier , confirme celles de M. Toaldo. Il a remarqué que les pluies & les inondations extraordinaires qui ravagèrent les provinces méridionales de France, les 14, 15, 16 Novembre 1766, eurent lieu dans le concours de trois points lunaires, le périgée, l'oppofition au foleil où la pleine lune, & la plus grande déclinaifon boréale, ou le luniftice feptentrional.

Voilà un grand pas de fait, par rapport aux changemens de tems. Le retour des faifons & les conftitutions des années font des points non moins effentiels. De quel intérêt n'eft-il pas de pouvoir prévoir à peu près fi l'année fera bonne ou mauvaife ? La lune étant confidérée comme la caufe des mouvemens de l'atmofphère , fes révolutions périodiques doivent ramener des révolutions périodiques dans le cours des années. Si cette période eft à peu près égale à celle de l'apogée lunaire, elle fera de 8 à 9 ans ; & vers le milieu de cette période , c'eft-à-dire, de 4 à 5 ans, il doit y avoir un retour , ce qui doit amener le plus fouvent des années extraordinaires.

Les anciens avoient une idée de cette révolution ; Pline lui attri-

buoit le retour des marées à des hauteurs égales, après la centième lune : felon lui encore , les faifons fubiffent tous les quatre ans une efpèce d'*effervefcence ;* mais elles en fouffrent une plus marquée au bout de 8 ans, par la révolution de la même centième lune. Dans le fyftême de M. Toaldo, il faut attribuer à la révolution des apfides lunaires ou de l'apogée , ce que Pline donnoit au retour de la centième lune. Les obfervations météorologiques confirment évidemment le principe de la période de 8 à 9 ans ; car de cinq fuites de 9 ans , une feule fe refufe à la règle. En comparant les mefures de la pluie , données par l'académie des fciences de Paris, depuis 1699 jufqu'en 1752, on a fix fuites de 9 ans, dont trois plus grandes, trois plus petites, mais prefque égales entre elles des deux côtés. Il eft donc probable que fi une période a été remarquable par une année extraordinaire , foit par les pluies, foit par les orages, la période fuivante ramènera les mêmes phénomènes. Des diverfes combinaifons périodiques des points lunaires, il pourra réfulter 1°. qu'une année femblable à l'une des précédentes , fera la quatrième ; 2°. qu'après une année extraordinaire , la quatrième le fera probablement auffi ; 3°. après une année extraordinaire , la troifième peut encore l'être , parce que les apfides paffent, dans deux ans , des points équinoxiaux aux points folfticiaux, & *vice verfâ* ; 4°. deux années de fuite peuvent avoir la même conftitution dangereufe, comme on l'obferve, à caufe du pouvoir égal des deux fignes qui font placés à côté de chacun des points cardinaux ; 5°. les années dans lefquelles les apfides fe trouvent dans les fignes intermédiaires, le taureau, le lion, le fcorpion, & le verfeau, devroient être tempérées & bonnes. Des obfervations confirment encore cette cinquième conclufion. On peut donc tirer des conjectures affez probables fur les périodes fimples des années ; fi on les multiplie, on aura des périodes compofées, dont la plus remarquable fera celle de 18 ans, que les chaldéens nommoient *faros*, qui ramène les mêmes mouvemens de la lune, par rapport au foleil & à la terre, avec les mêmes inégalités. Ne pourroit-on pas penfer avec raifon, que la coutume de paffer les fermes ou les baux pour 9 ans, vient de l'obfervation faite de tems immémorial de la période lunaire de 8 à 9 ans, dont nous venons de parler ?

Il feroit donc poffible, d'après tout ce que nous venons de dire, de dreffer un almanach conjectural à la vérité, mais qui à la longue deviendroit très-utile, parce qu'infenfiblement il approcheroit d'une efpèce de certitude, d'après laquelle on pourroit raifonnablement calculer. On fent parfaitement qu'il ne pourroit pas être univerfel ; car comme les grands changemens font locaux, & s'opèrent quelquefois fur un efpace, tandis que les plus éloignés n'en reffentent rien, il faudroit d'abord former ces tables pour les climats des royaumes feuls : chaque Etat pourroit avoir le fien ; mais ce ne feroit pas à des gens ordinaires qu'on devroit confier le foin de les rédiger ; on fent que ce ne pourroit être que des génies calculateurs qui

feroient en état d'entreprendre un pareil travail, & de mériter une certaine confiance. Cet almanach, bien rédigé, conviendroit aux cultivateurs, aux voyageurs, aux marins & aux médecins. L'on voit trop fouvent les maladies dépendre de la viciffitude du tems, s'affoiblir ou s'exhalter à certaines périodes ; il y a des heures critiques pour les malades. Une longue obfervation pourroit en affurer ceux qui fe chargent du devoir fi précieux de veiller à la fanté de leurs concitoyens.

On le voit facilement, tout dépendroit de l'exactitude de ceux qui feroient des obfervations météorologiques ; & ce qui n'a paru d'abord qu'un vain travail, fans utilité prochaine, deviendroit parlà la fource d'une infinité d'obfervations précieufes & utiles, (*voyez* MÉTÉOROLOGIE) & les almanachs cefferoient d'être un amas de futilités ridicules, ou de prédictions abfurdes. M. M.

ALOÈS SUCCOTRIN. (*Voyez Pl. 12, pag.* 405) M. Tournefort le place dans la feconde fection de la neuvième claffe, qui comprend les plantes liliacées, dont la fleur eft régulière, d'une feule pièce, mais découpée en fix parties, formant la rofe, & dont le calice devient le fruit ; il le nomme *aloë vulgaris*. M. le chevalier Von Linné, le claffe dans l'*hexandrie monogynie*, & l'appelle *aloë perfoliata vera*.

Fleur B, liliacée, d'une feule pièce, découpée en fix parties oblongues, le tube renflé à fa bafe, le limbe étendu & petit, & point de calice. C, repréfente les trois divifions internes, & D, les trois divifions externes. La fleur eſt ſoutenue par un péduncule petit, cylindrique, & foible. Les étamines E ſont au nombre de ſix, poſées au fond du tube ; il n'y a qu'un piſtil compoſé de l'ovaire, d'un ſtyle long & cylindrique, & d'un ſtigmate velu.

Fruit F ; capſule oblongue, à trois ſillons, à trois loges, à trois valvules, remplies de ſemences G, à demi-circulaires, anguleuſes, applaties.

Feuilles, partent toutes de la racine ; elles embraſſent la tige ; elles ſont raſſemblées au bas, charnues, convexes en dehors, concaves en dedans, armées de fortes épines ; le ſommet de chaque feuille eſt terminé par une épine ligneuſe.

Racine A, en forme de corde, charnue, fibreuſe.

Lieu. L'aloès, dit *ſuccotrin*, vient des Indes : on le cultive dans les jardins en le garantiſſant des gelées, & il fleurit rarement, même dans la baſſe Provence, & dans quelques parties d'Italie : il réuſſit très-bien en pleine terre & ſur les rochers.

Port. La tige eſt une hampe ; les fleurs pédunculées, entourant la tige en forme de corymbe ; les feuilles radicales ſont raſſemblées en rond au bas de la tige.

Propriété. Toute la plante eſt d'une amertume exceſſive ; le ſuc des feuilles eſt ſtomachique, vermifuge, hémorroïdal, emménagogue, purgatif, extérieurement très-déterſif & balſamique.

Uſages. L'aloès eſt un ſuc gommoréſineux, en partie ſoluble dans l'eau, & en partie ſoluble dans l'eſprit de vin. Quoique ſa partie gommeuſe purge plus que ſa partie réſineuſe, il ne faut point, en général,

ſéparer l'une de l'autre. On trouve dans les boutiques quatre ſortes d'aloès : le premier, dit *ſuccotrin*, parce que le plus eſtimé, vient de l'île Socotora : cet aloès, ou plutôt le ſuc épaiſſi de cette plante, doit être très-pur, friable, léger, d'une couleur jaune, couvert d'une pouſſière rouſſâtre, approchant un peu de la couleur du beau verre d'antimoine ; mis en poudre, il paroît d'un beau jaune doré ; échauffé dans les mains, il devient flexible ; ſon goût eſt fort amer, & ſon odeur légèrement aromatique. Quoique cette drogue ne ſoit pas chère, on la ſophiſtique aſſez ſouvent ; mais en faiſant attention aux caractères qui viennent d'être tracés, on ne ſauroit être trompé.

L'aloès hépatique eſt moins beau que le premier, auquel on le ſubſtitue : il nous eſt apporté de l'Amérique. Sa couleur eſt approchante de celle du foie des animaux, d'où il a pris ſon nom ; elle eſt plus foncée, moins brillante que celle de l'aloès ſuccotrin : l'odeur en eſt auſſi plus déſagréable & plus amère. Il faut rejeter celui qui eſt d'une couleur tannée & d'une odeur fétide.

L'aloès caballin eſt la troiſième eſpèce, & n'eſt communément employée que pour les maladies des animaux : c'eſt le plus groſſier, le plus terreſtre, & le moins bon des trois aloès ; ſon odeur eſt nauſéabonde : il produit rarement l'effet qu'on deſire, & les maréchaux dévroient ne pas s'en ſervir.

La quatrième eſpèce eſt l'aloès *calebaſſe*, ou des *Barbades*. Nouveau, il reſſemble à l'aloès caballin ; en vieilliſſant il devient hépatique ; gardé juſqu'à ce qu'il ſoit caſſant, il paffe pour aloès fuccotrin, lucide & tranfparent.

Le fuccotrin purge beaucoup, échauffe, procure des coliques, accroît le volume & la douleur des hémorroïdes, irrite les bronches pulmonaires ; à petite dofe, il fortifie l'eftomac & les inteftins relâchés par d'abondantes férofités, ou par des humeurs tendantes vers l'acide : fouvent il fait mourir & chaffe les vers cucurbitins, afcarides, & lombricaux, contenus dans les inteftins ; quelquefois il rétablit le flux menftruel fupprimé par l'action des corps froids. Il eft dangereux de l'employer pour l'expulfion de l'arrière-faix & des lochies : il porte évidemment préjudice aux pléthoriques, aux bilieux, aux femmes enceintes, aux hémoptifiques, aux perfonnes délicates & affectées de la poitrine. Il eft contre-indiqué dans toutes les maladies inflammatoires, les maladies convulfives & douloureufes ; extérieurement, il a fouvent borné la carie, & quelquefois l'a détruite, ainfi que la gangrène. Pour les ufages intérieurs & extérieurs, foit pour les hommes, foit pour les animaux, il eft plus prudent de ne fe fervir que de l'aloès fuccotrin.

Le fuc pulvérifé fe donne comme purgatif pour l'homme, depuis 4 grains jufqu'à 25, incorporé dans du firop, ou délayé dans trois onces d'un véhicule aqueux ; il faut alors le filtrer.

Pour faire la teinture d'aloès, prenez deux onces d'aloès fuccotrin pulvérifé, & dix onces d'efprit de vin : faites digérer le tout pendant huit jours, & à une douce chaleur, dans un vaiffeau exactement fermé ;

décantez & filtrez à travers le papier gris : comme purgatif, on donne cette teinture depuis quinze grains jufqu'à une drachme, & comme altérant, depuis un grain jufqu'à dix.

La dofe du fuc épaiffi, eft de deux drachmes, pour les animaux, jufqu'à une demi-once, & même jufqu'à deux onces. Deux jours avant de purger l'animal, il eft convenable de lui donner foir & matin un lavement fait avec la décoction des plantes émollientes, comme la mauve, la pariétaire, &c. & de le tenir au blanc & aux boiffons émollientes ; le remède le purgera mieux, & produira, fans l'échauffer, autant qu'il le feroit fans cette précaution. Dans les chevaux, l'effet des purgatifs ne fe manifefte ordinairement que vingt-quatre heures après : c'eft pourquoi on doit éviter autant qu'il eft poffible, l'ufage des fubftances draftiques & incendiaires qui leur occafionnent fouvent des coliques dangereufes, & par conféquent qui doivent être précédées par de grands lavages émolliens. Tous les cas dans lefquels l'aloès eft contre-indiqué pour l'homme, il l'eft également pour l'animal : lorfqu'il eft fujet à des coliques, à des convulfions ; lorfqu'il eft échauffé par des exercices violens, il faut bien fe garder de lui prefcrire fon ufage.

Dans quelques endroits de la Baffe-Provence, on plante l'aloès pour fervir de haie, & cette haie eft impénétrable aux hommes & aux animaux, parce que chaque feuille préfente à fon extrémité, & fur fes côtés, des pointes ligneufes très-aiguës & pénétrantes. L'aloès fe multiplie de drageons, & l'on peut encore le multiplier en coupant une de fes feuilles, laiffant fécher pendant huit à dix jours la partie coupée, & lorfque la cicatrice eft formée, on met la feuille en terre où elle prend racine.

Cette plante, comme toutes les plantes graffes en général, craint l'humidité. Les terres fablonneufes, mêlées de plâtras, lui conviennent mieux que les terres franches : elle exige l'orangerie pendant l'hiver dans les provinces feptentrionales.

L'aloès fleurit rarement en Europe, & lorfqu'il veut fleurir, fa végétation eft prodigieufe. Voici le journal des pouffées de cette plante dans le jardin d'un feigneur de Venife. La plante commença à pouffer fa tige le 20 Mai ; le 19 Juin elle étoit montée de quatre pieds un pouce, mefure de Padoue ; le 24 du même mois, elle avoit pouffé encore dix pouces ; le 29, de huit autres pouces ; le 6 Juillet elle avoit gagné treize pouces ; le 17, un pied huit pouces de plus ; & le 7 Août, un pied & demi : enfin, depuis ce jour jufqu'au 30, elle n'augmenta que lentement, mais elle continua à jeter des branches & des fleurs. Le tronc, par en bas, avoit un pied d'épaiffeur ; il y avoit vingt-trois branches, & chacune, à fon extrémité, portoit un bouquet de fleurs : les prémières branches avoient cent douze fleurs, les autres cent dix, enfin d'autres cent fleurs chacune.

Nous ne parlerons pas de toutes les efpèces d'aloès connues & décrites par les botaniftes, ce feroit s'écarter de notre plan.

ALONGÉ, ALONGER. Mots confacrés pour la taille des arbres.

Il faut alonger une branche relativement à fa force & à celle de l'arbre. Ces deux points décident cet objet de la taille. Trop raccourcir, trop écourter une branche eft un défaut effentiel ; la nature lui aura donné en pure perte de la vigueur & de la force fi l'homme la contrarie. Il convient de l'aider & non pas de la contrarier.

ALSINE. (Voyez MORGELINE)

ALTÉRANS. On entend par ce mot, certains médicamens, dont l'effet eft de produire un changement avantageux dans le fang, & dans les humeurs différentes, qui fortent de cette fource première, fans procurer aucune évacuation fenfible ; tels font les bouillons faits avec le veau & les plantes antifcorbutiques : ces bouillons conviennent dans toutes les difpofitions à la cachexie, (voyez ce mot). M. B.

ALTERNE, ou placé alternativement, fe dit en parlant de la pofition des boutons, des branches, des feuilles & de la foliation. Confidérez une branche dépouillée de fes feuilles pendant l'hiver, les boutons paroîtront placés à certaine diftance les uns des autres & dans l'endroit où, dans la faifon précédente, étoit placée la bafe de la feuille ou de fon pétiole. La nature avoit chargé cette feuille de veiller à la confervation & à la fubfiftance de ce bouton. Lorfqu'il a été bien formé & en état de fe paffer de la protection de la feuille, elle eft tombée & a laiffé le bouton a découvert. Ce bouton a groffi, s'eft épanoui & a pouffé au printems fuivant ; la branche a été formée & a confervé fa pofition alterne, relativement

relativement aux autres branches, &
les feuilles qu'elle aura produites
conservent la même direction , &
font rangées comme par degrés fur
la tige & difpofées de côté & d'autre
alternativement ; enfin , dans la foliation , les bords d'une feuille font
compris alternativement dans les
bords d'une autre feuille.

ALTERNER , ou faire produire
fucceffivement à une terre du fourrage & des bleds , & ainfi tour à
tour. On alterne ou chaque année ,
ou après plufieurs années révolues.
Par exemple , on alterne un champ
femé en trèfle , lorfque la charrue
ou la bêche le détruifent après fon
année de rapport ; on alterne un
champ femé en luzerne , lorfqu'a-
près plufieurs années la luzerne commence à fe détériorer , & qu'on
rompt la terre pour y femer du
grain , ce que l'on fait auffi aux prairies épuifées ou prêtes à l'être. Cette
alternative de culture affure des récoltes abondantes. Deux motifs y
concourent : les plantes ont des
racines ou pivotantes , c'eft-à-dire ,
qui fe prolongent affez avant dans
la terre , ou des racines chevelues
qui ne pénètrent qu'à quatre ou
cinq pouces de profondeur : la luzerne , le trèfle , &c. font dans le
premier cas , & les bleds dans le
fecond. Ainfi , lorfque l'on alterne
fur un trèfle , fur un fainfoin , fur
une luzernière , fur une ravière , &c.
on eft sûr que la récolte fuivante
fera copieufe , parce que les racines
de ces plantes n'ont abforbé les
fucs de la terre qu'à une profondeur plus confidérable que celle où
les racines des bleds auroient puifé
pour fe nourrir. Dès-lors , en

labourant cette terre ou en la bê-
chant , le terrain de la partie fupérieure dont les fucs n'ont point été
épuifés ou diminués , eft enfoui &
préfente une abondance de fucs
nourriciers aux racines qui le pé-
nètreront ; au contraire , les racines
des bleds confomment les fucs du
terrain fupérieur , & laiffent intact
ceux de la partie inférieure : dès-
lors , on voit les avantages qui doivent néceffairement réfulter de la
méthode d'alterner.

Le fecond motif intrinfèque qui
détermine à alterner , eft l'engrais
qui s'eft formé naturellement fur la
fuperficie du terrain pendant cet
efpace de tems. Une luzernière qui
a fubfifté pendant cinq ou pendant
dix ans , a formé une couche de terreau par les débris de fes feuilles
& les dépouilles des infectes qu'elle
a nourri. Plus le nombre des herbes
quelconques eft multiplié fur un
champ , plus le nombre des infectes
eft confidérable ; chaque plante a le
fien propre , & fouvent elle en fait
fubfifter plufieurs dont les individus
qui compofent cette famille font
très-multipliés. Les cadavres de ces
infectes fervent merveilleufement à
la nature à féconder les terres ; ce
font eux qui fourniffent la partie
graiffeufe & huileufe qui , à l'aide
des fels répandus dans la terre , forment la fubftance favonneufe , d'où
la féve tire les principes conftituans
des plantes. Ce que nous difons de
la multiplicité de ces infectes , & de
cette admirable reffource de la nature , paroîtra outré à ceux qui ne
favent pas voir & examiner ; mais
que ces mêmes perfonnes prennent
la peine de jeter un coup d'œil attentif fur une fuperficie de terrain

Ggg

de deux pieds en quarré feulement, de fouiller ces deux pieds, & ils feront étonnés de la quantité d'infectes qui vivent fur fa furface ou dans fon fein. C'eft affez infifter fur les infectes. (*Voyez* le mot ENGRAIS)

Des avantages qu'on retire de la méthode d'alterner. 1°. On a beaucoup moins de terrain à cultiver, puifqu'il fe trouve à peu près une proportion égale entre l'étendue des terres à labourer & celle des terres confacrées aux fourrages. 2°. On multiplie les fourrages ; dès - lors, il en doit néceffairement réfulter pour le cultivateur intelligent, l'augmentation de fes troupeaux, & des animaux deftinés au labourage ou à fournir du lait, ou pour être engraiffé. Que faut - il pour qu'une culture foit floriffante ? des engrais. Et quoi encore ? des engrais & de forts labours. 3°. Il n'y a point de moyens plus efficaces pour détruire les mauvaifes herbes ; les trèfles, les luzernes les étouffent par leur fanage, en leur empêchant de jouir des bienfaits de l'air atmofphérique, fans lefquels elles ne végètent qu'en languiffant, & périffent avant de fe reproduire par leurs femences. 4°. L'avantage le plus précieux, réfultant de la méthode d'alterner, eft de ne laiffer aucun terrain en jachère ; la terre eft toujours employée. Outre la luzerne, le fainfoin ou efparcette, & le trèfle, on connoît un grand nombre de plantes utiles pour alterner ; comme le lin, le chanvre dans les terres bonnes & meubles ; le lupin (*voyez ce mot*) dans les terres pauvres & caillouteufes, &c. Si on veut alterner fur une prairie

même dégradée, on eft sûr d'avoir plufieurs récoltes abondantes & confécutives.

Les peuples qui s'appliquent le plus & qui entendent le mieux l'agriculture, ne manquent jamais à alterner. Jetez un coup d'œil fur la Flandre françoife, fur l'Artois, fur le Brabant, fur l'Angleterre, & même fur les montagnes de Suiffe & fur la Suède, & vous verrez dans tous ces pays, que par-tout où l'on peut femer du grain on fuit cette méthode.

Ce qui vient d'être dit s'applique particuliérement à nos provinces méridionales, dans lefquelles la chaleur du climat s'oppofe à la multiplication des prairies naturelles ; mais dans celles où ces prairies viennent d'elles-mêmes, on peut facilement, après trois récoltes confécutives en grains, les remettre en prairie.

Ce qui refte à dire fur la culture alternative, eft tiré d'une *Encyclopédie* publiée chez l'étranger ; & nous fommes fâchés de ne pas connoître l'auteur de cet article digne d'un excellent cultivateur, pour lui payer le tribut de reconnoiffance, fuivant la loi que nous nous fommes impofée toutes les fois que nous empruntons un article de quelque auteur. Il eft naturel de l'employer, fi ce qu'il a dit vaut mieux que ce que nous dirions.

Règles de la culture alternative dans les pays où elle eft actuellement fuivie avec fuccès. (C'eft l'auteur étranger qui parle) Dès qu'on s'apperçoit que le produit d'un pré diminue, & que l'herbe s'éclaircit, on y remédie fans délai, en labourant le terrain, ce qui fe fait de fix en fix ans, ou tout au plus tard tous les huit ans.

Le fonds est de terre légère ou de terre forte. S'il a peu de profondeur, & qu'il soit sec & léger, on ne le sème qu'une fois; & pour cela, on y conduit, sur la fin de Septembre, une dizaine de voitures de bon fumier par arpent de trentesix mille pieds quarrés. On laboure tout de suite, & on renverse le gazon. Comme le terrain est léger, la charrue ordinaire peut très-bien faire cet ouvrage.

A la suite de la charrue, on place six à huit armes de houes tranchantes, & des pioches pour rompre, couper, menuiser, briser les mottes, jusqu'à ce que les plus grosses n'excèdent pas la grosseur du poing.

Dès que le terrain est ainsi préparé, on y sème de l'*épeautre*, (*voyez ce mot*) qu'on recouvre avec la herse, & l'on y fait passer immédiatement le rouleau, si le terrain & le tems sont secs; car si l'un ou l'autre étoit humide, il faudroit, pour ne pas pétrir la terre, différer même, s'il étoit nécessaire, jusqu'au printems.

Au printems suivant, avant que les plantes soient en mouvement, on sarcle le champ, ou à la place du sarclage, on le herse avec des fagots d'épine. Le sarclage, cependant, est préférable; ces herbes qu'on arrache seroient également nuisibles au fourrage à venir & au grain présent.

Après la récolte de l'épeautre, le terrain se trouve tout gazonné de lui-même. Il ne reste plus qu'à éloigner les bestiaux, & à le herser au printems suivant, pour détruire les plantes grossières.

Si le terrain est pesant & argileux, on y sème deux années consécutives de l'épeautre, en y donnant chaque fois les mêmes cultures dont on vient de parler, avec cette seule différence que le fumier employé à la seconde semaille, doit être moins consommé que celui qu'on a employé à la première. On a observé que le fumier moins consumé porte plus de semences de prairie sur les terrains où on l'ensévelit.

Il arrive quelquefois qu'après ces deux labours, le terrain ne se gazonne pas parfaitement, & qu'il y a des places dégarnies; on y remédie en répandant, sur les places vides, de la poussière de grange, ce qui se fait quelques semaines après la récolte, ou au printems.

Quoique ces prés soient irrigables, on ne les arrose point la première année, sur-tout si le terrain est léger & en pente; s'il est en pente & argileux, on peut l'arroser pourvu que ce soit avec modération, & seulement au printems.

Si le terrain est sec & qu'il ne puisse point être arrosé, on y fait d'abord passer la charrue & la herse, comme dans le cas précédent, & l'on y sème de la fenasse ou fromental.; on herse ensuite & l'on roule le terrain: ceux qui ont des fumiers y en répandent pendant l'hiver, & ils doublent la récolte; on fait ainsi le tour de ses terres, & on les ouvre à mesure qu'on s'apperçoit que la mousse les gagne.

L'alternative suivie dans les lieux où les bleds d'hiver ne peuvent réussir à cause du froid, ne diffère pas essentiellement: on ouvre le terrain, lorsque l'on voit que l'herbe y diminue en qualité ou en quantité ; on y sème de l'orge d'été, de l'avoine, quelquefois du seigle de printems, alternativement pendant deux ou trois ans, sans y mettre du fumier ; mais lorsqu'on veut les remettre en pré, on y répand une forte dose de fumier ou de marne.

En Angleterre, on met plus de tems & de façon pour mettre en culture un terrain en friche. Si la terre en est forte & pesante, on l'ouvre en automne ; on lui donne un second labour au printems : après cela, on y voiture & répand l'engrais, & tout de suite on lui donne une troisième façon. L'engrais consiste en soixante, quatre-vingts, jusqu'à cent tombereaux de sable commun, ou autant de marne sablonneuse & non glaiseuse, ou une soixantaine de charretées de fumier mêlé couche par couche, avec le double ou le triple de terre la plus légère, & gardée pendant un an. Si les mottes ne sont pas exactement brisées, on y fait passer une herse pesante. A la mi-Septembre, on donne un quatrième & dernier labour pour semer du froment.

Après la moisson, on laboure ; & au mois de Mars suivant, on donne un second labour pour semer de l'orge. Après la récolte, on renverse le chaume ; & dans la saison, on laboure à demeure pour le froment.

Si la terre est légère & sablonneuse, on se borne à trois labours ; au second, on ensevelit l'engrais ; & au troisième, on sème du froment. L'engrais consiste en une centaine de tombereaux de terre glaise par arpent, ou autant de marne glaiseuse,

ou la moitié de vase d'étang, ou cinquante à soixante tombereaux de fumier mélangé de moitié, ou du triple de terre forte.

Cette quantité d'engrais dont on parle ici, ne doit pas effrayer. On suppose le terrain trop maigre pour porter du bled, ou épuisé par des récoltes mal ordonnées.

Après la moisson, on brûle les chaumes, & on y sème des turnips ou navets, dont on se sert pour nourrir les bœufs, vaches, moutons & cochons, pendant l'hiver & pendant le printems. Au printems suivant, on laboure & on sème des pois ; après la récolte, on sème des navets, comme l'année précédente ; & au printems, on laboure & on sème l'orge.

Après ces trois récoltes consécutives de grains, le terrain est mis en herbage ; à cet effet, on brûle le chaume après la récolte, & on laboure pour semer du trèfle, sur lequel on répand pendant l'hiver, & par arpent, douze à quinze tombereaux de fumier mélangé. Comme le trèfle se recueille difficilement, on le sème assez ordinairement avec le raigrass ou fromental.

L'automne de la troisième année, on laboure le trèfle ; & au printems suivant, on fait un second labour pour semer l'orge ; & ensuite deux fois du froment, après deux labours pour chaque semaille. A la fin de la troisième année, on sème du trèfle ou pur, ou mêlé comme il a été dit.

Quelques-uns, au lieu de trèfle, sèment de la *luzerne*, (*voyez* ce mot) que quelques auteurs confondent mal à propos avec le *sainfoin*. (*Voyez* ce mot) On le cultive comme le trèfle. Cette confufion eft venue, fans doute, de la dénomination de *fainfoin*, pour défigner la *luzerne*, fuivant l'idiôme de certains cantons. La luzerne fubfifte fix années dans fa force ; à la troifième on y répand quelques engrais : au bout de ce tems-là, on renverfe la luzernière en automne, & au printems fuivant on fème de l'orge. On y fait enfuite deux récoltes de froment. Au mot Luzerne, nous indiquerons un moyen de lui affurer une plus longue durée que celle qu'on vient d'indiquer.

Si la terre eft trop maigre pour la luzerne ou pour le trèfle, on la met en *éfparcette*, (*voyez* ce mot) qui eft le véritable fainfoin ; elle fe fème & fe cultive comme la luzerne, & elle fubfifte dans fa force pendant fix ans.

Dès que l'efparcette commence à décheoir, on la renverfe en automne, & on donne un fecond labour au printems pour femer de l'orge, après l'orge du froment, enfuite des navets ; enfin, des pois ou de l'orge.

Règles à fuivre dans la culture alternative, fuivant l'expofition & la nature du fol. On donne pour première règle, que dans le pays plat il ne faut pas s'attendre que les terres, après avoir été labourées, fe couvrent promptement & d'elles-mêmes, d'herbages naturels. Cela ne fauroit avoir lieu que dans les montagnes ; ailleurs il faut avoir recours, comme en Angleterre, aux herbages artificiels. Il paroît heureufement, par toutes les expériences qui en ont été faites, que cette efpèce de fourrage réuffit très-bien prefque par-tout.

2°. On obferve que la méthode de défricher, fuivie dans quelques endroits de la Suiffe, eft plus expéditive & plus exacte que la méthode angloife, & par conféquent elle eft préférable. On peut, après la première récolte du fourrage, préparer la terre pour femer encore en automne des bleds d'hiver, même dans les terres les plus fortes : fi les terres font légères, on peut faire la feconde récolte du foin.

Il paroît que les fermiers anglois exagèrent, lorfqu'ils profcrivent abfolument l'avoine, comme donnant de trop minces produits. On a conftamment éprouvé, que pour remettre un champ en pré naturel, dans les pays à bled, l'avoine convenoit mieux que tout autre grain, & que le terrain fe gazonnoit plus promptement. Voici la manière dont s'y prend l'auteur de cet article.

Il emploie dix boiffeaux d'avoine pour un arpent ; mais auparavant il les met tremper pendant vingt-quatre heures dans la compofition fuivante :

Prenez un pot d'eau bouillante, dans laquelle vous jetterez une livre de potaffe, ou deux livres de fel de foude, ce qui revient au même : verfez peu à peu cette eau fur deux livres de chaux vive : dès que la chaux commencera à s'échauffer, délayez-y demi-livre de fleur de foufre, en braffant continuellement avec un bâton, jufqu'à ce que la chaux & la fleur de foufre foient exactement incorporés. Jetez le tout dans un vaiffeau, avec la vidange d'un ventre ou deux de mouton, ou avec des crottes de brebis, diffoutes dans l'eau ; vous y ajouterez une demi-livre d'huile d'olive, &

dix pots d'eau chaude, où vous aurez fait fondre une livre de potasse, une livre de salpêtre, & une livre & demie de sel commun ; enfin, vous y verserez vingt-cinq pots de jus de fumier.

Lorsque la liqueur est froide, faites-y tremper les semences pendant vingt-quatre heures, si elles ont des enveloppes comme l'avoine, & quinze heures seulement si elles sont nues, de manière que l'eau surmonte les semences de deux pouces. Pendant ce tems-là, il faut les brasser cinq à six fois.

Si on veut semer au sortir du bain, on étend les semences sur le plat de la grange, & on les saupoudre de cendres de bois, en les remuant avec un râteau, jusqu'à ce que l'humidité soit absorbée, & que les grains soient séparés. Si quelque contre-tems oblige de différer cet ouvrage, on les laisse étendues sur le plat de la grange, en les remuant de tems en tems avec un râteau. On peut les conserver ainsi sans danger pendant deux ou trois jours, & même plus ; mais on évitera soigneusement de faire sécher ou essuyer ce grain au soleil.

On peut substituer au sel de soude, de la cendre de fougère ; & à la chaux vive, de la chaux éteinte & non desséchée, pourvu qu'on en mette une double dose, c'est-à-dire quatre livres. Si on n'a pas de cendre de fougère, on la suppléera par une autre cendre, en augmentant la dose. Celle de sarment sera très-bonne, & la plus mauvaise sera celle que fourniront les bois blancs, comme le saule, le peuplier, &c.

On peut faire servir cette liqueur pour un second bain, & pour arroser tout terrain qu'on veut fertiliser. Cette liqueur est déjà en état savonneux, mais surchargée de principes alcalis : elle est, par conséquent, dans le cas de porter une nourriture directe & toute préparée aux plantes, & elle n'exige plus que d'être élaborée par leurs filtres & par leurs conduits.

Après avoir donné au terrain une première façon, dès que la dernière récolte a été enlevée en automne, & l'avoir labouré & hersé au premier printems, on sème cette avoine ainsi préparée, & ensuite une bonne quantité de poussière de grange, en choisissant un tems calme.

D'après cette méthode, on a vu plus d'une fois de très-abondantes récoltes. Dès l'automne, l'herbe forme le plus beau tapis qu'il ne faut ni faucher ni faire pâturer. Le succès de la récolte sera complet, si l'on peut se procurer de l'avoine de Hongrie, & l'on n'en devroit jamais semer d'autre. Elle donne plus de grains ; le grain est plus gros, plus farineux, plus pesant. Elle n'est point sujette à s'égrener sur pied ; on peut la serrer aussitôt qu'elle est coupée.

S'il y paroît de grandes & mauvaises herbes, comme des *bardanes* ou *glouteron*, des *jusquiames*, des *chardons roland*, des *chardons étoilés*, &c. (*voyez* ces mots) il faut sévèrement les arracher : dès l'année suivante on y recueillera deux coupes de foin ; & à la troisième, & non auparavant, on pourra, si l'on y est obligé, envoyer le bétail sur le regain d'automne, mais avec modération.

On comprend aisément que si le

peu de produit du champ ou du pré vient de quelque vice de terrain, de quelque eau qui filtre entre deux terres, ou qui croupit en quelqu'endroit, des ravages caufés par les mulots ou par les taupes, il faut y remédier, à quelqu'ufage qu'on veuille deftiner le fonds.

On a vu que les fermiers anglois corrigent leurs terres par le mélange des terres oppofées ; la *marne convenable*, & le *fumier mélangé par couches alternatives*.

Chacun fait que l'on deffèche les terrains mouillés par des pierrées, de la chaux, du gravier, &c. s'il y a des pierres dont la groffeur empêche le cours de la charrue, il faut les enlever, ainfi que celles qui s'oppoferoient à la faux.

Quant aux taupes, on les détruit en mettant dans leurs trous des moitiés de noix, qu'on a fait bouillir dans une leffive ordinaire, faite avec la cendre de bois. Cependant quelques particuliers laiffent les taupes travailler à leur aife, mais ils ont l'attention de parcourir très-fouvent leurs prairies, & chaque fois de faire abattre la petite éminence qu'elles ont faite, d'en répandre la terre, & de jeter par-deffus un peu de graines de foin. Dans le tems de la fenaifon, ce font les plus belles places.

Les chaumes, en Angleterre, font fi forts & fi épais, & coupés fi haut, qu'il peut y avoir de l'avantage à les brûler & à en répandre la cendre : il pourroit même quelquefois arriver qu'ils empêcheroient de herfer. Il n'en eft pas ainfi dans les pays où la paille eft coupée très-près de terre. D'une autre part, les

cultivateurs anglois, dans la culture ordinaire, ne brûlent pas leurs terres ; ils ont raifon : cette amélioration n'eft que momentanée dans la plupart des terrains, & il s'agit d'établir des terres à demeure. Tout ce qu'on pourroit & devroit faire, c'eft que fi, après avoir fait rompre les gazons par des manœuvres, il reftoit des chevelus, il faudroit y mettre le feu pour détruire plus promptement les racines & les femences, & en répandre les cendres fur le terrain. On fe procureroit ainfi un amendement qui ne cauferoit aucun préjudice pour l'avenir.

Les cultivateurs intelligens de la Suiffe, & les fermiers anglois, font paffer le rouleau fur leurs prairies artificielles. Cette opération affermit, unit le terrain, affujettit la femence, rompt les mottes, facilite la coupe du foin. Il faut épierrer avec foin, parce que tout labour amène les pierres à la fuperficie.

Un cultivateur inftruit ne fème pas de fuite les mêmes herbages, les mêmes fourrages fur la même terre ; il les varie : mais on ne s'eft pas encore affez appliqué à conftater quelle efpèce de plante réuffit mieux ou plus mal après telle autre.

Faut-il femer les herbages ou prairies artificielles, fur les terres déjà enclavées ? ou doit-on les femer fur le terrain vide ? Il y a des raifons pour & contre,

On dit que les plantes de bled garantiffent l'herbage encore jeune & tendre, des premières chaleurs de l'été. L'on comprend que cette raifon ne peut être bonne que pour les pays chauds, & que même, en ce cas, l'avoine devroit être un meilleur abri que le froment, le seigle ou l'orge, qui font trop d'ombre quand ils sont grands, & qui étouffent l'herbage. L'avoine se fauche soit verte, soit après sa maturité. D'ailleurs, cette raison suppose qu'on sème l'herbage au printems; mais on doit le semer en automne, & l'année suivante il a acquis assez de force pour résister à la chaleur. Dans quelques pays, un peu méridionaux, à la vérité, on attend les neiges de Février; & dès qu'on s'apperçoit que la neige est prête à fondre, on répand la graine par-dessus; en fondant, elle l'enterre : d'autres se contentent de jeter la graine sur le bled en herbe à la fin de Février, ou au commencement de Mars.

Si la saison est pluvieuse, il est à craindre que l'herbage n'avorte sous les plantes qui le couvrent. Il vaut donc mieux, dans les pays tempérés, ne mélanger aucun grain avec les semences des prairies artificielles.

L'expérience a prouvé l'utilité de la méthode angloise, par laquelle on répand le fumier & l'engrais pendant l'hiver. Les anglois sèment en automne; & dès qu'on sème les prairies artificielles sans mélange, il faut suivre cette pratique, parce que la première année fournit une bonne récolte.

Pour juger sainement des avantages sans nombre qui résultent de la méthode d'alterner, consultez le mot JACHÈRE.

ALTESSE (Prune d') ou SUISSE. (Voyez PRUNE)

ALTHEA. (Voyez GUIMAUVE)

ALTHEA, ou ROSE DE CHINE ou DE CAYENNE. M. Tournefort place cet arbrisseau dans la section sixième de la première classe, qui comprend les fleurs d'une seule pièce, faites en forme de cloche, du fond de laquelle s'élève un pistil qui se change en un fruit composé de plusieurs capsules; & d'après Bauhin, il l'appelle *althæa frutescens folio rotondiore incano*. M. le chevalier Von Linné le place dans la monadelphie polyandrie, & le nomme *lavatera triloba*.

Fleur, d'une seule pièce, en forme de cloche, évasée par le haut, & arrondie par sa base; elle est profondément découpée en cinq parties; chaque fleur a un double calice; l'extérieur d'une seule pièce, presque divisé en trois; les découpures obtuses & courtes; l'intérieur d'une seule pièce, presque découpé en cinq, aiguës & droites; les calices ne tombent point avec la fleur. Les étamines sont rassemblées comme sur un cylindre, & implantées sur la base de la corolle; les anthères ont la forme d'un rein.

Fruit; plusieurs capsules réunies contre un réceptacle en manière de colonne. Les semences ont la forme d'un rein, & ont une petite aigrette.

Feuilles, varient beaucoup pour leur forme. Elles sont en forme de cœur alongé, découpées en trois ou en cinq lanières, dentelées sur leurs bords, blanchâtres en dessous & vertes en dessus.

Racine, ligneuse, pivotante, & très-fibreuse.

Port,

Port. Cet arbriſſeau s'élève à la hauteur de cinq à ſix pieds , & quelquefois juſqu'à dix dans nos provinces méridionales ; il ſe garnit de beaucoup de petites branches , qu'il faut retrancher pour lui donner plus de grâce , & il eſt ſuſceptible de prendre toutes les formes qu'on veut lui donner , ſoit en eſpalier , ſoit en gobelet, ſoit pour recouvrir de petits berceaux. Les fleurs naiſ-ſent des aiſſelles des feuilles ; elles varient beaucoup pour leurs cou-leurs, non pas ſur le même pied , mais ſur des pieds différens. On en cultive de gris de lin , de rouge foncé , de blanches, &c. Peut-être parviendroit-on , à force de ſoins , de ſemis & de bonne culture , à rendre la fleur double. Suivant le climat, elle paroît depuis le com-mencement du mois de Septembre juſqu'en Novembre. Cet arbriſſeau tient une place diſtinguée pour les boſquets d'automne.

On lui attribue aſſez communé-ment, en médecine, les mêmes pro-priétés qu'aux autres plantes mal-vacées , c'eſt-à-dire , d'être mucila-gineux & émollient.

ALVÉOLE. Ce mot , pris botaniquement , déſigne une petite cellule membraneuſe & à quatre côtés , que l'on rencontre dans le réceptacle des fleurs de certaines plantes , comme dans l'*onopordon*. On donne encore quelquefois ce nom aux petites cellules qui renfer-ment les ſemences dans le péricarpe. (*Voyez* PÉRICARPE & RÉCEPTA-CLE.)

Lorſqu'on parle des petites cel-lules des abeilles, on les nomme *alvéoles*. M. M.

Tom. I.

ALVÉOLE.

PLAN du travail ſur les Alvéoles.

PAR M. D. L. L. D. L. D. M.

SECTION PREMIÈRE.

Combien de ſortes d'Alvéoles ou Cellules.

Les gâteaux ou rayons que les abeilles conſtruiſent dans leurs ru-ches, ſont un aſſemblage de trois ſortes différentes d'alvéoles ou cel-lules. (*Voyez Fig. 6, Pl. 1,* pag. 15.) Les premières, qui ſont en très-petit nombre, ſont celles où la mère abeille dépoſe les œufs, d'où doivent naître les femelles ou les reines. Les ſecondes, d'une capa-cité inférieure aux premières, & d'une figure abſolument différente, ſont deſtinées à élever les faux-bourdons, ou les mâles de l'eſpèce. Les troiſièmes, plus petites, & de la même figure que les ſecondes, ſont les berceaux où naiſſent les

Hhh

abeilles ouvrières, & où elles font élevées.

Section II.

Defcriprion des Alvéoles ou Cellules royales.

Les cellules royales n'ont aucune reffemblance pour la figure, ni pour la grandeur, avec celles des ouvrières & des faux-bourdons : les abeilles, qui dans la conftruction de celles-ci, montrent tant d'intelligence dans la figure géométrique qu'elles leur donnent, qui ménagent avec une fi grande économie la cire & le terrain, abandonnent leur plan géométrique, leur économie, la beauté & l'élégance de leur architecture, lorfqu'il s'agit d'élever le palais dans lequel une reine doit naître & être foignée. L'intention des abeilles eft, fans doute, de loger leur reine d'une manière diftinguée ; la cellule qu'elle lui deftinent, qui paroît une maffe informe & fans goût, eft probablement pour elles un palais magnifique, & d'une élégance bien fupérieure aux cellules ordinaires. (*Fig. 6. Pl. 1. a, a, a,* pag. 15.)

Les abeilles placent quelquefois ces cellules royales fur le milieu d'un gâteau, fans craindre de leur facrifier un nombre affez confidérable de cellules communes pour leur fervir de bafe ou de fupport : d'autres font attachées le long des côtés d'un gâteau qui ne touche point les parois de la ruche : affez communément elles choififfent les bords inférieurs d'un gâteau, où elles les attachent en forme de gland. Leur pofition n'eft point la même que celle des cellules ordinaires. M. de Réaumur a obfervé qu'il eft affez

conftant que leur axe foit dans un plan vertical ; enforte que leur longueur fe trouve être prefque perpendiculaire à celles des cellules des ouvrières & des faux - bourdons. Swammerdam, qui a fi bien décrit leur forme intérieure & extérieure, leur emplacement fur les gâteaux, ne dit rien de leur pofition relativement à celle des autres ; il fe contente de la déterminer par les deffins qu'il en a donnés : ils peuvent induire en erreur, parce qu'on y voit que l'axe de la cellule royale a un plan vertical comme les autres ; tandis que M. de Réaumur a obfervé qu'il étoit prefque perpendiculaire à celui des cellules communes.

Une cellule royale reffemble, quand elle n'eft que commencée, au calice d'un gland de chêne, dont le pédicule difparoît à mefure que les abeilles finiffent de la conftruire : fa furface intérieure eft très-unie ; l'extérieure eft raboteufe & inégale lorfqu'elle eft terminée ; elle eft alors d'une figure oblongue, qui reffemble affez bien à une poire peu groffe dans fon milieu, dont l'intérieur feroit creufé. Les abeilles n'épargnent rien de ce qui peut contribuer à rendre ces cellules des édifices très-folides : la cire qu'elles emploient avec une fi grande économie, quand elles bâtiffent leurs propres cellules, eft prodiguée pour celles-ci. M. de Réaumur, étonné de leur grandeur prodigieufe, voulut s'affurer quel étoit le poids de ces cellules royales relativement aux communes. Pour cet effet, il en pefa une qui n'avoit point encore toute fa longueur, & qui n'étoit pas des plus grandes : il trouva qu'il falloit environ cent cellules communes pour égaler le poids d'une cellule royale ; il en conclut qu'il pourroit s'en trouver de telles qui en pèferoient cent cinquante. Leur longueur intérieure, ou leur axe, est de quinze à feize lignes ; leur capacité intérieure est, par conféquent, beaucoup plus grande que celle des cellules ordinaires ; leur plus grand diamètre est en même proportion.

Section III.

Defcription des Cellules des Faux-Bourdons, des Abeilles ouvrières, & de leur figure géométrique.

Les alvéoles ou cellules des faux-bourdons & des abeilles ouvrières, ne diffèrent que par la grandeur ; leur figure, leur forme intérieure & extérieure font abfolument les mêmes : dans leurs conftructions, les ouvrières obfervent les mêmes règles & les mêmes proportions. Ces cellules font un tuyau exagone, dont un bout est ouvert, & l'autre fermé par un fond pyramidal. (*Voy. Fig.* 10, *Pl.* 1, page 15.) Ce fond pyramidal est compofé de trois lames ou pièces quadrilatères, *fig. 7.* Chaque quadrilatère a fes deux angles oppofés égaux ; deux font obtus & deux aigus. M. Maraldi, qui a parfaitement faifi la figure des alvéoles, & la manière dont toutes les pièces font unies enfemble, prérend que chacune de ces lames quadrilatères, dont le fond pyramidal est compofé, est un rhombe dont les deux grands angles ont chacun 110 degrés environ : les deux petits, par conféquent, 70 chacun. Swammerdam & M. de Réaumur,

ont obfervé bien des variétés dans les figures de ces lames, qui compofent la bafe pyramidale des alvéoles. Il y en a qui leur ont paru s'approcher du quarré parfait ; d'autres s'en éloigner infiniment. Ces fortes d'imperfections que commettent les abeilles dans leurs ouvrages, font rares, à la vérité : quand il leur arrive de faire des fautes, elles les réparent, ou y remédient de façon qu'elles font très-peu fenfibles, qu'elles ne nuifent point à la folidité, ni à l'élégance, ni à la régularité de leurs ouvrages. Ces défauts dans l'architecture des édifices des abeilles étant fort rares, on peut donc affurer que la forme conftante de ces lames quadrilatères qui fervent de fond aux alvéoles, est un rhombe tel que celui dont M. Maraldi a déterminé les angles.

Ces trois rhombes joints enfemble, de façon qu'un de leurs plus grands angles fe trouve au fommet de la bafe pyramidale, forment, par leur réunion, la bafe fur laquelle repofe le tuyau exagone de l'alvéole. Le fond d'un alvéole est donc une cavité pyramidale formée par trois rhombes égaux, dont chacun a fourni un de fes angles obtus, & les deux côtés qui le forment. Il ne faut pas fe repréfenter la circonférence de cette bafe pyramidale, telle que celle d'une vraie pyramide qui n'a que trois aires, & dont la bafe, par conféquent, n'a que trois côtés, parce qu'alors la bafe de cette pyramide n'est compofée que de trois triangles. Le fond pyramidal d'un alvéole est compofé, au contraire, de trois rhombes ; il doit donc avoir fix côtés, dont chaque rhombe en fournit deux ; & six angles , dont trois faillans & trois rentrans. Chaque rhombe qui fournit feul un angle faillant , fournit auffi un des côtés qui forment les angles rentrans de la bafe pyramidale. Les angles faillans de la bafe de ce fond pyramidal , font donc ceux qui font oppofés aux angles du fommet de la pyramide , & les angles rentrans ceux qui font formés par les fix côtés des rhombes qui ne fe touchent pas, tandis que les fix autres qui fe touchent & font unis enfemble , forment l'angle folide de la cavité pyramidale. Ces fix côtés, qui forment par leur jonction les trois angles rentrans , font la bafe fur laquelle repofent les fix lames de cire, qui, par leur réunion, forment le tuyau exagone ou le corps de la cellule.

Les fix lames dont le tuyau exagone eft compofé, font fix trapèzes. (*Fig. 8* , *Pl. 1* , page 15.) Swammerdam affure qu'ils font conftamment égaux. M. de Réaumur , au contraire , a obfervé qu'il y en a toujours deux plus petits que les autres. Chaque trapèze a deux grands côtés parallèles (*a, a, a, a,*) qui font inégaux , & deux petits qui ne font ni égaux ni parallèles, (*b, b.*) Le plus petit de ces côtés joint les deux grands en tombant fur eux perpendiculairement ; il forme par conféquent avec eux deux angles droits : l'autre petit côté qui lui eft oppofé , qui doit repofer fur le fond pyramidal , s'unit aux deux grands en prenant une direction oblique , & fait avec eux deux angles inégaux.

Ces fix trapèzes réunis, de manière que tous les plus petits côtés

qui fe joignent aux grands par une direction perpendiculaire , fe trouvent enfemble à l'entrée de l'alvéole , forment le tuyau exagone ou le corps de la cellule; étant unis par leurs plus grands côtés, ils doivent former un tuyau dont un des bouts aura trois angles faillans , trois rentrans , & par conféquent fix côtés. Les angles faillans feront formés par la réunion des deux plus grands côtés de deux trapèzes , & les rentrans par les deux autres côtés qui leur font parallèles. Le tuyau exagone aura donc autant d'angles & de côtés , de même valeur, à un de fes bouts, que la bafe pyramidale. C'eft par cette extrémité, qui a trois angles rentrans & trois faillans, que le tuyau exagone eft joint à fa bafe, qui a le même nombre d'angles, de même nature & de même valeur. Pour que le tuyau s'uniffe à fa bafe, afin de former avec elle l'alvéole , il eft néceffaire que les angles faillans du tuyau s'engrènent dans les angles rentrans de la bafe, dont les angles faillans doivent auffi être reçus dans les angles rentrans du tuyau : c'eft ce qui a lieu ; autrement ces deux corps ne pourroient point fe réunir pour former l'alvéole. Voici de quelle manière on peut concevoir cet affemblage.

Deux trapèzes joints enfemble par leurs plus grands côtés, forment une arête qui eft terminée par un angle faillant , formé par les deux petits côtés des deux trapèzes, dont la direction eft oblique. Chacun de ces deux trapèzes va fe repofer par fon petit côté oblique, fur un des côtés vides d'un des rhombes qui fait partie de la bafe pyramidale;

de forte que l'angle faillant que forment ces deux trapèzes réunis par leurs plus grands côtés, se trouve reçu dans l'angle rentrant qui est formé par deux rhombes de la base, dont chacun fournit un côté. Chaque angle rentrant de la base reçoit donc l'angle faillant que forment deux trapèzes lorsqu'ils sont unis par leurs plus grands côtés.

Quoiqu'on se soit servi des termes de rhombes, de trapèzes, de lames, &c. pour expliquer de quelle manière les alvéoles sont construits, ce n'est pas à dire qu'ils soient composés de pièces rapportées comme le seroit une boîte en bois de même figure; ils sont construits avec une matière continue, telle que de la pâte ou de la colle : cela est si vrai, qu'il est impossible de désassembler toutes les pièces dont un alvéole paroît construit sans les briser ou les couper.

Les alvéoles des faux-bourdons ne diffèrent de ceux des abeilles ouvrières que par leur grandeur : étant plus gros que les ouvrières, il leur falloit par conséquent des cellules d'une plus grande capacité. M. de Réaumur, qui a toujours mis toute la précision & toute l'exactitude qu'on peut desirer, dans ses expériences & ses observations, a trouvé que le diamètre d'une cellule d'ouvrière étoit constamment de deux lignes & deux cinquièmes ; leur longueur, quoique moins constante que le diamètre, de cinq lignes & demie. Le diamètre des cellules des faux-bourdons, à peu près de trois lignes un tiers ; leur longueur de huit lignes, & quelquefois plus : on en trouve de moins profondes, ce qui est assez rare.

Swammerdam avoit donné les mêmes mesures.

SECTION IV.

Motif de la Figure exagone que suivent les Abeilles dans la construction des Alvéoles.

Quand on considère dans ces gâteaux construits par les abeilles, la symétrie, la régularité qui règnent dans l'arrangement des cellules dont ils sont composés, la délicatesse, la solidité qui résultent de la forme exagone qu'elles leur donnent, on seroit tenté de croire que c'est l'ouvrage d'un artiste intelligent & adroit, plutôt que celui d'une mouche ; que la géométrie la plus sublime, après en avoir donné le plan, a présidé à l'exécution. Les abeilles seules sont cependant tout à la fois les géomètres, les architectes qui dessinent & bâtissent ces édifices admirables, sans d'autre secours que leur industrie naturelle, avec la seule cire qu'elles ramassent dans le calice des fleurs, qu'elles préparent elles-mêmes, & qu'elles emploient avec la plus grande économie dans un espace très-limité, où il faut bâtir vingt-cinq ou trente mille cellules, quelquefois plus, & n'y employer que très-peu de matière, parce qu'elle donne beaucoup de peine à recueillir, à préparer, & que souvent elle peut être très-rare : dans de pareilles circonstances il faut bien user d'une grande économie, sans cependant qu'elle porte préjudice à la beauté & à la solidité des édifices.

Pour ménager le terrain qui est si borné, la matière, dont la récolte & la préparation sont si pénibles,

les abeilles ne pouvoient pas imaginer un plan d'édifice plus convenable à leur économie , que les gâteaux composés de deux rangs d'alvéoles d'une figure exagone , adossés les uns aux autres par leur base. Un gâteau avec un seul rang de cellules , auroit exigé un fond comme celui qui en a deux : voilà donc une profusion de matière qui est épargnée dans celui qui a deux rangs , parce que le même fond sert aux cellules qui sont adossées par leurs bases. Deux gâteaux à un seul rang de cellules , tels que ceux que construisent les guêpes , occuperoient un plus grand espace de terrain qu'un seul gâteau à deux rangs. Dans la construction de leurs habitations , les abeilles ont donc bien ménagé le terrain & la matière.

La forme exagone que les abeilles donnent à leurs cellules , répond parfaitement à leurs vues d'économie , & leur est en même tems la plus avantageuse. Il semble d'abord que la figure sphérique auroit été plus commode , parce que c'est celle qui approche le plus de la figure de leur corps ; mais à quelle dépense de cire ne les eût-elle pas obligées ? On conçoit que des tuyaux ronds arrangés les uns sur les autres , laissent des vides très-grands qu'elles auroient été obligées de remplir. Les côtés d'une cellule n'auroient donc point servi à former ceux d'une autre. Cette forme de construction ne convenoit par conséquent en aucune manière aux édifices des abeilles , parce que leur économie ne s'en feroit point accommodée. La figure triangulaire ou quarrée , quoique moins dispendieuse , ne répondoit point encore

à l'intention qu'elles avoient d'économiser le plus qu'il leur étoit possible. Dans des cellules triangulaires ou quarrées , le corps de l'abeille n'en auroit pas pu remplir toute la capacité : une partie du terrain auroit donc été perdue , puisque dans un espace donné , elles n'auroient pas pu en bâtir autant que de celles dont la figure est exagone. Le plan que suivent les abeilles dans la construction de leurs édifices , est par conséquent celui qui réunit le plus d'avantages , & qui remplit mieux leur objet d'économie. En effet , le contour d'un alvéole est une cloison commune qui sert à ceux qui lui sont adhérens & qui n'en ont pas d'autre. Les cellules construites sur ce plan se touchent exactement de tous côtés ; le terrain est par conséquent bien ménagé , puisqu'il ne reste aucun vide.

Il est démontré que , de toutes les figures qui peuvent se toucher par tous leurs côtés , l'exagone est celle qui , dans une capacité donnée , fournit la plus grande aire : elle donne par conséquent aux cellules des abeilles la plus grande capacité qu'elles puissent avoir dans un espace donné.

On pourroit croire qu'un fond plat qui serviroit de base au tuyau exagone , dépenseroit moins de cire qu'un fond pyramidal composé de trois rhombes. Mais outre qu'un fond plat ne conviendroit point aux abeilles , parce qu'il est nécessaire que l'œuf que la reine y place puisse rester fixé à l'angle du fond de la cellule ; il est très-certain que cette cavité pyramidale qui en fait la base dépense moins de cire qu'un fond plat. M. Kœnig a démontré dans un de ses savans mémoires qu'il lut à l'académie des sciences en 1739, que les abeilles, en préférant les fonds pyramidaux aux fonds plats, économisoient tellement la cire, que de deux cellules qui auroient le même axe, dont une auroit un fond pyramidal, & l'autre un fond plat, celle qui seroit à fond pyramidal auroit la quantité de cire qui est employée à faire un fond plat de moins.

Les abeilles seroient de mauvaises économes, si les ouvrages qu'elles font avec si peu de dépenses n'avoient pas une solidité convenable : elles s'exposeroient à les recommencer ou à les réparer souvent, & perdroient beaucoup de tems à ces sortes de réparations, dans une saison où il est précieux pour leurs récoltes. Quoique les murs de leurs édifices soient d'une délicatesse extrême, d'une finesse qu'on peut à peine comparer au papier le plus mince, ils sont malgré cela très-solides. Cette qualité qui est essentielle, résulte du plan qu'elles ont adopté dans la construction de leurs édifices. Tous les alvéoles dont un gâteau est composé, étant adossés les uns aux autres, ne font qu'un corps : le tuyau, par conséquent, de chaque alvéole, est appuyé par ses six côtés contre six autres alvéoles, à chacun desquels il sert de cloison pour un sixième. La base est appuyée de même contre trois autres, & elle contribue d'un tiers au fond pyramidal de trois alvéoles : il est aisé de s'en convaincre en perçant avec trois épingles les trois rhombes d'une alvéole : qu'on retourne ensuite le gâteau, on verra la pointe des épingles dans trois cellules. (*Voyez Fig. 9, Planche 1*, page 15.) Elles se soutiennent donc mutuellement par leurs côtés & par leurs angles : celui du fond de la pyramide d'une cellule, repose sur celui que forment les deux trapèzes réunis d'une cellule de l'autre côté du gâteau. De même les angles que forment les six trapèzes réunis d'un tuyau exagone, qui sont concaves en dedans, & convexes en dehors, soutiennent, par leur convexité, les trapèzes qui sont employés à former d'autres cellules en dessus, en dessous, & latéralement : ces trapèzes, appuyés sur les angles qui leur servent d'arc-boutant, tiennent par conséquent contre la force qui tendroit à les séparer. Tous ces angles sont donc fortifiés & soutenus les uns par les autres.

Dans la construction de leurs édifices, il semble que les abeilles aient eu ce problême à résoudre, « de » bâtir le plus solidement qu'il soit » possible, dans le moindre espace » possible, & avec la plus grande » économie possible. » Quelques auteurs un peu trop prévenus contre les talens géométriques des abeilles, ont prétendu rendre raison de leur travail, en le comparant à ce qui arrive lorsqu'on place des boules de cire sur une table qui a des rebords : étant pressées, elles cherchent à occuper le plus d'espace possible dans un endroit limité ; elles prennent par conséquent une figure exagone : les cellules des abeilles étant de même contiguës dans un endroit limité, elles doivent aussi prendre cette figure. L'éloquent & savant auteur de l'*Histoire Naturelle*, dans son discours sur la nature des animaux, trop prévenu contre l'esprit géométrique qu'ont accordé aux abeilles les philosophes qui les ont observées dans la construction de leurs ouvrages, a voulu rendre raison de la figure exagone qu'elles donnent à leurs cellules, par une comparaison qui ne répond point à toutes les conditions du problême. Voici comment il s'explique. « Qu'on remplisse un » vaisseau de pois, ou plutôt de » quelqu'autre graine cylindrique, » & qu'on le ferme exactement » après y avoir versé autant d'eau » que les intervalles qui restent en- » tre ces graines en peuvent con- » tenir ; qu'on fasse bouillir cette » eau, tous ces cylindres devien- » dront des colonnes à six pans : » on en voit clairement la rai- » son, qui est purement mécanique. » Chaque graine, dont la figure est » cylindrique, tend par son renfle- » ment, à occuper le plus d'espace » possible dans un espace donné ; » elles deviennent donc toutes » nécessairement exagones par la » compression réciproque. Chaque » abeille cherche à occuper de mê- » me le plus d'espace possible dans » un espace donné ; il est donc né- » cessaire aussi, puisque le corps de » l'abeille est cylindrique, que leurs » cellules soient exagones, par la » même raison des obstacles réci- » proques. »

Qu'il me soit permis de répondre à l'éloquent auteur de l'*Histoire Naturelle*, que cette comparaison du mécanisme des abeilles dans la construction des alvéoles, de même que cette autre qu'il apporte des dix mille automates qui feroient

renfermés dans un même endroit ; &c. n'offrent point la solution du problême, ni la raison de la figure exagone que les abeilles donnent à leurs édifices. Que deviennent ces comparaisons, lorsqu'on reconnoît que les six pans de cellules ne sont pas égaux ; qu'il y en a deux qui sont constamment plus petits que les autres, ainsi que l'a démontré M. de Réaumur dans son huitième Mémoire sur les abeilles, pag. 398. Les mêmes ouvrières construisent les cellules des faux-bourdons, qui sont plus grandes que les leurs, & qu'on trouve placées indifféremment sur les gâteaux. Leurs dimensions varient dans un rapport déterminé, à la taille des vers qui doivent y croître : c'est encore ce que M. de Réaumur a prouvé en déterminant, d'après les mesures qu'il a prises, le diamètre & l'axe de ces différentes cellules, qui varient selon la taille du ver qui l'occupe. Swammerdam avoit aussi observé cette variété dans le diamètre & l'axe des cellules des faux-bourdons & des ouvrières ; il en avoit donné les mêmes mesures que M. de Réaumur a trouvées ensuite. Après cela, comment est-il possible de dire avec M. de Buffon, « que chaque abeille » cherchant, comme les pois, à » occuper le plus d'espace possible, » dans un espace donné, il est né- » cessaire aussi, puisque le corps de » l'abeille est cylindrique, que leurs » cellules soient exagones, par la » même raison des obstacles réci- » proques. »

Le fond de chaque cellule est une cavité pyramidale composée de trois rhombes assez constamment

égaux

égaux & femblables, comme l'a obfervé Swammerdam, & M. Maraldi, qui a donné la mefure de leurs angles. M. de Réaumur a remarqué que les abeilles oublioient quelquefois leurs proportions; qu'il y avoit de ces rhombes qui approchoient beaucoup du quarré parfait, tandis que d'autres s'en éloignoient infiniment; ce qui ne devroit jamais arriver, fi la comparaifon que veut établir M. de Buffon étoit exaêtemement vraie. Les abeilles, comme l'ont obfervé ces favans naturaliftes, commencent toujours par établir la bafe pyramidale, qui font les trois rhombes réunis; elles élèvent enfuite peu à peu les trapèzes du tuyau exagone: fouvent l'ouvrage eft interrompu & repris: une feule abeille ne bâtit pas une cellule, plufieurs y travaillent. Elle eft ébauchée par les unes, dégroffie par d'autres, qui laiffent le foin à de plus habiles, peut-être, de la finir, & de lui donner le degré de poli qu'elle doit avoir. Un alvéole eft donc l'ouvrage de plufieurs abeilles qui fe fuccèdent, fe remplacent dans la conftruêtion de cet édifice.

Que deviennent enfin toutes les comparaifons mécaniques qu'on fe plaît à établir pour rendre raifon des ouvrages des abeilles, quand on confidère les cellules qui fervent de berceau aux reines! Ces fortes de cellules n'ont aucun rapport aux autres pour la grandeur, puifque leur axe, leur grand diamètre font au moins le double de ceux des cellules des faux-bourdons, qui font encore plus grandes que celles des ouvrières. La figure des cellules des faux-bourdons & des ouvrières

Tom. I.

eft exagone, leur bafe eft pyramidale: celles des reines font oblongues, plus groffes dans le milieu qu'aux extrémités; leur diamètre n'eft point par conféquent uniforme; elles font ifolées; il eft affez rare d'en voir deux à côté l'une de l'autre: leur extérieur eft raboteux & groffier; cependant les mêmes ouvrières conftruifent les unes & les autres. Tout cela ne démontre-t-il pas, ainfi que l'obferve judicieufement M. Bonnet dans fes *Confidérations fur les Corps organifés*, tom. III, pag. 294, que la conftruêtion des cellules des abeilles n'eft point le fimple réfultat d'une mécanique auffi groffière que l'a penfé M. de Buffon?

SECTION V.

Talens des Abeilles dans la conftruction de leurs édifices. Quelle matière emploient-elles, & quels font les inftrumens dont elles fe fervent?

C'eft toujours au fommet intérieur de la ruche que les abeilles jettent les fondemens de ces édifices admirables par leur régularité, leur figure, leur extrême délicateffe, & leur folidité. Une forte attache appliquée en forme de main au haut de la ruche, règne le long des deux côtés du gâteau, afin que fon poids, quand il fera prolongé, ne l'entraîne point fur le fupport de la ruche. Leur ardeur pour le travail feroit peu fatisfaite d'un premier édifice; peu d'entr'elles feroient occupées, tandis que le plus grand nombre demeureroit dans l'inaêtion: c'eft pour feconder cette ardeur, qu'on les voit bientôt jeter les fondemens d'un fecond & d'un troifième gâteau, lorfque le premier eft à peine ébauché ; ayant plufieurs ouvrages à conduire en même tems, un plus grand nombre peut y travailler : c'eft alors qu'on juge de leur activité , par l'ardeur avec laquelle toutes fe portent à l'ouvrage. Quand elles font fortement occupées, que la reine preffe les travaux, à caufe de la ponte qu'elle doit faire inceffamment, on croiroit que tout eft dans le trouble & la confufion parmi les ouvrières. Les unes prolongent les pans d'un alvéole , ou commencent à les attacher à leur bafe ; d'autres viennent profiter d'un moment où l'ouvrage encore tout frais eft fufceptible de recevoir le premier poli, tandis que d'autres fur le côté oppofé du même gâteau , profitent des bafes déjà conftruites pour y appuyer le corps d'une autre cellule.

Qu'on ne fe flatte pas de pouvoir confidérer les abeilles à fon aife , dans ces inftants où elles font fort occupées ! Ce n'eft que quand l'ouvrage eft bien avancé qu'on peut , avec de la patience, obferver dans des ruches vitrées comment elles conduifent leurs travaux : le plus grand nombre fe trouve alors à la provifion ; il n'en refte que très-peu pour donner la dernière main à l'ouvrage , & ce peu permet d'obferver avec quel art ces infectes bâtiffent leurs cellules. Swammerdam, après tant de découvertes fur l'hiftoire naturelle des abeilles , avoue ingénument qu'il ignore comment elles parviennent à élever leurs édifices ; il dit feulement qu'il eft perfuadé que leurs dents font le principal inftrument dont elles fe fervent.

La cire que les abeilles font fortir

de leur fecond eftomac , eft la matière qu'elles emploient dans la conftruction de leurs édifices ; leur langue & leurs dents , font les inftrumens qui mettent en ufage cette matière , que l'eftomac , après l'avoir préparée, renvoie à la bouche : toute autre cire , même celle de leurs gâteaux, ne pourroit point fervir : qu'on leur en donne de la vieille , elles n'y toucheront pas : fi on leur offre des rayons d'une autre ruche , elles les briferont avec les dents pour fucer le miel qui s'y trouve , & laifferont les fragmens fans les employer.

Pour concevoir la manière dont les abeilles bâtiffent leurs cellules , il faut fe rappeler ce qui a été dit de leur figure exagone ; que la bafe d'une cellule étoit compofée de trois rhombes réunis qui formoient une bafe pyramidale à fix côtés. C'eft par un des rhombes que les abeilles commencent l'édifice ; lorfqu'il eft placé, elles attachent fur deux de fes côtés qui forment un angle faillant de la cavité pyramidale , deux pans ou trapèzes du tuyau exagone qu'elles ne prolongent que très-peu , afin qu'il foit plus en état de les porter quand elles travaillent , fans le brifer ; ce qui arriveroit s'il étoit plus long. Elles placent enfuite le fecond rhombe , en lui donnant, fur le premier, l'inclinaifon qu'il doit avoir pour que la bafe pyramidale puiffe être fermée par le troifième , en lui donnant les mêmes proportions qu'aux deux autres : elles attachent encore fur les deux côtés de ce rhombe qui forment l'angle faillant de la bafe pyramidale , deux autres pans du tuyau exagone ; enfin , elles ajoutent le troisième rhombe pour fermer la cavité pyramidale, & sur ses deux côtés elles attachent les deux derniers pans du tuyau exagone ; par ce moyen la cellule est fermée.

Lorsque l'abeille veut bâtir une pièce de la base ou du corps de la cellule, il sort de sa bouche une liqueur mousseuse, ou une espèce de gelée assez compacte qui est poussée par la langue hors de la bouche. Pour faciliter la sortie de cette liqueur, la langue qui est obligée de prendre diverses formes, est dardée en avant & retirée dedans la bouche avec une vîtesse extrême ; tant qu'elle pousse la liqueur en dehors, sa figure ne cesse de varier ; elle paroît d'abord pointue comme la langue d'un serpent ; on la voit ensuite large & aplatie ; & dans de certaines circonstances, un peu concave. Lorsque la liqueur mousseuse, qui prend tout de suite une consistance un peu solide, a été appliquée par la langue, les dents alors agissent pour la comprimer, en la battant entr'elles avec une précipitation étonnante. Après qu'une abeille a employé la matière qu'elle avoit préparée, elle se retire pour céder sa place à une autre qui arrive avec des matériaux tout prêts.

Les abeilles ne s'occupent pas d'abord à polir leurs ouvrages, ni à leur donner cette délicatesse qu'ils auront par la suite : avec toute leur adresse, elles n'y réussiroient pas ; leur propre poids renverseroit un ouvrage frais qui seroit trop mince pour les soutenir. Ce n'est qu'avec beaucoup de peine, de tems & de travail, qu'elles les perfectionnent : après avoir été ébauchés solidement, elles les reprennent pour les polir

peu à peu ; on en voit alors entrer la tête la première dans les cellules ébauchées, pour gratter, ratisser les parois & le fond avec leurs dents ; elles sortent ensuite avec une petite boule de cire de la grosseur d'une tête d'épingle, qu'elles portent ailleurs. A peine en est-il sorti une, qu'une autre la remplace pour polir, ratisser à son tour, & emporter au bout de la pince que forment les dents réunies, une petite boule de cire. Dans ce travail, leurs dents continuellement en action, imitent assez bien le jeu d'une pince en ratissoire dont le mouvement seroit extrêmement précipité ; elles agissent donc l'une contre l'autre, en ratissant avec vîtesse les murs des édifices qu'elles veulent polir ; par ce jeu précipité, elles détachent de petits fragmens de cire dont elles forment la boule qu'elles emportent ; si c'est une pièce brute qu'elles entreprennent de dégrossir, la boule de cire est bientôt faite ; mais quand elles donnent le dernier poli, elles sont plus long-tems à la faire. M. de Réaumur, qui n'a pu observer quelle étoit la destination de ces boules de cire, pense qu'elles sont employées à ébaucher d'autres cellules ; cette opinion est d'autant plus vraisemblable, que cette cire, encore toute molle & pétrie avec leurs dents, a assez de ductilité pour être employée ; peut-être aussi qu'étant mêlée avec celle qui sort de leur bouche, elle a toutes les qualités convenables pour être mise en usage. Quoi qu'il en soit, il est très-certain qu'on ne trouve aucun de ces fragmens dans la ruche, & que les abeilles fort occupées ne sortent point pour les emporter.

On peut s'affurer de l'ordre & de la difpofition du travail des abeilles, fans prendre la peine de les obferver. Qu'on détache un gâteau qu'aura fait un effaim placé depuis peu dans une ruche, on remarquera un nombre confidérable de cellules ébauchées, dont les unes n'auront encore que la bafe, d'autres un pan ou deux du tuyau exagone un peu prolongés; d'autres enfin, dont tous les pans feront attachés à leur bafe, & n'auront qu'une ligne & demie ou deux de longueur. Le gâteau qui paroîtra un ouvrage raboteux & imparfait, ne peut être mieux comparé qu'à un édifice auquel on a laiffé des pierres d'attente, pour le continuer quand on voudra.

SECTION VI.

Pofition des Alvéoles & des Gâteaux dans une Ruche.

Les alvéoles que conftruifent les abeilles font des cellules contiguës qui forment, par leur affemblage, ces édifices connus fous le nom de *gâteaux* ou *rayons* (*fig. 6, pl. 1*, p. 15) attachés au fommet intérieur de la ruche, par le moyen de la cire que les abeilles appliquent & étendent; ils defcendent affez perpendiculairement fur la table de la ruche : quelquefois il arrive que leur direction s'étant, au commencement, un peu écartée de la perpendiculaire, elle devient oblique. Ils font toujours parallèles entr'eux, quelquefois avec le grand côté de la ruche, s'ils font inégaux; le plus fouvent, avec le côté du devant, lors, même qu'il eft un des plus petits. Entre les fuperficies des deux

gâteaux parallèles, les abeilles ont foin de laiffer un intervalle affez confidérable pour qu'elles puiffent marcher librement fur chaque furface fans fe toucher; elles ménagent auffi plufieurs ouvertures fur le grand côté de tous les gâteaux, afin d'avoir moins de chemin à faire, lorfqu'il eft néceffaire d'aller de l'un à l'autre. L'ouverture des cellules eft toujours placée fur la grande fuperficie de chaque côté du gâteau, de manière que les axes des deux cellules adoffées par leur bafe, le traverfent entiérement. Le gâteau eft par conféquent perpendiculaire à l'axe des cellules, qui eft lui-même horizontal.

SECTION VII.

Ufage & deftination des Alvéoles.

Quand on obferve à la hâte ce qui fe paffe dans une ruche, en voyant entrer les abeilles la tête la première dans les alvéoles, on pourroit croire qu'ils font autant de cellules qu'elles ont bâties pour leur fervir de retraite. Ces cellules ne font point un lieu de repos où elles fe délaffent pendant la nuit des travaux pénibles de la journée; c'eft contre les parois intérieures de la ruche, quelquefois en dehors, quand la chaleur eft exceffive, qu'elles fe repofent pour prendre de nouvelles forces; c'eft-là qu'attachées les unes aux autres en forme de grappe de raifin, elles attendent que le foleil paroiffe pour reprendre leurs occupations. Ces cellules font des édifices publics où les abeilles prennent naiffance, où elles font foignées & élevées pendant leur enfance; paffé cet âge, la propriété particulière cesse & devient commune à tout l'état : elles sont alors destinées à servir de magasins où l'on met en réserve, pour les tems de disette, la provision de miel & de cire brute qu'on ramasse pendant la belle saison.

Si on observe avec attention la superficie d'un gâteau, on y remarquera des cellules ouvertes, dans lesquelles on appercevra des œufs collés au fond, dans l'angle de la base pyramidale que forment les trois rhombes réunis ; dans d'autres, on verra des vers nager, pour ainsi dire, dans une espèce de bouillie ou de gelée qui leur sert de nourriture, & que les abeilles remplacent à mesure que les vers la consomment pour leur accroissement ; d'autres seront fermées par un couvercle, ou une lame de cire très-mince. Si on enlève avec adresse ce couvercle, en se servant d'une lame de couteau, on y observera une nymphe qui est sur le point de passer de cet état à celui d'abeille. D'autres enfin, fermées par une espèce de cataracte, offriront le miel & la cire brute qu'elles contiennent, qui sont les provisions auxquelles les abeilles ont recours lorsque le tems ne leur permet pas de sortir, ou que la campagne est dépourvue de cette sorte de nourriture, qu'elles y trouvent en abondance dans la saison des fleurs.

Les cellules qui ont servi pour l'éducation des abeilles, dès qu'elles en sont sorties, changent pour l'ordinaire de destination, en devenant des magasins où ces pourvoyeuses infatigables déposent le miel & la cire brute qu'elles amassent pendant la saison propre à cette récolte. Si la campagne leur offre une grande abondance, elles leur donnent plus d'étendue & de capacité, en prolongeant le tuyau, ce qui est cause que la surface d'un gâteau n'est point égale : dans des endroits, elle paroît concave ; dans d'autres, convexe, à cause de l'inégalité de la profondeur des cellules

SECTION VIII.

Du nombre d'Alvéoles que peut contenir une Ruche.

Le nombre des alvéoles ou cellules d'une ruche, est proportionné à sa population ; si elle contient beaucoup d'abeilles, c'est une preuve qu'il y a eu beaucoup de jeunesse à élever, qu'il a fallu par conséquent une quantité considérable de cellules pour loger ces insectes pendant le tems de leur éducation, & bien de magasins pour serrer les provisions nécessaires à tant d'individus. Swammerdam ouvrit une ruche le 10 du mois de Mars, où l'on avoit mis, au mois de Juin de l'année précédente, un essaim dont les abeilles moururent toutes dans le mois de Février suivant ; les alvéoles que cet essaim avoit construits, formoient neuf gâteaux qui contenoient en tout vingt-deux mille cinq cents soixante-quatorze cellules, soit à élever les abeilles, soit à serrer la cire brute. Il y en avoit sept mille huit cents quatorze qui avoient servi de logement à des vers d'abeilles, ce qu'il reconnut aux fils de soie dont les vers tapissent leurs cellules avant de se transformer en nymphes ; les autres étoient disposées de façon à servir de magasins pour y déposer le miel & la cire brute.

On peut conjecturer, par le nombre de ces cellules que les abeilles avoient bâties depuis le mois de Juin jusqu'à la fin de Septembre, combien elles en auroient encore construites depuis le mois de Mars jusqu'au mois de Juillet, & même d'Août, dans les endroits principalement où elles trouvent, pendant toute la belle saison, de la cire brute à recueillir ; ce nombre auroit pu aller jusqu'à plus de cinquante mille. M. de Réaumur, dans un gâteau de quinze pouces de long sur dix de large, assure qu'on doit y trouver environ neuf mille alvéoles sur les deux surfaces ; leur diamètre étant connu & déterminé, il est fort aisé de s'assurer par soi-même de la vérité d'un fait qui paroît surprenant, quand on n'a pas observé les abeilles.

ALVIN, ou ALEVIN. Nom qu'on donne aux menus poissons dont on se sert pour peupler les étangs. On les appelle encore *feuille*. (*Voyez* le mot ÉTANG)

ALUN, PHARMACIE. Sel neutre, composé d'acide vitriolique & d'une terre approchante de l'argile. Ce sel est inodore : sa saveur est acerbe & très-austère ; il prend la forme d'un octaèdre régulier dans sa cristallisation. Si on l'expose à l'air libre ou dans quelque lieu humide, il se couvre alors d'une légère efflorescence, & elle diminue son espèce de transparence. L'eau froide dissout l'alun, mais en petite quantité ; & il se dissout bien plus copieusement dans l'eau bouillante ; si on le soumet à l'action du feu, il se liquéfie & finit par se changer en une masse spongieuse, blanche, sèche & très-friable. C'est ce que l'on nomme, dans les boutiques, *alun calciné*. Si, dans cet état, on le dissout dans l'eau, & si l'on fait ensuite évaporer cet alun, il reprend sa première forme.

L'on vend dans les boutiques trois sortes d'*alun* : savoir, l'alun de *roche* ou de *glace*, à cause de sa ressemblance à la glace ; l'alun de *Rome* & l'alun de *plume*. Le premier nous est apporté d'Angleterre & du pays de Liége. On voit entre Argenteau & Hui, une très-belle alunière ; & il y en a plusieurs dans les environs, ou plutôt c'est la même couche, exploitée dans différens endroits. L'alun est contenu dans une terre schisteuse. A Reys, par exemple, on le tire à la profondeur de vingt à trente toises. Cette terre, d'un bleu noirâtre, est dans un état de pâte, & elle se durcit au soleil ; alors les masses de terre se divisent sans peine par feuillets, & entre ces feuillets, on apperçoit des cristallisations de ce sel ; elles sont applaties & blanches : on les prendroit, au premier coup d'œil, pour des lames de mica, diversement configurées. La terre qui fournit l'alun en Angleterre, est également une pierre bleuâtre.

On en retire beaucoup de la Solfatare près de Naples, & à moins de frais qu'à Civita-Vecchia. D'un vaste bassin de mille cinq cents pieds de long sur mille de large, sortent des exhalaisons enflammées ; la terre des environs est couverte d'alun en efflorescence ; chaque jour on le ramasse, & on en jette dans des foffés remplis d'eau, jufqu'à ce que cette eau foit fuffifamment chargée de fel ; alors on la filtre & on la verfe dans des baffins de plomb enfoncés dans la terre. La chaleur fouterraine fait évaporer une partie de l'eau ; & lorfqu'elle eft au point néceffaire, on la filtre de nouveau, & on la verfe dans des vaiffeaux de bois pour la faire criftallifer. Les criftaux font blancs & tranfparens comme ceux d'Angleterre & du pays de Liége. Ceux qui feront curieux de connoître la manière d'exploiter les mines d'alun, ufitée dans les différentes parties du globe, peuvent confulter le *Dictionnaire Encyclopédique*, au mot *Alun* ; ces détails font étrangers à notre objet.

L'alun de *Rome* eft rougeâtre : on l'appelle improprement *alun de roche*, parce qu'on le tire d'une pierre fort dure près de Civita-Vecchia. L'*alun de plume* prend ce nom, parce que fes filets déliés reffemblent à la barbe d'une plume.

Il eft inutile de parler ici des quatre efpèces artificielles d'alun qu'on prépare affez inutilement dans les boutiques.

Propriétés. On emploie plus communément, en médecine, l'alun de Rome que les autres : celui-ci eft particuliérement déterfif, defficcatif & ftyptique ; fa dofe, pour l'homme, eft depuis une demi-drachme jufqu'à une drachme ; & pour l'animal, depuis quatre grains jufqu'à trente.

Les auteurs ne font point d'accord entr'eux fur l'ufage qu'on doit faire de l'alun, & fur les cas où il convient de l'employer intérieurement. Cette incertitude prouve au moins qu'on ne doit pas le prefcrire fans avoir auparavant bien examiné l'état du malade.

« L'alun, difent les uns, arrête » toutes les hémorragies en général, » foit internes, foit externes ; ainfi, » il peut être prefcrit avec fuccès » dans les écoulemens du fang, caufés » par l'ouverture de quelques vaif- » feaux dans les premières voies, » dans les crachemens & vomiffemens » de fang, dans le flux des urines en- » fanglantées, dans toutes les pertes » de fang qui arrivent aux femmes » en quelque tems qu'elles leurs » furviennent, pendant leur grof- » feffe & après l'accouchement. » Quelques-uns prétendent, con- » tinue le même médecin, qu'il eft » dangereux d'arrêter le fang par » l'ufage des aftringens ; préjugé » d'autant plus mal fondé à l'égard » de l'alun, qu'il eft détruit par l'ex- » périence ; ce remède n'entraîne » jamais de fuites fâcheufes, pourvu » néanmoins que les vaiffeaux aient » été fuffifamment défemplis, ou » par les pertes de fang, ou par les » faignées. Lorfque la perte de fang » fera arrêtée, ce qui arrive ordi- » nairement après la huitième ou » dixième prife, on diminuera in- » fenfiblement pendant un mois l'u- » fage de l'alun. »

M. Vitet, dans fa *Pharmacopée de Lyon*, répond négativement aux éloges qu'on a donnés à l'alun pour plufieurs maladies. C'eft lui qui parle : « Il eft rare que l'alun foit » utile dans l'hémoptyfie occafion- » née par un effort, l'hémoptyfie » par pléthore, & l'hémorragie » utérine par pléthore ou par blef- » fure. Toutes les autres efpèces de » maladies évacuatoires en éprou- » vent de mauvais effets ; il caufe

» des naufées, des conftrictions dou-
» loureufes dans la région épigaftri-
» que & des coliques ; il fufpend
» l'expectoration ; il irrite les bron-
» ches pulmonaires ; il diminue les
» hémorragies internes, & fouvent
» produit, dans ce cas, des acci-
» dens plus fâcheux que ceux de
» l'hémorragie ; il ne provoque pas
» fenfiblement le cours des urines ;
» un trop long ufage de ce remède
» jette le malade dans le marafme ;
» en conféquence, tenez-vous en
» garde contre tous les vins alu-
» nés. »

Malgré cette contradiction de
fentiment, dans un cas comme défefpéré, dans un vomiffement_de
fang des plus copieux, j'ai donné
l'alun diffous dans l'eau tiède, &
dans la journée même le vomiffement fut arrêté, & le malade n'a
point été incommodé de fon ufage.
Il y a des cas urgens où il convient
d'employer les remèdes les plus actifs ; le praticien prudent fait & a
le tems de réparer les fuites d'un
mal qui eft devenu néceffaire.

On emploie extérieurement l'alun
calciné pour arrêter le fang qui
s'échappe d'une veine ou d'une petite artère. L'agaric, le lycoperdon,
& même le vitriol de Mars, (*voyez*
ces mots) font préférables. L'alun
calciné mis fur les chairs fongueufes
d'un ulcère bénin, fouvent les deffèche, les détruit, & favorife par
ce moyen la cure de l'ulcère.

Pour les entorfes récentes, l'alun
eft un remède affuré ; auffitôt qu'on
s'eft donné une entorfe, fi on n'a
pas de l'alun de roche ou de glace
fous la main, il faut auffitôt plonger la jambe dans l'eau la plus
froide, & même la renouveler de

tems en tems jufqu'à ce qu'on fe
foit procuré d'alun ; alors, caffez
plufieurs œufs frais, au moins trois
ou quatre ; féparez le jaune d'avec
le blanc, & mettez le blanc fur une
affiette ou plat d'étain : frottez ces
blancs contre l'affiette avec un morceau d'alun gros comme une noix,
en tournant circulairement ; l'étain
fait l'office de rape, & détache des
particules très-fines & très-déliées
de l'alun ; ces particules s'uniffent
avec le blanc d'œuf, & forment une
pâte blanchâtre que l'on applique
dans cet état fur la partie où s'eft
formée l'entorfe, le tout enveloppé
avec une ferviette : renouvelez
l'appareil deux fois par jour ; il eft
rare qu'après vingt-quatre ou trente-
fix heures de repos, l'entorfe ne
foit entiérement diffipée.

J'ai vu des perfonnes fujettes à
des douleurs rhumatifmales, porter
fur foi & près de la partie affectée,
de l'alun, & les douleurs ceffer
quelques heures après. La ceffation
des douleurs étoit-elle due à l'action
de l'alun ?

Les fermiers des environs des fabriques d'alun en Angleterre, achè-
tent les cendres leffivées de ces
fabriques pour les employer aux
mêmes ufages que les cendres ordinaires, & M. Home ajoute que le
rebut des cendres des favonniers &
des blanchifferies eft un très-bon
engrais.

A L U N E R. Mot emprunté de
l'art du teinturier, qui fait tremper
dans un bain d'alun certaines étoffes, par exemple, pour les teindre
en cramoifi. Pourquoi faut-il qu'une
meurtrière avidité ait néceffité une
autre acception de ce mot ? On dit
encore

encore *aluner les vins*, & ceux qui les alunent ne font pas punis, quoiqu'ils bleffent plus directement les droits de la fociété que les voleurs de grands chemins ; on eft en garde contr'eux, & peut-on l'être contre les empoifonneurs !

Deux motifs ont concouru à établir cette déteftable coutume. Par le premier, on a cru aviver la couleur du vin ; & par le fecond, l'empêcher d'aigrir ou de poufler, & tous deux portent fur un principe faux.

Il eft conftant que l'alun jeté dans un vin peu coloré, réhauffe de beaucoup fa couleur, lui donne plus d'activité, plus de brillant ; mais ces fuccès font éphémères, la couleur ne fe foutient vraiment belle que pendant plufieurs jours, & elle ne pafle pas le mois. Comme cette couleur a éprouvé une forte fecouffe, & une vive réaction de la part de l'alun, elle s'altère peu à peu, fur-tout pendant le tems des chaleurs. Le marchand a vendu fon vin ; il eft payé par le bourgeois : les fuites lui font indifférentes.

Un vin aluné a plus de tendance à l'acidité qu'un vin qui ne l'eft pas, toutes circonftances égales, parce qu'on lui ajoute une furabondance d'acide. Si l'alun étoit un fel neutre parfait, il eft conftant qu'il abforberoit & fe chargeroit d'une partie de l'acide du vin ; mais au contraire, l'alun eft un fel neutre avec furabondance d'acide. L'acide vitriolique eft fimplement mafqué par la terre argileufe ; & pour peu qu'on concoure à fa féparation, l'acide vitriolique fe dégage, & s'unit à l'acide du vin avec lequel il a une

Tom. I.

affinité particulière : or, tout vin peu riche en efprit, furchargé d'acide, fera bientôt vin aigre, & de la fermentation acide, il paffera bientôt à la fermentation putride. Combien de perfonnes vous diront, même avec bonne foi, mon vin fe conferve, parce que je l'alune ; & on peut & on doit leur répondre : vous le conferveriez bien mieux, fi vous ne l'aluniez pas !

Dans plufieurs provinces du royaume, l'ufage de l'alun dans le vin eft fi fréquent, que les épiciers & les droguiftes vendent publiquement ce que l'on appelle un *paquet*. Ce paquet contient demi-livre d'alun de Rome, & on le met tout entier dans une barrique de cinq cents pintes, & quelquefois un double *paquet*, c'eft-à-dire une livre. C'eft au magiftrat chargé de la fureté publique dans chaque ville à faire ceffer cet abus, & le feul moyen eft de mettre à l'amende celui qui vend les *paquets*, & faifir aux barrières le vin aluné qu'on y préfente.

Tout vin aluné altère, conftipe, donne trop de ton à l'eftomac, refferre les vaiffeaux capillaires ; dèslors, les cardialgies font fréquentes, les obftructions fe multiplient, & le marafme furvient. Souvent on recherche bien loin la caufe de certaines maladies qui attaquent l'humanité, & on n'en reconnoît pas la caufe, tandis qu'une fimple analyfe des boiffons fuffiroit pour l'indiquer.

Il exifte des moyens auffi faciles que certains, pour juger par la feule infpection fi le vin eft aluné ou ne l'eft pas, & jufqu'à quel point il peut l'être. Ayez plufieurs capfules

K k k

de verre, rempliffez-en une du meilleur vin que vous aurez, & que
vous croirez le plus fûr ; mettez
cette capfule fur des cendres chaudes, & laiffez évaporer à cette
douce chaleur ; la partie colorante
& le tartre du vin refteront au fond
de la capfule, fous la forme d'une
poudre rougeâtre, fi on a opéré fur
du vin rouge ; & la couleur fera
d'un blanc grifâtre, fi on a fait évaporer du vin blanc : dans cet état,
il fera aifé de reconnoître le tartre
& le goût qui lui eft propre, en
mettant cette pouffière fur la langue, la roulant dans la bouche,
lorfqu'elle eft humectée par la falive.

Répétez la même opération fur
le vin que vous foupçonnerez être
aluné ; s'il l'eft effectivement, il réfultera de l'union de l'alun avec le
tartre, un fel qui n'aura ni la ftipti-
cité, ni l'âcreté de l'alun, & qui
fera plus facilement foluble dans
l'eau que n'eft le tartre.

Comme cette voie d'analyfe n'eft
pas à la portée de tout le monde,
voici un moyen plus fimple. Ayez
de l'eau forte, jetez-y du mercure ;
l'eau forte le diffoudra : jetez quelques gouttes de cette diffolution fur
le vin que vous foupçonnez, il fe
fera une précipitation, ordinairement
de couleur jaune, nommée *turbit
minéral*. Ce précipité eft occafionné
par l'acide vitriolique de l'alun,
qui quitte fa terre alumineufe pour
s'unir au mercure, & le mercure
abandonne l'eau-forte qui le tenoit
en diffolution ; fi, au contraire, le
vin n'eft pas aluné, le mercure refte
fufpendu. Si on connoît des procédés plus fimples, je prie d'avoir la
bonté de me les communiquer.

AMANDE, AMANDIER.

M. Tournefort place cet arbre dans
la feptième fection de la vingt-
unième claffe, qui comprend les
arbres & les arbriffeaux à fleur en
rofe, dont le piftil devient un fruit
à noyau, & il le nomme *amygdalus
fativa*. M. le chevalier Von Linné
le claffe dans l'*icofandrie monogynie*,
& l'appelle *amygdalus communis*.

PLAN du travail fur l'Amandier.

CHAP. I. *Defcription du genre.*
CHAP. II. *Defcription des efpèces.*
CHAP. III. *De la culture de l'Amandier.*
CHAP. IV. *Exifte-t-il des moyens capa-
bles de retarder la fleuraifon de l'Aman-
dier ?*
CHAP. V. *Des haies formées avec les
Amandiers.*
CHAP. VI. *Des ufages médicinaux de
l'Amande, & de l'huile qu'on en retire.*

CHAPITRE PREMIER.

Defcription du genre.

Fleur, calice d'une feule pièce,
concave, renflé par le bas, divifé
dans le haut en cinq lanières éva-
fées, creufées en cuilleron, & terminées par une pointe un peu obtufe ; l'intérieur du calice eft d'un
blanc jaunâtre, ou jaune & verd ;
l'extérieur tire plus ou moins fur
le purpurin, avec un mélange de
verd. Cette partie fe conferve
jufqu'à ce que le fruit ait noué :
cinq pétales forment la fleur ; ils
furmontent le calice, & s'implan-
tent dans l'intérieur entre les angles
que laiffent les divifions du calice,
de manière que les cinq pièces ne
foutiennent & ne correfpondent pas
aux cinq pétales ; par cet arrangement, le calice & la corolle for-

ment chacun féparément une rofe ; les pétales tiennent à leur bafe par un onglet délié , & ils tombent dès que l'embryon eft formé : la nature ne les avoit placés que pour veiller à fa première conformation.

La forme des pétales eft ovale , obtufe, échancrée par le haut, & ils ont une nervure qui les traverfe longitudinalement. Les étamines , au moins au nombre de vingt, & de longueur inégale , font furmontées d'une anthère ovoïde , & marquées d'une future longitudinale ; le piftil parfemé de poils à fa bafe, eft de la longueur des étamines , & fon ftigmate eft fimple & arrondi.

Fruit. Le piftil fe change en un fruit d'abord fpongieux & velu, jufqu'à ce qu'il ait pris une certaine confiftance : il devient enfuite coriace , fec, renferme un noyau ovale légérement fillonné, dans lequel on trouve une amande ovale. L'enveloppe extérieure qu'on nomme *écale* ou *brou*, fe fépare d'elle - même du noyau, lors de la maturité du fruit. La manière d'être de l'*amande* proprement dite & féparée du noyau, eft la même que celle de toutes les graines en général, c'eft-à-dire que, fous la double pellicule qui la recouvre , on trouve deux lobes légérement fillonnés à l'extérieur & liffes en dedans ; entre ces deux lobes & au fommet fupérieur , on voit le germe du fruit dans lequel eft renfermé en miniature l'arbre qu'il doit reproduire.

Lors de la germination , la pointe s'enfonce dans la terre pour former la racine, les deux lobes s'ouvrent par leur bafe, & entr'eux la plantule ou jeune tige s'élève : alors, les lobes prennent le nom de feuilles *féminales*, c'eft-à-dire, formées par la femence même ; ces lobes fubfiftent jufqu'à ce que la plantule ait quelques pouces de hauteur ; dès-lors la tige, affez forte pour fe défendre par elle-même, & n'ayant plus befoin de protecteur, les lobes ou feuilles florales tombent. Voilà comme la nature pourvoit admirablement, & veille à la confervation de fon ouvrage. Il en eft ainfi pour tout ce qu'elle fait : la feuille pompe & prépare la nourriture du bouton toujours placé à fa bafe , & qui fe développe feulement au printems de l'année fuivante ; le bourgeon , par fes écailles multipliées & fon duvet intérieur, protège la fleur qu'il renferme jufqu'à fon développement, la met à l'abri des pluies, du froid & des effets des météores; enfin, les parties conftituantes de la fleur concourent toutes à former le fruit, & le fruit à former la graine qui doit reproduire un arbre femblable. Ô nature ! quel homme peut te fuivre dans tes ouvrages fans t'admirer, & fans louer celui qui t'a imprimé cette force toujours agiffante !

Feuilles, moins grandes que celles du pêcher , blanchâtres, longues , fimples, entières, terminées en pointe , pétiolées , étroites, dentelées en leurs bords.

Port. La tige eft droite, affez fymétriquement chargée de branches, quand l'arbre eft jeune ; fa tête eft peu touffue ; l'écorce des jeunes tiges eft liffe , cendrée ; celle du tronc, écailleufe, gercée ; le bois eft très-dur ; les fleurs font portées par de courts péduncules, & fouvent raffemblées au nombre de trois ou de quatre : elles naiffent des aiffelles ou difposées le long des tiges ; les feuilles font d'un verd gai , & alternativement placées.

Lieu naturel dans la Mauritanie ; de là, tranfporté dans nos provinces méridionales, où il réuffit affez bien. On dit de lui qu'il eft le plus fou de tous les arbres, parce qu'il fleurit auffitôt que les gelées ne le retiennent plus ; c'eft pourquoi les gelées tardives rendent la récolte de fon fruit très-cafuelle. J'ai vu des amandiers en plein champ complétement fleurir dans les premiers jours de Janvier , en 1756. Cet arbre eft très-commun en Provence, en Languedoc , dans le territoire d'Avignon , dans la Touraine , & s'accommode peu du climat de Paris. Pourquoi la fleur de cet arbre épanouit-elle dès que le froid ceffe , ainfi que celle du pêcher & de l'abricotier ? Ces arbres ont été naturalifés en Europe ; mais n'y confervent-ils pas encore leur manière d'être de leur pays natal ? En Mauritanie , en Perfe , en Arménie , l'époque de leur fleuraifon n'eft-elle pas en Décembre ou Janvier ? Et ne confervent-ils pas dans nos climats la même activité pour fleurir, lorfqu'aucune caufe ne s'y oppofe ? Les voyageurs devroient examiner ce fait ; & comme beaucoup de négocians ont des correfpondances dans ces pays, je prie ceux entre les mains de qui cet Ouvrage tombera, d'avoir la complaifance de me donner la folution de ce problême. Il me femble que les arbres & les plantes, tranfportés de loin & cultivés , par exemple , en France , y fleuriffent à la même époque à laquelle ils fleuriroient dans le pays d'où on les a tranfportés, fi toutes les circonftances font d'ailleurs égales. Je les prie encore de faire remettre à l'académie de Marfeille ou de Bordeaux , des amandes avec leur brou, de toutes les efpèces qu'ils trouveront dans les pays étrangers , afin que , les plantant en France , je puiffe voir & conftater fi les efpèces que nous cultivons aujourd'hui ont été perfectionnées, ou fi elles ont dégénéré ; enfin , fi, par le moyen des amandes qu'ils auront la bonté de me procurer, il fera poffible d'acquérir de nouvelles efpèces avantageufes & utiles pour notre climat.

CHAPITRE II.

Defcription des efpèces.

On le répète pour la dernière fois, en fe fervant du mot *efpèce*, c'eft parler le langage du cultivateur, & non du botanifte : il eft bon d'emprunter de celui-ci certains mots techniques, & fur-tout pour les defcriptions ; mais quant à tout le refte, c'eft pour l'agriculteur que l'on écrit.

I. AMANDIER COMMUN , ou A PETIT FRUIT. *Amygdalus fativa fruɛ̃u minori* , Bauhin. *Amygdalus foliis ferratis, petalis florum emarginatis* , Miller. Les pétales font plus grands que le calice , & très-larges en proportion de leur grandeur ; leur extrémité fupérieure eft figurée en cœur, fendue peu profondément. M. Duhamel va nous fervir de guide dans le refte de fa defcription.

La fleur eft prefque toute blanche ; fouvent elle a fix pétales, & le calice fix échancrures.

Les feuilles des bourgeons font

longues de cinq à fix pouces &
demi, fur un pouce dans leur plus
grande largeur, qui eſt plus près
du pétiole que de l'autre extrémité
qui ſe termine réguliérement en
pointe; le côté du pétiole ſe termine
également en pointe, mais moins
aiguë. Les pétioles ou queues font
longs de huit à douze lignes; les
feuilles des branches à fruit n'ont
que deux à trois pouces de longueur, & neuf ou dix lignes de
largeur; elles font moins pointues
que celles des bourgeons.

Le fruit diminue conſidérablement & preſque réguliérement de
groſſeur vers la tête, qui eſt terminée par un petit mamelon formé
des reſtes du piſtil deſſéché. Le côté
le plus arrondi, ou plutôt qui décrit une plus grande partie d'ellipſe,
eſt relevé d'une côte aſſez faillante
qui s'étend de la tête à la queue,
& qui couvre l'arête du noyau. La
queue ou péduncule qui le ſoutient,
eſt groſſe, ronde, liſſe, verte, longue de deux lignes au plus, très-
évaſée par l'extrémité qui s'infère
dans le fruit. La peau eſt d'un verd
blanchâtre, couverte d'un duvet
fort touffu; le noyau eſt de la même
forme que le fruit : il eſt terminé
par une pointe aiguë, & contient
une amande douce & d'un goût
agréable.

C'eſt de cette eſpèce d'amandier
que provient un ſi grand nombre
de variétés, ou, ſi l'on veut, d'eſpèces, lorſque l'on sème ſon fruit;
mais, eſt il vraiment l'arbre formé
tel par la nature, c'eſt-à-dire à
fruit doux? Ne doit-il pas cet avantage à l'art & à la culture? En
effet, C. Bauhin, dans ſon *Pynax*,
l'appelle *amygdalus ſilveſtris*; aman-

dier ſauvage. La queſtion ſe réduit à
ſavoir ſi l'amandier ſauvage a le
fruit doux ou amer. Rhauvolf dit,
dans ſon *Itinéraire*, que cet amandier croît abondamment de lui-
même dans les haies de Tripoli, &
que les pauvres gens en ramaſſent
le fruit. M. Tournefort rapporte,
dans ſon *Voyage du Levant de To-
cat & d'Angora*, que l'on trouve
ſur les bords de la rivière de Carmili, des amandiers ſauvages plus
petits que notre amandier commun;
leurs branches ne font pas terminées par un piquant, comme celles
de l'amandier ſauvage de Candie.
Les feuilles de l'amandier des bords
du Carmili n'ont que quatre ou
cinq lignes de large ſur un pouce
& demi de longueur; & pour tout
le reſte, elles reſſemblent à celles
de notre amandier. Le fruit eſt à
peine de huit à neuf lignes de long ſur
ſept ou huit lignes de large, & il eſt
très-dur. Le noyau eſt moins amer
que celui de nos amandes amères,
& a le goût du noyau de pêcher.

L'un ou l'autre des arbres dont
on vient de parler, ſeroit-il le type
de notre amandier commun? Dans
ce cas, il n'auroit pas valu la peine
de le tranſporter en Europe. Dans
le Comtat, dans la Provence, dans
le Languedoc, on voit des haies
formées par des amandiers. Leurs
feuilles, leurs fleurs & leurs fruits
font moins conſidérables que ceux
de l'amandier commun, mais beaucoup plus volumineux que ceux
dont parle M. Tournefort. La raiſon en eſt, que ces haies, qui ſervent de clôture aux champs, font
des haies ſemées à demeure avec
des noyaux amers. On les choiſit
tels, afin qu'ils ne ſoient pas dévo-

rés par les rats & les mulots avant leur germination. Cependant, quoique les noyaux soient tous amers, on rencontre quelquefois des individus qui produisent des amandes douces. Afin de constater l'origine de l'amandier commun, & reconnoître si c'est une espèce perfectionnée par l'art, & s'il doit à cet art la conversion de l'amande amère en amande douce, il conviendroit de semer plusieurs fois de suite le fruit produit par ces haies. Comme l'arbre, & dans ce cas l'arbrisseau, vient en peu d'années au point de donner son fruit, on en auroit en moins de douze à quinze ans trois générations consécutives, & venues du même noyau. Il n'y a que ce moyen pour se rapprocher de la nature, & la suivre dans son perfectionnement ou dans la dégénération du sujet.

II. AMANDIER A COQUE TENDRE. Amandier des Dames. *Amygdalus dulcis, putamine molliore.* Bauhin. On l'appelle *amandier abelan* ou *abeilan*, en Provence. (*Voyez Planche* 13) La fleur est un peu moins grande que la précédente; les pétales sont plus longs que larges, & leur plus grande largeur est à peu près à la moitié de leur longueur. L'extrémité du pétale est fendue en cœur plus profondément que dans l'espèce précédente; les onglets sont d'un rouge vif; le dedans des pétales est blanc, excepté l'extrémité, qui est légérement teinte de rouge de chair; le dehors de quelques-uns est entiérement teint de cette couleur. Cet amandier fleurit plus tard que les autres, & ses premières fleurs se développent en même tems que les fruits; au lieu que

dans les autres, l'épanouissement des fruits prévient la naissance des feuilles.

La longueur des feuilles est de deux à deux pouces & demi, & leur largeur de neuf à dix lignes. Elles sont soutenues droites par des pétioles assez gros, longs de sept à huit lignes. Sur les bourgeons, on en trouve qui sont un peu plus grandes, & celles des branches à fruit sont beaucoup moindres.

La forme du fruit approche plus de l'ovale que celle des autres amandes; elle diminue peu de grosseur vers la tête. Quoique le côté le plus elliptique soit creusé d'un petit sillon, plutôt que relevé d'une côte, ce même côté du noyau est garni d'une arête très-saillante & tranchante. Le péduncule est reçu dans une cavité peu profonde, bordée de quelques petits plis.

Le noyau est formé, comme celui des autres amandes, de deux tables parallèles, dont l'intérieur est mince & assez solide; la table extérieure est plus épaisse, mais si fragile, que dans un transport un peu long, le frottement des amandes les unes contre les autres, la réduit en poussière. Elle se forme longtems après la table extérieure; de sorte que si vers la mi-Août on enlève le brou de ces fruits, elle s'en distingue à peine, & s'enlève en même tems. C'est ce retardement de sa production qui empêche son endurcissement. Dans les provinces méridionales, la table extérieure acquiert plus de solidité, parce qu'elle mûrit davantage. Une autre cause du peu de consistance de cette table, vient de la quantité des fibres du brou de cette amande. Ces fibres,

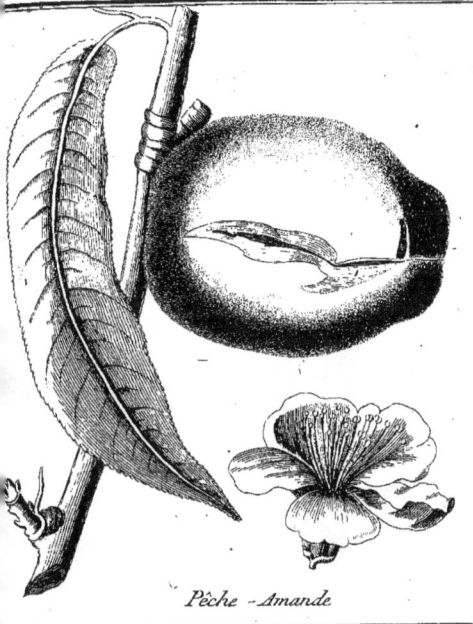

Pêche - Amande

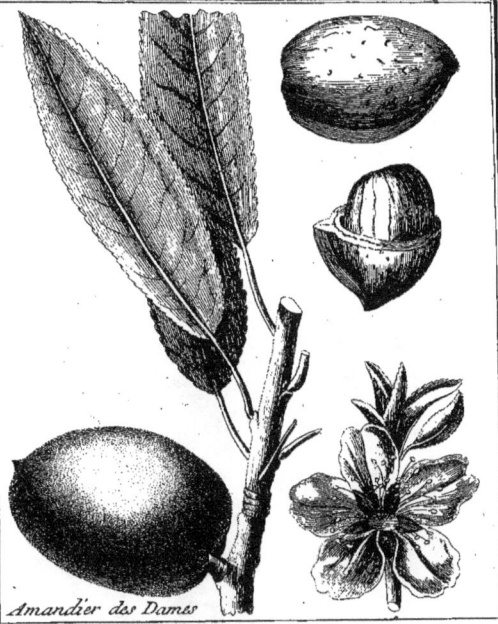

Amandier des Dames

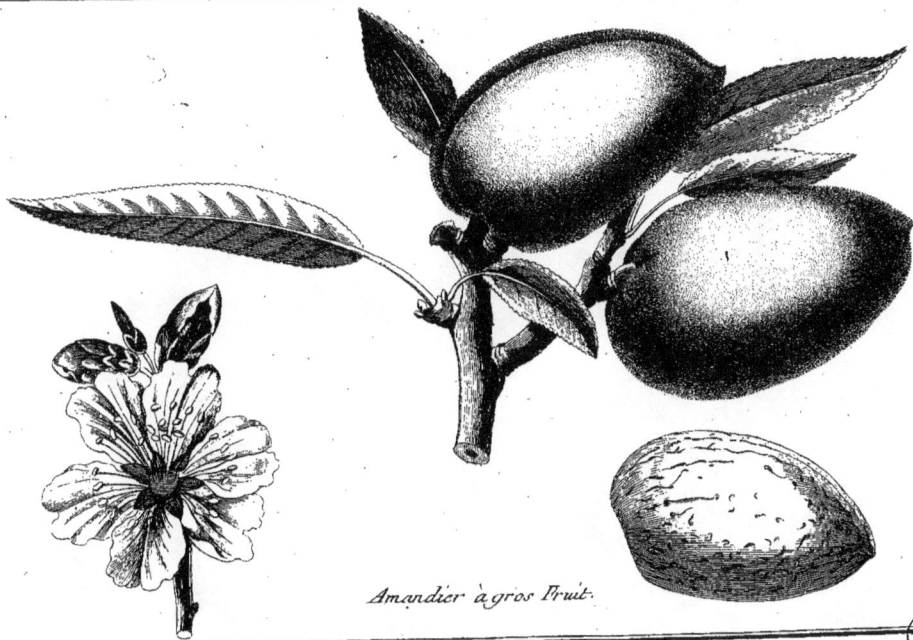

Amandier à gros Fruit.

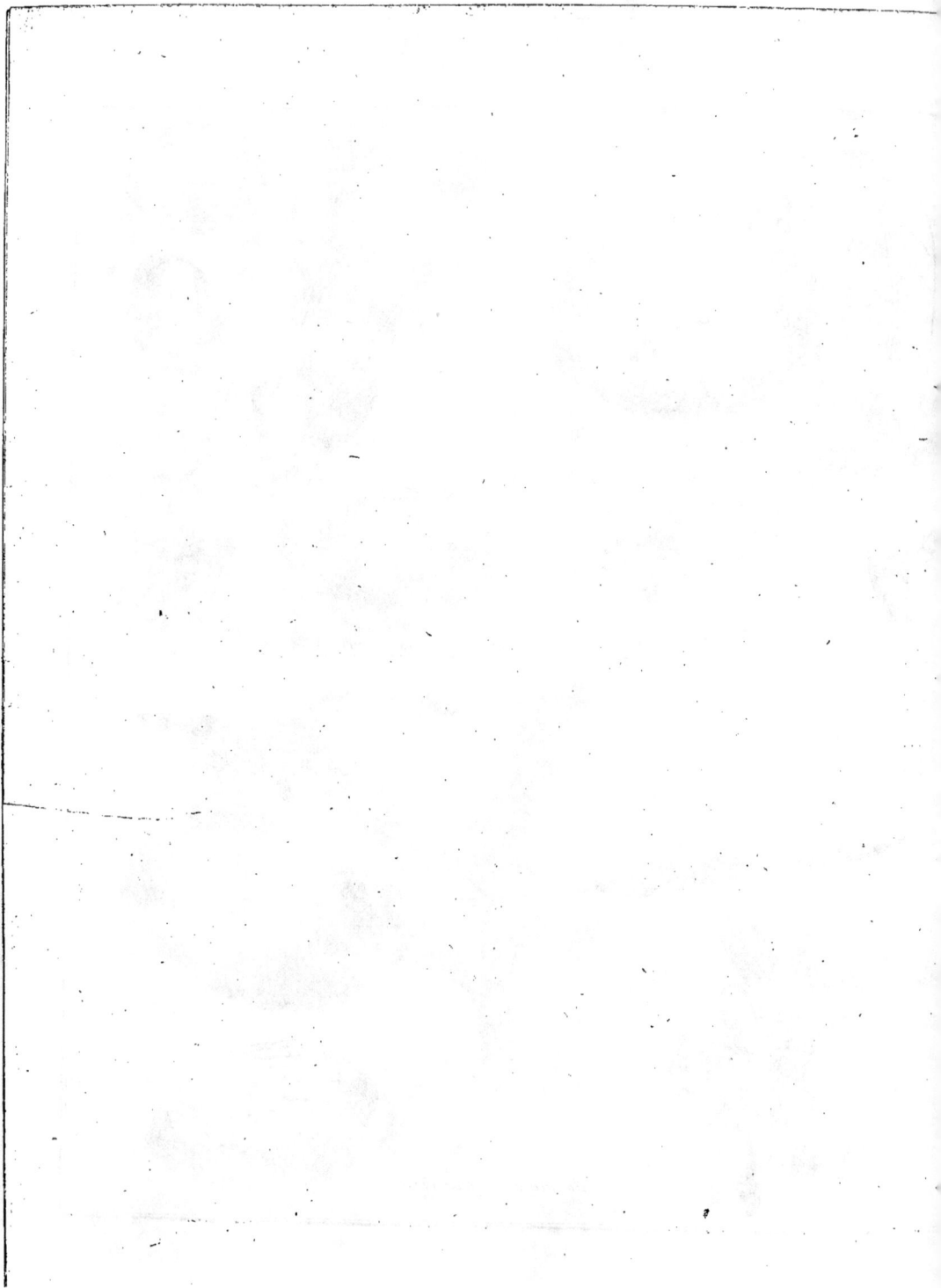

plus gros que ceux des amandes dures, forment un réseau plus volumineux entre les deux tables ; de manière que l'épaisseur de ce réseau est plus considérable que celle des deux tables prises ensemble. Comme ce réseau est très-lâche, ses fibres peu serrées, la coque reste tendre. Ce noyau renferme une amande douce.

L'amandier des Dames est un de ceux qui méritent le plus d'être cultivés, quoique sa fleur soit un peu sujette à couler. Plus l'arbre vieillit, plus la coque devient dure.

L'amandier des Dames a produit une variété dont l'amande est amère. Elle fleurit en même tems. Sa fleur a beaucoup de rapport avec celle de l'amandier commun.

Il a fourni encore une seconde variété, dont le fruit est petit & le noyau tendre. On la nomme *amande sultane.*

Sa troisième variété est celle de l'*amande pistache*, encore moins grosse que l'amande sultane. Sa coque est fort tendre ; le fruit a la forme d'une pistache, & les feuilles sont plus petites que celles des deux autres.

III. **Amandier a gros fruit**, **dont l'amande est douce.** *Amygdalus dulcis fructu majori.* (*Voyez Pl. 13*, p. 446) Cet amandier, plus vigoureux que les autres, a des bourgeons gros & forts, verds du côté de l'ombre, & rougeâtres du côté du soleil.

Ses fleurs sont belles, très-grandes ; les pétales ont environ huit lignes & demie de longueur, sur six de largeur ; ils sont fendus profondément par l'extrémité, légèrement froncés par les bords, quelques-uns repliés ou roulés en dessous ; entièrement blancs, quoique leur extrémité soit teinte d'un rouge carmin très-vif avant leur épanouissement ; beaucoup de fleurs ont six pétales, & le calice six échancrures.

Les feuilles ont en général de deux à deux pouces & demi de longueur, sur huit à neuf lignes de largeur. Elles sont dentelées très-finement, terminées en pointe par les deux extrémités ; en pointe très-aiguë par l'extrémité opposée au pétiole ou queue. Sur les petites branches à fruit, on trouve des feuilles très-longues en proportion de leur largeur, n'ayant que cinq à six lignes de large, sur trente lignes de longueur. Le côté du pétiole diminue peu de largeur ; l'autre côté se termine régulièrement en pointe. Le pétiole des feuilles est délié & long de six à sept lignes.

Ses fruits sont gros, quelques-uns ont plus de deux pouces de longueur, de quatorze à quinze lignes sur leur grand diamètre, & douze ou treize sur leur petit diamètre. On doit bien concevoir que tous ces fruits ne sont pas parfaitement conformes à ces proportions ; on parle en général. Le pédoncule est gros, court, implanté dans un enfoncement souvent bordé de plis. Cette extrémité du fruit est beaucoup plus grosse que l'autre, qui se termine par une pointe ou un gros mamelon conique. Le côté qui comprend la plus grande partie de l'ellipse, est divisé, suivant sa longueur, par une rainure assez profonde. La queue est rarement plantée au milieu de l'extrémité du fruit, mais très-obliquement, & presque sur le côté. Le brou est ordinairement épais d'une ligne ; ainsi le noyau, qui est de même forme, n'a environ que deux lignes de moins sur chaque dimension. Son bois est dur, son arête peu sensible, & il renferme une amande grosse, ferme & de bon goût.

Cet arbre a, comme les autres, sa variété, qui est l'*amandier à gros fruit à amande amère*. Cette amande ne diffère de l'autre que par sa forme moins alongée & plus ronde.

IV. AMANDIER A FRUIT AMER.

Je pense que cette espèce est moins éloignée de son origine que les amandiers à fruits doux. S'il faut s'en rapporter à ce que disent les voyageurs, ils ne parlent que des amandiers à fruits amers. Les romains eux-mêmes, avant le tems de Caton, ne connoissoient que l'amandier amer, & dans la suite ils se glorifièrent d'avoir fait disparoître l'amertume de son fruit ; c'est ainsi que Pline s'explique. On doute si du tems de Caton il y avoit des amandes en Italie, car celles dont il fait mention sont les noix grecques, mises par quelques-uns au nombre des diverses sortes de noix. C'est d'Asie que les romains apportèrent l'amandier en Europe. La première espèce qui fut apportée à Rome étoit donc amère ; ce qui laisse à penser que l'amandier amer est l'amandier primitif.

Sa fleur est plus grande que celle de l'amandier commun ; ses pétales moins larges en proportion de leur longueur, fendus plus profondément en cœur, & ils conservent, après leur développement, une

teinte de rouge très-légère, plus caractérisée vers l'onglet.

Le fruit est beaucoup plus alongé & terminé en pointe plus longue & plus aiguë.

Cet amandier a une variété également à fruit amer, mais beaucoup plus petit, & sa fleur plus grande, dont les pétales sont plus étroits.

V. AMANDIER-PÊCHER. *Amygdalus persica*, ou *malus persica amygdalo insita*. H. R. *parisiensis*. (*Voyez Pl. 13*, pag. 446). Voilà certainement une espèce *hibride*, (*voyez* ce mot) formée par la réunion de la poussière fécondante des fleurs du pêcher avec celle de l'amandier, & qui est devenue constante par le secours de la greffe.

Cet arbre tient du pêcher, & plus encore de l'amandier. Il est vigoureux, s'élève & fructifie en plein vent ; ses bourgeons sont verts, ses feuilles de grandeur & de forme mitoyenne entre celles du pêcher & celles de l'amandier ; elles sont unies, étroites, d'un verd blanchâtre, dentelées très-finement par les bords. Les fleurs sont grandes, presque blanches, teintes très-légérement de rouge, plus ressemblantes à celles de l'amandier, qu'à celles du pêcher.

On trouve souvent sur le même arbre & sur la même branche, deux sortes de fruits. Les uns sont gros, ronds, divisés suivant leur longeur par une gouttière, très-charnus & succulens comme la pêche. La peau & leur chair sont vertes, leur eau est amère, ils ne sont comestibles qu'en compote. Les autres sont gros, alongés, n'ont qu'un brou sec & dur qui se fend comme celui des amandes,

amandes , lorsque le fruit est mur vers la fin du mois d'Octobre. Les uns & les autres ont un gros noyau qui n'est point rustiqué comme celui du pêcher ; il contient une amande douce.

VI. AMANDIER NAIN DES INDES. *Amygdalus indica nana.* H. R. *Parisiensis.* La hauteur de cet arbrisseau , très - commun chez les calmouks & les tartares, excède rarement deux pieds & demi, & ses plus fortes tiges sont tout au plus de la grosseur du petit doigt ; elles périssent souvent avant d'y être parvenues, & l'arbrisseau se renouvelle par ses rejets ou drageons qu'il produit en grand nombre.

Ses bourgeons sont droits & garnis de feuilles disposées dans un ordre alterne ; sous l'aisselle de chaque feuille , il se forme des yeux, quelquefois jusqu'au nombre de cinq , mais un seul est à bois. Les supports sont gros & très-saillans.

Les feuilles sont d'un verd de pré, longues , terminées en pointe par les deux bouts ; mais la plus grande largeur est beaucoup plus près de l'extrémité que du pétiole ; c'est le contraire des feuilles de tous les autres amandiers. Leur dentelure est fine, régulière, très - aiguë & assez profonde. Les grandes feuilles des bourgeons vigoureux sont longues de trois ou de trois pouces & demi , & larges de dix à douze lignes. Les autres sont beaucoup moindres & plus étroites à proportion de leur longueur. Leur queue ou pétiole est assez gros & court, se prolonge jusqu'à leur extrémité, forme sur toute leur longueur une arête très-saillante & d'un verd

Tom. I.

blanc. Les nervures latérales sont à peine sensibles , sur - tout sur les petites feuilles.

Les fleurs sont composées , 1°. d'un calice en godet , divisé en cinq échancrures terminées en pointe obtuse. Le tube est long de deux à trois lignes, recouvert de quelques écailles ; il est formé d'une ou de plusieurs membranes minces , sur lesquelles on distingue des raies ou de petites côtes fauves , formées par le filet des étamines qui y prennent naissance. 2°. De cinq pétales couleur de rose , plus foncés vers l'extrémité que vers le calice ; ils diminuent régulièrement de largeur depuis l'extrémité qui est arrondie , jusqu'au calice où ils sont attachés entre les échancrures. 3°. D'une vingtaine d'étamines dont les filets sont d'un rouge pâle , & les sommets jaunes , divisés par une raie rouge ; elles ne tombent point éparses sur les pétales , mais elles se tiennent rassemblées droites sur le disque de la fleur. 4°. D'un embryon conique surmonté d'un style terminé par un stigmate. D'un même nœud, il sort depuis une jusqu'à quatre fleurs & un bourgeon, dont les premières feuilles se développent en même tems que les fleurs. Ce mélange de feuilles & de fleurs , dont toutes les branches sont garnies , rend cet arbrisseau très-agréable à la vue dans le tems de sa fleuraison , qui est plus ou moins avancée ou retardée, suivant le climat où on le cultive.

Ses fruits sont petits , rarement abondans ; leur longueur est d'un pouce tout au plus , & pas tout-à-fait la moitié si gros : ils se terminent en pointe , & diminuent aussi de grosseur vers la queue, qui est

L l l

fort courte. Le brou eft couvert d'un duvet roux, long, rude, épais; le noyau dépouillé du brou, eft renflé dans le milieu, aplati fur les bords; l'extrémité où le péduncule eft attaché, fe termine en pointe obtufe, d'où partent quelques fillons peu larges, peu profonds, qui ne s'étendent que fur cette extrémité du fruit, & trois plus confidérables, qui règnent fur un côté entier à la place de l'arête qu'on trouve fur les amandes ordinaires. L'extrémité oppofée fe termine en pointe fort aiguë; la furface de ce noyau n'eft ni ruftiquée, ni percée de trous, mais unie : elle renferme une amande du double plus longue que large.

Cet amandier figure très-bien dans les bofquets du printems : on ne doit le cultiver que par curiofité. M. Duhamel, à qui l'on doit la defcription de cet arbriffeau, penfe que fi on le plaçoit dans l'orangerie, ou dans la ferre chaude pour hâter fa fleuraifon, on pourroit faire féconder fes fleurs par celles d'une bonne efpèce d'amandier : alors, fes femences produiroient peut-être des amandiers nains dont les fruits feroient utiles.

VII. AMANDIER NAIN A FEUILLES VEINÉES. *Amygdalus pumila*, Lin. *Mantiffa plantarum*. C'eft avec raifon que M. le chevalier Von Linné fait de cet amandier une efpèce à part. Les fleurs font, pour l'ordinaire, au nombre de deux fur les bourgeons, & paroiffent n'avoir point de péduncules; les pétales font échancrés, de couleur rouge incarnat, & plus longs que le tube du calice. Les filets qui fupportent les étamines font pâles, &

le germe & le ftyle inférieurement font blancs; les ftipules font profondément dentées en manière de fcie. Les fleurs varient beaucoup, & fouvent elles font doubles; on les multiplie par la greffe pour garnir les bofquets du printems, & cet arbriffeau y figure très-bien. Kolb, dans fa *Defcription du Cap de Bonne-Efpérance*, dit l'avoir trouvé avec fa variété à fleur double; & il rapporte que fon fruit eft extrêmement amer, & que les hottentots, pour le rendre mangeable, le font bouillir dans différentes eaux. C'eft le même procédé dont les corfes fe fervent pour adoucir le lupin; il eft vrai qu'ils le font infufer dans l'eau de la mer; l'eau douce produiroit le même effet, mais un peu moins promptement.

VIII. AMANDIER DU LEVANT. *Amygdalus orientalis, foliis argenteis fplendentibus*. Ce qui caractérife cet arbre, font fes feuilles fatinées & argentées; fon fruit eft petit, pointu & mauvais. On ne doit donc le cultiver que par curiofité. On dit qu'il a été apporté d'Alep, en France. M. Granger, dans fon *Voyage d'Egypte*, & après lui l'infortuné M. Haffelquitz, difent qu'on ne trouve ni amandier ni noyer en Egypte, ni en Paleftine.

On compte encore plufieurs variétés feulement agréables; telles font l'*amandier à feuilles panachées de blanc*; un autre à *feuilles panachées de jaune*; un autre à *fleurs toutes blanches*, &c. Je ne conçois pas quel mérite on peut trouver à ces différentes panachures. Les plantes ainfi bigarrées me paroiffent languiffantes, & les panachures annoncent toujours qu'elles fouf-frent, ou qu'elles ont fouffert.

CHAPITRE III.

De la culture de l'Amandier.

I. *Des femis.* Tous les amandiers, excepté l'amandier nain des Indes, nº.VI, fe multiplient par les femen-ces. Il y a trois manières de femer les amandes : 1º. *dans des caiffes,* pour les replanter enfuite ; 2º. *dans des pépinières,* d'où on les enlève quand l'arbre eft formé , pour le placer dans la foffe qui l'attend ; 3º. enfin, les femer *à demeure.*

1ᵛ. *Du femis dans des caiffes.* L'a-mande à coque tendre, nº. II, eft celle qu'on doit choifir par préfé-rence ; & il eft inutile, malgré la rècommandation de Columelle, de faire tremper dans l'eau miellée les .amandes qu'on fe propofe de femer, ni d'obferver le jour de la lune. Le climat que l'on habite indique le moment de femer, parce qu'on eft libre d'avancer ou de retarder la germination, afin d'éviter les gelées printanières. Ayez de la terre douce, légère , peu humide, & faites au commencement de Décembre, un lit de cette terre , & un lit de noyaux , & ainfi fucceffivement , jufqu'à ce que la caiffe foit pleine. Tenez cette caiffe dans un lieu mo-dérément chaud , & les amandes feront germées au commencement de Mars. Si on craint les gelées à cette époque, ne confiez les aman-des à la terre qu'en Janvier ou Février, & le plus ou le moins d'humidité que recevra la terre hâ-tera la germination. Trop d'humi-dité feroit pourrir l'amande fans germer. Il eft avantageux, cepen-dant , de faire germer de bonne heure , parce que l'on gagne du tems ; & lorfque l'on a-faifi le mo-ment favorable , il arrive fouvent qu'on peut écuffonner à la féve du mois d'Août fuivant.

Lorfque les germes commence-ront à paroître , tirez doucement hors de terre les amandes les unes après les autres, fans nuire au ger-me. Tranfportez-les dans la pépi-nière , & placez-les à deux pieds & demi en tout fens les unes des autres. Un pouce de terre fuffit pour les recouvrir. On ne donne communément qu'un pied de dif-tance, & on a tort. L'arbre profite beaucoup mieux à la diftance de deux à deux pieds & demi , & la terre en eft plus facilement & mieux travaillée.

2º. *Du femis dans la pépinière.* Cette manière eft plus tardive & plus cafuelle. Soit pour le midi de la France , & foit pour le nord, la première eft préférable , à moins qu'on n'ait mis les amandes en terre auffitôt après leur complette matu-rité. Cette méthode n'équivaut pas la ftratification : on plantera l'aman-de à deux pouces de profondeur , la pointe en bas. Il eft à craindre que les mulots ne dévorent toutes ces amandes, & ces maraudeurs inviteront leurs camarades à venir partager le butin. Voilà ce qui a mal à propos engagé à femer des amandes amères.

3º. *Des femis à demeure.* Si l'on eft à portée de donner les foins né-ceffaires aux jeunes plantes, ce femis eft préférable aux deux premiers. On n'a pas à craindre les effets de la tranfplantation , toujours nuifi-bles aux racines.

II. *Du terrain de la pépinière, & des foins à donner aux amandiers.* Toute terre forte, compacte, glaiseufe, ne vaut absolument rien pour la pépinière. Si les circonstances nécessitent à en former une dans une terre de cette qualité, il convient, & même il est nécessaire de la mélanger avec une moitié franche de fable : fans cette précaution, ce fera beaucoup travailler pour n'avoir que des arbres rabougris, mal enracinés, &c.

Le fumier doit être banni de la pépinière. L'arbre auroit trop à fouffrir pour s'accoutumer enfuite au terrain léger & maigre qu'on lui deftine. De fréquens labours fuffifent. Le premier, lorfque la tige a pris affez de confiftance ; le fecond à la fin de Mai, & le troifième à la fin du mois d'Août. Sarcler fouvent eft encore une obligation indifpenfable.

III. *De la greffe.* Celle employée communément eft l'*écuffon* ou *œil dormant.* On ne greffe en couronne que les arbres déjà formés, & rarement on y réuffit, parce que la gomme qui découle de l'arbre dans la partie coupée, fait périr la greffe. Il vaut donc mieux décapiter l'arbre avant l'hiver, couvrir la plaie avec l'onguent de St. Fiacre, & attendre qu'il ait pouffé de nouvelles branches fur lefquelles on greffera en écuffon. Il eft conftant que dans le nombre des amandes, même choifies les unes après les autres pour planter, ou toutes amères, ou toutes douces, il fe trouvera des variétés. Les unes donneront des fujets à fruits doux, & les autres des fujets à fruits amers ; ce qui néceffite abfolument la greffe,

afin d'obtenir l'efpèce de fruit qu'on defire. Une obfervation effentielle à faire, eft de ne greffer jamais fur un fujet trop maigre, fans quoi la greffe fera bourrelet, moins fort, à la vérité, d'amandier fur amandier, qu'amandier fur prunier. Lorfqu'on peut éviter cette défectuofité, pourquoi ne pas choifir un bon fujet ; & comment veut-on qu'une greffe réuffiffe & donne un beau jet, fi l'arbre n'eft pas vigoureux ?

L'*amandier-pêcher*, & l'*abricot-pêche*, prouvent combien il feroit facile à un amateur patient & adroit d'enrichir nos pépinières. Pourquoi, à l'exemple de la nature, ne feroit-il pas fur l'amandier l'opération décrite en parlant de la culture de l'abricotier ? (*voyez* ce Chapitre, pag. 197) le mélange des étamines le dédommageroit de fes foins par des variétés nouvelles : ou bien, pourquoi n'effayeroit-il pas de mettre en pratique ce que le docteur Beal annonce dans les *Tranfactions philofophiques*, où il s'explique ainfi : « Si, après plufieurs greffes » choifies & curieufes, on met l'a-» mande dans un bon terreau, on » peut s'attendre à quelques efpèces » nouvelles, comme demi-pêche, » demi-abricot, &c. »

Voici encore une opération à tenter, qui demande beaucoup de dextérité. Elle confifte à lever fur une jeune branche, par exemple de prunier, d'abricotier ou de pêcher, &c. un écuffon proportionné pour la groffeur, à celui qu'on aura enlevé d'un amandier ; partager exactement l'écuffon de l'amandier & de l'abricotier, par exemple, fur toute leur longueur; raffembler la moitié de ces deux écuffons, les rapprocher très-près l'un de l'autre, pour que les deux parties des bourgeons réunies n'en forment qu'un feul ; les mettre toutes deux dans la fente faite à l'arbre que l'on veut greffer ; bien réunir les lèvres de l'écorce, & prendre garde que les bourgeons ne fe féparent ; enfin, lier & traiter cet écuffon comme les autres. Il arrivera néceffairement qu'on en manquera beaucoup ; mais une feule greffe qui réuffiroit fur cent, ne dédommageroit-elle pas bien amplement de la peine qu'on auroit prife ? Si nous confeillons d'opérer fur l'amandier, c'eft que cet arbre vient très-vîte, & on jouit plus promptement. On peut, fi l'on veut, également effayer fur les autres arbres. C'eft en opérant de cette manière qu'on s'eft procuré l'oranger hermaphrodite, c'eft-à-dire, celui dont le fruit a une côte orange & une côte citron ; les deux chairs, les pepins & l'écorce font bien diftinéts ; quelquefois ce fruit eft moitié orange & moitié citron. Le raifin fuiffe a eu la même origine ; il offre un grain noir & un grain blanc, & quelquefois la moitié du même grain eft blanche, & l'autre moitié eft noire.

Il faut avoir l'attention de ne pas greffer ainfi un amandier avec un pêcher tardif, parce que la végétation de celui-ci eft plus tardive que celle de l'autre, & dès-lors les boutons de l'écuffon ne végéteroient pas dans le même tems. On peut donc effayer de marier, par exemple, l'abricot précoce, l'abricot blanc avec l'amandier ; & pour tous les autres arbres, fe conformer au tems de la végétation des boutons : c'eft un point effentiel.

IV. *Du terrain propre à l'amandier.*

Les provinces feptentrionales de France font déjà trop froides pour la culture en grand de l'amandier ; cette culture commence à être abondante depuis Valence jufqu'à la mer, & depuis Antibes jufqu'à Perpignan, parce que ces différentes provinces font abritées par de grandes chaînes de montagnes, & elles font autant de climats privilégiés. (*Voyez* au mot AGRICULTURE, le Chapitre III, pag. 282, fur les effets des *abris.*) Dans la partie la plus chaude de la Provence, l'amandier y réuffit mal ; & s'il en faut croire M. Lemery dans fon *Traité des Alimens*, les amandiers tranfportés de Provence aux îles de l'Amérique, y font devenus forts & vigoureux, & n'ont pas donné de fruit ; cependant ils réuffiffent en Barbarie. Cette fingularité ne viendroit-elle pas de ce que le noyau ou l'arbre a été planté dans un terrain trop compaéte ? Dans le climat où l'on peut cultiver l'olivier, il faut préférer cet arbre à l'amandier qui y fleurit trop tôt, & dont la fleur périt à la moindre gelée, ou par les effets d'un brouillard froid. Il femble que la nature a défigné l'emplacement convenable à l'amandier : là où l'olivier ceffe de bien végéter, l'amandier trouve le climat qui lui convient. Quoiqu'on le cultive dans le territoire d'Aigle en Suiffe, pays très-chaud pendant l'été, parce qu'il eft abrité par les hautes montagnes de Gruyères, je doute que fur dix ans, il y ait une récolte décidée ; l'air glacial de ces montagnes influe néceffairement pendant les derniers jours d'hiver fur les bourgeons des fleurs trop impatientes à s'épanouir.

Les terres légères, fablonneufes, graveleufes & calcaires, conviennent à cet arbre : au contraire, dans les terrains gras & humides, il y dure peu, donne peu de fruits, & la gomme l'épuife. L'amandier fait peu de racines horizontales ou traçantes ; elles s'enfoncent très-profondément lorfque le grain de terre le leur permet ; c'eft pourquoi, ne pouvant pivoter dans les terres humides ou compactes, il y fouffre, dégénère & périt.

Dans les pays chauds dont on a parlé, il convient de planter l'amandier fur les endroits élevés & expofés au nord ; les terrains bas leur font peu favorables, & les expofent trop fouvent aux gelées blanches & aux brouillards, à moins que leur humidité ne foit habituellement expulfée par un courant d'air venant du nord ou nord-eft.

V. *De la tranfplantation de l'amandier.* Le fujet a été greffé ou à la féve d'Août dans la première année, ou à celle du printems de la feconde ; il n'a plus qu'à fe fortifier dans la pépinière, On attend communément fa quatrième année pour le tranfplanter, & on a tort. Les pépiniériftes, pour avoir plutôt déraciné l'arbre, mutilent les racines, & l'arbre a beaucoup de peine à reprendre & à former de nouvelles racines. Il faut donc ou le déraciner complétement avec foin, ou le tranfplanter plus jeune, mais toujours avec les racines qu'il a produites, fans les endommager ni les châtrer à la manière des jardiniers. *Voyez* le mot RACINE, & dès-lors vous jugerez que la nature ne les a pas prodiguées à une plante pour les détruire.

La faifon la plus favorable pour tranfplanter, eft la fin de l'automne ; c'eft-à-dire, dès que les feuilles font tombées. Les jeunes amandiers amers confervent fouvent des feuilles vertes fur leurs jets vigoureux, même jufqu'à la fin de l'hiver ; malgré cela, il convient également de les tranfplanter, au plus tard, au commencement de l'hiver. Tous les amandiers en général, fe hâtent de produire des fleurs ; & la féve, comme on l'a déjà dit, eft en mouvement dès que le froid ceffe & qu'une température un peu plus douce lui fuccède. Si on attend cette époque pour la tranfplantation, il eft très-rare de voir l'arbre profpérer.

Les trous où ils doivent être tranfplantés feront faits, s'il fe peut, dès le mois d'Août ; l'air, la chaleur & les pluies pénètrent plus avant dans la terre, y préparent les fels, & y en ajoutent de nouveaux ; mais comme la terre du fond a été refferrée depuis le mois d'Août jufqu'au commencement de Novembre, & qu'elle fe trouveroit trop dure pour les racines, on fera bien de remuer ce fond à la bêche ou avec la pioche. Le trou doit être proportionné à la groffeur de l'arbre & au volume des racines, fur-tout fi on l'enlève de terre fans les mutiler. Les trous font en général toujours trop étroits ; & par une parcimonie mal entendue, on s'oppofe dans le début aux progrès de l'arbre ; cependant fa perfection dépend des foins qu'il exige dans fa tranfplantation.

Prefque tous les auteurs qui ont écrit fur la culture de l'amandier, recommandent très-expreffément de couper le pivot dès que la germination eſt faite & en le mettant dans la pépinière, ou du moins de le couper lors de la tranſplantation. C'eſt une erreur formelle, puiſque l'on voit que cet arbre cherche toujours à pivoter, & non à produire des racines horizontales, à moins que le fond du ſol ne lui empêche de pivoter. Cette indication manifeſte de la nature auroit dû faire ouvrir les yeux ſur une pratique qui va directement contre ſes loix. Il faudroit un trou plus profond; on ne ſait que faire du pivot qui embarraſſe en plantant dans de petits creux : donc il faut le couper; voilà comme on a raiſonné. Mais eſt-ce là le langage de la nature, qui ne produit rien en vain, & qui eſt toujours conſtante dans ſa marche? L'expérience prouvera toujours, & démontrera à l'homme le plus prévenu pour l'ancienne méthode, qu'un amandier planté avec ſon pivot & toutes ſes racines dans un trou d'une grandeur convenable, travaillera plus dans quatre années, qu'un amandier dont on aura coupé le pivot & bien rafraîchi les racines, à la manière des jardiniers, ne pouſſera en dix ans.

Si l'arbre vient d'une pépinière éloignée; s'il a reſté pendant pluſieurs jours hors de terre; enfin, ſi ſes racines ſont sèches, il ſera prudent de lui mettre le pied dans l'eau pendant huit, douze ou vingt-quatre heures, ſelon les circonſtances. Lorſqu'on le replante, la terre s'adapte mieux aux racines.

Si le trou eſt trop humide; ſi la terre qu'on en a retirée eſt trop humectée, il faut différer de quelques jours la tranſplantation. Cette terre joindroit mal contre les racines, ſe pétriroit, ſe durciroit, & l'arbre en ſouffriroit. Il eſt néceſſaire d'épierrer & d'ajouter de la terre neuve, bonne & menue ſur les racines, afin qu'il ne reſte point de vide. Chaque année on doit faire piocher le tour de l'arbre, ſi on ne l'a pas planté dans un champ labourable, ou cultivé habituellement.

Le haut de la tige de l'arbre planté doit être dépouillé de ſes branches, mais il convient de lui en laiſſer deux ou trois, coupées à deux ou trois pouces au deſſus de leur baſe. On fera bien de couvrir la coupure avec l'onguent de Saint Fiacre, ou avec de la terre glaiſe bien corroyée.

VI. *De la taille de l'amandier.* Si l'on a ſemé l'amande à demeure, & qu'on ait chaque année travaillé le terrain, ainſi qu'il l'exige, la tige ne demande qu'à être dépouillée des petites branches, afin de lui faire former un arbre. Ces petites branches ſeront abattues au commencement de Novembre, & la plaie ſera bien cicatriſée & durcie avant les gelées. Si on attend plus tard, on doit craindre l'extravaſion de la ſéve qui formera la gomme, & la gomme annonce toujours l'état de ſouffrance de l'arbre quelconque. Dès que le tronc eſt formé, laiſſez l'arbre confié aux ſoins de la nature; elle en fait plus que nous.

Les amandiers tranſplantés ont peu beſoin de la main de l'homme. Il doit tout au plus abattre les branches foibles, couper le bois mort, de crainte que la carie ne gagne le corps de l'arbre. Comme les boutons à fruit ne pouſſent que ſur le jeune bois, ſi l'arbre n'avoit plus que du vieux bois & des pouffes chiffonnes, c'eſt le cas de le rajeunir, ou en rabaiſſant de quelques pieds ſes vieilles branches, ou en les enlevant tout-à-fait. Pour peu que l'arbre ait conſervé de vigueur, des boutons à bois perceront la vieille écorce, & donneront des branches nouvelles.

Quelques amandiers, ſur-tout ceux qui ſont plantés dans les terrains gras ou trop bien cultivés, ne donnent que des boutons à bois, & ne fleuriſſent point. Dans le premier cas, du ſable ajouté en grande quantité à la terre forte, lui fera donner du fruit; & dans le ſecond, moins de culture produira le même effet. Les anciens auteurs ſur l'agriculture conſeillent la perforation de l'arbre. Il eſt conſtant que cette opération détourne une grande partie de la ſéve; mais ne nuit-elle point à la durée de l'arbre? ne vaut-il pas mieux le laiſſer vieillir? & lorſque ſes canaux ſéveux ſeront plus oblitérés, lorſque la ſéve montera avec moins d'abondance & moins de vélocité, alors les fruits paroîtront & dédommageront avec uſure du tems qu'on a mis à les attendre.

Le gui, (voyez ce mot) plante paraſite & vorace, s'attache quelquefois ſur les branches de l'amandier. Une ſeule de ces plantes ſuffit pour ſe multiplier très-promptement ſur tous les amandiers des alentours. Dès que le premier brin paroît, il faut rigoureuſement l'abattre & creuſer dans la ſubſtance même de l'écorce, juſqu'à ce que ſes racines ou mamelons ſoient extirpés. Un ſeul mamelon le reproduiroit de nouveau. Dès qu'on voit

du gui ſur un amandier, il eſt ſûr que l'arbre eſt couvert de mouſſe. C'eſt ſous l'écaille & dans la gerçure de l'écorce, que le vent ou les oiſeaux ont dépoſé la graine du gui, & la mouſſe entretient l'humidité néceſſaire pour ſa première végétation : la ſéve de l'arbre fournit enſuite à ſon accroiſſement. Les amandiers des pays chauds, & ſecs, ſont en général exempts du gui; il n'en eſt pas de même de ceux qui végètent dans les terrains plus humides.

Règle générale, on ne doit jamais employer le fer pour tailler l'amandier, qu'à la fin du mois d'Oĉtobre; & ſuivant les climats, au plus tard depuis les premiers jours de Novembre juſqu'au 15 de ce mois.

Autant on recherche pour les boſquets d'agrément les arbres à feuilles panachées, autant on doit détruire dans les cultures d'amandiers les branches à feuilles panachées; elles ſouffrent & nuiſent à cette eſpèce d'équilibre aſſigné par la nature entre les branches d'un arbre. Si un côté domine, l'autre s'affoiblira, & l'arbre aura une forme déſagréable qui l'entraînera peu à peu vers ſa perte. Si on fait bien attention à la cauſe de cette panachure, ou à l'emportement des branches d'un ſeul côté, on verra ou que l'arbre a été taillé à contretems, ou que le tronc a ſouffert du côté dégarni, ſoit par un coup, par une plaie dans ſon écorce, ou par l'effet de la gelée. Cette défectuoſité provient ſouvent des racines qui ont été mutilées en travaillant la terre, ou rongées par les inſectes, ou endommagées par les autres

autres animaux qui vivent fous terre.

VII. *Des arbres qu'on peut greffer fur l'amandier.* Les pépiniériftes sèment beaucoup d'amandes amères pour former des fujets ; deux motifs les y déterminent : le premier eft la crainte des mulots ; & le fecond, parce que les écuffons fur amandier amer pouffent plus vigoureufement, donnent de belles tiges ; & à caufe de fa bonne mine , l'arbre fe vend bien ; voilà leur but. Celui de l'acquéreur eft plus étendu ; il veut que le bel arbre qu'il a payé chérement, lui donne du fruit bon & beau, & fon efpérance eft trompée. Un tel arbre s'épuife en bois , donne de petits fruits, en petite quantité, & prefque toujours un peu amer. Il reconnoît l'erreur ; il faut arracher l'arbre , & on a perdu plufieurs années. Ceux qui font accoutumés à voir fouvent de jeunes amandiers, ne feront pas fi facilement trompés, s'ils examinent le pied de l'arbre au deffous de la greffe. L'amandier amer a l'écorce plus brune & plus liffe que l'amandier à fruit doux. Les racines du premier font encore plus vigoureufes que celles du fecond.

L'écuffon de toutes les pêches liffes réuffira fur l'amandier à fruit doux. Quelques auteurs préfèrent l'amandier , lorfque le pêcher qu'on y aura greffé doit être planté dans une terre légère ; & M. Roger de Schabol , à qui l'art de la culture des arbres doit fa perfection, aime mieux employer l'amandier pour toutes les terres fortes ou légères, & le préfère au prunier. M. le baron de Tfchoudi affure d'après fon expérience , & on peut l'en croire

Tom. I.

lorfqu'il le dit, que dans les provinces feptentrionales de France , comme l'Alface, où il habitoit alors, les amandiers greffés fur pruniers lui réuffiffent mieux que franc fur franc. Par ce moyen, il parvient à les élever en efpalier.

L'abricot de Nanci reprend trèsbien fur l'amandier.

CHAPITRE IV.

Exifte - t - il des moyens capables de retarder la fleuraifon de l'Amandier ?

Il eft démontré par l'expérience, que fi l'on greffe des pêchers, des pruniers fur l'amandier, ces greffes végéteront en même tems que l'efpèce d'arbre fur lequel elles auront été enlevées, mais non pas auffi promptement que l'amandier ; de forte que la féve de cet arbre fera en vain en mouvement relativement à la greffe. Si, au contraire , on greffe un amandier fur un pêcher ou fur un prunier, la greffe du nouvel amandier végétera dans le même tems, & auffi promptement que les amandiers ordinaires. Ces phénomènes ne doivent pas furprendre, fi l'on confidère que chaque efpèce d'arbre exige pour fa végétation un certain degré de chaleur déterminé. Celui qui donne le mouvement à la féve dans l'amandier, n'eft pas fuffifant pour la déterminer dans le prunier, dans le pêcher, & encore moins dans le châtaigner, le noyer, le mûrier, &c. La chaleur intérieure de la terre ne fuffit pas ; il faut encore que la température de l'air ambiant foit au point requis pour la végétation de tel ou tel arbre. La greffe de

M m m

l'amandier, portée & implantée fur un autre fujet, ainfi que toutes les greffes quelconques, ne changent point de nature par leur tranfpofition, & fuivent le cours des loix phyfiques. Ainfi la végétation eft toujours conforme à l'ordre établi par le créateur, & la main de l'homme ne peut l'y fouftraire.

La belle & ingénieufe expérience de M. Duhamel établit mieux que tous les raifonnemens la loi de la végétation. Si on plante, dit-il, un cep de vigne dans une caiffe, & qu'on le tranfporte dans une ferre échauffée par des poêles, ce cep pouffera, & fe garnira de feuilles avant ceux qui font reftés en plein air. Ceci n'offre rien de fort fingulier.

Si, après avoir placé cette caiffe dans la terre, on fait fortir au dehors l'extrémité du farment du cep qui y eft contenu, on verra que les boutons qui feront dans la ferre s'ouvriront & produiront des fleurs & des fruits, pendant que ceux qui feront au dehors refteront fermés jufqu'au tems où la vigne pouffe naturellement.

Si on met la caiffe en dehors de la ferre, & fi l'on fait entrer le farment dans la ferre, les boutons de l'extrémité de ce farment, qui feront dans cette ferre, s'ouvriront & produiront des grappes & des feuilles, pendant que ceux qui feront au dehors de la ferre, quoique plus voifins des racines que les autres, refteront fermés.

Si la caiffe refte en dehors, & qu'on faffe entrer le farment dans la ferre, & qu'enfuite on en faffe reffortir l'extrémité au dehors, alors les boutons de cette extrémité,

ainfi que ceux d'auprès des racines, refteront fermés, & ceux du milieu du farment qui feront dans la ferre, végéteront, s'ouvriront & produiront des feuilles, &c.

M. Duhamel conclut avec raifon de ces expériences, 1°. que la féve exifte dans le bois dans un état convenable à la végétation, qu'il ne lui manque qu'une caufe déterminante pour agir; 2°. que cette caufe eft la chaleur; 3°. qu'elle réfide dans les boutons qui lui font expofés. Que de conféquences on tireroit encore de ces expériences! mais elles nous écarteroient de notre fujet.

La rigueur du froid n'arrête pas, jufqu'à un certain point, la végétation dans les racines. Elle la fufpend feulement dans les parties où elle pénètre, & non au deffous; ainfi, dès que l'air de l'atmofphère a repris le degré de chaleur propre à la végétation de l'amandier, fa végétation, jufqu'alors fufpendue, fe manifefte dans toute fa force, & plus tard fi l'amandier eft greffé fur prunier; par conféquent, il feroit avantageux pour les grandes cultures d'amandier, de fuivre ce procédé.

Plufieurs auteurs l'ont indiqué, plufieurs l'ont rejeté. C'eft à l'expérience à prononcer. « J'avois fait » écuffonner à la féve d'Août (c'eft » M. Duhamel qui parle, dans fa » *Phyfique des Arbres*, à l'article » *Greffe*) des amandiers fur des » pruniers de petit damas noir, fur » la foi de plufieurs auteurs qui » affurent que, par ce moyen, on » rend les amandiers plus tardifs, » & moins expofés à être endom- » magés par les gelées du printems.

» Ces écuſſons pouſſèrent à mer-
» veille au printems , & pendant
» l'été ſuivant, de ſorte qu'en au-
» tomne ces amandiers étoient quel-
» quefois garnis de feuilles, pendant
» que les amandiers ordinaires en
» étoient dépouillés. On ne pou-
» voit pas concevoir une plus belle
» eſpérance ; cependant ceux que je
» fis lever de la pépinière pour les
» mettre en place, moururent. La
» plupart de ceux qui étoient reſtés
» dans la pépinière, pouſſèrent paſ-
» ſablement l'année ſuivante ; mais
» ils moururent dans le cours de la
» troiſième année : je dis la *plupart*,
» car deux de ceux-là ont ſubſiſté
» pendant pluſieurs années, & m'ont
» donné de fort beau fruit. On ne
» peut pas attribuer le mauvais
» ſuccès de ces greffes au manque
» d'analogie dans les parties ſolides
» ni dans les liqueurs, parce que la
» repriſe de ces greffes avoit été
» des plus heureuſes ; mais encore
» parce que l'on greffe tous les
» jours, & avec un ſuccès pareil,
» les pêchers ſur des amandiers &
» ſur des pruniers.

» J'ai remarqué, continue M. Du-
» hamel, que la greffe d'amandier
» prenoit beaucoup de groſſeur, &
» que l'extrémité de la tige du pru-
» nier reſtoit fort menue, de ſorte
» qu'il ſe formoit au bas de la greffe
» un gros bourrelet : d'ailleurs, il
» eſt prouvé par l'expérience que
» l'amandier pouſſe de meilleure
» heure au printems, & qu'il croît
» plus vîte que le prunier ».

M. Bernard, dans ſon mémoire
couronné par l'académie de Marſeille
ſur cette queſtion : *Quelle eſt la
meilleure manière de cultiver l'amandier, & quels ſont les moyens, s'il y*

*en a, de ſuspendre la fleuraiſon ſans
nuire à la durée de l'arbre, à l'abondance des récoltes, & à la qualité des
fruits*, eſt de l'avis de M. Duhamel ;
mais M. Bernard décide-t-il la queſtion ſur la parole d'autrui, ou d'a-
près ſa propre expérience ? c'eſt ce
qu'il ne dit pas.

Aux expériences décourageantes
de M. Duhamel, on doit en oppo-
ſer d'autres bien propres à ranimer
l'eſpérance ; ce ſont celles de M. le
baron de Tſchoudi, obſervateur
très-exaĉt & très-inſtruit. Voici
comment il s'explique au mot *Amandier*, dans le premier volume du
ſupplément du *Diĉtionnaire Encyclopédique*. « M. Duhamel aſſure que
» l'amandier réuſſit même dans les
» terres fortes, pourvu qu'elles
» ſoient profondes. Mon expérience
» eſt contraire à la ſienne. J'ai dans
» une terre compaĉte un amandier
» dont l'écorce eſt ridée, les
» bourgeons maigres & noirs, &
» qui n'a jamais fleuri, quoiqu'il
» ait déjà onze ans. J'en ai d'autres
» qui ne font pas plus de progrès
» dans une terre légère, ſubſtan-
» tielle & profonde, mais qui tient
» de la nature des terres blanches ;
» au reſte, notre climat (l'Alſace)
» peut contribuer à ce mauvais ſuc-
» cès. Je ne puis y élever d'aman-
» diers que dans des terres pier-
» reuſes, & à l'abri des mauvais
» vents ; il n'y a même que ceux
» *greffés ſur pruniers* qui fleuriſſent
» bien ; ils me réuſſiſſent auſſi en
» eſpalier ».

Malgré l'eſpèce de démonſtration réſultante des expériences de
M. Duhamel, malgré les induĉtions
à tirer de celles de M. de Tſchoudi,
la queſtion n'eſt point encore com-

plétement décidée. Tous deux ont greffé dans des climats peu propres à l'amandier, l'un en Gâtinois, l'autre en Alface. Ce font de nouvelles tentatives à faire en Provence, dans le Comtat, dans le Bas-Dauphiné & en Languedoc, où la récolte des amandes forme un objet confidérable, & où elle eft très-cafuelle.

Comme les greffes ne réuffiffent pas également bien fur tous les fujets, je confeille de fe procurer les pieds de différentes efpèces de pruniers, & fur-tout des pruniers qui font les plus hâtifs dans le pays, & les plus vigoureux. On peut, par exemple, greffer fur la prune de Catalogne jaune hâtive, ou fur la prune précoce de Tours, (*voyez* ces mots) fur la reine-claude, quoique moins hâtive, &c. Pour n'avoir rien à fe reprocher, il convient d'effayer également fur les pruniers les plus tardifs. Celui qui réuffira complétement, rendra le plus important de tous les fervices aux provinces méridionales du royaume. Cet objet feroit digne de l'encouragement des états de Provence & de Languedoc; & l'avantage eft fi direct pour ces provinces, que ces états devroient faire les frais de ces expériences, & ces frais feroient peu confidérables.

Des auteurs ont confeillé férieufement de découvrir les principales racines des amandiers pendant les rigueurs de l'hiver, & de ne les recouvrir de terre que lorfque les gelées feroient paffées. Ce moyen eft abfurde; fi l'arbre n'en meurt pas ou n'en fouffre pas, fes fruits mûriffent auffi promptement; mais on ne ralentit pas fa végétation,

parce qu'on ne peut ralentir les effets de la chaleur de l'atmofphère. L'expérience de la vigne de M. Duhamel n'étoit fans doute pas connue par ces donneurs de confeils.

M. Bernard, dans le mémoire déjà cité, propofe un moyen qu'il eft bon de connoître, ainfi que la théorie fur laquelle il l'établit. C'eft une chofe reconnue, que les gelées fe font fentir très-vivement près de la furface de la terre; mais l'on s'apperçoit aifément que leur action s'affoiblit par degrés à mefure qu'on l'obferve, à des élévations plus grandes fur le terrain. La vigne pouffe beaucoup plutôt, & elle conferve pendant plus long-tems fes feuilles, lorfque l'on donne au cep une certaine longueur pour la marier à quelqu'arbre, que lorfqu'on la cultive, fuivant la coutume ordinaire. Les figuiers, les orangers, &c. font beaucoup plus fujets à périr par les gelées lorfqu'ils font bas, que lorfqu'ils ont une tige élevée. Les poiriers & les pommiers nains que l'on voit dans les jardins, fleuriffent conftamment plus tard que les arbres de même efpèce qui font en plein vent, & auxquels on retranche peu de branches.

Il faudroit donc, dans les pépinières, après avoir greffé l'arbre, conferver fes premiers jets, fes premières branches baffes, pour former, dans la fuite, les principales, afin que leur origine fût auffi près qu'il eft poffible de la furface de la terre. Par le moyen de la taille, on dirigeroit enfuite le mouvement de la féve dans les branches latérales, & on couperoit celles qui, par leur direction & leur vigueur, paroîtroient plus propres à donner aux arbres une forme différente de celle qu'on se propose de leur faire prendre. Avec quelques attentions suivies dans les premières années du développement des sujets , on parviendroit aisément à les assujettir à la forme qu'on juge convenable , & leurs branches se trouvant alors constamment dans une atmosphère plus froide , ouvriroient nécessairement leurs boutons plus tard.

Cette théorie est fondée sur l'expérience d'un cultivateur qui avoit dans son champ plusieurs amandiers fort gros. Il prit le parti de faire couper un de ces arbres, parce que ses boutons se développant de très-bonne heure, les gelées les endommageoient chaque année. Comme le terrain étoit peu précieux , il laissa croître les jets nouveaux qui poussèrent de la souche. Quelques années après , il vit naître sur ces jets des fleurs beaucoup plus tard que sur les arbres qu'il avoit conservés. La vigueur des jeunes pousses étoit certainement une des causes qui avoit suspendu leur fleuraison ; le peu d'élévation au dessus du terrain étoit, selon M. Bernard, ce qui avoit le plus influé pour produire cet effet. Cette expérience est facile à tenter , & peu coûteuse dans son exécution.

CHAPITRE V.

Des Haies formées avec les Amandiers.

Dans tous les pays à amandiers , les terrains que l'on sacrifie aux grandes plantations d'amandiers sont maigres, sablonneux, caillouteux ; & l'année où ils sont semés en grains, ils exigent beaucoup d'en-grais , sans quoi les frais de culture excéderoient la valeur de la récolte. A cet effet, on laisse ces champs ouverts à la libre pâture des troupeaux , ce qui suppose que les haies ne bordent pas les héritages ; si elles étoient en amandiers , la dent meurtrière du mouton les auroit bientôt détruites. On place ces haies dans la terre qui touche les chemins , & souvent pour bordures dans les vignes ; elles sont formées avec des noyaux d'amandes amères plantées à demeure. Quelques - uns les placent à six pouces de distance , & d'autres à celle d'un pied. L'arbuste n'est point greffé : il produit des amandes amères , & quelques pieds d'amandes douces ; elles sont moins grosses que celles des arbres greffés , & par fois la récolte est assez abondante. Un vice essentiel caractérise ces haies : la tige s'emporte, se dégarnit dans le bas, & fourmille de branches à son sommet , parce qu'aucune opération ne contraint l'arbre à demeurer nain : tant que le canal direct de la séve ne sera pas intercepté , il est constant que l'arbre cherchera toujours la perpendiculaire , & poussera des rameaux vigoureux qui suivront à peu de chose près la même direction. Il est rare de les voir , pendant les premières années , décrire avec le tronc un angle de plus de vingt à vingt - cinq degrés ; si, dans les commencemens, on coupe la tige par le pied & près de la terre , les rameaux se multiplieront & s'élanceront comme les bois taillis. Il est donc important chaque année d'arrêter les branches qui s'emportent, & de raccourcir les petites branches ; rarement on prend cette peine.

N'y auroit-il pas un moyen plus utile, & qui assureroit à la haie, comme haie, une plus longue exiftence, & la feroit fervir réellement pour l'objet qui a déterminé à la planter, c'eft-à-dire, à interdire à l'homme & aux animaux l'entrée du champ ? Suppofons la tige de l'arbufte, encore bien flexible, de quatre pieds de hauteur, & chaque amandier planté à fix ou douze pouces de diftance l'un de l'autre, je préférerois ce dernier. En inclinant fur une ligne diagonale cette tige dans toute fa longueur, jufqu'à ce que fon extrémité fût à un pied & demi de terre, la plante n'auroit plus ce canal direct de la féve qui la fait emporter vers fon fommet. La tige voifine feroit inclinée de la même manière, mais dans le fens oppofé : de forte que ces deux tiges fe croiferoient à fix pouces au deffus du niveau du fol, & formeroient un lofange. On voit qu'en inclinant ainfi fucceffivement toutes les tiges de la haie, on auroit des lofanges parfaits ; & que chaque tige réunie à fes voifines, formeroit deux & même trois lofanges. Si on a l'attention de croifer ces tiges à chaque point de réunion, c'eft-à-dire de paffer l'une en dedans, & l'autre en dehors, & ainfi fucceffivement, on n'aura pas befoin de recourir aux ligatures pour les affujettir, & s'il en falloit abfolument, la filaffe fuffiroit pour la première année, & on n'en auroit plus befoin par la fuite pour la réunion de ces lofanges. Les branches qui auront pouffé à l'extrémité du lofange fupérieur, feront également couchées

à la fin du mois d'Octobre fuivant ; & en continuant toujours ainfi, à mefure que les lofanges s'élèvent, on parviendra à avoir une haie impénétrable aux hommes & aux animaux.

La plus grande perfection à donner à ces lofanges, eft de les greffer par approche à tous les points de réunion des branches ou des tiges. Il fuffit d'enlever un morceau de l'écorce & du bois de chaque tige, & de réunir exactement parties contre parties, & de fixer le tout avec une ligature de filaffe. Ce procédé fera expliqué plus au long au mot HAIE. Un enfant de dix à douze ans fuffit pour exécuter cette opération : on eft fûr, par ce moyen, que le bois ne s'emportera jamais, que celui des lofanges ne pouffera que des petites branches à fruit ; & lors même que les lofanges inférieurs fe dégarniroient de branches, la haie produiroit également le premier effet qu'on en attend, & les lofanges fupérieurs donneroient du fruit en abondance.

D'après l'idée de M. Bernard, dont il a été fait mention dans le Chapitre précédent, ces haies baffes fleuriroient beaucoup plus tard que les arbres à plein vent, & leurs récoltes feroient moins expofées à être détruites dans une nuit.

D'après la réuffite d'un premier effai, rien n'empêcheroit de planter dans les champs des haies d'amandiers ; & après avoir greffé les fujets, de les fubftituer aux arbres à plein vent. Ces expériences méritent d'être tentées ; & par analogie, on peut d'avance répondre du fuccès. J'ai planté ainfi des haies de poiriers & de pommiers, qui ont très-bien réuffi. Dans les Pays-Bas autrichiens & en Allemagne , les charmilles font traitées de cette manière, &c. Confultez le mot HAIE, où ces principes & cette pratique feront plus développés.

CHAPITRE VI.

Des ufages médicinaux & économiques de l'Amande, & de l'huile qu'on en retire.

Propriétés. L'amande a une faveur agréable ; elle eft huileufe, & la pellicule qui la recouvre eft chargée d'une pouffière réfineufe brune. Les amandes, en général, font pefantes pour certains eftomacs , & elles font laxatives & anodines. On dit les amandes amères ftomachiques & fébrifuges. Les amandes douces, triturées dans l'eau pure, augmentent le cours des urines , fur-tout lorfqu'il y a chaleur & ardeur dans les voies urinaires, & elles fatiguent moins l'eftomac que les femences de courge. Elles font indiquées dans les maladies inflammatoires, où il n'exifte ni oppreffion , ni expectoration difficile , ni météorifme, ni humeurs acides dans les premières voies , ni tendance des humeurs vers la putridité. Elles calment les feux de la poitrine, fans favorifer l'expectoration ; elles diminuent les fymptômes de la gonorrhée virulente , la toux convulfive , la foif occafionnée par de violens exercices, ou par des fubftances âcres ; elles font rarement utiles dans la fièvre ardente, dans la fièvre inflammatoire , dans la phthifie pulmonaire effentielle, dans le marafme , &c.

Les amandes amères recomman-

dées pour faire mourir les vers , produifent rarement cet effet.

Le firop d'orgeat convient dans les mêmes efpèces de maladies que les amandes douces triturées dans l'eau édulcorée avec le fucre.

L'huile d'amande douce à petite dofe ne produit aucune évacuation fenfible ; à forte dofe , elle purge ; elle eft quelquefois utile dans les coliques produites par des fubftances vénéneufes ; dans les maladies convulfives des enfans, occafionnées par des humeurs âcres, & même par des humeurs acides. Dans ce dernier cas, il vaut mieux faire ufage des yeux d'écreviffe, ou tout fimplement de la craie blanche.

Donnée en lavement, elle foulage dans les coliques & les tenefmes engendrés par des matières âcres ; dans la conftipation par la trop grande dureté des matières fécales, ou par la forte contraction du rectum.

Extérieurement appliquée en onction, elle relâche ; elle diminue fouvent la dureté & la douleur des tumeurs phlegmoneufes , mais en même tems elle les difpofe à la fuppuration.

L'huile d'amande douce fe donne pour l'homme depuis demi-once jufqu'à quatre onces ; & pour l'animal, à la dofe de demi-livre.

Pour la manière dont on prépare le firop d'orgeat , *voyez* le mot SIROP.

L'huile des amandes douces ou amères eft toujours douce. Il y a deux manières de la retirer ; ou fans le fecours du feu , ou avec le feu. Pour la retirer fans feu, il faut commencer par fecouer les amandes dans un fac , afin d'enlever l'écorce brune qui les recouvre : on les pile ensuite jusqu'à ce qu'elles soient réduites en pâte , & on les met dans une grosse presse enveloppées dans une toile forte. Cette espèce de sac est placé entre des plaques de fer ; il en dégoutte une huile extrêmement douce , qui est l'huile par expression.

Il reste dans la toile un son que les parfumeurs vendent sous le nom de *pâte d'amande pour les mains*. C'est le parenchyme de la plante qui a retenu une partie de l'huile , & la plus grande partie du mucilage.

L'huile contenue dans les cellules particulières de ces semences, devient libre par le broiement ; mais comme elle se trouve confondue avec la partie du parenchyme, il faut l'exprimer pour la faire sortir.

Cette huile ainsi tirée , est la meilleure qu'on puisse employer pour l'usage de la médecine ; elle contient un mucilage qui la rend analeptique & adoucissante , mais on en retire très-peu. Les marchands & les droguistes qui ont intérêt à gagner beaucoup , & qui d'ailleurs ne trouvent pas toujours à vendre le son dont l'œil est gris , ont cherché des moyens de retirer une plus grande quantité d'huile.

Ils jettent leurs amandes dans l'eau bouillante pour les dépouiller de l'enveloppe qui les couvre ; & comme , par ce moyen , ils les ont abreuvées d'eau , & que cette partie d'eau s'unit à la partie mucilagineuse dont elle est le dissolvant , ils sont obligés de mettre leurs amandes dans un étuve où elles éprouvent un degré de chaleur capable de détruire le mucilage & d'attaquer l'huile. Quelquefois même

ils échauffent leurs amandes pilées dans un bassin de métal , ainsi que les plaques de fer de la presse. Il est constant que , par ce procédé , ces frelateurs tirent une plus grande quantité d'huile que par le premier procédé ; mais aussi cette huile a déjà contracté un commencement de rancidité en sortant de la presse. Toutes les fois qu'on emploie, pour des usages médicinaux , l'huile d'amande douce , on doit la sentir & la goûter ; si elle a une odeur un peu forte , & un goût un peu âcre ou piquant , il faut absolument la rejeter. Dans les chaleurs, l'huile d'amande douce récemment exprimée , ne se conserve pas plus de quinze jours sans devenir rance.

L'amande amère est un poison violent , dit-on , pour les bipèdes , & on devroit ajouter pour la plupart des quadrupèdes. Si on ouvre les volumes des *Ephémérides des Curieux de la nature* , des années 1677 & 1688 , on trouvera une longue suite d'expériences qui constatent les effets pernicieux des amandes amères sur les animaux. D'après cela , est-il prudent de donner des massepains amers , sur-tout aux enfans, ou les amandes amères en substance, sous prétexte de chasser les vers ? L'huile douce d'amande est le meilleur remède contre le poison de son fruit.

La gomme qu'on enlève à l'amandier sert en médecine aux mêmes usages que la gomme arabique. On la regarde comme vulnéraire & astringente , & propre à émousser les acides contenus dans l'estomac, & qui occasionnent des aigreurs.

Usages économiques. Le bois est dur , sert pour la marqueterie & pour

pour monter les outils des charpentiers & des menuifiers.

Ses feuilles forment une excellente nourriture pour les troupeaux, & les engraiffent en très-peu de tems.

AMARANTHE. Comme on en cultive plufieurs efpèces pour la décoration des jardins, & qu'elles figurent très-bien dans les plates-bandes, il ne faut pas les confondre, ainfi que l'ont fait plufieurs auteurs, en donnant foit les noms de l'une à une autre, foit en les confondant toutes enfemble.

La première eft l'*amaranthe à queue.* M. Tournefort place cette plante dans la première fection de la fixième claffe, qui comprend les herbes à fleur polypétale, régulière, rofacée, dont le piftil devient un fruit à une feule loge, qui s'ouvre tranfverfalement en deux parties ; & d'après Bauhin, il la nomme *amaranthus maximus.* M. le chevalier Von Linné la claffe dans la monœcie pentandrie, & l'appelle *amaranthus caudatus.*

Fleurs, mâles ou femelles féparées fur le même pied. Elles n'ont point de corolle, & leur calice leur en tient lieu. Sa couleur eft d'un rouge vineux ; il eft droit, divifé en trois ou cinq parties, láncéolées, aiguës, & difpofées en manière de rofe. Les étamines, quelquefois au nombre de trois, & plus fouvent au nombre de cinq, font portées par des filets droits & de la longueur du calice ; les anthères font oblongues. Dans la fleur femelle le germe eft ovale, & on y découvre trois ftyles courts & en forme d'alène.

Tom. I.

Fruit ; capfule arrondie, un peu comprimée, colorée comme le calice, à trois pointes, à une feule loge, s'ouvrant par le milieu horizontalement. Chaque capfule ne contient qu'une femence ronde, très-fine, polie & très-luifante.

Feuilles, affez longuement pétiolées, fimples, très-entières, oblongues & liffes.

Racine, fibreufe, chevelue.

Port. La tige s'élève quelquefois à la hauteur d'un homme ; elle eft branchue, cannelée. Les fleurs font ramaffées le long d'un grand péduncule, quelquefois de plus d'un pied de longueur, & fouvent ce péduncule fe divife en plufieurs autres également chargés de fleurs. Les fleurs mâles & les fleurs femelles font raffemblées fur les mêmes grappes. Les feuilles font alternes.

Lieu. Cette plante croît naturellement en Perfe, au Pérou, d'où elle a été tranfportée en France. Elle s'eft tellement naturalifée dans les jardins, que lorfqu'on l'a une fois laiffée grainer fur pied, il eft prefque impoffible de détruire dans la fuite les jeunes plantes qui fourmillent de toute part. Cette plante a l'avantage de fleurir pendant tout l'été, & même elle fait encore plaifir à voir en automne dans les provinces feptentrionales du royaume.

Propriétés. Elle eft pleine de fuc, peu odorante. Quelques auteurs la regardent comme aftringente & comme rafraîchiffante. Il eft affez inutile d'en faire ufage en médecine.

La feconde efpèce eft l'*amaranthe à trois couleurs,* ou *herbe de jaloufie.* Les fleurs à trois étamines font pelotonnées en épi au haut des tiges, & elles l'environnent. Les feuilles

N n n

font lancéolées, ovales, affez grandes, chamarrées de jaune, de verd & de rouge, & ces différentes bigarrures ne font point uniformes fur toutes les feuilles : celles du bas de la tige font fimplement vertes. Cette amaranthe nous a été apportée de l'Inde. Elle figure très-bien dans les jardins.

AMARANTHE MÉLANCOLIQUE. Ses fleurs, comme celles de la précédente, font à trois étamines, pelotonnées en petites grappes prefque rondes, & elles naiffent des aiffelles des feuilles, fans être portées par des pédunculcs. Les feuilles font en forme de fer de lance. Leur couleur eft cuivreufe en deffus, & le deffous varie beaucoup; il eft quelquefois d'un rouge brun ou cramoifi, ou pourpre foncé, & leur extrémité, tant en deffus qu'en deffous, eft d'une couleur jaune tirant fur le pourpre. Cette plante vient de l'Inde; elle fleurit plus tard que les deux efpèces d'amaranthe dont on a parlé. Si on cultive cette efpèce dans une ferre chaude & dans les provinces méridionales, dans un lieu bien abrité & très-expofé au foleil, alors les feuilles fe chargent d'une couleur fanguine très-vive & très-agréable. La tige de cette plante s'élève plus haut que celle du tricolor.

Les fleuriftes, ainfi que les anciens botaniftes, comprennent encore fous le nom d'*amaranthe*, quelques efpèces qui nous reftent à décrire; mais M. le chevalier Von Linné en a fait un genre à part, fous le nom de *celofia*, qu'il a placé dans la pentandrie monogynie, parce qu'elles font hermaphrodites,

c'eft-à-dire, que les fleurs mâles ne font pas féparées des fleurs femelles comme dans les efpèces précédentes. Malgré cette diftinction de genre bien fondée, nous allons les décrire, afin d'éviter des renvois, & pour ne pas multiplier des noms que les fleuriftes & les jardiniers n'adopteront pas.

AMARANTHE A CRÊTE DE COQ. *Celofia criftata*. Lin. *Amaranthus panicula glomerata*. Bauhin. Le caliçe eft divifé en trois; les folioles aiguës & en forme de lance. La corolle eft compofée de cinq petits pétales lancéolés, aigus, droits, affez roides. Les étamines, au nombre de cinq, prefque portées fur le nectaire, & elles font de la longueur des pétales. Le germe eft rond, le ftyle eft en forme d'alène, droit, de la longueur des étamines, & le ftigmate eft fimple. La capfule eft ronde, environnée par la corolle, à une feule loge, & s'ouvre horizontalement. Elle contient plufieurs femences prefque rondes. Les péduncules qui portent ces fleurs font anguleux, les épis font courts, oblongs, & reffemblent affez bien à la crête d'un coq. Leur couleur varie beaucoup : il y en a de pourpres, de jaunes, de blancs, de panachés, &c. Cette plante conferve fa fleur pendant plus de deux mois, ce qui la fait rechercher pour les jardins, où elle figure très-bien.

AMARANTHE COULEUR ÉCARLATE. *Celofia coccinea*. Lin. *Amaranthus panicula fpeciofa criftata*. Bauhin. Elle diffère de la précédente par fes feuilles, qui font trois fois plus épaiffes & fort caffantes; par fes fleurs, qui font tout-à-fait pourpres fans être rouges ; par fes étamines, plus courtes que la corolle. Le nom de *paffe-velours* donné par les jardiniers à la première efpèce, & à la crête de coq quand elle eft rouge, conviendroit mieux à cette efpèce qu'à toute autre.

Culture. Ces plantes exigent plus de foins dans les provinces du nord que dans celles du midi. Il eft de la dernière importance de les préferver, lorfqu'elles font encore tendres, des gelées, & même des matinées froides du printems. Les jardiniers des environs de Paris les fèment fur couche au commencement d'Avril, & même les couvrent avec des cloches. Les cloches, dans ce cas, font néceffaires, parce que la chaleur de la couche les rend plus fufceptibles des impreffions du froid. Sans chercher tant de foins, qu'on ne peut leur donner lorfque les fumiers frais ne font pas abondans dans un pays, il vaut mieux attendre le 15 ou le 20 d'Avril pour les femer dans du terreau, ou même dans une terre bien préparée.

Lorfque les amaranthes auront deux ou trois pouces de hauteur, & feront garnies de deux ou trois paires de feuilles, on peut les tranfplanter à demeure, fi on ne craint plus les gelées. Un léger arrofement eft néceffaire à cette époque ; & pour les préferver de l'ardeur du foleil pendant le jour, on les recouvrira avec une feuille de choux ou de carde poirée, qu'on aura foin d'enlever dès que le foleil fera paffé. Il convient de continuer ainfi jufqu'à ce que la plante ait bien repris. Si on l'a enlevée de la pépinière avec fa terre, & plantée fans

en dégarnir les racines, ces foins feront fuperflus ; l'arrofement feul fuffira.

Cette fimplicité dans la culture n'eft pas ce que recommandent les fleuriftes. J'ai eu des amaranthes auffi belles que les leurs, & je n'y ai pas donné d'autres foins que ceux que j'indique. Dans les provinces méridionales on ne cherche pas plus de façon ; & quoiqu'expofées à l'ardeur d'un foleil trèschaud, elles réuffiffent très-bien, & mieux encore que dans les environs de Paris, pourvu que l'eau ne leur manque pas.

Les fleuriftes replantant l'amaranthe dans des pots, pour figurer fur des gradins d'été & d'automne. Cette pratique eft facile dans les climats tempérés : il faudroit les arrofer au moins deux fois par jour dans les provinces du midi. Comme cette plante a des racines très-chevelues, elles abforbent beaucoup d'eau. Quelques amateurs prétendent qu'on doit arrofer les amaranthes en plein midi, & non le foir ni le matin. Arrofez le matin, le foir ou à midi, dès que la plante en aura befoin ; & dans tous les cas, évitez de mouiller les feuilles, fur-tout fi vous arrofez lorfque le foleil eft encore fort élevé.

Lorfqu'on arrachera les amaranthes, il faut en garder quelques touffes, quelques pieds pour donner de la graine. Ces pieds feront fufpendus dans un lieu fec, à couvert & à l'abri des vents. La plante fe deffèchera, & de tems à autre on la fecouera fur du papier pour en avoir la graine. Comme au midi de la France les amaranthes végètent beaucoup plus vigoureuſement que dans le nord , cette précaution eſt inutile. Il ſuffit de laiſſer faner la plante ſur pied , ce qui ſurvient par les premières petites gelées ; alors on l'arrache doucement de terre , & on la ſecoue ſur du papier ; la graine tombe d'elle-même & parfaitement mûre, & on la conſerve dans un lieu ſec , pour la ſemer au printems ſuivant.

Règle générale , toutes les amaranthes aiment les terres douces , légères & ſubſtantielles.

Voici un fait que je rapporte ſur parole & d'après le témoignage de pluſieurs auteurs. On conſerve les amaranthes pendant tout l'hiver dans leur beauté , en les faiſant ſécher au four lorſqu'elles approchent de leur maturité ; & lorſque l'on veut les rendre auſſi belles , auſſi fraîches dans cette ſaiſon , qu'elles le ſont dans l'été , on les fait tremper dans l'eau, que l'on met dans des vaſes ou des carafes, deſtinés à cet objet. Par ce petit ſtratagême , on jouit ainſi de cette fleur avec d'autant plus d'agrément, qu'elle paroît fleurir & revivre dans une ſaiſon qui lui eſt étrangère. Je crois qu'on pourroit étendre cette méthode ſur beaucoup d'autres fleurs , ſur-tout ſur celles dont les tiges ſont naturellement peu herbacées. Dillenius , dans ſon *Traité des mouſſes* , rapporte qu'il tira de ſon herbier une mouſſe qui y avoit été pendant dix ans , & par conſéquent bien deſſéchée ; & qu'après l'avoir laiſſée dans l'eau pendant quelques jours , elle y végéta comme ſi on venoit de l'arracher de terre.

La famille des amaranthes n'eſt pas circonſcrite dans le petit nombre des eſpèces qui viennent d'être décrites. M. le chevalier Von Linné en compte vingt-deux eſpèces, ſans parler de celles qu'il a tranſportées au genre des *celoſies ;* mais comme elles ne ſont utiles ni pour la médecine , ni pour l'agriculture , ni pour l'ornement des jardins , il ſeroit ſuperflu d'en parler dans cet Ouvrage.

AMARYLLIS. Les amateurs cultivent quelques eſpèces d'amaryllis. Leur beauté leur a mérité ce nom. Dans les provinces du midi , elles réuſſiſſent en pleine terre , pourvu qu'on leur donne quelques ſoins : dans celles du nord , elles exigent l'orangerie. Nous ne parlerons pas de celles qui demandent la ſerre chaude.

Deſcription du genre. La *fleur* eſt un calice ou ſpath, oblong, obtus, aplati, échancré ; il s'ouvre ſur le côté, ſe ſèche, eſt permanent, & eſt d'une ſeule pièce. Les pétales ſont au nombre de ſix , en forme de fer de lance ; les étamines, au nombre de ſix , en forme d'alène ; les anthères oblongues & courbées ; le germe eſt arrondi, ſillonné, ſitué au deſſous de la fleur ; le ſtyle eſt filiforme , terminé par un ſtigmate fendu en trois. La capſule qui renferme les graines eſt à trois loges & à trois battans ; les ſemences ſont nombreuſes & arrondies ; les racines ſont bulbeuſes, & les feuilles oppoſées.

AMARYLLIS JAUNE. *Amaryllis lutea.* Lin. *Narciſſus luteus autumnalis major.* Tourn. La bulbe ou oignon de celle-ci eſt ronde , blanche en dedans , & noirâtre en deſſus. Sa tige eſt une hampe haute depuis deux juſqu'à quatre & ſix pouces. Ses feuilles ſont au nombre de cinq ou de ſix, d'un verd noirâtre, & aſſez ſemblables à celles du narciſſe le plus printanier. La fleur eſt ſeule dans chaque ſpath ; ſes pétales ſont d'un beau jaune & égaux. Ses étamines ſont droites. La plante ſe multiplie par cayeux.

Elle eſt commune en Italie, en Eſpagne, &c. Ses feuilles paroiſſent au mois d'Août ; elle fleurit en Septembre, en Octobre, & même en Novembre, ſi les gelées ne l'arrêtent pas. Lorſque ces mois ſont pluvieux, elle fleurit plutôt. Les feuilles pouſſent & croiſſent juſqu'en Mai, & elles ſe fanent alors. C'eſt le tems de l'arracher de terre pour la replanter. Elle aime le plein air ; l'ombrage des arbres & des murs lui eſt contraire. Cette plante fait très-bien en bordures ; on peut la mélanger avec les colchiques & les ſafrans d'automne.

AMARYLLIS ONDÉE. *Amaryllis undulata.* Lin. La tige a un demi-pied de hauteur, terminée par un ſpath qui renferme environ douze fleurs diſpoſées en bouquet & en forme d'ombelle. Les pétales des fleurs ſont horizontaux, purpurins, ondés, étroits, en forme de fer de lance, leurs extrémités très-aiguës, & leur baſe ovale ; les étamines recourbées vers la baſe. Il ſuffit de la garantir des fortes gelées, ou avec de la baile du bled, ou avec des paillaſſons, ou des châſſis, dans le nord. Elle fleurit en Octobre, & produit un bel effet.

AMARYLLIS DE GUERNESEY, ou la GUERNESIENNE. *Amaryllis ſar-*

nienſis. Lin. Les habitans des îles de Guerneſey & de Jerſey, dans la Manche, ſur les côtes de Normandie, font un commerce aſſez conſidérable de cette plante, nommée mal à propos *lis de Guerneſey.* Elle eſt originaire des grandes Indes, & particuliérement du Japon. Depuis la fin du ſiècle dernier, elle a végété ſpontanément ſur les bords de cette île, où elle étoit inconnue avant cette époque. Sont-ce les courans qui en auront tranſporté la graine ou l'oignon ? ou doit-on l'attribuer au naufrage ſur ces côtes, de quelques vaiſſeaux qui la rapportoient des grandes Indes ?

Comme je n'ai jamais cultivé cette plante, j'emprunte de l'*Hiſtoire univerſelle du règne végétal*, publiée par M. Buc'hoz, les détails de la culture qu'on lui donne à Paris.

C'eſt dans les mois de Juillet & d'Août qu'on fait venir des îles les oignons de cette ſuperbe fleur. Plutôt on les aura levés de terre après que la fane des feuilles ſera tombée, mieux ils reprendront. Cependant on a obſervé que les oignons qu'on lève dans le tems que la fleur commence à ſortir, ſont ceux qui fleuriſſent le plus communément. Néanmoins les fleurs ne deviennent jamais auſſi belles, & les oignons ne ſe trouvent pas, à beaucoup près, auſſi bons que ſi on les eût tirés de terre avant d'avoir pouſſé leurs nouveaux chevelus. Quand les oignons ſeront arrivés dans ce pays, on les plantera auſſitôt dans des pots garnis de terre neuve, légère, ſablonneuſe, mêlée d'un peu de terreau conſommé. On les placera à une expoſition chaude ;

on les arrofera de tems à autre : ils pourriroient dans une terre humide. Lorfqu'ils ont une fois commencé à pouffer leur tige, l'humidité ne leur eft pas fi contraire. Vers le milieu ou vers la fin de Septembre, quand il fe trouve des oignons affez forts pour fleurir, on en voit fortir le bouton à fleur, qui, pour l'ordinaire, eft d'une couleur rouge. On aura pour lors la précaution de placer les pots où font les oignons, de façon que ces plantes foient frappées du foleil le plus long-tems que faire fe pourra, & qu'elles foient principalement à l'abri du vent du nord. On évitera pareillement de les mettre trop près d'un mur, ou fous un châffis, parce qu'en ces deux cas, leurs tiges feroient foibles & grêles, & leurs fleurs n'auroient pas toute la beauté qu'elles euffent dû avoir. Si la température fe trouve chaude & sèche dans cette faifon, on donnera de tems en tems à ces plantes, affez d'eau pour que l'oignon puiffe être tenu fraîchement; il n'y a plus alors de rifque qu'il pourriffe par trop d'humidité; mais fi la faifon devient très-pluvieufe, il fera à propos de mettre ces plantes à couvert, afin qu'elles n'aient que la quantité d'eau qui leur convient.

Auffitôt que les fleurs commenceront à épanouir, on portera les pots dans un endroit moins chaud, où ils ne foient expofés ni à la pluie, qui gâteroit les fleurs & nuiroit à leur belle couleur, ni aux rayons du foleil, qui avivent, il eft vrai, les couleurs, mais qui les rendent trop foncées, & ne donnent pas le tems à l'amateur de jouir de la beauté de la fleur qu'il a cultivée.

Une orangerie où l'air fe renouvelle continuellement, & qui eft fraîche & sèche en même tems, eft un lieu convenable pour affurer une plus longue exiftence à la fleur. Avec ces fecours, les fleurs fe confervent prefque un mois entier.

Lorfque les fleurs font paffées, les feuilles commencent à pouffer; & fi on a foin de les garantir du grand froid, leur végétation ne ceffe point de tout l'hiver; c'eft même pendant ce tems-là qu'elles s'alongent. Si la faifon eft douce, on laiffe ces plantes au grand air, & on ne les couvre que pendant les pluies & les froids vifs. Une couche chaude, garnie d'un châffis, leur devient avantageufe.

On arrache tous les quatre ou cinq ans les oignons de terre pour féparer les petits cayeux qui fe dévorent les uns & les autres, & on les replace dans une terre neuve.

Les habitans de Guernefey ne fe donnent pas autant de peine que les fleuriftes de Paris. Ils plantent tout fimplement les oignons dans une couche ou planche de terre commune, & ils les y laiffent pendant plufieurs années fans culture. Ces oignons produifent dans cet efpace de tems, une fi grande quantité de cayeux, qu'à différentes fois on en a trouvé même plus d'un cent autour d'un feul oignon. Leur grand nombre nuit à leur qualité.

Lorfque les cultivateurs de ces oignons veulent en faire plufieurs pieds, ils féparent les cayeux; mais auparavant ils choififfent dans leurs jardins une place abritée, & ils y font une couche. Pour cet effet, ils prennent dans une prairie un tiers de terre végétale neuve & légère, pour être mêlée avec une égale quantité de fable de mer ou de rivière, & l'autre tiers eft du fumier confommé. Le tout eft criblé féparément, enfuite bien mêlé enfemble. Ils font avec ce mélange, une couche d'environ deux pieds d'épaiffeur, & elle s'élève de quatre ou cinq pouces au deffus des planches voifines, fi le terrain eft fec; & s'il eft humide, cette couche doit s'élever de huit à neuf pouces au deffus du fol. Ils plantent leurs oignons dans cette couche, au mois de Juin, & à huit pouces de diftance en tout fens. Quand les gelées commencent, la planche eft couverte ou avec des châffis de verre, ou avec des paillaffons, ou enfin avec la litière fèche. Dès que le printems eft venu, tous les abris font enlevés. La planche doit être farclée rigoureufement, & piochetée de tems en tems. On répand chaque fois un peu de terre neuve pour l'amender. Les oignons reftent en terre autant d'années qu'il en faut pour les mettre à fleur; alors on les tranfplante dans des pots, fi on ne veut pas les laiffer fleurir dans le même endroit. Aucune plante de nos jardins, & même la plus belle, ne peut avoir la préférence fur celle-ci.

AMARYLLIS, (la très-belle) ou LIS DE SAINT-JACQUES. *Amaryllis formofiffima.* Lin. Sa tige eft haute d'un pied; lorfqu'il fe trouve plufieurs fleurs fur la même, elles font toutes du même côté, & le cas eft rare. Ses feuilles font larges, épaiffes, d'un verd noir, femblables à celles du narciffe commun, ce qui l'a fait appeler *lilio-narciffus* par

Dillenius. Chaque fpath ne renferme qu'une fleur. Les pétales de la fleur font inégaux, larges, d'un rouge pourpre très-foncé, très-nourri, & pour ainfi dire glacé fur un fond d'or. Les étamines, le piftil, & trois pétales, font penchés prefque perpendiculairement du même côté. Les nectaires de cette fleur font prefque en auffi grand nombre que les filamens; ils naiffent de la corolle, & font étroitement unis à la bafe des filamens d'où ils partent.

Quoique cette plante naiffe au Mexique & dans toutes les îles qui fe trouvent entre les deux tropiques, elle exige l'orangerie feulement pendant l'hiver dans nos provinces du nord, & elle paffe facilement l'hiver en pleine terre dans celles du midi, pour peu qu'on la recouvre avec de la paille menue, & qu'elle foit abritée des vents froids. M. le chevalier Von Linné dit qu'elle a commencé à être connue en Europe en 1593.

Ce lis de Saint-Jacques, ou cette très-belle amaryllis, fleurit deux ou trois fois dans l'année, lorfque la bulbe principale eft accompagnée de cayeux de la feconde ou de la troifième année, & elle fleurit depuis Mars jufqu'en Octobre. Si on veut la voir fleurir fous le climat de Paris, il faut la tenir pendant l'hiver dans une ferre paffablement chaude, ou dans une bonne orangerie; le vrai tems pour féparer les cayeux eft le mois d'Août.

Nous ne parlerons pas de quelques autres efpèces d'amaryllis, parce qu'elles exigent décidément la ferre chaude. Dès-lors elles ne font plus l'objet de l'amufement du fimple cultivateur ou fleurifte.

AMBRE. Les auteurs ne font pas d'accord fur l'origine de cette fubftance légère, opaque, de couleur cendrée, & parfemée de petites taches blanches. Les uns penfent que c'eft l'excrément de la babine ; d'autres que c'eft une fiente d'oifeaux ; ceux-ci un mélange de miel & de cire, cuits & digérés par le foleil & par le fel marin ; ceux-là, & avec plus de raifon, croient que c'eft une forte de bitume qui coule du fein de la terre dans la mer, fous une forme liquide, & qui s'épaiffit enfuite. On le trouve fur les bords de la mer, fur-tout après les tempêtes. On reconnoît le bon ambre gris, lorfqu'en le piquant avec une aiguille chaude, il rend un fuc gras & odoriférant ; il eft en partie diffoluble dans l'efprit de vin, & en partie dans l'eau. Il y a quelques années, que la paffion de la nation françoife pour l'odeur d'ambre étoit allée à l'extravagance. Tout étoit ambré, jufqu'au papier à lettres. Heureufement cette frénéfie n'a pas duré longtems : les parfumeurs feuls y trouvoient leur compte.

Il y a encore un *ambre blanc*, qui ne différe du précédent que par fa couleur & fon odeur moins active. Il eft inutile de parler de l'*ambre noir* ou *renardé*. On falfifie l'ambre gris avec des gommes & autres drogues, lorfqu'il eft nouvellement forti de la mer, & fur-tout avec la fine fleur de la farine de riz.

On dit que l'ambre gris fortifie le cœur, l'eftomac & le cerveau. On auroit beaucoup plus de raifon de dire qu'il attaque les nerfs, & que fon ufage habituel nuit effentiellement à l'odorat. On avoit dit qu'il étoit avantageux dans les maladies convulfives des enfans, dépendantes des matières acides dans les premières voies. Détruifez la caufe par l'ufage des abforbans, & l'ambre fera inutile. On l'emploie affez vainement dans plufieurs préparations pharmaceutiques.

AMBRE JAUNE, *ou* SUCCIN. (*Voyez* SUCCIN)

AMBRETTE. (Poire d') *Voyez* POIRE.

AMBROISIE, *ou* THÉ DU MEXIQUE. (*Voyez Pl. 12*, p. 405). M. Tournefort la place dans la feconde fection de la quinzième claffe des fleurs à pétales, à étamines, dont le piftil devient une femence enveloppée par le calice, & il la nomme *chenopodium ambrofioides*. M. le chevalier Von Linné la claffe dans la pentandrie digynie, & l'appelle *chenopodium ambrofioides*.

Fleur, apétale, c'eft-à-dire, fans corolle ni pétales, compofée de cinq étamines, & d'un calice concave découpé en cinq folioles concaves, ovales, membraneufes à leurs bords. Ce calice B tient lieu de la corolle. En C, il eft vu pardeffous. Les étamines font l'alternative avec les divifions du calice. Leurs filets font longs, & les anthères arrondies & alongées par les deux bouts. Le piftil D eft placé au au centre ; il eft compofé de l'ovaire, & de deux ftigmates difpofés en cornes.

Fruit E, femence orbiculaire, en forme de lentille, placée fur le réceptacle, dans le calice qui s'eft refermé en devenant pentagone, F.

Feuilles, angulaires, lancéolées, dentées,

dentées, attachées par leur bafe à la tige, & légérement découpées fur leurs bords.

Racine A, pivotante, oblongue, brune, avec des fibres capillaires, blanche en dedans.

Port. Tige haute, communément de deux pieds, rougeâtre, cylindrique, un peu velue. Les fleurs font difpofées en grappes feuillées fur les rameaux qui s'élèvent des aiffelles des feuilles. Les fleurs font portées par des péduncules courts & cylindriques, & les folioles florales font entières, oblongues, pointues & unies.

Lieu ; originaire du Mexique, naturalifée en Portugal, & elle fe fème d'elle-même dans nos jardins, quand on en a une feule fois cultivé un pied. Cette plante eft annuelle, & fleurit en Juillet & Août.

Propriétés. Toute la plante eft aromatique, d'une odeur très-agréable, quoiqu'un peu forte, d'une faveur médiocrement âcre & amère. Elle eft regardée comme ftomachique, apéritive, antiafthmatique.

Ufages. On emploie l'herbe en décoction, & les fommités fleuries en infufion théïforme. Quelques auteurs lui attribuent la vertu de pouffer les écoulemens périodiques & les vidanges, foit qu'on l'applique extérieurement fur la région de la matrice, en forme de cataplafme, après l'avoir fait bouillir dans du vin, foit qu'on la prenne en infufion. Mathiole dit avoir guéri des perfonnes qui crachoient du pus, par l'ufage de la plante réduite en poudre, & incorporée avec du miel. N'eft-ce pas au miel qu'il faut attribuer ces guérifons ? On s'en fert extérieurement en cataplafme, pour

Tom. I.

nettoyer les anciens ulcères des jambes.

AMÉLANCHIER. (*Voyez* NÉFLIER)

AMÉLIORATION. En fait d'agriculture, *améliorer* & *amender* font deux mots qu'on a mal à propos confondus. Par *améliorer*, nous entendons augmenter la valeur d'un objet qui diminuoit ou alloit diminuer ; par exemple, fubftituer de bons chevaux, de bons bœufs pour le labourage, pour la charrette, &c. à des animaux ufés ou trop vieux ; au lieu que le mot *amender* ne s'applique, dans le vrai fens, qu'au terrain. Il y a deux fortes d'améliorations, celle de remplacement, & celle d'addition.

Un cultivateur prudent met en réferve, fur-tout dans les années avantageufes, la majeure partie des produits nets, foit pour parer aux inconvéniens des années de ftérilité, foit pour ne pas être gêné, lorfqu'il furviendra des cas fâcheux & imprévus, enfin, pour améliorer fa métairie & tout ce qui en dépend ; c'eft-à-dire, qu'il fe prive d'une jouiffance momentanée, afin de s'en procurer une plus durable, & qui augmente la valeur intrinfèque de fa poffeffion.

Le tems détruit tout, & fous fa faulx meurtrière tout s'anéantit & difparoît, fi une main protectrice ne répare habituellement fes ravages : mais réparer n'eft pas améliorer ; c'eft fimplement entretenir les chofes dans leur état, & le bon cultivateur cherche toujours à les perfectionner. Les améliorations de remplacement ont pour objet l'entretien des bâtimens, celui des outils aratoires , des vaiſſeaux vinaires , &c. les harnois , les voitures , les chevaux , les bœufs & tous les animaux utiles à la ferme , enfin d'entretenir les terres , les prés, les bois , &c. dans un bon état.

Par les améliorations d'addition, le cultivateur augmente l'aiſance & les commodités dans ſes bâtimens, non pour des objets de luxe , mais en vue de l'utilité journalière dont elles ſeront. Plus il y a de facilité pour manœuvrer dans l'intérieur d'une maiſon , dans les greniers , dans les écuries , &c. moins le travail donne de peine ; il y a plus d'ordre , chaque choſe eſt à ſa place , le ſervice eſt facile , & dès-lors il y a une économie réelle pour le tems. Une opération qui exige quelques minutes de plus , & ſouvent répétée, équivaut à la fin de l'année à des jours , à des ſemaines entières , & ſouvent même à des mois. On ne fait point aſſez d'attention à ces détails , ils paroiſſent minutieux au premier coup d'œil : j'en appelle à l'expérience. Le payſan , le valet ne rangent rien : tout eſt avec eux dans la plus grande confuſion ; & pour retrouver un outil , il perdra ſouvent des heures entières : l'augmentation des aiſances ſera donc , ſous les yeux d'un maître vigilant , l'augmentation de l'ordre ; celle de l'ordre , l'augmentation du travail ; & celle du travail , une amélioration directe , puiſqu'il y aura plus de tems à employer pour le travail.

Une amélioration d'addition très-importante , eſt celle des animaux conſacrés aux différens ſervices de la métairie. Je n'ai preſque pas vu un ſeul domaine où le nombre des animaux de charrue , des charrettes , &c. fût proportionné à l'étendue des terres à labourer , &c. ; le travail ſe fait toujours à la hâte ; & ſi , dans la ſaiſon , il ſurvient des pluies ou d'autres contre-tems , le mal eſt bien pis encore. Une paire de bœufs , ou de chevaux , ou de mules de plus , auroit ſuffi , le travail n'auroit rien eu de forcé, il auroit été fait à tems , ſans gêne , & par conſéquent , il auroit été bien fait. L'augmentation du produit & du bénéfice réel qui en réſulte , ne dédommage-t-elle pas amplement de la première miſe , & des débourſés pour les gages & la nourriture d'un valet de plus ? Columelle dit avec raiſon : ſi la métairie eſt plus forte que le maître , elle l'écraſera ; au contraire , elle ſera pour lui une ſource de richeſſes , s'il eſt plus fort qu'elle. Avec peu on fait peu : le proverbe eſt vrai ; & l'on devroit ajouter dans ce cas , avec peu on fait tout mal. Pour un domaine , par exemple , de trois charrues , il faut néceſſairement avoir les animaux pour quatre. Sans cette ſage prévoyance , comment fera le cultivateur , ſi une ſeule de ſes bêtes eſt bleſſée ou malade ? il ſera donc réduit à ne faire travailler que deux charrues : il faudra excéder de fatigue les animaux bien portans , afin que leur travail égale , en quelque manière , celui de trois charrues ; & le tems des ſemailles paſſé , &c. tous les animaux ſont ſur les dents. Quelle économie !

Une bonne amélioration d'addition à faire , c'eſt dans le troupeau. Je ne dis pas qu'il faille multiplier les individus du troupeau ; leur nombre doit être proportionné à l'étendue du terrain qui doit les nourrir ; il vaut mieux qu'ils trouvent une nourriture abondante que le strict néceffaire pour fe foutenir ; une année de féchereffe lui diminueroit fa valeur de plus de moitié. Cent brebis bien nourries, bien portantes, rendent plus que cent cinquante brebis étiques & affamées. La véritable amélioration confifte à avoir un troupeau bien nourri, & chaque année à perfectionner les races, foit en fe procurant des béliers plus forts, & des efpèces de brebis à laine plus fine. L'argent des agneaux & des moutons que l'on vendra, doit payer cette amélioration.

Un cultivateur intelligent, élève & entretient une pépinière dans les environs de la métairie. Elle doit être confacrée aux arbres fruitiers, à quelques arbres foreftiers, dans les pays où le bois eft rare, mais fur-tout aux arbres deftinés pour le charronnage, & j'ajouterai aux oliviers, aux amandiers, dans les pays où leur culture réuffit. Plantez, plantez fans ceffer ; & à l'exemple des normands, boifez de toute manière la lifière de vos champs ; vos moiffons feront plus en fureté contre la fureur des vents ; mais gardez-vous bien d'y planter des ormeaux : leurs racines traçantes iront à plus de cinquante pieds dévorer la fubftance des blés. Les fruits feront une reffource économique pour la nourriture des gens de la grange, & les feuilles des arbres ferviront ou pour les troupeaux, ou pour les engrais. Planter chaque année vingt à trente arbres dans un grand domaine, & des arbres qu'on n'aura pas acheté, c'eft

un badinage, & ce petit travail fera, dans la fuite, un objet d'un très-grand produit.

Je mets encore au nombre des améliorations effentielles, la multiplication des foffés pour l'écoulement des eaux. Si le terrain eft en pente, un foffé placé dans la partie fupérieure empêchera les ravins, & les bleds ne feront pas emportés par une pluie d'orage. Ce foffé conduit les eaux dans le lieu qu'on leur deftine, & prévient leur ravage. Un femblable foffé, placé dans la partie inférieure, retient la terre & les débris des végétaux que la pluie y a fait couler. Si le pays eft plat, le foffé fervira au deffèchement du champ, & le blé n'y pourrira pas ; en un mot, lorfque l'on les recurera, la terre qui y aura fermenté pendant quelques mois, fera un excellent engrais.

Que d'améliorations il feroit facile d'indiquer ! mais c'eft au cultivateur intelligent à les prévoir, à les méditer pendant une année entière, à les préparer de longue main pour les exécuter avec plus de facilité. Il doit fe faire un plan général, & travailler d'après ce plan. Les améliorations morcelées & par lambeaux, font de petites améliorations. Si, au contraire, on a un plan bien conçu, il n'y a pas un feul coup de pioche perdu, parce qu'un objet de détail fera relatif au tout, & ce qui ne fera pas mis en pratique dans une année, fera exécuté dans l'année fuivante.

AMÉNAGER. Terme d'exploitation & de commerce de bois, qui fignifie le débiter en bois de chauffage, de charpente, ou de quelqu'autre manière que ce foit. Les ordonnances de nos rois ont fixé à 60, 90, 100, 150 & 200 ans l'âge où les bois du domaine du roi mis en futaie, doivent être abattus : ces ordonnances ont prefcrit de laiffer dix baliveaux par arpent, & les gens de main-morte font obligés d'avoir un quart de leurs bois en réferve ; enfin, tous les propriétaires quelconques doivent laiffer feize baliveaux par arpent dans les taillis, & il leur eft défendu de les couper avant quarante ans, & le taillis au deffous de dix ans.

Il n'eft pas poffible de fixer le nombre des années qu'un arbre de quelque efpèce qu'il foit, doit refter fur pied avant d'être abattu. Son exiftence eft relative à fa végétation, & fa végétation à la qualité du fol dans lequel il croît, & au climat fous lequel il croît. Si on veut une règle générale, il faut la prendre dans la nature même, & en voici une qui me paroît invariable, & décider le moment où l'arbre eft dans le cas d'être abattu avant qu'il foit en décours. Il eft furprenant que ceux qui vivent, pour ainfi dire, au milieu des forêts, n'aient pas faifi cette indication de la nature.

Ce que j'ai à dire ne peut s'appliquer qu'aux arbres venus naturellement, & dont le pivot, les racines, &c. n'ont point été mutilés par la main des hommes. On peut cependant, & à la rigueur, l'appliquer aux autres arbres.

Suppofez un demi-cercle divifé par degrés ; le point de là partie fupérieure eft un : pour aller jufqu'à la ligne horizontale ou à la bafe du cercle, tracez de chaque côté quatre-vingt-dix degrés qui font les divifions ordinaires du demi-cercle & du quart de cercle. Il s'agit d'appliquer ces degrés aux pofitions des mères branches de l'arbre.

Sa tige fera le degré 1, ou autrement la perpendiculaire fur la bafe. Les branches d'un arbre très-jeune décrivent un angle de dix ou vingt degrés avec le tronc : je ne parle pas des branches inférieures qui périront par la fuite ; elles font longues, fluettes, branchues, furchargées de feuilles relativement à leur groffeur ; d'ailleurs, elles font pour ainfi dire écrafées par les branches fupérieures. L'arbre acquiert des années ; prefque toute la totalité de fes branches s'abaiffe, & forme un angle de vingt à trente & à quarante degrés : c'eft fon moment de vigueur. Lorfque la maffe des branches parvient à l'angle de cinquante à foixante degrés, l'arbre, loin d'acquérir en force, décline : à foixante-dix, il a déjà beaucoup perdu ; & à l'angle de quatre-vingts à quatre-vingt-dix, il ne doit plus fervir pour les conftructions effentielles, pour la marine, &c. c'eft un arbre paffé. Je dis plus, fon bois fera même très-médiocre pour être converti en charbon, parce que ce charbon fe confumera au feu fans donner de la chaleur, fans faire une braife vive & ardente ; enfin, il fera cendreux. Cette règle eft plus fûre que celles des années fixées par l'ordonnance.

On dit qu'un arbre *fe couronne*, lorfque les branches du fommet ont leurs canaux oblitérés, qu'elles ne reçoivent que peu ou plus de féve ; enfin, qu'elles fèchent fur pied. Il feroit plus exact d'appeler *arbre cou-*

ronné, celui dont les branches forment, avec le tronc, des angles de foixante-dix à quatre-vingt-dix degrés, parce qu'en effet la totalité reffemble alors à une couronne fermée.

Il feroit donc plus avantageux d'abattre les arbres au moment qu'ils fe couronnent, & même de prévenir ce moment, fi l'arbre en vaut la peine, plutôt que d'attendre la coupe générale de la forêt, ou de la partie de fa divifion, car alors ce fera un arbre perdu.

Les taillis en bois blanc peuvent refter fur pied huit, dix à douze ans ; cela dépend de la qualité du fol, & par conféquent de la beauté & de la force des pieds, & la coupe des bois durs fera bien réglée à quinze ans, fi le terrain eft bon.

L'aménagement d'une forêt confidérable exige qu'elle foit divifée en plufieurs parties ; & fuivant les lieux & les circonftances, il eft avantageux d'avoir des coupes à faire chaque année.

L'ordonnance porte de laiffer des baliveaux dans les forêts & dans les taillis, & elle en fixe le nombre. Ne feroit-il pas plus profitable aux propriétaires de laiffer les baliveaux fur les lifières de la coupe, qu'épars çà & là ? L'ordonnance défend de couper les baliveaux des taillis avant quarante ans, & il eft rare qu'à cet âge les branches des baliveaux ne forment des angles de foixante-dix à quatre-vingts degrés. Si, au contraire, on les avoit laiffé fur les lifières, par exemple, dans un double rang, ils fe feroient foutenus les uns & les autres, les troncs feroient montés plus haut, & les arbres feroient devenus plus branchus,

plus feuillés, plus vigoureux. Au contraire, les baliveaux épars ne montent prefque plus, & nuifent aux taillis par leur ombre dont ils n'ont pas befoin. Il eft très-rare qu'ils faffent, dans la fuite, de beaux arbres.

Si, par un accident quelconque, il fe fait une clairière dans une forêt, par exemple, de pins, de fapins, &c. les arbres qui avoifinent cette clairière ne s'élèvent plus à la même hauteur que ceux qui en font éloignés de quelques toifes. Ces arbres avoient perdu leurs branches inférieures en grandiffant ; ils en pouffent de nouvelles aux dépens de la tige, & ils feront les premiers à fe couronner. Ce fait s'obferve particuliérement dans les forêts de fapin ; & jufqu'à ce que ces branches pofthumes fe foient multipliées & abaiffées à dix ou à vingt pieds près de terre, les arbres de la circonférence fouffrent, languiffent, & l'élévation de leur tige ne fuit pas la même progreffion que celles des arbres de l'intérieur.

Toutes les plantes quelconques cherchent la lumière, & s'alongent jufqu'à ce que leur fommet y foit parvenu. Placez des pommes de terre dans une cave, par exemple, de cinquante pieds de longueur, & placez-les dans l'endroit le plus éloigné du foupirail, ou de la fenêtre d'où vient le jour ; elles y végéteront, prendront leur direction vers cette fenêtre ; leur tige fera une efpèce de filaffe blanche, molle, longue de cinquante pieds ; & dès qu'elle pourra recevoir les impreffions de la lumière, elle prendra une légère couleur rouge, enfuite d'un rouge plus foncé ; enfin, elle acquerra la

couleur verte qui eft fa couleur naturelle , & la confiftance de fa tige fuivra l'intenfité de fa couleur. Il en eft
ainfi des arbres foreftiers : s'ils font
trop éloignés les uns des autres, ils
fe garniront de groffes & longues
branches , & alors les troncs feront
courts ; s'ils font plus rapprochés ,
les tiges s'alongeront , les branches
inférieures périront d'elles-mêmes ,
parce que les fupérieures leur abforbent l'air & la lumière. Voilà la
véritable raifon pour laquelle les
forêts dont le fol leur convient ,
donnent des chênes , des fapins de
cinquante à quatre-vingts pieds de
quille. En général , leur tronc fera
moins gros que celui des arbres
ifolés ; mais ne gagne-t-on pas par
leur longueur , & bien au delà , ce
qu'on perd fur la groffeur? D'ailleurs , il y a une proportion pour
tout : une forêt plantée trop ferrée , demande à être éclaircie ,
& il eft impoffible de fixer au jufte
le nombre d'arbres foreftiers qui
doivent exifter fur un arpent. La
règle tient à la nature du fol , à fon
expofition , au climat ; & fouvent
dans le même pays , à une lieue
près , une forêt fouffre des gelées
ou des effets des météores , tandis
qu'une autre n'en fouffre pas : cela
tient aux abris, aux directions des
montagnes , aux coups de vents, &c.
Le fol doit dicter la loi. Ces objets
feront traités plus au long à l'article FORÊT.

AMENDER , AMENDEMENT.
C'eft donner à la terre un degré de
perfection de plus pour augmenter
fes produits.
　Tous les corps , dans la nature ,
fervent mutuellement à s'amender

les uns & les autres par leur union
& par leurs mélanges , lorfqu'ils
font dans une proportion convenable. Il y a deux fortes d'amendemens , les *naturels* & les *artificiels.*

CHAP. I. *Des Amendemens naturels.*
CHAP. II. *Des Amendemens artificiels.*

CHAPITRE PREMIER.

Des Amendemens naturels.

J'appelle *amendemens naturels* , les
effets du foleil, de l'air, de la pluie
& des gelées; enfin , de tous les
météores.
　On dit vulgairement : *Le foleil cuit
la terre pendant les grandes chaleurs.*
Ce proverbe préfente un fens vague , & qui ne fignifie rien. Il feroit
plus exact de dire : *Le foleil fait
fermenter les différentes fubftances renfermées dans le fein de la terre.* La
fermentation de ces fubftances accélère leur décompofition , & par
le mélange & par l'union des parties décompofées , il en réfulte de
nouvelles combinaifons , des produits nouveaux qui participent de
tous les principes. C'eft par le mélange de ces principes , que ces
produits font rendus mifcibles à la
terre , & par la fuite aux plantes
qu'on lui confie , parce que ces
produits font mélangés dans les
proportions convenables. Une comparaifon va rendre plus fenfible ce
que je viens de dire.
　Si vous jetez de l'huile fur de
l'eau pure , vous aurez beau agiter
enfemble ces deux fubftances autant de tems que vous le voudrez,
elles ne fe mêleront point. Après
un léger repos , elles reprendront
chacune leurs droits ; l'huile, comme

plus légère, surnagera, & l'eau remplira le fond du vase.

Mais si vous ajoutez à ces deux substances, de caractères si opposés, une quantité proportionnée d'un sel quelconque, il se formera un mélange; le sel servira de moyen de réunion; alors les trois substances seront combinées, & il en résultera un composé qui ne ressemblera à aucune des trois autres substances, considérées séparément; ce sera un vrai savon, susceptible de la plus grande division & de la plus grande atténuation. Voyez à quel point de grosseur les enfans, à l'aide d'un petit chalumeau en paille, font ballonner une très-petite gouttelette d'eau savonneuse: voilà le résultat du mélange & de la combinaison. Mais si la chaleur ne laisse pas à l'eau sa fluidité naturelle, & qu'elle se change en glace, le sel se précipitera au fond du vase, l'huile & l'eau se sépareront; enfin l'huile sera figée, l'eau glacée, & le sel, au fond du vase, y sera presque sous forme concrète. Il a fallu quatre choses bien distinctes pour concourir à cette combinaison & à cet amalgame.

De cette comparaison, venons à l'application. Le soleil échauffant la masse de la terre, excite dans les racines & dans les débris des plantes, une fermentation. Le même effet a lieu sur les débris innombrables des animaux qui couvrent la terre, ou qui vivent dans son sein. Cette fermentation les fait passer petit à petit à l'état de putréfaction: mais comme l'expérience a prouvé que de toutes les plantes on retire du sel, de l'huile, de l'eau & de la terre, la putréfaction fait restituer à la terre ces principes que la végétation avoit absorbés. Ces principes ne peuvent pas rester isolés dans la terre: semblable à une éponge, elle se les approprie; ils se nichent dans chaque cavité de ses molécules; la chaleur les y fait pénétrer & se mêler plus intimément encore avec les matières salines qu'elle contenoit déjà; de sorte que toutes ces substances combinées sont miscibles & se mêlent à l'eau, à l'humidité que la terre renfermoit. Pourquoi les terres calcaires sont-elles plus productives que les autres, sinon parce qu'elles contiennent en plus grande abondance un sel alcali, & parce que, dans la nature, il n'existe aucun sel qui s'unisse plus facilement avec les substances graisseuses & huileuses, pour en former la matière savonneuse. Voilà donc la terre prête à recevoir la semence lorsque son sein aura été ouvert par les labours; & le soleil, le vrai vivificateur de la nature, a, par sa chaleur, préparé cette métamorphose, cet être nouveau, d'où dépend la bonne végétation.

Si, au contraire, la terre étoit restée constamment gelée, il n'y auroit point eu de fermentation; dès-lors point de putréfaction des animaux ni des végétaux, point de recombinaison de principes, point de mélange savonneux; dès-lors elle auroit été privée de la vie végétative, & on lui appliqueroit le mot de la Genèse: *Terra autem erat inanis & vacua.* Enseveliffez un melon, une cerise, &c. un chapon, une poularde dans une masse de glace; tant qu'elle subsistera, les corps resteront dans leur entier, fans fermenter, & par conféquent fans fe décompofer. Le foleil eft donc le premier agent qui amende la terre, qui perfectionne fes fucs & prépare leurs fubftances alimenteufes.

Le premier effet du foleil, comme on vient de le voir, eft d'échauffer la terre ; mais dès qu'il s'abaiffe vers l'horizon, ou lorfqu'il n'éclaire plus notre atmofphère, le fol échauffé attire à fon tour l'humidité de l'air que la fraîcheur a condenfée en rofée, & par conféquent ce fel acide & aérien qui joue perpétuellement un fi grand rôle dans la nature, quand les circonftances ne s'y oppofent pas, quoique fa manière conftante d'agir foit pour ainfi dire infenfible aux yeux du vulgaire.

L'air tient le fecond rang, & on a vu au mot AIR quelle quantité prodigieufe les plantes & les animaux fourniffent de l'air fixe ; quelle étonnante quantité il s'en fépare par la fermentation & par la putréfaction ; enfin, que tous les corps ne pourriffent ou ne fe décompofent, qu'autant que ce principe, qui leur fervoit de lien d'adhéfion, s'évapore. Cet air s'unit intimément avec la terre par le fecours de la chaleur qui donne le mouvement à la fermentation.

Ce n'eft plus fous ce point de vue qu'il faut actuellement le confidérer ; c'eft en qualité d'air atmofphérique, jouiffant de fes propriétés, comme élafticité, pefanteur, fluidité, & tenant en fufpenfion plufieurs corps qui lui font étrangers. Que l'air opère ou non fur l'afcenfion de la féve dans les plantes, par fa pefanteur, ou par

fon élafticité, ou par tous les deux enfemble, c'eft une queftion que nous laifferons à difcuter aux phyficiens ; il nous fuffit de favoir que, fans le fecours de l'air élaftique, il n'y auroit aucune végétation, & les hommes & les animaux ne pourroient pas vivre.

L'air atmofphérique eft le réfervoir général de toutes les évaporations qui ont lieu fur la furface du globe. Les fubftances qu'elles renferment ont été rendues plus légères que l'air ; la chaleur les a volatilifées ; elles font donc dans le plus grand état d'atténuation. Elles reftent dans cet état jufqu'à ce qu'une trop grande accumulation, ou le froid, les forcent à fe réunir : alors elles retombent fur la terre en molécules plus ou moins groffes, parce qu'elles ont acquis, par leur aglomération, une pefanteur fpécifiquement plus forte que celle de l'air ; dès-lors la rofée, la pluie, la grêle, &c. Il réfulte de ces évaporations, que l'air atmofphérique eft un compofé de parties aqueufes, inflammables, huileufes ou graffes, enfin de parties falines.

Dans ce réfervoir général, les vapeurs éprouvent différentes combinaifons par leurs mélanges ; & par ces mélanges, elles conftituent fur-tout les fubftances inflammables & graffes, les principes de l'électricité atmofphérique, la matière des éclairs, des tonnerres, ainfi que ceux de toutes les modifications de l'air.

Ce font ces modifications qui influent plus ou moins fur l'amendement des terres, & par conféquent fur la végétation. Dans un air perpétuellement humide, ou perpétuellement

tuellement fec , la végétation eft languiffante, & par-tout ailleurs on ne la voit jamais plus active que lorfque le tems eft bas , chargé d'électricité , & prêt à devenir ora-geux : cependant fi l'air eft trop étouffé, trop chargé d'exhalaifons, les graines germent mal , & font long-tems à développer leurs tiges.

La loi des fluides eft de fe met-tre en équilibre. Si, par exemple, l'atmofphère eft trop chargée d'é-lectricité , la terre en foutire une grande partie qu'elle s'approprie ; fi , au contraire , l'atmofphère en eft dépouillée , & la terre furchar-gée, l'air s'en imprègne. Il en eft ainfi des autres fubftances. C'eft par cette correfpondance réciproque que s'opère l'amendement ; & l'air eft, comme on le voit, le fecond moyen employé par la nature pour donner la vie aux végétaux , & foutenir leur exiftence.

On auroit tort de conclure de ces généralités, que tous les lieux éprouvent les mêmes effets de l'air atmofphérique. Un pays très-chaud par fes abris ou par fa pofition mé-ridionale , & un pays très-froid, ou par fon élévation , ou par fa pofition feptentrionale , ne reçoi-vent pas également les mêmes bien-faits. Il faut une efpèce d'affimilation & d'appropriation entre les parties conftituantes du terrain & les ma-tières tenues en diffolution par l'air. Les lieux concourent à changer l'état de l'air atmofphérique ; le nuage qui paffe fur les montagnes du Faucigny, ou fur les glaciers de Suiffe , éprouve une combinaifon différente , dans les fubftances qu'il renferme, de celle qu'il éprouveroit

Tom. I.

en traverfant fur les déferts arides de l'Afrique.

Si de ces généralités on defcend à des objets particuliers pour juger de l'influence de l'air en général , & de fes effets différens & relatifs aux fubftances qu'il contient dans l'état de vapeur , l'expérience prou-vera que des plantes mifes dans des vafes de même grandeur, remplis de la même terre , femés le même jour ; enfin , toutes les circonftances étant égales , réuffiront beaucoup mieux dans un lieu où le terrain du voifinage aura été labouré, que fur celui qui ne l'aura pas été. Que produit donc le labour fur un vafe dont les racines des plantes ne peu-vent pas profiter ? La différence fera encore bien plus fenfible , fi un femblable vafe eft placé près d'un endroit où l'air atmofphérique foit gras & onctueux ; par exemple, près d'une étable , d'un parc de moutons, &c. La plante du vafe placé dans le terrain inculte ou fté-rile , végétera maigrement en com-paraifon des autres , quoiqu'on lui ait donné les mêmes foins , les mê-mes arrofemens, &c. Si, au con-traire, l'air eft trop pur , comme au fommet des hautes montagnes , toutes les plantes , & même les arbuftes , feront bas ou rampans ; & fi on y femoit des fapins dont les tiges font naturellement très-éle-vées , ces tiges , par-tout ailleurs fi fières & fi droites, s'humilieroient comme celles de l'arbufte. Eft-ce la pefanteur ou la trop forte élafticité de l'air qui les empêche de s'élever ? ou bien eft-ce la privation de cet *air fixe* qui compofe dans les villes plus de la moitié de l'air atmofphé-

Ppp

rique , qui les réduit à cet état d'abaiffement ? Malgré les brillantes expériences de nos phyficiens modernes, la queftion n'eft pas complétement décidée ; mais il eft affez clairement prouvé que l'un & l'autre concourent à l'amendement des terres & à la végétation ; & ne pourroit-on pas dire que dans la nature, toutes les caufes concourent enfemble , & qu'aucune n'agit féparément & d'une manière ifolée ?

Le troifième moyen de la nature pour amender la terre, eft l'eau , confidérée fous toutes fes modifications.

Cet agent eft fi puiffant, fi actif, fi néceffaire , que la végétation ne peut s'exécuter fans fon fecours , & l'eau feule fuffit à bien des égards pour la végétation complette de certaines plantes. Cette vérité a fait penfer à plufieurs auteurs, foit anciens, foit modernes, que les plantes devoient leur entier accroiffement , & toute leur nourriture, à l'eau, & non à la terre. Nous examinerons ce fentiment à l'article EAU ; mais il eft rigoureufement démontré que fans eau ou fans humidité , la fermentation ne peut avoir lieu : les corps fe deffécheront plutôt & ne pourriront pas. C'eft ainfi qu'après plufieurs années , on trouve deffêchés les corps des malheureux voyageurs qui ont été enfevelis fous les monceaux de fable pouffés avec violence , & entraînés au loin par les vents.

Il eft donc clair que fans eau il ne peut y avoir aucun amendement. On ne doit pas s'attacher ici à confidérer l'eau comme un élément pur, mais bien au contraire comme

un être compofé : telle eft la *pluie*, ou la *rofée*, ou *la neige*.

Ces trois modifications de l'eau rendent la terre plus perméable aux rayons du foleil , parce qu'elles en divifent & en féparent les molécules ; qu'elles accélèrent , aidées par la chaleur, la fermentation, la putréfaction, la diffolution des fels, l'atténuation des fubftances graffes & onctueufes ; enfin , la combinaifon & la recompofition de nouveaux principes , fans lefquels la végétation feroit nulle ou engourdie. Veut-on un exemple de ces combinaifons ? il fuffit de fuppofer qu'aucune pluie d'orage n'a délavé la furface de la terre depuis quelques mois ; la première qui furviendra, pour peu qu'elle foit forte , entraînera avec elle la matière vifqueufe, huileufe & faline dont on parle ; & par l'analyfe chimique , on découvrira ces différentes fubftances , dans ces maffes d'écume que l'eau fait en bouillonnant. Comment ces écumes , ou plutôt ces amas de bulles , pourroient-ils fe former, fi la fubftance graffe n'étoit pas rendue mifcible à l'eau par le fecours d'un fel quelconque ? Ne voit-on pas clairement que la nature agit ici comme l'enfant avec fon chalumeau trempé dans une eau favonneufe, pour produire ces bulles, dont la groffeur étonne, & dont les couleurs belles & changeantes, raviffent d'admiration , & préfentent toutes les nuances de l'arc-en-ciel. L'écume produite par l'eau de pluie n'eft pas, il eft vrai, décorée de ces dehors brillans ; fa couleur eft d'un blanc jaunâtre, & fa confiftance eft plus folide , parce

qu'elle tient plus de principes terreux en diffolution. On voit quelquefois ces écumes refter plufieurs
jours avant de s'affaiffer, ce qui
prouve que l'air renfermé dans ces
bulles n'a pas affez d'élafticité & de
force pour brifer les liens vifqueux
qui l'emprifonnent. Raffemblez une
affez grande quantité de ces écumes; jetez-les, & enfouiffez-les
dans le coin d'un champ ou d'un
jardin, & les productions qu'on en
retirera annonceront l'excellence de
cet engrais.

La pluie d'orage, pendant l'été,
amende mieux la terre que la pluie
d'hiver, parce que l'eau de la première eft plus imprégnée d'exhalaifons terreftres que la feconde;
les premières gouttes qui tombent
font larges & très-chaudes; celles
qui leur fuccèdent font au contraire
très-froides & petites. Celles-ci
viennent d'une région très-élevée,
& les autres, au contraire, d'une
région beaucoup plus baffe. L'analyfe chimique prouve que cette
première eau eft plus faline & plus
vifqueufe, & l'expérience démontre
qu'elle fe corrompt beaucoup plus
promptement que la feconde, &
que l'eau de pluie qui tombe dans
l'hiver. Voilà pourquoi cette efpèce
de pluie amende mieux la terre, fi
elle ne tombe pas avec une rapidité
& une abondance capables d'entraîner le terreau & les autres limons
qui recouvrent les champs. L'odeur
que répand cette pluie lorfqu'elle
commence à tomber, annonce fuffifamment combien elle eft furchar-
gée de fubftances hétérogènes &
engendrées par les différentes exhalaifons de la terre. Dans nos provinces méridionales, où l'été eft

prefque toujours fans pluie, la première qui tombe au commencement du mois d'Octobre, rend la
vie à la terre defféchée, & il eft
rare, fur-tout en Corfe, & dans la
plupart des pays chauds, que ceux
dont les vêtemens font imbibés de
cette eau, n'éprouvent peu de tems
après une maladie très-férieufe. On
peut cependant demander: la maladie eft-elle l'effet de la pluie ou
des exhalaifons long-tems retenues
dans la terre, dont elle facilite la
fortie? Malgré ce problème qui
refte à réfoudre, il n'en eft pas
moins prouvé que cette première
pluie produit de grands effets fur la
terre; qu'elle la difpofe à recevoir
les femences, achève la putréfaction des fubftances, foit animales,
foit végétales, enfouies dans fon
fein.

L'eau réduite à l'état de glace
dans l'intérieur de la terre, agit mécaniquement pour l'amender. Dans
cet état, l'eau placée entre chaque
molécule, les diftend en fe condenfant, occupe un plus grand efpace;
& femblable à des coins multipliés,
elle foulève chaque partie, & infenfiblement toute la furface. Jetons les yeux fur un champ labouré
avant l'hiver, & que la charrue en
ait foulevé plufieurs mottes; ces
mottes, ces grumeaux feront di-
vifés & réduits en particules très-
fines, lorfque la gelée aura opéré
fur elle, & lorfque le dégel fera
paffé. Ce que le froid exécute fur
ces grumeaux, il l'opère également
fur toute la furface, mais d'une ma-
nère moins vifible: cependant, fi le
froid & le dégel n'avoient pas agi
fur la furface, le pied enfonceroit
moins dans la terre, lorfqu'on mar-

che pardeffus. Plus la gelée aura pénétré profondément dans la terre, plus le nombre des molécules foulevées fera confidérable ; dèslors l'air, le fel qu'il contient, la pluie, &c. , les pénétreront plus intimément, & commenceront à difpofer les matériaux de la grande fermentation qui doit s'exécuter au renouvellement des chaleurs. Ainfi, une gelée un peu forte équivaut prefque à un labour, même pour les terres déjà enfemencées, parce qu'elle fournit aux plantes les moyens d'enfoncer leurs racines.

La neige amende la terre, & on dit improprement qu'elle l'*engraiffe :* elle ne porte point avec elle le principe de l'engrais ; elle ne peut donc pas engraiffer. Eft-ce par fon fel ? La neige n'eft autre chofe que de l'eau glacée par petites parcelles ; & l'eau même de mer, fi elle eft glacée, ne contient point, ou du moins très-peu de fel, ni aucune autre des fubftances qui rendent l'eau de mer inbuvable. La partie faline & vifqueufe fe précipite, & la glace d'eau de mer, réduite à fon état d'eau, eft buvable, très-faine, & fe conferve prefqu'autant que celle de la meilleure fontaine. L'eau de l'atmofphère fubit la même loi. En effet, l'expérience prouve que la neige réduite en eau tient moins de fel en diffolution que l'eau de pluie. La neige n'engraiffe pas la terre par fes parties vifqueufes, &c. L'expérience prouve encore que l'eau en fe criftallifant fous la forme de neige, devient l'eau la plus pure : elle agit fur la furface de la terre d'une manière purement mécanique, comme le froid, mais non pas par le même moyen ; elle empêche

l'évaporation des principes conftituans & nourriffans des plantes qui fe feroient perdus dans l'immenfité de l'atmofphère. A mefure qu'ils s'élèvent du fein de la terre, la neige, qui forme une croûte, les retient, les oblige de fe recombiner avec le fol, avec les plantes ; peut-être la neige elle-même fe les approprie, & les rend à la terre lorfque le moment de fondre eft arrivé. C'eft dans ce fens qu'il faut entendre ce proverbe : *La neige qui tombe engraiffe la terre.* Tant que la neige couvre la terre, la végétation n'a pas lieu dans les feuilles, à caufe du froid du corps ambiant ; mais les racines ne ceffent de s'étendre dans fon fein, & le collet de la plante fe fortifie. *Voyez* au mot AMANDIER, Chapitre I V, page 457, l'expérience de M. Duhamel, qui prouve que la végétation eft toujours relative à la chaleur environnante.

Comme les mots EAU, NEIGE, PLUIE feront traités féparément, il eft inutile d'entrer ici dans de plus grands détails.

CHAPITRE II.

Des Amendemens artificiels.

Avant d'entrer dans aucun détail, il convient de rapporter quelques expériences. Elles équivaudront à des principes dont il fera facile de tirer des conféquences. Cette manière de préfenter les objets vaut mieux que le raifonnement, parce qu'on n'eft pas obligé de croire fur parole, & que chacun peut fe convaincre par lui-même, en répétant l'expérience. Ce que nous allons dire, d'après l'excellent mémoire de M. Tillet, de l'académie royale des sciences, imprimé dans le volume de cette académie, année 1774, sert de base à l'agriculture, & s'applique à tous les objets qui y sont relatifs.

» J'observois depuis long-tems, (c'est M.Tillet qui parle) » que cer-» taines terres qui sont un peu sa-» blonneuses, produisent davanta-» ge, proportion gardée, dans les » années pluvieuses, que d'autres » terres fonciérement meilleures, Je » sentois, à la vérité, que le pro-» duit plus foible de celles-ci de-» voit provenir, non d'une quan-» tité moins considérable de plan-» tes, mais de l'état où elles se » trouvoient par l'abondance des » pluies, parce que les blés étant » versés en grande partie, ne don-» noient qu'un grain maigre & re-» trait; au lieu que d'autres terres » moins fortes, & où les blés ne » sont pas communément beaucoup » fournis, ne reçoivent d'une » humidité extraordinaire que ce » qu'il falloit, pour que les pieds » de blé y tallassent davantage, & » que les tiges s'y multipliassent sans » être trop serrées, & exposées » à se coucher les unes sur les au-» tres par des pluies fréquentes. »

» Je considérois d'un autre côté, » que si les terres fortes, c'est-à-» dire, celles où l'argile est assez » abondante, sont assez fertiles com-» munément, elles le sont moins » cependant que celles où l'argile » se trouve dans une moindre pro-» portion. »

» Il ne s'agissoit plus, d'après ces observations vagues, à la vérité, mais néanmoins sur des faits considérés en grand, & qu'on a toujours sous les yeux, que de tenter des

épreuves en petit, & capables de conduire à d'autres plus considérables par les lumières qu'elles donneroient. »

M. Tillet fit faire vingt - quatre pots, dont l'ouverture étoit d'un pied de diamètre, le fond de dix pouces, & la hauteur de huit pouces seulement. Chaque pot portoit un numéro, & étoit enfoncé dans la terre jusqu'à un travers de doigt de leur bord supérieur, afin que la terre du champ ne se mêlât point avec l'espèce de terre renfermée dans le pot. Tous ces vases furent rangés sur trois lignes à huit pouces de distance les uns des autres, & un sentier de dix - huit pouces de largeur séparoit chacune de ces lignes.

Les matières différentes & destinées à remplir ces pots, avoient été réduites en poudre, afin que les mélanges qu'on se proposoit d'en faire, fussent plus exacts. Pour déterminer exactement ces mélanges, M. Tillet fit faire une mesure qui formoit la huitième partie de la capacité du pot, de sorte que huit mesures le remplissoient.

» 1re. expérience. Trois huitièmes d'argile, dont les potiers de terre se servent, deux huitièmes de sable de rivière, & trois huitièmes de retailles de pierres, que les ouvriers de Paris nomment pierre dure, dont ils font les premières assises des bâtimens, & qui abonde en coquillages. Ces substances diverses furent mises dans un pot au mois d'Octobre 1770, le blé semé aussitôt & arrosé, attendu leur état de siccité, pour que le mélange fût plus parfait : en 1771, 1772 & 1773, le succès a été complet. Les blés ont passé pendant chacune de ces années par tous les degrés de végétation, sans éprouver le moindre affoiblissement, les tiges s'y sont élevées avec vigueur, & ont donné de beaux épis, où le grain a acquis toute sa maturité. »

» IIe. & IIIe. *expériences*. Le mélange pour la deuxième & troisième expérience, lesquelles dans la suite seront désignées par leur numéro, comme les expériences suivantes, a été le même que le précédent, à cela près qu'il a été employé des retailles de la pierre connue sous le nom de *Saint-Leu*, au lieu de celles de la pierre dure, qui font partie du mélange *n°. 1*. Le succès s'est également soutenu pendant les trois années, quoiqu'il y ait eu quelque différence en moins pour la quantité des épis, & non pour la beauté. Les touffes de blé n'y étoient pas aussi fournies que dans la première; cependant il y a eu assez d'égalité en 1772 entre ces deux *numéros* & le *n°. 1*. Ainsi, on peut dire en général, que ces deux sortes de mélanges sont à peu près également bons. »

» IVe. & Ve. *expériences*. Il n'entra dans le mélange dont il s'agit ici, que deux huitièmes d'argile, trois huitièmes de retailles de pierre, pareilles à celles des deux numéros précédens, & trois huitièmes de sable. La réussite a été entière dans ces *numéros 4 & 5* pendant les trois années. Il paroît par conséquent qu'une quantité moins forte d'argile ne nuit point aux progrès de la végétation; & cela devient avantageux, parce qu'il n'est pas facile de la bien mêler avec les autres matières qu'on emploie pour imiter les terres à labour naturelles. »

» V Ie. *expérience*. Le succès n'a pas été le même ici, quoique dans cette sixième expérience, la différence ne consistât uniquement, à l'égard du mélange & comparaison faite avec les *numéros* précédens, 1, 2 & 3, qu'en ce que, pour ce même *n°. 6*, il a été employé deux huitièmes de sablon d'Etampes, au lieu d'une pareille quantité de sablon de rivière, comme dans les expériences 1, 2, 3. Le blé a végété en 1771 avec vigueur, il est vrai, dans cette sixième expérience; mais quoiqu'il ait eu de beaux épis en 1772, la touffe de blé étoit peu fournie; elle a jauni, & s'est desséchée plus promptement que les autres; & en 1773, ce *n°. 6* a totalement manqué; les plantes y ont péri. En faisant attention que le *n°. 6* & le *n°. 8* présentent le même résultat, & qu'il n'y a d'autre différence dans le mélange qui les concerne, & celui qui regarde les premiers numéros, où la végétation a pleinement réussi pendant trois ans, que celle qui peut se trouver entre le sablon & le sable; en considérant, dis-je, par ce côté seul l'expérience dont il s'agit, ne pourroit-on pas soupçonner que le mélange, trop intime du sablon avec l'argile, a occasionné une liaison & une consistance entre ces deux matières, qui a mis obstacle au développement des parties les plus déliées des racines, & qui peut-être a rendu ces matières, ainsi mêlées intimément, moins perméables à l'eau, après qu'elle les a eu d'abord réduites en une espèce de ciment? Nous avons vu qu'en 1771, le bled de ce *n°. 6* a été beau & vigoureux, que la végétation y avoit été moins belle en 1772; que dans cette même année, la touffe y avoit jauni, & s'y étoit defféchée avant la maturité parfaite du grain. Nous avons remarqué sur-tout, que les plantes y avoient totalement péri en 1773. N'y auroit-il pas lieu de croire, en se prêtant pour un moment à l'idée que je viens de présenter, que si le blé de ce *n*° *6* a d'abord réuffi, s'il n'a pas eu le même fuccès l'année fuivante, & fi enfin il a péri la troifième année, c'est le mélange du fablon & de l'argile est devenu plus complet avec le tems par le fecours des pluies, par le remuement des terres compofées de chaque pot, que j'ai fait au mois d'Octobre 1771 & 1772, avant que d'y femer le grain? Quelle que foit la caufe qui a fait périr le blé dans les pots *n*°. *6* & *8*, quoique le grain y eût d'abord germé en Octobre, & que les plantes s'y fuffent enfuite développées, il est certain que des vingt-quatre pots principaux dont j'ai à donner le produit pendant trois ans, il n'y a eu que les deux dont je viens de parler, où les plantes foient mortes en 1773; & cependant, à la nature près du mélange, tout a été parfaitement égal dans la manière dont les expériences ont été faites à l'égard de ces vingt-quatre pots. »

» VIIe. *expérience*. Il est d'ufage, dans bien des pays, d'employer la marne pour rendre les terres plus fertiles, & de renouveler cet engrais au bout d'un certain nombre d'années. J'ai eu pour objet dans cette feptième expérience d'examiner d'abord fi une terre naturelle avec laquelle on mêle une certaine quantité de marne, est plus favorable à la végétation, que les terres compofées que je pourrois employer ; &

d'obferver enfuite s'il y avoit une grande différence entre le produit d'une terre naturelle à laquelle on n'ajouteroit aucun engrais, & celui de la même terre à laquelle on joindroit la marne. La quantité de marne qu'on met par arpent n'est pas abfolument fixe; le laboureur la détermine fur fon opinion, & en arbitrant que la partie de fes terres qu'il juge la plus froide, est celle qui en exige le plus. J'ai mêlé pour la feptième expérience dont il s'agit, fept huitièmes de terre avec un huitième de marne. La végétation a été affez belle dans cette expérience pendant trois années confécutives, mais elle l'a été moins que dans les terres compofées dont j'ai déjà parlé : les touffes de blé étoient plus vigoureufes & mieux fournies dans celles-ci que dans la terre marnée; & cette différence étoit fenfible au fimple coup d'œil qui fe portoit en même tems chaque année fur les produits distincts de ces expériences. »

» VIIIe. *expérience*. J'ai déjà dit que la fixième expérience quadroit avec celle-ci : le mélange des terres étoit le même pour l'une & pour l'autre, & les produits ont été à peu près pareils chaque année; dans la dernière fur-tout, les plantes du *n*°. *6* & du *n*°. *8* ont péri également. »

» IXe. *expérience*. J'ai employé dans celle-ci la terre labourable ordinaire, en y mêlant de la marne & du fumier. Les laboureurs font perfuadés que la marne feule produit à la vérité un bon effet, mais qu'il ne faut pas fe borner à cet engrais pour rendre les terres fertiles, & qu'il est néceffaire d'y ajouter du fumier. J'ai donc joint à fix huitièmes de terre ordinaire, un huitième de marne & un huitième de fumier. Le blé de cette expérience a bien réuſſi en 1771 & 1772; mais le ſuccès n'a pas été le même en 1773; le blé étoit maigre, & quelques épis étoient foibles. Il n'en faudroit pas conclure cependant, que le mélange dont il eſt queſtion n'eſt pas avantageux, parce que le produit de la troiſième année n'a pas répondu à celui des deux autres. Quelques circonſtances particulières qui m'ont échappé, peuvent avoir influé ſur ce dernier réſultat, & nous verrons qu'en général les produits de 1773, pour pluſieurs des expériences que j'ai à rapporter, ont été moins beaux que ceux des années précédentes. »

» Xᵉ. *expérience.* Il convenoit, en employant la terre labourable & dont on a parlé, d'examiner quelles productions elle donneroit ſeule & comme terre meuble ſimplement. Je l'employai donc, ſans aucun engrais, pour la dixième expérience. La touffe de blé y étoit belle & fournie ſuffiſamment en 1771. Le ſuccès fut le même l'année ſuivante. Le blé y étoit beau en 1773, mais les tiges étoient moins nombreuſes que dans les deux années précédentes. On auroit lieu de préſumer, à la première réflexion ſur cette expérience, que la marne & le fumier réunis, n'étoient pas propres à rendre la terre ordinaire plus fertile qu'elle l'a été, ſans le ſecours de ces deux engrais, puiſque le produit de la dixième expérience, dans les années 1771 & 1772, a été à peu près auſſi beau que celui de la neuvième pendant les deux mêmes années; & qu'en 1773, ſi

la terre ſeule n'a pas fourni un auſſi beau produit qu'elle l'avoit donné précédemment, il en a été ainſi de cette même terre, quoique la marne & le fumier que j'y avois joints pour la neuvième expérience, euſſent dû, en apparence, produire un meilleur effet qu'il ne devoit réſulter de la terre employée ſans aucun engrais; mais ce ſeroit conclure trop tôt contre l'uſage général & bien fondé, ſans doute, de joindre la marne au fumier pour améliorer les terres labourables. Outre que la médiocrité du produit de ces deux expériences en 1773, pouvoit être attribuée à quelque cauſe particulière que je n'ai point ſaiſie, comme il eſt arrivé peut-être que par des circonſtances, dont également je n'ai pas été frappé, l'avantage que la neuvième auroit dû avoir naturellement ſur la dixième, n'a pas été ſenſible dans les trois années, j'aurai quelques réflexions à faire dans la ſuite ſur l'effet propre qu'il y a lieu de croire que la marne produit dans les terres, & ſur celui qui réſulte de l'emploi du fumier. »

» XIᵉ. *expérience.* L'argile n'a pas fait partie de la onzième expérience; je n'y ai employé pour le mélange, que quatre huitièmes de retailles de pierre, deux huitièmes de ſable, & une pareille quantité de ſablon. Le blé a réuſſi dans cette expérience en 1771; il étoit beau auſſi l'année ſuivante, & la touffe en étoit bien fournie. Le ſuccès n'a pas été le même en 1773; quoiqu'il y eût de beaux épis, les pieds de blé n'étoient pas nombreux, & pluſieurs d'entr'eux étoient bas & maigres. On voit ici du ſablon faiſant fant partie du mélange avec d'autres matières qui, en apparence, ne contribuent pas beaucoup à la végétation ; mais on aura lieu de remarquer bientôt que le blé a parfaitement réussi dans chacune de ces matières employées séparément, & dans le sablon même le plus pur. »

» XIIe. *expérience.* Les décombres de bâtimens font composés ordinairement à Paris, de pierres brisées, de vieux plâtre, de mortier détruit, de fragmens de briques, &c. J'ai employé pour la douzième expérience, cinq huitièmes de cette forte de décombres, & trois huitièmes d'argile. Les épis que ce mélange a produits en 1771, étoient en général assez beaux, mais il y avoit des pieds de blé maigre & peu élevés ; la production fut plus avantageufe l'année fuivante, & elle le fut moins en 1773. La touffe de blé que donna ce mélange étoit peu fournie, & dans le nombre des pieds foibles dont elle étoit compofée, on n'en remarquoit que cinq ou fix qui portaffent d'affez beaux épis. »

»XIIIe. *expérience.* J'employai pour cette expérience-ci, deux huitièmes d'argile, quatre huitièmes de fable, & deux huitièmes de marne : le fuccès fut complet en 1771. Je n'obtins pas le même avantage en 1772, quoique ce mélange m'ait donné de beaux épis cette année-là ; cependant les pieds de blé n'y étoient pas abondans, & en général ils étoient foibles. Ce petit nombre de tiges, & cet état de foibleffe, fut encore plus marqué en 1773. »

» XIVe. *expérience.* Il n'entroit dans le mélange relatif à la douzième expérience dont j'ai rendu compte,

Tom. I.

que de l'argile & des décombres dans la proportion de trois à cinq. J'ai fait ufage de ces mêmes matières, mais en moindre quantité, pour la quatorzième expérience, & je les ai mêlées avec d'autres propres à rendre le compofé différent. Sur fix vingt-quatrièmes d'argile, j'en ai mis huit de décombre, quatre de fablon, & fix de marne. Le produit de ce mélange a été affez beau en 1771. Il a pleinement réuffi en 1772, mais en 1773 il n'a pas été auffi avantageux. Ce mélange a donné, à la vérité, en 1773, quelques épis affez beaux, & il y avoit un affez grand nombre de tiges, mais elles étoient baffes, & n'avoient pas la vigueur de celles que j'avois obtenues l'année précédente de cette terre compofée. »

» A mefure que j'entre dans le détail de mes expériences, on doit s'appercevoir que l'année 1773 ne leur a pas été auffi favorable, en général, que les deux précédentes ; & que dès-lors il y a lieu de préfumer que des circonftances particulières, telle qu'une féchereffe trop long-tems foutenue pour la manière dont je faifois mes épreuves, ont pu influer autant fur leurs produits & y avoir occafionné un affoibliffement, que la nature même des mélanges qui les ont donnés. Au contraire, les blés venus en pleine campagne pendant cette année, ne s'en font prefque pas reffentis. »

» XVe. *expérience.* On regarde ordinairement comme un terrain maigre & peu fertile, celui qui ne contient qu'une petite quantité de terre franche, & où le fable, les cailloux, la craie & d'autres matières de cette efpèce dominent. Je cherchai, pour la quinzième expérience, à faire un mélange qui eût du rapport avec un terrain de cette nature, & qu'on pût confidérer, en général, comme offrant une foible reffource pour la végétation. A deux huitièmes d'une terre inculte du clos des chartreux de Paris, où je faifois mes expériences, qui, par elle-même, étoit très-bonne, comme on le verra bientôt, j'ajoutai deux huitièmes de retailles de pierre, deux huitièmes de fable, & autant de fablon. Le blé qui vint dans ce mélange fut affez beau en 1771 ; il le fut encore, & plus abondant, en 1772 ; mais les pieds de blé, quoiqu'affez nombreux, y étoient bas en 1773. Il s'y trouva néanmoins quelques épis qui répondoient aux produits plus avantageux des deux autres années. »

» XVIᵉ. *expérience*. Mon deffein, dans les expériences dont je rends compte, n'avoit pas été principalement d'examiner l'effet que le fumier produit dans les terres, & de combiner fur cela des épreuves qui allaffent à ce but d'une manière directe ; mais en les variant de plufieurs façons, j'ai cru devoir employer quelquefois le fumier, foit afin de me rapprocher par-là de l'ufage & de prévenir les objections, foit pour obferver fi mes terres compofées recevroient un avantage fenfible de cet engrais, étant comparées à d'autres abfolument pareilles qui n'auroient pas eu ce fecours. Il entra dans la feizième expérience trois huitièmes d'argile, fept huitièmes, tant de fable, que de fablon & de fumier. Cette épreuve réuffit affez bien en 1771 ; le blé y étoit beau auffi l'année fui-

vante ; mais la touffe qu'il rendit n'étoit que médiocrement fournie ; elle l'étoit encore moins en 1773 ; les épis qu'elle donna étoient néanmoins affez beaux. »

» XVIIᵉ. *expérience*. Le même mélange de terre dont j'ai parlé plus haut, comme propre à repréfenter à peu près un terrain maigre, m'a fervi en grande partie pour la dix-feptième expérience. A fix huitièmes de ce mélange, où l'on a vu qu'il n'entroit qu'un quart de terre inculte, & où le refte étoit du fable, du fablon & des retailles de pierre par égales portions, j'ajoutai deux huitièmes d'argile. Je pouvois fuppofer, par l'addition de cette matière, qu'elle fuppléeroit à ce qu'il y avoit de moins propre à la végétation dans les autres parties du mélange qui avoit été affimilé à un terrain maigre & peu fertile : je n'ai cependant pas trouvé une différence fenfible pendant les trois années, entre les produits de la quinzième expérience & ceux de celle-ci ; ils ont été affez beaux dans l'une & dans l'autre de ces expériences en 1771 ; & fi en 1772, le blé de la quinzième expérience étoit plus vigoureux que celui de la dix-feptième, j'ai obfervé qu'en 1773 le blé de celle-ci étoit en meilleur état que celui de la quinzième. »

» XVIIIᵉ. *expérience*. Deux huitièmes d'argile, une pareille quantité de marne, trois huitièmes de fable, & un huitième de fumier, compofèrent le mélange de la dix-huitième expérience. La production y fut médiocre la première année ; elle y fut frappante par fa beauté en 1772 ; mais l'année fuivante le blé y étoit en mauvais état ; on y remarquoit, à la vérité, quelques épis affez beaux, mais les pieds de blé y étoient foibles, & les tiges baffes. »

»XIXe.*expérience*.Lorfqu'on fouilla les terres pour établir les fondemens de la nouvelle monnoie, on tira de quelques endroits, à dix-huit ou vingt pieds de profondeur, un fable gras & limoneux, que je me pro-pofai de comparer avec les autres terres compofées ou pures, qui fai-foient la matière de mes épreuves. J'employai d'abord pour la dix-neu-vième expérience, ce fable limo-neux feul & fans aucun mélange. Le blé y a réuffi pendant les trois années; il y étoit beau fur-tout en 1772, & le fuccès n'y étoit guère moins marqué en 1773. »

» XXe. *expérience*. Ce même fable gras, avec lequel je mêlai du fu-mier fur le pied de deux huitièmes de celui-ci, & fept huitièmes du premier, me fervit pour la ving-tième expérience. Le blé y étoit beau & vigoureux au printems de 1771; on y voyoit en été un affez grand nombre d'épis, mais au mois de Juillet les tiges y éprouvèrent un defféchement trop prompt. L'épi n'y mûrit qu'imparfaitement, & ne donna qu'un grain glacé & retrait; il fut très-beau, au contraire, en 1772, & le fuccès n'y fut pas moins frappant l'année fuivante, tant par l'abondance des tiges, que par la qualité du grain. »

» XXIe. *expérience*. Je rapprochai de cette expérience fur un fable gras & limoneux, qui étoit, felon toute apparence, un dépôt très-ancien de la rivière de Seine; j'en rapprochai, dis-je, l'expérience fur une terre inculte depuis long-tems,

mais qui me parut bonne par elle-même; je la pris dans un endroit du clos des chartreux, qui avoit été couvert long-tems par de vieux arbres, & d'où ils avoient été ar-rachés depuis peu. Cette terre in-culte m'a fervi, en partie, pour la quinzième & la dix-feptième expé-riences dont j'ai parlé : je l'employai feule pour la vingt-unième, & je la rendis plus comparable par-là avec la dix-neuvième, où le fable limoneux étoit fans aucun mélange, ou étoit tel au moins que je l'avois trouvé. Le blé, dans cette terre inculte, fut beau & vigoureux en 1771; plus remarquable encore par fa force & par fa beauté en 1772; & fi la touffe de blé n'a pas été auffi fournie en 1773, qu'elle l'avoit été les deux années précédentes, elle a donné néanmoins un affez grand nombre de tiges, & un grain bien nourri. »

» XXIIe. *expérience*. Le mélange, pour celle-ci, a été de trois hui-tièmes d'argile, d'une quantité pa-reille de plâtras, & de deux hui-tièmes de fable. Le blé y a réuffi affez bien la première année, il fut très-beau la feconde; mais la troifième, il n'y eut qu'un petit nombre de pieds de blé & quelques épis affez beaux. »

»XXIIIe. *expérience*. L'avantage que l'on croit avoir reconnu quel-quefois dans les cendres des plantes brûlées fur les terres labourables, & dans les fels qui réfultent de cette combuftion, m'engagea à les faire entrer dans quelques-unes de mes expériences, foit en les em-ployant feules, foit en les mêlant avec d'autres matières d'une nature très-différente, auxquelles je préfumois que les cendres pouvoient convenir. J'en mêlai donc deux huitièmes avec trois huitièmes d'argile & une égale quantité de fable. Le blé que j'obtins par cette expérience, réuffit affez bien la première année; j'y eus un fuccès complet en 1772 : il ne fut pas tel, à beaucoup près, l'année fuivante; la touffe de blé étoit peu fournie; les épis cependant qu'elle donna, étoient affez beaux. »

» XXIVe. *expérience*. L'emploi des fumiers dans les terres labourables & dans d'autres terrains plus limités où l'on veut favorifer la végétation, eft généralement adopté & d'une utilité bien conftante. Pour connoître fi, en partie, ils n'agiffent pas mécaniquement, je mêlai deux huitièmes de paille fraîche & hachée avec trois huitièmes d'argile & autant de retailles de pierre. Je fentois bien que par ce mélange, & fur-tout par la trop grande ténuité à laquelle j'avois été forcé de réduire la paille pour la faire entrer dans mon expérience, je n'allois pas tout-à-fait à mon but, & je me privois de l'avantage que des pailles un peu longues, entremêlées & mifes au hafard par pelotons, euffent pu me procurer pour rendre l'argile moins compacte; mais il ne s'agiffoit que d'une première tentative peu concluante à la vérité, mais propre à me guider pour la mieux faire en grand. Je n'obtins qu'un fuccès médiocre pendant trois années. Le blé y étoit cependant affez beau en 1772; mais en 1771 & 1773, la végétation y fut foible, & je n'en retirai qu'un petit nombre d'épis.»

Toutes ces expériences de M. Tillet ne roulent la plupart que fur des mélanges & des combinaifons de différentes fubftances, & elles embraffent en général prefque tous les genres d'amendemens qu'on donne aux terres; il s'agit actuellement de connoître, par une nouvelle fuite d'expériences, tentées avec la même fagacité, quelles feront les productions de ces fubftances employées d'une manière ifolée. L'académie royale des fciences de Paris nomma des commiffaires pour en conftater les réfultats, ainfi que ceux des expériences fuivantes. Il ne peut donc pas exifter le moindre doute fur leur vérité : d'ailleurs le témoignage feul de M. Tillet, dont la probité & les talens font fi connus, fuffiroit pour le diffiper.

» XXVe. *expérience*. C'eft toujours M. Tillet qui parle. Je pris du vieux plâtre au hafard, & il paroiffoit être les débris de quelque corniche d'un appartement. Le blé y a parfaitement réuffi pendant trois ans, tant par l'abondance des tiges, & leur vigueur, que par la beauté des épis; plufieurs d'entr'eux avoient fix pouces de longueur, & couramment de quatre à cinq. La touffe de blé fournie par le vieux plâtre, étoit frappante par fa force; fon feuillage étoit large & d'un verd foncé; la plupart des tiges, vigoureufes en elles-mêmes, s'élevoient à plus de cinq pieds, & les épis, tout en fleurs dans ce moment là, préfentoient le coup-d'œil de la plus belle végétation en ce genre. »

» XXVIe. *expérience*. J'employai du fablon d'Etampes; il étoit très-pur, très-net, & tel qu'on l'auroit mis en ufage pour former du verre. Les pieds de blé ne fe trouvèrent pas tout-à-fait auſſi abondans dans cette expérience-ci en 1771 ; mais ce qu'il y en avoit, réuſſit également. La production en 1772 , ne ſe céda en rien dans le ſablon à celle que donna le vieux plâtre, cette même année, & que j'ai dit avoir été ſi frappante : mais en 1773, la touffe de blé que j'obtins du ſablon étoit peu fournie, on n'y remarquoit que ſept à huit épis aſſez beaux. »

» XXVIIᵉ. *expérience*. Le ſable de rivière, tel qu'il entre dans la compoſition du mortier, fut la baſe de cette expérience. Le ſuccès complet dont j'ai parlé plus haut, à l'égard des produits que le vieux plâtre a donnés conſtamment pendant trois années, a été le même dans le blé que j'ai recueilli du ſable de rivière. Les plantes y étoient vigoureuſes & abondantes ; les épis longs & bien garnis. »

»XXVIIIᵉ. *expérience*. Le ſuccès fut égal, & auſſi conſtamment marqué pendant trois ans, dans cette expérience pour laquelle j'employai des retailles de pierre de Saint-Leu, réduites en poudre, & dépouillées de tout ce qui leur étoit étranger. »

» XXIXᵉ. *expérience*. Les décombres d'un bâtiment qu'on démolit à Paris, ſont ordinairement compoſés de pierres en partie détruites, de briques ou de tuiles briſées, de mortier ſans conſiſtance, de plâtre pulvériſé, &c. Je pris dans des décombres de cette eſpèce, les parties les moins groſſières, & réduites à l'état d'une terre ordinaire. J'y ſemai du grain ; il y réuſſit aſſez bien en 1771 & 1772, mais la production y fut peu abondante en 1773. J'y recueillis néanmoins quelques épis très - beaux , parmi d'autres qui

n'étoient que d'une longueur médiocre. »

» XXXᵉ. *expérience*. L'argile de Gentilly, dont les potiers de terre ſe ſervent à Paris, fut celle que j'employai après l'avoir réduite en poudre. Le blé y devint aſſez beau en 1771, quoique les pieds ne fuſſent pas nombreux : il y périt en 1772 ; mais en 1773, la touffe de blé y étoit raiſonnablement fournie, & elle donna de très-beaux épis. »

» XXXIᵉ. *expérience*. J'eſſayai de tirer quelques productions de la cendre ſeule de bois neuf, humectée ſimplement au point qu'il le falloit pour que la ſemence y germât, & laquelle conſervoit par conſéquent la petite quantité de ſel alcali qu'elle contenoit. Le blé, après y avoir germé, périt totalement en 1771. Je fus plus heureux dans ma tentative, l'année ſuivante. Je n'eus pas, à la vérité, un grand nombre de tiges ; mais pluſieurs d'entr'elles étoient vigoureuſes, & donnèrent des épis dont quelques-uns avoient quatre à cinq pouces de longueur. Je ne tirai pas en 1773 le même avantage de cette expérience ſur les cendres ; outre qu'elles ne fournirent qu'un très-petit nombre de pieds de blé, les tiges y étoient foibles, & les épis médiocres. »

» XXXIIᵉ. *expérience*. Je ſemai du blé dans la marne ſeule : il réuſſit très-bien en 1771 ; il fut de la plus grande beauté en 1772 : on y remarquoit en effet, des épis de ſix pouces de longueur. Le ſuccès fut différent l'année ſuivante. Quoique le blé y eût aſſez bien réuſſi, il n'avoit pas, en 1773, cette vigueur dans les tiges, & cette beauté dans les épis, qui caractériſoient celui que j'avois obtenu de la même marne l'année précédente. »

» XXXIIIe. XXXIVe. & XXXVe. *expériences*. Les dernières expériences que je viens de rapporter ne roulent, comme on a vu, que sur chacune des matières qui avoient fait partie des terres composées dont j'ai déja parlé : je les ai répétées à l'égard de ces matières, pendant trois années, par des épreuves doubles, dans la vue ou d'obtenir des résultats pareils, ou d'examiner la cause des différences qui s'y rencontreroient. On peut se rappeler que le blé a très-bien réussi dans la vingt-huitième expérience sur les retailles de pierre seules, & que le succès a été complet pendant trois ans. Il ne s'est pas ainsi soutenu dans la trente-troisième, trente-quatrième & trente-cinquième, où je n'avois employé également que des retailles de pierre. Si, dans la première de ces trois épreuves correspondantes, le blé, après n'avoir donné, il est vrai, qu'un produit médiocre en 1771, étoit en bien meilleur état en 1772, & a réussi encore mieux l'année suivante ; j'ai observé que dans la trente-quatrième expérience, la végétation a été plus foible que dans l'épreuve précédente. Il est même arrivé, à l'égard de la trente-cinquième, que quoique le blé y eût réussi en 1772, il y manqua totalement en 1773. Je crois avoir reconnu la cause de ce dernier accident, & elle peut avoir influé aussi sur l'inégalité de végétation dont je viens de parler. M'étant apperçu, en effet, que le blé ne levoit point, pendant que dans les autres pots, les plantes s'étoient annoncées, je remuai à un

ou deux pouces de profondeur, la surface des retailles de pierre ; je remarquai que le grain y avoit germé par-tout, mais que cette surface de deux pouces ou environ d'épaisseur, s'étant, pour ainsi dire, mastiquée par le premier & unique arrosement qui lui avoit été d'abord nécessaire, ou par des pluies subséquentes, elle avoit empêché que les plantes ne sortissent. Les unes s'étoient repliées sur elles-mêmes, & étoient restées jaunes, faute d'avoir pu gagner l'air extérieur. Je présume dès-lors que le peu de succès de la répétition de cette expérience sur les retailles de pierre, peut avoir été occasionné par la nature même de cette matière qui se durcit après avoir été mouillée, & devient assez compacte, pour que le grain, lorsqu'il se développe, ne la pénètre que difficilement. Il étoit arrivé, apparemment, par une de ces circonstances heureuses qu'on remarque quelquefois dans le cours d'un grand nombre d'expériences, qu'à l'égard de la vingt-huitième, dont on a vu le résultat, le grain que je semai dans les retailles de pierre, ou ne s'y trouva qu'à une profondeur convenable, ou que ces mêmes retailles, réduites à une moindre ténuité, donnèrent aux jeunes plantes des issues plus faciles pour percer la couche supérieure de ces retailles, puisque j'ai eu pendant trois ans consécutifs, les plus grands succès dans cette expérience. »

» XXXVIe & XXXVIIe. *expériences*. Quoiqu'il y ait eu aussi beaucoup d'inégalité dans le produit des expériences que j'ai répétées sur l'argile seule, néanmoins, pendant les trois années où je les répétai, par une double épreuve, les plantes n'y ont pas tout-à-fait péri, comme on a vu que cet accident est arrivé dans les retailles de pierre en 1773 & dans l'argile en 1772, suivant la trentième expérience. J'obtins même dans la trente-sixième qui ne rouloit que sur l'argile, une touffe de blé vigoureuse, garnie suffisamment de tiges, & qui, dans le nombre de ses épis, en donna quelques-uns de six pouces de longueur. Le produit de la trente-septième expérience, où l'argile seule n'étoit pas également employée, ne fut pas aussi avantageux en 1772 & 1773, que le fut en 1772 celui de la trente-sixième dont on vient de parler ; cependant le blé, quoiqu'un peu inégal, s'y trouva assez beau dans les deux années où cette trente-septième expérience eut lieu. »

» L'observation que j'ai faite au sujet des retailles de pierre qui, en devenant trop compactes, gênent les grains dans leur germination, en font périr une partie, & s'opposent à l'accroissement des jeunes plantes qui ont pu vaincre les premiers obstacles ; cette observation tombe également sur l'argile, qui, par elle-même, se durcit encore davantage que les retailles de pierre, dans les grandes sécheresses. On ne put venir à bout, en effet, de recueillir du grain dans l'argile qui en a donné l'année précédente, qu'en la brisant de nouveau, en l'employant dans un état où en partie réduite en poudre, & en partie composée de petits morceaux d'inégale grosseur, elle est aisément pénétrée par l'eau : alors, peu resserrée encore, elle donne au grain logé dans ses interstices, la

facilité de germer : la jeune plante a même le tems de percer la couche qui la couvroit, & de jeter son premier feuillage avant que l'argile ait acquis un certain point de dureté que la plante n'auroit peut-être pas pu vaincre. »

» Ceci explique, je crois, pourquoi dans la trentième expérience où l'argile seule étoit employée, il ne germa qu'une partie des grains ; pourquoi les plantes qu'ils produisirent étoient foibles au printems de 1772 ; que leurs feuilles étoient étroites, & qu'elles périrent enfin avant que les tuyaux s'y fussent formés. Ces plantes, sans doute, n'avoient pas eu l'aisance, tant à la fin de 1771, qu'au commencement de l'année suivante, de développer leurs racines dans l'argile devenue trop compacte, & de s'y établir de manière qu'elles ne souffrissent, au moins qu'en partie, l'altération que les gelées & la sécheresse pouvoient y occasionner. Le succès complet que j'obtins dans l'argile en 1772, & par la trente-sixième expérience, ne laisse aucun doute sur les ressources que le blé y trouve pour son accroissement, comme dans les autres matières que j'ai employées ; mais d'autres expériences prouvent en même tems que l'argile, par sa nature, lorsqu'on ne fait usage que d'elle seule pour en tirer des productions, a une disposition à se condenser, & une ténacité dans ses parties qui font peu favorables à la végétation. »

» XXXVIIIe. & XXXIXe. *expériences*. Outre l'expérience sur les productions qu'on peut tirer du sablon pur, & qui a eu lieu pendant trois ans, je fis encore usage de cette matière en 1772 & 1773. Le blé y réuffit auffi parfaitement la première de ces deux années , & dans l'une de ces épreuves, que nous avons vu qu'il a réuffi dans l'expérience du même genre dont j'ai parlé plus haut : il ne fut pas auffi beau dans l'autre de ces deux épreuves en 1772 , comme j'ai remarqué qu'en 1773 il fut généralement inférieur à celui de l'année précédente. Un fuccès frappant & au-delà de toute efpérance , la même année, dans une double expérience ; moins de fuccès dans le même tems , & dans une épreuve correfpondante ; une production, plus foible quoiqu'affez belle, l'année fuivante , dans une triple expérience , me donnèrent lieu d'examiner d'où peut naître cette différence , & fi la manière dont les plantes prennent leur accroiffement dans le fablon , ne laiffe pas entrevoir la caufe d'une pleine végétation dans certaines circonftances, & de l'affoibliffement des plantes dans d'autres.»

» XL.e. *expérience.* J'employai encore les matières mélangées qui réfultent des décombres pour une deuxième épreuve. Le blé y réuffit affez bien en 1772 , mais il y périt totalement l'année fuivante , fans que j'en aie apperçu la caufe. On a vu que dans la première épreuve du même genre, dont j'ai rendu compte, cet accident n'eft pas arrivé pendant trois années confécutives. Les productions que j'ai tirées des décombres , dans cette première épreuve , n'étoient pas, à la vérité , auffi belles & auffi abondantes que celles que j'ai obtenues des plâtras, du fablon & du fable ; mais la végétation s'y étoit conftamment foutenue ; & en 1773 particulièrement , j'y recueillis de très-beaux épis. »

» XLI.e. XLII.e. XLIII.e. & XLIV.e. *expériences.* On peut fe rappeler que dans le grand nombre d'expériences fur les matières mélangées , la vingt-troifième tendoit à examiner l'effet qui réfulteroit des cendres jointes à une certaine quantité d'argile & de fable. J'ai dit que le blé avoit été affez beau dans cette terre compofée en 1771 ; qu'il y avoit complétement réuffi l'année fuivante, mais qu'en 1773 , le fuccès n'y avoit pas été à beaucoup près fi marqué. On a vu encore que la curiofité feule m'ayant porté auffi à tenter une expérience fur les cendres de bois neuf uniquement, & à les employer fans les avoir leffivées, les plantes y moururent en 1771 ; que le blé y réuffit très-bien en 1772, & qu'il y fut très-foible en 1773 , mais qu'au moins il n'y périt pas. Je femai du grain en 1773, tant dans des cendres leffivées, que dans d'autres qui ne l'étoient pas : plufieurs expériences de ce genre, que je fis avec attention , & en les rapprochant les unes des autres, afin qu'elles fuffent bien comparables, n'eurent aucun fuccès. Le grain germa, à la vérité, dans les cendres, foit chargées, foit dépouillées de leur fel alcali, mais les plantes ne s'y montrèrent point ; & à peine eus-je un pied d'orge dans un des pots qui contenoient des cendres leffivées. »

» Quoique je ne puffe pas compter exactement fur ces dernières expériences, parce que j'y éprouvai des accidens qui coupèrent le fil de mes obfervations , & m'obligèrent de femer de l'orge au printems , dans les mêmes cendres où j'avois mis
d'abord

d'abord du blé d'hiver, & enfuite du blé de Mars; cependant j'ai remarqué, par un premier coup d'œil, que les plantes ont autant de peine à réuffir dans les cendres leffivées que dans celles qui ne le font pas ; que la germination du grain, un peu tardive, il eft vrai, y a lieu comme dans les autres fubftances terreufes ; que les jeunes plantes qui s'élèvent des cendres, font foibles & un peu rachitiques ; que leurs premières feuilles font jaunes, flétries, & paroiffent fouffrir, lorfqu'on les confidère à côté d'autres plantes qui tirent, d'une terre favorable, toute la vigueur d'une pleine végétation. Ce n'eft qu'après que les plantes qui ont pu réuffir dans les cendres, s'y font bien établies & y ont multiplié leurs racines, qu'elles acquièrent un certain dégré de force, qu'elles réfiftent à la gelée, aux grandes chaleurs, à la féchereffe même, qu'elles donnent des tiges affez fortes, & fourniffent des épis de quatre à cinq pouces de longueur, comme ceux que je recueillis en 1772. »

Les conféquences que M. Tillet tire de cette nombreufe & inftructive fuite d'expériences, fe réduifent à ceci. 1°. La première, la quatrième & la cinquième expérience prouvent qu'un quart d'argile, joint aux autres matières dont il y eft queftion, eft auffi avantageux que trois huitièmes, mêlés à ces mêmes matières, à caufe de la trop grande compacité qu'elle leur donne, & qui les rend peu perméables à l'eau.

2°. Que la terre inculte du clos des chartreux, de la vingt-unième expérience, & même le fable limoneux dont il eft fait mention dans

Tom. I.

la dix-neuvième & vingtième expérience, donnent quelquefois des productions auffi belles que celles des terres labourables ordinaires en culture réglée, ainfi qu'il eft prouvé par la neuvième & dixième expérience.

3°. Le fablon d'Etampes, fixième & huitième expériences, uni avec l'argile, n'eft pas favorable à la végétation, parce que de cette réunion il en réfultoit une combinaifon que l'eau pénétroit difficilement à caufe de la ténuité de ce fablon qui s'amalgamoit intimément avec l'argile; que ce fablon mêlé avec d'autres matières dont l'argile faifoit partie, ne nuifoit pas à la végétation; mais qu'il étoit plus avantageux pour elle, lorfqu'il étoit mêlé avec d'autres matières qui approchoient de fa nature, comme dans la onzième expérience.

4°. La marne unie à une terre labourable dans la feptième & dixième expérience, n'a pas eu un avantage fenfible. Nous ajouterons à la remarque de M. Tillet, que l'effet de la marne, ainfi qu'on le démontrera en traitant cet article, n'eft bien apparent qu'après plufieurs années, & prefque jamais dans les premières, parce que le mélange de ces principes avec les molécules terreufes, ne s'exécute qu'à la longue. La marne unie au fumier dans la neuvième expérience, paroît y avoir été utile, fur-tout en 1772. La conféquence tirée par M. Tillet tend à prouver que la marne peut améliorer un terrain fablonneux, & en général tous ceux où, par le défaut d'une quantité de matières calcaires, les parties terreufes font peu liées entr'elles, & perdent par conféquent trop tôt l'humidité qu'elles reçoivent. La marne

R r r

a son effet propre & particulier, comme elle a ses principes; le fumier aide leur manifestation, & suivant toute apparence, tous les deux s'aident mutuellement à former cette substance savonneuse qui aide si puissamment la végétation. La marne fournit le sel alcali, & le fumier la matière graisseuse & huileuse.

5°. On voit par la douzième & quatorzième expérience, que les décombres joints à l'argile seule, ou au sablon, ou à la marne, n'ont pas eu un succès soutenu, & par la vingt-unième expérience, ils n'ont pas été aussi favorables à la végétation que d'autres substances terreuses employées pures : leur bon effet est plus sensible, lorsqu'on les mêle avec d'autres matières; cependant ils conviennent aux terres argileuses, parce qu'ils les rendent plus perméables à l'eau, & les labours rendent ce mélange plus meuble.

6°. Que les terres réputées maigres, considérées dans les vues générales de l'agriculture, seront toujours d'un foible rapport par elles-mêmes, même malgré l'amendement des fumiers, parce qu'elles ne sont pas de nature à conserver de l'humidité aux plantes. En effet, lorsque le sable y est trop abondant, l'eau s'évapore promptement, & les racines y languissent au printems & en été. M. Tillet a obvié à cet inconvénient, en plongeant ses pots quelconques dans la terre; cette terre recéloit toujours une humidité, & le pot lui-même en empêchoit l'évaporation. Cela est si vrai, que M. Bowles rapporte dans son *Voyage d'Espagne*, que dans certains cantons de ce royaume, on couvre la terre avec des carreaux qui se joignent les uns aux autres, & que dans le milieu de ce carreau, percé sur la largeur de deux à trois pouces, on plante les choux & les autres légumes, & qu'ainsi ces végétaux n'ont plus besoin d'être arrosés, parce que l'humidité reste concentrée sous le carreau, & ne peut s'évaporer.

7°. Que si les fumiers sont avantageux pour rendre la végétation plus forte, leur utilité n'est cependant pas durable, à moins que des labours multipliés & profonds ne suppléent à l'avantage que les fumiers procurent; cependant, outre leur manière d'agir comme engrais, ils sont encore favorables à la végétation, parce qu'ils rendent les terres moins compactes, plus divisées, & facilitent aux plantes l'extension de leurs racines.

8°. Plus la terre sera meuble, plus le nombre des racines augmentera si cette terre retient, dans la proportion nécessaire, l'humidité qui lui convient. C'est ce qui a été prouvé par l'expérience du sablon.

Un fait vient encore à l'appui de cette vérité, & prouve combien l'humidité seule, & sur-tout celle qui se communiquoit aux pots par la terre dont ils étoient environnés, influoit sur la végétation. M. Tillet, pour montrer à l'académie assemblée, un échantillon des épreuves les plus décisives dont il lui avoit rendu compte, fit, au mois de Juin 1774, transporter sous ses yeux un des pots qui contenoit seulement des retailles de pierre, & qui cependant portoit une des plus belles touffes de blé, obtenue de ses diverses expériences. Les épis étoient en pleine fleur, & promettoient un grain bien nourri. Ce pot ne fut hors de la terre qui l'environnoit que pendant vingt-quatre heures ; & quoique M. Tillet le remît dans le même endroit où il avoit d'abord été placé, & le terrain auparavant arrosé tout autour, cependant la touffe de blé commença à languir ; les tiges jaunirent en peu de tems, les épis se desséchèrent ; & d'une touffe de blé si vigoureuse, M. Tillet n'en tira qu'un grain maigre, retrait, & réduit en partie à la simple écorce.

D'après les expériences de M. Tillet, nous pouvons dire que les amendemens doivent avoir pour but de faire contracter à la terre la qualité de ne retenir l'eau que dans la proportion exacte qui convient à chaque espèce de grain ; que si la terre est trop compacte & retient l'eau en surabondance, elle pourrira les racines ; que si cette terre se defsèche, les racines n'ont plus la force de la pénétrer, & la plante languit en raison des obstacles qu'elle doit vaincre & qu'elle ne peut surmonter ; que si la terre est trop légère, la sécheresse détruit la plante ; & qu'au contraire, si la saison est pluvieuse jusqu'à un certain point, la plante prospère, parce que la terre ne retient que l'eau nécessaire à la végétation des plantes qui lui sont confiées.

Il paroît, au premier coup d'œil, qu'on devroit conclure des expériences de M. Tillet, que l'eau seule produit la végétation. En effet, quelle substance savonneuse peut-on trouver dans des retailles de pierre, dans du sablon ? &c. &c. mais on ne fait pas attention que cette essence spiritueuse, si je puis m'exprimer ainsi, tend toujours à se sublimer, à s'élever de la terre, & par conséquent que du sol du champ elle s'insinuoit & pénétroit jusqu'aux racines, par les trous pratiqués au fond des pots. Les matières qu'ils renfermoient, ressembloient à des éponges qui absorboient & l'humidité de la terre du champ dans laquelle il étoit enterré, & les substances savonneuses que cette humidité tenoit en dissolution. L'eau seule ne produit point la végétation, elle y contribue pour beaucoup, comme on le voit par les oignons de fleurs qui végètent dans des carafes pleines d'eau. Il vaudroit tout autant dire que l'air seul produit la végétation, puisqu'un oignon de scille ou *squille*, suspendu à un plancher, y pousse une tige de plusieurs pieds, y fleurit, &c. Il faut compter pour beaucoup les émanations qui se trouvent mêlées avec l'air atmosphérique, ainsi que nous l'avons fait voir dans le Chapitre premier, en considérant cet air comme un amendement naturel. Il est tems de passer aux détails des différens amendemens artificiels.

Tous les corps s'amendent les uns par les autres, lorsqu'ils sont en quantité requise, & lorsque leurs principes mécaniques ne s'y opposent pas.

Il y a deux sortes d'amendemens: les uns dépendans des travaux de l'homme, & les autres des engrais. Pour les premiers l'homme travaille, ou seul, ou aidé par les animaux ; & quant aux seconds, la nature entière est le dépôt qui les fournit.

Les amendemens ont rapport ou aux jardins potagers & fruitiers, ou aux prairies naturelles & artificielles, ou aux terres à blé & à celles deſtinées pour les petits grains, ou aux vignes, ou aux forêts, &c. Comme tous ces objets ſeront traités ſéparément, il eſt inutile ici d'entrer dans un plus grand détail ſur chacun en particulier; ce ſeroit ſe livrer à des répétitions faſtidieuſes.

Le mot *amender* ou *changer en mieux*, ſuppoſe que la terre perd continuellement de ſes principes, & que, ſi l'induſtrie humaine ne les renouvelle pas, & n'en prépare de nouveaux, elle deviendra ſtérile. Lucrèce, & pluſieurs auteurs anciens & modernes, diſent que la terre vieillit, que de ſiècle en ſiècle elle devient plus ſtérile. Ils ont raiſon, s'ils concluent d'après une longue habitude de mauvaiſe culture; mais ſi nos travaux, ou mal entendus, ou faits à contre-tems, ne s'oppoſent pas à l'état de perfection de la terre, elle ne vieillira pas. Il eſt conſtant qu'elle n'a encore acquis & qu'elle n'acquerra ni vieilleſſe, ni décrépitude, parce qu'elle eſt toujours intrinſèquement la même. Elle n'a point vieilli en Chine, où la culture eſt portée à ſon plus haut degré de perfection: elle s'eſt rajeunie en Angleterre, en Suiſſe, dans la Flandre, dans le Brabant, en Toſcane, en Lombardie, en Piémont; &c. mais elle vieillit néceſſairement dans tous les pays où les labours, trop répétés, s'oppoſent à la formation de la terre végétale ou terreau. Depuis que les habitans de certains cantons, de certaines provinces, ont contracté l'habitude d'*alterner* leurs terres, (*voyez* ce mot) depuis que les anglois ont enſemencé les leurs avec des turnips, des

raves, des navets, &c. pendant les années que nous appelons de *jachère* ou de *repos*, ils ont rendu au ſol ſon activité première, parce qu'en enfouiſſant les raves & les navets, ils ont multiplié le terreau qui eſt la terre par excellence pour la végétation. Pour amender nos terres, nous multiplions labours ſur labours; il ſe fait une évaporation immenſe des principes deſtinés à la végétation des plantes, & nous détruiſons juſqu'à l'apparence de l'herbe que nous appelons *mauvaiſe*; enfin, la terre reſte réduite à elle-même. Le grain qu'on y ſème enſuite, finit par abſorber la ſubſtance végétative. On fait plus, dans certains cantons on pouſſe la manie juſqu'à arracher les chaumes, comme ſi on craignoit leur converſion en terreau. Je conviens que des terres qu'on croit amender par des labours multipliés ſont pénétrées plus profondément par la chaleur, par l'air, l'eau; en un mot, par tous les amendemens naturels; mais pour que ces précieuſes émanations produiſent l'effet deſiré, il faut qu'il y ait dans la terre un principe d'attraction, ſi je puis m'exprimer ainſi, un principe de correſpondance, un principe d'appropriation, afin que, par leurs mélanges, il s'établiſſe une fermentation intérieure qui ne peut exiſter ſans eux. En veut-on une preuve ſenſible? il ſuffit de comparer les effets des labours multipliés ſur une portion de terre égale, par ſa nature, à celle d'un pré voiſin. La récolte du champ ſera-t-elle auſſi abondante que celle du pré ſemé en grains, après qu'il aura été rompu & labouré? Jetez un coup d'œil ſur le blé ſemé après le défrichement d'un

taillis ou d'une forêt, après le deffèchement d'un terrain marécageux;
l'expérience démontre que la récolte
eft des plus brillantes.

Ici tout a été mécanique, & fon
action a été foumife aux loix phyfiques. 1°. Tant que le pré & la
forêt, &c. ont exifté, il y a eu peu
d'évaporation des principes végé-
tatifs : chaque plante preffée contre
la plante fa voifine, reffembloit aux
pots des expériences de M. Tillet,
ou aux carreaux troués que les ef-
pagnols deftinent pour la culture
de leurs choux, ou bien à ces plantes qui ont leur bafe recouverte de
pierres à la furface du fol, ou enfin
aux arbres plantés dans les cours, &
dont le trou enfuite eft pavé comme
le refte de la cour. Dans certains
cantons, on connoît fi bien l'importance d'empêcher cette évaporation, qu'on paffe un rouleau pefant fur la furface des blés. 2°.
Chaque année le débris des feuilles,
des bois, des animaux, ont formé
du terreau, & chaque année la
couche s'eft augmentée, la fermentation a augmenté. Actuellement,
labourez fouvent ce pré défriché;
l'évaporation & les pluies enlèveront
bientôt le réfultat de plufieurs années de fermentation & de pourriture. Il eft conftant que les labours
foulèvent la terre, en atténuent les
molécules; que le foleil, l'air, &c.
pénètrent plus profondément; que
les racines ont plus de liberté pour
s'étendre : mais une pluie un peu
forte ne tape-t-elle pas la terre,
n'en réunit-elle pas les molécules ?
& fi, dans l'efpace de fix femaines
ou de deux mois, le fol a eu le
tems, pendant l'été, d'être alternativement trempé & deffèché, qu'au-

ront produit les labours pour l'année fuivante ? bien peu de chofe.
Mais fi la terre eft en pente, le défaut fera encore plus notable, parce
qu'une feule pluie d'orage un peu
forte fuffira pour entraîner la terre
végétale, pour enlever le fel du
terreau, & fes autres principes que
la fomentation a rendus très-mif-
cibles à l'eau : ainfi, loin d'amender
la terre, on l'amaigrit.

On ne doit pas conclure de ce
que je viens de dire, que pour
amender la terre il ne faut pas la
labourer; mon but a été de prouver que l'année de jachère ou de
repos n'a été réduite en principe
d'agriculture par quelques auteurs,
qu'à caufe de la difficulté du travail
dans les grandes exploitations; &
que, dans le court efpace de deux
mois ou de fix femaines, il étoit
impoffible d'ameublir la terre par
les labours convenables : mais fi on
alterne les terres, le travail fera
moindre & plus facile; & au lieu
de quatre ou cinq façons, deux fuffiront. Enfin, fi le travail eft fait à la
bêche, comme cela fe pratique
dans la république de Luques, &
même dans plufieurs cantons du
royaume de France, une feule fuffira, & l'emportera de beaucoup
fur le nombre de tous les labours
quelconques.

La conclufion générale à tirer de
cet article, eft que dans tous les
genres d'amendemens quelconques,
on doit fe propofer, 1°. de rendre
la terre fufceptible de ne conferver
que la quantité d'eau convenable à
la végétation & à la nourriture de
telle ou telle plante, fuivant fa qualité; 2°. à créer le terreau ou *humus*
dans la plus grande quantité poffible,

parce que ce terreau eft la feule *terre végétale*, & nous le démontrerons en traitant cet article ; 3°. que la terre, confidérée fans fon union avec le terreau, n'a aucune propriété pour la végétation, finon de faire l'office d'une éponge qui retient l'eau, & la laiffe s'échapper en deffus lorfque la chaleur l'attire, ou laiffe échapper cette eau en deffous comme les fables purs, fi des portions d'argile ne la retiennent. En un mot, l'eau & le terreau font l'ame de la végétation, & leur exacte proportion le but de tous les amendemens.

AMER. On donne ce nom à des médicamens tels que le *quinquina*, la *rhubarbe*, la *ferpentaire de Virginie*, le *gingembre*, le *calamus aromaticus*, le *galanga*, l'*écorce d'orange*, l'*abfynthe*, la *centaurée*, la *gentiane*, le *fiel des animaux*, l'*aloès*, &c. ces médicamens ont une faveur rude & défagréable à la langue.

L'ufage de ces médicamens eft bien plus étendu, & bien plus utile qu'on ne le croit ; ils conviennent finguliérement dans toutes les maladies de l'eftomac qui ne font pas inflammatoires ; & comme prefque toutes les maladies qui naiffent de cachexie, ou de dépravation des humeurs, ont commencé par un dérangement dans les fonctions de l'eftomac, on prévient beaucoup de ces maladies en faifant ufage des amers.

C'eft par une fuite néceffaire de ce que nous venons de dire, que dans les maux de nerfs & dans certaines maladies de la poitrine, les amers procurent un fi grand avantage à ceux qui en font ufage. Pref-

que toutes les maladies de nerfs viennent de foibleffe dans les parties nerveufes : les amers ont la vertu de relever le ton des parties, d'en augmenter la chaleur & d'accélérer le mouvement ; alors, l'équilibre fe rétablit, & la fanté ne tarde pas à paroître.

Dans les maladies de la poitrine qui ne font pas inflammatoires, prefque tous les fymptômes effrayans qui annoncent la deftruction, ne reconnoiffent pour caufe que les ravages faits dans la fubftance foible, délicate, & peu fenfible du poumon par les parties âcres du fang. Les amers, en rétabliffant la digeftion, empêchent la formation de nouvelles crudités, & joins aux remèdes indiqués, ils parviennent à détruire cette maladie affreufe qui entraîne au tombeau tant de victimes de l'ignorance & des préjugés.

Dans les articles qui traiteront des maladies de nerfs & de poitrine, nous aurons occafion de revenir fur les amers, & nous indiquerons la manière de les employer avec fuccès. M. B.

AMEUBLIR LA TERRE. C'eft en féparer les molécules, & la rendre plus perméable aux impreffions des amendemens naturels & artificiels. Une terre bien ameublie eft douce, maniable, fans mottes, fans croûte. Le mot *ameublir* s'emploie plus particuliérement pour les jardins que pour les terres labourables. C'eft là que les labours font prodigués, ainfi que les engrais, afin d'y multiplier le terreau ou terre végétale par excellence. Les plantes qui enrichiffent nos potagers ne font fucceffivement parvenues à la perfection que par un excès de foins affidus, & pour peu qu'on les leur refufe, ces mêmes plantes fi fucculentes, fi favoureufes, dégénèrent & reviennent enfin à leur qualité primitive & fauvage. Il eft donc effentiel de maintenir la terre meuble, fi on veut qu'elles profpèrent. Souvent ce n'eft pas affez : le changement de climat en fait beaucoup dégénérer, & il faut renouveler la femence tous les deux ou trois ans.

Lorfqu'une terre deftinée pour les grains, & où l'argile domine, a refté long-tems fans être travaillée, il convient de l'ameublir, non-feulement pour que les racines du grain puiffent pivoter, mais encore afin que cette terre ne retienne l'eau pluviale que dans la proportion convenable. *Amender & ameublir* font des mots fynonymes pour les terres fortes ; mais il n'en eft pas ainfi des terres fablonneufes, parce qu'elles font déjà affez ameublies par elles-mêmes, & même elles le font trop. L'amendement qui leur convient eft un mélange de terre forte ; & de ce mélange il en réfultera un ameubliffement proportionné & fuffifant pour le grain qu'on doit femer. Trop ameublir la terre par des labours, fi on n'y joint des engrais, eft auffi pernicieux à la terre que de la furcharger d'engrais fans la bien labourer. On ne peut pas, & même il eft impoffible de prefcrire jufqu'à quel point une terre doit être ameublie, parce qu'il eft impoffible de fpécifier toutes les nuances & toutes les combinaifons qui forment la furface du globe. C'eft au particulier à étudier fon champ, à examiner quelle partie de ce même champ

demande plus de labours que telle autre partie voifine, quoique dans le même champ ; mais il ne fe trompera pas, lorfqu'il confidérera les effets des années fèches ou pluvieufes fur fon champ ; de forte que, s'il peut faifir le point de partage entre l'une & l'autre, & que par fon travail il ait fait acquérir à fa terre le degré précis de ne retenir que la quantité d'eau fuffifante pour la végétation, il eft conftant qu'il aura atteint le point de perfection, & que fes récoltes feront affurées.

AMIDON. C'eft une fubftance remarquable par fa féchereffe, fa blancheur, fa ténuité, fon toucher froid, & un cri qui lui eft particulier ; elle eft indiffoluble à froid dans tous les fluides, & fe conferve un tems infini fans s'altérer, pourvu néanmoins qu'elle foit pure, & qu'on la tienne dans un endroit à l'abri de toute humidité.

L'ignorance dans laquelle on a été pendant long-tems fur la nature & la propriété de l'amidon, a donné lieu à beaucoup d'opinions à ce fujet. Grâce aux expériences modernes, il n'eft plus permis de douter aujourd'hui que ce ne foit une gomme particulière, une gelée fèche, fi l'on peut s'exprimer ainfi, répandue dans toutes les parties de la fructification des plantes, fans ceffe indépendante de leur faveur, de leur odeur & de leur couleur. L'amidon de marrons d'inde n'a aucune amertume ; celui de pied de veau n'eft pas cauftique ; l'amidon de la bryoine n'eft pas purgatif ; celui des iris eft inodore ; enfin, l'amidon de la filipendule eft fans couleur. Ainfi, tous ces amidons connus en médecine fous le nom impropre de *fécules*, ne poffèdent aucunes propriétés médicamenteufes : ils font nourriffans, & voilà tout.

On peut donc employer indiftinctement les amidons fous différentes formes, fans qu'il foit poffible d'y diftinguer le végétal qui leur a fervi d'enveloppe. Dans le cas même où ils préfenteroient une légère variété, il faudroit l'attribuer au plus ou moins de lavages, plutôt qu'à une différence effentielle dans leur nature ; enfin, il eft difficile aux organes les plus exercés de faifir la moindre trace du corps d'où ils ont été extraits.

De tous les grains farineux connus, le froment eft celui qui contient le plus d'amidon ; l'opération par laquelle on parvient à l'obtenir, eft fort fimple : elle confifte à mettre dans des tonneaux nommés *bernes*, les recoupes, les gruaux & les grains eux-mêmes groffièrement moulus ; à ajouter enfuite de l'eau pour en former une efpèce de bouillie, & fuffifamment d'eau *fure* ou aigre, afin de déterminer plus promptement la fermentation qui doit s'y établir : bientôt le mélange augmente de volume, & la liqueur répandroit infailliblement, fans l'attention que l'on a de ne pas tenir le vafe tout-à-fait plein ; alors l'amidon, dans l'efpace de trois femaines ou un mois, fuivant la faifon & l'efpèce de matière que l'on travaille, fe dégage de fes entraves muqueufes & glutineufes ; on le fépare après cela, par le moyen du tamis, du fon fur lequel il nage comme fur une nacelle, & il

fe précipite : l'eau aigre, devenue graffe, étant décantée, on y fubftitue de l'eau pure à diverfes reprifes pour le laver ; on le change enfuite de tonneaux : on le met dans des corbeilles à égoutter, & on le divife par morceaux pour le deffécher infenfiblement à la chaleur d'une étuve.

L'amidon fe diffout aifément dans l'eau chaude, & acquiert auffitôt la forme & la confiftance d'une gelée tranfparente, connue fous le nom d'*empois*, dont l'ufage eft affez connu. Jeté fur les charbons ardens, il exhale l'odeur du caramel ; & foumis à la diftillation à feu nud, il fournit de l'huile, de l'acide, & un charbon qui, incinéré, donne de l'alcali fixe ; propriétés qui rapprochent l'amidon de la nature du fucre, du miel, de la manne & des autres corps muqueux.

La méthode employée dans les atteliers pour obtenir l'amidon, prouve clairement que cette fubftance peut exifter long-tems au milieu des corps en fermentation, fans s'altérer ; d'où l'on doit conclure que les grains détériorés à un certain point, font encore propres à fournir leur amidon. On ne devroit donc confacrer à cet emploi que les blés gâtés ; mais les amidonniers, faute de pouvoir s'en procurer fuffifamment, ne fe fervent fouvent, pour cet objet, que des meilleurs grains.

L'amidon n'eft donc point un produit de l'art comme on l'a prétendu; il exifte tout formé, non-feulement dans les grains, mais encore dans d'autres parties de plantes, où fa préfence n'étoit point foupçonnée. L'indifférence avec laquelle on a traité

traité les lies ou féces des végétaux exprimés, a toujours mis obstacle à ce qu'on vît que l'amidon étoit aussi universellement répandu dans la nature. Combien *Sthal* avoit raison, lorsqu'il disoit qu'on s'instruisoit plus en examinant les résidus, qu'en admirant les produits !

Persuadé que l'amidon est la partie principalement nourrissante des végétaux farineux, & que ces derniers sont d'autant plus alimentaires, qu'ils en contiennent une plus grande quantité, M. Parmentier n'a rien oublié pour mettre cette vérité dans le plus haut degré d'évidence. Cet auteur a inséré dans le dernier Ouvrage qu'il a publié sur les moyens de prévenir les disettes, deux listes de plantes incultes, dont la semence ou la racine contiennent de l'amidon. Ne pourroit-on pas, dans les tems d'abondance, faire servir ces plantes à la consommation de l'amidon ? Ce seroit au moins une économie pour l'état, qu'on ne permît pas d'autre amidon que celui-là, puisqu'on épargneroit une grande quantité de grains, qui serviroit avec plus d'avantage & d'utilité à la subsistance journalière de l'homme & des animaux.

AMIRÉ JOANET, *Poire*. (*Voyez* le mot POIRE)

AMMI. (*Voyez Planche* 12, p. 405) M. Tournefort place cette plante dans la première section de la septième classe qui comprend les herbes à fleurs en rose, disposées en ombelle, soutenues par des rayons, dont le calice devient un fruit composé de deux petites semences cannelées. Il la nomme, d'après Bauhin,

Tom. I.

Ammi majus. Sous la même dénomination, M. le chevalier Von Linné la classe dans la *pentandrie digynie*.

Fleur, en rose B & en ombelle, composée de cinq pétales C en forme de cœur, recourbés & inégaux en grandeur ; les étamines D bien caractérisées dans cette fleur séparée de l'ombelle générale, sont au nombre de cinq, longues, attachées par la base de leurs filets sur les bords du calice en opposition à chacune de ses divisions. Le pistil E est posé sous la fleur, & enfermé dans un calice membraneux, avec lequel il fait corps ; il est composé de l'ovaire, de deux stiles & de deux stigmates peu distincts des stiles. L'enveloppe générale de l'ombelle est composée de plusieurs folioles linéaires plus courtes que l'ombelle ; l'ombelle générale est composée d'un grand nombre de rayons, & elle se soudivise en ombelle partielle, courte & ramassée.

Fruit, ovale, couvert de poils rudes, composé de deux semences réunies F, & qui se séparent naturellement ; elles sont cannelées d'un côté & convexes extérieurement G, & aplaties intérieurement H.

Feuilles ; les inférieures sont ailées, & souvent les folioles irrégulières & inégales, & elles sont lancéolées & réguliérement dentées ; les supérieures sont plus divisées.

Racine A, en forme de fuseau, peu fibreuse.

Port. La tige est simple, herbacée, les feuilles rangées dans un ordre alterne, & embrassent la tige par leur base.

Lieu. Les provinces méridionales de France, & plus particuliérement en Italie & en Portugal. L'ammi y

A M M

fleurit en Juin & Juillet. La plante est annuelle, & bienne si elle n'a pas porté fleur dans la première année.

Propriétés. La plante est aromatique, âcre, piquante au goût, stomachique, emménagogue, diurétique & carminative. Les semences échauffent comme celles de toutes les plantes ombellifères qui croissent naturellement dans les terrains secs; elles calment quelquefois les coliques venteuses, ne provoquent pas sensiblement le cours des urines & l'insensible transpiration.

Usages. On donne les semences pulvérisées depuis cinq grains jusqu'à une drachme, incorporées avec un sirop, ou délayées dans cinq onces d'eau ou de vin blanc; & pour les animaux, à la dose de deux drachmes. La semence d'ammi est réputée une des quatre semences chaudes.

AMMONIAC. Sous ce mot, on distingue deux substances utiles en médecine, & la dernière sur-tout l'est beaucoup pour les arts. Il y a la gomme & le sel ammoniac.

1°. *De la gomme ammoniaque.* Cette gomme-résine est produite par une plante qu'on soupçonne être de la famille des ombellifères. Elle croît, dit-on, dans la Lybie. La gomme coule naturellement de l'incision qu'on fait à la plante, ainsi qu'on le pratique pour le galbanum, l'assa fœtida, le *sagapenum*, &c. On devroit essayer ces incisions sur les panais, les carottes, les artichaux; on en retireroit des substances de même nature à peu près. L'odeur de cette gomme-résine est aromatique, médiocrement forte, d'une saveur amère, légérement âcre & nauséabonde; jaune & blanchâtre par intervalle, soluble en plus grande quantité dans l'eau que dans l'esprit-de-vin, entiérement soluble dans les jaunes d'œuf & la bile.

Propriétés. Elle fait expectorer & diminue l'oppression dans la toux catarrhale, l'asthme pituiteux, la phthisie pulmonaire essentielle récente, avec peu de fièvre & de toux. Elle échauffe, réveille l'appétit affoibli par des humeurs séreuses ou pituiteuses; cause souvent des rapports, & tient le ventre libre. A haute dose, elle purge légérement & donne des coliques. Elle est indiquée dans la jaunisse par obstruction des vaisseaux biliaires, sans douleur à la région épigastrique. On la recommande pour les tumeurs du foie, ou de la rate ou du méfentère, lorsqu'elles sont douloureuses & récentes; dans la gonorrhée vénérienne, lorsque le virus est corrigé par le mercure & l'inflammation calmée. Intérieurement & extérieurement, elle tend à combattre quelquefois avec succès les tumeurs des testicules, des aines, des aisselles, du col, dures, peu sensibles, essentielles, ou provenant d'un virus scrophuleux. Souvent elle favorise la résolution des tumeurs vénériennes des testicules pendant & après l'administration du mercure.

Usages. On la donne depuis dix grains jusqu'à une drachme, incorporée avec du sirop ou du miel, ou en solution dans un jaune d'œuf. On en fait un vin appelé *vin de gomme ammoniaque.* Deux onces de cette gomme pulvérisée, jetées dans du vin généreux, & tenues en digestion à la chaleur d'une étuve pendant dix à douze jours, forment ce vin. La dose est depuis demi-once jusqu'à trois onces par jour. Pour en composer un onguent, on pulvérise deux onces de cette gomme, & on la broye avec des jaunes d'œuf ou avec de la bile, le vinaigre, l'eau-de-vie, l'eau-de-vie saturée de savon, suivant l'indication des espèces de tumeurs où il convient de l'appliquer.

2°. *Du sel ammoniac.* C'est un objet de commerce très-considérable. On le trouvoit anciennement dans la Lybie & dans le voisinage du temple de Jupiter Ammon, où l'on prétendoit qu'il étoit formé de l'urine des chameaux, cuite & digérée par le soleil. Cette origine n'est peut-être pas chymérique, puisque le sel marin est très-abondant dans toutes les terres de ce pays, & que l'alcali volatil qui se forme dans l'urine lorsqu'elle entre en putréfaction, & lorsqu'il se combine avec l'acide du sel marin, peut produire le sel ammoniac.

Le sel ammoniac, qu'on apporte d'*Egypte*, est l'ouvrage de l'art. On le retire dans ce pays de la suie de bouse de vaches, qu'on brûle faute de bois.

Le sel ammoniac se sublime naturellement à travers les fentes des soufrières de Pouzzole en Italie, à la Solfatare, aux bains de S. Martin.

C'est un sel neutre composé d'alcali volatil & d'acide marin, se cristallisant en forme de barbe de plume, blanc, demi-transparent, volatil à un certain degré de chaleur dans les vaisseaux clos, se dissipant à l'air libre par l'action du feu, très-

soluble dans l'eau, dont il augmente le froid pendant sa dissolution; déliquescent dans les endroits humides, d'une saveur âcre & légérement nauséabonde. Les cristaux, en forme de barbe de plume, ont la propriété d'être pliés comme une lame de plomb, & sans se rompre. Ce caractère distingue les sels ammoniacaux de tous les autres. Ce sel est en forme de pain dans le commerce, & on doit choisir celui qui est le moins noir en dessous.

Propriétés. Il irrite la bouche & l'œsophage, accroît la chaleur de tout le corps, augmente la transpiration insensible, quelquefois jusqu'à faire suer, si on favorise la sueur par les vêtemens & le repos; souvent il excite le cours des urines; rarement il purge, à quelque dose qu'il soit prescrit. On est incertain s'il est utile dans le rhumatisme occasionné par des humeurs séreuses & dans l'asthme pituiteux; s'il rend l'action du kina plus sûre & plus prompte pour détruire les fièvres intermittentes; s'il corrige les mauvais effets du sublimé corrosif employé pour les maladies vénériennes & pour les maladies cutanées; enfin, s'il jouit lui-même de la faculté antivénérienne.

Usages. La dose du sel ammoniac purifié est depuis dix grains jusqu'à une drachme dans quatre onces d'un véhicule aqueux; & pour l'animal, depuis deux drachmes jusqu'à demi-once. On l'emploie pour lui dans les colyres, dans les gargarismes, dans les lotions, dans les boissons, &c.

3°. *Du sel volatil ammoniac.* On trouve dans les boutiques différentes préparations faites avec le sel ammoniac. Les effets de celui-ci

S ss 2

font d'augmenter ceux de la tranfpiration infenfible , de provoquer
la fueur , de ranimer puiffamment
les forces vitales , de beaucoup
échauffer , de porter fur la poitrine , jufqu'à exciter une toux
plus ou moins vive chez les perfonnes délicates. Il eft indiqué dans
l'afthme pituiteux , dans la toux
catarrale , dans l'apoplexie légère
& féreufe , dans l'apoplexie pituiteufe , la paralyfie pituiteufe , la
gangrène humide par infiltration ,
l'afphixie des noyés , la fyncope
par les paffions de l'ame, la fyncope
par de grandes évacuations , l'épilepfie féreufe , & intérieurement &
extérieurement contre la morfure
des vipères. On doit cette dernière
découverte au célèbre M. de Juffieu.

L'efprit volatil de fel ammoniac
dulcifié agit extérieurement avec
plus de force que l'alcali volatil
fluide ou concret, dans les maladies
où il faut promptement ranimer les
forces vitales.

*Le fel alcali volatil fluide de fel am-
moniac* fe donne depuis trois grains
jufqu'à une demi - drachme , dans
quatre onces de véhicule aqueux.
Pour conferver tous les fels vola-
tils , il faut avoir des flacons de
criftal , dont le bouchon foit ufé à
l'émeri , afin qu'ils bouchent exactement.

*L'efprit volatil de fel ammoniac dul-
cifié;* on le préfente fous le nez des
perfonnes attaquées de foibleffes.
On doit le prefcrire très-rarement
pour l'intérieur. Sa dofe eft depuis
deux grains jufqu'à une demi drachme dans quatre onces de véhicule
aqueux.

Le fel alcali volatil concret fe donne
depuis trois grains jufqu'à une demi-
drachme , incorporé dans une fuffifante quantité de firop & le double
de fon poids de fucre , ou en folution dans quatre onces de véhicule
aqueux.

Le fel alcali volatil aromatique ,
depuis trois grains jufqu'à une
drachme.

Le fel volatil d'Angleterre , à la
même dofe que le fel volatil concret. (*Voyez* le § IV , *de l'alcali volatil* , pag. 388.)

AMODIATION, AMODIER.
C'eft donner à bail une terre , un
champ , &c., pour être payé foit
en argent , foit en grains , &c.

AMOME, AMOMUM. (*Voyez*
Sison)

AMOUR. (Pomme d') *Voyez*
Solanum.

AMOUR. (Poire d') *Voyez*
Poire.

AMPÉLITE. Eft une terre noire
& bitumineufe , tendre , friable ,
dont les charpentiers & les deffina-
teurs fe fervent pour tracer des lignes. On la connoît dans le commerce fous le nom de *pierre noire.*
Son nom , dérivé du grec , annonce
que les anciens l'employoient dans
la culture de la vigne , pour faire
périr des vers qui l'attaquent trop
fouvent. Mais comment cette terre
peut-elle produire cet effet ? Il n'eft
pas difficile de le concevoir , fi l'on
fait attention à fa nature. L'ampélite paroît être à l'analyfe un fchifte
argileux , mêlé de pyrites très-ful-
phureufes , & d'une portion de bitume, qui lui donne une très-grande
analogie avec le charbon de terre.
Quand cette terre eft expofée à l'air,

l'humidité de l'atmosphère la fait tomber en efflorescence ; les pyrites se décomposent, l'acide vitriolique qui les formoient, réagit sur la base argileuse & sur la terre de l'alun que l'ampélite contient, & produit des sels vitrioliques, de la sélénite & de l'alun : dans cet état, sa saveur âcre, styptique & bitumineuse, augmente sensiblement. L'eau de la pluie délaye ces sels ; ils pénétrent la terre, & détruisent sans doute une partie des insectes qui y étoient renfermés, ou en larves, ou en état de vers parfaits. La couleur noire de cette terre étant due en partie au fer, ce métal forme encore avec l'acide vitriolique un vitriol martial qui peut être un vrai poison pour ces vers.

La manière dont les habitans de Baccarach, (petit pays de l'Allemagne) & des rives de la Moselle, se servent de l'ampélite, démontre la vérité de cette théorie. Ils ramassent cette terre noire, la mettent en tas auprès de leur vigne, & la laissent effleurir & décomposer. Ils ont soin seulement de la remuer de tems en tems, afin que la décomposition soit plus générale & plus prompte. Quand cette terre est réduite en une espèce d'argile, ils la transportent dans leur vigne, & la répandent comme on répand de la marne sur une terre à blé. Les différentes façons que l'on donne à la vigne, la mêlent avec le sol qu'elle fertilise singuliérement. Quelle que puisse être l'efficacité de l'ampélite pour faire périr, par sa stypticité & son principe vitriolique, les insectes & les vers, il faut la considérer plutôt comme engrais, & en cette qualité elle agit plus directement.

Le canton de France où on la trouve plus abondamment, est la Ferrière-Béchet, entre Séez & Alençon en Normandie. Les hollandois, ce peuple si industrieux, & qui ne néglige aucun objet, quelque petit qu'il paroisse, pourvu qu'il en puisse tirer parti, en font venir une très-grande abondance d'Essen, dans l'évêché d'Osnabruck en Westphalie. Comme ils n'ont pas de vignes, il est à présumer, suivant M. Valmont de Bomare, qu'ils s'en servent pour contrefaire l'encre de la Chine. La vanité, dans certains cantons, a su profiter de cette terre pour teindre en noir les cheveux & les sourcils. M. M.

AMUSER LA SÉVE. Expression inconnue avant que les industrieux cultivateurs de Montreuil l'eussent introduite dans le traitement des arbres fruitiers. M. l'abbé Roger de Schabol l'a ensuite consacrée dans son premier volume sur la *Théorie & sur la Pratique du Jardinage. Amuser la séve*, c'est laisser à l'arbre plus de bois & de bourgeons que de coutume. Par exemple, un arbre est trop vigoureux, il s'emporte ; un côté d'un arbre est plus fort que l'autre, il a des gourmands : alors pour amuser la séve, on taille plus long le côté vigoureux, & plus court le côté maigre, & on alonge beaucoup les gourmands pour laisser consumer par-là le trop de séve. Lorsqu'on voit que l'arbre est devenu plus modéré, on change de conduite à son égard, & on le ménage davantage. Il faut beaucoup d'art & de jugement pour mettre en pratique les moyens d'amuser la féve. C'est un mot barbare, dit M. de Schabol, pour les jardiniers à routine.

AMYGDALES, Médecine vétérinaire. Ce sont des glandes situées dans l'arrière-bouche de l'animal, & qui sont sujettes à différentes maladies : telles sont l'inflammation, & toutes les tumeurs qui peuvent arriver aux glandes. (*Voyez* Étranguillon, Esquinancie, Phlegmon) M. T.

AN, ANNÉE. Tems pendant lequel le soleil parcourt les douze signes du Zodiaque, qui correspondent à chacun des douze mois : *annus fructificat, non terra*, observe judicieusement M. l'abbé Toaldo, dans son excellent *Essai de Météorologie appliquée à l'Agriculture*. En effet, la terre la plus profondément labourée, la mieux préparée, la mieux fumée, offrira pendant quelques mois des blés superbes : des pluies trop abondantes & trop soutenues font pourrir les plantes ; les dégels & les gelées successives produisent le même effet ; & ce champ, si brillant avant l'hiver, ne présente plus, au retour du printems, que le triste spectacle d'une récolte perdue. Que la plante n'ait point été endommagée avant & pendant l'hiver, il ne faut qu'une sécheresse, lorsque le blé monte en épi, que des pluies fréquentes lorsqu'il fleurit, qu'un orage & des vents impétueux lorsque le grain approche de sa maturité, pour cou-

cher les tiges ; & si des pluies succèdent au versement des blés, la récolte est presque perdue. Ceux qui mangent du pain dans le sein des grandes villes, au milieu de l'abondance, ne peuvent avoir aucune idée de l'inquiétude perpétuelle du cultivateur, & des dangers sans cesse renaissans auxquels les moissons sont exposées. Le mal n'est pas sous leurs yeux, dès-lors ils n'y pensent pas, ou s'ils en sont affectés, c'est d'une manière si vague, si légère, que leur apparente sensibilité ne les portera pas à soulager les malheureux. L'époque de la fleuraison ou fécondation du grain dans tous les végétaux quelconques, & l'état où ils se trouvent à cette époque, forment le moment critique, & c'est de lui, en général, que dépend l'abondance. Quant à la qualité, elle tient essentiellement à la maturité du grain & aux alternatives qu'il éprouve avant d'y parvenir. Ce que l'on dit des grains, s'applique à la vigne, à l'olivier, aux arbres fruitiers, &c. La constitution de l'air, & des météores, dans le cours des douze mois, concourt plus pour l'abondance, que le grain de terre & le travail qu'on lui a donné. Il ne faut pas conclure de cet axiome, qu'on doit peu cultiver ses champs, & que l'année fait tout ; cette logique seroit détestable & ruineuse.

ANAGALLIS. (*Voyez* Mouron)

ANAGYRIS, *ou* Bois puant. M. Tournefort place cet arbrisseau dans la deuxième section de la vingt-deuxième classe, qui comprend les arbres à fleurs papilionnacées qui ont

ANA

leurs feuilles difposées trois à trois fur chaque pétiole, & il l'appelle *anagyris fœtida*. M. le chevalier Von Linné lui conferve la même dénomination, & il le place dans la décandrie monogynie.

Fleur, imitant les papilionnacées. Son étendard eft en forme de cœur, droit, large, échancré, très-court; les ailes ovales, oblongues, planes, plus longues que l'étendard; la carenne droite, très-allongée, plus longüe que les ailes; le calice en forme de cloche, découpée en cinq dentelures. Cette fleur a dix étamines féparées & un piftil.

Fruit. Légume oblong, prefque cylindrique, un peu recourbé & obtus; les femences ont la forme d'un rein.

Feuilles, foutenues par des pétioles, compofées de trois folioles prefque égales, entières, ovales, aigües; les pétioles font plus courts que les folioles.

Racine, ligneufe, rameufe.

Port. Arbriffeau de huit à dix pieds de haut, droit, rameux, les rameaux alternes; l'écorce de couleur cendrée, puante, fi on la frotte un peu fortement. Les fleurs naiffent aux aiffelles des feuilles, raffemblées en bouquets, & plufieurs font portées fur le même péduncule; les feuilles font alternes, & on trouve des ftipules oppofées aux feuilles.

Lieu. L'Efpagne, les montagnes d'Italie, de Languedoc & de Provence. Il fleurit en Avril. Ses fleurs font d'un beau jaune.

Propriétés. On lui attribue une vertu emménagogue & antihyftérique; les feuilles paffent pour réfolutives, & les femences pour vomitives.

Culture. Cet arbufte réuffit mal dans les provinces un peu feptentrionales de France; il lui faut alors une expofition au midi & bien abritée des vents froids. Si on le place dans des bofquets, des arbres toujours verds le garantiront, & il vaut encore mieux l'environner de paille pendant l'hiver.

On le multiplie de femences & par marcottes. Au renouvellement du printems, les grains font confiés à une terre légère & bien préparée, & même fur une couche de fumier. Il convient de laiffer les jeunes plantes paffer deux à trois hivers fous des chaffis & dans des pots. A la troifième année, elles feront dépotées & mifes avec leurs mottes dans le lieu abrité qu'on leur deftine.

La marcotte s'opère dans les premiers jours d'Avril; elle demande d'être arrofée pendant l'été; & avant que l'arbufte perde fes feuilles, elle fera féparée du tronc & plantée à demeure, fi elle eft fuffifamment enracinée, fans quoi on la placera dans un pot qui paffera l'hiver fuivant fous le vitrage.

ANALEPTIQUE. (*Voyez* RESTAURANT)

ANALOGIE, ou reffemblance, ou approximation qui fe trouve entre les fucs, la texture, la configuration d'une plante avec une autre plante, ou d'un arbre avec un autre arbre. Il convient d'examiner attentivement cette analogie, lorfqu'il s'agit de la greffe. Sans analogie dans les fèves, dans les canaux de la végétation, point de fuccès. Par exemple, fi la fève d'un individu tend par fon cours & par fa figure à former dans le bois des fibres dont la direction fera perpendiculaire, ou en fpirale, &c. il eft conftant que la fpirale ne fe mariera pas avec la perpendiculaire, & ainfi tour à tour. Si l'arbre qu'on veut greffer a des conduits féveux, larges & abondans, & que ceux de l'écuffon de l'efpèce qu'on veut lui donner à nourrir, foient au contraire très-étroits, très-refferrés, il eft conftant que l'écuffon prendra mal parce qu'il fera noyé par une trop grande abondance de féve, qu'il ne pourra confommer par fa végétation, & ainfi tour à tour. Dès-lors on ne doit point être furpris fi le noyer ne prend pas fur le faule, l'olivier fur l'amandier, le peuplier fur le pommier, &c. Mais fi, contre toute apparence, quelques-uns de ces écuffons végètent pendant la première année, ils périffent complettement à la feconde. Une autre raifon qui rend l'analogie néceffaire, c'eft le concours des féves. L'amandier végète & fleurit même dans l'hiver, fi le froid ne modère fon impatience naturelle ; le mûrier & le noyer, au contraire, plus prudens, attendent tranquillement le retour de la chaleur. Suppofons actuellement qu'il y eût de l'analogie entre les fibres ligneufes de ces arbres, cette analogie partielle ne fuffiroit pas. La chaleur de l'air ambiant fuffira pour faire pouffer la portion de l'amandier greffé fur le mûrier ; mais qui nourrira & entretiendra fa végétation jufqu'au moment où les principes féveux commenceront à s'élever des racines du mûrier à fes branches ? Sera-ce l'air ambiant, l'humidité de l'atmofphè-

re ? ils y concourront, & n'y fuffiront pas. Tous les végétaux fuivent la loi expreffe que le créateur a affignée à chacun d'eux féparément, & toutes fois que l'homme s'en écarte, il en eft puni par la perte de l'arbre.

L'analogie doit encore s'étendre fur la nature du terrain auquel on confie la femence. Le riz femé, & le faule, le peuplier, &c. plantés fur des roches, ou dans un terrain fec, périront ; tandis que fi le roc eft calcaire, fi fes couches font fufceptibles de divifions, l'abricotier y donnera des fruits délicieux, & le mûrier y fera des progrès rapides. Le cultivateur attentif & prudent ne tentera donc jamais aucune opération fans avoir étudié & vérifié auparavant, fi l'analogie concourt avec fes idées.

ANANAS, M. Tournefort en fait mention dans l'appendice de fes *Inftitutions de Botanique*, & il le défigne par cette phrafe : *Ananas aculeatus fructu ovato carne albido*, & M. le chevalier Von Linné le claffe dans l'*Hexandrie monogynie*, & l'appelle *Bromelia Ananas*. (*Voyez* fon fruit & fa couronne, repréfentés *Planche* 14.)

Defcription du Genre

Fleur. Le calice eft compofé de trois folioles membraneufes, terminées en pointe, & elles fe réuniffent à la bafe de la corolle : celle-ci eft portée fur l'ovaire, & compofée de trois pétales égaux, ovales, droits, plus longs que le calice, & terminé en pointe : à la bafe de chaque pétale eft un nectaire. Les étamines font au nombre de

Pl. XIV. Pag. 512.

G

G

A

D

C

E

E

B

F

Sculp.

Ananas

de fix, plus courtes que la corolle, & implantées fur le réceptacle. Les anthères font droites & en forme de fer de flèche. Le piftil eft de la longueur des étamines ; fon ftigmate eft obtus & divifé en trois.

Fruit A, repréfente l'affemblage de différentes baies, difpofées en forme d'épi autour d'un axe commun. Chaque fruit eft une baie anguleufe charnue B, enveloppée par le calice, & fon fommet recouvert par la corolle. L'un & l'autre ne tombent que par la maturité du fruit. Son intérieur eft figuré en C. Lorfqu'on coupe cette baie tranfverfalement comme en D, on voit dans la partie inférieure, le centre ou noyau, duquel fortent de petites houppes blanchâtres, placées dans le milieu de chacun des côtés du triangle. On voit la même chofe en E dans la baie coupée perpendiculairement ; F fert de bafe au piftil.

Feuilles. Les radicales font entières, droites, pointues, creufées en gouttière, épaiffes, fermes, les bords armés de piquans.

Racine, fibreufe.

Port. La plante bien cultivée, garnie de fon fruit & de fa couronne, s'élève depuis dix-huit à vingt-quatre pouces dans les ferres chaudes. Les feuilles embraffent le bas de la tige en manière de gaine ; elles font alternes, & du milieu de ces feuilles part une tige groffe comme le pouce. La fleur eft violette, & les bords du calice rougeâtres. Lorfque le fruit n'a pas encore acquis fa groffeur, fa couleur eft d'un rouge affez vif, & elle fe change en jaune doré lors de fa maturité. Une couronne G de feuilles vertes, femblables & plus petites

que celles du bas de la plante, termine la tige.

Lieu. En général, tous les pays très-chauds, comme les Indes orientales, les îles françoifes & efpagnoles de l'Amérique.

Variétés.

Il y a quelque confufion dans les defcriptions des auteurs : malgré cela, on peut réduire ces variétés à fept. La première eft l'ananas épineux, à fruit ovale, & dont la chair tire fur le blanc ; c'eft celle qu'on cultive le plus communément dans les ferres chaudes de l'Europe, & ce n'eft pas la meilleure pour la qualité. Son fuc ne porte pas avec lui le velouté & le parfum des autres ; il eft même un peu âpre & aftringent. La deuxième eft l'ananas épineux, dont le fruit eft en *pain de fucre*, & dont la chair eft dorée : il eft plus gros, plus favoureux, plus aromatique que le précédent. La troifième eft l'ananas à feuilles d'un verd clair, & prefque fans épine : il eft plus connu fous le nom d'*ananas pitte*, que les habitans d'Amérique appellent *le Roi des ananas*. M. Henri Heathcote l'a obtenu en Angleterre, en femant la graine du fruit qui lui avoit été envoyé de la Jamaïque. La quatrième eft l'ananas à fruit pyramidal, de couleur d'olive en dehors, & jaune en dedans. On le nomme *ananas de Mont-Ferrat* : il eft plus petit que les autres, & fa faveur & fon odeur approchent de celle du coin. La cinquième eft l'ananas à feuilles prefque fans épines. Il mérite peu d'être cultivé. La fixième eft l'ananas épineux, à fruit pyramidal, d'un verd jaunâtre, connu

A N A

fous le nom de *pomme de reinette.*
C'eft la variété préférable à toutes
les autres. La feptième eft l'ananas
prolifère ; elle diffère des autres,
en ce qu'au lieu d'avoir une couronne fur le fommet du fruit, il en
fort de petites entre les baies.

Culture.

Comme je n'ai jamais cultivé
l'ananas, je préviens que j'emprunte ce que je vais dire, de
différens auteurs, entr'autres du
Dictionnaire de M. Miller, anglois ;
de l'*Hiftoire Naturelle des Végétaux*,
de M. Buc'hoz ; du *Manuel du Jardinier*, des *Agrémens de la Campagne*,
des *Journaux d'Agriculture & économique*, de l'ouvrage anglois intitulé : *A-Treatife on the Ananas*, &c.
par M. Adam Taylon, 1769 ; & de
celui de François Brochieri, jardinier à Turin, imprimé en 1777,
fous le titre de *Nuovo Metodo adat-
tato, al climat del Piemonte per col-
tivare gli ananas fenza fuoco.*

Malgré la délicateffe & le goût
parfumé de fon fruit, on peut regarder la culture de cette plante plus
comme un objet de luxe, que d'utilité réelle. Si on habite les environs
d'une grande ville, où la maffe d'argent foit abondante, le cultivateur
retirera quelque bénéfice au delà
de fes débourfés ; mais par-tout
ailleurs cette culture feroit rui-
neufe. Le charbon ou le bois néceffaires à l'entretien du degré de chaleur que cette plante exige, les
fumiers & les tannées des couches ;
enfin, les foins affidus qu'il faut lui
donner, font autant d'objets de dépenfes auxquels le cultivateur ordinaire nè peut fe livrer.

I. *Méthode pour la multiplication de*
l'ananas. On connoît trois moyens,
ou par *femis*, ou par *œilleton*, ou
par *couronne.*

Du femis. Ce moyen eft très-
lent, mais il peut donner quelques
variétés qui feront plaifir aux amateurs. Lorfque le fruit a acquis fa
maturité complette, on le détache
de la plante, & il refte fufpendu
dans la ferre chaude jufqu'à ce que
l'humidité de fa portion pulpeufe
foit évaporée : dès-lors il faut le
conferver dans un lieu bien fec,
afin que les variations de l'atmofphère, & fur-tout fon humidité,
ne le pénètrent pas. Lorfque la chaleur du printems commence à être
active, on remplit un vafe avec
une terre préparée comme on le
dira ci-après ; la graine eft femée
dans cette terre, le vafe eft enfuite
enterré dans la couche de fumier
placée fous les châffis, (*voyez* ce
mot) ou dans la ferre chaude.
(*Voyez* ce mot) Si l'un ou l'autre
font trop humides ; fi cette humidité
fuperflue n'eft pas diffipée de tems
à autre par le renouvellement de
l'air, il eft à craindre que la moififfure ne faffe pourrir les femences.
En général, toutes les plantes graffes, tous les oignons font dans ce
cas ; & quoique l'ananas ait fa feuille
affez fèche, on peut le regarder
comme une plante graffe. La conduite de ces femences ne diffère en
rien de celle des autres plantes
qui demandent les châffis ou la ferre
chaude. Evitez l'humidité ; voilà le
grand point. Lorfque les plants venus
de graine auront acquis une certaine groffeur, il convient de les
tranfporter féparément chacun dans
un vafe féparé & garni de terre.
Comme la chaleur de notre climat

n'eſt pas aſſez forte pour cette plante, les vaſes ne doivent jamais ſortir de deſſus les couches & des ſerres, ſinon lorſqu'il faut faire des couches nouvelles.

De l'œilleton ou drageon. L'œilleton eſt une production nouvelle de la plante qui perce à ſa baſe ou collet, & quelquefois de la partie qui ſe trouve enterrée. Tous les vieux pieds en fourniſſent un plus ou moins grand nombre : on doit les détacher du tronc, & l'endommager le moins qu'on le pourra. Ces drageons ſeront mis ſur les tablettes de la ſerre chaude, ou dans un lieu ſec & chaud, & ils y reſteront juſqu'à ce que la baſe du drageon ſe ſoit deſſéchée & devenue ferme & coriace. A cette époque, la jeune plante peut être confiée à la terre; & ſans cette précaution elle périroit infailliblement par l'effet de la pourriture qui gagneroit juſqu'à ſon ſommet. Le tems d'œilletonner eſt au mois d'Avril.

De la couronne G, (*Planche* 14.) C'eſt l'aſſemblage de feuilles qui, raſſemblées comme en faiſceaux, ſurmontent le fruit : coupez-le dans la ligne de démarcation : lorſqu'on l'aura mangé, détachez les feuilles inférieures à la hauteur de douze à dix-huit lignes, c'eſt-à-dire dans toute la partie qui doit être enterrée, & mettez cette couronne ſécher ſur des planches, comme il a été dit pour les drageons, afin que ſa baſe devienne calleuſe, & la plaie bien cicatriſée.

Eſt-il plus avantageux de planter des drageons ou des couronnes ? les cultivateurs ſont partagés dans leurs opinions. Quelques-uns donnent la préférence aux couronnes,

& M. Miller tient pour les premiers. Au ſurplus, cette incertitude prouve du moins qu'on peut ſe ſervir dès deux reſſources que la nature a prodiguées à cette plante pour augmenter ſa multiplication.

II. *De la terre qui lui convient.* La meilleure terre eſt celle qui ne retient ni trop, ni trop peu l'humidité, & qui n'eſt ni trop compacte, ni trop ſablonneuſe. Pour la préparer, on s'y prend ainſi. Enlevez des gazonnées dans une prairie; mêlez-les avec un tiers de bouſe de vache pourrie, ou de fumier d'une vieille couche à melon; mélangez bien le tout, pour vous en ſervir ſix mois ou un an après. Dans cet intervalle, briſez pluſieurs fois cette terre; & même lorſque les particules commenceront à en être aſſez ſéparées, paſſez le tout à la grille de fer, afin que le mélange ſoit plus intime. Si la terre des gazonnées étoit trop compacte, il conviendroit d'y mêler un peu de ſable, tout au plus un ſixième, & même un huitième, ſuivant la conſtitution de la terre.

III. *De ſon entretien.* La trop grande humidité eſt mortelle pour l'ananas; c'eſt auſſi ce qui lui nuit le plus dans les ſerres chaudes pendant l'hiver, ſur-tout dans les climats où le ciel, nuageux & brumeux, ne permet pas ſouvent aux rayons du ſoleil de pénétrer dans la ſerre. Soit des plantes, ſoit de la terre des pots, ſoit des couches, il s'élève en vapeurs une quantité d'eau aſſez conſidérable pour en ſurcharger l'atmoſphère de la ſerre : dèslors les ananas jauniſſent, & ils ont à redouter dans cette ſaiſon, & le froid & l'humidité. On les garantit plus aifément du premier que de celle-ci ; un peu plus de bois ou de charbon dans le fourneau, fuffit. Lorfque le foleil luit, il eft à propos d'ouvrir une petite porte ou une petite fenêtre pour diffiper l'humidité furabondante, & avoir grand foin de fermer l'un & l'autre auffitôt qu'on le peut, afin de ne pas trop refroidir l'air de la ferre.

Cette plante tranfpire beaucoup pendant l'été, & fa végétation eft très-forte, comparaifon gardée, avec celle qu'elle éprouve dans les autres faifons. La chaleur des rayons du foleil, concentrée & retenue dans la ferre ou fous les châffis, la feroit périr, fi la main du jardinier ne rendoit à l'ananas l'humidité que fa végétation exige ; c'eft pourquoi il les arrofe peu & fouvent pendant l'été, & il a foin, de tems à autre, d'examiner tous fes pots, afin de s'affurer que les trous pratiqués à fa bafe ne font pas bouchés ; le féjour de l'eau dans le vafe feroit périr la plante. Dans les grandes chaleurs de l'été, & fous la température du climat de Paris, deux irrigations fuffifent par femaine ; en Provence, en Languedoc, il conviendroit de les multiplier un peu plus. Il eft bon d'imiter quelquefois la nature, c'eft-à-dire d'arrofer en manière de pluie fine, afin de laver & nettoyer les feuilles de la pouffière qui s'y eft attachée. On facilite par ce moyen leur tranfpiration, & fur-tout l'abforption des fucs & des fels tenus en diffolution dans l'atmofphère. Il eft démontré que les plantes fe nourriffent plus par leurs feuilles que par leurs racines, & les plantes graffes font fur-tout dans ce cas : plufieurs mêmes n'ont

befoin que du concours de l'air.

L'ananas demande d'autres attentions. Les racines pouffent avec vigueur, & elles s'étoufferoient bientôt les unes & les autres, fi le jardinier n'y veilloit avec foin ; d'ailleurs, la terre s'épuiferoit, & le fruit feroit maigre, petit. Je defirerois que ceux qui font dans le cas de cultiver cette plante étrangère, fubftituaffent aux petits pots dont ils fe fervent, des vafes d'un diamètre trois fois plus grand, & d'une profondeur proportionnée. Il y a lieu de préfumer que le rempotement deviendroit inutile, & qu'on auroit une plante plus vigoureufe, mieux nourrie, un fruit plus gros, plus fucculent, plus parfumé. On rempote deux fois par an, & deux fois par an les racines font mutilées : certainement ce n'eft pas là la marche de la nature ; & dans les pays où cette plante eft indigène, les racines y confervent leur intégrité. Cette expérience coûteroit peu à tenter pour un vafe ou pour deux. Le terrain circonfcrit d'une ferre, le defir d'avoir beaucoup de pieds d'ananas, voilà je penfe ce qui a prefcrit & néceffité la loi du rempotement. L'expérience a prouvé que, par les rempotemens trop multipliés, on n'avoit jamais de gros fruits, que leur odeur étoit foible, & leur goût peu agréable. Elle a encore prouvé que, lorfque le fruit commence à paroître, fi les racines touchent les parois du vafe de tous les côtés, le fruit refte petit, & fe charge en couronne. Si le fruit commence à paroître, & qu'on rempote alors, fa maturité eft retardée, & il groffit peu.

Le tems de rempoter eft à la fin

d'Avril, pour les œilletons & les couronnes plantés dans le cours de l'année précédente ; la seconde époque pour les ananas, est à la fin de Juillet ou au commencement du mois d'Août. Les œilletons & les couronnes n'exigent, dans le commencement, que des pots de six à huit pouces d'ouverture, & autant de profondeur ; & au second dépotement, des pots d'un pied de diamètre.

A chaque rempotement, il faut arroser, remuer la couche de tan, en ajouter de nouveau, afin de la maintenir à la même hauteur, & lui conserver sa chaleur. La tannée doit être renouvelée avant l'hiver, afin que celle que vous lui substituerez donne une chaleur convenable pendant toute cette rigoureuse saison. Les irrigations pendant l'hiver seront rares.

La manière de placer les vases dans la tannée n'est pas indifférente : si les vases se touchent, les feuilles en grandissant s'entremêleront, se gêneront les unes & les autres ; elles s'alongeront pour se soustraire à ces entraves ; enfin, la plante s'étiolera. Il faut donc les enterrer de manière que les feuilles d'un pot ayant acquis leur plus grande longueur, touchent à peine celles de l'ananas planté dans le pot voisin. Cette observation est essentielle, sur-tout pendant l'été ; en hiver, elle n'est pas bien nécessaire, parce que la végétation est ralentie.

IV. *De la chaleur nécessaire.* Il est inutile de parler ici des couches, des tannées, des châssis, des serres chaudes ; ce seroit une répétition de ce qui sera dit en traitant ces articles ; ainsi, consultez-les.

La température d'une serre remplie d'ananas doit être, pendant l'hiver, de quinze degrés de chaleur du thermomètre de M. de Réaumur. Un thermomètre servira à fixer ce point assez essentiel : il vaut mieux pécher par un peu plus de chaleur que par un peu moins ; en un mot, douze degrés & dixhuit, sont les deux extrêmes qu'on ne passe pas impunément sans que la plante en soit affectée. Dans l'été, au contraire, une trop grande chaleur devient nuisible. La serre chaude est donc essentielle au moins pendant six ou huit mois de l'année ; & le reste du tems, des châssis vitrés suffisent.

V. *Des obstacles à sa végétation.* Le plus grand de tous est le manque de chaleur ; le second, la trop forte humidité ; & le troisième, une espèce d'insecte particulière à l'ananas.

Cet insecte est blanc ; il ressemble d'abord à une poussière blanche, & bientôt il paroît sous la forme de ces petites cloques qui ravagent les orangers : comme celles-ci, on jugeroit qu'elles ne font aucun mouvement : cachées sous l'écaille qui les recouvre, elles sont collées sur la feuille, & travaillent sûrement à l'abri de leur enveloppe. Dans cet état, toutes les parties de la plante servent à assouvir leur voracité ; elles ne rongent pas les plantes, mais armées d'une trompe, elles l'enfoncent dans leur tissu, en pompent le suc ; & après l'avoir retiré, il se fait une extravasion de la séve, les feuilles jaunissent, la plante languit & meurt. La réproduction de cet insecte destructeur est prodigieuse ; & dans peu de tems, ces cloques se sont emparées de tous les ananas d'une serre. On a essayé plusieurs moyens pour parvenir à leur destruction ; la multiplicité des recettes prouve assez leur inutilité. Voici cependant celle qui est le plus en usage. Dans un vaisseau quelconque rempli d'eau, on fait une forte infusion de tabac ; & après avoir enlevé toute la terre autour des racines de la plante, on la plonge entièrement dans cette infusion, où elle reste environ pendant vingt-quatre heures. Lorsqu'on la retire de ce bain, on la plonge de nouveau dans un bain d'eau propre ; une éponge sert à nettoyer les feuilles, le dedans, le dehors, & le dessous du pot dans lequel on doit la replanter, & on lui donne de la terre neuve. Après l'opération, le pot est mis dans la tannée, à laquelle on a ajouté du tan neuf, afin d'y renouveler la chaleur. Ces insectes multiplient beaucoup plus dans l'été sur les plantes qu'on tient trop sèches, que sur celles dont les vases sont pourvus d'un peu d'humidité. Les irrigations en manière de pluie ne détruisent point ces insectes : ils se serrent & se collent plus contre les feuilles, & leur couverture en forme de bouclier, laisse couler l'eau qui devroit leur nuire.

VI. *Des qualités du fruit.* Dans le pays où l'ananas est indigène, on attend que le fruit ait presqu'acquis sa maturité ; alors, il est séparé de la tige & suspendu pendant quelque tems, & son goût est plus relevé, parce que l'eau surabondante de végétation s'est dissipée, & cette eau dans l'ananas, comme dans tous les fruits quelconques, noie les prin-

cipes aromatiques, & est mal-saine. Pour le manger, on le sépare de sa couronne ; quelques - uns enlèvent l'écorce du fruit sur deux lignes d'épaisseur, le coupent horizontalement en tranches minces, les saupoudrent d'un peu de sel, & les laissent ainsi macérer dans l'eau pendant quelques instans ; d'autres font tremper ces tranches dans du vin d'Espagne, auquel on a ajouté du sucre. En Asie, on regarde ce fruit comme très - échauffant, nuisible aux personnes attaquées de maladies cutanées. Il est imprudent d'en manger plus d'un. L'ananas a l'avantage de réunir le parfum de nos meilleurs fruits. On croit reconnoître le goût de la fraise, de la framboise, de la pêche, de l'abricot, de la pomme de reinette, &c. ceux que nous cultivons dans nos serres n'ont jamais la même délicatesse, & nos soins multipliés n'équivalent jamais aux moyens simples employés par la nature.

L'odeur, & non la couleur du fruit, décide de sa maturité ; & lorsque les tubercules ont perdu un peu de leur fermeté, il est tems de le cueillir ; si on attend sa parfaite maturité sur la plante, sa chair devient molasse, & son parfum diminue. Pour le manger bon, il faut le prendre au point convenable.

ANASARGUE. (*Voyez* Hy-DROPISIE)

ANATOMIE DES PLANTES. S'il est intéressant au médecin qui consacre ses veilles, ses forces & sa vie au soulagement des malades, de connoître partie par partie tout ce qui concourt à former la fuperbe machine du corps humain, le cultivateur n'eft pas moins intéreffé à connoître tout ce qui entre dans la compofition d'une plante. L'anatomie ou l'examen partiel du végétal lui eft de la même néceffité. Comment pourra - t - il raifonner fur la culture, fur la maladie, fur les remèdes, s'il ne peut diftinguer la partie qui fouffre d'avec celle qui eft dans un état fain ? dans quelles fuites funeftes pour la pratique ne le jettera pas la confufion qu'il fera? Je fais bien que le laboureur qui prépare fon champ, jette fon grain, & attend des foins bienfaifans de la providence qu'il germe, fe développe, croiffe, & lui rapporte dans la faifon une récolte abondante, ne s'inquiète point des parties qui compofent la plante dont le fruit doit combler fes efpérances; le jardinier routinier qui aligne une planche, y repique des choux ou de la falade, ne penfe peut - être jamais à la différence anatomique qui exifte entre la racine, la tige, la feuille de la plante qu'il tient dans fes mains; mais nous l'avons déjà dit, ce n'eft pas pour le fimple manœuvre que nous écrivons : il eft une claffe inftruite déjà, ou qui cherche à la devenir, pour laquelle nous entrons dans ces détails. Elle doit un jour diriger ces mêmes ouvriers, leur apprendre & leur faire concevoir le danger de leur mauvaife pratique, & l'utilité d'une meilleure. Comment elle - même viendroit-elle à bout de s'en convaincre, fi une faine théorie n'étoit la bafe d'une bonne pratique ? & cette théorie peut - elle avoir un fondement plus folide que la con-

noiffance exacte de l'être que l'on veut faire vivre & conferver en fanté ?

L'étude de l'anatomie végétale eft donc d'une néceffité indifpenfable à tout cultivateur intelligent, ou pour mieux dire, il eft impoffible d'être un excellent cultivateur fans cette connoiffance au moins générale. Pour fe perfectionner dans cette fcience, un fimple coup d'œil ne fuffit pas: l'étude d'un jour n'apprend rien ; des idées vagues & confufes ne produifent aucuns principes certains. Il faut long - tems travailler, examiner, difféquer même, pour s'inftruire à fond; encore tous les jours apprend-t-on quelque chofe de nouveau. Ce n'eft qu'infenfiblement que la nature nous dévoile fes fecrets, & fes richeffes ne font accordées qu'à notre conftance. Plus on confidère la plante la plus fimple & la moins frappante, plus l'on y découvre de beautés. Toutes les parties qui forment un végétal en général, fe rétrouvent dans le particulier ; mais il eft rare qu'il ne s'y rencontre pas quelque différence qui l'empêche de le confondre avec les autres. Si l'on ne connoît pas les parties communes, comment s'appercevrat-on des différentielles ?

Il eft auffi facile de compofer un traité d'anatomie végétale, qu'il eft facile de faire celui de l'anatomie animale, ou plutôt ce traité eft tout fait : les différens articles font répandus dans cet Ouvrage aux mots effentiels. Il ne s'agiroit que de les raffembler, & d'en faire un corps de doctrine. Pour la commodité des lecteurs, nous allons en tracer ici le plan ou le tableau.

On divise une plante en trois parties principales, le tronc, & les deux extrémités inférieures & supérieures.

Du Tronc.

Le *tronc* ou la tige est composé de l'*écorce*, de l'*aubier*, du *bois* & de la *moelle*.

Dans l'écorce, on distingue l'*épiderme*, la substance qui se trouve immédiatement dessous, que M. Duhamel nomme l'*enveloppe cellulaire*, les *couches corticales*, le *tissu cellulaire*, & des *vaisseaux propres*.

Entre l'écorce & le bois se trouve l'aubier, qui n'est qu'un bois imparfait.

Le bois proprement dit est formé par les *couches ligneuses*, les *fibres ligneuses*, & des vaisseaux dont les uns servent à contenir les sucs, & les autres de l'air ; ces derniers se nomment *trachées*.

La moelle n'est qu'un amas de vaisseaux & d'utricules retenus par le tissu cellulaire, dont la prolongation transversale va communiquer avec l'écorce.

On distingue encore dans le tronc la partie par laquelle il tient à la racine que l'on nomme le *collet*.

Quelques plantes n'ont point de tronc, & on leur donne l'épithète d'*acaulis ;* dans quelques - unes, le tronc est une *tige*, ou un *chaume*, ou une *hampe*.

Extrémités inférieures.

La *racine* composée des mêmes parties à peu près que le tronc, s'enfonce dans la terre, ou se fixe & s'attache à d'autres plantes.

Les racines peuvent être *bulbeuses*, *tubéreuses*, ou *fibreuses ;* elles se multiplient par les *chevelus* & les *cayeux*.

Extrémités supérieures.

Les *branches* ou *rameaux* semblables au tronc, font des branches dans les arbres, des *pétioles* quand elles portent des *feuilles*, & des *péduncules* quand elles portent des *fleurs*.

Les branches se forment annuellement par les jeunes *pousses*, & les *bourgeons* ou *boutons*.

Le bouton composé d'*écailles* souvent hérissées de *poils*, tantôt renferme les feuilles seules, tantôt les fleurs seules, tantôt les unes & les autres.

La feuille offre un épiderme, des vaisseaux lymphatiques, & un tissu cellulaire.

C'est ordinairement sur les branches que se trouvent les parties de la génération & de la reproduction des plantes.

Dans la classe des *vaisseaux*, on trouve les *glandes*, & les *utricules* où la végétation élabore les sucs.

Organes de la génération.

Les organes de la génération végétale sont renfermés dans cette partie de la plante que l'on nomme la *fleur*.

Le *calice* la supporte ; la *corolle* & les *pétales* environnent & renferment l'*étamine*, le *pistil* & le *nectaire*.

L'étamine est composée du *filet* de l'*anthère ;* & le pistil, de l'*ovaire*, du *stile* & du *stigmate*. Les étamines sont les parties mâles, & les pistils les parties femelles. Certaines plantes renferment les deux sexes à la fois, & sont *hermaphrodites ;* les *dioiques* portent les fleurs mâles & les

les fleurs femelles fur des individus féparés.

La *pouffière fécondante* eft renfermée dans les anthères des étamines ; & dans l'acte de la fécondation, elle eft lancée par une force naturelle de la plante fur le ftigmate du piftil ; de-là elle defcend par le ftile jufque dans l'ovaire, où elle féconde les *germes*.

Le nectaire eft la partie de la corolle qui contient le miel.

Organes de la réproduction.

Le germe fécondé groffit & produit le *fruit* qui contient la *femence* ou *graine*.

La femence enveloppée par le *péricarpe* eft renfermée dans un réceptacle propre, que l'on nomme *placenta*.

On diftigue plufieurs parties effentielles dans la graine, la *tunique propre*, qui fert d'écorce à la femence ; les *lobes* ou *cotyledons*, deux corps charnus appliqués l'un fur l'autre, qui emboîtent la *plantule* ou l'*embryon*. La plantule eft le vrai germe, compofé de la *radicule* ou le rudiment de la racine, & de la *plumule* ou rudiment de la tige.

La graine eft fimple, ou furmontée d'une *aigrette*, ou accompagnée d'*ailes*.

Le péricarpe peut être de plufieurs fortes ; favoir, une *capfule*, une *follicule*, une *filique*, une *gouffe*, un *fruit à noyau*, un *fruit à pepin*, une *baie*, & un *cône*.

La femence n'eft pas le feul moyen par lequel la plante puiffe fe reproduire ; les *bourgeons*, les *drageons* enracinés, les *boutures*, les *marcottes*, les *provins* & les *greffes*

Tom. I.

offrent encore des moyens très-fimples pour les multiplier.

Les plantes en général font garnies de *poils* & d'*épines*, & quelques-unes fe foutiennent & s'attachent à différens corps par des *mains* ou des *vrilles*.

L'anatomie ne s'occupe feulement pas des parties folides ; elle cherche encore à connoître les principes fluides qui circulent & animent toute la machine. Ils forment une partie effentielle, puifqu'ils font les agens de la vie végétale. On ne peut donc négliger leur étude, & même leur analyfe.

Fluides des Végétaux.

Les fluides principaux qui animent la plante, font l'*air*, & comme air atmofphérique, & comme *air fixe* & *déphlogiftiqué* ; l'*eau* ou la *lymphe*, la *fève*, le *fuc propre*, les *fucs gommeux* & *réfineux*.

Nous n'avons confidéré jufqu'à préfent, que les parties extérieures des plantes, les parties, pour ainfi dire, anatomiques ; mais leur phyfiologie n'eft pas moins intéreffante. On pourroit en faire un traité particulier, le divifer en chapitres à peu près comme on le va voir.

PHYSIOLOGIE VÉGÉTALE,

ou

ÉCONOMIE VÉGÉTALE.

Naiffance.

Après avoir jeté un coup d'œil général fur les plantes, leur beauté, leur richeffe, leur utilité & leur fécondité, on examineroit tout ce qui tient à leur naiffance ; l'acte de la *germination*, le gonflement des

V v v

lobes, le développement de la plumule & de la radicule; le méchanisme de l'introduction des premiers sucs, soit ceux de la terre, soit ceux des autres végétaux pour les plantes parasites. On y suivroit la formation & la multiplication des racines, la vie éphémère des *feuilles séminales*, leur utilité & leur mort.

Vie.

La plante ayant acquis de la force s'élève dans l'air, les racines augmentent, la tige se fortifie, les feuilles s'étendent, les fleurs s'épanouissent, les fruits se forment. Que d'objets à suivre, qui méritent autant de traités particuliers !

Premier principe de vie, la *force de succion* des racines & des feuilles.

Second principe, l'*assimilation des sucs* & des substances qu'elles pompent dans le sein de la terre & dans l'atmosphère.

Troisième principe, *décomposition de l'air atmosphérique, appropriation de l'air fixe & inflammable, & secrétion de l'air déphlogistiqué*

Ces trois articles composeroient à peu près ce qui regarde la *nutrition*.

Comme la séve joue un très-grand rôle dans la vie végétale, on suivroit son mouvement *ascendant* & *descendant*, en remarquant qu'il diffère de la circulation du sang dans le corps animal.

De la nutrition dépend l'*accroissement*, & de l'accroissement la *direction* & la *perpendicularité*.

Tous ces effets ne peuvent se produire sans mouvement; la plante en est donc susceptible. On en remarque chez elle de deux espèces, l'un mécanique, l'autre presque spontané. Au premier tient la *transpiration*, au second la *tendance vers* l'endroit le plus aéré, le plus éclairé; celle des racines vers les lieux qui peuvent fournir les sucs les plus propres; certain mouvement de *nutation* dans différentes parties; enfin, l'*irritabilité*, dont sont susceptibles plusieurs fleurs.

La fatigue du mouvement conduit au besoin du *sommeil*, & les plantes *dorment* vraiment.

L'état de *perfection* de la plante est l'entier développement des organes de la génération & de la réproduction. Leur *hyménée* est peut-être l'objet le plus intéressant & le plus digne de toute l'attention & de toute l'étude d'un philosophe. Il trouvera des *mâles*, des *femelles* & des *hermaphrodites*. Le *fruit*, ou le nouveau *germe*, remplit les espérances que les fleurs avoient fait naître.

Dépérissement & mort.

L'espèce renouvelée, l'embryon formé, les vues de la nature sont remplies; l'être animé tend à sa destruction. Non-seulement les *maladies* y conduisent, mais l'acte même de la vie la nécessite. Les maladies sont occasionnées par les vices du sol & par ceux de l'*atmosphère*; les trop grandes *sécheresses*, comme la trop grande *humidité*, les *froids* rigoureux, comme les *chaleurs* extrêmes, produisent des *extravasations* de séve & de sucs, des *suppurations*, des *desséchemens*, des *brûlures*, des *loupes*, des *tumeurs*; les infectes altèrent les sucs, & font naître des *concrétions* difformes. Souvent le germe ou certaines partes de la plante sont gênés dans leur développement; de-là des *monstres* par excès ou par défaut.

Pl. XV. Pag. 5

Ancolie.

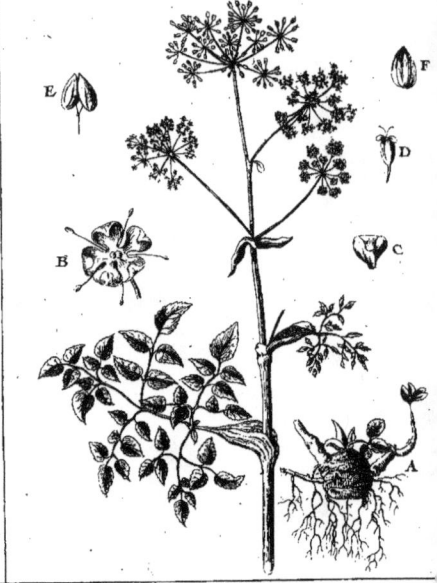

Angelique Sauvage.

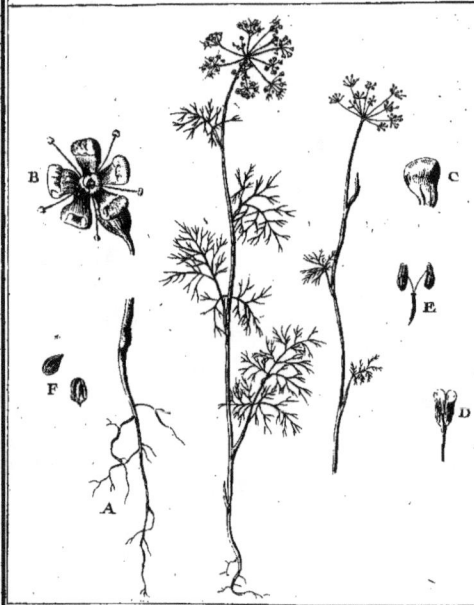

Anet.

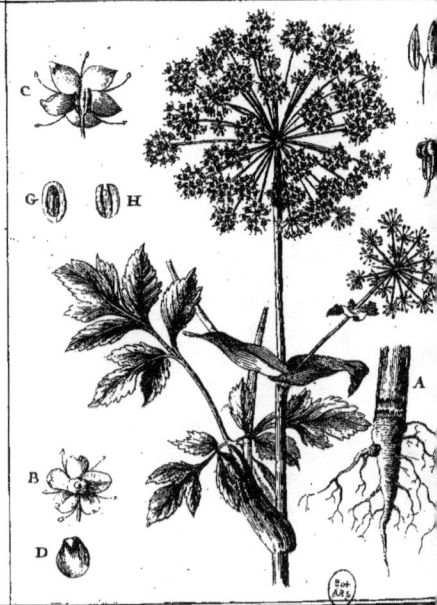

Angelique.

Sollier Sculp.

Enfin, l'*endurciffement* & l'*obftruc-tion* des canaux & des fibres, amènent néceffairement la *mort*.

Il eft encore des points particuliers dont la phyfiologie végétale traiteroit directement, comme de la *végétation* en général, & de la végétation propre à chaque efpèce, & la culture appropriée à chaque climat.

Par cette table raccourcie, on fent facilement qu'on pourroit compofer un traité complet d'anatomie végétale qui pourroit marcher en rapport avec l'anatomie animale. Nos connoiffances fur cet objet fe perfectionnant tous les jours, augmenteront infenfiblement le traité; il eft déjà bien avancé, comme on peut le voir au mot ARBRE, où l'on en trouvera une efquiffe plus développée qu'ici, & à chacun des mots en lettres itaques qu'on vient de lire dans cette table. M. M.

ANCHILOPS. C'eft le nom qu'on donne à une tumeur qui vient dans l'angle interne de l'œil, & qui dégénère en abcès, & fe change quelquefois en fiftule lacrymale. Les chevres font fort fujettes à cette maladie. (Voyez *Maladies des yeux*, à l'article ŒIL.) M. B.

ANCOLIE, *ou* GANTS DE NOTRE-DAME. (*Voyez Pl. 15*) M. Tournefort la place dans la feconde fection de la onzième claffe qui comprend les herbes à fleurs de plufieurs pièces irrégulières anomales, dont le piftil devient un fruit à plufieurs loges; & il la nomme *aquilegia filveftris*. M. le chevalier Von Linné la nomme *aquilegia vulgaris*, & la claffe dans la *polyandrie pentagynie*.

Fleur, anomale, à cinq pétales lancéolés, ovales, planes, ouverts & égaux; cinq nectaires D égaux, placés alternativement avec les pétales, prolongés en deffous en forme de cornes recourbées, imitant les griffes de l'*aigle*, d'où lui vient fon nom; les corolles purpurines pour l'ordinaire, & quelquefois blanches. B repréfente la fleur dépouillée de ces cinq nectaires. C eft un des cinq pétales. Les étamines, au nombre de quinze à trente, font repréfentées dans la figure B. Le piftil E eft placé dans le centre de la fleur, & eft divifé en cinq parties.

Fruit, compofé de cinq capfules cylindriques F, parallèles, droites, à une feule loge G, qui contient beaucoup de femences H.

Feuilles, portées fur de longs pétioles, & trois fois ternées; les folioles font ordinairement entières, quelquefois découpées.

Racine A, pivotante, branchue, blanche, fibreufe.

Port. La tige s'élève ordinairement à la hauteur de deux pieds; elle eft grêle, rameufe, rougeâtre & un peu velue. Les fleurs naiffent au fommet, difpofées en efpèce de corymbe, tournées contre terre. Les feuilles font alternes.

Lieu. Les bords des bois, les côteaux un peu froids; elle fleurit en Mai & Juin.

Propriétés. La racine a une faveur douceâtre, la plante un goût d'herbe; elle eft apéritive & rafraîchiffante. Les femences font plus apéritives.

Ufages. On a beaucoup vanté fes fleurs & fes feuilles contre la colique néphrétique, contre les graviers, l'afthme pituiteux, le fcorbut ; pour faciliter l'éruption de la petite vérole, &c. Ces affertions demandent à être confirmées par de nouvelles expériences. On prefcrit les fleurs fèches depuis demidrachme jufqu'à demi-once, en macération au bain-marie, dans cinq onces d'eau ; & les feuilles fèches, également macérées, depuis une drachme jufqu'à une once ; & les femences réduites en poudre & macérées comme les fleurs & les feuilles, depuis demi-drachme jufqu'à demi-once.

Culture. Les fleuriftes ont tiré des bois cette plante pour enrichir leur parterre, & leurs foins ont été récompenfés par les agréables variétés qu'ils ont obtenues. On cultive aujourd'hui l'ancolie à grande fleur double, à fleur double renverfée, à fleur double couleur de rofe, à fleur verte, à fleur panachée, &c.

Cette plante fe multiplie & par femences & par les pieds enracinés, qu'on fépare de l'ancien. La graine eft dure à lever. Il faut la femer dans un pot au commencement de l'automne, & elle pouffera au printems fuivant. Si on fème au printems, la graine ne lève qu'en automne. Cette plante eft peu délicate, & ne craint pas le froid; cependant c'eft en multipliant les foins lorfqu'on la fème, qu'on perpétue fes variétés : fans eux, elle dégénère, & revient à fon premier état. La terre dans laquelle on doit femer, fera bien préparée, légère, abondamment fournie de fumier bien confommé, & la graine fera recouverte de terreau fur l'épaiffeur d'un pouce. Lorfque les jeunes plantes feront affez fortes, & que la faifon le permettra, on les replantera à demeure. Pour

cette opération, il faut avoir arrofé dès la veille le terrain de la pépinière, afin de pouvoir le lendemain les en tirer fans rompre les racines, & les replanter fans les *châtrer*, & les *rafraîchir* à la manière des jardiniers. Par ce moyen, la reprife en fera prompte, affurée, & la plante ne s'appercevra pas du changement de domicile.

La faifon convenable pour féparer les jeunes pieds de l'ancien, & même les anciens, eft affez indifférente, fi on en excepte les grandes chaleurs : mais il vaut mieux les féparer en Avril ou en Septembre.

ANDILLY. (*Voyez* la lifte des Pêches)

ANDROGYNE. Ce mot, tiré du grec, défignoit dans l'antiquité, des hommes qui avoient les deux fexes. Dans la botanique, on a appliqué cette fignification aux plantes qui portent des fleurs mâles & des fleurs femelles féparées, quoique fur le même individu. Il faut bien les diftinguer des plantes hermaphrodites qui réuniffent les deux fexes dans la même fleur, c'eft-à-dire, les étamines & les piftils ; tandis que dans les androgynes, les fleurs à étamines font féparées des fleurs à piftils fur le même pied, par exemple, dans le noyer. Quelques botaniftes, avant M. Vaillant, avoient confondu ces deux termes ; mais depuis que ce favant, dans fa *Differtation fur les plantes à fleurs compofées*, a établi cette différence ; les autres botaniftes l'ont fuivie, & même le chevalier Von Linné s'en eft fervi pour les claffifications de fon fyftême. Les vingt premières claffes ne renferment que des fleurs hermaphro-

dites. Telles font les fleurs des plantes graminées, des ombelles, celles
des fleurs en croix, des fleurs en
lys, &c. La *monœcie* feule contient
de vraies *androgynes*. Telles font
les fleurs du noyer, du noifetier,
des courges, des melons, &c.,
puifque ces plantes portent fur le
même individu, mais féparement,
des fleurs à étamines & des fleurs
à piftils. M. M.

ANDROSÊME, *Androfæmum.*
(*Voyez* TOUTE-SAINE)

ÂNE. Si l'on reproche à cet animal domeftique plufieurs vices dans
le caractère, il les rachète par la
grande utilité dont il eft pour les
habitans de la campagne. Cette bête
de fomme porte de grands fardeaux
relativement à fa groffeur, & tire
la charrue dans les terres légères.
Que de fecours on peut attendre
d'un animal qui coûte fi peu à nourrir ! auffi eft-il la reffource des
malheureux, qui ne peuvent pas
acheter un cheval ou un mulet.

L'âne eft du genre des folipèdes,
c'eft-à-dire que la corne de fon
pied eft d'une feule pièce. Ses oreilles
font longues & larges, fes lèvres
épaiffes, fa tête trop groffe en proportion du corps, fa queue longue,
& feulement garnie de poils à fon
extrémité ; fa voix eft extrêmement
forte, dure, défagréable à l'oreille ;
il brait pendant un tems affez confidérable, & recommence à plufieurs
reprifes. Cet animal eft patient, dur
au travail, & indocile. On ne peut
ordinairement le faire marcher qu'à
force de coups ; fa peau eft fi dure,
qu'elle n'eft fenfible qu'au bâton :
fa marche eft très-affurée dans les
chemins mêmes les plus mauvais,

& au bord des précipices. S'il eft
quelquefois furchargé, il incline la
tête & baiffe les oreilles.

La plupart des ânes font de
couleur gris de fouris. Il en eft de
gris argenté, de gris marqué de
taches obfcures, de blancs, de
bruns, de noirs & de roux.

Proportions. La beauté de cet animal réfidant dans le rapport & la
convenance de fes parties, il faut
de toute néceffité en obferver les
dimenfions particulières & refpecti-
ves. Pour acquérir la connoiffance
de fes proportions, prenons pour
cet effet un âne de taille moyenne ;
nous trouverons qu'il a quatre pieds
fix pouces de longueur, mefurée
en ligne droite, depuis le fommet
de la tête jufqu'à l'anus ; trois pieds
quatre pouces & demi de hauteur,
prife à l'endroit des jambes de devant, & autant des jambes de derrière ; un pied & demi de longueur
dans la tête, du bout des lèvres
entre les deux oreilles ; fix pieds
de longueur, depuis le bout du nez
jufqu'à l'anus, pourvu que la tête
foit bien placée ; un pied deux pouces de circonférence, prife du bout
du nez entre les nafeaux & les extrémités des lèvres ; neuf pouces
d'une des commiffures des lèvres
jufqu'à l'autre ; un peu plus de diftance dans le haut des nafeaux que
dans le bas ; dix pouces & demi de
diftance entre l'angle intérieur de
l'œil & le bout des lèvres ; quatre
pouces & demi entre l'angle extérieur & l'oreille ; un pouce cinq
lignes de longueur d'un angle de
l'œil à l'autre ; fix pouces & demi
entre les deux angles extérieurs,
c'eft-à-dire, au commencement du
chanfrein ; deux pieds cinq pouces

de circonférence, prise devant les oreilles, en dessous du gosier; huit pouces & demi de longueur dans les oreilles, & cinq pouces de largeur dans leur base; quatre pouces de largeur entre les deux oreilles; un pied de longueur depuis la tête jusqu'aux épaules; un pied onze pouces de circonférence près de la tête; neuf pouces de longueur depuis la crinière jusqu'au gosier; deux pieds trois pouces de circonférence près des épaules; trois pieds huit pouces de circonférence dans le corps, prise derrière les jambes de devant; quatre pieds cinq pouces dans le milieu, à l'endroit le plus saillant, & trois pieds neuf pouces devant les jambes de derrière; un pied onze pouces depuis le bas ventre jusqu'à terre; six pouces de circonférence à l'origine de la queue; un pied deux pouces dans le tronçon; onze pouces & demi depuis le coude jusqu'au genou; neuf pouces de circonférence dans cette même partie; six pouces de longueur dans le canon, & autant de circonférence; sept pouces & demi dans celle du boulet; dix pouces dans la couronne; quatre pouces & demi de hauteur du coude au garrot; deux pieds deux pouces du coude jusqu'au bas du pied; quatre pouces de distance d'un bras à l'autre; un pied deux pouces & demi de longueur, depuis le grasset jusqu'au jarret; quatre pouces de largeur dans la cuisse de devant en arrière, au dessus du jarret; neuf pouces & demi de circonférence; deux pouces de longueur, & autant de largeur, au pâturon de devant en arrière; un pied quatre pouces de hauteur depuis le bas du pied

jusqu'au jarret; cinq pouces de longueur dans le sabot, depuis la pince jusqu'au talon; trois pouces de largeur d'un quartier à l'autre.

Le parallèle de l'âne avec le cheval, démontre qu'il a la tête plus grosse à proportion du corps, les oreilles plus longues, le front & les tempes garnis d'un poil long & épais, les yeux moins saillans, la paupière inférieure plus aplatie, la lèvre supérieure pendante, l'encolure plus épaisse, la crinière moins grande, le garrot plus bas, le poitrail plus étroit, le dos convexe, l'épine tranchante dans toute son étendue, les hanches plus élevées que le garrot, la croupe plate & avalée, la queue dégarnie de poil jusqu'à son extrémité; il est crochu & jarreté dans les jambes de derrière. Une tête grosse, un front & des tempes sans poil, des yeux éloignés, un bout de nez renflé, donnent à l'âne un air stupide. Il ressemble plus au cheval par son squelette que par ses parties molles.

Choix de l'étalon. C'est principalement de l'étalon que dépend la beauté de l'espèce. Il doit être bien fait, (voyez *les proportions*) de belle taille, gros, bien quarré, ayant les yeux pleins, vifs & bien fendus, de grandes narrines, le col long, le poitrail large, la croupe plate, la queue courte, le poil lisse, un peu luisant, & d'un gris foncé; les parties de la génération grosses, charnues & robustes, & de l'âge de trois ans jusqu'à dix.

La santé du corps de l'animal est encore à examiner. Des yeux enfoncés défigurent l'âne & rendent les fluxions plus fréquentes. La présence des glandes sous la ganache

eft un indice de maladie. Les nafeaux doivent être fains, la membrane qui les tapiffe d'une couleur
vive & vermeille ; pour peu qu'il
en découle de l'humeur, d'une confiftance épaiffe & d'une odeur fétide,
l'animal eft à rejeter. La bouche
fera fraîche & fans aphtes. Les ânes
qui naîtroient de pareils étalons
participeroient des mêmes défauts.
De la bouche on en vient aux
épaules, des épaules aux jambes. Si
le genou eft couronné ou dénué de
poil, c'eft une marque de foibleffe
& que l'animal s'abat; les molettes
au boulet décèlent que la jambe eft
fatiguée. Le pied n'aura ni feimes,
ni fics, ni poireaux. Les mouvemens du flanc feront réguliers &
non altérés, les reins fermes, les
parties de la génération fans tumeurs
ni fiftules, les hanches pleines, les
jarrets bien évidés & fans éparvin, &c.

Il ne faut pas feulement s'en tenir
aux défauts du corps. Les bonnes
ou mauvaifes qualités de l'étalon
font plus à confidérer. L'âne om-
brageux porte les oreilles en avant,
tremble, regarde de côté, réfifte
aux coups & refufe d'avancer. Ce
défaut ne fera point à craindre, fi
cet animal paffant aux endroits fur-
tout où l'on fait du bruit, ne perd
rien de fa fierté, de fon agilité, ni
de fa foumiffion.

Accouplement. L'âne eft en état
d'engendrer depuis l'âge de deux
ans. Mais l'âge qui convient le plus
pour la propagation, eft depuis trois
ans jufqu'à dix. L'âneffe eft encore
plus précoce. Elle doit être d'un
corfage large & d'une taille avantageufe. Sa production la plus belle
eft depuis l'âge de fept ans jufqu'à

dix. La chaleur fe manifefte par la
tuméfaction des parties naturelles,
& par une humeur épaiffe & blanchâtre qui en découle. Celles qui
font en chaleur tous les mois de
l'année, font moins fécondes que
les autres.

L'accouplement fe fait depuis le
commencement de Mai jufqu'à la
fin de Juin. Si la monte fe faifoit
avant ce tems, l'ânon qui viendroit
l'année d'après pourroit fouffrir de
la rigueur de la faifon encore froide,
& la mère manquer de la nourriture néceffaire à l'allaitement.

C'eft après avoir bien panfé l'étalon qu'on le conduit à l'âneffe :
celle-ci doit être propre & déferrée
dès pieds de derrière, de crainte
qu'elle ne rue. Un homme la tient
par le licol, & deux autres conduifent l'étalon. On l'aide à s'accoupler, en le dirigeant & en détour-
nant la queue. Dans les derniers
momens de la copulation, la croupe
de l'âne fait un mouvement de ba-
lancier qui accompagne l'émiffion
de l'humeur prolifique. L'acte étant
confommé, l'étalon eft ramené à
l'écurie, fans qu'il lui foit permis
de réitérer l'accouplement ; car
quoiqu'un bon âne puiffe fuffire à
couvrir deux fois par jour pendant
tout le tems de la monte, il convient de le ménager, en ne lui donnant qu'une âneffe tous les deux
jours.

L'accouplement fe fait encore
d'une autre manière. Elle confifte
à laiffer l'étalon dans un enclos bien
fermé, avec la quantité d'âneffes
qu'il doit couvrir. L'âne fe voyant
en liberté, prend un air gai, joyeux,
alerte, flaire les âneffes les unes
après les autres, & finit par cou-

vrir celle qui lui convient le plus. Cela fait, le propriétaire prend l'étalon, le mène à l'écurie & l'y laiffe jufqu'au furlendemain.

L'âneffe rejette fouvent en dehors la liqueur qu'elle vient de recevoir dans l'accouplement, à moins qu'on n'ait foin de lui ôter promptement la fenfation du plaifir, en la fouettant & en la faifant courir. Lorfqu'elle eft pleine, la chaleur ceffe bientôt; elle ne peut fouffrir l'étalon, le refufe, & s'en défend vigoureufement.

Le foin, la luzerne, le fon, l'orge concaffé, les herbes fraîches font de très-bons alimens pour l'âneffe qui eft pleine, pourvu qu'ils n'aient aucune mauvaife qualité, comme, par exemple, le foin pourri, l'herbe des marais, &c. une pareille nourriture lui feroit du mal, & par conféquent au fétus qu'elle porte : un plus grand foin encore eft de ne point la furcharger, fur-tout dans les derniers mois ; elle rifqueroit d'avorter. (*Voyez* AVORTEMENT) Par la même raifon, on doit éviter de lui donner des coups fous le ventre, & ne l'envoyer au pré le matin, que lorfque le foleil aura diffipé la gelée blanche. Le ventre commence beaucoup à s'appéfantir le fixième mois: en y mettant la main deffous, on fent quelquefois remuer. Le lait paroît dans les mamelles au dixième mois. L'âneffe met bas dans le douzième d'un petit, qui préfente la tête la première. Il arrive fouvent que l'accouchement eft laborieux & difficile. On le favorife en mettant le petit en fituation. La conduite des gens de la campagne, qui donnent du vin & de l'orviétan à haute dofe dans cette

intention, ne fauroit être approuvée. Bien loin de rendre les efforts de la nature fructueux, ces remèdes tendent au contraire à enflammer le col de la matrice & à retarder l'accouchement. Les relâchans, les adouciffans, & fur-tout la faignée, font infiniment plus avantageux. Si le poulain eft mort, il faut le tirer avec des cordes, après avoir fait entrer un peu d'huile dans la matrice pour en faciliter la fortie.

Dès que l'ânon eft né, la mère le lèche pour le fécher. Peu de tems après il fe tient debout, chancèle, tombe à caufe des articulations qui ne peuvent le foutenir. Sept jours après l'accouchement, la chaleur fe renouvelle dans l'âneffe, & elle eft en état de recevoir le mâle.

Le véritable moyen de rétablir fes forces après l'accouchement, eft de lui donner pendant quatre ou cinq jours de l'eau tiède, contenant une bonne jointée de farine de froment, du foin de bonne qualité, & de la conduire dans de bons pâturages. L'habitude de certains campagnards, qui, deux jours après l'accouchement, font travailler l'âneffe, eft à blâmer : en éprouvant trop tôt les forces de cet animal, il ne peut fuffire à un travail médiocre, & l'ânon ne trouve point le lait néceffaire pour fe nourrir.

Douze ou quinze jours après la naiffance de l'ânon, deux dents lui pouffent fur le devant de chaque mâchoire ; quinze jours après, deux autres percent à côté des premières venues ; trois mois après, deux autres qui forment les coins ; de forte qu'on apperçoit alors douze dents à la partie antérieure de la bouche, fix deffus, & fix deffous. Ces dents

font

font petites, courtes & blanches ; elles portent le nom de *dents de lait*. A dix mois, les deux pinces font de niveau & creufes, mais moins que les mitoyennes, & celles-ci moins que les coins : à un an, on diftingue un col à la dent ; fon corps eft moins large & plus rempli ; à un an & demi, les pinces font pleines ; à deux ans, les dents de lait font rafées ; à deux ans & demi, & quelquefois trois ans, les pinces tombent, & ainfi fucceffivement, pour marquer l'âge de l'âne, comme dans le cheval. (*Voyez* CHEVAL)

Au bout de fix mois on peut fevrer l'ânon, & cela eft néceffaire, fur-tout fi la mère eft pleine, pour qu'elle puiffe mieux nourrir fon fœtus. Le foin devant être fa première nourriture, deux livres lui fuffifent les premiers jours, en augmentant infenfiblement. Le fon, l'orge, l'herbe fraîche lui font encore très-bons. Il faut le garantir du froid & de la pluie, & ne l'envoyer au pré que lorfque le foleil aura diffipé la gelée blanche. L'âge de trente mois eft le tems de la caftration. (*Voyez* ce mot) C'eft auffi l'époque de le dreffer. Cet animal eft deftiné ou à la felle ou au bât. Dans le premier cas, on lui met une felle fur le dos, avec un bridon dans la bouche : un homme le tenant par les rênes du bridon, le fait fortir fur un terrain uni, toujours avec la felle fur le dos, & en le careffant de tems en tems. Lorfque l'animal vient vers celui qui le tient, c'eft le tems de le monter & de defcendre dans la même place fans le faire marcher. Cet exercice ayant été fait jufqu'à l'âge de trois ans, on le monte

alors comme un cheval. (*Voyez* CHEVAL.) Dans le fecond cas, un bridon lui convient auffi, de crainte qu'il ne veuille s'échapper. Un homme le tient également par le bridon, le fait marcher, en le traitant avec douceur. Quelques jours après, on lui met un bât avec un léger fardeau deffus, pour l'accoutumer infenfiblement, en évitant fur-tout de ne point le furcharger dans les commencemens : fans cette précaution, les forces de l'animal feroient bientôt épuifées : en lui laiffant, au contraire, prendre haleine, l'animal ne fe rebute point, & achève réguliérement le travail proportionné à fon âge & à fa force.

A l'âge de trois ans & demi ou quatre ans, l'âne eft foumis à toutes fortes de travaux ; par conféquent il doit être ferré. La reffemblance de fon pied avec celui du mulet exige une ferrure égale ; mais les fers doivent être légers & les lames minces, les mouvemens feroient plus lents fans cela, & la corne bientôt détruite. Tous les pâturages font alors très-bons pour lui ; le chardon, les feuillages des buiffons & des faules, les brins de farment lui fuffifent. La paille l'engraiffe ; il mange le chaume. Le foin eft un aliment de choix. Du fon, de la farine détrempée dans l'eau, font pour lui un aliment très-nourriffant. L'avoine répare fes forces lorfqu'elles font épuifées. Il plonge un peu les lèvres dans l'eau lorfqu'il boit ; il prend une figure hideufe en relevant les lèvres, & en mettant les dents à découvert ; ce qui lui arrive fur-tout lorfque quelque chofe le bleffe fous le harnois, &

lorfqu'en cheminant cet animal lève la tête pour éventer une âneffe qu'il fent de loin, & fur-tout lorfqu'il a flairé fon urine.

L'âne s'accouple avec la jument, & le cheval avec l'âneffe. Les mulets viennent de ces accouplemens, & fur-tout de celui de l'âne avec la jument. (*Voyez* MULET) Il s'accouple auffi avec la vache, & l'âneffe avec le taureau, & ils produifent les jumarts. (*Voyez* JUMART)

Celui qui eft élevé dans la plaine a beaucoup de force & de vigueur, & a une belle taille. Son allure très-douce, le fait préférer pour la felle à celui qui, né dans un pays humide & marécageux, eft naturellement plus épais, plus lourd, plus lent & plus fujet aux maladies. Les ânes de la montagne font diftingués par la petiteffe de leur taille, leur agilité & la force de leurs jambes. Leur deftination eft la charrue & toute efpèce de tranfport.

Cet animal eft très-fort jufqu'à l'âge de quatorze à quinze ans ; mais il eft rare qu'il arrive au bout de fa carrière, qui eft de vingt-cinq à trente ans. La plupart meurent avant ce tems, excédés par les fatigues & les travaux. On prétend que la vie de la femelle eft plus longue que celle du mâle. Son lait a de grandes propriétés dans la médecine : dans certains cas de maladie, il eft préféré au lait de chèvre & à celui de vache.

Le froid empêche les ânes de produire, ou les fait dégénérer. Ils font originaires des pays chauds. Auffi y en a-t-il peu en Angleterre, en Danemarck, en Suède & en Pologne, & il s'en trouve au contraire, beaucoup en Perfe, en Syrie, en Arabie,

en Afrique, en Grèce, en Italie & en France ; voilà pourquoi cet animal eft plus beau en Provence & en Languedoc, que dans les autres provinces du royaume ; & en effet, il eft d'autant plus fort & plus gros, que le climat fe trouve plus chaud. C'eft auffi du climat que dépendent fa vigueur, la couleur de fon poil, la durée de fa vie, fa précocité plus ou moins grande relativement à l'aptitude à la génération, fa vieilleffe plus ou moins retardée, & enfin fes maladies.

Les anciens ne connoiffoient que la morve dans les ânes : il eft vrai que ces animaux font fujets à moins de maladies que le cheval ; mais une expérience journalière démontre qu'ils en ont beaucoup d'autres. Nous les divifons en internes & externes. (*Voyez la Planche* 16 pour ces dernières)

Le mal de cerf, la gourme, la morfondure, la péripneumonie, la pouffe, la morve, la courbature, la toux, la pulmonie, les coliques, la diarrhée font mifes au rang des premières.

Les fecondes fe réduifent aux plaies & aux tumeurs. Telles font le lampas, le chancre à la langue, les avives, les fluxions aux yeux, la cataraête, le mal de garrot, l'avant-cœur, l'effort des reins, l'écart, les hernies, la loupe, l'œdème fous le ventre, l'enflure des bourfes, la gale, les verrues, l'effort des hanches, l'entorfe, les eaux aux jambes, les malandres, les folandres, les poireaux, les queues de rat, les grappes, l'atteinte, la feime, le clou de rue, le fic & le javart. (*Voyez* tous ces articles, quant au traitement.) M. T.

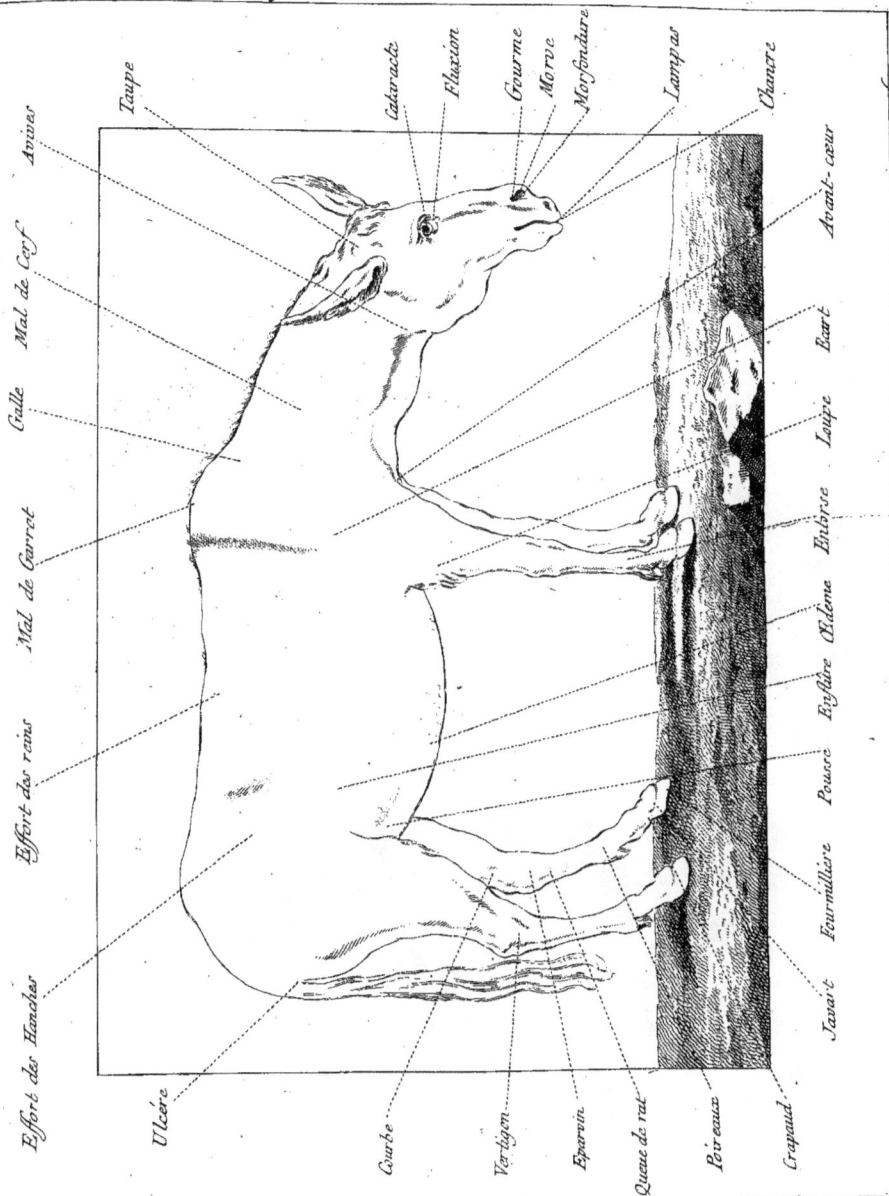

Taupe · Avives · Mal de Cerf · Gale · Mal de Garrot · Effort des reins · Effort des Hanches

Cataracte · Fluxion · Gourme · Morve · Morfondure · Lampas · Chancre · Avant-cœur

Bart · Loupe · Enflure · Œdème · Enflure · Pousse · Fourmillière · Javart · Crapaud

Poireaux · Queue de rat · Eparvin · Vertigon · Courbe · Ulcère

Pillier Sculp.

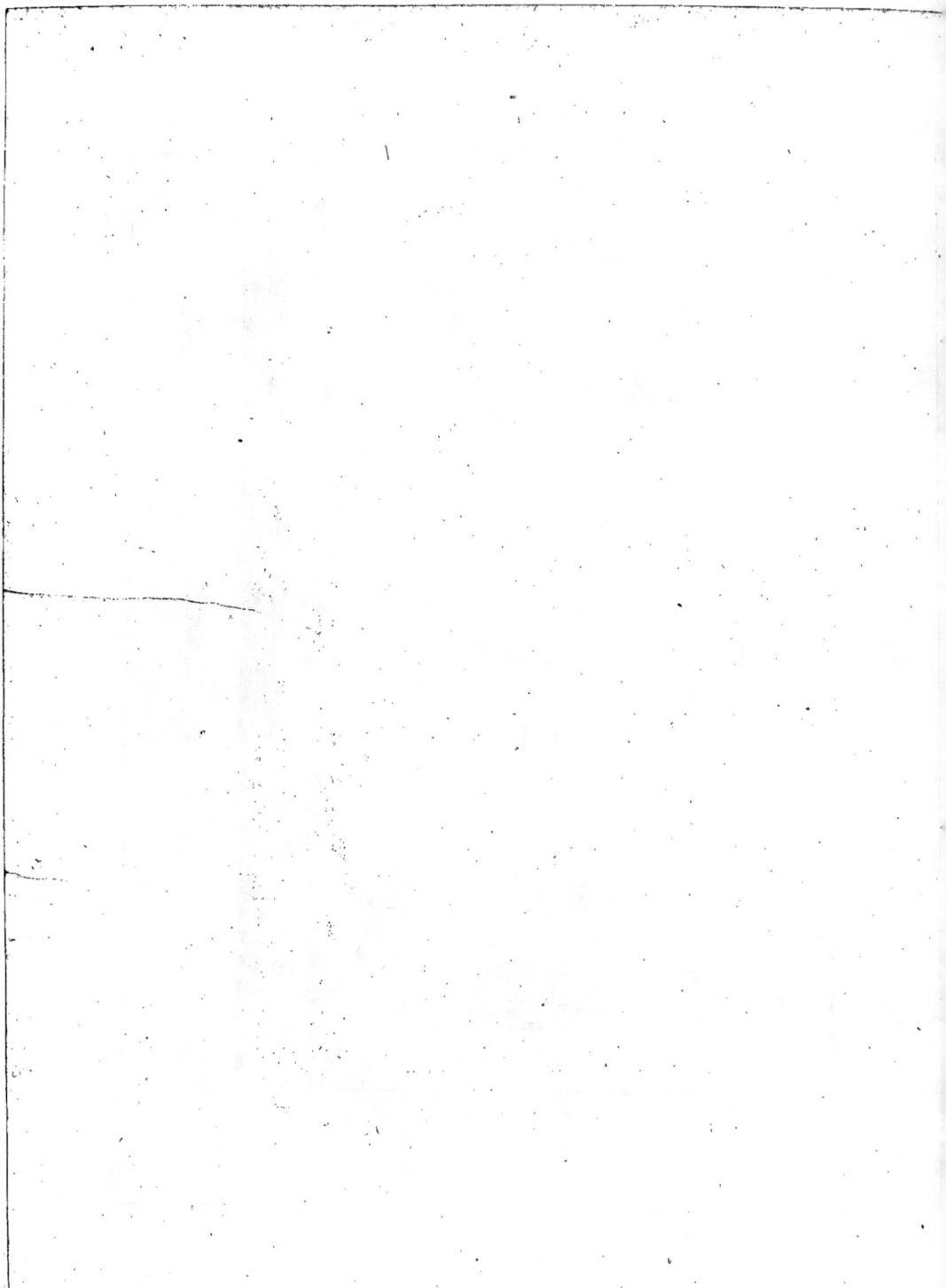

ÂNÉE. Mefure en ufage dans quelques provinces, foit pour les fluides, foit pour les liquides. Ce mot fignifie encore la charge qu'un âne porte à chaque voyage. L'ânée pour les fluides contient quatre-vingts pintes, mefure de Paris; c'eft-à-dire qu'elle pèfe cent foixante livres, poids de marc. L'ânée pour le blé eft compofée de fix mefures, nommées *bichet;* & il faut fix bichets, du poids de cinquante livres chacun, pour former une ânée. Quand le commerce & les particuliers feront-ils débarraffés de cette étonnante variation dans les poids & les mefures ?

ANÉMOMÈTRE, & ANÉMOS-COPE; deux machines deftinées en météorologie à indiquer la force du vent & fa direction. La force du vent fe connoît par la vîteffe ou le tems qu'il met à parcourir un efpace donné, & réciproquement fa vîteffe peut fe connoître par la force avec laquelle il pouffe un corps qui eft oppofé perpendiculairement à fa direction. C'eft fur ces deux principes qui n'en font qu'un, qu'eft fondée la conftruction de l'anémomètre. M. Mariotte, dans la fuite de fes recherches fur les fluides, travailla à calculer la vîteffe de l'air en mouvement ou du vent; il lançoit une plume dans l'air, & mefuroit enfuite l'efpace qu'elle parcouroit dans un tems donné. On fent facilement combien cette manière étoit imparfaite. Plufieurs auteurs fe font occupés de cette partie de la phyfique, fi intéreffante pour la navigation. Huyghens, Mariotte, Belidor, Bouguer, ont dreffé des tables où les degrés de force des

vents qui frappent une furface d'une grandeur déterminée, font comparés avec une fuite régulière de poids d'égale impulfion; quelques-uns même ont joint à la théorie la conftruction de différens anémomètres : on connoît celui de MM. Bouguer, dont M. Van Swinden fe fert, & celui de Wolf, que M. d'Ons-en-Bray a perfectionné. Le plus commode, fans doute, & le plus parfait, eft celui de M. Brequin de Demenge, colonel-ingénieur au fervice de Sa Majefté impériale & royale, dont nous avons donné la defcription & les deffins dans le *Journal de Phyfique 1780*, Juin, page 433.

C'eft une efpèce de moulin à vent, avec fix ailes renfermées dans une cage compofée de douze volets fixes, mais inclinés de trente degrés. L'axe qui porte les ailes, eft vertical, & tourne au centre des douze volets. Ce premier axe porte une roue horizontale qui s'engrène dans une feconde roue perpendiculaire, dont l'axe eft horizontal. Ce fecond axe eft garni d'un reffort fort élaftique dont un bout eft attaché à l'axe, & l'autre à un piton à vis. Ce reffort donne à cet axe, de même qu'à celui des ailes, la liberté de faire une révolution, jamais plus; & il doit être d'une force telle que le vent le plus fort qui tourne les ailes, ne le fera pas affez pour lui faire achever la révolution entière. A l'extrémité de l'axe horizontal, eft une aiguille qui fait fes révolutions fur un cadran où font tracés les différens degrés de force du vent.

Pour exprimer ces degrés, on place fur l'axe horizontal une autre roue, qui porte un cordon auquel eſt ſuſpendu un baſſin que l'on charge à volonté de différens poids. Ces poids font tourner l'index en raiſon de leur quantité, juſqu'à la révolution entière ; le reſſort ſe tend en proportion, & l'on marque ſur le cadran les degrés par les poids dont on s'eſt ſervi ſucceſſivement ; par ce moyen on a une table aſſez exacte des degrés de force ou de vîteſſe du vent.

Cet objet n'eſt point indifférent en météorologie, comme nous le verrons à ce mot, & à celui de VENT, pour la connoiſſance parfaite de ce météore, & de ſes influences dans l'économie végétale ; il importe de ſavoir quand & dans quelle direction le vent ſouffle plus ou moins fort ; les effets funeſtes ou ſalubres qu'il produit. Les différens degrés indiqueront pour la ſuite ce que l'on peut eſpérer de favorable, ou craindre de dangereux ; & c'eſt alors ſeulement que l'on pourra ſe flatter de conſtruire un parfait anémoſcope.

Les anciens connoiſſoient des machines propres à prédire les directions & les changemens de vent, comme il paroît par Vitruve. Otto de Guerike en avoit imaginé une pareille, à laquelle il donna le nom d'*anémoſcope* ; c'étoit une petite figure de bois, qui montoit ou deſcendoit dans un tube de verre, ſuivant les variations de l'atmoſphère ; mais c'étoit plutôt un baromètre qu'un véritable anémoſcope, ſuivant l'étymologie de ce mot, qui ſignifie, *je conſidère le vent*.

La plus ſimple, la plus ancienne, & la plus commode de toutes les machines deſtinées à remplir l'objet de cet inſtrument, eſt ſans contredit la *girouette*. Elle indique ſurement les variations du vent, & par conſéquent ſa direction ; elle peut donc ſervir d'anémoſcope, ou nous conduire au moins à des principes ſûrs pour en conſtruire de comparables, ſur-tout ſi elle eſt jointe à un anémomètre. (*Voy.* GIROUETTE) M. M.

ANEMONE. Il ne ſera queſtion dans cet article, que de celles cultivées par les fleuriſtes, & aux mots HÉPATIQUE, COQUELOURDE, &c. nous parlerons ſéparément de ces plantes que les botaniſtes ont claſſées parmi les anemones. Voici l'ordre de cet article :

I. *Deſcription de l'Anemone des Jardins.*
II. *En quoi conſiſte la beauté de cette plante ; ſuivant l'opinion des Fleuriſtes ?*
III. *Des différentes familles d'Anemones, d'après leur manière de claſſer.*
IV. *Du Terrain qui leur convient.*
V. *Des Semis.*
VI. *De la culture des Anemones qui doivent fleurir.*
VII. *De l'époque où il convient de les arracher de terre, & de la manière de conſerver les pattes.*

I. *Deſcription de l'anemone.* M. Tournefort range cette plante dans la ſeptième ſection de la ſixième claſſe, qui comprend les herbes à fleurs polypétales régulières, dont le piſtil devient un fruit, compoſé de pluſieurs ſemences diſpoſées en manière de tête. Il la nomme, *anemone hortenſis latifolia.* M. le chevalier Von Linné la place dans la *polyandrie polyginie*, & l'appelle également *anemone hortenſis.* Il y a encore l'anemone à bouquet ou à couronne, qui eſt l'*anemone coronaria* de M. Linné. Telles ſont les deux eſpèces d'où eſt provenue cette étonnante variété d'anemones cultivées dans les jardins. Dans la première, les feuilles font découpées en manière de doigt, & les découpures larges ; dans la feconde, au contraire, les feuilles font compofées de trois autres petites feuilles découpées en plufieurs fegmens. Du milieu de ces feuilles qui partent de la racine, & qui font rangées circulairement, s'élève une tige. A peu près aux deux tiers de fa hauteur, on trouve de nouvelles feuilles fervant d'enveloppe ou de calice à la fleur avant fon développement ; la fleur s'élance enfuite d'entre ces feuilles, & termine le fommet de la tige. La fleur n'a point de calice, en quoi elle diffère fur-tout des renoncules. Cette fleur, dans les anemones fimples, eft compofée de cinq & quelquefois de fix pétales arrondis, & pour l'ordinaire un peu pointus à leur fommet. Le milieu de la fleur eft garni d'une proéminence arrondie fur laquelle font implantées les étamines fupportées par de courts pédicules.

On lit dans la *Maifon Ruflique*, que les anemones furent apportées des Indes : cependant, celle nommée *anemone hortenfis* par les botaniftes, eft indigène fur les bords du Rhin & en italie. L'*anemone coronaria* l'eft dans les environs de Conftantinople, dans l'orient. » M. Bachelier, continue l'auteur de cet ouvrage, les apporta vers l'an 1660 : les amateurs qui vifitèrent fon jardin, furent furpris de leur beauté, & leurs inftances auprès de M. Bachelier ne purent l'engager à partager fes richeffes alors uniques. Un confeiller vint le voir, lorfque la graine des anemones étoit entièrement mûre. Il y alla en robe de drap de palais, & prefcrivit à fon laquais de la laiffer traîner. Quand ces meffieurs fûrent vers les anemones, on mit la converfation fur la plante qui attachoit la vue ailleurs ; alors le confeiller, d'un tour de robe, effleura quelques têtes d'anemones, & elles laiffèrent leur graine attachée à la robe. Le laquais inftruit reprit auffi-tôt la queue de la robe, & la graine fut cachée dans les replis. Elle fut femée, & le confeiller moins jaloux que M. Bachelier, fit part à d'autres amateurs du produit de fa fupercherie. C'eft par ce moyen que cette plante s'eft multipliée en France. »

II. *En quoi confifte la beauté de l'anemone ?* Ce feroit s'attirer une guerre ouverte de la part des fleuriftes, fi on difoit que ce qu'ils appellent *perfection* dans cette fleur, eft une *beauté de convention*. Ainfi, admettons avec eux ce genre de beauté, & parlons leur langage.

La racine tubéreufe, c'eft-à-dire charnue, eft nommée par eux *patte*. Le principal tubercule eft accompagné de plufieurs petits tubercules, & chacun féparé du tronc principal, forme une nouvelle patte, en état, fuivant fa groffeur, de donner une fleur l'année fuivante, ou deux ans après. Ces petits tubercules font défignés fous le nom de *cuiffe*.

La tige doit être proportionnée à la groffeur de la fleur, être droite & ne pencher ni d'un côté ni d'un autre.

L'enveloppe qui fert de calice à la fleur avant fon épanouiffement, eft appelée *fane ;* elle doit être relevée, bien découpée, bien frifée, & plus elle eft baffe fur la tige, plus elle est parfaite, parce que cela suppose une belle & vigoureuse végétation.

Chaque partie de la fleur a son nom propre. Les pétales ou feuilles de la fleur sont le *manteau*, & le bas du manteau, la *culotte*. Les soins prodigués & la culture soutenue ont métamorphosé cette fleur naturellement simple en fleur double ou semi-double : c'est-à-dire, que dans la première, les organes de la génération, destinés à la réproduction de la plante par les graines, ont été convertis en feuilles, moins grandes, à la vérité, que celles du manteau, mais tellement multipliées, qu'elles remplissent tout l'intérieur de la fleur. Dans les fleurs semi-doubles, on distingue plus ou moins les organes de la génération, les étamines, & les pistils. Les petites feuilles du milieu de la fleur, sont nommées *panne* ou *pluche*, & les plus étroites *béquillon*, à cause de leur ressemblance assez grossière avec le bec d'un oiseau. Le mot *fraise* ou *cordon de l'anemone*, signifie la classe des feuilles disposées entre la pluche & le manteau ; la partie centrale de la fleur est appelée *cordon des graines*. Tels sont en général les mots techniques & adoptés par les fleuristes.

On reconnoît pour belle fleur, celle dont le coloris est brillant, les panaches bien prononcés ; & toute fleur dont la couleur est lavée ou terne, est rejetée comme indigne de figurer chez un fleuriste. Les panachées tiennent le premier rang, & les couleurs pures leur sont inférieures : cependant celles dont la couleur est bizarre ont un grand mérite.

Le second attribut d'une belle anemone est d'être grosse, bien coiffée & bien pommée ; la pluche fait le dôme, & les béquillons sont nombreux, arrondis par le bout, & larges ; le manteau doit surpasser en hauteur la pluche & les béquillons. Si son cordon a de grandes feuilles, si ses couleurs tranchent net avec celles de la pluche, c'est un vrai mérite ajouté aux autres. Toutes ces perfections réunies ne font pas supporter le défaut impardonnable des béquillons s'ils sont étroits & pointus. Ce n'est plus qu'un *chardon*, disent les fleuristes ; il faut, sans miséricorde, expulser du parterre cette fleur indigne d'y paroître.

On dit qu'une fleur se *vide*, lorsque le milieu de la fleur se dégarnit. Les anemones dont le cordon est fin ne se vident pas.

Les couleurs de la fleur produite par une patte d'un an ou deux ans, ne sont pas toujours les mêmes ; elles varient & annoncent ce qu'elles seront à la troisième année : malgré cela, on peut dire que les couleurs & les panaches ne sont jamais parfaitement égaux. La saison contribue beaucoup à leur bigarrure & à leur beauté.

III. *Des familles des anemones.* La première comprend les anemones à fleurs simples, désignées par les jardiniers sous le nom de *pavot*. La couleur distingue les autres classes des fleurs doubles. Les fleurs cramoisies & rouges forment le premier ordre ; les rouges, panachées de blanc & de pourpre, le second ; les agathes, panachées de rouge & de blanc, le troisième ; les roses panachées de blanc, le quatrième ;

ANE ANE 585

les bleues, le cinquième; les bleues clair, mêlées de blanc, le sixième; la couleur pourpre, le septième; enfin, les bizarres en couleur, le huitième. Ce dernier ordre peut encore se sous-diviser suivant la bigarrure de la fleur.

La culture a tellement fait varier cette plante, que si un amateur désiroit posséder tous les individus de chaque variété, leur nombre excéderoit trois cents, & chaque jour il augmenteroit. La nomenclature change beaucoup d'un pays à un autre; cependant les fleuristes de profession s'accordent entr'eux assez bien pour les dénominations. Ceux de Hollande, & sur-tout de Harlem, donnent le ton à tous ceux d'Europe.

IV. *Du terrain qui convient à l'anemone.* Toute terre n'est pas propre à cette plante, sans quoi elle ne tarde pas à diminuer de beauté; enfin, à force de dégradations, elle revient à son premier état de simplicité. Tout fumier employé dans le mélange avec la terre, doit être exactement consommé, autrement il seroit plus nuisible que profitable. La terre la meilleure est celle qui reste la plus divisée, sans s'amonceler ou se réduire en motte par la pluie. Il est difficile d'en trouver de pareille; il faut donc que l'art vienne au secours du fleuriste. Pour cet effet, il fait enlever des gazons sur une partie de prairie, amoncelle des feuilles, en bannit absolument celles des noyers, recherche des fumiers bien pourris, & du tout compose une masse de terre pour s'en servir pendant l'année suivante, ou dix-huit mois après. Tous les deux mois au plus

tard, cette terre est passée à la claie & rigoureusement épierrée; enfin elle ne peut servir que lorsque tous les végétaux & les parties de fumier sont entièrement réduits en terreau. Le fumier de vache bien pailleux est préférable à celui du cheval, & sur-tout à celui de mouton, de poule, de pigeon, &c.

Il convient d'enlever à la profondeur d'un demi-pied au moins, la terre de la plate-bande ou table destinée pour l'anemone, parce qu'elle aime la terre neuve. On travaille à la *bêche* (*voyez* ce mot) la couche inférieure de terre sur une profondeur de huit à dix pouces, & ce creux recouvert avec le terreau préparé, est mis de niveau avec la surface du sol voisin. Il convient d'observer, que si dans le moment du remplissage on se contentoit de niveler ces deux terrains, le premier s'affaisseroit nécessairement à la profondeur de douze à dix-huit lignes: la prudence exige donc que le terrain de la table excède l'autre en hauteur relative à l'affaissement qu'il éprouvera.

Quelques auteurs conseillent de placer sous la couche de terreau des plâtras, des planches ou des fagots, afin de donner de l'écoulement aux eaux, & prévenir l'humidité que l'anemone craint beaucoup. Si la terre n'est pas glaiseuse, trop argileuse, la précaution est inutile. Du bon sable noir, sur l'épaisseur d'un pied, produiroit un effet pareil, & serviroit, pour les années suivantes, au mélange avec la terre neuve & le fumier consommé. Les racines des plantes s'en trouveront mieux que sur des fagots, & on ne craindra pas l'affaissement des terres; & par lui , le trop grand affaissement des pattes.

Avant de faire les couches , il est essentiel d'observer quelle sera leur exposition. Celle du plein midi presse trop la végétation , & *mange*, pour se servir du langage de l'art , *les boutons des fleurs*. Il faut donc une exposition tempérée, sur-tout dans les pays chauds , & que dans cette exposition, l'air y agisse librement.

V. *Des semis.* Tout fleuriste jaloux de se procurer des espèces nouvelles , ou de renouveler celles qui ont dégénéré , marque les pieds dont la fleur simple offre des espérances , soit pour sa forme , soit à cause de la vivacité ou la bigarrure de sa couleur ; & rejette toutes les anemones simples, blanches ou pointues, ou de couleurs ternes.

Lorsque la graine est parfaitement mûre, il est tems de la cueillir. Sa maturité se manifeste , lorsque cette graine , chargée de duvet , est prête à se séparer de la tête. On la cueille à l'ardeur du soleil, & aussitôt on la transporte dans un endroit sec , à l'abri de l'humidité de l'atmosphère & du vent ; & lorsqu'elle paroît bien sèche, il faut la renfermer dans une boîte pour attendre la saison convenable au semis. Dans nos provinces septentrionales , le mois d'Août est l'époque assez communément suivie pour semer , & dans les méridionales, on est à tems en Septembre ; cependant, s'il est possible de garantir les jeunes plantes des effets des trop fortes chaleurs, on gagnera beaucoup en se hâtant de semer ; la patte aura acquis beaucoup plus de force & plus de volume avant l'hiver , enfin sera

plus belle , plus vigoureuse au printems suivant.

La manière de semer n'est pas indifférente. Toute terre dont la préparation s'éloignera de celle dont on a parlé ci-dessus, ne vaut absolument rien pour la pépinière. 1°. Les graines périront en terre , si elle est trop compacte , ou si le fumier n'est pas pourri & très-consommé. 2°. De l'excellence de la terre , dépend la beauté de la fleur qu'on attend. Cependant , malgré ces précautions , il arrive quelquefois qu'une planche entière , conduite avec soin , ne produit que des anemones simples , & ordinairement plus belles que celles dont la semence a été tirée. Les amateurs ont employé plusieurs moyens mécaniques, afin d'obtenir une plus grande quantité de fleurs doubles ; d'autres ont consulté les phases de la lune , &c. & ces tentatives ont été aussi infructueuses les unes que les autres. Tant que l'homme ignorera le secret de la nature , & comment il est possible de rendre *neutre* une graine lors de sa végétation , on perdra beaucoup de tems en expériences : cependant ce qu'on nomme *hasard* sert quelquefois utilement, & une planche fournira plusieurs fleurs doubles, tandis que la planche voisine , toutes les circonstances étant égales, ne donnera que des fleurs simples. Il faut beaucoup semer , bien choisir la graine , en avoir le plus grand soin dans la pépinière , & attendre patiemment le résultat.

Le terrain de la planche destinée au semis, sera parfaitement émietté & nivelé.

Comme la graine de l'anemone est

eft renfermée dans un duvet ou bourre, il feroit difficile de la femer également dans cet état, & la graine feroit amoncelée dans une place, & la place voifine feroit vide. Je-tez cette graine dans un vafe, afin que la bourre s'imbibe d'eau; re-tirez-la, & jetez-la dans un autre vafe garni avec du fable très-fec & très-fin. Alors maniez & remaniez ce fable, afin de détacher la graine de fa bourre. Lorfqu'elle fera bien nettoyée, femez également, & re-couvrez le tout avec de la terre femblable à celle du deffous : cinq ou fix lignes de terre fuffifent pour recouvrir la femence. On fème dans le mois d'Août, & quelques-uns au printems : l'ardeur du foleil deffé-che promptement la fuperficie de la terre, pénètre jufqu'à la graine, & la fait périr. On évitera cet acci-dent fâcheux, en recouvrant le fe-mis avec de la paille longue, & cette paille fert encore à empêcher que les arrofemens ne tapent trop la terre : s'ils font trop fréquens, la graine pourrira. Quinze ou dix-huit jours après le femis, la paille fera enlevée, parce que la terre a eu le tems de s'affaiffer au point où elle reftera toujours. La graine ne lève fouvent qu'après un mois ou fix femaines.

Il eft effentiel de nettoyer fou-vent les planches des herbes para-fites, & de ne pas attendre qu'elles aient acquis une certaine groffeur; autrement, en les arrachant, leurs racines entremêlées avec celles des anemones, ou les briferoient, ou entraîneroient toute la jeune plante.

Pendant la gelée, les plantes fe-ront couvertes avec des paillaf-fons, & les paillaffons enlevés dès

Tom. I.

qu'elles cefferont. Ne vous fiez pas aux beaux jours d'hiver ; fouvent les nuits en font fâcheufes.

Lorfqu'au printems fuivant, la fane fera complétement defféchée, il eft tems de tirer les tubercu-les de terre ; ils feront alors gros comme des pois ; & après les avoir laiffés pendant plufieurs jours dans un lieu fec & à l'ombre, on les met dans des boîtes.

VI. *De la culture de l'anemone.* Plus il a fallu de foins, de travaux & de patience pour métamorphofer l'a-nemone fimple en anemone double, pour lui faire acquérir les couleurs brillantes dont elle eft décorée, plus elle demande d'attention de la part du fleurifte, afin qu'elle ne dé-génère point.

Tracez fur la longueur des plan-ches que vous voulez planter, des fillons de fix pouces de diftance ; croifez par des fillons égaux cette même planche, & à leur réunion fe trouve le point où la patte doit être mife en terre. Ce moyen bien fimple affure la beauté du coup d'œil, & donne l'efpace néceffaire d'une plante à une autre.

Tenez entre les trois premiers doigts de la main la patte ; enfon-cez-les environ à trois pouces de profondeur ; écartez les doigts, la patte fera mife en place ; & toute la planche étant ainfi plantée, paffez légèrement le râteau par-deffus afin de remplir les trous.

Obfervez, en tenant dans vos doigts la patte, de ne point caffer de cuiffe, & de placer par-deffus l'endroit d'où l'œil doit fortir. Les cuiffes rompues, ou les autres pe-tites pattes qui ne font pas dans le cas de donner des fleurs, feront

Yyy

plantées à quatre pouces de diftance feulement.

Il eft inutile de mettre les pattes dans l'eau avant de les planter. Cette coutume des jardiniers eft abufive ; il vaut mieux arrofer quelques jours après la plantation , à moins que la terre préparée ne foit abfolument fèche. Pour peu qu'elle ait d'humidité, elle fe communique à la patte; la patte s'enfle par progreffion , & n'eft pas dans le cas de pourrir. Les paillaffons deviennent néceffaires contre les rigueurs de l'hiver , & furtout pour les garantir de la trop grande quantité de pluie qui tombe ordinairement dans cette faifon.

Les amateurs preffés de jouir, plantent au mois de Juin, au mois d'Août : le tems ordinaire eft la fin de Septembre ; & le fleurifte prudent conferve une partie de fes pattes pour les planter en Février , tems auquel on ne craint plus l'exceffive rigueur de la faifon. Les curieux du premier ordre ont des châffis (voyez ce mot) vitrés , & bravent les intempéries de l'air.

Toute feuille fanée ou pourrie fera févérement coupée : la même loi s'exécutera pour les boutons à fleur qui fe préfentent mal ; & afin d'avoir une fleur plus belle & mieux nourrie, on n'en laiffera fubfifter qu'une fur le même pied.

Il eft impoffible de prefcrire les jours où il faut arrofer ; c'eft la faifon qui le décide. Il vaut mieux arrofer peu à la fois , & arrofer plus fouvent.

La beauté d'une planche d'anemone dépend de la variété des couleurs de chaque fleur. Le fleurifte aura donc attention de marquer par des petits piquets numérotés chaque pied , afin de conferver l'année fuivante la même fymétrie dans les couleurs, ou pour la perfectionner , fi elle eft alors défectueufe : plufieurs fleurs femblables en couleur, placées les unes près des autres, défigurent une planche.

La pluie & l'ardeur du foleil, depuis dix heures du matin jufqu'à trois ou quatre de l'après-midi, hâtent trop la fleuraifon , & on jouit trop peu de tems d'une fleur qui a exigé des foins fi multipliés. Recourez alors aux paillaffons ou aux tentes ; mais enlevez-les dès que le foleil aura perdu de fa force. Alors les fleurs dureront beaucoup plus longtems , & la jouiffance prolongée vous dédommagera de vos peines.

VII. *Du tems d'arracher les anemones.* Lorfque la fane fe deffèche , elle avertit le fleurifte qu'il eft tems de la tirer de terre ; & lorfqu'elle eft parfaitement deffèchée, le moment eft venu. Si on la fort de terre plutôt, il refte dans la patte une humidité fuperflue qui fermente, & la conduit à la pourriture : on auroit tort d'attendre plus long-tems.

Il ne faut point arrofer la plante, du moment que la fane commence à deffécher, & on aura alors plus de facilité à dépouiller la patte d'une terre inutile qui feroit l'office d'éponge dans la fuite. Pour dépouiller complétement la planche, on commencera par un bout, & on creufera avec le petit piochon pour mettre à découvert la première patte, & fucceffivement, on continuera la tranchée jufqu'à l'autre extrémité de la planche. Les foins à avoir en enlevant les pattes, font, 1°. de ne les point meur-

trir avec le fer; 2°. de ne casser aucune cuisse ; 3°. de visiter chaque
patte , & d'enlever proprement
avec un instrument tranchant une
portion spongieuse qui se trouve ,
ou à l'extrémité d'une cuisse & plus
souvent dans le milieu de la patte.
Cette portion conservée avec l'a-
nemone la fait souvent pourrir.,
lorsqu'on la met en terre l'année
suivante. 4°. Il arrive quelquefois
que les insectes attaquent la substance intérieure de la patte , & il
s'y forme une espèce de chancre
qui la rongeroit successivement
dans tout son entier. Cette pourriture doit être enlevée jusqu'au vif.
5°. Détachez de la patte toutes les
radicules qui y tiennnent encore,
ainsi que les particules de terre.
6°. Placez les pattes sur des claies,
& tenez-les dans un lieu sec où règne un courant d'air. 7°. Enfin,
lors de leur complete dessiccation,
renfermez-les dans des boîtes, &,
ce qui vaut encore mieux, dans des
sacs de toile suspendus au plancher.
Si on les conserve dans cet état
pendant deux ans , l'expérience a
prouvé que les fleurs seront plus
hautes en couleur, & mieux nourries. Chaque année le nombre des
tubercules augmente autour du tubercule principal ; c'est la voie dont
la nature se sert pour multiplier
cette plante, quoiqu'elle se multiplie de graine. Lorsque la patte est
considérable, on partage ces tubercules, & l'on prend garde de ne pas
briser les cuisses, ni d'endommager
le tronc principal.

ANET. (*Voyez Pl. 15, p. 523*)
M. Tournefort range cette plante
dans la quatrième section de la sep-

tième classe qui comprend les herbes
à fleurs en rose , en ombelle soutenue par des rayons , & dont le calice devient deux semences ovales,
aplaties & assez petites : il l'appelle
anethum hortense ; & M. Von Linné
la place dans la *pentandrie digynie* ,
& la nomme *anethum grave olens.*
Fleur B, grossie au microscope, en
ombelle, composée de cinq pétales
C, arrondis, recourbés & égaux ;
les étamines au nombre de cinq ,
& deux pistils D ; les étamines
placées alternativement entre chaque pétale. Les rayons de l'ombelle
sont ordinairement au nombre de
huit à douze. L'ombelle n'a ni enveloppe générale , ni partielle.
Fruit E , presque rond , aplati ,
divisé en deux semences F presque
rondes, convexes & cannelées d'un
côté, aplaties de l'autre, entourées
d'un rebord membraneux. Les deux
graines restent attachées par leur
sommet au haut d'un double axe
qui enfile le centre du fruit E.
Feuilles : elles embrassent la tige
par leur base ; elles sont deux fois
ailées ; les folioles simples linéaires,
elles-mêmes ailées linéaires, aplaties.
Racine A , en forme de fuseau ,
cylindrique , peu fibreuse.
Port. La tige s'élève environ à la
hauteur d'un pied ; elle est herbacée , cannelée ; l'ombelle naît au
sommet ; les fleurs sont d'un jaune
pâle , & les feuilles sont alternes.
Lieu. Plante annuelle , indigène
en Espagne, en Italie , dans les provinces méridionales de France, très-
facile à élever dans les jardins;
elle fleurit dans le mois de Juin &
de Juillet.
Propriété. Son odeur est forte,
Yyy 2

son goût est âcre & piquant. La plante est regardée comme carminative, stomachique, antiémétique, & résolutive. Sa semence est réputée une des quatre semences chaudes mineures. Les trois autres sont celles de la camomille, du mélilot & de la matricaire. Les semences échauffent beaucoup, & constipent. L'odeur forte de la plante a fait présumer qu'elle étoit assoupissante, & il faudroit de nouvelles preuves pour le croire.

Usages. On se sert rarement des fleurs & de l'herbe, mais plus souvent des semences. L'huile qu'on en retire par expression, a les mêmes propriétés que l'huile d'olive. L'huile qu'on obtient des semences par la distillation, échauffe beaucoup, & on peut la regarder comme assez inutile. Sa dose est depuis deux jusqu'à quatre gouttes. On emploie extérieurement les feuilles & les semences dans les cataplasmes, & les fomentations résolutives pour résoudre les tumeurs dans les lavemens carminatifs, sur-tout pour les animaux, & on leur donne la semence réduite en poudre à la dose de deux onces dans un véhicule convenable.

ANÉVRISME & VARICE,
MÉDECINE RURALE.

1°. *De l'anévrisme.* C'est une tumeur formée par le sang dans la tunique propre de l'artère, ou par la rupture de l'artère, ce qui constitue deux espèces d'*anévrismes*, l'un *vrai* & l'autre *faux*.

On appelle *anévrisme vrai*, cette tumeur formée sur le trajet d'une artère, par la dilatation des tuniques qui forment ce canal sanguin nommé *artère*.

On donne le nom d'*anévrisme faux* à cette tumeur qui naît à la suite de la rupture des tuniques de l'artère, & dans laquelle le sang s'épanche.

Il n'est pas inutile de savoir, pour l'intelligence de cet article, qu'on distingue dans le corps humain plusieurs vaisseaux ou conduits qui servent à charier, les uns le sang & les différentes humeurs qui sortent de ce fluide principe, & les autres celles qui retournent dans le torrent de ce fluide. Les vaisseaux ou conduits qui portent le sang du cœur dans les différentes parties du corps, sont de deux espèces; les vaisseaux qui, en partant du cœur, vont porter le sang dans toutes les parties du corps, se nomment *artères;* & ceux qui prennent le sang dans toutes les parties du corps pour le reporter au cœur, se nomment *veines.*

Continuons maintenant à parler des maladies de ces premiers canaux qu'on nomme *artères;* & nous traiterons ensuite des maladies des seconds, nommés *veines.*

L'anévrisme siège dans toutes les parties extérieures du corps indistinctement, & il a lieu aussi dans l'intérieur du corps.

A l'extérieur, quand cette tumeur se manifeste, la peau qui étoit blanche dans le principe, commence à rougir; on sent sur cette tumeur un battement manifeste, & semblable à celui des artères: ce qui sert de lumière pour distinguer ces tumeurs sanguines des tumeurs qui naissent d'une autre cause; il arrive cependant quelquefois que ce battement de l'artère se fait sentir, dans des tumeurs qui ne sont pas de la nature de celles dont nous parlons, mais le fait est rare.

Ces tumeurs sont produites par des piqûres, des chûtes, des coups, des contusions ou des plaies ; elles viennent aussi quelquefois à la suite des efforts que l'on fait, soit en chantant, soit en portant des fardeaux très-pesans, soit en toussant, en vomissant, en éternuant, en criant, soit enfin en accouchant.

Quand l'anévrisme siège dans les parties internes, il est constamment mortel : lorsqu'avec de grandes difficultés de respirer, un malade éprouve des inquiétudes, on peut soupçonner que l'anévrisme est dans la poitrine.

Quand il est à l'extérieur, & dans les grandes artères, il est encore mortel ; mais dans les petites artères, on parvient quelquefois à le guérir. On a vu, mais très-rarement, l'anévrisme déchirer les membranes qui le contenoit, exciter une hémorragie considérable, la tumeur disparoître, & la perte de sang s'arrêter d'elle-même, & sans reparoître ; mais ce phénomène est rare.

Dans cette affreuse maladie, la vie est à chaque instant en danger, la tumeur grossit par degré, la peau qui la couvre s'amincit insensiblement ; l'effort le plus léger suffit pour faire crever cette peau devenue plus mince, & pour priver de la vie le malade en peu de minutes.

Les moyens qu'on peut employer pour remédier aux suites funestes de ces tumeurs, sont purement mécaniques ; il faut désemplir les vaisseaux par les saignées, & par l'ap-

plication des sang-sues, (loin de la partie sur laquelle siège l'anévrisme) & faire sur la tumeur une pression graduée avec une plaque de plomb, si le siège qu'occupe la tumeur le permet ; on doit sentir aisément que, quand elle est située au col, la pression graduée & continuée ne peut pas avoir lieu ; le malade seroit bientôt suffoqué.

On emploie encore avec succès les styptiques, le blanc d'œuf, l'alun dissous dans l'eau, le fort vinaigre, l'acacia ; si l'anévrisme est considérable, il faut appeler les gens de l'art. Les conseils que nous donnons sont seulement pour respecter ce mal, ne point le permettre d'imprudence, & attendre des secours éclairés.

Nous avons connu une femme de mauvaise vie, qui, à la suite d'efforts violens qu'elle fit pour empêcher deux hommes de fouiller dans ses poches, fut attaquée au-dessus de la clavicule d'une tumeur de la grosseur d'une petite noisette. Un chirurgien ignorant fut appelé ; il prononça que c'étoit un bubon vénérien, & administra les grands remèdes à la malade : elle souffrit beaucoup dans ce traitement, surtout quand le chirurgien appliquoit des frictions sur la tumeur qui croissoit de jour en jour. Les battemens de l'artère se manifestant de plus en plus, le chirurgien crut reconnoître la maturité de la tumeur, & se disposoit à l'ouvrir pour en faire sortir, disoit-il, le pus ; nous fûmes appelés : nous reconnûmes le genre de la tumeur, & nous nous opposâmes à ce que le chirurgien en fît l'ouverture. Nous prescrivîmes la saignée : elle fut répétée de tems en tems ; mais la tumeur continuant à groffir , & la malade à vivre dans l'incontinence , un jour la tumeur perça , & la malade expira en quelques minutes d'une hémorragie.

Nous n'avons rapporté cet exemple que pour effrayer ceux & celles qui fe livrent à des exercices immodérés , & qui étant affez malheureux pour être attaqués de femblables maladies , font affez téméraires pour confier leur vie au premier charlatan qui fe préfente , fous le fpécieux prétexte de guérifon.

2°. *Des varices.* Cette maladie eft abfolument la même que la précédente ; elle ne diffère que par la partie dans laquelle elle fiège.

La varice eft une tumeur molle, inégale , tortueufe , noueufe , indolente , livide ou noirâtre. Elle eft caufée par la dilatation des veines engorgées par le fang qui ne peut pas remonter vers fa fource , foit parce qu'il eft trop épais, foit parce qu'il éprouve des obftacles dans fon cours.

Cette tumeur , ou plutôt ces tumeurs , paroiffent aux jambes & aux cuiffes ; les femmes enceintes y font fort fujettes.

Ces tumeurs font ordinairement la fuite des coups , des chûtes , des efforts & des ligatures ; le fang arrêté dans les veines en force les tuniques , & donne naiffance à une tumeur. Elles font quelquefois la fuite d'obftruction des vifcères du bas ventre.

Quand ces tumeurs font fimples & petites , elles ne font ni douloureufes , ni dangereufes ; mais celles qui font grandes , s'enflamment , quelquefois fe rompent , donnent des hémorragies funeftes, & fe terminent en ulcères de mauvais genre.

Les varices qui font dans l'intérieur du corps , font beaucoup plus dangereufes que celles qui fiègent à l'extérieur ; celles auxquelles les femmes enceintes font fujettes , traînent ordinairement peu de danger après elles. Les hypocondriaques , les mélancoliques , & ceux qui ont des maladies de rate , font foulagés quand il leur furvient des varices , & qu'elles coulent abondamment.

Les onguens & emplâtres que l'on applique indifcrétement fur ces tumeurs , les font dégénérer ; de très-fimples qu'elles étoient , ils en forment des maladies très - dangereufes , comme des ulcères malins , fuivis d'œdème , d'empâtemens & de carie des os.

La première indication qui fe préfente , eft de défemplir les vaiffeaux par les faignées ou par les fang-fues , afin de faciliter le retour du fang ; enfuite , il faut s'occuper à corriger la mauvaife difpofition du fang par l'ufage des bouillons amers , auxquels on joint avec fuccès des purgatifs doux de diftance en diftance , & fuivant l'exigence des cas.

La compreffion guérit auffi quelquefois ces tumeurs , quand on la continue long-tems, mais fans meurtrir les chairs ; on fe fert auffi avec fuccès de compreffes graduées, trempées dans de l'eau alumineufe , & dans de fort vinaigre.

Quand les varices font très-grandes , anciennes & douloureufes , il faut avoir néceffairement recours à l'opération.

On ouvre la tumeur avec un inftrument tranchant : quelques-uns

ANÉ

aiment mieux le cautère actuel , & leur fentiment eſt à préférer ; on comprime la veine qui porte le ſang à la tumeur ; on fait enſuite le traitement d'une plaie ſimple ; il faut avoir , dans ce cas , recours aux gens de l'art. M. B.

ANÉVRISME & VARICE , *Médecine vétérinaire.*

L'*anévriſme vrai* eſt formé par la dilatation de l'artère. On le connoît à une tumeur circonſcrite , accompagnée d'un battement qui répond ordinairement à celui du pouls de l'animal. Dès qu'on porte le doigt ſur cette tumeur pour la comprimer , elle diſparoît en total ou en partie. Par cette preſſion , le ſang eſt obligé d'entrer de la poche anévriſmale , dans le corps de l'artère qui lui eſt continue.

Les cauſes de l'anévriſme vrai ſont internes ou externes : telles ſont la foibleſſe des tuniques de l'artère , qui ne peuvent réſiſter à l'effort & à l'impétuoſité du ſang , ou un ulcère qui en a corrodé en partie les tuniques ; les coups , les chûtes , les ſecouſſes , les ſauts , les efforts , l'extenſion violente des membres , la compreſſion que cauſe une entorſe , une luxation , & quelquefois une fracture non réduite.

Le danger de cette maladie eſt relatif à la grandeur de l'artère & à ſa ſituation. L'anévriſme des vaiſſeaux de l'intérieur du corps de l'animal eſt très - fâcheux , parce qu'on ne peut y apporter aucun remède ; qu'il ſe termine par l'ouverture de l'artère & par la mort. Il eſt ſoupçonné par les palpitations du cœur que l'animal éprouve lorſqu'il a fait une courſe violente. Celui

qui attaque le tronc des vaiſſeaux extérieurs eſt moins dangereux à cauſe de ſa ſituation. Il peut ſe guérir par la compreſſion , en ſe ſervant d'une pelotte maintenue par un fort bandage. Si , après quelques jours de compreſſion , la tumeur n'eſt point diſſipée , l'opération eſt la ſeule reſſource ; mais elle demande , pour être faite , un artiſte ſage & éclairé.

L'*anévriſme faux* ſe fait par un épanchement de ſang , en conſéquence de l'ouverture d'une artère , occaſionnée par des cauſes extérieures , comme le biſtouri & d'autres inſtrumens dont ſe ſert le maréchal. Cette eſpèce d'anévriſme ne peut ſe guérir que par la ligature de l'artère , ſi l'eſpèce d'artère le permet.

Il ne faut pas confondre l'anévriſme faux avec ce qu'on appelle *abcès.* Le défaut de diſtinction conduiroit à des ſuites fâcheuſes. L'exiſtence d'une tumeur proche d'une artère , les pulſations que l'on ſent au doigt , la réſiſtance du ſang qui eſt plus conſidérable que celle du pus renfermé dans un abcès , ſont autant de ſignes pour le faire diſtinguer.

La varice eſt une dilatation qui ſurvient à la veine d'un animal , plus fréquemment à la veine ſaphène , dans ſon paſſage à la partie latérale interne du jarret. On aſſigne ordinairement cette ſituation à cette maladie , attendu l'action violente & les grands efforts auxquels cette partie ſe trouve expoſée. Elle ſe connoît à l'inſpection & au gonflement de la veine , en appuyant un doigt ſur le lieu même où eſt la tumeur. Elle diſparoît ſur le champ , parce que la preſſion détermine le fang le long de la veine, reparoît & fe montre de nouveau auffitôt que cette preffion ceffe. Au furplus, lorfque la dilatation eft exceffive, il y a douleur, inflammation, &c.

La compreffion, telle que nous l'avons indiquée ci-deffus, eft le feul moyen à mettre en ufage.

Le nom de *varice* eft particuliérement reftreint, en maréchallerie, à fignifier un gonflement de la partie latérale interne du jarret. Ce gonflement n'eft autre chofe qu'un relâchement des ligamens capfulaires de l'articulation. Cet accident eft particulier; & quoiqu'il reconnoiffe pour caufe les efforts que fait l'animal dans cette partie, on ne doit pas l'appeler proprement *varice*. Nous avons obfervé que le feu appliqué par pointes, étoit le remède le plus propre pour la guérir. M. T.

ANGAR. Efpèce de remife deftinée à mettre à couvert les chariots, les charrettes, les outils du labourage, du bois, &c. Cette partie effentielle à la ferme, eft communément la moins difpendieufe à conftruire. De fimples pieds droits, foit en bois, foit en pierres ou en briques; une charpente groffière, des tuiles ou du chaume fuffifent pour l'élever. Je regarde l'angar comme un objet indifpenfable & de la plus grande reffource dans une métairie. Je defire que tout autour des murs qui lui fervent de point d'appui, fur un, deux ou trois côtés, des planches d'une certaine épaiffeur foient fortement fcellées; que ces planches foient garnies de chevilles plus ou moins fortes, de diftance en diftance, afin d'y accrocher chaque foir les harnois des

chevaux, des mulets, les cordes des charrettes, enfin tous les outils de la métairie, comme pêles, pioches, fourches, râteaux, &c. Tous les inftrumens du même genre feront rangés du même côté, afin de les trouver plus commodément. Il eft aifé de fentir combien cet arrangement conferve les chofes, & les met, pour ainfi dire, à la main de l'homme qui en a befoin. Il n'en coûte pas plus à un payfan d'accrocher une pioche fur fa cheville, que de la laiffer par terre dans un coin lorfqu'il la quitte. Il ne faut jamais perdre de vue que l'efprit d'ordre facilite toutes les opérations, & fait gagner un tems confidérable. Que de momens perdus & vainement employés, pour trouver un outil enfoui fous un monceau d'autres qui l'écrafent & le brifent! Je ne connois point de claffe d'hommes moins foigneufe & moins *rangeante* que celle du payfan. Le valet fe prêtera avec peine à ces petits foins, fur-tout fi le maître-valet n'y veille de très-près. Mais qui doit furveiller le maître-valet, finon le propriétaire? Il faut donc que ce propriétaire vienne au commencement, plufieurs fois par jour, & fur-tout le foir, vifiter fon angar; qu'il revienne enfuite très-fouvent faire la même revue, & à des époques indéterminées. Dès qu'un outil ne fera pas mis à fa place, il appellera le maître-valet, & l'obligera de le ranger lui-même. Celui-ci, ennuyé d'être réprimandé, & d'être chargé des négligences de fes fous-ordres, les forcera enfin à mettre les chofes en état.

Les confeils que je donne aux autres font mis en pratique chez moi,

moi, & je m'en trouve très-bien.

Ce n'eſt pas tout : le propriétaire obligera chaque ſoir le maître-valet de faire ſa revue, d'examiner ſi aucun outil n'eſt égaré. Je ne connois qu'un ſeul moyen de le rendre ſoigneux & vigilant : c'eſt de lui donner en compte le nombre des outils, de le rendre reſponſable de ceux qui ſeront perdus ou caſſés, à moins qu'ils ne ſoient briſés par vétuſté. Son intérêt lui tiendra l'œil ouvert.

La circonférence de l'angar ainſi garnie d'outils, les charrettes, tombereaux, &c. en occuperont le milieu ; mais entr'eux & le mur il doit reſter un paſſage de quelques pieds de largeur, afin de pouvoir commodément ſe procurer les outils dont on a beſoin ; & ceux qui ſervent le moins ſouvent, ſeront placés dans l'endroit le moins commode de l'angar.

On connoît par la ſeule inſpection, en entrant dans une métairie, ſi le propriétaire a l'eſprit d'ordre. Si au contraire le déſordre y règne, il eſt très-naturel de ſuppoſer que le même déſordre règne dans la culture des champs, dans le gouvernement du bétail, &c.

ANGE. (Poire d') Conſultez la liſte des poires, au mot POIRE.

ANGÉLIQUE. (Pl. 15, p. 523) Suivant M. Tournefort, elle entre dans la quatrième ſection de la ſeptième claſſe, qui comprend les herbes à fleurs en roſe, diſpoſées en ombelle, dont le calice devient deux ſemences ovales, aplaties & aſſez petites ; & il la nomme impetatoria ſativa. M. le chevalier Von

Linné l'appelle *angelica archangelica*, & la claſſe dans la pentandrie digynie.

Fleur B, vue de face ; C, vue en deſſous, compoſée de cinq pétales égaux D un peu recourbés, d'un jaune pâle, & qui tombent bientôt. Les étamines ſont au nombre de cinq, placées entre chaque pétale. Le piſtil E eſt diviſé en deux. Les fleurs ſont portées ſur des rayons diſpoſés en ombelle. L'enveloppe générale de ces rayons eſt petite, diviſée en trois ou cinq folioles. L'angélique cultivée dans nos jardins en eſt ſouvent dépourvue ; l'enveloppe partielle eſt diviſée en huit. La maſſe des rayons forme, par leur diſpoſition, une tête preſque ronde, & chaque rayon porte à ſon ſommet une certaine quantité d'autres petits rayons couronnés de fleurs, qui forment à leur tour des têtes arrondies.

Fruit F, eſt obrond, anguleux, diviſé en deux ſemences ovales, planes d'un côté, entourées d'un rebord H, convexes de l'autre, & marquées de trois lignes G.

Feuilles : elles embraſſent la tige par leur baſe ; elles ſont membraneuſes à leur naiſſance, deux fois ailées, terminées par une foliole impaire, & les folioles ſont oppoſées, ſimples, légérement découpées ſur leurs bords.

Racine A, en forme de fuſeau, garnie de quelques fibres.

Port. La tige eſt herbacée, creuſe, rameuſe, de la hauteur de trois à quatre pieds, & ſouvent plus, ſuivant le terrain où elle croît.

Lieu. Les Alpes, les montagnes d'Auvergne, &c. Cultivée dans nos jardins. Fleurit en Juillet & en

Août. Elle est vivace, si on lui empêche de grainer en la coupant, & subsiste pendant deux ans lorsqu'on la laisse fleurir & grainer.

Propriétés. Toutes les parties de cette plante ont un goût aromatique, un peu âcre & amer ; son odeur est agréable. Elles sont réputées cordiales, stomachiques, carminatives, vulnéraires, emménagogues & antivermineuses. L'expérience a prouvé que la racine excite sensiblement la force du pouls ; qu'elle échauffe médiocrement, constipe peu, augmente légérement l'insensible transpiration, aide à la digestion. Elle est indiquée dans les maladies de foiblesse, occasionnées par les humeurs séreuses, dans l'asthme humide, le dégoût par des humeurs pituiteuses, la diarrhée séreuse, les coliques venteuses sans dispositions inflammatoires. La racine mâchée fortifie les gencives, les muscles de la langue, du voile du palais, & augmente la secrétion de la salive.

Usages. On prépare un extrait avec la racine fraîche, & il échauffe beaucoup, & souvent fatigue l'estomac. De l'herbe, en général, on obtient une eau par la distillation, assez inutile, quoique recommandée par quelques-uns pour augmenter les forces vitales. La conserve d'angélique fortifie l'estomac, & souvent cause de la douleur. Les tiges, au contraire, lorsqu'elles sont confites, fortifient l'estomac. La décoction de la racine sèche se donne à la dose d'une once en substance ; & en poudre, à la dose de dix grains dans un demi-verre de vin ou d'autre liqueur. Cette poudre se donne à la dose de deux ou trois

onces aux animaux, comme cordiale & alexipharmaque.

Culture. La graine doit être semée aussitôt qu'elle est mûre. Il lui faut un terrain légérement humide. Elle pousse moins vigoureusement dans un sol sec, mais son odeur & son goût sont plus actifs. Lorsque la jeune plante a acquis assez de consistance, on la replante, & chaque individu doit être séparé & planté à deux & même trois pieds l'un de l'autre.

ANGÉLIQUE SAUVAGE, est différente de la première. M. Tournefort l'appelle *angelica pratensis major* ; & M. Linné, *angelica silvestris.* Comme ces deux plantes sont du même genre, il est inutile de décrire cette dernière ; il suffit de consulter la *Pl. 15,* pag. 523, pour connoître d'un seul coup d'œil ce qui les différencie. A est la racine ; B est la fleur, vue à la loupe ; C la forme des pétales ; D, le pistil ; E, les deux semences réunies ; F, une graine séparée de l'autre. Elle naît dans les forêts marécageuses, où elle fleurit en Juin. Sa racine a une odeur aromatique & douce, sa saveur est médiocrement âcre, un peu amère, mêlée d'une certaine douceur : on lui attribue les mêmes propriétés qu'à l'angélique des Alpes, mais dans un moindre degré. On la dit antiépileptique, ce qui demande confirmation.

ANGÉLIQUE. Poire. (*Voyez* ce mot)

ANGINE. (*Voyez* ESQUINANCIE)

ANGIOSPERME, ou *semence cachée.* Ce mot est quelquefois employé en botanique pour défigner des plantes dont la femence eſt enveloppée dans une capfule différente de leur calice ; ainſi les perſonnées, comme le mufle de veau, l'ariſtoloche, &c. font des plantes angioſpermes, parce que leurs graines font dans un péricarpe propre, bien différentes en cela de la germandrée, de la queue de lion, de l'ortie blanche, & en général des autres labiées, dont les graines font à nud au fond du calice ; ce qui leur a fait donner le nom de *plantes gymnoſpermes*, ou à *femence nue*, ou *apparente*. M. M.

ANGLETERRE. (Poire d') *Voyez* le mot POIRE.

ANGUILLE. Animal dont la forme reſſemble à celle d'un ſerpent. Elle en diffère eſſentiellement par trois nageoires, dont deux placées ſur le côté, & une ſur le dos. Ces nageoires font verdâtres ou noirâtres, parfemées de gris. Les ouïes de cet animal font recouvertes d'une peau. La tête de l'anguille eſt petite, proportion gardée avec la longueur & la groſſeur de ſon corps, qui eſt recouvert d'une peau ſans écailles apparentes, viſqueuſes ; ce qui fait qu'on la tient très-difficilement avec les mains, & plus on la ſerre, plus facilement elle s'échappe ; d'où eſt venu le proverbe : *Pour trop ſerrer l'anguille, on la perd*. L'anus eſt plus rapproché de la tête que de la queue, en quoi elle diffère encore des ſerpens. L'anguille mâle a la tête plus courte, plus groſſe & plus large que la femelle.

La difficulté d'obſerver cet animal, qui n'eſt pas un poiſſon, a

donné lieu à des contes puériles débités par les auteurs anciens, & renouvelés par quelques modernes. Il eſt étonnant que le fameux père Kircher ait eu la ſimplicité de dire dans ſon *Monde ſouterrain*, que les anguilles viennent ſans ſperme, ſans femence, de la peau dont elle ſe dépouille tous les ans, & qui ſe corrompt, ou de ce qui s'attache aux pierres contre leſquelles elle ſe frotte. On peut, ajoute-t-il, facilement éprouver la vérité de ce que j'avance, en coupant une anguille par petits morceaux, & les jonchant dans un étang bourbeux ; car au bout d'un mois on y verra de petites anguilles. Il eſt bien plus étonnant encore, de penſer que Rondelet, qui a paſſé toute ſa vie à étudier les poiſſons, qui a vu frayer les anguilles, tienne, malgré cela, à l'ancienne opinion de la génération ſpontanée par la corruption. L'origine de cette erreur vient de ce que les conduits de la matrice dans la femelle, & ceux de la femence dans les mâles, ainſi que les œufs, font recouverts d'une eſpèce de graiſſe ; ce qui les rend très-peu apparens.

Quelques auteurs mettent en problême, ſavoir ſi l'anguille multiplie dans l'eau douce, ou ſi chaque année elle deſcend à la mer pour remonter à des époques ordinairement aſſez fixes. Les étangs d'eau vive & claire, les lacs qui n'ont aucune communication avec la mer, fourniſſent la ſolution de ce problême. Cependant il paroît aſſez démontré qu'en général les anguilles des grands fleuves & des grandes rivières deſcendent à la mer. Rédi, bon obſervateur, aſſure que leur defcente fe fait au mois d'Août ; pour la rivière d'Arno, & qu'elles y remontent depuis le mois de Février jufqu'en Avril.

Il eft donc démontré que cet animal vit également dans l'eau douce & dans l'eau falée ; il reffemble en cela à l'alofe, à la lamproie, au faumon, &c. Il aime les eaux vives & claires, parce que dans les eaux boueufes, il y refpire avec peine, à caufe que la vafe bouche les pores de la pellicule qui recouvre fes ouïes. Seroit-ce la raifon pour laquelle on ne trouve point d'anguilles dans le Danube, ni dans les rivières qu'il reçoit ? On ajoute même que fi on en jette dans ce fleuve, elles y périffent ; mais en revanche, leur longueur eft prodigieufe dans les eaux du Gange, & va quelquefois jufqu'à trente pieds.

L'anguille ne quitte jamais le fond de l'eau ; elle eft vorace, & vit des vers & des infectes qu'elle faifit adroitement ; en un mot, de toute efpèce de fubftance animale. Lorfqu'on veut pêcher l'anguille, il faut attendre une crue de la rivière qui trouble fon eau, ou la troubler tout exprès ; alors l'anguille eft forcée de tems en tems de venir à fa furface, afin de pouvoir refpirer.

La pêche de l'anguille s'exécute de quatre manières ; ou avec les hameçons dormans, ou à l'épinette, ou à la fouine, ou fouanne, ou à la naffe. Au mot FILET, on donnera leur defcription.

Dans certaines provinces du royaume, & fur-tout dans les étangs fur nos côtes, l'anguille eft fort commune. On la fale pour la conferver, comme on fale les fardines, les anchois, le faumon, &c. Le fel corrige la vifcofité de fa chair, & la rend moins indigefte.

ANIL, *ou* INDIGO. Nous préférons de décrire cette plante précieufe fous la dénomination d'*anil*, parce que c'eft le nom affigné & reçu dans les pays où on la cultive. Le mot *indigo* fignifie, à proprement parler, la partie colorante extraite de cette plante, & qui fait une branche confidérable du commerce de nos îles. M. Tournefort n'a point connu cette plante, & cependant Bauhin, avant lui, dans fon *Pinax*, l'avoit défignée par cette phrafe, *ifatis indica, foliis roris marini, glafti affinis*; & on peut la ranger, fuivant fon fyftême, dans la feconde fection de la dixième claffe qui comprend les fleurs de plufieurs pièces, irrégulières & en forme de papillon, dont le piftil devient une gouffe longue & à une feule loge. Sa place naturelle eft entre le fainfoin, ou *hedifarum*, & le *galéga*. M. le chevalier Von Linné la claffe dans la diadelphie décandrie, & l'appelle *indigofera tinctoria*.

I. *Defcription de la Plante.*
II. *De la culture de l'Anil, ou Indigo franc.*
III. *De la préparation de l'Indigo.*

I. *Defcription de la plante. Fleur*, légumineufe, (*Voyez Pl. 17*) femblable à toutes les papilionnacées ; elle eft renfermée dans un calice H divifé en cinq, & compofée de l'étendard, de deux ailes & de la carenne. En B, la fleur eft repréfentée vue de profil, & en C vue de face ; l'une & l'autre un peu plus grandes que dans la nature. L'étendard ou pétale fupérieur D eft ovoïde, pointu dans

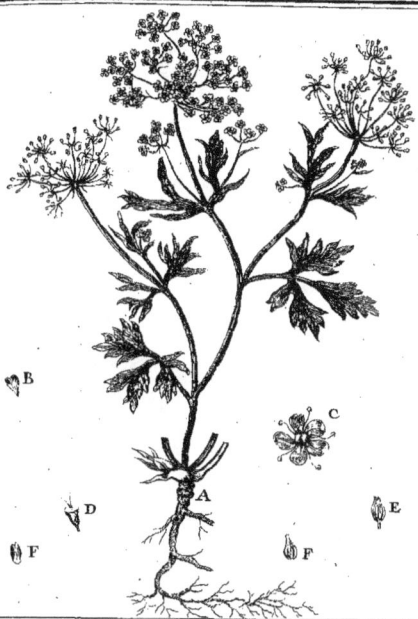

Anis.

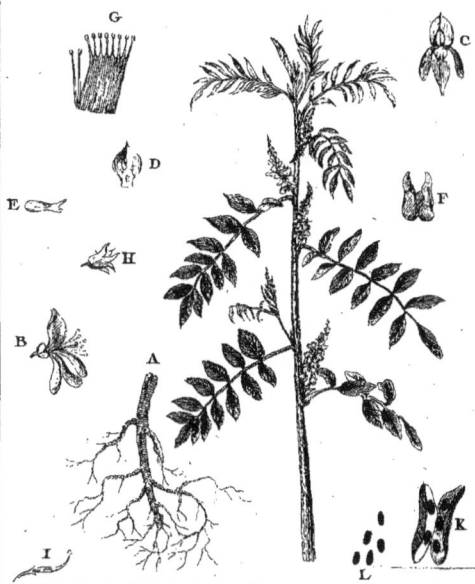

Anil ou Indigo.

Anis étoilé ou Badiane.

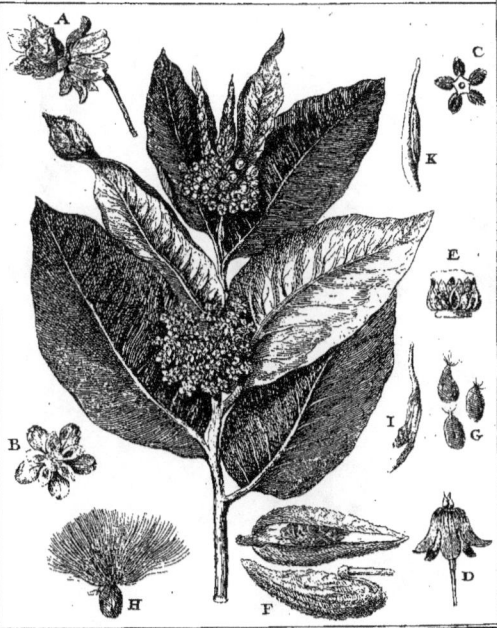

Apocin à Ouate.

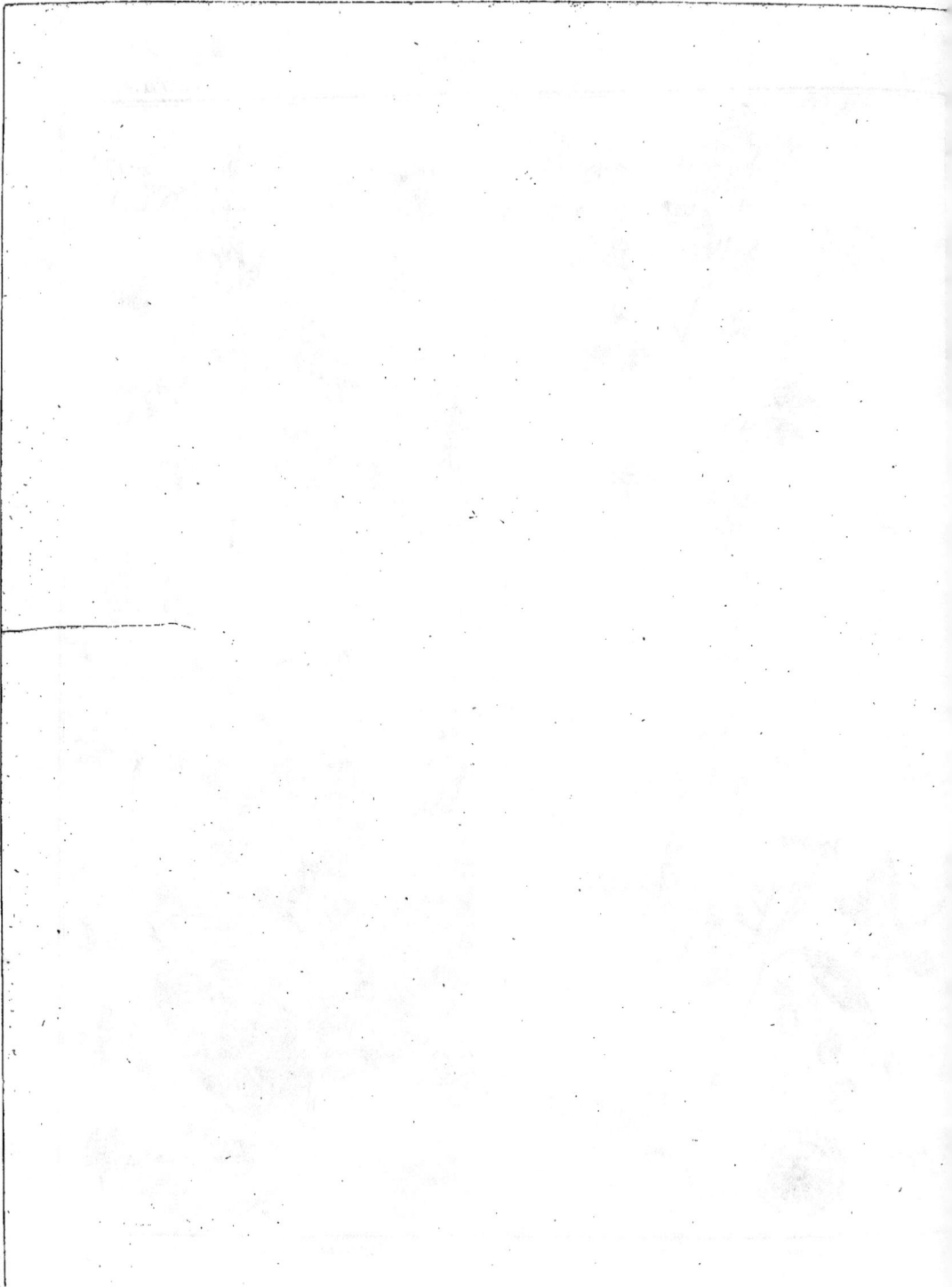

l'extrémité supérieure, renflé dans son milieu, & étroit à sa base. Sur chaque côté de la fleur, on voit deux pétales que l'on nomme *aile*, dont un est figuré en E. Ils accompagnent la carenne F ou pétale inférieur ; le nom de *carenne* lui a été donné à cause de sa ressemblance à celle d'un vaisseau. Les parties sexuelles, au nombre de dix, réunies G en faisceau à leur base par une pellicule membraneuse ; deux autres étamines ne tiennent à cette membrane que par leur partie la plus inférieure, & semblent presque en être détachées, & elles sont plus courtes que les dix autres. Ces étamines entourent le pistil représenté séparément en I.

Fruit. Le fruit est un légume court, d'environ un pouce de longueur, représenté ouvert en K, composé de deux cosses qui, fermées, composent la gousse dans laquelle les graines L sont contenues & attachées sur la suture de la gousse par un cordon ombilical.

Feuilles. Les feuilles sont ailées, terminées par une impaire, portées par un pétiole long & cylindrique; chaque foliole est entière, ovale, terminée en pointe.

Racine A, ligneuse, fibreuse, & son écorce jaunâtre.

Port. La tige s'élève à la hauteur de deux à trois pieds au plus. Les fleurs naissent en épi le long des rameaux & des aisselles des feuilles, & ils ont à leur base deux petites membranes.

Lieu. Il est originaire de l'Indostan, d'où il a été transporté au Mexique, de-là aux Antilles ; & beaucoup plus tard, dans la Caroline méridionale.

Propriétés, Les feuilles réduites en poudre sont réputées céphaliques ; en décoction, ou simplement écrasées, elles passent pour vulnéraires & utiles pour déterger les plaies & les ulcères.

M. Elie Monnereau, habitant du Cap, a publié, en 1775, un ouvrage intitulé : *Le parfait indigotier ;* & M. de Beauvais de Raseau fit imprimer, en 1770, l'*Art de l'indigotier*, inséré dans la *Collection des arts,* publiée par l'académie royale des sciences de Paris. C'est d'après eux que l'on va parler. Je remarquerai auparavant que j'ai cultivé cette espèce d'arbrisseau ; qu'en le semant de bonne heure sur couche, il lève facilement, fleurit, & fait sa graine avant l'hiver ; que cette graine, si la saison est chaude, acquiert une bonne maturité. Si cette plante cultivée à Lyon, il est vrai dans des pots, a bien réussi, pourquoi n'essayeroit-on pas sa culture en grand dans la Basse-Provence, dans le Bas-Languedoc, & sur-tout en Corse, où la position géographique des lieux offre de si beaux abris, & on a vu au mot AGRICULTURE, page 282, les effets de ces abris ? Si on objecte que les couches seront un objet de dépense, je demanderai si l'anil ou l'indigo n'est pas aussi précieux que l'aubergine, à laquelle on ne refuse pas un pareil secours ? J'invite donc ceux qui liront cet Ouvrage, & qui sont propriétaires de terrains bien abrités, d'essayer en petit cette culture. Si elle réussit, ils l'étendront de plus en plus. Burchard, dans sa *Description de l'île de Malthe,* publiée en 1660, parle d'une fabrique d'indigo dans l'île de Malthe.

On connoît trois espèces d'indigo,

(c'eft M. Monnereau qui parle) le franc, le bâtard & le guatimalo ; ce dernier tire fon origine de la côte efpagnole dont il porte le nom. Le premier rend plus à la teinture, & elle fe fait avec beaucoup de facilité ; mais le fuccès de fa plantation eft fort douteux : fa tige tendre & délicate en naiffant, eft fufceptible de beaucoup d'avaries. Le vent, la pluie, le foleil, tout confpire à fa deftruction. La terre même où il croît femble lui refufer fes fecours ; fi elle eft un peu ufée, il languit fur pied, & ne produit que de foibles tiges qui périffent dès leur naiffance. Le brûlage eft un autre accident auffi fâcheux que les premiers, & dont on parlera en traitant de fa culture. Il y eft fort fujet pendant tout le premier mois de fa végétation, de forte que l'habitant eft toujours entre la crainte & l'efpérance.

L'indigo bâtard diffère du premier. Il eft moins haut, fa feuille eft plus longue, plus étroite, d'un verd beaucoup plus clair, un peu blanc en deffous, moins charnu, rude au toucher, même jufqu'au picottement. Les gouffes font jaunes, & la graine noire. Il s'éleveroit à la hauteur de fix pieds, fi l'intérêt n'obligeoit de l'arrêter avant qu'il ait acquis fa grandeur naturelle. Il a l'avantage de venir par-tout & en tout tems.

Le guatimalo reffemble affez complétement au fecond, à l'exception des filiques dont la couleur tire fur le rouge brun, ainfi que celle de la gouffe.

L'indigo fauvage croît naturellement dans les prés : il reffemble à un arbriffeau dont le tronc eft court,

touffu & fort gros ; fes branches font adhérentes à la racine, les feuilles plus rondes & plus petites que celles du franc, mais très-minces. Il ne vaut pas la peine d'être cultivé.

Il en eft ainfi de l'indigo mary qui reffemble beaucoup au franc par fa feuille, mais elle eft moins charnue.

II. *De la culture de l'anil, ou indigo franc.*

1°. *Du tems de le femer.* Ceux qui ne veulent pas rifquer leurs graines commencent à les femer après les fêtes de Noël, & peuvent continuer jufqu'au mois de Mai ; ce dernier femis eft même le plus favorable ; il eft moins fujet au brûlage que fi on le femoit dans une faifon plus avancée. Il ne produit que deux ou trois coupes, tandis que celui femé beaucoup plutôt en produit jufqu'à cinq. L'anil bâtard fe plante depuis la Touffaint jufqu'au mois de Mai inclufivement.

Avant de femer l'indigo, il faut arracher avec la houe les vieilles fouches, & purger le terrain de toutes les mauvaifes herbes ; aucune plante ne fouffre plus que celle-ci du voifinage des plantes parafites. Des fouches & des herbes arrachées, on en fait un monceau auquel on met le feu, & les cendres qui en réfultent font difperfées fur le terrain. Quoique je n'aie jamais cultivé l'indigo en grand, j'oferai cependant dire qu'il vaut mieux tranfporter dans un coin du champ ces vieilles fouches & les mauvaifes herbes, fur-tout fi elles ne font pas grainées, les y amonceler, couvrir le monceau avec trois à quatre pouces de terre, la bien battre, & laiffer le tout pourrir & fe réduire en terreau. Il eft vrai que ce terreau ne fera peut-être en état d'être employé que l'année fuivante, ou même deux ans après, mais ce n'eft jamais qu'une première avance. (*Voyez* au mot TERREAU, la manière de le faire) On fuivra la même méthode pour toutes les herbes qui feront arrachées. Il eft bien démontré que l'indigo dégraiffe & effrite beaucoup la terre, c'eft-à-dire que fa végétation abforbe beaucoup le terreau ou l'*humus* qui eft l'ame de la végétation, & on fe plaint chaque jour dans nos îles, que les terres à indigo fe détériorent de plus en plus. Cependant on a la reffource des herbes des prairies ou *favanes*, & quelques - unes d'entre ces herbes s'élèvent à plufieurs pieds de hauteur. Tout ce qui n'eft pas néceffaire à la nourriture du bétail doit lui fervir pour la litière; & fi on n'a point ou peu de bétail, il convient de faire pourrir ces herbes dans des foffes recouvertes avec de la terre, ou bien de faire un lit de fix à huit pouces d'herbes, & un lit de deux pouces de bonne terre, & ainfi fucceffivement. On fe procurera par ce moyen un bon engrais & peu coûteux. (*Voy.* le mot ENGRAIS)

Après que le terrain eft bien défoncé, un ou plufieurs nègres armés d'un *rabot*, le nivellent. Ce rabot eft un morceau du fond d'un baril percé dans fon milieu, & par ce trou paffe un manche de fix pieds de longueur; il fait l'office du râteau dans les mains de nos jardiniers. Quelques habitans fe contentent de travailler feulement la place où l'on doit femer; il eft vrai que l'ouvrage eft plutôt achevé; mais

équivaut-il à celui du labour complet?

2°. *De la manière de le femer.* Les nègres qui doivent travailler fe rangent fur une ligne dans la partie la plus élevée du terrain, & marchant à reculons, ils font de petites foffes de la largeur de leur houe, & de la profondeur de deux pouces; chaque foffe eft éloignée de cinq à fix pouces, & en ligne droite le plus qu'ils peuvent. Pour ne pas être interrompu lorfqu'on plante, il faut auparavant partager les divifions qu'on tire à la ligne, de façon que toutes les *chaffes* doivent être marquées, afin qu'à la première pluie on mette auffitôt la main à l'œuvre, & qu'on ne s'occupe uniquement qu'à planter; car étant incertain de la durée de cette pluie, & du jour où elle tombera, il eft effentiel de ne pas laiffer échapper des momens fi précieux. A mefure que les nègres font les trous, les négreffes, munies d'une calebaffe partagée en deux, & remplie de graines, en mettent dans chaque trou que les nègres viennent de faire, pendant que d'autres les fuivent immédiatement avec les rabots, & recouvrent ces foffes d'un bon pouce de terre. Sept ou huit graines de l'indigo franc fuffifent pour chaque trou, & on en met moins dans les trous de l'indigo bâtard; il faut diligenter ce travail, lorfque la pluie y invite, & ceffer de planter lorfque la terre eft fèche.

La néceffité force quelquefois à planter *à fec*, c'eft-à-dire pendant la féchereffe, afin d'avancer la plantation, parce qu'un grain ou deux de pluie de fuite ne fuffifent pas pour la plantation d'une quantité de terre affez confidérable ; mais on ne rifque cette façon de planter que dans le tems qui annonce une pluie prochaine. La manière de femer, de recouvrir les trous, eft la même. C'eft une grande avance pour l'habitant, lorfque le fuccès répond à fon attente : il voit la graine lever tout à la fois, pendant qu'il a le tems d'en planter d'autre, à caufe de la nouvelle pluie. Si, au contraire, la féchereffe trompe fes efpérances, la graine s'échauffe dans la terre, la chaleur la racornit, & il rifque de la perdre entiérement. Si la pluie fi defirée n'eft pas affez confidérable pour pénétrer dans la terre, & qu'elle ne rafraîchiffe que la furface, la graine germe, & la radicule n'ayant point affez de force pour s'enfoncer dans la terre, languit & périt enfin.

Si la pluie favorife les femis, la graine de l'indigo franc lève le troifième jour ; mais fi elle n'étoit pas bien mûre lorfqu'on l'a cueillie, elle ne pouffe que huit jours après, jamais tout à la fois, & à chaque grain de pluie, il en fort de terre. Si, au contraire, elle eft trop mûre, il n'eft pas rare d'en voir lever d'une année à l'autre. On reconnoît le point préfix de la maturité de la graine, à la gouffe qui commence à fécher. La récolte de la graine exige beaucoup d'attention.

Dès que la plante eft fortie, le maître vigilant fait farcler, & tous les quinze jours cette opération eft répétée avec foin, jufqu'à ce que la plante foit affez haute & affez forte pour couvrir la terre de fon ombre.

3°. *Des obftacles à la réuffite de fa végétation.* Le vent, la pluie, le foleil, la terre même, & quelques infectes font à craindre, fuivant les circonftances. Les vents impétueux agitent, fecouent & froiffent la jeune plante : s'il furvient une pluie & un foleil chaud, comme cela arrive lorfque quelques nuages interceptent, de momens à autres, les rayons de cet aftre ; alors la plante imbibée d'eau eft calcinée, & on appelle cet accident, le *brûlage;* fes rameaux s'inclinent contre terre ; ils fe fanent, fe confument & fe deffèchent.

Si la terre dans laquelle on a femé eft trop affoiblie par les récoltes précédentes ; fi fon terreau eft trop abforbé ; en un mot, pour fe fervir du terme du pays, fi elle eft trop ufée, les tiges font foibles dès leur naiffance, & cette foibleffe les accompagne tout le tems de leur durée.

Trois efpèces d'infectes s'attachent à l'indigo. La première reffemble à une chenille, & on la nomme *ver brûlant.* Il forme une toile à l'inftar de celle des araignées ; cette toile fe charge de la rofée de la nuit, & lorfque le foleil paroît fur l'horizon, ces rayons raffemblés dans ces gouttelettes qui font l'office d'une loupe, brûlent les jeunes tiges.

On diroit que les ennemis de cette plante fe multiplient en raifon de fa délicateffe : des effaims nombreux de chenilles dévorent quelquefois en moins de quarante-huit heures les indigos d'un champ entier, & pour comble d'infortune, il fuccède à ces chenilles une autre chenille nommée le *rouleux,* & plus groffe groſſe que les premières. Celle - ci ronge les pieds , & dévore tellement les bourgeons à meſure qu'ils repouſſent , que la plante paroît morte , & périt effectivement quelquefois. Cet inſecte s'enfouit dans la terre pendant le jour , ſort pendant la fraîcheur de la nuit , & recommence ſes dégâts. Cette dévaſtation dure pendant deux mois , & ces deux mois ſont ceux de la plus belle ſaiſon pour la récolte de l'indigo.

L'indigo bâtard eſt moins ſujet à ces inſectes ; & comme s'il y avoit une compenſation du bien & du mal entre tous les individus de la nature, le moindre grain de pluie le dépouille des feuilles , & dès-lors c'eſt une perte réelle , au moins de moitié, pour la quantité de parties colorantes qu'il auroit fourni.

Pour remédier au dégât que font les chenilles, & ſur-tout pour interdire la communication d'un champ à l'autre, ou de la partie infectée avec celle qui ne l'eſt pas, on ouvre de larges tranchées de pluſieurs pieds de profondeur. D'autres ſe contentent de couper l'indigo tel qu'il eſt, & de le jeter dans des cuves pleines d'eau avec les chenilles. M. de Préfontaine, dans *ſa Maiſon Ruſtique de Cayenne*, dit qu'on a l'expérience qu'en lâchant un ou pluſieurs cochons dans les pièces d'indigo attaquées par les chenilles, on donne lieu à ces animaux de ſecouer les tiges avec leur nez pour faire tomber les inſectes, ſur leſquels ils ſe jettent avec avidité. Cet expédient auroit-il le double avantage de détruire le *rouleux*, ſi commun au Cap ? La fouille que l'animal feroit dans la terre pour y ſaiſir ſa proie, ne

Tom. I.

déracineroit-elle pas un peu trop le pied de l'indigo ?

4°. *De ſa coupe*, ou *du tems de le cueillir*. Le tems de la récolte eſt lorſque les feuilles ont une couleur vive & foncée, qu'elles crient & ſe caſſent aiſément, quand on coule la main du bàs en haut. Il eſt eſſentiel de ſaiſir ce point. Lorſqu'on laiſſe la feuille ſe faner, ou ſécher ſur pied, la qualité & la quantité diminuent. Si on coupe l'indigo avant ſa maturité, la couleur en eſt plus belle, & la fécule moins abondante ; il faut avoir l'attention de n'attaquer la tige qu'à un pouce & demi ou deux pouces au deſſus de terre, parce que les rameaux de cette petite ſouche ſont deſtinés à produire de nouveaux rejetons, qui ſeront eux-mêmes coupés ſix ſemaines après. On choiſit pour la coupe un tems humide, autant que faire ſe peut, afin que l'ardeur du ſoleil n'endommage pas les endroits d'où on a détaché les feuilles ou les branches, ce qui les feroit périr, ou occaſionneroit un ralentiſſement conſidérable dans la végétation. Des eſpèces de faucilles bien tranchantes ſervent à cette opération.

III. *De la préparation de l'indigo.* Au moment même où l'on ſépare les rameaux de la ſouche, on les jette ſur des toiles qu'on appelle *balandres*; elles ont environ trois pieds huit pouces à quatre pieds de longueur ſur tous les côtés : à chaque coin de la bàlandre eſt un lien ou cordon, & les quatre liens réunis font de la balandre une eſpèce de ſac, afin d'emporter la grande & la petite herbe, ſans en perdre dans le tranſport. Lorſqu'elle eſt pleine,ou plutôt lorſque le monceau d'herbe eſt aſſez confidérable pour faire la charge d'un homme, un nègre tient des deux mains les liens, & emporte le tout sur ses épaules & sur son dos. Quelques-uns ont des balandres plus étendues, & qu'on remplit par conséquent du double : alors un bâton assez long traverse les anneaux des quatre liens, & deux nègres chargent le tout sur leurs épaules pour le porter aux cuves. Il faut, le plus qu'il est possible, hâter le transport du champ à l'indigoterie, ne pas trop presser & fouler l'herbe dans les balandres, parce que cette plante est si disposée à la fermentation, que pour peu qu'on attendît, la fermentation s'établiroit, s'échaufferoit fortement, & enfin prendroit feu. Le commencement de fermentation hors de la cuve fait perdre beaucoup de parties colorantes, & nuit à leur qualité.

M. Quatremer Dijonval, dans son *Mémoire sur l'indigo*, couronné en 1777, par l'académie royale des sciences de Paris, décrit très-bien la préparation qu'il exige ; c'est d'après lui, & d'après l'ouvrage de M. Monnereau, que je vais tracer le plan du travail.

1°. *Du trempoir* ou *pourrissage*. Il faut avoir trois cuves dans un attelier couvert, où au moins abrité des principales injures du tems, & quelques particuliers les ont exposées en plein air. Ces cuves en maçonnerie forte & solide, sont construites sur un plan incliné, & forment un amphithéatre, afin que la plus élevée dégorge par sa base dans la seconde, & celle-ci dans la troisième. (*Voyez* au mot HUILE, la description du moulin de recense, & la gravure qui explique l'opéra-

tion : les cuves pour l'indigo sont disposées comme celles de la recense.) La plus élevée se nomme *trempoire* ou *pourriture*. Sa forme est ordinairement quarrée, sa longueur de dix pieds sur neuf de largeur & trois de profondeur. Sur deux côtés opposés, sont fortement assujetties en terre deux grosses pièces de bois équarries ; elles excèdent la hauteur de la maçonnerie, assez pour pouvoir passer avec facilité, dans les trous qu'on a pratiqués dans leur partie supérieure, des traverses de bois qu'on retire ou pousse à volonté. Ces traverses, ou coulisses, appelées *clefs*, empêchent les planches ou palissades, dont la trempoire est recouverte, d'être soulevées par l'herbe en fermentation.

Lorsqu'on apporte l'herbe des champs, des nègres l'arrangent paquets par paquets dans la trempoire, & observent qu'il ne reste point de vide, & qu'elle ne soit pas trop serrée. Trente ou quarante paquets suffisent pour la cuve dont on a donné les proportions. Lorsque la cuve est chargée, on introduit une quantité d'eau suffisante pour la remplir à six pouces du bord, & aussitôt on dispose les palissades, & elles sont assujetties par les clefs.

La fermentation s'établit aussitôt ; elle s'annonce par une prodigieuse quantité d'air qui se dégage avec bruit, & par une multitude de grosses bulles qui se succèdent, & elle s'exécute de la même manière que celle du raisin dans la cuve ; mais elle est plus rapide & plus tumultueuse. Toute l'eau qui surnage, prend à la superficie de la cuve une teinture verte très-caractérisée. Lorsque la couleur verte est au plus haut point d'intenſité , on juge que la fermentation eſt également dans ſa plus grande activité. Alors les bulles d'air qui ſe dégageoient dans le commencement , ſont remplacées par des flots d'écume qui s'élèvent & retombent précipitamment dans la cuve. Le bouillonnement eſt quelquefois ſi violent, qu'il briſe les paliſſades, & arrache les poteaux ſcellés en terre. Un fait bien digne de remarque , c'eſt que toute cette écume eſt inflammable, & que l'inflammation s'y communique d'une manière auſſi rapide qu'à l'eſprit de vin ou à l'éther. Cette tendance à l'inflammabilité eſt-elle due à une partie ſpiritueuſe , qui ſe développe pendant la fermentation, ou au ſeul dégagement de *l'air inflammable*, (*voyez* cet article au mot A I R , Sect. VI, page 344.) contenu dans la plante, où formé par ſa fermentation ou par ſa pourriture dans la trempoire ? Cette queſtion peut être conſidérée comme un ſimple objet de curioſité, relativement à la fabrication de l'indigo; mais c'eſt une jolie expérience de phyſique à tenter. On s'aſſureroit ſi l'inflammabilité eſt due à un principe ſpiritueux, comme dans l'eau de vie, en diſtillant une certaine quantité d'écume, & de l'eau contenue dans la trempoire. Je prie ceux qui feront cette expérience de m'en communiquer le réſultat.

Il faut beaucoup d'habitude dans celui qui conduit l'indigoterie , pour bien juger du complément ou point parfait de la fermentation. Les ſaiſons le font beaucoup varier. Par exemple, ſi les pluies ont été fortes & trop long-tems ſoutenues, la plante végète mal , & le grain

qu'elle donne dans la cuve eſt imparfait ; alors c'eſt le cas de juger du degré de fermentation par la couleur de l'eau. Lorſque la ſéchereſſe a régné , l'indigo produit un grain mal formé , l'eau ſe charge de craſſe , & la craſſe annonce une cuve trop pourrie. A la première coupe de l'indigo, la terre eſt encore trop fraîche , ainſi que l'eau ; alors la cuvée montre un faux grain. Si la coupe s'exécute immédiatement après le ravage des chenilles, une craſſe règnera ſur ſa ſurface ; & il ne faut pas là confondre avec celle fournie par le trop de pourriture , &c.

2°. *Du battage.* Lorſque l'indigotier reconnoît par les ſignes accoutumés, que la fermentation eſt aſſez avancée, & que les atômes colorans commencent à ſe réunir, il ſaiſit ce moment pour couler tout l'extrait dans la ſeconde cuve, qu'on nomme la *batterie.* Elle eſt ſemblable à la première, & pour ſa forme & pour ſes dimenſions.

Les habitans qui aiment à faciliter le travail, & qui veulent en diminuer, le plus qu'il eſt poſſible, le poids pour leurs nègres, font enfoncer dans terre, ſur les bords de la cuve, deux pièces de bois de chaque côté, & taillées en manière de fourche à leur extrémité ſupérieure. Cette fourche eſt traverſée par un axe, & cet axe traverſe le manche du *baquet* ou *bucquet*, de ſorte qu'il reſte mobile & , pour ainſi dire, en équilibre. Ces baquets ſont des eſpèces d'écopes ſans fond, emmanchés à des bâtons de moyenne groſſeur , & longs de dix à douze pieds ; on les agite ſans ceſſe de haut en bas : quatre nègres frappent, fans difcontinuer, la fuperficie de la liqueur avec ces inftrumens. Cette opération excite de nouveau une écume confidérable ; & quelquefois elle devient fi forte, qu'elle gêne les coups des baquets. Ce mouvement rapide prolonge tous les avantages de la fermentation, fans permettre à l'extrait de paffer à la putridité. D'ailleurs cette opération facilite l'agrégation des parties ; elle raffemble les molécules colorantes, fi divifées dans l'eau de la première cuve, & forme peu à peu ce grain regardé par les indigotiers comme l'élément de la fécule.

Une heure ou deux après qu'on a ceffé de battre, il convient de vifiter la qualité de l'eau. Jamais une mauvaife cuve ne produit de belle eau ; & plus fon eau eft chargée, plus elle eft fufpecte de trop de pourriture, ou quelquefois de trop de battage. Il y a une autre qualité d'eau qui eft commune à une cuve trop pourrie. Cette eau eft brune dans le haut, & à un pouce plus bas elle eft verte. C'eft une marque infaillible de fon excès de pourriture. Ces circonftances font ordinairement accompagnées d'une fleur épaiffe qui fe partage en petits *crapauds*, pour fe fervir des termes de l'art, & ces crapauds couvrent toute la batterie immédiatement après qu'on a ceffé de battre. Lorfque fon excès n'eft pas outré, elle préfente une eau d'un verd clairet, quelquefois elle eft brune, & on a même bien de la peine à s'appercevoir de fon défaut; l'eau en refte nette, fans aucune craffe : mais ces eaux font extrêmement difficiles à égoutter,& faciles à battre,

parce que cet indigo écume beaucoup. Lorfque l'indigo eft molaffe & tire fur l'ardoife pour la qualité, cela manifefte une heure ou deux de pourriture ; on pourroit même l'eftimer à trois heures dans la belle faifon, parce que la fermentation ne fait pas plus de progrès en trois heures à la fin de Juin, qu'elle en feroit dans une heure, lorfque les faifons font dérangées. Plus l'indigo a de corps, plus fa feuille refte long-tems à pourrir.

Une cuve, au contraire, qui manque de pourriture, montre prefque toujours une eau rouffe, ou d'une couleur verte tirant fur le jaune. Lorfque l'indigo eft battu à propos, il eft exempt de tout mêlange de bleu ; mais il eft plus ou moins rouge, à proportion qu'on s'écarte de fon point : quelquefois on prendroit l'eau pour de la véritable bière. Cette règle n'eft pourtant pas fi certaine, qu'elle ne fouffre de l'exception: car il y a des coupes entières qui font toujours rouges, quoiqu'elles aient éprouvé un degré de pourriture convenable : mais alors l'indigotier peut s'en appercevoir au grain. L'eau rouge n'eft jamais d'un mauvais préfage; l'indigo en égoutte bien, & fa qualité en eft toujours belle.

L'eau qui a la couleur de l'eau-de-vie de Coignac, eft la plus belle qu'on puiffe defirer, parce qu'alors on eft affuré d'en avoir tiré la quinteffence, & qu'il ne manque rien, foit en battage, foit en pourriture: on chercheroit en vain la belle qualité de cette eau dans la première & dans la dernière coupe.

La pourriture ou fermentation eft un point effentiel à bien faifir, celui du battage n'eſt pas moins critique. Si on veut battre une cuve comme il convient , il faut que l'indigotier ſoit , premiérement , convaincu du plus ou du moins qu'elle peut avoir. S'il eſt habile , il en ſera inſtruit avant que le grain ſoit formé ; s'il y a de l'excès , il ménagera le battage ; s'il en manque , il doit pouſſer juſqu'à raffiner ; s'il a ſon point fixe , il doit bien ſe garder de l'outrer. Pour peu qu'il lui donne trop , il lui ôte ſon plus beau luſtre. Si on ne veut pas excéder , il faut obſerver lorſque le grain eſt ſur *ſon gros* & les degrés de ſa diminution , juſqu'à ce que ce grain ſoit parfaitement rond ; qu'il roule l'un ſur l'autre comme des grains de ſable fin ; qu'il ſe dégage bien de ſon eau ; que cette eau paroiſſe claire & nette ; & que la *preuve* qui couvre le fond de la taſſe d'argent, ou *taſſe d'eſſai*, ou *taſſe d'épreuve*, cherche à joindre l'eau quand on l'incline, de façon que le fond de la taſſe reſte nud & ſans aucune craſſe ; alors il eſt tems de ceſſer. Si le battage eſt continué, on tombe dans l'inconvénient de diſſoudre les parties les plus ſubtiles , parce que les grains fournis par la tige n'ont pas la même conſiſtance que ceux fournis par les feuilles. C'eſt ce qu'on remarque ſouvent après le battage d'une cuve trop pouſſée par une eſpèce de grain volage qui reſte entre deux eaux , & qui , quoiqu'imperceptible , nuit extrêmement à l'écoulage de l'eau ; d'où il réſulte que la diſſolution des grains imparfaits , qui ont eu trop peu de battage, ne leur laiſſe pas le poids ſuffiſant pour ſe précipiter au fond. De-là il s'enfuit

que l'indigo a peine à égoutter ; ces grains fins s'attachent aux ſacs dans leſquels on le met , & en bouchent les pores. Ce défaut dans la manipulation rend l'indigo molaſſe.

3°. *Du baſſinet*, ou *baſſinot* , ou *diablotin*. Quand le battage doit-il finir ? Il n'y a point d'époque fixe : on doit le ſuſpendre dès que le grain eſt bien décidé. On reconnoît encore ce point critique, lorſque la couleur de l'extrait , ſi verte avant le battage , devient d'un bleu aſſez caractériſé. Dès-lors , on laiſſe le tout en repos, au moins pendant l'eſpace de deux heures. Dans cet intervalle, la partie jaunâtre, qui étoit un des principes de la couleur verte , & qui ternit encore la vivacité du bleu , ſe ſépare de la fécule , la laiſſe précipiter au fond de la batterie , & ſurnage à la partie ſupérieure de l'extrait auquel elle donne une teinte dorée. C'eſt lorſque cette précipitation paroît bien accomplie , qu'on commence à décanter dans la troiſième cuve ou baſſinet. Au lieu de trois ouvertures ou robinets que porte la batterie , elle en a une ſeule à ſon extrémité pour laiſſer perdre l'eau. On commence par ouvrir le robinet ſupérieur de la batterie , & on laiſſe cette eau , après qu'elle eſt tombée du diablotin , ſe perdre & s'écouler dans la campagne. On en fait autant de l'eau qui s'échappe enſuite par le robinet placé un peu au-deſſous. La fécule , après ces deux décantations , ſe trouve preſque à ſec : on étanche encore, autant qu'il eſt poſſible , le peu d'eau ſuperflue qui peut y reſter ; après quoi on lâche le dernier des trois robinets , & on y recueille précieusement la fécule, qui est d'une consistance à demi-fluide. On la retire du diablotin pour la couler dans des chausses de toile, qu'on suspend les unes à côté des autres ; l'indigo s'y dessèche de plus en plus. Lorsqu'il est presque à l'état de pâte, on le coule sur des caisses quarrées, dont le rebord a environ deux pouces & demi, & on laisse d'abord ces caisses à l'ombre sous des angars, qu'on nomme *sécheries*, ou bien on les expose à l'air libre avant la grande ardeur du soleil. Peu à peu on les expose à une chaleur plus vive ; & enfin, lorsqu'on s'apperçoit que cette pâte est parvenue au point de dessiccation desirée, on la divise en parties de la grosseur & de la forme connues dans le commerce. Après avoir laissé ces cubes, qu'on nomme alors *pierres d'indigo*, se ressuyer encore quelque tems à l'ombre des angars, ils n'ont plus aucune façon à recevoir, & on peut dès ce moment les mettre en futaille.

Il faut observer que les quarrés d'indigo qui ont séché à l'ombre, ne ressuent pas autant dans les caisses comme ceux séchés au soleil. Le premier a resté quelquefois pendant six semaines avant d'avoir acquis la siccité convenable. Pendant cette époque, sa surface devient blanche comme de la chaux, & cette façon de sécher lui est très-favorable ; il semble qu'il en acquiert une nouvelle liaison, ses pierres sont plus dures, & son lustre se raffine.

4°. *Du pétrissage.* C'est une pratique assez généralement adoptée dans les indigoteries, de pétrir l'indigo dans les caisses pour lui don-

ner, dit-on, une liaison qui raffine celle qui lui est naturelle. Cette prétendue liaison ne dépend uniquement que du degré de pourriture & de battage, & principalement de ce dernier. Une cuve qui péche par l'un ou par l'autre, en fournit la preuve ; alors l'indigo s'écrase au moindre choc. Il résulte souvent du pétrissage une perte considérable. Le soleil mange la couleur de l'indigo, qui se trouve comme ardoisé par-dessus, & cette couleur pénètre de l'épaisseur d'une demi-ligne. Cet indigo brûlé du soleil se mêle parmi l'autre en le pétrissant, & peut occasionner des veines ardoisées qui en diminuent le prix. On ne sauroit le pétrir sans l'avoir auparavant exposé au soleil pendant trois ou quatre jours, ce qui le rend aussi mou que le premier jour qu'on l'y a placé. Ce retardement est souvent cause que les vers s'y mettent ; accident sans remède, dont on ne peut le garantir que par de grandes précautions, sur-tout s'il survient des tems pluvieux. Ces insectes mangent une partie de l'indigo, & l'autre partie, qui ne sauroit sécher qu'avec une peine incroyable, est un indigo inférieur dont le prix diminue de la moitié.

L'indigo qui a été exposé au soleil pendant trois à quatre jours, contracte une odeur très-forte, & elle attire les mouches. Ces insectes se jettent dessus l'indigo, en dévorent autant qu'elles le peuvent ; y déposent leurs œufs, d'où sortent des vers en moins de quarante-huit heures. Ces vers s'insinuent dans les fentes de l'indigo ; & là, ils travaillent avec tant d'ardeur à l'abri du soleil, qu'ils le réduisent en bouillie, le chargent d'une humeur glutineuse qui s'oppose à sa parfaite desiccation, & cause une perte réelle. Lorsque le tems est pluvieux ou couvert, on est quelquefois obligé de faire un feu continuel dans la sécherie, afin que la fumée épaisse empêche les mouches de se jeter sur les caisses.

Les détails dans lesquels on vient d'entrer, démontrent combien il est difficile de conduire les opérations par lesquelles on obtient enfin la *pierre* d'indigo, & que ces opérations n'ont point de règles parfaitement fixes. M. Monnereau fournit des observations qui ne font pas à négliger.

La rapidité de la fermentation exige qu'on veille les cuves pendant la nuit comme dans le jour, ce qui fait souvent contracter des maladies dangereuses. Voici comment s'explique M. Monnereau : » Allant un jour sonder une petite » cuve, j'y fus vers le coucher du » soleil, & nous étions dans une » saison où la fermentation est très- » expéditive, c'est-à-dire, au mois » d'Octobre : j'observai que la cuve » commençoit à jeter sa teinture ver- » te ; je la fondai pourtant ; & esti- » mant qu'elle pourroit porter jus- » que vers les deux heures après mi- » nuit, & l'idée remplie du degré de » son bouillon, je consultai ma mon- » tre. Après avoir ordonné de lâcher » l'eau à l'heure que j'indiquois, je » me reposai tranquillement ; & je » trouvai le lendemain avoir fort » bien réussi. Je fis la même obser- » vation à la seconde cuve, avec » cette précaution de m'y trouver » deux heures plutôt ; & trouvant

» son bouillon au même degré de » l'autre, j'en diminuai les deux » heures qu'elle me parut avancer, » & j'eus le même succès. Je conti- » nuai ainsi le reste de la coupe sans » m'écarter de ce plan, & je m'y » réglai en quelque façon mieux » qu'en sondant. »

Pour trouver le point fixe de la dissolution, il faut toujours commencer à sonder de bonne heure une cuve, sur-tout la première, afin de ne pas être surpris, & s'attacher également à la qualité de l'eau comme à celle du grain, & répéter cette inspection toutes les quatre heures. Trois visites suffisent ; par exemple, quand on a sondé la cuve pour la première fois, s'il reste, je suppose, encore dix heures à fermenter, & qu'on aille, quatre heures après, faire la seconde visite, on sait à quoi s'en tenir pour la troisième.

Lorsqu'on fait ces visites de loin en loin, les changemens frappent la vue d'une manière plus décidée. Si à la troisième visite de la cuve elle se trouvoit passée, il n'est pas douteux qu'on s'en appercevroit à l'eau, & on pourroit estimer & calculer son excès par la visite précédente. Dans ce cas, l'eau ne présente plus ce verd vif ; il règne à sa place un verd sale ou un jaune pâle, marques évidentes de son excès ; l'eau même qui rejaillit sur les mains n'y fait aucune impression ; tandis que si la pourriture n'a pas été assez forte, chaque goutte d'eau fait sur les mains une impression si grande, que pour l'effacer, il faut les laver plusieurs fois de suite avec du savon.

5°. *Des différentes figures du grain, suivant l'ordre des saisons.* On distingue trois sortes de tems, le *sec*, le *favorable* & le *pluvieux*. Dans le premier, le grain est alongé en forme de pointe ; dans le second, il est rond comme du sable, & dans le troisième, il est plat & évasé. Ce dernier tems exige beaucoup d'application de la part de l'indigotier. Il verra que le grain se sépare facilement de son eau en le roulant dans la tasse, & laisse une eau d'un verd brillant & foncé ; au lieu que dans une cuve qui est trop pourrie, le grain, quoique évasé comme l'autre, ne s'en sépare qu'avec peine, & reste comme à flot entre deux eaux, dont la couleur est souvent d'un jaune pâle ou d'un verd noirâtre, & quelquefois d'un verd blanchâtre. Il succède à cette eau une *fleur* semblable à une lie, dont les molécules s'unissent & forment dans la tasse, sur la surface de l'eau, comme un demi-cercle ; c'est une preuve bien certaine de son excès. Une cuve qui manque de pourriture peut aussi former une fleur occasionnée par la quantité de pluie, ou parce que la graine étoit déjà nouée par la trop grande maturité de l'herbe ; mais alors les molécules ne s'entretouchent pas.

Il est clairement démontré que la fermentation est absolument nécessaire au développement de tous les principes de l'indigo. Cette fermentation ne peut s'exécuter qu'en suivant les loix assignées par la nature ; elle doit donc avoir une marche réglée, & plus ou moins accélérée ou retardée, suivant les circonstances ; dès-lors, elle doit donc

porter avec elle les signes de son complément ; & ces signes ne sauroient être équivoques, si la marche de cette fermentation ressemble à celle du vin dans la cuve. (*Voyez* les mots FERMENTATION, VIN.) La cuve d'indigo bouillonne plus que celle du vin ; mais dans l'une & dans l'autre, l'ascension du fluide à son plus haut point, n'offriroit-elle pas une règle sûre pour déterminer le moment préfix où l'on doit couler la cuve ? Je ne puis rien affirmer pour l'indigo, parce que je n'ai jamais été dans le cas d'en suivre la fermentation ; je crois cependant qu'il doit y avoir une grande analogie entre l'une & l'autre. Si elle existe, il y a tout lieu de croire que le point caractéristique est le même. Je prie ceux entre les mains de qui cet Ouvrage passera, d'avoir la complaisance d'examiner & de vérifier mon doute, & de me communiquer leurs réflexions.

Ce qui concerne l'emploi de l'indigo pour les teintures & son analyse chimique, n'entre pas dans le plan de ce Cours d'Agriculture ; je me contente d'indiquer les ouvrages que l'on doit consulter. Le T. IX des *Savans Etrangers*, publié par l'académie des sciences de Paris, renferme trois mémoires ; le premier est de M. Quatremer Dijonval ; le second de M. Hecquet d'Orval, & le troisième est de M. Bergman. Ces trois mémoires établissent une théorie complette de la teinture qu'on retire de cette substance singulière, & de la manière de conduire les cuves, de les remonter par des réchaux, &c. Ces mémoires
ont

ont donné lieu à quelques difcuf-
fions utiles ; elles font imprimées
dans le *Journal de Phyfique* du mois
d'Octobre 1777, & dans celui de
Janvier & de Mai 1778.

ANIS. (*Voyez Planche 17*, p. 548)
M. Tournefort le place dans la première fection de la feptième claffe,
qui comprend les herbes à fleurs
rofacées, en ombelle, foutenues par
des rayons, dont le calice devient
un fruit compofé de deux petites
femences cannelées ; & il le défigne
par cette phrafe : *Apium anifum dic-*
tum, femine fuave olente majori. M.
Von Linné le claffe dans la *pentan-*
drie digynie, & l'appelle *pimpinella*
anifum.

Fleur C, compofée de cinq pétales B ovales, recourbés, égaux ;
de cinq étamines alternativement
placées entre les pétales ; d'un piftil D divifé en deux parties cylindriques : le calice eft une pellicule
mince, découpée en cinq parties.
Plufieurs rayons inégaux en grandeur compofent l'ombelle générale,
& chaque rayon porte une ombelle
particulière ou partielle ; il n'y a
point d'enveloppe générale ni partielle.

Fruit E, oblong, ovale ; il fe divife en deux femences F convexes,
& cannelées du côté extérieur, plus
renflé que l'intérieur.

Feuilles, de deux fortes ; celles
qui font proches de la racine font
arrondies, découpées & divifées
en trois ; celles du fommet font découpées en plus de parties, & plus
finement découpées : elles font
toutes ailées.

Racine A, en forme de fufeau,
blanche & fibreufe.

Tom. I.

Port. La tige s'élève à la hauteur
d'un pied ; elle eft branchue, cannelée, creufe : les fleurs naiffent au
fommet ; les feuilles font alternes,
& embraffent la tige par leur bafe.

Lieu. Originaire d'Egypte. On le
cultive dans nos jardins, où il eft
annuel ; il y fleurit en Juin & en
Juillet.

Propriétés. L'anis eft placé au
nombre des quatre femences chaudes, majeures ; les trois autres font
celles de *carvi*, de *cumin* & de *fé-*
nouil. La femence feule eft employée en médecine ; elle eft réputée carminative, ftomachique &
apéritive : par conféquent, elle
échauffe un peu, réveille foiblement les forces vitales, favorife la
digeftion lorfque l'eftomac eft foible ; facilite chez les enfans la digeftion du lait, l'expectoration des
matières muqueufes dans l'afthme
humide, dans la toux catarrhale
ancienne : fouvent l'ufage de ces
femences dégage l'air furabondant
contenu dans les premières voies ;
elles augmentent fenfiblement la
quantité du lait chez les nourrices
& dans les femelles des animaux.
On les confeille dans l'ophtalmie
éryfipélateufe rebelle, dans la cataracte commençante. Sous forme
de cataplafme, elles contribuent
quelquefois à la réfolution des tumeurs inflammatoires. On fait un
grand ufage de ces femences pour
chaffer les vents, & cet ufage eft
très-pernicieux, fi ces vents occafionnent une tendance à l'inflammation, & fur-tout fi l'inflammation eft déjà établie. Il vaut beaucoup mieux employer les boiffons
délayantes, &c.

Ufages. On prefcrit les femences

Bbbb

réduites en poudre depuis cinq grains jusqu'à une drachme, incorporées avec un firop, ou délayées dans cinq onces d'eau ou de vin. Si on les fait macérer au bain-marie dans huit onces d'eau, leur dofe eft depuis quinze grains jusqu'à demi-once. Il eft affez inutile de faire de l'eau d'anis diftillée ; une légère infufion des femences a la même propriété. L'huile qu'on retire par expreffion a les mêmes propriétés que l'huile d'olive, & rien de plus : mais l'huile effentielle qu'on en retire, échauffe & enflamme ; on peut très-bien s'en paffer. Son odeur eft douce, fa faveur eft âcre ; elle fe fige à un froid médiocre : fa dofe eft depuis un jufqu'à dix grains, fur demi-once de fucre.

Pour les animaux, la dofe des femences en poudre eft d'une once ; infufée dans l'eau - de - vie, à la dofe d'une once fur demi-livre de liqueur.

Culture. Elle réuffit affez bien dans nos provinces méridionales. Sa culture en grand a lieu en Efpagne, & fur - tout aux Échelles du Levant. L'anis de Malte eft fort eftimé. Il demande une terre légère, fablonneufe, & malgré cela bien amendée ; enfin, une expofition très - chaude. Au printems, lorfqu'on ne craint plus les gelées tardives, ou les pluies froides, on fème la graine, qui germe facilement ; & fi on veut hâter fa germination, il fuffit de la mettre tremper dans l'eau pendant quelques heures. Les graines fraîches valent beaucoup mieux pour femer ; & en général, on ne peut faire aucun ufage de celles qui ont plus de trois ans.

Lorfque la jeune plante fera fortie de terre, il faut abfolument arracher les plantes furnuméraires, & efpacer celles qui reftent, à fix pouces l'une de l'autre. On aura grand foin de les délivrer de la voracité des mauvaifes herbes, & de piocheter la terre de tems en tems. Ces petits labours font très-profitables pour les plantes. Il eft inutile d'attendre la complète maturité des graines deftinées au commerce ; ce feroit une perte pour le cultivateur. Lorfque la graine commence à être dure, c'eft l'époque à laquelle il convient de couper la plante à un pouce près de terre ; elle repouffe de nouveau au printems fuivant, & elle eft plus forte & plus nourrie. Si on ne coupoit pas la tige, la plante ne fubfifteroit qu'un an, parce qu'elle s'épuiferoit pour faire acquérir à la femence une maturité complète : cette opération rend la plante *bienne.* Les tiges nouvellement coupées font expofées pendant quelques jours au foleil, enfuite battues, & la graine confervée dans un lieu fec. On peut obferver que toutes les plantes ombellifères qui croiffent naturellement dans des lieux bas, humides ou marécageux, font des poifons. Telles font la grande & la petite ciguë, le céleri, & même le perfil, &c. Au contraire, toutes les ombellifères qui végètent d'elles-mêmes dans les terrains fecs, arides, fablonneux, font très - aromatiques. Cette loi générale, établie par la nature, fouffre bien peu d'exceptions.

ANIS ÉTOILÉ, *ou* BADIANE. (*Voyez Pl. 17*, pag. 548) Il n'étoit connu en Europe que par fon fruit, qu'on appeloit *badiane des Indes, anis de Sibérie*, *anis de Chine*, *anis des Indes*. M. Tournefort n'a jamais vu cette plante. M. le chevalier Von Linné n'en a parlé que d'après Kempfer, & l'a placée dans la dodécandrie dodécagynie ; il l'appelle *illicium anisatum*, qui est bien différent de l'*illicium floridanum* que nous allons décrire.

A, disposition des parties sexuelles ; B, ces mêmes parties vues de profil ; C, les nectaires en forme de tubes, convexes d'un côté, & sillonnés de l'autre D ; le filet des étamines, E ; le calice, F ; forme des pétales, G ; forme du fruit, H ; forme des graines, I.

Le calice est composé de cinq petites feuilles membraneuses, colorées, concaves, oblongues, & pointues à leur extrémité. Leur nombre n'est pas toujours constant. Les pétales ou feuilles de la fleur, au nombre de vingt-un à vingt-sept, sont de grandeur différente, suivant le cercle qu'ils occupent ; les extérieurs plus longs que ceux du second rang, & ceux-ci plus courts que ceux du troisième, qu'on avoit pris pour des nectaires, & qui sont représentés ainsi d'après les gravures de madame Regnault de Nangis. Les étamines au nombre de trente environ ; les filets en sont plats & courts, & les anthères sont surmontés de chaque côté d'une espèce de petite poche qui renferme la poussière fécondante. Les pistils, au moins au nombre de vingt, sont placés circulairement au dessus du réceptacle de la fleur ; leurs stiles pointus, recourbés en dehors à leur extrémité supérieure ; leurs stigmates sont recouverts d'un duvet.

Le fruit consiste en douze ou treize capsules. Leur substance est dure, & ressemble à du cuir desséché. Chaque capsule est composée de deux valvules qui renferment chacune une semence douce, luisante, & de figure ovale. Ces capsules sont disposées horizontalement & circulairement, comme les rayons d'une étoile.

Le premier échantillon desséché de cette plante, fut apporté à la reine Elisabeth ; & ce ne fut qu'en 1765, qu'un nègre la découvrit dans un terrain marécageux, près de Pensacola. M. Bartram, botaniste anglois, fit la même découverte sur les bords de la rivière de S. Jean, dans la Floride occidentale ; ce qui nous donne quelqu'espérance de la voir un jour cultivée en France, soit comme arbre d'agrément, soit à cause de son produit pour le commerce. L'arbre qui porte ce fruit est toujours verd, s'élève à la hauteur de vingt pieds, & fournit le plus agréable aromat connu.

Propriétés. Les chinois mâchent souvent les capsules des graines avant le repas pour se fortifier l'estomac & se parfumer la bouche ; & à leur exemple, les hollandois les mettent infuser avec leur thé, & le regardent alors comme un diurétique puissant.

Les japonois & les chinois regardent l'anis étoilé comme une plante sacrée ; ils l'offrent à leurs pagodes, en brûlent l'écorce comme un parfum sur leurs autels, & en placent des branches sur les tombeaux de leurs amis. Les indiens font infuser le fruit dans l'eau, la fermentation s'établit, & il en résulte une liqueur vineuse.

En Chine, les gardes publics

pulvérifent l'écorce, la confervent dans de petites boîtes alongées en manière de tuyau. On met le feu à cette poudre par une des extrémités du tuyau ; mais comme elle fe confume d'une manière uniforme & très-lentement, quand le feu eft parvenu à une diftance marquée, les gardes fonnent une cloche ; & par le moyen de cette efpèce d'horloge pyrique, il annoncent l'heure au public.

ANIS. (Pomme d') *Voyez* le mot POMME.

ANKILOSE, MÉDECINE RURALE. C'eft une maladie des jointures ou articulations, qui exifte lorfque deux os, qui, dans l'état de fanté, font joints enfemble de manière qu'ils peuvent fe mouvoir réciproquement, fe foudent l'un avec l'autre, ne font qu'une feule pièce, & empêchent le mouvement des parties.

Pour entendre parfaitement quelle eft la nature de cette maladie très-commune dans les campagnes, il faut avoir une idée du mécanifme par lequel les mouvemens s'exécutent dans les différentes parties du corps ; c'eft ce que nous allons tâcher de rendre intelligible.

Le corps humain eft compofé de parties *molles*, de parties *folides* & de parties *fluides*.

Les parties *molles* font les chairs, les vaiffeaux & les glandes.

Les parties *folides* font les os ; il y a auffi des parties qui n'ont pas la dureté des os, mais qui ne font pas auffi molles que les chairs, & elles fe nomment *ligamens* & *tendons*.

Les parties *fluides*, font le fang ; & les différentes humeurs qui en fortent.

Pour exécuter les différens mouvemens, il faut un point fixe & folide, & ce point fe trouve dans les os, qui font des fubftances très-dures ; les extrémités des os font taillées par la nature de différentes manières, fuivant la diverfité des mouvemens à exécuter ; mais dans les mouvemens, fi deux corps folides roulent l'un fur l'autre, le frottement les ufe bientôt ; & la nature, pour parer à cet inconvénient, a couvert les extrémités des os d'une fubftance fpongieufe, dont la furface eft liffe & polie. De plus, elle a placé de petits corps nommés *glandes*, qui, pendant les mouvemens, verfent une efpèce d'huile qui les facilite, les rend plus fouples, & empêche que le frottement ne durciffe & ne deffèche l'extrémité des os. Tout fe paffe ainfi dans prefque toutes les articulations. La nature, pour compléter fon ouvrage, a empêché que ce fuc ou huile, que l'on nomme *fynovie*, ne s'épanchât, en enveloppant toute l'articulation avec une efpèce de poche très-forte & très-élaftique en même tems : elle a placé dans l'intérieur de l'articulation, pour la folidité des pièces unies, un cordon fort & élaftique, nommé *ligament*, qui lie les os les uns avec les autres.

Ceci pofé, nous allons parler de cette maladie des articulations, nommée *ankilofe*

L'ankilofe eft une maladie dans laquelle les articulations font foudées. On en diftingue de deux efpèces ; l'une parfaite, & l'autre imparfaite. L'ankilofe eſt parfaite quand les pièces articulées ſont tellement jointes , qu'il ne peut s'exécuter aucun mouvement. L'ankilofe eſt imparfaite quand l'articulation peut encore permettre quelques mouvemens. L'ankilofe eſt quelquefois ſimple , & quelquefois elle eſt compliquée.

L'ankilofe ſimple a lieu quand les parties à demi-ſoudées peuvent encore exercer ſans douleur quelques mouvemens. L'ankilofe enfin eſt compliquée , quand il y a douleur & fièvre.

Cette maladie reconnoît en général deux cauſes : la première vient du vice de la ſynovie , & la ſeconde vient de la capſule ou poche qui enveloppe l'articulation.

Lorſque les capſules ou enveloppes des articulations ſont malades , elles ſe deſſèchent , & ne peuvent exécuter les mouvemens néceſſaires pour broyer la ſynovie : cette dernière liqueur privée de mouvement , s'épaiſſit , ſe durcit enſuite , fait corps avec les capſules , & les parties qui rouloient auparavant l'une ſur l'autre , ſont ſoudées & immobiles.

La ſynovie peut être altérée par d'autres cauſes : l'inflammation qui ſurvient dans une articulation , à la la ſuite des coups , des chûtes ou des bleſſures , procure le même effet que celui dont nous parlions il n'y a qu'un inſtant.

Le tranſport d'une humeur qui rouloit dans le torrent de la circulation , comme la goutte , le rhumatiſme , produit encore le même effet en altérant la ſynovie , qui , à ſon tour , porte ſon impreſſion ſur les capſules & ſur les ligamens.

Dans les grandes maladies il arrive des criſes (voyez ce mot) qui portent la cauſe matérielle de la maladie loin du centre de la circulation , & la dépoſent ſur les extrémités. Si cette cauſe ſe fixe ſur une articulation , elle excitera l'inflammation. Celle-ci ſe termine difficilement dans ces endroits , parce que le tiſſu de ces parties eſt trèsſerré & très-compacte ; la ſynovie s'altère , & l'ankilofe eſt la ſuite de cette altération.

Il eſt encore des maladies qui diſpoſent à l'ankilofe : ce ſont celles dans leſquelles , comme dans les fractures & luxations des membres , on interdit le mouvement du membre caſſé ou luxé , afin de favoriſer la réunion des pièces ſéparées : les articulations de ces membres caſſés reſtent immobiles , la ſynovie s'épaiſſit , & il n'eſt pas rare de voir l'ankilofe ſuivre ces maladies.

On ſait que dans l'Inde on trouve des fanatiques qui , par un enthouſiaſme religieux , & croyant faire un grand ſacrifice à leur dieu , ſe tiennent des années entières dans la même poſition ; ces malheureux perdent la jouiſſance du mouvement , & reſtent toute leur vie ankiloſés.

Les maladies de la peau que l'on fait rentrer indiſcrétement , la vérole , & autres impuretés du ſang , diſpoſent encore à l'ankilofe.

On reconnoît la tumeur que l'on nomme ankiloſe , aux ſignes ſuivans :

L'endroit ankiloſé eſt plus ou moins gonflé , & ce gonflement eſt formé par l'amas de la ſynovie épaiſſie & durcie dans la capſule ou poche de l'articulation : il y a de

ces tumeurs qui font tellement dures, qu'on les prendroit pour des
os durcis & gonflés. Quelquefois
ces tumeurs font inégales ; & dans
ce cas, c'eſt que les capſules font
rompues, & que la ſynovie s'eſt
répandue dans les parties qui avoi-
ſinent l'articulation ; elles font alors
très-groſſes. Pour l'ordinaire ces
tumeurs font égales & ſans douleur, parce que l'épanchement de
la ſynovie ſe faiſant inſenſiblement
par degrés, la capſule & les tendons
ſe prêtent de même, par leur élaſ-
ticité, au développement.

Mais quand l'ankiloſe ſe forme
promptement à la ſuite d'une inflammation vive, la douleur qu'é-
prouve le malade eſt très-forte, les
tuniques de la capſule ſe rompent,
parce qu'elles n'ont pas eu le tems
de céder par degrés, l'inflammation
gagne les parties voiſines ; il ſemble
au malade qu'on lui traverſe l'articulation avec une aiguille.

Si l'ankiloſe eſt ſimple, la peau
qui la recouvre conſerve ſa couleur ordinaire, & elle eſt mobile
ſur la tumeur ; mais ſi l'inflammation
ſuccède, la peau rougit, elle ſe
colle à la capſule, & la ſynovie
s'altère encore de plus en plus.

S'il n'y a point d'inflammation,
& qu'il y ait encore un peu de
liberté dans le mouvement de l'articulation, le mouvement s'opère
ſans exciter de douleurs : mais ſi
l'inflammation exiſte, le plus léger
mouvement occaſionne des douleurs terribles.

Quand l'ankiloſe a duré long-
tems, parce qu'on a négligé d'adminiſtrer des ſecours convenables,
il arrive que les parties qui ſont
au deſſous de l'articulation ſe refroi-

diſſent ; que la peau ſe flétrit ; que
la partie maigrit à vue d'œil. Ces
phénomènes viennent de ce que
le bourrelet formé par l'ankiloſe
s'oppoſe au libre paſſage des vaiſſeaux qui vont porter la nourriture & le mouvement dans ces
parties.

Il arrive auſſi quelquefois, par
une ſuite de ce que nous venons
d'expliquer, que la gangrene attaque les parties qui ſont au deſſous
de l'ankiloſe.

L'ankiloſe, par elle-même, n'eſt
pas en général une maladie qui
mette la vie en danger, tant que la
ſynovie épanchée ne travaille pas ;
mais quand l'inflammation ſurvient,
elle fait travailler la ſynovie, la
rend corroſive, les os ſe carient
en dedans & ſe gonflent en dehors,
en cauſant au malade les douleurs
les plus atroces.

Quand l'ankiloſe eſt parfaite,
elle ne ſe guérit jamais ; on reſte
eſtropié toute ſa vie. Dans ce cas,
il faut éviter les remèdes, parce
que l'inflammation ſuivroit ; & après
avoir fait ſouffrir long-tems & inutilement le malade, elle le priveroit
de la vie.

Quand l'ankiloſe eſt imparfaite,
on parvient à la guérir, pourvu
toutefois que le ſang du malade ne
ſoit point chargé d'impuretés : il faut
dans ce cas, guérir ces impuretés
avant d'attaquer l'ankiloſe ; ſans
cette précaution, elle dégénère
promptement, & fait périr le malade.

Quand les os ſont entrés les uns
dans les autres, l'ankiloſe eſt incurable ; c'eſt une infirmité qu'il faut
reſpecter, de peur d'éprouver de
plus grands malheurs ; l'épaiſſiſſe-

ment de la fynovie, & le racornif-fement des capfules, font les deux chofes qui foient fufceptibles de guérifon.

Les remèdes qui nuifent le plus dans ces maladies, font les cataplafmes & les émolliens, les emplâtres & les onguens ; & ce font précifément ces médicamens dont on fe fert le plus ordinairement. Les émolliens & les cataplafmes nuifent en ce qu'ils facilitent davantage le développement des capfules & l'épanchement de la fynovie ; les emplâtres & les onguens les plus vantés par l'ignorance & le charlatanifme, ou par un zèle aveugle non moins dangereux, altèrent la peau, l'enflamment ; l'inflammation paffe dans les capfules, & les défordres ne font qu'augmenter.

Il faut cependant employer des topiques & des remèdes intérieurs ; on fentira aifément que fi l'ankilofe eft la fuite d'impuretés dans le fang, il faut combattre ces impuretés par les médicamens qui leur font propres, avant d'attaquer l'ankilofe, fans quoi les médicamens les mieux indiqués échoueroient.

Parmi les médicamens qui font propres à guérir les ankilofes, les eaux minérales, prifes intérieurement, & les boues de ces eaux appliquées en topique fur l'ankilofe, font ceux que l'expérience a prouvés être les meilleurs. Nous avons en France plufieurs de ces eaux, en faveur defquelles l'expérience a prononcé d'une manière victorieufe ; celles du Mont-d'Or en Auvergne, de Luxeuil en Franche-Comté, celles de Bourbonne, celles de Saint-Amand en Flandre, & celles de Barège en Bigorre, font

celles qu'il faut préférer. On baigne le malade dans ces eaux, on lui en fait boire, on applique fur l'ankilofe les boues de ces eaux, & on fait des douches fur la partie malade avec ces mêmes eaux.

Ces moyens difpendieux à caufe du déplacement qu'ils exigent, ne peuvent être employés par les malheureux, en faveur defquels nous écrivons, & il faut avoir recours à l'art pour imiter ces eaux.

On imite affez bien celles de Barège, en mêlant le fel marin & l'*héphar fulphuris*, ou foie de foufre, ce dernier à demi-dofe du fel, & quelques plantes aromatiques ; on met le membre ankilofé dans cette eau factice, on fait des douches avec cette même eau ; & pour imiter les boues, on prend le litontrax dont fe fervent les maréchaux, que l'on arrofe avec l'eau minérale factice.

Il faut ceffer l'ufage de ces moyens fi la fièvre furvient accompagnée de l'inflammation de l'ankilofe.

L'ankilofe vient auffi quelquefois de fucs amaffés par l'immobilité dans laquelle l'articulation a demeuré à la fuite des crifes d'autres maladies : on emploie alors des réfolutifs, tels que les décoctions de *fcrophulaire*, *aigremoine*, *perficaire*, *jufquiame* & *morelle*, qu'on aiguife avec des alcalis ; on les applique chauds, on change plufieurs fois par jour ; on frotte encore l'ankilofe avec des huiles qu'il faut animer avec l'efprit de vin, car feules elles nuiroient beaucoup, comme nous l'avons démontré plus haut. S'il y a empâtement dans la tumeur, on applique un féton, ou un emplâtre de véficatoires ; le fel de cantharides fait effort contre l'obstacle, déglue la synovie, & redonne du ton à la capsule. Il faut, s'il est possible, que le malade respire un air sec ; qu'il soit purgé de tems en tems, & qu'il fasse aussi usage de tisane faite avec les bois sudorifiques, tels que le *gayac*, le *saffafras*, &c. On rend ces tisanes purgatives. M. B.

ANKILOSE, *Médecine Vétérinaire*. On nomme ainsi, pour les animaux, l'union des deux os articulés & soudés ensemble, de manière qu'ils ne font plus qu'une seule pièce. Cette soudure contre nature, empêche le mouvement de l'articulation, & se nomme *ankilose vraie*, pour la distinguer de l'ankilose fausse, dans laquelle l'articulation permet quelques légers mouvemens. Cette dernière peut être occasionnée par des tumeurs osseuses qui surviennent aux jointures, telles que la courbe, l'éparvin, par le gonflement des os, des ligamens, & l'épaississement de la synovie. Toutes ces causes empêchant le mouvement des articulations, dégénèrent souvent en ankilose vraie, lorsque la soudure devient exacte, & qu'il y a perte de mouvement.

Cette maladie vient aussi à la suite de l'entorse, des luxations & des fractures non-réduites.

Le pronostic à tirer est différent suivant les différences de la maladie. Une ankilose, par exemple, produite par une luxation non-réduite, est plus facile à guérir, lorsqu'on peut replacer l'os, qu'une autre qui survient après la réduction ; celle qui est ancienne présente plus de difficultés que la nouvelle. Pour réussir dans le traitement de chacune

d'elles, il faut bien connoître la cause qui y donne lieu : tout ce que nous disons ici est relatif à l'ankilose fausse ; car celle où il y a impossibilité de mouvement est incurable. Arrêtons-nous seulement à celle qui est fréquente au boulet & au jarret des chevaux. Elle arrive ordinairement à la suite d'un coup, d'une piqûre, d'une entorse & d'un effort, surtout, si l'on a manqué de remédier au gonflement de la partie, par les saignées, les fomentations émollientes & résolutives.

Dans cette espèce d'ankilose, la saignée est à pratiquer dans le commencement, s'il y a douleur, inflammation. Cette opération doit être suivie de l'application des cataplasmes & des fomentations anodines. Quand la douleur est passée, il faut commencer à faire mouvoir doucement les parties sans rien forcer. Dans les tentatives du mouvement, on ne donne que celui que la construction de la partie permet : ainsi on ne remuera en rond que les articulations par genou, comme le bras avec l'épaule ; il faut fléchir seulement les articulations par charnière, telles que le tibia avec le principal os du jarret. Lorsque la douleur, l'inflammation & le gonflement seront cessés, on aura recours aux résolutifs, tels que les fomentations spiritueuses & aromatiques avec le gros vin, contenant de la sauge, du thym, du romarin & d'autres plantes de cette nature. Ces remèdes seront suivis des frictions d'eau de vie camphrée & ammoniacale, & du feu, si ces derniers n'ont pas eu l'effet desiré.

Les dispositions à l'ankilose dépendent

pendent quelquefois d'une gourme, d'une gale, des eaux aux jambes, que l'on aura fait indiscrétement rentrer par des topiques, & qui dépravent l'humeur synoviale. Dans ce cas, il s'agit d'abord de détruire la cause, en la combattant par les remèdes appropriés. (*Voyez* GOURME, GALE, EAUX AUX JAMBES.) M. T.

ANNEAU. C'est une espèce de ride ou de plis, formée sur l'écorce des branches qui doivent donner du fruit, & sur tous les boutons à fruit. Cette expression du vœu de la nature se manifeste clairement sur les arbres à pepins, & avertit les jardiniers de ménager & les branches & les boutons. La forme de ces plis & replis varie beaucoup sur la même branche : ici, ils sont plus saillans, & là plus enfoncés. La nature les a destinés à épurer la sève, en la filtrant; & ils font, pour ainsi dire, l'office d'un crible qui rejette tout ce qui n'est point assez atténué, assez élaboré pour passer.

On doit à M. Roger de Schabol, une excellente observation. Lorsque les boutons à fruit s'alongent trop, lorsque les anneaux sont trop multipliés, ils ne peuvent plus être féconds. Lorsque les boutons à fruit sont si alongés, on doit les abattre, parce qu'ils pourriroient & tomberoient d'eux-mêmes, au lieu qu'en les coupant, il s'en forme de nouveaux. La trop grande multiplicité de ces rides rend la sève trop atténuée. L'arbre qui est dans ce cas, demande qu'on lui donne un engrais gras & onctueux, tel est le terreau du fumier de vache, celui du fond des mares, &c.

Tom. I.

ANNÉE. (*Voyez* AN)

ANNUEL. Toute plante qui naît, croît & meurt dans l'année, se nomme *plante annuelle;* quand elle passe l'hiver & dure deux ans, elle porte le nom de *bisannuelle;* & *vivace,* lorsqu'elle subsiste plusieurs années. Le chevalier Von Linné, comparant la durée des plantes au cours des astres, en a emprunté les signes pour exprimer le tems de leur vie. Ainsi le cours du soleil ne durant qu'une année, cet astre ☉ est devenu le symbole des plantes annuelles. Mars emploie deux ans à terminer sa révolution, ♂ indique la durée des bisannuelles; enfin Jupiter ♃ désigne celle des plantes vivaces, parce qu'il est plusieurs années à parcourir son orbite. Quand donc on trouve dans un auteur ces phrases, *salsifis* ♂, *oseille* ♃, *blé* ☉, cela veut dire que le salsifis dure deux ans, l'oseille (au moins sa racine) plusieurs années, tandis que le blé n'en vit qu'une. M. M.

ANODIN. On donne le nom d'*anodins,* aux remèdes qui calment & adoucissent les douleurs; ils ne diffèrent des narcotiques ou assoupissans, qu'en ce que ces derniers, quoique du même genre, ont beaucoup plus de force : l'effet de ces remèdes est toujours relatif, & les médicamens différens que l'on emploie en médecine, peuvent, suivant les circonstances, mériter le nom d'*anodins.* On conçoit aisément, que la saignée du pied est un remède anodin, quand elle guérit un mal de tête très-violent; il en est de même de tous les médicamens. (*Voyez* le mot NARCOTIQUE, où les

Cccc

vertus de ces différens remèdes
font expliquées plus particuliérement.)

ÂNON. (*Voyez* ÂNE)

ANONIS. (*Voyez* ARRETE-
BŒUF)

ANTENNE. La plus grande partie des infectes porte à la tête des
espèces de cornes auxquelles les
naturalistes, ont donné le nom d'*antennes*. Ces antennes varient, soit
pour la forme, la grosseur, la longueur, le nombre des articulations,
selon les genres, les espèces, & le
sexe des infectes.

Quelques observations qu'aient
faites jusqu'ici les naturalistes, ils
n'ont point encore découvert de
quelle utilité sont les antennes aux
infectes : dans le genre des araignées,
elles sont l'organe de la génération
des mâles. Au moment de l'accouplement, on voit sortir de leur
extrémité un tubercule charnu &
humide, que le mâle applique contre la vulve de la femelle ; mais qui
rentre & disparoît dès que l'accouplement est terminé. Bien des infectes s'en servent comme de bras,
qu'ils portent en avant pour être
avertis des obstacles qui s'opposent
à la direction de leur marche ; d'autres, comme les araignées, pour
saisir leur proie. Les mâles des abeilles, des guêpes, flattent avec les
antennes leurs femelles, lorsqu'ils
veulent en approcher.

Dans tous les infectes les antennes sont très-mobiles sur leur base ;
elles se plient en différens sens, au
moyen de plusieurs articulations.
M. D. L.

ANTHÈRE, ou *sommet*, est cette
espèce de petite bourse, ou de capsule, qui surmonte le filet de l'étamine, qui dans quelques plantes y
est suspendu. (*Fig. 5, Pl. 18*, représente une étamine composée de son
filet A, & de son anthère B.) Variées
dans leur forme & leur couleur,
la destination des anthères est la
même : ils renferment la poussière
fécondante qui doit passer dans le
pistil, & aller donner le principe de
l'existence & de la vie à l'embryon
renfermé dans l'ovaire. Ils sont donc
l'organe mâle des fleurs.

Toujours riche & magnifique
dans ses productions, la nature a di-
versifié la figure des anthères, leur
couleur & le nombre de leurs capsules. Si dans la mercuriale, le prunier, l'amandier, l'épine blanche,
&c. le filet de l'étamine ne porte
qu'une capsule, il en porte deux
dans les pêchers, les chiendens,
l'ellébore ; trois dans les orchis, &
quatre dans la fritillaire. L'anthère
est d'un jaune de safran dans le lis, la
rose, la fleur du limonier ; elle est
blanche & presque diaphane dans
la mauve, le plantain, & violet
foncé dans l'aubépine. La forme la
plus générale de l'anthère, est celle
de l'olive, ou d'un corps rond approchant plus ou moins de la figure
oblongue. Quand elle est uni-capsu-
laire, à l'aide d'un microscope on
apperçoit seulement un corps globuleux, divisé suivant sa longueur
par une rainure : à mesure que la
fleur s'épanouit & avance vers
l'instant de la fécondation du germe,
la rainure s'ouvre & l'on commence
à distinguer les grains de la poussière fécondante. Quelquefois l'ouverture de la rainure se fait tout

Pl. XVIII. Pag. 570.

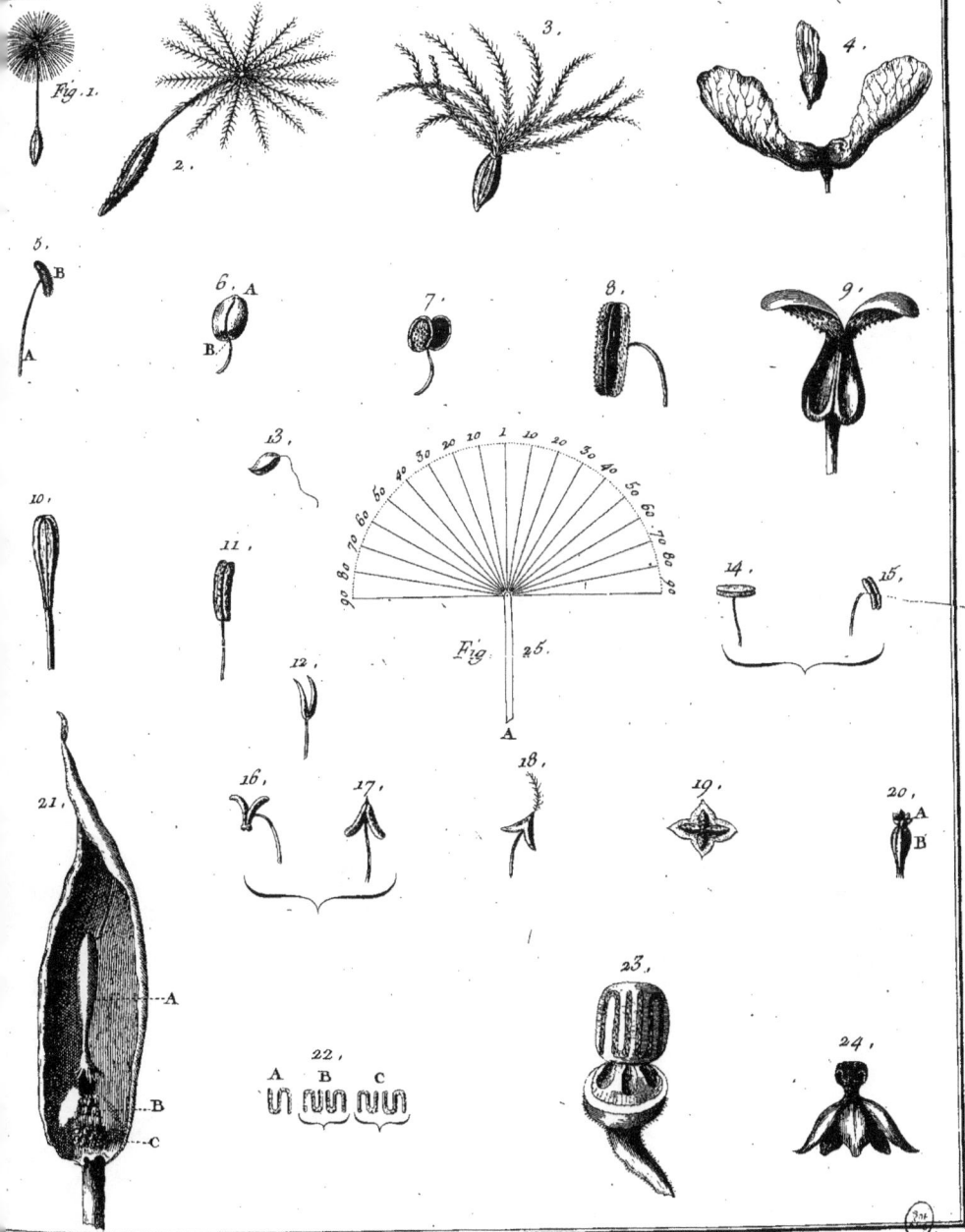

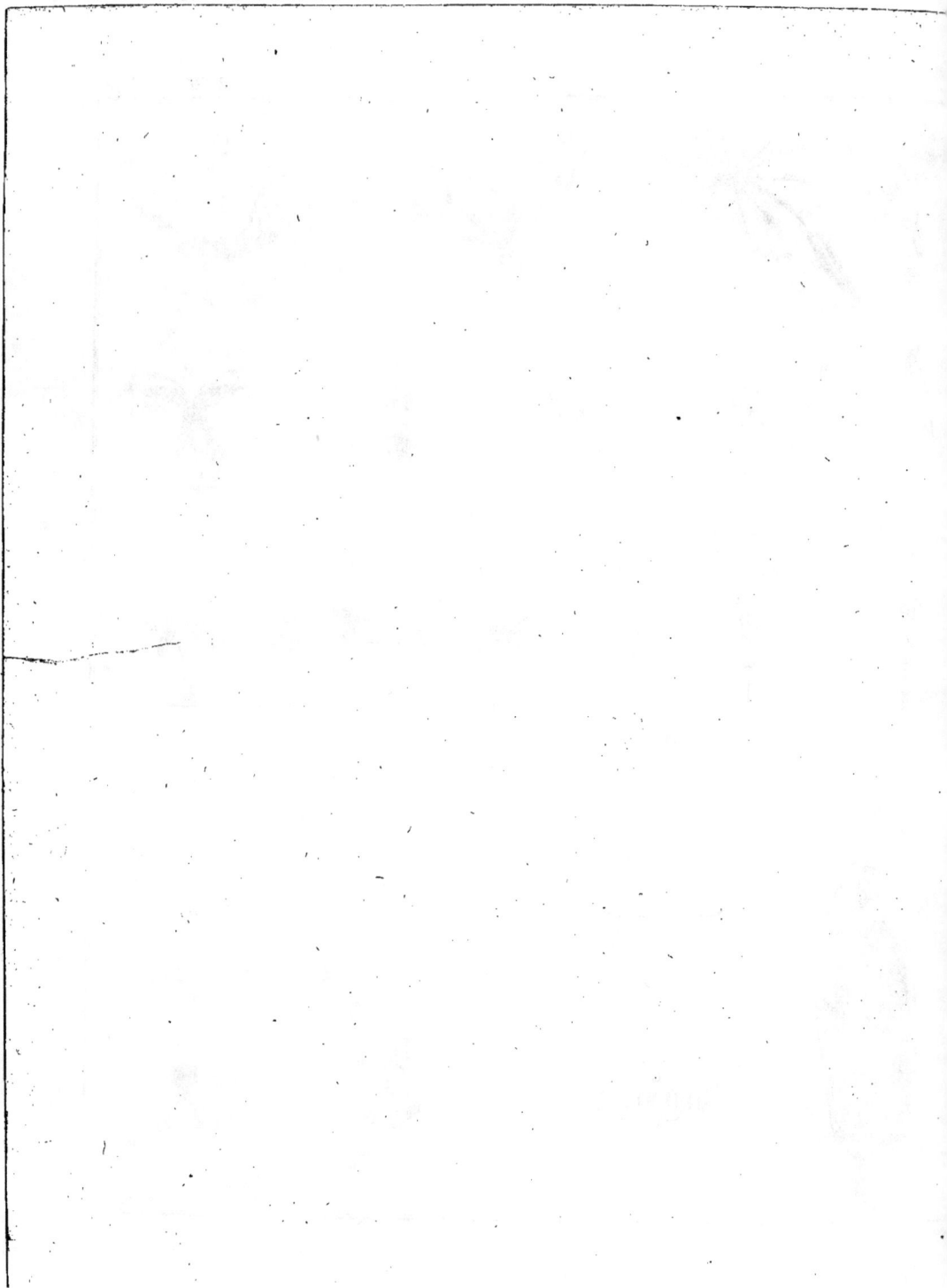

d'un coup, & par une secousse qui en même tems fait jaillir une grande quantité de poussière séminale.

Quand l'anthère est poli-capsulaire, les capsules s'ouvrent les unes contre les autres. Avant le moment de la fécondation, les anthères sont fermées, (*Fig. 6*) on distingue seulement sur la surface de chacun une ligne, ou une rainure A B. Lorsque les anthères s'ouvrent, c'est par cette rainure : alors, si les capsules sont rondes, elles représentent deux écussons adossés l'un contre l'autre par leur partie postérieure, (*Fig. 7*) ces écussons ouverts sont bordés presque toujours d'une espèce de bourrelet, comme on peut le remarquer dans cette figure. Si les capsules sont longues comme dans la tulipe, elles forment en s'ouvrant des prismes à pans saillans ; (*Fig. 8*) les capsules ne s'ouvrent pas seulement suivant leur longueur, mais encore du bas en haut, dans l'*epimedium*, (*Fig. 9*) à la pointe seulement dans le *galanthus*, par deux endroits à la fois dans la bruyère. Il nous seroit impossible d'entrer dans un détail circonstancié de la forme des anthères de chaque plante ; toutes les variétés sont encore inconnues aux botanistes ; mais l'insertion des anthères sur les fleurs a été plus étudiée, on pourroit presque la réduire à un nombre déterminé.

1°. L'anthère n'étant pour ainsi dire qu'un renflement du pédicule, comme dans le plantain, (*Fig. 10*)

2°. Située perpendiculairement au dessus du pédicule, comme dans la tulipe, (*Fig. 11*) le *gualteria*, (*Fig. 12*)

3°. Pendue à un filet délié, comme dans les arundinacées, (*Fig. 13*)

4°. Attachée au pédicule par le milieu, & alors elle peut être horizontale comme dans le câprier, le *cephalantus*, (*Fig. 14*) incliné à l'horizon, comme dans la sauge & dans le plus grand nombre des plantes. (*Fig. 15*)

Dans ces quatre premières classes, les anthères se trouvent réunies parallèlement entr'elles, excepté dans le *gualteria*, (*Fig. 12*) qui fait le passage aux variétés suivantes.

5°. Les anthères formant différentes figures, & se séparant tantôt par l'extrémité supérieure, comme dans la pervenche, dans le cléthra, (*Fig. 16*) le gualteria, & imitant des cornes ; tantôt par leur extrémité inférieure, en représentant un fer de lance, comme dans beaucoup de plantes. (*Fig. 17*) Le nérion ou laurier rose, (*Fig. 18*) a de plus ses anthères surmontées d'une espèce de barbe.

6°. Adhérente immédiatement ou aux pétales sans filet, comme dans le gui. (*Fig. 19*) L'anthère, dans cette plante, est un petit sac chagriné, posé au nombre de quatre sur le pétale ; ou sur le stigmate, comme dans l'aristoloche ; (*Fig. 20*) A, anthères au nombre de six ; B, stile & stigmate ; ou enfin autour d'un chaton cylindrique, au pied duquel sont les ovaires, comme dans l'*arum*, ou pied de veau. (*Fig. 21*) A, corps cylindrique ; B, anthères ; C, baie ou fruit.

7°. Enfin, les anthères formant des capsules longues, attachées en zig-zag de haut en bas, sur un support rond. Le botaniste qui les a le mieux décrites, est certainement M. de Jussieu le jeune. A l'aide de la loupe, il a reconnu que cette

espèce d'anthère étoit toujours composée de cinq pièces recourbées sur
elles-mêmes, & disposées de deux
en deux ; plus une, comme on le
voit (*Fig. 22*) ; A, représente une
seule anthère isolée, & B C quatre
anthères accolées deux à deux.
Qu'on imagine ces cinq anthères
collées dans cet ordre autour d'un
corps pulpeux, rond, & l'on aura
la fleur mâle du potiron, (*Fig. 23*)
ainsi que celle de la bryoine d'Abys-
sinie, (*Fig. 24*) & en général, de
toutes les plantes cucurbitacées. On
doit considérer ce corps rond comme
le filet de l'étamine, ou le support
des anthères. Au mot ÉTAMINE,
nous examinerons la forme, la variété & l'insertion de ces filets.

Il peut encore exister d'autres
variétés essentielles dans l'insertion
des anthères sur les filets des étamines, mais elles ne sont pas encore
connues, ni décrites. La botanique
est une mine féconde, où l'on découvre tous les jours des richesses
& des beautés. Le nombre des anthères sur les filets, forme une variété essentielle. Tantôt il est unique
sur un seul filet, comme dans presque toutes les plantes, ou supporté
par trois filets, comme dans la
citrouille ; ou par cinq, comme
dans la *fingenesia* ; tantôt on remarque deux anthères sur chaque filet
de la mercuriale, tandis que ceux de
la fumeterre en portent trois, & le
theobroma cinq. La bryoine en porte
cinq sur trois filets.

L'objet unique de l'anthère est
de renfermer la poussière séminale,
& de la répandre sur le pistil, pour
la fécondation du germe. (*Voyez-en*
le mécanisme aux mots ÉTAMINE,
& POUSSIÈRE SÉMINALE.) M. M.

ANTHORA. (*Voyez* ACONIT)

ANTHRAX. (*Voyez* CHARBON)

ANTIASTHMATIQUE. (*Voyez*
ASTHME)

ANTIAPOPLECTIQUE. (*Voyez*
APOPLEXIE)

ANTICŒUR. (*Voyez* CŒUR)

ANTIDOTE. Dénomination
employée pour caractériser les remèdes qu'on suppose être capables
de résister à l'action des poisons,
de la peste même, des piqûres &
morsures des animaux vénimeux,
de la contagion de l'air, de la putréfaction des humeurs dans les fièvres malignes, &c. Ces prétendus
antidotes font les grandes ressources
des praticiens ignorans, & sur-tout
des charlatans qui courent & pul-
lulent dans les campagnes lorsqu'il
s'agit de traiter les bestiaux.
Ces remèdes font, pour l'ordinaire, composés avec des substances
âcres, échauffantes, vivement sti-
mulantes ; telles font les résines. S'il
y a inflammation, ils l'augmentent
encore plus, & font très-dangereux ; si, au contraire, les forces
font abattues, du bon vin vieux
donné, soit aux hommes, soit aux
animaux, sera le meilleur, le plus
simple & le moins coûteux des antidotes. Il est vrai que pour l'homme
qui fait un usage immodéré de
cette boisson, ce remède ne produira aucun effet. Lorsqu'il y a putridité, l'acide du citron, le vinaigre
sur-tout, ainsi que le quinquina en
poudre, à la dose d'une once, font
trois excellens antidotes. On vante
beaucoup celui de Paracelse. En

voici la composition, & elle donnera une idée des autres. Prenez aloès hépatique, myrrhe choisie, de chacun six drachmes; storax, deux onces; safran, une drachme; sel d'absinthe, demi-once; fleur de soufre, vingt-quatre onces; thériaque, deux onces; une livre d'huile de térébenthine, & sept livres d'extrait de génièvre. Faites digérer les baies de génièvre récentes & concassées, dans un matras de verre bien bouché, avec une livre d'eau-de-vie: distillez ensuite pour en tirer l'esprit, dans lequel vous mêlerez exactement toutes les drogues qu'on vient de citer; le tout sera mis dans un alambic de verre, mis en digestion, pendant cinq jours, sur des cendres chaudes: le feu doit être modéré & égal. Ensuite distillez le tout, & vous obtiendrez l'*élixir* de Paracelse. Si vous versez la liqueur non distillée doucement par inclinaison, en sorte qu'il ne s'y mêle point de féces, vous aurez l'*antidote* de Paracelse. La dose de l'un & de l'autre est de vingt-cinq à trente gouttes.

On regarde ce remède comme antihystérique, cordial, stomachique, & on assure qu'il est un contrepoison certain contre l'arsenic; ce qui demande confirmation.

On voit par l'énumération des drogues combien on doit être circonspect dans l'usage de ces remèdes incendiaires. Il est plus facile de mettre le feu à une maison, que de l'éteindre. Le peuple, si souvent trompé, sera-t-il toujours le jouet du charlatanisme, qui abuse de sa crédulité pour soutirer son argent!

ANTIDYSSENTÉRIQUE. (*Voyez* DYSSENTERIE)

ANTIÉPILEPTIQUE. (*Voyez* ÉPILEPSIE)

ANTIHYDROPIQUE. (*Voyez* HYDROPISIE)

ANTIHYSTÉRIQUE. (*Voyez* PASSION HYSTÉRIQUE)

ANTIMÉLANCOLIQUE. (*Voyez* MÉLANCOLIE)

ANTIMOINE, est un minéral d'une couleur métallique, brillante & plombée. Cette substance, composée ordinairement de filets disposés assez réguliérement en forme d'aiguilles appliquées les unes contre les autres, contient un demi-métal connu sous le nom de *régule d'antimoine*, combiné avec environ un tiers de soufre. Les travaux de la métallurgie, en grand comme en petit, parviennent à dégager ce demi-métal de sa base sulphureuse, & à en extraire le régule pur.

Comme l'antimoine est beaucoup employé en pharmacie, soit par rapport aux hommes, soit par rapport aux animaux, il est important de le faire un peu plus connoître, & d'exposer les procédés les plus simples pour en préparer les différens remèdes.

On débarrasse la partie métallique de l'antimoine de son soufre par la calcination; il suffit d'exposer de l'antimoine cru, broyé en petits morceaux, dans un vaisseau de terre non vernissé, plat & évasé, à l'action d'un feu modéré. On l'agite perpétuellement; le soufre s'évapore, & l'on continue de remuer jufqu'à ce qu'il ne s'élève plus ni fumée, ni vapeurs de foufre. Ce qui refte après cette calcination, eft la terre métallique, que l'on nomme alors *chaux d'antimoine.*

Cette chaux renfermée dans un creufet, & pouffée au feu, fe fond; & quand elle eft refroidie, elle paroît fous une forme vitreufe, caffante, fans goût, fans odeur, tranfparente quelquefois, & de couleur d'hyacinthe; on la nomme alors *verre d'antimoine.* Quand cette chaux fondue n'eft qu'une maffe opaque, & fans tranfparence, de couleur brune, elle porte le nom de *foie d'antimoine.* Ces différences ne font dues qu'au plus ou moins de principe inflammable & de foufre qui font reftés dans la terre métallique de l'antimoine; par conféquent, comme dit M. Macquer, elles ne dépendent que de la longueur & de l'exactitude de la calcination.

La chaux, le foie, & le verre d'antimoine, traités dans des creufets fermés, & à un violent feu, avec des matières capables de leur fournir du phlogiftique, tels que le flux noir, des matières graffes ou huileufes, fe réduifent en une matière demi-métallique, dure, caffante, d'un blanc un peu fombre, compofée de facettes brillantes dans la caffure, & fufceptible de fe criftallifer en refroidiffant : c'eft le *régule d'antimoine.*

Les acides, en général, diffolvent difficilement ce régule. L'acide vitriolique ne le diffout que par la voie de la diftillation, encore faut-il qu'il foit très-concentré : il forme alors une efpèce de *vitriol antimonial.* L'acide nitreux corrode plutôt qu'il ne diffout le régule pur; il l'attaque plus

facilement dans l'antimoine crû, & le convertit en chaux blanche. L'acide marin feul n'agit point fenfiblement fur l'antimoine & fon régule; mais à l'aide de la diftillation, il fe combine avec lui fous la forme d'une matière butireufe, ou qui fe fige comme du beurre, ce qui l'a fait nommer *beurre d'antimoine.* Pour obtenir ce fingulier fel métallique, on mêle enfemble du régule d'antimoine, avec du fublimé corrofif dans une cornue, & on diftille. L'acide marin abandonne le mercure, & fe combine avec le régule d'antimoine. Le beurre d'antimoine fe réduit facilement en liqueur dans l'eau. Quand la quantité d'eau eft confidérable, le régule fe fépare du diffolvant, & fe précipite fous la forme d'une poudre blanche, à laquelle on a donné le nom de *poudre d'Algaroth* & de *mercure de vie.* L'eau régale diffout parfaitement, à l'aide d'une douce chaleur, le régule d'antimoine. Cette diffolution a une belle couleur d'or, qui difparoît cependant infenfiblement. L'acide du tartre l'attaque encore, & forme avec lui du *tartre ftibié,* ou *émétique.*

Il feroit à fouhaiter que tous les pharmaciens ou apothicaires fuiviffent le procédé que M. Macquer donne dans fon *Dictionnaire de Chimie,* pour faire du tartre ftibié, fur l'éméticité duquel on peut compter avec raifon. On ne fera pas fâché de le trouver ici. Mêlez enfemble parties égales de crême de tartre & de verre d'antimoine porphyrifé, ou même, fi l'on veut, un peu plus de ce dernier; projetez peu à peu ce mélange dans de l'eau bouillante; continuez à le faire bouillir un peu, jufqu'à ce qu'il n'y ait plus aucune effervescence, & que la crême de tartre soit entiérement saturée. Filtrez après cela la liqueur : on trouve sur le filtre une certaine quantité de matière sulphureuse, & ce qui n'a pu se dissoudre de verre d'antimoine, & on obtient par refroidissement de très-beaux cristaux de tartre stibié. Ils sont transparens tant qu'ils sont humides, mais ils perdent peu à peu, à l'air sec, une partie de l'eau de leur cristallisation, & deviennent d'un blanc opaque. Ce tartre stibié, ajoute ce savant médecin, a produit constamment un bon effet émétique., depuis un grain, jusqu'à deux & demi ou trois tout au plus, suivant les tempéramens, & suivant la nature de la maladie.

Il conseille encore de substituer au verre d'antimoine, la poudre d'Algaroth ou mercure de vie, le degré d'éméticité de ce précipité étant plus invariable encore que celui du verre d'antimoine, parce que la poudre d'Algaroth est plus homogène & plus une que l'autre préparation, qui peut contenir quelquefois plus ou moins de soufre.

L'alcali fixe en liqueur & en ébullition, se combine avec l'antimoine cru, & forme avec lui du *kermès minéral*. Comme cette préparation est d'un très-grand usage en médecine, & de la plus grande importance, *voyez* le mot KERMÈS MINÉRAL.

Le régule d'antimoine peut s'allier avec la plupart des métaux, & forme avec eux de nouveaux régules ; le régule *martial d'antimoine*, en mêlant du fer & de l'antimoine ; le régule de *Vénus*, en fondant du cuivre avec du régule martial ; le régule *jovial*, en fondant parties égales d'étain & de régule martial. En mêlant le régule de Vénus & le régule jovial, on a proprement le *régule des métaux* ; enfin le régule violet, en fondant parties égales d'étain, de fer, de cuivre & d'antimoine.

La médecine a tiré parti de presque toutes les préparations chimiques de ce demi-métal. Comme il est essentiellement émétique, il perd difficilement cette propriété. Du vin même qui a séjourné quelque tems dans un vase fait de son régule, acquiert cette qualité dans un degré assez éminent pour purger vivement par bas & par haut. Si toutes ces préparations deviennent des remèdes excellens entre les mains d'un médecin habile & éclairé, elles peuvent être la cause d'accidens très-funestes, appliquées mal à propos, ou en doses disproportionnées. L'on ne sauroit donc trop recommander aux praticiens des campagnes, d'être réservés sur l'usage des préparations antimoniales.

Les arts, en général, ont tiré peu de profit de l'antimoine. L'émail jaune de la faïence se fait avec ce demi-métal ; mais ce sont les caractères d'imprimerie qui en absorbent la plus grande quantité. Il entre pour un huitième avec le plomb dans la composition de ces caractères. Le fondeur de cloches l'emploie, mais en petite quantité, pour rendre leur son plus fin ; enfin, le potier d'étain s'en sert encore pour rendre l'étain de vaisselle plus blanc & plus dur. M. M.

ANTIPESTILENTIEL, (*Voyez* PESTE)

ANTIPLEURÉTIQUE. (*Voyez* PLEURÉSIE)

ANTISCORBUTIQUE. (*Voyez* SCORBUT)

ANTISEPTIQUES , MÉDECINE RURALE. On donne le nom d'*antiseptiques* aux alimens & aux médicamens qui préviennent la putréfaction ou pourriture du corps vivant , & qui s'opposent à ses progrès.

Or , pour comprendre quelle est la manière d'agir de ces médicamens , & pour connoître les circonstances dans lesquelles il est nécessaire de les employer , il est important que nous faissions connoître la putréfaction , les causes qui la produisent , & les effets qui l'accompagnent.

Nous donnerons à cet article une extension plus considérable , parce que les maladies de putréfaction font très-multipliées parmi les gens de la campagne , & que les préjugés, ces dangereux enfans de l'ignorance , font commettre bien des abus dont les suites sont toujours funestes. Nous avons suivi notre propre expérience & les meilleurs ouvrages écrits sur cette importante matière , à la tête desquels nous plaçons une dissertation de M. de Boissieux sur les antiseptiques , couronnée par l'académie de Dijon en 1767. Nous nous faisons un devoir de rendre à cet estimable médecin le tribut d'hommage qui lui appartient ; & comme l'intérêt de l'humanité anime nos travaux , nous sommes charmés de l'avoir pour coopérateur dans cette intéressante portion de notre Ouvrage.

Tous les corps de la nature changent leur manière d'être ; ils prennent des formes différentes , mais ne font jamais anéantis. Or , ce changement d'une forme à une autre se fait par la putréfaction ; elle n'est pas la même dans les trois règnes ; cependant le règne animal & le règne végétal se décomposent par les loix inconnues de la putréfaction ou pourriture ; les minéraux se décomposent aussi. Cette vérité est constante , & elle a fourni à Pithagore son système ingénieux de la métempsicose.

La putréfaction ou pourriture , est un mouvement particulier qui s'excite dans le corps vivant , & dans le corps privé de la vie , forme de nouveaux principes , les dissipe , & détruit par degré le corps , en le réduisant à ses principes , l'eau , l'air , la terre & le feu.

Pour fixer davantage les idées , examinons les phénomènes de la putréfaction dans les substances animales privées de la vie.

Un morceau de viande qui se gâte , présente d'abord une odeur de relent , fournit un peu d'air ; s'il se corrompt dans un vaisseau fermé , il devient mol ; mais si c'est à l'air libre , sa surface se dessèche.

Quand la putréfaction commence , la viande a une odeur aigre , elle perd de son poids , elle exhale une odeur désagréable , elle pâlit & s'amollit. Quand elle est dans un vase fermé , elle laisse échapper une sérosité rougeâtre ; mais exposée à l'air libre , elle se dessèche de plus en plus , & prend une couleur d'un rouge foncé , brun & noirâtre.

Si la putréfaction avance , la viande fournit une odeur due à la formation d'une substance connue
sous

fous le nom d'*alcali volatil :* cette odeur est fétide & infupportable ; elle excite même des envies de vomir.

Enfin, quand la putréfaction eft achevée, le morceau de viande ne donne plus d'alcali volatil, l'odeur fétide diminue ; il perd de fon poids de plus en plus, il fournit une gelée qui fe deffèche & fe change en une matière terreufe & facile à caffer.

C'eft ainfi que la putréfaction décompofe les corps & les réduit à leurs principes, mais nous ignorons par quel mécanifme cette décompofition s'opère. Examinons cependant ces phénomènes.

L'air eft un des élémens qui entre dans la compofition de tous les corps de la nature ; & plus un corps eft dur, ferré & compacte, plus il contient d'air. Il eft en outre néceffaire de favoir que l'air contenu ainfi dans les corps, n'eft pas de la même nature que celui que nous refpirons, & qu'il eft privé d'élafticité, quoiqu'il faffe tous fes efforts pour recouvrer cette qualité qu'il poffède. Or, toute caufe qui tendra à faciliter la fortie de cet air combiné dans les corps, & à permettre l'entrée de l'air que nous refpirons, fera naître dans le corps un mouvement particulier, connu fous le nom de *putréfaction*.

On peut donc hafarder de dire que le mouvement qui fe fait dans un corps qui entre en putréfaction, vient de l'action combinée de l'air fixe & de l'air que nous refpirons ; que cette action confifte dans les efforts que fait l'air fixe pour fe dégager des parties d'un corps en vertu de fon élafticité, & dans les efforts de l'air que nous refpirons

Tom. I.

pour pénétrer dans les parties de ce même corps d'où l'air fixe tend à fortir.

On peut conclure de cette théorie, appuyée fur l'expérience, que les *antifeptiques* font tous les alimens & remèdes capables de conferver l'air fixe dans nos parties, de le rétablir quand il en fera forti, & d'empêcher l'air que nous refpirons de pénétrer dans la fubftance de ces mêmes parties.

Les caufes qui peuvent faciliter cette fortie de l'air combiné dans nos corps, font en très-grand nombre ; il nous fuffira d'en examiner quelques-unes.

1°. *Une chaleur trop forte.* Elle diftend toutes les parties d'un corps, & facilite la fortie de l'air combiné, en rompant l'équilibre établi par la nature entre l'air que nous refpirons & l'air fixé dans nos parties. Cette caufe, unie à plufieurs autres que nous aurons occafion d'examiner, donne naiffance à ces fièvres putrides & malignes qui viennent à la fuite d'un été très-chaud & humide.

2°. *L'humidité*, parce que fon effet eft de relâcher les corps, de diminuer la jonction des parties, de les diffoudre même, & de lever l'obftacle qui empêchoit à l'air fixe de jouir de fon élafticité.

3°. *Les alimens tirés des animaux.* Ils contiennent peu d'air fixe, fe putréfient promptement, & ils accélèrent la tendance de nos humeurs à la putréfaction.

4°. *La difette d'alimens, & leurs mauvaifes qualités.* Les végétaux gâtés, les blés ergotés dans les tems de famine, produifent beaucoup de maladies putrides ; le chyle produit

D d d d

par ces alimens altérés est mauvais, & il communique au sang cette qualité.

5°. *L'abus des liqueurs spiritueuses.* Les spiritueux contiennent peu d'air; ils retardent la fermentation nécessaire dans l'estomac pour la digestion, & empêchent que l'air fixé dans les alimens ne se dégage.

6°. *Une grande quantité de bile.* C'est le fluide du corps humain le plus enclin à la putridité; il contient peu d'air. Si elle est en trop grande quantité, ou si elle est de mauvaise qualité, elle augmente trop le mouvement de fermentation commençante dans les voies de la digestion, & elle dispose le résultat de la digestion à la putréfaction.

7°. *Le mouvement trop ralenti de nos humeurs.* Ce qui est putride dans nos humeurs, n'est point alors chassé au dehors; il gâte ce qui est sain, & la putridité gagne de proche en proche.

8°. *Le mouvement trop accéléré de nos fluides.* C'est ce que produit la chaleur trop forte. (*Voyez* plus haut)

9°. *L'air chaud & humide, concourant ensemble,* accélèrent la putridité, ce qui produit des maladies putrides épidémiques, pestilentielles, quand cet état de l'air dure long-tems.

10°. *Un air chargé d'exhalaisons putrides, & qui n'est pas assez renouvelé.* On a vu plus haut qu'un morceau de viande se corrompt plus vîte dans un vase fermé, que dans l'air libre, & l'expérience démontre tous les jours cette vérité, dans les lieux bas, humides & marécageux, qui ne sont pas exposés au vent, où beaucoup de plantes se putréfient.

Ces parties putrides répandues dans l'air qu'on respire, sont reçues dans les pores de la peau & du poumon, & vont communiquer au sang leurs mauvaises qualités.

11°. *Le tempérament.* Les gens d'un tempérament bilieux & sanguin, ceux qui font trop d'exercice, & ceux qui n'en font pas assez, qui mangent beaucoup, qui souffrent la faim, qui abusent des liqueurs spiritueuses, qui usent de mauvais alimens, qui mangent beaucoup de viande, & peu ou point de végétaux, qui habitent les villes, les pays chauds, les lieux humides, marécageux; enfin, ceux qui respirent un air putride, sont les plus exposés aux maladies de putréfaction. De fameux médecins ont observé que la peste est plus rare en Europe, depuis que l'on use davantage de végétaux & de sucre.

Or, toutes ces causes de putridité peuvent, dans une personne disposée à la contracter, agir séparément, ou plusieurs ensemble; elles peuvent produire la pourriture dans une partie de la machine, ou dans toutes les parties du corps; elles peuvent se borner aux fluides, ou s'étendre jusqu'aux solides. Les effets qui en naîtront se manifesteront dans une partie externe, ou dans les premières voies de la digestion, ou dans la masse du sang; ce qui nécessite trois articles.

1°. Usage des antiseptiques dans les maladies produites par la putréfaction qui affecte une partie externe.

2°. Usage des antiseptiques dans les maladies qui sont occasionnées par la putridité qui a son siège dans les premières voies.

3°. Ufage des antifeptiques dans les maladies où la maffe du fang elle-même eft dans un état putride.

Avant d'examiner ces trois claffes de maladies putrides, difons un mot de la manière d'agir en général des antifeptiques.

Pour connoître la manière d'agir des antifeptiques en général, il faut favoir que toutes les parties de l'animal vivant tendent perpétuellement à la putréfaction ; car la formation du fang, & le changement des alimens en la fubftance du corps animé, ne peuvent fe faire fans un commencement de putréfaction, & ce commencement de putréfaction a befoin d'être contenu dans de juftes bornes, car s'il eft pouffé trop loin, les maladies de putréfaction paroiffent. La nature, qui veille fans ceffe à fa confervation, oppofe à ce mouvement de putréfaction commençante, les mouvemens de différentes liqueurs produites par le fang, & ce mouvement eft connu fous le nom de *mouvement vital ;* il empêche que l'air élémentaire fixé dans nos parties n'en forte ; & par un effet de ce même mouvement vital, les différentes fubftances qui, après avoir féjourné dans un lieu chaud & humide, comme le corps, commençoient à fe putréfier, font expulfées au dehors par les felles. Le produit de la digeftion (le chyle) remplace auffitôt ce que le corps a perdu, & s'oppofe au progrès de la putréfaction : les jeunes fujets font moins expofés aux maladies de putréfaction, que les fujets avancés en âge, parce que chez les premiers le mouvement vital eft dans toute fon activité, tandis qu'il eft foible & languiffant chez les feconds, & proportionné à l'âge.

L'air intérieur fixé dans nos parties, qui leur fert de ciment, qui donne la force au folide, & la confiftance aux fluides, tend continuellement à s'échapper, comme nous l'avons dit plus haut : mais la nature oppofe fes forces à celles qu'il emploie ; & par l'air que le chyle contient, & par celui que nous refpirons, qui doit être de la plus grande pureté, & par celui que fourniffent les alimens dont nous faifons ufage, elle s'oppofe nonfeulement à la fortie de l'air fixé dans les parties, mais elle en remplace les portions qui fe font échappées ; & l'ordre, l'équilibre, & la fanté qui n'eft que le produit des deux premiers, fe maintiennent.

Mais fi, par quelques-unes des caufes énoncées plus haut, la perte de l'air fixé excède la réparation qu'en fait la nature, l'équilibre eft dérangé, la fanté s'altère, & la maladie paroît ; les fluides font diffous, les folides font affoiblis, la putréfaction donne des fignes de fon commencement, & delà toutes les maladies putrides, & l'indifpenfable néceffité de recourir à des médicamens capables d'empêcher la fortie de l'air fixé, & de réparer la perte de cet élément.

I. *Ufage des Antifeptiques dans les maladies produites par la putréfaction qui affecte une partie externe.*

On doit fe reffouvenir que dans le commencement de cet article, nous avons admis quatre degrés dans la putréfaction : la nature fuit la même marche dans la putridité des parties externes.

Les caufes qui déterminent la putréfaction à fe déclarer à l'extérieur,
font en général les mêmes que celles
dont nous avons parlé ; elles roulent quelquefois dans le torrent de
la circulation , & vont fe dépofer
fur une partie externe : la putréfaction externe doit auffi le jour à des
maladies déjà exiftantes, comme les
obftructions , l'hydropifie & les pa-
ralyfies : quelquefois auffi elle eft
la fuite des mauvais traitemens que
l'on fait dans le commencement de
la maladie. Dans toutes ces circonftances , les fluides croupiffent dans
une partie, s'altèrent, & la putréfaction commence à fe faire fentir.
Une inflammation traitée avec les
corps gras, les onguens & les emplâtres , ne tarde pas à tourner en
putréfaction & en gangrène.

Si une partie eft vivement frappée par le froid , & qu'on l'expofe
indifcrétement au feu , la gangrène
ne tarde pas à s'y manifefter. Le
froid avoit coagulé les humeurs
& ralenti la circulation, en détrui-
fant l'action des vaiffeaux ; la chaleur vive fait évaporer l'air fixé
qui commençoit à fe développer ,
& de là, la putridité & la gangrène ;
il faut, pour éviter cet accident
funefte, frotter avec de la glace ou
avec de la neige, la partie vivement frappée du froid, l'expofer
par degré à un air moins fec & plus
doux ; l'air fixé qui commençoit à
fortir , eft alors repompé par les
humeurs dont la circulation fe rétablit, parce que les vaiffeaux ont
repris leur mouvement vital ordinaire.

*Premier degré de la putréfaction ex-
terne.* Quant à la fuite d'une inflammation vive , ou d'une forte de

commotion , il ne fe fait ni fuppuration , ni réfolution ; quand le pus
qui couloit d'une plaie ou d'un ulcère dégénère ; c'eft - à - dire , de
blanc qu'il étoit , & fans mauvaife
odeur, il devient jaune, verd, roux
& puant ; quand la fuppuration augmente beaucoup , ou quand elle
diminue prodigieufement ; & quand
les chairs deviennent molles , la
putréfaction eft à fon premier degré, fur-tout fi le malade a le fang
infecté de quelques vices , foit vénérien , écrouelleux , fcorbutiques
ou dartreux ; s'il a vécu dans la
mifère & dans la débauche ; s'il a
été mal nourri ; s'il a refpiré un air
mal-fain , & s'il a été épuifé par le
travail & par le chagrin.

Dans ce premier degré de la putréfaction, il faut faire ufage des
émolliens , traiter la maladie qui
donne naiffance à la putridité externe , employer la faignée fi l'inflammation eft forte , réduire le
malade à ne vivre que d'herbages
& de farineux, lui faire boire de
l'eau chargée de partie muqueufe
d'orge, de graine de lin , &c. S'il
y a des humeurs amaffées & du fang
croupiffant , il faut en procurer la
fortie le plutôt poffible.

Il faut purifier l'air que refpire
le malade , & le tenir fur-tout dans
la plus grande propreté.

*Second degré de la putréfaction ex-
terne.* La chaleur de la partie diminue , la couleur devient plus foncée , il s'élève autour de la partie
de petites ampoules pleines d'une
eau rouffâtre , & les chairs commencent à prendre une couleur
noire.

Comme dans ce fecond degré
l'air fixé commence à fortir, il faut

employer tous les moyens propres à empêcher son évaporation, ce que l'on obtiendra en bassinant avec des décoctions d'*ariftoloche*, d'*iris de Florence*, d'*abfynthe*, de *menthe* & de *camomille*. On emploie encore avec succès, pour rétablir le mouvement vital près de s'éteindre, l'*eau-de-vie camphrée*, la teinture de *myrrhe* & d'*aloès*; mais rien n'est au dessus du *quinquina* en décoction pour laver les plaies & pris intérieurement. Dans les ulcères, l'onguent styrax sur un plumaceau, & par-dessus une compresse trempée dans la décoction de quinquina. Si cette putréfaction vient de ce que le malade est grand mangeur, souvent un vomitif & un purgatif administrés à tems, ont prévenu des suites qui auroient pu devenir funestes, parce que l'estomac & les intestins, chargés de matières indigestes, alimentoient toujours la putridité externe.

Les moyens dont nous venons de parler, excitent une inflammation qui fait naître une bonne suppuration, & cette suppuration rétablit la partie qui commençoit à se gâter, & détache celle qui ne peut pas se rétablir. Il faut bien se garder de faire usage de ces remèdes dans le tems que l'inflammation est vive, car on feroit naître précisément tout ce qu'on redoute; c'est aux gens de l'art à diriger ce traitement.

Troisième degré de la putréfaction. Ce troisième degré se nomme *gangrène*. Tous les symptômes énoncés plus haut augmentent, le froid, la mollesse & l'insensibilité de la partie croissent; elle prend une couleur livide & noire, l'odeur qui s'en exhale est fétide; quelquefois aussi,

dans une espèce de gangrène connue sous le nom de *gangrène sèche*, la partie se durcit & se racornit; & si c'est un ulcère, il creuse dans les chairs, & les bords qui étoient enflammés noircissent. Dans cet état malheureux, les solides sont dans le relâchement le plus complet, les fluides dissous & corrompus sont extravasés, l'organisation de la partie est détruite, le mouvement vital aboli, & il est impossible de rappeler la partie à la vie; il ne reste d'autre ressource, que d'empêcher les progrès de la gangrène sur les parties saines qui avoisinent celles qui sont gangrenées; & pour y parvenir, il faut solliciter une inflammation autour des parties gangrenées, afin de faire détacher tout ce qui est corrompu. On se sert alors de médicamens irritans, le *fel ammoniac*, les *cendres gravelées*, l'*eau phagédénique*, l'*onguent égyptial*, & la *pierre à cautère* sur-tout, remplissent ces indications: on a vu employer avec succès le feu. Si la gangrène est profonde, on fait des scarifications jusqu'au vif; on facilite la sortie de toutes les matières putréfiées, & l'entrée aux médicamens actifs. On donne aussi des cordiaux pour soutenir les forces, & les *antiseptiques* internes, comme nous l'avons dit plus haut, à la tête desquels nous plaçons les décoctions de quinquina.

Quatrième degré de la putréfaction. On donne au quatrième degré de la putréfaction, le nom de *sphacèle*, ou *mort d'une partie dans un animal vivant*. La chaleur, le mouvement & la sensibilité, sont entièrement éteints, la couleur de la partie est noire, l'odeur qui en sort est cada-

ANT

véreufe , & la partie fe détache en détail , tombe en lambeaux , & durcit. Dans ce dernier degré , tous les fecours humains ne peuvent parvenir à rappeler à la vie une partie morte ; il faut couper tout ce qui eft gâté bien exaɛtement , afin de préferver d'un fort auffi funefte les parties voifines.

II. *Ufages des antifeptiques dans les maladies produites par la putridité qui a fon fiège dans les premières voies.*

On reconnoît la préfence des matières putrides dans l'eftomac , aux fignes fuivans , & ces fignes font toujours proportionnés aux différens degrés de la putridité.

Premier degré. Le malade éprouve du dégoût pour la viande , fon appétit diminue , fa langue blanchit , fa bouche eft pâteufe , le matin furtout ; il trouve le vin mauvais , il ne veut boire que froid , il éprouve des rapports aigres , & quelques naufées.

Deuxième degré. La pourriture commence à fe développer , le malade éprouve un dégoût plus confidérable , fon appétit eft entiérement perdu , fa langue eft jaune , fa bouche eft amère , il a une horreur invincible pour le bouillon gras & pour toute fubftance animale , fon altération croît , il a des rapports amers , des vomiffemens de matières bilieufes , & il eft tourmenté de coliques de bas-ventre , fuivies de diarrhées bilieufes & putrides.

Troifième degré. La pourriture croît , le malade fent des chaleurs d'entrailles , fes dents , fa langue & fa bouche font couvertes d'une croûte fèche , jaune , noire , fon

ventre fe foulève & s'enflamme ; les évacuations font jaunes , vertes , noirâtres , peu copieufes & très-fétides.

Quatrième degré. Le malade eft accablé , le délire s'empare de lui , fa langue eft noire , fèche , quelquefois rouge , ou d'un brun livide ; il refufe tout ce qu'on lui préfente , fon ventre eft foulevé , tendu & fans douleur , les matières coulent involontairement , & elles infeɛtent par leur odeur cadavéreufe.

Tels font les degrés que parcourt la putridité qui a fon fiège dans les première & feconde voies , c'eftà-dire , dans l'eftomac & dans les inteftins.

La caufe des différens degrés de la putridité , tire fa fource des dérangemens qui furviennent dans la digeftion : la digeftion fe fait par un mouvement de fermentation commençante , excitée par l'aɛtion des fucs de la digeftion , & par la chaleur & le mouvement des parties qui fervent à la digeftion fur les fubftances alimentaires. De cette fermentation commençante , il réfulte une liqueur blanche & douce , nommée *chyle* , qui fert à la réparation des pertes continuelles que fait le corps. Si cette fermentation eft pouffée au delà des bornes prefcrites , le défordre s'introduit dans la fonɛtion intéreffante de la digeftion , & de là naiffent les différens degrés de la pourriture. Or , fi les alimens féjournent trop long-tems dans l'eftomac , comme chez les gens délicats ou ufés par l'intempérance , la débauche & les maladies ; chez ceux qui troublent leur digeftion par le travail forcé après avoir mangé, comme les malheureux qui travaillent à la terre, & ceux qui mangent trop, la digeſtion ſe fait mal : le déſordre croît, ſi les alimens ſont de mauvaiſe qualité & contiennent peu de cet air fixé qui s'oppoſe à la putréfaction commençante. Tels ſont les végétaux gâtés, & les animaux dont la viande eſt paſſée. Si à toutes ces cauſes vous ajoutez un air mal-ſain, dans lequel pluſieurs infortunés ſont obligés de vivre par état, la maſſe entière de leur ſang, gâtée, & ces ſucs deſtinés par la nature pour faire une bonne digeſtion, ne feront, au contraire, que la détruire entièrement. Donnons maintenant les moyens de combattre victorieuſement ces différens états de la putridité.

Dans le premier degré, il faut diminuer la quantité des alimens, proſcrire la viande, & conſeiller l'uſage des végétaux cuits dans l'eau, & animés avec quelques plantes aromatiques ; il faut que le malade boive de la limonade légère & froide, afin de fortifier les ſolides ; les boiſſons chaudes procurent un effet contraire ; il faut défendre & le vin & les liqueurs, car ces moyens incendiaires, que l'ignorance & les préjugés ont tant accrédités, arrêtent ces évacuations que la nature produit, & qui ſont de la plus grande néceſſité. Si le malade a des envies de vomir, il faut lui faire boire abondamment de l'eau, même froide ; ce moyen ſuffit ſouvent pour exciter un vomiſſement qui débarraſſe l'eſtomac ; ſi à ces moyens ſimples, mais pris dans la nature, on ajoute un exercice modéré & un air pur, le malade ne tardera pas à recouvrer la ſanté.

Dans le deuxième degré. Ici la putridité ſe répand de l'eſtomac dans le bas-ventre. C'eſt dans ce deuxième degré ſur-tout qu'il faut défendre le bouillon gras ; mais la raiſon & l'expérience élèvent en vain leur voix, le préjugé l'emporte, & les bouillons ſont adminiſtrés ; de là naiſſent des maladies longues & douloureuſes, & qui, le plus ſouvent, finiſſent par la mort.

D'ailleurs, que l'on faſſe ſeulement attention au dégoût invincible que les malades éprouvent à l'aſpect d'un bouillon gras, & ce trait ſeul ſervira pour éclairer, s'il eſt poſſible, des têtes en proie à l'habitude machinale & à l'ignorance. Les boiſſons abondantes ne ſuffiſent pas ici pour exciter le vomiſſement ; il faut employer les émétiques. Il en eſt de deux eſpèces : ceux qu'on retire du règne végétal, l'*ipécacuanha* ; & ceux qu'on tire du règne minéral, *le tartre ſtibié* : ces deux remèdes conviennent ; les circonſtances en déterminent le choix.

On doit ſe ſervir de l'*ipécacuanha* dans les cas où le relâchement eſt conſidérable, où les évacuations ſont abondantes, parce qu'il joint à ſa vertu émétique, la vertu antiſeptique & aſtringente ; c'eſt par cette raiſon qu'il réuſſit d'une manière auſſi victorieuſe dans les dyſſenteries : mais cette même vertu aſtringente s'oppoſe à ce qu'on le mette quelquefois en uſage, quand il exiſte fièvre putride, lorſque les évacuations ſont peu abondantes, quand les ſolides ſont irrités, & que l'eſtomac eſt diſpoſé à s'enflammer.

La diarrhée putride, & les borboriſmes qui ont lieu dans ce deuxième degré, exigent des purgatifs, mais ils doivent être légers. On emploie les feuilles de féné, les tamarins, la manne, les fels neutres, & la crême de tartre. Si cet état dure, on fait ufage des antifeptiques fébrifuges, à la tête defquels il faut placer le quinquina; ils redonnent du ton aux folides; & aux fucs digeftifs, leurs qualités naturelles; mais il faut avoir la précaution de ne les employer jamais feuls; il faut les joindre aux purgatifs dont nous avons parlé plus haut. Il eft en outre fort intéreffant d'obferver qu'il ne faut employer le quinquina ainfi marié aux purgatifs, que lorfque l'ufage continué des purgatifs feuls aura fait fortir fuffifamment de matières putrides; car fi les folides étoient encore tendus, par la préfence d'une trop grande quantité de ces matières, l'inflammation reparoîtroit, parce que ces mêmes matières feroient retenues, bien loin d'être chaffées. Nous avons infifté fur cette obfervation, parce que l'on tombe journellement dans cette erreur, qui conduit aux événemens les plus finiftres.

Dans le troifième degré, le ventre eft tendu par la féparation de l'air, les folides font irrités & enflammés; il ne fe fait aucune évacuation; les efforts que fait la nature, forment des dépôts d'humeurs qui ne tardent pas à fe gangrener. Or, dans un tel défordre, il faut chercher les moyens, non de faire fortir encore les matières putrides; ces efforts feroient non-feulement vains, mais mortels; mais il faut adoucir l'acrimonie des matières putrides, & empêcher les progrès de l'inflammation du bas-ventre: c'eft encore ici que nuifent les bouillons gras;

il faut les profcrire dans cet état; il faut boire tiède pour diminuer la tenfion des folides, & diminuer l'inflammation; on confeille l'ufage des acides légers; de tems en tems le mélange de jus de citron & de fel d'abfinthe; les boiffons faites avec les femences froides, l'huile d'amandes douces, l'eau de poulet nitrée, le petit-lait avec le firop: on fait boire fouvent, mais peu à la fois. On applique fur le ventre des fomentations avec les herbes émollientes, des cataplafmes, des flanelles imbibées d'huile, des épiploons de moutons récemment tués: on a foin de les ôter promptement à caufe de leur corruption qui nuiroit, bien loin d'être utile. On fait ufage des décoctions émollientes, du nitre, du vinaigre: en fuivant cette route, on eft fouvent affez heureux pour faciliter la coction & la féparation de tout ce qui avoit été altéré par la putréfaction. On ranime les forces vitales par quelques cordiaux, fi le befoin l'exige.

Si la langue s'humecte, fi le ventre devient plus fouple, fi les matières font plus liées, on emploie les purgatifs, qui fecondent les efforts de la nature: fi on les employoit avant ces indications, on feroit accroître l'inflammation, & l'on renverferoit l'édifice de la convalefcence. Il en eft cependant quelques-uns dont on peut faire ufage avant les indications dont nous venons de parler: tels font les tamarins, la manne, l'huile d'amande douce, la crême de tartre, fur-tout quand les premiers jours de la maladie ont été perdus fans évacuations. On termine la guérifon par les fébrifuges amers, tels que le quinquina

quinquina, en ayant attention de les employer comme nous l'avons prescrit dans le second degré.

Dans le quatrième degré, la putridité a détruit tous les ressorts des solides, la nature n'a plus de ressource, & la destruction menace de tout côté. L'art se tait, car la nature lui fournit peu de moyens dans cette déplorable position : il faut cependant écouter encore la voix de l'humanité, & tenter quelques moyens. Il faut réveiller & soutenir les forces par des stimulans, les alexipharmaques, les cordiaux, les aromatiques & les vésicatoires : il faut faire usage de boissons froides, afin d'arrêter les progrès de la putréfaction. Pour la corriger & pour la détruire, on prescrit des décoctions de quinquina dans le vin rouge, & on en applique des compresses sur le ventre ; on se sert encore de l'huile d'amande douce, dans laquelle on fait fondre du camphre, & on l'applique sur le ventre : on a recours aux acides les plus puissans, tels que l'acide vitriolique étendu dans l'eau ; on donne le quinquina souvent, & à grande dose : si cet état malheureux change un peu en bien, alors on suit la marche indiquée dans le troisième degré.

III. *Usage des antiseptiques dans les maladies où la masse du sang ellemême est dans un état putride.*

La putridité répandue dans la masse du sang donne naissance à des maladies de deux espèces ; des maladies aiguës, & des maladies chroniques.

Les maladies aiguës, produites par la putréfaction répandue dans

la masse du sang, sont les fièvres putrides & malignes : celles que l'on nomme *chroniques*, sont, le scorbut, les suppurations internes, & les gangrènes. Nous renvoyons à ces différens articles, qui seront traités avec toute l'attention que des sujets de cette importance le méritent. Nous nous sommes étendus sur les antiseptiques peut-être un peu plus que nous ne l'aurions dû, parce que ces objets sont trèsnégligés & de la plus grande utilité, sur-tout pour les malheureux & respectables habitans de la campagne, en faveur desquels cet Ouvage a été entrepris. M. B.

ANTISPASMODIQUE. (*Voyez* CONVULSION)

AOÛTER. Terme de jardinage & d'agriculture, dérivé du mois d'*Août*, parce que c'est au commencement de ce mois que les bourgeons de la vigne & des arbres brunissent peu à peu, & se changent en bois. Les branches cessent alors de pousser, prennent de la consistance & s'endurcissent afin d'être en état de résister aux intempéries de l'hiver suivant.

On dit qu'une plante, qu'une graine est *aoûtée*, lorsqu'elle a acquis sa couleur & sa maturité, au point d'être mangée.

La fève du mois d'Août est le complément de celle du printems. Une seconde fève se manifeste alors & travaille jusqu'aux premiers froids. Cette seconde fève est-elle un renouvellement de la première, ou une fève nouvelle ? Il est difficile de prononcer. L'ascension de la fève suivroit-elle une marche soumise à des crises, par exemple, comme celles de fièvres tierces, quartes, &c. ou à des crises plus retardées ? Ce qu'il y a de bien certain, c'est que les vins même dans les meilleures caves, éprouvent un renouvellement de fermentation qui suit assez régulièrement le renouvellement des deux: féves, c'est-à-dire de celles du printems & du mois d'Août.

APÉRITIF. Les médicamens, qui, introduits dans le corps humain, rendent le cours des humeurs plus libre dans les différens vaisseaux qui les renferment, en renversant les obstacles qui s'opposent à leurs forties, font nommés *apéritifs*. On tire ces médicamens des trois règnes de la nature : les différentes préparations du fer, de l'antimoine, du mercure, les favonneux, les purgatifs résineux, & les fels neutres, possèdent la vertu apéritive : ces remèdes conviennent particuliérement dans les *obstructions*. (*Voyez* ce mot, & l'article MÉDICAMENT.).M. B.

APHTE, MÉDECINE RURALE. Les aphtes font de petits ulcères superficiels, qui viennent dans la bouche, au palais, à la langue, aux gencives, au gosier, à l'estomac & aux intestins, & qui font accompagnés d'une chaleur brûlante.

On distingue plusieurs espèces d'*aphtes*, à raison de leur malignité ou de leur bénignité. Ces derniers creusent peu & font blancs ; les premiers font noirs, creusent profondément, & font très-douloureux; quelquefois ils font les produits de la vérole ou du scorbut.

Les enfans qui tètent encore y font plus sujets que ceux qui font fevrés ; la croûte laiteuse marche quelquefois aussi de compagnie avec cette infirmité. Le levain trop abondant de la croûte laiteuse, reflue vers les glandes, & fait naître des aphtes. Cette maladie est rare chez les personnes dans la vigueur de l'âge ; mais quand elles en font attaquées, elles annoncent la présence de la vérole ou du scorbut ; chez les vieillards, elles font la preuve de la décomposition du sang.

La cause qui produit les aphtes, est le dépôt d'une humeur âcre sur les glandes de la bouche, du gosier, de l'estomac & des intestins : mais pourquoi ce levain se dépose-t-il plutôt sur les glandes que fur d'autres parties ? Quelle est la nature de ce levain ? C'est ce que nous ignorons encore. Nous savons seulement que ce levain paroît être acide & fort caustique, & qu'il existe plus volontiers chez les enfans dont les nourrices mènent une vie défordonnée, & qui font usage de liqueurs spiritueuses & d'alimens très-chauds. On fait d'ailleurs que l'acide domine dans la constitution des petits enfans ; que leur urine, leurs excrémens, & toute l'habitude de leur corps exhalent une odeur aigre; c'est pourquoi ils font plus exposés que les grandes personnes, à être tourmentés par les aphtes, fur-tout fi on leur donne des alimens trop âcres, fi on leur fait boire du café, du vin ou des liqueurs. Si le lait qu'ils tètent est de mauvaise qualité, il s'aigrit, & il porte fon action plutôt sur la bouche que par-tout ailleurs, parce que c'est fur cette partie qu'il fait fa première impreſſion ; enfin , il n'eſt pas inutile d'obſerver que la mal-propreté peut donner naiſſance aux aphtes , en rendant les humeurs plus acrimonieuſes.

Lorſque les enfans ſont menacés des aphtes , leur humeur change , ils éprouvent un mal-être qui les fait crier , parce que la matière propre à donner naiſſance aux aphtes roule dans la maſſe du ſang ; l'odeur d'aigre ſe fait ſentir plus qu'à l'ordinaire , leur appétit ſe perd , ils éprouvent de petites coliques ſuivies de dévoiement : quand ils ſont encore au teton , la nourrice éprouve , dès que l'enfant a ceſſé de teter , une grande démangeaiſon au ſein , & une grande chaleur à la bouche de l'enfant pendant qu'il tète. Si l'enfant eſt en âge de parler, il indique l'endroit qui lui fait mal , en montrant ſa bouche. Si on examine la bouche du petit malade , on apperçoit de petits ulcères blancs , arrondis & ſuperficiels dans les commencemens ; ſi le mal croît, la fièvre s'élève , l'enfant ne peut plus teter & dépérit ; ſi les aphtes ſe multiplient , les lèvres , la bouche , le goſier & le col groſſiſſent , & l'enfant avale avec peine. Si les aphtes gagnent le goſier & l'eſtomac , l'enfant rejette par le vomiſſement toutes les nourritures qu'il prend : ſi les aphtes s'étendent juſque dans le ventre , l'enfant eſt tourmenté de coliques & de dévoiemens ſanguins , de matières infectes : enfin , ſi les aphtes ſont épidémiques , comme en automne, au printems , & dans les grandes chaleurs , beaucoup expirent , victimes de ce fléau deſtructeur.

Les aphtes deviennent une maladie ſérieuſe , parce que la ſuccion & la déglutition étant gênées , la nourriture des enfans ne ſe fait qu'imparfaitement, ou ſe fait mal ; il arrive même quelquefois que cette intéreſſante fonction, *la nutrition* , eſt abſolument impoſſible. Quand les aphtes gagnent le goſier , l'eſtomac , la poitrine & les inteſtins , le danger croît ; alors ces innocentes créatures éprouvent de vives douleurs , ſont tourmentées par une toux cruelle : quand les aphtes ſont dans la poitrine , elles ne prennent aucun repos, elles ſont ſans ceſſe agitées , le ſommeil fuit de leurs paupières , les humeurs ſe dépravent , & le danger eſt des plus éminens. Le danger croît en proportion que les aphtes deſcendent , & il eſt porté à ſon dernier degré quand elles déchirent les inteſtins. Lorſque les aphtes ſont épidémiques , elles menacent du plus grand danger , parce qu'elles ſont toujours compliquées avec des fièvres malignes de mauvais caractère : on les guérit aiſément quand elles n'ont pas gagné le goſier & l'eſtomac ; mais elles ſont le plus ſouvent incurables , quand elles ſiégent dans les inteſtins. Si les enfans continuent de teter , l'eſpérance n'eſt point perdue ; mais s'ils refuſent le teton par l'excès des douleurs , & par l'impoſſibilité d'avaler du lait , leurs jours foibles & délicats ne tardent pas à s'éteindre.

Pour guérir les aphtes , il faut ſevrer l'enfant s'il eſt encore à la mamelle. Si les aphtes ſont le produit du mauvais lait de la nourrice , on lui en donne alors une bonne ; on fait prendre à l'enfant cinq grains de rhubarbe dans vingt-quatre grains de magnéfie blanche ; on répète ce remède deux & trois fois par jour ; on le baigne , on baigne auffi la nourrice, on la fait vivre de végétaux , on lui refufe la viande , & on lui fait refpirer un air fain. Si on ne trouve pas une bonne nourrice au moment qu'on en a le plus preffant befoin , on nourrit le petit enfant avec des lavemens faits avec la décoction d'orge , les lentilles, que l'on verfe fur des piftaches & des amandes douces ; on le tient chaudement , la tranfpiration fe rétablit , & il ne tarde pas à recouvrer la fanté.

On a propofé le cautère, mais fon effet eft trop long , & l'enfant meurt avant d'en avoir éprouvé les bienfaits. On a confeillé les véficatoires , mais ils font naître la fièvre , & elle eft toujours à craindre dans les aphtes, & à cet âge.

On les fait vomir avec l'ipécacuanha , & on leur tient le ventre libre avec le firop de rhubarbe à la dofe d'un gros.

Il faut avoir grand foin de nettoyer la bouche pour faire tomber les chairs fongueufes ; on fe fert de cauftiques , l'eau de Rabel ou de vitriol, adoucie avec le miel. Quand les aphtes font petits , il fuffit de fe fervir de décoction de feuilles de ronce avec du miel ; on fait pencher la tête de l'enfant ; & avec le doigt couvert d'un linge imbibé de ces médicamens , on touche plufieurs fois par jour les aphtes ; on a enfuite le foin de lui faire pencher la tête en devant , pour qu'il rejette ce qui pourroit refter dans fa bouche de ces médicamens ; on peut encore toucher les aphtes avec la barbe d'une plume. Si les aphtes

font des progrès, on frotte le gofier & le ventre avec des adouciffans , tels que les huiles d'olive ou d'amande douce, les décoctions d'orge , de graine de lin, afin de prémunir les entrailles : on a foin de tenir le ventre libre par des purgatifs légers.

Si le petit enfant fouffre cruellement , & ne goûte aucun inftant de repos, on peut lui donner quelques calmans , quelques gouttes de firop diacode , dans une cuillerée d'eau d'orge. L'illuftre Rivière , dans un cas femblable , n'a pas héfité de donner à fon fils un grain de *laudanum* , avec fuccès.

Lorfque les aphtes font dans l'eftomac & les inteftins, on fait ufage des adouciffans , des mucilagineux ; on prend encore du jus de raves cuites fous la cendre , auquel on ajoute un peu de miel rofat , & de tems en tems on en fait prendre à l'enfant ; le jus de carottes peut fuppléer le jus de raves : fi le petit rendoit le fang par les felles , il faut lui faire avaler de la diffolution de gomme arabique.

Pour empêcher que les aphtes de la bouche ne s'étendent plus loin , on fait bouillir de la fauge dans le vin, on paffe , on ajoute du miel , & on recommande à la nourrice de toucher de tems en tems la bouche du petit malade, avec fon doigt, garni d'un linge trempé dans cette liqueur.

Nous avons dit plus haut , que quelquefois les aphtes , fur - tout quand ils étoient noirs ou profonds, annonçoient l'exiftence de la vérole ou du fcorbut ; il faut alors examiner le père , la mère & la nourrice, attaquer ces vices par les remèdes

qui leur font propres : fans ces précautions, les enfans périffent, triftes
& douloureufes victimes des débordemens du père, de la mère ou
de la nourrice. M. B.

APHTES , *Médecine vétérinaire.* Ce
font de petits ulcères fuperficiels
qui fe montrent dans l'intérieur de
la bouche des animaux. Le fiège
principal de cet accident eft l'extrémité des vaiffeaux excrétoires
des glandes falivaires , & de toutes
les glandes qui fourniffent une humeur femblable à la falive ; ce qui
fait que le palais , la langue & le
gofier de l'animal fe trouvent attaqués de cette maladie.

La caufe des aphtes eft un fuc
vifqueux & âcre , qui s'attache aux
parois de toutes ces parties , & y
occafionne , par fon féjour , ces
efpèces d'ulcères.

On juge de la malignité des aphtes
par leur couleur & leur profondeur.
Ceux qui font fuperficiels , tranfparens , blancs , féparés les uns des
autres , & qui fe détachent facilement fans être remplacés par de nouveaux , ne font pas dangereux. Les
lotions de rue , d'ail , de vinaigre
les guériffent radicalement. Mais
ceux , au contraire , qui creufent
profondément , s'agrandiffent , deviennent noirs ou de couleur livide , font d'une efpèce maligne. Tel
eft , par exemple , le chancre qui
occupe ordinairement le deffous
de la langue des chevaux ; (*voyez*
CHANCRE) telle eft encore la puf-
tule maligne , de la nature du charbon , qui fait bientôt périr le bœuf
& le cheval , s'ils ne font promptement fecourus. (*Voyez* CHARBON)
Les autres efpèces d'aphtes n'étant

que les fymptômes ou les effets de
quelque maladie , cèdent à l'ufage
des remèdes qui leur font propres.
Il nous refte feulement à dire qu'il
eft très-important dans toutes les
maladies , d'examiner la bouche des
animaux. Les aphtes venant tantôt
d'une caufe , tantôt d'une autre , exigent un traitement différent. M. T.

API. (Pomme d') *Voyez* POMME.

API. (*Voyez* CÉLERI)

APOCIN QUI PORTE LA OUATE,
ou APOCIN DE SYRIE. (*Voyez Planche 17* , pag. 548.) M. Tournefort
range cette plante dans la cinquième
fection des herbes à fleur en forme
de cloche , dont le fruit eft fait en
forme de gaine , & il la nomme
apocinum majus fyriacum rectum. M.
le chevalier Von Linné la claffe dans
la pentandrie digynie , & l'appelle
afclepias fyriaca.

Fleur A, d'une feule pièce, en forme
de cloche , découpée en cinq parties. Son calice également découpé
en cinq parties , & chacune de fes
découpures eft placée entre celles de
la fleur. B repréfente la fleur vue de
face ; C repréfente le deffous de la
corolle , percée au centre , pour
laiffer paffer le piftil D qui a deux
ftigmates cylindriques ; il porte fur
l'ovaire E.

Fruit. C'eft une gaine oblongue ,
pointue , plus large dans le milieu ,
renflée. En F , ce fruit eft repréfenté
ouvert , afin de montrer la difpofition des graines. Chaque graine G
eft plate , enveloppée d'une aigrette
confidérable H , par laquelle elle
tient au placenta I , repréfenté nu
dans la figure K.

Feuilles : elles font entières, ovales,

en forme de fer de lance , terminées en pointe, cotonneuses en deſſus , quelquefois alternes , quelquefois oppoſées & ſoutenues par des pétioles courts & cylindriques.

Racine ; rameuſe , fibreuſe , traçante.

Port. La tige s'élève à la hauteur de deux à trois pieds ; elle eſt ſimple , herbacée ; les fleurs naiſſent preſque au ſommet, & elles ſont flottantes. La tige meurt chaque année , & elle ſe reproduit enſuite de ſes racines.

Lieu ; originaire de Syrie , d'Egypte , d'où il a été apporté. Quoiqu'indigène aux pays très-chauds , cet apocin ſupporte impunément les froids les plus rigoureux de nos climats.

Propriétés. L'herbe a un goût amer, on la dit purgative , & à une doſe un peu forte , émétique. Elle eſt rarement, ou preſque point uſitée en médecine, & nous n'avons encore aucune bonne obſervation qui conſtate ſes effets ſur l'économie animale.

Uſage. D'après les tentatives heureuſes faites par pluſieurs perſonnes en différentes provinces du royaume, il eſt démontré que la culture de cet apocin offre une nouvelle branche de commerce. Nous en parlerons plus bas.

Ceux qui ne peuvent pas ſe procurer des drageons de ſes racines , peuvent ſemer ſes graines au printems. Comme elles ſont dures à lever, je conſeille de ſe ſervir de caiſſes ou de pots pour les ſemis. Une terre ſubſtantielle & légère ſuffit.

Lorſqu'on replantera , je conſeille d'eſpacer les plants au moins de cinq pieds de diſtance , parce que la racine de cette plante trace d'une manière ſurprenante, & on ſera étonné , après la troiſième ou quatrième année, de voir le terrain couvert de tiges ; enfin , ſi on ne s'oppoſe à leur multiplication, elles pulluleront & gagneront les terrains voiſins avec autant de rapidité que le chiendent, ſur-tout ſi la terre eſt douce & légère. Il eſt inutile de lui donner une ſi bonne terre.

Sarcler ſouvent , travailler la terre à la houe ou à la pioche une ou deux fois l'année, ſont les ſeuls ſoins qu'elle exige dans les commencemens ; peu à peu elle s'emparera ſi bien du terrain, qu'elle ſurmontera & détruira les mauvaiſes herbes : enſuite une ſeule façon chaque année ſuffit. On pourroit fumer de tems à autre ; les fruits ſeroient plus volumineux , & par conſéquent la ouate plus longue ; ce qui eſt un objet eſſentiel.

Lorſque le fruit commence à s'ouvrir , on le coupe & on le laiſſe ſécher ; après ſa deſſiccation , on ſépare l'aigrette ou ouate d'avec la graine , & on la met dans des ſacs.

En 1757, la ſociété d'agriculture de Bretagne fit cultiver cette plante; en 1762 , M. de Fontanes, de la ſociété d'agriculture de la Rochelle, fit fabriquer à Niort deux chapeaux avec la ouate d'un apocin qui croît naturellement ſur les dunes du Bas-Poitou. Cette ouate eſt plus courte que celle de l'apocin de Syrie ; auſſi les chapeaux furent-ils un peu bouchonneux.

M. la Rouvière, bonnetier du roi à Paris, eſt parvenu à la carder & à la filer ; il en fabrique actuellement des velours, des moletons , des flanelles fupérieures à celles d'Angleterre ; des fatins qui imitent ceux des Indes, des efpagnolettes, des bas, des bonnets ; en un mot, tout ce qui a rapport à fon art. Il les préfenta à l'académie des fciences de Paris en 1760.

Pour carder cette ouate fi légère qu'elle s'envoleroit au moindre vent, il faut la tenir dans un fac, & l'expofer à la vapeur de l'eau chaude. Je ne fais fi M. la Rouvière eft parvenu à la carder feule ; mais il eft très-aifé de la carder lorfqu'on met un lit de coton ou de foie, & un lit d'ouate, & ainfi de fuite. La foie ou le coton donne du corps à la ouate.

L'ouate de l'apocin ne prend pas à la teinture auffi parfaitement le noir, que la laine & que la foie ; mais il eft conftant que fi on connoiffoit les procédés dont M. de la Folie fe fervoit pour teindre en noir les fils de lin & de chanvre, on réuffiroit à lui donner cette couleur. Ce zélé citoyen, que la mort vient d'enlever à la fleur de fon âge, a donné fon fecret à un de fes amis, & il eft à croire que dans quelques années il le rendra public.

Quand même on n'emploieroit pas cette ouate pour la fabrication des étoffes, il feroit encore très-avantageux de cultiver cet apocin pour ouater les couvertures, &c.

La tige de cette plante mife à rouir, comme celle du chanvre & du lin, enfuite ferancée & préparée comme eux, fournit un fil fort long, très-fin, & d'un blanc luifant.

Cette plante mérite à tous égards d'être cultivée.

APOPLEXIE, MÉDECINE RURALE.

Quoique l'*apoplexie* foit une maladie très-rare parmi les habitans de la campagne, il eft cependant néceffaire que nous préfentions un tableau fidèle de cette terrible maladie, qu'avec raifon plufieurs médecins ont appellée *foudroiement*, parce que le malade, au moment de l'attaque, femble être frappé de la foudre.

On donne le nom d'*apoplexie*, ou coup de fang, à cette maladie du cerveau qui prive tout-à-coup le malade du mouvement volontaire & de l'exercice des fens, tant internes qu'externes : or, la privation fubite du mouvement volontaire, & du fentiment de tout le corps, accompagnée du ronflement & de difficulté de refpirer, dans laquelle le pouls a coutume de fe foutenir jufqu'aux approches de la mort, fera nommée *apoplexie*.

Nous diftinguons trois fortes d'*apoplexies* ; la *grande*, dans laquelle le malade eft frappé tout - à - coup comme de la foudre, & perd entiérement connoiffance au moment de l'attaque ; il dort profondément, rend de l'écume par la bouche, & refpire avec fifflement. La *moyenne* : les accidens font moins graves, le malade exerce quelques mouvemens, ronfle un peu, éprouve de la douleur, fi on le pince, donne quelques fignes de fenfibilité, & retombe dans le fommeil quelques inftans après. La troifième enfin fe nomme *carus* ou *apoplexie* légère.

L'*apoplexie* varie encore en raifon des caufes qui la font naître. En général, nous diftinguons deux efpèces d'*apoplexie ;* la première nommée *fanguine* , & la feconde nommée *lymphatique.* La première eft occafionnée par le fang répandu dans le cerveau, ou porté dans cet organe avec impétuofité ; l'autre dépend de l'épanchement d'eau ou de férofité quelconque. Ces deux *apoplexies* different par leurs caufes & par leurs effets ; c'eft pourquoi les moyens propres à les combattre ne doivent pas être les mêmes, comme nous le ferons obferver plus bas. Dans la première efpèce, celle que l'on nomme *fanguine*, le vifage du malade eft rouge, fes yeux font étincelans , la tête furtout & tout le corps font de la plus grande chaleur ; dans la feconde efpèce nommée *pituiteufe* ou *lymphatique*, le vifage du malade eft pâle, décoloré ; fes yeux font éteints, fixes & fouvent larmoyans: toutes les parties enfin font dans le relâchement.

Les caufes de l'*apoplexie* font en très-grand nombre , fur - tout dans les grandes villes , où la débauche, les excès de la table & les paffions font portées au plus haut degré : ces caufes fe déduifent ou de la conformation du corps, ou des chofes qu'on nomme *naturelles* , c'eft - à - dire , des abus dans le fommeil , dans le manger & dans les paffions. -

La conformation du corps peut plutôt difpofer un fujet à l'*apoplexie* qu'à toute autre maladie. Par exemple , celui qui aura la tête ou trop groffe ou trop petite en proportion du corps ; celui qui aura le col court & le ventre gros ; celui qui eft d'un tempérament fanguin , gros & gras ;

celui qui refpire un air épais , qui mange beaucoup & fait peu d'exercice , fera plus difpofé que tout autre à être attaqué d'*apoplexie.*

Les caufes qui peuvent difpofer & déterminer l'*apoplexie* , font les fuivantes. Dormir trop long - tems détermine le fang à fe porter vers la tête ; les paffions portées à l'excès , l'amour, la colère , le chagrin, un faififfement ; tous ces mouvemens violens ou profonds de l'ame déterminent le fang à fe porter vers la tête en grande quantité : mais les caufes les plus communes font les abus dans les alimens & dans les liquèurs fpiritueufes ; on a vu quelquefois une *apoplexie* naître à la fuite d'un coup violent reçu fur le ventre, qui avoit fait refluer vers la tête une très-grande quantité de fang.

Les phénomènes que l'on obferve dans une attaque d'*apoplexie* , font de trois efpèces ; les uns précèdent l'attaque, les autres s'obfervent au moment même ou pendant l'attaque ; les derniers enfin fe manifeftent après l'attaque.

Les premiers : le malade eft plus difpofé au fommeil que de coutume, & fon fommeil eft plus profond ; il fe réveille difficilement : fon corps eft lourd , pefant ; fes yeux font humides, fa falive coule plus abondamment, fa parole eft plus lente ; il traîne les mots, il bégaye ; fes idées ne font pas nettes , fa mémoire chancèle , & fon jugement eft en défaut.

Les feconds : dans le moment de l'attaque, tout mouvement volontaire ceffe, le mouvement du cœur & de la poitrine diffère peu de
l'état

l'état de fanté, fi ce n'eft dans le dernier période d'une forte attaque où la refpiration n'eft prefque plus fenfible, & le pouls éteint.

Les troifièmes, les phénomènes font relatifs à l'efpèce & au degré de l'apoplexie : nous avons donné plus haut les fignes qui caractérifent l'apoplexie fanguine de la pituiteufe.

L'apoplexie forte, la grande apoplexie eft très-difficile à guérir, & peu de malades échappent à la mort. L'apoplexie légère eft moins difficile à guérir. Cette terrible maladie fe termine quelquefois par des faignemens confidérables par le nez, par l'écoulement des règles chez les femmes ; quelquefois auffi par la falivation, par le dévoiement, par un flux abondant d'urine, & par des fueurs copieufes : lorfque ces fignes fe préfentent, ils font en général de bon augure.

Dans l'apoplexie fanguine, quand les convulfions s'emparent du malade, c'eft un mauvais figne : on doit renoncer à toute efpérance quand le vifage perd toute fa couleur, & qu'il devient livide & couleur de plomb. L'oppreffion, le relâchement, l'écume à la bouche & l'incontinence font de très - mauvais fignes : fi le malade échappe à cet orage, & furvit, il traîne une vie malheureufe dans la paralyfie : fi les malades continuent à n'écouter que l'incontinence en tout genre, une feconde ou une troifième attaque les prive de la vie.

Cette effrayante maladie eft toujours de la plus grande importance ; elle a fon fiège dans la plus noble & la plus néceffaire de nos parties, dans le cerveau, cette merveilleufe

Tom. I.

& inexplicable machine, qui fait circuler la vie & le fentiment dans toutes les parties du corps humain.

L'apoplexie qui dépend du vice de conformation dans le cœur, eft abfolument mortelle.

Le traitement de cette maladie eft d'autant plus difficile que l'apoplexie eft premiérement une des plus meurtrières maladies qui affligent l'homme civilifé, fur - tout l'habitant des villes ; & que, fecondement, fans égard pour l'âge, le fexe, la faifon, les caufes & l'efpèce, on a coutume de faire un traitement bannal qui nuit beaucoup plus au malade, que fi on abandonnoit à la nature le traitement de cette maladie. On emploie les émétiques violens, les faignées, les purgatifs les plus actifs, & les liqueurs volatiles & fpiritueufes : fans contredit, c'eft en faifant ufage de ces moyens qu'on parvient à guérir l'apoplexie : mais ces moyens doivent être proportionnés aux caufes, & placés fuivant les efpèces différentes d'apoplexie, fi on les emploie indiftinctement dans tous les cas, comme malheureufement nous le voyons le plus ordinairement, fur-tout dans les campagnes, où, loin des fecours éclairés des gens de l'art, on eft forcé de fuivre la pratique aveugle de certains chirurgiens, bien loin de tirer quelque utilité de l'art falutaire de la médecine, les malades deviennent les victimes de l'ignorance. Nous allons tâcher d'éclairer le traitement de cette importante maladie, & de fixer les idées fur la nature des fecours qu'il faut adminiftrer.

Les faignées trop multipliées nuifent beaucoup, même dans l'apo-

F f f f

plexie fanguine , en ce qu'elles font tomber le malade dans l'accablement , & ôtent à la nature les forces néceffaires pour terraffer l'ennemi.

Les émétiques procurent fouvent des effets funeftes , parce que les violens efforts qu'ils excitent dans l'eftomac , déterminent le fang à fe porter avec impétuofité vers la tête , où il eft déjà en très-grande quantité.

Les purgatifs agiffent de même dans les fecondes voies , & procurent une élévation confidérable vers la tête , en comprimant les vaiffeaux du bas-ventre.

Les liqueurs fpiritueufes , & l'alcali volatil fur - tout , nuifent , on ne peut pas plus , dans l'apoplexie fanguine ; la plus grande tenfion exifte dans les vaiffeaux du cerveau, il ne fait que l'augmenter , & il donne naiffance à la rupture des vaiffeaux & aux épanchemens, qui tuent le malade en très-peu d'inftans.

Tels font les inconvéniens , ou plutôt les malheurs qui fuivent l'ufage aveugle de ces différens moyens : éclairons maintenant la marche qu'il faut fuivre dans leur fage adminiftration.

Dès l'inftant qu'un fujet eft attaqué d'apoplexie, il faut promptement le deshabiller , l'expofer à l'air frais ; car la chaleur , dont le propre eft d'augmenter le volume des fluides , nuiroit confidérablement : il faut le priver entièrement de nourriture , même du bouillon gras. Il fe nourrira de fa propre fubftance ; on lui fera avaler feulement quelques infufions légères de fleurs de *ſthæcas* , de bouillon de poulet, d'eau d'orge légère , mais

à petite dofe , pour empêcher la corruption des humeurs. On placera le malade fur un lit fans plumes ; on le mettra à fon féant, il feroit encore mieux fur un grand fauteuil , la tête droite ; par ce moyen les veines , dont l'office eft de rapporter le fang des parties , feront libres , & le dégorgement fe fera mieux. Il ne faut jamais coucher le malade à plat ; on éprouve même dans la meilleure fanté , que la tête , dans cette pofition, eft lourde , & que les yeux deviennent rouges , parce que le fang eft gêné dans fon retour : or , dans l'apoplexie, cette obfervation eft d'un intérêt bien plus preffant.

Il faut exciter le malade par toutes fortes d'endroits , fur-tout par ceux qu'on lui connoît plus fenfibles ; il faut avoir le plus grand foin d'éloigner tous ceux qui ne font pas utiles dans les fecours néceffaires au malade. Il eft de fait que ceux qui ne fervent pas nuifent beaucoup , foit par leurs cris continuels , leurs plaintes importunes , foit enfin par la chaleur qu'ils communiquent à l'air que refpire le malade. Dans l'apoplexie fanguine , qu'on reconnoîtra aifément aux fignes que nous avons détaillés plus haut, on plongera les pieds du malade dans l'eau tiède ; on appliquera des fangfues en différentes parties du corps : à leur défaut , on faignera au bras, au pied, à la gorge, fuivant que la fituation fera plus preffante ; mais on aura le foin de laiffer couler le fang lentement pour éviter l'affaiffement , le plus finiftre de tous les fymptômes.

Si l'eftomac du malade eft plein , on ne le faignera pas ; on lui donfera l'émétique en lavage ; on appliquera les véficatoires aux cuiffes & entre les deux épaules ; on lui donnera des lavemens purgatifs. (*Voyez* MÉDICAMENT : dans cet article, nous avons réuni tous les remèdes fimples, avec la manière de les compofer, & l'indication des cas dans lefquels ils font néceffaires.) Si les fymptômes continuent, fi le pouls eft toujours plein & élevé, il faut réitérer les faignées à la gorge & au pied : mais il eft de la plus grande importance de ne pas précipiter tous ces moyens ; il faut les placer par ordre, & imiter la nature, qui chemine lentement dans fa marche. C'eft ici fur-tout qu'il faut bien fe garder de donner l'émétique en dofe affez forte pour exciter de violens vomiffemens, & de faire ufage d'alcali volatil ; les ruptures des vaiffeaux & les épanchemens deviennent les fuites de ce traitement barbare & ignorant.

Dans l'apoplexie féreufe, fi le malade n'a pas l'eftomac plein, une faignée du bras ou du pied convient pour donner plus de jeu aux vaiffeaux ; mais le plus fouvent il ne faut pas la réitérer : fi l'eftomac eft plein, il faut donner l'émétique en dofes affez fortes pour exciter le vomiffement ; il faut piquer, irriter, frotter le corps avec des linges rudes & avec de l'ortie ; ces différens moyens réveillent le ton des fibres engourdies, raniment la circulation qui languit : à ces moyens, on ajoute les lavemens purgatifs, enfuite les purgatifs ; on applique auffi de grands & larges véficatoires entre les deux épaules & aux cuiffes. On peut faire auffi

refpirer au malade de l'alcali volatil, lui en faire même avaler avec fuccès quelques gouttes dans un peu d'eau : c'eft le cas où on peut tirer quelques fecours de ce remède, en le confidérant comme donnant du ton aux parties relâchées, & comme un remède auxiliaire ; mais il ne faut jamais le regarder comme un fpécifique particulier à cette maladie. L'obfervation & la raifon ont détruit aifément le brillant fantôme que l'enthoufiafme avoit enfanté fur ce remède héroïque ; on l'a mis maintenant à la place qu'il peut occuper : ce remède eft dans la claffe des remèdes actifs, qui exigent dans leur adminiftration la main d'un homme fage & éclairé, & qui deviennent des poifons dans celle d'un enthoufiafte ignorant. L'ambition de faire le bien ne fuffit pas pour avoir des fuccès conftans ; il faut des lumières & de l'exercice ; & ordinairement les anthoufiaftes font peu éclairés, & n'ont pas la tranquillité & la jufteffe du raifonnement qui forment l'excellent obfervateur.

Si la médecine, qui guérit les maladies terribles qui affligent l'humanité dans le moment de leur invafion, eft une fcience utile & refpectable, nous croyons qu'elle ajoute encore à fa gloire, en enfeignant la route qu'il faut fuivre pour éloigner ou pour détruire les femences des maladies, & pour empêcher leur retour.

Il eft bien plus aifé de donner des confeils falutaires pour empêcher le retour de l'*apoplexie*, qu'il n'eft facile de déterminer les malades à en faire ufage ; ils font fur cet article d'une inconféquence d'autant plus impardonnable, que les exemples funestes se présentent tous les jours sous leurs yeux sans les corriger. Il est malheureusement de la nature de l'homme ordinaire de desirer ardemment le bien, & de suivre les routes qui en éloignent.

Pour empêcher le retour de l'apoplexie, il faut faire quelques saignées si le malade éprouve des maux de tête, des engourdissemens & des pesanteurs, & le purger de tems en tems.

Il faut lui conseiller l'exercice, le faire fumer avec les plantes aromatiques, ou le tabac, si ses nerfs ne sont pas trop irritables ; lui faire raser la tête, & la frotter avec des spiritueux ; lui conseiller l'usage des masticatoires, quelques morceaux de racine de pyrethre, ou autres de cette nature.

Tous ces amulettes que l'on conseille en application sur l'estomac ou sur le front, sont de leur nature des remèdes qui n'ont aucun effet, mais qui deviennent dangereux par la sécurité dans laquelle le malade vit, sécurité funeste, qui, l'empêchant d'employer des remèdes utiles, lui prépare lentement une rechûte fatale.

Les cautères sont de la plus grande utilité ; ils détournent l'humeur, & entretiennent un égoût par lequel le sang fait passer ses immondices. Il faut que le malade vive de régime ; qu'il évite l'air épais & celui qui est trop vif ; qu'il fasse un exercice modéré ; qu'il s'abstienne de liqueurs spiritueuses ; qu'il redoute les indigestions, & qu'il tienne son ventre libre.

Tels sont les conseils que nous croyons devoir donner à ceux qui sont menacés d'*apoplexie*, & à ceux qui ont déjà essuyé des attaques. Si quelques-uns sont assez sages pour les suivre, nous aurons la douce consolation d'avoir encore arraché quelques victimes à la mort, & d'avoir rempli les devoirs sacrés que nous nous sommes imposés.

Il est une autre espèce d'*apoplexie* produite par les émanations des différens fluides & par la vapeur du charbon. (*Voyez* ASPHYXIE) M. B.

APOPLEXIE des animaux. (*Voyez* ASSOUPISSEMENT)

APOSTÊME, *ou* APOSTUME, *Médecine vétérinaire.* C'est une tumeur contre nature produite par la matière humorale. L'apostême étant formé par les liqueurs renfermées dans le corps de l'animal, il doit y avoir autant de différens apostêmes qu'il y a de ces différentes liqueurs.

Le sang produit des apostêmes par sa partie rouge, ou par sa partie blanche.

Dans le premier cas, si le sang est épanché, & en outre infiltré dans le tissu de la graisse, l'apostême qu'il forme est un véritable anévrisme faux ; & il produit un anévrisme vrai & la varice, s'il est contenu dans les vaisseaux par une dilatation contre nature.

Dans le second, la partie blanche occasionne des apostêmes, en s'arrêtant dans les vaisseaux ou en s'extravasant ; tels sont le squirrhe, & le gonflement des glandes.

Les liqueurs émanées du sang peuvent aussi être des causes d'apostême. L'humeur des amygdales, par exemple, retenue dans les glandes, cause leur gonflement ; la salive arrêtée dans les glandes salivaires produit les parotides ou les avives ; la synovie, lorsqu'elle n'est pas repompée par les pores ressorbans des ligamens de l'articulation, forme l'ankilose ; l'humeur muqueuse qui séjourne dans les glandes de la membrane pituitaire, occasionne la morve, & ainsi des autres.

L'apostême reçoit différens noms, par rapport aux parties où il siège. Lorsqu'il est placé au sommet de la tête entre les deux oreilles, on l'appelle *taupe* ; au gosier, *étranguillon*, *esquinancie* ; au devant du poitrail, *avant cœur* ; sur la couronne proche le sabot, *javart encorné*.

Les uns se forment promptement, les autres lentement. Les premiers sont ordinairement des apostêmes chauds, comme le phlegmon & l'érysipèle. (*Voyez* ces mots) Les seconds sont appelés apostêmes froids, par exemple, l'œdême, le squirrhe. (*Voyez* ces mots) Les uns sont benins, les autres sont malins ; ceux-ci critiques, ceux-là symptômatiques.

Leurs causes sont internes ou externes. Les causes internes viennent du vice des solides & de celui des fluides. Le vice des solides consiste dans leur trop grande tension, ou dans leur contraction, dans la perte ou l'affoiblissement de leur ressort, & dans leur division. Le vice des fluides réside dans l'excès ou dans le défaut de leur quantité, & dans leur mauvaise qualité.

Les causes externes sont les coups, les contusions, les fortes ligatures, les piqûres, les mor-

sures d'animaux venimeux, la mauvaise qualité de l'air, des alimens, l'excès de travail & le trop grand repos. Toutes ces causes produisent des embarras, des engorgemens, des obstructions, & conséquemment des apostêmes.

On remarque aux apostêmes comme à toutes les maladies, quatre tems ; le commencement, le progrès, l'état & la fin. Le commencement est le premier point de l'obstruction ; le progrès est l'augmentation de cette même obstruction ; l'état est celui où l'obstruction est à son plus haut point, & on la reconnoît à la violence des symptômes ; la fin est leur terminaison.

La terminaison se fait par résolution, par suppuration, par délitescence, par induration, & par pourriture, ou par mortification. Toutes ces terminaisons peuvent être avantageuses ou désavantageuses, suivant les cas & les circonstances de la maladie ; elle sera avantageuse, par exemple, lorsque dans la gourme la terminaison se fera par la suppuration des glandes lymphatiques de la ganache & des parotides, &c. La cure de l'apostême étant particulière à chaque espèce, *voyez* l'article de chaque tumeur. M. T.

APOTHICAIRERIE. (*Voyez* PHARMACIE)

APOZÈME. C'est une décoction des racines, des bois, des semences, des écorces des végétaux indiqués pour le besoin, & une infusion de leurs feuilles & de leurs fleurs. Les semences aromatiques ne doivent pas bouillir. On ajoute à ces décoctions ou infusions, du sirop & du sucre, quelquefois des substances animales & des préparations chimiques. Il y a des apozèmes cordiaux, apéritifs, diurétiques, pectoraux, anodins, apéritifs, rafraîchissans, béchiques; il y en a de purgatifs, de céphaliques, d'hépatiques, de spléniques, &c. En consultant chacun de ces mots, on connoîtra les cas où il convient de les indiquer & de s'en servir. Ce genre de remède est plus lucratif pour l'apothicaire qu'utile au malade. De simples tisanes produiront autant d'effet.

APPAREIL. Le jardinier a emprunté ce mot du chirurgien. L'expérience a démontré que toute plaie faite à un arbre, à sa tige, à ses grosses branches & à ses racines, nuisoit beaucoup, si on la laissoit exposée à l'action de l'air, du soleil, des pluies, &c. elle a également enseigné la pratique de l'appareil. La pharmacie du jardinier est heureusement moins remplie de drogues que celle d'un apothicaire, qu'on pourroit également simplifier. La bouse de vache, fraîche ou vieille, du terreau, ou de la terre détrempée par l'eau, l'une ou l'autre de ces substances compose tout l'appareil : on l'applique sur la plaie, & on le maintient avec un chiffon ; l'osier tient lieu de bandage. On peut lui substituer la paille, la filasse, le jonc ; & la seule attention à avoir, est que ces ligatures n'endommagent pas l'écorce de l'arbre ou de la branche, lorsqu'ils viennent à grossir. Cet appareil est le *véritable onguent de saint Fiacre*, & le seul qui convient.

Les anciens & même quelques modernes qui ont écrit sur la taille des arbres, ont beaucoup vanté les appareils gras : ils produisent le même effet sur l'arbre que sur l'homme, c'est-à-dire qu'ils bouchent les pores, & empêchent la transpiration. Il faut donc proscrire & bannir des jardins tous les appareils composés soit avec le beurre, l'huile, les graisses quelconques, les résines, la cire, quelque couleur qu'on lui ait donnée, & encore plus particuliérement ces appareils de consistance solide qu'il faut soumettre à l'action du feu avant de les employer, & dont on ne peut se servir qu'autant qu'ils sont fluides & coulans ; leur chaleur nuit à l'arbre. L'expérience prouve ce qu'on avance. Comparez une plaie traitée avec l'appareil ou emplâtre de cire verte, ou de goudron, &c. avec celle qui aura été traitée avec l'onguent de saint Fiacre, & à la fin de l'année vous jugerez laquelle des deux aura été plutôt & le plus complétement cicatrisée.

APPROCHE. (Greffe par) (*Voyez* GREFFE)

AQUATIQUE. On dit d'une plante qu'elle est aquatique, parce qu'elle naît dans l'eau. Il y a deux espèces de plantes aquatiques : les unes ne peuvent vivre hors de l'eau, telles sont le nymphéa, la lentille d'eau, la renoncule d'eau, &c. les autres, au contraire, ne végètent que dans les terrains marécageux ou constamment humides : tels sont le saule, l'aune, le roseau, &c. Toutes les plantes ombellifères qui naissent dans les terrains humides, sont des poisons.

AQUILEGIA. (*Voyez* AN-
COLIE.)

ARAIGNÉE. Il eſt inutile de
traiter cet article en naturaliſte,
qui en compte de quarante à quarante-huit eſpèces. La vie & les
mœurs de cet inſecte intéreſſent peu
l'agriculteur, & nous n'en parle-
rions pas, s'il n'étoit pas néceſſaire
de détruire des préjugés dictés par
l'ignorance, perpétués par une ſotte
crédulité, & ſouvent fortifiés par la
charlatanerie. Il s'agit d'examiner,
1°. ſi on peut avaler l'araignée ſans
danger ; 2°. ſi ſa morſure eſt venimeuſe ; 3°. ſi la médecine doit tirer
quelqu'avantage de l'inſecte & de
ſes produits ; 4°. de quelle utilité
elles ſont pour les arts utiles.

1°. Beaucoup d'auteurs ſe ſont
ſervilement copiés les uns après les
autres, & aſſurent, ſans un examen
réfléchi, que l'homme, que les chevaux, que les bœufs, les moutons,
&c. meurent lorſqu'ils avalent des
araignées. Il faut détruire des aſſer-
tions par des faits. On ne révoquera
pas en doute le témoignage d'Albert
le Grand, qui aſſure avoir vu, à
Cologne, une jeune fille manger des
araignées. Simon Scholzius dit avoir
étudié à Leyde avec un jeune écof-
ſois qui cherchoit ces inſectes dans
tous les coins des appartemens, les
mangeoit avec avidité, & les regardoit comme un mets très-agréable.
Borelli & Offrédus ont vu, l'un à
Orléans, & l'autre à Padoue, la
même ſingularité, ſans qu'il en ré-
ſultât le plus léger inconvénient.
M. Redi, le docteur Faïrfax, aſſurent avoir vu des gens avaler des
araignées de la plus *vilaine* eſpèce,
ſans en être incommodés. En France,

M. de Réaumur & M. de Lahire le
fils, ſont encore des témoins éclairés
& dignes de foi, dont on ne peut
ſuſpecter le témoignage. J'atteſte
avoir vu un membre très-diſtingué
de l'académie royale des ſciences de
Paris, braver le préjugé vulgaire,
manger les différentes eſpèces d'araignées que la compagnie où je me
trouvois lui préſentoit, & n'en être
pas plus affecté que s'il avoit avalé
un morceau de pain ; il leur trouvoit un goût de noiſette.

D'après des témoignages auſſi
multipliés, auxquels on pourroit en
ajouter une infinité d'autres, le fait
n'eſt plus équivoque. L'araignée
avalée n'eſt donc pas un poiſon. On
ſe retranchera peut-être à dire que
telle eſpèce eſt venimeuſe, & telle
autre ne l'eſt pas. J'oſe croire qu'aucune eſpèce n'eſt un poiſon, ſimplement mâchée, avalée & digérée ;
mais eſt-elle un poiſon lorſque ſon
venin eſt appliqué directement, &
ſe mêle avec le ſang ? Cette diſtinction eſt importante à faire, & peut-
être concourroit-elle à concilier
les opinions. Souvent on a conclu
de l'un par l'autre.

2°. *La morſure des araignées eſt-elle
venimeuſe ?* Si on croit ſur parole,
ou ſi on eſt convaincu par l'expérience que l'animal quelconque mordu par cet inſecte, ou qui l'avale,
en éprouve des ſuites fâcheuſes,
pourquoi a-t-on l'imprudence de
laiſſer cet animal travailler tranquillement à ourdir ſa toile ſous les
planchers, vers les fenêtres des écuries, des greniers à paille, à foin,
&c. ? Cette négligence impardonnable, & qui tient d'ailleurs à la
mal-propreté, s'accorde bien peu
avec la croyance. La cauſe du mal

est sous les yeux ; à chaque instant du jour & de la nuit l'animal peut en être affecté, & on ne donne pas le plus léger soin pour le prévenir ? Si l'araignée est aussi venimeuse qu'on le dit, les accidens seroient moins rares.

M. de Bon, premier président de la chambre des comptes de Montpellier, de la société royale des sciences de cette ville, a élevé des araignées de la même manière qu'on fait l'éducation des vers à soie, ainsi qu'on le dira tout à l'heure. Il a vécu au milieu d'elles, les a suivies depuis le moment qu'elles sont sorties de l'œuf jusqu'à celui où elles font leurs cocons, a été souvent mordu par ces insectes sans aucun inconvénient ; un pareil témoignage, & d'une personne aussi instruite que l'étoit M. de Bon, est d'un grand poids aux yeux de l'homme qui ne se laisse pas séduire par les opinions vulgaires.

Il convient de rapporter des faits tout opposés pour les suites, & de les examiner. Reisel raconte dans les *Ephémérides des Curieux de la nature*, que, dans le bourg d'Opping, célèbre par ses eaux aériennes, un homme bien constitué, & d'un fort bon tempéramment, étant dans son grenier, sentit au col quelque chose qui le piquoit ; il y porta la main, & s'apperçut que c'étoit une araignée qu'il venoit d'écraser. La morsure fut suivie d'un sentiment d'ardeur & de douleur dans la partie. Il alla le lendemain matin à la campagne, & but copieusement avec ses amis. Trois jours après la piqûre, il parut des signes d'inflammation au col ; le quatrième jour, il y en eut à la poitrine, & il

tomba plusieurs fois en foiblesse. Un barbier appliqua sur la poitrine un onguent de litharge. Le cinquième jour un médecin fut appelé, ordonna les sudorifiques, les cordiaux, fit appliquer la thériaque sur le col, & le sixième jour le malade mourut.

Je choisis cet exemple comme un des plus graves entre ceux cités par les auteurs ; mais sans parler du traitement mis en pratique par le barbier, qui répercuta l'humeur, il auroit fallu auparavant bien examiner si cette araignée n'avoit point mangé ou piétiné quelque substance véneneuse. On ne peut pas plus conclure pour le poison de cet insecte, que pour celui des mouches, que personne n'accuse d'être venimeuse, & qui le sont cependant, suivant les circonstances.

Dans ces mêmes *Ephémérides des Curieux de la nature* déjà citées, on lit qu'une religieuse nommée *Catherine de Plesse*, ayant été piquée à la main par une grosse mouche, il y vint sur le champ une tumeur inflammatoire très-douloureuse. Le lendemain la malade ressentit une grande douleur de ventre ; on employa inutilement les remèdes ordinaires ; la douleur augmenta, les forces de la malade s'épuisèrent, & enfin elle rendit par les selles du sang clair. Cette dyssenterie devint épidémique dans la communauté ; elle fut mortelle pour plusieurs, & spécialement pour celle qui avoit été attaquée la première. Il régnoit alors dans un village voisin une dyssenterie épidémique ; mais il n'y avoit eu aucune communication avec les habitans de ce village, & personne n'avoit été attaqué de cette maladie dans la ville d'Hertvort où étoit situé le couvent.

couvent. A ce trait, on en peut ajouter un auffi finiftre. Kircher, dans fon ouvrage fur *la pefte*, rapporte que, pendant une pefte, un gentilhomme napolitain fut piqué fur le nez par un frelon. La partie piquée enfla confidérablement, & cet homme mourut de la pefte dans l'efpace de deux jours.

Tout le monde connoît ces groffes mouches qui s'acharnent à haraffer, par leurs piqûres, les chevaux & les bœufs, & qui font fi fortes que ces animaux faignent par la bleffure comme fi on les avoit profondément piqués avec une groffe épingle ; leur cuir tanné offre encore le trou de la piqûre, qui en terme de l'art s'appelle un *baron*. Je puis attefter avoir vu une de ces mouches communiquer, par fa piqûre, le charbon à un bœuf. L'endroit piqué fut le fiège du *charbon*, (*voyez* ce mot.) Cette épizootie régnoit dans un village, à plus d'une lieue de la métairie où le fait s'eft paffé.

Que conclure de ces exemples ? que les mouches & les araignées peuvent être venimeufes accidentellement, tout comme le bœuf *furmené* l'eft pour celui qui en mange la chair. Si l'araignée étoit venimeufe, il ne fe pafferoit pas de femaines, & peut-être pas de jours que, dans les campagnes ou dans les villes, on ne vît des perfonnes victimes de fon avidité pour le fang. J'invoque ici le témoignage des praticiens exempts de préjugés, & les plus verfés dans l'art de guérir, afin de dire s'ils ont été appelés pour le traitement de ces morfures. J'ai beaucoup infifté fur ces deux articles, afin de détruire des préjugés trop enracinés dans les campa-

gnes. Si un cheval, un bœuf, meurent fubitement dans les pâturages, dans l'écurie, &c. on dit auffitôt : il a. mangé une araignée, ou il a été mordu par elle, &c. Dès qu'on voit qu'il eft près d'expirer, ou auffitôt après fa mort, pourquoi ne l'ouvre-t-on pas, ne fait-on pas une recherche exacte dans l'eftomac, dans les inteftins, &c. ? On reconnoîtroit par ce moyen la partie affectée, & la caufe & le principe de la mort de l'animal ; mais on aime mieux raifonner fans preuve.

Le climat infllueroit-il fur cet infecte, ou bien y a-t-il réellement des efpèces venimeufes ? On fait que la groffe araignée d'Amérique, qui occupe un efpace de fept pouces de diamètre, eft venimeufe ; mais perfonne n'a encore fait connoître les efpèces qui le font en Europe, fi on en excepte la *tarentule*. (*Voyez* ce mot, & ce qu'on doit en penfer.)

3°. *La médecine peut-elle tirer quelqu'avantage de la fubftance de l'araignée, ou de fes ouvrages ?* L'expérience a démontré que la toile de cet infecte mife fur une plaie récente & peu profonde, arrête le cours du fang, favorife la réunion des bords, rapprochés & maintenus par un petit bandage ; la toile doit être exactement dépouillée de tout corps étranger. Une fimple compreffe imbibée d'eau maintenue par un bandage, ne produiroit-elle pas le même effet ? La bonne & faine médecine ne reconnoît-elle pas aujourd'hui qu'une coupure, qu'une plaie récente fe cicatrife & guérit promptement, lorfqu'on la tient humectée, & fur-tout à l'abri du contact de l'air ? La nature fait le refte. Quelques auteurs affurent que la toile d'araignée est spécifique contre les fièvres intermittentes. On l'applique au poignet, ou bien on la suspend au col dans une coquille de noix ou de noisette. D'autres auteurs conseillent, pour le même objet, de prendre une araignée vivante, de la placer sur le poignet dans l'endroit où la pulsation de l'artère se fait sentir, de la recouvrir avec une coquille de noix. L'araignée, disent-ils, s'enfle prodigieusement au point de remplir la capacité intérieure de la noix, qu'elle change de couleur, noircit, enfin meurt, & le malade est guéri de la fièvre quarte. D'autres veulent qu'on écrase l'araignée vivante sur le poignet, & qu'on l'y laisse pendant l'accès de la fièvre. Ces décisions exigent de nouvelles observations, puisque ceux qui vantent ce remède topique conviennent qu'il ne réussit pas toujours.

Les symptômes de la piqûre ou morsure de l'araignée, ou peut-être de sa succion, car on ne sait pas encore bien précisément comment elle communique son venin, sont, avancent ceux qui y croient, un engourdissement dans la partie affectée, un sentiment de froid sur toute l'habitude du corps, l'enflure du bas-ventre, la pâleur du visage, le larmoiement, l'envie continuelle de vomir, les convulsions, les sueurs froides.

Les alexipharmaques sont indiqués par eux pour le traitement intérieur; quant à l'extérieur, chacun à composé son topique particulier, & à peu près semblable à ceux dont on se sert contre la piqûre du scorpion. La figure, le forme rebutante, l'aspect hideux de l'araignée, font son

crime aux yeux des esprits prévenus.

Les cocons d'araignée distillés fournissent, comme ceux du ver à soie, un esprit & un sel plus volatil que celui qu'on retire de ceux-ci, & il peut suppléer aux gouttes d'Angleterre.

4°. De l'araignée considérée relativement aux arts. La délicatesse du tissu des toiles d'araignée, le soyeux de leur fil, ont engagé des amateurs à en tirer un parti avantageux, au moyen de la filature. M. de Bon est celui dont les expériences ont eu le plus de succès. Il envoya, en 1709, à l'académie royale des sciences de Paris, des mitaines & des bas faits avec la soie d'araignée : ils étoient presqu'aussi forts que ceux faits avec la soie ordinaire, & leur couleur étoit plus grisâtre. Voici l'abrégé de ce qu'il dit dans le mémoire lu en 1709, à la société royale de Montpellier.

Il distingue deux espèces générales d'araignées, les unes à jambes courtes, & les autres à jambes longues ; les premières sont celles qu'il conseille de nourrir pour la soie. M. Homberg les range en six genres, savoir, l'araignée domestique dont il y a plusieurs espèces, celle des jardins, l'araignée noire des caves ou des murs, l'araignée vagabonde, l'araignée des champs qu'on nomme communément le *faucheur*, à cause de ses longues jambes, & enfin l'araignée enragée que l'on connoît sous le nom de *tarentule*. Ceux qui desireront connoître les caractères particuliers à chaque espèce d'araignée, peuvent consulter le *Dictionnaire d'Histoire Naturelle* de M. de Bomare, &

les autres ouvrages en ce genre.

C'eſt par l'anus que les araignées tirent leur fil ou ſoie, qui ſort par pluſieurs mamelons, comme par autant de filières. Ces ſoies traver-ſent, par ſon moyen, les rues, les chemins & les rivières. Il y a deux eſpèces de ſoie dans l'araignée qui porte des œufs; la première qu'elle devide eſt plus foible, & ne ſert qu'à cette eſpèce de toile dans laquelle les mouches vont s'embarraſ-ſer. La ſeconde eſt beaucoup plus forte que la première, & ſert à en-velopper les œufs, à les défendre du froid, des injures de l'air & de l'attaque des autres inſectes. Ces cocons ont été employés par M. de Bon, à tirer une ſoie nouvelle, comme les cocons de vers à ſoie ſervent à faire la ſoie ordinaire.

La fécondité des araignées eſt ſurprenante; elles multiplient beau-coup plus que les vers à ſoie; cha-que araignée pond cinq ou ſix cents œufs; quinze jours après qu'ils ont été pondus, ils écloſent; l'époque eſt au mois d'Août ou en Septem-bre, & leur mère meurt peu de tems après. Les petites araignées qui ſortent de ces œufs vivent dix à onze mois ſans manger, ſans di-minuer de volume & ſans acquérir; elles ſe tiennent toujours dans leur coque, juſqu'à ce que la grande chaleur les oblige d'en ſortir. C'eſt ſans doute pour ſe dédommager d'un ſi long jeûne, qu'elles ſont dans la ſuite voraces au point de ſe manger, de ſe dévorer les unes & les autres, ſi elles ne trouvent pas à ſe nourrir de mouches, d'in-ſectes, &c.

M. de Réaumur, d'après les édu-pations d'araignées de M. de Bon,

en a eſſayé de ſemblables, & il en rend compte dans les volumes de l'académie des ſciences de Paris. Dans les mois d'Août & de Sep-tembre, il mit de groſſes araignées à jambes courtes dans des cornets de papier, ou dans des pots recou-verts d'un papier percé de trous d'épingle; c'eſt dans ces eſpèces de priſons qu'elles ſont leur cocon. Les mouches qu'on leur donne ſont leur nourriture. M. de Réaumur a tenté vainement de les nourrir avec des ſubſtances végétales; tous les inſectes ſont de leur goût, & l'ex-trémité des plumes arrachées nou-vellement des oiſeaux, & encore ſanglantes, ſont un mets qu'elles man-gent ou ſucent avec le plus grand plaiſir. Une pareille éducation don-neroit, ſi on vouloit l'exécuter en grand, plus d'embarras que de pro-fit. Il faudroit également faire une éducation de mouches pour les nourrir.

M. de Bon a retiré quatre onces de ſoie de treize onces de cocons. Il fit battre légérement pendant quelque tems avec la main & avec un petit bâton, ces treize onces de cocons, afin d'en chaſſer la pouſſière; enſuite il les lava dans l'eau tiède, & la changea juſqu'à ce qu'elle fût nette. Ils fu-rent jetés dans un grand pot rem-pli d'eau de ſavon, dans laquelle il avoit fait diſſoudre du ſalpêtre & de la gomme arabique. Le tout bouillit à petit feu pendant deux ou trois heures, & les cocons furent, après cette opération, lavés dans l'eau tiède juſqu'à ce que l'eau ſa-voneuſe fût diſſipée. On les laiſſa ſécher; on les ramollit un peu en-tre les doigts pour les faire carder

Gggg

plus facilement. Cette foie cardée
fe file aifément au fufeau, & le fil
qu'on en retire eft plus fin & plus
fort que celui de la foie ordinaire,
& il prend facilement toutes les
couleurs de teinture qu'on veut lui
donner.

ARAIRE *ou* ARARE. (*Voyez*
Charrue)

ARBOUSIER. M. Tournefort
le place dans la première fection de
la vingtième claffe, qui comprend
les arbres & arbriffeaux à fleur
d'une feule pièce, dont le piftil
devient un fruit mou, rempli de
femences dures; d'après Bauhin,
il le défigne par ces mots : *Arbutus
folio ferrato.* M. Von Linné le claffe
dans la *décandrie monogynie*, & l'appelle *arbutus unedo.*

Fleur, imitant un grelot, d'une
feule pièce, ovale, aplatie en deffous, découpée en cinq parties par
fes bords recourbés en dehors ; fon
calice petit, également découpé en
cinq parties, & il ne tombe qu'avec
le fruit. L'intérieur de la fleur renferme dix étamines & un piftil ; elle
eft blanche, & il y a une variété à
fleur rouge.

Fruit, baie ronde, pleine de
fuc, divifée en cinq loges qui renferment des femences offeufes. La
baie eft quelquefois alongée fur certains pieds.

Feuilles, fimples, entières, liffes,
fermes, dentées en manière de fcie,
reffemblant affez à celles du laurier.

Racine, ligneufe.

Port. Grand arbriffeau dont la
tige eft droite, l'écorce liffe quand
il eft jeune, & qui fe détache par
écailles lorfqu'il eft plus avancé.

Son bois eft dur, mais très-caffant,
à caufe que fes fibres font courtes.
Les fleurs & les fruits font difpofés en grappes à l'extrémité des rameaux, & chaque fleur a vers fa
bafe une feuille florale : les feuilles
font alternes & toujours vertes.

Lieu. Nos provinces méridionales. On le trouve cependant fur les
côtes de Bretagne. Miller dit qu'il
croît naturellement en Irlande.

Propriétés. Les feuilles, les fruits
& l'écorce font aftringens.

Ufage. Nullement ufité en médecine. On pourroit employer les
feuilles & l'écorce pour tanner le
cuir, au défaut d'écorce de chêne ou
de feuilles de myrthe. Les corfes,
les enfans en Provence, en Languedoc mangent fon fruit, quoique
indigefte. Quelques auteurs ont été
jufqu'à dire qu'il caufoit l'ivreffe,
des vertiges, qu'il ftupéfioit. L'exemple détruit ces affertions. Les chevres aiment la feuille de cet arbriffeau.

Culture. Comme cet arbriffeau eft
toujours verd, on l'a tiré des lieux
incultes où il croît naturellement,
pour en décorer les bofquets d'hiver de nos jardins d'agrément.
Dans les provinces méridionales du
royaume, il fuffit de tranfporter
avec foin les jeunes plants auffitôt
après la maturité & la chûte des
fruits des vieux arboufiers. Si on
peut les enlever avec leur motte
fans endommager les racines, leur
reprife eft affurée. On tentera prefque fans fuccès de tranfporter les
jeunes pieds des provinces méridionales à celles du nord; il vaut
mieux en faire venir les graines,
& les femer de la manière fuivante.
Dès que la baie fera mûre, féparez

les graines de la pulpe qui les environne ; lavez-les ; mettez-les fécher , & enfuite confervez-les dans un fable fin & fec jufqu'en Mars. Ayez à cette époque des pots ou des caiffes d'un à deux pieds de longueur fur huit pouces d'épaiffeur , & percées, dans leur fond de plufieurs trous, que vous recouvrirez avec des coquilles. Ces coquilles empêcheront les courtilières & autres infectes de pénétrer dans ces vafes, & de ruiner les femis : des têts de pots ou de tuiles peuvent fervir au défaut des coquilles , & les uns & les autres n'empêcheront pas l'écoulement de l'eau furabondante.

Mettez enfuite au fond de la caiffe une couche de gravois , puis un mélange, par parties égales, de terre de haie défrichée , mêlée de terreau confommé, & d'un peu de moellon brifé. Ces vafes feront enterrés dans une couche chaude, & après fix femaines ou deux mois , les jeunes arboufiers paroîtront. Pendant la première & la feconde année, ils refteront dans leurs mêmes caiffes, & on les garantira de la rigueur de l'hiver, en les tenant fous des châffis , & leur donnant toutefois autant d'air que le tems pourra le permettre. A la fin de Septembre de la feconde année, chaque arboufier fera planté féparément dans un pot, qu'on mettra l'hiver fous le même abri, & l'été on l'enterrera contre une muraille expofée au levant. Au mois de Septembre de la feconde année de cette tranfplantation, on les plantera à demeure. Il conviendra alors de mettre de la menue litière autour de leurs pieds , & de les em-

pailler pendant quelques années , depuis le commencement de Janvier jufqu'au dix Avril ; mais en donnant de l'air autant que la faifon le permet. Telle eft la méthode employée par M. le baron de Tfchoudi, qui s'eft finguliérement occupé de la culture des arbres toujours verds.

L'arboufier dont on vient de parler a produit plufieurs variétés. Telles font l'arboufier à fleur double , à fleur rougeâtre , à fleur oblongue, à fruit ovale , &c. Les amateurs cultivent dans leurs jardins d'autres efpèces : l'arboufier à feuilles entières, & non découpées ; fon écorce eft liffe , fes feuilles beaucoup plus larges , & fa tige plus haute que celles du précédent. C'eft l'*arbutus andrachne* du chevalier Von Linné ; il croît naturellement dans la Natolie ; il exige un terrain très - fec , & craint beaucoup le froid. L'arboufier des marais d'Acadie ; fes tiges font traînantes, fes feuilles ovales, un peu dentelées, & fes fleurs détachées. L'arboufier des Alpes à tiges traînantes , à feuilles rudes & dentelées. Les lapons mangent fon fruit. Il n'eft pas aifé de le cultiver dans nos jardins. Enfin, l'arboufier raifin d'ours, dont nous parlerons au mot RAISIN D'OURS.

Ces objets de pure curiofité & d'agrément, ne font pas les feuls à confidérer dans l'arboufier. L'utile doit toujours être le compagnon de l'agréable ; & dans les provinces où l'arboufier eft fi multiplié qu'il fert au bois de chauffage, on peut en tirer un parti avantageux pour les arts.

M. le chevalier Von Linné rapporte dans les mémoires de l'académie des fciences de Stockholm, qu'on connoît une cochenille d'Europe qui s'attache à la plante nommée *knavel* ou *fcleranthus*. C'eft une efpèce de *blittum*. (il croît aux environs de Paris & dans plufieurs autres endroits de France) La couleur qu'elle donne eft auffi belle que celle de la cochenille d'Amérique ; mais elle eft petite & rafe comme celle qu'on trouve au pied de la pilofelle, ou oreille de rat, de fouris.

Il y en a une autre efpèce qui s'attache à l'arboufier : elle eft une fois auffi groffe que celle du knavel, ou groffe comme un grain de riz. Son corps eft de couleur rouffe, & liffe au commencement ; il fe couvre d'un duvet blanc qui s'entrelace & fe détache enfuite, de forte que l'animal paroît être dans une peau blanche. Il fe tient auprès de la racine, à la partie de la tige qui eft recouverte de terre ou de mouffe, & un peu humide. On pourroit tirer de cet infecte la plus belle couleur. Il faut auffitôt le mettre fécher au four, fans quoi il fe métamorphofe, & devient inutile.

ARBRE, BOTANIQUE.

PLAN du Travail fur ce mot.

CHAPITRE PREMIER.

De l'Arbre confidéré en général relativement aux parties qui concourent à fa formation, fon entretien & fa durée.

L'arbre eft de tous les végétaux le plus gros, le plus élevé & le plus parfait. Si le botanifte en a fait une claffe diftinguée des plantes, c'eft qu'il lui a fallu des points de ralliement pour que le fyftême qu'il vouloit établir ne confondît pas l'herbe avec le chêne, l'hyffope avec le cèdre du Liban. Mais l'arbre en diffère-t-il effentiellement ? Non : à la tête des êtres animés & fixes à la place qui les voit naître, croître, fe reproduire & périr, il ne doit le premier rang qu'à fa grandeur, fa force, fa longue vie & fon utilité univerfelle. Tout ce qui conftitue la plante, tout ce qui forme le végétal en général fe retrouve éminemment dans l'arbre, & lui feul bien étudié peut donner une idée fuffifante de toutes les parties qui concourent à la production d'une plante. Développées & rendues fenfibles par leur groffeur & leur étendue, elles paroiffent d'elles-mêmes aux yeux prefque fans préparation, & fans avoir recours aux détails des inftrumens microfcopiques. Ainfi les grands quadrupèdes offrent fous un volume apparent les parties animales qu'il faut pour ainfi dire deviner dans ceux de la dernière claffe. C'eft donc dans les arbres que l'on doit étudier la grande merveille de l'économie végétale ; c'eft chez eux qu'il faut chercher & fuivre les organes néceffaires à leur conftitution extérieure, à leur développement & leur entretien ; à leur multiplication & leur fécondation, à leur nourriture & à leur vie : c'est à travers les fibres des arbres que l'on peut facilement suivre tous les vaisseaux dans lesquels circulent, & les sucs particuliers & le principe vital. Quel objet d'étude plus intéressant, plus magnifique & plus satisfaisant ! Quel est l'homme qui, placé au milieu d'une forêt, n'est pas frappé d'admiration en voyant ces chênes majestueux, dont la cime se perd dans les nues, & les racines pénètrent si profondément ? Si, après avoir considéré leur direction, leur force, l'étendue de leur diamètre, l'espèce de symétrie de leurs branches, la verdure de leur feuillage, la quantité de fruits dont ils sont couverts; si, dis-je, après avoir réfléchi sur tous ces objets extérieurs, il pense que cette foule d'êtres muets qui l'environnent, & qui ne paroissent exister que pour lui, ont une vie propre & indépendante, respirent par un mécanisme particulier, vont chercher & s'approprient la nourriture la plus saine & la plus convenable; qu'ils n'admettent point, ou rejettent tout ce qui pourroit leur être étranger ou nuisible; qu'ils jouissent d'une espèce de mouvement spontané & de nutation ; que peut-être ils sont doués d'un sentiment machinal fondé sur l'irritabilité de leurs fibres : s'il songe que dans l'intérieur de ce chêne que la hache a peine à couper, de ce

bois de fer qui résiste aux instrumens les plus tranchans, des fluides nourriciers circulent sans cesse, & vont porter jour & nuit l'entretien & la vie; que ces feuilles légères, qui ne semblent être que le jouet des zéphirs, sont les parties essentielles de la plante ; & que tandis que leur surface inférieure pompe la rosée, la surface supérieure est l'organe principal de la transpiration : enfin, s'il assiste à l'hyménée des fleurs mâles & femelles, & qu'il suive le développement du germe & du fruit, après un moment de silence il s'écriera : Ô richesses ! ô merveilles de la nature ! que son auteur est grand ! qu'il est admirable !

Avant de traiter la culture des arbres, apprenons à les connoître; cette science seule pourra nous guider dans le labyrinthe de la pratique de la végétation.

L'arbre est composé de trois parties principales, le tronc & les deux extrémités, inférieure & supérieure, ou les racines & les branches (1). Le *tronc* est cette partie solide de l'arbre qui s'élève hors de la terre, & supporte une touffe de branches plus ou moins épaisses. Varié dans sa hauteur, mais toujours perpendiculaire à l'horizon, à moins que des obstacles invincibles ne le forcent à changer de direction, ses branches elles-mêmes affectent cette situation par un effort continuel à s'écarter le moins possible de la ligne verti-

---

(1) Ce n'est ici que le tableau rapproché de tous les objets dont la connoissance compose la théorie de l'économie végétale. Pour avoir de plus grands détails, il faut chercher chaque mot à sa lettre alphabétique.

cale. La chaleur & la lumière paroiſſent influer ſur cette diſpoſition ;
l'eau ne la dérange point. Vers le
haut du tronc, & dans ſa longueur
même, toutes les parties qui le
conſtituent, la moelle, les fibres
ligneuſes, l'écorce, l'épiderme, &c.
s'écartent de la maſſe générale, &
ſe réuniſſant en un ſeul corps, forment à leur tour un nouveau petit
arbre implanté ſur la mère-tige ;
cette nouvelle production eſt la
branche. Sa groſſeur propre, toujours moindre que celle du tronc,
ſuit une eſpèce d'ordre. Celle qui
naît de la ſommité du tronc, & en
général celles qui en ſont le plus
proches, ſont d'un volume plus
fort & plus vigoureux. La groſſeur
diminue en proportion de l'éloignement & du nombre. C'eſt dans les
branches & les jeunes pouſſes qu'il
faut chercher la figure primitive
de la tige, & non dans le tronc,
que le tems ramène tôt ou tard à
la forme circulaire. La tige eſt
triangulaire dans l'aune, l'oranger,
quelqu'eſpèce de peuplier ; quarrée dans le buis, le fuſain, le *phlo-
mis* ; pentagone dans le pêcher, le
jaſmin, & exagone dans le clé-
matitis & dans pluſieurs eſpèces
d'érable. Une variété ſemblable ſe
fait remarquer dans l'inſertion des
branches comme des feuilles.

Deſtinées à vivre dans l'obſcu-
rité, à pénétrer à travers les différentes couches de la terre, & loin

de nos regards, la nature ſemble
avoir refuſé aux *racines* l'élégance
de la forme, les agrémens de la parure dont elle a embelli les tiges &
les branches ; mais elle leur a pro-
digué les organes de l'utilité. Compoſées comme le tronc, du corps
ligneux, de couches corticales,
elles en diffèrent en ce que ces
couches, ainſi que l'épiderme,
ſont plus épaiſſes que dans le tronc.
Leur couleur, ſoit extérieure, ſoit
intérieure, s'en éloigne encore, &
le plus ſouvent elle eſt plus vive
dans les racines. Toujours en proportion avec les branches, l'étendue, la direction, la diſpoſition &
la figure que celles-ci affectent,
paroiſſent commander impérieuſe-
ment à celles-là. Douées, ſi l'on
peut ſe ſervir de cette expreſſion,
d'un tact ſûr, elles vont chercher
de tous côtés les principes alimentaires. Quelle force n'ont-elles pas
pour aſpirer les ſucs nourriciers
qu'elles vont élaborer ? quelle ſa-
gacité dans le choix ? A côté d'une
plante dont les différentes parties
doivent un jour répandre le baume
dans notre ſang, & rappeler la
ſanté & l'ordre dans notre économie, croiſſent quelquefois ces tiges
vénéneuſes dont les ſucs produiſent
les plus grands ravages avant de
donner la mort (1). Les racines de
l'une & de l'autre ſont ſouvent entrelacées ; mais elles ſavent bien diſtinguer les principes qu'elles doivent

_____

(1) Malgré cette opinion générale ſur la manière dont les plantes font choix des
ſubſtances qui leur conviennent, elle ſera de nouveau examinée au mot RACINE, & l'on
fera voir que les ſucs terreux ſont tous les mêmes, mais que chaque plante contient à
l'extrémité de ſes racines une eſpèce de levain qui agit ſur ces ſucs, comme la ſalive
agit ſur les alimens que nous mangeons, & les rend ſalubres ou délétères par rapport
à nous.

s'approprier.

s'approprier. Un nombre infini de
suçoirs est répandu sur toute la superficie des racines ; c'est par eux
que la sève & les sucs propres pénètrent dans l'intérieur du végétal
qu'ils vont animer.

Tels sont les objets que l'arbre
offre à la première vue ; mais si l'on
entre dans quelques détails , si l'on
examine toutes les parties qui le
composent les unes après les autres , quelle profusion ! quelle richesse ! quelle variété !

L'épiderme frappe d'abord les regards : cette peau si mince, unique
dans quelques sujets , & si multipliée dans d'autres , enveloppe immédiatement l'écorce ; sa transparence lui fait prendre la couleur du
tissu cellulaire qu'elle recouvre ;
semblable en cela à l'épiderme des
animaux , à travers lequel on distingue les chairs , les graisses & les
vaisseaux. Flexible & molle dans la
jeune plante , elle s'étend d'abord
suivant son accroissement : mais
cette extension reconnoît un terme ; elle se déchire , & n'offre plus
que des lambeaux morts & desse-
chés. Si l'épiderme tient encore à
l'écorce , c'est moins alors par la
vie dont elle jouit , que par son
adhérence à la nouvelle peau qui
se reproduit sous l'ancienne. Tout
a son utilité & sa destination dans la
nature. L'épiderme s'oppose à une
transpiration trop abondante qui
affoibliroit la plante ; il conserve
les parties qu'il recouvre , & les
empêche de se dessécher & de s'ex-
folier. Composé d'utricules , il renferme une humeur vivifiante.

Si avec la pointe d'un instrument
délicat on enlève l'épiderme , on
apperçoit immédiatement au - des-

sous une substance très - sensible
dans plusieurs plantes , sur - tout
dans le sureau , souvent d'un verd
très-foncé , presque toujours succulente & herbacée , que M. Duhamel
a nommée enveloppe cellulaire. Elle
paroît être les dernières productions du tissu cellulaire.

Le tissu cellulaire lui-même , composé d'utricules abondantes en humeurs propres , est disséminé dans
les aires ou interstices d'un réseau
formé par des fibres longitudinales
qui se joignent & s'anastomosent
dans toutes sortes de sens. Ce réseau , ce plexus cortical n'est pas
un seul corps ; il est distribué en
plusieurs couches de la même composition , qui , allant se terminer
au liber , composent l'écorce proprement dite. Enveloppe nécessaire
à l'arbre , elle le défend de l'intempérie de l'air , & protège la formation & l'accroissement de la partie
ligneuse. Des vaisseaux de différente nature , & destinés à différens emplois , traversent l'écorce
suivant son épaisseur & sa hauteur.

Le passage de l'écorce , partie si
délicate , au bois ferme & dur , sans
substance intermédiaire , auroit été
trop brusque ; la nature y a pourvu, en plaçant entre deux l'aubier.
Les couches ligneuses , d'abord
molles & herbacées , n'acquièrent
pas subitement la solidité du bois
parfait ; il faut des années pour
opérer ce changement , & l'endurcissement des couches depuis l'é-
corce jusqu'au centre , ne se fait
que par degré. Cependant ce passage n'est pas si insensible , que l'on
ne distingue dans presque tous les
arbres une portion ligneuse d'une

couleur plus blanche & d'une fubftance plus tendre que le refte du
bois, & c'eft cette portion que l'on
nomme *aubier*.

La dernière partie folide, le *bois*,
proprement dit, bien obfervé &
bien difféqué, n'eft qu'un amas de
couches ligneufes qui s'enveloppent & fe recouvrent les unes les
autres. Leur compofition merveilleufe développe des fibres ligneufes ou vaiffeaux lymphatiques, des
vaiffeaux propres, des trachées,
& le tiffu cellulaire que nous avons
déjà trouvé dans l'écorce & l'aubier, & qui vient de la moelle.

Au centre de toutes ces parties
admirables, on remarque la *moelle*
ou la vraie origine du tiffu cellulaire, dont les différentes ramifications pénètrent toute l'épaiffeur de
la plante, & portent les fucs nourriciers qui y ont été préparés. Variée dans fa couleur, elle eft plus
abondante dans les arbriffeaux de
courte durée, & moins groffe dans
les racines que dans la tige.

Cette maffe folide que nous venons de parcourir, vit, & dès-lors
elle doit renfermer des principes
qui produifent & entretiennent le
mouvement. Dans l'animal, l'air &
différens fluides concourent au foutien de fon exiftence & à fon développement; dans le végétal, la
lymphe, le fuc propre, l'air, la
lumière, font autant d'agens toujours en action & en réaction, qui
l'animent. Les fucs nourriciers pénètrent; les uns de la terre par les
racines, & s'évaporent par les
feuilles; & les autres, s'introduifant par les feuilles, defcendent
jufqu'aux racines. Ce balancement
perpétuel exige des vaiffeaux, des

canaux déférens; & ce font les
fibres, les *vaiffeaux propres* & les
trachées qui en font les fonctions.
Les *fibres* ou vaiffeaux lymphatiques, s'étendant fuivant la longueur du tronc, renferment une
liqueur peu différente de l'eau la
plus fimple. La vigne paroît être le
végétal qui en contient le plus;
cependant l'érable, le bouleau, le
noyer, le charme en fourniffent
une grande quantité. Il eft conftant
que cette lymphe coule également
des branches & de la partie fupérieure des arbres comme des racines. La furabondance de cette liqueur s'échappe par la tranfpiration infenfible. La prolongation des
vaiffeaux lymphatiques s'étend jufqu'aux dernières ramifications des
fleurs & des fruits: là, fouvent ils s'a-
naftomofent entr'eux. Parallèlement
à ces vaiffeaux, s'en élèvent & defcendent d'autres qui contiennent le
fuc propre, d'où leur vient le nom
de *vaiffeaux propres*. Bien différent
de la lymphe, le fuc propre eft toujours une liqueur compofée, tantôt
laiteufe dans le figuier & les tithy-
males, tantôt gommeufe dans les
cerifiers & les abricotiers; elle eft
réfineufe dans les pins, les fapins,
&c.; rouge, jaune, d'une faveur
douce, cauftique quelquefois, quelquefois auffi fans odeur ni faveur;
en un mot, le fuc varie infiniment
dans toutes les plantes. On peut
prefque le comparer au fang des
animaux; comme lui, il eft néceffaire à la vie, & comme lui fon
épanchement conduit peu à peu à
la mort. La fimple contraction des
vaiffeaux qui le contiennent, fuffit
pour le forcer de fortir, & il paroît
avoir plus de difpofition à couler

de l'extrémité des branches vers les racines, qu'à se porter vers les extrémités. Dans le bois, les feuilles & les fleurs, on remarque des vaisseaux disposés en spirale, qu'on ne retrouve point dans l'écorce ni dans le liber; ce sont les *trachées*. Semblables aux poumons des animaux, ou au moins aux trachées des insectes, elles ne contiennent que de l'air. Grew cependant pense, d'après plusieurs expériences, que l'air seul ne circule pas dans ces vaisseaux; qu'à certaines époques de la végétation, l'abondance de la séve le fait refluer dans les trachées. Dans les tiges herbacées, elles jouissent, suivant Malpighi, d'un mouvement vermiculaire, & l'air qu'elles renferment est sujet à toutes les vicissitudes de l'atmosphère.

Les fibres, les vaisseaux propres & les trachées ne sont pas les seuls canaux destinés aux fluides végétaux; il est encore d'autres réservoirs isolés, où les liqueurs s'élaborent, ce sont les *utricules*. Disséminées dans l'épiderme, l'écorce, les feuilles, les pétales même des fleurs, elles végètent comme toutes les autres parties, & comme elles, elles sont sujettes au dépérissement & au desséchement.

Le squelette végétal & les fluides qui l'animent, ne doivent pas seuls exciter notre admiration; ce n'est, pour ainsi dire, que l'extérieur des merveilles que renferme l'économie végétale. La vie d'une plante, depuis l'instant de sa naissance jusqu'à sa mort, peut être le sujet de longues méditations : à chaque instant, nouvelle découverte; à chaque découverte, nouveau prodige.

La *graine* ou *semence* est le rudiment de toute la plante : fécondé par la poussière des étamines, vivifié par le pistil, cet œuf végétal est couvé par la chaleur de la terre. Tantôt la semence est garnie d'une enveloppe ou robe, tantôt un épiderme ou une tunique propre la revêt. Deux lobes ou cotyledons conservent le germe; les liliacées & les graminées n'en ont qu'un, tandis que les mousses & les lichens en sont totalement privés. C'est dans ces cotyledons que se prépare le premier suc nourricier qui doit commencer à faire éclore & végéter la *plantule* ou l'*embryon* qui est emboîté dans leur sein. La radicule se développe & pousse ses suçoirs dans le sein de la terre, pour y aller chercher un aliment analogue à la foible constitution de la *plume*, ou jeune tige. L'afflux des liqueurs & des sucs de la terre remplit les premiers canaux séveux, les dilate, agrandit les vaisseaux, nourrit les fibres & pousse en haut la plume, quelque temps après que la radicule a pris une certaine consistance; car l'accroissement de la seconde prévient toujours celui de la première. Déjà la jeune tige a pointé hors de la terre; déjà les feuilles séminales ont annoncé la formation & le déroulement des feuilles proprement dites. Les racines douées d'une force de succion singulière, font le premier organe de la vie. Elles vont chercher de tous côtés les sucs qui leur sont propres. Cette appropriation résulte sans doute de la configuration des orifices de leurs suçoirs ou pores. Fixée, nourrie & entretenue par les racines, la tige commence à s'élever; ses branches s'étendent & se garnissent de feuilles. Ces parties nouvelles demandent une nouvelle abondance de nourriture. Les racines seules ne pourroient y suffire, si ces mêmes parties n'y suppléoient elles-mêmes. Les feuilles séminales d'abord, les feuilles propres ensuite achèvent ce que les racines avoient commencé. Les feuilles, le tissu spongieux, les branches même, tout tend à fournir à la plante une nourriture aussi abondante que celle qu'elle tire des racines.

L'air, le suc propre, la séve, tels sont les principes qui concourent à la nourriture & à l'entretien de la plante. L'air pénètre les trachées, circule avec elles, établit par-tout un mouvement vivifiant, agent unique, moteur puissant de toute vie. Le suc nourricier, parvenu dans les racines, s'élabore dans toute la capacité de la plante, monte jusqu'à l'extrémité la plus élevée, où le surplus de ce qui est nécessaire à l'entretien s'évapore par la transpiration insensible.

Peut-être très-peu différente du suc nourricier, la séve est formée de tout ce qui peut servir à l'entretien de la plante. On a cherché long-tems les causes qui déterminent la séve à monter dans les plantes. Borelli l'a attribué à la raréfaction & à la condensation de l'air; Lahire, à la disposition des valvules dans les fibres longitudinales, & à la transpiration de la plante; Laboisse, à la contraction & à la dilatation de l'air & des trachées; Malpighi, à l'aspérité des canaux & à la température de l'air, &c.; d'autres savans, d'autres systêmes. On dispute encore sur ce sujet, on dispute même sur

la circulation de la séve. Les uns la comparant au sang des animaux, veulent qu'elle ait un mouvement de circulation continuelle, analogue à celui de systole & de diastole : d'autres, paroissant se rapprocher de plus près de la nature, distinguent la séve ascendante de la séve descendante. La première, s'élevant des racines, parvient jusqu'aux feuilles; la seconde, s'introduisant par les feuilles, se précipite vers les racines. Mais ce qui est constant, c'est que, ou la séve unique, ou les deux séves, ont une progression en rapport avec les saisons. En parcourant la plante, elles la nourrissent & produisent son accroissement par l'aglomération des nouvelles particules qu'elles déposent sur la route.

A chaque renouvellement de la séve, c'est-à-dire chaque année, la tige, le corps ligneux, le tronc, les branches prennent de l'accroissement, tant en longueur qu'en grosseur. Son diamètre s'étend, & l'épiderme, dont le développement n'est pas proportionnel à celui du tronc, ne pouvant plus recouvrir l'écorce qui se dilate à chaque pousse, se déchire en morceaux. Cet *accroissement* périodique & journalier, (*voyez* ce mot) dont nous avons déjà vu la théorie, ne frappe que les yeux d'un observateur attentif. Rarement ce qui est insensible, quelque intéressant qu'il soit par lui-même, fixe-t-il les regards du commun des hommes. Il faut, pour piquer leur indifférence, des prodiges, ou du moins un spectacle nouveau, des événemens subits, des phénomènes extraordinaires; tel, par exemple, que le prompt accroissement d'une plante après la pluie. Qui n'a pas admiré vingt fois cette espèce de merveille ? Les prairies altérées par une longue sécheresse, ne sont couvertes que par des plantes languissantes, dont la tête inclinée vers la terre, semble aller au-devant du peu de vapeurs que la chaleur de l'air fait évaporer : un verd pâle, une maigreur sensible annoncent l'épuisement des racines & des tiges. Tout d'un coup un orage survient, une pluie salutaire arrose les campagnes, tout renaît ; les sucs nourriciers délayés par l'eau, dont la terre vient d'être pénétrée, circulent avec plus de liberté ; la tige se redresse, un verd plus vif la colore, & quelques heures après, la plante s'est élevée de plusieurs pouces de hauteur. Toujours perpendiculaires à l'horizon, les plus petites plantes, comme les plus grands arbres, conservent cette situation, quel que soit le degré d'inclinaison du sol qui les nourrit. Si quelquefois cette loi générale paroît n'être pas observée, des efforts puissans & constans en font la cause ; mais dès que la plante a repris sa liberté, dès que rien ne s'oppose à son développement naturel, elle se redresse, & reprend sa *perpendicularité*.

Plus nous avançons dans l'examen de l'économie végétale, & plus nous sommes saisis d'admiration par le grand nombre de phénomènes intéressans qu'elle nous offre. Mais si nous nous arrêtons un instant au mou-vement de l'air dans les plantes, au mécanisme des trachées, à l'espèce de *respiration* dont elles jouissent ; si nous suivons les effets de leur *transpiration* sensible & insensible ; si nous faisons attention que les feuilles sont l'organe principal par lequel se fait une secrétion perpétuelle & abondante ; si, l'œil fixé sur certains individus, nous appercevons des *mouvemens* de nutation dans différentes parties, des mouvemens analogues à quelques mouvemens spontanés des animaux ; si nous nous représentons les racines de toutes, se portant de côté & d'autre pour aller chercher une nourriture propre, & suivant assez exactement la disposition des branches, pourrons-nous rester froids & insensibles à la vue de tant de merveilles ?

Après avoir parcouru une suite infinie de développemens, la plante est enfin parvenue à son point de perfection ; les organes de sa réproduction se font déjà appercevoir. La *fleur*, cette partie si agréable, qui charme plusieurs de nos sens, soit par ses vives couleurs, ses nuances délicates, ses mélanges jaspés que le pinceau le plus savant peut à peine imiter, soit par les parfums délicieux dont elle embaume les airs ; la fleur, dis-je, devient le lit nuptial où la plante va se reproduire en donnant la vie à une multitude de germes.

Balancées sur leurs *péduncules*, la plupart des fleurs y sont adhérentes au point que l'on nomme *réceptacle* (1). Le germe tire de ce point sa

_____

(1) Pour bien saisir ce qui va être dit, consultez le mot FLEUR & tous les mots cités ici en lettres italiques ; les gravures qui les accompagnent, représentent la forme de toutes les fleurs, & celle de toutes les parties qui concourent à leur formation.

nourriture, comme le fœtus du placenta. Les autres *feffiles* repofent immédiatement fur la tige, ou fur fes rameaux ; tantôt feules & ifolées, tantôt ramaffées plufieurs enfemble , elles embelliffent & animent la tige qui les voit naître. Si l'on s'approche d'une fleur, & qu'on l'obferve attentivement , on y remarquera au centre une ou plufieurs petites colonnes nommées *piftils ;* ils naiffent quelquefois des feuilles mêmes. Deftiné à concourir à la génération végétale, le piftil en eft l'organe femelle , compofé de trois parties, de l'*ovaire* ou germe qui porte fur le réceptacle , (c'eft la matrice) du *ftile* ou tuyau fiftuleux plus ou moins allongé , qui eft porté fur l'ovaire, ou qui s'infère quelquefois à fon côté ou à fa bafe ; (c'eft le vagin) enfin du *ftigmate* (les lèvres) foutenu par le ftile, à moins qu'il ne repofe immédiatement fur l'ovaire.

Autour du piftil on apperçoit les *étamines* qui en font diftinguées par leur forme particulière. Ce font les parties mâles de la plante. Variée par le nombre , l'étamine eft conftante dans chaque efpèce , foit pour la couleur, foit pour la figure. Elle eft compofée d'un *filet ,* fupport délicat qui foutient le fommet de l'étamine ou *anthère ;* quelquefois ce filet manque , auffi la partie effentielle à la fécondation eft l'anthère feule qui renferme la *pouffière fécondante.*

Toutes ces parties en général font environnées d'une ou deux enveloppes ; la plus intérieure eft auffi la plus brillante ; les *pétales* qui la conftituent fe font aifément reconnoître aux couleurs variées

dont elles font nuancées. Le *calice* prefque toujours verd, eft l'enveloppe extérieure. Dans les plantes qui n'ont pas de calice, on rencontre à la place des *balles ,* un *fpathe ,* ou une *collerette ,* & quelquefois le calice tient lieu de pétales.

Entrons dans le fanctuaire de la nature, & affiftons à l'*hymenée* d'une fleur. Lorfque le fommet de l'étamine ou l'anthère eft parvenu à fon degré de maturité , fes lobes s'ouvrent d'eux - mêmes , & laiffent tomber la pouffière fécondante fur le piftil ; quelquefois une vive explofion la lance hors de fon réfervoir, & la fème au loin dans les airs. C'eft par ce dernier moyen que font fécondés les individus de fexe différent , féparés les uns des autres. (*Voyez* le mot DIOÉCIE , & l'expofition du fyftême de M. Von Linné fur le fexe des plantes , au mot BOTANIQUE.) A peine cette pouffière a-t-elle atteint le ftigmate du ftile, que celui-ci s'en laiffe pénétrer ; elle s'infinue à travers fes pores , & par un mécanifme admirable, elle parvient jufqu'à l'ovaire, où elle féconde le germe. Ce nouveau fœtus devient alors immédiatement l'objet des foins de la nature ; les pétales fe fanent & tombent, les étamines fe détachent, le piftil fe flétrit, mais l'embryon leur furvit, & affure la réproduction de l'efpèce. Il prend un accroiffement rapide, & quelquefois fi confidérable, qu'il furpaffe de beaucoup tout le refte de la plante.

Dans ce tableau raccourci, nous ne nous arrêterons pas à nombrer les différentes efpèces d'enveloppes qui protègent la *graine* ou femence. La *capfule,* la *coque,* la *filique,* la gousse ou *légume*, le *noyau*, le *pepin*, la *baie*, le *cône* & la *noix*, font autant de variétés que nous expliquerons à leurs articles. Mais la femence elle-même eft bien digne de notre attention. Si on la décompofe, on trouve d'abord la tunique propre, qui eft l'efpèce de membrane ou d'écorce qui l'enveloppe; au deffous paroiffent les lobes ou cotyledons qui emboîtent la plantule ou le vrai germe. Elle eft placée au point où fe réuniffent les vaiffeaux nombreux, dont les ramifications fe difperfent dans la fubftance mucilagineufe & fermentefcible des cotyledons. On diftingue dans le germe la *radicule* & la *plumule*; ces deux parties font le rudiment, l'une de la racine, & l'autre de la tige. A peine la plumule fe développe-t-elle par la nourriture que lui fourniffent les cotyledons, que les feuilles féminales qui la couronnent, commencent à s'épanouir; les cotyledons dans quelques plantes, les feuilles féminales dans d'autres, protégent & veillent à la confervation de la jeune tige; auffi, dès que leurs foins deviennent fuperflus, ils fe deffèchent & périffent; & la tige fe foutenant par fes propres forces, s'élève & étend fes branches & fes feuilles de tous côtés.

La fécondation n'eft pas la feule manière par laquelle les plantes fe multiplient. Toujours riche & abondante dans fes moyens, la nature nous a appris à propager les efpèces par les *boutures*, les *rejetons* & la *greffe*. (*Voyez* ces mots)

A peine la plante eft-elle parvenue à fon point de maturité, & a-t-elle affuré fa perpétuité par la naiffance d'une infinité de germes, qu'elle commence à dépérir. La première caufe de la deftruction dans le règne végétal, ainfi que dans le règne animal, eft l'endurciffement & l'obftruction des vaiffeaux, le defféchement des fluides; en un mot, le mouvement retardé. Chaque inftant de notre vie nous conduit au tombeau, chaque inftant de l'exiftence de la plante la mène à la mort. Les *maladies* viennent en hâter l'inftant; la féchereffe ou l'humidité de l'air affectent fenfiblement la jeune plante; quelquefois le terrain qui la porte lui refufe la nourriture propre, & ne lui fournit que des fucs pernicieux. Rarement réfifte-t-elle à de fortes gelées, plus rarement encore échappe-t-elle aux infectes qui dévorent & fes feuilles & fes rameaux. Les foins du cultivateur vigilant peuvent la garantir de ces ennemis extérieurs; mais il en eft d'autres intérieurs qui ne font pas moins de ravage. Quelquefois la féve s'extravafe, & forme des dépôts dans certaines parties: elle s'y corrompt bientôt; une fuppuration brûlante s'établit, & la maigreur de toute la plante annonce fon état de foibleffe. Tantôt il fe forme des loupes monftrueufes, tantôt des tumeurs multipliées rongent & les branches & la tige. La privation de la lumière produit l'étiolement, & jette la plante dans une langueur mortelle; ainfi, tout ce qui a vie dans la nature doit ceffer un jour d'en jouir, foit par des accidens, foit par la dure néceffité. Tout doit paffer, tout doit faire place à de nouveaux êtres.

La privation du mouvement & de la vie change abfolument la

plante : la plupart de fes principes
fe perdent ou fe dénaturent , & l'a-
nalyfe la plus exacte ne donne au
chimifte qu'un peu d'air, de l'huile,
du phlegme , de la terre & des fels.

CHAPITRE II.

Parallèle entre l'économie végétale &
l'économie animale.

En fuivant attentivement le développement de la plante depuis fa
naiffance jufqu'à fa mort, il eft difficile de n'être pas frappé du rapport qui fe trouve entr'elle & l'a-
nimal. On pourroit même dire abfolument qu'ils ne diffèrent entr'eux
que dans très-peu de points, effentiels à la vérité, tels que la faculté
fpirituelle de penfer que rien n'annonce dans la plante, & dans celle
de fe tranfporter à volonté d'un endroit dans un autre. Cependant dans
certaines claffes d'animaux ces deux
facultés paroiffent fi bornées , fi
circonfcrites, qu'on peut les fuppofer nulles. Le genre des holothu-
ries, des huîtres, des zoophytes,
prefque toujours fixe & adhérant à
un rocher, vit & meurt à l'endroit
qui l'a vu naître. Nous ne parlerons pas de leur faculté de penfer ;
l'inftinct que la nature leur a donné,
réduit aux feuls points de leur confervation & de leur nourriture,
paroît bien peu fupérieur au pouvoir que la plante a de porter fes
branches & fes feuilles du côté où
fe trouve une nourriture plus analogue, & où l'air & la lumière doivent
favorifer davantage leur entretien.

Si la nature a tellement confondu
les dernières efpèces animales avec
la plante, a-t-elle mis une diftance
fi immenfe entre la plante la plus

fimple & l'animal le plus parfait ?
Non certes ; & plus le philofophe
les compare enfemble, & plus il
trouve de points de rapprochement,
je dirai prefque d'identité. Tout ce
qui a vie paroît la tenir du même
principe. Unique dans fon but, fimple dans fa marche, plus fimple
dans fes moyens, la nature ne nous
paroît compliquée & compofée que
quand, échappant à nos regards,
nous ne la comprenons pas, ou que
nous prenons nos idées par fes opérations.

Naître d'un œuf couvé, fe nourrir par l'affluence d'un fuc, croître,
fe développer, propager fon efpèce,
décroître, vieillir, mourir ; telles
font les phafes communes de la
vie des animaux & des végétaux.
C'eft une loi néceffaire que rien ne
peut changer, & dont l'exécution
eft immuable ; que ni la puiffance
des hommes, ni le changement de
lieu, ni l'influence du climat, ni le
tems même ne peuvent fufpendre
un inftant. La deftinée de ces êtres
eft femblable, leur exiftence eft pareille, & leur vie eft prefque commune. Entrons dans quelques détails ; & pour fuivre un même plan,
nous allons les confidérer & les
fuivre pas à pas depuis l'inftant où
l'acte de la conception commence
à animer le germe, jufqu'à celui où
la mort fatale le prive de tout mouvement, & l'enlève de la claffe
des êtres vivans.

Conception.

Le phénomène de la conception,
foit animale, foit végétale, eft enveloppé de voiles épais. En vain
plufieurs auteurs ont-ils voulu expliquer cette œuvre admirable de la
nature ;

nature ; le grand nombre de fyf-
tèmes imaginés nous prouvent feulement que ce fecret n'eft pas de-
viné. Nous ne parlerons donc ici
que de ce qui eft connu & démontré par l'expérience. La pouffière
fécondante dans les fleurs, s'échappant des anthères de l'étamine ,
tombe fur le ftigmate du piftil, le
pénètre, & va féconder un ou plufieurs germes. Pareillement la liqueur féminale paffe des réfervoirs
du mâle , où elle eft préparée,
dans l'ovaire de la femelle où elle
porte le principe de vie à un ou
plufieurs œufs.

Incubation.

L'œuf renfermé dans l'ovaire
comme dans un calice, prend infenfiblement de l'accroiffement, brife
les membranes qui le retenoient, &
fe précipite dans l'utérus par les
mêmes vaiffeaux (trompes) qui
avoient fervi de canaux à la liqueur
féminale. Là il reçoit la nourriture
par le placenta. Dans les ovipares,
on retrouve à l'ovaire la même
forme de calice ; mais à peine l'œuf
en eft-il forti, qu'il n'adhère à aucune partie ; il n'eft attaché à aucun
placenta. Les plantes n'ont pas d'o-
vaire ; mais elles ont des réceptacles. Dans les vivipares, les ovaires
font hors de l'utérus ; dans les
plantes , les réceptacles font dans
le fruit même ; ainfi, elles n'ont pas
befoin ni des trompes dont nous
avons parlé, ni du tranfport de
l'œuf. Le placenta eft propre au
fœtus animal, & non pas à la mère ;
ne devroit-on pas le comparer à la
radicule, production de la graine
vivante qui prend de l'accroiffement dans la terre ? Le fœtus ne

paroît au jour qu'après fa perfection : la graine n'abandonne le réceptacle qu'à fa maturité ; mais leur
maturité n'eft pas la même. Tous
les organes du fœtus font développés : la plantule exifte bien dans la
graine ; mais elle a befoin de la germination pour fon entier développement, comme l'œuf a befoin de
l'incubation. Ainfi , la graine n'eft
pas parfaitement femblable au fœtus du vivipare, ni à l'œuf de l'o-
vipare ; mais on peut la comparer
avec tous les deux : elle a une infinité de rapports avec eux. Dans
les vivipares, l'incubation fe fait
intérieurement , & non loin des
ovaires ; dans les ovipares, extérieurement , & loin des ovaires ;
dans les plantes, dans l'ovaire
même. Les phénomènes de l'incubation & de la geftation fe rapprochent encore davantage. Les organes paroiffent, fe fortifient, prennent de l'accroiffement jufqu'à ce
qu'ils foient parvenus au terme de
la perfection, où au tems marqué
ils doivent voir le jour. Comme la
durée de la groffeffe des animaux eft
limitée à des termes conftans, ainfi,
depuis l'inftant de la floraifon jufqu'à la maturité de la graine, la nature a marqué un intervalle fixe. Des
loix communes dans l'exercice de
leurs fonctions conduifent le germe
des uns & des autres jufqu'au moment de fa naiffance.

Accouchement ou Naiffance.

La nature prépare de loin cet
inftant. A la fin de la groffeffe , les
fucs deftinés à la nourriture du fœtus, devenant inutiles , refluent à
l'orifice de l'utérus , il s'élargit,
les cartilages fe ramolliffent , le

fœtus tombe dans le baffin, brife fes enveloppes, & aidé par les efforts de la mère, les fiens propres, l'irritabilité de l'utérus, les liens du placenta étant rompus, il vient jouir enfin de l'air & de la lumière. Les ovipares ont à peu près le même fort; mais on peut dire de plus qu'ils éprouvent deux accouchemens. L'œuf naît d'abord recouvert d'une coquille épaiffe & de membranes; le blanc & le jaune enveloppent le germe; il faut enfuite que le tems de l'incubation paffé, la coquille foit brifée, les membranes déchirées, pour que le poulet paroiffe au jour. La graine éprouve pareillement deux efpèces de naiffance. Comme l'œuf elle quitte le réceptacle, environnée d'un péricarpe plus ou moins épais. Tant qu'elle eft dans le réceptacle, elle prend un vrai accroiffement; mais cet accroiffement ne va que jufqu'à la perfection du germe, & non à fon entier dévéloppement. Les fucs alors qui l'ont nourri, ceffent de fe porter vers lui, & même de s'élaborer. Les fibres qui tenoient le péricarpe clos & fermé, fe relâchent d'elles-mêmes; il s'ouvre, & la graine s'échappe. Voilà fa première naiffance; la feconde eft due à la germination, comme celle de l'œuf à l'incubation. Les fucs de la terre ayant ramolli la tunique propre (*arillus*), elle fe fend infenfiblement par la dilatation des cotyledons qui fe rempliffent des fucs nourriciers, la plumule fe déplie, groffit, croît & s'élève hors du fein de la terre, tandis que la radicule va pomper les fucs les plus propres qui doivent fournir à toute la plante le principe de fon accroiffement.

Si nous trouvons tant de rapports entre le fœtus, l'œuf & la graine, depuis l'inftant de leur conception jufqu'à celui de leur naiffance; mieux connus, plus étudiés dès qu'ils ont vu le jour, ils en fourniffent de plus grands encore durant le cours de leur vie.

Accroiffement, Enfance, Nutrition.

La plante hors de terre, & l'animal refpirant, commencent tous deux une nouvelle vie, fondée fur les mêmes principes, foit que l'un fuce un lait nourricier, foit que l'autre s'incorpore & s'affimile les fucs de la terre. L'enfant, foible encore, & incapable de fe procurer une nourriture propre, vient-il à être arraché de la mamelle, il expire bientôt, à moins qu'on ne lui tende un fein fecourable. Arrachez de même les cotyledons & les feuilles féminales d'une jeune plante, l'intempérie de l'air l'affecte cruellement, l'ardeur du foleil la deffèche; privée d'un fuc néceffaire, elle languit, dépérit, & meurt. Leur foibleffe & la délicateffe de leurs membres & de leurs organes, viennent de la trop grande abondance du tiffu cellulaire, & de la quantité de fluides qui l'emportent fur les folides. Mais tout change infenfiblement; les parties molles fe durciffent, les folides fe multiplient, l'accroiffement s'établit; la refpiration dans les uns, la tranfpiration dans les autres, animent & donnent le mouvement à toute la machine. La circulation du fang dans l'animal, la force de fuccion dans la plante, portent l'humeur nutritive vers tous les points du corps; elle pénètre & fe fixe dans les interstices des fibres, & se transforme en solide. Cette humeur est, d'un côté, ce *gluten* que Haller a regardé comme le principe de la fibre ; & de l'autre, le *mucus* séveux auquel l'écorce & la partie ligneuse doivent leur formation. Elle est le produit de la lymphe animale & du suc végétal qui ont tant de rapports, non-seulement dans leur manière d'agir, mais encore par leur nature & leurs principes constitutifs. L'un & l'autre d'un goût sucré, susceptibles de fermentation, solubles dans l'eau, d'un caractère légèrement salin, se retrouvent dans la partie gélatineuse animale, comme dans les substances farineuses, & dans les gommes des arbres. Cependant, il faut avouer que la digestion animale élabore bien plus précieusement la lymphe. L'analyse démontre évidemment que les fibres animales & végétales sont le produit de la lymphe & du suc séveux, car les os eux-mêmes reprennent leur première forme gélatineuse dans la machine de Papin, & le papier n'est qu'un mucilage extrait par la trituration seule de l'écorce des plantes. Dans l'os ne trouve-t-on pas encore le périoste analogue à l'écorce, des couches concentriques comme dans le tronc, & une moelle dont les productions parviennent jusqu'à l'écorce ? L'os croît comme l'arbre ; M. Duhamel a rougi les os d'une poule en les nourrissant avec de la garance ; M. Bonnet a coloré les fibres des plantes en les faisant tremper dans des liqueurs colorées. L'un & l'autre se nourrissent par l'incorporation des sucs qu'ils s'approprient à leur passage dans la masse des humeurs.

L'œuvre essentielle de la nutrition dans l'animal, commence à l'introduction faite par les orifices dont tout le canal des intestins est parsemé. Tout être vivant dont les alimens se trouvent presque tous préparés, qui sont fluides & aqueux, n'a pas besoin de bouche, d'estomac, & d'intestins. C'est précisément ce qui arrive dans les végétaux. Leur nourriture se trouve élaborée en grande partie dans la terre & dans l'air ; il ne restoit donc à la nature qu'à leur donner des canaux, & multiplier les pores sur toutes leurs surfaces ; aussi les feuilles, les branches & les racines en sont-elles couvertes.

Transpiration.

Le suc nourricier portant de tout côté la vie & l'accroissement, est composé de deux fluides, l'un qui nourrit, l'autre qui en est le véhicule ; la partie fibreuse du sang est promenée par la partie aqueuse, & le suc de la plante par la partie lymphatique. Les deux premières, fixées dans les interstices des fibres, déposées dans les glandes, forment les nouveaux solides, tandis que les deux dernières inutiles à la nutrition, & pouvant devenir nuisibles par leur nature putrescible, s'échappent par les pores dans l'acte de la transpiration sensible & insensible. L'expérience prouve combien elle est abondante dans les plantes ; le soleil (*corona solis*) transpire dix-sept fois plus que l'homme, en raison de sa surface. Si l'on analyse la sueur, on la trouvera composée de sel, d'eau & d'huile qui porte avec elle une odeur qui lui est propre. C'est à cette émanation que les

Chiens reconnoiſſent leurs maîtres ; la plante a auſſi ſa tranſpiration odorante, agréable ou déſagréable. Le lis répand un parfum délicieux qui le fait reconnoître de loin, tandis que la rue infecte les airs par ſes émanations fortes & inſupportables. Les mêmes cauſes hâtent ou retardent la tranſpiration dans la plante, comme dans l'animal. La chaleur qui relâche les vaiſſeaux, dilate les orifices, & raréfie les fluides, la rend plus abondante. La ſueur paroît ſous la forme de gouttes très - ſenſibles ſur la peau d'un homme échauffé. Une plante tranſpire beaucoup plus dans l'été, dans les régions chaudes, dans une étuve ou une ſerre ; renfermez-la ſous une cloche de verre, bientôt ſes parois ſeront couvertes de gouttes d'eau qui conſervent, peu de tems à la vérité, quelqu'odeur de la plante qu'on a ſoumiſe à l'expérience. La tranſpiration s'affoiblit par le froid qui cauſe la diminution du mouvement vital & la diſette des ſucs ; une température humide, un air épais bouche, pour ainſi dire, les pores & l'arrête. Les corps tranſpirent moins la nuit que le jour, l'été que l'hiver, dans la vieilleſſe que dans la jeuneſſe. Certains animaux paſſent l'hiver entier ſans prendre de nourriture, parce que leur tranſpiration étant arrêtée, ils ne font aucune perte, & n'ont pas beſoin de réparation. Les plantes de même paſſent les hivers ſans végéter ; leurs feuilles ſont tombées, leurs pores ſe ſont fermés à l'arrivée des frimats, elles ne perdent plus de ſucs. Les animaux très-gras mangent peu ; on arroſe rarement les plantes ſucculentes, parce

qu'elles tranſpirent peu. En un mot, tout ce qui a rapport à la tranſpiration, ſe retrouve dans les plantes comme dans les animaux.

Jeuneſſe & Âge viril.

La nourriture, l'accroiſſement, ont amené la plante & l'animal à l'état de force & de virilité. L'un & l'autre annoncent dans leur port cette vigueur & ce caractère de perfection que la nature donne à ſes ouvrages. Le développement de tous les organes néceſſaires à la réproduction animale, conſtitue l'âge viril ; la naiſſance de la fleur qui renferme des organes abſolument analogues, fixe le même âge dans la plante. Tout eſt formé, tout eſt entier des deux côtés. L'œil obſervateur, l'anatomiſte intelligent y reconnoît toutes les parties diſtinctes & eſſentielles. L'accroiſſement eſt fait, & tout eſt ce qu'il doit être. C'eſt dans cet état que nous allons les comparer encore l'un avec l'autre, que nous allons être étonnés de la richeſſe & de la profuſion de la nature dans les détails, tandis que nous admirerons ſa ſimplicité & ſon unité dans l'enſemble.

Solides & Fluides.

La plante & l'animal ſont compoſés de fluides & ne ſolides. Les faiſceaux de leurs fibres doivent leur ſolidité non ſeulement à un gluten, mais encore à leurs entrelacemens ; & le tiſſu cellulaire de l'animal répond au tiſſu véſiculaire de Malpighi dans l'arbre. L'humeur nutritive, comme nous l'avons vu, eſt portée de tous côtés par des vaiſſeaux propres à cet uſage. Les os & la partie ligneuſe ſoutiennent & conſolident les deux machines, mais les premiers, flexibles les uns par rapport aux autres, font fufceptibles du mouvement de tranflation, & la dernière ne l'eft pas. Les différens tégumens, comme l'épiderme, la peau, &c. reffemblent à l'épiderme & à l'écorce. La peau donne naiffance aux poils & aux ongles ; l'écorce dans la rofe, le buiffon, &c. produit des épines qui ont leur moelle, leur bois & leur écorce. Combien de plantes font hériffées de poils, dont la forme & les ufages paroiffent être les mêmes que chez les animaux ! Si l'organe de la digeftion eft compofé de tant de parties dans l'animal, celui de la plante eft plus fimple, ou pour parler peut-être plus jufte, elle n'en a point. La terre lui fert d'eftomac & lui prépare une nourriture compofée des fels qu'elle renferme dans fon fein ; & d'une terre foluble. Cet aliment, dépouillé des parties les plus groffières, eft pompé avec une force furprenante par les racines. Comme il ne contient rien de folide, il n'y a point d'excrétion folide dans la plante. Ce nouveau fuc, femblable au chyle, mais non laiteux comme lui, & còmpofé de moins de fubftances hétérogènes, fe réunit à celui qui exiftoit déjà dans la plante, circule de tous côtés, pénètre tous les vaiffeaux, diftribue la nourriture & la vie, & fait les fonctions du fang. Le fang eft rouge & compofé de plufieurs principes : le fuc féveux, tranfparent dans l'origine, plus pur & plus homogène, devient cependant rouge dans la fanguinaire & l'*androfœmum*, blanc dans le tithymale, jaune dans la chélidoine, &c. & l'un & l'autre

donnent les mêmes produits à l'analyfe chimique. De tous les fluides circulateurs, le fuc, comme le fang, eft le plus abondant. Les arbres, dans leur jeuneffe, font plus féveux que dans leur vieilleffe ; les enfans font plus fanguins que les vieillards. Le fang, en parcourant les artères, fait la fecrétion de l'urine, de la femence, de la falive, de la bile, &c. & rejette par les pores de la peau, l'eau, ou la partie féreufe qui lui fervoit de véhicule ; ainfi le fuc circulant dans tous les canaux de l'écorce & du bois, dépofe dans les utricules & les glandes, fes parties les plus vifqueufes, & s'épure des plus fluides, en les exhalant par les pores de l'écorce & des feuilles. Le microfcope n'eft pas néceffaire pour découvrir les glandules animales qui filtrent les humeurs, la vue feule fuffit pour diftinguer les glandules des plantes, qui, tantôt dans des réfervoirs particuliers, tiennent'en dépôt le miel que les abeilles y vont chercher, comme les nectaires des fleurs, & tantôt, placées fur les feuilles même, laiffent fuinter cette fubftance, comme dans les feuilles de la *Ketmie*. On ne remarque point de réforption, elle feroit inutile, n'y ayant point de digeftion intérieure. Y a-t-il rien de plus analogue que la fueur animale avec la tranfpiration végétale, comme nous l'avons déjà remarqué ?

Circulation.

Mais on ne trouve point dans les plantes de circulation. Le fang fortant du cœur avec force, tantôt roule avec impétuofité dans fes canaux ; tantôt, abandonnant les artères, il femble fufpendre fon cours

pour pénétrer par des routes inconnues dans les veines qui doivent le reporter vers le cœur. Le
ſuc ſéveux eſt plus tranquille dans
ſa marche ; il ne revient pas ſur
lui-même, il ne circule pas : des
racines, il s'élève en ligne droite
par des conduits longitudinaux juſqu'à l'extrémité de la plante ; &
cependant l'humeur atmoſphérique,
abſorbée par les pores des feuilles,
deſcend par des canaux peut-être
différens des premiers, juſqu'aux racines. Le ſuc aſcendant ſe perd-il
tout entier par la tranſpiration, ou
une partie reflue-t-elle par un
mouvement d'oſcillation, & re-
vient-elle vers le tronc par une
route qui nous eſt inconnue ? Cette
réſorption auroit quelque analogie
avec la circulation du ſang ; mais
on deſireroit toujours dans le végétal un cœur & des vaiſſeaux élaſ-
tiques qui puſſent donner le mouvement d'impulſion & de répulſion
au ſuc. En ſuppoſant ce flux & ce
reflux, on pourroit encore le comparer avec les eſprits animaux, comme les fibres ligneuſes aux nerfs,
& les feuilles à l'expanſion des
papilles nerveuſes.

Reſpiration.

Le mécaniſme de la reſpiration
dans l'animal & dans la plante eſt
différent. Les plantes n'ont point de
poumons ; mais la condenſation,
la dilatation ſucceſſive de l'air dans
les trachées, ſon entrée & ſa ſortie
tiennent lieu de reſpiration ; il rafraîchit le ſuc, ſe mêle & circule
avec lui.

Si nous avons trouvé des différences dans les deux fonctions
principales de tout être vivant, la
circulation du ſang & la reſpiration, les rapports dans l'acte de la
génération nous ſatisferont davantage.

Génération.

Dans l'un & dans l'autre règne,
on trouve des individus mâles, des
individus femelles & des hermaphrodites. Si ces derniers ſont infiniment plus abondans dans les
plantes, la nature ſans doute a
voulu ſuppléer par-là au défaut du
mouvement progreſſif qu'elle a refuſé aux plantes. Les mulets, nés
de deux animaux d'eſpèce différente, ne reſſemblent-ils pas aux
plantes hibrides de M. S. CH. E. de
la ſociété des amis ſcrutateurs de la
nature, & de M. Gledatſch ? En
examinant toutes les parties qui ſe
développent à la fleuraiſon, &
qui concourent à la multiplication
d'une plante, nous trouverons que
les anthères font les fonctions des
teſticules, le filet des anthères de
vaiſſeaux ſpermatiques ou déférens,
le piſtil d'utérus, le ſtigmate de
l'orifice de l'utérus, le ſtile du vagin. Les véſicules ſéminales des anthères que ſont-elles autre choſe
que les véſicules ſéminales des animaux ? La liqueur ſéminale du mâle
s'échappe avec force, & pour ainſi
dire par un mouvement convulſif, & s'élance dans l'orifice de
l'utérus ; la pouſſière ſéminale des
plantes briſe ſon réſervoir, & ſe
porte avec vivacité ſur le ſtigmate
couvert alors d'une humeur viſqueuſe qui fixe & retient les globules de cette pouſſière : la nature
de ces deux ſubſtances eſt la même.
Les animalcules ſéminales, comme
les globules de la pouſſière, va-

rient pour la forme dans les différentes familles d'animaux & de plantes. Les uns & les autres, mis dans l'eau, y font agités d'un mouvement rapide, & le globule, femblable à l'animalcule, d'après les obfervations de Leuwenhoëck, s'ouvre à la partie latérale, laiffe échapper une matière gélatineufe qui s'étend fur l'eau fans s'y mêler. C'eft-là précifément l'*aura feminalis*, feul principe de la fécondation. Dans les deux règnes, elle agit commé ftimulant, communique la forme & le mouvement à la matière brute & informe renfermée dans l'utérus. Par un feul acte, tantôt quelques germes font fécondés, tantôt un nombre prodigieux, & dans quelque claffe d'animaux un feul. Chaque femence, comme chaque fœtus, a fon enveloppe, fon placenta, fon cordon ombilical; quelquefois il réunit deux germes, quelquefois le même en a deux. Le fuc gélatineux, apporté par les vaiffeaux de l'utérus & du péricarpe, les nourrit jufqu'à leur maturité.

Multiplication.

Nous avons déjà établi le parallèle entre la conception, l'incubation & la naiffance des fœtus animaux & végétaux; confidérons les moyens dont ils fe multiplient, & cherchons les rapports & les différences. La graine n'eft pas le feul moyen par lequel fe propage une plante; le long efpace de tems qu'il faut qu'elle parcoure depuis fon enfance jufqu'à l'âge de fa force & de fon rapport, fruftreroit l'homme de fes efpérances: la nature nous a appris à jouir plutôt, par la voie des rejetons & des boutures. Une

branche d'arbre, une jeune tige féparée du tronc & plantée en terre, pouffe bientôt des racines & des feuilles, & devient elle-même un arbre. La même branche peut en fournir des milliers, qui, au terme de leur accroiffement, peuvent être multipliées par le même procédé. Cette fécondité, cette abondance de germe ne paroît pas exifter dans les nombreufes claffes des animaux; mais certaines la poffèdent éminemment: les polypes peuvent être coupés, déchirés prefqu'à l'infini; de leur débris naiffent toujours d'autres polypes: vraies boutures, vrais rejetons, s'ils n'avoient pas l'animalité, ils feroient des plantes. La greffe fait croître une branche fur une autre branche; les fucs de l'arbre nourriffent cette tige étrangère, & ce parafite devient bientôt partie de l'arbre fur lequel il eft enté. Nous pourrions mettre en parallèle ce que M. Dubois en 1742 foutint en thèfe de médecine, & dont il démontra la poffibilité par l'expérience, que l'on pouvoit alonger les nez trop courts, avec des morceaux de chair enlevés au bras: l'ergot de coq implanté dans la crête du même animal, nous fournit un exemple de vraie greffe animale.

Monftres.

Il eft difficile que fur un fi grand nombre d'êtres vivans dans les deux claffes, il ne fe trouve pas des monftres, foit par excès, foit par défaut. Si l'on rencontre fouvent des fœtus à plufieurs têtes, à plufieurs corps, à plufieurs membres, on peut remarquer auffi des fruits doubles ; & tous les jours nous fommes flattés à la vue de ces fleurs charmantes qui nous frappent par la multiplicité de leurs pétales : eh bien ! nous admirons des monftres par excès. L'œil un peu obferva-teur diftingue dans les végétaux des monftres par défaut : ils font même beaucoup plus nombreux qu'on ne penfe. La claffe des femences mul-tipliées dans la même capfule, comme celle des pavots, en four-nit beaucoup.

Principes communs.

Les mêmes principes qui foutien-nent la vie de l'animal, entretien-nent celle du végétal. Soumis l'un & l'autre à toutes les influences, l'air, le lieu, la pofition, le cli-mat, la culture, la nourriture, l'entretien, tout les affectent. La lumière leur eft également nécef-faire. La maladie de langueur, qui mine infenfiblement le coupable que fes crimes ont condamné à une obfcurité éternelle, comme l'in-nocent que l'injuftice a précipité dans un noir cachot ; ce dépériffe-ment, cette maigreur, cette pâleur ne font-ils pas les effets d'un véri-table étiolement animal ?

Sommeil.

Le travail a épuifé les forces de l'animal dans la journée ; il fe refait dans les douceurs du fommeil. La plante dort-elle ? Sans doute, fi par le fommeil on entend la ceffation d'un certain degré de mouvement, un état de repos apparent durant l'abfence du foleil. Les expériences nous apprennent que les plantes femblent fe repofer durant la nuit ; leur végétation eft moindre ; nul

épanouiffement : les fleurs atten-dent, pour s'ouvrir, le retour du foleil ; plufieurs même fe refer-ment à fon départ : à peine l'aurore a-t-elle annoncé fon arrivée, qu'el-les fe hâtent de lui faire hommage de leur beauté. Certaines claffes paroiffent même avoir un vrai fom-meil, rempliffant toute l'idée que ce mot emporte avec lui : telles font les plantes diadelphes, & fur-tout le fouci d'Afrique.

Mouvement.

Fixée, ou plutôt attachée à un point déterminé, la plante ne jouit pas du mouvement de tranflation pour le total ; mais chacune de fes parties peut fe mouvoir, & fe meut en effet vers l'endroit qui lui eft plus favorable, & d'où elle peut retirer un plus grand nombre de fucs. Mais fi la faculté *loco - motive* étoit abfolument néceffaire pour diftinguer le végétal de l'animal, dans quelle claffe placerions-nous les galles - infectes, les huîtres, l'ortie de mer, les polypes à tuyau, &c., qui, fixés conftamment à la même place, s'ouvrent & fe fer-ment comme une fleur, s'étendent & fe refferrent comme une fenfi-tive ; alongent au dehors des efpè-ces de bras, au moyen defquels ils faififfent les infectes que le hafard conduit près d'eux ? À ces traits, ne reconnoît-on pas les mouvemens des feuilles & des racines qui cher-chent dans les airs & dans le fein de la terre la nourriture qui leur eft propre ? On a découvert un mou-vement de nutation dans différentes parties de plantes ; plufieurs enfin ont des mouvemens analogues à
quelques

quelques mouvemens fpontanés des animaux.

Sentiment.

Mais d'où dépendent ces mouvemens fpontanés ? de quel principe partent-ils ? Les plantes jouiffent-elles de la faculté de fentir ? Oui, fi le fentiment n'eft que cette impreffion agréable ou défagréable que certains objets produifent fur un être organifé & animé, en vertu de laquelle il recherche les uns & fuit les autres. L'animal, courbé contre fon état naturel, fait effort pour fe redreffer ; la plumule d'une graine en germination fe retourne pour s'élever dans l'air, lorfqu'une fauffe pofition la faifoit tendre vers l'intérieur de la terre. L'animal abandonne une nourriture dangéreufe pour en choifir une plus faine : les racines s'étendent d'abord également de tous côtés ; mais fi elles rencontrent un terrain dont les fucs leur font pernicieux, elles changent de route, & fe dirigent vers la partie du terrain qui leur convient davantage. La lumière, l'air pur & frais récréent l'animal ; la plante s'incline du côté qui lui procure les douces influences d'une atmofphère falutaire. L'animal cherche toujours l'aplomb fur la ligne horizontale ; la plante le reprend quand on a voulu l'en priver, & les différens degrés d'inclinaifon du terrain qui la nourrit ne lui fait pas perdre fa perpendicularité. La féchereffe & la trop grande chaleur impriment un air d'aridité fur les plantes comme fur les animaux ; les uns & les autres fouffrent, les uns & les autres goûtent une fenfation agréable lorfque la pluie ou une

rofée abondante rafraîchiffent l'air brûlant. Le plaifir femble s'annoncer par des couleurs plus vives, un verd plus gai. L'irritabilité même qui paroiffoit jufqu'à préfent devoir conftituer l'animal, & le différencier des autres êtres, fe retrouve déjà dans quelques plantes. Les fleurs des chardons, des artichaux, celles de la bardane, du carthame, de l'épine-vinette double, &c. en font douées finguliérement. L'irritabilité réfide dans la fubftance *gélatineufe* de l'animal. Quand on aura bien étudié celle du végétal, on trouvera fans doute de plus grands rapports dans leur irritabilité.

Maladies.

L'économie végétale & animale eft fouvent troublée par des dérangemens qui occafionnent de vraies maladies. Chez les uns & les autres, le rachitifme eft caufé par engorgemens, par obftructions, par dépôts, par tumeurs, par épanchement. Des maladies analogues, & dérivant de caufes pareilles, attaquent l'écorce, comme la peau, y produifent des taches de différentes couleurs, des rugofités, des puftules, des gales, des boutons, &c. D'autres ont leur fiège dans les organes de la génération, dans les fleurs ou dans les fruits ; d'autres n'affectent que le corps ligneux qu'elles font tomber en pourriture, tandis que l'écorce demeure faine, comme nous voyons la carie ronger les os pendant que le périofte fe conferve fain. La féve fe corrompt & fe décompofe comme le fang & les humeurs. Fait-on une bleffure à un arbre, la plaie fe comporte à peu près comme celle faite à un membre animal. Pour les maladies pareilles, les remèdes le font aussi.

Vieillesse & Mort.

Enfin, la plante & l'animal échappés aux maladies qui menaçoient leurs jours, n'échappent point à la vieillesse & à la mort inévitable qui la suit. Les vaisseaux se durcissent & s'obstruent, les liqueurs ont un cours lent & tardif, elles s'épaississent, ne se filtrent plus qu'imparfaitement, elles s'altèrent, les pores de la peau & des feuilles se ferment, la circulation cesse, & l'animal & la plante meurent & tombent en poussière. Les mêmes principes, les mêmes causes la nécessitent.

Analyse.

La chimie, qui sans cesse prête un utile secours au philosophe observateur, vient encore ici nous fournir des rapports singuliers entre les principes que l'analyse retire des végétaux & des animaux. Il extrait des uns & des autres une terre particulière, & les mêmes sels; l'incinération des parties animales, comme celle du bois, lui donne du fer, & par la distillation il obtient du phlegme, une huile, & souvent un acide. Ainsi, jusqu'après leur mort, ces deux êtres, qui paroissent si éloignés, marchent parallèlement.

D'après ce tableau de rapprochement, d'après ces idées générales, ne faudroit-il pas conclure avec un ancien, que la plante est un animal enraciné, & l'animal une plante vagabonde? Lorsque nous considérerons chaque être isolé & en particulier; que nous analyserons sa forme extérieure; que nous détacherons pour ainsi dire ses parties pièce par pièce, les animaux parfaits nous paroîtront à une distance immense de la plante; mais lorsque nous élevant au dessus de cette terre où tous les êtres sont attachés, nous étudierons l'ouvrage entier de l'univers; que nous fixerons d'un seul coup d'œil la chaîne des êtres, nous verrons sur deux lignes parallèles la plante & l'animal: des êtres mixtes, comme les polypes, les sensitives remplissent les intervalles; & les distances de l'homme aux polypes, des polypes aux plantes sentantes, de ces plantes aux agarics & à la trufe, s'évanouissent. Plus on étudiera le règne végétal, plus les rapports se multiplieront, & notre admiration croîtra en considérant l'uniformité de la nature dans l'immense variété de ses détails. Nous sentirons la nécessité d'une raison souveraine, d'une intelligence supérieure, & nous gémirons sur l'imbécillité & la vanité des philosophes, qui attribuent tant de merveilles aux combinaisons incertaines du hasard. M. M.

CHAPITRE III.

De l'Arbre en général, considéré relativement à l'Agriculture.

1°. *Des différentes manières de classer les arbres.* On distingue l'*arbre* proprement dit, l'*arbrisseau* ou *arbuste*, & le *sous-arbrisseau*. L'arbuste a une tige ligneuse & durable qui s'élève moins que celle de l'arbre, & celle du sous-arbrisseau est également ligneuse, & ne s'élève qu'à la hauteur des herbes. Cette division générale d'arbre, d'arbrisseau, de sous-arbrisseau & d'herbe, répond en quelque sorte aux grandes divisions que la nature a mises parmi les animaux qui se distinguent en quadrupèdes, oiseaux, poissons & insectes. Il faut cependant convenir que cette règle, prise dans la hauteur différente des arbres, n'est pas bien satisfaisante, puisqu'une espèce de chêne s'élève jusqu'aux nues, & une autre espèce rampe sur la terre. Cette dernière n'est pas moins arbre que la première ; car toutes ses parties sont semblables, à la hauteur près.

Les arbrisseaux, en général, poussent plusieurs tiges de leurs racines, & elles sont presque égales en hauteur & en grosseur : l'arbre, au contraire, n'en pousse qu'une seule : ainsi l'arbrisseau qui s'élance sur une tige unique, peut être considéré comme un des chaînons de la dernière classe des arbres, & comme un des premiers de celle des arbrisseaux.

La première classe des arbres, ou le premier ordre, comprend le chêne, le hêtre, l'ormeau, le noyer, le châtaignier, &c. en un mot, les espèces qui demandent pour ainsi dire des siècles avant de parvenir à leur plus grande perfection. La seconde offre des arbres dont la végétation est plus rapide, quoiqu'encore très-lente : telle est celle du frêne, de l'alizier, &c. La troisième renferme presque tous les arbres fruitiers : enfin, la dernière est pour les arbres dont la grandeur est semblable à celle du lilas, du grenadier, &c.

Des auteurs ont simplement considéré les arbres ou comme forestiers, ou comme fruitiers, ou comme aquatiques ; & cette manière de voir est moins exacte que la première, puisque plusieurs arbres sont fruitiers & forestiers tout ensemble, ou plutôt tous les arbres quelconques ont été originairement forestiers ; la culture seule a différencié leurs formes & leurs produits ; enfin, on les considère encore comme arbres à fruit à noyau, à pepins ou à cônes.

Cette multiplicité d'opinions prouve combien il est difficile de fixer les limites par lesquelles la nature sépare un individu d'un autre individu, lorsqu'on veut la suivre dans ses progressions.

2°. *De l'utilité des arbres pour l'agriculture.* Ce sont les arbres qui ont insensiblement préparé la terre que nous cultivons. Elle doit à leurs débris entassés pendant une longue suite de siècles, cet *humus* ou terre végétale, qui assure l'abondance des moissons, des productions en tout genre, & sans laquelle tout languit & dépérit. Abattez une forêt, défrichez son terrain, semez du grain, la végétation sera surprenante, & peut-être si prodigieuse, qu'il ne se trouvera plus de proportions entre l'épi appésanti par la grosseur & le nombre des grains, & la tige qui doit le supporter ; mais labourez & semez continuellement sur ce terrain, peu à peu les récoltes absorberont la terre végétale, les pluies en entraîneront le reste dans les vallons & dans la plaine ; enfin, ce sol, auparavant noir & fertile, changera de couleur, il ne restera plus qu'un grain de terre sec, aride

& graveleux. C'est ainsi que nos montagnes couvertes de forêts du tems des druides , & même lorsque César conquit les Gaules , ne présentent presque plus aujourd'hui que des rochers nus , décharnés, où les troupeaux vont chercher une chétive nourriture , & achèvent de détruire le principe de la terre végétale , en dépouillant ce roc des plantes qui l'auroient produite. L'archiduc Léopold Joseph, grand-duc de Toscane, aujourd'hui régnant, le protecteur & le restaurateur de l'agriculture dans ses états, a si bien senti toute la conséquence de cette vérité, qu'il a défendu de défricher & de cultiver les sommets des montagnes jusqu'à une certaine distance. Alors ces sommets bien boisés deviennent peu à peu des dépôts de terre végétale qui enrichissent successivement les collines à mesure que la leur est dissipée. En effet, telle montagne ne s'affaisse & ne se décharne, que parce qu'on l'a dépouillée des arbres qui faisoient sa parure & sa richesse , & dont les racines , par leurs entrelacemens multipliés , conservoient & retenoient cette terre précieuse.

On ne fait point assez attention à cette augmentation de terreau que l'arbre produit. Pour en avoir une preuve bien sensible , plantez un terrain marécageux , multipliez-y les osiers , les saules, les peupliers, &c. chaque année il s'y formera de nouvelles couches de terre , & la surface du terrain s'exhaussera. Enfin l'arbre mort, desséché & pourri sur la place , rendra plus de substance à la terre qui l'a vu naître , qu'elle ne lui en avoit fourni. Si

on doute de ce fait, on peut consulter les belles expériences de M. Hales , rapportées dans sa *Statique des Végétaux* , & ce que nous dirons au mot TERRE.

Il résulte de ces observations , que le propriétaire intelligent renoncera à ces maigres récoltes de seigle , dont le produit couvre à peine les frais de culture , & que la moindre sécheresse rend nulles ; il trouvera plus son compte à couvrir les hauteurs avec des *arbres analogues* au terrain qu'il habite. Le bois devient si rare en France, le luxe en multiplie tellement la consommation, que cette spéculation mérite qu'on y réfléchisse. N'abattez jamais un arbre sans en avoir auparavant planté dix ; que les environs de votre habitation soient bien boisés ; ces arbres rendront l'air plus salubre ; (*voyez* p. 322, le mot AIR) ils y entretiendront la fraîcheur pendant l'été, & l'abriteront pendant l'hiver. C'est par le moyen des plantations, par les lisières d'arbres qui circonscrivent les champs des hollandois au Cap de Bonne-Espérance, qu'ils sont parvenus à garantir leurs récoltes de ces coups de vents affreux , qui de tems à autre désolent le pays. M. de Sully, le plus digne des ministres , sous le plus grand de nos rois, fit ordonner de planter des ormeaux à la porte de toutes les églises de campagne. On en voit encore quelques-uns , & on les appelle les *Rosni*. Il seroit à desirer que cette coutume utile se fût soutenue & même étendue jusqu'à la plantation des cimetières. Cultivez la plaine , mais boisez les montagnes , & dans la plaine détruifez le moins d'arbres que vous pourrez.

J'ai déjà dit qu'il falloit planter des arbres analogues aux pays montueux, & j'ajoute *appropriés* à leur température. Toutes les montagnes, dès qu'elles font fort élevées, font néceffairement dans une température froide, & plus froide encore lorfqu'elles fe rapprochent du nord. Les fapins & les pins leur conviennent. Si la montagne eft plus rabaiffée & dans un climat tempéré, les femis de chêne, de châtaignier, du peuplier nommé *tremble*, de faule marceau, réuffiront. Le tremble protège la végétation du chêne ; & après la première coupe, le chêne détruit le tremble. Il vaut mieux femer que planter ; il en coûte moins, & la réuffite eft plus certaine. Le femis multiplie les fujets, les racines font tout-à-coup plus multipliées, & le terrain mieux lié. Mais fi le terrain eft extrêmement maigre, mêlez dans vos femis beaucoup de graines de bois de Sainte-Lucie ; tout terrain lui eft propre ; il fait beaucoup de feuilles & talle très-bien par le pied. Sur les montagnes furbaiffées des pays plus chauds, multipliez les femis de mûrier, fur-tout fi le rocher eft calcaire ; (*voyez* ce mot) fi fes couches offrent des gerçures, des crevaffes ; fi elles fe divifent par lames, par morceaux ; enfin, fi le foleil, les pluies & les gelées décompofent facilement ces pierres, & les réduifent à l'état terreux. S'amufer, dans le commencement, à élever de beaux arbres, ce feroit directement aller contre le but du femis ; il faut au contraire, dans les premières années, rabaiffer les pouffes jufqu'au

collet de la racine, afin de la faire groffir & la forcer à fournir beaucoup de chevelus pour commencer à retenir le terrain ; en un mot, ce taillis doit être traité comme ceux des châtaigniers. Il eft aifé de fe repréfenter les avantages qui réfultent de cette entreprife. Ce que je dis du mûrier paroîtra extraordinaire, parce que bien des gens ne favent pas que cet arbre fe prête à tout ce qu'on defire de lui ; j'en ai la preuve. On auroit tort de s'attendre, dans les premières années, à voir ces femis profpérer comme ceux de nos jardins : le fol eft bien différent, mais chaque année, ou tous les deux ans, recepez la plante, laiffez les branches fécher fur place, & peu à peu elles prendront de la force. Le chêne vert offre encore une reffource lente, à la vérité, mais bien précieufe pour les montagnes des pays chauds, où le chêne ordinaire & les autres bois réuffiffent difficilement.

Un des plus grands défauts d'une terre, d'une métairie, d'un domaine, c'eft de manquer de bois ; je ne dis pas feulement de chauffage, mais pour le fervice général. Un propriétaire qui entend bien fes intérêts, doit trouver fur fon propre fonds tout le bois néceffaire au charronnage, & même celui de conftruction, lorfque le climat ne s'y oppofe pas. Dans ce cas il convient qu'il faffe beaucoup d'expériences pour s'en affurer. On plante peu & on arrache beaucoup, parce qu'on eft preffé de jouir, & on ne voit que le moment préfent ; mais le père de famille prudent, fage, & qui met fa confolation à penfer qu'il revit dans fes enfans, plantera beaucoup , & arrachera peu.

Le bien du royaume & de l'agriculture exigeroit que chaque propriétaire se fît un plan, d'après la quantité du terrain qu'il occupe, de planter chaque année un certain nombre d'arbres ; quand ce ne seroit qu'une douzaine pour une métairie de soixante arpens. Ô combien ces arbres souriroient ensuite à sa vue ! avec quel plaisir il se reposeroit sous leur ombre, & qu'il trouveroit délicieux les fruits que sa main y cueilleroit ! Dans la nature, tout n'a qu'un terme, & chaque pas de l'existence conduit au dépérissement, à la mort ; aussi la raison & nos besoins font sentir la nécessité de prévenir ce dépérissement, & de couper l'arbre avant que la vieillesse oblitère ses canaux, & le conduise pas à pas à la pourriture & à la dissolution. Dès qu'un arbre ne travaille plus à augmenter la hauteur de sa tige, la longueur de ses branches, la grosseur de son tronc, il décline & se dégrade insensiblement. Plus il s'éloigne de ce point de complément de force, plus il perd pour les usages auxquels on le destine, & il finit même par ne pas être propre à donner un bon charbon. Si on le brûle, sa flamme est moins vive, sa chaleur moins active ; si on l'emploie dans la construction, il sera bientôt exposé à servir de repaire aux insectes, aux vers, qui le rongeront, le chironneront de toute part ; enfin sa durée ne sera plus en proportion de sa force apparente. Le destine-t-on aux ouvrages de menuiserie ou de charronnage, il éprouvera bien plus promptement encore le même sort. Il est donc essentiel de

saisir le point auquel il cesse de croître & va commencer à décliner.

Observons la nature dans sa marche, & elle nous découvrira son secret. Il est constant que tout arbre provenu de semence, & qui n'a pas été replanté, est garni de son pivot, & le pivot s'enfonce profondément dans la terre, si les circonstances le permettent. Ceux de cet ordre en ont tous, à moins qu'ils ne le perdent par quelques circonstances particulières. Voilà l'arbre parfait, l'arbre de la nature. Si, en le replantant, on a conservé son pivot & toutes ses racines, c'est encore l'arbre de la nature ; mais si ce pivot a été coupé, les racines étronçonnées & châtrées à la manière des jardiniers, c'est l'arbre *civilisé*, si je puis m'exprimer ainsi, l'arbre rempli de défauts. Cette distinction d'arbre à arbre est nécessaire pour saisir ce que je vais dire.

La graine germe ; de ses deux feuilles séminales s'élance une tige droite. (*Voyez Planche 18*, *Figure 25*, page 570.) Cette tige A, supposée un arbre, ne poussera point de branches lattérales dans la première année. Celles qui paroîtront l'année suivante, décriront avec la tige un angle de dix degrés ; celles qui succéderont d'année en année, décriront successivement des angles de vingt, trente, quarante degrés. De quarante à cinquante, voilà la force de l'arbre : de cinquante à soixante, l'arbre se soutient ; il se charge de petits rameaux, dont les pousses sont courtes, & sont presque à fruit en même tems ; mais dès que les angles s'abaissent à soixante & dix, l'arbre décline, languit à quatre-vingts, & rarement il dure jusqu'au parallélisme de ses branches avec le quatre-vingt-dixième degré.

Je ne dis pas que l'âge de l'arbre soit numérique avec celui des degrés, mais l'intensité de la force de sa végétation suit les degrés de ces différens angles. Lorsque la totalité des branches inférieures est à soixante-dix, quatre-vingts, & quatre-vingt-dix degrés, il est rare que les branches du sommet qui ont les premières décrit les angles de dix à vingt degrés, ne soient desséchées & mortes.

Les forestiers disent qu'un arbre est *couronné*, qu'il est en *décours*, ou sur le *retour*, lorsque les branches du sommet se dessèchent. C'est bien plus qu'être sur le retour, c'est toucher à la décrépitude, & être à la veille de l'extinction totale. Ce qui proprement forme la couronne, est l'angle de soixante à soixante-dix degrés pour la totalité des branches.

Quelle est la cause de cette inclinaison successive ? Je crois que plusieurs concourent au même but. Chaque année, la branche qu'on peut comparer à un levier, s'alonge ; le poids augmente en raison de l'alongement. L'air pèse sur la branche : les feuilles ont aussi leur pesanteur spécifique ; elle augmente par l'absorption de la rosée ; quelquefois elles sont surchargées de pluie, de neige, &c. enfin le fruit, par une progression successive, acquiert plus de volume, & agit alors vivement par son poids. C'est ce qu'on observe lorsqu'on dépouille une branche chargée de fruit ; elle

plioit sous le fardeau, elle reprend sa direction naturelle ; mais elle ne remonte jamais au même point d'où elle a commencé à descendre, & reste toujours à quelques degrés plus bas.

Une autre cause également mécanique de l'inclinaison des branches, est l'oblitération des canaux dans la partie du dessous de la branche. Comme ils n'ont plus le même diamètre, & cependant comme la sève monte toujours avec impétuosité, elle distend ceux de ses côtés & du dessus, & les uns & les autres prennent plus de consistance & de grosseur au dépens de la partie qui s'affoiblit. Pour s'en convaincre, il suffit d'examiner la forme extérieure d'une branche dans l'endroit où commence sa courbure, & ensuite la couper verticalement dans le même endroit, afin de voir quelle différence il se trouve dans les diamètres des couches concentriques du bois.

Les règles qu'on vient d'établir suffisent pour désigner la véritable époque à laquelle on peut couper un arbre, ou abattre une forêt.

L'arbre replanté, & dont on a coupé le pivot, suit jusqu'à un certain point la loi générale, quoiqu'on l'ait couronné lorsqu'on l'a mis en terre. Cependant ces amputations, les plaies dont il est couvert, les suçoirs dont il est dépouillé, le font souvent s'écarter de la marche ordinaire ; mais il est constant que tout arbre qui aura végété sans le secours destructeur que l'homme prodigue à ceux qu'il réduit en esclavage, présentera le phénomène que j'annonce ; & s'il survient quelques exceptions à la loi, on verra, en recherchant exactement les causes, qu'il ne pouvoit végéter d'une manière différente. Si on connoît quelques indications plus certaines, plus conformes à la nature, j'invite & je supplie de me les communiquer.

CHAPITRE IV.
De l'Arbre en général, considéré relativement au jardinage.

C'est ici que la main de l'homme triomphe, qu'il force la nature à se prêter à ses volontés, à ses caprices, qu'il règne en despote sur des sujets réduits à l'esclavage, & qui n'oseront pas pousser, pour ainsi dire, une branche ou une feuille sans la permission des jardiniers. L'arbre de nos forêts est semblable à l'homme de la nature ; celui des jardins peut être comparé à l'homme de la société ; l'un & l'autre sont sujets, en quelque sorte, aux défauts qui accompagnent toute mauvaise éducation.

Il a fallu adopter des mots, pour communiquer ses idées : aussi le le jardinage a-t-il sa nomenclature particulière. Il distingue deux sortes d'arbres ; ceux à *plein vent*, ou à *haute tige*, & ceux à *basse tige* ou *nains*. Ils sont du troisième ordre. Les uns poussent & végètent à leur fantaisie dans les vergers, & on leur enlève tout au plus quelques branches chiffonnes ; mais en les plantant, on a eu soin d'arrêter leurs tiges à une hauteur quelconque ; par exemple, à la hauteur de cinq, de sept, & de huit pieds : aux autres, on n'a point coupé la tige, & ils sont relégués dans des coins, attendu que leur élévation seroit disproportionnée dans une allée

avec celle des arbres voisins. L'espalier à *haute tige* diffère du premier par la disposition de ses branches, aplaties & maintenues contre des murs ; au lieu que celles du premier s'étendent tout autour de sa tige.

Les arbres de *demi-vent* ou *demi-tige*, sont ceux dont la tige est bornée à la hauteur de trois ou quatre pieds.

S'il faut garnir une terrasse dont le mur soit fort exhaussé, on plante en espalier des arbres à *hautes tiges*, des *demi-tiges*, & des arbres *nains*. Cette bigarrure de plantation est défectueuse : des nains & des hautes tiges suffisent, & même des nains suffiront si on fait les conduire. Si la hauteur de la terrasse excède la force des arbres, il vaut mieux les couronner par un cordon de vigne dont on dispose les sarmens au haut du cep, sur une ligne horizontale, & le cep s'élève à la hauteur qu'on désire, en détruisant les bourgeons qui naissent dans le bas. On voyoit, en 1720, contre la maison du sieur Billot, menuisier à Besançon, un cep de vigne qui couvroit non-seulement toute la façade de la maison, mais encore un pavillon pratiqué sur le toit. (*Consultez* les mots BUISSON, CEP, ESPALIER, ÉVENTAIL.)

L'arbre à *basse tige* ou *nain*, est celui dont la greffe est prise du pied, & dont la tige est rabaissée à six, douze, quinze ou vingt pouces, lorsqu'on le plante. La disposition des branches du nain lui assigne encore deux dénominations. S'il est placé contre un mur, c'est un *espalier* ; si on lui laisse pousser des branches latérales lorsqu'il n'est pas appliqué

appliqué contre un mur , mais planté dans une allée , c'eft un *éventail ;* fi au contraire les branches s'élancent circulairement autour de la tige , & fi on a foin d'en dégarnir le dedans , de le tenir évidé , c'eft un *buiffon.* Ce mot cependant devroit être plus particulièrement adapté à l'arbre *nain* qu'on laiffe pouffer à fa volonté , fans le foumettre à la taille. On ne connoît point dans les environs de Paris ce genre d'arbres , parce qu'on aime la fymétrie. Je l'ai déjà dit , le chinois a des fruits fuperbes , & il ne taille jamais fes arbres. Cette négligence eft impardonnable aux yeux d'un jardinier européen ; & malgré cela , on court aujourd'hui après les jardins anglois , qui ne font qu'une foible imitation de ceux dont les chinois leur ont donné l'idée. Quelle contradiction !

On dit encore arbre *fur franc ;* c'eft celui qui a été greffé fur un fauvageon venu de pepin ou de bouture. Si , fur un pêcher déjà greffé , par exemple , on greffe un autre pêcher, c'eft alors *franc fur franc.* Arbre greffé fur *coignaffier ,* eft celui qui a été greffé fur une bouture de coignaffier , ou fur un arbre venu d'un pepin du fruit du coignaffier. On appelle arbre *en mannequin* celui qui a été femé ou planté dans un mannequin pour le lever en motte , & le mettre à la place qu'on lui deftine. Le mannequin n'eft ordinairement employé que pour les fujets délicats , & qui fupportent difficilement la tranfplantation.

Ce n'eft pas le cas de parler ici de la manière de planter les arbres , du terrain & de l'expofition qui

Tom. I.

leur conviennent , de leur taille , de leur gouvernement , de leurs maladies , &c. ce feroit une répétition inutile de ce qui fera dit en parlant de chaque arbre en particulier , ou de chaque opération qu'il exige.

Mais voici quelques principes qui ne font pas à négliger ; confultez le fol & l'expofition de votre jardin ou de votre verger, avant d'y planter des arbres fruitiers ; & , d'après l'expérience , multipliez les efpèces qui y réuffiffent le mieux. Ce n'eft pas la variété des efpèces de fruits qui fait la richeffe d'un verger , mais leur beauté , leur faveur , leur nombre , & la facilité pour fe conferver.

Plantez plus d'arbres à fruit d'automne que d'été , & plus d'hiver que d'automne.

Multipliez plus les pommiers & les poiriers , que les abricotiers & les pêchers ; la jouiffance de ces derniers eft de peu de durée. Une belle poire , une bonne pomme , font plus de plaifir au mois d'Avril , que l'abricot & la pêche en été. Ne perdez jamais de vue l'arrière faifon.

Arrachez fans miféricorde tout arbre mal venu , fouffrant , & fur tout s'il donne du mauvais fruit : il occupe en pure perte la place d'un bon arbre. Si le fujet eft fain & vigoureux , greffez-le de bon fruit ; mais ne perdez point de tems.

Tout arbre fourni par le pépiniérifte , dont la greffe formera le bourlet , à quelque prix que ce foit , rejetez-le , laiffez-le pour fon compte ; à l'avenir il ne vous en fournira plus de femblables.

Il faut avoir la même fermeté pour tous les arbres dont les racines feront garnies de loupes ; ce qui arrive fouvent à celles de l'amandier.

Si les racines font châtrées, mutilées ; fi le pivot eft coupé, laiffez les arbres au pépiniérifte ; mais ne plaignez pas l'argent, & payez largement les journées des ouvriers chargés du foin de tirer l'arbre de la pépinière ; vous retrouverez bientôt cette petite avance. (*Voyez* les mots Plantes , Pépinière.)

Préfervez-vous de la folle manie de planter trop près , c'eft manquer le but dès le principe ; & lorfqu'on eft forcé d'y remédier en arrachant les arbres furnuméraires , le mal eft déjà fait. Ceux qui reftent feront long-tems à reprendre le deffus.

CHAPITRE V.

Des Arbres relativement aux limites.

Les propriétaires des héritages tenans & aboutiffans aux grands chemins , font tenus de les planter d'arbres analogues à la nature du terrain, à la diftance de trente pieds l'un de l'autre , & à une toife au moins du bord extérieur des foffés des grands chemins , & de les armer d'épines. A leur défaut, les feigneurs qui ont droit de voirie fur ces chemins , pourront en faire planter à leurs frais, dont ils auront l'ufufruit & la propriété. Cette loi n'eft pas en vigueur dans toutes les provinces, & fon obfervance contribueroit beaucoup à boifer le pays & à décorer les chemins. Il feroit très-avantageux de trouver des arbres pour fuppléer l'ormeau fi multiplié fur toutes les routes des provinces voifines de Paris. Les racines de cet arbre rampent fur la furface du ter-

rain , s'étendent, fuivant la groffeur de l'arbre , fouvent à plus de trente toifes de diftance, & dévorent la fubftance des moiffons. Le mûrier produit le même inconvénient , mais à un bien moindre degré. On l'éviteroit, fi on plantoit ces arbres encore fort jeunes avec leur pivot. Lorfqu'ils en font dépourvus , les racines font forcées de s'étendre horizontalement ; elles ne peuvent pivoter, & il ne fe forme jamais de nouveaux pivots. La reprife de ces jeunes arbres feroit plus fûre, & on ne fe plaindroit pas du dégât qu'ils occafionnent. Lorfqu'il s'élève une conteftation fur la propriété d'un arbre, on l'adjuge à celui dans l'héritage duquel eft le tronc ; mais quand le tronc eft dans les limites , l'arbre eft commun.

Quand un arbre étend fes branches fur le bâtiment voifin , le propriétaire de la maifon peut demander qu'il foit coupé par le pied ; mais fi elles s'étendent feulement fur un lieu où il n'y ait point de bâtiment , le voifin peut demander que les branches foient coupées à quinze pieds de terre. Il eft permis, dans l'ufage, au voifin qui fouffre que les branches d'un arbre foient pendantes fur fon héritage , de cueillir les fruits de ces branches. Les arbres morts appartiennent à l'ufufruitier ; ceux abattus par le vent , à celui qui a la propriété. Les arbres en futaies font réfervés au propriétaire ; l'ufufruitier peut feulement en demander pour les réparations. Un fermier qui a planté des arbres , peut les emporter à la fin de fon bail ; mais le propriétaire du fond eft en droit de les retenir, en payant la valeur au fermier.

La jurisprudence varie dans les provinces relativement à la distance qu'on doit obferver lorfqu'on plante un arbre près du champ du voifin. Elle eft fixée dans les unes à fept pieds, dans les autres à neuf. La loi a confidéré trop génériquement le mot ARBRE. Le noyer, à caufe de fes branches, l'ormeau, le mûrier, par rapport à leurs racines, devroient être plantés au moins à vingt pieds de diftance de la ligne de féparation. En général, un pied & demi fuffit pour les haies.

ARBRE de délit, encroué, en eftant, en lifière, retenu, ou de réferve. (Voyez le mot FORÊT)

ARBRE DE JUDÉE, ou GAINIER. M. Tournefort place cet arbre dans la première fection de la vingt-deuxième claffe, qui comprend les arbres à fleur papilionnacée, qui ont les feuilles feules & alternes ou verticillées autour des branches, & il l'appelle filiquaftrum. M. le chevalier Von Linné le nomme cercis filiquaftrum, & le claffe dans la décandrie monogynie.

Fleur. Le calice court, d'une feule pièce, renflé par le bas, & divifé en cinq. La fleur imite les papilionnacées, & en diffère par la difpofition des étamines & du piftil. Elle eft compofée de cinq pétales. Son étendard eft ovale, terminé par une pointe obtufe, attaché fous les ailes; les ailes relevées, plus longues que l'étendard, attachées au calice par de longs appendices; la carenne compofée de deux pétales rapprochés, large, renfermant les parties de la génération. Les étamines au nombre de dix, dont quatre font plus longues que les

autres, & elles ne font point réunies par leur filet. Ses fleurs paroiffent avant les feuilles.

Fruit. Légume oblong, large, aigu, & à une feule loge. Les femences font ovales, attachées à la future fupérieure.

Feuilles, portées fur des pétioles affez longs. Elles font très-entières, en forme de cœur arrondi, grandes, fermes, liffes & d'un beau verd.

Racine, ligneufe.

Port. L'arbre eft de moyenne grandeur; fon écorce eft purpurine, noirâtre; le bois caffant, coloré; il jette beaucoup de rameaux. Les fleurs font pourpres ou blanches, ou couleur de chair, fuivant les individus; elles naiffent des aiffelles des feuilles, difpofées en grappes à l'extrémité des branches, & quelques-unes fur les tiges mêmes : les feuilles font placées alternativement fur les branches.

Lieu. L'Efpagne, l'Italie, le midi de la France : il fleurit au premier printems.

Propriété. Le goût du fruit eft doux, aigrelet; il eft raffraîchiffant, aftringent : les femences font, dit-on ophtalmiques, & le tout, rarement employé en médecine. Son bois, veiné de verd & de noir, & qui prend un beau poli, peut être employé ùtilement pour la marqueterie.

Il exifte un autre gainier du Canada qui diffère du premier par fes feuilles velues.

Cet arbre mérite une place diftinguée dans les bofquets, foit du printems, à caufe du coup d'œil agréable qu'offrent fes fleurs, foit d'été, par le beau verd & le nombre de ses feuilles. Quoique cet arbre ne s'élève qu'à la hauteur de douze à quinze pieds, il seroit cependant très-avantageux de le multiplier dans les provinces méridionales de France pour former des abris contre l'ardeur du soleil. Il se prête avec la plus grande facilité à la main de celui qui prend soin de diriger ses branches. Si l'on veut palissader un mur, elles s'élèveront jusqu'à la hauteur de vingt pieds, & peut-être plus, je n'en ai pas encore fait l'expérience ; & ses branches & ses feuilles le couvriront de manière à ne laisser aucun vide. Il forme encore, quand on le veut, la palissade isolée, bien garnie & peu épaisse ; alors on laisse à des distances réglées, des tiges s'élever perpendiculairement ; & lorsqu'elles sont parvenues à une certaine hauteur, elles forment une tête semblable à celle de l'oranger, pour peu qu'on y donne quelque soin. C'est donc un arbre très-utile pour la décoration des jardins. La distance des tiges perpendiculaires doit être de douze pieds, & celle des palissades à trois pieds, & même à quatre. Il ne s'agit que de ravaler la tige à deux ou trois pouces près de terre, en la plantant, & de donner aux premières pousses la direction qui leur convient. On jouira promptement, si on plante des pieds un peu forts.

La même manière de planter doit avoir lieu pour les berceaux & pour les tonnelles. De distance en distance, on laissera les tiges s'élever ; elles commenceront à former la voûte, tandis que leurs voisines travailleront à garnir les côtés.

Si on veut en faire un taillis, il convient de planter des pieds forts & vigoureux, de les couper à deux pouces au dessus du collet, & de les planter à quatre pieds de distance. Après sept, huit ou neuf ans, on les coupe comme les taillis. Dans les provinces méridionales, combien ne reste-t-il pas de terrains incultes, qu'on nomme *garigues ?* Pour peu qu'elles aient de fond de terre, il vaudroit mieux les semer ou planter en arbre de Judée. Elles sont couvertes de cistes, de petits genêts, de garou ou thymelée, de petit chêne verd rampant, &c. que l'on coupe chaque année, & même jusqu'à deux fois, afin d'avoir du bois pour chauffer les fours, faire cuire la chaux, &c. tant la disette du bois est grande. Ces taillis exigeroient tout au plus d'être légérement travaillés dans les premières années, pour détruire les mauvaises herbes ; & leurs feuilles auroient bientôt accru la couche de terre végétale, tandis qu'on la détruit chaque jour, en coupant sans cesse les broussailles qui l'auroient formée.

Dans les pays moins méridionaux que le Bas-Dauphiné, la Provence & le Languedoc, &c. on ne peut se procurer ce joli arbre que par les semis. Ayez une terre légère, garnie de terreau ; semez dans des caisses en Février ou Mars, &, suivant le climat, placez-les dans de bons abris du vent du nord, ou bien enterrez-les dans une couche ; arrosez suivant le besoin, peu à la fois : les graines doivent lever six semaines ou deux mois après. Sortez les caisses de la couche ; placez-les sous des vitrages à l'approche de l'hiver & au printems suivant ;

féparez les pieds , & plantez-les en pépinière : le terrain en fera bien travaillé , fa terre meuble & légère. Si les froids font très-rigoureux , couvrez le tout avec de la paille longue ; & dès que le froid commencera à paffer , donnez de l'air. Cet arbre doit fa délicateffe uniquement à la manière dont il a été élevé. Lorfqu'on élaguera le jeune arbre dans la pépinière , une obfervation importante à faire , c'eft de ne laiffer aucun bec au tronc dans l'endroit où l'on enlève la branche inutile. Ce bec ou prolongement retient l'humidité ; & un feul coup de foleil , après une pluie froide , endommage tout autour l'écorce de l'arbre. Dès que l'arbre eft affez fort , fuivant l'objet pour lequel on le deftine , il eft tiré de la pépinière , & il faut avoir grand foin de ne couper aucune racine. Le plus prudent eft de les fouiller par une tranchée ouverte. Plus les racines feront ménagées , plus la reprife fera facile & la végétation prompte & vigoureufe.

ARBRE-DE-VIE. (*Voyez* THUYA)

ARBRISSEAU. La différence entre un arbre & un arbriffeau eft bien peu de chofe. En général, on claffe parmi les arbriffeaux les plantes ligneufes qui n'ont prefque pas de tronc , ou plutôt dont le tronc fe divife & fous-divife en une infinité de tiges branchues qui forment un grand buiffon. Rarement l'arbriffeau s'élève-t-il au-deffus de dix à douze pieds. La vie du fous-arbriffeau eft quelquefois de longue durée , & certains le difputent aux grands arbres. L'aubépine , le gre-

nadier, le filaria , &c. font des arbriffeaux. (*Voyez* le mot ARBRE) M. M.

ARBUSTE *ou* SOUS-ARBRISSEAU. L'arbufte eft encore plus petit que l'arbriffeau. C'eft une très-petite plante ligneufe ; mais elle a un caractère diftinctif qui la fépare plus de l'arbriffeau , que l'arbriffeau ne l'eft de l'arbre. Car en automne , l'arbre & l'arbriffeau pouffent des boutons dans les aiffelles des feuilles , qui fe développent dans le printems , & s'épanouiffent en feuilles & en fleurs. Au contraire, l'arbufte ou fous-arbriffeau attend le renouvellement de la féve pour produire des boutons , & le même printems les voit naître & s'épanouir. Le grofeillier , la bruyère , &c. font des fous-arbriffeaux. (*Voyez* le mot ARBRE) M. M.

ARCHANGÉLIQUE. (*Voyez* ANGÉLIQUE)

ARCHIDUC. Poire (*Voyez* POIRE)

ARÇON. Ce mot a deux fignifications ; dans la première , il défigne une des deux pièces de bois qui foutiennent la felle d'un cheval , & lui donnent fa forme. Il y a l'arçon de devant & l'arçon de derrière. C'eft de la bonne ou mauvaife configuration de ces deux parties que dépend la bonté de la felle ; & chaque cheval de prix devroit avoir fa felle particulière , dont les mefures feroient conformes à fa capacité , fans quoi la felle le fatigue & le bleffe. Peu de bour-

reliers favent bien faire un arçon.
(*Voyez* le mot S E L L E)

La feconde dénomination eft confacrée à la vigne, & fignifie le farment long de fix à huit yeux,
& même plus, qu'on laiffe fur le
cep, lors de la taille, dans les pays
où le cep & le farment font accollés
contre des échalas de fept à huit
pieds de hauteur. (*Voyez* le mot
A C C O L E R , au quatrième ordre
des *accolages* , page 212.) L'arçon
a en général un pied & demi de
longueur, & même deux pieds,
fuivant la force du cep. Le fommet
du cep, haut de deux à trois pieds,
eft fortement lié contre l'échalas,
au moyen d'un ofier partagé en
deux ; & près de cette ligature,
on ramène le fommet de l'arçon
de manière qu'il plie prefque en
rond. A l'extrémité fupérieure du
farment, qui par ce moyen devient prefque égale à fa bafe, on
applique un autre brin d'ofier pour
le maintenir contre l'échalas ; & fi
l'arçon eft grand, un autre brin
d'ofier l'affujettit encore contre
l'échalas dans la partie fupérieure
qui forme la partie vraiment ceintrée.

Cette manière de tailler la vigne
néceffite chaque année un rabaiffement ; autrement l'arçon, prenant
la confiftance du cep, l'élev roit à
une hauteur difproportionnée relativement à l'échalas & à fa force.
A cet effet, on ménage, lors de la
taille, un peu au deffous de l'arçon, une bonne pouffe de farment
à bois, & même à fruit, s'il n'y en
a pas d'autre, à laquelle on ne laiffe
qu'un œil ; & on l'appelle le *coq*.
Cet œil donne un bon bois d'arçon
pour l'année fuivante, & facilite le

rabaiffement du cep, de manière
qu'il demeure toujours à peu près
à la même hauteur. Si le coq a manqué par une caufe quelconque, l'arçon fera coupé, lors de la taille
fuivante, au deffus de fon premier
œil, & cet œil fournira l'arçon.

Dans les vignes treillagées de
Bourgogne, cette méthode eft affez
communément fuivie lorfque le bois
le permet ; mais comme le cep eft
très-foible en comparaifon des premiers, l'arçon eft proportionné à
fa force.

Il eft conftant que cette méthode
de forcer le farment à décrire prefque un cercle, renferme des avantages réels, quoique les derniers yeux
de ce farment ne pouffent que des
branches à bois & peu vigoureufes.
On détruit par ce moyen le canal
direct de la féve ; les conduits féveux font retrécis dans la partie
ceintrée ; la féve monte mieux élaborée ; le farment s'emporte moins,
& le fuc du fruit eft plus parfait. Le
fecond avantage qui en réfulte,
c'eft de procurer au raifin un grand
courant d'air, de le préferver de
la trop grande humidité, & par
conféquent de la pourriture ; enfin,
de le laiffer exactement expofé à
l'ardeur du foleil. La partie des farmens qui fe font élancés des premiers yeux de l'arçon, eft liée
contre l'échalas avec de la paille,
& ne peut plus retomber fur le
raifin.

Une grande attention à faire lorfque l'on plie l'arçon, c'eft de ne le
point couder. S'il l'eft, il ne donnera que des feuilles & point de
fruit. L'habitude eft le meilleur maître, & c'eft l'ouvrage des femmes.
Elles empoignent l'arçon des deux

Pl. XIX Pag. 689

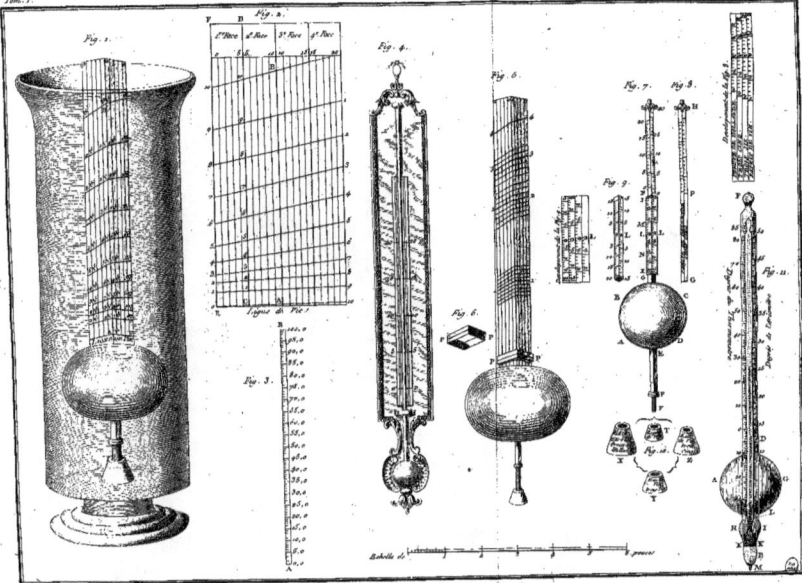

Sellier Sculp.

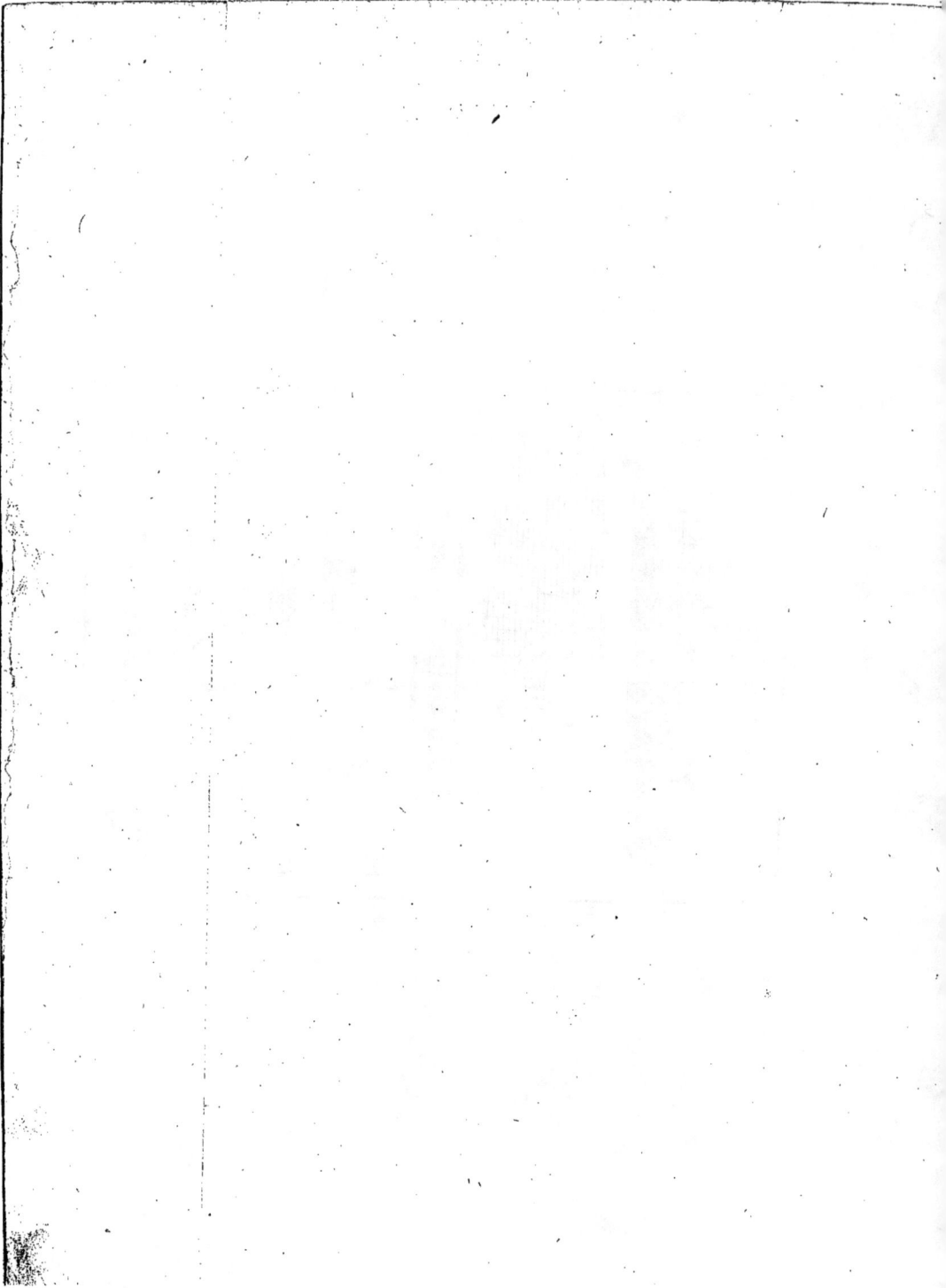

mains ; l'inférieure fert de point d'appui , & de la droite elles plient peu à peu l'arçon ; enfin , en gliffant les mains l'une après l'autre , & parvenant ainfi jufqu'à l'extrémité de l'arçon, elles lui donnent la forme néceffaire ; alors des trois derniers doigts de la main gauche , elles tiennent l'extrémité de l'arçon fixée contre le cep , & des deux autres doigts de cette main, le bout de l'ofier : enfin , avec la main droite , elles tortillent l'ofier contre le cep pour affujettir cette partie du farment d'une manière folide & durable.

Si le cep eft fort vigoureux & pourvu de bon bois , on lui laiffe , outre cet arçon, une *garde* ou *engarde* , ou *alonge*. C'eft encore un farment qui donnera du fruit ; alors on le tire en ligne parallèle , & on fixe fon extrémité fur l'échalas voifin. Comme les *échalas* (*voye*z ce mot) forment des trépieds , parce qu'ils font affujettis enfemble par leur extrémité fupérieure , cette garde confidérée avec le fommet , forme le triangle dont elle eft la bafe. Il eft conftant que cette manière d'opérer affure une forte récolte. Le propriétaire qui aimera fes vignes, la permettra rarement ; mais le payfan qui prend des vignes à ferme , multiplie les gardes, ne penfe qu'aux années pendant lefquelles il doit jouir ; & c'eft un moyen des plus efficaces pour ruiner une *vigne*. (*Voye*z ce mot)

ARDEUR D'URINE. (*Voye*z Urine)

AREAU. Efpèce de charrue dont on fe fert dans l'Angoumois. (*Voye*z le mot CHARRUE)

ARÉOMÈTRE , *ou* PÈSE-LIQUEUR. Cet inftrument , deftiné à connoître la pefanteur fpécifique des différens fluides , fut inventé , dit-on , par Hypacie , fille d'un célèbre mathématicien nommé *Théon.* Cette phyficienne porta cet inftrument prefqu'à fon point de perfeftion par la forme qu'elle lui donna ; car malgré tous les efforts que plufieurs favans ont fait pour lui trouver une forme & des proportions plus exaêtes , on eft obligé d'en revenir à celles imaginées par Hypacie. En effet , elle convient jufqu'à préfent le plus à l'objet qu'on fe propofe dans le fervice de l'aréomètre. Nous n'entrerons donc pas ici dans aucun détail fur les aréomètres inventés par MM. Homberg , Mufchembroeck , Farenheit , Defaguillers , & Ratz de Lanthénée. Ils ne font pas d'ufage ; & l'aréomètre commun , perfectionné par MM. Baumé & Perica, eft le feul dont le fervice foit fimple & facile. (Voyez *Pl. 19, Fig. 11.*)

Il eft compofé d'une boule de verre foufflée , d'un pouce ou environ de diamètre. A fon extrémité inférieure eft une plus petite boule, ou plutôt un petit vafe de verre conique qui n'eft féparé de la groffe boule que par un petit col. La groffe boule eft furmontée par un tube de verre d'une ou de deux lignes de diamètre, & de cinq à fix pouces de longueur. Le petit vafe conique contient une certaine quantité de mercure qui fert de left à l'inftrument , afin qu'il puiffe fe tenir dans une fituation exaêtement perpendiculaire lorfqu'il eft plongé dans un fluide. Le tube eft garni intérieurement d'une bande de papier , fur laquelle font tracés les différens degrés indiqués par l'aréomètre.

Ce fut cette table que M. Baumé fe propofa de rectifier & de rendre comparable ; & voici d'après quel principe il partit. » Tout corps » plongé dans un fluide , & qui y » furnage, déplace un volume d'eau » proportionnel à fon poids, & ce » volume d'eau eft en raifon de la » denfité du fluide. Ainfi , plus le » fluide fera denfe , & moins le » corps en déplacera , ou moins il » y enfoncera ; plus le fluide fera » léger , & plus le volume déplacé » fera confidérable , ou plus le » corps enfoncera ». D'après ces axiomes d'hydroftatique , il imagina de varier la denfité du fluide fans toucher au volume & au poids du corps. En conféquence , il prit un aréomètre dont le tube cylindrique étoit d'un diamètre parfaitement égal dans toute fa longueur , & le plongea dans une maffe d'eau qui pefoit quatre - vingt dix - neuf livres, & qui tenoit en diffolution une livre de fel marin ; & l'endroit où le pèfe - liqueur s'arrêta , il marqua le premier degré au deffous de zéro, Pour marquer le fecond, il fit diffoudre deux livres du même fel dans quatre-vingt dix-huit livres d'eau; pour le troifième , il fit diffoudre trois livres de fel dans quatre - vingt dix - fept livres d'eau , & ainfi de fuite , en augmentant toujours la quantité de fel , & diminuant la proportion de l'eau , & marquant à chaque fois les différens points de l'immerfion de l'aréomètre,

Cette méthode , très-exacte & très-fimple, ne peut cependant fervir que pour connoître les différens degrés de denfité des faumures ; mais elle eft infuffifante pour les fluides ordinaires. M. Baumé y fuppléa en conftruifant un inftrument femblable d'après les mêmes principes hydroftatiques , mais en changeant la liqueur d'épreuve. Il prit deux liqueurs propres à donner deux termes fixes. L'une étoit de l'eau diftillée , l'autre quatre-vingt-dix onces d'eau diftillée , chargée d'une qùantité donnée de fel marin , de dix onces de ce fel bien purifié & bien fec. Il plongea fon aréomètre lefté de façon à pouvoir enfoncer de deux ou trois lignes au deffus de la groffe boule dans la liqueur falée , & marqua zéro à l'endroit où il fe fixa ; ce qui lui donna le premier terme. L'inftrument lavé & feché exactement fut plongé dans l'eau diftillée , & il marqua dix degrés à l'endroit où il s'arrêta ; ce qui donna le fecond terme. Il ne s'agit que de divifer après cela en dix parties égales l'efpace compris entre ces deux points, & de tracer de femblables degrés fur la partie fupérieure du même tube , & l'on aura un aréomètre contenant une cinquantaine de degrés de graduation, ce qui fera plus que fuffifant , fuivant M. Baumé , pour pefer l'efprit-de-vin le plus rectifié.

Les degrés de ce pèfe - liqueur font d'un ufage inverfe des degrés de celui qui fert aux liqueurs falines. Ce dernier en effet annonce une liqueur d'autant plus riche en fel, qu'il s'enfonce moins dans l'eau ; & l'autre , au contraire , annonce une liqueur d'autant plus abondante en efprit, qu'il s'y enfonce davantage.

MM.

MM. de la Folie & Scanegatti de Rouen, penfant avec affez de raifon que l'échelle du fecond aréomètre de M. Baumé n'étoit pas affez exacte pour exprimer les différens degrés d'une liqueur fpiritueufe quelconque ; que le rapport d'une eau faline à l'eau diftillée n'étoit pas le même que celui de l'eau diftillée à l'efprit-de-vin le plus rectifié, & que par conféquent il ne pouvoit pas fervir d'étalon pour fixer les degrés de denfité de l'eau-de-vie, imaginèrent en 1777 une autre divifion fondée, à la vérité, fur les mêmes principes. Ils prirent de l'efprit-de-vin le plus rectifié qu'il étoit poffible, par des diftillations répétées, mais dont le nombre étoit connu. Ils y plongèrent un aréomètre d'un volume & d'un poids déterminé, & marquèrent zéro au point d'immerfion, où il fe fixa. Sur quatre-vingt dix-neuf parties d'efprit-de-vin, ils mêlèrent une partie d'eau diftillée ; ce qui donna le fecond degré. Le troifième fut trouvé par un mélange de deux parties d'eau diftillée & de quatre-vingt dix-huit d'efprit-de-vin, ainfi de fuite pour les autres.

Cette méthode donne un aréomètre comparable & affez jufte pour fixer les différens titres de l'eau-de-vie. L'eau-de-vie (*voyez* EAU-DE-VIE) n'étant qu'un mélange d'efprit-de-vin & de phlegme ou d'eau, fait par la nature, ils l'imitèrent ; & d'un efprit-de-vin très-rectifié, ils obtinrent une eau-de-vie très-foible qui avoit paffé par tous les degrés intermédiaires fenfibles au pèfe-liqueur. MM. de la Folie & Scanegatti ne firent pas

Tom. I.

attention à la pénétration d'une liqueur dans l'autre ; & cet objet mérite d'être pris en confidération, comme on le verra dans la defcription de l'aréomètre de M. Bories. L'eau diftillée & l'efprit-de-vin le plus pur ont chacun féparément une pefanteur fpécifique qui n'eft plus la même après le mélange des deux fluides : c'eft une troifième pefanteur fpécifique.

La correction que M. Affier Perica a faite à cet inftrument, confifte à l'avoir rendu en même tems aréomètre & thermomètre, en faifant fervir le mercure de la petite boule inférieure qui fert de left, de thermomètre. Avec cet inftrument, non-feulement on s'affure de la denfité d'un fluide, mais encore de fa température. La chaleur raréfiant toutes les liqueurs, & le froid les condenfant, influent néceffairement fur leur denfité ; & il n'étoit pas étonnant de trouver une différence fenfible dans la denfité d'une même liqueur, lorfqu'on l'éprouvoit dans des tems différens, & que leur température avoit changé fenfiblement. Avec l'aréomètre de M. Affier Perica, cette différence eft connue, & par conféquent peut être corrigée.

La plus grande utilité & le principal fervice du pèfe-liqueur dans l'économie rurale, eft de pouvoir indiquer avec précifion les différens titres de l'eau-de-vie. Pour les connoître, on fe fert ordinairement dans les brûleries d'une petite bouteille dans laquelle on renferme une certaine quantité de cette liqueur ; on la fecoue, & le plus ou moins de bulles qui fe forment à fa furface, indique la force ou la foi-

M m m m

blesse de l'eau-de-vie. On sent combien cette méthode est fautive ; de
plus, ce n'est qu'un très-long usage
qui peut donner une connoissance
exacte du rapport du nombre, &
de la largeur des bulles avec la
bonté de l'eau-de-vie : il seroit bien
plus avantageux de se servir de
l'aréomètre de MM. de la Folie &
Scanegatti. Les principes sur lesquels il est construit, doivent donner de la confiance sur son exactitude. L'emploi en est simple &
facile ; il pourroit encore servir à
découvrir tout d'un coup les proportions d'eau & d'esprit-de-vin
qui constitueroient les eaux-de-vie.
Les fermiers généraux ont adopté
cet instrument pour essayer les
eaux-de-vie qui entrent dans les
villes : mais il est singulier qu'ils
aient préféré l'aréomètre de métal
à l'aréomètre de verre. Le premier,
plus susceptible de varier dans son
diamètre par la chaleur & le froid,
peut devenir souvent un indicateur
infidèle & dangereux. Sa boule de
cuivre mince, dilatée par la seule
chaleur de la main, enfoncera moins
dans l'eau-de-vie, & par conséquent la fera passer pour plus légère ou plus spiritueuse qu'elle n'est
réellement ; les droits augmenteront en proportion ; & quel que
soit l'esprit d'équité que l'on suppose aux fermiers généraux, ils
se rendroient malgré eux coupables d'une injustice manifeste, qui
pourroit entraîner des suites fâcheuses, dont le marchand sera toujours la victime. Si à la place de
l'aréomètre de métal on substituoit
un aréomètre de verre, dont les
proportions & la graduation fussent
connues, il y auroit moins de ris-

que à courir, & le marchand qui
pourroit avoir un instrument absolument pareil, ne seroit jamais exposé à se tromper à son très-grand
désavantage, & sur-tout à être
trompé. M. M.

Ce n'est pas assez d'avoir fait
connoître deux aréomètres dont
on se sert à Paris, & contre lesquels le négociant ne cesse de faire
des réclamations, sur-tout contre
celui de quartier. Il faut encore
mettre sous les yeux du lecteur ceux
qui méritent quelque considération. Peut-être qu'un jour, en les
combinant les uns par les autres,
on parviendra à en trouver un plus
simple & plus analogue aux droits
de la ferme générale & des commerçans. On diroit qu'il y a une
guerre ouverte entre ceux qui per-
çoivent les droits & ceux qui les
payent. L'un veut payer moins qu'il
ne doit, & l'autre percevoir plus
qu'il n'est dû. Si les droits étoient
moins exhorbitans, la paix seroit
bientôt conclue. Si on payoit les
droits relativement au poids, alors
le commerçant ne tireroit que des
esprits, & ces esprits payeroient
comme tels à l'entrée des barrières
des villes, ou à la sortie du royaume. Il en résulteroit un bien pour
le commerce. 1°. Sous un moindre volume, l'objet auroit plus de
valeur ; 2°. une barrique d'esprit
coûteroit moins de transport, &c.
Les hollandois qui savent mettre
de la finesse dans leur commerce,
ne demandent presque que des esprits à *Cette*, où est établi le bureau
de sortie de la province de Languedoc ; & ces esprits transportés
chez eux, ils savent fort bien les
baisser à la *preuve de Hollande*, par

l'addition de l'eau, comme il fera expliqué plus bas. Il en feroit de l'eau-de-vie, pour les entrées de Paris & des autres villes, comme pour le vin. Une barrique de vin médiocre en qualité, & même de mauvaife qualité, paye autant de droit d'entrée qu'une barrique de vin d'une qualité fupérieure. D'a-près cela, il eft conftant que le commerçant de Paris, par exem-ple, ne tireroit des provinces où l'on fabrique les eaux-de-vie, que des efprits les plus purs. En atten-dant cette réforme, ou la diminu-tion des droits, faifons connoître les autres aréomètres.

M. Farenheit a imaginé un aréo-mètre bien précis ; fa forme eft celle d'une boule traverfée dans fon axe par une verge dont les deux extrémités qui débordent, font de longueur inégale : on fixe à la plus longue le poids qui fert à lefter l'inftrument pour le faire tenir droit. L'extrémité fupérieure, beaucoup plus coùrte, eft fur-montée d'un baffin qui reçoit les divers poids dont on charge l'aréo-mètre. Cette tige eft marquée dans fon milieu, qui indique le volume que l'inftrument doit déplacer dans chaque expérience.

Le poids total de l'aréomètre étant connu, on le plonge dans la liqueur, on charge le baffin jufqu'à ce qu'il s'arrête au trait qui partage la portion fupérieure de la tige ; & d'après la fomme des poids de l'aréomètre, & de ceux qui font dans le baffin, il eft facile de déter-miner les rapports. Il n'eft pas in-différent de remarquer que plus la boule eft groffe, la tige inférieure

longue, & la fupérieure courte & grêle, moins il y a d'erreur.

Cet inftrument eft très-bien placé dans les mains des chimiftes & des phyficiens ; mais comment le pro-pofer au commerce pour des véri-fications faites par des mains trop peu exercées à de pareilles expé-riences, & qu'on ne peut affujettir à des procédés qui exigent des cal-culs, de la précifion & des précau-tions ?

Cette partie du commerce des eaux-de-vie, fi effentielle à la pro-vince de Languedoc ; la multipli-cité des conteftations qui s'élevoient chaque jour entre le vendeur & l'acheteur fur les différens degrés de fpirituofité de l'eau-de-vie, en-gagèrent les états de cette province à propofer en 1771, pour fujet de prix, ce problême : *Déterminer les différens degrés de fpirituofité des eaux-de-vie ou efprits-de-vin, par le moyen le plus fûr, & en même tems le plus fimple & le plus applicable aux ufages du commerce.* En 1772, la fociété royale de Montpellier couronna les *Mémoires* de MM. l'abbé Poncelet & Pouget, quoiqu'ils ne remplif-foient pas à la rigueur l'objet défiré. Le même fujet fut propofé de nou-veau pour l'année 1773 : le Mé-moire de M. Bories fut couronné ; la province l'a adopté, & il fert de règle à fon commerce. Il convient donc de le faire connoître, puifque la fomme des eaux-de-vie fabri-quées en Languedoc, fait un tiers de celles du refte de la France. On y diftingue trois efpèces d'eaux-de-vie. La *preuve de Hollande* eft le premier produit de la diftillation ; le *trois-cinq* eft la rectification du premier produit , & le *trois - six* n'eſt autre choſe que le trois-cinq paſſé de nouveau à l'alambic.

Pour s'aſſurer des degrés de ſpirituoſité de l'eau-de-vie & de l'eſprit-de-vin , M. Bories a conſidéré l'eau-de-vie comme un compoſé d'eſprit & d'eau. Ces deux extrêmes ont déterminé les termes fixes dans la diviſion de ſon échelle de graduation. L'eau pure diſtillée eſt le premier terme ; l'eſprit ardent , dépouillé de tout autre principe étranger, le ſecond. Le premier point étoit facile à trouver , & le ſecond exigeoit plus de travail. M. Bories fit diſtiller cent trente pintes d'eau-de-vie rectifiée , connue dans le commerce ſous le nom de *trois-cinq*. Il ceſſa la diſtillation lorſqu'il en eut obtenu ſoixante-cinq , qui ſubirent une troiſième rectification. Le produit fut diviſé de huit en huit pintes , & mis à part, juſqu'à ce qu'il en eût retiré quarante-huit.

Pour faire l'eſſai de l'eſprit de vin de la dernière diſtillation , & s'aſſurer s'il contenoit encore de l'eau ſurabondante, il prit une des huit premières pintes de ce même eſprit, ſur lequel il jeta de l'alcali de tartre pur & ſec. La bouteille fut agitée, le ſel s'humecta, une partie tomba en déliqueſcence, une autre adhéra aux parois de la bouteille, & par le repos elle ſe raſſembla au fond. Du nouvel alcali fut ajouté après avoir décanté cet eſprit : ne trouvant plus d'humidité ſuperflue, il ſe grumela & ſe précipita tout-à-coup dès que le vaſe fut en repos. Après une ſeconde décantation, l'alcali qui fut ajouté reſta flottant comme une

pouſſière, & l'eſprit fut entièrement dépouillé de ſa partie aqueuſe.

Ce même eſprit-de-vin déjà déflegmé fut encore agité avec du nouvel alcali ; & après pluſieurs jours de repos & d'agitation ſucceſſifs, il acquit une légère couleur citrine. Ces mêmes expériences furent répétées ſur des eaux-de-vie de Provence , de Catalogne , de marc , &c. Elles prirent , après quelques jours, une teinte jaunâtre plus ou moins foncée. La gravité augmenta à proportion de l'intenſité de la couleur, & au bout de quelques mois, l'eſprit provenu de l'eau-de-vie de marc, étoit une vraie teinture alcaline onctueuſe, quoique faite à froid. Ainſi plus les eaux-de-vie ſont huileuſes, plus elles tiennent d'alcali en diſſolution, & l'eſprit ardent qui ſurnage le ſel n'eſt pas décompoſé ; il reſte intact, quoiqu'un peu altéré par une eſpèce de ſavon fait avec l'alcali végétal diſſous dans l'eſprit-de-vin. Le ſel de tartre a donc la double propriété de priver l'eſprit-de-vin de toute ſon eau ſurabondante, & de s'emparer de l'huile groſſière qu'il contient.

D'après ce principe , & par cette méthode, M. Bories déflegma quinze pintes d'eſprit de la troiſième rectification ; elles en produiſirent quatorze & un tiers, qui furent laiſſées en digeſtion au ſoleil, pour donner le tems à l'alcali de ſe combiner avec l'huile. La liqueur devint couleur de paille.

Ces quatorze pintes furent diſtillées à un feu modéré, & le produit mis à part, pinte par pinte. On en retira huit pintes d'une parfaite égalité entr'elles ; & en augmentant le feu, il en vint cinq pintes & un tiers d'un esprit un peu plus foible. Il résulte de ces expériences, 1°. que l'esprit est privé de son huile douce du vin ; 2°. qu'il n'y a dans les eaux-de-vie que de l'huile douce non essentielle ; 3°. que porté à cet état de pureté, il établit comparaison entre l'eau distillée & l'esprit le plus pur.

Le rapport de cet esprit-de-vin à l'eau, déterminé par l'aréomètre de Fahenreit, & par la balance hydrostatique, la température à + 10, est comme 0,820 $\frac{2900}{5055}$ à + 15 , comme 0,817 $\frac{65}{5055}$ à 20 , comme 0,813 $\frac{2285}{5055}$.

Le pouce cubique de ce même esprit, à la température de + 10 , pèse 301 $\frac{1}{8}$ de grain, & le même volume d'eau pèse 366 $\frac{6}{8}$.

Ces deux termes donnés, on peut être assuré d'avoir des hydromètres comparables avec plus de justesse que les thermomètres ; mais il se présente une difficulté si on mêle cet esprit-de-vin avec l'eau distillée ; il résulte de ce mélange une véritable dissolution, & la pesanteur spécifique des deux liqueurs réunies, n'est plus d'accord avec celle des deux fluides séparés, à cause de la pénétration des parties. M. Bories a donné des tables très-détaillées de la pesanteur spécifique d'un grand nombre de mélanges, & qu'il est inutile de rapporter ici.

Après avoir essayé plusieurs hydromètres, M. Bories s'est arrêté à celui qu'on va décrire.

La tige est quadrangulaire, telle qu'elle est représentée dans la Fig. 1, Planche 19, pag. 639, & on en voit le développement Fig. 2. Cette tige

donne quatre faces ou parallélogrammes bien distincts au bas de la tige. A une petite distance de la boule, il trace une ligne horizontale, qu'il appelle, ligne de vie, Fig. 1 & 2 : il ajuste ensuite son instrument de façon que, mis dans l'eau distillée à la température de dix degrés du thermomètre, il s'enfonce en tout sens jusqu'à cette ligne, ce qui fixe le terme fixe inférieur marqué A. M. Bories plonge ensuite l'hydromètre dans l'esprit-de-vin qui doit être son terme fixe supérieur, & il marque B, le point où il s'arrête dans cette seconde liqueur ; alors prenant l'intervalle d'un point à l'autre, il le porte sur un papier AB, Fig. 3, & divise l'espace compris entre A & B en mille parties égales, ce qui forme la table des rapports de dilatation & de condensation, & il gradue son hydromètre de la manière suivante.

La première face de la Figure 2 indique toutes les variations causées par la diverse température, depuis 0 jusqu'à 5 ; la seconde, celles depuis 5 jusqu'à 10 ; la troisième, de 10 à 15 ; la quatrième enfin, de 15 à 20 ; de sorte que les quatre faces ensemble font le complément de vingt degrés du thermomètre, Fig. 4. Chacune se trouve par-là divisée en cinq parties égales.

La ligne de vie, Fig. 1 & 2, sert de point fixe pour la formation de l'échelle de la tige de l'hydromètre. La table des rapports de la dilatation & condensation, indique le nombre des parties qu'il y a de cette ligne de vie au point correspondant à chaque espèce d'eau-de-vie pour chaque degré de température, & l'échelle de mille parties, *Fig. 3*, en donne les distances.

Pour rendre la chose plus sensible, en voici une application. La table des rapports indique qu'une eau-de-vie formée par le mélange d'une partie d'esprit-de-vin sur neuf d'eau, ne donne à zéro que 6,3. On prend avec un compas, sur l'échelle de mille parties, *Figure 3*, un intervalle de 6,3, que l'on porte sur la ligne E F de la *Fig.* 2 de la première face, en appuyant une des pointes du compas sur la ligne de vie au point E, & l'autre arrive au point 1 que l'on marque. Cette même table fait voir que la même eau-de-vie, à la température de 5, donne 6,6 qu'on va lever sur l'échelle, pour la porter ensuite sur la ligne C D de la même face, en appuyant toujours la pointe du compas; & de ce point 1 pris dans la ligne C D, au point 1 déjà marqué dans la ligne E F, on tire une ligne transversale qui ne doit pas être parallèle à la ligne de vie.

Sur cette même face, on parcourt les autres eaux-de-vie, dont on marque les points selon que la table des rapports les indique, & que les distances en sont données par l'échelle; & de chacun de ces points marqués dans la ligne E F, on tire des lignes aux points correspondans dans la ligne C D; par ce moyen toute cette face est divisée. Il faut observer la même méthode pour toutes les autres faces; mais comme chacune de ces faces est sous-divisée en cinq parties égales, il se trouvera que la ligne tirée d'un point à celui qui lui correspond, coupera obliquement les lignes qui sous-divisent

chaque parallélogramme, & le point de concours de ces lignes indiquera les degrés de température intermédiaire de 0 à 5 dans la première, de 5 à 10 dans la seconde, &c. Prenons pour exemple l'esprit-de-vin dont le point 10 marqué dans la ligne E F, est distant de la ligne de vie de 93,2; & le même point 10 pris dans la ligne C D se trouve éloigné de cette même ligne de vie de 96,6. La ligne oblique tirée d'un de ces points 10 à l'autre, doit coïncider avec la ligne verticale de la première colonne, à 93,9; avec celle de la seconde, à 94,6; avec celle de la troisième, à 95,3; avec celle de la quatrième, à 96,0; & ainsi de suite pour chaque face & chaque espèce d'eau-de-vie intermédiaire.

On voit par ces résultats qu'on peut, avec un seul & même hydromètre, vérifier non-seulement la même eau-de-vie à tous les degrés de température, mais qu'on peut encore pousser l'exactitude jusqu'à reconnoître des moitiés, des quarts, des huitièmes de degrés; de sorte qu'on trouve dans un même instrument une infinité d'hydromètres gradués pour des températures différentes.

Les dimensions de l'hydromètre sont arbitraires; mais il n'en est pas de même des proportions de ses différentes parties entr'elles. Il faut que le volume de la verge de la graduation soit au volume total comme 1 est à 6.

La sensibilité de l'instrument dépend de la longueur de l'intervalle du point A au point B, *Fig. 1*, qui sont les deux termes.

Plus la verge de graduation est

longue, plus le left doit être diftant du corps pour contre-balancer la force de gravité, fans quoi l'inftrument, loin de fe tenir droit, feroit la bafcule.

La *preuve de Hollande*, dont on a parlé plus haut, eft le premier objet de confommation, & a pour ainfi dire fervi jufqu'à préfent, en Languedoc, de boulfole, foit pour le titre, foit pour le prix des autres degrés d'eau-de-vie.

Pour le titre, en ce que la fpirituofité de celle-là étant connue, celle des autres devroit l'être dans l'acception du terme & d'après les notions reçues, quoique fauffes. Suivant donc l'idée générale, le *trois-cinq* eft une eau-de-vie dont trois parties mêlées à deux d'eau pure, doivent rendre cinq parties *preuve de Hollande*; & parties égales de *trois-fix* & d'eau commune, doivent donner encore la même *preuve de Hollande*, dont le prix détermine encore celle des deux autres eaux-de-vie.

Pour remplir ces objets par une règle facile à appliquer journellement, M. Bories a pris la moyenne fur une grande quantité de pièces d'eau-de-vie voiturées au port de Cette, des différens cantons du Languedoc; mais comme les eaux-de-vie ne font pas chaque année égales en qualité, il a combiné fes expériences fur les eaux-de-vie de 1771, 1772 & 1773. Le titre ainfi fixé, il eft facile d'en donner le rapport à l'efprit-de-vin & à l'eau diftillée, & d'affigner leur place fur le bathmomètre.

Dix verges ou veltes d'efprit de vin, (*voyez* VELTE) fur une verge d'eau diftillée, font la combinaifon

du *trois-fix*, & ce mélange pèfe exactement à l'aréomètre 427 $\frac{2}{7}$ de grain, comme la moyenne du *trois-fix*. Il y a eu dans ce mélange une augmentation de denfité de quatre grains; car fi on calcule le poids qu'il devroit avoir, on ne trouve que 423 $\frac{2}{7}$; il y a donc eu une différence de prefque $\frac{1}{106}$ du volume total. Un pouce cubique de ce même *trois-fix* pèfe 310 $\frac{1}{7}$ de grain, tandis qu'un pareil volume d'efprit a pefé 301 $\frac{2}{7}$ de grain, & celui de l'eau diftillée 366 $\frac{6}{7}$. Le rapport de cette eau-de-vie de + 10 degrés de température, eft à l'eau & à l'efprit-devin, comme 0,845 $\frac{575}{5055}$ eft à 1,000 & à 0,820 $\frac{1900}{5055}$.

Il réfulte de ce qui vient d'être dit, que le *trois-fix*, à dix degrés de température, doit fe trouver fur le bathmomètre, *Fig. 5*, diftant de la ligne de vie, de 841 de l'intervalle total de l'eau à l'efprit-devin; alors on le prend au moyen de l'échelle de mille parties, pour le porter à la colonne de 10 du bathmomètre, fur laquelle on le marque au point 3. La table des rapports des dilatations & condenfations, apprend enfuite la férie des variations que fuit cette liqueur en delfus & en delfous du dixième degré, & on trouve qu'à 15 degrés on a 870, à 20, 900, &c. que l'on marque de la même manière que pour les eaux-de-vie, par dixièmes d'efprit. Ce qu'on a pratiqué pour les *trois-fix* s'obferve également pour les *trois-cinq* & pour la *preuve de Hollande*.

La graduation du bathmomètre ainfi fixée pour les ufages du commerce de la province, l'elfai de chacune des efpèces d'eau-de-vie en sera facile. Pour le rendre encore plus facile avec cet instrument, M. Bories y a ajouté un *curseur*, dont les mouvemens sont toujours parallèles à la ligne de vie. (*Voyez* ce curseur P P, monté sur le bathmomètre, *Fig. 5*, & cette même pièce séparée de l'instrument, *Figure 6*.)

Après s'être assuré de la température de la liqueur à vérifier, on y plonge l'instrument, S'il s'enfonce de façon que la ligne du titre soit au dessous de la surface de la liqueur à vérifier, l'eau-de-vie est au dessus du titre, & la quantité des degrés secondaires indique le degré de la spirituosité supérieure. Si au contraire cette même ligne du titre surnage le nombre des degrés secondaires, depuis la surface de la liqueur jusqu'à cette ligne du titre, elle annoncera les degrés de spirituosité qui manquent, & par conséquent la quantité de la liqueur d'un titre supérieur qu'il faut ajouter pour que l'eau-de-vie essayée soit ramenée au titre qu'on désire.

A l'instrument qu'on vient de décrire, M. Bories en a ajouté un autre dépendant du précédent, plus commode, plus simple, & plus à la portée des fabricans d'eau-de-vie, & de ceux qui en font le commerce.

Cet instrument représenté, *Fig. 7*, diffère des hydromètres ordinaires par l'echelle graduée sur une tige quadrangulaire G, H, *Fig. 7 & 8*. La *Fig. 8* représente cette tige dégarnie de son curseur, *Fig. 9*, & dans sa moitié supérieure P H seulement. Cette tige est munie d'un curseur I K, *Fig. 19*, qui porte sa graduation, & fait les fonctions de

compensateur. Les développemens des échelles de la tige & du curseur se voient à côté.

Ce compensateur est divisé en deux parties par un bouton ou point saillant L, *Fig. 7 & 9*, qui doit être en or, pour qu'il soit plus sensible, & c'est à ce point L que doit toujours se trouver la liqueur qui est au titre juste.

Les degrés de ce compensateur qui sont au dessus du point saillant de L en I, indiquent les degrés de spirituosité trop grande, & par conséquent au dessus du titre. La graduation qui est en dessous de ce même point de L en K, est distinée à faire connoître les liqueurs qui sont au dessous du titre, & fait apprécier les eaux-de-vie foibles.

L'échelle qui est sur la partie supérieure de la même tige de l'instrument de P en H, *Fig. 7 & 8*, marque les variations causées par les diverses températures depuis zéro jusqu'à vingt : cette portion s'appelle le *thermomètre*, & est divisée figurativement comme ce dernier instrument, *Fig. 4*; le zéro étant le degré inférieur, & vingt le supérieur.

L'autre moitié inférieure de P en G, *Fig. 8*, reste sans graduation, & sert à fournir un espace au mouvement du curseur; il fait en outre connoître l'emploi de chaque face.

Au bas de l'instrument, *Fig 7*, est une autre tige terminée par un taraud F F, servant à recevoir l'écrou, *Fig. 10*, des quatre poids T, X, Y, Z, chacun desquels porte, gravé en toutes lettres, le nom de la liqueur pour laquelle il est destiné; en sorte qu'on doit adapter à l'instrument celui de ces

poids

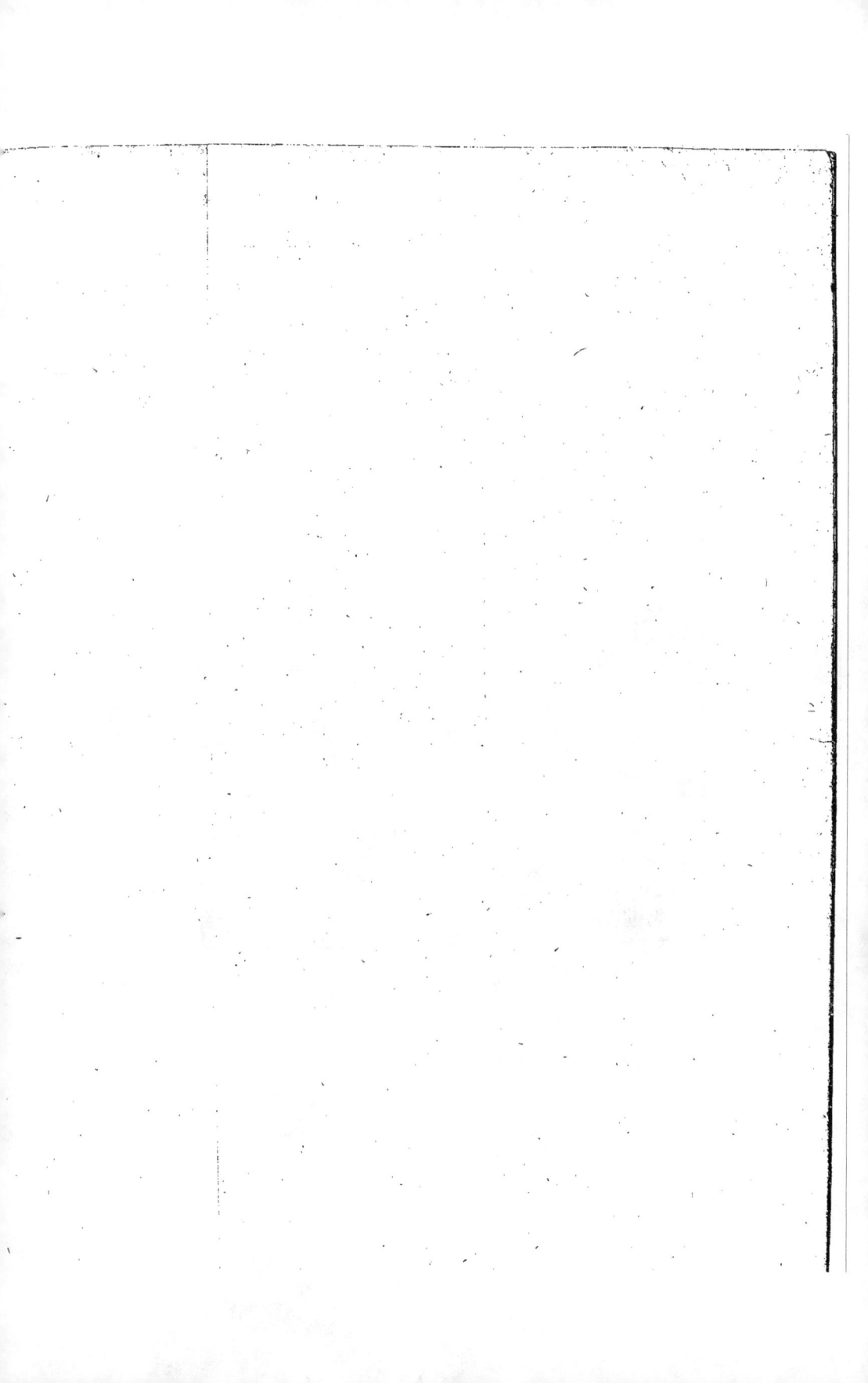

TARIF

À l'usage du Commerce de l'Eau-de-vie, Preuve de Hollande, pour trouver la quantité de Trois-cinq qui manque à une Pièce foible, pour la mettre au titre, quelles qu'en soient la contenance & la température; & qui désigne en même temps l'excédent de ce même Trois-cinq dans les Pièces sur-fortes.

Nombre des Verges.	Degrés de foiblesse ou de sur-force de l'Eau-de-vie.														
	1.	2.	3.	4.	5.	6.	7.	8.	9.	10.	11.	12.	13.	14.	15.
60.	12, 0.	24, 0.	36, 0.	48, 0.	60, 0.	72, 0.	84, 0.	96, 0.	108, 0.	120, 0.	132, 0.	144, 0.	156, 0.	168, 0.	180, 0.
61.	12, 2.	24, 4.	36, 6.	48, 8.	61, 0.	73, 2.	85, 4.	97, 6.	109, 8.	122, 0.	134, 2.	146, 4.	158, 6.	170, 8.	183, 0.
62.	12, 4.	24, 8.	37, 2.	49, 6.	62, 0.	74, 4.	86, 8.	99, 2.	111, 6.	124, 0.	136, 4.	148, 8.	161, 2.	173, 6.	186, 0.
63.	12, 6.	25, 2.	37, 8.	50, 4.	63, 0.	75, 6.	88, 2.	100, 8.	113, 4.	126, 0.	138, 6.	151, 2.	163, 8.	176, 4.	189, 0.
64.	12, 8.	25, 6.	38, 4.	51, 2.	64, 0.	76, 8.	89, 6.	102, 4.	115, 2.	128, 0.	140, 8.	153, 6.	166, 4.	179, 2.	192, 0.
65.	13, 0.	26, 0.	39, 0.	52, 0.	65, 0.	78, 0.	91, 0.	104, 0.	117, 0.	130, 0.	143, 0.	156, 0.	169, 0.	182, 0.	195, 0.
66.	13, 2.	26, 4.	39, 6.	52, 8.	66, 0.	79, 2.	92, 4.	105, 6.	118, 8.	132, 0.	145, 2.	158, 4.	171, 6.	184, 8.	198, 0.
67.	13, 4.	26, 8.	40, 2.	53, 6.	67, 0.	80, 4.	93, 8.	107, 2.	120, 6.	134, 0.	147, 4.	160, 8.	174, 2.	187, 6.	201, 0.
68.	13, 6.	27, 2.	40, 8.	54, 4.	68, 0.	81, 6.	95, 2.	108, 8.	122, 4.	136, 0.	149, 6.	163, 2.	176, 8.	190, 4.	204, 0.
69.	13, 8.	27, 6.	41, 4.	55, 2.	69, 0.	82, 8.	96, 6.	110, 4.	124, 2.	138, 0.	151, 8.	165, 6.	179, 4.	193, 2.	207, 0.
70.	14, 0.	28, 0.	42, 0.	56, 0.	70, 0.	84, 0.	98, 0.	112, 0.	126, 0.	140, 0.	154, 0.	168, 0.	182, 0.	196, 0.	210, 0.
71.	14, 2.	28, 4.	42, 6.	56, 8.	71, 0.	85, 2.	99, 4.	113, 6.	127, 8.	142, 0.	156, 2.	170, 4.	184, 6.	198, 8.	213, 0.
72.	14, 4.	28, 8.	43, 2.	57, 6.	72, 0.	86, 4.	100, 8.	115, 2.	129, 6.	144, 0.	158, 4.	172, 8.	187, 2.	201, 6.	216, 0.
73.	14, 6.	29, 2.	43, 8.	58, 4.	73, 0.	87, 6.	102, 2.	116, 8.	131, 4.	146, 0.	160, 6.	175, 2.	189, 8.	204, 4.	219, 0.
74.	14, 8.	29, 6.	44, 4.	59, 2.	74, 0.	88, 8.	103, 6.	118, 4.	133, 2.	148, 0.	162, 8.	177, 6.	192, 4.	207, 2.	222, 0.
75.	15, 0.	30, 0.	45, 0.	60, 0.	75, 0.	90, 0.	105, 0.	120, 0.	135, 0.	150, 0.	165, 0.	180, 0.	195, 0.	210, 0.	225, 0.
76.	15, 2.	30, 4.	45, 6.	60, 8.	76, 0.	91, 2.	106, 4.	121, 6.	136, 8.	152, 0.	167, 2.	182, 4.	197, 6.	212, 8.	228, 0.
77.	15, 4.	30, 8.	46, 2.	61, 6.	77, 0.	92, 4.	107, 8.	123, 2.	138, 6.	154, 0.	169, 4.	184, 8.	200, 2.	215, 6.	231, 0.
78.	15, 6.	31, 2.	46, 8.	62, 4.	78, 0.	93, 6.	109, 2.	124, 8.	140, 4.	156, 0.	171, 6.	187, 2.	201, 8.	218, 4.	234, 0.
79.	15, 8.	31, 6.	47, 4.	63, 2.	79, 0.	94, 8.	110, 6.	126, 4.	142, 2.	158, 0.	173, 8.	189, 6.	205, 4.	221, 2.	237, 0.
80.	16, 0.	32, 0.	48, 0.	64, 0.	80, 0.	96, 0.	112, 0.	128, 0.	144, 0.	160, 0.	176, 0.	192, 0.	208, 0.	224, 0.	240, 0.
81.	16, 2.	32, 4.	48, 6.	64, 8.	81, 0.	97, 2.	113, 4.	129, 6.	145, 8.	162, 0.	178, 2.	194, 4.	210, 6.	226, 8.	243, 0.
82.	16, 4.	32, 8.	49, 2.	65, 6.	82, 0.	98, 4.	114, 8.	131, 2.	147, 6.	164, 0.	180, 4.	196, 8.	212, 2.	229, 6.	246, 0.
83.	16, 6.	33, 2.	49, 8.	66, 4.	83, 0.	99, 6.	116, 2.	132, 8.	149, 4.	166, 0.	182, 6.	199, 2.	215, 8.	232, 4.	249, 0.
84.	16, 8.	33, 6.	50, 4.	67, 2.	84, 0.	100, 8.	117, 6.	134, 4.	151, 2.	168, 0.	184, 8.	201, 6.	218, 4.	235, 2.	252, 0.
85.	17, 0.	34, 0.	51, 0.	68, 0.	85, 0.	102, 0.	119, 0.	136, 0.	153, 0.	170, 0.	187, 0.	204, 0.	221, 0.	238, 0.	255, 0.
86.	17, 2.	34, 4.	51, 6.	68, 8.	86, 0.	103, 2.	120, 4.	137, 6.	154, 8.	172, 0.	189, 2.	206, 4.	223, 6.	240, 8.	258, 0.
87.	17, 4.	34, 8.	52, 2.	69, 6.	87, 0.	104, 4.	121, 8.	139, 2.	156, 6.	174, 0.	191, 4.	208, 8.	226, 2.	243, 6.	261, 0.
88.	17, 6.	35, 2.	52, 8.	70, 4.	88, 0.	105, 6.	123, 2.	140, 8.	158, 4.	176, 0.	193, 6.	211, 2.	228, 8.	246, 4.	264, 0.
89.	17, 8.	35, 6.	53, 4.	71, 2.	89, 0.	106, 8.	124, 6.	142, 4.	160, 2.	178, 0.	195, 8.	213, 6.	231, 4.	249, 2.	267, 0.
90.	18, 0.	36, 0.	54, 0.	72, 0.	90, 0.	108, 0.	126, 0.	144, 0.	162, 0.	180, 0.	198, 0.	216, 0.	234, 0.	252, 0.	270, 0.

poids qui répond à l'espèce d'eau-de-vie dont on doit faire usage.

Le bathmomètre, *Fig. 5*, qui est l'archetype de ce dernier instrument, *Fig. 7*, détermine le titre de chaque pièce d'eau-de-vie, & par conséquent donne le point principal de chaque face. Il indique aussi le rapport de la tige à la boule, & fait trouver tout d'un coup l'échelle de la graduation, tant de la tige que du compensateur, dans chacune de ses divisions. L'eau-de-vie *preuve de Hollande*, comme la plus ordinaire dans le commerce, va servir d'exemple.

Cette eau - de - vie donnant au degré 10 de température 340 sur le bathmomètre, il faut ajuster le poids de cette preuve de Hollande, de manière que l'instrument indique ce même point 340 ; mais comme on a reconnu que la diverse température fait varier la densité de la preuve de Hollande depuis 294 jusqu'à 386, il faut nécessairement que la moitié supérieure de la tige soit en état de mesurer cet espace ; d'où il faut conclure que la moitié supérieure de la tige dans la face destinée à la *preuve de Hollande* doit être un volume total, comme 1 à 60, & par conséquent la totalité de la tige, comme 1 à 30. On a par ce moyen les proportions des différentes parties de l'instrument pour la *preuve de Hollande*, & ainsi de suite pour les autres espèces d'eaux-de-vie.

Avec cet instrument doivent toujours marcher un thermomètre & une table qui sert de tarif (il est ci - joint), & qui indique dans toute sorte de cas la quantité de *trois - cinq* qui est de trop, ou qui

manque dans une pièce *preuve de Hollande* pour la mettre au titre, quelle que soit la contenance de la futaille.

La première colonne de ce tarif est hors de rang, & indique la contenance de la futaille par le nombre des veltes, depuis 60 jusqu'à 90. Les futailles pour l'eau-de-vie *preuve de Hollande*, excèdent rarement ces proportions.

La première ligne également hors de rang, marque les degrés ou distance du point de section de la liqueur au point saillant L, *Fig. 7*, tant en dessus qu'en dessous.

Les 465 cases qui forment ce tarif, représentent en décimales la quantité de livres de *trois-cinq* qu'il faut ajouter ou retrancher, pour que la liqueur soit au titre juste.

Dès qu'on connoît, par le moyen du thermomètre, le degré de température des eaux-de-vie qu'on se propose d'essayer, on porte le sommet I du curseur au degré de la graduation de l'hydromètre, correspondant à celui qu'a donnée la liqueur dans le thermomètre ; enfin on adopte pour la *preuve de Hollande*, le poids X, *Fig. 10*, qui répond à cette espèce d'eau-de-vie.

L'instrument ainsi préparé est plongé dans la liqueur contenue dans un cylindre de fer blanc, & on considère le point où la surface de l'eau-de-vie coupe le curseur. Si c'est au bouton d'or L, *Fig. 7*, la liqueur est au titre juste ; mais si c'est en dessous au point N, par exemple, ou au douzième degré, (la futaille supposée contenir 76 veltes) la case du tarif qui se trouve dans l'angle commun de la colonne 12 en chef, & de la ligne 76 en marge, donne 1824; ce qui indique que, pour mettre la pièce vérifiée au juste titre, il faudroit 182 livres & $\frac{4}{10}$ de livre, ou bien 9 veltes & $\frac{1}{10}$, en négligeant les fractions de livre.

L'opération d'essai est si prompte, qu'en moins d'une heure M. Bories a essayé 110 pièces d'eau-de-vie, & a indiqué ce qu'il y avoit à changer à chacune. Comme cet instrument est en argent, & qu'il y a beaucoup de lettres, de chiffres, de lignes gravées sur les tiges, sur les poids, &c. &c. il coûte 72 liv. & c'est un peu cher pour le particulier. C'est le seul reproche qu'on puisse lui faire. M. R.

Après avoir fait sentir l'utilité d'un aréomètre comparable, surtout pour les eaux-de-vie & les esprits-de-vin, & tout l'avantage d'un tel instrument qui feroit en même temps l'office de thermomètre, & après avoir décrit plusieurs de ces instrumens, nous allons donner le moyen de faire celui de M. Perica, & décrire ses proportions : il est bien moins dispendieux que celui de M. Bories.

Au bout d'un tube de verre de quatre lignes de diamètre, & de six à sept pouces de longueur, on souffle une boule A G, (*Fig. 11, Pl. 19*) de seize lignes de diamètre. A environ huit lignes de la boule, on en souffle une autre petite H I de cinq à six lignes de diamètre, terminée par un cylindre B de quatre lignes de diamètre, & de huit de longueur, terminé en pointe, comme on le voit dans la figure. Cette pointe reste ouverte jusqu'à ce que l'instrument soit terminé ; c'est par cette extrémité que l'on y

introduit un thermomètre à mercure, coudé au point L, pour pouvoir passer au dessus de la table des divisions que l'on a fait entrer dans le tube D F par l'extrémité F, & qui doit descendre jusqu'à la naissance du coude L du thermomètre, dont toute la partie, depuis L jusqu'en M, doit être considérée comme la boule. On soude ensuite le thermomètre avec le cylindre B aux points K K, de façon qu'il ne fait plus qu'un corps avec lui, & que le cylindre devient en même tems & réservoir du thermomètre, & left de l'aréomètre. On fait passer ensuite du mercure dans le tube du thermomètre par l'extrémité M qui doit rester ouverte, comme nous l'avons dit ; on en introduit la quantité nécessaire pour que, l'eau étant à la température de la glace, il se fixe au zéro de l'échelle du thermomètre, & qu'il monte à l'eau bouillante à quatre-vingt-cinq degrés. On ferme alors la pointe M, & l'on essaie l'instrument comme aréomètre en le plongeant dans l'eau distillée, où il doit s'arrêter au n°. 10 de l'échelle de l'aréomètre. S'il est trop léger, & qu'il n'enfonce pas assez, on leste avec un peu de mercure. Pour cela on rouvre la pointe M, on introduit une certaine quantité de mercure, & on la referme ; si, au contraire, il est trop pesant, on en retire un peu jusqu'à ce qu'enfin il se trouve juste au numéro 10.

Ce n'est, comme on le voit, que par des tâtonnemens que l'on peut espérer d'abord de réussir dans la construction de cet instrument ; mais avec de la patience & de l'adresse, on en viendra à bout.

Chaque degré du thermomètre équivaut à cinq degrés du pèse-liqueur.

Il eft facile d'en fentir toute l'utilité & toute la commodité. Il peut fervir en même tems à connoître, non-feulement les pefanteurs fpécifiques des diverfes liqueurs comme aréomètre, mais encore leur température & leurs degrés de dilatation & de condenfation, ce qui influe plus qu'on ne penfe dans la denfité relative des fluides. En effet, fi l'on compare les degrés de pefanteur de l'eau chaude & de l'eau froide, on s'appercevra d'une différence fenfible : ayant expofé de l'eau ordinaire à la gelée, & le thermomètre ordinaire marquant zéro, l'aréomètre dont nous venons de donner la defcription s'eft arrêté après plufieurs ofcillations à 11° ; l'ayant transporté dans l'eau de même qualité, mais plus chaude, il s'eft enfoncé jufqu'à 12° ; enfin, au degré de l'eau bouillante, il s'eft tenu plongé jufqu'à 15°. A mefure que l'eau fe refroidiffoit, il remontoit infenfiblement pour fe fixer à 11°, où il étoit à la température de la glace. Il faut donc bien faire attention dans les obfervations de l'aréomètre aux différens degrés de température, & c'eft en quoi confifte le principal avantage de celui que nous propofons.

Dans les brûleries d'eau-de-vie, fi, pour connoître fes qualités, on adopte cet aréomètre, on pourra voir tout d'un coup fa jufte denfité qui réfulte de la proportion de l'efprit-de-vin avec le phlegme ou l'eau. Le degré de chaleur qu'elle aura dans le moment, fera corrigé fur le champ par le thermomètre ;

mais en général, il faudra avoir l'habitude de l'effayer à la même température, par exemple, au degré 10°, qui marque une chaleur modérée, & que l'on retrouve facilement en toute faifon ; l'hiver, en chauffant un peu la liqueur, & l'été, en la plaçant dans un endroit frais. Pour fpécifier la qualité de l'eau-de-vie, il ne faudra qu'exprimer le degré de l'aréomètre, fa température étant au degré 10° du thermomètre ; ce qui pourra fervir de bafe générale & de terme de comparaifon qu'il feroit intéreffant d'adopter dans tous les pays. Ceux qui defireront plus de précifion, fe ferviront de l'aréomètre de M. Bories. M. M.

ARÈTE, ou QUEUE DE RAT, *Médecine vétérinaire.* Croûtes dures & écailleufes qui viennent aux jambes des ânes & des chevaux, & qui occupent ordinairement tout le long de la jambe depuis le jarret jufqu'au boulet. Il y en a de deux efpèces : les fèches & les coulantes. Les premières font fans écoulement de matière ; les fecondes préfentent des croûtes humides, d'où découle une férofité rouffâtre dont l'âcreté eft quelquefois fi grande, qu'elle ronge les tégumens, fur-tout des ânes. Ce mal doit être mis au rang des maladies de la peau qui ont leur fource dans une humeur falée, plus ou moins âcre, & plus ou moins vifqueufe.

Si les arètes font fèches, le meilleur remède eft d'y appliquer le feu, & d'y mettre deffus de l'onguent populeum. Lorfque l'efcarre eft détachée, on deffèche la plaie avec la colophane ou la cérufe. Si elles font coulantes, au contraire ; il faut les guérir en employant un onguent fait avec le miel , le vert-de-gris & la couperofe ; mais nous pouvons dire en général, que ce mal & tous ceux qui attaquent la peau de l'âne & du cheval , exigent, lorfqu'ils font portés à un certain point, un traitement interne. (*Voy.* GALE) Le poil tombe dans cette maladie ; mais elle ne porte aucun préjudice à l'animal , puifqu'il peut toujours rendre les mêmes fervices. M. T.

ARGEMONE. (*Voyez* PAVOT ÉPINEUX)

ARGENTINE. M. Tournefort la place dans la feptième fection de la claffe fixième des herbes à fleur de plufieurs pièces, dont le piftil devient un fruit compofé de plufieurs femences difpofées en manière de tête , & il la défigne par cette phrafe : *Pentaphylloïdes argenteum alatum, feu potentilla.* M. Von Linné la claffe dans l'icofandrie polygynie, & la nomme *potentilla anferina.*

Fleur, (*Voyez Pl.* 20) compofée de cinq pétales B prefque ronds , & toute la fleur avec fon calice eft repréfentée en D. Les divifions du calice font découpées en plufieurs fegmens & à deux rangs. Les étamines figurées féparément en C, font à peu près au nombre de vingt, & environnent le piftil ; les cinq du centre l'accompagnent immédiatement, & les autres font plus courtes.

Fruit E , fphérique, compofé d'un grand nombre d'ovaires , & chaque ovaire compofe une capfule à une feule loge renfermant une des femences F.

Feuilles. Elles pouffent de la racine , font ailées , quelquefois oppofées , & quelquefois alternativement placées ; leur pétiole terminé par une feuille impaire ; le contour des feuilles eft denté en manière de fcie ; leur couleur eft verte par-deffus, & argentée par-deffous, ce qui l'a fait appeler *argentine.*

Racine A , noirâtre , fibreufe , pouffe des filets qui prennent racine de diftance en diftance.

Lieu. Le bord des rivières , des fontaines , dans les terrains fablonneux & humides. La plante eft vivace ; elle fleurit en Juin & Juillet, & fa fleur eft d'un beau jaune.

Propriétés. Toute la plante a un goût d'herbe un peu falé ; elle eft vulnéraire , aftringente , defficcative. Quelques auteurs la confeillent dans la diarrhée , la dyffenterie bénigne ; on dit qu'elle eft propre à expulfer les fables contenus dans les voies urinaires , ce qui demande un nouvel examen.

Ufages. Les feuilles récentes, depuis demi - once jufqu'à une once en infufion dans fix onces d'eau ; defféchées depuis une demi-drachme jufqu'à demi-once en infufion dans la même quantité d'eau. La femence pilée & donnée à la dofe de demi-drachme dans quatre onces de fon eau diftillée , arrête les hémorragies ; le fuc de la plante fe donne aux animaux à la dofe de demi-livre ; la femence en poudre , à celle de deux drachmes.

ARGILE.

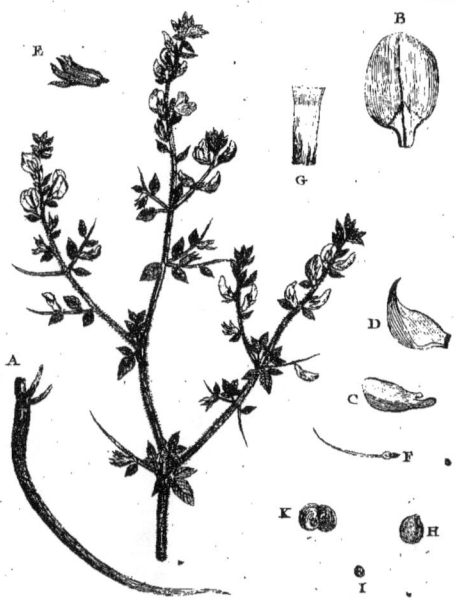

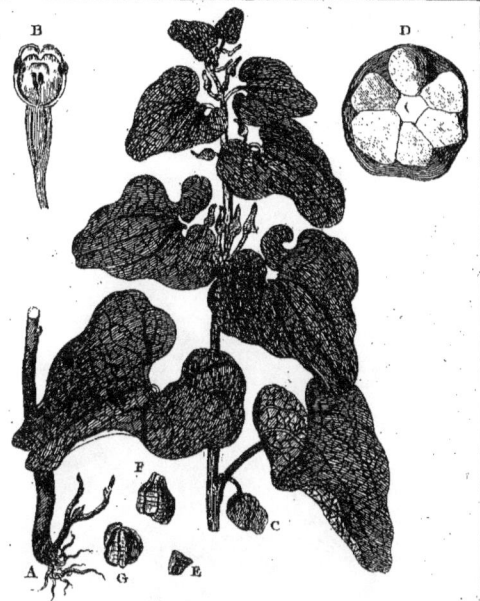

Arrete - Bœuf.

Aristoloche.

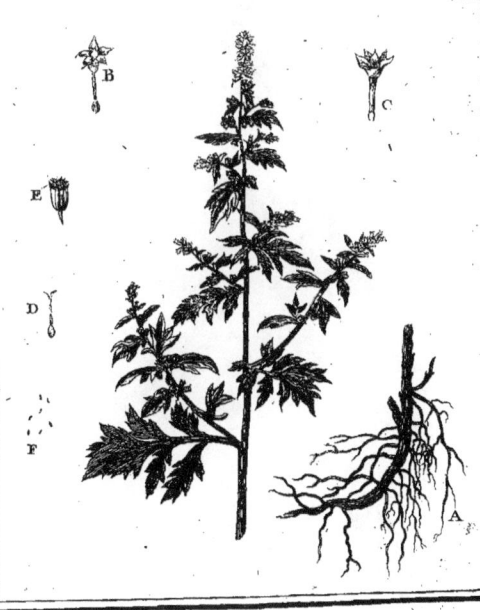

Argentine.

Armoise.

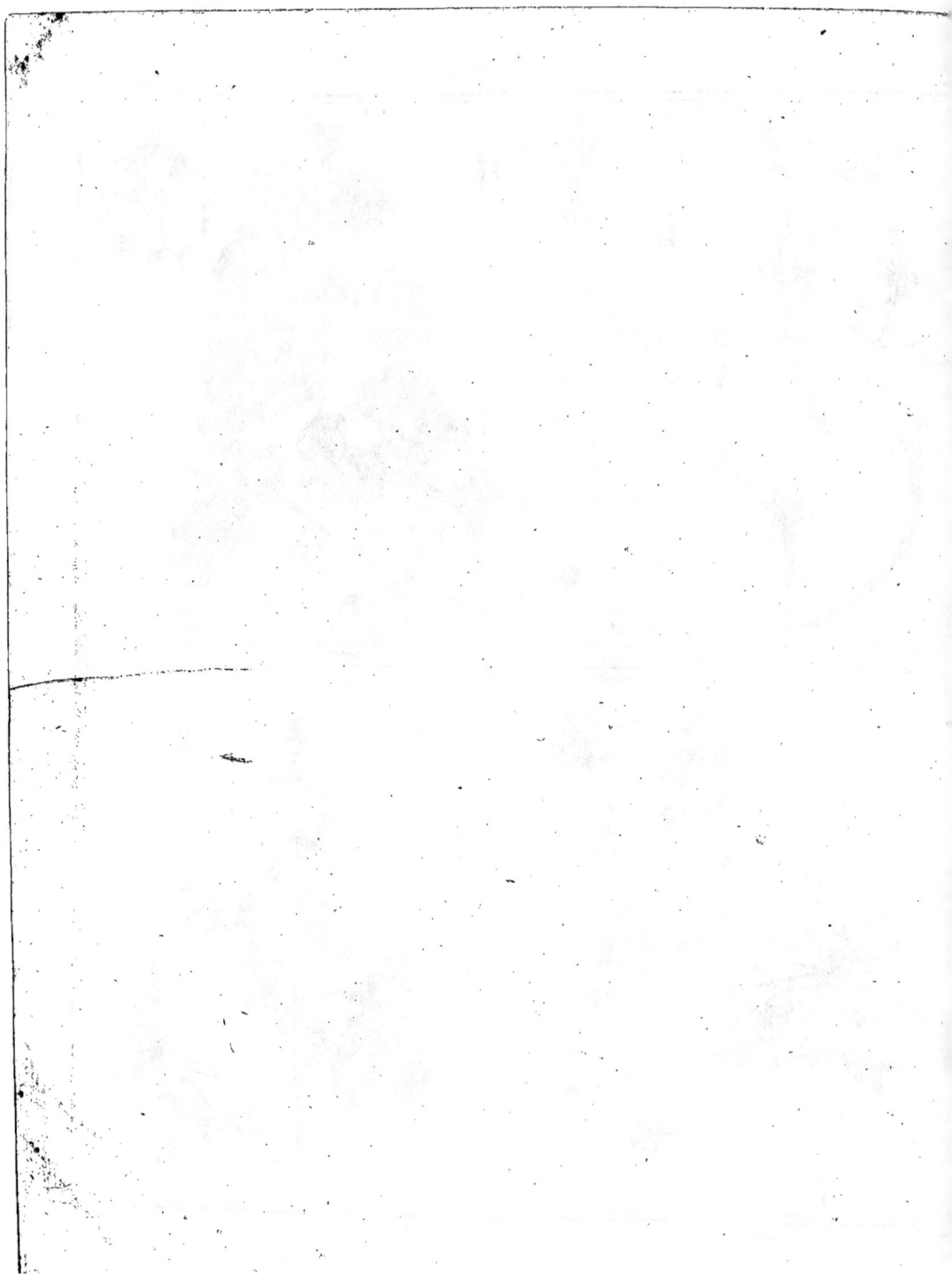

I. *De l'Argile en général, & de ses usages pour les Arts.*

L'argile est une terre très-abondante, répandue sur presque toute la surface du globe. Mêlée plus ou moins avec les terres propres à la végétation, elle en fait une portion essentielle. Il est donc bien intéressant à un agriculteur de connoître & sa nature & ses propriétés. Les arts en empruntent de grands secours ; préparée & façonnée par des doigts industrieux, elle prend toutes les formes utiles & agréables qu'on veut lui donner. Mais toutes les argiles ne sont pas propres à remplir les objets que l'on desire. Une variété prodigieuse dans leurs qualités, annonce que mille substances différentes se trouvent mêlées avec l'argile proprement dite. Souvent ces substances étrangères contrarient directement les vues que l'on se propose en se servant de cette terre. De quelle importance n'est-il donc pas à l'artisan de la campagne de distinguer la bonne non-seulement de la mauvaise, mais même de celle qui n'est que d'une nature médiocre ? Un mauvais choix entraîneroit des défauts dans ses ouvrages, que rien ne pourroit corriger.

Nous allons tracer les propriétés générales & caractéristiques de l'argile la plus parfaite en général ; celles qui en approcheront le plus & qui en réuniront davantage, devront toujours être préférées.

1°. L'argile se présente ordinairement en masse dense & compacte, par lits ou bancs ; un morceau de bonne argile se polit par le simple frottement contre un autre corps poli ; mis sur la langue, il y happe plus ou moins fortement.

2°. Humectée d'eau, elle s'en imbibe insensiblement, se gonfle & se délaye avec la plus grande facilité dans ce fluide.

3°. Quand elle n'a que la quantité d'eau nécessaire, on peut la réduire en une pâte de consistance moyenne ; elle jouit alors de beaucoup de ductilité, c'est-à-dire que toutes ses parties peuvent changer de place respectivement les unes aux autres sans se désunir. C'est à cette propriété qu'on doit la facilité avec laquelle on peut lui faire prendre toutes les formes qu'on veut, soit sur le tour, soit dans des moules.

4°. Si l'on jette dans un feu assez vif un morceau d'argile, il décrépite & saute en éclats avec grand bruit. L'eau que l'argile retient ordinairement entre ses molécules, raréfiée tout d'un coup par la chaleur, produit cet effet. Cette décrépitation n'auroit pas lieu, si l'argile contenoit assez d'eau pour être molle, ou si elle n'étoit exposée qu'à une douce chaleur ; alors elle se dessécheroit simplement en prenant de la retraite. Cette retraite est souvent cause qu'elle se fend au feu.

5°. Au feu le plus violent, l'argile pure ne se fond point ; elle se durcit seulement au point de faire feu avec le briquet. Mais il est très-rare de trouver de l'argile assez pure pour être réfractaire ; mêlée ordinairement avec de la terre calcaire, elle devient fusible.

6°. Quoique les acides n'attaquent point l'argile avec cette effervescence que l'on remarque dans les diffolutions des terres calcaires par les mêmes acides, ils ne la diffolvent pas moins, fur-tout l'acide vitriolique qui forme avec elle un fel très-connu fous le nom d'*alun*.

Telles font les propriétés générales & effentielles aux argiles pures; mais il eft rare de les rencontrer toutes réunies : les matières étrangères dont l'argile eft prefque toujours mélangée, l'altèrent au point quelquefois de la faire méconnoître, ou du moins de lui donner des propriétés bien différentes. Les fubftances qui altèrent la pureté des argiles naturelles font le fable, les terres calcaires fur-tout, les matières bitumineufes, pyriteufes & métalliques. La variété de fes couleurs eft due à ces divers mélanges.

L'argile qui n'eft colorée que par une matière inflammable non métallique, perd cette couleur au feu, & devient blanche lorfqu'on la calcine. Telles font la plupart des argiles grifes & brunes d'une couleur uniforme, & qui ne font point veinées. Les argiles colorées par les terres métalliques, comme le fer ou le cuivre, & les matières pyriteufes, ne blanchiffent point au feu; bien plus, lorfque ces fubftances font en grande quantité, elles les rendent fufibles. On les reconnoît à leurs couleurs jaunes, rouges, vertes ou veinées, & jafpées de toutes ces nuances. Ce font les plus mauvaifes de toutes en général, & fur-tout pour les uftenfiles qui doivent éprouver un coup de feu violent, comme creufets, briques, fourneaux, pots de verreries, &c.

Il n'eft prefque point d'argile qui ne contienne un peu de terre ferrugineufe. Dans les belles argiles blanches, on reconnoît cette fubftance à de petites taches jaunes, difperfées de côté & d'autre. Quand on veut employer cette argile pour des ouvrages précieux, il faut avoir foin d'enlever exactement toutes ces taches jaunes avec la pointe d'un couteau.

Les parties pyriteufes qui fe rencontrent dans les argiles, les font fondre avec la plus grande facilité, & ces petites cavités ou trous, tapiffés ordinairement d'une matière vitreufe de couleur noire plombée que l'on remarque dans l'argile cuite, ne viennent que des grains pyriteux qui fe font fondus & vitrifiés.

Les terres calcaires qui altèrent les argiles fe reconnoiffent à l'effervefcence qu'elles font avec les acides. Ce mélange, joint avec plus ou moins de fable, forme une efpèce de terre connue fous le nom de *marne*. (*Voyez* MARNE) Le fable, le mica, le quartz, détruifent la ductilité de l'argile. Le lavage eft le moyen le plus propre à purger les argiles de ces matières hétérogènes, excepté des terres calcaires; auffi faut-il rejeter abfolument les argiles qui en contiennent, comme incapables d'être employées dans les ouvrages de poterie. Pour laver les argiles, on les délaye dans une grande quantité d'eau pure : on laiffe enfuite repofer cette eau jufqu'à ce qu'elle ne foit prefque plus troublée que par les parties les plus fines & les plus légères. On la décante de deffus le dépôt, en la paffant par un tamis de foie très-fin. Le fecond dépôt qui fe forme dans cette eau eſt la portion la plus argileuſe & la plus pure : on doit la recueillir & la ſécher avec ſoin ; c'eſt celle qu'on emploie dans les poteries fines & les porcelaines.

De tous les acides, l'acide vitriolique eſt le ſeul qui paroît avoir été diſtribué & combiné dans toutes les argiles, d'une manière ſingulière, par la nature.

D'après le grand nombre de ſubſtances qui ſe rencontrent mêlées avec l'argile pure, on conçoit facilement quelle variété\il en doit réſulter, ſoit pour la nature, ſoit pour la couleur des argiles. Nous allons les parcourir ſucceſſivement, afin d'en donner une connoiſſance ſuffiſante.

La première qui s'offre eſt une terre argileuſe qui contient peu ou point de parties ſableuſes, & que l'on connoît ſous le nom de glaiſe. (Voyez ce mot) Le chimiſte qui diſtingue les ſubſtances par les parties qui les compoſent, ne trouve abſolument aucune différence entre l'argile & la glaiſe : auſſi regard-t-il ces deux mots comme ſynonymes. Plus ou moins de ſable mêlé avec de l'argile pure ne doit conſtituer une claſſe particulière que pour le naturaliſte nomenclateur, qui a beſoin de diviſions & de ſous-diviſions pour former un enchaînement de degrés ſyſtématiques.

L'argile très-pure, mais remplie d'une grande quantité de terre ferrugineuſe, colorée par cette terre d'une manière uniforme en jaune ou en rouge, & qui a la propriété de s'attacher fortement à la langue, formes les bols, terres bolaires, & terres ſigillées. (Voyez ces mots) C'eſt la claſſe la plus nombreuſe

pour la variété des couleurs : elle renferme les argiles blanchâtres, griſes, jaunes, rouges, &c. qui ne diffèrent entr'elles le plus ſouvent que pour la couleur. Cette même variété dépendant de l'hétérogénéité des ſubſtances qui y ſont mêlées, change la nature de l'argile, & la rend plus ou moins fuſible. Ce caractère a engagé M. Daubenton à s'en ſervir pour les diviſer en argile abſolument infuſible, en argile en partie fuſible, & en argile abſolument fuſible.

Les ſeules argiles très - blanches naturellement, ou d'un gris brun qui blanchit au feu, comme celles de Gournay & de Giſors, peuvent être regardées comme abſolument infuſibles. On s'en ſert pour faire les pots ou les creuſets de verrerie. Ces vaiſſeaux devant éprouver le plus grand coup de feu pour tenir le verre en fuſion, il eſt néceſſaire que la matière dont ils ſont compoſés, y puiſſe réſiſter. La terre à pipe eſt encore de cette claſſe.

Dans celle des argiles en partie fuſibles, dont le caractère générique eſt de prendre au feu une dureté égale à celle du caillou, à ſe fondre en partie, à cauſe des matières étrangères, telles que le ſable, le gypſe, &c. & à avoir une caſſure vitreuſe, on compte l'argile ou terre à porcelaine. C'eſt une argile aſſez impure, griſâtre ou blanchâtre, fort légère, molle au toucher, quelquefois compacte & dure. Elle ſoutient d'abord aſſez bien le feu, s'y durcit, & finit par s'y demi-vitrifier. C'eſt le vrai koalin dont les chinois ſe ſervent pour leurs porcelaines : on en trouve un ſemblable près de Limoges. Les argiles qui forment la poterie d'Angleterre & la poterie de grès, font de cette feconde claffe.

Les argiles entiérement fufibles fe durciffent à un feu médiocre, & fe fondent à un très-grand feu. De ce nombre font toutes les terres qu'on emploie pour les poteries communes, pour la fayance, pour les carreaux, pour les tuiles & les briques.

Dans la nomenclature de l'hiftoire naturelle de l'argile, nous ne pouvons paffer fous filence l'argile à dégraiffer, ou *terre à foulon*. Elle eft feuilletée, favonneufe, & graffe à l'œil & au toucher; elle s'étend entiérement, & fe diffout en partie dans l'eau, y produit une mouffe & quelques bulles favonneufes. La terre favonneufe ou *fmectite*, n'eft qu'une terre à foulon plus pure. On fe fert de cette efpèce d'argile pour fouler les étoffes de laine; on en voit de plufieurs couleurs. La meilleure fe trouve en très-grande abondance en Angleterre & en Ecoffe. La fupériorité des draps anglois vient fans doute de la terre à foulon dont ils fe fervent, & en vain tranfporteroit-on leur laine, fi l'on n'employoit pas cette terre, on n'atteindroit jamais cette beauté & cette douceur qu'ils donnent à leurs draps. Toutes les propriétés de la terre à foulon ne fe bornent pas à l'ufage des manufactures : elle eft très-excellente pour accélérer la végétation des plantes, & améliorer les terrains trop légers. On fait de cette terre angloife une marchandife de contrebande, & il y a les mêmes peines contre ceux qui la tranfportent dans les pays étrangers, que pour l'exportation des laines. On trouve en France affez communément la terre à foulon; mais elle eft inférieure en qualité à la terre angloife. Ce feroit un devoir effentiel des fociétés d'agriculture diftribuées dans nos différentes provinces, de travailler à la recherche d'une bonne terre à foulon, & d'en faire les effais. Cette découverte vaudroit & feroit plus utile que la plupart des differtations qu'elles couronnent.

L'argile entre comme partie principale dans la compofition d'un très-grand nombre de pierres, comme les fchiftes tendres & communes, la pierre noire ou ampelite, l'ardoife, les pierres à rafoir ou *cos*, les talcs, les amiantes, la ftéatite, la pierre ollaire & les ferpentines.

Après avoir fait l'énumération des différentes efpèces d'argiles, il feroit intéreffant de connoître fon origine. Plufieurs illuftres favans ont travaillé à la deviner, & la variété de leurs fentimens doit nous faire conclure que la nature ne nous a pas encore dévoilé fon fecret fur cette matière. Stahl & M. Baumé, la confondant avec la terre vitrifiable, ne la diftinguent de celle-ci uniquement que parce qu'elle eft combinée avec l'acide vitriolique. M. Linnæus regarde l'argile comme le fédiment terreux de la mer; enfin, M. de Buffon penfe qu'elle doit fa formation à la matière vitreufe de fon monde primitif, atténuée & réduite en molécules extrêmement fines, liées enfemble par un gluten particulier. Nos connoiffances ne font pas encore affez parfaites, affez conftantes fur l'origine de cette terre, pour ofer prononcer; il nous fuffit, il nous intéreffe de de savoir le rôle qu'elle joue dans la nature, les avantages que nous pouvons en retirer, & les effets dans l'économie végétale & même dans l'animale.

Comme l'argile en masse se laisse très-difficilement pénétrer par l'eau, c'est à elle que l'on doit le plus souvent ces amas d'eau connus sous le nom de *lac*, d'*étang*, de *fontaine*, qui paroissent ne jamais tarir. Les bancs argileux s'étendant dans l'intérieur de la terre, empêchent que les eaux des pluies, qui filtrent de la surface, ne pénètrent plus avant & ne se perdent, en frustrant les hommes, les animaux & les plantes des avantages qu'elles répandent de tous côtés, & dans tous les genres. Ces eaux se trouvant arrêtées par ces couches, s'étendent sur elles, & s'y conservent comme dans un réservoir précieux; où bien s'échappant par la première ouverture que la nature leur a ménagée, ou qu'elles se sont formée elles-mêmes, elles viennent donner naissance aux sources & aux fontaines, qui ne cessent de couler que lorsque le grand réservoir intérieur, n'étant pas renouvelé par la filtration d'une eau nouvelle, se tarit insensiblement. Si dans le cours de ces eaux à la surface de la terre, il se trouve des enfoncemens recouverts immédiatement par une couche argileuse, ou que cette couche se trouve assez près de la surface pour s'opposer à la perte de ces eaux; alors elles ne peuvent plus pénétrer le sein de la terre; elles séjournent à l'extérieur, & forment les étangs & les lacs.

Quelquefois ces bancs d'argile

Tom. I.

se trouvent placés sur les sommités des montagnes; ils y retiennent les eaux que les nuages y versent, ou que les neiges y déposent, si l'évaporation n'égale pas la quantité d'eau qui s'y rassemble. Le voyageur surpris est étonné de rencontrer à ces hauteurs des lacs assez considérables.

Il arrive souvent que ces bancs d'argile venant se terminer sur le penchant d'une colline, & se trouvant mêlés de beaucoup de substances hétérogènes que l'eau dissout facilement, cèdent au poids des masses supérieures qui les recouvrent; alors ils s'étendent dans le sens où la résistance est moindre, c'est-à-dire, vers le côté extérieur de la colline; les corps qui se rencontrent au dessus s'avancent avec eux, se détachent du reste de la masse générale, & parcourent souvent un espace considérable. Telle est la cause de ces accidens fréquens dans les pays montagneux, où les bancs argileux & schisteux sont communs. Combien de fois n'a-t-on pas vu des masses de rochers, des parties entières de forêts situées sur le revers d'une montagne, des habitations & des maisons se détacher & rouler dans la vallée par le déplacement de leur base argileuse? Il n'est pas rare de voir encore dans ces pays une maison assise sur de l'argile, se hausser & se baisser alternativement. Lorsque les eaux de pluie pénètrent cette argile, elle s'humecte, s'en imbibe, se gonfle & acquiert plus de volume; si elle ne peut s'étendre en surface, elle s'élevera en hauteur, & soulevera la maison qu'elle supporte: à mesure que cette argile

Oooo

se déssechera, elle prendra de la retraite, elle s'affaissera, & la maison avec elle. On sent facilement quelles dangereuses suites peuvent avoir de pareils événemens répétés jusqu'à un certain point. On doit donc avoir un très - grand soin, lorsqu'on bâtit & que l'on rencontre un banc d'argile, d'aller plus avant, de pénétrer au dessous, & de n'établir les fondemens que sur un terrain sec & ferme. Si le banc étoit trop considérable & trop épais, un pilotage préviendroit tous les accidens.

La nature est un grand maître qui donne à l'homme des leçons continuelles. Heureux quand il en profite ! Le moyen dont elle se sert pour retenir les eaux, ne pouvoit nous échapper ; nous en avons tiré le plus grand profit, soit pour notre utilité, soit pour notre agrément ; & ces pièces d'eau, qui forment les embellissemens de nos jardins, ou qui fournissent aux animaux de quoi se désaltérer, ne sont dûes souvent qu'à des couches artificielles d'argile que nous avons l'art de construire autour de ces bassins.

L'industrie humaine tire le plus grand parti des argiles dans ses manufactures. Tantôt la pétrissant, & lui donnant une forme agréable sur le tour, elle en forme des vases aussi commodes qu'élégans ; tantôt elle s'en sert pour fouler & dégraisser les étoffes ; tantôt enfin, sous des doigts savans, elle prend les traits & la ressemblance des mortels dont on veut conserver l'image.

Mais tous ces avantages ne sont rien auprès de ceux que l'on en retire dans l'agriculture. M. M.

II. De l'Argile relativement à l'Agriculture.

Malheur au propriétaire dont la majeure partie de son terrain est argileuse. S'il habite un climat où les pluies soient fréquentes en hiver, son grain végétera d'une manière languissante, il jaunira ; enfin, noyé par l'eau, il pourrira. En supposant le printems assez sec, la glaise se durcira, les canaux séveux de la plante seront comprimés, le collet étranglé, & la tige ne pourra s'élever. En supposant que cette plante ait souffert de la sécheresse, & surtout de l'étranglement à l'époque où la tige devoit s'élever ; s'il survient des pluies, elles humecteront la terre, pénétreront ses pores, dissiperont leur trop forte adhérence ; enfin, la plante végétera avec force, les feuilles fanées s'éleveront avec la tige, l'épi se formera ; il aura la plus belle apparence, & cependant cet épi sera peu grainé, & son grain petit & retrait, à moins que depuis le moment de la fleur jusqu'à celui de la récolte, les circonstances les plus heureuses de la saison ne réparent le premier mal. Toutes les plantes graminées ont en général deux époques à redouter ; celle où elles commencent à pousser leur tige, & celle où elles fleurissent.

On a improprement appelé ces terres *froides* ; elles ne sont pas plus froides par elles-mêmes que toutes les autres terres. Un thermomètre plongé dans l'argile ou dans le sable, toutes circonstances égales, marquera le même degré de chaleur. Elles ont été appelées *froides* pour désigner la lenteur de la végétation des plantes qui leur font confiées, par leur facilité à retenir l'eau, enfin, par l'adhérence de leurs parties entr'elles : elles font donc froides en ce fens, que la chaleur du foleil ne les pénètre pas fi profondément qu'elle pénètre le fable dont les grains font défunis.

On a vu le fumier amoncelé acquérir une chaleur forte & vive; on a vu ce même fumier répandu, & enfuite enfoui dans ces terres, récompenfer par de bonnes récoltes les travaux du cultivateur : de-là, on s'eft imaginé que le fumier échauffoit ces terres, & on a eu tort. Dès que le fumier n'eft plus en maffe, fa fermentation ceffe, & en même tems fa chaleur; elle fe met en équilibre avec celle de l'atmofphère. Le thermomètre en fournira encore une preuve qui parlera aux yeux, & fera fans replique.

Le véritable avantage du fumier fur l'argile vient, 1°. de l'union de fon fel alcali avec la terre de l'argile; 2°. du mélange de ce fel avec les matières graffes & huileufes du fumier; 3°. de ce mélange, il en réfulte une fubftance favonneufe parfaitement mifcible à l'eau, & la feule parfaitement analogue à la végétation de la plante; 4°. les pailles mélées à ce fumier & ce fumier lui-même tiennent les terres foulevées, favorifent dès-lors l'écoulement des eaux, dont l'abondance ou la ftagnation devenoit un obftacle réel pour la végétation.

La glaife, ou argile *toute pure*, eft auffi ftérile que la craie pure, parce que toutes deux retiennent l'eau. En vain tenteroit-on, dans ce fol ingrat, de femer des bois, de planter des vignes, &c. c'eft

enfouir fon argent, & rien de plus. Que doit faire un poffeffeur d'un pareil terrain ? L'améliorer en divifant fes molécules : c'eft là le grand point de la fcience. Si l'exécution étoit auffi facile, auffi peu coûteufe que le confeil à donner, il eft conftant que l'agriculture en retireroit des produits immenfes : mais quelle différence entre le propriétaire & l'écrivain ! Celui-ci, la plume à la main, défriche, défonce, dans moins d'un quart-d'heure, des lieues entières de pays; & celui-là, toujours obéré, toujours écrafé par les impôts, n'a pas le moyen de défoncer un quart d'arpent dans l'année. Les auteurs agronomes n'ont pas affez confidéré la fituation du cultivateur.

De cent propriétaires qui vivent fur le produit de leurs terres, il n'en exifte peut-être pas cinq en état de faire une avance de cinquante piftoles. Si c'eft un fermier qui cultive, il feroit peu fenfé, pour un bail de fix & même de neuf années, de le tenter; le bénéfice feroit pour fon fucceffeur, puifque fur neuf ans, il auroit tout au plus quatre ou cinq récoltes, tandis que ce n'eft jamais tout à la fois qu'il faut chercher à corriger l'argile, mais par une longue fuite d'opérations conftamment foutenues. A quoi ferviroit au propriétaire ou au fermier de défoncer, de miner même à la profondeur d'un pied fon champ argileux ? Les pluies d'un hiver fuffiroient pour raffermir cette terre, & lui faire acquérir à la fin de l'année la même compacité qu'elle avoit auparavant. Je ne préfente pas ce tableau, quoique vrai à la rigueur, dans la vue de décourager le propriétaire : ce feroit lui rendre un mauvais fervice & en même tems à l'agriculture. L'efpérance, la patience & le travail doivent être les vertus favorites du cultivateur : fans l'efpérance d'une récolte future, il abandonneroit la charrue ; fans la patience, foutenue de l'efpérance, il ne fupporteroit pas la vue des déplorables effets d'une mauvaife faifon ; & fans le travail le plus opiniâtre, la terre refuferoit des dons qu'il faut lui arracher par la force.

Avant de décrire les moyens de rendre l'argile fertile, il convient d'établir un plan de travail, & parler enfuite des moyens.

Veut-on trop entreprendre à la fois, on ne réuffit jamais bien ; entreprendre au deffus de fes forces, c'eft fe ruiner, ou du moins fe mettre à la gêne pendant plufieurs années confécutives ; & cette gêne, non-feulement fatigue, mais encore ruine peu à peu. Le tems s'écoule, l'argent emprunté porte intérêt, & l'époque de leur paiement ou du capital eft plus promptement furvenu que les fecours ou les facilités du rembourfement. L'immortel Francklin fait dire avec raifon par fon *bon homme Richard*, que les créanciers font des perfonnes qui connoiffent le mieux les époques & les dates de l'almanach. N'entreprenez donc rien, fi vous n'en avez les facilités, même fans toucher aux produits d'une année, qu'il eft fage d'avoir toujours d'avance : c'eft la feule façon de travailler avec avantage. Que de gens peu réfléchis taxeront ces confeils de paradoxe ! Avant de les condamner, je leur demande de les examiner attentivement, & d'en tirer les conféquences qui en dérivent.

Un propriétaire intelligent jette un coup d'œil fur toute la partie d'argile qu'il veut améliorer, & calcule le travail qu'exige fon champ ; enfin, à combien montera la dépenfe totale, & il doit toujours caver au plus fort. Alors, confultant fes moyens, il juge de la quantité de terre qu'il peut améliorer, fans toucher à fes avances d'une année ; fon champ eft diftribué en parties égales, & chaque année il remplit fcrupuleufement la tâche qu'il s'eft impofée, jufqu'à ce que le champ entier foit mis en état. Cet arrangement partiel ne nuira point à la culture générale, fuivant la coutume du canton ; & ce feroit une erreur groffière de ne point labourer & femer avant que l'amélioration totale foit achevée. De cette manière, le cultivateur ne perdra aucune récolte ; & il vaut encore mieux en obtenir de médiocres que rien du tout.

Les moyens d'amélioration fe réduifent, 1°. aux labours ; 2°. aux femis de plantes pour être enfouies ; 3°. aux fumiers ; 4°. aux mélanges avec le fable ; 5°. enfin, à brûler les argiles, pour rendre la terre moins compacte & plus perméable à l'eau.

Avant d'entrer dans aucun de ces détails, il faut que le propriétaire connoiffe l'épaiffeur de la couche de glaife fur laquelle il doit opérer. Si la couche, par exemple, n'avoit qu'un pied de profondeur, le travail le plus utile & le plus avantageux en même tems, feroit de la rompre, & de mêler la terre de la couche inférieure avec celle de la couche supérieure. Si, au contraire, l'argile s'enfonce à plusieurs pieds de profondeur, il doit recourir à d'autres expédiens, & les multiplier en raison de l'épaisseur. Le degré de compacité est le second objet à considérer.

1°. *Des labours.* Ils divisent la terre, en retournant une partie de sa surface : la pluie, les rosées, la gelée, le soleil, l'attraction de l'acide de l'air, (*voyez* le mot AMENDEMENT) tous, en un mot, concourent à sa plus grande divisibilité ; mais après un certain tems, la terre s'affaisse, son grain se resserre, une pluie d'orage survient, ou des pluies trop continuées finissent par rendre cette terre remuée presqu'aussi dure, presqu'aussi compacte qu'elle étoit six mois auparavant. La raison en est simple ; les labours n'ont rien ajouté à cette terre pour tenir ses parties plus séparées les unes des autres.

Malgré cela, je conseille, aussitôt que l'épis est coupé, de labourer très-profondément avec une charrue armée d'un fort versoir, afin d'ouvrir un large sillon, & même de repasser une seconde fois dans le même sillon ; le sillon sera plus profond, plus large, présentera plus de surface à l'action des météores ; enfin, il enterrera mieux le chaume, objet très-important. Le chaume qui se dessèche sur pied, laisse évaporer presque tous les sels qu'il contient, & ne rend à la terre qui l'a nourri que très-peu de substance : un exemple va le prouver. Prenez, si vous le voulez, deux quintaux de feuilles quelconques, mais d'une même espèce. Laissez un quintal de ces feuilles séparées les unes

des autres, & exposées au soleil ; lorsqu'elles seront parfaitement desséchées, elles se réduiront facilement en poussière. Pesez alors, & tenez compte du poids. Laissez, au contraire, l'autre quintal de ces feuilles amoncelées, jusqu'à ce qu'elles soient réduites en terreau : pesez, & comparez ces deux poids ; la différence sera frappante. Mêlez actuellement le produit des feuilles desséchées avec une quantité de terre, & sur une étendue de terre donnée : répétez la même opération avec le terreau des autres feuilles ; enfin, semez ces deux portions de terrain, & leurs produits très-différens vous apprendront par analogie, que le chaume desséché au grand air ne contient presque plus de parties salines & huileuses, tandis que celui qui a été enterré tout aussitôt après la moisson, n'en a presque point perdu. Si on veut pousser cette analyse par les moyens chimiques, la différence sera bien plus frappante. Cette addition de terre végétale & de principes huileux & salins, sera peu considérable, j'en conviens, proportion gardée avec la masse de l'argile ; mais au moins la terre n'aura pas été privée du petit secours qu'elle attendoit, & sur-tout d'un secours porté sur le lieu même.

2°. *Des semis.* Si on s'est contenté de labourer à une seule raie, ainsi qu'il a été dit plus haut, semez aussitôt dans cette raie l'espèce de graine qu'il vous plaira, pourvu toutefois qu'elle ne soit pas de nature à se reproduire trop promptement par de nouvelles fleurs. Les vesces, les pois, les haricots, le froment, le seigle, l'avoine, les grosses féves, le sarrasin ou blé noir, la luzerne, le sainfoin, le lupin, les raves, les navets, &c. ou ensemble ou séparement, peu importe ; la terre qui tombera en formant la raie suivante, fournira de quoi recouvrir la semence ; & quand même quelques grains ne seroient pas enterrés, la perte seroit de peu de conséquence, puisqu'on ne doit employer que des grains de rebut. On prévoit sans doute que je ne conseille pas ce semis dans la vue d'obtenir une récolte, mais seulement pour multiplier les herbes quelconques.

Ce conseil trop général demande une explication. Dans la partie basse & très-chaude de nos provinces méridionales, les seigles sont abattus à la fin de Mai ou au commencement de Juin, & les fromens du 10 au 25 de ce mois. Dans celles du nord, la fin de Juillet & le commencement d'Août, sont l'époque des moissons. Dans les premières, la chaleur du soleil, aussitôt après la récolte, est d'une si grande activité, que la végétation des plantes est pour ainsi dire suspendue ; & dans les secondes, la saison des pluies arrive trop tôt. Il faut donc, dans le premier cas, attendre jusqu'au commencement de Septembre pour donner ce premier labour, ou profiter du moment, si une pluie salutaire rend l'humidité à la terre. En Septembre les nuits sont fraîches, & les rosées assez fortes pour faire germer le grain & le nourrir. Dans les provinces du nord, au contraire, la température plus douce permet de labourer & de semer aussitôt après la moisson. Pourvu que de cette opération il naisse une

herbe quelconque, c'est tout ce que le cultivateur peut & doit espérer.

Lorsque l'herbe aura acquis une certaine consistance, labourez de nouveau, & enterrez-la le plus exactement qu'il sera possible. L'époque pour ce second labour est relative à la constitution de l'atmosphère du pays que l'on habite, & elle doit toujours prévenir le moment des gelées.

Si on prend le parti de passer une seconde fois dans la première raie, ainsi que nous l'avons déjà dit, on sèmera sur le premier labour, & la terre du second recouvrira le grain. Si, dans le premier cas, on ne veut pas semer sillon par sillon, on sèmera alors sur le chaume. Cette manière ne vaut pas la première, parce que le grain se trouve enterré sous une trop forte masse de terre.

Voilà déjà une bonne préparation donnée à la terre, qui facilitera son hivernage. Dès que la saison des froids, des gelées ; dès que l'eau des pluies & des neiges sera écoulée ; en un mot, dès que la terre sera en état de recevoir la charrue, semez de nouveau les mêmes grains, & lorsque la majeure partie de l'herbe sera fleurie, labourez profondément avec la charrue à verfoir, & enterrez cette herbe. Il est inutile de dire que le labour qui enfouira les herbes venues pendant l'été doit croiser le premier, & celui qu'on donnera après l'hiver, prendre la diagonale des deux premiers, afin que la terre soit labourée & remuée en tous les sens. C'est le moyen le plus efficace pour détruire les mottes,

L'avantage de cette méthode eft de ne pas augmenter les frais de la main d'œuvre, à moins qu'on ne compte pour quelque chofe l'opération de femer, & la perte du grain. Celle du grain feroit un objet important, fi on employoit, par exemple, du blé affez bon pour être vendu ; mais comme il s'agit feulement d'avoir de l'herbe, tous les grains de rebut font mis à profit, & même jufqu'à la femence du foin, dont on ne tire aucun avantage.

Auffitôt que l'herbe du printems fera enterrée, laiffez repofer la terre & fe cuire au foleil des mois de Juillet & d'Août. En Septembre & Octobre, labourez fuivant la méthode ordinaire pour enfemencer la terre lorfque la faifon fera venue.

Ce que je viens de dire eft contradictoire avec les méthodes que les auteurs ont publiées, d'après lefquelles il ne faut pas laiffer croître une feule plante, parce que, difent-ils, fa nourriture épuife la terre, & c'eft une fouftraction de fubfiftance pour les plantes qui couvriront le champ après elles. Cette contradiction s'explique en partie. Si l'herbe que je confeille de femer grainoit fur pied, ce feroit effectivement une perte pour le champ, & la terre renfermeroit dans fon fein un amas de femences dont la germination & la végétation nuiroient à la récolte ; elles deviendroient alors des plantes vraiment parafites : mais ici on ne leur donne pas le tems de grainer, & elles font enfouies à cette époque. Il en réfulte donc un terreau, une vraie terre végétale, principe de toute production. Ce terreau s'unit à la

glaife, en divife les molécules, les tient écartées, & favorife l'écoulement des eaux. Tout le monde fait qu'une plante rend plus à la terre qu'elle n'en a reçu. (Voyez le mot AMENDEMENT) Dès-lors cet engrais commence à remplir les vues d'amélioration de l'argile, fans augmenter la dépenfe de culture ; & fi chaque année de jachère il eft répété, on parviendra fucceffivement au but qu'on defire. Suffit-il de tenir la terre bien labourée & bien meuble ? ce point fera difcuté au mot LABOUR. J'ai l'expérience de ce que j'avance ; je prie d'en faire l'effai en petit, & on fe décidera fur le réfultat.

3°. Les fumiers. Je comprends fous cette dénomination la chaux, la marne, le plâtre & les fumiers des écuries. (Voyez ces mots) Les trois premiers contiennent un fel alcali, (voyez ce mot) & par leur mélange le principe d'adhéfion des parties de la glaife eft détruit. Les uns & les autres, ils en foulèvent les parties, & donnent à l'eau un paffage plus libre. Les fumiers d'écurie les plus pailleux font les meilleurs, parce qu'ils font plus longtems à fe décompofer, & tiennent les terres plus long-tems foulevées. Si au lieu de paille on faifoit aux beftiaux des litières avec des joncs, des bruyères, des genêts, des feuilles de buis, &c. ce fumier feroit à préférer. Il s'imprègne fortement des fels & des parties graiffeufes contenus dans les excrémens des animaux. Semblables à une éponge, ils les retiennent, & font comme autant de petits leviers qui empêchent la réunion des molécules. Ce fumier doit être enfoui le plus profondément qu'on le peut. Son alcali agit comme celui de la chaux, de la craie, de la marne, &c. & a sur eux l'avantage de contenir des parties graisseuses & huileuses. Voyez leurs effets au mot AMENDEMENT.

Une autre attention qui n'est pas à négliger de la part du cultivateur, c'est de réunir du sable au fumier lorsqu'il le dispose en monceau. Le proverbe dit, *dans l'argile, sable vaut fumier.* Je voudrois donc que ce monceau fût formé par des lits de trois pouces d'épaisseur : le premier seroit de fumier, le second de sable, & ainsi successivement : alors en voiturant le fumier sur le champ argileux, on rempliroit une double indication. Il y a deux époques auxquelles on doit enfouir le fumier : la première un peu avant l'hiver, en donnant le labour dont j'ai parlé pour l'année de jachère, & la seconde au labour qui précède le moment de semer en bons grains. Le premier aura le tems de travailler depuis la fin d'Octobre ou de Novembre, suivant le pays, jusqu'au mois d'Août ou de Septembre d'après ; & le second, de tenir la terre soulevée pendant que les grains poussent leurs premières racines. Comme ce fumier se décompose peu pendant l'hiver, la bonne semence végétera bien, malgré les pluies, à cause des interstices que ses racines trouveront entre les molécules d'argile & celles de fumier. En un mot, le grand point est de faciliter l'écoulement des eaux, de diviser la terre, & cet engrais pourvoit à tout.

4°. *Des sables.* Il est bien démontré, 1°. que l'infertilité, ou le peu de fertilité des argiles, vient uniquement de la plus ou moins forte adhérence de ses parties entr'elles ; 2°. que l'argile, unie en proportions convenables avec d'autres terres, est la plus productive ; 3°. que s'il faut s'en rapporter au sentiment de M. Baumé, l'argile est la seule matière terreuse propre à la végétation, puisqu'elle est la seule qui fasse partie des végétaux & des animaux ; & cette terre, dans son état de pureté, ne produit que peu ou point de végétaux. Il résulte de-là que le sable même, uni aux petits graviers ou aux petites retailles de pierre, devient pour l'argile un excellent engrais. Il agit mécaniquement, & ne lui communique aucune augmentation de parties salines, ni huileuses ou graisseuses, &c. Le sable le plus sec, le moins terreux est le meilleur.

Quelle quantité doit-on en jeter sur le champ ? il est impossible de la fixer. Elle dépend de plus ou moins de pureté, & par conséquent de ténacité de l'argile. C'est au cultivateur à juger son terrain. Il me paroît qu'une trop grande quantité de sable répandue à la fois ne produiroit pas autant d'effet que si cette même quantité étoit jetée à différentes reprises, par exemple avant les labours. Chaque coup de charrue lève tout à la fois de grosses mottes de terre, le sable s'amoncelle dans les vides ou au fond du sillon. S'il survient une pluie un peu forte, tous les sillons deviennent de petits ruisseaux, & le sable est entraîné, sur-tout dans les climats où il pleut par orage. Les labours successifs sont les seuls agens de la combinaison intime du sable avec l'argile, l'argile, & il ne faut pas espérer que cette combinaison soit l'ouvrage de deux ou trois labours. Si le propriétaire est assez riche pour faire défoncer le terrain à la bêche, à la houe, &c. la chose est bien différente : ces instrumens soulèvent peu de terre à la fois, brisent les mottes, & mêlent le sable avec les portions terreuses : alors les pluies & les gelées complètent la combinaison. Le meilleur sable pour cette opération, est celui qui se rapproche le plus par sa qualité, du sablon ou sable de grès, parce qu'il est sec, pur, & dès-lors très-susceptible de s'incorporer avec l'argile ; il convient de le mêler avec des rétailles de pierre, ou avec du petit gravier. Le cultivateur a été engagé, par la difficulté de se procurer du sable, à recourir à un autre moyen ; c'est celui de brûler la croûte de son champ.

5°. *Des brûlis.* Dans les pays bien boisés, & sur-tout dans ceux où la difficulté du transport laisse peu d'avantage pour le débit, le brûlis est facile à exécuter. Il n'en est pas ainsi dans les provinces méridionales ou circonvoisines des grandes villes. Là consommation du bois y est prodigieuse, & le luxe l'accroît de plus en plus. C'est le cas alors de recourir aux bruyères, aux joncs, aux genêts, aux fougères, aux touffes de joncs, de roseaux ; en un mot, à toutes les matières combustibles les plus faciles à se procurer, & les moins coûteuses.

La manière de calciner l'argile pour s'en servir comme engrais, est donnée dans le *Journal économique* du mois de Mars, de l'année 1762, & nous allons la décrire.

Tom. I.

Elle renferme tout ce qu'on doit connoître sur cette opération faite en grand.

Marquez une pièce de terrain de 42 pieds de longueur, & de vingt-deux de largeur ; tirez sur le terrain que vous aurez marqué au cordeau, neuf petits canaux, à quatre pieds les uns des autres, & de seize pieds de longueur. La surface intermédiaire sera mise de niveau, & on formera ces canaux de six pouces de largeur, sur autant de profondeur, & ainsi ils seront à quatre pieds les uns des autres, & la surface qui les sépare sera égalisée & rendue unie.

A travers ces petits canaux, pratiquez-en quatre autres à quatre pieds les uns des autres, & on les creusera sur la même largeur & profondeur que les premiers. Mettez le gazon & la terre que vous couperez en faisant ces tranchées, dans le milieu des quarrés qui sont marqués par ces fossés, & ensuite vous couvrirez les tranchées même avec des tuiles épaisses, ou avec des briques.

On les laissera ouvertes aux endroits où elles se traversent, car ces parties doivent servir d'autant de cheminées ; mais par-tout ailleurs on les couvrira le plus exactement que faire se pourra.

Tirez une partie de la terre sur les briques ou tuiles, pour les assurer dans leur place, & ensuite élevez une espèce de muraille entre chaque deux tranchées, avec du gazon sec ; elle doit avoir trois bons pieds de hauteur, mais elle ne demande pas plus d'épaisseur qu'il n'en faut pour contenir les gazons ensemble.

Quand cela fera fait, conftruifez des murs aux extrémités avec de l'argile humide, & laiffez à chacune des rigoles un trou pour allumer le feu. Cette muraille ne doit pas avoir plus de hauteur que les autres ; mais on lui donnera un pied d'é-paiffeur. Sur chacun des trous, aux endroits où les rigoles fe croifent, élevez une cheminée de briques, de fix pieds de hauteur, & affurez-la en dehors avec un peu d'argile humide.

Enfuite mettez de la paille fur les rigoles, & quelques fagots par-deffus : arrangez-en autant qu'il en faudra pour remplir les efpaces qui reftent entre les murs, & jufqu'au niveau des murs mêmes. Conftruifez enfuite aux deux côtés, des murs d'argile de la même manière que ceux qui font dans les bouts, & laiffez au-deffus de chaque canal, un trou de neuf pouces, de même que dans l'ouvrage précédent.

Couvrez le tout avec quelques bons fagots, & rempliffez leurs in-tervalles avec de la fougère ou au-tre matière femblable, pour donner au tout une certaine folidité & une furface unie : enfuite élevez les quatre murs des extrémités & des côtés, auffi haut que ces fagots au-ront élevé tout l'ouvrage, & alors le tout fera en état de recevoir l'ar-gile.

On la creufera, autant qu'on le pourra, en gâteaux, de la largeur & longueur d'un fer de bêche, & on la pofera uniment fur le faîte des fagots. La couverture d'argile doit avoir deux pieds d'épaiffeur, & être difpofée d'une manière fi ferrée, que le feu puiffe être par-faitement contenu en dedans ; car

s'il fe faifoit paffage par quelqu'en-droit, il s'éteindroit bientôt de lui-même, fans avoir perfectionnné fur l'argile l'opération qu'on a en vue.

Corroyez enfemble un peu d'ar-gile & de terre avec de l'eau, & quand le mélange fera affez mou pour pouvoir être manié commo-dément avec une truelle, enduifez-en bien épais la partie extérieure des murailles jufqu'à la hauteur de trois pieds. Par ce moyen, l'argile dont ces murs font compofés aura également fa portion de la chaleur, & deviendra auffi bon engrais que le refte.

Lorfque le tout eft ainfi préparé, apportez une bonne quantité d'ar-gile, & garniffez-en le bâtiment tout autour : on pourra en préparer vingt charges, ou plus, pour cet ufage, & on en jettera par-tout où le feu percera : par ce moyen, elle fe calcinera auffi-bien que le refte, en même tems qu'elle remplira fon objet, qui eft de contenir le tout en bon ordre. Faites une ouverture de trois pieds de longueur, en par-tant du bout de chacune des tran-chées, & qui ait autant de largeur & de profondeur qu'elles, mais elle n'a pas befoin d'être couverte.

Quand le tout fera ainfi préparé, on y allumera le feu dès la pointe du jour, afin d'avoir à foi toute la journée pour cette opération, que l'on fera de la manière fuivante. Obfervez de quel côté le vent fouf-fle ; préparez-vous à allumer de ce côté-là. Vous boucherez toutes les autres ouvertures des murs ; & à celles qui font du côté du vent, vous mettrez le feu à la paille qui eft au-deffus des rigoles. Cette paille allumée portera la flamme dans toute la place, les fagots & tout le reste seront bientôt en ignition. Comme l'argile bouche les endroits où naturellement la flamme auroit pu percer, elle continuera de cuire lentement, & d'une manière presqu'étouffée, comme on se le propose.

Par-tout où on appercevra une crevasse au sommet, on y jettera une quantité d'argile fraîche qu'on aura préparée à cet effet, jusqu'à ce que la crevasse soit entiérement bouchée, & ainsi cette partie sera calcinée comme le reste.

Aussitôt que le feu est bien allumé, on doit boucher tous les trous qui sont dans les murs au-dessus des rigoles. Un homme sera continuellement occupé à faire la ronde pour voir s'il y a quelques crevasses par où la fumée sorte; il faut les boucher à tems: ainsi la chaleur fera son office, & l'argile qui couvre tout l'ouvrage se calcinera dans toutes ses parties d'une manière graduée & régulière.

A mesure que le feu continuera de brûler, les matériaux se détruiront, & le lit d'argile qui couvre le sommet s'affaissera irrégulièrement en divers endroits. Cela occasionnera des crevasses de plus en plus grandes, qu'il faudra recouvrir avec de la nouvelle argile, & de la même façon qu'auparavant; mais on en mettra une moindre épaisseur, à proportion que le feu deviendra plus foible.

En dix ou douze heures de tems, le tout sera affaissé, au point de n'être plus qu'à environ trois pieds au-dessus de terre, & alors la partie de l'argile qui se trouve sur les murs de traverse, sera jetée dans le feu; celle qui se trouvera la moins calcinée sera poussée vers l'endroit où le feu a le plus d'activité.

S'il arrivoit que quelque portion de toute cette construction brûlât mal, il y faudra pratiquer une ouverture dans cet endroit, & boucher le canal qui est vis-à-vis; c'est un moyen prompt & facile d'établir un courant d'air & d'y porter la flamme; mais il faudra boucher le canal qui est vis-à-vis.

Pendant tout le tems que cette argile continue à brûler, on tient de l'argile nouvelle toute prête pour la jeter où le besoin l'exigera. A mesure que le bois se consume, on entretient toujours les cheminées, pour le moins à six pouces au-dessus du niveau de la surface; par ce moyen, & en y veillant avec soin, les murs & toute la masse étant tenus en bon état, il n'y aura pas la moindre difficulté. Si au contraire on laisse un seul moment le feu exposé à l'air, la flamme sortira sur le champ, & le courant d'air entraînera avec elle la chaleur. Lorsque le feu est éteint, & l'argile bien refroidie, le monceau sera brisé, & toute la terre étendue sur la partie qu'on veut améliorer.

La glaise ainsi préparée devient un excellent engrais, non-seulement pour les champs argileux, mais encore pour les terres à grains non argileuses, pour les prairies, &c.

Si on trouve le procédé qu'on vient d'indiquer trop coûteux, on peut faire de distance en distance, par exemple, de vingt en vingt pieds, de petits monceaux de matières combustibles, les recouvrir avec la glaise levée par tranches, &

en former comme des espèces de fours. (*Voyez* le mot ÉCOBUER) Ces petits fours exigent les mêmes attentions que l'opération dont on vient de parler, c'est-à-dire qu'on doit empêcher la flamme de passer par les crevasses.

L'argile ainsi cuite fait effervescence avec les acides ; le feu a changé sa manière d'être ; & même imbibées d'eau, ses parties ne contractent plus la même adhérence entr'elles : le feu a exalté les parties calcaires qu'elle contenoit, augmenté leur alcalicité ; dès-lors leur lien d'adhésion a été détruit. C'est par cette raison que la chaux, que le plâtre, que la marne sont de très-bons engrais pour les terres argileuses, à cause du principe alcalin qu'ils contiennent. C'est encore par la même raison, que les fumiers bien fermentés ont une action directe sur elles, & ajoutent à cet avantage celui de tenir ces terres soulevées, & de donner passage à l'eau. M. Eller, dans ses *Recherches sur la fertilité des Terres*, a observé qu'au moyen d'une lessive d'alcali fixe, il détruisoit la ténuité de l'argile en la dépouillant de son gluten, & qu'alors elle devenoit friable, aride, & tomboit en poussière.

Il est inutile de discuter ici si l'argile contient des parties grasses & huileuses qui forment son gluten, ou si ces parties sont en assez grande quantité pour le former. C'est aux chimistes & non aux agriculteurs à résoudre ce problème. Il en est de même de celui-ci : quelle est la nature du sel contenu dans l'argile pure ? La couche superficielle en contient, il est vrai ; mais quel est celui des couches intérieures & profondes ? Le cultivateur demande des résultats, des faits, & non pas des problèmes. Ce qui lui importe de savoir, c'est que le feu, la chaux, la marne, le plâtre, les fumiers, les sables, &c. rendent l'argile propre à la végétation des plantes ; & que cette aptitude à devenir terre végétale est l'effet du tems & du travail, ou d'une dépense considérable, s'il est pressé de jouir.

Après avoir considéré les terres argileuses en masse, & par conséquent comme nuisibles à la végétation, il est tems de changer le tableau, & de le présenter sous un autre point de vue.

L'argile en proportions convenables, mélangée avec des terres d'une qualité différente, forme le sol le plus parfait. La perfection d'une terre dépend uniquement du juste mélange des parties qui retiennent l'eau dans le point nécessaire à la végétation de la plante qu'on lui confie, & qui ne laissent évaporer cette eau que lentement. Le sable est donc précisément l'opposé de l'argile. L'eau se précipite à travers ses grains désunis, & leur désunion facilite son évaporation lorsque le soleil les pénètre. Ainsi un mélange proportionné de sable & d'argile, forme un bon sol auquel il ne manque plus que l'*humus*, ou terre végétale, ou terre soluble dont nous avons si souvent parlé. (*Voyez* les mots AMENDEMENT, ALTERNER, &c.) Ce terreau précieux est formé par la décomposition des substances animales & végétales, & c'est la seule terre végétative. Les autres terres servent seulement de matrice aux plantes,

& l'avantage qu'elles en retirent, c'est l'humidité qu'elles contiennent. Par le moyen de cette eau, les substances huileuses, graisseuses & salines, sont tenues en dissolution dans un état savonneux, ainsi que la terre soluble ; alors, leur grande ténuité, leur facile divisibilité leur permet d'être pompées par les plus petites racines des plantes.

L'argile, *par sa propre nature*, ne contribue donc pas à la fertilité de la terre, puisqu'elle ne contient en elle-même aucune partie grasse ou onctueuse, ou du moins elles y sont en si petite quantité qu'on peut à peine les y reconnoître. Son action est donc purement mécanique ; mais voici son véritable point d'utilité.

L'argile attire, rassemble l'eau, les vapeurs souterraines, ainsi que les parties salines & huileuses répandues dans l'atmosphère. Elle les conserve plus qu'une autre terre sous la croûte qui se forme par la sécheresse. C'est à cette qualité qu'est due la dénomination de *terre forte*, donnée à ce genre de terrain.

La glaise s'adapte, s'approprie, pour ainsi dire, la substance graisseuse & saline du fumier, ainsi que l'air contenu dans ces substances, de manière que l'eau ne peut les entraîner.

L'argile, en se desséchant par l'effet de la chaleur, forme une retraite ; les gerçures qui se manifestent alors sont autant de passages où l'air s'insinue & opère, & ces gerçures servent encore de passage aux racines, & de conduits pour charier leur nourriture.

Aucune terre n'a plus de facilité que l'argile pour se combiner avec la terre soluble, l'*humus* ; mais comme l'argile laisse peu de moyens d'évaporation, cet humus conserve plus long-tems ses parties grasses & huileuses, & par conséquent les plantes ont une jouissance prolongée & une nourriture proportionnée à leur accroissement.

L'argile se gèle en masse, à cause de l'adhésion de ses parties ; dès-lors, elle garantit les racines des impressions trop directes du froid, & sous cette croûte glacée elles poussent vivement, acquièrent une force dont la plante se ressentira lorsque le froid aura été dissipé par un vent chaud.

Il résulte de tout ce qui vient d'être dit sur les argiles, qu'en masse elles nuisent à la végétation, que mélangées convenablement avec d'autres substances, elles sont la base des terres les plus productives. Le but de l'agriculteur doit donc être de trouver le point de perfection dans le mélange.

III. *De l'usage de l'Argile dans la pratique de la Médecine.*

L'argile, telle qu'elle est répandue, soit en grandes masses, soit combinée avec d'autres terres n'est point employée en médecine : mais on a beaucoup vanté l'usage de l'argile unie à une terre martiale qui forme la terre *bolaire*. (*Voyez* BOL) Cette terre est fine, douce au toucher ; sa couleur varie du jaune au rouge, au brun, &c. la terre est inodore, & son goût austère ; elle fait effervescence avec les acides, se gonfle dans l'eau, s'y réduit en une pâte qui se dessèche à l'air ; exposée à un grand feu, elle conserve sa forme, prend une dureté confidérable, & s'y vitrifie.

Si on s'en rapporte aux anciens, elle doit être regardée prefque comme une panacée univerfelle. Sans entrer dans les détails des propriétés qu'on lui attribuoit, il fuffira de dire que l'obfervation & l'expérience ont prouvé qu'elle ne diminue point les diarrhées occafionnées par l'amas des humeurs acides, ni celles produites par la foibleffe des inteftins. Il eft prouvé qu'à haute dofe & long-tems continuée, elle fatigue l'eftomac, conftipe, corrige difficilement les humeurs contenues dans les premières voies, ne l'emporte jamais, dans ce cas, fur la craie blanche, rend la digeftion difficile, produit de la tenfion & de la dureté dans le bas-ventre. Extérieurement, elle fufpend à peine la plus légère hémorragie, que la feule charpie feroit capable d'arrêter.

ARGOT. Terme de jardinage, qui fignifie l'extrémité d'une branche morte qu'un jardinier négligent a laiffée en taillant un arbre. Le mot d'*argot* vient de la reffemblance de ce morceaux de bois faillant fur la fouche, avec ce prolongement cornu qu'on voit aux pattes des coqs, des dindes, &c.

M. de Schabol s'explique ainfi : « Il eft rare de trouver des arbres » qui n'en foient pas couverts, & rien » ne leur eft plus préjudiciable. Ces » argots empêchent la féve de re- » couvrir l'endroit de ces branches » coupées, & ces bois morts cau- » fent la pourriture & les chancres. » C'eft la même chofe pour les ar- » bres, que quand un chirurgien » mal adroit & négligent laiffe à nos

» plaies des chairs mortes ou des » chairs baveufes. Outre que de telles » plaies ne peuvent fe refermer, ni » fe recouvrir, la gangrène s'y met » fouvent ».

L'analogie entre la végétation d'un arbre & celle d'un homme eft exaête. Dans l'arbre, il faut que l'écorce recouvre la plaie, & faffe difparoître les traits de la branche coupée ou de la branche morte; fur l'homme, la peau remplit les mêmes fonêtions; mais fur tous les deux, la cicatrice refte apparente, parce qu'il ne fe fait de régénération des chairs fur l'un, ni de régénération de bois fur l'autre; ce qui eft détruit l'eft pour toujours.

Dès-lors, on doit fentir de quelle importance il eft de ne laiffer aucun argot, ce qui eft d'ailleurs très-défagréable à la vue.

ARIA. (*Voyez* ALIZIER)

ARIDE, fe dit d'un terrain fec & ftérile, & même en parlant d'une contrée en général. L'aridité provient de deux caufes; ou de ce qu'il ne pleut jamais dans le canton, ou de ce que l'eau ne peut pénétrer la terre, ou bien fi elle la pénètre, elle s'écoule trop rapidement. Les couches de rochers, ou d'argile, ou de craie pure, font les caufes de l'aridité; un amas trop confidérable de fables produit le même effet par un moyen oppofé. Si le fol eft aride, en raifon du froid ou de la chaleur exceffive du climat, on tenteroit en vain de le cultiver. Quand cette aridité eft produite par une couche du rocher, on eft dans le même cas, à moins que le rocher ne foit brifé par la main de l'homme, & planté enfuite en vignes ; telles font les côtes du Rhône depuis Vienne jufqu'au-deià de Valence, au moins pour la plupart. La dépenfe de cette opération eft exceffive ; mais les avances font bientôt retrouvées par la qualité des vins. Sans les vignes , le pays dont on vient de parler laifferoit dans l'efprit du voyageur l'idée d'un pays fauvage , ingrat , tandis qu'il ne fait ce qu'il doit le plus admirer , ou des efforts de l'induftrie humaine , ou des reffources de la nature. Tout rocher ne mérite pas les frais que néceffite cette culture. Ils feroient prodigués en pure perte dans les granits, dans les rochers dont le gluten tient fes parties fi ferrées , qu'elles ne fe décompoferoient pas à l'air.

Si le terrain eft rendu aride par l'argile , il convient , avant de faire aucune tentative , d'examiner fi le produit correfpondra avec la dépenfe , & ce doit toujours être la première queftion que l'agriculteur eft obligé de fe faire à lui - même. *Voyez* ce qui a été dit au mot ARGILE , relativement à fon amélioration.

Si le terrain eft fablonneux , au contraire , l'amélioration en fera moins difficile , puifqu'il ne s'agit que de lui donner de la confiftance par l'addition des terres fortes & argileufes , & c'eft encore l'ouvrage du tems.

ARILLUS. Ce terme de botanique ne fe peut rendre en françois que par le mot *Epiderme* , & il défigne une pellicule ou furpeau qu'on diftingue fur quelques femences , & qu'il eft facile d'en féparer lorfqu'elles font fèches. Telle eft l'enveloppe de la graine du café, du jafmin , &c.

ARISARUM. (*Voyez* PIED DE VEAU)

ARISTOLOCHE-CLÉMATITE.

M. Tournefort place les clématites dans la feconde fection de la troifième claffe, qui comprend les fleurs d'une feule pièce, d'une forme irrégulière , terminée en languette , & dont le calice devient le fruit , & il défigne cette plante par cette phrafe de Bauhin : *Ariftolochia clematitis erecta*. M. Von Linné la claffe dans la *gynandrie hexandrie* , & l'appelle *ariftolochia clematitis*.

Fleur, d'une feule pièce , irrégulière , globuleufe à fa bafe , & le refte eft en manière de tube hexagone , alóngé , cylindrique , terminé en forme de langue arrondie à fon extrémité ; il imite en quelque forte la forme d'une oreille de fouris. Le piftil B porte fix étamines dont les anthères font fendues longitudinalement.

Fruit C , capfule membraneufe , ovale , cylindrique , à fix angles, divifé en fix loges, comme on le voit en D , qui repréfente la capfule coupée tranfverfalement. En F , le fruit eft repréfenté dépouillé de la membrane qui l'enveloppoit ; cette capfule renferme des femences E , aplaties , entaffées les unes fur les autres dans chacune des colonnes , & attachées fur le placenta G , dans l'intervalle des cloifons.

Feuilles, en forme de cœur alóngé , portées par des pétioles longs , fortement veinées , d'un verd plus foncé par-deffus que par-deffous.

Racine A , tubéreufe , accompagnée de racines , fibreufes , rampantes.

Port. La tige eft cannelée , très-fimple, très-droite ; les fleurs naiffent des aiffelles des feuilles, & font plufieurs raffemblées.

Lieu. Très-commune dans les provinces méridionales du royaume, où elle fleurit en Mai & Juin ; elle eft vivace par fes racines, & perd fa tige toutes les années. On connoît plufieurs autres ariftoloches dont on fe fert en médecine : telles font la longue, la ronde & la petite.

L'*ariftoloche ronde* fleurit en Avril & en Mai. Elle diffère de la première, 1°. par fes feuilles qui font rondes, & font portées par de très-courts pétioles ; 2°. par fa tige foible, ordinairement articulée, tortueufe & prefque rampante ; 3°. enfin, par fes fleurs qui naiffent ifolées.

L'*ariftoloche longue* diffère des deux autres par fes feuilles en forme de cœur, très-entières, légèrement obtufes, & foutenues par de longs pétioles.

L'*ariftoloche petite*, ou de *Boétie*, a fes feuilles terminées en pointe & en forme de cœur ; fa racine eft longue & ténue ; fes tiges ferpentantes, quelquefois rameufes, grimpent fur les plantes & fur les arbres voifins.

L'*ariftoloche clématite* eft âcre, amère, aromatique, déterfive, vulnéraire, emménagogue, foible émétique. La racine échauffe, caufe des naufées & fouvent le vomiffement. Elle eft indiquée dans les efpèces de maladies foporeufes, caufées par des humeurs féreufes. On l'emploie extérieurement pour les ulcères putrides & fanieux. On prefcrit la racine fèche & réduite en petits morceaux, depuis quinze grains jufqu'à deux drachmes en

infufion dans fix onces d'eau. Pour les animaux, la dofe eft de demi-once en décoction ; non dans la vue de procurer le vomiffement au cheval, puifqu'il lui eft impoffible de vomir. On leur donne également les feuilles & les fommités en infufion.

L'*ariftoloche ronde* ; fon odeur eft forte, aromatique, nauféabonde, d'une faveur très-amère & âcre. La racine l'emporte fur toutes les autres efpèces d'ariftoloches, lorfqu'il faut ranimer les forces vitales & mufculaires, & dans l'efpèce des maladies foporeufes produites par des humeurs féreufes & pituiteufes. Elle irrite plus que les autres l'eftomac, & échauffe beaucoup plus. La racine eft fpécialement emménagogue, céphalique, apéritive, réfolutive & très-déterfive. La racine, pulvérifée & tamifée, fe donne à l'homme, depuis fix grains jufqu'à une drachme, incorporée avec un firop, ou délayée dans trois onces d'eau. La dofe de la racine, réduite en petits morceaux & en macération dans fix onces d'eau au bain-marie, eft depuis quinze grains jufqu'à trois drachmes, & à la dofe d'une once pour les animaux.

L'*ariftoloche longue* fleurit en Avril & Mai ; elle peut fuppléer la précédente. Sa racine échauffe, altère, conftipe, réveille puiffamment les forces vitales, n'augmente pas d'une manière bien décidée le cours des urines & la tranfpiration infenfible. Elle eft indiquée dans les mêmes cas que l'ariftoloche ronde ; mais plus particuliérement dans les pâles couleurs, dans la fuppreffion du flux menftruel par l'impreffion trop vive des corps froids, dans l'afthme

humide

humide chez les sujets d'un tempérament pituiteux ; extérieurement dans les ulcères putrides sanieux, peu douloureux & anciens. Les doses sont les mêmes que celles de l'aristoloche ronde.

La *petite aristoloche* est indiquée dans les mêmes cas que les précédentes.

Lorsqu'on cultivera ces plantes dans les provinces du nord, le grand point est de les garantir de la rigueur des froids, de semer leurs graines sous des châssis & sur couche au mois d'Octobre ; enfin, de les conduire ainsi que les plantes qui exigent l'orangerie. Quelques-unes de ces espèces ne sont que trop multipliées dans les vignes des provinces méridionales ; & si on n'a soin d'extirper sur - tout l'aristoloche longue & ronde, sa mauvaise odeur se communique aux raisins, & le vin qu'on exprime de ces raisins conserve un goût & une odeur désagréables. Dans les cantons où les vignes sont garnies d'échalas, il faut bien se garder de s'en servir pour mettre ces herbes sécher. S'il survient une pluie, l'eau qui en découle sur le raisin lui communique un goût détestable. Il seroit même très à propos, dès que l'aristoloche est arrachée de terre, de la transporter hors de la vigne. Elle donne beaucoup de peine à détruire, parce que chaque nœud de sa racine produit une nouvelle plante. Il faut donc en agir pour l'aristoloche comme pour le gramen.

ARMOISE, *ou* HERBE DE SAINT-JEAN. M. Tournefort la place dans la troisième section de la douzième classe qui comprend les

Tom. I.

herbes à fleur à fleurons, ou fleur flosculeuse, qui laisse après elle des semences sans aigrettes ; & il l'appelle *artemisia vulgaris major*. M.Von Linné la classe dans la singénésie polygamie superflue, & l'appelle *artemisia vulgaris*. (*Voy. Pl. 20, p. 652.*)

Fleur, composée de fleurons : les fleurons hermaphrodites dans le disque B, & les fleurons femelles à la circonférence C, au nombre de cinq ; les uns & les autres ont la forme d'un tube évasé à l'extrémité, & sont découpés en cinq dents égales. Les fleurs femelles n'ont que le pistil D ; & dans les fleurs mâles, le pistil est accompagné de cinq étamines attachées au tube de la corolle. Les fleurs sont ramassées dans des enveloppes, ou calices écailleux E ; le réceptacle qui les porte est nu, conique, environné de plusieurs écailles linéaires.

Fruit. Chaque fleuron contient une petite semence F, oblongue & sans aigrette.

Feuilles, ailées, planes, découpées, velues, vertes en dessus & blanches à leur surface inférieure.

Racine A, rampante, fibreuse.

Port. Les tiges sont herbacées, hautes environ de trois pieds, droites, dures, cannelées, cylindriques, un peu velues, rougeâtres, moelleuses ; les fleurs naissent au sommet, disposées en grappes, de couleur d'herbe ; les feuilles sont alternativement placées sur la tige, & de l'aisselle des feuilles naissent les petits rameaux.

Lieu. Les terrains incultes. La plante fleurit en Août & Septembre ; elle est vivace par ses racines : les tiges se dessèchent chaque année.

Propriétés. La racine eft douce, aromatique ; la plante a un goût amer. Elle eft apéritive, ftimulante, emménagogue, antihyftérique : extérieurement, elle eft vulnéraire & déterfive. Les feuilles échauffent fans fatiguer l'eftomac, ni caufer beaucoup de foif. Cette plante eft fort recommandée par quelques auteurs ; & malgré leur fentiment, il n'eft pas encore prouvé qu'elle guériffe l'épilepfie occafionnée par des évacuations naturelles fupprimées, excepté celle qui feroit produite par la fuppreffion des règles, ou par des lochies, ou des pertes blanches ; 2°. dans la fièvre-tierce ; 3°. dans la jauniffe par obftruction des vaiffeaux biliaires ; 4°. dans la paffion hyftérique & affection hypocondriaque.

Ufage. On diftille l'herbe, & l'eau qu'on en retire ne jouit feulement pas des mêmes vertus que celle de la plus légère infufion des feuilles. Elle ne fert qu'à augmenter le nombre inutile des vafes ou des bouteilles qui meublent la boutique d'un apothicaire. Les feuilles récentes font prefcrites depuis deux drachmes jufqu'à deux onces en infufion dans cinq onces d'eau ; deffechées, depuis demi-drachme jufqu'à demi-once dans la même quantité d'eau. Le firop fait avec les feuilles d'armoife, doit être tranfparent, de couleur jaunâtre, tirant fur le brun, d'une odeur médiocrement aromatique, d'une faveur douce, un peu amère, & légérement âcre : fa dofe eft depuis demi-once jufqu'à deux onces, feul ou en folution dans quatre onces de véhicule aqueux. Le duvet des feuilles, appliqué fur une partie quelconque du corps, mais enflammée, paffe pour être le cautère le plus doux. Le moxa des chinois eft fait du duvet cotonneux d'une armoife, dont les tiges & le deffous des feuilles en font abondamment garnies. On donne aux animaux la plante réduite en poudre, à la dofe d'une once ; & fraîche, à la dofe de deux poignées en infufion dans une livre d'eau.

On prétend que c'eft Arthémife, reine de Carie, qui a fait connoître les propriétés de l'armoife ; & par reconnoiffance, on lui a confervé le nom d'*arthémife*, qui, par corruption, a été défiguré en celui d'*armoife*.

AROMAT, AROMATIQUE.

On donne le nom d'*aromatique* à toute fubftance qui exhale une bonne odeur, foit épices, herbes, fleurs, femences, graines, racines, bois. Les herbes aromatiques font celles qui fentent fort, comme le genièvre, le thym, la lavande, le romarin, la marjolaine, &c. Quelques gommes portent auffi le nom d'*aromat* ; telles que le benjoin, la myrrhe, l'encens, l'ambre gris. Ce font en général des médicamens échauffans, & qui conviennent, quand les forces languiffent, & quand le fang, après une chûte, eft rallenti dans fes mouvemens. (*Voyez* MÉDICAMENS) M. B.

ARPENT.

ARPENT. C'eft une mefure de furface qui fert à évaluer les prés, les bois & autres efpèces de terrain. Il y en a de plufieurs fortes. L'arpent de Paris eft de cent perches quarrées ; & la perche eft fuppofée de dix-huit pieds, ce qui fait trois toifes de longueur. Ainfi l'arpent de Paris contient trente toifes en tout fens. Dans tous les livres d'agriculture & de commerce, il n'eft queftion que de celui-ci.

L'arpent des eaux & forêts, établi par l'ordonnance, eft auffi de cent perches quarrées ; mais la perche a vingt-deux pieds. Ainfi cet arpent a 1344 ⁴⁄₉ toifes de fuperficie.

Les mefures pour le terrain font auffi multipliées, auffi diverfes que les poids & les aunages. En Poitou, l'arpent a quatre-vingts pas en quarré ; à Montargis, il a cent cordes, & chaque corde a vingt pieds; à Clermont, il a cent verges, & chaque verge vingt-fix pieds. Le journal de Bourgogne approche de beaucoup de l'arpent de Paris ; car il eft de trois cent foixante perches quarrées, chacune ayant neuf pieds & demi de longueur : ainfi il a 902 ¹⁄₂ toifes de fuperficie. En d'autres cantons, on mefure par bicherée ; & la bicherée delphinale n'eft pas la même que la bicherée viennoife, & cette dernière eft plus grande que la lyonoife. En Languedoc, on compte par fepterée ; celle de Nifmes eft plus forte que celle de Montpellier, celle-ci moins étendue que celle de Beziers, & celle de Beziers moins étendue que celle des villages qui le circonfcrivent.

J'avois commencé une concordance fur ces mefures comparées à l'arpent de Paris ; & après m'être donné beaucoup de foins, je n'ai pu parvenir à recevoir des provinces les renfeignemens que j'avois demandés ; & l'ouvrage en eft refté là. Je ne vois qu'un feul moyen capable d'en affurer la réuffite ;

c'eft un ordre du roi, adreffé par fon miniftre à MM. les intendans, & un ordre de ces meffieurs aux fubdélégués diftribués dans leur généralité. On fe procureroit encore par le même travail les renfeignemens néceffaires fur les poids & les aunages : mais pour les poids, il y auroit quelques difficultés, ou plutôt il pourroit y avoir de la confufion ; car la livre du Languedoc, par exemple, eft divifée en feize onces, comme la livre du poids de marc ; & cependant le quintal du poids de Languedoc ne pèfe à peu près que quatre-vingts livres poids de marc. Ceux qui feroient chargés de donner des renfeignemens, n'auroient qu'à comparer leurs poids avec ceux dont on fe fert pour la vente du fel & du tabac, pour laquelle l'ordonnance a prefcrit le poids de marc. Lorfque toutes les inftructions feroient reçues, le miniftre chargeroit une perfonne inftruite de faire de ces différentes mefures & de ces différens poids un tableau de comparaifon, qui feroit imprimé dans tous les papiers publics. On dit depuis long-temps que cette bigarrure de poids, d'auna e eft utile au commerce. Oui, elle l'eft au vendeur, mais non pas à l'acquéreur qui l'ignore ; ce qui eft facile à prouver, & ce n'eft pas ici le cas. On connoît par le travail de M. Criftiniani, imprimé à Brefcia en 1760, & inféré dans le *Supplément du Dictionnaire encyclopédique*, les mefures des différentes villes d'Italie, comparées à l'arpent de Paris ; & en France, on ne fe doute pas de cette comparaifon relativement aux mefures des provinces avec celle de Paris ; qui devroit en être le type !

ARPENTAGE. Par ce terme on désigne un art qui apprend à mesurer la superficie des terres, à en prendre les différentes dimensions, à les décrire & à les tracer exactement sur un plan.

CHAPITRE PREMIER.

Utilité, nécessité & agrément de l'Arpentage.

L'utilité de cet art, & les avantages précieux que l'on peut en retirer lorsqu'il est employé avec soin & exactitude, n'ont pas besoin d'être exposés avec emphase pour en faire sentir tout le prix. La propriété & la jouissance tranquille & indépendante de son bien, est un des plus beaux droits du citoyen, de quelque classe qu'il soit : rien ne l'assure mieux que les lignes de démarcation, les bornages & les plans que l'arpentage fixe. En vain un voisin avide des possessions qui environnent son domaine, cherche-t-il à augmenter son revenu, en voulant envahir le champ qui excite ses desirs ; un arpentage bien fait, qui confirme & accorde les différens articles des titres, qui reconnoît les points de séparation que le tems sembloit avoir effacés, qui redresse ou replace les bornes que la cupidité avoit dérangées ou arrachées, sera toujours la sauve-garde du foible que l'on veut dépouiller, & une digue inébranlable que la justice opposera à l'avidité ou aux chicanes encore plus dangereuses de l'homme puissant. De quel intérêt n'est donc pas pour le laboureur & le colon, une science qui peut lui assurer la tranquillité de la jouissance !

Est-il nécessaire, demandera-t-on, que l'homme, dont toute la vie se passe à cultiver la terre, sache l'arpentage ? Non ; cela n'est pas nécessaire, mais infiniment utile. Dans tous les pays on trouve à la vérité des arpenteurs d'office, d'après les travaux desquels seuls on prononce ensuite. Qu'il seroit heureux si l'on pouvoit avoir une confiance entière dans leur probité & leur délicatesse, & être sûr que, fidèles aux sermens qu'ils ont faits, ils ne distinguent pas le riche qui les paye en secret ou les effraye par son autorité & ses menaces, du pauvre, qui n'a pour lui que ses titres & son bon droit ! La plus petite erreur de calcul, un angle mal pris de plus ou moins de degrés, entraînent des conséquences très-considérables, des procès embrouillés, des chicanes perpétuelles, & des pertes irréparables pour le foible, à qui on enlève fon héritage avec tout l'appareil de la juftice & de la loi; défordre affreux que rien ne peut excufer ni prévenir, parce qu'il eft fondé d'un côté fur l'ignorance, & de l'autre fur l'abus du pouvoir remis entre des mains perverfes & infidèles.

Les curés, les grands propriétaires, les gros fermiers ayant reçu en général une éducation plus relevée, ayant fouvent paffé une partie de leur jeuneffe dans des colléges, font plus à même de profiter des élémens d'arpentage que nous nous croyons obligés de donner ici. Ils font les pères & les protecteurs des fimples payfans qui les entourent; c'eft donc à eux à les éclairer & à veiller fur leurs intérêts, & furtout à tâcher de prévenir toutes difputes, toute altercation, tous moyens de procès, fléau terrible, qui fait plus de ravage dans la fortune du payfan, que la grêle & les épizooties : une récolte plus abondante, de nouveaux troupeaux bien foignés réparent les pertes que des accidens occafionnent, & rien ne rétablit le défordre, la ruine totale où jette un procès intenté à faux, mal commencé, mal conduit, & plus mal défendu. Nonfeulement la fcience de l'arpentage eft une fcience néceffaire aux grands colons, aux curés, aux feigneurs de paroiffes, mais dans bien des cas elle devient un objet d'agrément & de délaffement, dont les moyens font honnêtes, & la fin toujours utile. L'arpentage a un reffort plus étendu que l'on ne croit communément : tout ce qui tient à l'art de mefurer, divifer & calculer une fuperficie quelconque, eft digne de fes regards; il donne des principes fûrs, trace des procédés exacts, & s'appuie fur des démonftrations invariables. Ainfi en s'y livrant on ne craint point de fe reprocher un jour d'avoir perdu du tems, à une étude vaine, futile & oifeufe, comme tant d'autres, auxquelles nous ne facrifions malheureufemēnt que trop d'inftans dans la vie.

L'arpentage, né de la néceffité & de la chicane, a pour but de fixer & de limiter une étendue de terrain, d'en connôître la fuperficie, & d'en tracer en petit les dimenfions. On peut donc réduire à trois parties différentes entr'elles, mais ne faifant qu'un tout, un enfemble, toutes les opérations de cet art. La première confifte à prendre les mefures d'un terrain, & y faire toutes les obfervations néceffaires, à l'aide de certains inftrumens, comme piquets, chaînes, cordes, perches, toifes, graphomètre, planchette, alidade, &c. C'eft à proprement parler, l'*arpentage*. La feconde partie enfeigne l'art de tracer fur le papier, & de réduire en petit toutes les mefures & les obfervations faites fur le terrain même, ou d'en faire le plan, ce qui s'opère par le moyen du rapporteur & de l'échelle de l'arpenteur. Enfin, la troifième partie s'occupe à trouver l'aire du terrain mefuré, c'eft-à-dire fa contenance en perches, toifes, pieds, &c.; ici le calcul feul agit & donne des réfultats pour tous les cas poffibles.

On fent facilement qu'avant d'en venir là il faut néceffairement pofféder l'arithmétique, & au moins

les premières notions de la géomé-
trie-pratique. Nous fuppofons ici
que l'on fait les quatre règles d'a-
rithmétique, l'addition, la fouftraction, la multiplication & la divifion; d'après cela, nous allons
donner le plus briévement & le plus
clairement que nous pourrons, les
élémens de géométrie - pratique
abfolument néceffaires à quiconque
veut faire de l'arpentage, ou fon
amufement, ou fon étude férieufe.

CHAPITRE II.

*Principes de Géométrie - pratique,
néceffaires à l'Arpenteur.*

DÉFINITIONS.

1. Dans l'arpentage on ne confidère que les furfaces.

Une *furface* eft une grandeur dont
on ne confidère que la longueur &
la largeur. Ainfi quand on arpente
une terre, on ne la prend que pour
une furface qui, plus elle aura de
longueur & de largeur, & plus elle
contiendra d'arpens.

2. La *ligne* eft une grandeur confidérée feulement par rapport à fa
longueur, indépendamment de fa
largeur; & le *point* eft une grandeur confidérée indépendamment de
fa longueur & de fa largeur. Quand
on mefure l'éloignement de deux
tours, par exemple, on ne les confidère que comme deux points. Les
points terminent la ligne, qui n'eft
qu'une fuite de points, & les lignes
terminent la furface, qui n'eft qu'une
fuite de lignes placées les unes à
côté des autres.

3. La *ligne droite* B C, *Fig. 1*,
va directement, & par le plus court
chemin, d'un point B à un autre C;

la ligne courbe B H C fe détourne,
& ne va point directement du point
B au point C.

4. L'*angle* eft la rencontre de
deux lignes qui fe touchent en un
point, & qui ne forment pas une
feule ligne; les lignes E D & F D
forment un angle au point D,
Fig. 2.

5. Le *cercle* eft une ligne courbe
dont tous les points font également
éloignés d'un point commun, nommé *centre*. B C F A D, *Fig. 3*, eft
un cercle dont le point E eft le
centre. Cette ligne courbe fe nomme
auffi *circonférence*, & la ligne B A,
qui paffe par le centre E, *diamètre*.
On appelle *rayon* ou *demi-diamètre*,
les lignes qui vont de la circonférence au centre, comme C E, B E,
A E, D E.

6. Une ligne eft *parallèle* à une
autre, lorfqu'elle conferve avec
elle toujours la même diftance, de
façon qu'elles ne peuvent jamais fe
rencontrer. Ainfi la ligne A B eft
parallèle à la ligne C D, *Fig. 4*,

7. Une ligne A B, *Fig. 5*, eft
perpendiculaire fur C D lorfqu'elle
ne penche pas plus d'un côté que
d'un autre, & qu'elle fait avec elle
un angle droit; & elle eft *oblique*
lorfqu'elle eft inclinée à l'horizon
C E, *Fig. 3*, & tombe obliquement
fur la ligne A B.

8. Une partie d'une circonférence, comme A D, (*Fig. 3*), eft appelée *arc*.

9. Toute *circonférence*, ou tout
cercle, fe divife en 360 parties
égales ou degrés; ainfi le demi-cercle contient 180 degrés, le quart
90, & le demi-quart 45.

10. L'*ouverture* des angles (4) fe
connoît par le nombre de degrés

Pl. XXI Pag. 678.

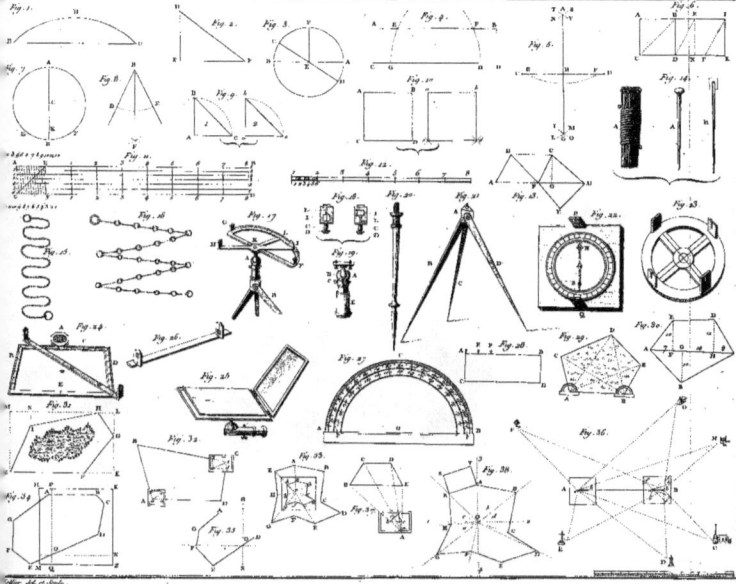

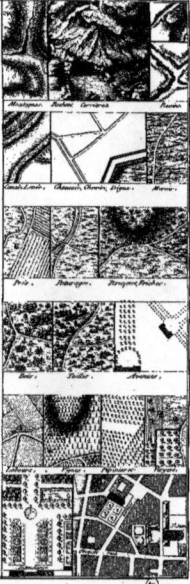

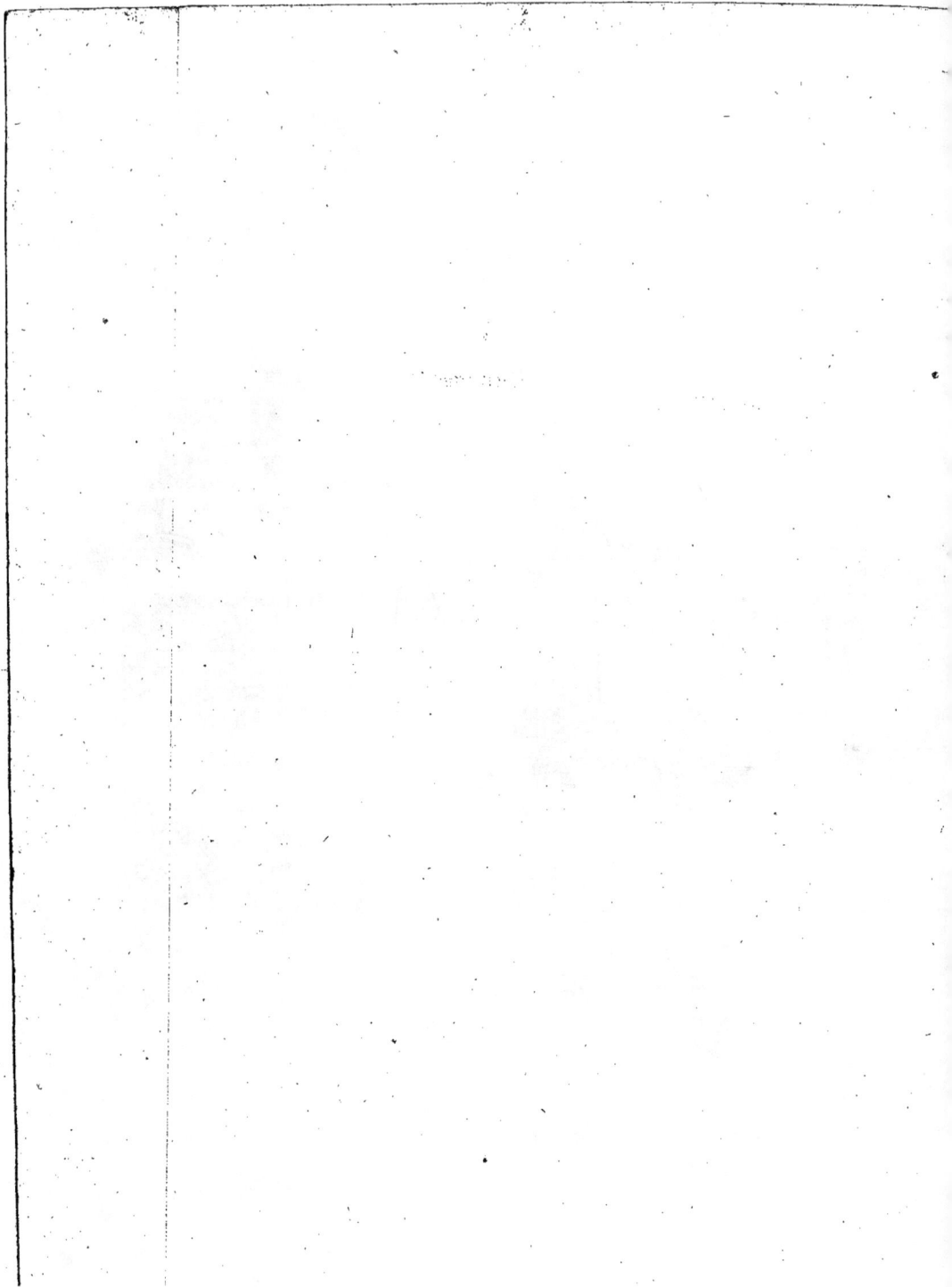

qu'ils renferment, ou par l'arc que les deux lignes formant l'angle contiennent. Ainſi pour connoître l'ouverture de l'angle A E D, *Fig. 3*, dont E eſt le ſommet, prenez le ſommet de cet angle pour centre d'un cercle que vous décrirez à volonté, & que vous diviſerez en 360 degrés : comptez enſuite combien de degrés contient l'arc A D ; s'il en contient 40 ou 50, vous conclurez que l'angle A E D eſt de 40 ou 50 degrés.

11. *L'angle droit* A E F, *Fig. 3*, a 90 degrés, & eſt meſuré par le quart de la circonférence ; il ſe nomme *rectangle*. L'angle *obtus* C E A a plus de 90 degrés, & s'appelle *obtus angle* ; & l'angle *aigu* C E B en a moins, & ſe nomme *acutangle*.

12. Un *triangle* eſt une figure compoſée de trois angles & de trois côtés ; D E F, *Fig. 2*, eſt un triangle. Lorſque ſes trois côtés ſont égaux, c'eſt un triangle équilatéral; lorſqu'il n'a que deux côtés égaux, il eſt iſocèle ; & ſcalène lorſque tous les trois ſont inégaux. Dans un triangle on diſtingue la baſe E F, le ſommet D, & les côtés D E & D F. Dans deux triangles que l'on compare enſemble, leurs côtés ſemblables ſont nommés *homologues* ; ainſi, *Fig. 9*, les côtés A C & *a c*, A B & *a b*, B C & *b c* des triangles 1 & 2, ſont homologues.

13. Un *quadrilatère* eſt une figure qui a quatre côtés, chacun ſur une ligne droite. Lorſque ces côtés ſont égaux & perpendiculaires l'un ſur l'autre, & les angles droits par conſéquent, c'eſt un *quarré*, comme A B C D, *Fig. 6*. Le *quarré* long a tous ſes angles droits, mais il n'a que les côtés oppoſés égaux, comme

A C I K. Le *lozange* a ſes côtés oppoſés égaux, mais deux de ſes angles oppoſés ſont aigus, & les deux autres obtus comme D E I F; les angles E F ſont obtus, & D I aigus ; le *trapèze* a deux côtés parallèles, & deux autres qui ne le ſont pas, comme le trapèze A B C D, *Fig. 13*.

14. Une *diagonale* eſt une ligne droite tirée d'un angle d'un quadrilatère régulier à l'angle qui lui eſt directement oppoſé, comme B C, *Fig. 6*.

15. Un *polygone* eſt une figure qui a pluſieurs côtés ; quand elle en a cinq, elle ſe nomme *pentagone* ; ſix, *hexagone* ; ſept, *eptagone* ; huit, *octogone* ; neuf, *eneagone* ; dix, *décagone* ; onze, *ondécagone* ; & douze, *dodécagone*, &c.

Opérations.

16. *Mener une ligne droite d'un point à un autre.*

Prenez une règle bien juſte, appliquez-la exactement ſur les deux points, comme C & D, *Fig. 5*, & tirez une ligne de C en D, vous aurez une ligne droite (3).

17. *Diviſer une ligne droite* C D, *Fig. 5, en deux parties égales.*

Du point C, comme centre, à un intervalle quelconque, décrivez avec un compas l'arc ſupérieur T V, & l'arc inférieur L M : du point D, comme centre, décrivez avec la même ouverture de compas l'arc ſupérieur N S, & l'inférieur O I : des points d'interſection des deux arcs ſupérieurs A, & inférieurs G, tirez la ligne A G, elle coupera la ligne C D en deux parties égales au point B.

18. *Mener une perpendiculaire ſur une ligne droite, d'un point connu, comme* A, *Fig. 5.*

Du point A, comme centre, décrivez un arc quelconque qui coupera la ligne CD en deux parties égales, en E & F. De ces points, comme centres, décrivez les arcs inférieurs I O & LM ; & de G point d'intersection , & de A tirez la ligne A B qui sera perpendiculaire à CD.

19. *Pour élever une perpendiculaire sur cette même ligne du point B*, il faut décrire de ce point une portion de cercle EF, qui coupe cette ligne en deux parties égales, & de ces points EF tracez les arcs supérieurs N S, T V ; de leur point d'intersection A, tracez la ligne A B, vous aurez la perpendiculaire que vous cherchez.

20. S'il falloit *mener une perpendiculaire sur l'extrémité de la ligne* CB au point B , il suffiroit de prolonger cette ligne jusqu'en D , & d'opérer comme on l'a vu plus haut. (18, 19.)

21. *Tirer une ligne parallèle à une autre ligne*, *Fig. 4.*

Soit la ligne C D , sur laquelle on veut mener une parallèle du point E; de ce point, comme centre, décrivez un arc quelconque FH. De ce point H, avec la même ouverture du compas, décrivez l'arc E G ; prenez ensuite sur l'arc F H une partie égale à l'arc E G ; enfin, par le point E & le point F , tirez la ligne A B; elle sera parallèle à C D.

22. *Trouver le centre d'un cercle.*

Soit le cercle AEBF, *Figure 7,* dont on veuille trouver le centre. Prenez à volonté deux points de la circonférence EF de ce cercle, & par ces deux points, tirez la corde EF; divisez cette ligne en deux parties égales au point K (17):

fur ce point , élevez la perpendiculaire A B (18), que vous diviserez en deux parties égales (17) au point C ; ce point sera le centre du cercle.

23. *Diviser un angle en deux parties égales.*

Soit l'angle DBE , *Figure 8* , à diviser en deux parties. Du sommet B , comme centre , décrivez l'arc D E ; de ces deux points, menez la perpendiculaire BF (18), elle coupera cet angle en deux parties égales.

24. *Faire un angle égal à un autre angle.*

Soit l'angle B A C , *Fig. 9* , auquel on veut en faire un autre semblable. Du point A, comme centre , décrivez l'arc B C; du point *a* de la ligne *a c*, décrivez avec la même ouverture de compas l'arc indéterminé *b c* : prenez sur ce dernier arc la même étendue que l'arc B C ; & du point *b* , tirez la ligne *b a*, vous aurez l'angle *b a c* égal à l'angle B A C.

25. On sent facilement que pour *faire de ces deux angles des triangles égaux*, il s'agit seulement de tirer les lignes droites B C & *b c* aux points *b* & *c* égaux aux points B & C , & ces deux figures seront parfaitement égales. Ainsi deux angles ou deux triangles seront égaux , lorsqu'ils auront leurs côtés homologues égaux , & les angles opposés à ces côtés, égaux.

26. *Faire un quadrilatère égal & semblable à un autre quadrilatère* A B C D , *Fig. 10.*

Tirez une ligne indéfinie *a b* ; portez-y la longueur A B du quadrilatère que vous voulez imiter. Des points *a* & *b*, comme centre, décrivez

décrivez les petits arcs *c* & *d* (18, 19 & 24), avec des ouvertures de compas prises sur le premier quadrilatère ; déterminez encore sur lui les points *c* & *d* correspondans aux points C & D : tirez les lignes *a c*, *c d* & *d b*, & vous aurez un quadrilatère absolument semblable au premier.

27. *Tracer une figure égale & semblable à une autre figure d'un nombre quelconque de côtés, en ligne droite.*

Quelque nombre de côtés en ligne droite qu'ait une figure régulière ou irrégulière, pour en faire une qui lui soit semblable & égale, partagez la figure donnée en triangles, qui pris deux à deux aient un côté commun; ensuite copiez ces triangles les uns après les autres, comme il a été dit (24, 25) : liez-les ensemble à mesure, ainsi qu'ils les seront dans la figure, & vous en aurez une seconde égale & semblable à la première.

28. *Réduire une grande figure, comme celle d'un champ ou d'un terrain, en une plus petite figure égale & semblable.*

Pour résoudre ce problème, on se sert d'une échelle de proportion ou de parties réduites, dont chaque division représente des perches, des toises ou des pieds, *Fig. 11.* Voici comme on la construit.

Tirez sur une règle de bois dur & bien sec, ou sur une règle de cuivre les deux parallèles A B & C D, que vous diviserez en neuf parties égales (17), ce qui formera neuf toises artificielles équivalentes à neuf toises réelles. L'intervalle de la première toise commencera depuis E jusqu'à 1 ; la seconde sera 1 2, la troisième

2 3, &c. Divisez l'intervalle des deux lignes A B & C D en six parties égales par les parallèles 1 5, 2 4, 3 3, &c. Divisez le quarré A E C F en douze parties égales par les lignes inclinées A 12, 1 11, 2 10, &c. enfin, tirez la grande diagonale C 12, & vous aurez une échelle géométrique qui pourra vous servir à mesurer des toises, des pieds & des pouces, & à réduire de grandes figures en petites.

En voici l'usage. La ligne E B & ses parallèles désignent le nombre des toises : le quarré A E C F marque les six pieds dont la toise est composée par les lignes 1 5, 2 4, 3 3, &c. & les lignes A 12, 1 11, 2 10, &c. les pouces dont les pieds sont composés ; la diagonale C E coupe ces lignes de pouce en pouce. Ainsi, si l'on veut prendre une mesure, par exemple, de trois toises deux pieds, on pose une pointe du compas sur la ligne 3 3 au point où la ligne 2 4 la coupe, & on porte l'autre pointe sur cette même ligne jusqu'à l'endroit où la diagonale C E la coupe, & on aura la mesure que l'on cherche. On sent facilement que si l'on a besoin de pouces, on les trouvera par les lignes inclinées, & ainsi des autres mesures.

Il est une autre espèce d'échelle que l'on trace sur un plan, & qui en exprime les mesures réduites; la figure *12* représente cette échelle : c'est une ligne que l'on divise en parties égales représentant de toises d'après la proportion de l'échelle géométrique qui a servi à faire le plan. La première toise est toujours divisée en six pieds.

Des surfaces.

29. *Aire,* ou surface, ou étendue, ou superficie est la même chose.

Trouver l'aire ou l'étendue d'un quarré & d'un rectangle, ABCD, *Fig. 10.*

On connoît l'aire de cette figure en multipliant sa base par sa hauteur, ou sa hauteur par sa base. Ainsi, si la base CD de ce quadrilatère a 20 pieds & sa hauteur AC 10, il aura 200 pieds d'aire ou d'étendue, parce que 20 multiplié par 10 fait 200.

30. *Trouver l'aire d'un triangle,* EDF, *Fig. 2.*

Le triangle étant la moitié d'un quadrilatère de même base & de même hauteur, il est clair que pour en trouver l'aire, il faut multiplier sa base par la moitié de sa hauteur, ou *vice versâ.* Ainsi, si le triangle EDF a 10 pieds de base & 4 de hauteur, il aura 20 pieds de superficie.

Avec la solution de ces deux problêmes & un peu d'intelligence, il sera facile de *trouver l'aire de toute figure régulière & irrégulière,* en la réduisant en quadrilatères & en triangles, dont on calculera les aires. Il faut cependant avoir soin de la diviser dans le moins de triangles qu'il se pourra, afin d'avoir moins de calcul à faire. On additionnera ensuite ces différentes valeurs, & la somme totale sera l'aire de la figure que l'on cherche. Pour exemple, supposons la figure irrégulière ABCDEF, *Fig. 13* : je la divise en quatre triangles ABF, BCF, CDF, DEF, dont je mesure & j'additionne les différens aires.

31. Il est bien des cas où l'on peut réduire une figure tout à la fois en triangles & en trapèzes (13), ce qui abrége beaucoup l'opération. L'*aire du trapèze* se connoît en additionnant les deux côtés parallèles ensemble, & prenant la moitié de leur valeur, que l'on multiplie par la perpendiculaire qui les unit. Ainsi, dans la figure 13, la ligne BC du trapèze ABCD, étant supposée de 15 toises, sa parallèle AD de 25, & la perpendiculaire CG de 10, l'aire de cette figure sera de 200 toises ; parce que les lignes BC & AD valent 40, dont la moitié 20, multipliée par la ligne CG qui vaut 10, fait 200.

Telles sont les notions générales de géométrie que l'on doit absolument posséder lorsqu'on veut arpenter avec exactitude. On peut en chercher les démonstrations & les explications dans les divers livres de géométrie qui traitent de la trigonométrie ou géométrie pratique. Passons au détail des instrumens propres à l'arpenteur & à leurs usages.

CHAPITRE III.

Des instrumens nécessaires à l'Arpenteur.

L'objet de l'arpenteur étant non-seulement de mesurer les distances, mais encore de prendre & de mesurer les différens angles que forme un terrain, & de les rapporter sur un plan, il a besoin de trois espèces d'instrumens. Dans la première classe sont les piquets, les cordeaux, la chaîne & la toise ; dans la seconde, sont le graphomètre, la boussole, la planchette & l'alidade ; & dans la troifième , font le rapporteur & l'échelle de l'arpenteur.

SECTION PREMIÈRE.

Des inftrumens propres à mefurer les diftances.

32. Les *piquets* A , *Fig. 14*, font de petits morceaux de bois dur , de deux à trois pieds de long , pointus par un bout & arrondis par l'autre ; les piquets de fer valent mieux. On en fait auffi de huit à dix pieds de haut , que l'on nomme alors *jalon* B ; ils font fendus par le haut , afin de pouvoir y inférer une carte ou un morceau de papier dedans , & être diftingués de loin. Il faut les choifir en général très-droits ; on en fentira la néceffité quand on parlera de leur ufage.

33. Les *cordeaux* , *Fig. 15*, doivent être de bonne ficelle , d'une groffeur convenable , & nouée, s'il fe peut à chaque pied. On les fait ordinairement de la longueur de la perche ufitée dans le pays où l'on eft. On met un anneau à chaque extrémité.

34. La *chaîne* , *Fig. 6*, eft compofée de plufieurs pièces de gros fil de fer ou de laiton , recourbées par les deux bouts , réunies les unes avec les autres par de petits anneaux. Chacune de ces pièces a un pied de long , y compris les petits anneaux qui les joignent enfemble. On la fait ordinairement de la longueur de la perche du lieu où l'on veut s'en fervir , ou bien de quatre , cinq , dix , douze toifes de long : on diftingue les toifes par un plus grand anneau. Ces fortes de chaînes à tiges de fer & à

anneaux font fort commodes , en ce qu'elles ne fe nouent point comme les autres , & que les anneaux indiquent tout de fuite les différentes divifions.

35. La *toife* eft une grande règle de bois divifée en fix pieds , dont le dernier pied eft divifé en douze pouces. On fait encore ces toifes brifées en pieds ou en deux ou trois morceaux qui fe viffent les uns dans les autres.

36. La *perche* eft une mefure arbitraire dans les différentes provinces de France , c'eft-à-dire, qu'elle varie pour le nombre de pieds qu'elle doit contenir. Le Roi', par un édit de 1696, a fixé la perche royale à vingt-deux pieds. Il feroit bien à fouhaiter que cette mefure fût adoptée généralement dans toute la France. Jufqu'à quand verra-t-on cette étonnante variété dans nos poids & mefures, qui jette une nuit fi obfcure & fi difficile à éclairer fur prefque toutes les opérations ? Jufqu'à ce que cette réforme foit faite , il faut fe régler fur les mefures en ufage dans le pays.

SECTION II.

Des inftrumens propres à prendre & à mefurer les angles.

Nous ne parlerons que des cinq les plus en ufage ; le graphomètre, la bouffole , l'équerre de l'arpenteur, la planchette & l'alidade ; & encore ces cinq peuvent fe réduire à l'emploi de la planchette & de l'alidade feules.

37. Le *graphomètre* , ou demi-cercle de l'arpenteur , *Figure 17* , eft compofé d'un limbe demi-cir-

culaire G L F , divifé en 180 degrés (9) , & quelquefois divifé en
minutes, diagonalement ou autrement. La bafe de ce demi-cercle ,
ou fon diamètre F G , porte à fes
deux extrémités deux pinnules. Au
centre du demi - cercle ou demi-
diamètre , eft un écrou K , un pivot
avec une alidade ou règle mobile
garnie de deux autres pinnules I H.
Le tout eft monté fur un genou A
porté par un fupport à trois
pieds B.

38. Comme nous aurons fouvent
occafion de parler de pinnules & de
pieds ou fupports , nous allons en
donner la defcription , afin qu'on en
faififfe mieux l'ufage.

Les *pinnules* , *Fig. 18* , font des
petites plaques de cuivre bien dref-
fées : celle par laquelle on regarde
a une fente longue & étroite L L ,
& bien perpendiculaire avec la règle qui la porte ; celle qui eft du
côté de l'objet a une ouverture
quarrée affez large , afin de donner
un plus grand champ pour appercevoir les environs de l'objet. Au
milieu de cette ouverture , il y a
un filet de cuivre très-délié & limé
bien droit I I , ou fimplement un
crin , afin de couper verticalement
l'objet & répondre jufte à la fente de
l'autre pinnule. Afin que l'on puiffe indifféremment approcher l'œil
de telle pinnule que l'on veut , &
obferver auffi bien d'un côté que
de l'autre , on fait à chaque pinnule
une ouverture quarrée I I , & une
fente étroite L L , l'une au deffus
de l'autre , mais oppofées. Ces pinnules doivent être exaĉtement po-
fées aux extrémités & dans la ligne
de foi ou de vifion. Quelquefois
elles font corps avec les règles de

métal ; d'autres fois , elles n'y adhérent que par des vis C , & des
écrous D.

39. Le genou A , *Fig. 19* , eft
compofé d'une boule de cuivre B ,
renfermée entre deux coquilles de
même métal A , bien polies & arrondies intérieurement. Ces coquilles font ferrées plus ou moins
par le moyen d'une vis C , & pref-
fent par conféquent la boule renfermée entr'elles. Elles doivent être
échancrées de manière que la boule
puiffe fe mouvoir & s'incliner librement dans différens fens.

40. Les pieds qui fupportent les
inftrumens font de deux efpèces. La
première efpèce eft un fimple bâton,
Fig. 20 , de cormier, ou d'autre bois
dur garni d'un fer pointu par le
bout qui entre en terre , & l'autre
bout eft arrondi pour que la virole
E , *Fig. 19* , y entre bien jufte , ou
bien tourné en vis pour être viffé
dans cette même virole.

On rencontre des terrains où il
ne feroit pas poffible d'enfoncer le
fupport dont on vient de parler ;
on en a inventé un autre qui s'é-
tend feulement fur le terrain fans
y entrer, & peut en prendre toutes
les inclinaifons. Il eft compofé de
quatre pièces. La première A, *Fig.2 1*,
eft un morceau de bois taillé en figure
triangulaire , dont une des extrémités eft furmontée d'une vis propre à entrer dans la virole E , *Fig.
19* : aux trois côtés de cette tige
triangulaire , on attache , par le
moyen des vis , les trois pieds B ,
C , D , garnis de pointes de fer à
leurs extrémités. La pofition de ces
trois pieds leur donne toute liberté
de fe mouvoir autour de leur axe ,
c'eft-à-dire autour des vis. L'écar-

tement & le rapprochement de ces pieds élèvent ou abaissent l'instrument à volonté : quand il est fixé à la hauteur propre, on serre alors les trois vis, ce qui assujettit les pieds dans une situation fixe. L'opération étant faite, on resserre ces trois pieds les uns contre les autres, ce qui n'en forme plus qu'un. On doit préférer ce support à tous les autres, & pour sa commodité & pour sa solidité. Il peut être adapté facilement à tous les instrumens dont l'arpenteur se sert. Continuons-en la description.

41. La *boussole*, *Fig.* 22, est un instrument composé d'une aiguille aimantée NS, portée sur un pivot; elle tourne librement au milieu d'un limbe circulaire divisé en 360 degrés. Aux extrémités du diamètre NS, sont deux pinnules PQ, par lesquelles on peut fixer les objets. La boussole ne peut servir avec quelque exactitude qu'à orienter les différentes positions par rapport aux quatre points cardinaux du monde : aussi l'a-t-on réunie avec la planchette A, *Fig.* 24.

42. L'*équerre de l'arpenteur*, *Fig.* 23, est un cercle de cuivre d'une bonne épaisseur, & de quatre, cinq ou six pouces de diamètre. On le divise en quatre parties égales par deux lignes qui s'entrecoupent au centre à angles droits. Aux quatre extrémités de ces lignes & au milieu du limbe, on met quatre fortes pinnules bien perpendiculairement fendues sur ces lignes, avec des trous au dessous de chaque fente pour mieux découvrir les objets en campagne. On évide ce cercle pour le rendre plus léger. Il est monté ordinairement sur le pied que nous

avons décrit, *Fig.* 20. Pour s'assurer de la justesse des pinnules, il faut regarder deux objets éloignés & opposés, successivement avec les différentes pinnules. S'ils se rencontrent bien exactement dans l'alignement des fentes, c'est une preuve de la justesse de l'instrument.

43. La *planchette*, *Fig.* 24, est un parallélogramme de bois dur, bien sec & bien uni, long d'environ quinze pouces & large de douze, garni de quatre règles BCDE, les trois premières en buis & la dernière en cuivre. On peut se contenter de faire graver sur la planchette même les degrés que portent ces quatre règles. La règle E au point E, est le centre des degrés d'un demi-cercle, qui sont tracés sur les trois règles BCD. Sur ces trois règles sont donc inscrits ces degrés, & immédiatement au dessous est une seconde division intérieure qui exprime le complément des degrés supérieurs à 360 degrés, afin de n'être pas obligé de faire la soustraction. Sur la règle de cuivre E sont gravés 200 ou plus de degrés ou parties égales qui représentent des pieds ou des toises. Le bord de cette division se nomme *ligne de conduite*. Ces quatre règles peuvent servir de châssis, *Fig.* 25, s'ouvrant & se fermant sur la planchette par le moyen de deux petits gonds. Quand on veut s'en servir, on passe une feuille de papier sous les châssis, qui la retient étendue, fixe, & pour ainsi dire collée sur la planchette, de sorte que l'on peut tirer exactement dessus toutes les lignes dont on a besoin. Si la planchette n'a point de châssis, on attache la feuille de papier avec un peu

de cire molle ; mais ce n'est ni aussi sûr ni aussi commode.

Sur un des côtés de cet instrument, on fixe communément une boussole A (41) , qui sert à orienter & l'instrument & le plan que l'on y trace. Le tout est attaché à un genou monté sur un support à trois branches (39 & 40) , qui laisse la liberté de le faire tourner ou de le fixer.

44. L'*alidade* , *Fig. 26* , qui accompagne toujours & nécessairement la planchette , est une règle de métal un peu plus longue que la diagonale de la planchette , & qui porte à ses deux extrémités deux pinnules (38) bien centrées sur la ligne de conduite. Ordinairement l'alidade est divisée en parties égales ou degrés.

SECTION III.

Des instrumens propres à rapporter les mesures & les figures sur un plan.

Ces instrumens se réduisent au compas, à la règle, à l'échelle de proportion & au rapporteur.

Les deux premiers sont trop connus, & leur usage est si commun, qu'il est absolument inutile d'en parler ici. Seulement il faut avoir soin que les branches du compas soient aussi égales qu'il est possible. Voyez (28) la description , la construction & l'usage de l'échelle de proportion.

45. Le *rapporteur* , dont on se sert pour rapporter & tracer sur le papier les angles pris sur le terrain avec le graphomètre & l'équerre de l'arpenteur, consiste en un limbe demi-circulaire ACB , *Fig. 27* , de cuivre , d'argent, de corne ou d'autre matière semblable. Ce limbe est divisé en 180 degrés & terminé par le diamètre A B , au milieu duquel est une petite entaille O , qui est le centre du rapporteur & des degrés qui y sont tracés. Ordinairement la division de cet instrument est double ; l'extérieure marque les degrés , & l'intérieure leur complément , comme sur la planchette (43) : la perfection du rapporteur consiste dans la justesse & la précision des divisions.

Il ne suffit pas d'avoir détaillé les divers instrumens nécessaires à l'arpenteur , il faut encore faire connoître la manière de s'en servir avec le plus d'avantage.

CHAPITRE IV.

De l'Arpentage proprement dit.

On peut se proposer plusieurs objets en arpentant la superficie d'un terrain ; ou simplement de mesurer son contour & d'en connoître les différentes dimensions , ou de faire le plan de ce terrain , & de le représenter en petit, non-seulement d'après ses dimensions & ses bornes , mais encore y distinguer les différentes parties qui le composent, comme bois , vignes , prés , terres labourables , taillis , &c. ou enfin d'en trouver l'aire en perches & en toises pour en statuer la valeur par le produit. Ces trois objets demandent des opérations particulières , qui formeront le sujet de trois sections différentes.

SECTION PREMIÈRE.

Mesurer un terrain régulier & irrégulier, accessible & inaccessible.

Rarement le terrain dont on se propose de lever les dimensions , offre-t-il une figure régulière & des lignes droites : le plus souvent une forme indéterminée, des angles multipliés, une surface en pente, ou entrecoupée par des taillis, des fossés, &c. augmentent la difficulté & nécessitent des opérations compliquées. Les instrumens que nous venons de décrire, les principes que nous donnerons, les procédés simples que nous allons détailler pourront lever tous les embarras, & conduire à des résultats qui mériteront la plus grande confiance.

46. *Mesurer une ligne droite & un parallélogramme régulier sur la terre avec la chaîne.*

Quand il s'agit de mesurer une longue ligne droite AB, *Fig. 28*, sur le terrain, on se sert de la chaîne dont nous avons parlé (34). Deux personnes la portent ; celle qui va devant porte plusieurs piquets (32) : lorsque la chaîne est bien étendue en ligne droite, & bien alignée, un des porteurs pose un piquet E à l'extrémité de la chaîne, afin que l'autre qui va derrière puisse connoître où la chaîne a fini. Quand il est arrivé à ce piquet B, il s'arrête, & fait entrer le piquet dans l'anneau de la chaîne : dans ce tems-là, le premier pose un nouveau piquet F à l'extrémité de la chaîne qu'il tient, & le laisse en terre. Cette nouvelle opération finie, le dernier arrache le piquet E, & tous les deux marchent jusqu'à ce que le dernier rencontre le nouveau piquet F, où il s'arrête, & répète la même opération ; après quoi il arrache ce piquet & continue, &c. jusqu'à ce que le premier soit arrivé en B, extrémité de la ligne AB. A la fin de l'opération, on compte le nombre de piquets ramassés, qui indique le nombre de fois que la chaîne a été étendue. Or, comme la chaîne a une mesure déterminée, comme de quatre ou cinq toises, on voit facilement que la ligne AB, contenant tant de fois la chaîne, doit contenir tant de toises. La chaîne étant divisée par pieds, indique en même tems les pieds en plus ou en moins : ainsi, si l'on a trois chaînes & quart, si la chaîne est de six toises, on aura dix-neuf toises trois pieds, &c.

Quand on mesure, on doit avoir pour principe d'apporter la plus grande exactitude ; & comme dans l'arpentage l'usage de la chaîne est indispensable, on doit se faire une loi inviolable de ne pas se pardonner la plus petite négligence.

Si le terrain à mesurer est un parallélogramme régulier comme AB CD, *Fig. 28*, vous tracez sur un papier la figure à peu près telle qu'elle est ; puis vous mesurez les côtés avec la chaîne, & vous écrivez sur le brouillon le nombre de toises que vous avez trouvées sur chaque côté ; enfin, avec l'échelle des parties (28), vous prenez exactement dessus la grandeur réduite, indiquée par le nombre de toises trouvées.

La chaîne seule ne peut suffire que pour mesurer des terrains réguliers, ou, pour parler plus juste, elle ne doit servir qu'à mesurer des lignes droites : on doit employer dans tous les cas, ou le graphomètre, ou l'équerre d'arpenteur, ou simplement la planchette qui réunit les avantages de tous les deux. Cependant, comme il est possible que l'on soit pourvu de ces deux instrumens, nous allons donner les moyens de s'en servir utilement ; mais nous donnerons toujours la préférence à la planchette, à cause de sa sûreté & de sa commodité.

47. *Mesurer un terrain avec le graphomètre.*

L'emploi du graphomètre, ou demi-cercle d'arpenteur, *Fig. 17*, bien entendu, est d'une très-grande ressource ; mais il demande beaucoup d'usage & de pratique, & un peu de géométrie trigonométrique. Cependant nous tâcherons de l'expliquer si simplement, que tout le monde sera en état de s'en servir.

Pour lever le plan du champ ACDEB, *Fig. 29*, dont on peut appercevoir facilement tous les angles, on commence par choisir son côté le plus long en ligne droite comme AB, dont on mesure le nombre de toises avec la chaîne ; puis on fait planter des jalons (32) à chacun de ses angles, le plus d'aplomb qu'il est possible. On fait ensuite sur un brouillon une figure à peu près semblable à celle du champ, & l'on écrit à la ligne AB le nombre de toises trouvées sur le terrain. Placez le graphomètre à la place du piquet A, en sorte que bornoyant (c'est-à-dire, regardant à travers des pinnules) par les pinnules immobiles du diamètre GF, *Fig. 17*, vous voyez le piquet B, *Figure 29* ; ensuite l'instrument demeurant ferme en cette situation, tournez l'alidade mobile HI, *Fig. 17*, de façon que par ses pinnules, vous puissiez voir le piquet C, *Fig. 29*. Remarquez quel an-

gle fait la ligne de foi de l'alidade avec le côté AB, & marquez sur votre brouillon le nombre de degrés de l'angle BAC; tournez ensuite l'alidade, de sorte que vous puissiez voir le piquet D, & écrivez les degrés de l'angle BAD : tournez encore l'alidade vers le piquet E, & marquez le nombre de degrés de l'angle BAE. Toutes les fois que l'on bornoie de nouveaux objets, il faut avoir l'attention d'examiner si l'instrument est toujours dans l'alignement du piquet B.

Cette première opération étant faite, on transporte le graphomètre & son pied à la place du piquet B, & on replante le piquet A. Là, on répète sur tous les piquets la même opération que l'on a faite à la première station ; & l'on marque sur le brouillon la valeur de chaque angle ABC, CBD, ABE.

Enfin, mettez au net la figure, en traçant exactement avec le rapporteur (45) tous les angles dont la valeur est marquée aux extrémités de la ligne AB, , *Fig. 29*, d'où vous tirerez autant de lignes droites, & de leurs intersections CDE d'autres lignes AC, CD, DE, EB, qui formeront le plan proposé.

Ce procédé ne peut avoir lieu que lorsqu'on peut distinguer facilement tous les angles ; mais il est des cas où cela n'est pas possible, comme lorsqu'on veut lever le plan d'un bois, d'un taillis, d'un terrain très-spacieux, dans lesquels il se rencontre des buttes assez élevées ou des bâtimens, comme un château ou un village si considérables, qu'ils empêchent de distinguer

guer les jalons ; alors il faut néceſſairement faire le plan en dehors, c'eſt-à-dire, faire autant de
ſtations qu'il y a d'angles différens
viſibles de trois en trois. Ainſi,
ſuppoſons que la *Figure 29* repréſente un terrain occupé par de
grands arbres, il eſt clair que du
point A l'on ne diſtinguera pas les
jalons D & E ; il faut donc s'y
prendre autrement.

D'abord, plantez les jalons A C
D E B, de façon que du jalon A on
puiſſe diſtinguer les jalons C & B ;
que de C, on puiſſe voir D & A ;
que de D, on puiſſe voir C & E ;
que de E, on puiſſe voir D & B ;
enfin, que de B, on puiſſe voir
A & E. Il faut faire en ſorte de ne
mettre des jalons que le nombre
abſolument néceſſaire : quand on
les multiplie trop, on multiplie
auſſi les opérations, & le travail
devient alors trop compliqué. Placez enſuite le graphomètre au point
A ; par les pinnules immobiles,
bornoyez le jalon B, & par les
mobiles le jalon C. Tracez ſur
un brouillon la ligne A B avec
le nombre de toiſes qu'elle contient ; prenez la valeur de l'angle
C A B, que vous ferez à peu près
ſemblable ſur votre brouillon, &
écrivez ſa valeur ; enfin, meſurez
la ligne A C, & exprimez-la ſur
le papier. Cette première opération faite, tranſportez votre graphomètre au point C, & replantez
le jalon A. De ce point C, répétez la même choſe ſur les jalons
A & D ; prenez la valeur de l'angle A C D, & la longueur des lignes A C & C D. Tracez ſur votre
brouillon cet angle & ces lignes
avec leur valeur. Aux points D, E

Tom. I.

& B, faites exactement les mêmes
opérations, & vous aurez la valeur
de tous les angles & de toutes les
lignes que contient ce terrain. Il
ne s'agit plus que de réunir toutes
ces obſervations, & de les porter
ſur le papier ; & voici comme on
doit s'y prendre.

Tirez à volonté une ligne indéfinie comme A B ; prenez, par le
moyen d'une échelle de partie, ſur
cette ligne la diſtance meſurée, par
exemple, 60 toiſes, & ſur le point
A placez le centre O d'un rapporteur, *Fig. 27*, de façon que la
ligne du diamètre A B couvre la
ligne A B, *Fig. 29* ; enſuite on
prendra ſur la circonférence de ce
rapporteur un arc égal à l'angle
C A B, que je ſuppoſe être juſte de
90 degrés, ou un angle droit ;
tracez alors la ligne indéfinie A C :
ſur le brouillon, elle contient 28
toiſes ; prenez ſur la règle la grandeur des 28 toiſes réduites, &
portez-la ſur la ligne A C. Repor-
tez au point C le centre du rapporteur, & ſon diamètre ſur la
ligne A C : prenez l'angle D C A
de 120 degrés ; & d'après cette
ouverture, tirez la ligne indéfinie
C D, ſur laquelle vous porterez
les 52 toiſes, comme vous l'avez
déjà fait pour les lignes B A & A C.
Tranſportez de nouveau le rapporteur au point D ; cherchez l'angle
C D E de 110 degrés ; tirez la ligne
D E de 50 toiſes. Au point E, faites
l'angle D E B de 76 degrés, & tirez
la ligne E B, qui, menée juſqu'au
point B, devra contenir 36 toiſes
comme ſur le terrain, & faire l'angle A B E de 144 degrés, ſi votre
opération eſt bien faite. Ainſi vous
aurez en petit la figure exacte du

terrain dont vous avez mesuré les
différentes dimensions.

Le graphomètre a un très-grand
avantage, en ce qu'il porte un alidade mobile qui met à même de
mesurer tous les angles qui se rencontrent, & que l'on n'est pas
obligé de tâtonner comme avec
l'équerre de l'arpenteur.

48. *Mesurer un terrain avec l'équerre
de l'arpenteur.*

L'équerre de l'arpenteur, *Fig. 23,*
est composée, comme nous l'avons
dit (42), d'un limbe circulaire de
métal, chargé de deux alidades immobiles garnies de pinnules, & qui
se coupent à angle droit au centre : avec cet instrument, on ne
peut donc prendre que des angles
droits, & l'on est toujours obligé
d'y ramener toutes les dimensions
du terrain. Voici comme on peut
procéder.

Soit le terrain A B C D E, *Fig. 30,*
où l'on peut entrer, & aux angles
duquel on peut librement aller.
Après avoir planté des jalons bien
aplomb à tous les angles, on mesurera la ligne AC, & les perpendiculaires qui tombent des angles
sur cette ligne, & l'on écrira séparément ces mesures sur le brouillon, que l'on fera à vue d'œil.
Pour trouver le point F, extrémité
d'une des perpendiculaires, on
plantera des jalons à discrétion sur
la ligne AC, & l'on mettra le pied
de l'instrument sur la même ligne,
de manière qu'à travers deux alidades opposées, on puisse voir deux
des jalons plantés sur cette ligne,
& à travers les deux autres alidades le jalon E. Si dans cette station
le point E n'est point visible, on
reculera ou l'on avancera l'instru-

ment jusqu'à ce que les lignes AF,
EF fassent un angle droit en F. Mesurez avec la chaîne la ligne AF de sept
toises & la ligne FE de dix ; écrivez ces mesures sur le brouillon,
comme on les voit sur cette figure.
On trouvera de la même manière
le point H, où tombe la perpendiculaire DH, dont on mesurera &
écrira la longueur, douze toises,
avec celle de FH de quatorze toises. On mesurera ensuite HC de
huit toises, qui fait un angle droit
avec HD : on aura donc par parties toute la ligne AC. Ayant mesuré toute cette ligne, il ne s'agit
plus que de trouver le point G,
où tombe la perpendiculaire BG,
& de la mesurer. On trouvera ce
point de la même manière que tous
les autres, & on finira par porter
la longueur de cette ligne de dix
toises.

Pour avoir la figure exacte de
toutes ces mesures, tirez sur un
papier la ligne AC de la grandeur
de vingt-neuf toises, par le moyen
de l'échelle des parties. Elevez aux
points F G H, les perpendiculaires FE, BG & HD (18), auxquelles vous donnerez juste le
nombre de toises qu'elles ont sur
votre brouillon, aux points E D
& B ; tirez enfin par ces points les
lignes AE, ED, DC, CB, BA,
& vous aurez la figure exacte que
vous cherchez.

Entre les mains d'un homme ha-
bitué à se servir de l'équerre de l'arpenteur, cet instrument peut encore être employé à mesurer un
terrain garni de bois, d'eau ou de
maisons ; seulement l'opération est
plus longue. Plantez des piquets à
tous les angles EFGHI, *Fig. 31;*

enfuite comme cet inftrument ne donne que des angles droits , tâchez d'infcrire la figure du terrain dans un rectangle , que vous mefurerez ; fouftrayant enfuite les triangles & les trapèzes qui fe trouveront ajoutés autour de ce plan , le refte fera la furface du terrain propofé.

Du point E , prolongez avec votre équerre la ligne EF , jufqu'à ce qu'elle rencontre par une perpendiculaire à peu près le piquet G : cherchez la perpendiculaire GK ; & quand vous l'aurez trouvée, prolongez-la jufqu'à ce que vous puiffiez y faire tomber la perpendiculaire HL. Plantez des piquets aux points K & L; prolongez la ligne LH jufqu'à la hauteur du point E. Sur cette ligne, cherchez la perpendiculaire NI qui parte du piquet I; enfin , en retournant au point E, tracez la perpendiculaire ME; ce qui étant fait, vous aurez un triangle qui renfermera le terrain que vous cherchez : vous le mefurerez exactement avec la chaîne. Pour fouftraire les triangles & les trapèzes que vous avez ajoutés, & trouver la vraie figure , prenez exactement la valeur des lignes FK , KG, GL, HL, HN, NI, NM, ME, que vous porterez fur votre brouillon , où vous aurez tracé un rectangle dont les côtés font parfaitement égaux à ceux du rectangle que vous aurez trouvé. Des points EFGHI correfpondans aux piquets, tirez les lignes EF, FG, GH, HI, IE, qui vous donneront une figure femblable au terrain.

L'embarras principal de l'équerre de l'arpenteur, eft de ne pouvoir donner que des angles droits , &

de néceffiter par conféquent plufieurs opérations : le graphomètre lui eft donc préférable ; mais l'un & l'autre exigent deux travaux ; celui qui fe fait fur le terrain même, & celui que l'on eft obligé de faire chez foi : en mettant au net le brouillon , la planchette évite ce double travail.

49. *Mefurer un terrain avec la planchette.*

Etant arrivé fur le terrain AB CD, *Fig*, 32 , à mefurer, on commence par planter des jalons dans tous les angles , & on établit fa planchette (43) à un de fes angles, de façon qu'elle foit bien d'aplomb, & dans la verticale de ce point, autant qu'on pourra. Si c'eft une planchette fans châffis, on attachera deffus une feuille de papier avec de la cire ou du pain à cacheter ; fi elle eft à châffis, on mettra entre-deux une feuille de papier, & on fixera le tout folidement. Avec un crayon ou de l'encre , on fera un point *a* correfpondant fur le papier : on pofera fur ce point l'alidade mobile, de façon que l'on puiffe voir le piquet B à travers les pinnules ; quand on l'aura trouvé , fixant avec la main l'alidade fur la planchette , on tirera la ligne indéfinie *a b* fur le papier : vifant enfuite le piquet D, on tracera la ligne *a d* , & enfin la diagonale *a c* dans l'alignement du piquet C. On fent facilement que fi la figure a plus de quatre angles , on tirera autant de lignes qu'il fe trouvera d'angles. On mefurera les lignes AB, AC, AD; on écrira leur valeur fur le même papier le long de ces lignes ; enfuite replaçant le piquet A , on tranfportera la planchette au piquet C, on la mettra de niveau, & on la posera de façon que le point c du papier corresponde au point C du terrain; ensuite avec l'alidade, on mettra la ligne c a du papier dans l'exacte direction de C A du terrain, & l'on fixera le tout. Du point C on visera le piquet D, & on tirera la ligne c d; on en fera autant pour le piquet B, & on tirera la ligne c b, ce qui vous donnera en petit la figure a b c d parfaitement semblable à la figure du terrain. Pour terminer l'opération, on mesurera les lignes C B & C D, & votre plan avec toutes ses dimensions sera achevé.

Si le terrain dont on veut lever le plan est un bois, ou disposé de façon que l'on ne puisse pas appercevoir les jalons placés diagonalement, on procédera par le contour du terrain. On posera, par exemple, la planchette au dessus du point A, & on tracera l'angle b a d égal à B A D du terrain; ensuite on ira au piquet B, en mesurant la distance A B. On fera l'angle a b c égal à celui A B C du terrain, & ainsi d'un angle à un autre angle, pour en prendre l'ouverture & leur distance entre eux; de cette façon, étant revenu au piquet A d'où l'on étoit parti, on le trouvera au même endroit a, où il sera déterminé sur le papier par la première station; alors on aura l'exacte figure du terrain que l'on cherche.

Si le terrain a des angles très-multipliés comme dans la *Figure 33*, il est assez facile d'en faire le plan, même par une seule station, pourvu que du centre du terrain, on puisse découvrir facilement les piquets placés à tous les angles. Fixez la planchette au centre à peu près du terrain; prenez sur le papier le point o pour représenter ce centre, mettant le bord de l'alidade à ce point; dirigez les pinnules vers les différens angles du champ A, B, C, D, E, F, G, H, K, & tirez le long de son bord des lignes indéfinies, dirigées à chaque angle, c'est-à-dire, les lignes o a, o b, o c, o d, o e, o f, o g, o h, o k : mesurez sur le terrain les lignes O A, O B, O C, &c. & après les avoir prises sur le terrain les lignes O A, O B, O C, &c. & après les avoir prises sur une échelle, portez-les sur les lignes correspondantes du papier. Les extrémités de ces lignes donneront des points, lesquels étant joints par d'autres lignes a b, b c, c d, d e, e f, f g, g h, h k, k a, représenteront en petit la figure du terrain cherchée.

50. *Manière de changer le papier qui est sur la planchette.*

Il arrive souvent que, lorsqu'on a de très-grandes surfaces à mesurer, le plan excède les dimensions de la planchette, & qu'il s'étend au-delà du papier; il faut nécessairement changer la feuille de papier, & en substituer une nouvelle. Voici la manière de faire ce changement avec exactitude. Supposons que H K M Z, *Fig. 34*, soient les limites de la planchette, de manière qu'ayant tracé le champ de A en B, & de-là en C jusqu'en D, la place vienne à manquer, la ligne D E s'étendant au-delà du papier; tirez la partie de la ligne D E que le papier pourra contenir, par exemple la partie D O, & au moyen des divisions qui sont sur le bord du châssis, tirez par le point O la ligne P Q parallèle au bord de la planchette H M ; & par le même point O, tirez O N parallèle à M Z. Après cela ôtez la feuille de papier, & placez-en une nouvelle, *Fig. 35 ;* tirez fur cette feuille une ligne R S proche l'autre bord, auquel elle foit parallèle ; placez enfuite la première feuille fur la planchette, de manière que la ligne P Q foit exactement couchée fur la ligne R S, ce qui s'exécutera facilement en pliant cette feuille fur la ligne P Q ; enfin, tirez fur la nouvelle feuille la partie de la ligne O D que la planchette pourra contenir, & du point O fur la nouvelle feuille, prolongez le refte de la ligne O D jufqu'en E, & du point E continuez le relevé des angles & des diftances F, G, A, comme nous l'avons indiqué.

Il y a quantité d'autres opérations auffi intéreffantes qu'amufantes, que l'on peut faire avec la planchette & les autres inftrumens ; comme de mefurer la diftance de deux endroits dont l'un eft inacceffible, ou qui le font tous les deux ; de trouver la hauteur d'une tour, d'un clocher, &c. mais la réfolution de ces problèmes n'étant pas directement du reffort de l'arpentage, nous ne nous y arrêterons pas. Il en eft d'autres qui lui appartiennent plus effentiellement ; comme celui de lever la fituation de plufieurs villages à la fois, de dreffer la carte d'un pays, ou fimplement d'établir les principaux points d'un terrier : ces objets font trop intéreffans pour que nous les négligions.

51. *Etablir la fituation refpective de différens points principaux, Fig. 36.*

On choifit d'abord un terrain bien uni A B pour y mefurer en toifes, ou, bien mieux, en pieds une ligne A B. A l'une des extrémités A, on établit la planchette de niveau, (nous nous fervirons de la planchette pour cette opération, comme plus commode ; on peut également employer le graphomètre) & on la fixe ; alors on marque fur le papier le point *a* dans le vertical du point de ftation A. De ce point *a* avec l'alidade, on dirige une ligne dans la direction du clocher du village C, de la tour D, de la croix E, du chêne F, de la chapelle G, de la juftice H ; & enfin on trace une dernière ligne dans la direction de la bafe A B, où au bout B on aura planté un jalon. Cela fait, on mefurera depuis A, & dans la direction A B, la plus grande longueur que l'on pourra ; on prendra fur l'échelle pareil nombre de pieds, afin de déterminer le point *b* correfpondant au point B du terrain. On tranfportera enfuite la planchette du point A, où l'on fera mettre un jalon au point B ; là, mettant la planchette de niveau, le point *b* fur le point B, & la ligne *b a* dans la direction précife de la bafe B A, on dirigera du point *b* fur chacun des objets C, D, E, F, G, H, qu'on a vu du point A ; dans le point où fe fera la fection des rayons dirigés de *a* & de *b* fur le même objet, on en aura la pofition fur la planchette ; c'eft ainfi que l'on déterminera les points *c*, *d*, *e*, *f*, *g*, *h*, repréfentant le lieu des objets C, D, E, &c.

On fent parfaitement que, plus la ligne de bafe A B aura d'étendue, plus les angles dont elle fera la base auront d'ouverture, & plus il fera aifé de les mefurer ; il faut donc lui donner le plus de longueur que l'on pourra, en confervant fon niveau qui eft une de fes qualités effentielles.

52. *Tracer un plan fur la terre*, *Fig. 37.*

Pour tracer un plan fur le terrain qui foit femblable à un plan décrit fur le papier, comme *b c d e*, fixez ce plan fur la furface de la planchette ; & ayant choifi un endroit commode fur un terrain comme A, faites que le centre de l'alidade réponde perpendiculairement comme en *a* ; enfuite de ce point comme centre, tournez l'alidade vers un des angles du plan propofé, comme vers l'angle *b*, enforte que vous ayez la ligne *a b* ; faites tracer fur la terre, en partant du point A, la ligne A B ; mefurez fur l'échelle, *Fig. 14*, ou fur une échelle quelconque de parties égales, la diftance de *a* en *b*, & comptez autant de pieds ou de toifes fur la ligne A B ; le point B reprefentera le point *b* du plan propofé, où vous ferez planter un piquet. Tournez enfuite l'alidade vers l'angle *c*, & faites pour cet angle la même opération qui a été faite pour l'angle *b*, pour avoir de la même manière fur le terrain la repréfentation de l'angle *c* en C où vous ferez planter un piquet. Faites-en de même pour les angles *e* & *d*, vous aurez fur la terre leurs repréfentations aux points E & D ; tirez enfin les lignes B C, C D, D E, E B, & le plan propofé *b c d e*, fe trouvera tracé fur le terrain, & repréfenté par le plan B C E D.

SECTION II.

Tracer le plan d'un terrain dont on a pris les mefures.

La planchette, comme nous l'avons vu, eft le feul inftrument qui faffe en petit le plan exaƈt du terrain que l'on a mefuré ; tous les autres inftrumens ne donnent que les différens angles & la mefure des lignes fans les affembler, tels qu'ils font effeƈtivement. Il faut donc encore que l'arpenteur fache l'art de décrire fur un papier ou une grande carte, & réunir tous ces angles & toutes ces lignes, de façon qu'ils ne repréfentent plus qu'une figure générale ; c'eft ce que l'on appelle *lever un plan ;* & cette partie de l'arpentage eft auffi effentielle que l'autre. A quoi ferviroit, en effet, d'avoir mefuré un terrain fous toutes fes dimenfions, fi l'on ne connoît pas les moyens de les repréfenter, & fi l'on ne les exécute pas avec exaƈtitude & propreté ? Ces deux points font effentiels, & vont nous occuper.

Une règle, un compas, un crayon, une échelle de parties, & un rapporteur, voilà les inftrumens néceffaires à l'exaƈtitude du plan ; un peu de deffin, & trois ou quatre couleurs gommées, en font un plan lavé.

Tout le monde connoît la règle, le compas & les crayons. *Voyez* par rapport à l'échelle & au rapporteur, les articles 28 & 45.

A l'article *graphomètre* (47) nous avons donné un procédé fimple & facile pour faire le plan d'un terrain mefuré avec cet inftrument ; en voici un auffi exaƈt pour faire le plan d'un terrain levé avec la planchette.

53. *Porter sur une carte un plan levé avec la planchette, Fig. 38.*

Je suppose que le plan à copier soit celui du terrain représenté par la *Figure 33*, composé des angles *a, b, c, d, e, f, g, h, k*, comme il a été fait par le centre du terrain; tracez-le aussi par le même moyen, l'opération sera beaucoup plus facile. Commencez avant tout à faire une échelle de parties, où les toises seront réduites au point que vous voudrez, par exemple, à une ligne par toise, ce qui vous servira de règle pour toutes les divisions de ce plan. Quand le plan sera terminé, vous copierez cette règle, afin qu'elle serve de mesure perpétuelle. Si votre terrain est isolé, & que vous ne vouliez faire que son plan, sans faire attention aux champs voisins, tracez deux lignes 1 2 3 4 au crayon, qui se coupent à angles droits (18) au centre de votre brouillon; prenez ensuite un point central O sur la carte, *Fig. 38*, qui sera coupé par deux lignes perpendiculaires 1 2 3 4, tirées seulement au crayon, afin de pouvoir les effacer ensuite (toute ligne, tout trait au crayon, s'efface avec de la mie de pain frais); posez ensuite le rapporteur de façon que son centre soit sur le centre O du brouillon, & son diamètre sur la ligne 1 2, & cherchez sur le brouillon l'angle I O K; les rayons qui partent de la circonférence du rapporteur à son centre, expriment cette valeur par leurs ouvertures; il se trouve être de quarante-cinq degrés. Portez sur le point O de la carte le centre du rapporteur; placez sur la

ligne 1 2 son diamètre, & avec la pointe de votre crayon faites un point sur le papier vis-à-vis du quarante-cinquième degré; ôtez votre rapporteur, & avec la règle tirez la ligne indéfinie K O au crayon. Dans le brouillon, cette ligne a 34 toises; prenez cette grandeur sur l'échelle, & portez-la sur la tige K O; les 34 toises finiront au point K: faites-y une marque avec le crayon. Cette première opération faite, cherchez l'angle K O A, dont vous avez déjà un des côtés K; placez le diamètre de votre rapporteur sur cette ligne de votre brouillon, & son centre toujours sur le point O; vous trouverez que cet angle a quarante-quatre degrés. Portez l'ouverture de cet angle sur votre papier en opérant exactement, comme vous avez fait pour l'angle I O K; tirez au crayon la ligne indéfinie A O, cherchez ensuite le nombre de toises que contient cette ligne sur le brouillon, elle est de 42 toises; portez-les sur la ligne du plan, elles finiront au point A: faites une marque à ce point. De ce point & de celui K, tirez à l'encre la ligne K A, qui représentera le premier côté du terrain & sa vraie grandeur.

(Si cette ligne était contiguë à un autre champ S T K A dont vous eussiez déjà la figure, vous n'auriez pas besoin de faire toute l'opération que je viens de détailler; la ligne commune aux deux champs vous serviroit de base pour les opérations suivantes. Il s'agiroit seulement de trouver le point central O; & voici comment on y parviendroit facilement. Du point A comme centre, avec une ouverture de compas égale au nombre de toifes que contient la ligne A O , tracez l'arc *a b* ; enfuite du point K comme centre, avec une ouverture égale au nombre de toifes que contient la ligne K O , décrivez l'arc *cd* qui coupera le premier au point du centre cherché ; tirez au crayon les lignes A O & K O , & continuez d'opérer comme nous allons le dire.)

Pour trouver la ligne A B , mettez le diamètre du rapporteur fur la ligne A O du brouillon , & prenez l'angle A O B qui eft de cinquante-trois degrés & demi ; portez-le fur le plan en pofant le diamètre du rapporteur fur la ligne A ; tirez la ligne indéfinie O B que vous ferez de cinquante toifes , comme elle fe trouve être fur le terrain , & tracez la ligne A B qui vous donnera le fecond côté de votre terrain. Pour avoir le troifième , le quatrième , le cinquième , &c. répétez exactement la même opération , ayant toujours foin , pour prendre les angles , de pofer le diamètre du rapporteur fur la dernière ligne tracée du centre à la circonférence. Quand vous aurez toutes les lignes qui circonfcrivent le champ dont vous levez le plan, effacez avec de la mie de pain toutes les lignes tracées au crayon , il ne reftera plus que les traits noirs, & votre figure paroîtra avec toute fon exactitude. Toutes les lignes ponctuées, *Fig. 38*, indiquent les lignes faites au crayon pendant l'opération.

Quelquefois il arrive que le dernier angle K O H ne fe trouve pas d'accord fur le plan avec celui qui eft tracé fur le brouillon ; dans ce cas, il faut tout recommencer , car cela prouve qu'on s'eft trompé dans quelqu'endroit. Les lignes noires s'effacent avec le gratoir. Comme cela fait un mauvais effet , il vaut mieux tracer d'abord toute fa figure au crayon, pour être le maître de pouvoir l'effacer dans le befoin ; enfuite fi elle eft jufte quand tout eft terminé , tracer à l'encre les lignes néceffaires.

Rarement a-t-on une feule figure à tracer ; un plan terrier contient toujours une furface de terrain divifée en grand nombre de pièces de terre : il faut les affembler & les réunir fur le plan , comme elles le font réellement dans la nature. Ayant fait le plan d'un champ , on continue en allant fucceffivement d'un champ à un autre, en fe fervant de leurs côtés communs, & , par ce moyen , on les lie tous les uns aux autres. Lorfque le plan total , ou la carte générale eft faite, il eft néceffaire de l'orienter, c'eft-à-dire, d'en indiquer les quatre points cardinaux par fignes ou par écrit. La bouffole A qui accompagne la planchette, *Fig. 24*, remplit cet objet dans l'opération fur le terrain ; il ne faut jamais négliger d'exprimer fur le brouillon la fituation d'un champ ; on la rapporte fur le plan.

Communément l'on place dans un des coins du plan le figne indicatif de la pofition ; c'eft un cercle coupé au centre par deux perpendiculaires. A l'extrémité de la ligne qui défigne le nord , on met une fleur-de-lis , comme on le voit dans toutes les cartes de géographie.

Un arpenteur qui veut joindre la propreté à l'exactitude , ne fe borne pas à repréfenter fimplement la figure d'un bien ; il peut encore

chercher

chercher à exprimer ce que chaque partie produit isolément ; il doit être en état de faire sentir les différens objets dont il a levé le plan. Quelques notions de deffin le mettront à même d'exécuter avec facilité tout ce qu'il entreprendra. Un détail circonstancié de cette partie / de l'arpentage nous mèneroit trop loin ; on peut consulter les livres qui traitent du deffin : mais pour la commodité de ceux qui voudront travailler d'après les préceptes que nous avons donnés , & qui au simple trait voudroient joindre ou le deffin ou les couleurs , nous ne pouvons nous dispenser de donner les détails suivans.

L'encre dont on se sert communément est l'encre de la Chine délayée dans de l'eau. Les couleurs seules nécessaires sont le carmin , la gomme-gutte, le verd de vessie , le verd d'eau & le bleu : avec elles & l'encre de la Chine , on peut représenter toutes les productions d'un pays. On délaye ces couleurs avec un peu d'eau nette, dans laquelle on a fait diffoudre un peu de gomme arabique. L'encre de la Chine , la gomme-gutte , le verd de vessie & le verd d'eau se débitent chez les épiciers tout préparés ; le carmin & le bleu sont les seules couleurs qu'il faut gommer soi-même , en les broyant & les mêlant bien avec de l'eau gommée jusqu'à ce qu'elles fassent une pâte. Lorsque l'on veut s'en servir , on en délaye avec un peu d'eau nette, & on la verse dans un autre vase , où on lui donne la force nécessaire.

Chaque objet demande sa couleur particulière ; les *montagnes* , les ro-

Tom. I.

chers & les *carrières* se font avec autant de carmin que de gommegutte & un peu d'encre de la Chine ; les ravins , les chemins creux, les encaissemens comportent encore la même couleur. Pour le trait du deffin , *voyez* les figures gravées *Planche* 21 , pag. 678.

Les *chemins* , *digues* & *chauffées* se représentent avec des ombres coupées d'encre de la Chine pâle au dehors des chemins ; & le long de leurs parties opposées, on peut y substituer un peu de verd adouci. Le fond des chemins étant de couleur rousse , il convient d'en mettre une teinte fort légère entre les lignes qui déterminent la largeur ; ordinairement les chemins royaux, les digues & les chauffées se tracent par des lignes d'encre de la Chine parallèles.

On fait sentir les *talus* qui bordent les canaux , les rigoles & les fossés , avec de la couleur des montagnes mêlée de verd.

Les rivières , les canaux, les étangs, en général toute masse d'eau, se font avec du verd d'eau ; & dans leur intérieur , une petite ombre coupée d'encre de la Chine le long de leur bord opposé au jour , fait sentir la profondeur de la surface qui contient l'eau. La direction du cours de l'eau est indiquée ordinairement par une flèche dont la pointe est tournée du côté où se porte la pente de l'eau.

Les prés, gazons, boulingrins, pâtures , &c. tout terrain couvert d'herbes, se font avec de la couleur d'eau & de la gomme gutte mêlées ensemble, pour avoir une teinte verte plus ou moins foncée ; on en met une couche avec un pinceau fur tout le pré , & avec la plume on la charge difcrétement & par places , de petits points d'un verd plus fort , parmi lefquels on exprime des petites touffes d'herbes. Les prés artificiels fe font de la même manière, excepté qu'on les fillonne comme des terres labourées.

Les friches, les terrains arides , s'expriment avec une couleur mêlée de jaune , de verd & de rouge pâle, que l'on pointille avec la même couleur plus foncée.

Les bois de haute futaie , les taillis, les arbres , s'expriment en formant des maffes de têtes d'arbres ou de feuillées , au deffous defquelles on tire des traits pour repréfenter des troncs, ou bien on imite des maffes de tiges grouppées pour les taillis. Quand ce font des avenues que l'on veut repréfenter, on difpofe fes arbres dans l'alignement de l'avenue ; on colore ces arbres avec des verds gais ; on ombre ces feuillées fur leur droite , pour leur donner du relief ; au bas des tiges, on pofe les ombres que les groupes doivent caufer fur les parties vides & les places vagues que l'on laiffe irréguliérement.

Pour exprimer des terres labourées, on fait dans l'étendue de chacune , & avec la plume ou le pinceau, des traits ou fillons de même couleur. Quand il y a plufieurs champs labourables qui fe fuivent immédiatement, on les fillonne en différens fens & avec différentes nuances , avec des verds plus ou moins jaunes, plus ou moins bleus, avec une couleur rouffe , &c. Les terres labourées fur le penchant d'une montagne , doivent avoir

leurs fillons comme par échelons parallèles entr'eux , & fuivant le contour de la montagne ; car c'eft ainfi que l'on mène la charrue , & non pas de bas en haut.

Les haies & les buiffons fe font avec la plume comme des petites feuillées ; on les ombre & on les colore comme des têtes d'arbres.

Les vignes à échalas fe font par rangées exactes, mais dans différens fens pour différentes pièces de vignes contiguës les unes aux autres. On exprime les échalas à la plume & à l'encre de la Chine par des traits perpendiculaires au plan , & & les ceps avec du verd de veffie, ou autre, employant la plume pour faire une efpèce de ferpent ou de zigzag autour de chaque échalas. La teinte générale d'une vigne eft de couleur rouffe , ou d'un verd prefque jaune, mais très-clair.

Les maifons, les édifices remarquables , les bâtimens particuliers dont la figure eft tracée fur le plan, s'expriment par une couche de carmin pâle, mife bien uniment dans chacune de ces figures. En pointillant de carmin les bords oppofés au jour, on donne plus de grâce au plan ; quelquefois on figure le comble de ces édifices , lorfqu'ils font remarquables , comme châteaux , églifes , &c. & alors, dans leur partie éclairée , on ne met qu'un filet de rouge adouci , & une couche de bleu exprime les ardoifes dont ils font couverts.

Au refte , le goût, plus que tous les préceptes , doit guider la main de celui qui lave ou colorie un plan. Nous avons fait graver quelques-uns des objets dont nous venons de parler , pour fervir de modèle pour faire les traits à la plume que l'on peut enluminer enfuite avec des couleurs.

SECTION III.

Trouver l'aire d'un terrain en perches & toifes quarrées.

Le terrain a été mefuré, toutes fes dimenfions font connues : le plan en eft tracé, lavé & enluminé fur une carte ; mais ce n'eft pas cela feul que peut & doit fe propofer quiconque s'occupe de l'arpentage : la valeur de ce même terrain & ce qu'il contient en arpent, perches, toifes, &c. eft d'une trop grande importance pour qu'il ne l'ait pas effentiellement en vue. Si les mefures étoient communes & uniformes, la manière d'eftimer cette valeur feroit par-tout la même ; mais par malheur rien ne varie autant en France que les mefures en général : d'une province à l'autre, c'eft une nouvelle étude à faire, & étude fouvent d'autant plus embrouillée, que ce n'eft pas quelquefois une feule portion de cette mefure qui varie, mais toutes les portions relatives. Le pied de roi qui devroit être uniforme, n'eft pas le même d'une province à l'autre, & fouvent d'une partie de province à l'autre. Les dénominations des grandes divifions varient pareillement : en Normandie, les terres fe divifent en *acre* de cent foixante perches quarrées ; dans l'Agenois en *carterées ;* dans l'Anjou en *journaux* de cent perches quarrées de vingt-cinq pieds ; dans le Beaujolois & Lyonois en *bicherées ;* dans le Bordelois en *reges ;* en Dauphiné & d'autres provinces, en

féterées ; dans une partie du Beauvoifis en *mines* de terre ; dans le Languedoc en *faumées ;* aux environs de Nantes en *boiffelées, hommées, ondains,* &c. &c. prefque toutes ces premières mefures fe fubdivifent en arpens, perches, toifes. *Voyez* le mot MESURE, où nous donnerons une table des rapports de toutes les mefures linéaires de France comparées enfemble.

L'arpent, en général, eft compofé de cent mefures quarrées, communément appelées *perches quarrées.*

La perche royale a été fixée pour les biens du roi, à vingt-deux pieds courans de douze pouces ; elle varie dans toute la France depuis dix-huit jufqu'à vingt-huit pieds. Il eft donc de l'intérêt de l'arpenteur de s'inftruire avant tout, fur le lieu où il opère, de la valeur de la perche ufitée ; il doit même en faire mention, afin de prévenir toutes conteftations. Il eft bon auffi de l'exprimer dans le plan terrier fur l'échelle des parties.

La perche quarrée, quelle que foit fa valeur, eft le produit du nombre de fes pieds multipliés par eux-mêmes : ainfi, fi la perche courante eft de dix-huit pieds, la perche quarrée fera de trois cents vingt-quatre, ou dix-huit multiplié par dix-huit qui égale trois cents vingt-quatre.

La toife courante a fi pieds de longueur, & la toife quarrée a trente-fix pieds de fuperficie. Le quarré, ou la fuperficie quarrée d'un terrain, eft égal au produit de fa bafe multipliée par fa hauteur ; ainfi, fi nous fuppofons un champ quadrangulaire qui ait une perche en tout fens, il aura une perche quarrée de fuperficie. D'après ce principe, la table fuivante contient en pieds & en toifes quarrées l'étendue de l'arpent, felon les différentes longueurs de la perche augmentée d'un pied, depuis dix-huit jufqu'à vingt-huit. Cette table fera utile & aux arpenteurs & aux propriétaires, parce qu'elle peut fervir & à réduire en perches quarrées un arpent quelconque, & à connoître qu'elle portion de l'arpent contient le plus petit champ.

La Perche ayant	La Perche quarrée contient	
pieds.	en Pieds.	en Toifes. Pieds.
18. . . .	324.	9 . . 0.
19. . . .	361.	10 . . 1.
20. . . .	400.	11 . . 4.
21. . . .	441.	12 . . 9.
22. . . .	484.	13 . . 16.
23. . . .	529.	14 . . 25.
24. . . .	575.	16 . . 0.
25. . . .	625.	17 . . 13.
26. . . .	676.	18 . . 28.
27. . . .	729.	20 . . 9.
28. . . .	784.	21 . . 28.

La Perche ayant	L'Arpent quarré contient	
Pieds.	en Pieds.	en T. qu. Pieds.
18. . . .	32400.	900. . . 0.
19. . . .	36100.	1002. . . 28.
20. . . .	40000.	1111. . . 4.
21. . . .	44100.	1225. . . 0.
22. . . .	48400.	1344. . . 16.
23. . . .	52900.	1469. . . 16.
24. . . .	57600.	1600. . . 0.
25. . . .	62500.	1736. . . 4.
26. . . .	67600.	1877. . . 28.
27. . . .	72900.	2025. . . 0.
28. . . .	78400.	2177. . . 28.

Nous allons donner quelques exemples de la réduction en arpens de la fuperficie de différens champs, afin qu'on en faffe l'application, & qu'ils fervent de modèle dans des cas femblables.

1°. Suppofons un pré parfaitement quarré, dont un des côtés C D, *Fig. 10*, a 50 toifes de longueur; ce quarré aura 2500 toifes de fuperficie, ou 90000 pieds quarrés d'étendue. Si la perche de l'arpent du lieu a 18 pieds de longueur, on verra dans la table précédente que l'arpent contient 32400 pieds quarrés; ainfi, divifant par ce nombre les 90000 pieds ci-deffus, on trouvera que ce pré contient deux arpens & 25200 pieds. Si on divife ce refte par 324 pieds contenus dans la perche quarrée, on trouvera 77 perches $\frac{7}{9}$; d'où il réfulte que ce pré a deux arpens, 77 perches $\frac{7}{9}$, ou deux arpens $\frac{1}{4}$, deux perches $\frac{7}{9}$.

2°. Imaginons une pièce de vigne formant un rectangle de 80 toifes de long fur 40 de large B I D K, *Fig. 6*, elle aura 3200 toifes fuperficielles, ou 115200 pieds quarrés; & fi la perche de l'endroit a 19 pieds de longueur, la table ci-devant montre que l'arpent compofé de cette perche contient 1002 toifes 28 pieds, ou 36100 pieds quarrés; ainfi divifant l'étendue de 3200 toifes, où 115200 pieds par l'un des deux nombres précédens, on aura trois arpens, 19 perches, & 341 pieds, ou $\frac{17}{18}$ de perche, ou à peu près.

3°. Soit un bois formant un parallélogramme ou un lozange D E F I, *Fig. 6*. Pour avoir la fuperficie de ces figures, il faut multiplier l'un de fes côtés par fa diftance perpendiculaire, ou par la perpendiculaire au côté qui lui eft oppofé. Suppofons qu'ici la perpendiculaire E N ait 31 toifes 3 pieds, & que le côté DF fur lequel tombe cette perpendiculaire foit de 68 toifes; ce lozange aura 2142 toifes, ou 77112 pieds de fuperficie. Si la perche du canton a vingt pieds de longueur, en faifant toutes les opérations précédentes, on connoîtra que ce bois contient un arpent 92 perches trois pieds, ou un arpent $\frac{2}{4}$, 17 perches $\frac{4}{5}$ environ.

4°. Suppofons une poffeffion triangulaire, *Fig. 2*, dont on veut avoir l'étendue réduite en arpens. Nous avons dit que l'on connoît l'aire d'un triangle en multipliant l'un de fes côtés, fa bafe, par exemple, par la moitié de fa hauteur. Dans cet exemple, la bafe EF a 225 toifes deux pieds, & la hauteur ED 62 toifes quatre pieds fix pouces ; ce terrain contiendra 7069 toifes, ou 154514 pieds quarrés. Si la perche du territoire a 21 pieds de longueur, on voit dans la table que la perche quarrée contient 441 pieds, & que l'arpent en contient 44100 ; cela étant, les multiplications étant faites, on trouvera cinq arpens 77 perches 57 pieds, ou cinq arpens $\frac{2}{4}$, deux perches $\frac{1}{8}$, ou environ.

5°. Il s'en faut bien que les champs, en général, foient des quarrés ou rectangles parfaits, des lozanges ou des parallélogrammes réguliers; ils font plutôt d'une infinité de figures différentes ; ce font autant de polygones. Nous avons montré que les furfaces des polygones font égales à celles de tous les triangles dont ils peuvent être compofés (30) ; ainfi pour connoître la fuperficie d'un tel champ, il faut le divifer en triangles, mefurer l'aire de ces triangles, additionner toutes ces fommes en toifes ou en pieds, & par la table que nous avons donnée, on pourra réduire fon étendue en arpens & en parties d'arpent.

Telles font toutes les opérations qui doivent être familières à quiconque, à la campagne, veut faire de l'arpentage ou un objet d'occupation utile, ou un fimple fujet de délaffement & d'amufement. La bafe de tout le travail doit être l'exactitude dans les mefures des diftances & des angles : nous le répétons en finiffant comme en commençant, parce que nous fommes convaincus par expérience, que l'on n'aura jamais que des à peu près qui pourront même conduire à des erreurs confidérables, fi l'on n'eft pas exact jufque dans les détails les plus minutieux. M. M.

ARPENTEUR. Officier commis pour arpenter terres, bois, garennes, &c. Les juges ne peuvent nommer d'autres arpenteurs que ceux qui font établis en titre d'office ; & il n'y a que les rapports de ceux-ci qui faffent foi en juftice.

ARQUÉ, & BRASSICOURT, MÉDECINE VÉTÉRINAIRE. Tout cheval qui fléchit le genou dans le repos, eft dit *arqué* & *braffcourt*. Le premier de ces défauts provient d'un travail exceffif. On le reconnoît, fur-tout dans un animal d'un certain âge, aux différentes maladies dont fes jambes font affectées.

Le fecond eft un vice de naiffance. Il reconnoît auffi pour caufe les entraves que l'on met aux poulains. M. T.

ARQUEBUSADE. (Eau d')
Voyez EAU.

ARRACHER, eſt l'action de détacher avec effort ce qui tient à quelque choſe. Le vrai ſens du mot *arracher* s'applique plus à ce qu'on veut détruire qu'à ce qu'on veut conſerver. Ainſi l'on dit, *arracher les mauvaiſes herbes*, *un arbre mort*, *une vigne*, &c. Mais s'il s'agit de tirer de terre une plante ou un arbre pour le placer ailleurs, on doit employer le mot *lever de terre* pour les plantes, & celui de *déplanter* pour les arbres. (*Voyez* ce mot)

ARRACHIS. Ce mot eſt particuliérement conſacré pour les forêts, & déſigne l'enlèvement frauduleux des plants d'arbres. Les ordonnances des eaux & forêts défendent les arrachis de chêne, de charme, &c. dans les bois du roi, & de lever des plants ſur les ſouches.

Lorſqu'on abat une forêt, ne ſeroit-il pas plus avantageux d'arracher même la ſouche pour ſemer ou planter de nouveau dans ce terrain que l'opération de deſſoucher auroit profondément remué? L'expérience a prouvé & prouve chaque jour que le bois de *brin* l'emporte à tous égards ſur le bois de *ſouche* ou de *rejet*. En effet, qu'attendre des racines, par exemple d'un vieux chêne, qui fourniſſoient à peine à ſa ſubſiſtance? elles ſont auſſi décrépites que lui, & ſes canaux ſéveux ſont auſſi oblitérés, auſſi obſtrués que ceux du tronc & de ſes branches. C'eſt ainſi que penſe M. Duhamel; & ſon avis ſur ce ſujet, qu'il a profondément médité, eſt

d'un grand poids. Il dit : « dans les hautes futaies les ſouches ſont néceſſairement fort groſſes & fort eſpacées ; ſi on coupe l'arbre à fleur de terre, ainſi que preſcrit l'ordonnance, elles pouſſeront, à la vérité, quelques jets entre le bois & l'écorce ; mais comme l'aire de la coupe ne ſe recouvre jamais d'écorce, le bois ſe pourrit, endommage la naiſſance des nouveaux jets que le vent éclate enſuite très-aiſément. Les racines de ces arbres abattus fort gros, périſſent pour la plupart en terre, & les autres ſe trouvent ſouvent uſées. On peut donc dire qu'une haute futaie ainſi abattue, ne peut jamais faire, par la ſuite, ni une belle futaie, ni un beau taillis. » C'eſt, ſuivant M. Duhamel, une des plus grandes cauſes de la deſtruction des forêts. Il faudroit donc n'adjuger les hautes futaies qu'à condition d'arracher les arbres, de dreſſer & eſſarter le terrain. A l'égard du propriétaire, il n'aura plus qu'à faire donner quelques labours à la charrue, & faire répandre ſur ce terrain du gland pour un ſemis nouveau. Cependant, comme les arrachis de bois ſont très-fertiles, ſur-tout dans les plaines & ſur les côteaux à pente douce, on peut en tirer d'abondantes récoltes pendant pluſieurs années, & les remettre enſuite en bois.

Les adjudicataires & les marchands de bois diront vainement que cette manière d'arracher les arbres avec leurs ſouches, eſt trop diſpendieuſe pour eux ; la plus grande longueur de la pièce de bois par la partie qui reſte en terre, ſur-tout par celle que l'on perd par l'entaille lorſque l'arbre eſt gros, les dédommagera de leurs avances, quand même ils ne compteroient pour rien le bois provenant des grosses racines.

ARRENTEMENT, ARRENTE.
(*Voyez* BAIL A FERME)

ARRÊT. Expression assez impropre adoptée par M. la Quintinie, afin de désigner les petits obstacles dont on se sert lorsqu'on veut détourner ou faire écouler les eaux d'un jardin.

ARRÈTE *ou* QUEUE DE RAT. Terme de maréchalerie. (*Voyez* ARÈTE)

ARRÊTE-BŒUF, *ou* BUGRANDE, *ou* BUGRANE. M. Tournefort place cette plante dans la section seconde de la dixième classe, qui comprend les herbes à fleur de plusieurs pièces, dont la forme irrégulière est appelée *papilionnacée*, à cause de sa ressemblance avec un papillon, dont le pistil devient une gousse large & à une seule loge, & il la désigne par cette phrase : *Anonis spinosa flore purpureo* ; & M. Von Linné la classe dans la *diadelphie décandrie*, & la nomme *ononis spinosa*. Les grecs l'avoient appelée *onos*, qui veut dire âne, parce que cet animal la broute avec plaisir. Les françois l'ont appelée *arrête-bœuf*, à cause de la force & de la longueur de ses racines qui résistent aux efforts de la charrue. Les botanistes comptent seize espèces d'*ononis* ; nous ne parlerons que de deux par rapport à l'utilité ; la première pour la médecine, & la seconde pour la décoration des jardins. (*Voyez Pl. 20*, pag. 652.)

La fleur de l'arrête-bœuf est papilionnacée. L'étendard B est en forme de cœur, aplati par les côtés ; les ailes C ovales, plus courtes de moitié que l'étendard ; la carenne D pointue, un peu plus longue que les ailes ; le calice E, presqu'aussi long que la corolle, divisé en cinq découpures linéaires, pointues, légérement arquées en dessus. La fleur est de couleur pourpre clair ; le pistil F sort du fond du calice, enveloppé par dix étamines G, dont neuf sont rassemblées par leur base, & une seule en est séparée.

Fruit. Le pistil se change en un légume H renflé, velu, à une seule loge K, renfermant des graines I en forme de rein.

Feuilles. Trois à trois, ovales, entières, gluantes, portées sur un même pétiole.

Racine A, longue, rampante, brune en dehors, blanche en dedans, fibreuse, traçante.

Port. La tige de cette espèce de sous-arbrisseau a un pied & plus de hauteur ; elle est velue, rameuse, & les rameaux épineux : les feuilles sont alternes ; les fleurs naissent ordinairement le long des branches, quelquefois rangées en grappes, quelquefois opposées deux à deux, & adhérentes à la tige ; enfin, les épines sont opposées deux à deux, ou opposées aux rameaux.

Lieu. Les terrains incultes, sablonneux ; les champs ; elle fleurit en Mai, Juin & Juillet.

Propriétés. La racine a une saveur désagréable ; elle est regardée comme apéritive & diurétique, & est mise au nombre des cinq petites racines apéritives ou mineures, & les quatre autres sont celles du *chardon-roland*, de la *garance*, du *câprier* & du *chiendent*.

Usages. Dioscoride & Mathiole vantent beaucoup l'usage de la racine pour guérir de la pierre & pousser les sables par les urines, & sur-tout lorsque les uns ou les autres occasionnent des coliques néphrétiques. Il seroit à desirer que cette racine jouît d'un tel avantage; &, sans erreur, on peut révoquer en doute cette vertu. On se sert plus efficacement de la décoction des feuilles, en gargarisme, pour les maux de gorge & l'enflure des gencives par le scorbut. La dose des feuilles sèches est depuis demi-drachme jusqu'à demi-once en infusion dans six onces d'eau, & la racine depuis demi-once jusqu'à une once en infusion dans la même quantité d'eau, dans les tisanes apéritives. Pour les animaux, la dose est d'une à deux onces sur une livre d'eau.

L'*Ononis* pour la décoration des jardins est appelé *ononis fruticosa* par le chevalier Von Linné. Cet arbrisseau croît naturellement dans les montagnes du Dauphiné. Ses fleurs sont disposées en panicule; les péduncules portent trois fleurs; les stipules sont en manière de gaine; les feuilles arrangées trois à trois sur le même pétiole, en forme de lance, découpées sur leurs bords en figure de scie. Il n'est point épineux, & ses fleurs sont de couleur rose tirant un peu sur le rouge. Les siliques sont mûres au mois de Septembre, & c'est le tems de les cueillir pour les semer en Mars dans de petites caisses.

Garnissez le fond de ces caisses d'une couche de gravois; jettez-y ensuite un mêlange, par parties égales, de terre de haie ou de prairie défrichée, mêlée de terreau consommé, & d'un peu de moellon de brique, afin que ce mêlange ne s'affaisse pas trop, & remplissez la caisse jusqu'à ce que le tout déborde de cinq lignes. Telle est la proportion de la caisse entiérement garnie; mais avant de la combler, enterrez les graines à un demi-pouce de profondeur, & recouvrez comme il a été dit. Les caisses seront enterrées dans une couche tempérée, & il ne faut pas trop les ombrager ni les arroser. La seconde année on mettra les petits arbustes un à un dans des pots, & au bout de deux ans on les tirera avec la motte pour les planter à demeure. C'est ainsi que M. le Baron de Tschoudi est parvenu à les élever. On peut encore multiplier cet arbuste par le secours des marcottes, en les faisant au mois de Juin.

FIN du Tome Premier.